U0783355

航空发动机新技术丛书

国家出版基金项目
NATIONAL PUBLICATION FOUNDATION

航空发动机结构设计分析
（第 3 版）

Aeroengine Structural Design Analysis
（Third Edition）

陈光　著

北京航空航天大学出版社

内 容 简 介

本书是一本全面分析航空发动机结构设计的专著,内容涉及航空发动机结构设计的各个方面,包括:部件结构与总体结构、传动润滑、主轴承等的设计分析,发动机发展中的特种试验与使用中出现的重大故障,提高发动机可靠性、维修性的措施,排除故障的程序与方法,新型发动机中采用的某些新颖结构与加工方法等。本书还分别对国外现役与在研的先进军、民用航空发动机(如F100、F110、F404、EJ200、RB199、RD-93、F119 以及 CFM56、CF6、PW4000 系列、RB211 系列、遄达系列、GE90、GEnx、PWL000G 与 LEAP 等)的发展及结构设计特点进行了详尽的分析。本书不仅能为航空发动机厂所的广大技术人员及技术领导提供一手资料,也能给从事航空发动机材料、工艺研究工作的技术人员及飞机设计人员参考带来帮助。

图书在版编目(CIP)数据

航空发动机结构设计分析 / 陈光著. -- 3 版. -- 北
京 : 北京航空航天大学出版社,2023.2
　　ISBN 978-7-5124-4046-3

Ⅰ. ①航… Ⅱ. ①陈… Ⅲ. ①航空发动机－结构设计
Ⅳ. ①V23

中国国家版本馆 CIP 数据核字(2023)第 025107 号

航空发动机结构设计分析(第 3 版)
陈光　著
策划编辑　蔡喆　责任编辑　蔡喆
*
北京航空航天大学出版社出版发行
北京市海淀区学院路 37 号(邮编 100191)　　http://www.buaapress.com.cn
发行部电话:(010)82317024　传真:(010)82328026
读者信箱: goodtextbook@126.com　邮购电话:(010)82316936
天津画中画印刷有限公司印装　各地书店经销
*
开本:710×1 000　1/16　印张:40.25　字数:858 千字
2023 年 2 月第 3 版　2023 年 2 月第 1 次印刷
ISBN 978-7-5124-4046-3　定价:288.00 元

《航空发动机新技术丛书》
编写委员会

序一

　　航空事业发展到今天这样高的水平,关键在于先进的飞行器和它强有力的"心脏"——航空发动机。航空发动机是一个复杂的机械,其工作条件十分恶劣:航空发动机工作温度高,内部各处的温度不同,且不断变化;要承受高转速以及各种环境和机动飞行给发动机带来的各种影响;还要求在质量和体积受严格限制的前提下产生强大的功率(或推力);要长时间可靠地工作;其性能还要能灵活精确地调节控制,等等。因此,航空发动机特别是高性能的航空发动机的研制是一项非常复杂的系统工程。即使投入大量人力、物力,精心设计,制造精益求精,研制出的发动机仍不可避免地会在试验中出现各种故障,甚至还会在使用若干年后出现重大故障。例如,用于F-15、F-16先进战斗机的F100、F110高性能发动机,在投入使用20余年后就出现了若干次重大故障。

　　在航空发动机研制过程中,结构设计是一个非常重要的环节,直接影响发动机能否正常工作,能否保证达到设计指标(性能、可靠性和耐久性等),能否少出或不出重大故障等。但是结构设计是一项非常复杂的系统工程,不仅需要有发动机性能、强度、振动、调节、制造工艺和材料等多方面的丰富知识,而且还要求有一定的工程实践经验,同时还要对世界上现有的成功或不成功的发动机结构以及曾经出现的故障事故有较深入的了解。从事航空发动机研制的工程技术人员很希望通过一些有关发动机结构设计、分析的专著,在发动机结构设计、排除故障中得到一些借鉴和帮助。但是,目前在国内外这方面的著作还很少。

　　陈光教授从事航空发动机结构设计的教学和科学研究工作已50年,曾担任航空发动机结构课程教学、指导课程设计、毕业设计及指导研究生等工作,授课内容丰富、深入浅出、生动活泼,深受学生欢迎。他还参加了型号设计工作及某型发动机试制试验工作。近十几年,他担任航空工业部门重点发动机型号研制的咨询顾问工作,多次参与军内外发动机故障分析,在航空发动机结构设计、分析专业上积累了丰富的知识与经验。他还一直关注美、英和俄(包括苏联)航空发动机的发展研制、结构设计、故

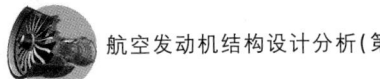

障及故障排除方面的资料,并进行了认真的分析,除及时将国外发动机最新情况反映到教学中以外,还积极撰写多篇专稿发表在国内航空专业期刊中。

现在,他根据过去撰写的 80 多篇专业论文,结合航空发动机结构设计领域当前的新进展进行了补充、改写,汇编成这本专著。我相信,本书的出版将填补我国专业图书中航空发动机结构设计、分析专著的空白,对于从事航空发动机研制、应用的科技人员和相关专业教师、学生都是很有帮助的。

曹继钧

2005 年 8 月

序二

　　人类创新发明的航空燃气涡轮发动机,经过了近 70 年的发展。航空发动机结构设计在航空发动机发展进程中是研制、使用的关键环节。研制经验证明,这项技术综合性很强,需要紧密结合研制、使用的实际。这就需要从事发动机结构设计的人员,具有广博的航空发动机有关领域的知识,有较强的理论联系实际的能力,对国内外航空发动机出现过的重大故障有较全面地了解,并善于从中吸取经验教训,方能达到做好发动机结构设计工作要求的理论联系实际的设计能力。

　　本书作者北京航空航天大学陈光教授是在 50 年的教学、科研工作中成长起来的优秀教授。他除了在发动机结构设计教学、科研中孜孜不倦地工作外,多年来还广泛收集国内外有关军、民用发动机发展进程及研制中的经验教训,从发动机的零部件到结构总图,各类发动机可靠性、耐久性和维修性以及发动机的重大故障等资料,并进行深入分析研究,撰写了几十篇分析文章,为我国航空发动机结构设计、发展和使用以及发动机故障排除工作等,作出了突出的贡献,是航空发动机行业的知名专家。

　　陈光教授积数十年的教学经验,发表了 80 多篇论文专著,值此庆祝执教 50 周年之际,从中筛选并进行整理、改写,补充大量插图,经过十多个月的编写工作完成此书。通读此书后,我深受启发。此书与一般航空科技书籍及教科书确有不同之处。它是从航空发动机结构设计发展、演变历程中收集的大量有关资料总结编写而成,体现了航空发动机整机、零部件改进发展史,是发动机研制观点、程序转变的记录,也是有关提高发动机可靠性、耐久性与适应性所采取的措施的资料收集和较全面的分析。

　　本书深刻体现了航空发动机研制工作的艰巨性。书中内容能解答一些我们从事航空发动机结构设计工作中多年来困惑不解的疑难问题。例如,书中解答了我们在航空发动机结构设计科学技术上与西方航空大国有多大差距,为什么差距愈拉愈大的问题;解答了为什么我们在研制航空发动机时需要巨额资金投入预先研究、技术储备,以利在研制发动机零件和整机时减少故障问题;提出应结合我国国情,吸取国外先进经验改进我们的研制方法和研制程序,提高发动机研制水平的观点;解答了我们

的干线飞机发动机应如何发展的问题,提出"我国暂不宜急于全面开展干线客机发动机的设计研制发展工作",应积极做好研制干线飞机发动机的技术准备;分析了国外研制发动机的指导思想上曾经出现偏差,使出厂的发动机在使用中出现大量故障,影响作战任务的原因;提出了"应全面、多方面考虑发动机的发展,不能走'重性能、轻结构强度'或'有气无力'的仅注视性能而忽视结构强度的发展道路";解答了为什么最著名、实力最强的三家发动机公司(GE、普惠、罗·罗)有那样深厚的研制技术基础,丰富的研制经验,并做了大量的苛刻的考核模拟试验,他们出厂服役的发动机在投入使用若干年后,无论是军用还是民用,仍然出现令人吃惊的重大故障的问题;解答了我们发动机研制机构中怎样才能"培养出一支强大的年轻的结构设计专家队伍"的问题等等。

本书可供航空发动机结构设计科研、教学以及从事航空发动机结构设计的设计师们——特别是各级发动机研制、生产单位的领导干部和从事航空工业军、民飞机使用、维护的人员参考。我相信本书将会使他们获益匪浅。

本书的编著与出版,受到多方面的重视和支持。我作为参与祖国航空工业建设的一名老兵,对本书的出版深表庆贺,衷心希望本书早日面市,以飨读者,为新世纪航空工业的发展做出新的贡献。

吴大观

2005 年 9 月

# 第 3 版前言

　　本书第 1 版出版于 2006 年 7 月,当时印制了 2 500 册;8 年后于 2014 年 4 月出版了第 2 版,共印制了 3 000 册;作为航空发动机结构设计方面的专著,本书受到了广大读者的欢迎。第 2 版出版距今已有 8 年多了,在这期间,航空发动机的发展处于日新月异的状态,本书也应该与时俱进地反映出航空发动机发展的最新技术。为此,当第 2 版出版后,我虽然已进入"八零后"(84 岁),但是还是紧跟航空发动机的发展进程,不断写出一些发动机结构设计分析、发动机重大故障分析、新技术在发动机应用情况等的文章,发表在专业刊物上。我就想是不是能将这些新发表的文章以及有些没有发表的文章添加到第 2 版中,再次修订成能反映航空发动机发展最新动态的第 3 版。我这个想法得到北京航空航天大学能源与动力学院领导的赞同,并获得北航 2020 年专著出版的经费支持。

　　在本书的写作过程中得到爱妻廖家慧的无言协助,如果没有她的协助,根本无法思考与写作。十几年前她患老年痴呆病并逐年加重,2013 年 11 月后行动不便,只得卧床。虽然行动不便,但她思维能力一直还是处于较好的状态。为了照顾她,同时也是让她看到我后心里比较踏实,我添置了一台 17 寸笔记本电脑,在邻近她的床旁设置了一个简易的工作台。她从来不像有些卧床病人时时吵闹,安安静静地躺在床上看我在电脑上工作,所以我能在近几年写出一些文章来,真是得到她的无言协助。当我于 2019 年 12 月底将第 3 版全部文章交给出版社后,似乎她感到了我已完成了出书的任务,在三周后的 2020 年 1 月 20 日安详地逝去。老伴! 谢谢你的无言协助与支持!

　　第三版的文稿于 2019 年底按计划交出版社,由于疫情及其他原因,出版进度受到严重影响。2022 年,本书第 3 版被列入"国家出版基金资助项目"《航空发动机新技术丛书(第一期)》,在刘大响院士等丛书编委的期待和北航出版社的协助下,我对书稿进行了进一步精简、整理。本书第 2 版中有 84 篇文章,第 3 版中共有 60 篇文章,其中 37 篇是在第 2 版文章的基础上修订而成的,新增加了 23 篇文章。

　　本书第 1 版出版时,正是纪念我从事航空教育工作 50 周年,第 3 版终于在我 93 岁时出版,对我而言,也是喜事一桩! 在此,我要向各位同行、编辑和读者致以真挚的谢意!

陈光

2022 年 3 月 1 日

# 第 2 版前言

　　本书于 2006 年 7 月出版后,正像我的老师曹传钧教授在为本书写的序言中说的那样:"我相信,本书的出版将填补我国专业图书中航空发动机结构设计、分析专著的空白,对于从事航空发动机研制、应用的科技人员和相关专业教师、学生都是很有帮助的",受到了从事航空发动机研制、生产与使用部门的欢迎。时任中国航空工业第二集团公司总经理的张洪飚同志为本书的出版给我写了一封信,信中写道:

　　陈教授:

　　　《航空发动机结构设计分析》一书收到,多谢惠赠!

　　　先生从教半余世纪,传道授业,桃李芬芳;笔耕不辍,著可等身,令人敬仰。

　　　航空发展,须动力先行。然而,较之飞机,在航空发动机方面我国与航空发达国家相比差距更大,形势更为严峻,故航空动力亟待实现跨越式发展。跨越式发展,我以为途径有三:其一,基础研究取得突破,带来产业上的革命;其二,不断改进,从量变到质变;其三,借力发展,通过对外合作实现"撑杆跳"。三者基础研究最为本质,最为关键。先生大作,汇集了教授思想精华,凝结了航空发动机改进发展史,解答了发动机结构设计若干疑难问题,对指导我国发动机基础研究和研制实践均大有裨益。请允许我作为一个老航空,对先生的工作表示感谢。

　　　　　　　　　　　　　　　　　　　　　　　　　　张洪飚

　　　　　　　　　　　　　　　　　　　　　　　2006 年 9 月 14 日

　　时任空军装备部部长的魏钢将军看完本书后,专门派参谋到北京航空航天大学找到我,说:魏部长从头到尾看完本书后,感觉这本书写得好,很有实用价值,对空军很有用,希望今后陈教授能参加空军有关发动机的专业会议等。

　　张洪飚总经理的信与魏钢部长的话,均说明本书在中国航空发动机研制、使用中能起到一定作用。很快,出版首印的 2500 册销售一空,不时有人找我想要买到此书,也只能空手而归。我曾在某研制单位看到设计人员由于买不到本书,而将本书复印后装订成厚厚一大本,时时翻阅的情况,感到不安。曾经有人向我提出能否重印本书,以满足读者要求的建议,我感到重印本书意义不大,是不可取的。因为航空发动机的发展可用"日新月异"来形容,如果我的书不能与时俱进,不能反映发动机发展的最新技术,那么出版它的意义就不大了。

　　在本书出版后的几年中,民用航空事业取得突飞猛进的发展,A380、B787、B747 - 8 等满足 21 世纪"绿色航空"要求的新型客机先后投入航线使用,为这些飞机研制的遄达 900、遄达 1000 与 GEnx 等适应"绿色航空"要求的发动机。经过研制厂商大力开发,这些新型发动机已先后投入使用。为竞争中国大型客机 C919 发动机的市场,PW1000G 与 LEAP 中等推力的发动机先后启动了研制计划,且已被多种飞机选用。当代推力最大的发动机——GE90 - 115B 在风扇转子支承结构中,一改传统的设计,采用全新的布局方案,已被最新发展的发动机采用。遄达 900 在飞行中中压涡轮爆破,造成现代最豪华、最经济与最安全的 A380 飞机严重受损的事件,曾是 2010 年在航空界中最为轰动的事件。

　　在本书出版后的这些年中,我紧跟形势,先后撰写了近 20 余篇有关发动机发展的文章,反映了前面所述的一些新发动机的研制与设计特点,重大故障的分析等,基本做到了"与时俱进"。我想是否能选出一些文章增补到我原来出版的《航空发动机结构设计分析》一书中进行再版。2012 年年底,我将我的想法与出版本书的北京航空航天大学出版社负责人进行了交流,他们认为值得再版。经我筛选后决定增加 17 篇文章(同时删去原书 1 篇文章),这样,由原书的 67 篇文章增加到 83 篇,增幅为21%。出版社认为增加内容较多,不宜重印,因而采用了"第 2 版"的形式修订再版。

　　本书第 2 版的出版得到中航上海商用航空发动机有限责任公司的支持,北京航空航天大学出版社的全力配合,在此表示衷心的感谢。

陈光

2013 年 8 月

前　　言

　　2005 年 9 月 15 日是我从事航空教育事业 50 周年的纪念日子。回忆这半个世纪来,我所进行的工作,一直是围绕着航空发动机结构设计这一专业进行的。我曾指导本科学生航空发动机课程设计与毕业设计,为本科学生与研究生讲授航空发动机结构设计课程,指导硕士生进行有关航空发动机结构设计的专题研究等多项教学工作;20 世纪 60 年代中期,在深入分析研究某型航空发动机的残骸基础上,与其他同志合作共同指导学生完成了该型发动机的反设计工作,完成了全部生产蓝图与生产技术文件;在"文革"停课"闹革命"期间,与少数教师、技术工人和十几位学生,对该型发动机的残骸进行修复与补充加工,组装了一台供试车用的发动机,并成功地进行了试车,100％地达到了原发动机的最大转速;随后在该型发动机国产化过程中,又进行了艰苦的排除故障过程,为该型发动机日后的定型与"上天"打下了基础。这近十年的发动机研制工作,充实了我对发动机研制工作的感性知识,为更好地完成航空发动机结构设计的教学与科研工作,以及发动机的排故工作打下了比较好的基础。从 20 世纪 90 年代初起,我作为原航空工业部组织的"发动机重点型号专家顾问组"专家,在 10 多年时间中,参与了我国两个重点大型发动机型号研制的咨询与顾问工作;进入 21 世纪后,又参与了直升机用新型涡轴发动机研制的咨询与顾问工作。在参与这三型发动机研制的咨询与顾问工作中,除了为这些发动机的研制与排故工作出谋划策外,也学习到了不少从书本上得不到的实际知识。

　　在教学、科研与生产工作过程中,我一直注意收集与航空发动机结构设计有关的资料与图纸,并进行较深入的分析,在此基础上,先后(主要是近 20 年)撰写了 80 余篇有关航空发动机结构设计的专文,发表在专业性的期刊上;另外还写过一些专门的结构分析文章。这些文章涉及发动机结构设计的各个方面,结合实际,且拥有较多的结构图,在目前看来,仍具有一定参考价值。考虑到目前我国航空发动机行业中,尚缺少一支强大的结构设计方面的年轻专家队伍,我希望我写的这些文章,对于那些从事航空发动机研制工作以及其他方面的专业人员能有一定的帮助。因此,我想在我

从教 50 周年之际,挑选部分尚有参考价值的文章,补充一些新内容并予以修改、整理,编著出版一本航空发动机结构分析的专著。当我将这一想法与航空一集团公司发动机事业部和航空二集团公司发动机部的领导谈过后,他们一致表示支持并对这本书的出版抱有极大的期望,同时还为本书的编写出版工作在经费上给予了慷慨的支持。他们的大力支持,坚定了我编写出版这本书的决心。

在筛选了编入本书的文章内容后,我又逐篇进行了整理改写及补充插图等工作。此工作从 2004 年年底至 2005 年 8 月,历时近 10 个月。

本书中有关民用发动机的文章,其资料与图片多数是从三家著名航空发动机研制公司(普惠、GE 与罗·罗公司)来华参展、技术报告与产品研发报告以及产品使用说明书等中获得的,军用发动机的资料及图片部分来自航展,更多的是来自《Aviation Week & Space Technology》等英文专业期刊。在这次整理改写过程中,又从网上获得不少资料,使所改写的文章,大部分能与时俱进,反映了一些最新的发展进程。

为了使读者可以有选择地阅读自己感兴趣的文章,而不必从头起一篇篇地阅读下去,所以编入本书的文章,每篇均能比较完整地论述有关内容。因此,有些插图与部分论点,可能会在几篇文章中出现,尚祈读者谅解。

本书的出版,得到北京航空航天大学教务处、北京航空航天大学出版社的大力支持,还得到航空一集团公司发动机事业部、航空二集团发动机部以及贵州航空发动机研究所的支持,在此一并致以衷心的感谢!

我国航空发动机界的老前辈、著名的航空发动机老专家吴大观教授以及我的老师、著名的航宇动力专家、原北京航空航天大学校长曹传钧教授慨然为本书作序,使本书增色不少,在此表示衷心的感谢!

由于航空发动机结构涉及的专业面较广,又限于本人的水平,本书中肯定会有不足与错误之处,欢迎读者批评指正!

陈光

2006 年 5 月

目　录

第 1 章
航空发动机结构设计综述

| 重视航空发动机结构设计的作用与地位 |

引 言

航空发动机结构设计是航空发动机研制与使用中的一个重要环节。在结构设计领域中,没有很多、很专的高深的理论,也没有复杂烦琐的公式推导,一般也不需要编制有大量语句的计算机程序;但是,它却是一项综合性很强,要紧密结合实际的工作。在结构设计中,一般要综合考虑气动、性能、传热、材料、工艺、强度、振动、装配、使用和维修等诸方面的问题,还要考虑实际制造与使用的具体条件;并结合国内外航空发动机的使用经验,进行权衡,才能得到较好、较适用的设计。这就需要从事结构设计的技术人员有广博的航空发动机各有关领域的专业知识,有较强的理论联系实际的能力;并对航空发动机的生产、试车和外场使用情况有较全面的了解,对国内外航空发动机出现的重大故障包括故障现象、机理和排除措施等也有所了解;而且要随时掌握和关心国内外其他航空发动机的研制和使用动态,及时吸收人家的经验和教训,从而搞好航空发动机结构设计工作。

从国内外航空发动机的研制、使用和排故等经验来看,好的结构设计可在下列几方面起到效果显著的作用。

1 提高航空发动机的性能、可靠性和耐久性

航空发动机的研制技术到目前已达到较高的水平,在气动、性能和传热学等方面虽仍有潜力可待发掘,不过也很难取得较大突破;但是,在某些结构设计上做些改进,却能使部件和发动机的效率得到较大提高。

　　例如,在高压压气机机匣上,对应工作叶片叶尖处开斜槽,用以减少漏气损失的措施,既简单,效果又较好(能提高压气机效率约 1%),自 20 世纪 80 年代初 GE 公司在 CF6 - 80C2 发动机上采用后,很快就在罗·罗公司的 RB211 - 524G/H 发动机、普惠公司的 PW4000 发动机上采用。

　　代替传统的篦齿封严装置的刷式封严装置于 1989 年在 V2500 发动机上投入使用,由于将非接触式封严方式改为接触式封严方式,封严效果明显提高;但由于当时未能解决在高温、高相对接触速度环境条件下的工作可靠性,因此并未得到推广。当发展了能工作于高温、高相对接触速度下的刷封后,将其用于 777 客机(1995 年 6 月投入使用)的 PW4084 发动机高压压气机出口与卸荷腔间,大大减少了漏气损失,使发动机推力一下子提高了 2% 左右,相应的耗油率降低了约 2%。另外,在高压涡轮 1 级工作叶片榫根与 1 级导叶间的封严也改用了刷封,使发动机性能进一步提高。由于在 PW4084 发动机上取得这么大的效果,普惠公司立刻在 1996 年,对用于 747、767、MD - 11 和 A300 等客机上的 PW4000 系列发动机进行了同样的改装,以作为 PW4000 系列发动机提高性能计划中的主要措施之一。与此同时,GE 公司也在其用于 777 客机的 GE90 发动机低压涡轮中,采用了三套刷式封严装置。目前,还在发展一种用于高压压气机后的气-气非接触式气膜封严装置,它也将获得较好的封严效果,能使发动机的推力提高 2.0%~2.5%。

　　一般,风扇叶片叶身与燕尾形榫头间的平台均做成平行四边形(当然榫头也做成平行四边形),用以包容叶身截面,这样平台在周长上做得较宽。为了在轮盘上能安装下所有的风扇叶片,轮盘轮缘直径只能做得较大,当然风扇的外径也就加大了。在 RB211 - 535E4 发动机中,将叶片榫根做成圆弧形,使其形状基本与叶身根部截面形状一致,使平台在周长上的宽度变窄,这样,在较小的轮盘轮缘直径下就能装下所有叶片,风扇的外径可以减小。显然,这一结构设计的改进,不仅能减轻发动机的重量[①],而且也对风扇叶片抗外来物击伤的能力有所提高。因此,这一设计已用于 V2500、遄达 700、遄达 800、遄达 900 和遄达 1000 等发动机中。

　　为了解决大风扇叶片的振动问题与提高抗外来物击伤的能力,早期的大风扇叶片均在叶身距叶尖约 1/3 处做有中间突肩。这种突肩不仅增加叶片加工难度并带来强度问题,还会降低风扇的效率与喘振裕度。罗·罗公司设计并加工了一种宽弦、夹层(两面板间夹以蜂窝芯板)的无凸肩叶片,用于 1985 年投入使用的 RB211 - 535E4 发动机中,这种结构不仅很好地解决了振动与抗外来物击伤问题,扩大了喘振裕度,而且使风扇效率增加了约 4%,发动机巡航耗油率降低了 4.0%~4.6%。这种叶片装在 A320 飞机上的 V2500 发动机中,曾遭到重量为 5.66 kg、翼展 2.14 m 的巨鸟撞击而未折断,这证明他的确具有较强的抗外来物击伤能力。1990 年,罗·罗公司又对这种叶片做了进一步改进,发展了称为"超塑性成形/扩散连接"的钛合金夹芯叶

---

　　① 　本书中"重量"指质量,单位为 kg。

片,其重量比原型降低了 15%,已用于遄达 700(用于 A330)和遄达 800(用于 777)上。用于 777 客机的三种发动机的风扇叶片中,除遄达 800 采用"超塑性成形扩散连接"的钛合金夹芯叶片外,GE90 发动机用复合材料制成,PW4084 发动机用钛合金壁板铣出槽道焊接成空心的。三种叶片的单位长度的重量遄达 800 发动机的最小,为 10.17 kg/m,GE90 和 PW4084 的分别为 11.917 kg/m 和 19.17kg/m,证明遄达 800 采用的风扇结构设计具有较好的效果。到了 20 世纪 90 年代,新研制的发动机已无例外都采用了宽弦风扇叶片。

风扇与压气机中的整体叶盘是一新发展的结构,它不仅能减少零件数与重量,其性能与可靠性也均有提高。自从发展了一套修理技术后,不仅在新研制的发动机中例如 F414(风扇 2、3 级,高压压气机 1~3 级)、F119(风扇与高压压气机中各 3 级)中采用外,对现役发动机进行改进时,也采用整体叶盘作为提高性能与耐久性的一种手段,例如 F100 - PW - 229 的延寿型 F100 - PW - 229A 中,将 2,3 级风扇改用整体叶盘;同样,在 F110 - GE - 129 的延寿型 F110 - GE - 129R 中,将 3 级风扇全部改为整体叶盘。20 世纪末到 21 世纪初研制的民用发动机也采用了整体叶盘,如 GEnx 高压压气机 1、3 和 5 级均采用了整体叶盘。

航空发动机转子止推支点处的滚珠轴承,受的负荷较滚棒轴承承受的要大很多,因为它除了承受径向负荷外,还要承受较大的轴向负荷。一般均要采用一些措施来提高它的可靠性,即使这样,它仍然是发动机中的薄弱环节。例如,CFM56 - 3 发动机在 1986 年 1 月至 1992 年 12 月的 7 年中,高压压气机前滚珠轴承(3 号轴承)失效占空中停车事件的 25%。为了提高转子止推支点滚珠轴承的可靠性与耐久性,在有的发动机例如 CF6 - 80C2、CFM56 - 5 和 GE90 中,在止推支点处采用滚珠、滚棒二轴承并列的方案,并在结构设计中确保滚珠轴承仅承受轴向负荷,径向负荷则由滚棒轴承承受,大大提高了滚珠轴承的可靠性与耐久性。

在级压比高的风扇中,气流通道由前向后收敛较大,因此叶片叶身底部做有向后上方倾斜的平台,平台与榫根间形成一个三角形的转接段,平台较叶身、叶片榫根宽很多,不仅增加了加工难度,而且对榫根、转接段的强度有较大影响。在 GE90 等发动机中,在叶身上不做平台,这样由叶尖到叶根完全是由叶型截面累积而成的光整结构,不仅坯料简单,加工容易,而且叶根仅承受叶身的载荷,榫根的挤压、拉伸应力均可降低。作为气流内通道的平台则是单独做出的,即在每两个叶片间夹一片斜板,斜板的两侧分别铣出叶片叶盆、叶背的型面,靠型面嵌在两相邻的叶身中,组成了气流的内通道。显然,用这种组合式的结构代替原来叶身与平台作为一体的结构,会带来许多好处。

2 通过结构设计的改进能取得较好的排故效果

航空发动机出现的某些故障,究其原因,有的是由于结构设计不合理造成的,要排故当然需要改动设计;但有些故障并非源于结构设计原理不合理,有时通过对结构

设计做些小改动,也能取得明显效果,下面举几个例子予以说明。

叶片振动造成的叶片裂纹、断裂是一个自喷气发动机诞生后就层出不穷的老问题,理论上讲只要叶片的固有频率错开激振频率就可避免出现这类故障,但实际上却很难解决。叶片振动问题不仅在发动机研制中经常出现,在一些成熟的老发动机中,当发动机积累的使用时间较长后,也易出现。例如,F404 的高压压气机工作叶片和 F101 的风扇叶片,均在工作较长时间后出现过由于振动造成的叶片断裂。前者引起高压压气机钛合金机匣失火,并于 1987 年一年间就造成美国海军损失 4 架 F/A - 18 飞机;后者引起 B - 1B 轰炸机在 1990 年 10—12 月出现二次发动机失火的严重事件,造成 B - 1B 轰炸机未能参加 1991 年年初的海湾战争。

近年来,一些发动机开始在叶片根部或中间叶根处安装减振块来解决叶片振动问题。例如,罗·罗公司在 RB211、遄达发动机高压涡轮工作叶片中间叶根处加装了减振块;而 CFMI 公司在对 CFM 56 - 3 做改进时,在风扇叶根与叶身平台间的转接段中加装了减振块。

普惠公司在发展用于 777 的 PW4084 发动机时,曾遇到高压压气机前 3 级工作叶片振动应力过大的问题。为此,将前四排(进口导向叶片、1～3 级静叶)静叶对称地装于两半机匣的结构改为非对称地安装在两半机匣中,即进口导叶上 38 片、下 36 片,1 级静叶上 24 片、下 25 片,2 级静叶上 23 片、下 22 片,3 级静叶上 30 片、下 31 片。采用这一改进后,工作叶片振动应力降低了 30%。

锥形齿轮出现共振而断裂的故障,是近几年在国内外遇到的新问题,如何解决这一故障,GE 公司采取的措施提供了一种可行的简单方法。他们在齿圈上开一环形槽,槽中装入一带开口的、截面为圆形或矩形的弹性环。该环也称减振环。GE 公司在为 777 研制的 GE90 发动机(1995 年底投入使用)以及一种新技术验证机的主动锥形齿轮上,均装有这种减振环。

在高压差条件下工作的篦齿封严装置上,常常会由于气弹耦合引起篦齿环振动或颤振造成环的裂纹或断裂。为此,在许多发动机的篦齿环上也采用减振环,例如,CF6、CFM56 和 F110 等航空发动机。

在航空燃气涡轮发动机中,支承转子的滚动轴承特别是滚棒轴承很容易打滑而产生滑蹭损伤,通常,在设计时须采取防滑措施。对于承受轴向载荷的滚珠轴承,一般不易出现打滑;但是如果在工作中作用于轴承的轴向载荷变向时,该轴承一定会打滑。RB211 - 22B 于 1972 年 4 月投入使用,在使用的头半年时间内,低压转子的滚珠轴承(为中介轴承)发生过 4 次滑蹭损伤,这是设计时没有考虑到的,须采取排除打滑的措施。由于原结构已十分复杂,不宜大改,罗·罗公司简单地采用了将保持架定位于轴承的外环改为定位于内环(相应地在保持架定位面上铣许多流通滑油的槽道,并提高保持架的平衡精度),解决了这一故障。从这以后,这一简单的方法已被一些发动机的滚棒轴承、滚珠轴承采用。

3　细小处结构设计不当会造成航空发动机大的故障

在航空发动机设计时,对零、组、部件及总体的结构设计一般都能做到细致、全面地进行分析,吸取以往的经验,合理选择参数,优化设计方案,反复进行强度验算,认真选用材料、配合值等,能够在长期使用中经得住考验。但是,实践表明,往往由于在结构设计的细小处注意不够,而带来较为严重故障。

例如,1981 年,装在 L1011 三发客机上的 RB 211 - 22B 发动机,出现过三次(1981 年 5 月、8 月、9 月)风扇轴折断后风扇盘甩离发动机的重大故障。经过分析,这三起重大故障是由于对 1 号轴承(风扇后滚珠轴承)供油不足造成的。在原设计中,用 1 根喷油杆的前后喷油孔分别对 1 号轴承及 2 号轴承(中压压气机前滚棒轴承)喷油,在某些特定条件下,向 1 号轴承的供油量不足,造成 1 号轴承超温而引发的故障。

1997 年 5 月 24 日香港国泰航空公司、港龙航空公司宣布两家公司的 15 架大型客机 A330(前者 11 架、后者 4 架)全部停飞,究其原因竟是该飞机使用的遄达 700 发动机附件传动箱中,对支承主动锥形齿轮(与垂直传动轴连接的)的滚珠轴承喷滑油量不够。由于喷油量不足,引起该轴承及锥形齿轮过热失效,导致发动机在飞行中停车。遄达 700 的附件传动箱是由法国伊斯帕诺-西扎(Hispano - Suiza)公司生产的。该机匣的润滑系统设计不够完善,该轴承的喷油嘴与轴承间有 20 mm 的缝隙,使轴承得不到充足的滑油,因而引起轴承温度变高。该公司已用遄达 800 的设计对此做了修改,试验表明,改进后,轴承的工作温度由 170 ℃ 降到 120 ℃。附件传动箱改装后,A330 于 1997 年 6 月恢复航班飞行。

4　在结构设计中,设计不合理、选材不当也会引发严重故障

前面提到的美国海军在 1987 年的一年中,共损失 9 架 F/A - 18 飞机,其中 4 架是由于发动机高压压气机钛合金机匣着火造成的。这是典型的由于选材不当引发的事故。在 F/A - 18 用的 F404 发动机中,高压压气机前几级工作叶片与机匣均采用了钛合金,流路中的空气温度、压力分别达到 300 ℃ 及 0.35 MPa 以上,在这种条件下,一旦工作叶片或其断片与机匣相碰磨时,极易引起钛机匣着火,且火势发展极快。F/A - 18 于 1978 年首飞,到 1986 年初,已累积飞行达 100 万小时,还从未发生过钛机匣着火事件;但到了 1987 年却突然发生了严重影响飞行安全的重大问题。这是由于发动机长期工作以后,压气机叶片受到外来沙尘的冲刷磨蚀,叶型发生了变化,改变了它原有的自然振动频率,在发动机某些工况下,引发第 1、3 级转子叶片折断。折断后的断片卡在转子叶尖与机匣之间,随着转子旋转而在机匣内摩擦,产生大量的摩擦热,引起钛合金自燃着火。着火后,很快将叶片烧坏,机匣烧穿;火焰继续外窜,烧穿外涵的钛合金机匣及发动机短舱,烧坏飞机其他系统的设备,最终导致飞机失事。

随后,GE 公司将 F404 高压压气机机匣改用 M152 合金钢,将外涵机匣改用 PMR15 复合材料。目前,在国外发动机中,高压压气机机匣已很少采用钛合金,个别发动机在采用钛合金时,也做了防止钛-钛直接碰磨的措施,至于静子叶片已全部不采用钛合金了。

1988 年 5 月 30 日晚,由广州起飞的图-154 客机在爬升到 3 000 m 高度时,中间发动机 Д-30КУ-154 的四级低压涡轮突然全部甩出发动机。在这起严重的事件中(幸好是中发,如果是左或右发,其后果不堪设想),究其根源,除材料、工艺和胶圈等有缺陷外,发动机结构设计中有严重的错误,是其主要原因。该发动机高压压气机轴内套装有一钛合金薄衬套,衬套两端均装有封严胶圈,而衬套上未开通气的卸压孔,因而衬套与高压压气机轴间形成了一死腔(这在发动机结构设计中是不允许的)。就是这一疏忽引起了衬套低循环疲劳,使衬套抗外压失稳的能力降低,最终导致衬套在外压作用下失稳向内压陷,碰上了低压转子的轴,使其折断,造成低压涡轮转子飞转而甩出发动机。这一失误,经向苏方指出后,苏方已在该衬套上加钻了一 3 mm 的卸压孔。至于零件在转接处由于设计或工艺的疏忽,未做成倒角、圆弧或圆弧半径不够大,而引发的大小故障,更是层出不穷。

5　结束语

从以上三方面的一些实例中,说明了航空发动机结构设计在航空发动机研制、使用中有着极其重要的作用,应当引起重视,注意培养从事结构设计方面的人才。另外,目前已在结构设计岗位上的人员,也需不断提高业务能力,充实自己,扩大视界,随时关注有关领域特别在材料、工艺等方面的最新进展,了解国外一些著名的航空发动机的设计特点,关注它们在使用中出现的问题。这样,才能更好地搞好航空发动机的结构设计工作。

| 从 21 世纪几起重大故障再谈航空发动机研制的艰巨性 |

进入 21 世纪以来,先后有几型新的旅客机投入使用,包括欧洲空中客车公司的 A380、A320neo、A350XWB,美国波音公司的 787、737MAX,以及原计划于 2020 投入使用的 777X 等。

为了满足 21 世纪"绿色航空"的要求,研制用于 21 世纪客机的发动机,均采用了许多新的先进技术与高的循环参数(发动机的总压比与涵道比),使得采用这些发动机的旅客机比以往的客机经济性好、对环境造成的污染(排气污染与噪声污染)少,深受航空公司的欢迎。但是,这些新研制的发动机在飞机研制过程中及飞机使用中,均出现过多种故障,其中有的是严重危及飞机飞行安全的重大故障。

A380 的两次重大故障

A380(图 1.2.1)是欧洲空中客车公司于 20 世纪末研制的装有 4 台发动机、555 座级超大型远程宽体客机,有"空中巨无霸"之称,其三层机身如图 1.2.2 所示。在典型三舱(头等舱-商务舱-经济舱)布局下可承载 555 名乘客,其中上层客舱 199 人,下层客舱 356 人,如采用最高密度座位安排时可承载 861 名乘客。

用于 A380 的发动机有两型:英国罗·罗公司的遄达 900 三转子大涵道比涡扇发动机,美国发动机联盟(普惠公司与 GE 公司按 50%:50%比例组成的合资公司)的 GP7200 的双转子大涵道比涡扇发动机,前者约占 40%的份额。

A380 于 2007 年 10 月 25 日投入航线运营,截至 2017 年 9 月 30 日的 10 年时间内,发生了两起震惊世界的发动机重大故障,涉及两型发动机各一次。

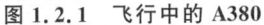

图 1.2.1 飞行中的 A380

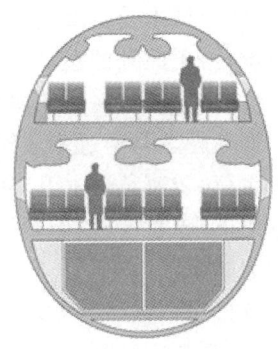

图 1.2.2 A380 三层机身(下层为货舱)

QF32 事件

2010 年 11 月 4 日,装有遄达 900 发动机的 A380 执行从伦敦经新加坡到悉尼的 QF32 航班,机上有乘客 440 人,机组人员 26 人。当飞机从新加坡起飞 4 分钟后爬升达到 2 134 m 高度时,2 号发动机(左翼内侧)发生爆炸,中压涡轮轮盘破裂,其断片在极高的离心力作用下,击穿机匣与发动机短舱,甩出发动机,打坏飞机多处,并使飞机的多个系统失灵,其损坏情况可以"惨不忍睹"来形容,见图 1.2.3。机组立即将飞机飞回新加坡机场,在驾驶员精心操作下,将失控的飞机,在距跑道终点 150 m 处(机场跑道长 4 000 m)安全停住,机上 446 人中无一人伤亡,创造了航空史上的一个奇迹。受损的 A380 在新加坡进行了大修,耗资 1.39 亿美元,经过 18 个月于 2012 年 4 月修好。由修理时间之长与耗资之大,可以看出该飞机承受了难以置信的严重损坏,也是民航史上少有的飞机严重受损但无人员伤亡的事件,这次事件被称为"QF32 事件"。

对发动机的残骸进行检查分析,发现出现这次重大故障的原因,竟是一根装在高、中压涡轮轴承机匣上的滑油短管加工不到位造成的。按设计该短管的壁厚为 0.91 mm,但加工中,因未做到内孔与外壁同心,造成管壁最厚处为 1.42 mm,最薄处仅 0.35 mm,图 1.2.4 示出了管壁厚度不一致的情况。发动机在不断"开车-停车"的

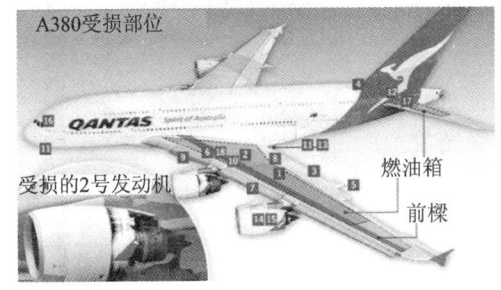

图 1.2.3 A380 被打得遍体鳞伤

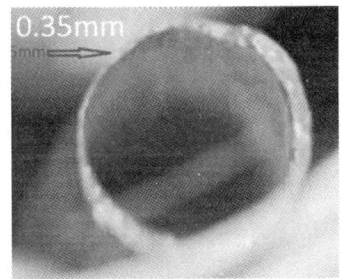

图 1.2.4 滑油短管壁厚不一致

过程中,滑油导管承受着反复的载荷,在其最薄处发生疲劳断裂,于是滑油由此断裂处不断泄出,由于此处的温度约为 370 ℃,大大高于滑油自燃温度,泄出的滑油自燃,最终,燃烧的高温燃气将中压涡轮轴失去强度而折断。

中压涡轮轮盘是通过中压涡轮轴驱动中压压气机的,一旦涡轮轴折断,中压涡轮轮盘失去负荷,转速急速上升,作用在涡轮轮盘上的离心力随之急剧上升,在极大的离心力作用下,轮盘爆破,破裂后的断块击穿机匣甩出发动机。这种故障称为"轮盘非包容破裂故障"。

罗·罗公司在遄达 900 发动机的中压涡轮部件中,没有安装一般在低压涡轮中采用的"防止低压涡轮轴折断后低压涡轮转子超转的安全设计",这也是 QF32 事件中,中压涡轮轮盘会爆裂的主要原因。绝大多数发动机在低压涡轮部件中,都装有当涡轮轴一旦折断时,立即将通往燃烧室的燃油切断的装置,燃烧室没有燃油供入,当然就没有驱动涡轮的高温燃气了,低压涡轮不仅不会超转,而且会逐渐停止转动,低压涡轮轮盘也就不会破裂了。在这次事件后,罗·罗公司在遄达 900 发动机的中压涡轮中加装了这种安全设计的设备。

有百年历史的世界三大发动机公司之一的罗·罗公司,竟然生产出这个有严重生产缺陷且未被后续的检验查出的滑油短管,险些酿成近 500 人死亡、近几百个家庭家破人亡的人间悲剧的事件,多亏了英雄的飞行员力挽狂澜,将严重受损的飞机平安降落在跑道上。

查出 QF32 事件的原因半年后,罗·罗公司在全部 A380 机队中,拆下了 53 台遄达 900 发动机,其中 11 台滑油短管加工不符合要求,42 台缺少滑油短管的加工记录。

AF66 事件

2017 年 9 月 30 日,一架拥有 4 台 GP7200 发动机的 A380 大型客机(属于法国航空公司)执行巴黎至洛杉矶的 AF66 航班,机上载有乘客 497 人,乘务人员 24 人。当飞机飞越格林达岛上空时,飞机上的 4 号(右外侧)发动机的风扇大部部件(包括发动机进气道)甩离发动机(图 1.2.5),风扇等部件甩离发动机时,未对飞机结构造成损伤,飞机在其余 3 台发动机推动下,平安降落在加拿大的鹅湾空军基地的机场,机上 521 人无一人受伤。这次事件被称为"AF66 事件"。在飞机

图 1.2.5 A380 右外侧发动机损坏情况

飞行中,发动机最前端的风扇部件全部脱落实属罕见。

GP7200(图 1.2.6)是由普惠公司与 GE 公司按 50%:50% 比例合资组成的发动机联盟,在 777 采用的 PW4084 与 GE90 发动机的部件基础上发展而成的,其额定推

力为 320 kN(72 000 lbf)。GP7200 于 2006 年初取得美国联邦航空局 FAA 的适航证,2008 年以它为动力的 A380 投入航线使用。出故障的发动机已工作 3 527 循环。

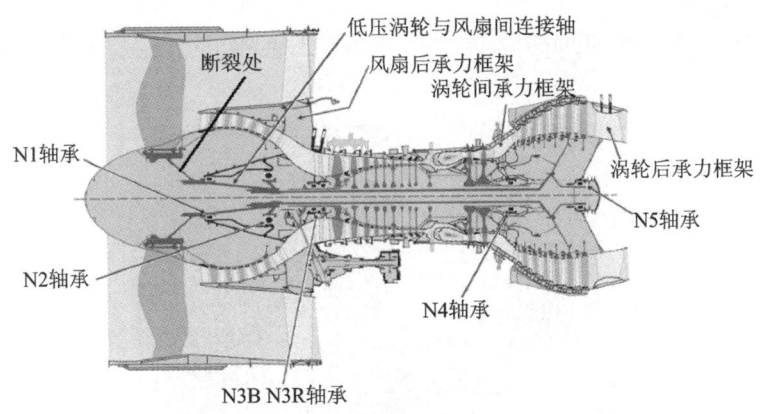

图 1.2.6　GP7200 发动机

图 1.2.7 示出了故障发动机残留的部分, 可见飞机的进气道、发动机的进气机匣、包容环,带叶片的风扇轮盘全部丢失,风扇出口导叶、分流环、增压压气机等仍保留在发动机中。由于风扇后锥轴出现环形裂纹而导致后锥轴断裂(图 1.2.6 中示出了断裂部位),造成带风扇叶片的风扇转子前移坠离发动机,在风扇转子前移与坠落过程中,将包容环、进气道等从发动机上撕扯出去并坠离飞机。整个风扇部件甩出发动机后,由于低压涡轮设有防止当传动风扇的传动轴断裂时低压涡轮转子不会超转的安全设计,因此没有造成低压涡轮转子破裂的故障,对飞机结构未造成二次损伤。

图 1.2.7　发动机受损情况

故障发生后要进行故障分析,以找出故障发生的原因。

在故障分析工作中,找到关键的残骸是首当其冲的,AF66 事件发生后寻找风扇转子残骸成为一项至关重要的工作。按照国际惯例,飞机出现重大事件或事故后,故障的调查分析工作由事件发生地所在国家、航空公司所在国家、飞机及发动机生产国家的适航部门以及飞机与发动机生产厂家等共同参与。参与寻找 AF66 残骸工作的部门有:丹麦与格林达地质斟探局(格林达岛是丹麦王国的属地)、丹麦事故调查局、法国航空事故调查局、荷兰奥尔胡斯大学与冰岛搜寻与营救团队等,由法国航空事故调查局统筹领导搜寻残骸与分析工作。

由于 A380 是在飞越格林达岛上空时风扇部件甩离发动机的,也即残骸是坠落

在格林达岛上的,该岛靠近北极,大部分地区是荒无人烟、被冰雪覆盖且气温特低的地带,坠落的残骸又很快地被冰雪覆盖,所以搜寻工作十分艰难。经过十几个月从空中、雪地上的搜寻,于 2019 年 6 月 29 日探测到残骸的位置,然后又用了两天时间才将深埋在冰盖下 4 m 深处的重约 150 kg、体积为 1 m³ 的风扇转子残骸(图 1.2.8)挖掘出来。

图 1.2.8　正在由 4 m 深的雪层中挖掘风扇转子残骸

残骸立即送到美国的生产厂,在进行了详细的分析工作后,8 月初,发动机联盟宣布,要求使用 GP7200 发动机的航空公司,对所用的发动机进行风扇轮盘的检查工作,检查轮盘上安装风扇叶片的榫槽底部是否有裂纹。紧接着 8 月 17 日美国 FAA 发布了适航指令,要求对用于 A380 的 GP7200 风扇轮盘榫槽槽底及榫槽前缘采用涡流检查仪检查是否有裂纹,同时目测整个风扇转子是否有损伤,还要求这个适航指令从 2019 年 8 月 30 日生效,到 2020 年 9 月 1 日全部完成。根据这些要求来看,AF66 事件的发生,显然是由于风扇轮盘装叶片的榫槽底部出现的裂纹产生的。根据 FAA 的估算,对每台发动机的检查及相应更换零件的费用约为 75 万美元,即每架飞机的费用为 300 万美元。

至于由于什么原因在轮盘榫槽底部出现裂纹,至今尚未公布。

787 梦幻客机所用发动机的重大故障

787"梦幻"客机是波音公司于 21 世纪初研制的、满足 21 世纪绿色航空要求的、载客量为 242~335 座的双发客机(图 1.2.9),于 2011 年 10 月 26 日投入航线运营。

787 客机可使用两型发动机,即英国罗·罗公司的遄达 1000 与美国 GE 公司的 GEnx,两型发动机可在任意地方、任何时间互换,这是以前所有客机都不具备的能力。另外,以往的客机都是由发动机高压压气机中引出高压空气,对飞机座舱增压,由发动机附件传动装置驱动液压泵的。但是在 787 中一改以往的设计,改为由发动机通过附件传动机匣驱动两台大功率(每台 250 kW)的变频交流发电机,驱动向座舱

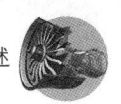

图 1.2.9　787"梦幻"客机

供高压空气的空气压缩机,并驱动液压泵。

787 所用的两型发动机,在投入运营前、后均发生过一些重大故障,有些故障造成的影响还比较深远。

遄达 1000 的故障

1. 中压涡轮轮盘在试车中发生非包容爆裂故障

在遄达 1000 还未交付使用的 2010 年 8 月 2 日,在试车台试车时,由于发动机内部滑油自燃燃烧,造成中压涡轮轮盘非包容的严重故障,轮盘断块击穿机匣,打坏了试车台的一些设备。这次重大故障,使 787 的交付时间再一次延后。

这次故障类似前述的 QF32 事件中的故障,均是由于位于高、中压涡轮轴承座油腔的滑油自燃,燃烧的高温使中压涡轮轴失去强度断裂所造成的。但二者起因不同,QF32 事件中是由于滑油短管加工不到位造成的,遄达 1000 则是由于中压涡轮轴与中压压气机轴的联轴器设计与制造有疵点,造成工作中中压涡轮向后移,轴承腔前、后封严装置失效,高温气体流入轴承腔,使腔中滑油自燃,最终造成断轴的,幸亏这次故障发生在地面试车台上,对飞机未造成损伤。

2. 787 投入使用后发生多起重大故障

从 2011 年 10 月遄达 1000 投入使用后,重大故障不断发生,例如 2012 年 7 月,由于换向齿轮箱中的锥形齿轮出现腐蚀,日本全日空航空公司停飞了 5 架 787。又如 2016 年 11 月 26 日,一架载有 357 人的斯库特(Scoot)航空公司的 787-9 执行由悉尼开往新加坡的航班任务,在悉尼起飞爬升过程中由于中压压气机第 1 级工作叶片断裂故障造成发动机空中停车,随后飞机在单发工作下安全降落。经检查此故障是由于叶片榫根处产生了裂纹引起的。在这次事件后,又相继发生了两起类似的故障,2018 年初,罗·罗公司根据适航部门的建议,重新设计了中压压气机 1 级工作叶片。再如,2016 年年初,中压涡轮工作叶片隔热涂层过早脱落,造成叶片在硫的腐蚀作用下断裂的故障,则是一个影响深远的重大故障,导致多家航空公司为此停飞多架787,不仅对使用遄达 1000 发动机的航空公司,而且对生产该发动机的罗·罗公司造

成了重大的经济损失。

3. 中压涡轮工作叶片腐蚀断裂故障

遄达1000的涡轮中有1级高压涡轮、1级中压涡轮与6级低压涡轮(图1.2.10)。

2016年日本全日空(ANA)航空公司的787遭受了3次遄达1000中压涡轮工作叶片腐蚀断裂的重大故障,三次事件中飞机均安全着陆。全日空航空公司是787的首家用户,共拥有50架787,所用发动机均为罗·罗公司的遄达1000发动机。

在三次事件后,罗·罗公司称由于中压涡轮工作叶片的涂层早于预定的寿命脱落,使工作叶片直接与高温燃气接触,受到硫的腐蚀而断裂。由于要更换叶片使飞机停飞,造成全日空取消了300多个航班,为此罗·罗公司仅为前面9个取消的航班就向全日空航空公司支付了53万美元补偿金。罗·罗公司在全日空事件后,并未发觉事态

图1.2.10 遄达1000涡轮部件

的严重性,认为出现的问题只限于全日空机群中的一小部分。但是事与愿违,随后,多家航空公司如英国维珍大西洋航空公司、泰国航空公司、英国航空公司与新西兰航空公司等用遄达1000为动力的787接连不断地出现中压涡轮工作叶片腐蚀断裂的事件。

2017年12月7日一架新西兰航空公司的787执行由奥克兰飞往日本的NZ99航班,机上载有268名乘客与14名机组人员,起飞不久后,一台发动机停车,飞机用一台发动机返回奥克兰机场。对故障发动机检查后,引起发动机空中停车的原因就是中压涡轮工作叶片腐蚀断裂造成的。

中压涡轮工作叶片1、2片断裂后,其断片会随气流向后流出,到高速旋转的低压涡轮第1级工作叶片时,又会打坏低压涡轮1级工作叶片,这些叶片的断片与中压涡轮叶片断片一起继续向后流动,又打坏第2级低压涡轮工作叶片,像多米诺骨牌效应一样,一级一级的断片打向后排的叶片,使后几级的叶片受损的越来越多,最后末级(即第6级)叶片基本全部被打坏,图1.2.11示出了末级叶片打坏的情况。好在这些叶片断片质量轻,承受的离心力小,所以没有造成非包容的严重故障。

2019年8月10日,一架挪威航空公司的装遄达1000发动机的A380由罗马机场起飞后38秒后,突然发动机的中压涡轮两片叶片折断,其断片打坏后6级低压涡轮工作叶片,数百片叶片的断片"天女散花"似的洒向地面,造成25辆汽车受损,12栋房屋被毁,1人受伤的严重事件。图1.2.12示出了当地居在地上搜集到的叶片断片。

由此可见,只要有一片中压涡轮工作叶片断裂,就可能造成全部6级低压涡轮工作叶片损坏。由于罗·罗公司缺少大量的中、低压涡轮工作叶片备件,也缺少一批备

用发动机,当一台发动机出现叶片腐蚀断裂后,不能及时为故障发动机提供更换叶片,也没有足够数量的备用发动机为受影响的飞机拆换发动机。所以只要航空公司的 787 客机所用的遄达 1000 发动机出现类似故障,飞机只能停飞,有的公司只能抽调其他型飞机来完成 787 原定的航班任务。

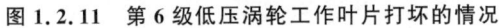

图 1.2.11   第 6 级低压涡轮工作叶片打坏的情况   图 1.2.12   居民搜集到的叶片断片

中压涡轮工作叶片腐蚀断裂故障不仅造成航空公司众多的 787 停飞,甚至在一段时间内,采用遄达 1000 发动机的 787 总装线上无发动机可供装机。因此这个故障对罗·罗公司打击极大,不仅公司的信誉受到极大损伤,在经济上更是亏损巨大,2019 年 6 月 3 日,罗·罗公司一名高级管理人员对媒体宣称,2018 年公司用于处理中压涡轮工作叶片腐蚀断裂故障的费用(如用于飞机停飞对航空公司的赔款等)高达 4 亿 5 千万英镑;另外,有的老用户在选购新飞机时,转向了竞争对手的 GEnx 发动机,例如新西兰航空公司所有的 787 - 9 客机是采用遄达 1000 的,但最近宣布订购 787 - 10 时不再采用罗·罗公司的发动机,而采用 GE 公司的 GEnx 发动机。

GEnx 发动机的故障

1. 不寻常的低压涡轮轴断裂故障

2012 年 7 月 28 日,即将交付的一架 787 飞机在进行地面滑行试验时,其所装的 GEnx 发动机(图 1.2.13)发生了一起严重的低压涡轮断轴故障,发动机中损坏的碎片未击穿机匣径向甩出发动机,而是由尾喷口轴向喷出,对机翼与机身下部造成了小的碰伤与灼伤,灼热的碎片掉到跑道侧边的草坪中,引起草坪失火,被机场救火队扑灭。

在此事件发生 6 周后,即 2012 年 9 月 17 日,一架俄罗斯空桥货运公司的 747 - 8 货运机在上海起飞后,其中一台 GEnx 出现了低压涡轮轴断裂的包容故障,造成发动机空中停车。飞机其他 3 台发动机正常工作并安全返回机场。

经检查,这是一种不寻常的低压涡轮轴断轴故障。如图 1.2.14 所示,低压涡轮轴通过花键连接到风扇轴上,然后用大螺母将两者紧压在一起,断裂的位置在螺纹末

端的根部,断口如刀切般的非常平整,无疲劳条带。低压涡轮轴由 GE1014 超强度合金钢制成,此合金钢的强度高、硬度大且对使用环境的影响比较敏感。断轴的发动机仅工作 18 h,其中装在飞机上后在地面工作约 6 h,在这么短时间内,竟然出现断轴事件,实属罕见。

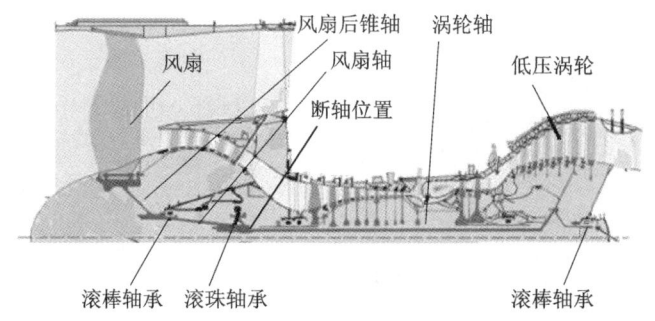

图 1.2.13   GEnx 发动机简图

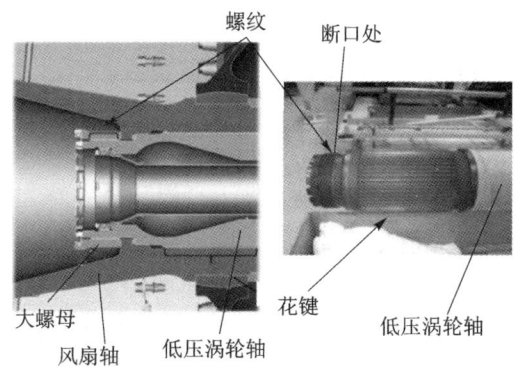

图 1.2.14   低压涡轮轴用大螺母紧压在风扇轴上

经过 GE 公司大量试验、分析,找到了引起低压涡轮轴断裂的原因是在拧螺母时采用了新的润滑剂。以往 GE 公司在受力较大的螺纹上,涂有一薄层铅基的干膜润滑剂,另外在装配时,为易于装配,还在螺纹上涂发动机用的合成滑油与油脂。但在 GEnx 中,换用了一种不含铅的新干膜润滑剂,装配时也改用了石墨脂。

GE 公司通过试验,发现由 GE1014 超强度合金钢制成的涡轮轴在使用新的润滑剂时,易发生断裂,也即低压涡轮轴断裂故障是由于改用了新的润滑剂造成的。于是立即改回到原用的润滑剂,并使用了一种超声扫描检测低压涡轮轴螺纹处是否有开裂发生的方法,对所有在使用中的以及在库存中的全部 GEnx 的低压涡轮轴进行了检测。检测中还真的发现了一台发动机的低压涡轮轴在螺纹后端处有类似的裂缝,这台发动机虽然已装到一架 787-8 飞机上,但还没有进行飞行,由此避免了一次可能发生的重大事故。

此次事件中,低压涡轮轴虽然断了,但却没有发生风扇、低压涡轮等零件甩出发

动机的非包容故障。这是由于 GEnx 装有防止低压涡轮轴断裂后不会引起涡轮盘超转的措施,所以涡轮盘未受损,只是在涡轮轴向气动力作用下,涡轮转子向后窜移,导致低压涡轮工作叶片与导向叶片相碰撞,造成一些叶片破裂,其断片质量轻,也没有离心力作用其上,因而无力打穿机匣甩离发动机,只得随喷气流由尾喷管轴向喷出发动机。另外,风扇转子通过风扇轴支承在前(滚棒轴承)、后(滚珠轴承)两个轴承上(参见图 1.2.13),当低压涡轮轴断裂时,风扇转子被滚珠轴承保持在发动机内,没有向前甩离发动机。所以说这个低压涡轮轴折断是一起罕见的重大故障,但对飞机并未造成大的损伤。

2. 高空飞行中冰晶在发动机内结冰

GE 公司于 2013 年底宣布,GEnx 当年发生过 9 次在高空中吸入冰晶引起推力损失的事件,所有这些事件均发生在热带及亚热带的高度为 12 000 m 左右的高空中,空气洁净且无云,也不在雷暴区内,不仅飞行员看不出大气中有冰晶存在,气象雷达也不能测出。高空中的冰晶大小与面粉相当,通常在强烈的对流雷暴区附近形成,强烈的对流雷暴区面积相当大,直径约为 645 km,邻近雷暴区的上空,有时大气温度会突然上升,这会使空气变潮,潮湿空气中的水在 $-30 \sim -40$ ℃的空气作用下,形成微小的冰粒,这种小的冰粒即是冰晶。而且冰晶会从主风暴区飘移到 56 km 以外。

通常,飞机穿过雷雨区时,雨水撞击到温度较低的飞机表面上,立即在飞机表面上结冰,可是冰晶在发动机内部结冰的过程,与其不同。当冰晶吸入发动机核心机后,撞击到温度较高的高压压气机后几级静子叶片时,冰晶被融化,被融化后的水分被随后流入的冷空气作用下,在静子叶片周边结成冰层,如图 1.2.15 所示。静子叶片结冰后,堵塞了气流通道,影响压气机及发动机的正

图 1.2.15　冰晶在高压压气机静子叶片上融化后结成的冰层

常工作,推力会短时下降,约 20 秒后推力恢复到原值,有时还会引起发动机喘振;另外,冰块从叶片上脱落后,会对其后的工作叶片、燃烧室甚至涡轮叶片造成二次损伤。

2013 年 7 月 31 日,俄罗斯空桥货运公司的一架 747 - 8HVF(装有 4 台 GEnx)货机执行莫斯科-中国香港-芝加哥任务途经成都附近上空约 12 000 m 高度飞行时,在黑夜中为避开雷暴区而绕行,却误入看不出的且气象雷达也未发现的含有冰晶的空域,空气温度在 86 s 内上升 20 ℃成为 -34 ℃,飞机在这一"高温区"穿越约 20 min 后,由于发动机吸入冰晶,冰晶在发动机核心机中结冰,引起 2 号发动机喘振停车,但随后自动重新启动,推力恢复到原值;1 号发动机转速下降 70%且未恢复到原值。飞机在中国香港降落后,对 4 台发动机进行分解检查,发现 1、2 与 4 号发动机高压压气机 8、9 级中均有多片叶片被冰块打坏,见图 1.2.16。这是一次比较典型的高空吸入冰晶造成发动机出现损伤的事件。

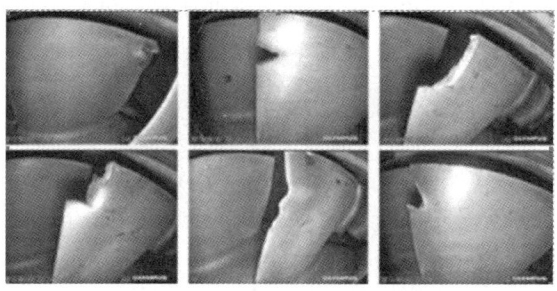

图 1.2.16　高压压气机后几级叶片被冰块打伤的情况

这种发动机在高空吸入冰晶后在发动机内部结冰,造成发动机推力下降甚至使某些零件受损的故障,实属罕见。GE 公司随后对发动机某些部件及软件做了适应性的更改,再未发生类似的故障。

3. 风扇叶片结冰后冰块脱落造成空中停车

2016 年 1 月 29 日,日本航空公司的一架 787 在降落中高度降到 6 080 m 时(此高度易于结冰),2 号发动机突然停车。经检查分析,飞机穿过此高度时,风扇叶片结冰,当积累在叶片上的冰块较厚而脱落时,造成风扇转子不平衡,由于叶尖与机匣间采用了较小的间隙,使叶尖与机匣内的耐磨层相碰蹭,引起极大的振动,使发动机多处受损,导致发动机停车。而另一台发动机中,叶尖与机匣间留有较大间隙,虽然叶片也结冰,且冰块脱落也引起风扇转子不平衡,但并未造成叶尖碰磨耐磨层,发动机虽有些小损伤,但并未引起发动机空中停车。

原来 GEnx 在原设计中,风扇叶尖与机匣间采用了较大的间隙,但为提高性能在升级版中却采取了减小该间隙的设计。在日本航空的这次事件中,787 的 1 号发动机是原型机,2 号发动机是性能提高的升级版。如果 1 号机也用了升级版,其后果则不堪设想了。因此美国 FAA 于事发后的 2016 年 3 月颁发了紧急适航指令,要求GE 公司对性能升级版的发动机尽快采取措施,加大风扇叶尖间隙。3 月 11 日,GE公司发布了 1 份服务通报,宣称将采取用专用磨具,在停在地面的飞机上磨削风扇机匣内与风扇叶尖对应的耐磨层材料,磨掉 2.54 mm 的方法来增加叶尖间隙。

4. 换向齿轮箱中的主动锥齿共振引起的空中停车事件

2016 年 8 月 6 日,捷星航空公司的一架 787 执行从东京飞往澳大利亚黄金海湾的 JQ12 航班,机上载有乘客 309 人、机组 9 人。飞机飞行 2 小时后,右侧发动机空中停车,飞机用左侧发动机飞到关岛机场并安全着陆,无人员伤亡。

经检查,发现在附件传动系统中的换向齿轮箱中的主动锥齿轮(也称伞齿轮)在工作中共振,造成锥齿轮破损与壳体破裂,锥齿破损后,发动机的功率无法传到装在附件机匣上各个附件,发动机当即停车。因此,锥齿共振是这次事件的主要原因。

捷星航空这次锥齿共振造成空中停车事件并不是 GEnx 的第一次,在此之前已出现过 7 次,加上这次共 8 次,确实令人吃惊。早在捷星事件前 5 个月,即 2016 年

3月31日,GE公司就发布了一个服务通报,指出主动锥齿会出现共振,共振会引起锥齿断裂,造成空中停车。为此,对锥齿进行了改型,以消除产生共振的条件。但是,不知是什么原因,GE公司并未采取立即在所有的发动机中更换改进的锥齿,只是列出一个更换计划,按发动机已使用时间在不同的期限中更换新件。如果当时就更换了所有发动机的新件,捷星航的这次空中停车事件就不会发生。

PW1000G 齿轮传动涡轮风扇发动机的重大故障

在大涵道比涡扇发动机中,在风扇转子与由低压压气机及低压涡轮组成的低压转子间,装上一套减速装置,使风扇工作于低转速,而低压压气机及低压涡轮工作于高转速下,也即两者均处于最佳转速下工作,可提高发动机效率以及减少发动机的总级数等优点,这就是"齿轮传动涡轮风扇发动机"GTF(图1.2.17)。

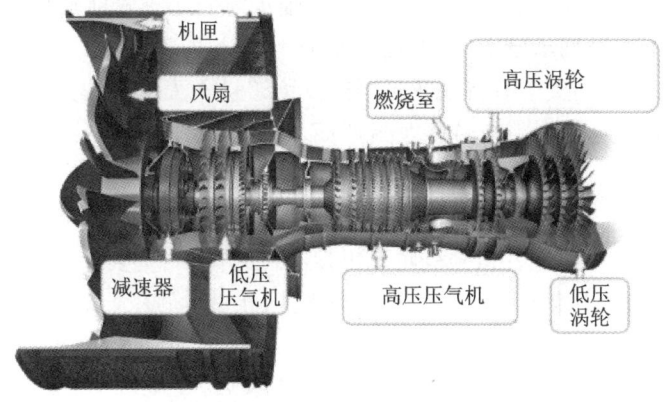

图 1.2.17　齿轮传动涡轮风扇发动机 GTF

美国普惠公司于2007年启动了齿轮传动涡轮风扇发动机项目。2007年7月,日本三菱重工宣布启动70～90座级的三菱支线飞机MRJ,并宣布选择普惠的GTF作为唯一动力装置,发动机的推力为66.5～75.7 kN,计划2014年投入使用。由于有了用户,普惠公司加紧了GTF的研制工作,并宣称GTF是"改变游戏规则"的发动机。2008年7月普惠公司宣布,将GTF发动机正式命名为"静洁动力"PW1000G型发动机。

随后,巴西庞巴迪公司正式宣布启动了100～149座级的C系列C110和C130型飞机研发计划,该飞机也采用PW1000G作动力,发动机推力为93.5～102.4kN。2009年,俄罗斯伊尔库特飞机制造公司宣布选用PW1000G系列发动机作为其新型的伊尔MC-21飞机的动力装置,发动机推力为110～150 kN。2011年,空客公司宣布PW1000G系列发动机将作为其新型飞机A320neo系列飞机的备选发动机,其推力也为110～150 kN。

PW1000G在投入运营前后却出现了一些造成飞机大面积停飞的故障,原来认

为会出问题的大功率、高转速的减速器,却在使用中表现良好。

1. CS100 客机用的 PW1500G 低压涡轮 1 级轮盘爆裂非包容故障

庞巴迪 C 系列的 CS100 所用的 PW1500G 在 2013 年取得适航证后,于 2014 年 5 月 29 日装在 CS100 左翼下进行地面检验性试车中,1 级低压涡轮轮盘爆裂甩出发动机,造成一起严重的非包容故障。

经过分析,这次重大故障是由于试车中操作不当以及设计上存在重大缺陷造成的。在普惠公司对 PW1500G 的试车指南中规定,停车前必须在高压转子转速低于 70%下至少运转 10 min,以冷却发动机;停车 8 h 以后才能再次启动发动机,避免某些零件温度过高。但是庞巴迪的试车人员未遵守这个规定,多次在大转速下直接停车,且经常多次重复开车,其结果使滑油导管上的封严圈在高温作用下失效,漏出的滑油在高温下自燃,最终造成低压涡轮 1 级盘爆破。

在 PW1000G 系列发动机中,高压涡轮后轴承与低压涡轮前轴承支承在高、低压涡轮间承力框架内的轴承座中(参见图 1.2.18),供入高压滑油的导管插到轴承座中的油孔中,滑油导管端头装有特氟龙封严圈。由于操作人员未按要求而反复开车、停车,使轴承座的温度大增,造成特氟龙封严圈失效,滑油向外泄漏。不断向外泄漏出的滑油在高温作用下自燃,所产生的连续不断的燃烧火焰,通过对 1 级低压涡轮轮盘吹冷却空气的孔吹向轮盘的轮毂,结果在轮盘上烧出一个整环的缺口,其外缘部分,在离心力作用下爆裂,其断片击穿机匣甩出发动机,打伤飞机多处结构,而盘心部分则像面包圈似的套在低压涡轮轴上。这种故障模式,在过去的几十年中还从未出现过。

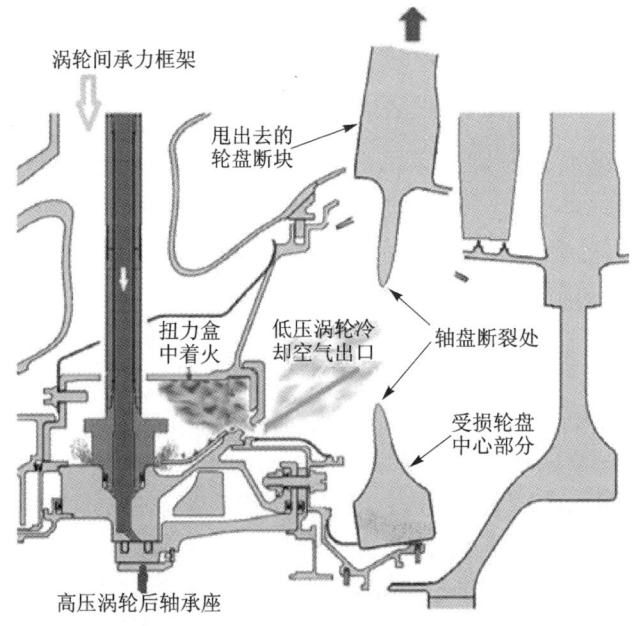

图 1.2.18 轴承座温度过高使封严圈失效滑油外喷自燃

由于这次 1 级低压涡轮轮盘爆裂故障,使 C 系列飞机 2014 年投入使用的计划告吹,延期至 2016 年 7 月才投入使用。

2. PW1100G 服役初期的故障

装 PW1100G 的 A320neo 于 2016 年 1 月 20 日投入使用,初期使用中发动机出现了两个问题,其一是全功能电调装置过多地在驾驶舱显示屏幕上发出所谓的故障信号,干扰驾驶员的精力,在修订了软件设计细节后,这个问题较快地解决了。第二个问题是高压转子的"热弯曲"问题。当发动机停车时,如果用于冷却发动机的时间(在慢车状态下运转)太短,停车后,由于热气上腾的效应,发动机内的上部温度会高于下部的温度,会使高压转子上、下温度不一致,造成转子上下热膨胀不一,使转子出现弯曲现象即热弯曲。如果停车时间短再次启动发动机时,热弯曲不仅会造成发动机振动,而且叶尖剐蹭机匣内衬,使发动机效率降低等。因此普惠采取将启动时间加长到 7 min,使发动机逐步上升温度,消除热弯曲效应,当然这种措施使用户非常不满。后来,普惠采取了 3 项改进措施,即在高压转子前、后支点处加装弹性支座,以降低振动值;在第 8 级叶尖处(热弯曲时它处于弯曲的最大处)涂上一层极硬的立方氮化硼,当它与围绕叶尖的环形耐磨衬环相磨碰时,会在耐磨衬环上磨出一与叶片宽度一致的槽道,能减少漏气损失。另外对全功能电调装置做了相应的改进等,使发动机的启动时间缩短至 300 s(2016 年 6 月)与 200 s(2016 年 12 月),这个启动时间已基本同于其他发动机的启动时间。

3. 故障频发使靛蓝航空公司在 18 个月中换发 69 次

印度的靛蓝航空公司是一家廉价航空公司,是 A320neo 最大用户,已有 32 架飞机投入运营。由于印度地区天气炎热干燥、潮湿、污染严重与空气中盐分较多,对发动机的工作造成了较严重的影响,从 2016 年 3 月到 2017 年 2 月 24 日的 13 个月中换发 42 台,其中有 28 台由于高压压气机前轴承腔封严处泄漏使金属微粒进入滑油腔,激发滑油屑末探测器报警;13 台由于燃烧室火焰筒的进气孔被空气中的盐分堵塞使燃烧室性能恶化,性能下降 25％;1 台是由于主减速器故障(滑油屑末探测器报警)。

在过去的 30 年中,由于发动机技术稳定提高,全球发动机由于故障造成的换发次数约为每年 25 次,但是靛蓝航空公司 32 架 A320neo 所用的 PW1100G 发动机,从 2016 年 5 月到 2017 年 11 月间的 18 个月中却换发 69 次,平均每周换发一次,实属少见,创造了一项世界纪录。

高压压气机前轴承腔封严处原来采用了端面石墨密封装置,这种密封装置封严效果好,但在 PW1100 中所用的端面石墨密封装置中,由于全功能电调装置中程序出了毛病,在一定高度上密封处气体压力不够,使端面石墨不能和与其相配的密封面紧密接触,不仅漏油,还造成一些金属屑末进入滑油腔。为此,普惠公司改用了刷式封严装置替代了端面石墨密封,2017 年 4 月完成此项改进。

对于火焰筒通气孔被堵塞的问题,普惠公司采取对火焰筒进、排气处增加了通气

孔的数目,几乎比原设计的孔数增加一倍,2017 年 9 月完成改进。

在此期间,美国精灵航空公司 5 架 A320neo 中有三架也由于高压压气机前轴承腔滑油屑末探测器报警而停飞。另外,该公司的 A320neo 还由于在高空中,放气活门还会结冰卡滞,所以要求驾驶员将飞机保持在 9 100 m 高度以下,印度的 A320neo 也遇到这个问题。

4. 新改进的高压压气机后篦齿封严件带来巨大祸害

2017 年 12 月普惠公司认为高压压气机 8 级盘后锥轴上的篦齿封严环,性能未达到预期的水平,于是对此封严环进行了改型。从发动机生产序号为 P770450 以及其后的发动机上采用了这种改型的封严环。

但是这种新的封严环很快发现易掉块,使封气效果失效,发动机易进入喘振,造成发动机在飞行中停车。例如,2018 年 2 月 24 日到 3 月 12 日期间,印度的两家航空公司发生了 3 起空中停车事件。鉴于这个故障对飞机的安全飞行影响较大,欧洲、美国与中国的适航部门均先后发布紧急适航指令,指令中所涉及的发动机为生产序号 P770450 以及其后的发动机,对这些发动机的使用条件作了严格规定。

普惠公司已交付了装有这个改型的篦齿封严的发动机 98 台,其中 55 台交付空客公司,有 43 台已装在航空公司运营的飞机上。普惠公司为了解决这一问题,临时将原来的结构又换回到这些发动机上,这一变动耗费约 5 000 万美元。

此后,印度民用航空管理局考虑到印度已有三次空中停车事件,于 2018 年 3 月 13 日决定将装有受影响发动机的 11 架 A320neo 全部停飞,约占 A320neo 全部服役飞机 113 架中的 10%,在民用航空史中,一次停飞全机群中十分之一的飞机,实属少见。

空客公司在接到上述指令后,决定停止接受 PW1100G 发动机,即在 A320neo 总装线暂时停装用此型发动机的飞机。

GE9X 发动机故障使 777X 延期投入使用

美国波音公司在 2013 年 11 月迪拜航空展览会上正式宣布启动 777 的后继机 777X 的研制工作。波音公司还宣称:777X 将是世界上最大、最先进和效率最高的双发客机,与竞争机型相比,油耗低 12% 运营成本低 10% 等。从外观上来看,777X 的机翼设计成可以折叠的。在空中飞行时为展开状态,降落后将机翼折起,即翼尖向上折起约 3 m(图 1.2.19)。777X 已于 2020 年 1 月 25 日首飞,计划 2025 年投入运营,将是世界上最新、最大的双发客机。

GE 公司为 777X 发展了 GE9X 发动机。GE9X 是在 GE90(用于 777 双发客)与 GEnx(用于 787 双发客机)的基础上发展的新型大涵道比涡轮风扇发动机,其风扇叶尖直径高达 3.4 m,是目前直径最大的风扇;在 2017 年 11 月试车中,GE9X 的推力达到破世界纪录的 597 kN(原世界纪录为 GE90 - 115B 创造的 569 kN),因此 GE9X 成为"世界最大发动机"。

图 1.2.19　停在停机坪上的 777X

GE9X 的设计于 2015 年中冻结,首台发动机的试车于 2016 年 4 月开始,为获取适航证的工作始于 2017 年 5 月,有 8 台发动机参与取证工作;2018 年年初,另有 8 台发动机以及若干套备件,送往波音公司的飞行试飞基地,用于 4 架 777 - 9X 的试飞工作,这是为 777X 取适航证的试飞。还有 1 台发动机运往冬天极寒的加拿大温尼泊马尼托巴湖草原的 GE 公司试验基地,以进行结冰试验,以及发动机的吞冰雹、尘埃与鸟的试验。

按计划,777X 于 2019 年年中进行获取适航证的飞行试验,2020 年投入商业运营,距第一架宽体客机 747 投运营时间(1970 年 1 月)正好相距 50 年。

但是 777X 向投入运营的道路上,并不是一帆风顺,首先是 GE9X 发动机出了问题。2019 年 5 月的一次试车中,排气温度过高,经检查分析后,是高压压气机第二级可调静子叶片操纵机构出现问题。6 月 GE 公司宣布,要对该操纵机构进行设计更改,为此,将已运到波音公司准备用于 777X 试飞的发动机,运回 GE 公司,以便更换修改后的构件。这当然会延误对发动机取证的时间,也影响飞机的试飞时间,最终将影响飞机投入运营时间。

更为糟糕的是,在三个月后的 9 月 6 日对飞机机体进行加压试验(这是飞机静力测试的最后一个项目)时,突然增压状态的机体上,一扇货舱舱门在 FAA 监察员的监视下崩飞,波音方面的人员目瞪口呆,现场鸦雀无声,好在试验场地是封闭的因此无人员伤亡。这种舱门被吹离机体的现象在众多的旅客机的试验中,还从未发生过。这次试验的惨状,其结果可能意味着还需要更多的时间来完善飞机的结构设计,2020 年投入运营的目标肯定泡汤。

这些重大故障给人们的启示

上述的这些发动机的重大故障均出自世界上最著名、历史最悠久的三大航空发动机公司(普惠、GE、罗·罗),它们均有研制过多型军、民用发动机的经验,拥有众多的研制航空发动机的专业人才并积累了丰富的设计、生产、使用与排除故障的经验,还有众多的试验设备与现代化的生产厂房等。

即使在航空发动机技术方面的发展已经成熟,并在世界上处于领先地位的这三

家公司所研制的最新发动机,仍然出现令人吃惊、影响非常大的故障,再次说明航空发动机的研制工作是极端艰巨的。

为此,在研制发动机时,不仅要努力学习掌握扎实的功力,还需要关注国外发动机的发展与使用讯息,从它们的经验中吸取教训;另外,要处理好性能与可靠性的关系,不能单纯追求性能而忽视可靠性与耐久性;在使用新发展的技术时,一定要慎重,应该从前述因采用新技术造成的事件中,吸取教训;对在研制与使用中出现的故障,一定要认真分析,找出故障的原因,采取相应的措施,不仅要杜绝再次发生类似故障,而且能更深刻地理解某些机理,以促进发动机的发展。

| 工况突变是造成航空发动机研制困难的原因之一 |

　　多年以来,人们都认为研制航空发动机难在它的"三高"上,即转速高、压力高与温度高。的确,要很好地解决三高带来的问题,是非常不容易的事。但是在人们注意解决三高问题时,却忽视了发动机工况变化太大带来的潜在风险,也是制约发动机顺利研制绊脚石。

　　以发动机转速为例,只要一推油门杆,发动机立即由每分钟 6 000～7 000 转上升到每分钟 13 000～14 000 转,随着转速的增加,发动机由前到后各零、组件的温度也升高,而且升高值各不相同。这样一来,原来匹配很好的两相邻的组件,由于温度升高不同,加上热膨胀系数的差异,会导致原来良好的配合关系被破坏,造成配合处的缝隙加大,使气体泄漏或缝隙过小使零件受损。

　　航空发动机是飞机的心脏,为满足飞机的要求,往往在一瞬之间,发动机在地面以较低的转速工作突然以最大转速飞到十几千米高度上工作,不仅工作环境发生了巨大变化,发动机工作条件也有大的变化。这些都会给原来匹配很好的相关零组件带来意想不到的困境。

　　为此,在发动机设计时一定要充分考虑使用中出现的类似问题,采取对应的措施。但是在设计时,总有考虑不周之处,这样就会在发动机工作时出现意想不到的故障,有些故障有的影响发动机的研制进度,有的还会影响飞机的安全飞行。为了解决这些故障,少者会花费一两个月时间,多者甚至花费半年以上时间。

　　国内外很多发动机在研制中甚至在使用中就出现过多种影响研制进度与正常使用的故障,下面介绍几个影响较大的故障。

　　中国民用航空总局(简称中国民航总局)于 20 世纪 80 年代中期引进了装普惠公司 JT9D－7R4 发动机的 747－200 系列客机。在 1985 年年末至 1986 年年初的严冬

季节中,发生了 15 起在当天第一次飞行爬升到 600~1 500 m 高度收油门时,因喘振而造成空中停车的事件。

　　发动机在飞行中发生喘振,是对飞机飞行安全带来危险的重大故障,JT9D-7R4 发动机在短时间内出现了 15 次,是危及 747 机群安全飞行的隐患,为此,中国民航总局对普惠公司提出严重警示,要求该公司尽快排除这个重大故障。普惠公司遂派出近二十人的专家组来到北京,研究分析故障发生的原因,提出改进措施。

　　JT9D-7R4 发动机为了解决在非设计状态下不发生喘振,在高压压气机前几级采取了静子叶片做成出口角度可以调节的设计,这也是大多数大涵道比涡扇发动机中普遍采用的措施。即进口导流叶片与 1~3 级静子叶片做成可以调节的。图 1.3.1 示出了其结构,在每片静子叶片外端均装有一个摇臂,摇臂的一端用销钉插在整环的操纵环中,当操纵环转动时,会将所有静止叶片转动一个角度,用这个装置来调节可调静子叶片的角度。操纵环可以围绕机匣转动,其与机匣间保持一定的间隙。

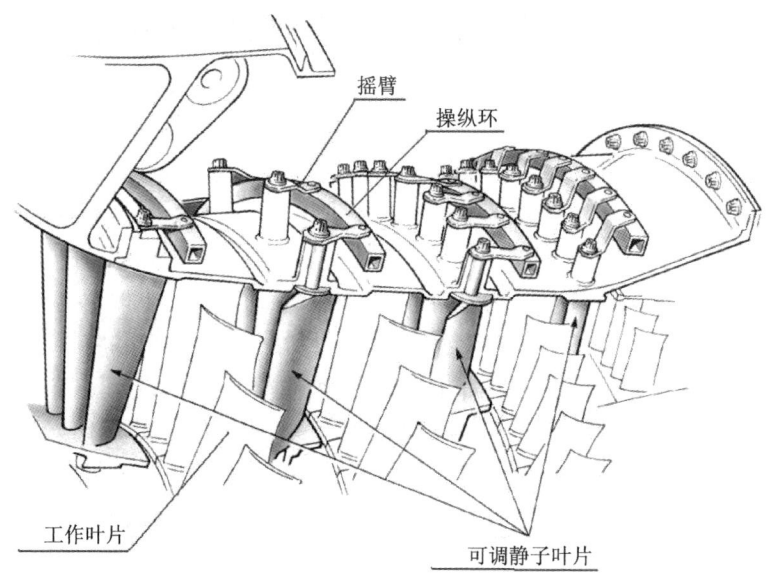

摇臂
操纵环
工作叶片
可调静子叶片

图 1.3.1　可调静子叶片结构

　　普惠来华的专家组经过全面调查分析后,认为原来设计中规定的操纵环与机匣间的间隙不够,是造成发动机 15 次喘振的原因。

　　由于当年北京深冬的气温低到零下十几摄氏度,发动机在夜间冻了大半夜后,所有外部与内部零件均处于极低的温度下,第二天第一个航班时,启动发动机并将油门推到起飞状态,随着转速的增加,发动机内部各处温度急剧上升。在热膨胀的作用下,机匣向外膨胀,而处于发动机外面的、由复合材料制成的操纵环,仍保持相对低的温度下,虽然也膨胀了但膨胀不像机匣膨胀得多,其结果造成操纵环被膨胀的机匣卡死而不能转动,使几排静止叶片不能调节出口角度,造成发动机喘振。

最终,普惠专家将原设计的操纵环与机匣间的间隙做了大幅度的修改,其结果见表 1.3.1,从而解决了引发喘振的故障。

表 1.3.1　高压压气机各级可调叶片操纵环与机匣间隙值

mm

级	改装前	改装后
进口可调静叶	0.203～0.610	4.394～4.902
1 级	0.127～0.330	7.035～7.340
2 级	0.127～0.330	2.971～3.276
3 级	0.152～0.356	6.756～7.061

由表中可见,其改动还是较大,以 1 级可调静叶为例,其操纵环与机匣间的间隙由不到 1 mm,增加到 7.3 mm,说明发动机工作时机匣膨胀量相当大,由于设计时没有考虑到这一变化值,遂引发了在工作中出现大故障。

1985 年中,中国民航使用的 JT9D - 7R4 发动机由于两级高压涡轮间的级间篦齿封严环断裂掉块,造成 5 次空中停车事件,其中一次断块还击穿机匣,造成非常严重的非包容故障。图 1.3.2 为其结构图,在高压 1 级涡轮盘 2 与 2 级涡轮盘 3 间,装有一个带 4 个篦齿的封严环 1,与固定在 2 级涡轮导向叶片 4 内的封严环组成封严装置。篦齿环断裂位置在 3、4 齿间。

发动机工作时,由于各部件温度均有升高,在热胀冷缩的规律下,转子与机匣均会向后膨胀。在 JT9D - 7R4 中,转子较机匣向后膨胀得多,在设计时考虑这一点,留有较大裕度,使工作时篦齿环始终在封严环内。

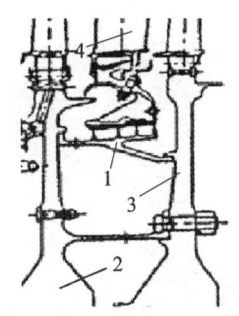

1—篦齿封严环;2—高压 1 级涡轮盘;
3—高压 2 级涡轮盘
4—高压 2 级涡轮导向叶片。

图 1.3.2　JT9D - 7R4 两级高压涡轮间的篦齿封严环

但是在实际使用中,转子向后的膨胀量大于设计值,造成最后的篦齿即 4 号篦齿离开了封严环 1～2 mm,空气即从此缝隙中向外喷出。篦齿间不稳定的气流从该缝隙喷出时对第四道篦齿产生激振引发 4 齿疲劳裂纹,裂纹不断发展最终造成篦齿环后端断裂。

维修人员对在役的发动机进行了普查,查出已有裂纹但未断裂的发动机有 20 余台。

我围研制的某型涡轮喷气式发动机发,在研制中曾出现过发动机振动过大的重大故障,严重影响了研制进度。

在出现了发动机振动过大故障后,研制单位无法排除该故障,只得发动全行业的专家来协助解决,于是召开了有关振动方面的专家权威(包括南航、西工大与北航有

关教授)的专门会议,会议总结了专家们的意见后,提出了排故措施,经过几个月的努力,完成了排故措施,但是一开车,发动机振动仍然过大。于是又召开了第二次专家会议,会议又提出一些修改意见,再经过几个月的努力,再次开车,其结果仍然没有解决振动过大的问题。正当专家们开动脑筋,想方设法地冀图突破此关键问题时,一位技术员在吊装涡轮转子时,突然发现转子的一个端面上有摩擦过的痕迹。这个痕迹说明发动机工作时,转子与静子间出现相碰,因而引发了发动机出现过大的振动,发动机振动过大的原因就这样找到了。原来在设计发动时,转子与静子间的轴向间距留小了,工作时转子的向后的膨胀量大于设计值,造成静、转子轴向碰磨,引发了过大的振动。

振动过大的原因找到后,设计人员加大了静、转子间的轴向间距,解决了已费时近一年的未能解决的"大问题"。

21世纪初,美国普惠公司开发了一种称为齿轮传动涡轮风扇发动机(GTF),如图1.3.3所示。

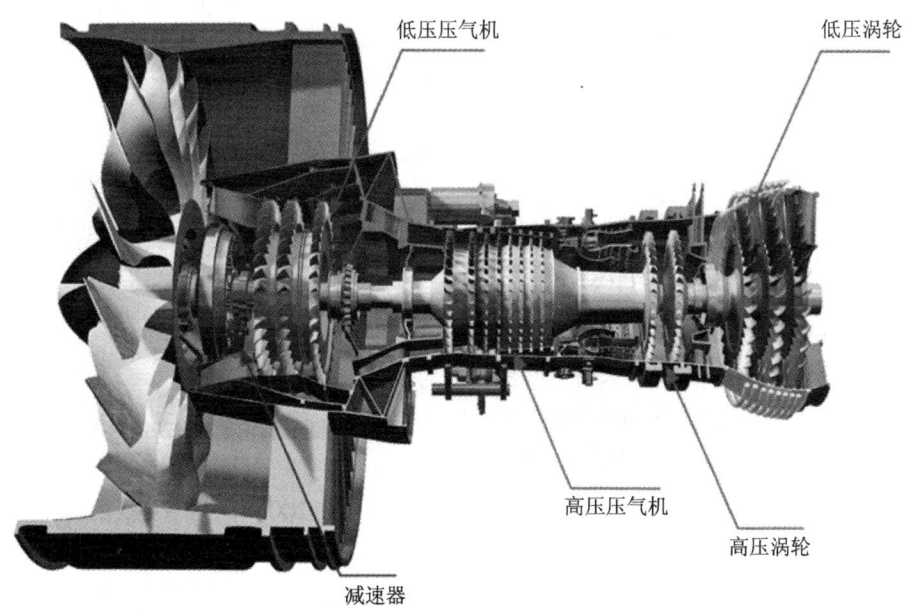

低压压气机　　低压涡轮
高压压气机
高压涡轮
减速器

图 1.3.3 齿轮传动涡轮风扇发动机 GTF

GTF 的第一个型号 PW1000G 用于多型飞机上,但在投入使用初期,却出现了许多故障。例如用于 2016 年初投入运营的 A320neo 的发动机,在使用初期就出现过两个影响发动机正常工作的重大故障,其中一个为高压转子"热弯曲"。

当发动机停车时,如果在慢车状态运行时间较短,对发动机冷却不充分时,停车后发动机内部仍处于高温状态,这时热气升腾,转子上部温度高于下部温度。这种高压转子上下温度的不一致,导致转子出现弯曲,这种弯曲称为热弯曲。

在出现转子热弯曲后,如果短时间内再次启动发动机,不仅发动机振动加大,还使第 8 级工作叶片叶尖剐蹭机匣,使发动机效率降低。为此,普惠公司采取将发动机两次工作间时间拉长,以及启动时间加长到 7 min,使发动机逐步升高温度,消除热弯曲效应。但这些措施引起用户的不满,最后普惠采取了三项改进措施才最终解决了热弯曲问题。

某单位在仿制国外一型涡轮喷气发动机时,有一件称为涡轮后轴承机匣的组件,其结构也比较简单。它由两个同心圆环套在一起,在两个圆环间焊有 8 个支板组成了后轴承机匣。设计人员发现原设计中,外环的材料耐高温性能较差,当时国内正好有一种耐高温性能较好的材料,于是将外环改用了性能较好的材料。但是,发动机装上这个改进的组件后,一试车圆形的外机匣变成了八个角的特殊形状。原来是材料的热膨胀系数不协调造成的,外环改用新材料后,膨胀系数比较小,造成工作时支板膨胀较多,于是支板将外环顶出 8 个尖角。

20 世纪 80 年代,美国普惠公司为 757 客机研制的 PW2037 大涵道比涡扇发动机,在它的高压涡轮工作叶片上涂了一层该公司研发的性能较好的涂层。但是服役一段时间后,发现许多片的涂层脱落掉块。经排故分析,发现该涂层性能的确优异,但其膨胀系数与叶片基体材料的膨胀系数不匹配,造成工作中,叶片基体材料与涂层膨胀量不一致,最后致使涂层脱落。于是将叶片退回到该公司,重新涂上老的涂层,好在那时投入使用的发动机数量不多,公司还能应付这一处理过程,如果投入使用的发动机数目多,那就成了影响公司正常生产秩序了。

从以上国内外发生的事例来看,都是发动机工况发生变化造成的后果。它们有的影响了新机研制计划,有的产生了危及飞机飞行安全的重大故障,但是还不被人们重视。因此借此机会,我要大呼特呼在认真对待三高问题的同时,也要重视工况变化成为制约发动机顺利研制绊脚石的大问题,使我国的航空发动机研制工作,走上康庄的大道上,把我国建成世界航空发动机的大国!

四种军用发动机发展试验程序的变化

前 言

F100 - PW - 100、F100 - PW - 220、Fl10 - GE - 100 和 F414 - GE - 400 四型发动机在发展过程中,发展试验程序中的地面整机试验内容与试验时数有较大的变化。对这种变化情况进行分析、研究,从中探讨美国军用发动机在近 20 余年内的发展途径、研制思想的转变以及发展趋势,无疑将为我们研制新型发动机提供有价值的参考意见。

从研制年代看,上述发动机分别是在 20 世纪 70 年代(F100 - PW - 100)、20 世纪 80 年代(F100 - PW - 220、F110 - GE - 100)与 20 世纪 90 年代(F414 - GE - 400)发展的。发展试验中的整机试验内容与时间,同一年代的发动机基本相同。20 世纪 70 年代中,试车计划基本按美国军用标准 MIL - E - 5007D 规定进行的。20 世纪 90 年代的 F414,基本按 MIL - E - 005007F(AS),但超过了它的要求。现尚未找到 20 世纪 80 年代的根据,估计是根据使用中暴露的问题,修订补充的。

1 F100 - PW - 100 发动机

F100 - PW - 100 是世界上第一种推重比为 8 级的发动机。它的诞生标志着航空发动机登上了一个新的台阶,促进了新一代、具有空中优势性能的 F - 15 战斗机得以投入服役。装有 2 台 F100 - PW - 100 发动机的 F - 15 战斗机于 1974 年 11 月开始装备美国空军并服役。与 F100 - PW - 100 型推力相同的另一型号 F100 - PW - 200 用于 F - 16(装 1 台),F - 16 于 1978 年年底开始装备美国空军,估计到 2020 年,

F－15 和 F－16 仍将是美国空军的主力作战飞机。

F100 发动机在发展中始终以追求高的性能、高推重比为研制目标,相对地忽视了发动机的可靠性与维修性,因而在投入使用后出现了较大的问题,影响了飞机的出勤率。到 1979 年 4 月的 4 年时间内,空军使用的 F100－PW－100 发动机有 1 100 余台,累计工作时间超过 25 万飞行小时,出现了大量故障,综合故障率为 2.688 次/1 000 发动机飞行小时,造成 1979 年缺少 90～100 台发动机,补充备件需耗资 1.5 亿美元,使 F－15 大量"趴地",成为当时困扰美国空军最棘手的问题之一。美国空军不得不让 GE 公司利用用于 B－1 轰炸机的 F101 发动机的核心机,发展一种用于 F－15 和 F－16 的与 F100 相竞争的发动机,即 F110 发动机,形成了由两家发动机公司同时为 F－15 和 F－16 提供推力相当但型号不同的发动机的局面,一直沿用至今。

F100－PW－100 发动机在发展中,地面整机试车内容基本是按美国 1973 年 10 月颁布的军用标准 MIL－E－5007D《航空涡轮喷气发动机和涡轮风扇发动机通用规范》规定进行的。按 MIL－E－5007D,发动机定型程序分为飞行前评定试验(PFRT)与合格鉴定试验(QT)两个阶段。整台发动机的考核试车在这两个阶段中分别为:在 PFRT 中,规定用 1 台发动机进行每个阶段为 6 h,共 10 个阶段,总共 60 h 的持久试车;在 QT 中,规定用 2 台发动机,每台发动机各进行 2 次,每次 150 h 的 6×25 h 持久试车。

MIL－E－5007D 中规定的考核试车内容适合于寿命较短、工作中工况变化少且不剧烈的发动机。因为在它规定的 QT 阶段的 150 h 持久试车的目的主要是考核在最长的稳态时间内发动机在高温下的工作能力,而不是考核多次工作循环下的工作能力,用于 F－15 这类机动性能要求特别好的发动机,要求能快速来回推、拉油门杆。这样使得发动机的温度与转速频繁地快速变化,造成发动机主要零件应力循环变化多。因此,按该规范进行的 QT 的 150 h 持久试车程序,未能反映发动机实际工作状况,发动机在定型时,没有得到充分的考核,问题暴露不够,在投入使用后,才逐渐暴露出来,不断出现各种故障,可靠性不高。

2　F100－PW－220 发动机

当出现两家发动机公司两种型号的发动机为 F－15 和 F－16 战斗机采用的竞争局面后,普惠公司深感 F100－PW－100 可靠性不高带来的后患,于 80 年代初期着手对该型发动机进行改进。采取的策略是,用牺牲性能来提高发动机的可靠性,即在保持推力基本不变的情况下,对那些在工作中出现故障较多的零、组件进行加强,使发动机重量增加(约增加 61 kg)来达到提高可靠性的目的。于是发展了可靠性高、推重比为 7.4 的 F100－PW－220 型发动机,该发动机于 1986 年投入使用。

为考核 F100－PW－220 的可靠性与耐久性,在原来试验的基础上,增加了 4000TAC 循环的加速任务试验、高 Ma 下的耐久性试验与高周疲劳试验等三项试验内容(详见《从 F100－PW－100 到 F119－PW－100:回顾航空发动机研制观点的转

变》一文)。

F100 – PW – 220 顺利地通过了这三项特殊的试验,表明对 F100 的提高可靠性的改型设计是成功的。

3 F110 – GE – 100 发动机

F110 – GE – 100 是 GE 公司在它为 B – 1 轰炸机研制的 F101 的基础上衍生发展的,即利用 F101 的核心机,换上涵道比较小的风扇改型而成,用于美国空军的 F – 16C/D、F – 16N、F – 15E 和海军的 F – 14A/D(F110 – GE – 400 型)。由于它的发展时间与 F100 – PW – 220 是同时的,其发展中整机试车情况基本同于 – 220 型,只是在加速任务试验时,时间更多些。表 1.4.1 列出了 F101DFE,F110 试验情况。

表 1.4.1 F101DFE、F110 地面整机试验情况

试 验 项 目	总时数/h	最大功率下时间/h	加力点火次数	总积累循环数 TAC
军用规范定型要求	865	342	3 225	4 000/8 000 *
F101DFE	1 119	413	4 816	5 004
F110 – GE – 100	2 767	1 030	21 352	11 285

注:* 冷端部件 8000TAC 循环,热端部件 4000TAC 循环。F101DEF 为 F101 衍生的战斗机用发动机,是 F110 – GE – 100 的前身。

由表 1.4.1 可见,Fl10 – GE – 100 的加速任务试验 AMT 的试验时间与累计的 TAC 循环数均多于 F100 – PW – 220 的,它相当外场使用的 22 年时间。

由于 F110 吸取了 F100 不重视可靠性、结构完整性吃了苦头的教训,因此,从开始研制时就重视了可靠性与结构完整性,采取了许多措施,使得它具有较高的可靠性,而且性能也较好。

4 F414 – GE – 400 发动机

F414 是 GE 公司在 20 世纪 90 年代研制的发动机,其研制计划始于 1991 年。它是在 GE 公司发展的 F404 和 F412 基础上,利用了为美国先进战术战斗机 ATF(即后来的 YF – 22,YF – 23)研制的 F120 的一些技术发展的,推重比为 9 一级、推力比 F404 大 35% 的加力式涡扇发动机,用于 F/A – 18 战斗/攻击机的性能改进型 F/A – 18E/F 战斗/攻击机。F/A – 18E/F 作为美国海军 21 世纪初的主力作战飞机,于 2001 年进入服役,美国海军与海军陆战队计划到 2015 年购置 1 000 架。

美国海军于 1988 年 1 月 1 日公布了经过修订的 MIL – E – 005007F(AS)《航空涡轮喷气发动机和涡轮风扇发动机通用规范》的军用规范。该规范比 MIL – E – 5007D 在定型的地面考核试车的规定有了较大改变,将 5007D 中的两个阶段(PFRT 与 QT)改为:首飞前定型试车(PFQ)、小批量定型试车(LPQ)及大批量定型试车(FPQ)三个阶段,而且每个阶段的试车内容与时间也有较大的变化,试车的苛刻程度

也大大提高。

在 MIL - E - 005007F(AS)中,PFQ 中的持久试车也是 60 h,但与 5007D 中不同的是,不是常规的 60 h 持久试车,而是 60 h 的加速模拟任务持久试车(ASMET),且规定在其前、后进行上下台阶高周疲劳/推力瞬变运转试车各 5 h。所谓推力瞬变(bodie)运转试车是指将油门杆从慢车—最大—慢车,慢车—中间—慢车等 5 种不同过程的快速推、拉杆,共进行 16 个循环,运转时间为 60 min。

在 MIL - E - 005007F(AS)的 LPQ 阶段,进行两种持久性试验:一种是耐久性验证试验(DPT),即进行 300 h 的 ASMET,并在其前后各进行上下台阶高周疲劳/推力瞬变运转试车各 25 h;另一种是 1 000 h 的 ASMET 试验。在 FPQ 阶段规定进行 1 000 h 的 ASMET 试验,按 ASMET 试车程序,每 1 个循环约耗时 15 min,即 1 000 h 相当 4 000 个 TAC 循环的 ASMET。而在 MIL - E - 5007D 中的 QT 阶段仅为 150 h(6×25 h)持久试车,它的规定是用两台发动机,每台进行 2 次 150 h 待久试车。

F414 - GE - 400 在发展中,基本按 MIL - E - 005007F(AS)的规定执行,但某些方面更严格,时间更多。例如,在 PFQ 阶段,规定 60 h 的 ASMET,其前后各 5 h 的上下台阶高周疲劳/推力瞬变运转试车,而 F414 是在有进气畸变的条件下进行了 300 h 的 ASMET,在其前后共进行了 45 h 的上下台阶高周疲劳/推力瞬变运转试车。在 LPQ 阶段,进行 1 000 h 的 ASMET,其前后进行 45 h 的上下台阶高周疲劳/推力瞬变运转试车,基本与规定相符。在 FPQ 阶段,按规定进行 1 000 h 的 ASMET,但其热端部件要用通过 LPQ 试验的零件。

显然,F414 为定型进行的地面整机考核试验计划,不仅远远超过了它的原型机 F404 的内容,而且也超过了 80 年代发展的 F100 - PW - 220、F110 - GE - 100。F414 与后者相比,主要是多了上下台阶的试验次数与时间。F100 - FW - 220 只进行 1 次 22 h 的上下台阶高周疲劳试验,而 F414 共需进行 4 次、总时间为 90 h 的试验。

增加上下台阶高周疲劳试验,是为提高发动机可靠性而采取的重要措施。在以往的发动机中,由于叶片、篦齿封严环和轮盘,特别是外部管路在工作中因共振而出现故障是屡见不鲜的。GE 公司总结了在民用发动机使用中出现的空中停车事件的原因,发现 50% 的空中停车事件是由于外部管路、附件损坏造成的,通过上下台阶高周疲劳试验,特别是将台阶数加多(Fl00 - PW - 220 中为 9 个台阶,PW4084 为 15 个),能确保在发动机工作范围内,不会出现零件的共振故障。

F414 - GE - 400 用 14 台发动机进行地面整机试验,并准备了 10 台发动机作备用。另外,用 21 台发动机、7 架飞机进行飞行试验。14 台地面试验用发动机中,2 台作为备用,真正试验用的是 12 台,其中 10 台在按试验发展计划进行规定的试验前,均根据试车中可能出现的关键技术难点,先进行 4～5 次保险试车,以排除难点。在难点排除后,才进入规定的任务试车或官方规定的阶段试车。F414 在取得 FPQ 前,共进行 10 164 h 试车,与 F404 在通过 QT 时的 9 532 h 基本相近。但它所耗的时间

却比后者多 1 倍(F404 为 2.5 年),从这点可看出,F414 试验的内容与难度均大大高于 F404 的。

5　值得借鉴的问题

从上述代表 20 世纪 70～90 年代的几型发动机在发展研制中进行地面考核试验的程序看,试验内容与时间愈来愈多,试验的苛刻程度愈来愈高,这主要是从提高发动机可靠性与减少风险出发的。这也是发动机研制部门、使用部门和领导部门通过实践中的经验、教训提高了对发动机可靠性认识的表现。70 年代由于原型的 F100 发动机可靠性不高造成几十架 F-15 战斗机停飞事故,曾引起美国朝野广泛注意,美国国会还为此召开过听证会。自此以后,提高发动机可靠性变得越加重视,本文所述的发动机地面考核试验程序的变化便是一例。

但是,发动机工作条件特别恶劣多变,它不仅温度高、转速高,而且其状态还不断地变化。另外,为了减轻重量,零件做得单薄,受力与应力状况比较复杂,虽然扩展了试验内容,加重了试验苛刻程度,延长了试验时间,力图在试验中模拟外场工作的极端条件。但是,模拟终究不能同等于千变万化的实际使用条件,所以,在使用中还会出现严重故障,造成极大的影响。例如,装在 F/A-18 的 F404 发动机,在使用时间积累到 100 万飞行小时后的 1987 年,出现风扇 1,3 级工作叶片共振折断故障,断片卡在钛合金叶片与钛合金机匣间引起钛机匣着火,发生了火焰外窜将外涵钛机匣烧穿使飞机着火的事故(参见本书第 2 版《F404 发动机高压压气机钛机匣着火故障》一文)。由于这个事故,在 1987 年一年内使美国海军损失了 4 架 F/A-18 战斗/攻击机。又如,在 1991 年初的海湾战争中,美国出动了除 B-1 轰炸机以外的所有的作战飞机。B-1 轰炸机未参战的原因是由于开战前两个多月时(1990 年底),它的发动机(F101)风扇第 1 级工作叶片由于固定卡环折断使风扇叶片甩脱,严重影响飞机飞行安全,不得已在排故期间下令将全部在役的 97 架 B-1 轰炸机停飞(参见本书第 2 版《从国外几起严重故障谈航空发动机研制的艰巨性》一文)。

美国投入航空发动机的发展费用与力量是很可观的,例如,F414 发动机,它并不是一种全新研制的而是在 F404 的基础上,改进、衍生发展来的。即便如此,用于发展地面试验的发动机有 14 台,另有 10 台备用,用于试飞的发动机有 21 台,7 架飞机,按前述的发动机出现的故障来看,仍不能排除今后 F414 发动机在使用中会出现某些影响面较大的故障。为此,为了创建我国独立自主的军用航空工业,应该对飞机的心脏——航空发动机的发展给予大力支持,不仅在财力物力人力上给予支持,而且上级领导也要理解发展航空发动机的艰巨性,要有承担在科研、使用中出现重大反复的心理准备。

| 苏式发动机与美式发动机在结构设计中的差异 |

美苏两国均发展了大批军用飞机,包括战斗机、轰炸机、军用运输机与侦察机等,发展的发动机也较多,本文将针对第 2、第 3 代战斗机中典型机型所采用的发动机,从结构设计中进行分析对比。

1　第 2 代战斗机用发动机

美国于 20 世纪 50 年代研制超声速战斗机 F104,于 1955 年 4 月便达到飞行 Ma2.0,曾在 20 世纪被誉为 60 年代世界三大高性能战斗机(米格‑21、"幻影"3 与 F‑104)之一。F‑104 设计工作始于 1951 年,1954 年 3 月 4 日原型机首飞,1958 年 2 月 20 日投入使用,有多种改型,共生产 2 578 架,所用发动机为 GE 公司的 J79 加力式涡轮喷气发动机。

采用 J79 发动机作动力的另一型战斗机为双发双座的 F‑4"鬼怪"战斗机,F‑4 设计于 1956 年,原来是为海军设计的,但后来空军也采用。原型机于 1958 年 5 月 27 日首飞,1960 年 12 月 30 日交付美国海军投入使用,1963 年 11 月交付空军,有多种改型,共生产 5 159 架。

与 F‑104 齐名的同时代苏联米格‑21 战斗机,1953 年设计,原型机于 1955 年首飞,1958 年投入使用,共生产 11 496 架,有多个改型,其初始型号所用发动机为 R‑11F‑300 双转子涡轮喷气发动机,其较后的型号采用 R‑13‑300 双转子涡轮喷气发动机,两者结构基本相同,只是后者高压压气机由 3 级增为 5 级。

F‑104、F‑4 与米格‑21 均属于第 2 代战斗机。因此,J79 与 R‑11F‑300 是同时代两型发动机。

本交中,首先将对美国的用于 F‑104 与 F‑4 战斗机的 J79 发动机与苏联的用

于米格–21战斗机的 R–11F–300 发动机从结构设计上进行对比分析。

1.1 苏联的 R–11F–300 涡轮喷气发动机

R–11F–300 是苏联图曼斯基设计局于 1953 年设计的,1956 年初第 1 次试车,同年开始批生产,主要用于米格–21,还用于苏–15 与雅克–25,有多种改型,共生产 20 900 余台。

R–11F–300 是苏联的第一种双转子涡轮喷气发动机(图 1.5.1),由 3 级低压压气机、3 级高压压气机、环管式燃烧室、1 级高压涡轮、1 级低压涡轮与带可调尾喷管的加力燃烧室组成,压气机与涡轮共 8 级,是世界上级数最少的双转子发动机。6 级压气机增压比为 8.9,平均级压比为 1.438,不仅在当时是级压比最高的压气机,在目前也是最高的。

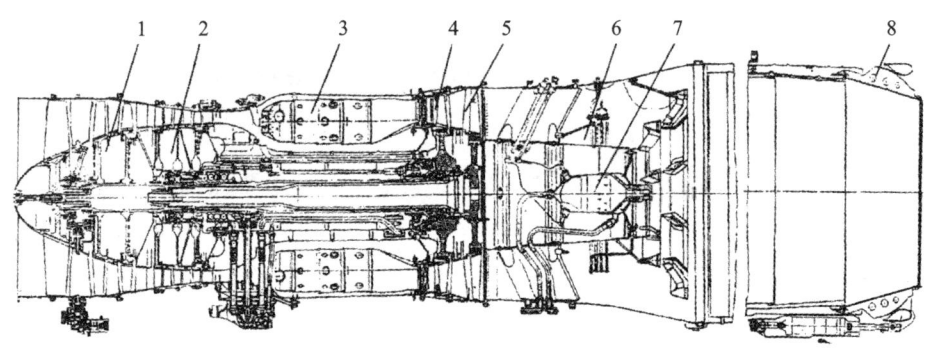

1—低压压气机;2—高压压气机;3—燃烧室;4—高压涡轮;5—低压涡轮;
6—加力燃烧室;7—预燃室;8—可调尾喷管。

图 1.5.1 R–11F–300 发动机总图

R–11F–300 主要性能参数:增压比:8.9;涡轮前燃气温度:1 228 K;
中间推力:38.7 kN;耗油率:0.95 kg/(daN·h);
最大加力推力:60.6 kN;耗油率:2.42 kg/(daN·h);
长度:4.6 m;直径:0.906 m;重量:1 124 kg;推重比:5.5。

1.2 美国的 J79 涡轮喷气发动机

J79 是美国 GE 公司在 20 世纪 50 年代研制的,第 1 次地面试车台试验是在 1954 年 6 月 8 日,第 1 次飞行试验是在 1955 年 5 月 20 日,1955 年 12 月 8 日完成了 25 h 的定型试车。J79 用于 B–58 轰炸机,F–104、F–4 与 A–5 战斗机等,除在美国生产外,还在比利时、加拿大、德国、以色列、意大利与日本生产,在 30 年时间内,共生产 17 000 余台。

J79(图 1.5.2)由 17 级压气机、环管式燃烧室、3 级涡轮与加力燃烧室组成,是压气机级数最多的单转子涡轮喷气发动机之一,其压气机共 17 级,增压比为 13.5,为了扩大压气机工作范围,使其在工作包线内不出现喘振,由 0 级到 6 级共 7 级静子叶

片是可调节的,为采用可调叶片级数最多的发动机。

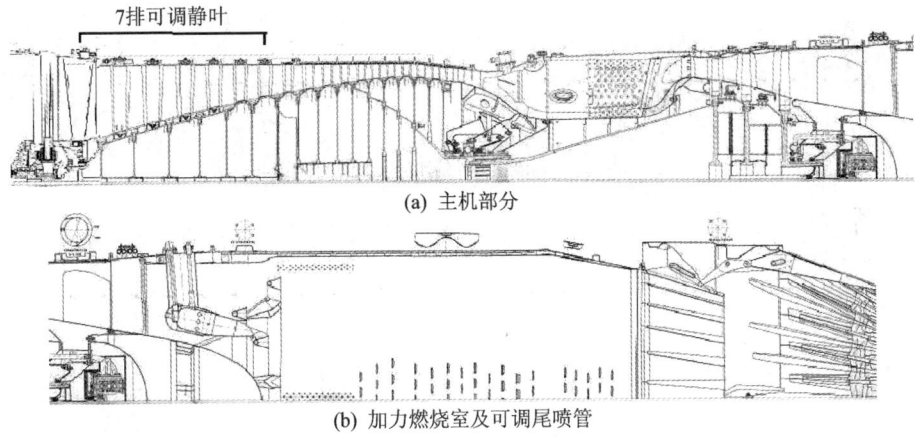

(a) 主机部分

(b) 加力燃烧室及可调尾喷管

图 1.5.2　J79 发动机

J79 发动机性能参数:

涡轮前燃气温度为 1 205 K,增压比为 13.5,推重比为 4.61;

中间推力为 53 kN,耗油率为 0.87 kg/(daN·h);

最大加力推力为 80 kN,耗油率为 2.00 kg/(daN·h);

发动机长 5.3 m　直径 1.0 m。

1.3　R-11F-300 与 J79 发动机结构设计的比较

(1) 级数。R-11F-300 压气机加涡轮只有 8 级,J79 有 20 级,其中还有 7 排可调静叶,显然,R-11F-300 级数少 12 级,当然零件少,发动机重量轻,长度短。但增压比小,单位推力会小,因此,虽然 2 型发动机的直径相差不大(0.906 m,1.0 m),但推力却相差较大(53 kN,80 kN);另外耗油率相差也较大(0.95 kg/(h·dN),0.87 kg/(h·dN)),所以 R-11F-300 性能较差,但它能满足飞机总体性能要求。

(2) 压气机叶片。R-11F-300 叶片是按小展弦比设计的,而 J79 的叶片是大展弦比的。小展弦比的叶片,叶片宽且厚,除抗外物打击性能与抗振动性能较好外,气动性能也较好,叶片数目也较少。R-11F-300 是最早采用小展弦比叶片的发动机,当时,英美的发动机全都采用大展弦比的。

(3) 压气机转子。两型发动机均采用了盘鼓混合式转子,但轮盘与鼓环连接方式却不同,R-11F-300 轮盘与鼓环间采用了带紧度的止扣连接,在配合处还采用径向销钉(图 1.5.3),使连接更牢固,这种连接方式是苏式发动机采用较广的,不仅用于压气机盘鼓连接中,也用于轴与轮盘以及涡轮中。J79 压气机转子中,轮盘与鼓环间采用多个短螺栓的连接方式(普惠公司同时期的发动机采用多根长螺栓连接参见图 1.5.4)。两种连接方式中,R-11F-300 带紧度的止扣连接零件数少,重量轻,但一经组装好后不可拆。GE 公司后来在 CF6 中也采用了这种连接方式(但是没有销

钉),说明这种带紧度的止扣连接在焊接转子出现前是一种较好的连接方式。

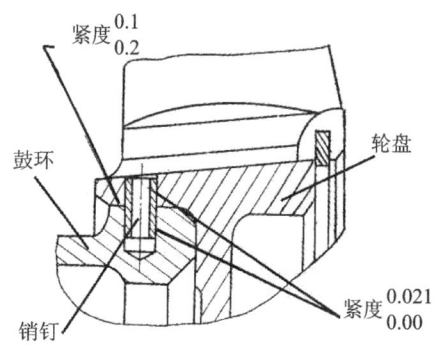

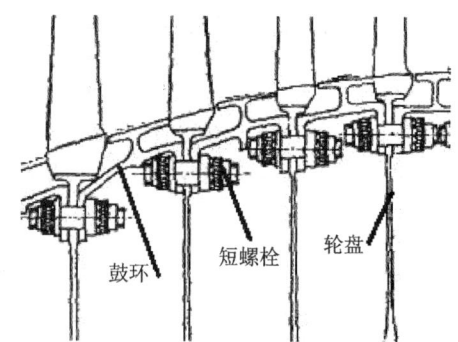

图 1.5.3 鼓环与轮盘用圆柱面定心紧度
配合加径向销钉的连接方式

图 1.5.4 鼓环与轮盘用短螺栓连接

(4)压气机无进口导向叶片。R-11F-300 低压压气机无进口导流叶片,这种安排还是少有的,现在只是在大涵道比涡轮风扇发动机中,单级风扇前无进口导向叶片,在第 3 代战斗机用小涵道比涡轮风扇发动机中,1 级风扇前大多采用可变弯度进口导向叶片。由于 R-11F-300 无进口导向叶片,于是将低压压气机转子前支点后移到 1、2 级间,通过 1 级导向叶片将轴承负荷传到机匣,这种结构也是少有的。

(5)斜榫根。R-11F-300 压气机平均级压比比较高,第 1 级叶片中,前缘比后缘低得较多,但叶尖处前、后缘直径相同,所以在叶根处就形成了较大的斜坡,如图 1.5.5 所示,这种结构在现代大涵道比涡轮风扇发动机风扇叶片中是常见的,如图 1.5.6 所示。在 R-11F-300 中将叶片榫根的底部作成与叶根处斜坡平行,成了斜榫根,为此,轮盘外缘也作成前小后大的斜坡,装叶片的榫槽也作成斜的,由于榫根与榫槽均作斜的,叶片离心力在榫槽方向有较大的槽向分力,为了锁住叶片,需用 1~2 个大销钉才能防止叶片由榫槽中窜出,是一种不好的设计。这在西方国家的发动机很少这么做,但是苏联的发动机中却采用较多,例如三代战斗机苏-27 用的 AL-31F 第 1 级风扇叶片也是作成斜榫根的。

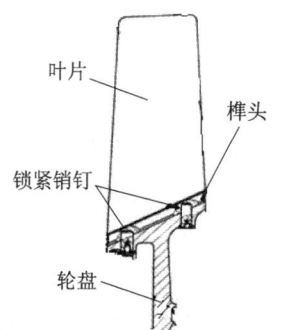

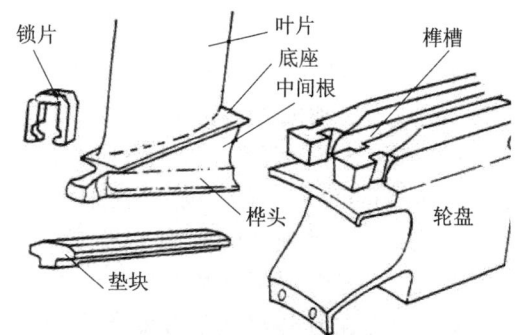

图 1.5.5 R-11F-300 低压压气机
1 级工作叶片斜榫根

图 1.5.6 CFM56-3 的风扇叶片与风扇轮盘图

　　图 1.5.6 为 CFM56-3 的风扇叶片与风扇轮盘图,叶片底座与轮盘中心线有较大的倾斜角,榫根作成与中心线平行,底座与榫根用中间根连成一体,这样,叶片作用在榫根处的槽向力(在这种设计中,槽向力即轴向力)仅是气动力引起的,因此只需用常规的锁片即可将叶片锁紧在轮盘的榫槽中。

　　(6) 中介轴承。R-11F-300 低压转子通过 2 个中介轴承支承于高压转子中,如图 1.5.7 所示。

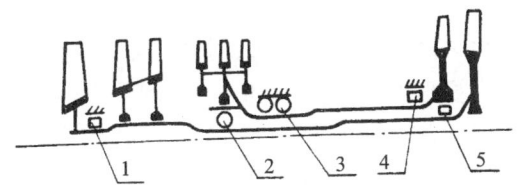

1—低压转子前滚棒轴承;2—低压转子中滚珠轴承;
3—高压压气机后滚珠轴承;4—高压涡轮前滚棒轴承;5—低压涡轮前滚棒轴承。

图 1.5.7　R-11F-300 转子支承方案

　　图 1.5.7 中,2、5 号轴承为中介轴承,低压压气机后端通过 2 号中介轴承支承于高压转子中,低压涡轮前端通过 5 号中介轴承支承于高压转子中,采用中介轴承后,使整台发动机的轴承腔与承力框架减少,相应的零件数可以减少,R-11F-300 是最早采用中介轴承的发动机。GE 公司在 F101 中才首次采用中介轴承,随后在 F110、F404 与 CFM56 系列中也采用中介轴承;普惠公司直到 F119 中才采用;苏联的 AL-31F 与 D-33 也采用了中介轴承。但是,除 R-11F-300 是将低压转子通过中介轴承支承于刚性好且是 2 支点的高压转子中的外,其他发动机均是将高压转子通过中介轴承支承于刚性差 3 支点的低压转子上,带来结构设计中的一些问题。

　　(7) 用锁紧卡圈锁紧工作叶片。R-11F-300 压气机中,除第 1 级采用销钉锁紧叶片外,其他 5 级均采用 1 个特制的锁紧卡圈将所有叶片锁紧于轮盘中的设计(图 1.5.8),大大地简化了装配工作,英美发动机没有采用这种结构,只是罗·罗公司在它为 787 研制的遄达 1000 发动机中压气机

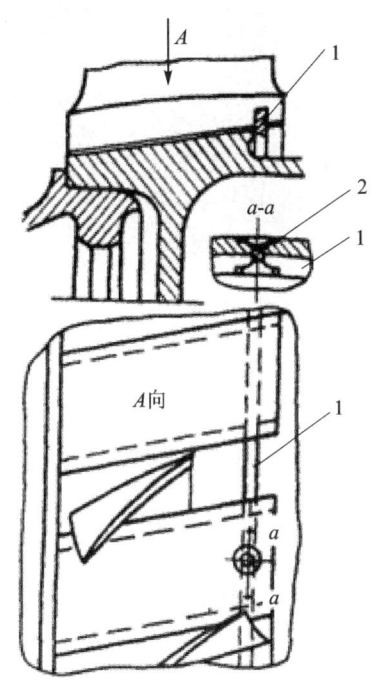

1—卡圈;2—装在卡圈缺口处的固定销。

图 1.5.8　R-11F-300 工作叶片
用卡圈锁紧

的叶片采用了它,罗·罗公司在宣传遄达1000的资料中除附有如图1.5.9的照片外,还称这种结构是罗·罗公司的创新技术。

(8)燃烧室。两型发动机均采用环管式燃烧室,是由管形燃烧室向环管式燃烧室过渡的首批机型。

(9)对半开的涡轮机匣。J79的结构设计特点之一是涡轮机匣做成对开的,即机匣由上、下两半机匣组成,如图1.5.10所示。在绝大多数发动机中,涡轮机匣均做成整体的,沿圆周厚度是一致的,在高温环境条件下工作时变形也是一致的,能保证叶尖间隙的均匀性。而对半开的机匣,有纵向安装边,会使沿圆周刚性不均,在高温环境下工作时,机匣沿圆周变形不一致,会造成叶尖间隙沿圆周不均。但是采用对半机匣时,会使涡轮部分的装配变得较容易。由于J79涡轮采用对半开的机匣,它的后继机型如TF39、CF6的低压涡轮也采用对半开的机匣,但在GE的F101及其后的发动机中均采用整环机匣。对半开的涡轮机匣是不太好的设计,特别是涡轮前燃气温度越来越高时,更不宜采用。

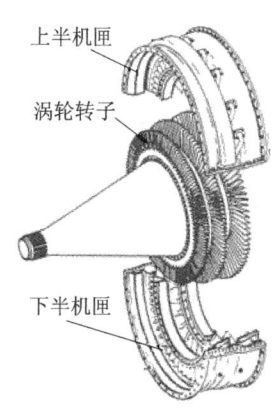

上半机匣

涡轮转子

下半机匣

图1.5.9 遄达1000中压压气机叶片用锁紧卡圈锁紧所有叶片

图1.5.10 J79涡轮对半开的机匣

(10)半枞树形榫根的涡轮叶片。J79涡轮叶片榫根做得很特别,将每个叶片的榫头只做成常规榫头的一半,一对叶片合成一个榫头装在一个轮盘榫槽中,称为双榫根(图1.5.11)。工作时两个榫头的结合面相互压紧,振动时该面上的摩擦力可以减振。

1.4 综合比较

由结构设计上将J79与R-11F-300两型发动机进行综合比较,作者认为R-11F-300应该比J79好,因为它的级数少,零件数目少,重量轻,推重比大(5.5,J79为4.61),而且采用了许多在当时是创新的设计,例如:小展弦比压气机叶片,转子的盘与鼓环等的连接采用带紧度的止扣配合,中介轴承,环形卡环锁紧整级叶片等,其

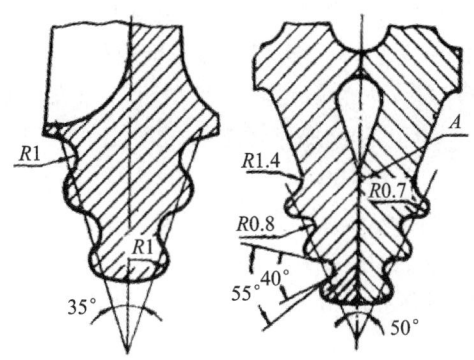

图 1.5.11　双榫根叶片与普通榫根叶片的比较

A 两叶片的结合面

中有些设计在 10 年或 20 年以后才在其他英美发动机中采用。但是它的增压比小,使耗油率高与单位推力小;在结构设计中,压气机前级叶片采用斜榫根;翻修寿命与总寿命短等是其欠缺之处。

2　第 3 代战斗机用发动机

美国 F-15 鹰式战斗机(F-15 Eagle),是全天候、高机动性的战术战斗机,针对获得与维持空中优势而设计的它,是美国空军现役的主力战机之一,是第 3 代战斗机典型机型。F-15 是由 1962 年美国开展的 F-X(Fighter-Experimental)计划发展而来,1969 年由麦道(McDonnell Douglas)公司得标,1972 年 7 月首次试飞,1974 年 11 月交付美国空军使用。为了能获得高的机动性,要求 F-15 飞机的推重比大于 1.0,在 F-15 之前,所有的战斗机推重比均小于 1.0,为此,要求所使用的发动机具有 8.0 一级的推重比。

F-15 采用了普惠公司推重比为 8.0 一级的 F100-PW-100 小涵道比加力式涡轮风扇发动机,每架飞机装 2 台发动机。F100 发动机还用于同属第 3 代战斗机的单发 F-16,发动机型号为 F100-PW-220。

苏-27 是苏联苏霍伊设计局研制的单座双发全天候空中优势重型战斗机,与 F-15 一样同属于第 3 代战斗机,主要任务是国土防空、护航、海上巡逻等。北约组织给予的绰号是"侧卫"(Flanker)。该机于 1969 年开始研制,1977 年 5 月 20 日首飞,1979 年投入批生产,比美国的 F-15 晚 11 年,于 1985 年才进入部队服役。苏-27 采用了 2 台推重比为 8.0 一级的 AL-31F 小涵道比加力式涡轮风扇发动机。

2.1　F100 小涵道比加力式涡轮风扇发动机

F100 是世界上最早投入使用的推重比达 8.0 一级军用发动机,它的研制工作始于 1968 年,当年 4 月美国空、海军联合提出了一项为期 18 个月的初始工程发展计

划,要求普惠公司和 GE 公司各制造和试验一台验证机,发动机的核心要能同时满足空、海军的要求。普惠公司以 JTF22 核心机为基础,提出能满足空、海军用的验证机进行投标,验证机在 1969 年 7 月首次运转。1970 年 3 月在和 GE 公司的 GE1/10 发动机竞争中获胜,空军于 1970 年 4 月与普惠公司签订了研制 F100 的合同。它的第 1 个型号为 F100 − PW − 100(图 1.5.12)。F100 − PW − 100 于 1970 年 3 月开始全面工程研制,1972 年 2 月进行 60 h 飞行前规定试验、1973 年 10 月通过 150 h 定型试验。1974 年 11 月交付空军使用。F100 发动机用于研制的费用为 4.75 亿美元,用于后续的部件改进计划费用约 6.66 亿美元,即该发动机从开始研制到 1984 年 15 年内总计花费 11 亿美元。

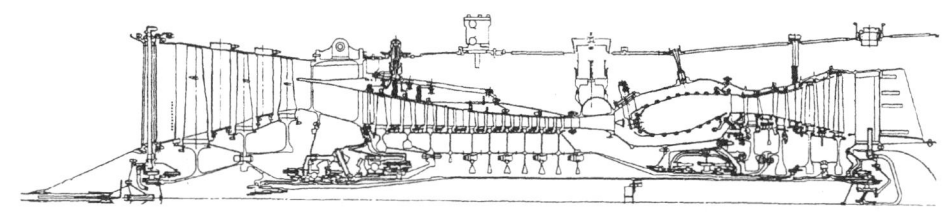

图 1.5.12　F100 − PW − 100 小涵道比加力式涡轮风扇发动机

　　F100 的推力增长型 F100 − PW − 229(图 1.5.13)采用提高了效率的核心机、增加流量的风扇、多区燃烧的加力燃烧室、寿命为 2 000 h 的齿轮式燃油泵和提高了能力的数字式电子控制系统,检修间隔为 4 000 h 循环。此发动机于 1989 年 5 月在 F − 16 飞机上首次飞行,1989 年后期完成定型试验,1991 年初投入使用。

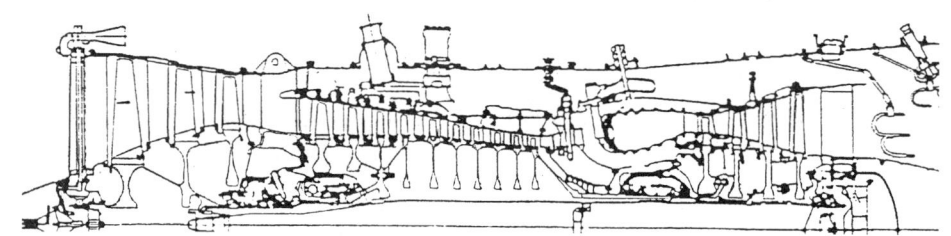

图 1.5.13　F100 − PW − 229 小涵道比加力式涡轮风扇发动机

　　F100 − PW − 100 由 3 级风扇、10 级高压压气机、短环形燃烧室、2 级高压涡轮、2 级低压涡轮与带平衡梁式收敛-扩张型尾喷管的加力燃烧室组成。发动机主要参数为:

涵道比　0.6　总压比　25　涡轮前燃气温度　1 672 K　推重比　7.8

空气流量　101.1 kg/s　中间推力　65 kN　最大加力推力　105.9 kN

中间耗油率　0.72 kg/(daN·h)　最大加力耗油率　2.31 kg/(daN·h)

最大直径　1.181 m　长度　4.856 m

2.2　AL-31F(AЛ-31Ф)小涵道比加力式涡轮风扇发动机

AL-31F 发动机是由俄罗斯留里卡"土星"科研生产联合体研制的带加力燃烧室的小涵道比涡扇发动机。该联合体前身是留里卡设计局,组建于 1946 年,是苏联的主要战斗机发动机设计局。在 20 世纪 60 年代,留里卡研制了 AL-21F 系列涡轮喷气发动机,其最大加力推力达 110 kN。1970~1974 年投入生产,用于苏-17、苏-20、苏-22、苏-24 和米格-23 等战斗机上。

在 AL-21 基础上,1976 年留里卡开始研制 AL-31F 发动机。在研制中曾遇到极大的困难。一是超重。起初,发动机有 4 级风扇、12 级高压压气机、2 级高压涡轮和 2 级低压涡轮共 20 个级。结果发动机超重,达 1 600 kg,而推力仅 110 kN,不得不进行大改。改后的方案,风扇仍为 4 级,但高压压气机减为 9 级,高低压涡轮各为 1 级,总级数降到 15 级,于 1976 年将重量降到 1 520 kg,但故障很多。为排除故障重量又有增加,约增加了 10%,后来采用每减重 1 kg 奖励 5 个月工资的办法,激励设计人员采取各种有效措施,最终将发动机的重量减轻了 70 公斤,实现了原定的重量目标。二是涡轮效率比设计值低 4%,后来决定接受这个现实。但为了达到性能,只好将涡轮进口温度由 1 350 ℃提高到 1 392 ℃。结果涡轮叶片裂纹,为此改进了冷却设计,用了新的工艺和好的材料与涂层等。最终于 1985 年通过定型试验。AL-31F 在研制中共使用 51 台发动机,总运转 22 900 h,其中台架试车 16 625 h,飞行试验 6 275 h。

AL-31F 发动机(图 1.5.14)由 4 级风扇、9 级高压压气机、环形燃烧室、1 级高压涡轮、1 级低压涡轮与带收敛—扩张式喷口的加力燃烧室组成。发动机主要参数为:

涵道比　0.6　总压比　23.6　涡轮前燃气温度　1 665 K　推重比　7.14
空气流量　112 kg/s　中间推力　76.2 kN　最大加力推力　122.58 kN
中间耗油率　0.795 kg/(daN·h)　最大加力耗油率　2.00 kg/(daN·h)
最大直径　1.3 m　长度　4.950 m

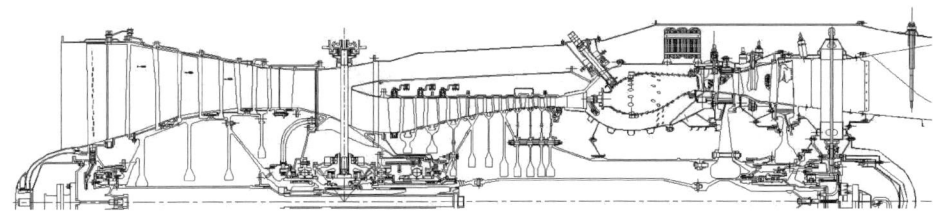

图 1.5.14　AL-31F 小涵道比加力式涡轮风扇发动机

2.3　AL-31F 与 F100 发动机结构设计的比较

由于在 F100 发动机中,其第 1 个型号 100-PW-100(1974 年投入使用)与其推力增长型 F100-PW-229(1991 年投入使用)在结构设计中有较大变化,因此在与

AL-31F 比较时,-100 与-229 均将提出来进行比较。

(1) 风扇级数 军用小涵道比涡轮风扇发动机中,除 F101 风扇为 2 级外,大部分为 3 级,但 AL-31F 却采用 4 级,其增压比为 3.6(平均级压比 1.38)。级数多 1 级,显然发动机零件数、重量与长度均高于 F100 的 3 级设计,与 AL-31F 同期研制的、用于米格-29 的 RD-33 中风扇也是 4 级设计。

(2) 风扇叶片凸肩 为了提高风扇叶片抗外物打击能力与解决叶片振动问题,AL-31F 风扇中前 3 级采用了叶身中间凸肩,凸肩间相互抵紧形成整环,第 1 级的凸肩还用于解决叶片颤振问题。F100-PW-100 中 3 级风扇叶片全部采用了叶身中间凸肩,但 F100-PW-229 中仅前 2 级采用叶身中间凸肩。

(3) 窄弦风扇叶片 AL-31F 风扇工作叶片,令人不解地采用了大展弦比即窄弦设计。早在 20 世纪 50 年代,苏制发动机如 R-11F-300 等压气机工作叶片就采用了小展弦比即宽弦设计,而当时的英美发动机全都采用大展弦比设计,到了 20 世纪 80 年代,英美发动机的风扇与压气机工作叶片逐渐由大展弦比设计向小展弦比设计过渡,而苏制发动机却走了相反的发展道路,AL-31F 与用于米格-29 的 RD-33 风扇叶片采用了大展弦比的设计,使这两型发动机的风扇叶片承受外物打击的能力特差,满足不了有关规范的要求,因此,只能在飞机设计上采取防外物进入发动机的措施。

苏-27 在发动机进气口处,安装了随起落架收、放同步的可展开与收回的防尘网,即飞机起飞、着陆过程中,起落架放出时,防尘网伸出挡住进气口(图 1.5.15),当飞机起飞后起落架收起时,防尘网收回(图 1.5.16)。这种可收、放的防尘网装置在现代飞机特别在高速战斗机中实属罕见,它不仅增加飞机重量与操纵性,影响发动机的正常工作,而且在防尘网已收回飞机爬升中,发动机仍能吸入飞鸟,造成风扇叶片被打坏的事件。

图 1.5.15 苏-27 起落架放下时进气口被防尘网挡住

为防止外物进入发动机,米格-29 飞机的每个进气口处,带有与起落架收放同步的一个气流铰接的挡板和三个在机身上部开的辅助进气口。起飞着陆起落架放下时,挡板放下,挡住主进气口,与此同时,辅助进气口向下打开,空气从辅助进气口的百叶窗形缝隙和 887 个小孔中进入进气道,在气流拐弯向下流时,借离心力将沙尘等外物甩出,同时缝隙与众多小孔也能阻挡稍大的外物进入发动机。起落架收回时主

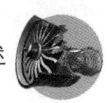

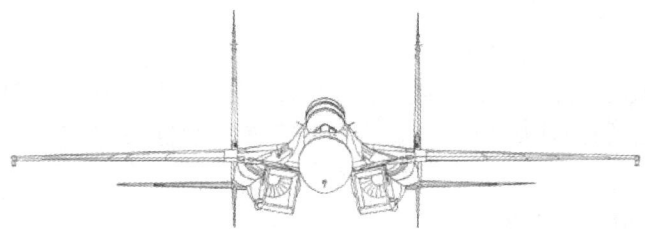

图 1.5.16　飞行中苏-27 进气口防尘网收回

进气口打开,气流正常地由主进气口进入发动机。与苏-27 一样,当起落架收回飞机爬升中,发动机仍能吸进飞鸟打坏发动机,1989 年巴黎航展时,第 1 次参展的米格-29 在爬升至 2 000 m 高度时,左侧发动机吸进飞鸟引起停车,飞机失控坠毁,曾是当年在航空界引起轰动的事件。

(4) 风扇叶片斜榫根　AL-31F 第 1 级风扇叶片仍然采用了 R-11F-300 的斜榫根,这种设计在西方国家的发动机中很少采用。

(5) 处理机匣　AL-31F 风扇第 4 级工作叶片处装有处理机匣,即对应第 4 级工作叶片的外机匣上,带有机匣处理环腔,开有 400 个斜槽,用以提高风扇的稳定工作裕度。处理机匣在苏式发动机中应用较多,例如 R13-300(WP-13),RD-33 等,英美则很少采用。

(6) 高压压气机转子　F100-PW-100 设计年代较 AL-31F 早几年,高压压气机转子中,轮盘与鼓环间还是用复杂的多根短螺栓连接方式,见图 1.5.17)。F100-PW-229 则采用焊接转子,前 2 级钛合金轮盘与鼓环焊为 1 体,第 3 级钛合金轮盘做成单个的,后 7 级高温合金的轮盘与鼓环焊接成一件,整个转子由 3 件组合件在第 3 级盘处用短螺栓连接(图 1.5.18),这是现代发动机广泛采用的结构。AL-31F 中,由于当时苏联无法将高温合金的轮盘与鼓环焊接在一起,因此它的高压气机压转子采用了焊接与长螺栓两种连接方式,即前 3 级钛合金轮盘与鼓环焊为 1 体,4～6

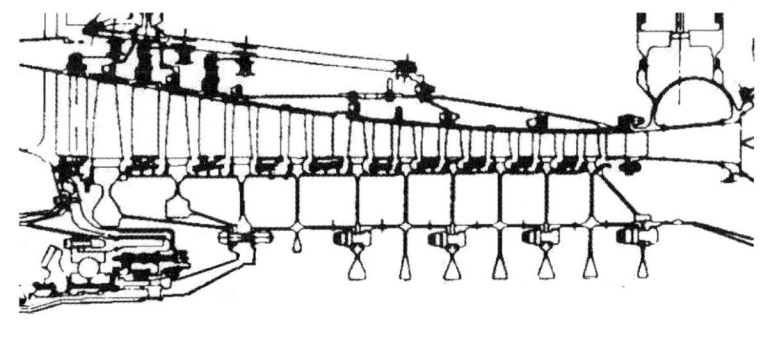

图 1.5.17　F100-PW-100 发动机高压压气机

级钛合金轮盘与鼓环焊为1体,后3级采用多根长螺栓连接,整个转子由3件组合件组成,即前3级转子在第3级盘处用短螺栓与4~6级转子连接,而后3级转子用长螺栓与第6级轮盘后伸的锥轴连接在一起,这是不得已采用的一种过渡设计,如图1.5.19所示。同样原因,RD-33高压压气机转子也采用了类似AL-31F的设计。

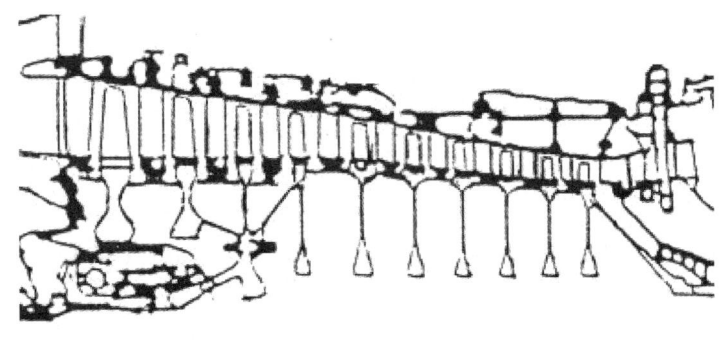

图 1.5.18　F100-PW-229 高压压气机

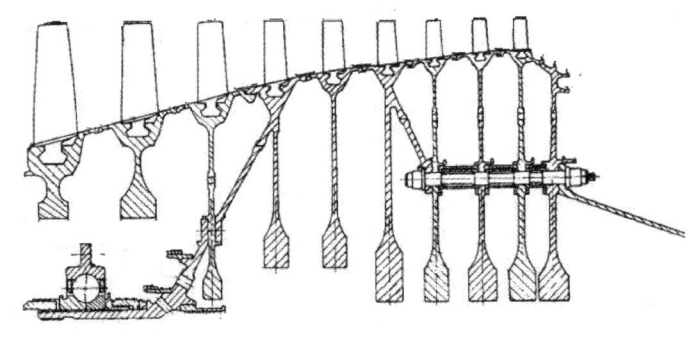

图 1.5.19　AL-31F 高压压气机转子

AL-31F 9 级高压压气机工作叶片全部采用环形燕尾榫根装在轮盘轮缘的环形燕尾槽中,这是整个转子所有级全都采用环形燕尾榫根的唯一发动机(RD-33中前3级为纵向燕尾榫根)。环形燕尾榫根结构最早用于 CF6-6 发动机中,这种结构除了可简化轮盘榫槽加工外,最大好处是能在打开压气机机匣后,拆换叶片。但它承载离心力的表面比纵向燕尾榫根小很多,参见图1.5.20。因此,在绝大多数发动机中,高压压气机前几级叶片比较大,离心力大,因而不采用环形燕尾榫根。

F100-PW-100 高压压气机转子中,工作叶片全部采用传统的纵向燕尾榫根,在 F100-PW-229 高压压气机转子中,前 4 级工作叶片用纵向燕尾榫根装在轮盘中,后 6 级采用环形燕尾榫根装在轮盘的环形燕尾榫槽中。

(7)冷却涡轮的高压空气经过降温后对高压涡轮部件进行冷却　AL-31F 的冷

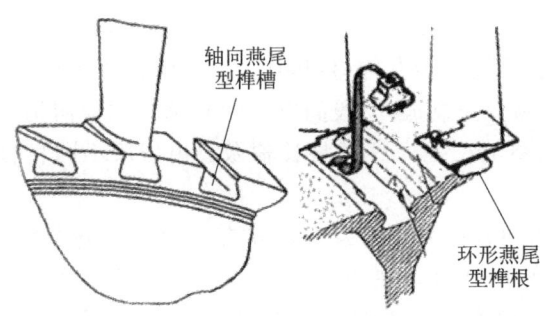

图 1.5.20　轴向燕尾型与环形燕尾型榫根承力面积比较

却系统中有一独特的设计,即由高压压气机出口处引出的用于冷却高压涡轮部件的冷却空气,经过空气-空气换热器降温后,再去冷却,以提高冷却效率。具体做法是,热交换器置于燃烧室机匣上(见图 1.5.21),由燃烧室机匣外壁处引出占内涵空气量 8.9% 的高压空气,经设置在外涵流路中的空气(由高压压气机出来的高压空气)-空气(外涵的空气)换热器冷却,使由高压压气机出来的空气降温 125～210 ℃,这些空气中,有一部分经高压涡轮导向器的中腔进入,除用于冷却导向叶片外,还进入高压涡轮盘前对轮盘冷却,有一部分空气用于冷却高压涡轮转子叶片。这种采用热交换器将用于冷却高压涡轮的高压压气机出口空气,进行降温后再去冷却的方法在其他发动机中尚未见到。

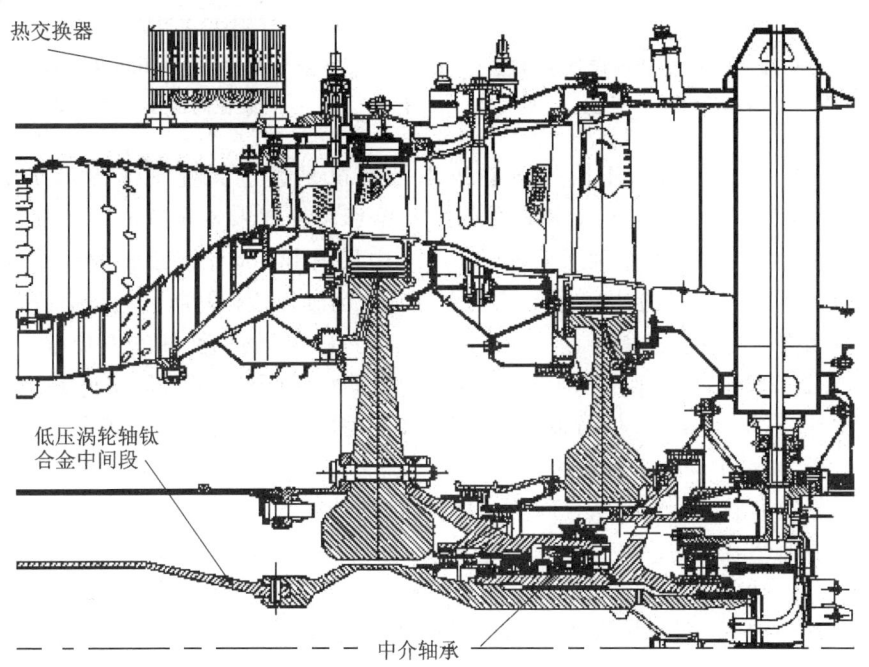

图 1.5.21　AL-31F 用于冷却涡轮的热交换器

（8）钛合金低压涡轮轴　AL-31F中,连接低压涡轮与风扇间的低压涡轮传动轴前后分为三段,前、后段因为有传递扭矩的花键,由高强度的合金钢制成,中段仅传递扭矩与轴向力,由钛合金制成,三段间以"叉型"结构用径向销钉连为一体,以降低传动轴的重量,参见图1.5.21。这种将长轴做成由三段不同材料组成的结构,实属罕见。

（9）附件中心传动装置主动锥齿安装方式　F100高压压气机前滚珠轴承外环装在折返式弹性支座中,内环装在高压压气机前轴上,附件中心传动装置中的主动锥形齿轮直接装在滚珠轴承前端,如图1.5.22所示,这种设计在许多发动机中得到应用,例如F404、CFM56、GE90与PW4000(图1.5.23)等,在这些发动机中,高压压气机前滚珠轴承均是通过弹性支座支承于机匣中的,说明此处采用弹性支座后,对锥形齿轮啮合间隙以及锥形齿轮正常工作影响不大。

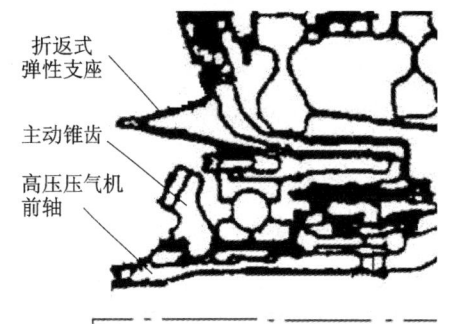

图1.5.22　F100主动锥齿直接装在高压压气机前轴上

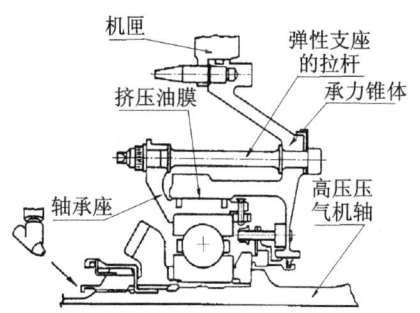

图1.5.23　PW4000主动锥齿直接装在高压压气机前轴上

在AL-31F中,高压压气机前滚珠轴承也是通过弹性支座支承于机匣的(图1.5.24),但附件中心传动装置中的主动锥形齿轮却未装在高压压气机前轴上,而是将主动锥齿支承2个轴承上,图1.5.24中只画出主动锥形齿轮的后轴承(滚珠轴承)。高压压气机前轴与主动锥齿通过浮动套齿轴连接,即浮动套齿轴前端的外套齿与主动锥齿的内套齿啮合,后端的外套齿则与高压压气机前轴的内套齿啮合。很显然,AL-31F的这套设计,与F100等发动机的设计相比,是将简单问题复杂化的典型设计,不仅增加了零件与轴承数,而且使发动机重量增加。估计苏联当时的设计人员认为,如将主动锥齿直接装在高压压气机前轴处,滚珠轴承所用的弹性支座会在工作中影响锥形齿轮付的啮合间隙,对附件传动链工作不利,因此将主动锥齿与高压压气机前轴分离出去,单独支承,在这种观点的影响下,同期研制的RD-33也采用了类似AL-31F的设计。直到20世纪90年代,来华的俄罗斯专家仍然坚持上述观点,但当他们看到F404与PW4000有关的图纸后,才恍然大悟发现他们的设计的确不合适。

（10）高压涡轮后端支承方式　F100发动机中,高压涡轮后端的支承方式采用

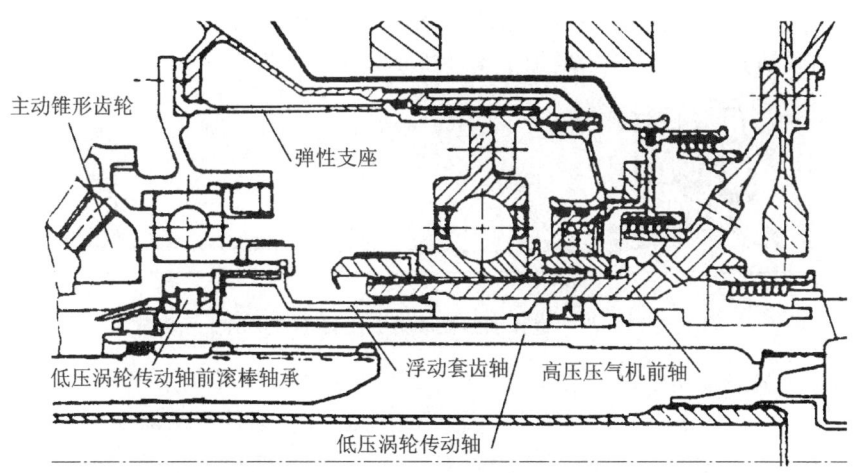

图 1.5.24　A‐31F 附件中心传动装置主动锥齿与高压压气机前轴关系图

了普惠公司在 JT3C、JT9D、PW2037、V2500 与 PW4000 等发动机中的传统设计,即高压涡轮后端的滚棒轴承置于高压压气机与高压涡轮之间,通过燃烧室机匣将负荷外传,这种设计,不仅使发动机多 1 个轴承腔,而且 2 级涡轮轮盘还是悬臂支承的,显然对高压转子的转子动力学特性不利。

AL‐31F 则采用了 GE 公司的传统设计,即高压涡轮后滚棒轴承支承于低压转子上,成为一中介轴承,高压涡轮后轴承的负荷通过低压转子后轴承外传,因此,整台发动机中,可少 1 个承力机匣与轴承滑油腔,不仅使发动机零件数少,而且发动机长度也可短些,因此除 GE 公司的发动机如 F101、F110、F404 与 CFM56 等外,普惠公司用于 F‐22 的 F119 也采用,苏联的 AL‐31F 与 RD‐33 也采了这一设计。

高压涡轮后端通过中介轴承支承于低压转子上的设计,有一个较为关键的问题需要解决。在小涵道比涡轮风扇发动机中,一般高压转子由 2 个支点支承;低压转子则由 3 个支点支承,即风扇转子支承于前后 2 个支点上,低压涡轮转子后端支承于1 个支点上,其前端通过联轴器支承于风扇后支点处,如图 1.5.25 所示。以往在 3 支点的设计中,联轴器须做成柔性的,以适应 3 支点的不同心,即低压涡轮转子允许绕轴心偏离一个角度。但是,当高压涡轮通过中介轴承支承于低压涡轮转子上时,就不能采用柔性联轴器,否则高压转子后支点会颠簸,会造成叶尖间隙极大不均匀,以及高压转子的动力学特性。为此,3 支点的低压转子支承方案中,必须采用刚性联轴器,这就须提高机匣与转子的加工精度,保证机匣中 3 个轴承安装孔要在一根轴线上,这个要求相对讲比较容易解决;转子上装 3 个轴承的轴颈处保证同心,这是比较难达到要求的。由于当时苏联对低压涡轮轴的加工精度达不到要求(20 世纪 90 年代后期,俄罗斯与乌克兰仍无法在加工中达到低压涡轮轴的精度要求),为此,AL‐31F 与 RD‐33 在高压转子采用中介轴承支承于低压转子的设计时,低压转子仍然采用了柔性联轴器,为了克服柔性联轴器对高压转子带来问题,AL‐31F 与 RD‐33 分别

航空发动机结构设计分析(第3版)

采取了不同的措施,这些措施虽然解决了问题,但却在发动机中增加一套零件多、结构复杂的联轴器(AL-31F),增加了发动机重量。

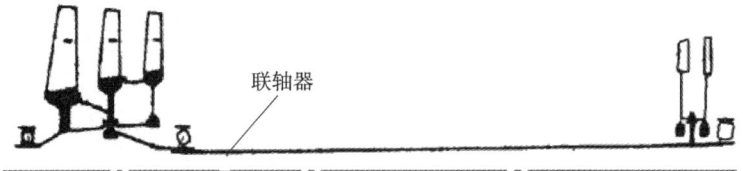

图 1.5.25　小涵道比涡扇发动机低压转子常用的支承方式

AL-31F 发动机的转子支承方式(图 1.5.26)中,高压转子采用了目前普遍采用的 1-0-1 方式,即高压压气机前滚珠轴承 4 与高压涡轮后滚棒轴承 5,此轴承为中介轴承;低压转子却采用了最原始的 4 支点方案,即风扇转子支承于前后 2 个支点(1、2)上,低压涡轮转子也支承于前后 2 个支点(3、6)上,2 个转子间通过既能传递扭矩与轴向力,又能适应两转子轴线不同心的联轴器 A。由于低压涡轮转子是支承于前、后 2 个支点上,工作会非常平稳,高压转子后轴承 5 支承其上,工作也较平稳。但风扇与低压涡轮间的联轴器却非常复杂。

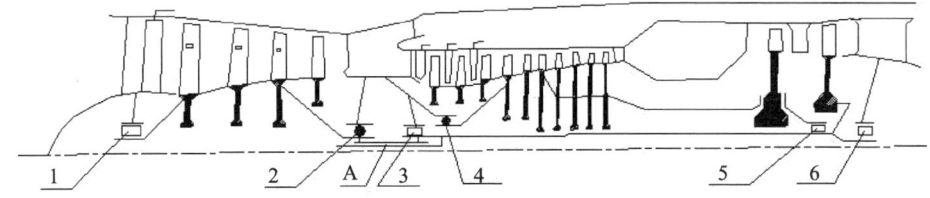

1—风扇前滚棒轴承;2—风扇后滚珠轴承;3—低压涡轮前滚棒轴承;4—高压压气机前滚珠轴承;
5—高压涡轮后滚棒轴承(中介轴承);6—低压涡轮后滚棒轴承;A—联轴器。

图 1.5.26　AL-31F 发动机转子支承方案

图 1.5.27 示出了 AL-31F 低压转子的联轴器的结构图。风扇后滚珠轴承未直接装在风扇后轴 4 上,而是装在用套齿与风扇后轴连接的过渡轴套 5 上,过渡轴套 5 后端内套齿与传扭套齿轴 2 前端外套齿啮合,传扭套齿轴 2 后端的外套齿与低压涡轮轴前端的内套齿啮合,低压涡轮的扭矩通过传扭套齿轴 2,再由过渡轴套 5 传至风扇后轴 4,传扭套齿轴 2 前后外套齿与相应的套齿间有较大的齿隙,以适应两转子的不同心。风扇后轴 4 与过渡轴套 5 是借螺纹套管 6 连接的。

传轴向力的柔性长螺钉 3 将低压涡轮轴与风扇后轴连接,将低压涡轮的轴向力传至风扇后轴,此螺钉做得长而薄,以降低其刚性使之成为柔性长螺钉,以适应两转子的不同心。长螺钉 3 与螺纹套管 6 靠插入的带外套齿的导管锁紧。

图 1.5.28 为一般刚性联轴器的典型结构,与图 1.5.27 相较,AL-31F 低压转子的联轴器不仅复杂,零件多,重量也大。

(11) 高压涡轮轮盘与轴的连接　AL-31F 高压涡轮轮盘与涡轮前、后轴是通过

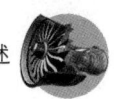

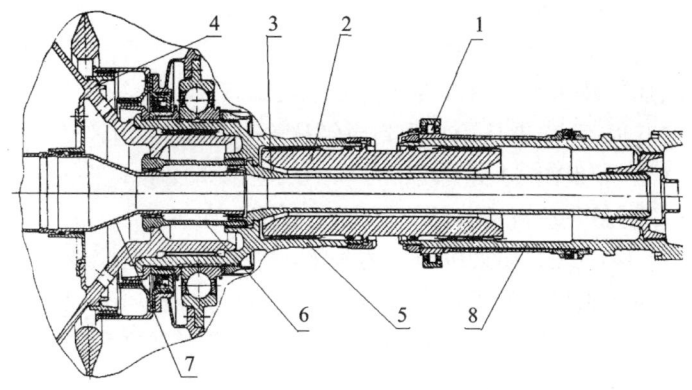

1—低压涡轮前滚棒轴承；2—传扭套齿轴；3—传轴向力的柔性长螺钉；4—风扇后轴；
5—风扇后过渡轴套；6—拉紧过渡轴套与风扇后轴的拧紧螺纹套管；7—锁紧 3 与 6 的导管。

图 1.5.27　AL-31F 低压转子联轴器

多根螺栓连接起来的，即在轮盘轮毂上开有多个螺栓孔（图 1.5.29），这种在轮毂上开孔的设计，由于比较简单在早期发动机曾采用过。但是由于在轮毂上开多孔，大大影响轮盘的强度与使用寿命，因此，20 世纪 70、80 年代发展的发动机已不采

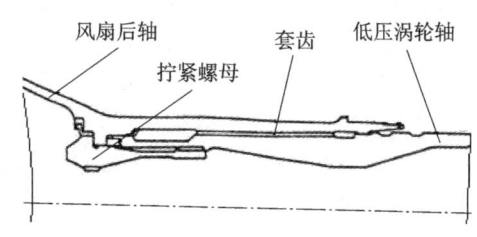

图 1.5.28　典型的低压转子刚性联轴器

用这种结构。F100 发动机高压涡轮轮盘轮毂处向后作有用于连接的向内的安装边，螺栓孔开在此安装边上，避免在轮毂上开孔，这种连接方式在近代发动机中采用较多。

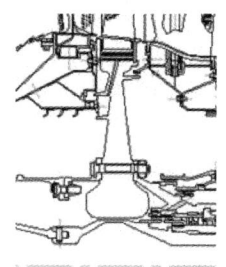

**图 1.5.29　AL-31F 高压涡轮轮盘
与前、后轴的连接**

**图 1.5.30　F100-PW-100 2 级高压涡轮
轮盘间的连接**

3　综合比较

AL-31F 与 F100 同属用于第 3 代战斗机的发动机，但投入服役的时间却相差

近 10 年,AL-31F 的研制工作始于 1976 年,而装有 F100 的 F-15 已于 1974 年服役。按理,研制过程晚于 F100 的 AL-31F,在结构设计中应优于 F100,但实际上,由于设计水平、加工技术与材料等方面落后于美国,因此,在结构设计中的确存在一些不足之处,究其原因,作者认为是受到当年赫鲁晓夫鼓吹"两弹打天下"战略思想的影响。实际上,在 20 世纪 50、60 年代,苏联的航空工业技术水平并不逊于欧美,前节中对第 2 代战斗机用发动机进行的分析中,已说明当时的 R-11F-300 在结构设计中许多方面是优于 J79 的,如果按当时的水平,继续关注航空工业的发展,投入足够的资金,苏联是能研制出性能更优的飞机与发动机的。但是在赫鲁晓夫的两弹打天下战略思想的影响下,所谓常规武器(赫鲁晓夫反对发展常规武器,认为它是两弹的靶子)的航空工业受到歧视,发展受到影响,迟滞不进,短短几年,美苏间的航空技术能力与水平差距拉大了,到赫鲁晓夫下台后,看到美国在研制先进的第 3 代战斗机并将取得成功时,苏联才觉得要奋力急追,重返航空大国的地位。但是先进技术上几年的差距,短时间是难于弥合的,为此,在苏-27 的研制中,撤换了几位总师级技术领导干部,牺牲了几位优秀试飞员,才最终完成了苏-27 的研制工作。同样,在发动机研制中,为了达到推重比 8.0 一级的要求也是历尽艰辛,撤换过 5 名技术领导干部,并曾以 5 个月工资作为每降 1 kg 重量的奖金,动员设计人员出谋划策,以提高发动机的推重比。最终,在斤斤计较核计后,将传动飞机附件如发电机、液压泵等的传动部分及机匣按功率比例算出的所占重量删除后,即按当时苏联《发动机干质量标准》计算后,发动机推重比达到 8.17(如按国际上一般规定计算,推重比仅为 7.14),达到了设计要求。

AL-31F 在结构设计中,低压涡轮传动轴做成三段,中间段用钛合制作以降低重量;用于冷却高压涡轮的高压压气机出口气流,经过特殊的空气-空气换热器降温后再进入高压涡轮部件以提高冷却效率等是比较独特的设计。但风扇叶片采用大展弦比设计,发动机易被外物打伤,增加了地勤人员对机场跑道与停机坪的清扫工作量,影响飞机的正常出勤,是一较大缺陷。关键在于苏联早期发动机压气机叶片就是采用小展弦比的设计,已有丰富的设计、制造与使用经验,在研制 AL-31F 时,应该继续使用小展弦比设计,并使之更加完善,遗憾的是他们采用了与英美发动机从大展弦比设计向小展弦比设计过渡的研制道路背道而驰,走了相反的发展道路。

另外,附件中心传动装置中的主动锥形齿轮不直接装在高压压气机前轴上,以及高压涡轮后轴承支承于低压转子上时,低压转子采用了复杂的柔性联轴器等,增加了发动机的零件数,使结构变得复杂,重量增加,也是结构设计中的不足之处。

| 从两个"奇迹"看鸟与飞机的关系 |

"哈德逊河上的奇迹"

2016 年 12 月,上映了一部名为《萨利机长》的电影(图 1.6.1),这是一部以真人真事改编的电影,一位长期从事航空工业领导工作的老同志看了此电影后评价称:这是一部好电影,按我们中国式思维和语言,这是一部积极正面的主旋律影片,但它又很特殊,是少有的、不以情节取胜,而是在平平静静的叙事中,真真切切、一点一滴地打动你的好电影。

电影《萨利机长》讲的是发生在 2009 年 1 月 15 日美国纽约轰动航空界的一个惊心动魄的飞行事件。

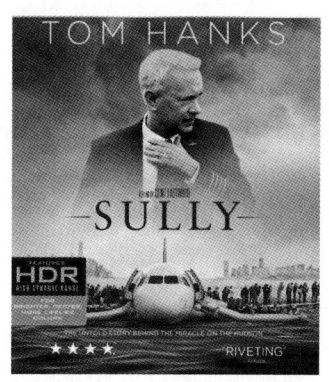

图 1.6.1　《萨利机长》电影海报

由切斯利·萨伦伯格机长(萨利机长的原型)驾驶的美国全美航空公司 A320 客机执行由纽约飞往北卡罗来纳州夏洛特市的 1549 航班,机上搭载了 150 名乘客。萨伦伯格机长时年 57 岁,20 世纪 70 年代曾服役于美国空军,为一名 F-4 战斗机飞行员。1980 年从空军退役后,他来到全美航空公司做客机飞行员,同时经营着一家安全顾问公司。除了定期执行飞行任务外,萨伦伯格还是一个专门调查飞机事故的委员会的成员,曾多次参与美国家交通安全委员会组织的有关飞行事故的调查。

萨伦伯格机长与副驾驶杰夫·斯基尔斯于 15 点 26 分驾驶 A320 客机从纽约拉

瓜迪亚机场起飞,当飞机离地 95 s 左右还没有爬升到 900 m 时,突然,他们两人先后发现飞机前方约一个足球场的距离处,飞来一群十几只翼展约 1.8 m、体重约 3.2～8.2 kg 的黑颈黑雁(图 1.6.2)。仅过了约 4 s,两台发动机几乎同时被大鸟击

图 1.6.2　一群大鸟迎着飞机扑面飞来

中,鸟群也打在风挡玻璃与机身其他部位,驾驶舱内瞬间弥漫着血腥味(驾驶舱与座舱是引入发动机高压压气机出口处空气进行增压的,吸入发动机的鸟被风扇叶片绞成碎片时发出的血腥味,也被带进驾驶舱与座舱),8 s 后两台发动机均熄火停车,飞机进入无动力飞行状态。当时飞机高度约 900 m,下降速度为 5 m/s(相当电梯每秒钟下降 2 层),飞机下面是高楼林立,人来人往的纽约市区,而飞机上还满载着 20 余吨燃油,如果控制不好飞机坠地,将造成严重的灾难。情况万分紧急,机长立即发出紧急呼救、紧急呼救的信号,报告飞机双发停车。地面指挥机长将飞机飞回机场,这样飞机得飞一个接近 180° 的大转弯,耗时较长,飞机肯定飞不到机场就会摔下,于是萨伦伯格机长不听地面的指挥,决定将飞机降落在就近的哈德逊河上,当地面指挥听到他的决定后,感到"降落在哈德逊河上的话,没有人会活下来。我认为那就是他自判死刑。那一刻,我感到我将是最后一个与飞机上通话的人了。"这是因为航空业内人士知道,将飞机降落在水面上,是非常难的事,飞机在着水的瞬间,稍有偏斜,飞机就会在与水的撞击下,粉身碎骨。例如,1996 年埃塞俄比亚航空公司被劫持的 961 航班,由于燃料耗尽,飞机试图降落在距离科摩罗岛国沿海不远的印度洋上。飞机翼尖先撞上了水面,造成飞机猛烈旋转,随后机体四分五裂,机上 125 人由于猛烈撞击致死或溺水而亡。

　　萨伦伯格机长凭着长期以来练就的高超技术与心理素质,将没有动力的飞机平稳降落到哈德逊河面上,当飞机在河面上停下来时,距飞机遭鸟撞时仅过了 3 min,距飞机起飞时仅过了 4 分钟。此时,在萨伦伯格机长指挥下,乘务员立即将飞机前部左、右两侧的应急出口打开(飞机后部也有两个应急出口,但由于飞机尾部沉入水中较多,应急出口被水淹没无法打开),有序地将乘客疏散到左、右机翼及应急充气滑梯(此时已变为应急气阀了),当所有乘客都撤出机舱后,萨伦伯格机长两次从舱前走到舱后,检查是否还有乘客遗留在机舱中,当确定舱内的确无人后,才跨出舱门登上应急气筏上(图 1.6.3)。

　　当飞机着水后,航行在哈德逊河上的许多船只,纷纷改变航程,自觉地参与到抢救站在飞机机翼与应急气筏上、但浸泡冰冷河水(当时气温为 -6 ℃,水温为 2 ℃)中的遇难旅客,在飞机着水后的 14 min(距飞机起飞 18 min)内,共有 14 艘船只将飞机上全部 155 人救上岸。这是近半个世纪以来大型商业客机首次成功地迫降在一条河流上、而且机上人员无一伤亡的事件。苏伦伯格进行了一个教科书式的"机腹"着水

图 1.6.3　站在冰冷河水中的机翼与应急气筏上等待救援的乘客与机组人员

动作,从而阻止了这架重 100 t(燃油 20 t)的飞机在与水面接触时解体。

1549 航班的 A320 客机在低空遭遇大鸟鸟群的撞击下,双发停车。萨伦伯格机长驾驶着这架无动力的飞机,安全迫降在哈德逊河上,机上 155 人被赶来救援的多艘船只救出,谱写了一曲感天动地的"哈德逊河上的奇迹",萨伦伯格机长也成为在美国人人称颂的英雄,受到全美国人的赞扬。当时即将卸任的乔治.布什总统第二天就打电话给萨伦伯格机长,对他的英勇事迹进行表扬。一个半小时后,他又接到新当选的总统巴拉克·奥巴马打来的电话,除了盛情表扬了他的英雄事迹外,还邀请他及他的机组成员以及他(她)们的家属去参加总统就职仪式。

"玉米地奇迹"

10 年后的 2019 年 8 月,在俄罗斯又出现了一次"玉米地奇迹"。8 月 15 日,俄罗斯乌拉尔航空公司 U6 - 178 次航班由 A321 客机执飞,从莫斯科茹科夫斯基机场起飞,飞往克里米亚辛菲罗波尔。不料起飞后,客机与一群海鸥相撞,造成两台发动机受损而停车。由于飞机是刚起飞,油箱是满的,约 20 吨,飞机重量超过了飞机着陆时允许的重量,如果降落在跑道上,起落架的轮子会在超重下爆破,机身会重重地撞击跑道,势必引起满箱燃油泄出引发飞机失火,其后果不堪设想。飞机机长尤苏波夫遂决定驾驶客机在莫斯科州拉缅斯科耶区的一块玉米地实施迫降,玉米地地质疏松,而密密麻麻一人多高的玉米秆相当在飞机起落架轮子与地面间形成一层缓冲垫,因而安全着陆(图 1.6.4),未引发飞机失火。随后机上人员被紧急撤离飞机(图 1.6.5),机上共有 226 名乘客和 7 名机组人员,全部撤离了飞机,但包括 19 名儿童在内的 75 名乘客遭受轻伤,1 人伤势较重住进医院。

飞机迫降后机身基本保持完整状态并没有起火,从而保证了所有人员可以安全撤离。但是飞机还是受损还是比较严重,飞机的右大翼折断,翼下的发动机已经脱落。专业人士表示,在这种情况下还能冷静地控制好飞机的状态,果断决策实施场外迫降,体现了该航班飞行员过硬的飞行技术与良好的心理素质。航班机长达米尔·尤苏波夫和副驾驶格奥尔吉·穆尔金被媒体和社交网络称赞为真正的英雄。这一事件被媒体宣称为继"哈德迎河上的奇迹"的"玉米地奇迹"。事发后的第二天,俄罗斯总统普京下令授予将 A321 客机迫降莫斯科郊外玉米地的机长尤苏波夫及其副驾驶"俄罗斯英雄"称号。

图 1.6.4　迫降在玉米地的 A321 客机

图 1.6.5　从客机中撤离的乘客

鸟是飞机的天敌

电影《萨利机长》真实地重现了"哈德逊河上的奇迹",一些观众看完电影后,感到小小的飞鸟怎么会对 100 余吨庞然大物的 A320 客机,几乎会造成 150 余人丧命的灾难。

从 1903 年莱特兄弟有动力飞机上天后,就有了鸟撞飞机的事件,1908 年莱特兄弟的飞机与鸟相撞,这是世界上第 1 次鸟撞飞机。1912 年 4 月 3 日,飞越美国大陆的第 1 人 Calbraith Rogers 在飞行中遇鸟撞造成机毁人亡,成为世界上飞机被鸟撞牺牲的第 1 人。

1960 年 10 月 4 日,美国东方航空公司一架大型四发客机"Electra",正在滑跑起飞机轮刚离地时,突然一群飞鸟撞入了一号发动机,随后,二号、四号发动机也遭到袭击,发动机受损严重,飞机失控。最终,飞机摇摇晃晃地坠入波士顿海湾海水中,机上 59 名乘客,3 名机组人员全部遇难。事后,在机场跑道上发现了散落着的 75 只飞鸟的尸体。1962 年,一架飞行中的"子爵号"客机在美国马里兰遭到几只迁移的天鹅撞击失事,17 人死亡。

这是最早的旅客机遭鸟击坠毁的事故。随着飞机越来越大,飞行速度也不断增加,鸟撞飞机的事件越来越多,例如,从 20 世纪 60 年代起到 21 世纪初,仅在美国遭鸟击而失事的民航大型客机就有 25 架;1985 年到 21 世纪初,有 23 架美国军用飞机遭鸟击坠毁。又如 1991—2005 年,中国民航共发生过 826 次鸟击飞机事件(没有发生机毁人亡事故),直接经济损失约 6 000 万美元。

从 20 世纪 60 年代起到 21 世纪初,世界范围内由于飞鸟撞击飞机至少造成了 78 架民用飞机损失、219 人丧生,250 架军用飞机损失、120 名飞行员丧生。目前,全世界每年大约发生 1 万次鸟撞飞机事件。

由于保护野生鸟禽意识的加强,使鸟类数量激增,而且也越来越肥大,例如,

1980—2006 年,在美国和加拿大,"加拿大鹅"平均每年增加 7.3%。在美国,"加拿大鹅"1990 年约有 100 万只,到了 2008 年,增加到 390 万只,18 年间几乎增加了三倍。再加上,旅客机越来越大,发动机的推力越来越大,发动机吸气量越来越大,因此鸟撞击飞机的事件越来越多。例如,在美国,民用飞机遭鸟击事件在 1990 年为 1 738 次,到了 2007 年上升为 7 439 次,即 17 年中鸟撞飞机的事件增加了四倍。

鸟撞击飞机撞击力特大

人们称呼的"鸟撞飞机",实际上是高速飞行的飞机撞到了飞行中的鸟禽,其撞击力非常大。例如一只体重 900 克的鸟,如果以与飞机的相对时速 185 km 相撞,其撞击力就有 1 190 kg 力;若相对速度为 926 km/小时,其撞击力可达到 29 750 kg 力;当一只体重为 7.25 kg,当量直径为 20 厘米的大鸟,以相对速度 963 km/小时与飞机相撞时,其撞击力高达 130 吨力,其破坏力是难以想象的。因此,当鸟撞上以较大速度飞行的飞机时,不仅会粉身碎骨,血肉模糊,而且有时会击穿飞机机头(图 1.6.6)、撞坏机翼前缘、击碎挡风玻璃(图 1.6.7)与发动机短舱(图 1.6.8)等。至于鸟撞发动机,不仅机遇多,而且危害度更大。

图 1.6.6　机头被鸟撞出一个洞

图 1.6.7　驾驶舱风挡玻璃被鸟击破

图 1.6.8　发动机短舱被鸟击坏

鸟撞发动机频次多、危害更大

鸟撞发动机除了有飞机与鸟的相对速度引起的撞击外,还有发动机工作时要由发动机前方(飞机飞行速度稍大时)或四周(飞机飞行速度较低时)吸入大量空气,鸟

会随着吸入发动机的空气一起被吸入发动机。另外,发动机迎风面积约占旅客飞机迎风面积的 14%～18%(波音公司统计数据),所有这些都造成鸟撞发动机的事件,占鸟撞飞机事件的大多数。波音公司统计了 1982—1993 年,该公司客机遭鸟撞事件中,76.7% 为鸟撞发动机事件。

随着飞机越来越大,发动机的推力越来越大,发动机工作时吸入的空气量也越来越大,例如歼-6 飞机的涡轮喷气发动机吸气量为 44 kg/s(地面、最大状态,下同);歼-7 的为 64 kg/s。而用于 757 的大涵道比涡轮风扇发动机吸气量约是歼-7 发动机的 6 倍,达到 356 kg/s;747 的约为 740 kg/s;而用于 777 飞机的发动机的吸气量则高达 1 120 kg/s,是歼-7 发动机吸气量的近 20 倍! 这些数字到底有多大呢? 现举一个例子来说明。如果有一座足球场大小、高度为 6.1 m 的体育馆,关闭其全部门窗而另开一圆形窗口。将一台用于 757 的发动机进气口对着圆形窗口(尺寸与发动机进气口一般大),用馆内空气供发动机工作。那么,不到 2 分钟,体育馆的空气就会被发动机抽吸一空,馆内形成真空。体育馆的建筑将在馆外与馆内的压差作用下而倒塌。从此例可看出,发动机工作时所吸入的空气量有多么大了。因此,发动机吸入飞鸟是很自然的事。不仅如此,当大型发动机工作时,地面设备(图 1.6.9、图 1.6.10)、维护人员如不注意,进入发动机前方也会被吸入。所以飞机在地面开车时,有严格的规定不准人员进入限定的区域内。

图 1.6.9 地面供电箱被发动机吸入　　　图 1.6.10　集装箱被发动机吸入

2002 年 4 月 20 日我国国际航空公司的一架 767-200 客机执行由日本大阪关西国际机场飞往北京国际机场的航班任务时,当飞机向起飞跑道滑行中,突然发动机报警系统指示发动机不能正常工作,驾驶员当即终止飞机起飞。经检查是飞机滑行中,发动机将国际航空公司一名机务人员吸入,不仅该机务人员当时被撞死,而且将发动机打坏,不得不将乘客送到宾馆休息,从北京运去一台发动机换下被损坏的发动机后,第 2 天才将旅客运回北京。又如,2006 年 5 月 12 日下午,在哈尔滨太平国际机场,一架滑行到起飞跑道中的 737-800 型客机将地面一名男子吸入发动机内,造成该男子当场死亡。在这两起事故中,发动机均是在低工况下工作的,即使这样,也能将人吸入;如果在飞机起飞过程中,发动机工作于最大工况下,其吸力之大可想而知。

因此,严格讲,不能称鸟撞击发动机,而应称发动机吸鸟,国外大多数资料均称发动机吸鸟。

由于发动机以最大状态工作时,空气是以 300～350 km/h 的速度被吸入发动机,因此随空气一起吸入的飞鸟也将以这个速度撞到发动机前端部件上,产生一个非常大的撞击力。所以发动机吸入飞鸟又被称为鸟撞发动机。如果鸟撞到发动机的静止部件如进气道与支板等,其危害程度还比较轻,但是如果撞到高速旋转的风扇叶片上,其相对的撞击速度更高、力量更大,不仅会造成叶片严重损伤(图 1.6.11、图 1.6.12),而且撞坏叶片的碎块,还会随着进入发动机的空气流流到高压压气机甚至燃烧室中,打坏发动机后面的部件,严重时会造成发动机停车。前面谈到的"哈德逊河上的奇迹"与"玉米地奇迹"两个事件中,就是在飞机起飞中遇到大鸟鸟群,大鸟撞击了发动机,使发动机严重受损而双发停车的。

图 1.6.11　发动机风扇叶片被鸟撞击遭到损伤　　　图 1.6.12　风扇叶片遭鸟击受损情况

鸟撞飞机造成飞机严重受损或机毁人亡的几起事故

> 1994 年,伦敦希思罗机场一架 747 客机撞上了一群鸽子后坠毁,机上 350 名乘客全部遇难。

> 2000 年,俄罗斯一架安 - 8 运输机发动机吸入一只野天鹅在刚果坠毁,造成 21 人死亡。

> 1995 年 6 月 3 日法航"协和号"超声速客机降落纽约时,离地 3.3 米时,3 号发动机吸入一两只加拿大鹅,打坏发动机,其碎片又打坏 4 号发动机。飞机安全着陆,无人员伤亡(图 1.6.13)。

> 1977 年 1 月 17 日一架 MD - 80 在美国达拉斯机场起飞时遭到 400 多只山鸟撞击(图 1.6.14),几乎所有部分均遭损伤,发动机被更换,当时有一万多只山鸟在机场寻食。

> 1995 年 9 月 22 日,美国空军的一架 E - 3 预警机(707 改装的)起飞时,遭到三十几只鸟的撞击,2 号发动机吸入 3 只加拿大鹅,1 号吸入 1 只。飞机坠毁,机上 24 人无一幸免于难。

航空发动机结构设计分析(第3版)

图 1.6.13　协和号降落纽约时遭鸟击　　**图 1.6.14　MD-80 起飞时遭到 400 余只山鸟袭击**

➢ 1988 年巴黎航展期间,苏联的米格-29 进行了飞行表演,这是多年来苏联先进战机首次出现在巴黎航展上,可是米格-29 刚一起飞,就在数千名观众眼瞅下飞机当场坠毁。原来是一台发动机吸进鸟而使发动机停车,飞机无法控制而坠毁,飞行员跳伞获救。

➢ 1991 年,意大利航空表演时,英国空军的一架战斗机在飞行中,与一群海鸥相撞而坠毁,两名驾驶员死亡。

➢ 1999 年 11 月 14 日,我国空军的一架苏-27 战斗机在芜湖机场发生了因鸟击导致机毁人亡的事故。

➢ 1996 年 7 月 15 日比利时空军的一架 C-130 运输机,在荷兰艾因哈芬着陆时遭遇 500～600 只欧洲八哥的撞击坠毁,四名机组人员及 30 乘客遇难,仅 7 名乘客获救。

➢ 1987 年 9 月美空军的 B-1B 轰炸机(图 1.6.15)在科罗拉多作低空高速飞行训练课目时,遭遇一只 6.5 kg 重的美洲白鹈鹕撞击,撞中翼根并打坏液压系统,飞机坠毁,机上 6 人中 3 人遇难。损失 2 亿 1 千 500 万美元。

➢ 2000 年 1 月 19 日美空军一架 F-16(图 1.6.16)飞行中遭遇一只土耳其秃鹰的撞击坠毁。

图 1.6.15　美空军的 B-1B 轰炸机　　**图 1.6.16　美空军的 F-16 战斗机**

➢ 1987 年 5 月美空军一架 F-4 鬼怪式战斗机在作低空高速训练课目时,遭到一只重 9 kg 的秃鹰撞击,飞机失控,驾驶员跳伞失败而死亡,飞机坠毁时机上的武器操纵员摔死。

> 2009 年 9 月一架从德国杜塞尔多夫机场飞往科索沃首府普里什蒂纳的 737 客机,在起飞过程中,突遇一大群掠鸟撞向飞机(图 1.6.17),其中有 200 多只被吸进了客机右侧的发动机里(图 1.6.18)。这架客机当时的时速约 300 km,其他的鸟儿撞到了机身上,机身被撞出凹痕,还好没有穿透。事后可以在机身上看到血浆四溅的鸟儿尸体。由于椋鸟体长约 20 cm,体重仅只有 75 g,是很小的鸟,虽然有 200 多只撞进发动机,但均被风扇叶片及压气机叶片绞得粉身碎骨,未造成发动机内部零件损坏,发动机还能正常工作。受鸟撞成轻伤的飞机,45 min 后,飞回起飞机场成功迫降。机上无一人受伤,飞机也只是轻微受损,但两台发动机需拆下进行分解清洗。

图 1.6.17　737 起飞时遇到大群掠鸟

图 1.6.18　约 200 只掠鸟吸进右侧发动机

防止鸟撞飞机的措施

鸟撞飞机大大影响飞机飞行安全,美国、加拿大与英国等国都设有专门研究防止鸟撞飞机的机构"鸟撞委员会"(Bird Strike Committee,BSC),另外,还有欧洲 BSC,国际 BSC 等。

防止鸟撞坏飞机的措施主要有两方面,即采取被动的预防措施使飞机在飞行中不会遭遇鸟的袭击,以及飞机采取耐撞设计,以提高飞机的抗鸟撞能力。

鸟撞飞机的事件由高度来看,大多数发生在 600 米以下的高度,其中 60% 发生在 300 米以下。由航线来看,客机的鸟撞事件大约有 70% 是发生在着陆阶段,25% 左右发生在起飞阶段。之所以大都发生在飞机起飞或着陆阶段的低空,这是由于大多数鸟类主要是在低空活动,例如,机场及其附近的环境就特别适宜鸟类的活动。因此,为保证飞机不受到鸟撞击的威胁,保证飞行安全,就要求将机场及其邻近区域,没有飞行活动的鸟类。

被动预防措施 说白了就是驱鸟,将鸟由机场及机场附近赶走,由于鸟是人类的朋友,在驱鸟中不能伤害鸟,更不能采用杀害鸟的方式达到驱鸟的目的。驱鸟的方法比较多,一般采用从鸟类的视觉、听觉、食性等方面入手的各种先进设备。例如"煤

气炮"、用高音喇叭播放鸟类天敌鸣叫声的"驱鸟王"、采用"稻草人"原理制作的"恐怖眼"和利用训练有素的猛禽来驱赶其他飞鸟的"以鸟制鸟"等方法。

➤ 人工驱赶、鸣枪示警等方法将聚集在机场上空的鸟群赶走,例如,1997 年 9 月 22 日下午,千余只大雁和乌鸦聚集在北京国际机场东跑道上空盘旋。经驻场部队鸣枪轰赶,历时两个多小时,才将燕群和乌鸦赶走。为此,当日航班 16 架次未能按时离港,造成大量旅客滞留机场。

➤ 在跑道两头安装特殊的声音放音器,用大功率的扬声器播放鸟感到害怕的各种声音,使鸟听到后远离跑道而去。

➤ 煤气炮(图 1.6.19),一种专为机场设计的驱鸟系列设备之一,它能自动不间断地发出无害的雷电爆炸声,以达到驱鸟目的,点火间隔可以在 30 s 至 60 min 之间调整,可在 360°范围内任意转动,声音有效覆盖面积约为 20 000 m²,也不会影响机场周边鸟类的正常生活。有报道称首都机场有 40 台左右的煤气炮。每隔 7~8 min 响一次,一天 24 h 开机。

➤ 风动驱鸟器(图 1.6.20)在机场跑道两侧设置可转动的、画有猛禽双眼的平板,采用"稻草人"原理制作的"恐怖眼",在风的吹动下不时转动,以吓走接近跑道的飞鸟。

图 1.6.19 多功能驱鸟炮

图 1.6.20 风动驱鸟器

➤ 治理机场生态环境,消除鸟类生存条件 例如,将氨茴酸甲脂等注入机场附近低洼处的积水中,它的味道令鸟类十分讨厌,从而达到了驱散机场附近鸟类的目的。

➤ 在航线安排上要选择合适的航线及飞行空域,避开鸟类迁移线路,减少鸟撞的机会。

➤ 从生态学观点和环境保护观点出发,建立稳定的生态系统,利用一切生物和非生物因素,降低鸟撞飞机所造成的危害。例如,上海浦东国际机场用生态综合治理的方法迁移鸟的栖息地,断绝鸟的食物链。他们铲除了机场易生虫引鸟的杂草,种上不易生虫的马尼拉草和狗牙根草;对机场周围小塘进行深挖或改为旱田;与当地种田农户协调改种玉米、水稻等鸟儿无法栖息、觅食的其他农作物等。在浦东机场东南方 11 km 处为鸟建造了一个 2 km² 的"安居

工程"九段沙湿地的自然保护区。曾经出没在机场上空的 150 多种鸟群,据称有 70% 在九段沙出现。

> 在与发动机风扇转子一起高速旋转的进气锥上,围绕锥体画上一条白色的由细到粗的条带(图 1.6.21),工作时这些条带形成一个闪动的白色光耀,使前方的飞鸟视而生畏,远离而去,避免惨遭杀身之难。据称,这种措施多少有一定效果,已在多型大涵道比涡扇发动机中采用。

> 研制一种机载雷达系统,它能自动预报鸟撞的危险,可使飞机主动回避鸟群。

图 1.6.21　涂有白色条带的进气锥

虽然采取了以上一些措施,但是还不能解决鸟撞飞机导致严重事件的发生,因为自由飞翔在天空中的鸟或鸟群,会在不同的地方,遭遇到在航行中的飞机,也就是飞机防不胜防地会遭遇飞翔中的鸟类,如果飞机抗鸟击的能力较差,就会导致飞机严重受损甚至造成机毁人亡的重大事故。为此,飞机与发动机要采取耐鸟撞的设计,从根本上提高飞机的抗撞能力。

飞机、发动机采取耐撞设计,以提高飞机的抗鸟撞能力

飞机在设计时,对于那些容易受到鸟撞击的部位,例如风挡玻璃、雷达罩、机翼前缘等应予以加强,以能承受大鸟的撞击。美国空军通过试验提出要求,当飞机的飞行速度为每小时 950 km 时,座舱结构和风挡玻璃应能承受重量为 1.6 kg 的鸟的撞击。上述这些部位在飞机上都是固定不动的,相对而言,较容易地解决。但是对于发动机,那就难多了,因为在发动机进口后就是高速旋转的风扇叶片(图 1.6.22),风扇叶

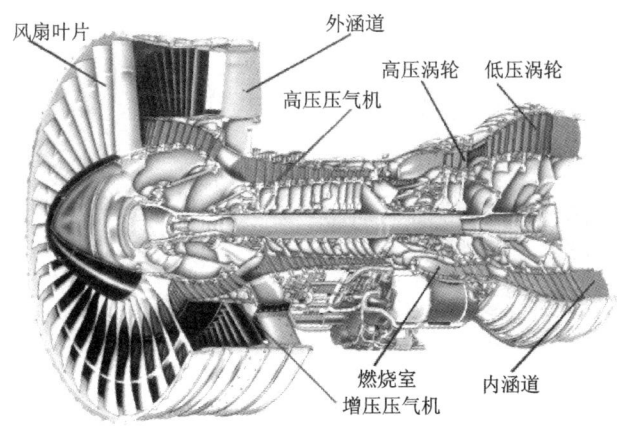

图 1.6.22　大涵道比涡扇发动机前端是高速旋转的风扇叶片

片长而薄,当受到鸟撞击后,容易折断,不仅会造成发动机振动加大,而且断片会随气流流向发动机后部,打坏后续部件,严重时造成发动机停车;碎片夹在叶尖上与机匣间被转子带着旋转时,会由摩擦引起发动机失火;折断的叶片如打穿机匣,还会打坏飞机的结构与系统等。对于客机用的大涵道比涡扇发动机,风扇叶片更长,且随着发动机推力的增加,风扇叶片越来越长,例如用于 757 发动机风扇叶片长 0.522 m;用于 747 的风扇叶片长约为 $0.8\sim0.9$ m;而用于 777 的发动机风扇叶片长达 1 m 多。

风扇叶片设计时,不仅要考虑抗鸟撞击的能力,还要考虑长叶片工作时的振动问题,20 世纪 70 年代前后研制的所有大涵道比涡轮风扇发动机,其风扇叶片无一例外地是将叶身上距叶尖 $1/3\sim2/3$ 处做出向两侧伸出的凸肩,如图 1.6.23 所示。各个叶片的凸肩相互抵紧形成一加强叶片的环箍,如图 1.6.24 所示。这样,不仅增加了叶片的刚性,提高了抵抗外物(包括鸟)撞击的能力与叶片自振频率,而且不易出现振动。即使出现叶片振动,凸肩的抵紧面之间的摩擦可吸收振动能量,使叶片振动不起来。但是这种带凸肩的设计,却带来许多问题,例如叶片不好加工;叶片根部所受的离心负荷加大,凸肩与叶身交界处还会产生附加的弯曲应力,气流流过凸肩会产生分离,不仅使流通面积减少,而且使效率降低等。为此,从 20 世纪 80 年代起,国外几家大发动机公司都在设法解决叶片带凸肩引起的问题。然而,由于风扇叶片所处的特殊工作条件,要全面解决是比较困难的。

将风扇叶片加宽成为宽弦叶片,如图 1.6.24 所示。随着叶片宽度的加大,其厚度自然变大,宽而厚的叶片,抗外物打击的能力大大提高,也不易引起振动。因此是解决采用凸肩带来问题的好方法。但是这种宽而厚的叶片重量也随之增加了许多,叶片根部会受不了,安装叶片的盘也必须做得很厚很重才行。这样的零件显然不适合用于大型航空发动机上。因此,在大涵道比涡扇发动机诞生以后,经过近 15 年的时间,才研制出适用的宽弦风扇叶片。

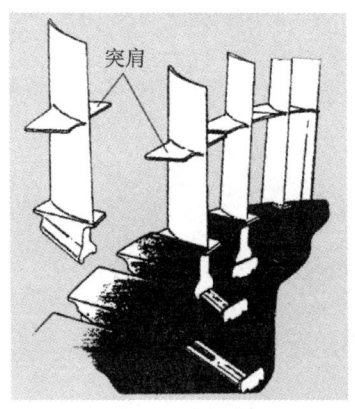

图 1.6.23　带凸肩的风扇叶片

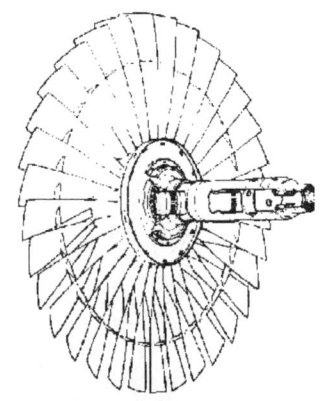

图 1.6.24　多个叶片的凸肩相互抵紧组成一环箍

20 世纪 80 年代中期,英国罗·罗公司设计发展了"三明治式"的宽弦夹层风扇

叶片,这种叶片的叶盆与叶背分别由两块钛合金做成,中心部分挖掉形成空腔,空腔中嵌入钛合金蜂窝结构的芯板,通过活性扩散连接的方法将三者连接在一起,形成一个重量轻的宽弦叶片,见图1.6.25。这种设计,既解决了风扇叶片抗鸟击的能力与抗振动问题,又减轻了叶片的重量,很快在罗·罗公司的发动机中得到应用。

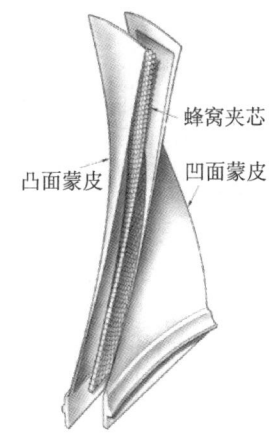

蜂窝夹芯

凸面蒙皮　凹面蒙皮

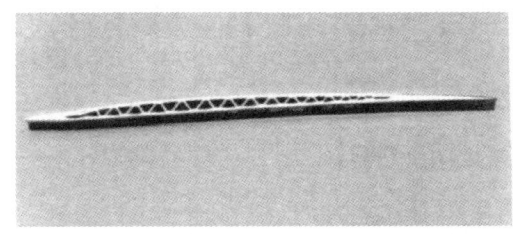

图 1.6.25　"三明治"式的宽弦风扇叶片　　图 1.6.26　具有桁架结构芯的风扇叶片剖面图

　　罗·罗公司后来又在"三明治"式叶片的基础上作了进一步改进,即芯部采用了三角形桁架结构取代了原有的蜂窝结构,如图 1.6.26 所示。这种芯部的结构不仅轻而且能参与承力,使每片叶片的重量比采用蜂窝芯的低 15%,这种叶片从 20 世纪 90 年代起一直到现在都应用于该公司新发展的发动机中。

　　美国 GE 公司在 20 世纪 90 年代初期采用了前缘包有钛合金蒙皮的复合材料叶片设计,不仅用于波音的 777 发动机中,而且用于 787 与 777X 的发动机中。与此同时,美国普惠公司采用了两个叶型材料焊接成具有空心结构的叶片,它是在由钛合金加工的叶盆、叶背上,先分别铣出许多径向槽道,然后用扩散连接方法连成在叶片心部具有多道空槽,如图 1.6.27 所示。这种叶片

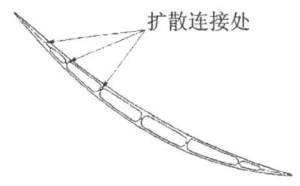

扩散连接处

图 1.6.27　普惠公司的铣槽空心
宽弦风扇叶片

中间带有 6 条槽带形成空心,减轻了重量,而未被铣削处又相互焊接在一起,增加了叶片抗外物打击的能力。这种结构的叶片不仅用于 777 的发动机上,也用于第 4 代战斗机 F-22 的发动机上。

　　采用上述三种方法设计的风扇叶片,不仅减轻了发动机重量,而且大大提高了发动机抗大鸟撞击的能力,截至 2017 年初,尚未见到过装有采用这些设计方法设的发动机,遭到鸟撞击而造成发动机空中停车事件的报道。

苛刻的试验以确保飞机、发动机能承受大鸟的撞击

为确保飞机与发动机所设计的抗鸟撞击结构能达到抗鸟击的能力,除研制单位要进行从零件到组件到部件的模拟试验,并通过试验结果对某些部位进行改进外,国家的适航部门还要对飞机、发动机进行严格的专项考核试验,只有通过适航部门的专项考核试验满足严格的适航条例后,所设计的抗鸟击结构才能上天。

以发动机为例,风扇叶片最易被鸟撞击,且一旦遭鸟撞击,其后果十分严重,因此如前所述,研制单位各显神通采取了多种既减轻重量又能抗鸟击的措施,但是这些措施是否可行,要进行考核试验。现在,所有国家的适航管理部门都有严格的规定,在发动机投入使用前,要进行投鸟的考核试车。

图 1.6.28 为用于 777 的 GE90 发动机投中鸟试验的示意图。正对发动机进气口有一硕大的风洞,向发动机吹风,风速为每小时 93 km,模拟飞机起飞过程的相对速度,4 只鸟分别装在不同位置的枪管中,以每秒 74.4 m 的速度射向风扇叶片不同的部位:叶根、叶尖与叶片中间。图 1.6.29 为实际布置图。

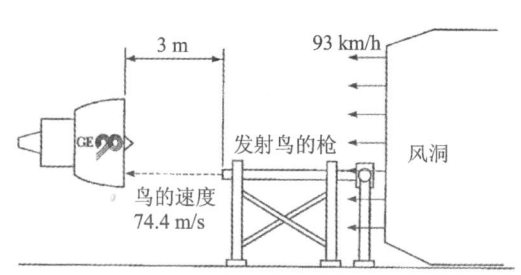

图 1.6.28　GE90 发动机投中鸟试验的示意图　　图 1.6.29　GE90 投中鸟试验的设备布局图

适航部门为投鸟试验规定了严格的要求,发动机研制单位应按这些要求进行投鸟试验。中国民用航空局根据美国联邦航空局 FAA 颁布的联邦航空适航标准 FAR33 部,于 1988 年 2 月颁布了《中国民用航空适航规章》第 33 部 "航空发动机适航标准 CCAR - 33",在 2002 年 4 月又颁布了修订的《航空发动机适航规定》CCAR33 - R1。

随着发动机吸鸟的事件日益增多,吸进发动机的鸟重量也呈上升趋势,所造成的危害也日趋严重,因而在修订的适航规定中,对吸鸟试验要求作了较大的修订。在原来的 CCAR33 部中,只是在 33.76 条 "外物吸入" 中提到吸鸟的要求,对吸鸟的规定也比较简单,即鸟的重量分三种:(1) 小鸟—重 85 g,每 320 cm² 1 只,最多 16 只;(2) 中鸟—重 680 g(1.5 lb),第 1 个 1 940 cm² 为 1 只,每增加 3 870 cm² 加 1 只,最多 8 只;(3) 大鸟—重 1 800 g(4.0 lb)。吸鸟试验后的要求为:吸中鸟不能出现:大于 25% 推力损失,要求发动机吸鸟后 5 min 停车,不引起潜在的危险状态。吸大鸟不能

引起:发动机着火,破裂(非包容),产生过大的载荷,失去停车能力。

在修订的 CCAR33 - R1 专门增加了一条"第 33.76 条 吸鸟",其中对鸟的数量与重量规定与进气道喉道面积即风扇面积 A 有关。

对于大鸟,数量为 1 只,当 $A<1.35\ \text{m}^2$ 时,鸟重 1.85 kg(4.07 lb);当 $1.35^2 \leqslant A<3.9\ \text{m}^2$ 时,鸟重 2.75 kg(6.05 lb);当 $A \geqslant 3.9\ \text{m}^2$ 时,鸟重 3.65 kg(8.03 lb)。

对于中鸟:当 $1.7\ \text{m}^2 \leqslant A<2.1\ \text{m}^2$,为 1 只×1.15 kg(2.53 lb)+4 只×0.7 kg(1.54 lb);当 $2.1\ \text{m}^2 \leqslant A<2.5\ \text{m}^2$ 时,为 1 只×1.15 kg(2.53 lb)+5 只×0.7 kg(1.54 lb);当 $2.5\ \text{m}^2 \leqslant A<3.9\ \text{m}^2$ 时,为 1 只×1.15 kg(2.53 lb)+6 只×0.7 kg(1.54 lb);当 $3.9\ \text{m}^2 \leqslant A<4.5\ \text{m}^2$ 时,为 3 只×1.15 kg(2.53 lb);当 $A \geqslant 4.5\ \text{m}^2$ 时,为 4 只×1.15 kg(2.53 lb)。

吸鸟试验要在发动机稳定于 100% 推力下进行,对于大鸟试验的规定为:鸟吸入速度为 320 km/h,吸鸟后 15 s 不能移动油门杆,试验中不得出现:着火,碎片非包容,过大载荷,失去停车能力。

对于吸鸟试验,除对试验的空速、鸟速与鸟击位置等作了规定外,还规定了不得引起:推力损失超过 25%,着火,碎片非包容,过大载荷,失去停车能力等。对试验程序也作了规定:从吸入第 1 只鸟到最后 1 只鸟时间为 1s,吸鸟后 2 min 内不能动油门杆,随后 3 min,发动机维持在 75% 最大转速下,随后 6 min,发动机维持在 60% 最大转速下,随后 6 min,发动机维持在 40% 最大转速下,随后 1 min,在进场慢车位置,随后稳定在慢车位置并停车,在以上各种状态中发动机不得停车。

按照新的 CCAR - 33R 的规定,以前定型的许多发动机均不能满足要求,参见表 1.6.1。

表 1.6.1　已定型的一些发动机风扇面积与取证试验时的鸟的数量与重量

飞　机	发动机	风扇面积 A/m^2	取证时鸟重/kg		新规定的鸟重/kg	
			大鸟	中鸟	大鸟	中鸟
737 - 300	CFM56 - 3	1.81	1×1.8	4×0.68	1×2.75	1×1.15+4×0.7
737 - 700	CFM56 - 7	2.34	1×1.8	4×0.68	1×2.75	1×1.15+5×0.7
A320	V2500	2.0	1×1.8	4×0.68	1×2.75	1×1.15+4×0.7
747 - 400	RB211 - 424G/H	3.76	1×1.8	4×0.68	1×2.75	1×1.15+6×0.7
747 - 400	CF6 - 80C2	4.37	1×1.8	4×0.68	1×3.65	3×1.15
747 - 400	PW4056	4.37	1×1.8	4×0.68	1×3.65	3×1.15
A330	Trent 700	4.78	1×1.8	4×0.68	1×3.65	4×1.15
A330	CF6 - 80E1	4.67	1×1.8	4×0.68	1×3.65	4×1.15
A330	PW4164	5.02	1×1.8	4×0.68	1×3.65	4×1.15
777	Trent 800	6.75	1×3.6	4×1.36	1×3.65	4×1.15
777	PW4084	6.33	1×3.6	4×1.36	1×3.65	4×1.15
777	GE90	7.6	1×3.6	4×1.36	1×3.65	4×1.15

从表 1.6.1 可以看出,在 20 世纪 90 年代以前定型的发动机,包括用于 737、747-400、757、767、A320、A340 与 A330 等客机的发动机,在作投鸟取证试验时,鸟的重量与数量均不符合 2002 年修订的适航规定的要求,只有在 1995 年定型的 777 用的三型发动机,满足要求。

如果上述发动机是按修订适航规定的要求设计风扇叶片的,那么也不会出现近期频繁出现的发动机吸鸟造成客机迫降、取消航班与中途返航的事件:2008 年 1 月 29 日,一架 747 在路易斯维尔起飞时,2 号发动机吸鸟打坏发动机;2008 年 4 月 8 日,一架挑战者 600 在爬升到 1 000 m 时,遭到多只大鸟(美洲白鹈鹕)的撞击,两发动机各吸入一只,打坏一台发动机风扇,另一台停车,飞机安全着陆;2008 年 6 月 20 日,一架由芝加哥飞往北京的 747 起飞时,一台发动机吸入一只红尾鹰,发动机停车,飞机爬升至 4 000 m 高度盘旋泄掉燃油后用三发降落到起飞机场,发动机风扇叶片损坏多片;2008 年 11 月 10 日,爱尔兰瑞安航空公司 737 客机因发动机吸入飞鸟在意大利首都罗马钱皮诺机场紧急迫降,造成 5 人轻伤;2008 年 11 月 14 日,西班牙航空公司 A319 从摩洛哥丹吉尔起飞时遭鸟击,2 号发动机吸入飞鸟,部分压气机叶片损坏,飞机紧急返航;2008 年 11 月 29 日,威兹航空公司的客机在罗马尼亚首都起飞后遭到大群飞鸟群袭击,一台发动机失灵,被迫紧急降落在邻近机场;2009 年 1 月 15 日全美航空公司 1549 航班 A320 在纽约起飞时双发同时吸入大鸟,同时停车,飞机安全迫降在哈德逊河面上;2009 年 1 月 24 日美国 JetBlue 航空公司的 A320 在奥尔兰起飞时右发吸鸟取消起飞;2009 年 2 月 3 日 美国联合航空公司的 757 在丹佛起飞时遭鸟击,右发 PW2037 吸鸟打坏进气罩,航班取消。

另外,当鸟被发动机吸入撞到风扇叶片时,叶片可能折断,断片在离心力作用下,会击穿风扇机匣,甩离发动机,会打坏发动机外部结构例如液压导管,电缆束等造成严重的二次损伤。为此,在设计时,应加强风扇机匣,使它能将风扇叶片从叶根处断裂的断片,不能击穿机匣而包容在发动机内部,因此风扇机匣又称包容环。为了考核发动机的包容环能否将风扇叶片从根部断裂的断片包容住,各国的适航条例中,均有一条发动机包容环的考核试验,此项试验费用特高且危险。试验时,在 1 片叶片根部安装 1 个爆炸用的雷管,在风扇转子转速达到 100% 时,将雷管引爆,从叶片的根部炸断叶片,检验叶片断片是否能被包容环包住。如果叶片断片包容在发动机内部、发动机还能继续运转 15 秒且未引发着火,发动机安装节没有损坏,那么,就通过了发动机包容性的考核。当然,这台试验的发动机会遭到严重损坏而报废,损失几百万美元;如果试验不成功,叶片断片击穿包容坏甩离发动机,会打坏试车台架的设备,甚至打断燃油导管或液压系统的导管引发台架失火,损失会更大。因此,在进行适航审定试验中,考核包容性的试验都安排在最后,且有适航部门的代表参与试验。

由于采取了以上各种措施,鸟撞飞机带来的危害后果,已有所降低,但是并未完全消除,今后可能适航部门还会修改发动机抗鸟撞的试验要求,即增加投鸟试验中鸟的重量与只数,在驾驶员培训方面会增加训练处置飞机遇鸟撞后的应对能力等。

第 2 章
军用发动机

| EJ200 发动机的结构设计特点 |

1 EJ200 研制历程

　　EJ200 发动机(见图 2.1.1)是英国罗·罗公司、联邦德国 MTU 公司、意大利菲亚特公司和西班牙塞纳尔公司合作组成的欧洲喷气涡轮公司为欧洲战斗机(EFA)即后来的 EF2000"台风"研制的。该发动机的首台设计验证机于 1988 年 11 月在 MTU 公司进行了试验,试验中,推力超过了研制阶段所确定的指标,温度也在规定的极限内。后来生产了 14 台原型机即 EJ200 - 01A,用以验证发动机的设计与可靠性,首台原型机于 1991 年试车。前 3 台原型机用于验证设计,另外 11 台用于加速模拟任务耐久性试车(ASMET)。EJ200 的预生产型 03A 发动机装在 EF2000 发展型 DA3 于 1995 年 6 月首飞,1997 年 4 月完成了飞行审定。在此之前,发动机共进行了超过 10 000 h 的试车,包括 2 800 h 的高空台试车。欧洲喷气涡轮公司于 1991 年 1 月获得为 148 架台风用的 363 台 EJ200 发动机的订货;用于首架生产型台风的首两台生产型发动机于 2001 年 7 月 12 日交付英宇航公司,2003 年 7 月 8 日台风完成了定型论证书的签署,标志台风及其 EJ200 发动机正式投入使用。

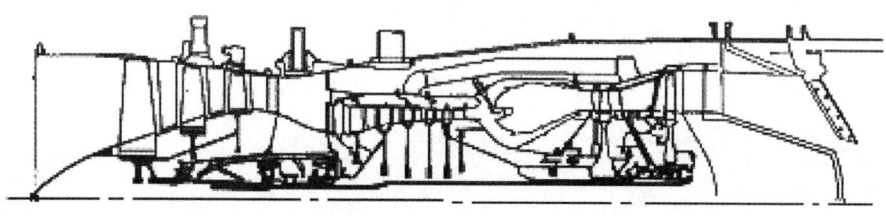

图 2.1.1　EJ200 发动机简图

2　设计准则

为满足四国空军参谋部对 EFA 提出的要求,欧洲喷气涡轮公司为 EJ200 确定的设计准则是:

(1) 加力推力为 90 kN;

(2) 核心发动机尺寸要求足够大,以提供大空气量和推力;

(3) 高的推重比(约 10),以便飞机获得良好的格斗性能;

(4) 低的加力与不加力耗油率;

(5) 长的压气机和涡轮叶片寿命,以降低全寿命期费用;

(6) 留有较大的空气流量与温度裕度,以满足日后提高推力的要求;

(7) 良好的可靠性与可维护性。

经过多方案设计分析、研究,以及经过多台发动机的调试,得到的 EJ200 循环参数是:涵道比为 0.4,风扇压比为 4.21,高压压气机增压比为 6.2,总增压比为 26,涡轮前温度为 1 750 K,空气流量为 71.18 kg/s。发动机的加力推力与不加力推力分别为 90 kN 和 60 kN,耗油率分别为 23 g/(kN·s) 和 49.8 g/(kN·s)。

3　部件与系统的结构特点

EJ200 为双转子加力式小涵道比涡扇发动机,罗·罗公司的 XG40 为它验证了所需要的技术。该发动机的结构设计基本上与 XG40 相同,由 3 级风扇、5 级高压压气机、具有空气雾化喷嘴的环形蒸发燃烧室、单级高低压涡轮、加力燃烧室和收敛–扩散式可调喷口组成。整台发动机有 5 个支点,共用 2 个滑油腔室、2 个承力框架。由于采用了大量先进技术,不仅使它的结构较以前的由罗·罗公司研制的战斗机发动机(如"斯贝"MK202 和 RB199)简单得多,而且尺寸也小得多(见图 2.1.2)。在相同

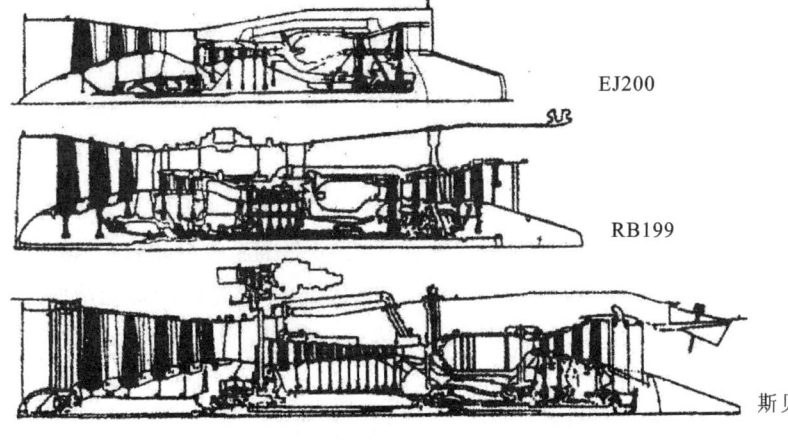

图 2.1.2　三种发动机的尺寸和结构比较(在推力相同条件下)

尺寸条件下,RB199 的零组件数为 2 845 件,而 EJ200 仅为 1 800 余件,但后者的推力却较前者约大 50%。

3.1 转子支承

EJ200 发动机转子支承方案(见图 2.1.3)不同于其他战斗机用发动机的方案,图 2.1.4 示出的支承方案是目前采用得较为广泛的形式(F101、F404、F110、F119 等采用),图 2.1.3 和图 2.1.4 两者对比,可以看出它的特点:

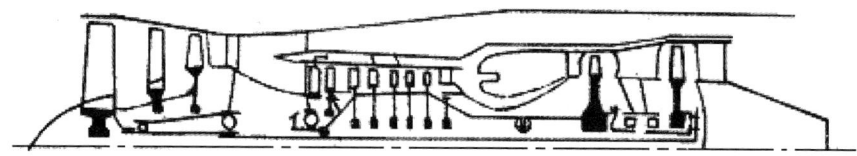

图 2.1.3　EJ200 发动机转子支承方案简图

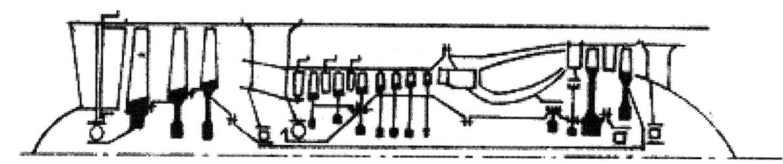

图 2.1.4　F404 发动机转子支承方案简图

3.1.1　风扇转子悬臂支承

在风扇部件中,由于无进口导流叶片,因此采用了类似大涵道比涡扇发动机的支点布局,即 3 级风扇转子悬臂地支承着。而在 F404 等发动机中,由于有进口可变弯度进口导流叶片,可利用进口导流叶片固定不动的前缘部分作为传力的承力件,因此在 1 级风扇前设一支点,风扇转子由前后支点来支承。

3.1.2　高低压涡轮间承力框架

高压涡轮后支点及低压涡轮前支点均支承于高低压涡轮间承力框架上,这是继承罗·罗公司三转子发动机中采用的传统设计,而 F404 等发动机则是通过中介轴承将高压涡轮支承于低压转子上。

3.1.3　圆弧端齿联轴器

EJ200 发动机中在 3 处采用了圆弧端齿联轴器,即装 3 号滚珠轴承的高压压气机前短轴与高压压气机前轴间、高压压气机后轴与高压涡轮前轴间和低压涡轮后轴与低压涡轮轴间。采用圆弧端齿联轴器使装拆简单,特别是使滚珠轴承的装拆方便,易于在外场进行单元体更换;另外还能解决热定心问题,这是欧洲几家航空发动机公司常采用的结构。

3.1.4　风扇转子通过中间轴与低压涡轮轴相连接

为了便于风扇转子的滚珠轴承装拆问题,EJ200 采用了一种独特的设计,它的低

压涡轮轴不像其他发动机直接与风扇轴相连,而是通过套齿与中间轴(图 2.1.5)相连,中间轴再与 1 级风扇盘后轴通过套齿相连。1 号滚棒轴承、2 号滚珠轴承均装在中间轴上。装配时,滚珠轴承先加热套装到中间轴上并固定于轴承座中,再将风扇转子插入中间轴中,用大螺母将其拧紧即可。

3.2　风　扇

3 级风扇(图 2.1.5)的叶片均为宽弦设计,除不需设置进口可变弯度导向叶片外,叶身无减振凸肩,并按损伤容限准则设计。第 1～2 级转子叶片用燕尾形榫头与轮盘相连,轮盘则通过鼓环焊接一体。第 3 级风扇为整体叶盘结构,即叶片底座用电子束焊接方法焊到轮盘的轮缘处。为避免叶片的某些损坏而使整个转子报废,第 2～3 级盘之间是用短螺栓连接的。

风扇机匣沿轴向分为四段,每段均做成整环,静子叶片被焊到机匣上。这种设计可得到较均匀的叶尖间隙。

3 级风扇的增压比为 4.211,平均级压比为

中间轴

涡轮轴

图 2.1.5　EJ200 的风扇

1.614 7,是目前研制的发动机中较高者,因而叶片的气动负荷与 Ma 均较高。采用高的风扇增压比是为了保证加力时最大格斗持续时间下具有较低的耗油率。据称 EJ200 的风扇具有好的级间匹配性能和大的喘振裕度以及高的效率。

3.3　高压压气机

5 级高压压气机气流通道基本上是等外径的,叶片按三元流设计成亚声速叶型,以提高效率和减轻重量。

进口导流叶片是可调的,除第 1 级采用整体叶盘结构外,其余 4 级叶片均用燕尾榫头装于轮盘的环形燕尾槽中。2～4 级盘通过各自的鼓环焊接在一起。由于第 5 级盘的温度高而采用了高温合金,因此它与 2～4 级转子分开,并与其后的封严盘和后轴焊接成一体,这三段转子间用短螺栓连接组成高压压气机转子。转子的前轴与第 2 级盘焊在一起,其前端用圆弧端齿与前短轴相连,前短轴上装有高压转子的滚珠轴承与传动附件的主动锥齿。后轴的后端面为圆弧端面齿以与高压涡轮轴前端的圆弧端面齿相啮合形成圆弧端齿联轴器,并用短螺栓将二者连接起来。

高压压气机的机匣沿用了 RB211 的设计,做成全长双层机匣(CFM56 和 V2500 等发动机只将高压压气机后几级做成双层结构)。外层机匣直径较大,以增加刚性,工作时,由它来承受并传递负荷。内层机匣只作为气流通道的包容环,不传递负荷,因此不易变形,保证工作时叶尖间隙较均匀,效率高和性能衰减率较小。

第 5 级轮盘后装有一封气用的封严轮盘,其轮缘与刷式封严环的钢丝刷接触,起封严作用。这种刷式封严装置(见图 2.1.6)是罗·罗公司的首创,也是一种封严效果较好的结构。它是在两个环形侧壁中铺填一束束极细的具有弹性的 Satellite 金属丝组成的环形刷,每一束中有 300 余根 Satellite 丝,环形刷紧紧地与转动的封严盘轮缘相贴合,起到接触封严作用。据称,典型的刷式封严装置的漏气量相当于间隙为 0.10 mm 的具有 5 齿的篦齿装置的漏气量,在过渡状态发生间隙变化时,由于刷子在弹性的作用下仍然紧贴于旋

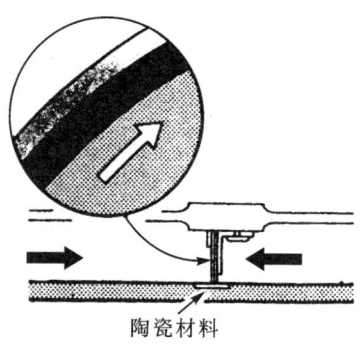

陶瓷材料

图 2.1.6 刷式封严装置

转面上,因而仍能起良好的封严作用。这种刷式封严装置也用于 XG40 和 V2500。其后,普惠公司的 PW4000、GE 公司的 GE90 等发动机上也采用了这种封严装置。

3.4 燃烧室和加力燃烧室

燃烧室类似于 RB199 的环形燃烧室,但扩压器却做成先缓扩后突扩的二级扩压器(RB199 为突扩式),火焰筒由锻件机加工制成,喷嘴则采用了空气雾化式的。这种燃烧室的压力损失小、具有较好的过渡状态性能和重新点火性能以及无可见烟。

加力燃烧室的外涵气流通过环形掺混器与内涵气流混合,燃油通过多根径向插入的喷油杆喷入。火焰稳定器为多根径向式。加力筒体内装有全长的隔热套筒,套筒有 8 圈通入空气的 Z 形环,以形成冷却气膜。尾喷管为可调收敛-扩散型,以提高高速时的效率。

3.5 高低压涡轮

单级高压涡轮导向叶片按三元流做成沿径向呈曲线(与罗·罗公司的 RB211-535E4 和-524G/H 的相同),以减少端壁附面层的影响和提高效率。工作叶片用单晶材料制造,并采用了复杂的多孔冷却通道,叶片表面用等离子喷涂含铬-镍-钇的陶瓷隔热涂层。轮盘用粉末冶金毛坯制成。前轴焊在轮盘的前端面,轴的前端为圆弧端齿,以便与高压压气机后轴相连。后轴用短螺栓与轮盘后的安装边相连,安装边的外缘形成刷式封严装置的摩擦面。

装在后轴上的滚棒轴承支撑在高、低压涡轮间的承力框架上,传递负荷的径向支板穿过空心的宽弦低压涡轮导向叶片与外机匣相连。这种支承方式是罗·罗公司的传统做法。

单级低压涡轮的工作叶片带冠,涡轮轴用短螺栓与轮盘后的短轴相连,在轴上再用螺栓连接一安装滚棒轴承的短轴套,滚棒轴承支承在涡轮间的承力框架上(与高压转子后滚棒轴承并列支承)。涡轮轴不直接与轮盘的前端连接,而是在后端连接,然

后再由轮盘孔心向前穿出,使结构变得复杂,但却使低压涡轮盘与支点间的距离小、悬臂短和好的转子动力特性。涡轮后装有 24 片出口导流叶片,以便将流出低压涡轮的打旋气流导直,起到了 1/2 级涡轮和支承涡轮后内锥体的作用。这种 1/2 级涡轮的设计在大涵道比涡扇发动机上得到广泛采用。

3.6　滑油与控制系统

为保证发动机能在零或负的过载条件下工作,滑油系统设计成能在负过载下工作。

控制系统采用全权限数字式控制(FADEC)系统,具有精确的调节功能、重量轻和调整时间少等优点。另外,EJ200 的 FADEC 还具有在飞机上对发动机的健康情况进行监测的功能。

4　其他特点

4.1　良好的可靠性与维修性

在 EJ200 的设计时,就考虑了提高可靠性与维修性要求,例如尽可能使压气机、涡轮级数和叶片数少,使发动机结构和支承方案简单,这不仅改进了维修性,而且提高了可靠性;采用单元体结构,由 10 个单元体组成;在发动机装在飞机上时,考虑了可达性,很容易更换零部件和检查附件、磁堵、油滤等;从飞机上拆下发动机后,很容易分解各单元体;发动机上装有健康状态监测系统、孔探仪座等,以便对发动机进行视情维护。使发动机的提前更换率和故障率将比以前使用中的战斗机发动机的低得多。

4.2　低的寿命期费用

在设计初期就考虑了降低寿命期费用问题。由于充分利用了各伙伴公司已验证的技术,特别是 XG40 的技术、简单而可靠的结构设计和先进的循环参数等,因此,EJ200 的寿命期费用将比以前的战斗机发动机的低 45％左右(见图 2.1.7)。

5　发展计划

5.1　第一阶段(2000—2005)

研制一种称为"EJ2X0"的发动机,其推力比原型 EJ200 至少增加 20％,采取的措施有:发展一种新的风扇,其增压比为 4.6,空气流量增加 10％,不开加力时的推力为 72 kN,加力推力为 103 kN。

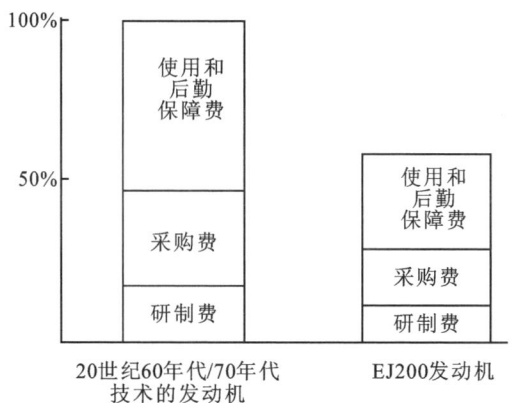

图 2.1.7　EJ200 的寿命期费用与早期发动机的比较

5.2　第二阶段(2005—2010)

使发动机推力比原型 EJ200 增加 30%,即不开加力时的推力达到 78 kN,加力推力为 120 kN,将采用新的风扇及低压涡轮,提高总压比等。

从 F100 - PW - 100 到 F119 - PW - 100：回顾航空发动机研制观点的转变

前　言

由 20 世纪 70 年代初期为空中优势战斗机 F - 15 发展高性能的发动机起，到 90 年代为下一代先进战斗机 ATF(用于 21 世纪)即 F - 22 发展推重比为 10 一级的发动机，历时 20 余年。其间研制观点(指导思想)有两个大的转变，即从单纯追求性能转变为可靠性、可维修性与性能并重，再转为推行"同期工程"，(或"并行工程""一体化制造与发展"工程)。这两大转变，三种指导思想是吸取了发动机研制、外场使用等中积累的经验而总结出来的。以美国普惠公司为例，它从研制第一种推重比为 8.0 的 F100 - PW - 100(-200)发动机起，到衍生改型的具有高可靠性的 F100 - PW - 220，到发展新一代的、用于 F - 22 的、推重比为 10.0 的 F119 发动机，长达四分之一世纪多的整个发展过程充分说明了发动机研制观点转变的过程与背景，能代表世界航空发动机发展的趋势。

1　早期的 F100 发动机

20 世纪 60 年代末 70 年代初，美国普惠公司为准备用于下一个 25 年的空中优势战斗机 F - 15 发展了新一代的高性能发动机，即 F100 发动机。为满足飞机要求，发动机推重比需达到 8.0 一级才行。为此，普惠公司将提高发动机性能即推重比作为重点予以保证，也即以提高发动机性能为 F100 研制的指导思想。在 F100 的研制、发展中，尽量控制发动机重量而不影响性能，最终达到了目的，使 F100 成为第一

种投入使用的推重比为 8.0 一级的发动机。当 F100 的第 1 个、用于 F-15 的生产型 F100-PW-100 转入批生产并开始装备美国空军时,与当时其他发动机相比,性能有明显的改进,特别是其跨声/超声条件下的性能有显著的提高。事实上,时至今日,当今在役的大多数战斗机发动机的推重比也仍同等或稍高于 30 年前 F100 的推重比。

用于 F-15 战斗机的 F100-PW-100(装 2 台)发动机的起飞推力为 106.13 kN,F-15 于 1974 年 11 月开始装备美国空军,与-100 型推力相等的-200 型用于 F-16 战斗机(装 1 台),F-16 于 1978 年底开始装备美国空军。

F100 的性能的确不错,但它的可靠性与耐久性却未能与性能的提高相匹配,F-15 战斗机装备部队后,在使用中暴露出发动机有许多影响可靠性的严重问题。例如压气机失速,大量涡轮叶片超温、烧伤等,曾使大批 F-15 战斗机趴地不能起飞,成为困扰美国空军的最棘手问题之一,使美国空军不得不让 GE 公司利用用于 B-1 轰炸机的 F101 发动机的核心机,发展一种适用于 F-15,F-16 的发动机,即 F110,形成了由两家发动机公司同时为 F-15 和 F-16 提供不同型号发动机的局面,一直沿用至今。

F100-PW-100(-200)出现可靠性不高的原因是多方面的,例如在使用中,由于飞机的要求需来回快速拉、推油门杆,因而使发动机的温度与转速快速变化,造成发动机主要零件应力循环变化多,而当时的军用发动机定型试车仅包含极少循环的耐久试车。因为在 70 年代初期,标准的定型试车为 150 h 试车,这种试车的目的是考核在最长的稳态时间内发动机在高温下的工作能力,而不是考核多次循环下的工作能力等,因而定型后发动机仍然出现大量故障。当然,主要原因还是由于研制中,单纯追求了高的性能,忽视了可靠性、可维修性和耐久性问题,发动机的设计没有在可靠性、可维修性、成本和可生产性等以及性能等诸方面取得平衡而造成的。

2 提高可靠性的 F100-PW-220 发动机

普惠公司从 F100-PW-100 的发展、使用过程中遇到的问题,吸取了一条很重要的经验,那就是忽视可靠性、可维修性而单纯追求性能的发展先进发动机的道路是行不通的。为了使 F100 发动机能满足空军既有高的可靠性又有高性能的发动机需要,普惠公司着手对 F100 进行改进,以提高发动机的可靠性。

虽然由 1975—1980 年,普惠公司与美国空军在改善 F100 的可靠性方面做了一些小的改进,但收效不显著。直到 1981 年,才开始利用先进技术对 F100 进行重大改进,以提高可靠性、耐久性与安全性。这些改进包括:重新设计的"加大寿命的核心机"(ILC)、单晶材料作的涡轮叶片、第一种用于战斗机发动机的全功能数字式电子调节器(FADEC)、齿轮泵作的燃油泵等。此改进型被命名为 F100-PW-220,其推力维持-100 型的即起飞推力为 106.13 kN,但重量加大约 61 kg,也即牺牲了推重比而获得高的可靠性。

为考核-220 型的耐久性与可靠性,补充进行了三种试验,即 4 000 个 TAC 循环的加速任务试验(AMT)、高 Ma 下的耐久性试验与高周疲劳试验。

2.1　4 000 个 TAC 循环的加速任务试验(AMT)

加速任务试验 AMT 试验是以前未曾进行过的,是按飞机的飞行任务剖面,归纳出发动机的任务剖面图,如图 2.2.1 所示。然后按油门杆位置变化情况进行加速模拟试验,即每 1 个试验循环模拟飞机作战时的油门变化,但时间却大大缩短。用这种试验,模拟发动机在外场使用时,温度与转速的变化以及由此产生的离心负荷与温度负荷的变化,用以考核发动机低循环疲劳寿命以及在这种多变工况下发动机的可靠性。

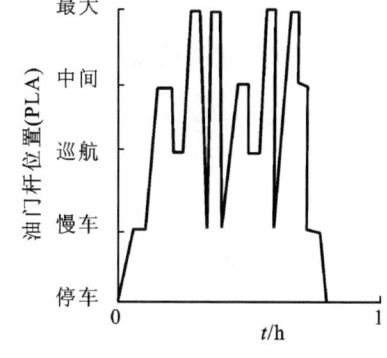

图 2.2.1　发动机的任务剖面图

作为战斗机特别是高性能战斗机的发动机,就不能按飞机一次起降作为 1 个循环计。因为在飞机作战中,往往要反复将油门杆从最低位置推到最高位置,或反之。这样,在飞机一次起降中,零件上应力的变化就不单纯是一种从零到最大再到零的过程。为此,采用了 TAC 循环(TAC 为总的积累循环,也称战术空军循环,TAC=总的起飞循环数+1/4 全程油门过渡次数,一般,1 发动机飞行小时(EFH)=2TAC 循环)来计算它们的低循环数。

目前,作为战斗机的发动机,需要完成一次 4 000 个 TAC 循环试验。在 F100 - PW - 220 发展试验中,美国空军根据外场使用情况,要求进行一次 4 000TAC 循环的 AMT 试验,每 1 个 TAC 循环的 AMT 约耗时 15 min,4 000TAC 循环 AMT 约耗时 1 000 h。若按每架飞机每年使用 250 h 即 500TAC 循环,则 4 000TAC 循环 AMT,相当外场使用 8 年。实际上,F100 - PW - 220 前后共进行了两次 4 000TAC 循环 AMT,第 1 次 4 000 个 TAC 循环试验中,在 90 天时间内共试验了 953 h,其中全程油门过渡 84 649 次,加力燃烧室点火 8 254 次,加速 34 551 次,相当外场工作九年。试验后,核心机完好无损,于是又进行了第 2 次 4 000 个 TAC 循环试验,两次共进行了 8 191 个循环,1 826 h,其中全程油门过渡 172 847 次,加力燃烧室点火 19 308 次,发动机加速 76 738 次,相当外场使用 18 年。两次试验中,由核心机引起的换发率、空中停车率、推力损失率均为 0,说明该型发动机达到了提高可靠性的目的。据称这是战斗机用发动机中,第 1 种通过 2 次 4 000 个 TAC 循环试验的发动机。

2.2　高 Ma 下的耐久性试验

模拟高速飞行下的进口压力、温度条件,考验发动机在高温、高应力下的耐久性,

在下述四种状态下共试验了 6 h:

1. $H = 10\ 688$ m,$Ma = 1.6$ 下 3.0 h,
2. $H = 12\ 184$ m,$Ma = 2.0$ 下 1.5 h,
3. $H = 12\ 184$ m,$Ma = 2.3$ 下 1.0 h,
4. $H = 13\ 822$ m,$Ma = 2 \sim 2.5$ 下 0.5 h。

2.3 高周疲劳试验

在高周疲劳试验中,发动机装在试车台上进行试验,由慢车转速到最大转速间分成九个转速台阶,如图 2.2.2 所示,在加速及减速过程中,在每个转速台阶下各积累 10^7 次振动循环,共进行了 22 h。

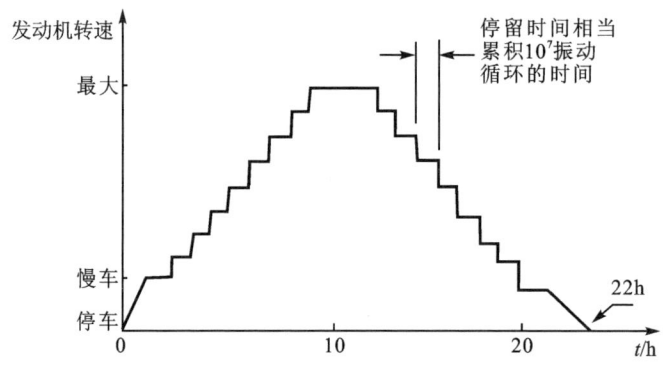

图 2.2.2 高周疲劳试验按转速分阶段情况

通过这三种考核试验后表明 – 220 型较 – 100 型在可靠性、耐久性方面均得到大幅度提高,而且它在外场不需对发动机的调节系统进行调节(因为它的 FADEC 具有自调特性),还取消了对移动油门杆的一些限制,能满足空军的需要, – 220 型于 1985 年底正式投产。由于 – 220 型在使用中反映出有较好的可靠性,因此美国空军让普惠公司用 – 220 型的改进措施换装在外场使用的 – 100 型上,这种改装的发动机命名为 F100 – PW – 220E。

3 一体化制造与发展、并行工程、同期工程

F100 发动机由 – 100 型改进到 – 220 型,可靠性得到大大提高,这种用牺牲性能来提高可靠性的措施,得到空军的赞许。这就是航空发动机研制观点的第一次转变,即由单纯追求性能转变为可靠性、可维修性与性能并重,也即所研制的发动机是在可靠性、性能等诸方面得到平衡的设计。

但是,在发展 – 220 型时并不是十全十美的,虽然它做到了在可靠性、维修性、耐久性及性能等方面进行平衡,成为一种进行平衡后的设计。但是由于采用一些先进技术,在正式转产时却遇到了麻烦,即在投产的第 1 年(1986 年)中,在组织生产中出

现了许多重大难题,结果花了很大力气去克服才使生产工作进行下去,不仅延误了投入使用的时间,而且也增加了额外费用。这是普惠公司在发展-220型中吸取的一个重要教训,即仅由设计人员参与发展一种新型发动机,特别是在采用许多先进技术时是不够的。

根据-220的教训,引发了普惠公司在1987年对发动机的研制观点(指导思想)做了一个重大转变,建立了称之为"设计到加工"多功能小组的概念,使得在发动机设计过程中,就吸收制造、材料、供应和质量等方面的工程人员参与。即在设计之初,就全盘考虑各方面问题,使得在此基础上通过验证的先进发动机,能很快转入生产,投入使用中去。美国空军在普惠公司这一新思想的基础上,于1990年采用了更为广泛的多功能小组概念,它包括了整个发动机寿命循环中从方案论证到外场支援的各阶段参与工作的各种人员。这种由几十个到一百多个的多功能小组参与发动机发展全过程的系统工程称为"一体化制造与发展(Integrated Product Development,IPD)"工程,其最终目的是让用户能得到一种各方面得到平衡的产品。据普惠公司称,目前该公司已将IPD概念应用到各种军、民用发动机的研制中。

无独有偶,与此同时其他的大公司也做了类似的指导思想转变过程,采用了类似IPD的概念,例如GE公司开展了并行工程(Concurrent Engineering,CE),罗•罗公司开展了同期工程(Simultaneous Engineering,SE)。三者名称不一,但内容基本是一致的。以并行工程为例,它是由美国国防先进研究计划局(DARPA)主持,GE公司航空发动机部研究发展中心(GE-CRD)进行研究的。他们认为并行工程是一种革命性的工程发展方法,它同时考虑研究、发展、设计、制造与使用的问题,以期在相对较短的时间内,了解在采用高、新技术,先进材料与工艺时对部、组件最终结果的影响,以便快速的获得最优设计,使从方案设计到形成可供使用的产品的周期缩短1/3~1/2,并相应减少研制费用与风险。当然,这项概念更新的研究工作,也是耗资巨大的工程,仅在1988—1992年的初始阶段研究中即投资9 300万美元。DARPA除在西弗吉利亚大学建立了一个并行工程研究中心(CERC)外,还由GE公司航空发动机部联合卡内基、梅隆大学,瑞塞勒斯工学院组成联合研究小组,分工合作进行研究。除上述单位外,还有近20个单位参与这项研究、开发工作。

IPD或CE、SE不仅在发展先进的军用发动机中采用,在发展新型民用发动机中同样也采用,例如三大发动机公司为波音公司的777双发型客机分别发展的PW4084(普惠)、GE90(GE)和遄达800(罗•罗)发动机中,均采用了IPD等工程。为使777在服役之初即可获得FAA的180 min ETOPS(双发客机延程飞行)批准(现行标准是为获得120 minETOPS批准,所采用的发动机必须具备:积累的工作时间不少于25万小时,空中停车率低于0.04次/1 000 h;180 min EPOPS的条件是:120 min ETOPS已有1年经验,空中停车率低于0.02次/1 000 h),三公司分别采用了IPD,CE和SE来提高发动机的可靠性,以达到空中停车率为0的目标,另外,罗•罗公司还将SE用于发展遄达800的称为第二代宽弦夹层结构的风扇叶片与称为

第 5 阶段的燃烧室的发展工作。普惠公司为 PW4084 研制的空心钛合金宽弦风扇叶片也采用 IPD 而使研制工作在不到 2.5 年的时间完成,如按传统作法则需 5.0 年时间。当时参与研制该叶片的多功能小组有 70 余人。GE 公司采用 CE 研制了一种空心的钛合金叶片,其研制周期比按常规程序研制要短 60%。

4　F100-PW-229 发动机

美国空军为了进一步提高 F-15 和 F-16 战斗机的性能,要求提高发动机性能,因而提出了"改进发动机性能计划"IPE,为此,普惠公司对 F100 发动机做了重大改进,引用了在民用发动机 PW4000 上采用的许多先进技术以及其他验证机验证的技术,衍生发展了 F100-PW-229。-229 型具有-100 型的外廓尺寸,保持了-220 型高的耐久性与可靠性的水平,但起飞推力却大幅度加大,达到 129 kN,约比-220 型的大 22%,加速性能也有明显改善。表 2.2.1 列出了在各种状态下,两型发动机的性能比较,图 2.2.3 示出了-229 与-100,-220 加速性的比较。

表 2.2.1　F100-PW-229 与-220 在各种状态下的性能比较[①]

状态	海平面 最大,非 安装条件	海平面 $Ma=0.85$ 中间	9 144 m $Ma=0.60$ 最大	9 144 m $Ma=1.20$ 最大	9 144 m $Ma=1.60$ 最大	3 048 m $Ma=0.90$ 中间	3 048 m $Ma=0.90$ 最大
与-220 相较 -229 推力的 增加值	+22.0%	+35.0%	+8.1%	+23.0%	+27.0%	+32.0%	+27.0%

注:① 最大状态即全加力状态;中间状态即不开加力时的最大状态。

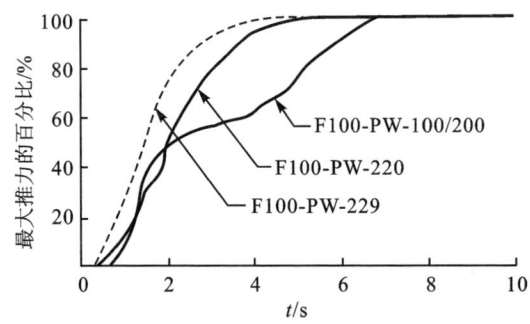

图 2.2.3　F100-PW-100、-220、-229 三型发动机加速性的比较

在-229 型的设计中采用了:增大流量的风扇,第二代电子调节器,流量与性能均较高的压气机,为"用户朋友"(指维修)的外部管路设计等,其中所有改进的部件均在一些技术验证计划中得到验证。例如风扇是作为美国空军发动机型号衍生计划(EMDP)的一部分设计并试验的,已通过 4 000 个 TAC 循环的耐久性试验,并在

NASA 的 F-15 上进行过飞行试验,加力燃烧室也属于这项计划的产物。燃烧室与涡轮叶片技术曾在"先进涡轮发动机燃气发生器"ATECG 计划及"联合技术验证发动机"JTDE 计划的一部分进行过试验。

在发展-229 型时,普惠吸取了-220 型的经验教训,在设计中就采用了"设计到制造"的小组,在设计发展之初就吸收了制造工程师参与,因而在 1989 年转产时没有遇到太多的问题,与普惠以前的任何发动机相比,它的转产过渡最为平滑。

在-229 型投产后,F100 的改进衍生工作(增大推力而保持其可靠性水平)仍在进行,例如 1991 年试验了 IPE92,其推力达到 142.5 kN,1992 年试验了 IPE94,其推力达到 152.4 kN。

5　F119-PW-100 发动机

5.1　新一代发动机 F119 的发展途径

普惠公司为美国先进战斗机 ATF 研制了推重比为 10.0 一级的加力式涡扇发动机 F119 参与投标竞争。经过 1990 年 8 月至 1991 年 4 月的半年多的试飞评比后,美国空军最终选中装 F119 发动机的 F-22 战斗机作为其 ATF 的正式机型并转入全尺寸发展阶段,装 F119 的 F-22 于 1997 年 9 月 7 日进行了首飞,已于 2005 年底装备美国空军。

F119 的推力为 159 kN,是普惠公司第一种从设计开始就采用 IPD 的发动机,也是一种在性能、可靠性、维修性、成本和可生产性等多方面进行平衡后的设计,当然这也是通过采用高、新技术来达到的。为此共有 100 多个多功能小组参与工作,他们的工作内容包括了发动机所有的零件、部件及单元体。

普惠公司在发展 F119 的第 2 个战略措施就是"想用户之想",即多方考虑使用方便的问题。美国空军有一项"兰 2 走访"(Blue TwoVisit,BTV)计划,就是派出由空军人员与供应商组成的许多小组到世界各处的美国空军基地进行面对面地调查了解,掌握发动机、飞机在使用中的第一手材料。F119 的工程负责人员、项目管理人员及主要设计工程师参与了"兰 2 走访"计划的外调小组,经过几年的奔波,获得了大量宝贵的实际使用中的素材,即现用的飞机系统中有哪些不好之处与哪些好的地方,从而在设计中予以考虑。例如,设计人员考虑了外场机务人员在穿戴防化服后对发动机(装在飞机上的)进行维护工作时的困难之处,从而设计了简单的外部管路布局的总体方案,并在全尺寸模型上通过了考验。

5.2　F119 广泛采用已被验证的高、新技术

为避免 F119 的设计遇到不可接受的风险,普惠采用了包括 IHPTET(综合高性能涡轮发动机技术)计划的许多技术验证计划中已验证的技术,所有在 F119 中采用的关键技术均在这些计划中进行过试验并得到证实,其中最为关键的是不仅使发动

机具有高的性能,而且要具有较高的可靠性、维修性与安全性。以下简述各部件中的若干设计特点:

(1)风扇　与 F100 的风扇不同,风扇叶片采用了无凸肩、宽弦和空心的设计,利用扩散连接、超塑性成形的工艺方法做成的,它不像罗·罗公司的夹芯结构风扇叶片,其中心部分无芯。这种叶片具有高的级载荷、效率与喘振裕度,且具有较高的抗外物(包括鸟)击伤能力。

(2)压气机　在压气机中也采用了如风扇中所述优点的宽弦叶片的设计,但为实心叶片,工作叶片与静子叶片的材料具有高的损伤容限能力。机匣采用了一种新的防燃烧的钛合金-C 合金,能防止曾在其他发动机造成问题的钛失火,这种钛合金也用于喷管中。

(3)燃烧室　采用了类似于 F100-PW-229 和 V2500 等军,民用发动机使用过的浮壁式火焰筒,这种结构曾在 ATECG 和 JTDE 计划中验证过,它能有效地消除热循环疲劳。燃烧室还设计成具有特别好的重新点火能力以及小的压力损失。

(4)涡轮　涡轮的冷却方案与 F100-PW-229 型相比,又有新的发展,采用了多通道的对流与先进的气膜冷却,这种技术已经在正在进行的单独的研究与发展计划中以及在由美国空军与海军支持的计划中不断地得到改进、提高。采用这种先进冷却方案的先进单晶涡轮叶片已经在部件试验器、核心机及发动机试车中验证了它能满足性能与耐久性的要求。涡轮盘采用了较为特殊的"双热处理"的结构,对轮缘与轮心部位分别采用了不同的热处理方式,使轮缘处的晶粒粗大,以提高损伤容限特性,轮心部分晶粒细化,以提高强度与低循环疲劳寿命。

与其他部件一样,涡轮机械设计的重点也是可靠性、耐久性和维修性,而不仅是性能。

(5)加力燃烧室与尾喷管　对这两个部件的要求是适应性(Operability)、耐久性与维修性。由适应性观点看,F119 原型加力燃烧室工作得非常好,在整个飞行包线内均能正常工作。对火焰稳定器、喷油杆进行了冷却以便有好的耐久性。这种结构曾在 JTDE 计划中进行过地面与高空试验,得到过验证。加力燃烧室及喷管中采用了 C 合金以减少钛失火的危险,并提高它的安全性,且降低了重量。

(6)调节器　在 F119 中,可靠性提高得最显著的要算调节器了,该系统是由 F100-PW-229 的基础上发展来的,为双余度的数字式电子调节器,属普惠公司的第四代 FADEC。另外,它还吸取了以往的经验,将发动机与飞机的调节结合在一起,这样可使飞机的调节器利用发动机的一些参数。例如推力,推力方向等对飞机进行调节,使飞机性能大幅度提高。以往的经验还指出,装在发动机上的诊断系统能大大改善发动机的维修性、提高发动机的使用可靠性并降低使用成本,因此 F119 又进一步完善已在-220 型、-229 型表现较好的诊断系统。

5.3　F119 的验证结果

如前所述,F119 大量采用已被验证的先进技术,并作到成为一种多因素取得平衡的产品,通过在 ATF 原型机 YF‐22,YF‐23 上的飞行试验,证实了发动机的设计基本达到预期目的,在飞行中表明:F119 具有使飞机超声速($Ma=1.45$)巡航的能力;工作中油门移动速度不受限制且未出现过喘振;无空中停车事件;发射导弹时对发动机工作无影响;飞行中重新启动成功率为 100%;证实了所有的培训、维修与支持系统均正常;能满足全部维修性的要求。

根据设计要求,F119 的可靠性指标比 F100‐PW‐229 的优越许多,如表 2.2.2所示。

表 2.2.2　F119 设计的可靠性指标与 F100‐PW‐229 型的比较

参　　数	F119 比 F100‐PW‐229 优越的相对数/%
外场可换组件拆换率(次/1 000EFH)	减少 50
返修率(次/1 000EFH)	减少 74
提前拆换率(次/1 000EFH)	减少 33
每发动机飞行小时的维护工时(人·时)	减少 63
平均进行维修工作的间隔时间(EFH)	增加 62
空中停车率(次/1 000EFH)	减少 25

注:(1) EFH 为发动机飞行小时;

(2) 按发动机工作 50 万小时后进入成熟期的数据。

6　结论与几点看法

从 F100 到 F119 发动机的发展过程,可以归纳出下述结论:

① 广泛采取经过验证的高、新技术并考虑各方面因素而达到的一种平衡设计,是发动机发展的趋势。

② 重视以往设计、使用和维修等方面的经验,不断总结、归纳并运用到新研制的发动机中以及对现有发动机进行改进,也是提高发动机性能与可靠性的重要措施。

③ 航空发动机研制观点(即指导思想)在四分之一世纪多的时间中经历了三种观点、两大转变的过程,即由单纯追求性能转变为可靠性、维修性与性能并重,继而转变为推行一体化制造与发展工程(或并行、同期工程)。同时,还特别重视外场使用、维护的经验,并在设计中予以考虑。

参照国外发展高性能发动机的经验,提出我国在发展航空发动机方面应注意的几点看法:

(1) 应重视高、新技术在发动机中应用的开发研究工作,特别要重视高、新技术验证工作,以作为今后发展新机、改进老机的技术储备。

（2）重视国外发展发动机中两次研制观点转变的经验教训,应全面、多方面考虑发动机的发展,不能走"重性(能)轻构"(结构,强度)或"有气无力"仅注视性能而忽视结构强度的发展道路。

（3）目前国外三大航空发动机公司推行一体化制造与发展工程或并行、同期工程,在新的军、民用发动机发展中,已显示出其不可忽视的重要作用,不仅使新发动机具有较高的可靠性、维修性与性能,而且可大大缩短研制周期,大幅度降低全寿命期费用。因此,我们不应忽视这一新鲜事物,在经费有限的条件下,也应采取必要的措施,开展这方面的研究工作,以改变我们的研制方法,从根本上促进我国航空发动机的发展。

|F100 - PW - 220 发动机：F100 - PW - 100 发动机提高可靠性的改型|

1　F100 - PW - 100 发动机可靠性差

美国普惠公司的 F100 - PW - 100 发动机是第一种投入使用的高推重比(8.0级)发动机,由于研制中单纯追求高推重比这一性能要求而忽视了可靠性与耐久性,在 F - 15 战斗机投入使用后,暴露出发动机有许多影响可靠性的结构强度方面的严重问题。例如压气机失速,大量涡轮叶片超温、烧伤,燃油泵寿命短等,曾使大批 F - 15 战斗机趴地不能起飞,成为困扰美国空军的最棘手问题之一。该公司虽采取了一系列改进措施,排除了一些故障,但并未从根本上解决问题。为了进一步提高 F100 的可靠性、耐久性与维修性,以与 GE 公司的 F110 相抗衡,普惠公司不惜牺牲性能而在 F100 - PW - 100 发动机基础上发展了提高可靠性的 F100 - PW - 220 发动机。- 220 型于 1985 年投入使用,主要用于 F - 15C/D 和 F - 16C/D 战斗机。

2　设计改进

表 2.3.1 列出了 F100 - PW - 220 和 - 100 型的主要性能参数。

表 2.3.1　F100 - PW - 220 与 - 100 的主要数据

主要参数	- 220 型	- 100 型
最大起飞推力/kN	63.9	65.2
加力推力/kN	104.3	106.0
推重比	7.40	7.85

续表 1

主要参数	−220 型	−100 型
空气流量/(kg·s⁻¹)	103.5	
涵道比	0.6	0.7
风扇增压比	3.2	
高压压气机压比	8	
总压比		25
涡轮前燃气温度		1 399 K

与 F100 − PW − 100 相比，−220 型的结构设计(见图2.3.1)修改如下：

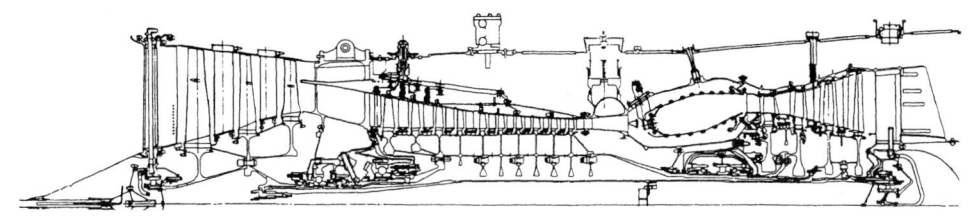

图 2.3.1　F100 − PW − 220 发动机结构图

(1) 增加防冰措施。风扇进气锥、可变弯度的进口导流叶片的固定部分和可转的尾缘部分均采取了防冰措施，即使在严重结冰情况下发动机也能安全地工作；另外还提高了级间空气封严装置的寿命。

(2) 重新设计燃烧室。采用了 PW4000 的带双层气膜冷却通道、滚压成形的火焰筒，提高了冷却效果。使燃烧完全、出口流场均匀而无可见烟，且使低循环疲劳寿命提高了 2 倍多。

(3) 采用单晶叶片。高压涡轮工作叶片和导向叶片改用单晶材料，且为较先进的冷却结构，如图2.3.2所示，增大了涡轮工作温度的裕度。涡轮盘上取消了原设计中应力集中的孔，并采用损伤容限设计准则等，使高压涡轮的检修间隔增加到 2 000发动机飞行小时。

(4) 利用部件改进计划成果。加力燃烧室和平衡梁式可调喷管采用了美国空军部件改进计划中所获得的成果，延长了寿命，改善了维护性。例如，火焰稳定器在飞机上可更换，尾喷管的收敛-扩散通道型面

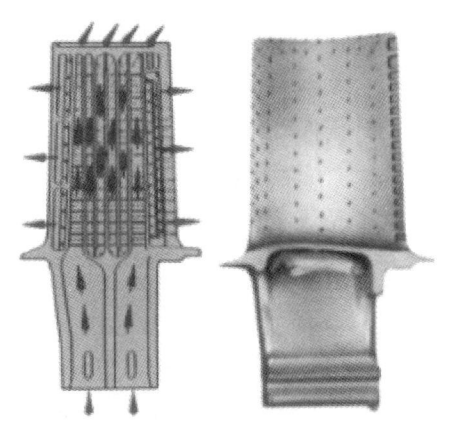

图 2.3.2　单晶涡轮叶片内部冷却结构

部分在外场也可更换。另外，设置了点火探测器、双点火系统和降低积炭的喷油系统，改善了加力燃烧室的工作。

(5) 燃油泵改用齿轮泵。燃油泵由原来的叶片式泵改为齿轮泵,使零件数减少410 个,可靠性提高 6 倍,使用寿命提高 2 倍。由于发展了较好的齿轮材料,才使这种泵满足高的燃油温度和流量的要求。

(6) 采用带挤压油膜的弹性支座。3 号轴承(即压气机转子前滚珠轴承)采用了类似 PW4000 的带挤压油膜的弹性支座。

(7) 换用新材料。为延长寿命,采用了新材料,如中介机匣用钛合金(铸造)。轮盘采用损伤容限设计准则等。

(8) 提高调节片等的耐磨能力。提高调节片、封严片和轴销等的耐磨能力。

由于以上改进,使–220 型的单元体检修间隔大大长于–100 型的(见表 2.3.2),且两种型别通用的零部件数多达 81%,通用的维修工具达 90% 以上,因而减少了部队备用发动机零部件数,简化了维修和降低了费用。

表 2.3.2 F100 – PW – 220 与 –100 单元体检修间隔比较

单元体	F100 – PW – 100	F100 – PW – 220
风扇 TAC/循环	3 000 TAC	3 000 TAC
压气机 TAC/循环	1 800 TAC	4 000 TAC
高压涡轮 TAC/循环	1 800 TAC	4 000 TAC
低压涡轮 TAC/循环	3 000 TAC	3 000 TAC
主燃油泵 TOT/h	600	2 000

注:TAC 为累计的总循环数,TOT 为总的工作小时数。

3 DEEC 系统

–220 型是第一种采用 DEEC 系统(数字式发动机电子控制系统)的战斗机发动机。DEEC 系统能在变化的飞行条件下,连续地调节发动机压比,精确地控制推力与稳定裕度,还具有故障检测与调节能力。该系统包括:用于燃气发生器和加力燃烧室燃油调节的数字式电子调节器、压气机可调静子叶片和启动放气活门调节器、尾喷管调节器等,取消了原调节系统中的 8 套液压机械组件。–220 型直接由 DEEC 系统中获得如下好处。

(1) 油门杆运动无限制。由于 DEEC 系统能精确地调节燃油流量和尾喷口面积,使发动机在整个飞行包线内,油门杆的移动不受限制。

(2) 工作中不喘振。DEEC 系统可直接对发动机全部可变参数进行调节,而不像–100 型那样用液压机械式调节装置来操纵或微调,因而在飞行条件变化时,能对发动机参数变化作快速反应,使发动机在整个飞行包线内不产生喘振。

(3) 能直接调节发动机压比。由于 DEEC 系统改善了故障探测技术,对畸变能进行自动调整,已能直接调节发动机压比,具有自动转换到辅助调节器的能力。

(4) 提高了空中启动能力。能在 370 km/h 空速下在空中再次启动。

（5）改善了发动机加速性。由慢车到最大状态的加速时间由 8 s 降到 4 s,中间状态到最大状态的加速时间也相应地降低。

（6）提高了安装推力。由于 DEEC 系统的精确调节,使 - 220 型在飞行包线内各处均可自动地微调到最佳推力状态。在加速和机动飞行时能提供的安装推力平均值比 - 100 型的高。

（7）有好的性能保持。在发动机磨损后,DEEC 系统能自动地提高低压涡轮进口温度,以保持推力不变。由于核心机的涡轮设计成具有足够的温度裕度,因而也允许这一增值。

4   监测系统

- 220 型采用了带计算机的监测系统。该系统由 DEEC 故障探测线路、发动机诊断仪(EDU)、数据收集仪(DCU)和发动机分析仪(EAU)等组成。

EDU 自动记录发动机工作时数与循环数、故障或失灵数据和性能参数。这些发动机使用与性能参数在飞机停到维护处时立即被录取到 DCU 中,随后传送到基地的计算机中进行精确的数据处理,以便快速而准确地诊断发动机的状况,如有故障,能隔离出有故障的组件。

EAU 能完成大量 DEEC 系统的功能试验,当飞机停在维护区内,能将大部分故障找出,而无须发动机开车。

由于采用了这套监测系统,提高了发动机使用可靠性,减少了维护工时与费用,同时减小了发动机地面运转时间。

5   耐久性试验

在 - 220 型研制中,普惠公司进行了三项耐久性试验。即加速任务试验(AMT)、高 Ma 强度试验和高循环疲劳试验。详见《从 F100 - PW - 100 到 F119 - PW - 100:回顾航空发动机研制观点的转变》一文。

普惠公司宣称,通过耐久性试验,使 F100 - PW - 220 达到了较好的效果。即在 4 000 TAC 中,可靠性——无提前换发;耐久性——核心机不换零部件;维修性——每飞行小时为 2.3 人时;性能保持——试验后,推力达 102%,达到了提高可靠性的改型目的。

| F110 - GE - 129 EFE 的发展与设计特点 |

1　性能与可靠性兼顾的 F110 发动机

　　F110 是美国 GE 公司为 F - 16 战斗机在 F101(用于 B - 1 轰炸机)的基础上研制的发动机,其第 1 个型号 F110 - GE - 100 推力为 124.7 kN,于 1984 年装在 F - 16C/D 战斗机上进入空军服役;为海军改型的 F110 - GE - 400 于 1984 装于舰载战斗机 F - 14B/D 上进入海军服役, - 400 型的零部件有 82% 与 - 100 型通用。根据美国空军的要求,GE 公司于 1991 年完成了 F110 的提高性能的衍生改进型 F110 - GE - 129 (推力为 129.1 kN 级)的研制工作,并于同年装在 F - 16 交付空军使用,同时 - 129 型还用于 F - 15 战斗机。

　　由于 F110 - GE - 100 具有较好的性能、高的可靠性、在飞行包线内油门杆的运动无任何约束,且可提高飞机的爬升率。因此,它不仅被美国空军选作 F - 16 战斗机的与普惠公司研制的 F100 发动机相竞争的发动机(F - 16 于 1978 年投入空军服役时用的发动机为 F100 - PW - 200,由于当时 F100 的可靠性差,影响 F - 16 的正常使用,美国空军才让 GE 公司发展 F110 的),而且订购量超过 F100。例如,1985 年空军为 F - 15、F - 16(二型飞机的发动机均为 F100 与 F110)采购的发动机中,F110 占 75%,F100 仅占 25%;又如,截至 1994 年,美国空军对 F110 订货为 1 065 台,F100 为 1 021 台。美国空军在欧洲、太平洋地区使用的 F - 16C/D 中也多采用 F110。1986 年前后,巴林、埃及、以色列、希腊和土耳其等国政府均选用了以 F110 为动力的 F - 16。

　　由 F110 - GE - 100 发展衍生为 F110 - GE - 129 时,GE 公司采用了低风险的衍生技术,继承了 - 100 型的高可靠性,采用了 - 100 型中的 81% 零、组件,使 - 129 型也

具有在飞行包线内油门杆的运动无任何约束且不会发生失速,因此使驾驶员可将精力集中于作战任务。－129 型还具有高的循环寿命,因此使用它的战斗机具有单发战斗机中最好的安全记录与高的出勤率。发动机的维修工作设计成能在基地级完成,不仅节约了费用,而且提高了作战部队的自给能力。F110－GE－129 于 1992 年投入空军使用(装于 F-16、F-15A/C)。1999 年,F110－GE－129 成功地作为双座战斗-轰炸机 F-15E 的动力完成了飞行试验,并已取得用于 F-15E 或 F-15E 的换发的批准。

2　性能与可靠性更好的 F110－GE－129EFE

20 世纪 90 年代末,GE 公司在 F110－GE－129 的基础上,沿用了低风险衍生的途径,发展了 F110－GE－129"提高性能的战斗机发动机"(EFE),以满足战斗机未来的要求与扩大市场机遇。在－129EFE 设计中采用了以下几项技术:3 级整体叶盘的风扇,第 1 级风扇为宽弦叶片,先进的带径向稳定器的加力燃烧室,重量轻的复合材料丝缠绕的风扇机匣,通过对现有发动机的部件改进计划(CIP)提高了涡轮(改善材料与冷却)与尾喷管扩散段调整片、封严片的寿命,加强了电子控制器的功能等,使发动机的推力在维持－129 型的寿命下提高到 151.4 kN,提高了 17.2%。如果选用新设计的引射喷管,还可提高尾喷管部件的寿命且可降低排气系统的重量。

F110－GE－129EFE 可提供两种推力级/检查周期供选用(均以海平面标准大气下,实际平均的全加力的最大推力计):131.6 kN/6 000 TAC 翻修检查周期与146.9 kN/4 300 TAC 翻修检查周期。例如,检查周期为 6 000 TAC 时,最大推力为131.6 kN,中间推力为 84.62 kN。在衍生改进时,用提高循环参数来获得性能的提高要与结构强度承受能力(特别是涡轮部件)进行权衡,否则会影响发动机特别是热端部件的寿命。

1999 年 10 月美国空军正式通知 GE 公司,将 142.0 kN(32 000 lbf)推力/4 300TAC 检查周期的 F110－GE－129EFE 命名为 F110－GE－132,将 131.6 kN 推力/6 000 TAC 检查周期的命名为－132A,而将推力为 151.4 kN(34 000 lbf)的命名为F110－GE－134,即型号名称中最后 2 位数字乘 1 000 即为发动机以磅为单位的推力值。

2.1　F110－GE－129EFE 风扇设计与试验结果

－129EFE 最主要的特点或基础是它的空气流量比－129 型大、3 级整体叶盘的风扇,第 1 级为宽弦叶片,这是采用了用于 B-2 轰炸机的 F118－GE－100 发动机的技术而研制的。整体叶盘的设计不仅利用了 F118 及 IHPTET 几种风扇的技术,而且吸收了 F110 外场使用经验,从而获得高的风扇效率,并使发动机的耐久性、性能与推力均得到提高。在发动机的试验中,－129EFE 的整体叶盘风扇的效率高于目前外场使用的－129 型的风扇 1 个百分点以上,且超过了 IHPTET 第Ⅱ、Ⅲ阶段的目标

值,同时在维修性、可靠性与安全性均有显著的改善。

　　表 2.4.1 列出了 – 129 型、– 129EFE 两型发动机风扇气动设计点的参数比较。从表 2.4.1 中可以看出, – 129EFE 风扇的流量、增压比均有较大的提高,再加上它的风扇的效率明显高于 – 129 型的,在保持 – 129 型的推力条件下,涡轮前燃气温度显然要低许多,因而可提高热端部件的寿命。如果维持热端部件寿命,推力则可以增加。

表 2.4.1　F110 – GE – 129、– 129EFE 两型发动机风扇气动设计点参数

参　数	F110 – GE – 129	F110 – GE – 129EFE
进口折合流量/(kg·s^{-1})	122.13	133.48
进口折合叶尖切线速度/(m·s^{-1})	426.72	452.00
增压比	3.4	4.2

　　图 2.4.1 示出了 F110 – GE – 129EFE 风扇部件(上半部)的某些设计特点,为了比较,图的下半部为 – 129 型的风扇。由图 2.4.1 可以看出,在 – 129EFE 的改型设计中,维持了原型机的外廓尺寸,以便能装入 F – 16、F – 15 战斗机。

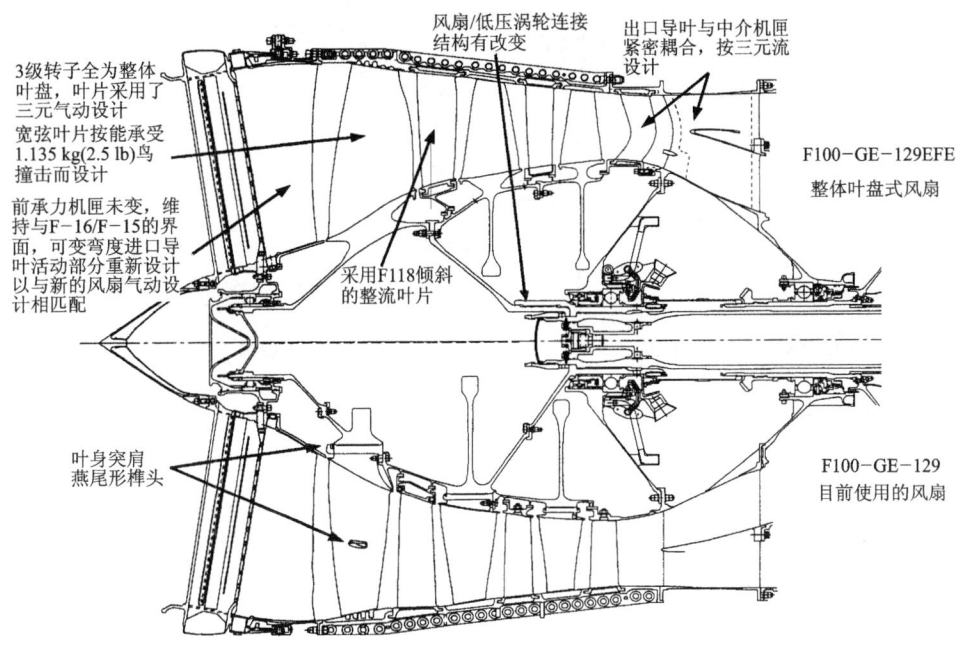

图 2.4.1　F110 – GE – 129EFE 风扇设计特点

　　 – 129EFE 风扇 3 级全部采用了整体叶盘设计,这是基于 GE 公司在直升机用 T700,舰船及工业用 LM2500、ATF/JSF 用 F120、F/A – 18 – E/F 用 F414 等发动机积累的设计、发展、修理及外场使用经验的基础上设计的。众所周知,整体叶盘结构不仅可减少部件零件数(– 129EFE 减少 65%),降低部件重量,消除了榫槽的应力集

中处提高了组件的强度,而且消除了榫槽缝隙中的漏气,可提高效率;另外,可靠性也得到提高。

－129EFE 风扇机匣采用了对半开的,这种设计不如 F119 的整体机匣好;所有 3 级整体叶盘均单独做成,级与级间用短螺栓连接而未焊接成一体(F119 中,1,2 级焊为一体),但前轴与 1 级整体叶盘作为一体,其形状较为特殊(见图 2.4.2),有点像鼓环加厚的无盘转子,实际上它仍是盘心直径大、盘厚度大的整体叶盘,类似的结构在以往的大发动机中实属罕见。

第 1 级风扇采用了宽弦叶片,叶片的厚度加大(见图 2.4.3),增大了叶片的强度,提高了叶片抗外物打击的能力(能承受 1.135 kg 鸟的打击),取消了叶身突肩,并且可加大在外场对叶片前缘修磨的深度。最新发展的激光冲击强化(LSP)技术已用于对该叶片进行强化处理,以防止裂纹的扩展,并进一步提高抗外物打击的能力。在发动机试车中,经 LSP 处理过的并人为地造成伤痕的叶片,通过了整个的加速任务(AMT)持久试车的考验。

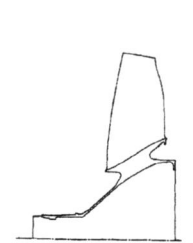

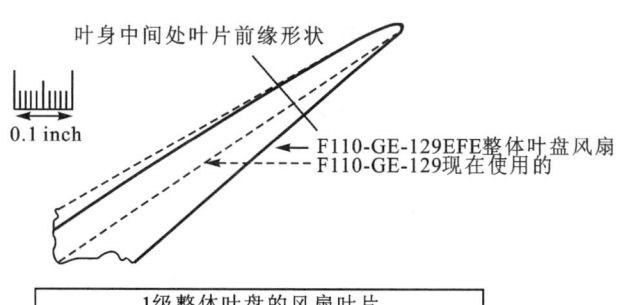

叶身中间处叶片前缘形状

0.1 inch

F110-GE-129EFE整体叶盘风扇
F110-GE-129现在使用的

1级整体叶盘的风扇叶片
增大厚度与弦长
显著改善抗外物打击与修复能力

图 2.4.2 　－129EFE 第 1 级风扇　　　　　图 2.4.3 　叶片叶型厚度的比较

激光冲击强化(Laser Shock Peening)处理是一种对材料或零件表面进行强化的技术,利用激光冲击在材料或零件表面上产生压缩残余应力,其压缩残余应力层厚约 1 mm,比常规喷丸处理(层厚 0.25 mm)的大 4 倍,因而其压缩残余应力比常规的大 4 倍。采用这种强化处理后,零件的使用寿命可加长,并可防止表面裂纹。在 IHPTET 计划中,曾用它对风扇叶片进行处理,GE 公司已获得将这种技术用于对 F110－GE－129 风扇叶片进行强化的批准,因此在－129EFE 中也用于对 1 级风扇叶片进行强化处理。

风扇叶片采用了最新发展的三维黏性流的设计体系以增加效率,并消除由于叶片厚度加大对风扇性能产生的不利影响。

第 1 级风扇静子叶片采用了在 F118 发动机上采用过的复合倾斜的设计,以减小轮毂进口 Ma,且可使气流沿静叶扩散流动时不产生冲击,从而提高效率。

在改型设计中,为了保持－129 型的外廓尺寸,－129EFE 的风扇部件长度不能

变,但第1级风扇叶片采用了宽弦,因此必须减少其他零、组件的轴向尺寸。由图 2.4.1 可见,-129 型设计中风扇出口导叶与中介机匣的支板间留有较大间距,约 1.5 倍于出口导叶的弦长;而在-129EFE 中,出口导叶与中介机匣支板间间距缩短了 35.6 mm。这种出口导叶与中介机匣支板靠得很紧的设计虽然缩短了轴向尺寸,但它不仅使风扇出口压力不理想,有可能对性能与气动稳定性带来坏影响,而且也会对风扇造成不利的畸变传到高压压气机中。为此,将出口导叶按三元流设计成掠形的复合倾斜的形状(见图 2.4.4),即沿轴向导叶做成向后弯曲的形状(参见图 2.4.1 的风扇纵剖面图),沿周向也做成弯曲的形状(见图 2.4.4)。由于出口导叶沿轴向做成弯曲的,紧邻的中介机匣支板前缘也做成弯曲的。

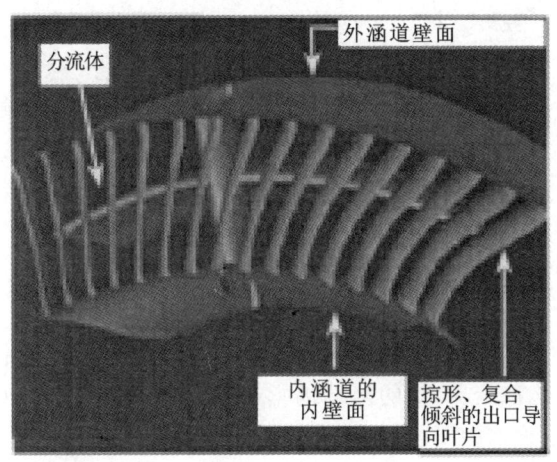

图 2.4.4　风扇出口导叶(由后往前看)

宽弦整体叶盘的风扇已累积了 700 h 以上的试验,其中包括在高空条件的试验 500 余小时。试验的范围非常广泛,由飞行条件看,从海平面一直到 12 200 m/$Ma2.0$;从推力范围看,从标准大气及热天下的慢车状态一直到 151 kN。试验是在 GE 公司的试验台及 NASA 的阿洛德工程发展中心 AEDC 的高空试验台上进行的。气动-机械试验的数据表明-129EFE 风扇所有的工作叶片与静子叶片共振响应均低于 GE 公司的设计实践值,且低于美国空军高循环疲劳(HCF)准则的规定值。另外,由于对气动-机械设计进行了优化,使-129EFE 风扇的效率高于设计目标值 1.5%,同时能满足全部风扇适应性的要求。

2.2　带径向火焰稳定器的加力燃烧室

在-129EPE 中,另一个改动较大的部件是加力燃烧室,它采用了径向火焰稳定器取代了-129 型的三圈环形火焰稳定器,它是采用了 F136 及 F414 的技术发展的,图 2.4.5 示出了-129EFE、-129 型二者加力燃烧室的比较。

-129EFE 加力燃烧室中,沿圆周均布 8 个长的与 8 个短的、截面呈 V 形的径向

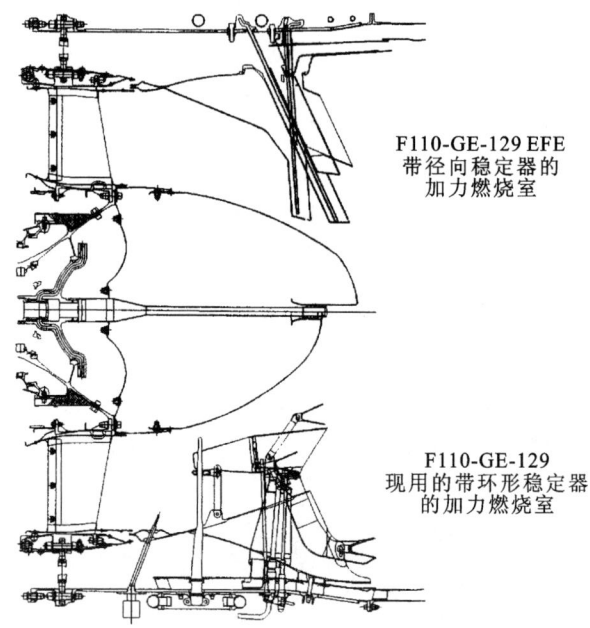

F110-GE-129 EFE
带径向稳定器的
加力燃烧室

F110-GE-129
现用的带环形稳定器
的加力燃烧室

图 2.4.5 -129EFE 与-129 型加力燃烧室的比较

火焰稳定器,长的外端紧靠加力筒体;内端紧邻中心内锥体;二个长的径向火焰稳定器间夹一个短的火焰稳定器,短的外端仍紧靠加力筒体,内端则距中心内锥体较远。这样,既可满足稳定火焰的要求,又不会在中心处严重堵塞。在涡轮风扇发动机加力燃烧室中,采用径向火焰稳定器有其特殊意义:开加力时可将中心部分已燃的高温燃气向外引出,加热稳定器的 V 形槽道,有利于由外涵引入的冷空气与燃油混合气的汽化、蒸发,同时利用引出的燃气使其燃烧;不开加力时,它可作为掺混器,将外涵道空气引向加力燃烧室中部,加强外、内涵气流的掺混。

采用径向火焰稳定器后,使-129EFE 加力燃烧室结构较-129 型简单,零件号减少了 50%,零件数减少了 15%,重量减轻 3%,而且外场可换组件(LRU)的拆换与返修率也降低了。由于中心内锥体做成截锥,便于锥体前的隔热罩(为外场可换组件)拆换,使维修工时降低 90%。

带径向火焰稳定器的加力燃烧室也像风扇一样,采用了复杂的三维流体计算力学的分析技术进行设计,使该加力燃烧室具有较好的性能,在发动机上进行的 450 h 试车中,已证实它有好的效率与点火特性(快而稳定地点火)。在 450 h 试车中,99 h 为海平面条件下的试车,351 h 在高空条件下的试车,其中又有 85 h 的试车是在最大加力状态及部分加力状态下进行的。-129EFE 加力燃烧室的零、组件在覆盖整个飞行包线下的苛刻试验中,已证实具有极好的可靠性。径向火焰稳定器能在较高的加力温度下工作而不会烧坏稳定器,啸声也较小。

另外,在-129EFE 中,掺混器由-129 型的 20 个瓣的菊花瓣型改为 16 个槽的漏

斗型;风扇/核心机的喷油杆由-129 型的 40 根改为 32 根;扩散段与中心内锥体也做了一些改动还取消了-129 型的点火罐。

在-129 型的基础上改进衍生的-129EFE 加力燃烧室不仅提高了可靠性,而且成本与维修费用均有所降低。

2.3　尾喷管

生产中的-129 型的尾喷管具有高的可靠性,且使发动机推力在飞行包线内能平滑过渡,在-129EFE 尾喷管设计中继承了-129 型多年的使用经验,做得与-129 型的相近,但在寿命与维修性上有显著改进。

图 2.4.6 示出了 F110 的尾喷管,它做成收敛-扩散形,喉道面积与喷管膨胀比均可调,以获得高的巡航性能与低的阻力,且使推力能平滑过渡。FADEC 连续地调节喷管喉道面积以使发动机推力最大,同时使风扇维持足够的喘振裕度,以使发动机在整个飞行包线内均有特别好的适应性。

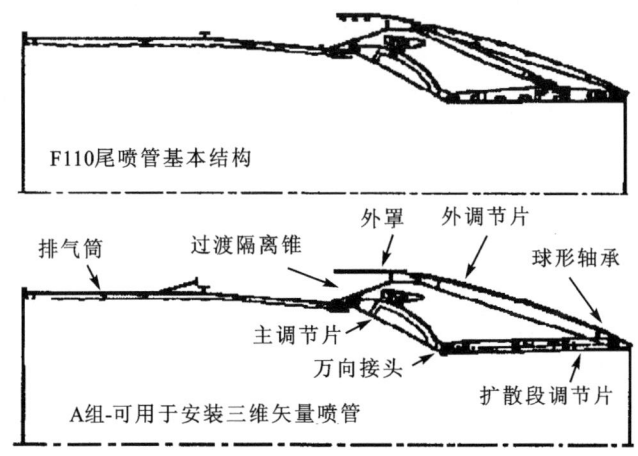

图 2.4.6　F110 发动机尾喷管

加力筒体内的隔热防震衬筒除了消除或抑制啸声外,还将气膜冷却空气引至后端的调节片与封严片中。

尾喷管的收敛段与扩散段均由调节片与封严片组成。在扩散段的调节片与封严片上喷涂有隔热涂层,以降低热疲劳,提高寿命并减少维修工作。

-129EFE 的尾喷管做得基本与-129 型的一样,但在结构上稍做了些改进,使其具有装三维矢量喷管的能力,如图 2.4.6 中的下图所示。

-129EFE 还有另一个可选用的尾喷管方案,那就是引射喷管,它是在收敛段调节片与封严片中作有冷却槽,将发动机短舱内的空气引射流入尾喷管中,此时,在尾喷管外形成了一个用以冷却的气膜,从而大幅度提高了尾喷管零、组件的寿命(4 倍),并可大幅度降低 LRU 更换时间(50%～90%)。另外,引射喷管还可减少零、

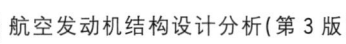

组件数,降低备件费用,减少检查时间以及减轻排气系统的重量。

3　F110-GE-129EFE 主要参数

　　F110-GE-129EFE(132)的主要参数为:空气流量为 124.8 kg/s,涵道比为 0.68,最大加力推力为 144 kN。但在试车中已验证了它的最大加力推力大于 151.4 kN,并将以 151.1 kN 的推力通过定型审定。2002 年 12 月 GE 公司向洛克希德·马丁公司交付了第 1 台生产型发动机,2003 年 6 月完成了在 F-16 战斗机上的试飞,2003 年 9 月飞机/发动机联合体通过了定型审定,1994 年装-132 型的 F-16 战斗机开始交付阿联酋空军。

F119 发动机的发展与设计特点

引 言

1982 年,美国空军提出拟用于 90 年代中后期的下一代"先进战术战斗机(ATF)"计划,与当时的 F-15 等第三代战斗机相比,ATF 除要求有好的机动性外,还要突出有良好的敏捷性,高的隐身性,超声速巡航与短距起降能力等。相应地对用于 ATF 的发动机则要求推重比达到 10.0 一级,中间推力要高,要采用矢量喷管等。当时有由洛克希德、波音和通用动力三公司联合提出的 YF-22 方案与由诺斯罗普、麦道两公司联合提出的 YF-23 方案参与投标竞争。发动机方面则有美国普惠公司与 GE 公司为主,分别提出推重比为 10.0 一级、推力为 133.6 kN 的 PW5000(XF119)、GE37(XF120)发动机参与竞争。

XF119 发动机零组件的生产始于 1985 年 9 月,第 1 台发动机 FX601 于 1986 年 10 月进行首次台架试车。为了飞机进行飞行评估,两公司又分别发展了用于飞行试验的发动机 YF119、YF120。经过几年的开发研制,1990 年 6 月、9 月 YF-23(装 YF119、YF120)、YF-22(装 YF119、YF120)相继首飞进行对比飞行验证评估,1991 年 4 月 23 日美国空军宣布选中装普惠公司 YF119 的 YF-22 作为 ATF 的机型。1991 年 8 月 YF-22 进入"工程制造和发展(EMD)"阶段。从此,飞机被命名为 F-22,发动机被命名为 F119。在 ATF 飞机研制过程中,飞机重量与阻力均增加较多,为此,要求发动机的推力相应提高近 17%,即最大推力(加力推力)要求为 156 kN,中间推力(不开加力时最大状态下的推力)为 105 kN。F119 发动机采取了将 XF119 的风扇直径稍作增加以提高 15% 的风扇空气流量,来满足推力增大的要求,为此发动机的涵道比由 0.25 增至 0.30。按美国军用标准 MIL-SID-879

(1968)，F119 的第 1 种生产型发动机被命名为 F119 – PW – 100，图 2.5.1 示出了 F119 – PW – 100 发动机纵剖面图。

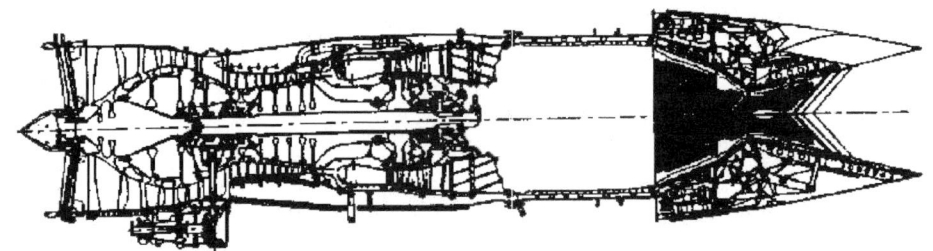

图 2.5.1　F119 – PW – 100 发动机剖面图

表 2.5.1 列出了 F119 发动机发展历程中的几个重要里程碑。

表 2.5.1　F119 发动机发展历程中的几个重要里程碑

时　间	事　件
1983 年 9 月 30 日	ATF 用发动机签订研制合同
1985 年 9 月	XF119 零部件加工
1986 年 4 月	首台 XF119(FX601)上台架试车
1987 年末	飞机提出需增加发动机推力
1989 年 1 月	首台用于飞机评定的 YF119 上台架试车
1990 年 8 月 27 日	YF – 23/YF119 首飞
1990 年 10 月 30 日	YF – 22/YF119 首飞
1990 年 9 月 18 日	装 YF119 的 YF – 23 进行第 1 次超声速巡航
1990 年 10 月 30 日	装 YF119 的 YF – 22 进行第 1 次超声速巡航
1990 年 12 月	装 YF119 的 YF – 22 进行第 1 次推力换向
1991 年 4 月 23 日	美空军选中 YF119/YF – 22
1991 年 8 月 3 日	签订 EMD 合同
1997 年 9 月 7 日	装 F119 发动机的 F – 22 战斗机首飞

　　XF119、YF119 在进入 EMD 阶段前总共完成了 3 000 余小时的整机试车，到 1998 年 6 月共进行了 8 000 余小时整机试车。当转入 EMD 阶段时(1991 年 8 月 3 日)，普惠公司获得研制 9 台 F119 试验发动机与 33 台飞行试验发动机的 13.75 亿美元的 EMD 合同。按当时空军需要 2 000 套以上的动力装置(包括备件)来计算，普惠公司将获得 120 亿美元的收入。1992 年 12 月 17 日首台 EMD 阶段的 F119 发动机进行首次试车，1997 年 9 月 7 日装 F119 – PW – 100 的 F – 22 战斗机进行了首飞，开始了长达数年的飞行试验计划。

1　发动机综述

F119 发动机(见图 2.5.2)由 3 级风扇、6 级高压压气机、带气动喷嘴、浮壁式火焰筒的环形燃烧室、单级高压涡轮与高压涡轮转向相反的单级低压涡轮、加力燃烧室与二维矢量喷管等组成。整台发动机分为:风扇、核心机、低压涡轮、加力燃烧室、尾喷管和附件传动机匣等 6 个单元体,另外还有附件、FADEC 及发动机监测系统,参见图 2.5.3。

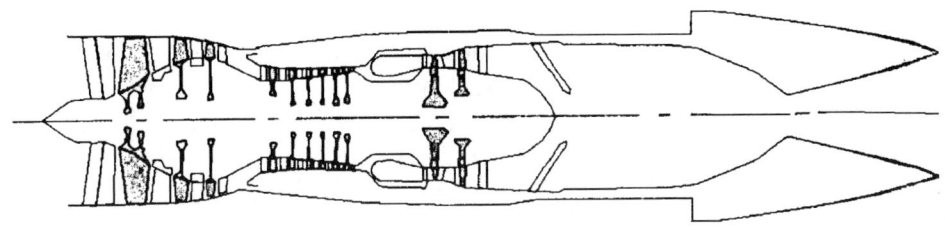

图 2.5.2　F119 发动机流道简图

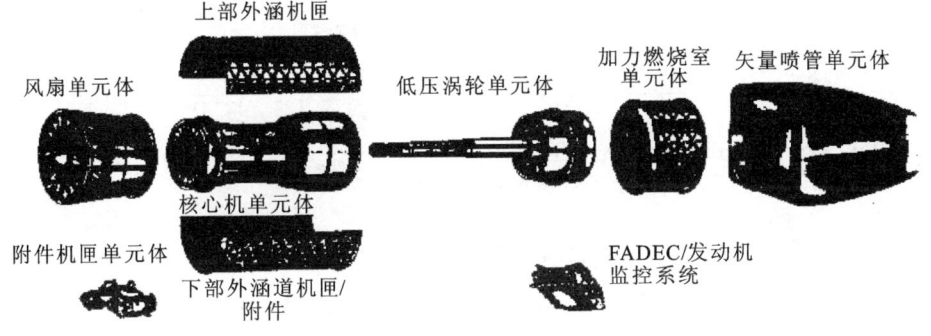

图 2.5.3　F119 发动机单元体

F119 发动机主要性能参数见表 2.5.2。

表 2.5.2　F119 - PW - 100 发动机主要参数

最大推力/kN	中间推力/kN	总压比	涵道比	涡轮前燃气温度/K	最大直径/m	长度/m	重量/kg	推重比
155.7	105.0	35	0.30	1 850～1 950	1.13	4.826	1 360	大于 10.0

与普惠公司为第三代战斗机 F - 15、F - 16 研制的推重比为 8.0 一级的 F100 发动机相比,F119 在总级数、零件数和推重比等均有较大的改进,见表 2.5.3。

与 F119 相竞争的 YF120 发动机为变循环发动机(参见图 2.5.4),在 2 级风扇后有一可调节的外涵出气环,在高压压气机中,第一级工作叶片做得较长成为风扇,称为核心机传动的风扇,其后有流向外涵的出气环,在工作中始终是打开的,因此称

主外涵出气环。在低工况时,两个外涵道均打开,使涵道比加大以获得低的耗油率;在大工况时,2 级风扇后的可调节放气环关闭,发动机成为小涵道比涡轮风扇发动机,以增加单位推力。风扇到核心机间的压力匹配是通过装在加力燃烧室前的可变面积涵道引射器(VABI)将外涵气流引向加力燃烧室来达到。VABI 除对加力燃烧室隔热屏进行冷却外,还将外涵多余的气流引射到尾喷管喉道前的排气气流中,以加大推力。

表 2.5.3　F119 与 F100 发动机某些参数的比较

| 发动机型号 | 最大推力/kN | 中间推力/kN | 级　数 | | | | | 总压比 | 涵道比 | 零件数 | 推重比 |
			风扇	高压压气机	高压涡轮	低压涡轮	总级数				
F100 - PW - 100	105.9	65.2	3	10	2	2	17	25	0.6	基数	8.0
F119	155.7	105	3	6	1	1	11	35	0 3	−40%	10.0
F119 相对 F100 的增减率/%	+47	+61	0	−40	−50	−50	−36	+40		−40	+25

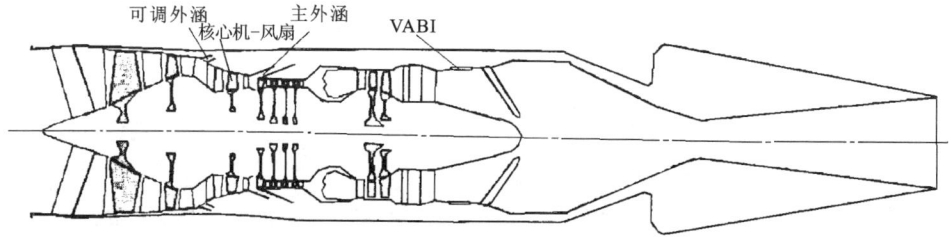

图 2.5.4　YF120 发动机流路简图

由图 2.5.2 和图 2.5.4 可以看出,YF120 的风扇、压气机均比 F119 少 1 级,且高低压涡轮间无导向叶片,因此 YF120 比 F119 少 5 排叶片。表 2.5.4 列出了 GE 公司的 YF120 与普惠公司的 YF119 结构上的主要差别。

表 2.5.4　YF120、YF119 两型发动机结构上的主要差别

| 发动机型号 | 级　数 | | | | 有无低压涡轮导向叶片 | 涵道比 | 备　注 |
	风扇	高压压气机	高压涡轮	低压涡轮			
YF119	3	6	1	1	有	0.25	
YF120	2	5	1	1	无	0.32	变循环

F119 总体结构设计中,与普惠公司以往的发动机相比,有两个突出的变化,其一是高压转子支承方式改用了 GE 公司惯用的形式,其二是高压涡轮采用了单级。

普惠公司在 20 世纪 60 年代后期开始研制的民用发动机(JT9D、PW2037 和 PW4000)及军发动机(F100)中,高压转子均采用 1-1-0 支承方式,即高压压气机

前为滚珠轴承,后支点设在高压涡轮前,即高压涡轮是悬臂支承的,该轴承的负荷是
通过燃烧室机匣传出的。图 2.5.5 示出的 F100 – PW – 100 发动机的支承简图是其
代表。这种设计不仅使发动机承力框架数多,而且高压涡轮由于要装轴承使轴径小、
且涡轮盘是悬臂支承的,给转子动力学设计带来困难。GE 公司的发动机(军用的有
F101、F110、F404,民用的有 CFM56)中,高压转子则采用了 1 – 0 – 1 支承方式,即转
子的后支点设在高压涡轮后,且采用了中介轴承,即该轴承的外环固定于高压转子
上,内环固定于低压转子上。这种布局不仅可减少一个承力框架,而且高压涡轮轴轴
径可做得很大,增加了转子刚性,它的缺点是中介轴承的润滑与封严较为复杂些。普
惠公司在研制 F119 时,对高压转子的支承方案一改以往的做法,采用了 GE 公司在
F110、F404 中采用 1 – 0 – 1 且后支点用中介轴承的设计。图 2.5.6 示出了 F119 发
动机简图,从中可以看出高低压转子的支承方式,同时还能看出各部件的主要设计
特点。

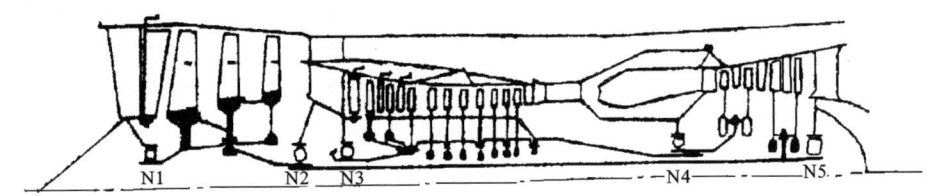

图 2.5.5　F100 – PW – 100 发动机转子支承简图

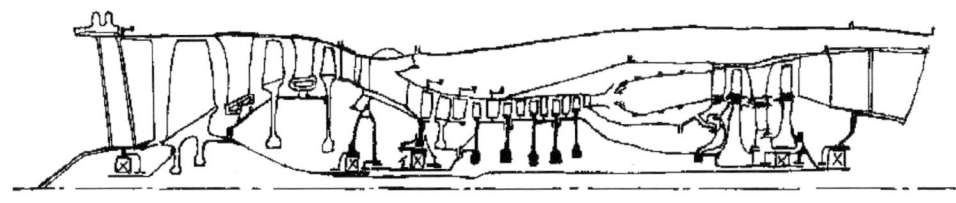

图 2.5.6　F119 – PW – 100 发动机简图

普惠公司在该公司最新的民用发动机 PW8000 中也采用了 1 – 0 – 1 高压转子支
承方式,这一设计变化,值得注意。

高压涡轮的设计中,普惠公司在 20 世纪 60 年代后期开始研制的发动机,例如它
的大型、民用发动机 JT9D、PW2037 和 PW4000 以及军用发动机 F100 均采用了双级
设计。这种设计,使每级涡轮的负荷小,涡轮效率要大些,但带来零件多,重量大的缺
点。GE 公司则在同时期研制的发动机(军用:F101、F110 和 F404,民用:CFM56)
中,均采用了单级高压涡轮。虽然涡轮效率稍低,但收到了使发动机的结构简单,零
件数少,重量轻等好处。在 F119 设计中,普惠公司也一改以往的做法,采用了单级
高压涡轮的设计(见图 2.5.6),这一改变也是为了提高推重比所必须采用的。

2 各部件主要设计特点

2.1 风扇(3级)

第1级风扇叶片采用宽弦、空心设计,与用于777的PW4084发动机采用的空心叶片结构相同,即叶片由叶盆、叶背两块型板经扩散连接法连接成一整叶片,在连接前,先将两板接合面处纵向地铣出几条槽道形成空腔,参见图2.5.7。这种空心叶片的空心度较罗·罗公司采用的带蜂窝芯的夹层结构小。

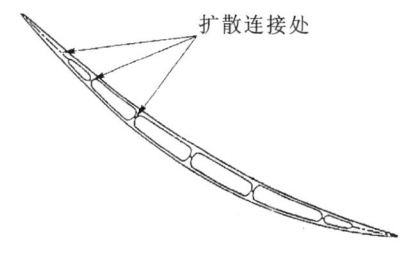

扩散连接处

图 2.5.7 F119 空心风扇叶片

用钛合金制的3级风扇转子均采用了整体叶盘结构(在YF-22进行验证飞行时所用的发动机YF119中,仅2、3级风扇采用了整体叶盘)。F119采用了线性摩擦焊的加工方法加工整体叶盘,罗·罗公司近期也采用这种加工方法。

线性摩擦焊(Linear Friction Welding,LFW)是一种固态连接技术,类似于扩散连接(Diffusion Bonding)。扩散连接是将两个需连接的零件的连接面紧紧靠住,在高温、高压下,两零件配合表面间形成了材料原子的相互转移,最终使两者紧密连接成一体。在这种连接中,由于相连接处的材料并未熔化,因而不会出现一般焊接中易发生的脱焊现象。从结构上讲,连接处看不出"焊缝"来,且其强度与弹性均优于本体材料。线性摩擦焊与扩散连接不同处在于:在扩散连接中,连接的工件是在炉中加温使其达到高温的;而在线性摩擦焊中,工件的高温是通过两配合面间的相互高频振荡产生的。

整体叶盘线性摩擦焊的加工过程及采用这种加工工艺带来的好处,可参阅本书第2版中《一种整体叶盘的加工方法——线性摩擦焊》一文。

在F119发动机中,为保证风扇机匣刚性均匀,保持较均匀的叶尖间隙,风扇机匣做成整环的,为此风扇转子做成可拆卸的,即2级盘前后均带鼓环,分别与1、3级盘连接。

风扇进口处采用了可变弯度的进口导流叶片,其结构类似于F100。由图2.5.6可以看出,三级静子均采用了弯曲设计,这种叶片是利用普惠公司开发的NASTAR程序设计的,它可以大大缩小常规直静子叶片上下端的分离损失区,如图2.5.8所示。采用弯曲静子叶片后可提高风扇、压气机效率与喘振裕度。弯曲静子叶片也用于F119的高压压气机及民用的PW4084发动机中。

2.2 高压压气机(6级)

采用了高级压比设计,6级转子全采用整体叶盘结构。进口导叶与1、2级导叶

常规直静子叶片　　　　　弯曲静子叶片

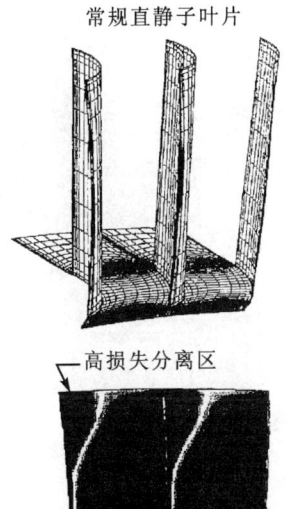
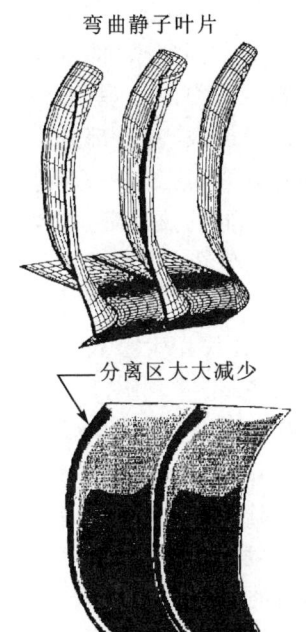

高损失分离区　　　　　　分离区大大减少

(a) 常规直静叶上下端损失大　　(b) 弯曲静叶上下端分离损失小

图 2.5.8　弯曲静子叶片与常规直静子叶片的比较

是可调节的,前机匣采用了"Alloy C"阻燃钛合金以降低重量。静叶也采用了弯曲的静叶。为增加高压压气机出口处机匣(该处直径最小,形成了缩腰)的纵向刚性,燃烧室机匣前伸到压气机的 3 级处,使压气机后机匣具有双层结构,外层传递负荷,内层仅作为气流的包容环,这种结构在大型、大涵道比涡轮风扇发动机中得到广泛采用。

2.3　燃烧室(短环形)

火焰筒为双层浮壁式,外层为整体环形壳体,在壳体与燃气接触的壁面上铆焊有薄板,薄板与壳体间留有一定的缝隙,使冷却两者的空气由缝中流过。为了使薄板在工作中能在圆周与长度上自由膨胀,薄板在圆周与长度上均切成一段段的,形成多片瓦块状的薄板,因此这种火焰筒又可称为瓦块式火焰筒。

采用浮壁式火焰筒可改善火焰筒的工作条件,不仅可提高火焰筒的寿命,与燃气接触的瓦片烧坏后还可更换,而且还可使排气污染物减少。这种结构已在 V2500、PW4084 等民用发动机上采用。

喷嘴采用了气动式喷嘴,它能改善燃油雾化质量提高燃烧完全度,减少排污,同时还能消除一般离心式喷嘴易生积炭的问题,图 2.5.9 示出了气动式喷嘴的示意图。

2.4　高低压涡轮(单级)

高压涡轮的工作叶片用普惠公司的第三代单晶材料做成,采用了先进的气膜冷

却技术。涡轮盘采用了双重的热处理以适应外缘与轮心的不同要求,即外缘采用了提高损伤容限能力的处理,以适应榫槽可能出现的微裂纹;轮心部分则采用提高强度的热处理,这种在一个零件上采用两种要求不同的热处理,实属罕见。工作叶片叶尖喷涂有一层耐磨涂层(在 XF119 上没有采用),以减少性能的衰退率,这种措施在民用大型涡轮风扇发动机中应用较多。

低压涡轮与高压涡轮转向相反。这种将高低压转子做成转向相反的设计,当飞机机动飞行时作用于两转子上的陀螺力矩会相互抵消大部分,因此可减少

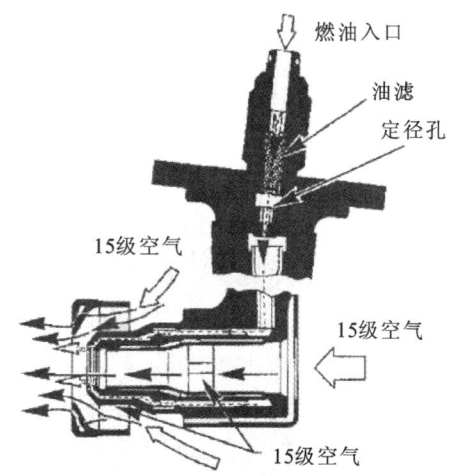

图 2.5.9　气动式喷嘴示意图

外传到飞机机身的力矩,可提高飞机的操纵性,这点对高机动性能战斗机特别重要;另外对装于两转子间的中介轴承,轴承内外环转向相反时,会大大降低保持架与滚子组合体相对内外环的转速,对轴承的工作有利,但增加了封严的难度。理论上,高低压涡轮反向转动时,可以不要低压涡轮导向器(YF120 上即无),但 F119 上仍然采用了导向器。低压涡轮轮盘中心开有大孔,以便安装高压转子的后轴承(中介轴承),这与 F404、M88 发动机的结构类似。

2.5　加力燃烧室(分三区)、尾喷管(二元收敛-扩张矢量喷管)和燃油控制系统

加力燃烧室筒体采用 Alloy C 阻燃钛合金以减轻重量,筒体内作有隔热套筒,两者间的缝隙中流过外涵空气对筒体进行冷却,在 YF119 上采用外部导管引冷却空气对筒体进行冷却,在 F119 上取消了外部导管。

喷管上下的收扩式调节片可单独控制喉道与出口面积,而且当上下调节片同时向上或向下摆动时,改变了排气流的方向,即改变推力的方向。发动机的推力能在飞机的俯仰方面±20°内偏转,从+20°到−20°的行程中只需 1 s。推力和矢量由双余度全权限数字电子控制系统控制,用由煤油作介质的作动筒来操纵。调节片设计成可减小雷达散射截面积;为减少红外信号,对调节片进行了冷却。尾喷管也采用 Alloy C 阻燃钛合金以减少重量。

燃油控制系统为第四代双余度全权限数字电子控制系统(FADEC),每台发动机有两套调节器,每套调节器有二台计算机,以确保调节系统高的可靠性。

3　发动机维修性和可靠性

3.1　维修性

　　发动机在设计中特别加强了发动机的维修性,例如大部分附件包括燃油泵和控制系统均作为外场可换组件(LRU),而所有的每个 LRU 拆换时间不超过 20 min,所用的工具仅是 11 种标准手动工具,在外场维修时需进行拆装的紧固件不允许用保险丝、开口销,由于采用"B"型螺母,拧螺母时可不采用限扭扳手。孔探仪的座孔设计成无螺纹内置式的,所有导管、导线均用不同的颜色予以区分,滑油箱装有目视的油位指示器,连接件做成能快卸快装的设计。

　　所有的附件、导线和管路均在发动机下部,每个外场可换组件均能直接达到。

　　发动机设计成由第 5 百分位女性(身高 157 cm、体重 45 kg)到第 95 百分位男性(身高 188 cm、体重 91 kg)间的维修人员穿着防护服。手戴防护手套均能对装在飞机上的发动机进行日常的维护工作。

3.2　可靠性

　　F119 在设计中遵循"采用经过验证的技术"的做法,以及整台发动机结构简单,零部件数目少。因此虽然它在性能方面较前一代发动机 F100 有较大提高,也采用了一些以前发动机中未采用的设计,但它的可靠性却比 F100 的要高。

　　表 2.5.5 列出了 F119 发动机与 F100 - PW - 220 发动机可靠性指标的比较,后者是在 F100 - PW - 100(原型)发动机的基础上,用牺牲性能来提高可靠性的改进型。

表 2.5.5　F119 相对于 F100 - PW - 220 发动机的可靠性、维修性改进

指　标	改进值/%
外场可换组件拆换率/(次·1 000EFH^{-1})	-50
返修率/(次·1 000EFH^{-1})	-74
提前换发率/(次·1 000EFH^{-1})	-33
维修工时/h	-63
平均维修间隔时间/EFH	+62
空中停车率/(次·1 000EFH^{-1})	-20

RB199 发动机的发展与设计特点

1   发展概况

RB199 是为欧洲战斗机"狂风"研制的加力式三转子涡扇发动机。"狂风"属于第三代战斗机,要求发动机推重比接近 8.0 一级。由英国罗·罗公司、德国 MTU 公司及意大利 Fait Aviv 公司组成的涡轮联合(Turbo–Union)公司专门研制 RB199。该公司成立于 1969 年。该公司在研制中广泛利用了罗·罗公司民用大涵道比涡轮风扇发动机 RB211 的设计技术及一些其他项目发展的先进技术,包括单晶涡轮叶片与 FADEC(在其后期型号上采用)等。第 1 台 RB199 于 1971 年 9 月进行地面试车,1973 年装在由"火神"四发轰炸机改装的飞行试车台上进行飞行试验,随后于 1974 年 4 月装在"狂风"上进行飞行试验,1978 年 11 月通过 150 h 定型试车,1979 年开始批生产,1980 年秋投入使用;在研制中,共生产了 67 台试验用发动机,试验时数达 30 000 h。

RB199 发动机采用了罗·罗公司独特的三转子设计(后来,苏联也研制了三转子涡轮风扇发动机 D–36 与 D–18T 等),是军用发动机中唯一采用三转子结构的发动机。由 3 级风扇、3 级中压压气机、6 级高压气机、环形蒸发式燃烧室、单级高、中压涡轮、2 级低压涡轮、加力燃烧室及可调收扩喷管等组成,如图 2.6.1 所示。另外,发动机上还装有反推力装置,以减小飞机着陆时的滑行距离,这在战斗机用发动机中是独一无二的。发动机的基本参数为:涵道比约为 1.0,总增压比大于 23,涡轮前温度约为 1 600 K,加力比约为 1.0。发动机是全单元体结构设计,也是第一种完全按视情维修设计的战斗机发动机,允许在外场维修和更换单元体。

RB199 的第一个生产型是 MK101,其起飞加力推力为 71.75 kN,用于"狂风"

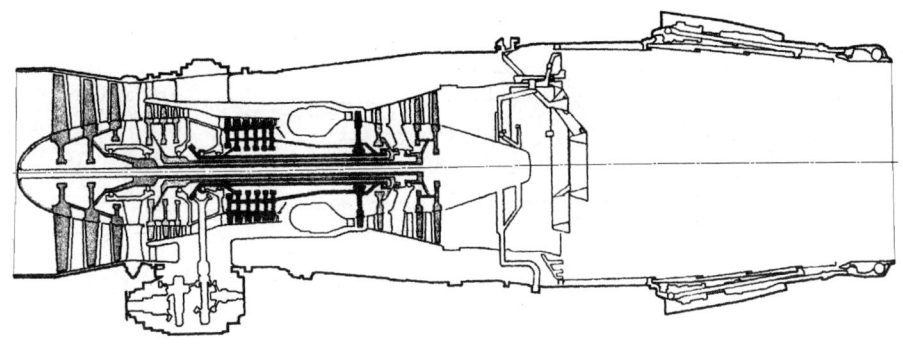

图 2.6.1　RB119 发动机结构简图

IDS 型（对地攻击型）；在使用中出现一些故障,特别是有些关键零件使用寿命达不到设计要求,英空军只得降低工况使用。从第四批"狂风"IDS 型起,改用了经过改进的 MK103 型（包括滑油系统的改进,使其延长在负过载下的工作时间,以及对某些机械部件的改进）。此后,MK101 停产。后来生产的有三种型别,即:MK103,用于代替 MK101 而装于"狂风"IDS 型上;MK104,用于"狂风"ADV 型（防空型）;MK105,用于 ECR 型（电子战/侦察型）。表 2.6.1 是三种型别的主要技术数据。

表 2.6.1　RB1199 发动机各型别的主要数据

发动机型别	不开加力的最大推力/kN	加力推力/kN	不加力耗油率/mg·(N·s)$^{-1}$	空气流量/kg·s^{-1}	涵道比	重量/kg	推重比	长度/m	风扇直径/m
MK103	42.96	75.29	18.37	72.64	1.08	916	7.93	3.251	0.718
MK104	40.00	75.59	18.37	72.64	1.08	977	7.62	3.606	0.718
MK105	43.16	81.40	18.34	74.94	0.97	992	7.69	3.302	0.751

　　MK104 的推力稍大于 MK103,其尾喷管较长,因而"狂风"ADV 型将后机身加长以便能装进发动机。MK105 是在 MK101 基础上发展的,主要差别在于采用了单晶高压涡轮叶片和在 RB199 改进计划中获得的 62B 风扇。这种高压比的风扇直径由 0.718 m 加大到 0.751 m,而使其进气量增加了 3%;另一项重大改进是使用了鲁卡斯公司生产的全功能数字式发动机调节器（FADEC）。装 MK105 的"狂风"ECR 型于 1990 年装备联邦德国空军。

2　总体结构设计特点

2.1　转子支承方案

　　RB199 有三个转子（如图 2.6.2 所示）,共用 7 个支点支承,3 个承力框架传力,低、中、高压转子分别采用了 0-3-0 三支点、0-1-1 二支点、1-0-1 二支点支承方案,其中高压转子后支点即 5 号支点为中介支点。

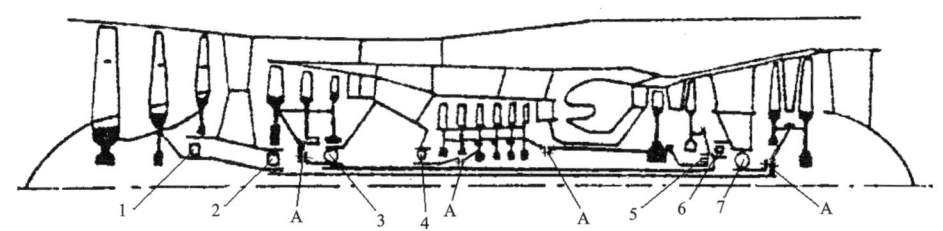

图 2.6.2　RB199 发动机转子支承方案(1～7 为支点号,A 为圆弧端齿联轴器)

2.1.1　低压转子支承方案

低压转子最长,因此采用了 3 支点支承方案。由于 RB199 采用了三转子结构,有利于满足飞机机动飞行对发动机快速响应的要求,也有利于降低耗油率,同时发动机有较大的喘振裕度和进气道气流畸变容限,因此风扇无可变弯度进口导流叶片,为此,在风扇前无轴承,风扇后设置了 2 个滚棒轴承,也即风扇是悬臂地支承着的。在绝大多数军用发动机中,包括 F101、F110、F404、M88 与 F119 等风扇均有可变弯度的进口导向叶片,因此均用可变弯度的进口导向叶片前缘固定不动的部分作为传递轴承负荷的承力框架,而在风扇前设置 1 个支点。现有的军用发动机中仅 RB199 与 EJ200 风扇前无支点(米格 - 29 用的 RD - 33 发动机风扇虽无进口导向叶片,但也在风扇前设置了 1 个支点),它使整台发动机的承力框架少 1 个,相应的滑油油腔也少 1 个,因而零件数少,重量轻,为提高发动机的推重比能作出较大贡献。

低压转子的后支点(7 号)设在低压涡轮轮盘前,使 2 级低压涡轮转子呈悬臂支承。这在军用发动机中是罕见的,一般均将低压转子后支点设在低压涡轮轮盘之后。RB199 的这种安排是为了减少发动机承力框架数。因为在三转子发动机中,肯定在涡轮级间有 1 个承力框架。RB199 在中压与低压涡轮间设置了涡轮级间承力框架;即利用低压 1 级空心的导向叶片中的承力支座(如图 2.6.3 所示)将轴承负荷外传(RB211 中是在高、中压涡轮间设置承力框架);既然在中、低压涡轮间有 1 承力框架,当然会将低压转子后支点设在轮盘前,利用该承力框架将 7 号轴承负荷外传。

2.1.2　中压、高压转子支承方案

由于高压与中压转子长度相对短,因此均采用 2 支点支承方案,其中高压转子最短,采用 1 - 0 - 1 支承方案;在中压转子中,为缩短 2 支点间距离,将前支点即 3 号支点置于中压压气机之后,形成 0 - 1 - 1 支承方案。

2.2　承力框架

RB199 采用了 3 个承力框架,即风扇与中压压气机间承力框架、中压压气机与高压压气机间承力框架及中压涡轮与低压涡轮间承力框架。

2.2.1　风扇与中压压气机承力框架

风扇与中压压气机承力框架如图 2.6.4 所示,是通过风扇第 3 级导向叶片传力

的,导向叶片外缘焊在风扇出口机匣上,安装 1 号、2 号轴承的轴承座焊在承力辐板内缘上,承力辐板外缘则焊在导向叶片内缘上,组成了一个焊接的承力框架。

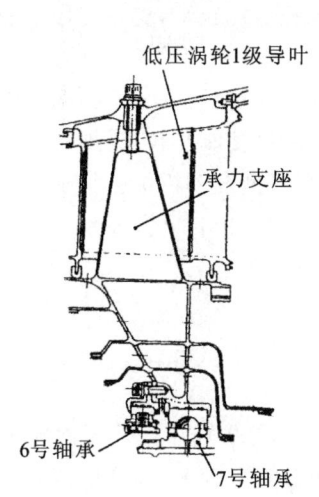

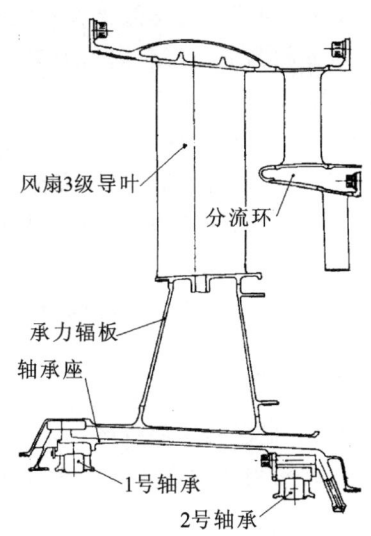

图 2.6.3　RB199 中、低压涡轮间承力框架　　　图 2.6.4　风扇与中压压气机间承力框架

2.2.2　中压压气机与高压压气机间的承力框架

中压压气机与高压压气机间的承力框架如图 2.6.5 所示,是铸造的中介机匣与焊接的轴承机匣、内涵通道组合的承力构件。内涵通道壳体由板料的外环、内环及介于内外环间的叶型支板焊接成一体,借外环后安装边用螺栓固定于铸造的中介机匣上,内外环前端则插入中压压气机出口导向叶片环中,轴承机匣焊在内涵通道壳体内环上。

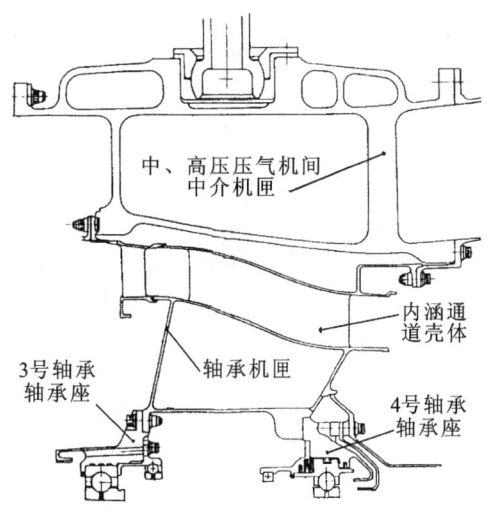

图 2.6.5　中压与高压压气机间承力框架

中高压压气机间中介机匣为发动机主承力件,发动机主安装节、附件传动机匣等均装在此机匣上。

2.2.3 中压涡轮与低压涡轮间承力框架

中压涡轮与低压涡轮间承力框架(如图 2.6.3 所示)的承力支座支板由低压涡轮1 级空心导向叶片中穿过,有冷却空气对其冷却,导向叶片允许在轴向、径向与周向自由膨胀。这是典型的将受力件与受热件(与高温燃气接触)分开的结构。由于导向叶片中要穿过传力的承力支座支板,导向叶片只得做得较厚与较长,不仅对低压涡轮气动效率有影响,而且也使发动机长度有所增加,在新型发动机中已很少采用这种承力框架;但在三转子发动机中,由于结构复杂,非得采用 1 个涡轮级间承力框架,RB211 采用的是高、中压涡轮间承力框架。

2.3 联轴器

2.3.1 低压转子联轴器

低压转子为 3 支点支承方案,采用了柔性的套齿式联轴器。低压涡轮轴通过前端的外套齿(花键)与风扇后轴的内套齿相啮合,啮合间隙较大,允许低压涡轮轴与风扇轴有一定的不同心度,成为柔性联轴器。

2.3.2 中压转子联轴器

中压转子为 2 支点支承方案,采用了刚性的套齿联轴器,与低压转子联轴器不同的是套齿啮合处前端有 1 定位面,如图 2.6.6 所示(一般是在套齿啮合处前、后端均有定位面)。

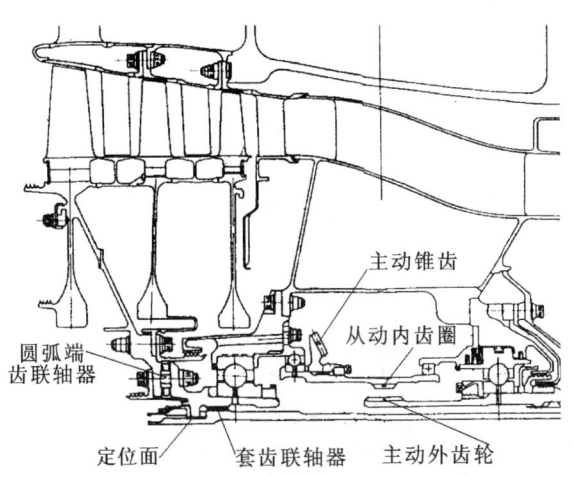

图 2.6.6 RB199 中压压气机及中央附件传动装置

2.3.3 高压转子联轴器

高压转子采用了圆弧端齿联轴器,高压涡轮轴前端的圆弧端齿与高压压气机后轴的圆弧端齿相啮合,然后用带自锁螺母的螺栓将两者固定,如图 2.6.7 所示。圆弧

端齿联轴器在欧洲的发动机公司研制的发动机中采用较多,相互啮合的两齿,一个齿面做成凸出的,另一个齿面做成凹面,啮合的齿面做成圆弧形(见图 2.6.8),齿面是由专门的格里森齿轮磨床磨出的。圆弧端齿联轴器具有传递扭矩大,能自动定心(特别是在高温下的热定心),拆装容易,特别适合在单元体结构中采用。

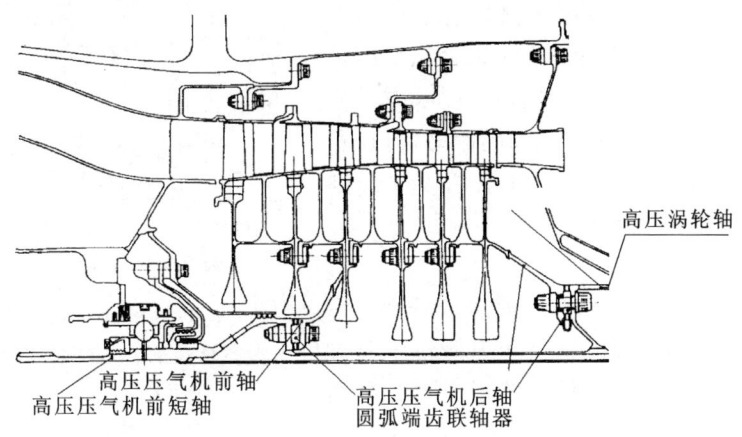

高压涡轮轴

高压压气机前轴
高压压气机前短轴
高压压气机后轴
圆弧端齿联轴器

图 2.6.7　RB199 高压压气机结构图

在发动机装配中,主轴上的滚珠轴承较难装拆。罗·罗公司研制的发动机包括 RB199 均将滚珠轴承装在单独的短轴上,短轴再用圆弧端齿联轴器与主轴连接;在分解发动机时,只要将圆弧端齿联轴器的螺栓拧下,压气机或涡轮转子即与滚珠轴承脱离,压气机或涡轮转子可由机匣中取出,而装在短轴上的滚珠轴承与短轴留在机匣中,最后再将装滚珠轴承的轴承座从机匣上卸下,使滚珠轴承的装拆变得容易。RB199 的 3 个转子中,每个

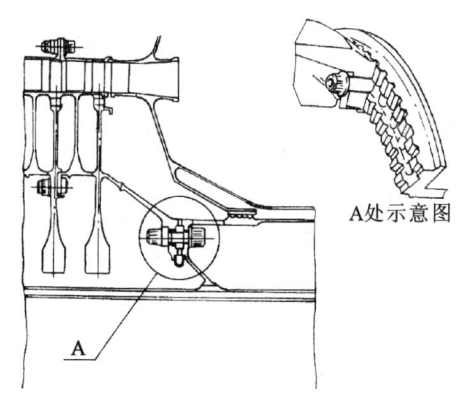

A 处示意图

A

图 2.6.8　RB199 高压转子用圆弧端齿联轴器

转子均有 1 个滚珠轴承,因此有 3 个圆弧端齿联轴器,再加上高压涡轮与高压压气机转子间的联轴器,因此,RB199 共采用了 4 个圆弧端齿联轴器。由图 2.6.6 中可见中压转子的滚珠轴承是装在中压压气机后轴后的短轴上的;如图 2.6.7 所示高压转子的滚珠轴承是装在高压压气机前轴前的前短轴上的。图 2.6.9 示出低压涡轮转子的结构图,装滚珠轴承的短轴用圆弧端齿联轴器装在低压涡轮轴上。

2.4　轴　承

RB199 的 7 个轴承中,4 个轴承采用了挤压油膜减振器,低压转子的滚珠轴承置

于涡轮盘处,较为特殊。

2.4.1 挤压油膜减振器

除风扇后的 2 个滚棒轴承(1 号、2 号)和高压涡轮后的中介轴承(5 号)外,其他 4 个轴承包括 3 个滚珠轴承及中压涡轮后滚棒轴承采用了挤压油膜减振器,这是滚珠轴承采用挤压油膜最多的发动机。1 号、2 号轴承未采用挤压油膜可能是由于两支点间间距短,转速相对较低,振动问题较小。5 号轴承为中介轴承,当然不好用挤压油膜。

2.4.2 中介轴承

高压涡轮后轴通过中介轴承(5 号)支承于中压涡轮轴上。这种将高转速的转子通过中介轴承支承于转速较低的转子支承方案用

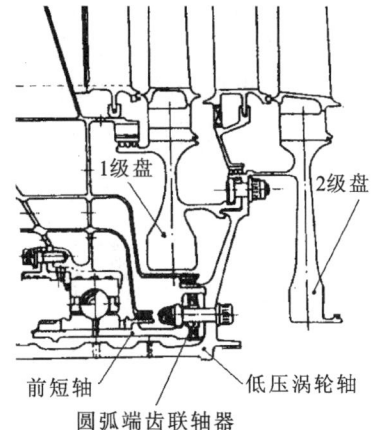

图 2.6.9 RB199 低压涡轮转子与
装滚珠轴承的前短轴的连接结构

得较多。但大多数的发动机中,将中介轴承的外环固定于转速较高的轴内,而将轴承内环固定于转速较低的轴上;在工作中,轴承的游隙会增大,易引起中介轴承滑蹭损伤。在 RB199 中,与其他发动机做得不同,将中介轴承内环固定在转速较高的转轴上,而将外环固定于转速较低的转轴上;工作中,中介轴承的游隙是减小的,不易引发轴承打滑。

2.4.3 7 号滚珠轴承

发动机工作中,滚棒轴承仅承受径向负荷;但滚珠轴承除承受径向负荷外,还要承受很大的轴向负荷,即滚珠轴承的工作条件比滚棒轴承要恶劣得多,因此,一般不将滚珠轴承置于涡轮前后。但 RB199 却将低压转子的滚珠轴承置于中压涡轮与低压涡轮间的承力框架中(见图 2.6.9),这是当今唯一的一型将滚珠轴承置于涡轮附近的发动机。

3 中央附件传动装置

在多数发动机的中央附件传动装置中,直接将主动锥齿固定在高压压气机前轴上,通过插在从动锥齿的传动杆将功率输到外置的附件传动机匣;但 RB199 却没有采用这种传统的设计。在 RB199 中,高压压气机前短轴最前端作有正齿轮(如图 2.6.6 所示),与一个具有内齿轮的内齿圈啮合,内齿圈的中心与高压压气机前短轴的中心是错开的,如图 2.6.10 所示。主动锥齿轮装在内齿圈上,也即传到主动锥齿的转速,已不是高压压气机转速,而是经过内啮合的齿轮偶减速后的转速,大大低于高压压气机转子转速。这种结构的中央传动装置也是罕见的。

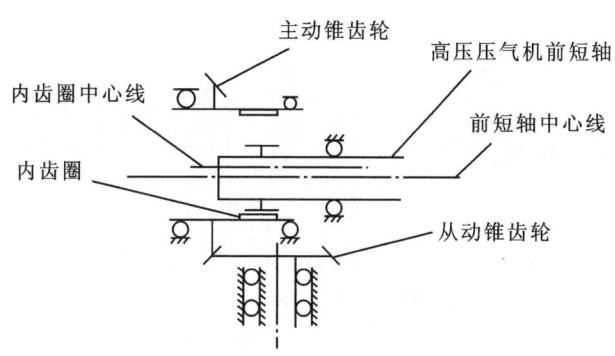

图 2.6.10　中央传动装置示意图

4　风扇、中高压压气机

4.1　风　扇

RB199 风扇(图 2.6.11)为 3 级,压比为 2.5,无可变弯度进口导叶。

4.1.1　无可变弯度进口导叶

在战斗机用发动机中,RB199 是少有的无可变弯度进口导叶的发动机之一(另两型为 EJ200 与 RD-33),这是因为 RB199 为三转子发动机且风扇平均级压比低(1.357)。风扇无可变弯度进口导叶不仅结构简单、零件数少和重量轻,而且固有可靠性也高。

4.1.2　焊接转子

3 级钛合金制的轮盘与鼓环是焊接成一体的,风扇后轴焊接到 2 级盘后。焊接转子是现代发动机广泛采用的结构。

4.1.3　整体叶盘

早期,风扇叶片是单个做成的,用燕尾形榫根与轮盘连接,如图 2.6.11 所示。但据近期的报道,3 级叶片已改为单独做成后,是用电子束焊焊到轮盘上的,即 3 级均为整体叶盘且相互间又焊接成一整体,还发展了一套修补整体叶盘叶片的方法。

4.2　中压压气机

中压压气机为 3 级,如图 2.6.6 所示。为便于安装 2 级叶片,2 级盘通过 2 级与 3 级间鼓环与 3 级盘焊接成一整体,1 级盘与 1 级、2 级间鼓环及后轴焊为一体,2 级轮盘中心处做有带波纹环的安装边,通过安装边用螺栓将 2 级、3 级转子连接到 1 级盘上。采用波纹环的作用是使两个转子既在中心处,也在外缘处互相抵紧,以增加转子纵向刚性,这种设计在其他发动机上还从未见到过。后轴与安装滚珠轴承(3 号)的后短轴通过圆弧端齿联轴器连接成一体。

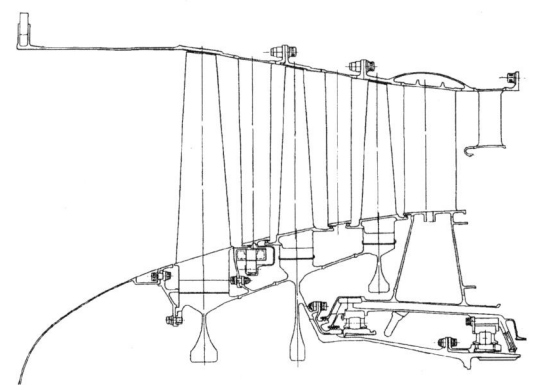

图 2.6.11　RB199 风扇结构图

4.3　高压压气机

高压压气机为 6 级,1 级、2 级盘与叶片采用钛合金,3 级盘采用高温合金钢,叶片采用镍铬系合金,4～6 级盘和叶片均采用镍基合金。

4.3.1　转　子

高压压气机 1 级、2 级盘均采用钛合金,因此,1 级、2 级盘通过两盘间的内鼓环焊接成一体;3、4、5、6 级盘分别与 2 级、3 级间,3 级、4 级间,4 级、5 级间,5 级、6 级间内鼓环焊为一体,然后各级盘通过前端的内鼓环与前一级盘用短螺栓相连,组成了焊接与短螺栓连接的混合型转子。第 3 级盘前端焊有高压压气机前轴,第 6 级盘焊有高压压气机后轴,前后轴均用圆弧端齿联轴器分别与前短轴、高压压气机大鼓轴相连。

4.3.2　静　子

高压压气机机匣做成 1 级 1 个整环,共 5 个机匣,相互间用短螺栓相连,并由 3 级后的隔环连接到外涵通道的内机匣上。除 6 级静子叶片环焊在燃烧室扩压器前端外,各级静子叶片均焊到各级的机匣上。

5　燃烧室与涡轮

5.1　燃烧室

RB199 采用了带蒸发管的短环形燃烧室,如图 2.6.12 所示。

5.1.1　突扩式扩压器

RB199 采用了突扩式扩压器,由压气机流出的空气在很短的一段环形扩压段流出后,通道面积突然扩大到充满燃烧室腔室,气流速度急速下降,达到能组织燃烧所需的低速度。这种扩压器长度很短,但气动损

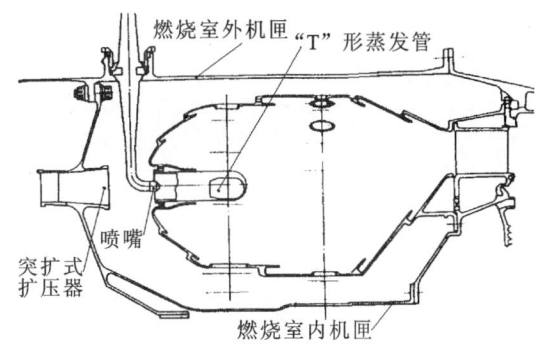

图 2.6.12　RB199 燃烧室结构图

失较大,用于战斗机的发动机还是可以的,RB199 是最早采用突扩式扩压器的发动机。

5.1.2　蒸发管式喷油装置

采用蒸发管式喷油装置会使燃油雾化非常好,燃烧区很短,而且高空性能好。RB199 的燃烧室长仅 250 mm、火焰筒长仅 200 mm,是燃烧室长度最小的发动机之一,这与它采用了蒸发管式喷油装置是不可分的。

5.1.3　电化学加工的火焰筒

RB199 火焰筒是由镍基合金锻造坯料用电化学加工 ECM 方法加工出来的。早期发动机的火焰筒基本都是用板料焊接而成的,由于板料焊接的火焰筒易出现变形与裂纹等故障,寿命较短,因此在现在一些新研制的发动机中,很少采用了。电化学加工方法是常用的一种方法。它加工出的火焰筒能完全满足所要求的型面,既有足够的刚性,又有长的寿命。

5.2　涡　轮

RB199 高压、中压涡轮各为 1 级,低压涡轮为 2 级。其中,高压涡轮的工作叶片和导向叶片以及中压涡轮工作叶片是冷却的,其他叶片不冷却。高压、中压涡轮及两级低压涡轮的工作叶片均带冠。高压涡轮工作叶片带冠是罗·罗公司惯用的设计,它研制的斯贝、RB211 系列、遄达系列发动机的高压涡轮工作叶片均带冠。带冠能提高涡轮效率,特别是高压涡轮叶片最短,其效果会更好些;但高压涡轮工作叶片处于最高的温度条件下,带冠后,对叶片、轮盘的强度均会带来较多的问题,因此,其他公司研制的军、民发动机中,很少在高压涡轮工作叶片上带冠。

|F414 发动机设计与研制特点|

1 概　述

　　为满足美国海军对 F/A - 18(大黄蜂)战斗/攻击机最新发展型号 F/A - 18E/F 的要求,美国 GE 公司在 F404 和 F412 发动机的基础上,于 1991 年开始发展推力加大的(比 F404 大 35%)F414 - GE - 400 发动机,如图 2.7.1 所示。

图 2.7.1　F414 发动机结构总图

　　用 F404 - GE - 400 作动力(每架装 2 台)的舰载战斗/攻击机 F/A - 18 是美国海军的主战飞机,已有 1 300 多架装备使用。为了加大 F/A - 18 航程并大大改善其工作能力,以便作为 21 世纪的主力飞机,经过美国海军、麦道公司及诺斯诺普公司的研究,决定将 F/A - 18C/D 改型为 F/A - 18E/F。该机已于 1994 年 6 月 17 日通过了关键设计评审(CDR),1998 年 12 月第 1 架生产型交付美国海军,2001 年进入服役。它是美国于 20 世纪末投产的唯一新型战斗机,美国海军与海军陆战队计划到 2015 年共购置 1 000 架。

　　GE 公司在设计 F414 发动机时充分吸取了 F404 发动机 400 多万小时的外场使用经验,采用了 GE23A、YF120、F412 以及其他军、民用发动机的一些经过验证的技术,运用了"并行工程"的研制方法,建立了 40 多个"多功能小组",负责较复杂的部件

设计研制工作。这些措施不仅使 F414 的研制工作投资少，耗时短，而且发动机性能较 F404 提高很多：推力增加了 35%，达到 98 kN；推重比由 F404 - GE - 400 的 7.5，F404 - GE - 402 的 8.0(1988 年定型)提高到 9.0。

2　主要设计特点

　　为保持与 F404 相同的长度与后部直径，并使性能获得大幅度提高及减少风险，在 F414 的设计中，每个部件均采用了经过验证的先进技术。

2.1　风　扇

　　风扇为 3 级，1 级工作叶片带中间凸肩，2、3 级为焊成一体的整体叶盘结构。它是在吸取 F404 系列发动机(F404 - GE - 400、F404 - GE - 402、F404 - GE - RM12 和 F412)的一些优(特)点和使用经验的基础上发展起来的。F404 系列的风扇具有高增压比、低展弦比、高稠度和高叶尖切线速度(472～518 m/s)，设计转速下的喘振裕度为 23%～30%，采用可调静叶来控制非设计状态的性能。F414 的风扇继承了这些特点，但空气流量比 F404 大 16%，因而进口直径有所加大(图 2.7.2 示出了 F404、F414 第 1 级风扇叶片的外形)，增压比比 F404 高 15%，是 GE 公司研制的 3 级风扇中的最高者，且具有较好的抗鸟与外物击伤的能力。3 级静子叶片与工作叶片均按三元流设计，这对复杂结构的第 1 级工作叶片与第 3 级静子叶片特别重要。第 2、3 级转子采用了整体叶盘结构，以减少通过榫头的漏气量，从而提高了效率。

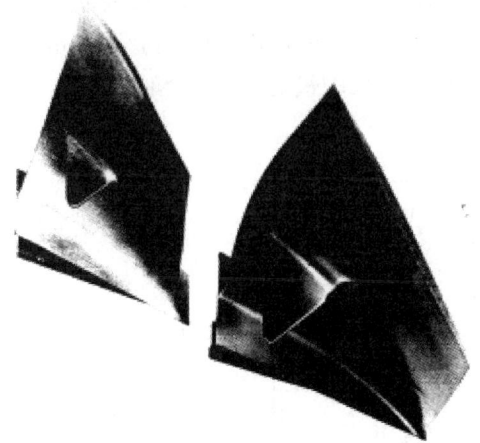

图 2.7.2　F404(左)、F414(右)风扇第 1 级工作叶片比较

　　1993 年完成了 F414 风扇的第一阶段试验，并运行了 282 h。试验结果表明，风扇的流量、效率、喘振裕度和抗进气畸变能力均超过或达到了设计目标(表 2.7.1)；但第 2、3 级工作叶片的应力值过大，现已修改了设计。

表 2.7.1　F414 发动机的风扇试验结果

性能参数	设计转速下设计目标值（与 F404 比）/%	设计转速下 F414 试验值（与 F404 比）/%
流　量	高 15	高 19
设计增压比	高 15	高 19
工作线上的效率	高 1.3	高 3.0
喘振裕度	高 1.4	高 7.0

2.2　高压压气机

高压压气机共 7 级,采用了 F412 的设计,但前 3 级转子换用了整体叶盘结构,与常规(用燕尾型榫头将叶片固定到轮盘燕尾型榫槽中)的设计相比,整体叶盘结构省去了榫头部分,因而减轻了转子以至部件的结构重量。F414 后 2 级风扇、前 3 级高压压气机采用整体叶盘后,两部件的重量分别减少了 20.43 kg 与 3.632 kg;消除了气流在榫头中的逸漏,使效率有所提高;避免了由于装配不当造成榫头的磨蚀、裂纹及锁片的损坏等带来的故障;与 F404 相比,风扇、高压压气机的零件数目减少了 484 个,有利于可靠性的提高。

F414 的整体叶盘是在整体锻坯上用电化学加工(ECM)方法加工出来的,两个整体叶盘焊成一体(见图 2.7.3),整体叶盘与转子其他锻件也实行焊接连接。GE 公司于 70 年代末,在 T700 发动机上采用了整体叶盘。开始时,采用五坐标数控铣床加工叶片;1985 年,与 Lehr Precision Inc 公司合作发展了电化学加工方法,用以加工 T700 的钢制整体叶盘,随后这种方法用于加工为"先进战术战斗机"ATF(即现在的 F-22)研制的 GE37/YF120 发动机的钛制整体叶盘。

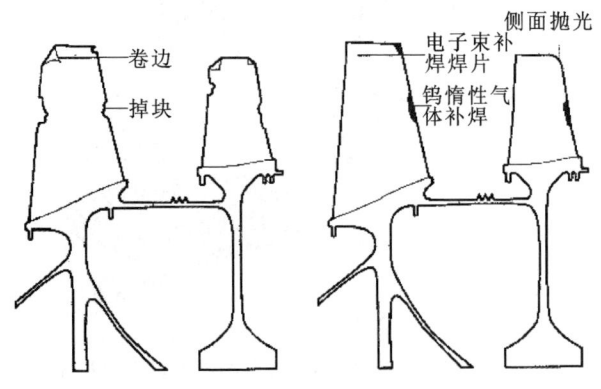

(a)压气机叶片典型的损伤形式　　(b)典型的修理方法

图 2.7.3　F414 高压压气机 2、3 级整体叶盘焊接成一个整体转子

整体叶盘采用 ECM 加工与用五坐标数控铣床铣削叶片相比,加工时间可减少

约 85%(对长叶片省时更多);还可避免叶片中产生残余加工应力。整体叶盘的粗加工(即在坯料开出叶槽)、半精加工和精加工均用 ECM,加工后不必再进行手工抛光,加工出的叶型厚度公差为±0.10 mm,型面公差为 0.10 mm。

F414 风扇后 2 级整体叶盘和高压压气机前二级材料为 Ti17,两者的 2 级盘均焊为一体。用 Incl718 制成的高压压气机第 3 级盘则与后面的转子焊为一体。

采用整体叶盘结构特别是两个整体叶盘焊为一体时,要考虑叶片在被外物打伤后的维修问题。除了设计中要保证整体叶盘叶片的前缘具有较小的振动应力和较高的抗外物打伤能力外,还应发展可行的整体叶盘修理方法。

根据 F404 外场使用中外物打伤叶片的统计,对 F414 采用整体叶盘结构后的全寿命期费用(LCC)进行了仔细的分析计算。结果表明,采用整体叶盘后不会增加 F414 的 LCC。另外,GE 公司还发展了针对整体叶盘的叶片修理方法。因而,采用整体叶盘后为 F414 带来的收益大大高于付出的代价。

发动机吸入鸟、冰块或其他外来物时,会损伤风扇与压气机叶片,其可能的形式有:卷边、裂纹、掉块等,如图 2.7.3(a)所示。针对这些情况,GE 公司发展了如图 2.7.3(b)所示的修理方法。例如对前缘小卷边,可以先予以去除,然后进行打磨使之圆滑过渡;对于大的卷边,则首先将其切掉,用电子束焊焊上一块补片,再按叶型量规进行修磨;对于一些小的掉块,可用氩弧焊补修。所有这些修理过程均可在发动机上完成,并可保证以最少的费用使磨损严重的整体叶盘重新投入使用。

2.3　燃烧室

环形燃烧室的火焰筒采用了多孔冷却结构,不仅提高了使用寿命,而且降低了重量。在 GE 公司为 777 发展的 GE90 发动机中,火焰筒采用了 GTD222 精铸环形件,并加工出了为数众多的冷却孔。现在还不清楚 F414 的多孔火焰筒是否与此相同。

2.4　高低压涡轮

高压涡轮是在 F412 的基础上发展的单级结构。工作叶片与导向器叶片均采用单晶材料制成,叶身上有一层物理气相沉积隔热涂层(PVD TBC)。

低压涡轮也是单级、气冷结构。与高压涡轮一样,工作叶片和导向器叶片均用单晶材料制成,并有 PVD TBC 涂层。1992 年 10 月进行的低压涡轮试验表明,所有的性能指标均达到或超过了预期值。

2.5　加力燃烧室和可调喷口

加力燃烧室采用了 YF120 的结构设计方案。火焰稳定器由中心环状 V 形稳定器与 12 根径向稳定器组成,如图 2.7.4 所示。每根径向稳定器均带有隔热罩,其内通有由风扇后引来的空气进行冷却,以减小其中的温度梯度,提高耐久性。中心环形稳定器为非冷却结构,沿圆周做成 12 段,以允许工作时自由膨胀。采用中心环形稳

定器可保证小加力比时获得稳定的燃烧。喷油杆系冷却型的。带有喷油装置的点火器装在一根径向稳定器中,以免被弄脏;环境温度较低,以便获得较长的使用寿命。整套火焰稳定器可在发动机装在飞机上的条件下进行更换。

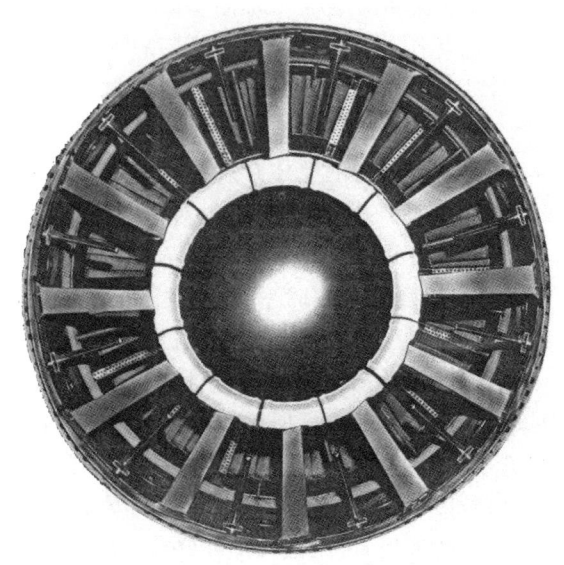

图 2.7.4　F414 火焰稳定器

　　F414 加力燃烧室的原型,曾装在 F404/RM12 上进行试验,到 1993 年年底已进行了 550 h 的试车,其中加力燃烧室工作了 152 h,9 300 次点火,高空试验也累积进行了 100 多小时。该加力燃烧室设计寿命为 2 000 h,5 700 次点火。GE 公司的经验表明,采用径向火焰稳定器时常会引起加力燃烧室振荡燃烧。F414 由于采用了 YF120 的结构,在海平面及高空条件下进行的试验中还未发生过这种情况。

　　F414 的尾喷管是可调的收敛(主)-扩散(副)型喷口。在 GE 公司所有的军用发动机中,F414 的加力燃烧室效率最高,这是因为用于调节喷口鱼鳞片的冷却空气较少。然而这对喷口的寿命会带来影响,因此,调整试验时间较长。经过计算与分析,在上述工作条件下,F404 的主喷口可满足 F414 的寿命要求,副喷口则需加以改进。为此,将其调节片、封严片设计成可拆卸的双层结构,即在主承力结构底板上加装用耐温性能更好的金属材料制成的盖板。但加力燃烧室原型模拟 F414 总任务的试车表明,其寿命仍不能达到设计要求。因此,采用 F404 和 F414 加力燃烧室原型的设计数据,建立了热应力模型作为修改设计的条件。多次反复设计说明,将封严片底板做成倒弧形可以提高寿命;如用陶瓷材料制作封严片,在副喷口的受热条件下,不会出现变形。为了验证这一判断,将 11 片改进了的金属封严片(倒弧形的)及 1 片陶瓷材料平面封严片(每台发动机共有 12 片封严片)装在加力燃烧室原型机上进行了试验。倒弧形封严片成功地满足了最小寿命的要求,而陶瓷材料封严片经过试车后仍

完整如新。考虑到采用陶瓷材料还有减轻重量的优点,故对装了整套陶瓷基复合材料(CMC)封严片和调节片的加力燃烧室进行了加长的耐久性试验(比一般耐久性试验所要求的时间多 4 倍),同时还加长了暴露于盐分/湿度环境下的时间,已确认该材料适应这种环境条件的能力,结果令人满意。基于这些试验结论,F414 副喷口的封严、调节片均采用 CMC 制作(这是 GE 公司在生产型发动机上的首次使用),其应用情况将为在 F404、F110 的改型中采用 CMC 喷口提供依据。

3　广泛的试验

为了尽量减少 F414 投产后的更改设计,也为了减少费用和风险,GE 公司与美国海军为 F414 安排了一个广泛的试验计划,包括全尺寸的部件试验与整台发动机试验。具体内容有:全尺寸部件试验,首台发动机试车(FETT),首飞前定型试车(PFQ),飞行试验,小批量投产定型试车(LPQ)及大批量投产定型试车(FPQ)。

FETT 前的全尺寸部件(包括风扇、高压压气机、燃烧室、低压涡轮、加力燃烧室及可调尾喷口等)试验是减少风险的关键措施。由于高压涡轮是在 F412 相应部件的基础上发展起来的,其性能已在 F412 试车中得到了验证,因此,F414 未进行该部件的试验。

在风扇及高压压气机部件试验台的试验中,需验证流量、效率、喘振裕度及气动性能。燃烧室部件试验要验证效率、压力损失及出口温度场。用空气进行的低压涡轮部件试验目的是验证效率及出口导向叶片的压力损失。全尺寸加力燃烧室试验验证海平面及高空条件下的效率与压力损失,同时还考验其耐久性。

在整机试验计划中,地面试车用 14 台发动机(另有 10 台备份)。飞行试验用 21 台发动机(7 架飞机)。

试飞前试车 6 523 h,总的试车时间达到 10 164 h。虽然这个计划与 1977 年开始的 F404 - GE - 400 的试车计划有些相似(F404 地面试车用 14 台发动机,10 台备用发动机,试车总对数为 9532 h),但在实质上却有较大的差别。首先,F404 试车计划是按 MIL - E - 5007D 的规定安排的,即只有飞行前规定试验(PFRT)与定型试验(QT)两项,而 F414 有前述的 PFQ、LPQ 和 FPQ 三项;F404 从 FETT 到 QT 完成花了约 2.5 年时间,而 F414 到完成 FPQ 用 5 年时间(即由 1993 年起到 1997 年底)。其次,F404 的持久试车进行了 PFRT 中的 60 h 与 QT 中的两个 150 h 的持久试车,而 F414 持久性鉴定试车的苛刻度则大大提高,即在有进气畸变的条件下进行 300 h 加速模拟任务持久试车(ASMET),试车前后还要进行 45 h 的高循环疲劳的上下"台阶"试车(即在慢车转速到最大转速之间,均匀地分成若干个转速段,从小到大再从大到小,在每个转速段下积累 10^7 高循环的试车)。需要指出的是,ASMET 与 5007D PFRT 中的 60 h 持久试车及 QT 中的两个 150 h 持久试车程序完全不同,前者比后者要复杂与苛刻得多。第三,官方进行的 LPQ 试车已从 300 h 即 QT 的两个 150 h 增加到 1 000 h,而且在其前后还要进行上下"台阶"的试车,官方的 FPQ 试车也是

1 000 h,且试车时热端部件中应采用经过 LPQ 试车后的硬件。除此之外,还要根据 F404 试验计划中发现的问题对试车内容作些修订。

为了减小计划的风险,执行初期即进行部件的应力试验、耐久性试验与高空试验。

官方要求所有试验应在 GE 公司与美国政府的试验场所进行。例如,全尺寸高空试验在美国空军的阿诺德工程发展中心(AEDC)进行;吞水,防冰,低、高温启动试验,生存力试验,噪声与陀螺试验分别在位于三处的美国海军空战中心(NAWC)完成。

根据 F404 和 F412 的经验,GE 公司认为应该尽早对低压涡轮叶片进行应力测定试验。因此,在 FETT 试车时便完成了这一工作。结果表明,其应力水平在允许范围之内。另外,还安排第 2 台发动机开始进行 ASMET 试车,以便尽早地判定其耐久性;用第 3 台发动机进行高空台试验,以确定在 F/A - 18E/F 整个飞行包线内的 F414 发动机性能、适应性及过渡态的响应特性。

从 FETT 第 1 次启动开始,便采用了计划在外场飞机上使用的监测系统对所有部件的寿命进行追踪记录,不仅自动录取了所需数据,同时也考验了这种飞机用的监测系统。

4 研制进展概况

F414 研制进展比较顺利,首台(001)发动机比原定计划提前两周于 1993 年 5 月 20 日进行了首次试车,第 2 天便达到 100% 转速。1993 年共有 4 台发动机进行了试车(包括 1 台发动机在 AEDC 进行了 160 h 高空台试验,另 1 台进行了 165 h 持久试车),累积试验了 1 000 多小时;到 1994 年底有 8 台发动机用于地面试车,累积试车时间达 4 300 h;1995 年底开始有 21 台发动机用于完成包括 7 架飞机在内的飞行计划。

8 台用于地面试验的发动机分别为:

001 号第 1 台试车用发动机,主要进行应力与机械性能试验;

002 号主要进行耐久性试验;

003 号在 AEDC 进行高空台试验;

004 号用以校准各试验舱的仪表;

006 号进行 ASMET,1994 年 1—4 月进行;

007 号 AEDC 进行高空台试验;

008 号用于高压涡轮的应力试验与传热研究,安装许多测试感头与仪表;

009 号用于耐久性试验,1994 年 7 月开始。

在 F414 的研制中,采用了先进的并行工程方法,还吸取以往的经验教训,进行了大量的部件试验,因而研制计划完成得比较顺利。这些成功的经验的确值得借鉴。

∣RD－93 发动机结构设计特点分析∣

前　言

RD－93(俄文为 РД－93)加力式涡轮风扇发动机是在 RD－33(俄文为 РД－33)的基础上,为适应飞机设计的需要,将上置的附件机匣改为置于发动机下部的改进型,发动机中各部件的结构(除适应附件机匣位置改动而带来的中传动装置中从动锥齿位置有变动外)两型完全一样。图 2.8.1 与图 2.8.2 分别示出 RD－33 与 RD－93 的外形图,从图 2.8.1 与图 2.8.2 中可见两型发动机中附件机匣位置有明显的差异。

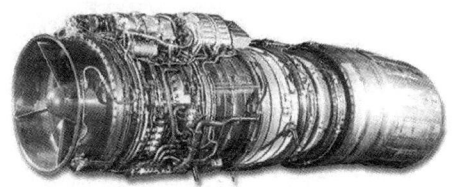

图 2.8.1　RD－33 发动机外形图

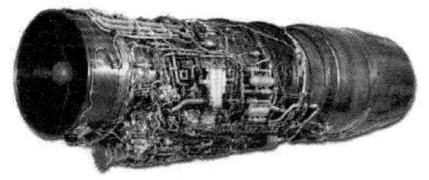

图 2.8.2　RD－93 发动机外形图

20 世纪 60 年代末,苏联总参谋部针对美国的"FX"计划(后演变为 F－15 战斗机),提出了相对应的 PFI 计划。PFI 是俄语"先进战术战斗机"的简写。1971 年,该计划分化为两部分,一个是"TPFI"计划,T 代表重型,该计划发展了苏－27 战斗机;另一个是"LPFI"计划,L 代表轻型。LPFI 计划全称为"轻型前线战斗机计划",后来发展了米格－29 战斗机。

1972 年苏军向米格设计局提出研制新型战斗机替代苏军中米格－21 和米格－23

的需求。新的轻型战斗机将承担战术空中任务,及进行护航和地面攻击,并命名为"米格-29"。米格-29正式设计开始于1974年,1977年10月6日首飞。第二架原型机于1978年6月首飞。1982年米格-29在莫斯科和高尔基的工厂投入批量生产,1983年开始装备部队。

为了配合米格-29的研制与发展,苏联列宁格勒克里莫夫设计局(现为俄罗斯圣彼得堡克里莫夫公司)于20世纪70年代初期开始研制高推重比的加力式涡轮风扇发动机RD-33,并由莫斯科契尔尼舍夫机械制造厂(红十月工厂)生产。RD-33是苏联第1种推重比为8.0一级的发动机(另一型为用于苏-27的AL-31F,苏-27晚于米格-29于1984年开始装备部队),发动机推重比按干重量计算为7.87,按交付状态重量计算则为6.62。有报道称截至1995年1月,俄罗斯已生产1 216架装RD-33发动机的米格-29单座型和197架双座型,合计1 413架。在飞机与发动机发展过程中,承担发动机试验的2号飞机和4号飞机,均因发动机问题先后于1978年6月15日和1980年10月31日坠毁。

为了满足中国FC-1"枭龙"战斗机的需要,克里莫夫设计公司将RD-33的附件机匣由安置在发动机的上部,改为安置在发动机下方,并将发动机命名为RD-93。据《简氏防务周刊》2005年6月17日报道,俄罗斯国家武器出口公司已就向中国FC-1"枭龙"战斗机提供RD-93发动机事宜签署了合同。分析人士估计,俄向中方提供首批100台发动机、零部件和维修服务的总价值为2.67亿美元。

克里莫夫设计局曾研制过苏联最早的喷气发动机РД-10、РД-45Ф、ВК-1与ВК-1Ф等,以后研制过多种用于直升机的涡轮轴发动机,如ТВ2-117(用于米-8直升机)与ТВ3-117(用于Ка-28直升机),还研制过用于运输机ИЛ-114的ТВ7-117。当然最为有影响的还是用于米格-29的RD-33。

1 RD-93发动机总述

图2.8.3示出RD-93发动机总体结构示意图,图中未示出加力燃烧室及可调尾喷管。

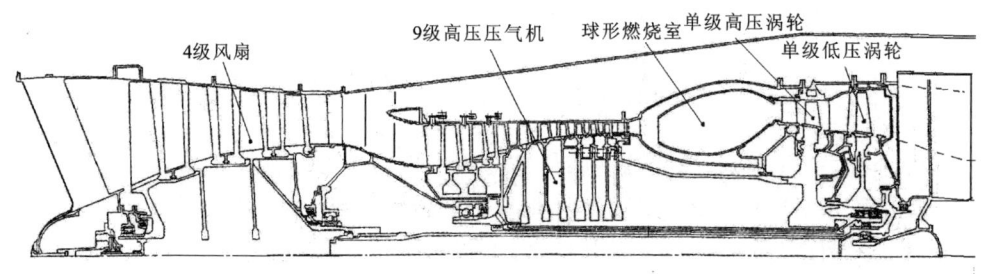

图2.8.3 RD-93发动机结构示意图

RD-93由4级带处理机匣的风扇、9级高压压气机、环形直流燃烧室、带冷却叶

片的单级高、低压涡轮、带径向与环形稳定器的加力燃烧室及可调尾喷管等组成,整台发动机划分为 11 个单元体,采用全权限数字式控制。发动机主要参数为:中间推力(不开加力最大推力)为 50 kN,最大推力(开加力推力)为 81.4 kN,加力比为 1.628;中间耗油率为 0.785 kg·(daN·h)$^{-1}$,最大耗油率 2.73 kg·(daN·h)$^{-1}$,空气流量为 77 kg/s,总压比为 21,涵道比为 0.48,涡轮前最高燃气温度为 1 680 K。

表 2.8.1 列出 RD - 93 与 F100 - PW - 100 发动机主要参数的比较。F100 - PW - 100 是世界上第 1 种推重比为 8.0 一级的加力式涡轮风扇发动机,用于美国第三代战斗机 F - 15 与 F - 16,F - 15 于 1974 年装备美国空军,比米格 - 29 早 9 年投入服役。

表 2.8.1　F100 - PW - 100 与 RD - 93 发动机主要参数比较

发动机型别	F100 - PW - 100	RD - 93(RD - 33)
中间推力/kN	65.2	50
最大推力	106.0	81.4
加力比	1.625	1.628
推重比	7.85	7.87(按干重量计)
涵道比	0.69	0.48
总压比	25	21
涡轮前燃气温度/K	1 680	1 680
最大耗油率/(kg·(daN·h)$^{-1}$)	2.14	2.13
用途	F - 15,F - 16	米格 - 29
投入服役时间	1974	1983

从表 2.8.1 列出的发动机主要参数来看,RD - 93 的循环参数与性能参数基本同于 F100 的初始型号 F100 - PW - 100,但是影响发动机性能的重要参数之一的总压比比 F100 的低 16%,这在第三代战斗机中是少见的,同时代西方国家发动机中,一般总压比均在 25 左右。

在表 2.8.1 中未列出的发动机可靠性与耐久性的参数来看,显然 RD - 93 无法与 F100 等西方国家的发动机相比,这已是世界舆论普遍的看法。

综观 RD - 93 发动机结构设计来看,RD - 93 是一种既采用了苏联发动机结构设计中的某些传统设计(例如风扇中的盘、鼓采用圆柱面定心与径向销钉传扭的连接方式等),又采用了当时最先进的技术的设计(例如高压压气机前几级盘与鼓采用焊接连接方式,高压涡轮后轴承采用中介轴承等),而且还采用了西方某些发动机的传统设计(例如高压压气机后几级盘与鼓采用多根长螺栓连接方式),以及西方国家发动机中很少采用的风扇处理机匣等。在当时(20 世纪 60 年代末～70 年代初期)采用了类似大杂烩的结构设计,能在较短时间内研制出基本适用的高性能发动机,满足了第三代战斗机米格 - 29 研制的需要,这种较为实际的做法,比脱离现实单纯追求高精尖

的冒进做法是可借鉴的。

2 总体结构设计

RD-93发动机高压、低压转子共用5个支点支承,其中4号支点为中介轴承,3个承力框架,如图2.8.4所示。基本支承方案同于西方国家的F101、F110、F404、M88与F119等发动机,但某些具体结构设计例如4号、5号支点却有其独特之处。高压、低压转子分别采用了刚性、柔性联轴器。

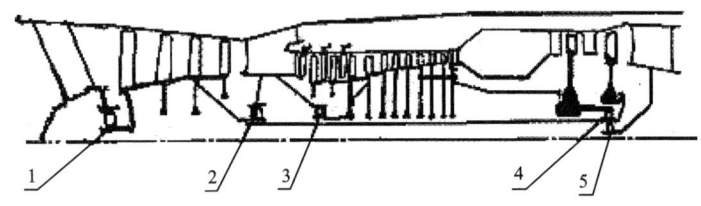

图2.8.4 RD-93发动机支承简图

2.1 转子支承方案

2.1.1 低压转子

低压转子采用了1-1-1支承方案,即风扇转子前、后各1个支点(即1号、2号支点,如图2.8.4所示),低压涡轮后1个支点(5号支点),其中2号支点为止推支点,即该支点为滚珠轴承。

RD-93采用了无可变弯度进口导向叶片的4级风扇。一般,在有可变弯度进口导向叶片的发动机,例如F110(图2.8.5)、F101、F100(图2.8.6)与F404(图2.8.7)等均在风扇前设置1个支点,通过可变弯度进口导流叶片固定不动的前缘部分,作为承力框架的传力件,将轴承的负荷外传。

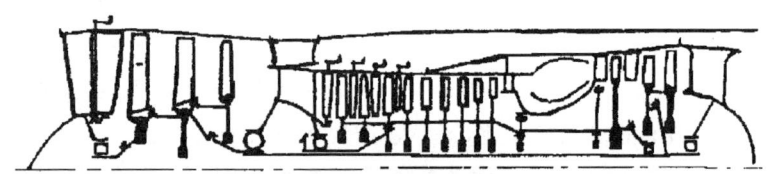

图2.8.5 F110发动机转子支承方案

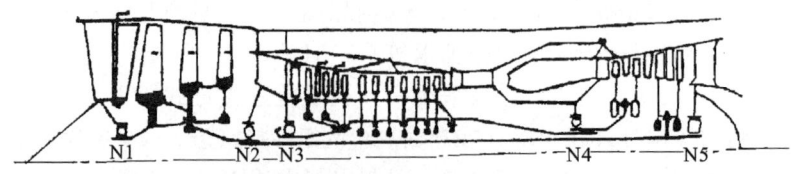

图2.8.6 F100发动机转子支承方案

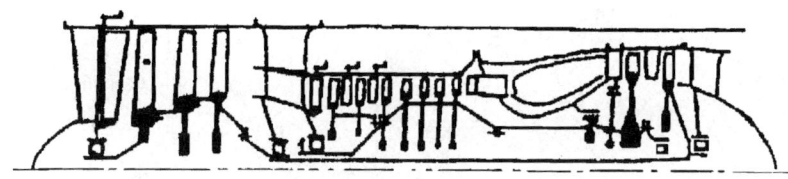

图 2.8.7　F404 发动机转子支承方案

RB199 及 EJ200 发动机中,与 RD - 93 一样,风扇无进口导流叶片,但为了简化结构,减少发动机承力框架与油腔数,减轻发动机重量,这两型发动机在风扇前均未设置支点,将进气锥固定在第 1 级风扇轮盘前端成为旋转的进气锥,图 2.8.8 示出了 RB199 的支承简图,从图 2.8.8 可见,风扇转子是悬臂地支承的。

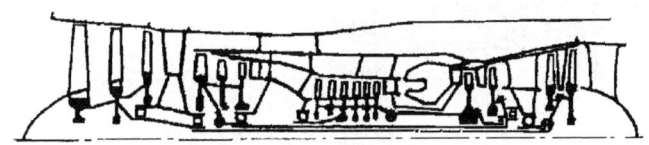

图 2.8.8　RB199 发动机转子支承简图

RD - 93 风扇既无进口导流叶片或可变弯度进口导流叶片,却采用了类似 F110 等发动机的在风扇前设置 1 个支点的设计,这是由于它的风扇有 4 级,如前端不设支点而呈悬臂状仅支承于后端,悬臂过长,会影响转子的正常工作。当然,在风扇前端设置支点后,要专门设置 1 个承力框架(如有进口导流叶片,可以利用该叶片作为承力件),还要有对轴承的滑油供油、回油及封严装置等,不仅使结构复杂,而且重量加大。

低压转子后支点(5 号)设计得比较特殊,固定于低压涡轮轮盘后端的后轴转折后通过轮盘中心向前伸,而 5 号轴承外环固定于位于低压涡轮轮盘中心处的后轴内径中,与转子共同旋转,轴承内环则固定于涡轮后轴承支承座中,如图 2.8.9 所示。这种一反常规的设计是不得已的一种设计。

低压转子的止推支点设置在风扇后即 2 号支点处,F100 与 F110 也是这种设计。在这种设计中,由于转子的轴向、径向负荷直接传到风扇与高压压气机间的中介机匣上,而发动机的主安装节也装于中介机匣上,因此传力路线短。

2.1.2　高压转子

高压转子由于长度较短,几乎所有战斗机用发动机均采用两个支点支承,RD - 93 也采用两个支点的 1 - 0 - 1 支承方案,即在高压压气机前设置 1 个支点(3 号),高压涡轮后 1 个支点(4 号),且 4 号支点做成中介支点。所谓中介支点是指该支点的轴承,内环支承于 1 个轴上,外环支承于另 1 个轴上,即轴承内外环以不同转速旋转着,此种轴承称为中介轴承,亦称为轴间轴承。在 RD - 93 中,4 号轴承的内环固定于低压涡轮轴上,外环固定于高压涡轮后轴上。

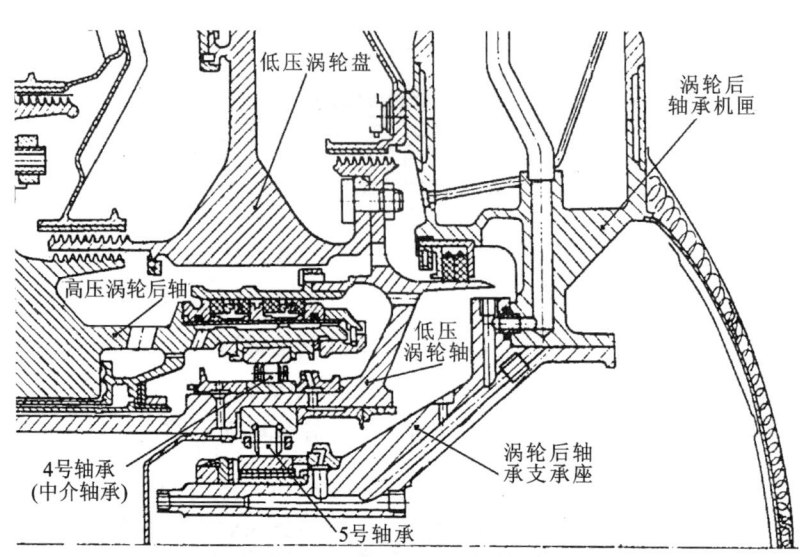

图 2.8.9　高、低压涡轮后轴承支承结构图

　　高压涡轮后轴通过中介轴承支承于低压涡轮轴上的设计始于 20 世纪 60 年代、用于 B-1 轰炸机的 F101 发动机,由于这种设计可以减少 1 个承力框架及相应的油腔、供回油装置等,不仅减少零件数目与重量,且可提高发动机的可靠性;但它要求低压转子能平稳工作,否则会对高压转子带来甚为严重的后果。此后,这项设计在 GE 公司以及与 GE 公司合作的法国 SNECMA 公司的军民用发动机中广泛得到应用,例如军用发动机中的 F110(见图 2.8.5)、F404(见图 2.8.7)与 M88(见图 2.8.10),民用发动机中的 CFM56。普惠公司在其发展的军民用发动机中一贯使用如图 2.8.6 所示(F100)的设计,即高压转子的后支点置于高压压气机与高压涡轮间,轴承负荷通过燃烧室内机匣经扩压器的径向固定叶片传至燃烧室外机匣。但是普惠公司在 20 世纪 90 年代为第四代战斗机 F-22 研制的推重比为 10 一级的发动机 F119 中,却一改以往的做法,也将高压转子的后支点设在高压涡轮后,采用中介轴承支承于低压涡轮轴上,如图 2.8.11 所示,由图 2.8.11 可见,与前述发动机不同的是中介轴承的内环固定于高压转子上,外环固定于低压转子上。

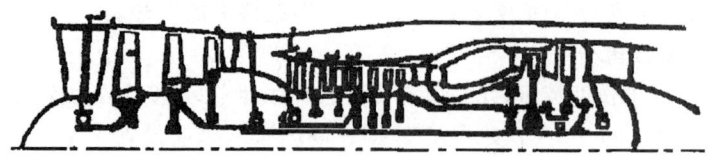

图 2.8.10　M88 发动机转子支承简图

　　罗·罗公司的三转子军民用发动机中,由于转子数多,一定要采用 1 个中介轴承,例如图 2.8.6 所示的军用发动机 RB199 中,高压涡轮后轴即通过中介轴承支承

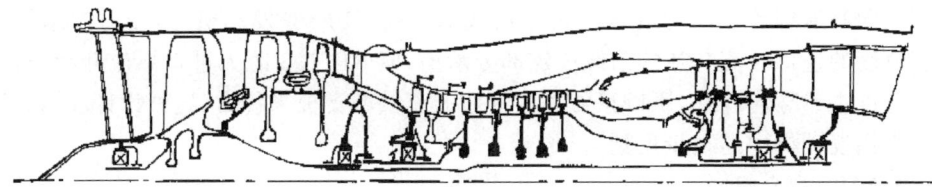

图 2.8.11　F119 发动机简图

于中压涡轮轴上的,此中介轴承的固定方式同于 F119 的,即轴承内环固定于高压轴上,而外环固定于转速相对低的中压轴上。

由以上众多发动机均采用了中介轴承将高压涡轮支承于低压转子的设计,说明这种设计是一种简化结构、减轻重量的一种好的设计技术。

RD－93 与 AL－31F 苏制发动机也采用了将高压涡轮后轴通过中介轴承支承于低压涡轮轴上的设计,适应了技术发展的潮流,但是由于当时生产条件的限制,为了保证低压转子不对高压转子产生不良影响,不得不采取一些特殊(RD－93)或复杂(AL－31F)的结构设计,使得这一具有优势的独特设计逊色不少。

2.2　承力框架

RD－93 与 F100、F110、F404 及 M88 等发动机一样,采用了 3 个承力框架,即:进气机匣、中介机匣和后轴承机匣。

2.2.1　进气机匣

进气机匣也称风扇前机匣,如图 2.8.12 所示,由 4 根沿轴线呈倾斜状的流线型

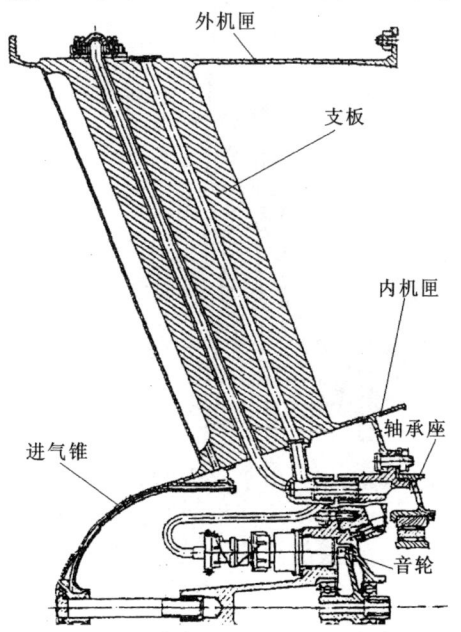

图 2.8.12　风扇前机匣(进气机匣)结构图

支板及同心地焊接在一起的内外机匣组成的。在 F100 等发动机中,传力的结构由可变弯度的进口导流叶片的前缘固定部分承担,但 RD-93 既无进口导流叶片,也无可变弯度进口导流叶片,所以只能采用专门的流线型支板来传力,这种设计在西方国家的军用发动机中还很少见到。

2.2.2　中介机匣

在军民用发动机中,风扇与高压压气机间的中介机匣都作为支承风扇后轴承及高压压气机前轴承的承力框架,RD-93 采用了这一传统的设计。

2.2.3　后轴承机匣

这也是许多军民用发动机中采用的典型承力框架,只是在其他发动机中,固定于后轴承机匣上的后轴承支座是用以固定涡轮后轴承外环的,而在 RD-93 中,后轴承支座是用以固定涡轮后轴承内环的,如图 2.8.9 所示。

2.3　联轴器

高低压转子采用了不同形式的联轴器,高压转子采用了刚性的端面直齿联轴器,低压转子采用了具有浮动球形垫圈的柔性套齿联轴器。

2.3.1　高压转子联轴器

由于高压转子是由 2 个支点支承的,因此高压压气机与高压涡轮转子间采用刚性联轴器,如图 2.8.13 所示,高压压气机后轴后端面作有径向端面齿,与涡轮盘前轴前端面上的径向端齿相啮合,用以传递扭矩;高压压气机后轴与涡轮盘间再用多根精

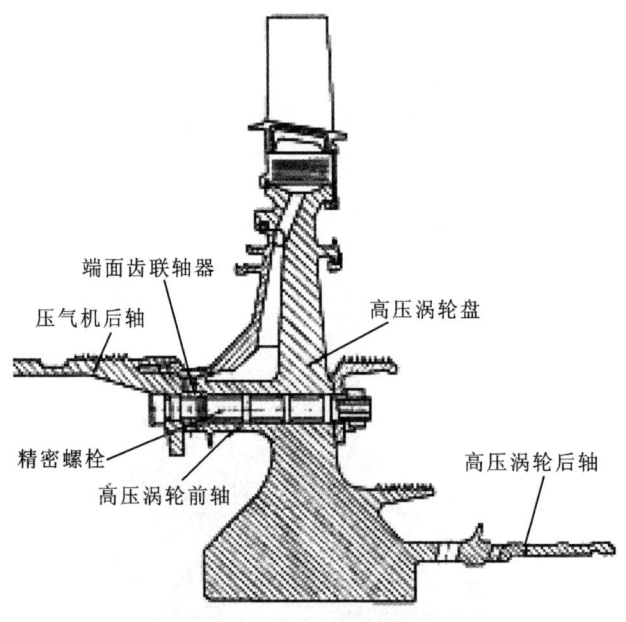

图 2.8.13　高压转子联轴器结构图

密螺栓紧紧连接在一起,精密螺栓除传递工作时的轴向力外,还要承受端面齿传扭时的轴向分力,另外,高压压气机后轴与高压涡轮盘间还通过精密螺栓保证装配与工作时的定心。

RD - 93 高压转子的联轴器非常方便总装,总装时,只要将高压涡轮盘的螺栓孔对准螺栓(螺栓事前装在高压压气机后轴安装边的相应孔中,并用卡圈固定使其不能松脱)推入,使两者的端面齿啮合,再用扭力扳手拧上螺栓的紧固螺帽并锁紧即完成高压压气机转子与涡轮盘的连接,这种方式比按 F101、F110、F404、F414、M88 与 CFM56 等发动机的方便多了,且易于单元体的拆换。但是,由于在盘腹板处开了多个螺栓穿过的孔,大大削弱了盘的强度,增加了盘的重量,且是易于出现故障的潜在地区,因此,在 20 世纪 80 年代后发展的发动机,已基本不采用在涡轮盘上钻孔的设计,并将它作为提高发动机固有可靠性的措施之一。

英、法、德等国研制的发动机中,广泛采用圆弧形端面齿联轴器,其端面齿齿形不是径向的,而是呈圆弧形。其相啮合的两个齿面,一个做成凸出的,一个做成凹面,两者的齿面做成相同的弧形,其弧形齿面是在专用的格里森齿轮磨床上磨出的。这种弧形端面齿能保证相啮合的两个组件有高的同心度,包括工作中两组件相对膨胀不一致时也能很好定心(即热定心),因此采用圆弧形端面齿联轴器后,不需另外的定位措施,只需用螺栓将两者紧固在一起(一般用自锁螺栓或螺母)即可。国内引进专利生产的两型发动机斯贝及阿赫耶均有圆弧形端面齿联轴器,因此已引进专门生产的机床,为我国引进这种技术提供了条件。

2.3.2　低压转子联轴器

风扇与低压涡轮转子组成的低压转子采用了 1 - 1 - 1 的 3 支点支承方案,在传统的设计中,在 3 支点的发动机中,由于机匣中的 3 个支座与转子上的 3 个支点均很难做到高的同心度,因而压气机(或风扇)转子与涡轮转子间均采用柔性联轴器,RD - 93 即采用了柔性联轴器。图 2.8.14 所示即为典型的柔性联轴器的示意图,由图 2.8.14 可见,涡轮转子与压气机两支点连接的直线间有一夹角 φ,即涡轮转子不是绕压气机 2 支点间连接线旋转的,当高压涡轮后支点用中介轴承支承于低压转子上时,高压转子显然不能正常工作。为此,前述的几种采用中介轴承支承高压涡轮的

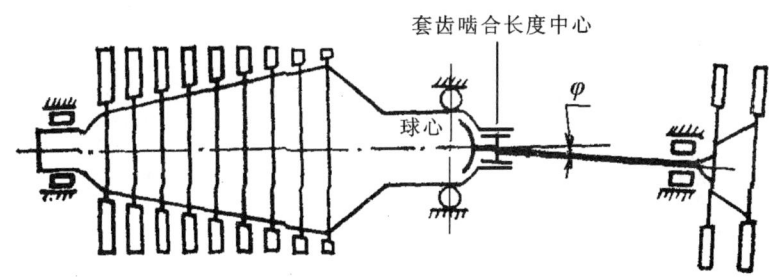

图 2.8.14　典型的用于 3 支点支承方案中的柔性联轴器示意图

发动机,虽然低压转子采用 3 支点支承方案,但却采用了在 2 支点支承方案中的刚性联轴器,这是由提高加工精度确保转子上的 3 个支点、机匣中的 3 个轴承座孔均有极高同轴度达到的。

估计苏联在 20 世纪 60—70 年代机械加工的技术还难于达到上述要求,因而在采用高压涡轮通过中介轴承支承于低压转子上的设计时,3 支点的低压转子仍采用了柔性联轴器。为了解决低压涡轮转子与压气机间不同轴线而带来高压转子工作不正常的问题,AL-31F 采用了低压转子用 4 个支点的结构,即风扇与低压涡轮各用 2 个支点支承,如图 2.8.15 所示。这是某些早期(20 世纪 40 年代末 50 年代初)发动机曾用过的方案,早已被人们忘却。由于低压涡轮本身有 2 个支点(图 2.8.15 中的 3 号、6 号)支承,工作当然稳定,高压转子后支点支承于低压转子上工作当然能正常。

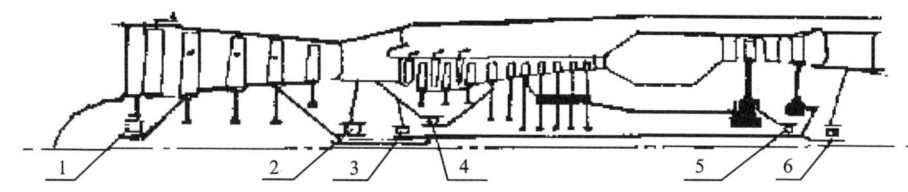

图 2.8.15　AL-31F 发动机转子支承方案

但是,这种布局却给低压转子的联轴器及 3 号支点的安置增加了许多困难,不仅结构复杂,重量加大,且在工作中还容易出现一些故障。图 2.8.16 示出 AL-31F 联轴器的结构图,图 2.8.16 中 1 为低压涡轮转子前支点即图 2.8.15 中的 3 号支点,2 为联轴器中传递扭矩的浮动套齿,3 为联轴器中承受轴向力的拉杆,拉杆做得薄而长,是适应风扇转子与涡轮转子不同轴线时,允许能稍有弯曲变形。

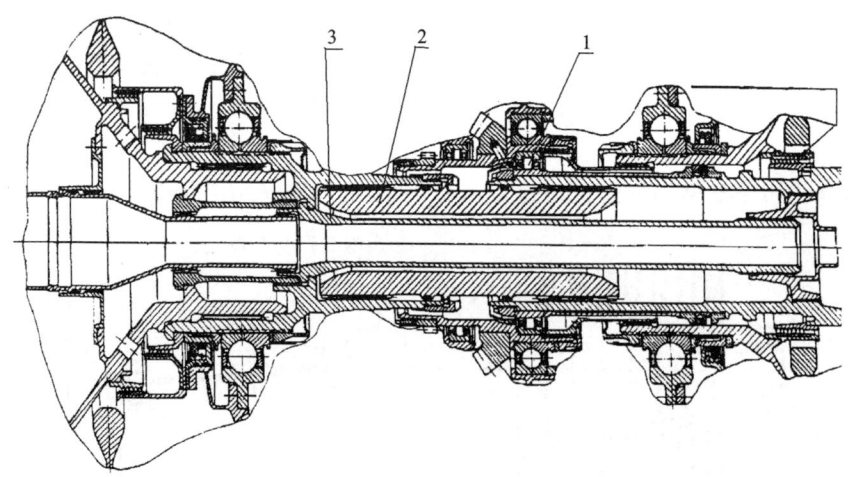

图 2.8.16　AL-31F 发动机低压转子联轴器结构

RD-93 发动机则采取了另一种结构较为简单的设计,如图 2.8.9 所示,即将支承高压涡轮后轴的中介轴承(4 号轴承)与支承低压涡轮的 5 号轴承处于同一轴向位置且基本在低压涡轮盘中心(沿轴向)处。由于 4 号轴承与 5 号轴承处于同一轴向位置,工作中 5 号轴承不会上下摆动,因而 4 号轴承也不会摆动,即使低压涡轮轴与风扇轴线不同轴心,高压转子也不摆动,使高压转子能正常工作,较好地解决了问题。但是由图 2.8.9 也可看出,5 号轴承内径很小,其承载能力显然较低,但它不仅要承受低压转子的负荷,而且还要承受高压转子的负荷,因此其工作寿命将比其他轴承寿命低。另外,由于 4 号、5 号轴承均径向地装在低压涡轮轮盘中心内,轮盘的孔径很大,对轮盘的强度与重量均带来不利影响。

RD-93 采用的是具有浮动球形垫圈的柔性套齿联轴器,如图 2.8.17 所示,其结构与涡喷 7 的低压转子联轴器基本一致,图 2.8.18 为涡喷 7 低压转子联轴器。

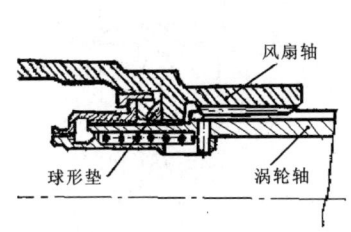

图 2.8.17　RD-93 低压转子联轴器　　　图 2.8.18　涡喷 7 低压转子联轴器

2.4　滚动轴承阻尼环

3 号轴承即高压压气机前滚珠轴承外环与轴承座间装有若干片钢圈组成的叠层阻尼环,这种阻尼环在苏俄的发动机中采用较多,西方国家的发动机采用较少。现代军民用发动机中普遍将高压压气机前滚珠轴承通过带挤压油膜的弹性支座支承于中介机匣上。

2.5　石墨封严件

RD-93 没有采用以前苏制发动机中常用的篦齿式封严装置,在 3 个油腔处的 5 个油封处均采用了石墨封严装置,其中 4 个为径向接触式石墨封严装置,用于风扇前轴承(1 个)、中介机匣(2 个)及低压涡轮后轴承处(1 个);1 个为径向加双向端面接触式石墨封严装置,用于 4 号中介轴承处。径向接触式石墨封严装置曾在许多发动机中采用过,但径向加双向端面接触式石墨封严装置却很少见到,它有 4 个环形石墨封严环,4 个环均套装在低压涡轮轴内,起到径向封严作用;每个封严环还有 1 个端面封严面,在弹簧片的弹向力作用下与相应的止推环及中介环相接触,起到端面封严作用。之所以采用这么复杂结构,是由于此封严装置是处于低压涡轮轴与高压涡轮

轴之间的轴间封严处,不能采用简单的径向石墨封严装置。

3 风 扇

RD-93 的风扇如图 2.8.19 所示为 4 级,带处理机匣、无进口可变弯度导向叶片及工作叶片无中间凸肩的设计,风扇转子及静子结构采用了苏联 P-11 等发动机的结构。

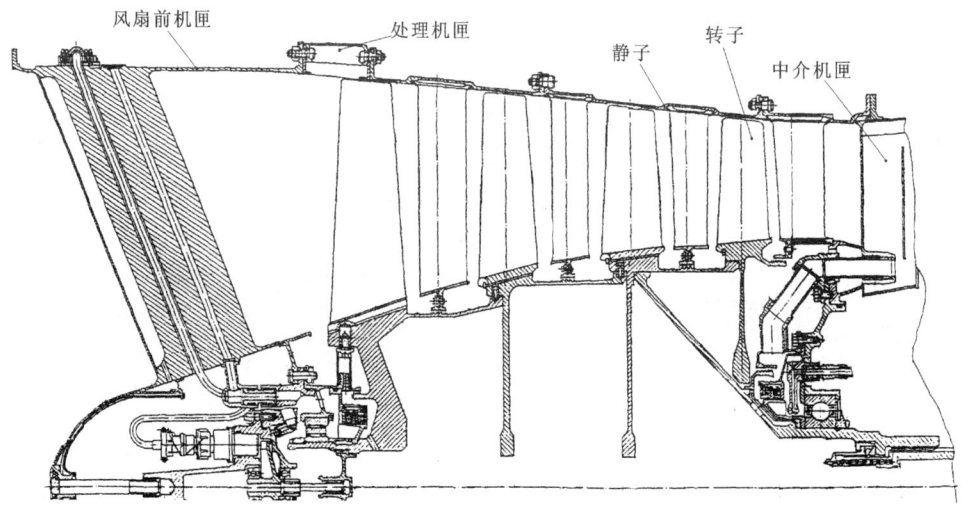

图 2.8.19　RD-93 发动机风扇转子

3.1 提高喘振裕度的措施

RD-93 的风扇与其他西方国家军用发动机显著不同的地方有二,其一为级数多,其二为采用了苏俄发动机中采用较多的处理机匣,而不是采用可变弯度的进口导流叶片。

3.1.1 4 级风扇

除 F120 外(风扇为 2 级),其他西方国家军用发动机的风扇均采用 3 级(AL-31F 为 4 级),平均级压比约为 1.47,RD-93 的风扇为 4 级,其压比为 3.2,级平均压比约为 1.337,低于其他发动机的,即 RD-93 采用了小级压比的风扇,这有利于风扇的稳定工作范围,提高了喘振裕度。但是风扇增多 1 级,不仅零件数目多,重量大,而且发动机长度也较长,也影响发动机的固有可靠性。

3.1.2 处理机匣

西方国家军用发动机中,除 RB199 为三转子发动机,EJ200 风扇的叶片采用了宽弦设计,这两型发动机的风扇未采用可变弯度的进口导流叶片外,其他发动机包括 F119 的风扇均采用了可变弯度的进口导流叶片,以扩大风扇的稳定工作范围,

AL - 31F 也采用了这种设计。但 RD - 93 没有采用这种设计,而采用了称之为"槽式空气阻尼装置"的处理机匣,其结构同于 WP - 13 的处理机匣,以提高低转速下风扇的喘振裕度,其效果较好。

处理机匣是一种被动控制喘振裕度的方法,国外对其工作机理的研究还是较多的,在苏联及俄罗斯研制的发动机中采用较多,但西方国家研制的发动机却很少采用。目前见到的西方国家研制的发动机中,仅 EJ200 的风扇中采用了处理机匣。图 2.8.20 示出了 EJ200 风扇部件图,由此图可以看出在风扇叶尖处有类似 RD93 发动机的处理机匣。

俄罗斯中央航空发动机研究院(CIAM)的研究表明,采用处理机匣后,能显著地提高风扇的喘振线,也即能增大喘振裕度。图 2.8.21 示出采用处理机匣与不采用处理机匣时风扇喘振线的比较图。

图 2.8.20　EJ200 风扇的处理机匣

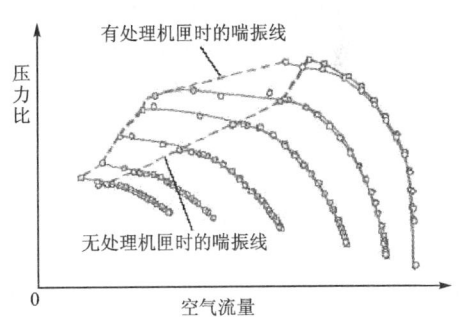

图 2.8.21　风扇有、无处理机匣喘振线的比较

3.2　转　子

3.2.1　工作叶片

4 级风扇叶片全部采用无中间凸肩的大展弦比的设计,这是较为突出的。许多发动机包括 AL - 31F 的大展弦比风扇叶片均采用中间凸肩以增加抗外物打伤(FOD)的能力与解决叶片振动问题,但 RD - 33 却未采用叶身中间凸肩,当然,这使叶片加工较为方便些,叶片榫头承受的离心负荷较小,但是带来易被外来物打坏或打断叶片的严重后果。AL - 31F 的风扇叶片比 RD - 93 的长些,虽然采用了叶身中间凸肩,但抗外物打伤的能力仍然不够,因此,在苏 - 27 飞机进气道上做了可收放的过滤网,在实际使用中,风扇叶片被外物打伤/打断的概率仍然极大。RD - 33 的风扇叶片虽比 AL - 31F 短,但由于没有增加叶片刚性的中间突肩,仍然易被外物打伤或打断。

为了减小发动机这一设计缺陷对飞机安全性带来的影响,米格 - 29 的进气道做

了特殊处理:进气口带有一个气流铰接挡板并在进气口上方开有 3 个辅助进气口,用于控制进气来源。在起飞和着陆时,挡板与前起落架随动,挡板挡住主进气口,此时辅助进气口向下打开,空气从辅助进气口的百叶窗形缝隙和 887 个小孔中进入进气道,以避免发动机吸入地面外来物。虽然在飞机进气道做了特殊的防止外来物进入发动机的措施,但外来物打伤或打断风扇叶片造成发动机损坏的事件仍时有发生。例如,印度空军在 1986—1990 年间共引进 70 架米格-29,备用发动机 48 台,到 1992 年 3 月,所用的 188 台 RD-33 发动机中有 139 台(占全部发动机的 74%)由于出现各种问题而被迫退出使用,其中由于外来物打伤发动机占了相当大的比例。又如,1989 年巴黎航展的开幕当天下午,米格-29 在飞行表演中,由于一台发动机遭到鸟的撞击而熄火,飞机在众目睽睽下坠地烧毁,驾驶员跳伞获救,曾引起世界媒体的广泛评论。

3.2.2 转子结构

RD-93 风扇转子如图 2.8.19 所示沿用了 P-11 发动机的设计:盘与鼓间的连接采用了圆柱面定心、过盈配合、径向销钉传力的设计,图 2.8.22 为典型的连接形式。第 1 级盘带轴的设计也同于 P-11 的,只是轴的伸出方向不同,RD-93 向前伸,而 P-11 是向后伸的。叶片与盘的连接与锁紧方式也一样。这两型发动机第 1 级工作叶片由于叶片处通道是斜的,因而榫根与盘的榫槽也均做成斜的,工作时,叶片离心力的槽向分力很大,因此需用 1 枚(RD-93)或 2 枚(P-11)销钉将其槽向固定。在一些新型涡轮风扇发动机中,风扇第 1 级的增压比比较大,叶根倾斜更大,且叶片更长,如仍将榫根做成斜的,则由于榫根处沿榫槽的槽向力很大而难于锁住,因此广泛将叶片榫头做成直的(与中心线平行),叶片底部平台与榫根间形成三角形过渡段称为中间叶根,还可将中间叶根的两端面铣去部分材料,以减轻重量,如图 2.8.23 所示。

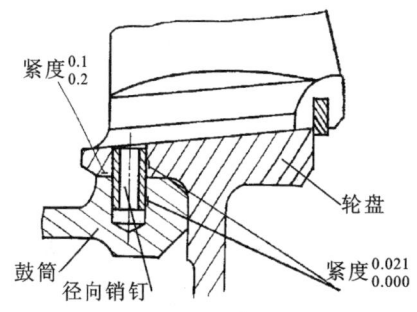

图 2.8.22 典型的圆柱面定心、过盈配合径向
销钉传力的盘鼓连接结构

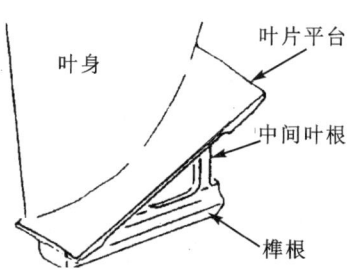

图 2.8.23 带中间叶根的风扇叶片

3.3 静 子

RD-93 风扇的静子部分包括:机匣、整流叶片、整流叶片与机匣的连接、处理机

匣均采用了 P‑11 发动机的设计。

4　高压压气机

图 2.8.24 示出 RD‑93 高压压气机结构图。9 级高压压气机中前 3 排静叶（0 级、1 级与 2 级）做成可调节的，第 9 级静叶做成两排，以便将气流顺直后流入燃烧室。转子中的盘鼓采用两种连接方式。

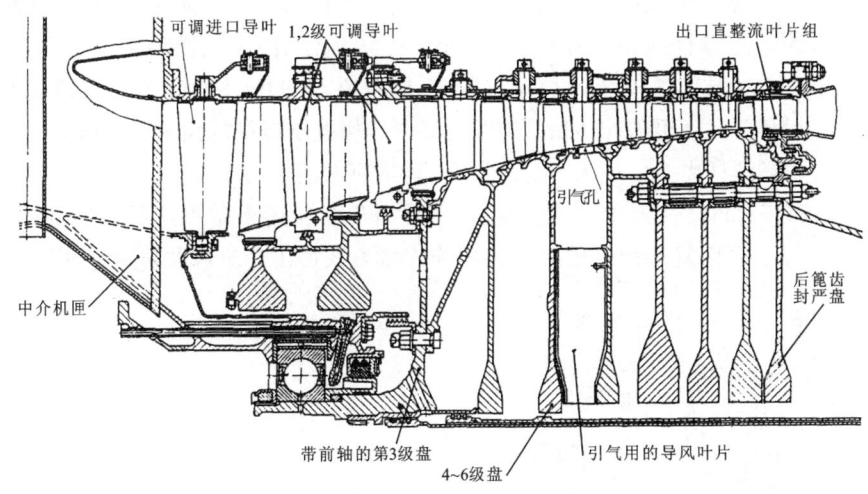

中介机匣　可调进口导叶　1,2级可调导叶　出口直整流叶片组　引气孔　后篦齿封严盘　带前轴的第3级盘　4～6级盘　引气用的导风叶片

图 2.8.24　RD‑93 高压压气机结构图

4.1　转　子

RD‑93 高压压气机转子中，轮盘与鼓环间采用了两种不同的连接方式，分成 4 段，即 1 级与 2 级焊接成一件，4～6 级焊接成一件，第 3 级盘是单件但带前伸的轴，在大直径处用短螺栓与 1～2 级转子及 3～4 级间鼓环相连，在小直径处用短螺栓与 4～6 级转子相连。6 级盘后的鼓环以多根长螺栓与 7～9 级盘、篦齿封严盘、后轴以及相应的鼓环相连。

4.1.1　焊接转子

1 级盘在轮缘处向后伸的鼓环与 2 级盘前伸的鼓环通过焊接连接在一起，2 级盘后伸的鼓环与带安装边的 3 级盘前端的鼓环也是通过焊接连在一起。前 3 级盘采用 BT‑9 钛合金，4～6 级轮盘采用高温钛合金。4～6 级轮盘与鼓环间也是通过焊接连接成一体的。这种用焊接方法将轮盘、鼓环焊接在一起形成一件整体、不可拆卸转子的设计，可省去连接件，使发动机的零件数与重量均能降低，是提高发动机推重比的一项有效措施，已在现代发动机中广泛采用。转子焊接的方法有电子束焊与惯性摩擦焊，早期的发动机中也曾用过氩弧焊（RD‑93 采用电子束焊）。至于 RD‑93 中为何不将 1～6 级轮盘、鼓环焊接成一体，而分成三段、2 个焊接转子，其原因是两段的

材料不同,而将同牌号的钛合金焊成一体。如果将所有 6 级的轮盘、鼓环均用同一型号(4~6 级的材料)的钛合金制成,成本虽有所增加,但可减轻重量,且减少了发动机零件数,还可提高发动机的可靠性。

4.1.2 长螺栓连接的转子

高压压气机 7~9 级盘、鼓筒、篦齿封严盘及高压压气机轴间采用多根长螺栓连接的结构,如图 2.8.25 所示。各级盘间夹着一个等直径的鼓筒,鼓筒与盘靠圆柱面定位,用一组长螺杆将鼓筒和各级盘拉紧,靠端面摩擦传扭。为防止鼓筒在夹紧时发生变形,鼓筒和长螺杆间还装有衬套(如图 2.8.26 所示,图中鼓筒的 2 个安装边是向下的,而 RD‐93 鼓筒的安装边是向上的)。螺杆在与盘配合的位置处直径加大,用来径向定位,必要时还可剪切传扭。装配时必须严格控制螺杆的预紧力,以防工作时转子刚性变差,或螺杆内应力过大,以致断裂。同时还要保证各杆的受力均匀。7~9 级盘采用了ЭП741НП高温粉末冶金材料,估计当年苏联还未掌握这种材料的焊接技术,因而不得不采用复杂而重的多根长螺栓连接方式(AL‐31F 也采用这种设计)。

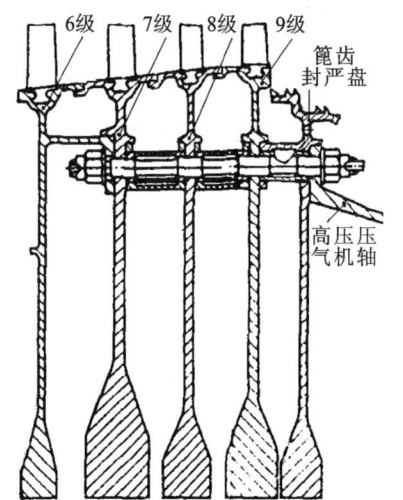

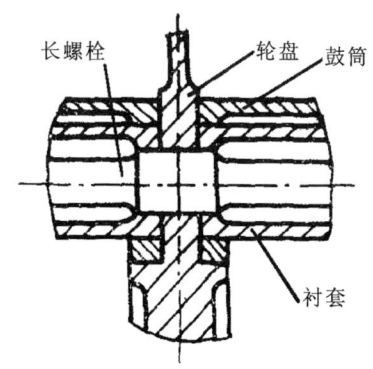

图 2.8.25 高压压气机转子后几级连接结构   图 2.8.26 轮盘、鼓筒、长螺栓、衬套关系图

这种用长螺栓连接盘、鼓筒的结构,早在 20 世纪 50~60 年代,普惠公司的军民发动机 J57、J75、JT3C、JT3D 和 JT8D 已采用过,其特点是转子可拆卸,在翻修中能更换有缺陷的盘,但零件数多,结构重量大。图 2.8.27 为 JT8D‐200 发动机,其高压压气机转子即采用多根长螺栓连接的结构。在 20 世纪 70 年代普惠公司的发动机压气机转子中,以短螺栓取代了长螺栓连接,例如 JT9D 与 F100‐PW‐100 发动机;到了 20 世纪 80 年代则以焊接转子取代了以螺栓连接的转子,例如 PW4000 发动机与 F100‐PW‐229。在现代的军民用发动机高压压气机转子中,一般将前段钛合金的盘、鼓环焊接成一件,用高温合金制成的后几级盘、鼓环也焊接成一件,大大简化了

结构设计,并降低了压气机的重量,图 2.8.28 所示的 CFM56 高压压气机转子即是一例。

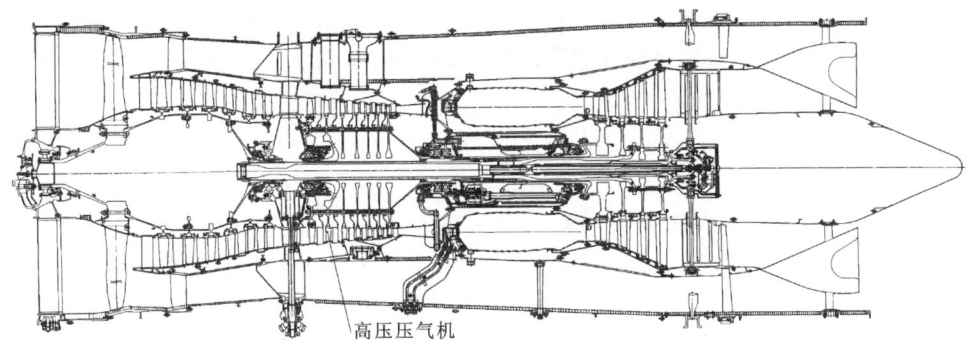

高压压气机

图 2.8.27 JT8D - 200 发动机高压压气机转子采用了多根长螺栓连接结构

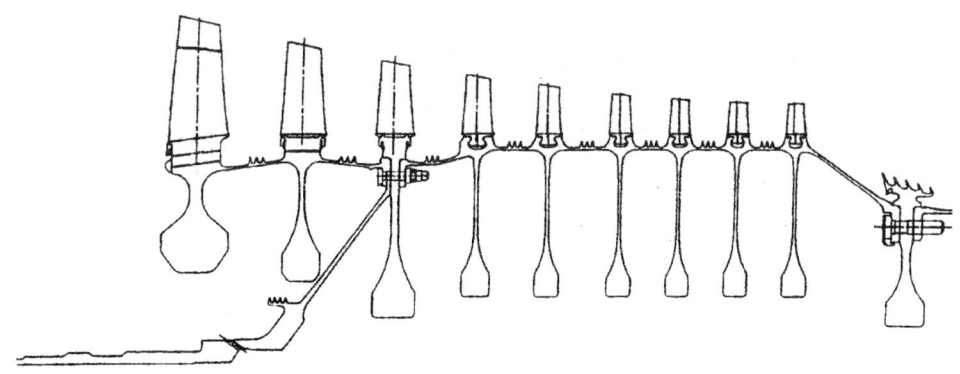

图 2.8.28 CFM56 高压压气机转子

4.1.3 第 3 级轮盘带轴

高压压气机前轴不是作在第 1 级盘前,而是作在第 3 级盘前,使 3 号轴承处于 1 级、2 级盘间(参见图 2.8.24),这样可缩短 2 支点的高压转子支承距离缩短,有利于转子动力学的设计。但是,由于 1 级与 2 级盘中心安置滚珠轴及轴承座等零组件,使轮盘中心孔孔径很大,孔边周向应力大增,只得将轮盘轮心部分做得很厚。

4.1.4 环形燕尾槽

1～3 级盘采用常用的轴向燕尾形榫槽,而 4～9 级盘采用了环形(周向)燕尾榫槽,相应工作叶片榫根也做成环形燕尾榫根,这种结构不仅使盘的榫槽加工容易、省时,而且有利于在外场只要打开压气机机匣即能更换工作叶片,因此,这种设计已广泛用于现代发动机中。按发展时间看,RD - 93 与 AL - 31F 是最早采用这种设计的发动机。由于环形燕尾榫根承载面积小于轴向燕尾榫根较多,因此,风扇,高压气机前 2 级、3 级由于叶片长,重量大,工作时离心负荷大,因而仍采用轴向燕尾形榫根(但 AL - 31F 的压气机中,全部轮盘均采用了环形燕尾槽)。

4.1.5 引气用的抽风叶片

在第 5 级盘后的鼓筒上开有引入冷却高压涡轮的高压空气进气口(30 个),为了使此股高压空气能顺利向后流经高压压气机后轴内腔至高压涡轮,在 5 级盘后端面上焊有由 6 个叶片组成的导风轮(叶片焊在导风轮上),用以将空气导入至转子内腔,这种装置已在一些发动机中采用。

4.2　静　子

4.2.1　静子叶片无内环

除前 3 排(0~2 级)静子叶片做成可调节的带有内环外,3~9 级静子叶片均不带内环,叶片是悬臂地固定于机匣中,AL - 31F 采用了类似的设计。根据统计,大多数军民用发动机中,高压压气机静叶带内环,罗·罗公司以及罗·罗公司参与研制的发动机,例如:斯贝、泰、RB199 与 EJ200 不带内环。

4.2.2　钛合金静叶

0~6 级静叶采用了钛合金。早期,为了减轻发动机重量,在高压压气机中,只要温度允许,静子叶片、工作叶片与轮盘均采用钛合金。但在使用中,曾出现多起由于钛制转子与钛制静子(静叶、机匣与封严环等)相碰摩而引发钛着火,烧坏发动机甚至引起飞机失事的事件。因此,在 20 世纪 80 年代前后,很多发动机中高压压气机的静子叶片已不采用钛合金,而全部采用合金钢甚至镍基合金(例如 PW4000)。在苏联,也采取了类似措施,例如在苏联的统一民航适航性标准中明确规定,高压压气机零件使用钛合金的温度限制为:转子叶片 500 ℃,静子叶片 330 ℃,机匣及封严环 330 ℃,篦齿环 300 ℃。根据这一标准,几种民用发动机静子叶片材料均做了更换。

5　高压涡轮

5.1　单级高压涡轮

这是现代军用发动机中采用较多的,除普惠公司的 F100 为双级外,全都采用单级,例如:F101、F110、F404、M88、EJ200 和 F119 等。高压涡轮采用单级,会使级的气动负荷大,对效率稍有影响,但却使发动机零件数减少,重量轻,这对用于战斗机的发动机更为有利。在干线客机用的发动机中,高压涡轮大多采用 2 级,但 737 用的CFM56 系列发动机也用了 1 级,据 GE 公司介绍,它也是用牺牲性能来达到简化结构、减轻重量的目的。

5.2　单晶叶片

高压涡轮叶片采用单晶精铸件,是采用单晶材料较早的发动机之一,由于当时单晶铸造技术并不十分完善,因此允许每台发动机中有少部分双晶或三晶叶片,这在一般发动机中还是少见的。

5.3　叶片冷却

冷却高压涡轮工作叶片的空气,在早期一般由燃烧室二股空气中通过导气盆上的孔直接吹向叶根处,例如图 2.8.29 所示的 WP7 乙中的孔 A,由于涡轮盘是高速转动的,因此空气是斜着冲入叶根的,对叶片冷却不十分有利。因此,在 20 世纪 60 年代以后的一些发动机中,冷却空气通过预旋喷嘴(由采用涡轮叶型的预旋叶片组成)顺着盘旋转方向斜着流出,由于盘是旋转的,因此气流是直着喷向叶根,不仅气动损失小,而且由于进入叶根的空气在预旋喷嘴中膨胀降温,使进入叶根的冷却空气静温还会低 40~60 ℃,大大提高了冷却效果。图 2.8.30 所示的 CFM56 高压涡轮工作叶片冷却空气,即是通过预旋喷嘴流后叶根的,类似的结构在许多发动机中采用,例如罗·罗的斯贝、泰与 RB211,普惠的 JT9D,PW2037 与 PW4000,苏联的 P29 - 300 等。

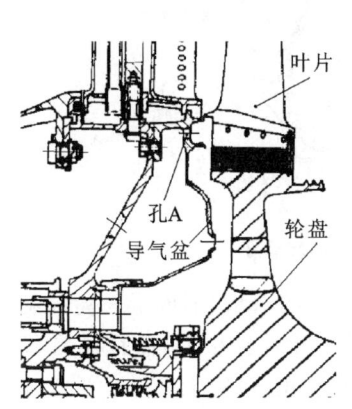
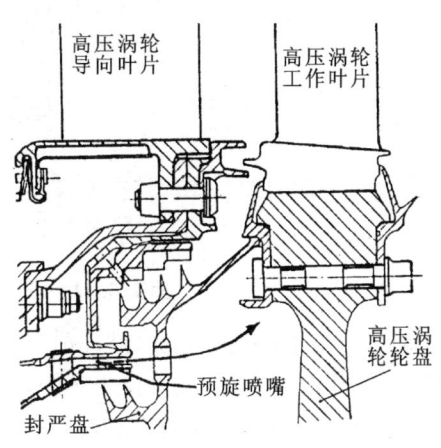

图 2.8.29　WP7 乙高压涡轮叶片冷却空气的引入　图 2.8.30　CFM56 高压涡轮叶片冷却空气的引入

在 RD - 93 中,对高压涡轮工作叶片冷却的空气采用了更为有效的流路设计,其冷却空气不是来自高压压气机后的空气(燃烧室二股空气),而是来自压力较低的高压压气机第 5 级后,通过焊在 5、6 级盘上的引气用导风叶片(见图 2.8.24),将空气导入到转子内腔与高压压气机后轴内腔向后流向高压涡轮。在高压涡轮盘前装有一特制的导风轮,导风轮上有径向叶片如图 2.8.31 所示,当空气由高压压气机轴腔内向后流到联轴器时(见图 2.8.13),通过端面齿联轴器齿隙流到涡轮盘与导风轮间的腔室中,在导风轮叶片的作用下,被甩到外

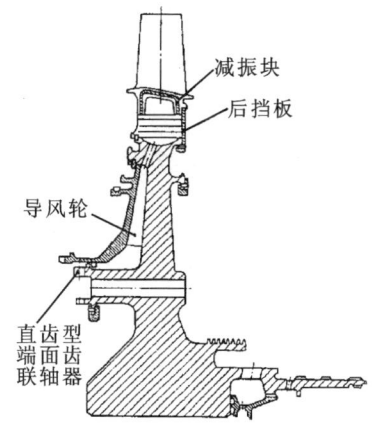

图 2.8.31　RD - 93 高压涡轮转子

缘,压力得到提高,从而流入叶根处的冷却空气进气孔,进入叶片。由于对叶片冷却的空气是高压压气机5级后的,压力与温度均较由燃烧室二股空气中引气的空气压力与温度低,因而冷却效果将大大提高,是一种较有效的设计。CF6 - 80C2采用了类似的设计,如图2.8.32所示,但它的冷却空气仍是采用了高压压气机出口空气。此股空气由位于高压涡轮前轴承(5号轴承)后的导流器(类似压气机转子上的引气导风叶片)径向地向导引至轮盘与空气导筒间的环形腔室中。

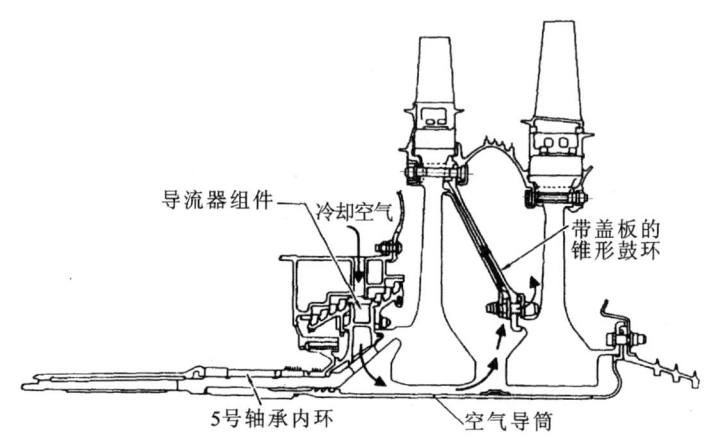

导流器组件　　冷却空气　　带盖板的锥形鼓环

5号轴承内环　　空气导筒

图 2.8.32　CF6 - 80C2 高压涡轮转子

　　两级盘用锥形鼓环相连,鼓环前装有带径向叶片的盖板,形成了一套带盖板的离心叶轮,工作时,离心叶轮不仅将环腔中的空气甩向叶片榫根处,而且还提高了空气压力与速度,增加对叶片的冷却效果;另外,冷却空气由导流器流进1级盘与高压涡轮轴间的腔室时,随气流进入的尘埃会在离心力作用下甩到腔室外缘而不会进入叶片榫根。

　　比较RD - 93与CF6 - 80C2高压涡轮工作叶片冷却气路的设计可以看出,RD - 93的设计优于CF6 - 80C2的,因为它引用的空气是高压压气机5级后的,因而冷却效率更高,但它没有分离尘埃的功能。

6　附件中央传动装置

　　RD - 93附件中央传动装置主动锥齿的安排,与AL - 31F一样,设计得比较复杂,而且零件多,不像是高推重比发动机的设计。图2.8.33示出了RD - 93附件中央传动装置图,从图2.8.33上可以看出,主动锥齿用两个轴承支承,通过传动轴两端的套齿将主动锥齿与高压压气机前轴相连接,而未将主动锥齿像其他发动机直接装在高压压气机前轴上,这种设计可能是考虑到高压压气机前轴承采用了叠层阻尼环会影响锥齿啮合间隙,影响锥齿轮对的正常工作。

　　但是,西方的军民用发动机中,3号轴承即高压压气机前轴承大多采用了弹性支

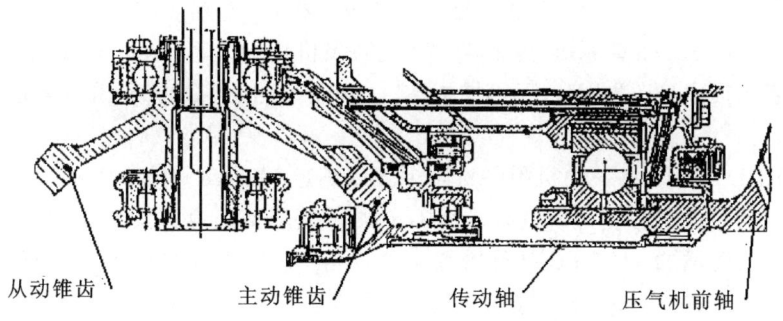

从动锥齿　　　　　　　　主动锥齿　　　　　　传动轴　　　　　压气机前轴

图 2.8.33　RD-93 中央传动装置

座支承,但主动锥齿均直接装在高压压气机前轴上,图 2.8.34、图 2.8.35 分别示出了民用发动机 PW4000 与军用发动机 F404 主动锥齿与高压压气机前轴的连接结构,显然比 RD-93 的要简单得多,且它们的附件传动装置均能正常工作,说明中央传动装置中主动锥齿的支承、连接是可以简化的。

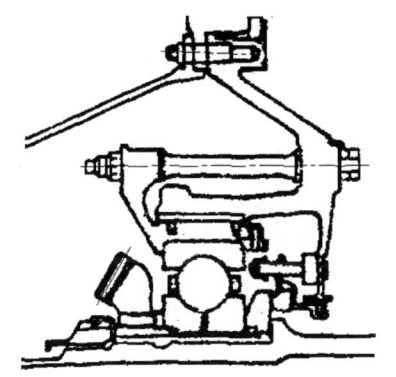

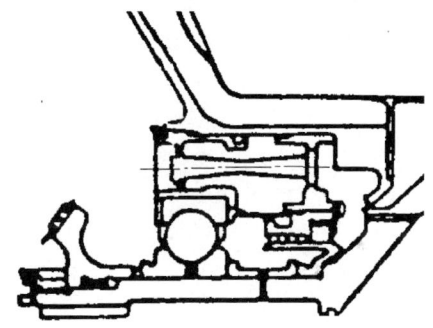

图 2.8.34　PW4000 主动锥齿直接装在
**　　　　　高压压气机轴上**

图 2.8.35　F404 主动锥齿直接装在
**　　　　　高压压气机轴上**

7　RD-33 的系列发展

从 80 年代起 RD-33 开展了系列的研制改型工作,有如下几种改型。

(1) RD-33И 不带加力的发动机改进型,用于伊尔-102 战斗机试验机上。

(2) RD-33K 在空气流量上有所提高,在低压压气机和燃油附件电控方面有改进。改善了气流通道上零件的抗腐蚀性。用于米格-29M 型的改型和米格-29K 舰载飞机上。在 RD-33K 上使用了全自动数字控制系统,用于替换调节器 HP-85、调节器 PCΦ-85 和电控系统 ЭСУ-21。发动机通过国家鉴定试验。此发动机主要参数有:起飞推力为 92.2 kN;全状态推力为 86.3 kN;不开加力推力为 53.9 kN。

(3) RD-33-3 系列 1999 年批生产的改型机,延寿到 2 000 h。

(4) RD-33-3M 系列 为米格-29 舰载飞机用的发动机,同原型机的区别在于出色的起飞推力(85.3 kN),无烟燃烧室,气流通道的防腐蚀部件和紧急状态下排油系统等。

(5) RD-33H 将发动机附件机匣下置以满足 Mirage(幻影)Ⅲ和 Mirage FⅠ及其他飞机的需要。根据飞机的要求增加了加力燃烧室长度以适应机身的长度,从而使发动机长度增加 1.21 m,总重增加了 240 kg,其他指标与原型机一样。在 90 年代,RD-33H 在 Mirage FⅠ和 D-2 上成功地进行了地面试验和飞行试验。与原装 ATAR.9K-50 发动机相比,换装 RD-33H 后,飞机的技术指标提高了 1~3 倍(全状态推力增加了 16%,燃油消耗率降低了 25%)。

(6) RD-93 为中国 FC-1 战斗机改制的带有下置发动机附件机匣的发动机,技术指标与 RD-33 相同。

(7) RD-133 推力加力型,最大推力 91.23 kN,并带有矢量喷口,轴对称可调喷口可在 15°范围内工作,从而改变推力方向。发动机空气流量有所提高,风扇有所改进。

所有新的发动机(RD-33M 系列、RD-133、RD-93 等)都装有新的全数字发动机控制系统。

第 3 章
民用发动机

| CFM56 系列发动机结构设计与研制特点 |

1 概　述

1.1　发展背景

　　CFM56 发动机是由美国通用电气公司(GE)和法国国营航空发动机研究制造公司(SNECMA)共同组成的 CFM 国际公司(CFMI),在 F101 核心机技术的基础上,为适应 20 世纪 80 年代后国际军、民用飞机市场的需要而研制的 100 kN 级大涵道比涡扇发动机。从它的第 1 个型号 CFM56 - 2 于 1979 年 11 月取得适航证后,到 2005年已发展了 CFM56 - 3、CFM56 - 5A、CFM56 - 5B、CFM56 - 5C、CFM56 - 7 等 6 个系列,共有 28 个型号,其推力覆盖了 71~151 kN,已成为 22 个型号飞机的动力。

　　GE 公司与 SNECMA 两家的合作是从 20 世纪 70 年代初开始的。SNECMA 公司一直是研制军用发动机的,从未涉及民用发动机的研制;但到了 20 世纪 60 年代末感到应该插手潜力极大的民用发动机市场,不仅可以开拓市场,积累资金;而且通过发展民用发动机,也可以提高技术水平。当时,SNECMA 考虑 70~90 kN 推力级的大涵道比涡轮风扇发动机在市场上还是缺门,而它的应用前途却非常广泛。它不仅可以用于民用飞机上,例如有相当数量的 DC - 8 系列飞机、737 系列飞机在航线上使用,但当时均采用小涵道比涡扇发动机,可以用新发动机取代这些耗油率高、噪声大的发动机;在军用飞机方面,例如 E - 3 预警机、KC - 135 加油机也需用新发动机取代老一代的发动机。在考虑到飞机的发展的需要后,SNECMA 决定发展一种推力级为 100 kN 的大涵道比涡扇发动机来满足市场的需求。

　　但是,如何开展这一型号的民用发动机的发展研制工作,SNECMA 公司经过认

真分析研究后,决定走与外国发动机公司合作研制的道路。这是因为研制民用大涵道比发动机,要采用许多先进技术,才能使它的性能优越,有竞争力量;但是 SNECMA 当时还缺少这方面的技术储备。另外,研制费用不仅高,而且具有较大的风险,由它自己一家公司是承担不起的。除此之外,SNECMA 一直是研制军用发动机的,民用发动机的销售、支援工作,与航空公司的协调工作不仅没有经验,而且没有相应的机构等。

在决定走国际合作的道路来发展拟意中的这种发动机后,SNECMA 于 20 世纪 70 年代初与三大发动机公司:GE、普惠和罗·罗广泛地进行了协商,就进一步合作研制发动机的可能性进行探讨,由于当时罗·罗公司遇到了财政问题,自顾不暇,因而后来集中在 GE 与普惠公司上,并达成了两项单独的合作协议。

1971 年底,SNECMA 最终决定与 GE 公司合作来完成该项发动机的开发研制工作,之所以这么做是由于下面几方面因素:SNECMA 于 1969 年就参与了 GE 公司的大涵道比涡轮风扇发动机 CF6 研制工作,分担了一部分工作,有合作的经验;另外,GE 公司对这一推力级的发动机也很感兴趣,因为他们不像普惠公司有 JT3D、JT8D 系列发动机,因此,也急于想搞出这一推力级发动机以与普惠公司抗衡;关键还在于 GE 公司已发展了用于 B-1 轰炸机的 F101 发动机,这是一种技术先进、性能优越的发动机,它的核心机技术可直接用于新发展的民用发动机中,这无疑促进了 SNECMA 与 GE 两家公司的合作发展。

1971 年 11 月,SNECMA 与 GE 两家公司决定联合研制 100 kN 级的大涵道比涡扇发动机。该发动机即以两公司原来生产的发动机的名字组合而成,即用 GE 公司的 CF6 发动机的"CF6"与 SNECMA 公司的 M53 的"M5"五个字组合成 CFM56,字母符号中,GE 公司的 CF 占前位,因而数字中,SNECMA 的 5 字占前位,达到在名称上的平衡。联合研制工作开始进行得比较顺利,到 1972 年 2 月就完成了设计出图任务,并开始进行生产。但到了 1972 年中,联合研制工作由于美国政府出于保密原因,不允许用于 B-1 轰炸机的 F101 发动机核心机的技术出口,因而未批准这一国际合作的项目,使研制工作中断。直到 1973 年中,法国总统蓬坡杜与美国总统尼克松在冰岛举行峰会时,直接向美国总统提出继续进行这项国际合作项目的要求后,在美国总统的干预下,才使这项合作工作在中断一年多后于 1973 年 7 月恢复。1974 年 9 月两家公司经过协商,决定共同投资(每方投资 50%)联合成立 CFM 国际公司(CFMI),统一协调发动机的研制、生产、销售和服务工作。

1974 年 6 月底,第 1 台 CFM56 发动机在 GE 公司试车,推力达到 97.97 kN,耗油率为 10 mg/(N·s),比原设计值 10.3 mg/(N·s)低 3%。第 2 台发动机于同年 12 月在 SNECMA 试车。

在 CFMI 公司中,两合作伙伴的分工是,GE 公司负责核心机、系统的整体设计、发动机主控制系统/FADEC;SNECMA 负责风扇、低压涡轮、附件传动装置、润滑系统及其附件、燃油系统及其附件、反推装置等,两公司分别完成所承担的部分的设计、

生产、发展工作,总装工作在两公司中分别进行,即利用对方公司生产的部件,加上自行生产的部件装配出整台发动机。即 GE 公司将它所生产的部件送往法国 SNECMA,与 SNECMA 生产的部件在 SNECMA 总装出完整的发动机;同样,SNECMA 生产的部件运往 GE,与 GE 公司生产的部件在 GE 公司总装出完整的发动机。因此,航空公司所用的 CFM56 发动机中,有的是在 GE 总装的,有的是在 SNECMA 总装的,由发动机的生产序列号中最后一位数字单、双数予以区别。在 CFMI 中,销售、售后服务方面,GE 公司负责北美、南美、东南亚及太平洋地区;SNECMA 负责欧洲、中东、非洲、巴基斯坦及印度。

CFM56 从 1971 年两公司签订合作协议开始到 1979 年 11 月第 1 个型号 CFM56 - 2 取得适航证,扣除中断的一年半时间,研制周期约 7 年,研制费用约 5 亿美元;到 1982 年 4 月投入使用,历时约 11 年,用于研制、发展的总费用约 10 亿美元。

截至 2005 年 2 月,使用中的各型 CFM56 达 14 553 台,发动机累积的工作时间为 274 511 467 飞行小时、161 778 396 循环。使用中的由 CFM56 作为动力的飞机 5 796 架,平均每 4 s 有一架飞机起飞(普惠公司称,平均每 5 s 有一架装该公司所有的民用发动机的飞机起飞)。截至 2018 年 6 月,CFM56 共生产 32 645 台。

CFMI 公司自创建以来,经历了 40 余年的时间,生产、发展和销售等工作一直开展得较好,成为当今国际合作联合研制、发展航空发动机的成功典范。

1.2　发展概况

CFM56 发动机的第一个系列为 CFM56 - 2,于 1979 年 11 月同时获得美国联邦航空局及法国民航总局颁发的适航证,1982 年 4 月正式投入使用。它是 CFM56 各系列的基础,风扇直径为 1 734 mm,用于 DC - 8 - 71、DC - 8 - 72、DC - 8 - 73、E - 3、KE - 3、E - 6、C - 135R 和 C - 135FR 等民、军用飞机上,截至 2005 年 2 月在外场使用的有 2 651 台。为适应 737 改换大涵道比涡扇发动机的需要(737 原采用 JT8D 小涵道比涡扇发动机),在 - 2 系列的基础上,发展了风扇直径缩小(为 1 524 mm)、推力减小的 - 3 系列,于 1984 年 1 月取得适航证,1984 年 12 月装于 737 - 300 投入使用。它还用于 737 - 400、- 500 系列飞机,截至 2005 年 2 月有 4 457 台 CFM56 - 3 型发动机在航线中使用,是 CFM56 发动机交付得最多的一个系列。由于 737 - 300 于 2000 年停产,生产线上的最后 1 台 CFM56 - 3 于 1999 年 12 交付波音公司。

1984 年春,为满足空中客车公司 A320 系列飞机的需要,开始发展 CFM56 - 5A 系列,其风扇直径恢复到 - 2 系列的 1 734 mm,于 1987 年 8 月取得适航证,1988 年 4 月投入使用,用于 A320 - 100、- 200,A319 等飞机上,截至 2005 年 2 月有 1 156 台 CFM56 - 5A 型发动机在航线中使用。

1987 年四季度开始为 A340 四发客机发展 CFM56 各系列中推力最大的 CFM56 - 5C 系列发动机,其风扇直径在 CFM56 各系列中也是最大的(1 836 mm)。CFM56 - 5C 于 1991 年 12 月取得适航证,1993 年 2 月投入使用,使用 - 5C 的飞机有 A340 - 200、

－300 系列,截至 2005 年 2 月已有 1 068 台 CFM56－5C 型发动机在航线中使用。

1981 年 11 月启动了为 A321 飞机在 CFM56－5A 的基础上发展 CFM56－5B 系列的发展工作,其风扇直径与－5A 的相同,于 1994 年 2 月取得适航证,1995 年 2 月投入使用,用它的飞机有 A321－100、A320－200 和 A319 等,截至 2005 年 2 月已有 1 776 台 CFM56－5B 型发动机在航线中使用。

波音公司于 1993 年提出发展 737－600、－700、－800 系列飞机,即新一代 737,为此 CFMI 于 1994 年 1 月提出了发展 CFM56－7 系列发动机的工作。CFM56－7 型的风扇直径比－3 型的大,比－5 A 的小,为 1 549 mm,于 1996 年 10 月获得适航证,1997 年 12 月投入使用,装它的飞机为 737－600、－700、－800、－900,截至 2005 年 2 月已有 3 445 台 CFM56－7 型发动机在航线中使用。

截至 2011 年 6 月,共有各型 CFM56 发动机 22 208 台在航线上使用,平均每3 秒钟就有一架使用 CFM56 发动机为动力的飞机起飞,航程相当于每天往返月球50 次。

图 3.1.1 用图解的方式,表达了 CFM56 各系列发动机的特点与相互间的关系,各发动机简图下的第一行数字表示发动机的推力值,最末行的年代表示取证年代。由图 3.1.1 可以看出,各系列发动机性能在不断改善,反映在耗油率在不断降低,与CFM56－2 系列相比,CFM56－5C 降低了 16.2%,是下降得最多的系列。

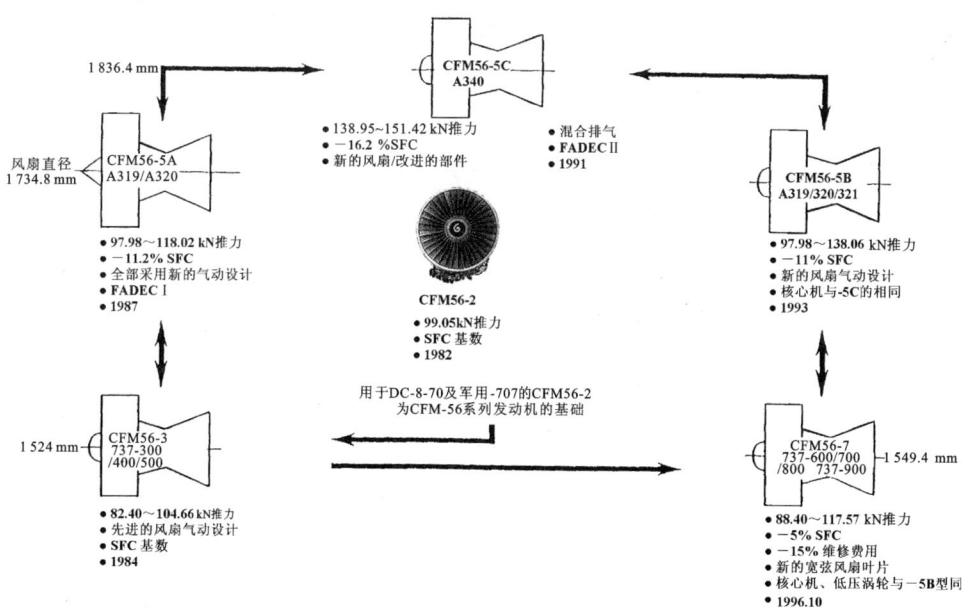

图 3.1.1　CFM56 系列发动机发展关联图

表 3.1.1 列出了 7 个系列的 CFM56 发动机主要统计数据,从中可对 CFM56 发动机有一个全面的了解。

表 3.1.1　CFM56 各系列发动机的主要情况(2005 - 02)

系列	CFM56 - 2	CFM56 - 3	CFM56 - 5A	CFM56 - 5C	CFM56 - 5B	CFM56 - 7
风扇直径/mm	1 734	1 524	1 734	1 836	1 734	1 549
空气流量/$(kg \cdot s^{-1})$	373～378	297～322	387	466	400	337
涵道比	5.9～6.0	5.9～6.0	6.0～6.2	6.4～6.6	5.4～6.0	5.1～5.5
总增压比	30.5～31.8	27.5～30.6	31.3	37.4～38.3	32.6～35.5	32.8
推力(起飞)/kN	100～109	89～107	113～120	141～148	136～141	120
取得适航证时间	1979 - 11	1984 - 01	1987 - 08	1991 - 12	1994 - 02	1996 - 10
投入使用时间	1982 - 04	1984 - 12	1988 - 04	1993 - 02	1995 - 02	1997 - 10
使用中的飞机数/架	608	1 969	523	233	839	1 624
使用中的发动机台数/台	2 651	4 457	1 156	1 068	1 776	3 445
发动机飞行小时数/h	26 342 576	140 180 931	28 109 410	27 470 074	17 425 668	34 982 808
发动机使用循环数/循环	11 170 841	100 510 513	17 194 264	4 261 625	10 449 568	18 191 585

　　在 CFM56 各系列发动机中,又分别发展了一些推力不同的发动机型号,图 3.1.2 示出了用于麦道公司及波音公司飞机的 CFM56 - 2 的情况,图 3.1.3 示出了用于 737 的两个系列发动机的使用情况,图 3.1.4 示出了用于空中客车公司各种飞机的 3 个系列发动机的使用情况。三图中方框内的数字,例如 24K,表示发动机以千磅力 为单位的推力级。

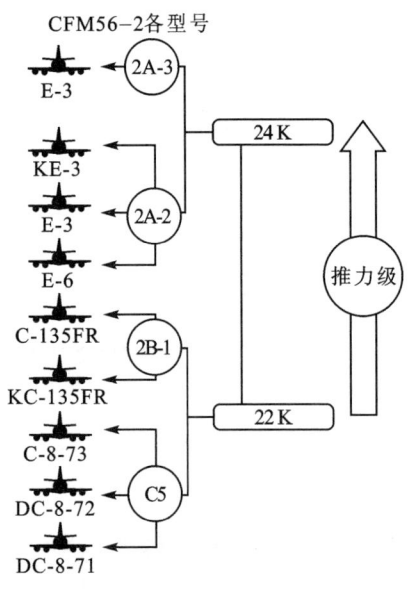

图 3.1.2　CFM56 - 2 用于波音、麦道公司飞机的情况

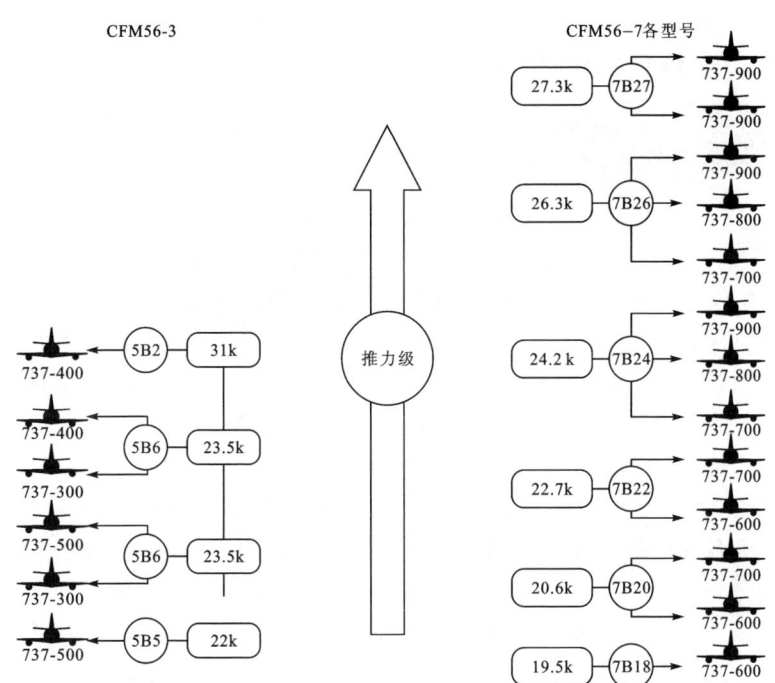

图 3.1.3　用于各型 737 的两种 CFM56 系列发动机

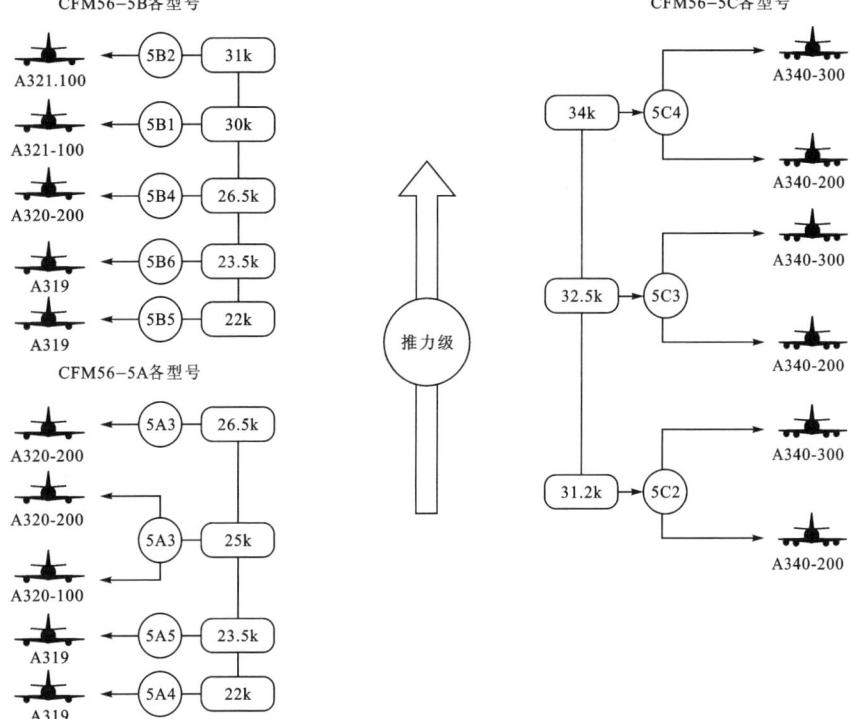

图 3.1.4　CFM56-5 的 3 个系列发动机在空中客车公司飞机上的应用情况

2 CFM56－2 系列发动机

2.1 发展概况

CFM56－2 为 CFM56 族发动机中第 1 种系列,它的核心机直接由 B－1 轰炸机的 F101 核心机衍生发展而来,因而具有较好的技术基础。F101 的核心机还被 F110 引用,同时还成为 F404 的核心机的基础。法国 SNECMA 公司为法国的下一代战斗机"阵风"(Rafale)发展的 M88 发动机,其核心机也采用了 F101 的技术作为其基础。SNECMA 曾计划在 M88 的基础上发展一种民用的大涵道比涡轮风扇发动机 CFM88。CFM88 的核心机也采用了类似 F101 的核心机。

CFM56－2 发动机是为了当时的 DC－8 飞机要换装经济性好、噪声低的大涵道比涡轮风扇发动机而研制的。DC－8 飞机原来装用小涵道比涡扇发动机 JT3D。JT3D 发动机系列中最后 1 个型号 JT3D－7A 的推力为 84.5 kN,为此,CFM56－2 的推力级定为 89 kN。DC－8 换装 CFM56－2 发动机后,飞机性能得到较大的提高。表 3.1.2 列出换装 CFM56－2 发动机的三种型号 DC－8 飞机性能提高的情况。

表 3.1.2 三型 DC－8 飞机换装 CFM56－2 发动机后性能变化情况

DC－8 飞机型别	DC－8－71	DC－8－72	DC－8－73
燃油节约数(航程为 5 560 km)/%	20	15	15
有效载荷增加量/%	45	35	36
航程加大(满座时)/%	25	13	15

换装 CFM56－2 发动机后,DC－8 飞机性能得到大幅度提高的主要原因在于 CFM56－2 的循环参数比 JT3D 高许多。例如,涵道比 CFM56－2 为 6,而 JT3D 仅为 1.4,涵道比高,使推进效率提高较多;总增压比前者为 31.3,后者为 16,总增压比高,使发动机的热效率增加;另外,CFM56－2 的涡轮转子前的燃气温度为 1 588 K,而 JT3D 的涡轮前燃气温度仅为 1 158 K,使 CFM56－2 的性能又获得较好的效果。由此,使 CFM56－2 的耗油率在巡航状态下比 JT3D 的低 20%(图 3.1.5);另外,大涵道比的涡扇发动机的噪声也明显低于小涵道比的涡扇发动机。

用于 DC－8 换装发动机的 CFM56 发动机命名为 CFM56－2C,是 CFM56 家族中第一个型号,研制工作始于 1971 年 11 月,早于 CFMI 公司成立前两年多,由于核心部分采用了 F101 的核心部分,研制工作进展较为顺利。第一台发动机于 1974 年 6 月底上台架试车,1979 年 11 月以 10.8 kN 推力获得适航证,并被美国三角航空公司、联合航空公司、飞虎航空公司选用为换装 DC－8 的发动机。装在 707 改装的飞行试车台上的试飞工作完成于 1980 年。DC－8－70 系列飞机于 1982 年 4 月投入航线使用。截至 1982 年 9 月,共生产了用于试验的发动机 35 台;在 4 种不同的飞机上进行过 3 500 h 的飞行试验,包括飞行试验在内共进行了 32 100 h、34 362 循环的整

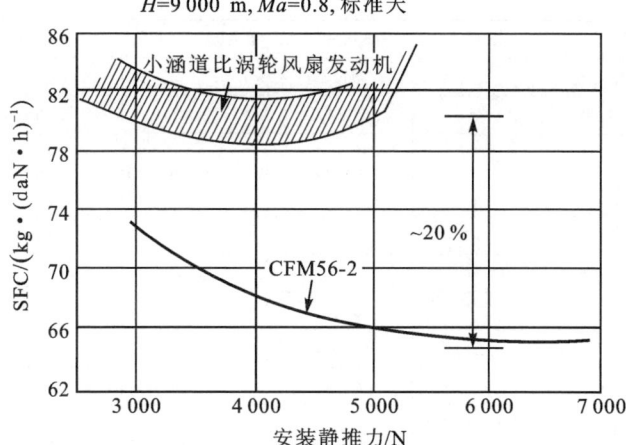

图 3.1.5 CFM56 - 2 与小涵道比涡轮风扇发动机耗油率的比较

机试验;并生产、交付了 529 台发动机。后来,DC - 8 - 71、- 72、- 73 分别命名为 DC8 - Super71、DC8 - Super72、DC8 - Super73。

由于 DC - 8 系列飞机换装 CFM56 后取得较为明显的效益,因此美国空军决定将它所用的、由波音公司生产的空中加油机 KC - 135、C - 135 FR、KE - 3 和预警机 E - 3 换装 CFM56 - 2 发动机;美国海军也将它的 E - 6 预警机换装 CFM56 - 2 发动机。这种换装到上述军用飞机上的发动机被命名为 CFM56 - 2A、- 2B,美国军方命名为 F108 - CF - 100。

2.2 CFM56 - 2 系列发动机性能参数

CFM56 - 2 系列中,有用于 DC8 - Super70 系列飞机的 - 2 - C1、- 2 - C2,用于 E - 3、E - 8B、KE - 3、E - 6 的 - 2A - 2,用于 KC - 135R、C - 135FR 的 - 2 - B1 等型发动机。表 3.1.3 列出了它们的主要参数。

表 3.1.3 CFM56 - 2 系列各型发动机主要参数

	发动机型别	CFM56 - 2	CFM56 - 2 - Cl	CFM56 - 2 - C2	CFM56 - 2A - 2	CFM56 - 2 - B1
起飞状态性能	推力/kN	106.80	97.98	106.80	106.80	97.98
	保持推力的大气温度/℃	30.0	30.0	30.0	35.0	32.2
	空气流量/(kg·s^{-1})		357.7	372.7	370.9	356.0
	涵道比	6	6	6	6	6
	总压比($H=10\,668$ m, $Ma=0.8$)		24.7	26.5	25.4	23.7
	最大爬升推力/kN		24.05	25.70	25.65	24.27

续表 3.1.3

发动机型别		CFM56 – 2	CFM56 – 2 – Cl	CFM56 – 2 – C2	CFM56 – 2A – 2	CFM56 – 2 – B1
起飞状态性能	最大爬升总压比		31.3		31.8	30.5
	最大巡航推力/kN		22.17	23.87	25.65	22.13
	巡航耗油率/$[mg \cdot (N \cdot s)^{-1}]$		18.99	18.99	18.82	18.57
	低压涡轮后温度/℃		905	905	930	905
	NL/$(r \cdot min^{-1})$		5 280	5 280	5 280	5 280
	NH/$(r \cdot min^{-1})$		15 183	15 183	15 183	15 183
发动机特征参数	长/m	2.43	2.43	2.43	2.43	2.43
	风扇叶尖直径/m	1.734	1.734	1.734	1.734	1.734
	风扇/增压压气机/高压压气机级数	1/3/9	1/3/9	1/3/9	1/3/9	1/3/9
	高压涡轮/低压涡轮级数	1/4	1/4	1/4	1/4	1/4
	发动机重量/kg		2 104	2 104	2 188	2 096
取得适航证时间		1979 – 11	1982 – 02	1982 – 02	1985 – 06	1982 – 06
所用飞机			DC – 8Super71 DC – 8Super72 DC – 8Super73	DC – 8Super71 DC – 8Super72 DC – 8Super73	E – 3,E – 6 E – 8B KE – 3	KC – 135R C – 135FR

2.3　总体结构

CFM56 – 2 发动机(见图 3.1.6)由单级风扇加 3 级增压压气机(或称低压压气机)、9 级高压压气机、短环形燃烧室、单级高压涡轮与 4 级低压涡轮组成。

CFM56 – 2 发动机总体结构紧凑,低压和高压转子共用 5 个轴承支承,其中有 1 个中介轴承,低压转子支承方案为 0 – 2 – 1,高压转子支承方案为 1 – 0 – 1,高压后轴通过中介轴承(4 号)支承于低压涡轮轴上;前面 3 个轴承装在中介机匣上,共用 1 个滑油腔;后面 2 个轴承支承于涡轮后轴承机匣中,共用 1 个滑油腔。CFM56 – 2 总体结构设计概括起来是:2 个转子、5 个支点(其中 1 个中介支点)、2 个承力框架(中介机匣、涡轮后轴承机匣)、2 个滑油腔。图 3.1.7 示出了它们的简图。CFM56 – 3、– 5、– 7 等系列采用了同一种总体结构设计。

CFM56 总体结构继承了 F101 发动机的布局,其中引人注目的是高压涡轮后轴通过中介支点支承于低压轴上,这样使承力框架、滑油腔可以少一个,大大简化了总体布局。例如,JT9D – 7R4 发动机共有 4 个支点(低压转子支承方案为 0 – 1 – 1,高压转子支承方案为 1 – 1 – 0),但却有 3 个承力框架;而 CFM56 有 5 个支点,却仅有 2 个承力框架。图 3.1.8(a)、(b)分别示出了这两种布局的比较。

由于高压涡轮后轴通过中介支点支承于低压轴上的设计能使发动机总体布局简单,因此,由 F101 发动机衍生的各种发动机,例如 F110、F404、M88 和 CFM56 均采

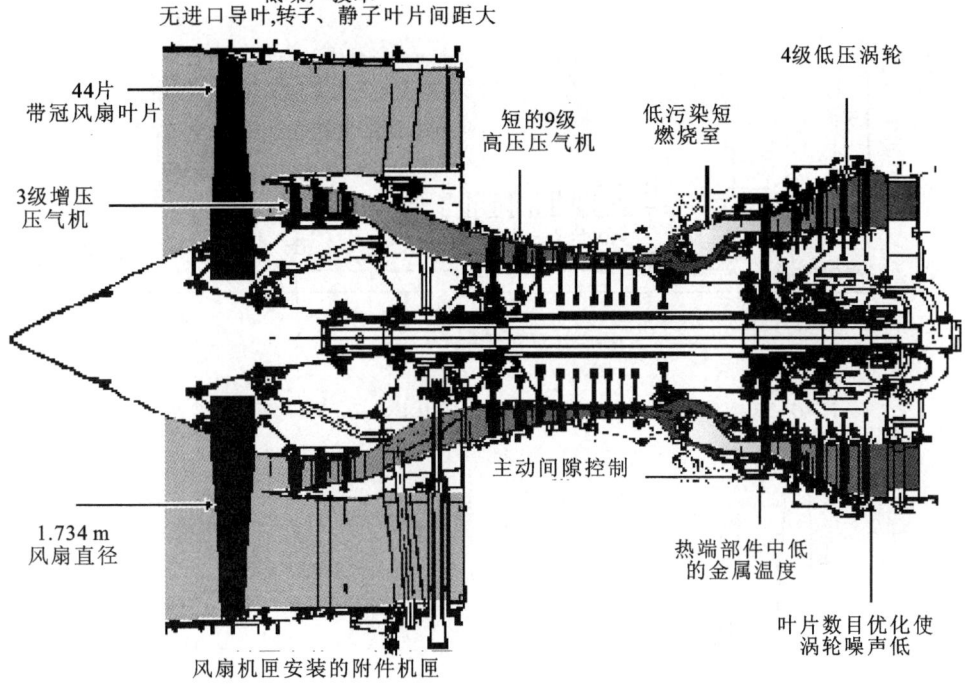

低噪声技术
无进口导叶,转子、静子叶片间距大

44片
带冠风扇叶片

3级增压
压气机

短的9级
高压压气机

低污染短
燃烧室

4级低压涡轮

主动间隙控制

1.734 m
风扇直径

热端部件中低
的金属温度

叶片数目优化使
涡轮噪声低

风扇机匣安装的附件机匣

图 3.1.6　CFM56 - 2 发动机结构图

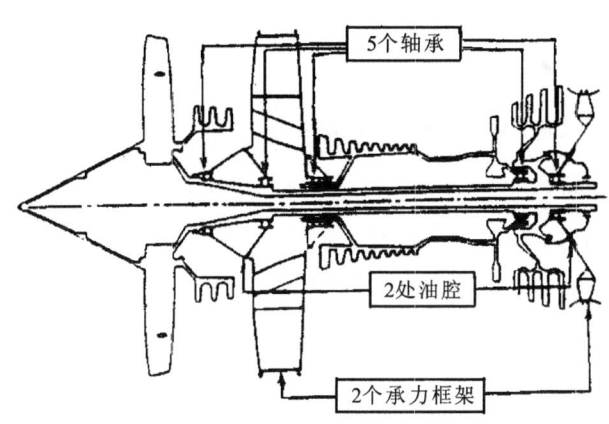

5个轴承

2处油腔

2个承力框架

图 3.1.7　CFM56 系列发动机转子支承简图

用了这种布局。苏联设计的一些发动机也采用了这种布局,例如 HK - 8、РД - 33 和
АЛ - 31Ф 等。在普惠公司的发动机设计中,传统的做法是将高压涡轮处的轴承置于
高压涡轮盘前,通过燃烧室机匣将负荷外传,如图 3.1.8(a)中 JT9D - 7R4 的 3 号支
点。在普惠公司早期的发动机 JT3D、JT8D 和 JT9D,到 20 世纪 80 年代发展的
PW2037、PW4000 和 V2500,20 世纪 90 年代新发展的 PW4084 等民用发动机以及

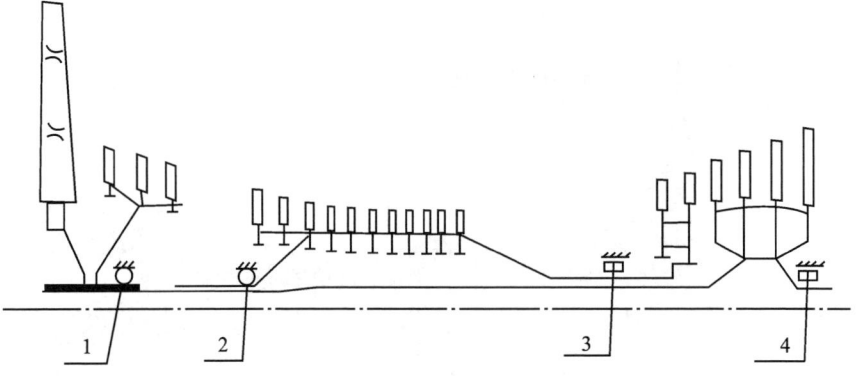

(a) JT9D-7R4转子支承简图：低压0-1-1，高压1-1-0，共4个支点，3个承力框架

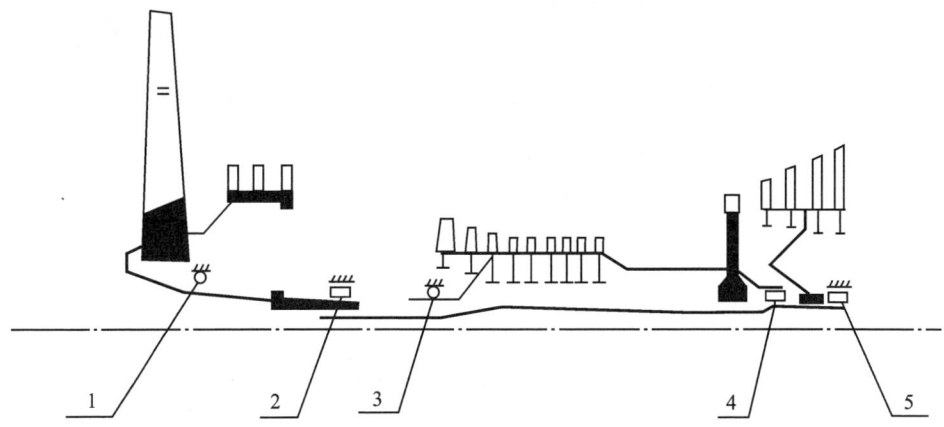

(b) CFM56转子支承方案：低压0-2-1，高压1-0-1(中介)，共5个支点，2个承力框架

图 3.1.8　JT9D-7R4 与 CFM56 转子支承方案的比较

F100 军用发动机，均采用了这一设计。但是，它们在 1995 年推出的、为 100 座支线客机发展的、推力为 75～102 kN 的 MTFE(小推力系列发动机)却改用了如 CFM56 中介支点的设计，如图 3.1.9 所示。该公司为第四代战斗机 F-22 研制的 F119 也采用了中介支点的设计，从这一点来看，也说明 CFM56 采用的支承方案是一种较好的方案。

　　高压涡轮后轴采用中介支点虽能使发动机总体布局简化，但是，在结构设计中也带来一些需注意的地方。首先，是轴承的打滑问题。这是因为中介轴承的外环装在转速较高的高压转子上，内环装在转速较低的转子上，工作中会由于两者在不同的离心力作用下游隙会加大所致；解决的办法是精心选择轴承的原始游隙，保持架定位于外环，精心设计喷油方向等。也可采用类似于 HK-8、RB199 发动机中的将轴承外环固定于低压转子上，内环固定于高压转子上的设计。另一问题是在三支点支承的

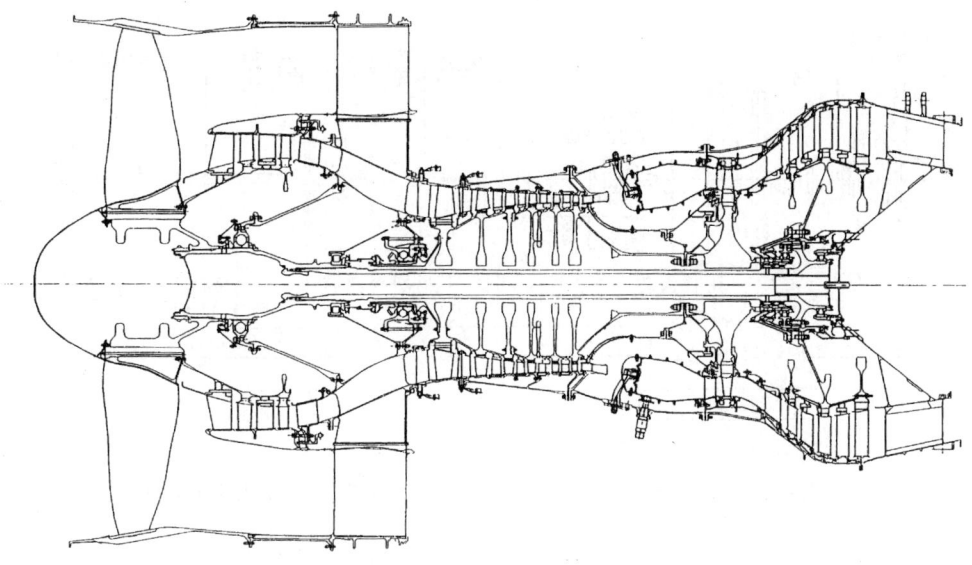

图 3.1.9　普惠公司的 MTFE 发动机

低压转子中,它的联轴器不能采用常用的柔性联轴器,而要采用对加工提出较高要求的刚性联轴器。在 РД－33 发动机中,低压转子采用了柔性联轴器,不得不将中介轴承置于低压涡轮后轴承同一轴向位置上(即两个轴承套装在同一平面内);但中介轴承的径向尺寸受到极大的限制,只能采用尺寸极小的轴承,使轴承的工作极为不利。

CFM56－2 发动机如同其他新型发动机一样,采用了单元体结构设计。它共分为 4 个主单元体,即风扇、核心机、低压涡轮和附件传动装置,如图 3.1.10 所示;4 个主单元体又可分解为 17 个维修单元体(见图 3.1.11)。

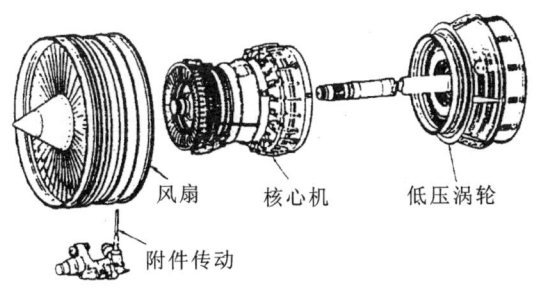

风扇　　　核心机　　　低压涡轮

附件传动

图 3.1.10　CFM56 系列发动机 4 个主单元体

CFM56－2 与 GE 公司原有的大涵道比涡扇发动机 CF6－50 相比,结构简单、零件数目少,这也是先进发动机结构设计发展的趋势。表 3.1.4 列出这两型发动机结构设计中的一些数据比较。

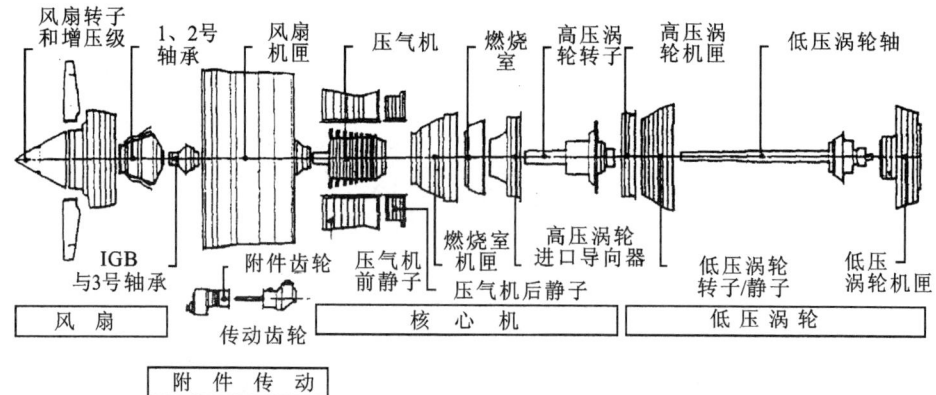

图 3.1.11　CFM56 系列发动机 4 个主单元体分为 17 个维修单元体

表 3.1.4　CFM56－2、CF6 两型发动机零件数目比较

发动机型号	CF6－50	CFM56－2	变化值/%
承力框架	4	2	－50
轴承	8	5	－38
风扇及增压级叶片	686	684	相同
高压压气机级数	14	9	－36
高压压气机可调级	5	4	－20
高压压气机叶片数	1 889	1 380	－27
燃烧室	板料火焰筒	滚压成形火焰筒	
高压涡轮级数	2	1	－50
高压涡轮叶片数	480	198	－59
低压涡轮叶片数	3 511	3 387	－4
叶片总数	6 576	5 649	－14
规定寿命的旋转件	33	20	－39

2.4　风扇及增压压气机

在 CFM56－2 的风扇部件设计中有 3 处较为突出。首先,工作叶片带冠,这是目前在民用发动机所见到的唯一一种在风扇叶片上带冠的结构(GE 公司的 F101 军用发动机上,2 级风扇叶片均带冠)。风扇叶片、特别是大涵道比涡扇发动机的风扇叶片,有两个突出问题要解决,那就是防外来物的击伤与抗振。CFM56－2 利用带冠来解决这两个问题,在冠上还作有三道封严篦齿,用以封严,提高效率,这是比不带冠叶片优越之处。但是,带冠后,必然会对叶片、特别是叶根的强度带来问题;因为它在直径最大处加了一块重量,为了尽量降低它的影响,只能加多叶片数目,增加稠度,使叶

冠面积减少。－2型的风扇叶片数是 CFM56 各系列中最多的,为 46 片;而－3、－5 型中则分别为 38 片、36 片。另外,带冠的风扇叶片也增加了加工的难度。

由于采用了大展弦比设计,叶片窄而薄,带冠后的抗外物击伤能力不如在叶高距叶尖 1/3 处带中间凸肩的强。因此,在以后发展的系列中,没有采用这一独特的设计。－3型的风扇叶尖直径由－2型的 1.734 8 m 减为 1.524 m,叶高度减小了 0.105 m,按理,叶片缩短后刚性相对提高,其抗外物击伤能力有所提高;但它却抛弃了－2型的带冠设计,采用了带中间凸肩的设计。这也说明带冠风扇叶片不是一种好的设计。

其次,风扇轴穿过轮盘中心孔与轮盘前缘的安装边相连接(图 3.1.12)。这是－2型风扇中的又一突出点,也是在诸多的中、大型发动机中独有的结构,它的好处是使风扇轮盘与轴承靠得较近;但却使风扇轮盘的中心孔孔径较大,轮盘要做得较厚,在其以后的系列中没有采用这种结构形式。

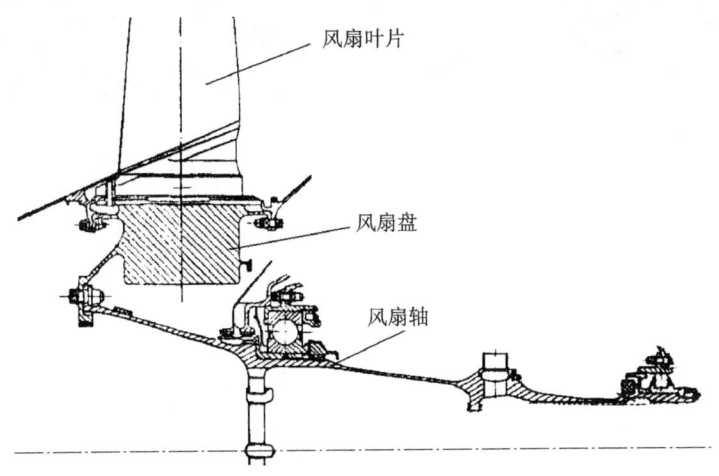

图 3.1.12　CFM56－2 风扇轴穿过风扇盘心

风扇部件设计中的第三个特点是旋转的前进气锥体做成锥形,而未做成像 WP7、WP13 和 PW4000 等发动机中那样的椭圆形。采用锥形可防止在进气锥上的结冰。在 CFM56－2 发展过程中,进行过上述两种形式进气锥防冰的试验研究,试验结果如图 3.1.13 所示。采用锥形后,大大减少了在锥面上冰的形成与累积,因而不须采用任何(例如通热空气、涂憎水涂层等)防冰或除冰措施。这种旋转的锥形进气锥已在－3、－5型上采用,GE90 也采用了类似的结构。罗·罗公司的 TAY、RB211 和 TRENT 等系列发动机以及 V2500 发动机都是采用这种形式;但普惠公司的 JT9D、PW2000 和 PW4000 系列发动机上没有采用这种形式。

风扇的增压比较高,约为 1.7(叶尖处),空气在叶片通道中压缩得较多,因而叶片的前缘高度比后缘的大很多,叶根处的通道也做成斜度很大的坡面(见图 3.1.14),一般称之为叶片底座。在 CFM56 中,底座与叶片做成一体,与燕尾榫头间有一过渡段。这种设计不仅加工比较难,且榫根承受的离心负荷也较大。在 RB211 系列等发

动机中,底座是单独做成的,可避免上述问题。

锥形进气锥   椭圆形进气锥

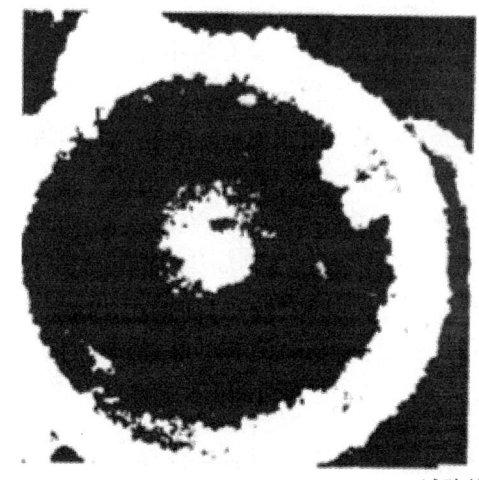 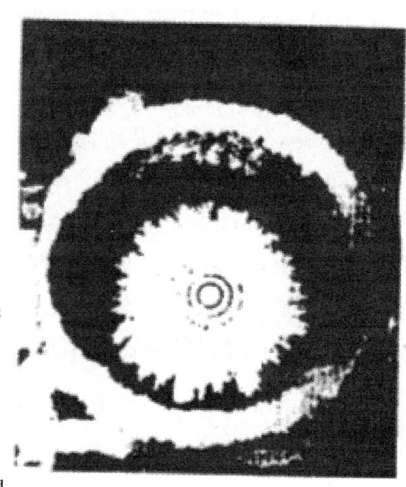

	试验结果	
105 g	总积冰量	1 675 g
28 mm	未结冰的通道大小	15 mm
可以工作	试验装置的工作情况	由于进气道堵塞15 min后停止试验

图 3.1.13 两种形式进气锥结冰试验结果比较

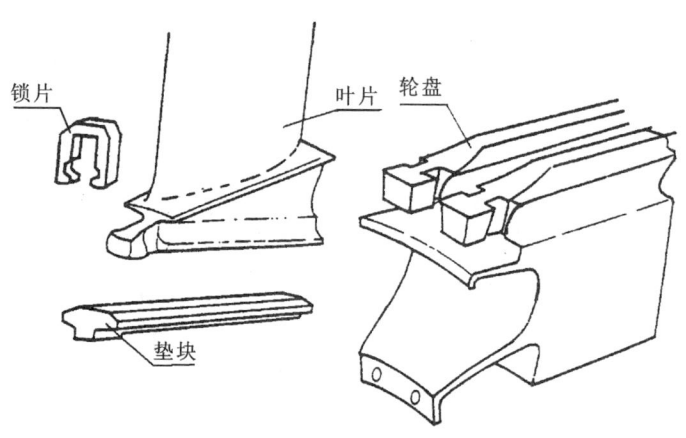

图 3.1.14 CFM56-2 风扇叶片根部结构

由于叶冠做成平行四边形,各个叶片的叶冠相互抵住,单独拆换 1 片叶片是不可能的;但是风扇叶片往往会遭到外来物打伤,需在外场飞机上更换叶片,为此,轮盘上固定叶片的榫槽做得较深,叶片榫头下端与榫槽槽底间留有一间隙,在此间隙中插入特别的垫块,当需拆换叶片时,先将垫块取出,再将叶片向下压,使叶冠与相邻叶片叶冠脱开,这样就能方便地将叶片单个取出(见图 3.1.14)。

3 级增压压气机转子采用了鼓式结构,直接与风扇轮盘后缘安装边用螺栓连接。

由于增压压气机转子转速低,直径小,轮缘处的切向速度小,因此,在所有大涵道比涡扇发动机中,均采用纵向刚性好、结构简单的鼓式转子。只是在 CFM56 - 2 发动机中,3 级转子固定叶片的燕尾榫槽是用拉刀一次拉出的,也即 3 级转子中,各级的叶片数完全一样,叶根处的直径也一样。这样,使结构设计与加工均较简单,但对性能不利,好在增压压气机本身由于切线速度低,加功能力不大。因而 3 级采用同样数目的叶片,对整体性能影响不大。在 - 3 型上仍然采用了这一结构设计(见图 3.1.15),到了 - 5 型就改用环形燕尾槽了。

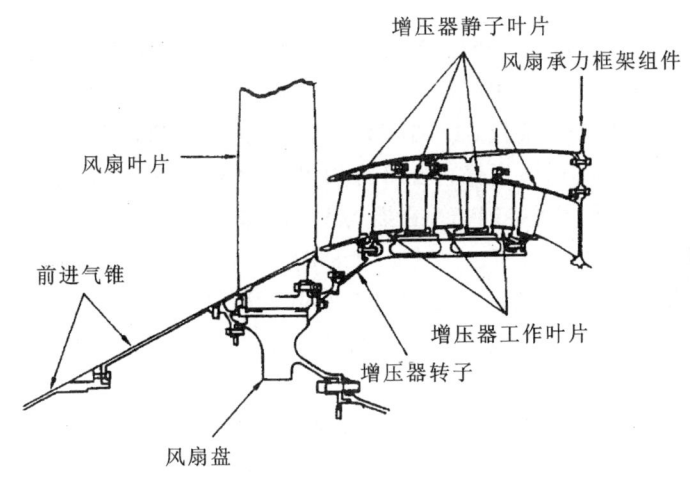

图 3.1.15　CFM56 - 3 增压压气机结构图(与 CFM56 - 2 增压压气机结构相同)

风扇机匣又称包容环(见图 3.1.16),是用 17 - 4PH 合金钢做成的,它的前端内径处装有声学衬套。该衬套称为前声学衬套,沿圆周做成 12 段,用螺栓固定于机匣上。在风扇叶片后,出口导向叶片前、后也装有声学衬套,分别称为中、后声学衬套,也是沿圆周做成 12 段。所有这些衬套均能在外场更换。与风扇叶片相对应处的机匣内,装有用易磨材料做的摩擦带,避免工作中叶冠与机匣直接相磨。机匣外径上直接加工出四道加强肋条,用以增强机匣的刚性,提高机匣的包容能力。

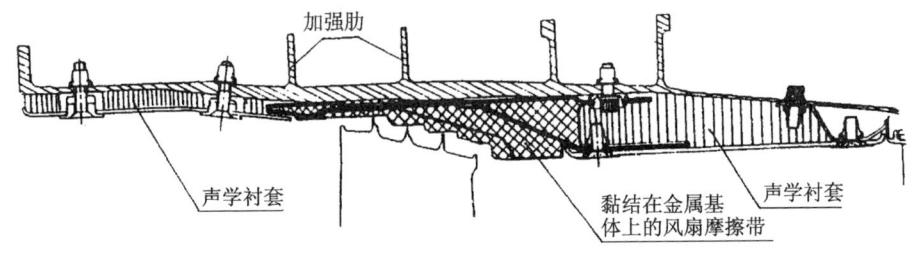

图 3.1.16　CFM56 - 2 风扇机匣(包容机匣)

2.5 其他部件

CFM56发动机中,高压压气机、燃烧室、高低压涡轮等部件结构设计,在-2、-3系列中基本保持不变,因此有关这些部件的设计特点放在-3系列中进行分析。

3 CFM56-3系列发动机

3.1 发展概况

如前所述,DC-8客机换装CFM56-2发动机后,使飞机性能得到大幅度提高,因而激发了波音公司将它的中程旅客机737换装大涵道比涡扇发动机的兴趣。1981年波音公司与CFMI公司商定,为737换装新一代的大涵道比涡扇发动机进行合作。当时的737为-200系列,装用普惠公司的JT8D发动机,其推力为71 kN级,比DC-8用的JT3D发动机推力小(JT3D的推力为84.5 kN级),因此,不能直接采用CFM56-2来换装到737飞机上。为此,CFMI公司在-2型的基础上,维持核心机不变,将风扇直径由1.734 8 m缩小为1.524 m,发展成推力小于-2型的-3型发动机,其推力为89 kN级,相应的涵道比也由6.0降为5.0。换装CFM56-3型发动机的737称为737-300。

CFM56-3型发动机于1984年取得适航证,并于1984年11月装于737-300型飞机上投入航线运营。目前此系列发动机已发展了4种型号,用于737-300、-400、-500系列飞机上。表3.1.5列出了3种型号的CFM56-3发动机的主要参数。

表3.1.5　CFM56-3系列各型发动机主要参数

发动机型号		-3B-1	-3B-2	-3C-1	-3B1降额型
起飞状态性能	推力/kN	92.50	97.98	98.10	85.60
	保持起飞推力的大气温度/℃	30	30	30	30
	空气流量/(kg·s⁻¹)	297.37	310.00	322.34	289.60
	涵道比	5.00	4.90	5.00	5.14
	总压比	22.6	23.9	25.3	22.6
$H=10\,668$ m, $Ma=0.8$ 下	最大爬升推力/kN	23.08	23.42	24.67	
	最大爬升时总压比	27.5	28.8	30.6	27.5
	最大巡航推力/kN	20.70	22.44	23.91	
	巡航耗油率/[mg·(N·s)⁻¹]	18.8	18.5	18.5	
取证时红线值	低压涡轮后温度/℃	930	930	930	
	NL/(r·min⁻¹)	5 280	5 280	5 490	5 280
	NH/(r·min⁻¹)	15 183	15 183	15 183	15 183

续表 3.1.5

发动机型号		−3B−1	−3B−2	−3C−1	−3B1 降额型
发动机特征参数	长度/m	2.362	2.362	2.362	2.362
	风扇叶尖直径/m	1.524	1.524	1.524	1.524
	风扇/增压压气机/高压压气机级数	1/3/9	1/3/9	1/3/9	1/3/9
	高压涡轮/低压涡轮级数	1/4	1/4	1/4	1/4
	发动机重量/kg	1 941	1 952	1 952	1 941
取得适航证时间		1984−04	1984−06	1986−12	
所用飞机		737−300 737−500	737−300 737−400	737−400	737−500

　　截至 2005 年 2 月,装有 CFM56−3 的 737 共有 1 969 架在航线上使用,共有 4 457 台 CFM56−3 发动机在使用中,发动机总累积工作时数为 140 180 931 发动机飞行小时(EFH)、100 510 513 循环。

　　由于 JT8D 发动机风扇叶尖直径为 1.028 7 m,比 CFM56−3 的小(见图 3.1.17),如直接在 737 原来装 JT8D 的位置上安装 CFM56−3,则发动机进口距地面太近,为此,将发动机向机翼前方外伸较多,进口处比 JT8D 向前延伸了 1.93 m,这样,可将发动机上抬以使发动机最低处距地面能保持 0.457 m 的高度(JT8D 为 0.508 m),(见图 3.1.18)。但进口下唇距地面仍太近,为此,发动机进气道进口处未做成整圆,而是将下半部做成椭圆,形成一非圆形的进口,这样才使进口处下缘与地面保持了 0.711 m 的高度(仍比 JT8D 的 0.762 m 低)。从图 3.1.19 可以看出,737−300 飞机发动机进口处的外形做成椭圆形,这是各种飞机中少见的一种进口形状。

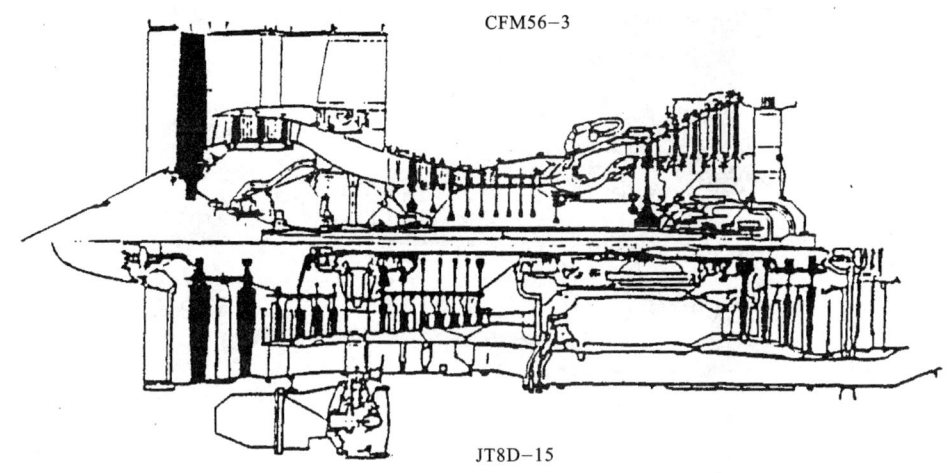

图 3.1.17　CFM56−3 与 JT8D 发动机外形尺寸比较

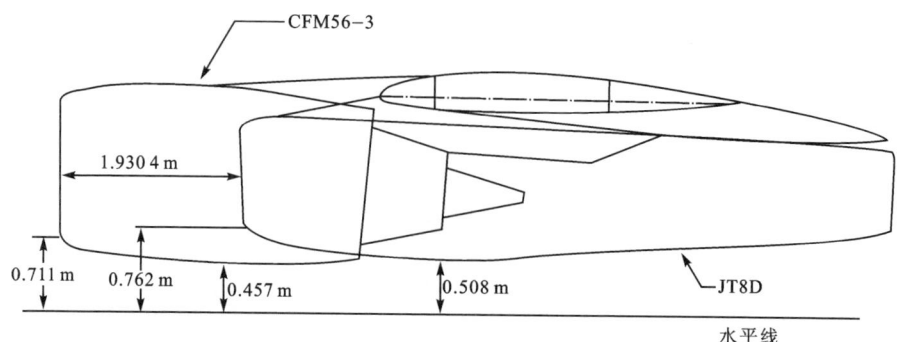

图 3.1.18　CFM56 - 3、JT8D 装在飞机机翼下尺寸比较

图 3.1.19　装在 737 - 300 机翼下的 CFM56 - 3，进气口为椭圆形

3.2　总体结构

　　CFM56 - 3(见图 3.1.20)是在 CFM56 - 2 的基础上，将风扇直径改小而成的，因此，除风扇部件外，其余结构均同与- 2 型的，图 3.1.21 示出两型发动机的共同之处及不同之处。

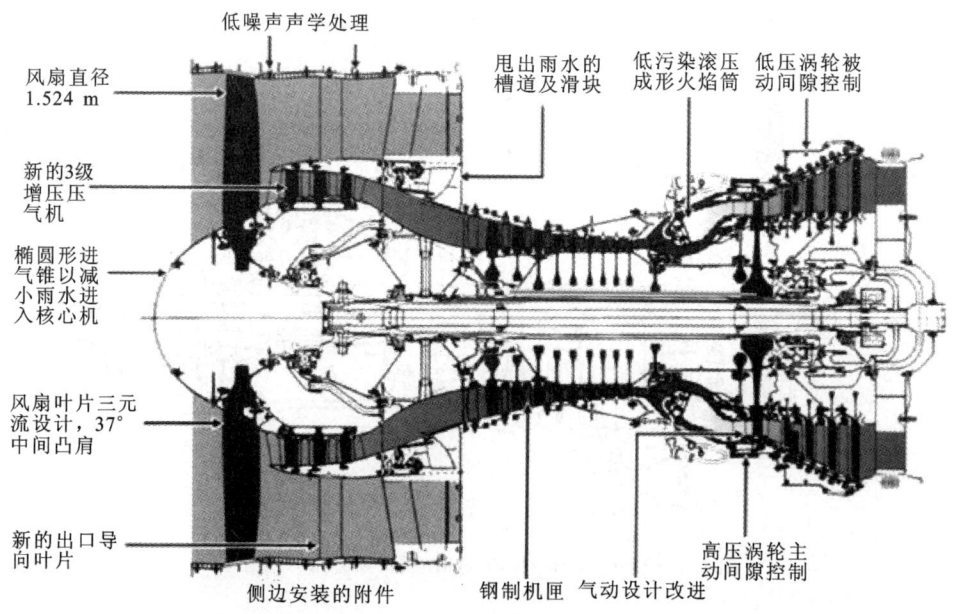

图 3.1.20　CFM56 - 3 发动机主要特点图

由图 3.1.21 可以看出,新的风扇叶片是由 CF6 - 80 的风扇叶片按比例缩小而成,用中间凸肩取代了-2 型中的叶冠结构,另外,增压压气机也稍做了改动,而承力框架及外机匣、包容环则改用了新的结构。

CFM56-2

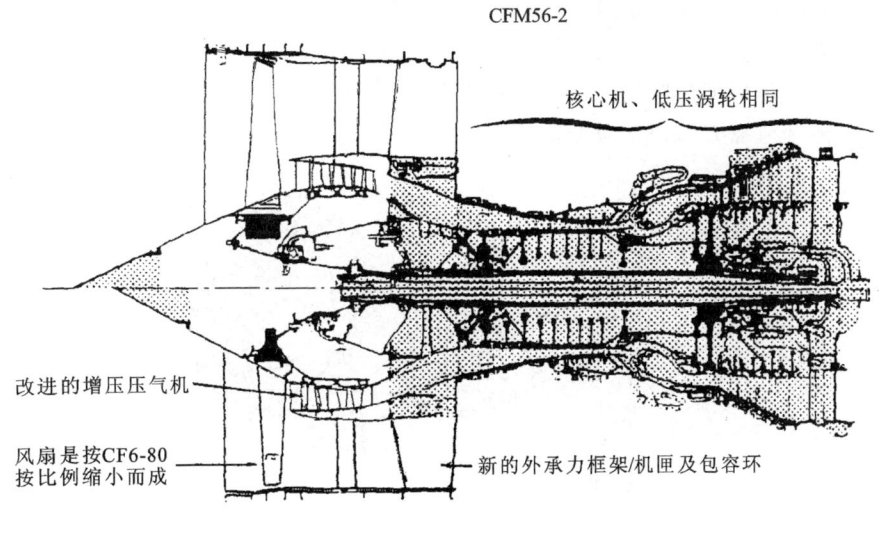

核心机、低压涡轮相同

改进的增压压气机

风扇是按CF6-80
按比例缩小而成

新的外承力框架/机匣及包容环

CFM56-3

图 3.1.21　CFM56 - 3、CFM56 - 2 二型发动机主要共同处及不同处

3.3　风　扇

38 片 Ti/TA6V 钛合金做的实心、带中间凸肩的风扇叶片取代了-2 型中的 46 片带冠叶片,叶身高 368 mm,根部为燕尾形榫头,其安装方式同于-2 型,虽然叶身上带有减振的中间凸肩,但在使用中叶片中振动应力仍大,因此,1989 年 12 月起在根部加装减振块(见图 3.1.22),利用减振块与叶片中间根间的相互干摩擦减振,将振动应力减低。据俄罗斯的研究表明,采用干摩擦的减振块后,能将叶片的振动应力降低 60% 左右,减振效果甚佳。罗·罗公司的 RB211 - 535E4、TRENT 等发动

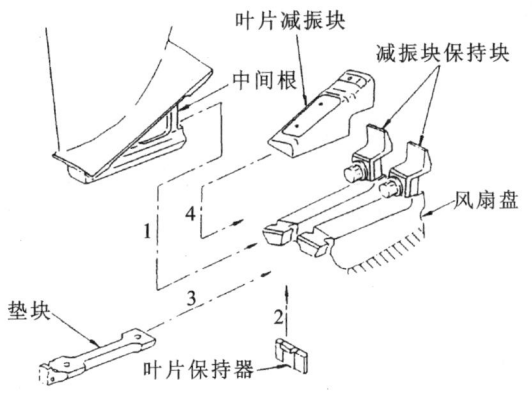

叶片减振块

减振块保持块

中间根

风扇盘

垫块

叶片保持器

图 3.1.22　CFM56 - 3 风扇叶片减振块与其固定方法

机的高压涡轮叶片(带冠)中,也装有类似结构的减振块。在 CFM56 - 5 型上,沿用了-3 型的这种减振块。图 3.1.22 还示出了减振块的安装结构,减振块装于叶身底

座与榫头间截面较窄的中间根处,夹在两叶片间,由于中间根呈前小后大的三角形,因此,减振块也做成三角形的,为避免减振块由后端逸出,在轮盘后缘安装了由螺栓固定到轮盘上的保持块,减振块后端铣出的台阶面卡在保持块中。

-3 型的风扇轮盘做了较大的改动,由图 3.1.23 可见,与轮盘做成一体小轴,在-2 型中是由盘前缘向前伸的(见图 3.1.12),因此,风扇轴是穿过盘孔与小轴相连接的;在-3 型中,小轴是由轮盘后缘向后伸出的,因此,风扇轴是在轮盘后端与小轴相连接,不需穿过盘心,这样,盘心的孔径可以小些,相应地轮盘厚度可以薄些。

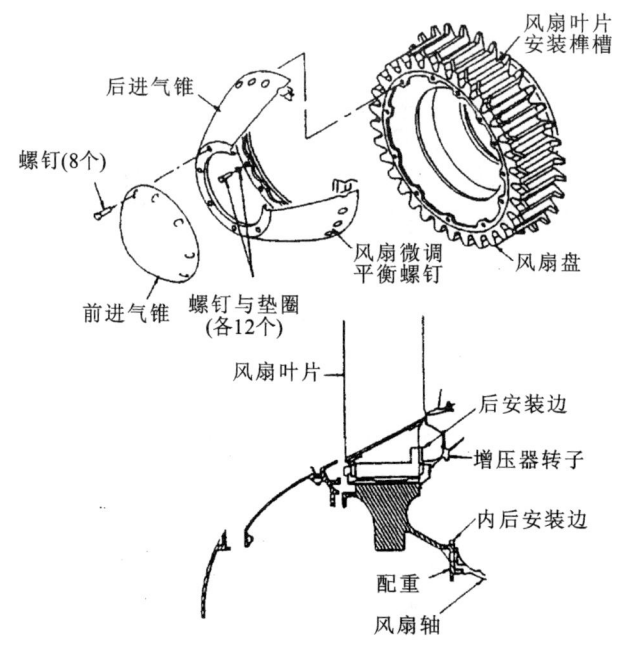

图 3.1.23 CFM56-3 风扇转子结构

固定在轮盘前缘的进气锥做成两段,后段用 RR58/AU2GN 铝合金做成,用后安装边与轮盘相连,并作为风扇叶片的前挡环,防止叶片由前端逸出。前锥是用 KINEL5504 复合材料做成的锥形薄壳件,它与后段用过盈配合并用螺钉连接。全锥形进气锥具有较好的防冰能力,但是砂石、雨水和碎冰等外物易于进入核心部分,在 CFM56-3 出现几次飞机遇到大雨造成空中停车事件后,除了采取其他措施(后文将叙述)外,对前锥的形状进行了试验研究,结果发现如果前锥做成椭圆形,有利于将外物甩向外涵道,因此,1991 年 2 月将前锥改成椭圆形。目前,这两种形式的前锥同时在使用中的发动机存在,新生产的发动机则按椭圆形前锥生产。GE90 采用了类似的前椭后锥的结构。

为了使人们容易发现发动机是否在工作,于 1984 年 5 月起,在进气锥上加涂一白色螺线形条带,如图 3.1.24 所示。据称,当发动机工作时这种白色条带形成的变

幻的色带,不仅使人们看出发动机是在旋转着,而且可驱散远方的飞鸟。罗·罗公司的发动机,也采用了类似的白色条带。

按 FAR33 部要求,发动机在获取适航证时所进行的各项试验中,有一项吞水试验,即发动机在运转中,在慢车状态与起飞状态下进行吞水试验,吞水量不得少于空气质量流量的4%,吞水后发动机要求能够安全地加速和减速。CFM56 - 3 型在取证时是满足了这些试验

图 3.1.24 进气锥上涂的白色螺旋条带

要求的,但在实际使用中,却遇到几次大雨而造成空中丧失推力事件。例如,由 1987年 5 月到 1989 年 9 月的两年多时间内,曾出现过四次飞机着陆过程中遇到特大雨/雹的恶劣气候条件下,雨水被吞入发动机造成发动机丧失推力。这四起事件的情况如下:1987 年 8 月,飞机下降到 2 424 m 时,双发丧失推力。在发动机降速过程中,发动机重新启动成功;1988 年 5 月飞机下降到 5 000 m 时双发丧失推力,重新启动成功;1988 年 7 月,飞机下降到 5 800 m 时单发丧失推力;1989 年 9 月飞机下降到5 300 m 时双发丧失推力,重新启动成功。

发动机在大雨中,吸入的雨水未能在进入核心机前甩出到外涵气流中,是造成这四起事件的主要原因。因为在发动机设计阶段,对此了解不够,因而在设计中没有采取较好的措施,例如风扇出口的分流环距风扇叶片后缘太近等。为了解决遇大雨,雨水进入核心机过多的问题,采取了下述几个措施:

(1) 加大风扇叶片与分流环的间距。将分流环(风扇后外涵、内涵气流分流处的环形结构)的进口整流罩换装长度较小的,使分流环与风扇叶片后缘的间距加长(1989 年 5 月),便于将进入风扇后的雨水甩到外涵。在 CFM56 - 3 的原设计中,分流环与风扇叶片后缘的间距很短,见图 3.1.25。由图 3.1.25 可看出,风扇叶片后缘与分流环之间的距离太近。因此,在 CFM56 - 3 之后发展的发动机,分流环与风扇

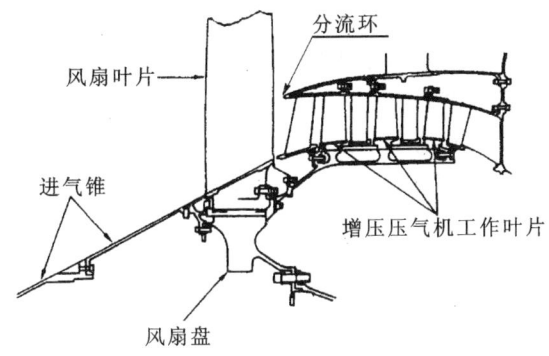

图 3.1.25 CFM56 - 3 风扇叶片与分流环的结构图

叶片后缘的间距均做得较长,图 3.1.26、图 3.1.27 分别示出 GE90 - 115B、RB211 - 535E4 风扇叶片与分流环的结构图,由图 3.1.26,图 3.1.27 上可见分流环与风扇叶片后缘的间距均较大,即是 2 例。

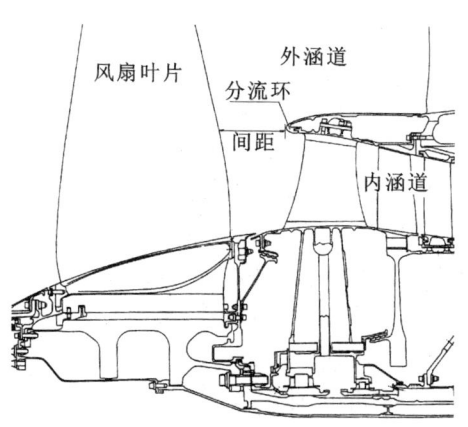

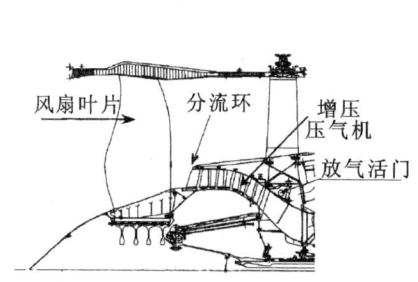

图 3.1.26　GE90 - 115B 风扇叶片
与分流环的结构图

图 3.1.27　RB211 - 535E4 风扇叶片
与分流环的结构图

(2) 加装放气活门。重新在增压压气机后加装 12 个放气活门,在发动机慢车状态下打开,可将进入发动机的外物包括雨水甩到外涵气流中(1989 年 5 月)。一般放气活门设置在增压压气机出口拐弯处,便于水在拐弯处离心力作用下甩到外涵,如图 3.1.26 中 GE90 - 115B 的放气活门。

(3) 提高空中慢车转速。在坏天气条件下着陆时,将发动机空中慢车转速加高到 45%N1(正常情况为 32%N1),以增加雨水流过风扇、增压压气机的离心力,增加将雨水甩到外涵的能力。

(4) 进气锥改形。将进气锥改成先椭后锥的形式。

对于前两项,不仅新生产的发动机要贯彻,在外场使用的约 1 500 台发动机也进行改装。为了考核这些改进是否能在特大雨中有效,进行了一次特有的飞行试验,如图 3.1.28 所示,利用一架美空军的 KC - 135 空中加油机盛满水,作为喷水设备,飞在用 707 改装的飞行试车台的前上方,试验的 CFM56 - 3 发动机装在左翼外侧发动机吊舱中。加油机的加油管正对试验发动机的进气口处喷水,以模拟飞机在空中遇到大雨的条件,试验结果表明,这些改进是合适的,因此,在 CFM56 - 5 型中也采用了。

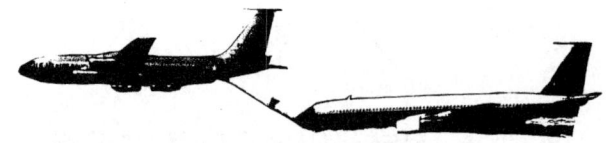

图 3.1.28　CFM56 - 3 进行空中吞水试验

V2500 发动机在设计中,将风扇叶片后缘与分流环间的间距拉得很开,加上采用了宽弦风扇的叶片,使进入核心机的水量较小。在取证试验中,它的吞水量比 FAR33 部要求的 4% 大 5 倍,也即吞入了空气质量流量 20% 的水进行试验,结果仍然很佳。因此,在新设计的发动机中,都在此处留有较大间距,图 3.1.9 所示的普惠公司的 MTFE 发动机即是一例。在 CFM56 发动机中,它的最新型号 CFM56 - 7 也采用了大的间距。

3.4　高压压气机

在各系列的 CFM56 发动机中,高压压气机的结构(见图 3.1.29)基本相同。9 级压气机压比约为 12.0,平均级压比为 1.32,第 1 级工作叶片叶尖切线速度为 400 m/s,平均展弦比为 1.49,转子做成盘鼓混合式的结构,由 5 个组件组成,即钛合金做的前轴、1~2 级转子、3 级轮盘,由镍基合金做的 4~9 级转子,压气机后篦齿封严盘,在第 3 级轮盘处用螺栓将 1~2 级转子、4~9 级转子、前轴连接起来,在后篦齿封严盘处,用螺栓将压气机转子与高压涡轮转子连接组成发动机的高压转子。

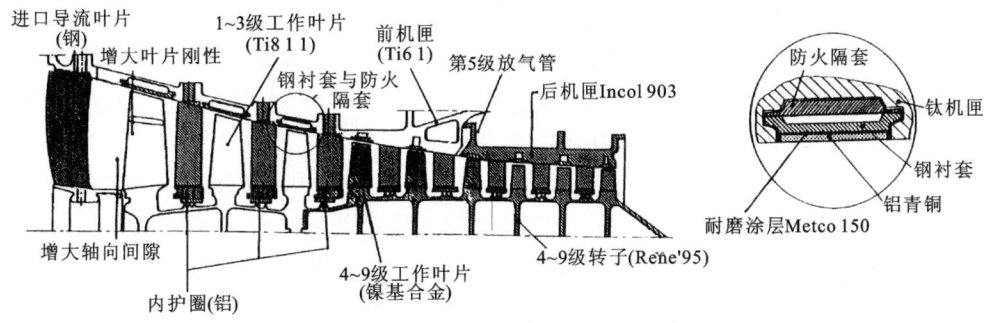

图 3.1.29　CFM56 - 3 高压压气机结构图

钛合金做的 1~3 级工作叶片用轴向燕尾榫头装在相应级中的轮盘轴向榫槽中,而镍基合金做的 4~9 级工作叶片则分别装在各级轮盘的环形燕尾槽中,所有的工作叶片均可在不分解转子的情况下拆换,4 级盘与 5~9 级转子均用低压(增压)压气机后的空气通过前轴上的几个孔引入转子内腔中,进行内部冷却,图 3.1.30 示出了转子内部冷却空气流动情况。第 1 级工作叶片上,作有增加刚性的肋条,用以防止流入核心机的外物打坏第 1 级工作叶片,这种设计在其他发动机上还没有采用过。除此之外,进口导流叶片不仅做成弯刀形式,还与工作叶片前缘间留有较大缝隙,以避免外来物(鸟等)卡在静叶与工作叶片间弄坏工作叶片。各级工作叶片数为:38,53,60,68,75,82,82,80,76。

机匣做成沿圆周是对开的两半,由前至后又做成两段,前机匣的前段上装有从进口导向叶片到第 5 级静叶共 6 排静叶,前机匣的后段从第 3 级静叶后向后呈扩张形,直至第 5 级静子叶片后缘,然后与也做成扩散形的延伸机匣用螺栓相连,延伸机匣向

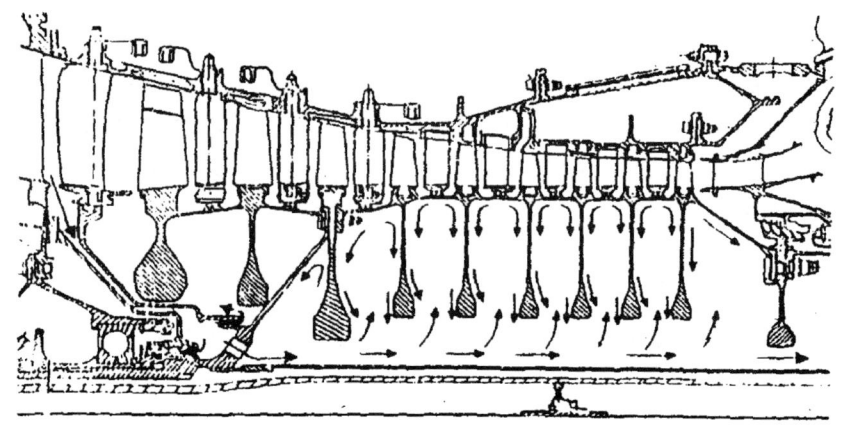

图 3.1.30　CFM56-3 高压压气机转子内部冷却空气流动情况

后延伸直到第 9 级工作叶片后缘处,与燃烧室外机匣前伸段相连,形成压气机后段的外层承力机匣,用 Incol 718 做成的延伸机匣与用钛合金做的前机匣虽是用螺栓连接在一起,但一经连接后,就不允许再分解。

由于前机匣与 1～3 级工作叶片均是用钛合金做的,为避免工作中钛制工作叶片与钛制机匣相磨碰引起钛着火问题,在机匣内径与工作叶片相对应的位置上,嵌有防火隔层及易磨层,见图 3.1.29 中圆图中所示。

由进口导流叶片至第 3 级静叶共 4 排,做成安装角是可以调节的。安装 6～8 级静叶的后机匣由 Incol 903 做成,用后安装边与燃烧室外机匣前安装边用螺栓相连,前端是悬臂地插在前机匣中。第 9 级的静叶做在燃烧室中的扩散通道内。

压气机前后机匣在使用中均做了较大的改动,前机匣于 1988 年 2 月改用 M152 合金钢做,而且将原来用 Incol 718 做的延伸段也改用 M152,将两者作为一整体。改用合金钢后,取消了原来装在机匣内的防火隔层,这一改进,使零件数目减少了约 140 件,重量增加 5.64 kg,由于 M152 的膨胀系数低于钛合金的,因此机匣内径向内缩小了 0.127 mm。

采用了与 CFM56 核心机相同核心机的 F404 发动机装于美国海军用舰载 F/A-18 飞机,1987 年 11 月,美国海军宣布当年共损失 9 架 F/A-18,其中 4 架是由于发动机中钛合金的高压压气机机匣被钛合金工作叶片断片卡住相磨而引起钛机匣着火所造成的。因此,GE 公司立即将钛机匣改用 M152 合金钢来做,同时,将外涵机匣由钛合金改用复合材料 PMR15,这种改动使发动机重量增加 0.454 kg,由时间看,CFM56-3 将高压压气机机匣的材料由钛合金改为合金钢似乎是受到 F404 钛失火的影响而采取的措施。

CFM56-3 的高压压气机后机匣原来用低膨胀系数的 Incol 903 合金做,1986 年 11 月改用了 Incol 907 做,Incol 907 也是低膨胀系数合金,但它抗锈能力较好,用以

提高后机匣的抗锈蚀能力。

后机匣原来沿圆周做成上下对半的,但在 1984 年 12 月改成沿圆周做成四段,即每 90°一段,分开面分别在垂直与水平位置上。但在－5 系列中又恢复成上下两半的结构。在使用中曾出现第 1、第 2 级工作叶片燕尾型榫头在轮盘的榫槽中磨蚀并引起叶根断裂的事件,反映出榫头长度不够,为此,由 1991 年 10 月起,将叶片榫头加长,相应地将轮盘厚度也加大。第 1 级叶片榫头轴向长度增加 7.6 mm,叶身未做变化,第 2 级叶片榫头轴向长度增加了 6.4 mm,叶身只是在靠近根部处厚度稍为增大了一点,其他全部未变。为适应叶片榫头轴向尺寸加大,1 级、2 级轮盘相应地做了改动,由于榫头尺寸加大,叶片重量相应加大,为此,轮盘其他尺寸也稍做修改,见图 3.1.31 所示。做了上述改动后,发动机重量增加了 2.7 kg。CFM56－5 系列上,原来的结构同于－3 的,在－3 型做了改进后,－5 系列发动机上也于 1991 年底做了类似的改动。

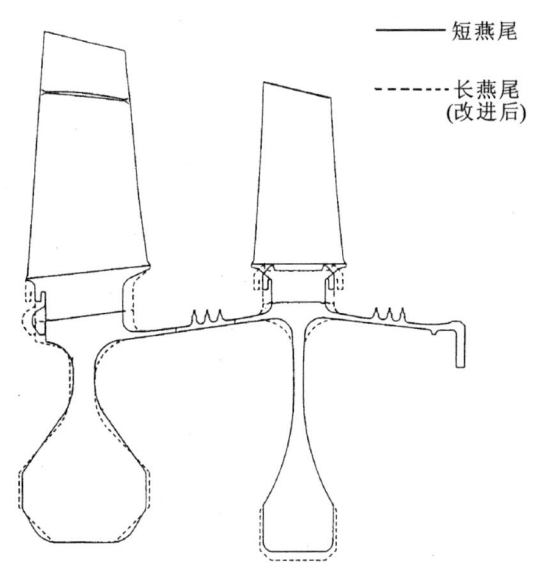

———— 短燕尾

------ 长燕尾
(改进后)

图 3.1.31　CFM56－3 高压压气机 1、2 级轮盘,榫槽改进

图 3.1.32 示出了 CFM56－3 高压压气机转子出现过的几种故障。由吸入的外来物(FOD)打坏高压压气机工作叶片是造成 CFM56－3 拆换的第三个主要原因,根据 1993 年 1 月至 1995 年 1 月两年时间的统计,两年中发动机总累积运转时间为:1 599 410EFH,1 159 900 循环,由 FOD 造成高压压气机故障而拆换的发动机共有 61 台,其中,在日常的检查中查出 32 起,吸鸟后发现 22 起,在发动机排故中查出 7 起。其拆换率为 0.003 81/1 000 EFH,即由于 FOD 造成高压压气机故障引起的发动机拆换,平均每 262 200 EFH 出现一次。究其原因,主要还在于风扇与低压压气机间间距不够大,进气锥的形状对分离外来物的效果不够大所致,虽然在高压压气机设计中,采取了一些措施,如前述的进口导流叶片做成弯刀形、第 1 级工作叶片带增

加刚性的纵向肋条等,但是由于前面的结构设计中不可能将外来物基本甩出到外涵气流中,因而仍有可能进入核心机。根除的方法是采用宽弦风扇叶片,加大风扇叶片与低压压气之间的间距,在CFM56-7上已采取了这种措施。

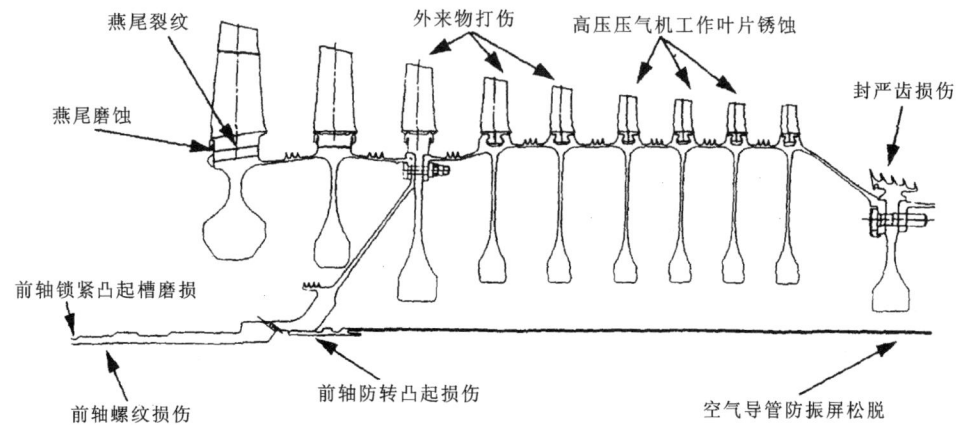

图3.1.32　CFM56-3高压压气机转子出现过的几种故障

1994年11月已对由于外来物打伤叶片后,损伤部位的允许极限值做了修改。

3.5　燃烧室

CFM56-3的燃烧室(见图3.1.33)为短环形燃烧室,有20个低压喷嘴,由燃油总管来的燃油是单路的,进入喷嘴后,在弹簧加载的分配活门作用下,分成主、副油路进入喷口,这种设计使外部管路简单了,但却使喷嘴复杂化(通常,分配活门装在燃油控制器后,用两个油管与喷嘴相连),为了减少启动时燃烧不完全造成排放污染,在1985年10月后,将4个喷嘴(7号,8号,14号,15号,从后向前看,1号位于最上方)或2个喷嘴(14号,15号)的主油路燃油量加大(加大43%),造成启动时局部富油。

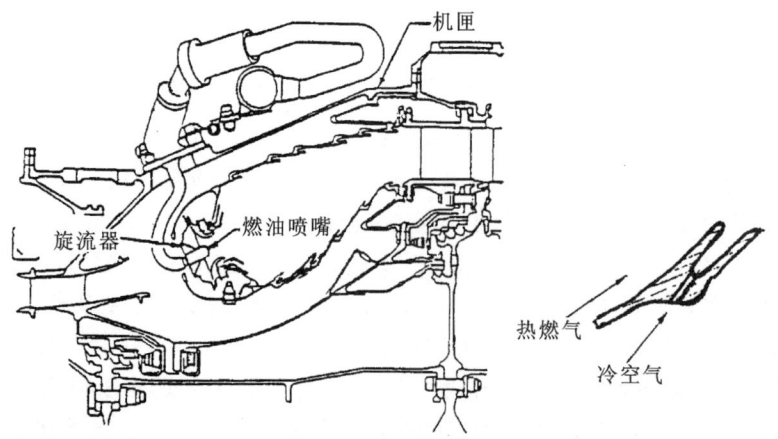

图3.1.33　CFM56-3燃烧室

火焰筒(见图 3.1.34)外壳、内壳在前端装有 20 个球状的头部,并装有外、内整流罩,在原设计中,三者是焊接在一起的,1984 年 10 月改为用螺钉连接(自锁螺母先焊在整流罩上)。每个头部的前端均为漩涡器,它是由前端的主漩涡器,后端的副漩涡器组成,两者间由一文氏管相连,漩涡器的叶片不似一般发动机中的轴向安排的,而是做成径向安排的。

为了提高火焰筒的寿命与抗热腐蚀能力,从 1985 年 4 月起,火

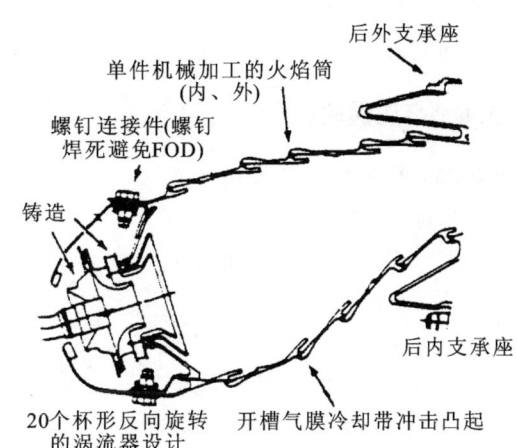

图 3.1.34　CFM56 – 3 的火焰筒

焰筒壳体与燃气接触的表面上,增加了一层隔热涂层(Thermal Barrier Coating,TBC),该涂层的底层为含铬、铜、镍、镁的铝合金 Nicral 的镀层,其上复以一层氧化钇—锆,采用这一涂层后,发动机重量增加 1.478 kg。

外、内整流罩前缘均在前端卷成圆边,其内装有减振钢丝,在使用中,由于钢丝被卷压得不够紧,造成钢丝在卷边中活动,而使钢丝与卷边的材料均有磨损,当卷边磨损过多,钢丝会弹出,碰到喷嘴油管的拐弯处,造成油管磨损,在外场使用中,曾出现过 12 起卷边磨穿的事件。其中四起引起喷嘴油管拐弯处磨损,并造成一起燃油外泄引起燃烧室机匣烧穿的事件。为此,要求卷边时,要将钢丝紧紧压住,整流罩的板料厚度不能小于 0.73 mm。1993 年 9 月还规定定期用孔探仪对整流罩卷边处进行检测,它规定新装的发动机,在使用 11 000 EFH 后进行第 1 次检查,以后每隔 1 700 EFH 检查一次。

当发动机遭受鸟撞击后,也会对燃烧室造成一定的影响。它会使头部及内整流罩损坏,还会造成喷嘴与头部脱开,为此,波音公司修订的维护手册中规定,在遭到鸟撞击后,如有迹象表明核心机已吸入鸟残骸时,应对火焰筒头部进行孔探检查,如果发动机参数无变化,检查可在 25 EFH 或 10 个起落以内进行,如发动机参数有异常现象,则应立即进行检查。

为了彻底解决鸟撞击后对火焰筒造成的损伤问题,从 1993 年 4 季度起,新生产的发动机采取了加强措施,即在头部的每两个漩涡器间加了一绰号称为鸟"缓冲器"的加强块(共 20 块),以防止漩涡器变形并保持喷嘴的配合。另外,在内整流罩内壁处还加了一加强环(沿圆周做成 4 段),用 40 个螺栓将加强环、加强块固定到内整流罩上。

燃烧室后安装边与高压涡轮机匣前安装边连接用的螺栓,在使用中,曾发生过松脱与折断,引起燃烧室机匣破裂。曾有 18 根用 Waspalloy 做的螺栓断裂。为此,

1989 年 5 月起,改用 Incol 718 的螺栓与螺帽。对未改材料的螺栓,1990 年 9 月规定,在对飞机作 B 检时,目视检查该螺栓是否松脱,并检查螺帽的拧紧力矩。

3.6 高压涡轮

CFM56 系列发动机采用了单级、高负荷高压涡轮(见图 3.1.35),这在民用大涵道比涡扇发动机中是少有的,一般都是采用双级。采用单级,不仅使结构简单,零件数目少,而且由于只需对 1 级的静叶、转叶进行冷却,因此,冷却空气量也少,当然,它的效率比双级要低些。经过权衡后,CFM56采用了用轻重量、少零件、低成本等换取效率有所降低的一种设计。

高压涡轮导向器有 46 片导向叶片,用钴基合金 X - 40 铸造的叶片铸成空心的,空腔中插入一芯块,将内腔分成前后两腔,以便通入冷却空气对叶身进行有效的冷却。每个叶片的上下端带有上盖与底座,两个叶片在上盖、底座的侧面用钎焊焊成一双叶片

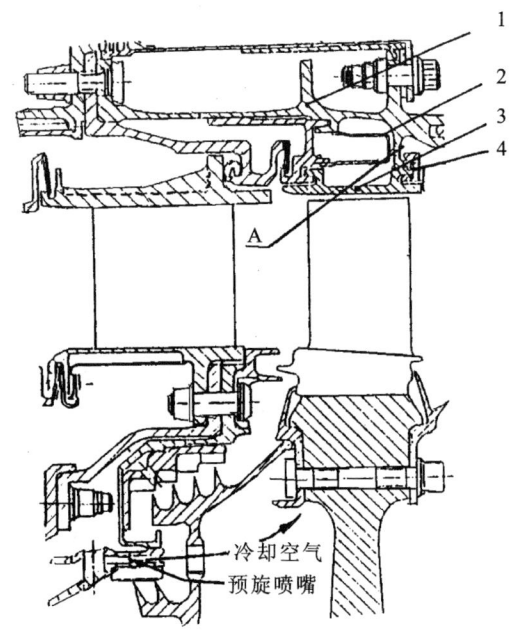

1—外罩环与低压涡轮 1 级导向叶片支持机匣;
2—冷却空气导管;3—涡轮叶片外罩环;4—U 形卡。

图 3.1.35 CFM56 - 3 高压涡轮

组,为了提高此叶片的耐久性与抗腐蚀性,1990 年 3 月起改用了 DSR 142 材料,用定向凝固方法成形。每个叶片底座均带安装边,靠螺栓与内支承环相连,上盖支承于外支承环中,但未采用连接件,以允许工作时叶片能向外自由膨胀,内外支承环均用镍基合金制成,例如,外支承环可用 3 种材料:Waspaloy,Incol 718、Rene 41。

高压涡轮转子(见图 3.1.36)由轮盘、前封严盘、前大鼓轴、后轴等组成,轮盘带前、后安装凸边,用以与前封严盘、前大鼓轴、后轴相连,前大鼓轴内装有减振衬套,后轴与轮盘连接处的封严环内也装有减振衬套,用 Rene 125 镍基合金做的工作叶片内腔做成多通道冷却流道,冷却空气是由叶根底部的孔引入,用螺栓将叶片的前后挡板固定在轮盘上,冷却叶片的空气由前挡板与轮缘间的槽道中进入榫槽底部的空腔中,然后流入叶片冷却流道。用短螺栓将叶片前后挡板固定到轮盘的设计,是 GE 公司采用得较多的一种设计,在各型 CF6 发动机中均采用了这一结构。由于这种设计在轮缘须开许多通过螺栓的小孔,使盘缘的应力集中大,承力面积减少,大大削弱了轮

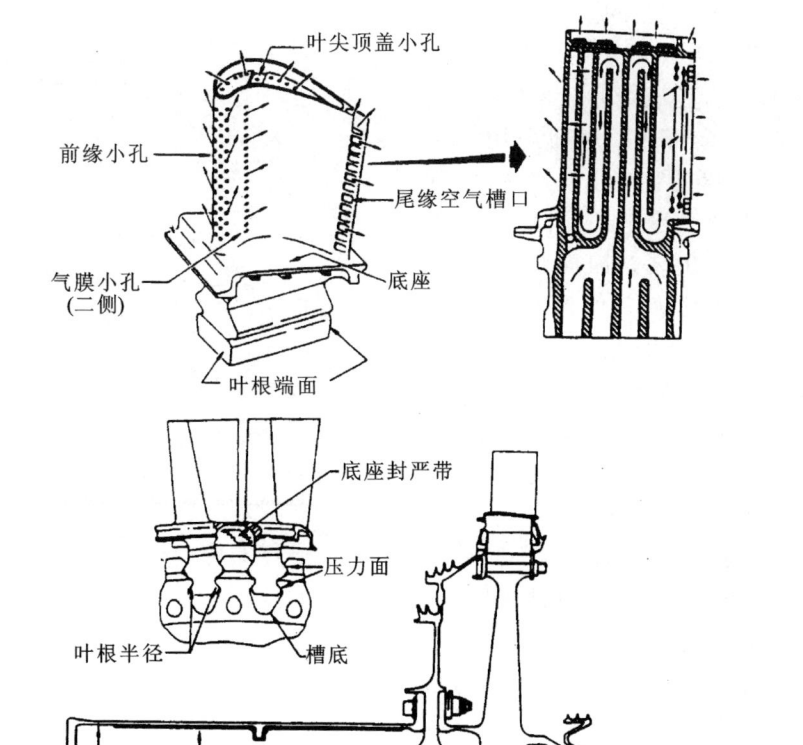

图 3.1.36　CFM56-3 高压涡轮转子

盘的强度;另外,两端外伸的螺栓头与螺帽,在高速旋转中还会产生煽风效应,使局部空气温度升高,对轮盘的工作不利,因此,在-5 型中以及在 GE90 中,均不采用这种结构了。

　　由于工作叶片冷却结构愈来愈复杂,不仅有多冷却通孔,而且前缘处有许多小的气膜冷却孔,后缘有很窄的出气缝,如果由压气机引来的冷却空气中,含有细小砂石,则会造成冷却孔的堵塞,冷却空气流动受阻,造成叶片超温甚至烧毁。在 T700 发动机中,就曾因黑鹰直升机在多砂地区工作,细小砂石随冷却气流流入叶片的冷却腔道而使叶片过烧的故障。为了尽量避免细小砂石进入叶片内腔,CFM56-3 中采用了两个措施,见图 3.1.37,即静止的砂石分离器与离心甩出砂石,在燃烧室内机匣后端引出对涡轮叶片进行冷却的压气机出口空气的孔处,装有一折流板,让空气折流转弯后才流入预旋喷嘴,当空气折流转弯时,细小砂石在转弯时产生的离心力甩向外侧而不会随气流流向预旋喷嘴。另外,当冷却空气由预旋喷嘴喷出穿过封严盘的进气孔时,在封严盘的高速旋转下,使细小砂石甩向外端而不会流向叶片前挡板与轮缘间的

缝隙,进一步将空气净化。

涡轮工作叶片原采用定向凝固的 DSR 80H 合金铸成,1986 年 6 月改用 Rene 125 合金铸成。表面采用一种 CODEP 特种涂层,但在使用中,特别在有腐蚀性的环境下工作时(近海地区),叶片仍会出现锈蚀现象,并造成在第一次翻修时,叶片的报废率较高。为此,从 1994 年 6 月起,涂层改用了铝化铂(Platinum Aluminide)涂层。这种新的涂层在试验室试验条件下,它的抗氧化能力、抗锈蚀能力比 CODEP 涂层提高了 2 至 2.5 倍。

高压涡轮后轴(见图 3.1.38)外圈篦齿环与第二圈篦齿环间过渡段处,曾发生一起断裂故障引起发动机空中停车,事件发生于 1995 年 1 月 8 日,当飞机由美国达拉斯机场起飞爬升时,

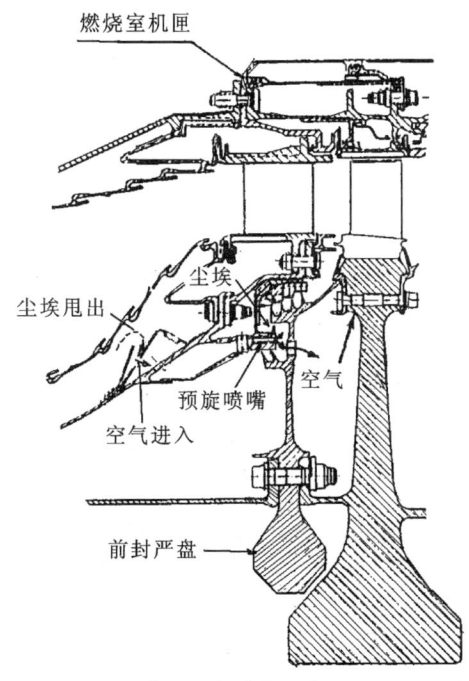

图 3.1.37　高压涡轮冷却空气分离沙尘措施

后轴封严环间过渡段断裂(360°),甩出的碎块打坏高压涡轮转子与低压涡轮,发动机随即停车,飞机用单发返航,该发动机是 1990 年 10 月装上飞机的,已使用 13854EFH/14 305 循环,一直装在飞机上未拆下过。出事前,发动机工作参数一切正常,无任何异常变化,分解后进行外形、尺寸、金相等检查,表明材质、机械加工、热处理等均无问题。以前发动机翻修中,也未发现该轴出现过类似的故障,对断口金相检查,发现有低周疲劳裂纹,裂纹源位于转折处的后端圆角处,前端有多个疲劳裂纹,到 1995 年 4 月,尚未得出故障分析的最后结果,是否是由于封严篦齿部分工作不正常造成的这次故障,还未找到根据。

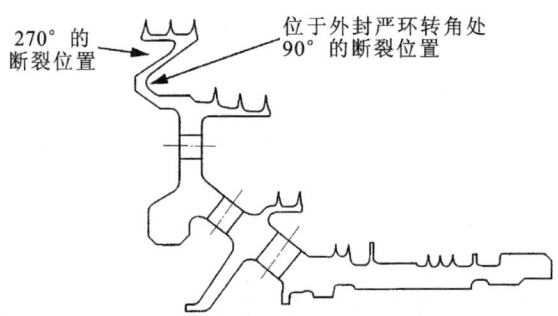

图 3.1.38　CFM56-3 高压涡轮后轴出现断裂故障位置

　　无独有偶,与 CFM56 结构相近的 F110 发动机,自 1994 年 7 月到 1994 年 10 月间,由于高压涡轮后轴封严篦齿环处断裂造成 4 架 F-16 战斗机失事(埃及和以色列各两架),往前追溯,发现 1988 年一架装 F101 的 B-1 轰炸机以及后来两架装 F110-GE-400 的 F-14 战斗机等 4 架飞机的失事均是由于该后轴封严篦齿断裂引起的(共 8 架飞机)。

　　在 1988 年发生 B-1 轰炸机由发动机引起的事故后,经过分析,认为是封严篦齿与固定在低压涡轮盘前伸环上的蜂窝外环间(见图 3.1.39)间障过小,在工作中出现过大摩擦,引起热不稳定性和过大的应力引起的,因而采取加大封严间障。从 1988 年起曾两次加大间障,与 F101 发动机相类似的 F110-GE-100、F110-GE-400 和 F118 等发动机也做了相应的改动。

　　1994 年 9 月中旬,在美国国外使用的 F110 发动机检修时,在一台发动机中发现篦齿上有一条裂纹,正当此台发动机运往 GE 公司进行检测过程中,又发生两起 F-16 失事,为此美国空军决定对飞行时数低于 250 EFH 的 F101、F110、F118 发动机采取预防性停飞措施,美国国内、国外大约有 500 台发动机直接或间接地受到停飞处理。

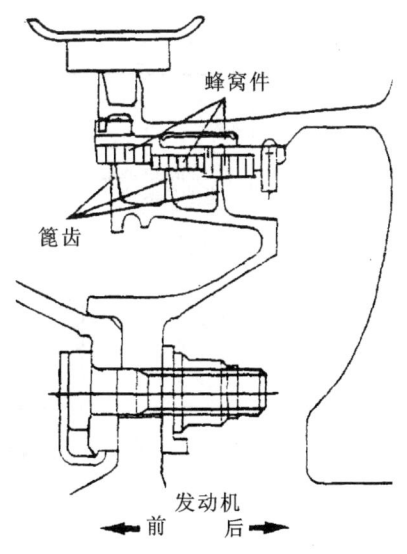

图 3.1.39　F110 高压涡轮后轴封严篦齿

　　在此后的 GE 公司与美国空军的试验研究得出的结论是,篦齿间隙大是引起篦齿裂纹的原因,而原来采用的钢丝型阻尼器又未能抑制裂纹的扩展,最终导致齿环断裂。为此,决定换装新的高压涡轮后轴,并用套筒阻尼器取代原来的钢丝型阻尼器,安装新的蜂窝外环以减小封严间隙,使间隙恢复到 1989 年初以前的水平,所有 F110 发动机复飞改装工作到 1995 年 7 月完成。

　　CFM56-3 的高压涡轮后轴封严篦齿环处的故障原因是否与 F110 的故障原因类似,当时尚未得出结论,但该处的结构与工作条件,以及出现的裂纹在两发动机中十分相近,因此,需对 CFM56-3 高压涡轮后轴的故障分析工作进行跟踪,了解 GE 公司的最后结论。

　　高压涡轮前轴为提高低循环疲劳寿命,于 1987 年 2 月做了修改,其主要改变(见图 3.1.40)是将前后安装边加厚,前安装边厚度由 5.46～5.72 mm 改为 6.22～6.48 mm,后安装边厚度由 4.95～5.21 mm,改为 6.22～6.48 mm,另外,前安装边到轴的过渡段的外形也做了一些修改,参见图 3.1.40 A 视所示。

　　为了提高高压涡轮盘的循环疲劳寿命,1988 年 11 月对该盘做了修改,参见图 3.1.41。改动主要有两方面,一是盘缘到幅板的过渡段最小截面处加厚(如

图 3.1.41 所示),二是前安装边(与前封气盘连接用)的螺栓孔由圆孔(ϕ11.13 mm)改为特形孔,即在孔的四角处孔形做成由 R2.54 与 R19.05 两段圆弧组成的特形。

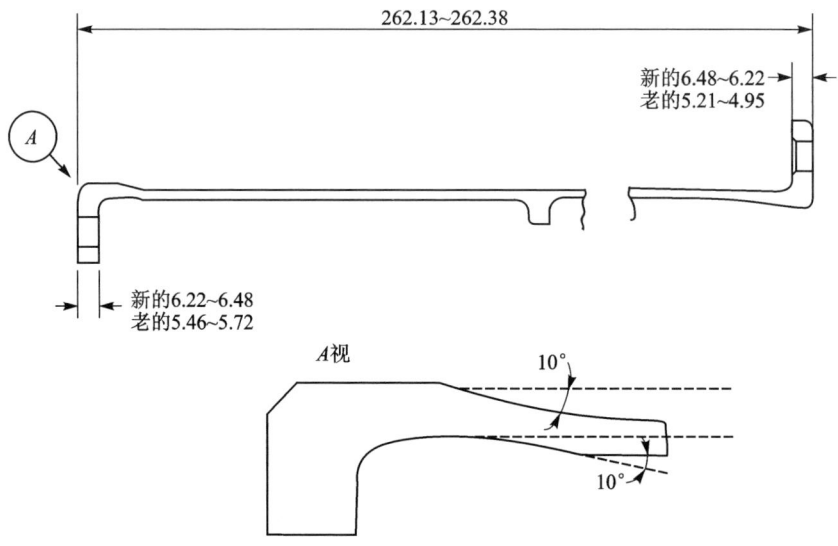

图 3.1.40 CFM56 – 3 高压涡轮前轴的改动

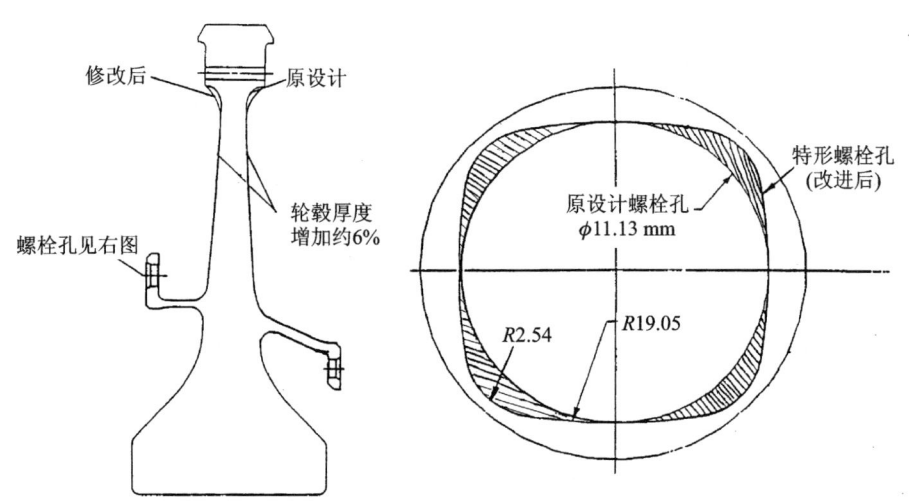

图 3.1.41 CFM56 – 3 高压涡轮盘的改动

围绕涡轮工作叶片外有一圈扇形段的外罩环(见图 3.1.35),其前端的挂钩挂在用螺栓固定于外罩环与低压涡轮 1 级导叶支承机匣(简称支承机匣)1 的固定环中,后端的挂钩用 U 形卡(见图 3.1.35)夹持于支承机匣 1 的环形凸边上。每块扇形段的外罩环上由外向内开了 6 个孔,以通过冷却空气,外罩环内表面上涂有一层易磨涂层,以允许叶尖在外罩环上有局部摩擦,并对外罩环起到防止高温燃气腐蚀的作用。

由高压压气机第 5、第 9 级引来的空气流入燃烧室机匣与支承机匣间的空腔后,再流入装在支承机匣内的长方形剖面的冷却空气总管,沿圆周均匀地流向各扇形段外罩环,利用这一套设施对高压涡轮的叶尖间隙进行主动控制,燃烧室机匣一直向后延伸到第 1 级低压涡轮转子前端。

　　支承机匣(见图 3.1.42)不仅支承、固定扇形段外罩环,低压涡轮第 1 级导叶也是支承于其上的,因此,低压涡轮第 1 级导叶及其内固定的两层封严环均归属于核心机大单元体内。

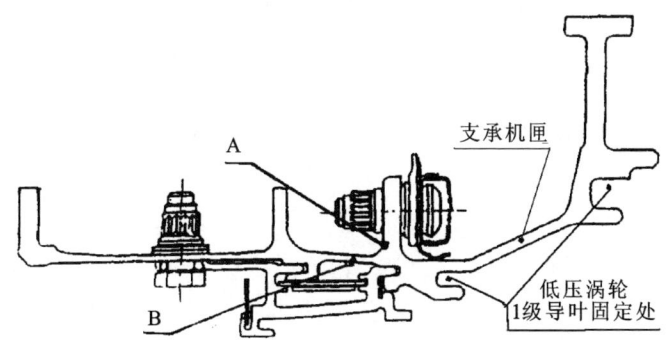

图 3.1.42　CFM56－3 高压涡轮外罩环与低压第 1 级导叶支承机匣

　　支承机匣中间段原采用 Incol 903 或 Incol 907(其前段、后段用 Incol 718 做成三段再焊为一体)在使用中曾在支承 U 形卡处(见图 3.1.42 中的 A 处)出现过多处相互连接成整环的裂纹,造成扇形段外罩环后端掉到燃气流路中,磨掉工作叶片叶尖后缘,使排气温度上升,如果继续工作会使外罩环烧毁。另外,支承机匣中间安装边于 1988 年 2 月在 A(见图 3.1.42)所指的通气孔处加了定位焊点,后来发现在定位焊点处出现一些环形裂纹并向受热区扩展到 B(见图 3.1.42)点,同时还找到了与之相连的径向裂纹,其是由焊接时的残余应力引起的。曾经检查过中段用 Incol 903、907 的 57 台 CFM56－3 发动机,20% 未发现裂纹,裂纹最长者达 22.86 mm,还发现了与之相连的径向裂纹。为此,于 1991 年 3 月取消了定位焊。最后于 1993 年将中间段的材料由 Incol 903、907 改为 Incol 909(见图 3.1.43),这样,不仅解决此一问题,同时也解决了图 3.1.42 中的 A 处裂纹问题。

　　夹持扇形段外罩环后端的 U 形卡(见图 3.1.35 中④)用 Waspalloy 合金做成,在工作中出现过环形裂纹,并造成 U 形卡及外罩环甩出引起两起空中停车事件。裂纹产生的原因,可能是由于 U 形卡是用紧度配合的,在装配时就出现初始裂纹,另外也可能是在冷成形时产生的(修理时用的工艺方法)。为此,除加强检查外,对修理的冷成形工艺做了一些规定,例如冷成形后需用荧光渗透性检验,要复核开口尺寸等,并改用 Rene 41 材料,从 1995 年 1 月,修理中不再使用冷成形而改用热成形。

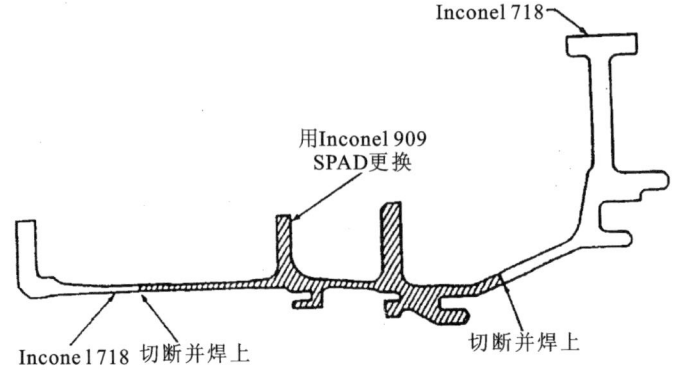

图 3.1.43　CFM56-3 支承机匣中间段换用 Inconel 909 材料

3.7　低压涡轮

CFM56-3 发动机低压涡轮为 4 级,其中第 1 级导向器作为核心机大单元体的一部分,4 级转子,2～4 级导向器及涡轮后轴承机匣组成低压涡轮大单元体。

1 级导向器有 28 组导向叶片组,每组 3 个叶片,叶片做成空心的,引入高压压气机第 5 级空气流过进行冷却,冷却后的空气再冷却高压涡轮轮盘后端面与低压涡轮盘前端面。导向叶片用挂钩式连接方式,其前后端均用挂钩卡在支承机匣(见图 3.1.42)中,叶片内缘连接有封严用的支承环,其上固定有两圈蜂窝结构的封严环。导向叶片用 Rene'77 合金铸成。

2～4 级导向器叶片也用 Rene'77 合金铸成,均用挂钩式连接方式装入低压涡轮机匣(见图 3.1.44),三排导向器叶片固定与隔热方式以及

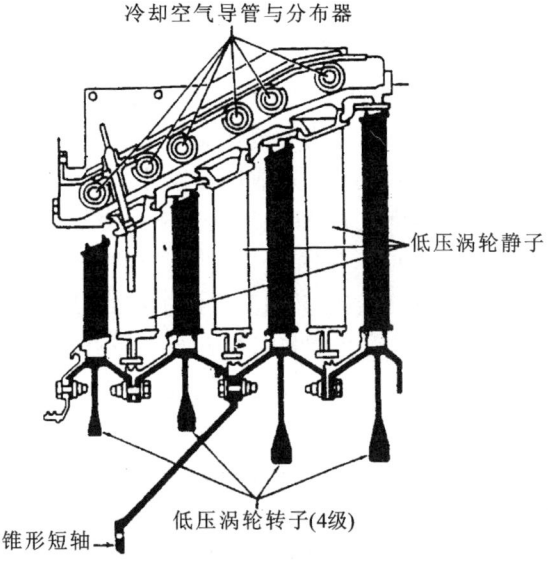

图 3.1.44　CFM56-3 低压涡轮

转子叶片外罩环的结构基本相同,只是分的扇形段数目不同。

低压涡轮机匣用 Incol 718 做成整体的锥形结构,内壁上开有若干道槽沟以固定导向叶片。

图 3.1.45 示出 2 级导向叶片与 1、2 级转子叶片外罩环在机匣中的连接方式。外罩环用蜂窝材料钎焊在 Hastelloy 板料做成的支持环上,组成外静子空气封严环,此空气封严环在 1、2、3、4 级中分别做成 20、21、21、22 段。第 1 级空气封严环固定于

低压涡轮外罩环中,两者间夹有隔热毡垫(做成 4 段),毡垫由 Incol 600 的板料做的护套包住。第 2~4 级空气封严环与机匣间也夹有隔热毡垫,均由 4 块组扇形段组成。每块毡垫也由 Incol 600 的护套包住。2~4 级导向叶片与机匣间均装有两层隔热毡垫。外层与内层毡垫均由钢片作的护套包住,分成若干扇形段(2 级外层为 7 段,内层为 9 段)两层之间夹有一环形的、用 Hastelloy X 薄片作的隔热罩。

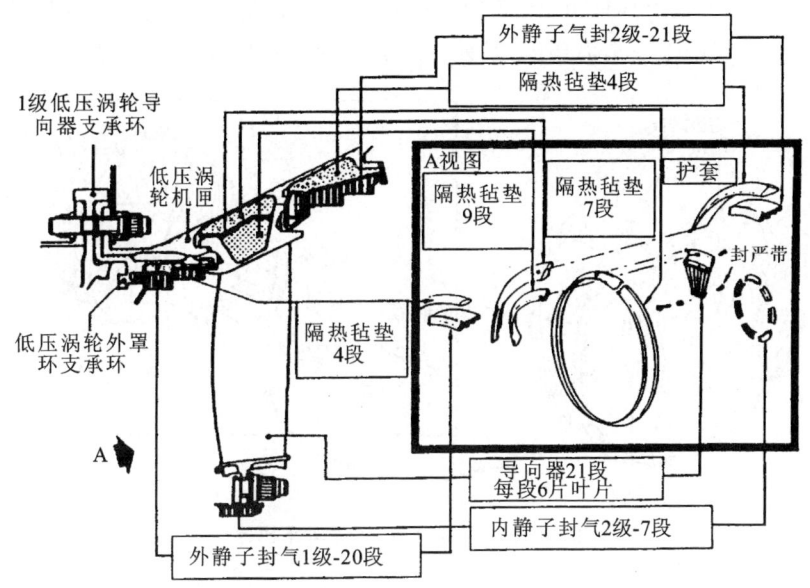

图 3.1.45　CFM56 - 3 低压涡轮 2 级导向叶片连接结构

　　第 2 级导向叶片共有 126 片,由 21 个扇形段组成,每个扇形段包括 6 个叶片,叶片内缘处固定有级间气封,气封是用蜂窝材料钎焊在由 C263 材料做的扇形的支承环上。在 21 个叶片扇形段中,1 个为标准形式的,9 个是安装热电偶的(位置大约是 1：00、2：00、3：30、5：00、6：30、7：30、9：00、10：30、11：30 处),每段中 1 个叶片做成空心的,在叶片的凹面上开有 4 个小孔引入燃气,一根 Cr/Al 热电偶感头伸入叶片的空腔,感受燃气的温度;另一个叶片扇形段,是为装孔探仪孔座的,还有一个叶片扇形段是安装压力测量感头的。

　　第 3 级导向叶片由 21 段扇形段,每段 6 片组成的,共 126 片叶片。第 4 级导向叶片由 22 段扇形段,每段 6 片组成的,共 132 片叶片。

　　由于低压涡轮机匣是整体的,所以低压涡轮转子做成可拆卸的,即每级的轮盘均带前后锥形鼓环与安装边,在两级安装边夹有一转动的空气封严环,三者间用螺栓连接(见图 3.1.44)在 2、3 级安装边间夹有锥形短轴,以与低压涡轴相连,锥形短轴用 Incol 718 合金做成。

　　各级轮盘均用 Incol 718 镍基合金做,工作叶片均由 Rene'77 铸出带冠的,各级叶片数为 1 级 174 片,2 级 162 片,3 级 157 片,4 级 160 片。

低压涡轮轴用 Marage 250 合金钢做成,通过用 Incol 718 合金做的短轴与夹在 2～3 级间的锥形小轴相连,轴内装有用 Ti 6V 及 T40 做的中心通气管,轴的后端装有由 A286 合金钢做的油气分离装置。

涡轮后轴承机匣作为发动机的后承力框架,其外环做成 12 边的多边形,12 个支板分别与内承力环大致相切(如图 3.1.46 所示)形成斜的支板,以减少工作时的热应力,外环、支板、内承力环均由 Incol 718 合金做成,最后焊接成一体,发动机的 5 号轴承通过轴承座固定于内承力环上,其外环上装有辅助安装节。

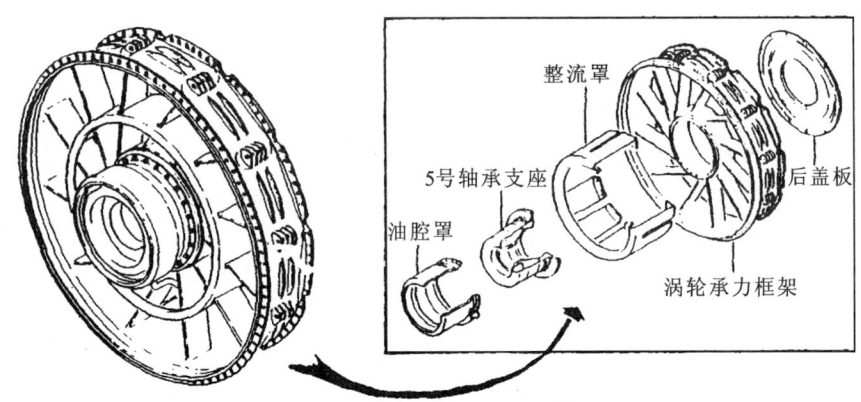

图 3.1.46　CFM56 - 3 后轴承机匣

3.8　滑油系统

CFM56 - 3 滑油系统有下述几个特点:

(1) 回油总管上装细滤。回油总管上装有细油滤,过滤能力为 32 μm,增压油路上的细油滤过能力为 44 μm。

(2) 采用轴内通风管。由低压涡轮轴内的通风管作为滑油系统的通风分系统的排气管。滑油箱、附件传动机匣与前油腔连通,通过装于低压轴前端的油气分离器将空气由轴内通风管向后引,后油腔中的气体也是经过装在低压轴后端的油气分离器引到轴内通风管中的。所有分离出来气体由轴后端头流出,流到尾喷管的内锥中,在主燃气流的引射作用下,随主燃气流到大气。这种通过发动机主轴作为滑油通风管的设计,是 GE 公司采用较多的一种设计,J85、CF6 等发动机上均采用了这种设计。

(3) 方便的油箱油量指示。滑油箱储油量指示采用了对维修人员非常方便的一种指示器,即在发动机短舱罩打开后能方便观察到的位置处(滑油箱)装有一目视储油量指示器,当指示器显示亮色时,表明需加滑油,当它呈黑色时,表明不需加油。座舱仪表板上还有一储油量指示仪表,为飞行员提供储油量的讯息。

(4) 油滤堵塞指示器。进油路与回油路上的油滤,均设有目视的油滤堵塞指示器,它是装在油滤旁,用半球状的小玻璃盖罩住的,当红色指示棒缩在座内时,表示油

滤未堵;当红色指示棒露出来时,表示油滤有堵塞,伸出越多,表示堵塞越严重。

(5) 不设调压活门。增压泵后不设调压活门,因此滑油压力是随核心机转速的增加而升高的。

(6) 滑油光谱与屑末分析。采用定期或不定期地对采样的滑油进行光谱分析,以及对从滤网、磁堵收到的屑末进行屑末分析,作为发动机传动部件(主轴承、附件传动的齿轮、轴承、花键等)健康情况的诊断手段。

(7) 油箱设有反虹吸装置。从油箱抽油引至增压泵进口的管路上,设有反虹吸作用的装置,当发动机停车后,该装置使抽油管上充满空气,滑油不会在虹吸作用下向外逸流。

所有这些,与稍老式的一些发动机(例如涡喷 7、J79 等)相比,有明显的改进。

3.9 控制系统

CFM56 - 3 的控制系统由液压机械式主发动机控制器(Hydromechanical Main Engine Control,MEC)及电子式功率管理控制(Power Management Control,PMC)两部分组成,系统简图示于图 3.1.47 中。MEC 与核心机转速形成闭环控制,而 PMC 与风扇转速形成闭环控制,这两套独立的控制系统利用力矩马达电流(TMC)连接起来,即将 PMC 中的 TMC 信号传给 MEC。

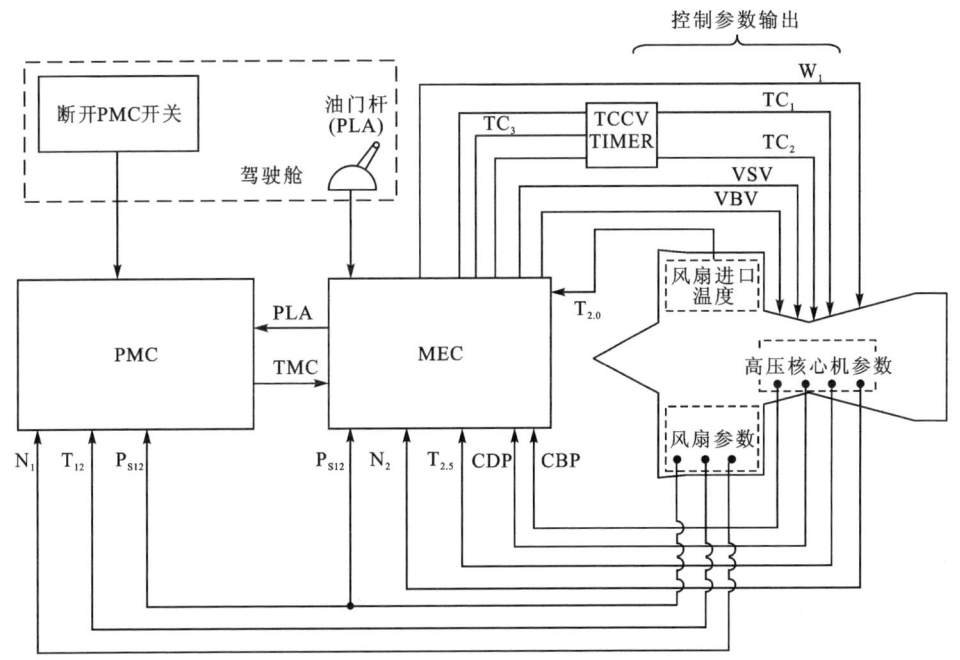

图 3.1.47　CFM56 - 3 控制系统简图

MEC 的主要功能是:按飞行高度、大气温度、油门杆角来调定核心机转速,并调

定放气活门位置与可调静叶角度,调节涡轮间隙控制器(TCC)的位置以及向燃烧室提供定量的燃油。它感受下列参数:燃油流量 FF、核心机转速 N2、风扇进口静压 PS12、风扇进口温度 T2、压气机进口温度 T25、油门杆角度 PLA、力矩马达电流 TMC、压气机出口压力 CDP/PS3、压气机放气压力 CBP、放气活门反馈、可调静叶反馈。

PMC 的主要功能为按飞行高度,大气温度,油门杆角度来调定风扇转速,向 MEC 提供一个"精调"信号以便获得所期望的风扇转速。它感受的参数为:油门杆角度、风扇进口静压 PS12、风扇进口温度 T12 及实际风扇转速。

3.10 CFM56 - 3 的噪声

CFM56 - 3 采用了目前大涵道比涡扇发动机中通常采用的降低噪声措施,使得装它的 737 - 300 飞机的噪声水平比 FAR 第 3 阶段规定的值还要低,图 3.1.48 示出了装 CFM56 - 3 的 737 飞机在三种条件(起飞、侧边、进场)下的噪声水平以及 FAR36 部规定值,从图 3.1.48 上可见,在三种条件下其噪声水平均低于规定值。

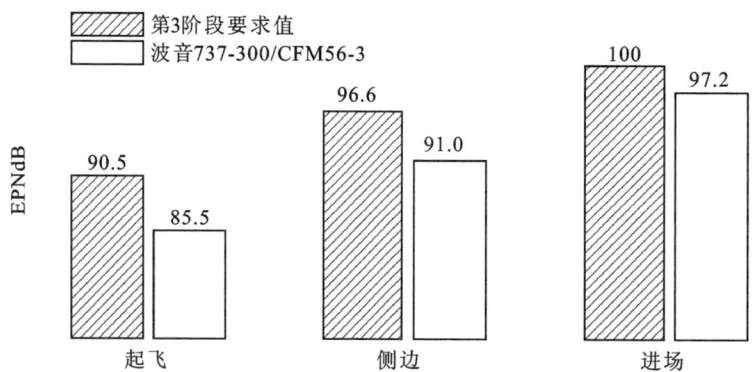

图 3.1.48　737 - 300(CFM56 - 3)的噪声水平低于 FAR 第 3 阶段规定值

4　CFM56 - 5 系列发动机

4.1　发展概况

CFM56 - 5 系列是为欧洲空中客车公司的 A320、A319、A321 和 A340 客机发展的。目前,在 - 5 系列中,已发展了 - 5A、- 5C、- 5B(按定型时间顺序排列)三种型别。与 - 3 系列不同的是, - 5 系列中风扇直径均大于 - 3 系列的, - 5A、- 5B 的风扇直径同于 - 2 系列, - 5C 的风扇直径最大。另外,高压压气机前支点由单一的滚珠轴承改为滚珠、滚棒两轴承并列的设计。 - 5C 型中还采用了长管道混合流(LDMF)设计,即外涵空气通过涡轮后的混合器流入内涵燃气流中,两者混合后再由一个总的尾喷管排出。

自 1988 年 4 月 CFM56 – 5A 装在 A320 投入使用以来,截至 2005 年 2 月,以 CFM56 – 5 系列发动机为动力的空中客车的双发 A320、A319、A321 及四发 A340 客机交付了 1 595 架。

表 3.1.6 示出了截至 2005 年 2 月为止,各型 CFM56 发动机使用数,从表 3.1.6 中可以看出,– 5 系列发动机占 CFM56 总使用台数的 27.48%。

表 3.1.6　CFM56 各系列发动机使用台数(2005 年 2 月)

CFM56 型别	– 2	– 3	– 5A	– 5B	– 5C	– 7	合计
装备的飞机	DC – 8 等	737	A320	A318,A319,A320,A321	A340	737	
发动机使用数	2 651	4 457	1 156	1 776	1 068	3 445	14 553

表 3.1.7 列出了各型 CFM56 – 5 发动机的主要参数。

表 3.1.7　各型 CFM56 – 5 发动机主要参数

	发动机型别	– 5A1	– 5A3	– 5B1	– 5B2	– 5B4	– 5C2	– 5C3	– 5C4
起飞状态性能	推力/kN	111.34	118.02	133.6	138.06	120.25	138.95	144.74	151.42
	保持起飞推力的大气温度/℃	30	30	30	30	45	30	30	30
	空气流量/(kg · s⁻¹)	386.8	397.7	428.1	434.0	407.2	511.6	474.4	483.5
	涵道比	6.0	6.0	5.5	5.5	5.7	6.6	6.5	6.4
$H=$ 10 668 m, $Ma=0.8$	最大爬升推力/kN	25.03	25.03	28.59	28.59	25.03	33.78	33.78	33.78
	最大爬升总压比	31.3	31.3	35.5	35.5	32.6	38.3	38.3	38.3
	最大巡航推力/kN	22.27	22.27	26.00	26.00	22.27	30.79	30.79	32.25
	巡航耗油率/[mg · (N · s)⁻¹]	16.87					16.05		
取证时红线值	NL/(r · min⁻¹)	5 100	5 100	5 200	5 200	5 200	4 800	4 800	4 960
	NH/(r · min⁻¹)	15 183	15 183	15 183	15 183	15 183	15 183	15 183	15 183
发动机特征参数	长/m	2.423	2.423	2.600	2.600	2.600	2.616	2.616	2.616
	风扇叶尖直径/m	1.734 8	1.734 8	1.734 8	1.734 8	1.734 8	1.836 4	1.836 4	1.836 4
	风扇/增压压气机/高压压气机级数	1/3/9	1/3/9	1/4/9	1/4/9	1/4/9	1/4/9	1/4/9	1/4/9
	高压涡轮/低压涡轮级数	1/4	1/4	1/4	1/4	1/4	1/5	1/5	1/5
	发动机重量/kg	2 267	2 267	2 383	2 383	2 383			
	取得适航证时间	1987 – 08	1990 – 02	1993 – 05	1993 – 05	1994 – 05	1991 – 12	1991 – 12	1994 – 11
	所用飞机	A320	A320	A321	A321	A320	A340	A340	A340

4.2　CFM56 – 5A 发动机

图 3.1.49 示出了 CFM56 – 5A 发动机的主要设计特点,也即它与 – 3 系列不同之处。由发动机总体布局与各部件中的级数来看,– 5A 与 – 3 完全一样,但在各部件中,做了不同的改动,如下所述。

4.2.1　风扇与增压压气机

– 5A 的风扇叶尖直径与 – 2 型的相同(1.734 m),比 – 3 型的 1.524 m 大 0.21 m,

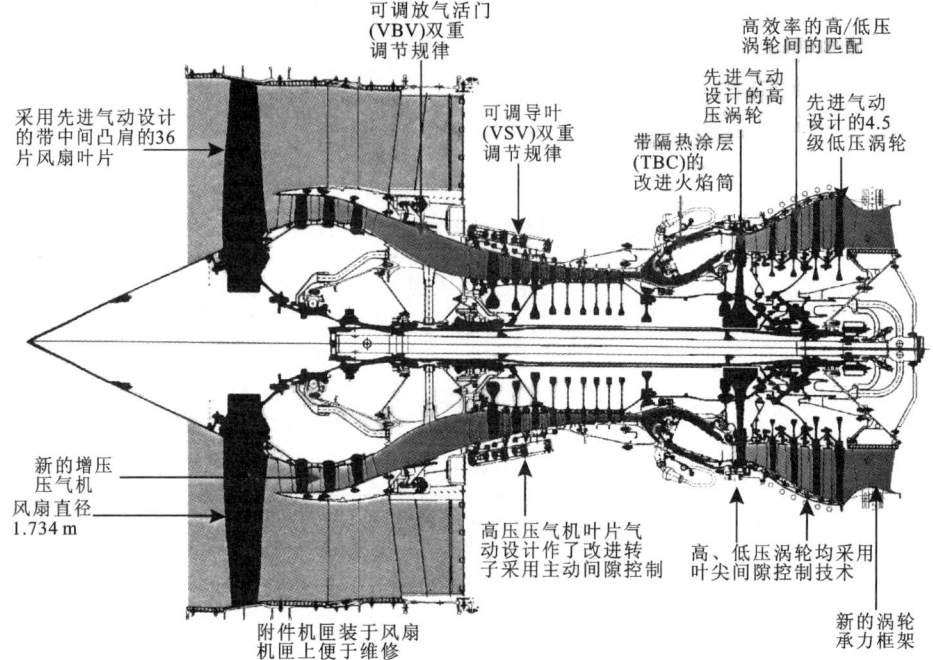

图 3.1.49 CFM56－5A 发动机设计特点

叶片采用了先进的三元流设计,但仍为大展弦比设计,共 36 片,材料采用了－3 型的 Ti/TA6V 钛合金,叶身上仍然做有中间凸台,叶根与轮盘连接处仍然装有减振块。

由于风扇采用先进的三元流气动设计,使风扇的效率较－2、－3 型均高,图 3.1.50 示出了几型 CFM56 风扇效率的比较曲线,图 3.1.50 中还示出了宽弦的 V2500 的风扇效率。

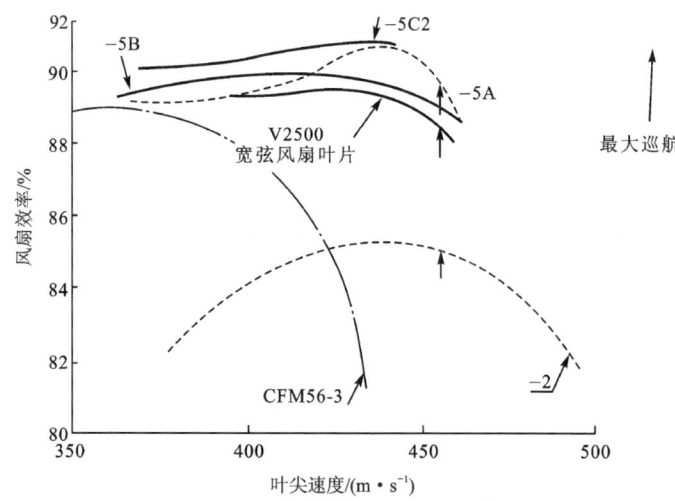

图 3.1.50 各型 CFM56 风扇效率

　　增压压气机仍为 3 级,叶片的气动设计同于-3 型,但与鼓筒的连接方式却不同。在-3 型中,全部 3 级叶片均装在鼓筒上的轴向燕尾槽中,3 级的燕尾型榫槽是一次拉出的,即 3 级叶片数相同。在-5A 型中,各级叶片是装在环形燕尾槽的,显然这种设计优于-3 型的,不仅各级可装不同数目的叶片,而且也不需要 1~2 级、2~3 级级间衬板。

4.2.2　高压压气机

　　图 3.1.51 是-5A 型高压压气机的特点与-3 型的主要不同的示意图,它们的不同点在于:

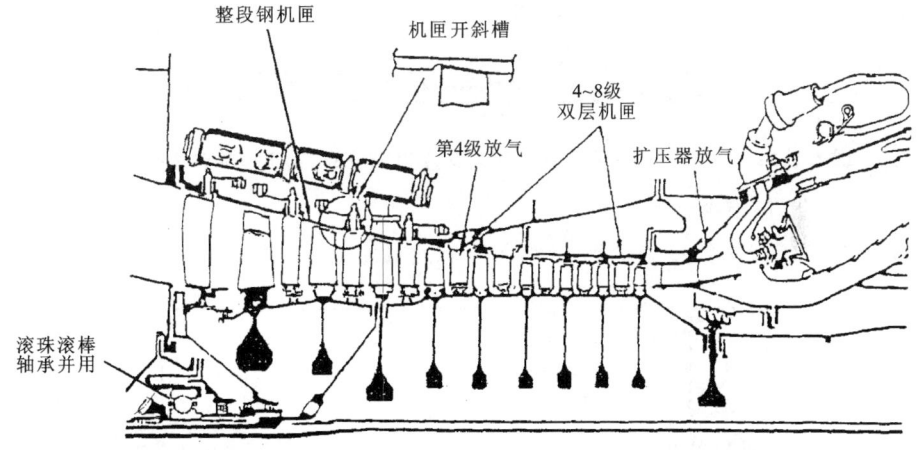

图 3.1.51　CFM56-5A 高压压气机特点示意图

　　(1) 机匣(指外机匣)用合金钢做成一体,-3 型中,前段用钛合金,后段用合金钢 (1987 年 4 月后改为合金钢机匣)。

　　(2) 机匣内壁与工作叶片相对应处开有斜槽,以提高效率,这是 CF6-80C2 首先采用的一种提高效率的措施,目前,罗·罗公司,普惠公司的发动机上也采用了。

　　(3) 第 1 级工作叶片上的凸肩进行了修改,使它做得较小一些,以改进性能。

　　(4) 可调静叶采用了双重调节规律,以改进性能。

　　(5) 前支点处由-3 型的 1 个滚珠轴承改为 1 个滚珠轴承与 1 个滚棒轴承并列。这种支承形式曾在 CF6-80C2 上采用过,后来 GE90 上也采用了。它主要作用有二,其一是减小该轴承的负荷,提高它的耐久性。采用 1 个滚珠轴承时,要承受径向力与很大的轴向力,因而工作条件差,-3 型中,此轴承经常损坏即是明证。采用滚珠、滚棒两轴承并列的设计时,一定要让滚珠轴承不承受径向负荷,仅承受轴向负荷,径向负荷由滚棒轴承承受,这样可改善滚珠轴承工作条件。为保证滚珠轴承仅承受轴向负荷而不会承受径向负荷,将滚珠轴承支于弹性支座中,而滚棒轴承支于刚性支座中,如图 3.1.52 所示。采用滚珠、滚棒两轴承并列的第二个作用是保持工作叶片叶尖与机匣间间隙均匀,特别是在工作一定时间后,能基本维持均匀的叶尖间

隙,这是因为采用滚棒轴承后,能限制转子的回转运动。

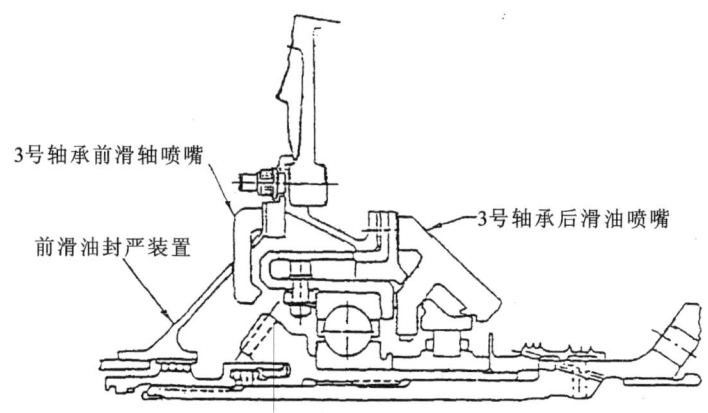

3号轴承前滑轴喷嘴

3号轴承后滑油喷嘴

前滑油封严装置

图 3.1.52　CFM56－5A 高压压气机前支点(3 号支点)滚珠滚棒轴承并列设计

4.2.3　高压涡轮

CFM56－5A 的高压涡轮与－3 型的不同之处主要有(见图 3.1.53)：

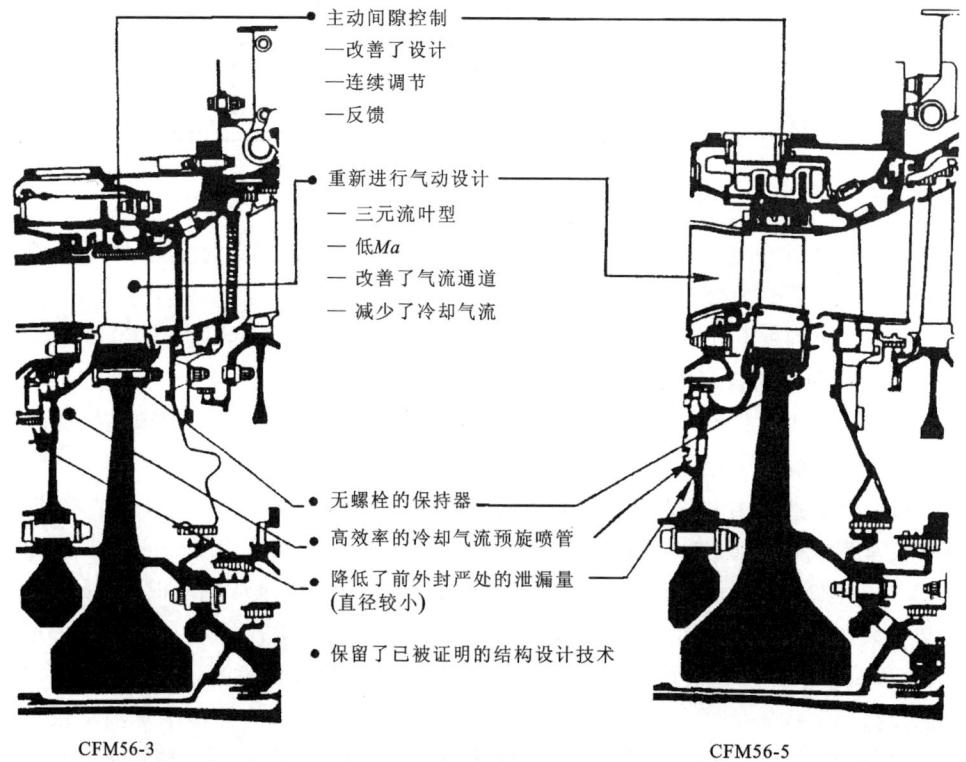

主动间隙控制
—改善了设计
—连续调节
—反馈

重新进行气动设计
— 三元流叶型
— 低Ma
— 改善了气流通道
— 减少了冷却气流

无螺栓的保持器
高效率的冷却气流预旋喷管
降低了前外封严处的泄漏量
(直径较小)

• 保留了已被证明的结构设计技术

CFM56-3

CFM56-5

图 3.1.53　CFM56－3、CFM56－5A 的高压涡轮比较

（1）轮盘上固定叶片的前后挡板，在－3 型中采用了多根螺栓，穿过涡轮盘中的小孔固定，在前文中已对其缺点做过分析，在－5 型中，将这一 GE 公司传统设计做了改进，即前后挡板用类似高压锅锅盖的保持器固定方式固定于轮盘前后端面上。

（2）按三元流重新对叶片进行了气动设计，降低了导向器出口的 Ma，气流通道做了修改，减小了冷却气量。

（3）主动间隙控制方面做了修改，涡轮外环处的结构做了较大的改动，另外，由于采用了 FADEC，主动间隙控制也由 FADEC 来执行，使它调节更为精确。

（4）涡轮盘前的封严盘与大鼓轴的连接安装边，由－2 型中做在大鼓轴的外端，改为向内翻。因此，连接螺栓所处的位置，即半径减小了，这样可减小螺栓头和螺帽与气流间的摩擦量。另外，封严盘上的外、内封严篦齿环上的齿数由－2 型的 4、2 个改为 3、1 个。

（5）气流通道做了改动。

4.2.4　低压涡轮

CFM56－5A 低压涡轮基本保持了－3 型的设计，只是涡轮后轴承机匣做了较大改动。首先是承力支板不仅数目由－3 型的 12 根增至 16 根，且支板的剖面做成叶型，且加大了弦长，起到半级涡轮作用，因此，CFM56－5A 的低压涡轮的级数称为"4.5 级"，见图 3.1.54；其次，支板不像在－3 型中用一定夹角与内环、外环相连接的，而是径向地置于内、外环间；另外，与辅助安装节连接的安装凸边，在－3 型中做成 4 片厚度较小的凸边，而在－5 型则做成 2 个厚度较大的凸边。从图 3.1.54 还可看出，机匣的外形也有较大变化。－5B 的后轴承机匣采用了－5A 的结构，但－5C 中又做成类似－3 型的结构，只是支板数目比－3 型的多，为 18 根。

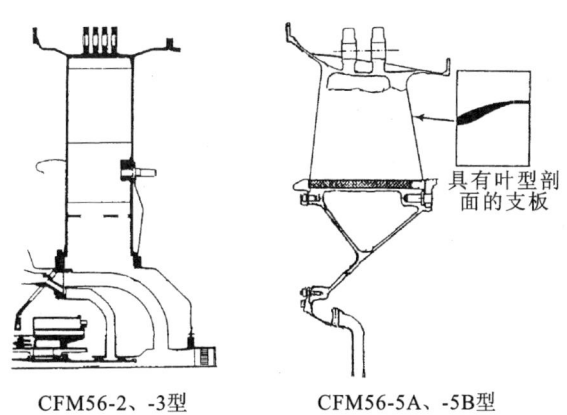

CFM56-2、-3型　　　　　CFM56-5A、-5B型

具有叶型剖面的支板

图 3.1.54　CFM56－3，CFM56－5A、－5B 后轴承机匣的比较

4.2.5　滑油系统

CFM56－5A 的滑油系统与－3 型的相比，有较多的改变：回油泵由 3 个改为 4 个，油滤滤网过滤能力改小了，油箱的安装方式与目视油量指示器改了，油滤旁路

活门打开的压力改了等。

（1）回油泵。在-3型中有3个回油泵，除前后油腔各有1个回油泵外，换向齿轮箱与附件传动机匣共用1个回油泵，即换向齿轮箱中的滑油先流到附件传动机匣，再用1个回油泵抽回。在-5A型中，换向齿轮箱与附件传动机匣各用1个回油泵。

（2）滑油箱。滑油箱与发动机风扇机匣的连接方式在-5A型上与-3型一样，即上方有一固定点下方两侧各有一固定点。但是，在-5A型上3个固定点处均采用了减振器，避免发动机振动传到油箱。滑油箱上的油量指示器在-5A型上改用了外置的带刻度的透明油面指示器，可以直接观察出油箱的油量；在-3型中采用的是加油与不加油的指示，具体油箱中有多少油量地面维护人员不能看出。在-5A型的滑油箱上多加了一个远距加油口，即压力加油接头。

（3）细油滤。在-5A型上与-3型上一样，在增压泵出口与回油泵总出口处均装有细油滤，但是增压泵出口油滤（即高压油滤）的过滤得更好，其过滤能力由-3型的44 μm 降至15 μm，相应地将油滤旁路安全活门的打开压差由119.8～140 kPa 增加到248～268 kPa。在回油总管处的油滤上，除装有目视的油滤堵塞指示器外，还装有向飞机座舱的 ECAM（电子式中央飞机监视器）提供油滤堵塞指示的压差传感器。

表3.1.8列出了CFM56-3、-5A型滑油系统主要参数的比较。

表 3.1.8　CFM56-3、CFM56-5A 滑油系统主要参数的比较

项　目		-3 型	-5A 型
进油滤（高压油滤）	过滤能力/μm	44	15
	旁路活门打开时的压差/kPa	120～140	248～268
	堵塞指示器开始指示的压差/kPa	80～100	200～227
回油总管油滤	过滤能力/μm	32	25～32
	旁路活门打开时的压差/kPa	250～270	250～270
	堵塞指示器开始指示的压差/kPa	193～234	200～227
	座舱堵塞指示的压差/kPa	—	150～175

4.2.6　FADEC

CFM56-5A的燃油控制采用了全权数字式发动机电子控制器 FADEC，它具有对下述参数或过程进行控制的作用：启动过程，燃油供油与控制，N1控制，可调静叶及放气活门的控制，反推装置的控制，高低压涡轮主动间隙控制及高压压气机转子的主动间隙控制等。另外，它还有超速保护与容错能力，并具有自测试调整能力，在 FADEC 设计中，采用了双通道、容错、数字式的控制，输入及反馈参数采用了双控制传感器，双套线路与接头，继电器与力矩马达上均采用双套线图，而液压机械部件如油泵、活门、作动筒用单套，发动机与飞机的接口参数与飞行参数向飞机输入时也采用了双套，所有这些特点，一方面是为了控制方便与精确，另一方面，也是为了安全可靠。

4.3 CFM56 - 5B 发动机

从表 3.1.9 示出的 CFM56 - 5 系列的 3 个型号发展时间来看，- 5B 晚于 - 5C，但由它的风扇直径看，它是同于 - 5A 的，而 - 5C 是加大的，因而由型别序列排，- 5B 安排在 - 5C 之前。

表 3.1.9 CFM56 - 5 系列的 3 个型号发展时间表

发动机型别	CFM56 - 5A	CFM56 - 5C	CFM56 - 5B
发展合同签订时间	1981	1987 末	1989 - 11
首台发动机台架试车时间	1982 - 04	1989 - 12	1991 - 10
定型时间	1987 - 08	1991 - 12	1994 - 02
投入使用时间	1988 - 04	1993 - 02	1995 - 04

图 3.1.55 示出了 CFM56 - 5B 的设计特点，由图 3.1.55 可见，它的核心机采用了 - 5C 的，低压涡轮采用了 - 5A 的设计，风扇叶片是新设计的，采用了先进的气动设计技术，增压压气机由 3 级增加 1 级变成 4 级，由此带来发动机长度增加了 0.177 8 m。各支点的轴承、附件传动机匣、控制器及附件均与 - 5A 的相同，只是 FADEC 的软件按 - 5B 的额定推力做了修订。

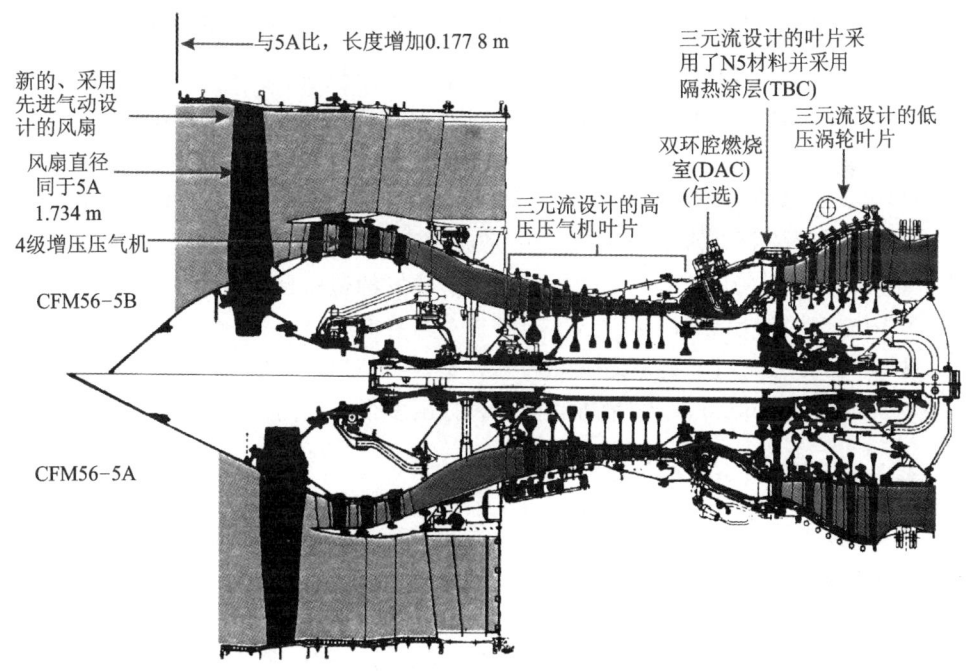

图 3.1.55 CFM56 - 5B 主要设计特点

为减小发动机的有害排放物 NO_X，在 - 5B 上采用了双环腔燃烧室（DAC）进行试

验,所谓双环腔燃烧室,是指火焰筒头部做成同心的双环腔(见图3.1.56),每环腔中均有各自的喷油嘴,在低工况下,仅仅由外环腔(即副油路)供油。在中间工况以上,两环腔同时供油。这种设计能使低工况下,外环腔中有恰当的油气比和燃油与空气混合可燃气体有较长的停留时间,从而又降低 CO 与 HC 的污染排放量。在中间工况及大工况时,两环腔中均供油,但均保持贫油状态,停留时间也短,因而可减少大工况下的 NO_X 排放物。由试验得出,与原设计的单环腔燃烧室相比,NO_X 可降低40%左右,因此,这种双环腔燃烧室又称为"绿色燃烧室"。

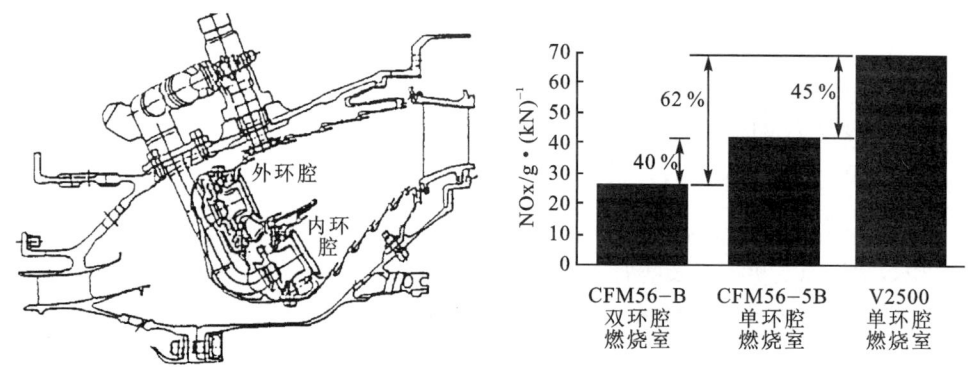

图 3.1.56　CFM56 - 5B 的双环腔燃烧室 NO_X 排放物与单环腔燃烧室的比较

在 -5B 型中,原设计仍采用常规的也即单环腔燃烧室,即 SAC。为瑞士航空公司 1995 年投入使用的 A321 提供的 CFM56 - 5B 发动机,即采用了 DAC。

在发展 DAC 过程中,首先在燃烧室试验台上进行 90°扇形段的部件试验。然后于 1993 年 3 月装在 -5B 发动机上进行整台发动机的试验,共进行了 8 周。然后装在 707 试飞台进行飞行试验,1994 年 4 月完成了飞行试验。1994 年中采用 DAC 的 CFM56 - 5B2 取得美国 FAA 与法国 DGGAC 颁发的适航证,并于 1995 年 1 月中装在 A321 中,交付给瑞士航空公司,承担巴黎—苏黎世航线的飞行任务。

GE90 发动机采用了类似的双环腔燃烧室,与 CFM56 - 5B2 的 DAC 不同的是,GE90 的火焰筒是用 GTD222 精铸后电子束打出多个斜孔的。

4.4　CFM56 - 5C 发动机

用于 A340 四发客机的 CFM56 - 5C 是 CFM56 系列中,风扇直径最大的,因而推力也是最大的发动机。由于 A340 是一种远航程飞机,所以它还采用了内外涵气流掺混后再由喷口排出的,称之为长涵道混合流(LDMF)的设计。

图 3.1.57 示出了 CFM56 - 5C 设计特点。现就发动机的某些设计特点分述如下:

4.4.1　风扇及增压压气机

从图 3.1.57 可看出 -5C 风扇叶片直径比 -5A 大 0.101 6 m,是按三元流设计的,与 -5A 相比,增大了抗外物打击的能力。风扇出口导向叶片改用复合材料制成。

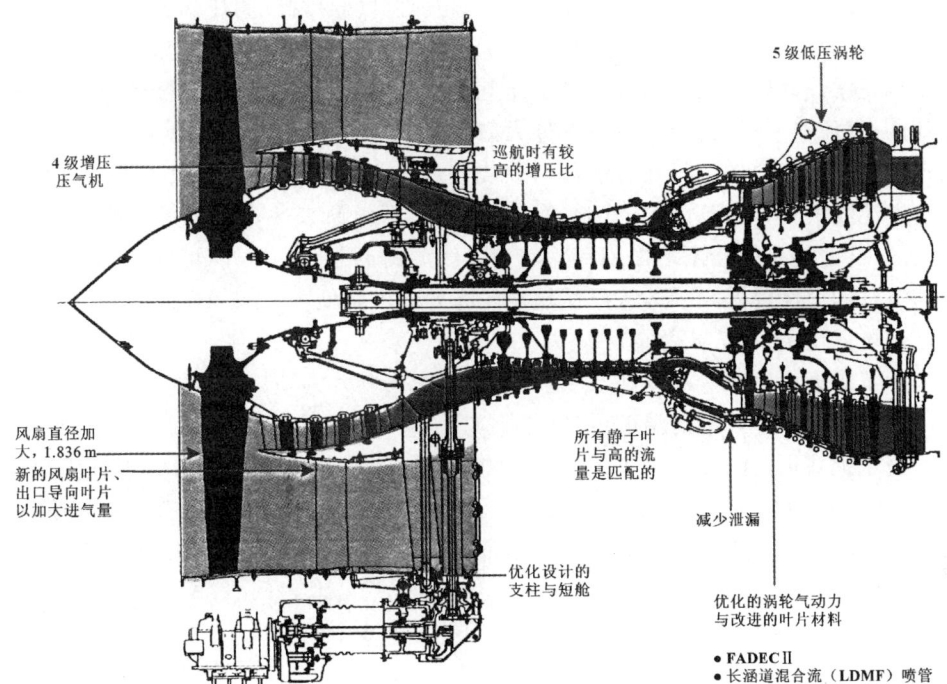

图 3.1.57 CFM56 - 5C 的某些设计特点

增压压气机由 - 5A 的 3 级改为 4 级,鼓筒仍用 - 5A 的环形燕尾槽来固定工作叶片,鼓筒为钛合金整体锻件加工而成。增压压气的工作叶片也是按三元流设计的。

4.4.2 高、低压涡轮

- 5C 的低压涡轮由 - 5A 的 4 级增加 1 级成为 5 级,且它的锥形短轴由 - 5A 的在 2～3 级间处与转子连接改为在 3～4 级间连接。

涡轮后轴承机匣的承力支板也像在 - 5A 中一样,叶型是用三元流设计的,形成 1/2 级涡轮。支板数与 - 5A 一样,是 16 片,外机匣不像 - 3、- 5A 型中做成多边形,而是做成圆的。但支板在外、内环间是斜向安置的,不像 - 5A 的径向安置。图 3.1.58 示出了 - 3、- 5A、- 5C 三型发动机中后轴承机匣结构设计的比较。

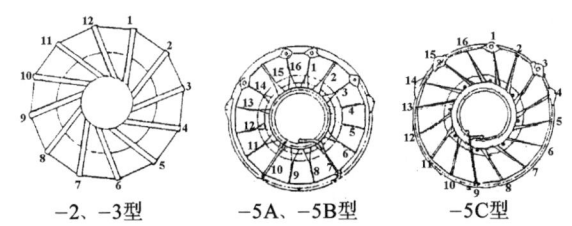

图 3.1.58 CFM56 - 3、- 5A、- 5C 后轴承机匣的比较

CFM56 - 5C 高压涡轮轮盘材料仍采用 - 5A 的,但压气机出口空气温度比 - 5A

高(总压比由 -5A 的 31.3 提高到 38.3),涡轮前燃气温度高(高压涡轮后燃气温度在 -5A 中为 915 ℃,而在 -5C 中为 950～975 ℃),因此,需改进对轮盘的冷却设计,使它工作正常。涡轮盘轮缘前端面是由压气机出口 CDP 处经 CDP 封严环流来的空气冷却的,气流在 CDP 封严环向后流过大鼓轴外径与燃烧室内机匣间空腔时,由于大鼓轴的高速旋转会使空气在封严环与燃烧室内机匣连接螺栓处产生大的摩擦生热,使空气温度上升,经过分析与试验,将 CDP 封严环由原来 5 齿台阶形的改为 4 齿平台式的,并将连接螺栓两端面用形状较为流线型的罩盖上。这样,可使流到涡轮盘的冷却空气的温度降低 30 ℃,从而使轮盘轮缘处温度降低 41 ℃左右,因而使 -5C 的涡轮盘仍可采用 Incol 718 合金。

为了提高涡轮叶片的冷却效率,冷却空气流向叶片的预旋喷嘴的叶型做了改进,使冷却空气进入叶片时的温度可降低 11 ℃。

为了提高主动间隙控制(ACC)的效能,高压涡轮外环处的结构做了较大改进,如图 3.1.59 所示。将图 3.1.59 与图 3.1.37 进行比较可以看出,-5C 型的结构变得更为复杂,其主要目的是使机匣在工作中尽量保持其圆度,以保持较均匀的小叶尖间隙。

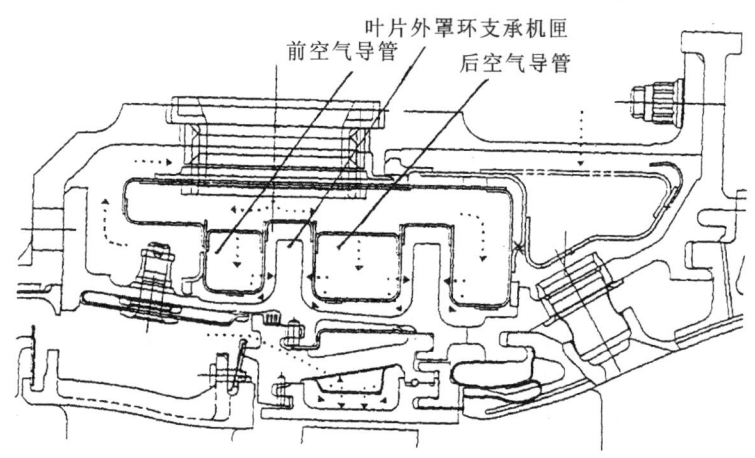

叶片外罩环支承机匣
前空气导管   后空气导管

图 3.1.59　CFM56 - 5C 高压涡轮外环处冷却结构

ACC 用于冷却涡轮叶片外罩环支承机匣的前后空气导管除将其截面做成方形外,空气在两管中的流动方向相反,这样,可以减少空气在管中流动时温度会逐渐加大的影响。因为对于支承机匣的某一点来说,前管的空气温度高,后管的空气温度低,两者一平均,沿圆周基本可达到温度一致,参见图 3.1.60。

4.4.3　长涵道混合流(LDMF)尾喷管

在大涵道比涡扇发动机中,外涵的冷空气流与内涵的热燃气流大多是平行的由各自的喷口单独喷出的,在 -5C 型中,却采用了外涵冷气流通过掺混器流入内涵,与热燃气掺混后由喷口喷出,为此,外涵道的外机匣比常规平行排气中的要长许多,一直延伸到喷口处,参见图 3.1.61。因此,这种喷管称为长涵道混合流(Long Duct

（1）风扇效率会提高。采用混合流喷管后,会使风扇效率在巡航、爬升时均大于平行流喷管。

（2）提高推进效率。采用这种 LDMF 设计,可使内外涵气流掺混率达 80%,可大大降低排气温度,减小了内涵气流的热损失,提高发动机效率,另外,内涵的排气速度也由于外涵气流的掺入后而降低,因而使推进效率可提高。

（3）耗油率低。由于前两项效率的提高,可使爬升、巡航状态下的耗油率降低 2%~3%。图 3.1.62 示出在 10 888 m 高空、Ma 为 0.8 下巡航时,采用 LDMF 喷管时的耗油率比常规的平行流喷管的低 5%,也即 CFM56 - 5C - 1 比 CFM56 - 5A 的耗油率低。

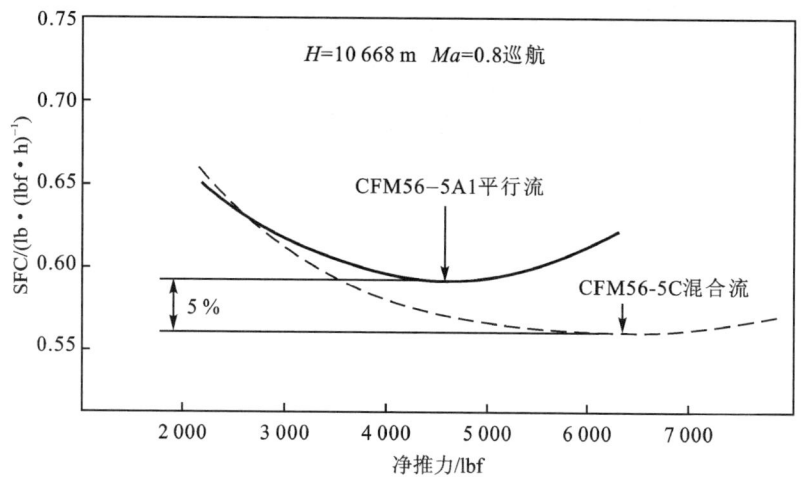

图 3.1.62　混合流、平行流喷段对发动机耗油率(SFC)的影响

（4）降低噪声。由于采用 LDMF 喷管时,排气速度降低,因而可使排气的噪声降低较多。

（5）增加反推力。LDMF 喷管的出口面积比平行流内涵喷口出口面积大,这是因为内、外涵气流均由此处流出发动机。当反推力装置工作时,外涵产生的反推力不变,而内涵气流由增大的尾喷口排出时,速度降低,因此正向推力减少,从而使整个动力装置产生的反推力大,一般可比平行流喷管大 40%左右。

由于 LDM F 喷管重量较大,因此,它适用于远距飞机上,如用于短距飞机,耗油率方面所取得的优势抵不过重量的加多带来的缺点,因而是不合适的。

混合流喷管的设计首先用于 RB211 - 535E4 上,用于 A340 的 V2500 上也采用这种设计。另外,用于 747 的 RB211 - 524H 也采用。

4.4.4　FADEC Ⅱ

CFM56 - 5C 发动机的燃油控制器采用了 FADEC Ⅱ,它是在 - 5A 上采用的 FADEC Ⅰ 基础上改进发展的,它不仅体积小(小 25%)、重量轻(轻 4.45 kg),而且其处理能力也大大增加。例如它采用了经过改进的 32 位存储单位的中央处理机(在 - 5A

上是 16 位),20 兆赫的时钟速度使发动机的控制更快(-5A 为 8 兆赫),存储容量比 -5A 的大一倍使发动机的控制模式更完善。另外它还具有:改进的维护工作软件,这是在 -5A 的经验基础上发展的,使排故时间进一步减少;微调 N1 的能力,使推力与排气温度的裕度得到优化;在飞机上可重新改编程序的能力,能使发动机控制装置软件快速升级,以便尽快将运营飞行中及发展试验的经验及时纳入到新编的程序中去,使发动机工作得更好。

在 FADEC Ⅱ 上,它的输入/输出信号比 FADEC Ⅰ 上多 30% 左右,增加了与飞机的一体化能力,另一方面,它的连接接头却由原来的 15 个减少到 11 个,插件板由 10 个减少到 4 个,从外观上看显得更简单。

CFM56 - 5C 的 FADEC 可与 CF6 - 80E1 通用。

4.4.5　CFM56 - 5C 的噪声

CFM56 - 5C 采用了许多降噪措施(见图 3.1.63),特别是采用 LDMF 喷管,使它噪声水平降低较多。图 3.1.64 示出以 CFM56 系列发动机为动力的飞机的噪声与 FAR36 部第 3 阶段要求值间的差值,从图 3.1.64 中可见 CFM56 - 5C 的比要求值低 23.3 分贝,比 -3 型的低 12.8 分贝。

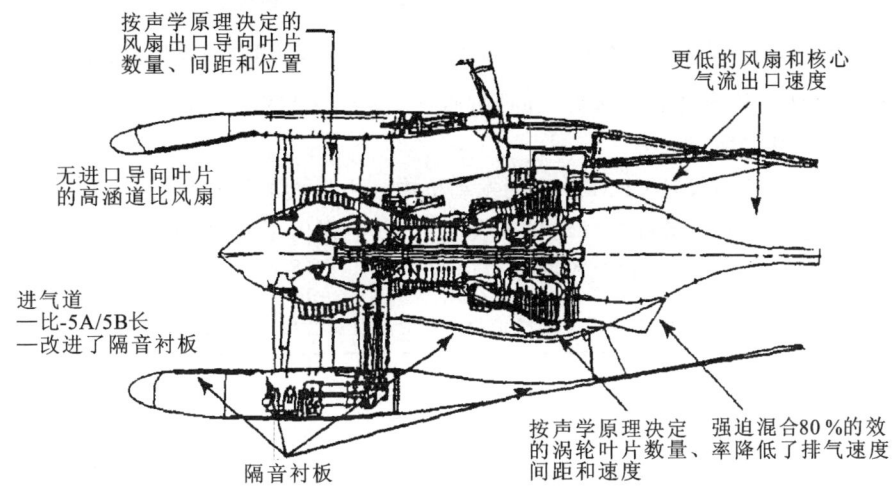

图 3.1.63　CFM56 - 5C 降低噪声的主要措施

4.4.6　发展试验

CFM56 - 5C 的耐久性试验,在 1993 年 2 月投入使用时,已进行了 4 400 h,4 600 h 循环,在投入使用后,仍然在进行累积的耐久性试验,相当普惠公司的 PACER(取证后加速耐久性循环试验),到 1996 年达到 16 000 个循环。

CFM56 - 5C 在 707 飞行试验台上分别于 1990 年 3 月与 1991 年 3 月进行过两阶段的 400 h 的飞行试验。另外,装在 6 架 A340 飞机上共进行过 11 600 h、990 余次飞行试验。试验结果表明 CFM56 - 5C 具有较好的性能保持能力与高的可靠性,在

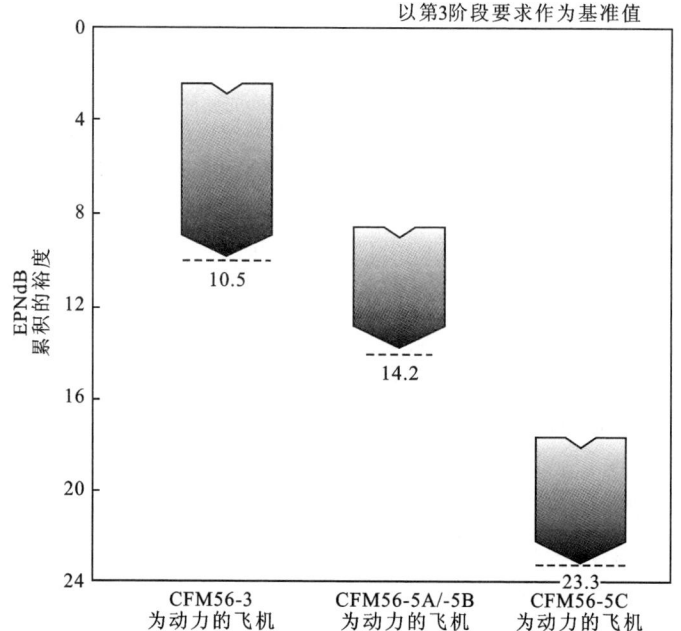

图 3.1.64 以 CFM56 系列发动机为动力的飞机噪声低于第 3 阶段要求的比较

整个试飞过程中没有遇到什么大的问题,而且反映出 FADEC Ⅱ 工作得特别好。

4.4.7 可靠性

CFM56 - 5C 不仅是 CFM56 系列发动机中推力最大的发动机,而且从第一年使用情况看,也是可靠性最好的发动机。表 3.1.10 中列出了 CFM56 系列中各型发动机在投入使用一年后的可靠性数据即可说明。

表 3.1.10 CFM56 系列发动机使用一年后的可靠性数据(头 12 个月数据)

发动机型别	-2	-3	-5A	-5C
投入使用时间	1982 - 04	1984 - 12	1988 - 04	1993 - 02
累积的飞行小时数	117 578	216 537	34 012	139 900
累积的飞行循环数	58 720	169 568	34 744	30 236
飞行的航班次数	14 680	84 784	17 372	7 559
空中停车次数/空中停车率	5/0.043	2/0.009	1/0.029	1/0.007
返修次数/返修率	36/0.306	10/0.046	7/0.206	2/0.014
航班延误取消次数/正点率	45/99.69	109/99.87	11/99.93	16/99.78
在役飞机数	28	73	21	24

注:空中停车率、返修率的单位为次/1 000 EFH,正点率为次/100 航班。

5　CFM56 - 7 系列发动机

5.1　发展背景

1993 年初,波音公司提出用最新技术(包括在 777 上采用的一些技术)改造原有的 737 - 300、- 400、- 500 双发旅客机,使它们能满足 21 世纪航空公司对旅客机的要求,因此,提出了研制 737 - 300X、737 - 400X、737 - 500X(即新一代 737)的计划。其中,有两型飞机的载客量与现有的一样,即 737 - 300 与 737 - 300X 载客量为 128 位(头等舱 8 位,经济舱 120 位),737 - 500 与 737 - 500X 载客量为 108 位(8 + 100),但 737 - 400X 载客量为 160 位(12 + 148)比 737 - 400 的多 14 位。这样,新一代的 737 可以覆盖 108 位乘客到 160 位这一广泛的领域,满足各航空公司对机载乘客数不同的要求。1994 年初,波音公司将第二代 737 重新命名,以 737 - 600、737 - 700、737 - 800 分别代替 737 - 500X、737 - 300X、737 - 400X。

3 种新型新一代 737 与现有 737 相比,机身长度与翼展均加大了,载油量也加大了,因此,航程也加大了,表 3.1.11 列出了两代 737 飞机尺寸比较。

表 3.1.11　两代 737 几何参数的比较

飞机机型	- 500	- 600	- 300	- 700	- 400	- 800
机身长/m	30.93	31.23	33.39	33.62	36.45	38.55
翼展/m	28.88	33.83	28.88	33.83	28.88	33.83
立尾高/m	11.12	12.16	11.12	12.16	11.12	12.16
燃油箱容量/L	20 102	25 435	20 102	25 435	20 102	25 435

由表 3.1.11 可以看出,737 - 800 的机身长度比原型 737 加长得较多,这主要是为了增加载客量。

随后,波音公司决定发展更大的、载客量更多 737,即 737 - 900,以便更好地与 185 座空中客车 A321 竞争。它是在 800 型的基础上机身加长 2.6 m,达到 42.1 m,使它成为新一代 737 系列中最新、最大的成员,可以载客 177~189 位。该机于 2000 年 8 月 3 日首飞成功,2001 年 4 月 17 日获 FAA 适航证,4 月 20 日获欧洲联合航空局(JAA)适航证,于 2001 年 5 月投入运营。

新一代 737 研制目的为:降低使用费用,保持高的可靠性,易于维护且维护费用低,市场的覆盖面大(载客量 108 人到 189 人),改善目前飞机的性能(航程可达 5 560 km,飞行高度可达 12 490 m,巡航速度为 $Ma0.76~0.82$),座舱更舒适,为旅客提供更舒适、更方便的条件,噪声与排放污染物均低于老一代 737。

为达到上述目的,在研制、设计中,采用了当前航空工业中的最新技术,例如广泛采用计算机进行设计,采用并行工程,驾驶舱中采用了最新的显示系统与其他各种系统等,当然,发动机也要求用最新的发动机。

CFMI 公司为响应波音公司这一更新 737 的研制计划,提出了改进现有 CFM56 - 3 的性能以及相应的结构改进计划,提出了发展 CFM56 - 3X 的计划,1994 年,又正式将它命名为 CFM56 - 7。为满足下一代 737 3 种新型飞机的需要,CFMI 公司发展了推力级由 80.16 kN (18 000 lbf) 到 121.5 kN (27 300 lbf)6 种型号的发动机,即 CFM56 - 7B18、-7B20、-7B22、-7B24、-7B26。序列号中的"B"代表用于 737 的发动机,18、20 等表示以 lbf 为单位的推力级,例如"22",表示推力级为 22 000 lbf。图 3.1.3 示出用于 4 种新型下一代 737 的 6 种 CFM56 - 7 型发动机与飞机的关系图。

截至 2005 年 2 月,已有 1 624 架下一代 737 飞机在航线上使用。

5.2　发展概况

配合波音公司下一代 737 的发展计划,CFMI 公司于 1993 年中决定发展 CFM56 - 7。1995 年 4 月 28 日,用于 737 - 700 的 CFM56 - 7 发动机进行了第一次台架试车,1996 年 1 月装在 747 飞行试车台上进行飞行试验。第一架 737 - 700 于 1997 年 2 月 18 日进行首飞,1997 年 9 月 23 日取得适航证,1997 年 10 月 9 日将交付第一架飞机。737 - 800 于 1997 年 7 月进行首飞,1998 年 4 月投入使用,737 - 600 于 1998 年 1 月 22 日进行首飞,同年 9 月投入使用。

5.3　CFM56 - 7 综述

CFM56 - 7 基本是在 CFM56 - 3 的基础上,某些部件还采用 CFM56 - 5 的结构,将风扇叶片改用宽弦无凸肩实心钛合金叶片而发展起来的。图 3.1.65 示出 CFM56 - 7 的主要特点,图 3.1.66 示出 CFM56 - 7 与其他型号的异同处。归纳起来与原型 CFM56 相比,-7 型有下述几方面特点:

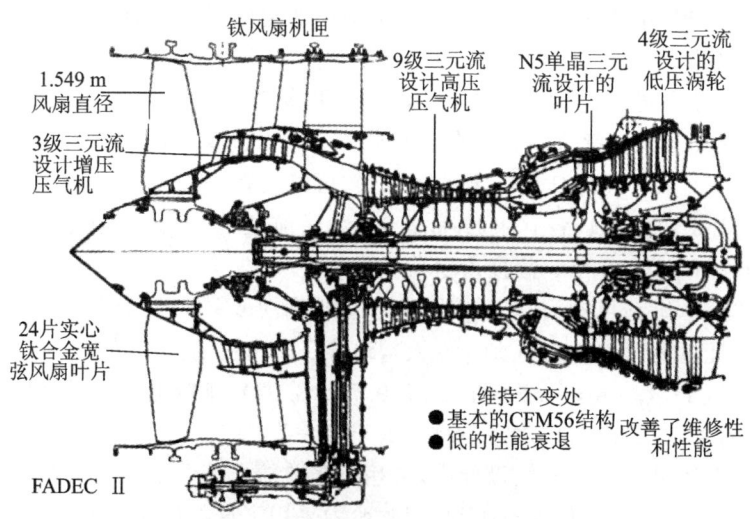

图 3.1.65　CFM56 - 7 主要特点

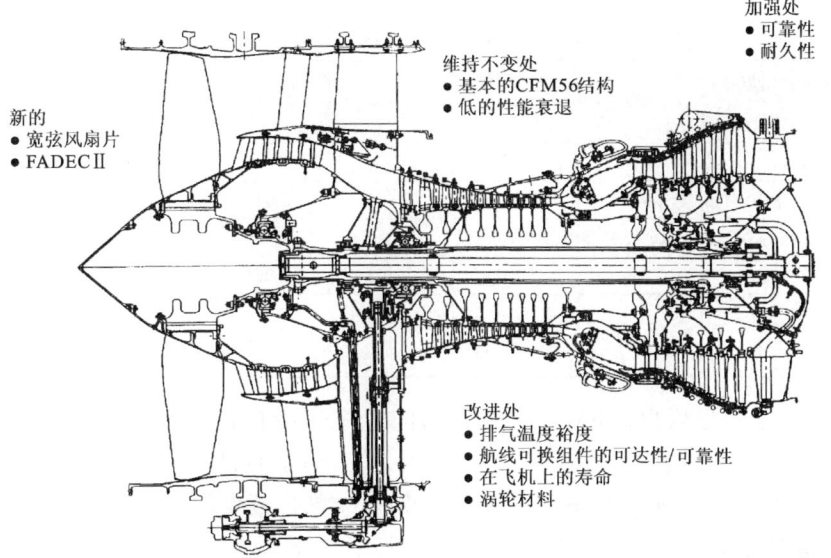

新的
- 宽弦风扇片
- FADECⅡ

维持不变处
- 基本的CFM56结构
- 低的性能衰退

加强处
- 可靠性　● 维修性
- 耐久性　● 性能

改进处
- 排气温度裕度
- 航线可换组件的可达性/可靠性
- 在飞机上的寿命
- 涡轮材料

图 3.1.66　CFM56 - 7 与其他 CFM56 的异同处

（1）采用新的设计。宽弦风扇叶片、FADECⅡ等。

（2）维持不变处。基本的 CFM56 结构、低的性能衰退等。

（3）加强处。可靠性、耐久性、维修性和性能等。

（4）改进处。涡轮后燃气温度的裕度、外场可换组件的可达性与可靠性，在飞机上的使用寿命、涡轮材料等。

为满足下一代 737 性能的要求，CFM56 - 7 设计的总目标是提高发动机性能与降低使用者的各种费用，也即要求发动机要求有较高的推力（与 - 3 型相比），较低的耗油率，能增大飞机的航程，维修费用要降低 15％，燃油耗量减小 8％，减少更换发动机的时间，改善各系统的可达性等。表 3.1.12 列出了 CFM56 - 7 系列发动机 6 种型号的主要参数，为便于比较，表 3.1.12 中还列出了 CFM56 - 3C - 1 的数据。

表 3.1.12　各型 CFM56 - 7 发动机的主要参数

发动机型号	- 7B18	- 7B20	- 7B22	- 3C - 1	- 7B24	- 7B26
风扇直径/m	1.549 4	1.549 4	1.549 4	1.524 0	1.549 4	1.549 4
推力/kN	86.84	91.74	101.09	98.10	107.78	117.13
空气流量/(kg · s^{-1})	307.35	315.98	330.51	322.34	340.95	353.66
涵道比	5.5	5.5	5.3	5.0	5.3	5.1
总压比 (10 668 m, 0.89Ma 下最大爬升)	32.8	32.8	32.8	30.6	32.8	32.8
高压涡轮转子进口温度/K	1 486	1 513	1 559	1 648	1 593	1 641

续表 3.1.12

发动机型号	-7B18	-7B20	-7B22	-3C-1	-7B24	-7B26
第2级低压涡轮进口温度(红线值)/℃	510	510	510	498	510	510
最大爬升推力/kN	26.55	26.55	26.55	25.03	26.55	26.55
NL(红线值)/(r·(min))$^{-1}$	5 380	5 380	5 380	5 490	5 380	5 380
NH(红线值)/(r·(min))$^{-1}$	15 183	15 183	15 183	15 183	15 183	15 183
基本的发动机重量/kg	2 363	2 363	2 363	1 952	2 363	2 363
用 途	737-600	737-600 737-700	737-600 737-700	737-400	737-700 737-800	737-800

从表 3.1.12 可以看出,CFM56-7 的风扇直径较 CFM56-3 大 25.4 mm,使它的涵道比由-3C-1 型的 5.0 增加到 5.3~5.5(-7B26 为 5.1),另外,总压比由-3C-1 型的 30.6 增加到 32.8,加上各部件进行一些改进,使部件效率均有提高,因此,使发动机的耗油率降低,达到了降低耗油量 8%的目标。

5.4 各部件设计特点

图 3.1.67 示出 CFM56-7 的风扇单元体与-3 型的风扇单元体的比较,图 3.1.68

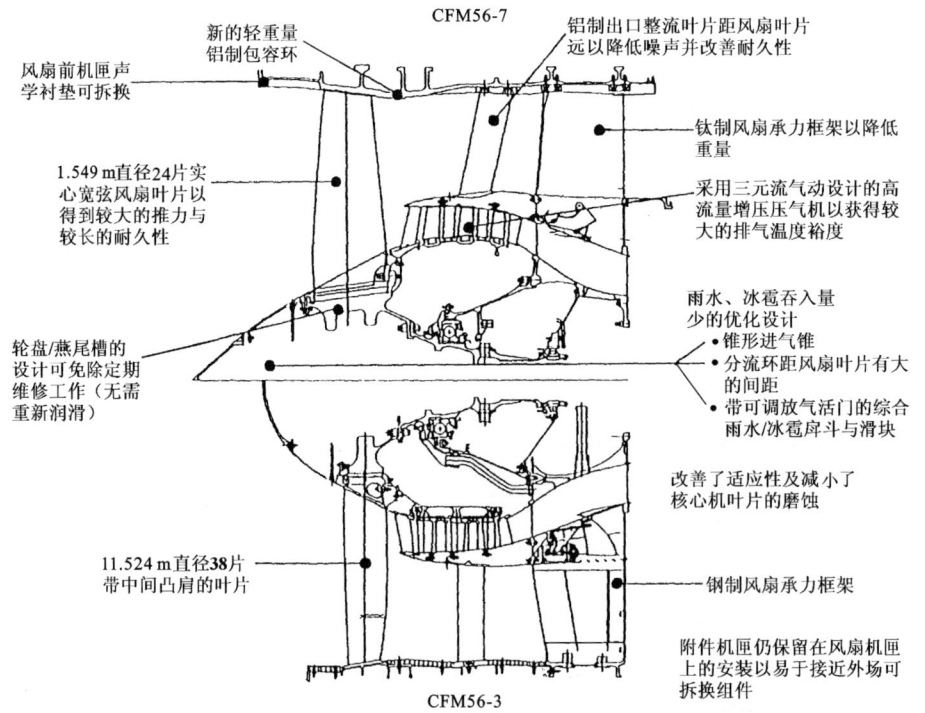

图 3.1.67 CFM56-7 风扇设计特点

示出 CFM56－7 的核心机单元体与－3 型的核心机单元体的比较。图 3.1.69 示出 CFM567 的低压涡轮单元体的特点。图 3.1.67～图 3.1.69 中，均用文字指出 CFM56－7 与－3 型的不同之处，除个别零部件外，在此不再阐述。

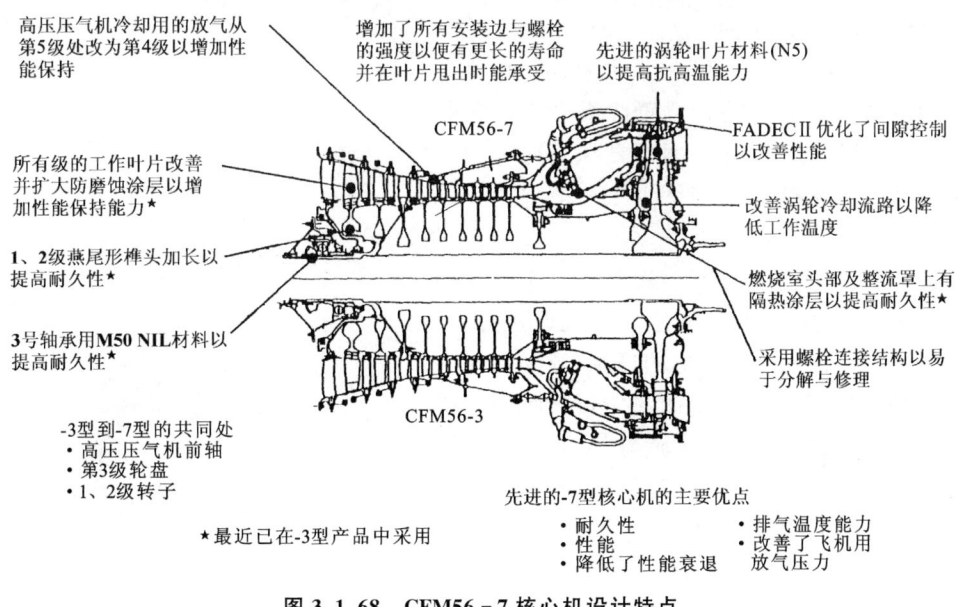

高压压气机冷却用的放气从第 5 级处改为第 4 级以增加性能保持

增加了所有安装边与螺栓的强度以便有更长的寿命并在叶片甩出时能承受

先进的涡轮叶片材料(N5)以提高抗高温能力

CFM56-7

FADEC Ⅱ 优化了间隙控制以改善性能

所有级的工作叶片改善并扩大防磨蚀涂层以增加性能保持能力★

改善涡轮冷却流路以降低工作温度

1、2级燕尾形榫头加长以提高耐久性★

燃烧室头部及整流罩上有隔热涂层以提高耐久性★

3号轴承用 M50 NIL 材料以提高耐久性★

采用螺栓连接结构以易于分解与修理

CFM56-3

-3型到-7型的共同处
・高压压气机前轴
・第3级轮盘
・1、2级转子

先进的-7型核心机的主要优点
・耐久性
・性能
・降低了性能衰退
・排气温度能力
・改善了飞机用放气压力

★最近已在-3型产品中采用

图 3.1.68　CFM56－7 核心机设计特点

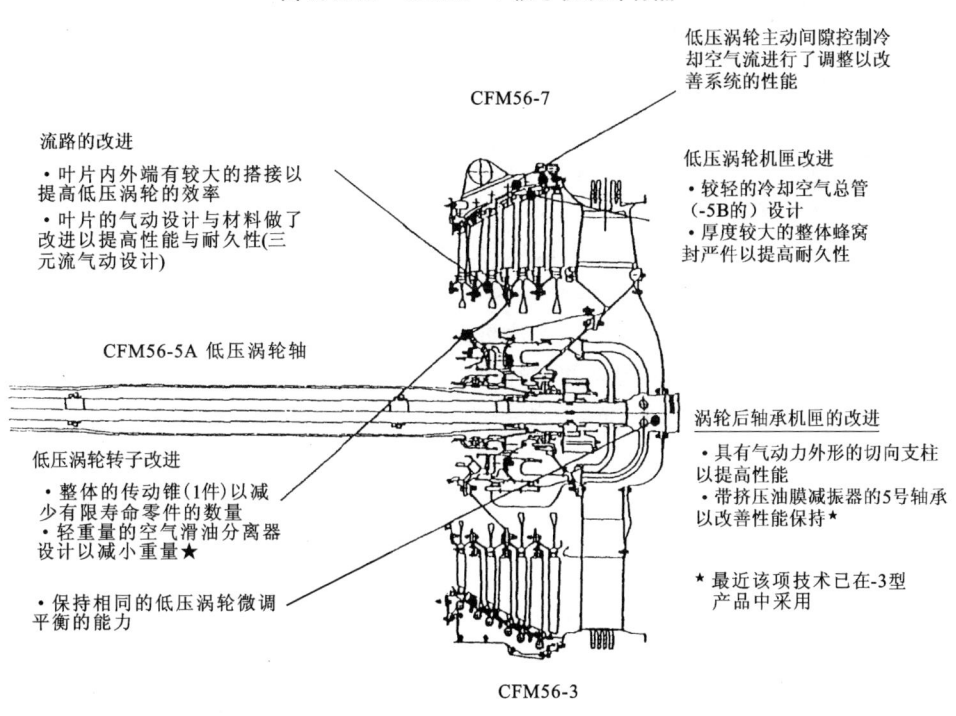

低压涡轮主动间隙控制冷却空气流进行了调整以改善系统的性能

CFM56-7

流路的改进
・叶片内外端有较大的搭接以提高低压涡轮的效率
・叶片的气动设计与材料做了改进以提高性能与耐久性(三元流气动设计)

低压涡轮机匣改进
・较轻的冷却空气总管(-5B的)设计
・厚度较大的整体蜂窝封严件以提高耐久性

CFM56-5A 低压涡轮轴

涡轮后轴承机匣的改进
・具有气动力外形的切向支柱以提高性能
・带挤压油膜减振器的5号轴承以改善性能保持★

低压涡轮转子改进
・整体的传动锥(1件)以减少有限寿命零件的数量
・轻重量的空气滑油分离器设计以减小重量★
・保持相同的低压涡轮微调平衡的能力

★最近该项技术已在-3型产品中采用

CFM56-3

图 3.1.69　CFM56－7 低压涡轮设计特点

5.4.1　核心机

CFM56-7核心机的零件与目前在A319、A320、A321上使用的CFM56-5B的核心机所用的相同,也即两者间可以互换。

5.4.2　风扇叶片

CFM56-7是CFM56系列发动机中唯一采用宽弦风扇叶片的。由于此系列发动机是在90年代衍生发展的,因而在风扇叶片设计中与其他系列相比(参考图3.1.22,CFM56-3风扇叶片),有了较大改进,图3.1.70示出风扇叶片与轮盘的结构图。从图3.1.70可见,CFM56-7的风扇叶片有三处较大改进,即叶片采用了宽弦无中间凸肩的设计,这是新一代发动机中广泛采用的设计,它不仅性能好、效率高,而且从加工、强度方面看均有较大改进。但由于弦长加大,叶片厚度相应加大,作用于轮盘上的离心负荷加大使轮盘承受不了,因此,在大多数采用宽弦风扇叶片的发动机例如V2500、遄达、PW4084、F119和GE90等中,均采用了减少叶片重量的措施,如叶片做成空心

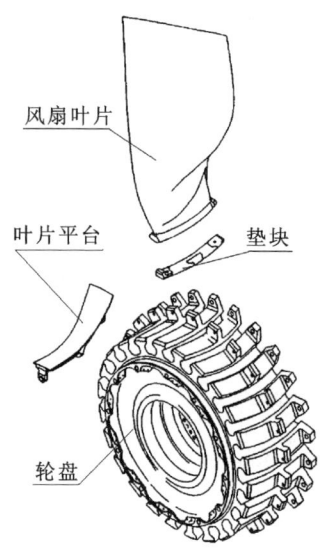

图3.1.70　CFM56-7实心宽弦风扇叶片

的、带芯的空心或采用复合材料制造等。-7型设计时,做了对比分析,认为像-7型中等推力的发动机上,风扇直径不到1.6 m,如适当加强轮盘(增加轮盘原度),轮盘仍能承受实心宽弦风扇叶片的负荷,但却能降低发动机生产成本,因此,-7型的风扇叶片采用了实心宽弦无中间凸肩的设计。

由于大涵道比涡轮风扇发动机的风扇增压比较高(约1.7),由轴向看,气流在风扇叶片中收敛较大,即叶片底座倾斜较大,在-3型中(见图3.1.22),底座与叶身作为一体,不仅使加工困难,且增大了叶片重量。在-7型中,叶身上不带底座,即叶身从尖部到根部全部做成叶型剖面的,在两片叶片间夹持一件称为叶片平台的堵块,组成气流的通道,这种设计不仅给制造上带来较多的方便,且使叶片重量减轻,已为新研制的发动机中广泛采用。

由图3.1.70上还可看到,CFM56-7风扇的榫根及轮盘上的榫槽不是做成直线的而呈弧形。通常风扇叶片榫根均做成直线形,以便在轮盘上用拉刀拉削出榫槽。由于叶片截面形状的轮廓线呈弧形,叶根平台为了将叶身下部截面全部包容,只得做成宽度较大的平行四边形,这时,轮盘直径只能做得较大,才能容纳下所有叶片。如果将叶根平台做成与叶根截面形状基本一致,即其轮廓线也呈弧形,平台的最大宽度处就较窄,如要装同样数目的叶片,轮盘直径可以小些,也即降低了轮毂比,在同样的空气流量下,发动机进口直径可以小,显然能带来较多的好处。叶片根部平台做成弧

形,同时考虑到叶片能方便地装进轮盘,叶片的榫根只能做成圆弧形,显然采用这种结构后,叶片的榫根与轮盘上的榫槽加工都较难。图 3.1.71 示出了 CFM56 - 7、- 3 风扇轮盘榫槽形式的比较。弧形榫根榫槽的设计原来用于罗·罗公司的发动机例如 RB211 - 535E4、遄达等发动机中,相信今后的大涵道比涡轮风扇发动机中将得到广泛的应用。

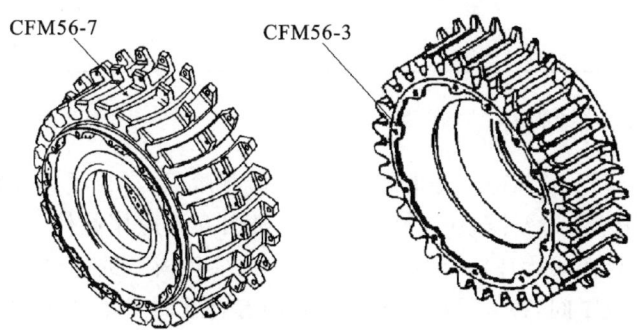

图 3.1.71　CFM56 - 7、- 3 风扇盘榫槽形状的比较

5.4.3　寿命有限制的零件 LLP

在 CFM56 - 7 上,寿命有限制的零件只规定循环数的限制值,而不给小时的极限值,几种主要零件的限制值为:风扇轮盘、增压压气机鼓筒 30 000 循环,压气机转子 20 000 循环,高压涡轮转子 20 000 循环,低压涡轮及低压轴 25 000 循环。

5.4.4　材　料

表 3.1.13 列出了 CFM56 - 7、CFM56 - 3 两型发动机中各种叶片所用材料的比较,由表 3.1.13 可见,在 - 7 型中,热端部件中的叶片材料改用得较多,这主要是为了获得较长的耐久性。

表 3.1.13　CFM56 - 7、CFM56 - 3 各种叶片的材料

发动机型号		CFM56 - 7	CFM56 - 3
风扇叶片		Ti - 4Al - 4V	Ti6 - 4
增压压气机工作叶片		Ti6 - 4	Ti6 - 4
增压压气机静子叶片		17 - 4PH	17 - 4PH
高压压气机工作叶片	1～3 级	TA - 1 - 1	TA - 1 - 1
	4～9 级	Incol 718	Incol 718
高压压气机静子叶片	1～3 级	A286	A286
	4～9 级	Incol 718/Incol 600	Incol 718
高压涡轮导向器叶片		N5	X40/DSR 142
高压涡轮工作叶片		N5	DSR 80H/Rene'125

续表 3.1.13

发动机型号		CFM56 - 7	CFM56 - 3
低压涡轮 导向器叶片	1、2级	Rene'125APVS	Rene'77
	3、4级	Rene'77	Rene'77
低压涡轮 工作叶片	1级	DS200APVS	Rene'77
	2级	Rene'125APVS	Rene'77
	3、4级	Rene'77	Rene'77

5.5　维修性设计特点

为了使 CFM56 - 7 获得较好的维修性,在研制阶段,进行了计算机辅助装配设计的研究,即利用 CATIA 程序(计算机辅助三维交互式应用软件)对发动机外部管线及各种附件进行布局设计,并对各附件做出三维实体模型进行配装,以保证各附件间以及与发动机机匣间,各导管间以及与机匣间有合适的间隙,最小的外场可换组件的拆卸包线,拆卸孔探仪座并安装孔探仪时不需拆卸其他设备。

由于在 CFM56 - 7 设计中,采用了较高的燃气温度裕度(见图 3.1.72),采用了已被验证过的部件使发动机将具有较高的可靠性,以及高压涡轮转子进口温度采用了比-3 型低很多的温度(见表 3.1.12),因此可以达到降低维修费 15% 的设计目标。

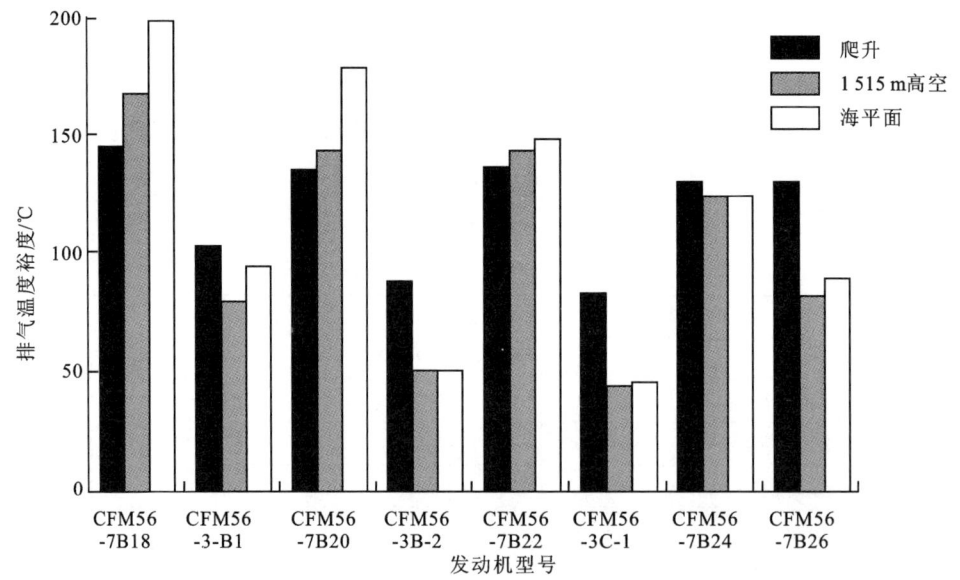

图 3.1.72　几型 CFM56 - 3、CFM56 - 7 的排气温度裕度

在 CFM56 - 7 上改善了对低压转子进行微调平衡的工作,就是-7 型上的减少维修时间,简化维护工作的一个例子。在 CFM56 - 3 上,可以在装机(装在飞机上)的条件下对低压转子进行微调平衡(动平衡),但需发动机开车 2~4 次,以获取有关平

衡的数据,经过计算分析后,可以确定不平衡量的大小与不平衡处的相位,这比以前需将发动机分解后,将转子装在动平衡机上进行平衡已有很大的进步。在-7型上,利用机载的维护计算机系统在飞行中收集各次飞行时发动机的振动值与不平衡的相位,在维护中,当需要微调平衡时,只要在主菜单中选用"转子平衡",显示屏幕即可指示需安装的配重大小与安装位置,换装配重后,不需开车进行复核。这样,不仅可大大提高平衡精度,而且费时极少。这种技术首先用于 777 飞机上。

5.6 噪声与排放污染

下一代 737 研制目的之一就是要满足 21 世纪对噪声、排放物的限制值。对于降低噪声,CFMI 与波音公司一道,在发动机短舱,发动机本体设计中,采取了一些措施(见图 3.1.73),使装 CFM56 - 7 的 737 - 600、- 700、- 800 飞机在三种条件下的噪声值均大大低于 FAR36 部第 3 阶段或国际民航组织附件 1 第 3 章的限制值。图 3.1.74 示出了在三种条件(起飞、侧边、进近)下的这三型飞机的噪声值与规定值的比较。

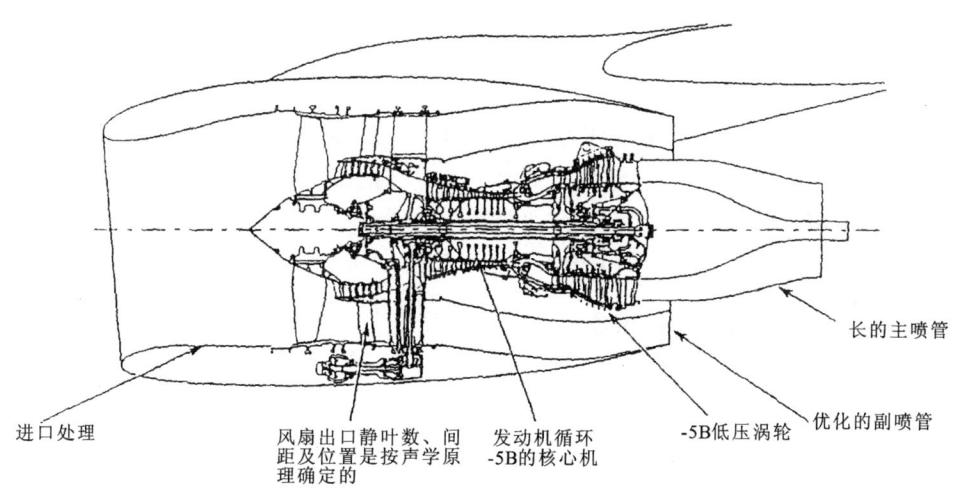

长的主喷管

优化的副喷管

-5B低压涡轮

进口处理

风扇出口静叶数、间距及位置是按声学原理确定的

发动机循环 -5B的核心机

图 3.1.73　CFM56 - 7 发动机降低噪声采取的措施

对于排放污染物,CFM56 - 7 现有的单环腔头部的燃烧室已能满足目前国际民航组织的要求,根据统计,CFM56 发动机在典型的 930 km 航程中,除下降及滑行中,排放中 CO 占主导外,起飞、爬升、巡航时,排放污染物中主要是 NO_x,因此,可以以 NO_x 的含量来表征发动机排放污染物的水平。

为了更进一步降低发动机排放污染物 NO_x,CFM56 - 7 中还可采用双环腔头部的燃烧室,这种燃烧室已在 CFM56 - 5 采用,它可降低 NO_x 35%,因而可使它的 NO_x 排放量在各型 CFM56 发动机处于最低值。

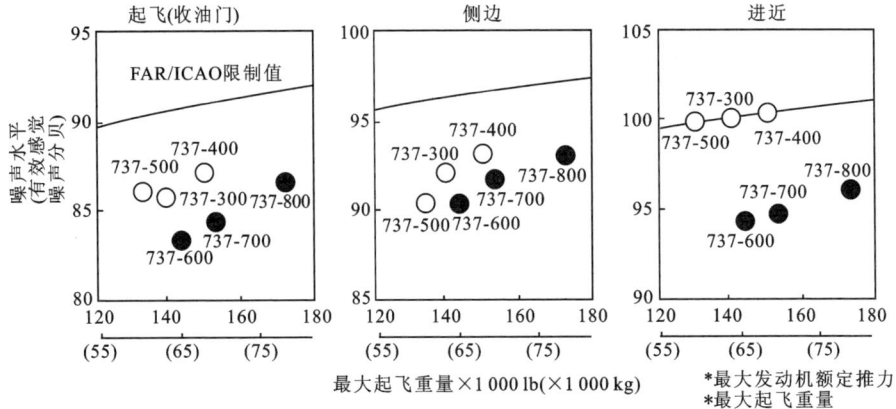

图 3.1.74　新一代 737 能满足 21 世纪对噪声的要求

6　CFM56 系列发动机使用概况

6.1　统计数据

自 1982 年 4 月 CFM56 系列发动机中的第 1 个型号 CFM56－2C 投入使用以来,截至 2005 年 2 月,各型发动机已累计工作了 274 511 467 EFH、161 778 396 循环,积累使用时间最多的发动机为－3 型,已达 140 180 931 EFH,其次为－7 型,34 982 808 EFH。前文表 3.1.1 中列出了 5 型发动机的使用数据。

6.2　CFM56 发动机的可靠性

CFM56 在当代大涵道比涡扇发动机中可靠性是处于领先地位,表 3.1.14 列出了 2010 年 12 月 31 日统计的各型 CFM56 发动机可靠性数据。

表 3.1.14　各型 CFM56 发动机可靠性数据(2010 年 12 月 31 日)

型　号	提前换发率	返修率	空中停车率	正点率/%
CMF56－3	0.030	0.078	0.004	99.99
CMF56－5A	0.029	0.082	0.004	99.99
CMF56－5B	0.017	0.030	0.002	99.98
CMF56－5C	0.033	0.063	0.004	99.86
CMF56－7B	0.025	0.030	0.003	99.98

注:提前换发率、返修率、空中停车率均为每 1000 EFH 值。

6.3　CFM56－3 发动机有寿命限制的零件

当前,发动机不给出固定的翻修寿命,而是根据发动机具体的健康状态决定是否

由飞机上拆卸下来还是继续使用(即视情定寿),因此,由于使用、维护情况不同,发动机使用的寿命变化较大。但是,发动机虽不给定固定的寿命,其中的一些零件反复承受着大应力(开车时)与零应力(停车)的变化,会在反复作用(即低循环)下疲劳损坏,因此,这些零件不能像发动机那样视情定寿,而是给出严格的使用寿命,这些有寿命限制的零件称为"有寿命限制的零件"(Life Limited Parts,LLP)。属于这类的零件主要是轮盘、鼓筒、轴和机匣等,但目前有些发动机中,机匣未包括在 LLP 中。

早期,对 LLP 的寿命限制规定为小时数及循环数两个,只要达到两者之一的限制,该零件即需由发动机上拆换下来报废,而不能采用经过修理再投入使用的办法。

CFM56-3 发动机中,规定的 LLP 只给出循环数,而不给出小时数。另外 LLP 金属转子上的零件,共 19 件,同一型发动机,使用状态即额定推力不同时,发动机工作条件有差异,因而其规定的寿命也不同。因此,在 CFM56-3 的 LLP 限制寿命(循环数)在不同的型别上是有差异的。

表 3.1.15 列出了 CFM56-3 的 19 种 LLP 的寿命(循环数)限制值。

表 3.1.15　CFM56-3 发动机 LLP 的循环数限制值

发动机型别	-3-B1	-3B-2	-3C-1
风扇盘	30 000	24 900	20 100
增压压气机转子	30 000	30 000	30 000
风扇轴	30 000	30 000	30 000
高压压气机前轴	20 000	20 000	20 000
高压压气机 1～3 级转子	20 000	20 000	20 000
高压压气机 3 级盘	20 000	20 000	20 000
高压压气机 4～9 级转子	20 000	20 000	15 800
CDP 封严盘	20 000	18 000	15 000
高压涡轮前轴	8 700	8 100	5 700
高压涡轮前封严盘	20 000	15 800	15 100
高压涡轮轮盘	20 000	18 500	16 600
高压涡轮后轴	25 000	20 000	15 800
低压涡轮轴	30 000	30 000	30 000
低压涡轮短轴	25 000	20 000	20 000
低压涡轮锥轴	23 500	17 400	15 600
低压涡轮 1 级盘	20 000	18 200	15 800
低压涡轮 2 级盘	200 00	16 200	13 900
低压涡轮 3 级盘	20 000	19 600	15 000
低压涡轮 4 级盘	20 000	20 000	20 000

表 3.1.15 中所给的 LLP 循环极限值,是对零件的原始设计而言,一些零件在使用中作过改进设计,其规定极限值将会提高。另外,所给定的循环极限值是根据实验、计算、分析并经适航管理当局核准而确定的。

2016 年 6 月统计,全球共有 CFM56 的用户为 550 家,任何时间中有 2 400 架以 CFM56 的动力的飞机在飞行,发动机平均左翼的使用寿命为 30 000 小时,当时已生产各型 CFM56 发动机 30 000 台,其中用于空客公司的为 9 880 台,用于波音公司的为 17 300 台。2019 年 6 月,CFM56 机群已超过 10 亿飞行小时(接近 115 000 年)。

7　CFM56‐3 发动机早期出现的故障

CFMI 公司统计了自 1986 年 1 月到 1992 年 7 月的六年半时间内,CFM56‐3 发动机多次返修与造成空中停车的故障,表 3.1.16、表 3.1.17 分别示出导致发动机返修与空中停车的主要故障,以及各种故障出现的次数、所占的比例。

表 3.1.16　引起 CFM56‐3 返修的主要故障与次数(1986.01~1992.07)

编号	发生故障部件	故障原因	故障次数	故障率/%
1	发动机	排气温度过高	562	29.01
2	HPT 外环	HPT 外环后侧断裂	221	11.40
3	HPT 转子	高压涡轮轴	179	9.21
4	低压涡轮	第 4 级动叶未锁上	64	3.30
5	发动机	启动慢-未发现原因	53	2.68
6	3 号轴承	3 号轴承失效	52	2.68
7	火焰筒	外层应力大引起破裂	45	2.32
8	发动机	振动大	36	1.85
9	火焰筒	外层断裂	35	1.80
10	HPT 外环	"C" 形夹断裂	33	1.70
11	发动机	LPT 超温	29	1.50
12	HPT 转子	HPT 叶片应力破坏	27	1.39
13	火焰筒	内层断裂	25	1.29
14	滑油系统	金属屑	24	1.24
15	燃烧室机匣	中间法兰连接螺栓	22	1.14
16	HPT 转子	动叶叶尖磨损	20	1.03
17	HPT 转子	轮盘裂纹	20	1.03
18	其他		491	25.34
总计			1 938	100.00

表 3.1.17　CFM56‐3 引起空中停车的主要故障与次数(1986.01~1992.07)

编号	发生故障部件	故障原因	故障次数	故障率/%
1	3 号轴承	失效	25	24.51
2	LPT 轴	4 号轴承失效	12	11.76
3	发动机	熄火	7	6.86
4	滑油系统	滑油管路失效	4	3.90
5	燃油系统	燃油泵失效	3	2.94

编号	发生故障部件	故障原因	故障次数	故障率/%
6	显示系统	EGT 测量电缆失效	3	2.94
7	传动齿轮箱	TGB Vespel 螺帽松	3	2.94
8	附件传动齿轮箱	轴封泄漏	2	1.96
9	气路封严	CDP 卦严失效	2	1.96
10	显示系统	EGT 显示仪错误	2	1.96
11	HPC 1 级静子	VSV 操纵杆失效	2	1.96
12	1号、2号轴承单元	油气分离器失效	2	1.96
13	1号、2号轴承单元	3 号轴承滑油封严失效	2	1.96
14	发动机	恶劣气候条件	2	1.96
15	传动齿轮箱	径向传动轴破坏	2	1.96
16	传动齿轮箱	滑油分配器失效	1	0.98
17	空气调节系统	VSV 反馈电缆	1	0.98
18	发动机	熄火	1	0.98
其他			25	24.51
总计			102	100

由表 3.1.16 可以看出,1986 年 1 月至 1992 年 7 月的六年半时间内,共出现引起返修的故障 1 938 次,表中所列的 17 种主要原因占 74.66%,其中又以发动机排气温度过高为最著,共发生过 562 次,占 29.01%,从表 16 中还可以看出,引起发动机返修的故障部件多在热端,例如高压涡轮、火焰筒等。

从表 3.1.17 中看出,在统计的 6.5 年中,引起发动机空中停车的故障共有 102 次,远远低于引起返修的故障,表 3.1.17 中所列的 18 种故障共出现 77 次,占总故障次数的 75.42%,对比表 3.1.16、表 3.1.17 明显可以看出,引起空中停车的故障显然与引起返修的不同,它主要集中于支承、滑油、传动和控制等系统。

3 号、4 号轴承损坏在引起空中停车的故障中约占 1/3 强(36.27%),这是因为这两个轴承工作条件恶劣所致,为此,改变了轴承材料,在以后的使用中,此问题得以减缓。在 CFM 56-5 型中,在 3 号滚珠轴承处增加一滚棒轴承,减轻滚珠轴承的负荷,从根本上解决轴承损坏问题。

另外,1994 年一年内,引起空中停车的发动机故障共出现过 18 次,故障率为 0.003/1 000 EFH,其中 4 号轴承损坏 5 次,附件传动机匣中启动机安装座封严环损坏 4 次,3 号轴承与燃油泵各 2 次,径向传动小轴支承座、放气门齿轮式马达、熄火、转换齿轮箱轴承、可调静叶摇臂各 1 次,由以上统计数据看出,3、4 号轴承仍是引起空中停车的一个主要原因。

在同一年内,引起发动机返修的故障共出现 678 次,远比引起空中停车的故障多(约 37 倍),其中性能极高的排气温度故障约 280 次,绝对占主导地位;其次是 LLP(有寿命限制的零件)到寿而返修的,约 120 次。这两项故障共 400 余次,占全部故障

的 59%。其他 8 种故障按出现多少排队，为：燃烧室（约 30 次）、低压涡轮工作叶片（约 25 次）、高压涡轮导向器（约 20 次）、加速问题（约 19 次）、高压涡轮工作叶片（16 次）、高压压气机工作叶片（14 次）、转换齿轮箱（10 次）和 3 号轴承（8 次）。

8　风扇叶片断裂引发的重大事故

2018 年 4 月 17 日上午，美国西南航空公司的一架 737 - 700 型客机执行由纽约飞往达拉斯的 WN1380 航班任务，机上载有 144 名乘客和 5 名机组人员。飞机起飞后飞行约 20 分钟飞到 9 900 m 上空时，突然飞机发生巨大的爆炸声，靠近第 14 排座椅处的左侧舷窗玻璃被外物击穿，在气流外泄过程中，将坐在此座位上的一位女性乘客拽出窗外，在 2 位乘客的帮助下，将她拖回了座舱并进行抢救，但是由于伤情过重，最后还是没有挽回她的生命，成为美国近十年来第一位在空难中死亡的乘客；也是西南航空公司成立 47 年以来，在乘坐该公司客机遭遇空难而死亡的第一位乘客。

原来这次造成乘客死亡的飞行事故，是由于飞机左侧所用的 CFM56 - 7B 发动机出现了风扇叶片断裂的非包容故障。一片风扇叶片在榫根处由于疲劳而断裂，断裂后的叶片向前打坏了整流罩，使整流罩脱离了飞机（发动机的包容环未受到损伤，还保留在发动机上）（图 3.1.75），飞出的碎片（包括风扇叶片断块，整流罩断片等）使机翼受到创伤但不太严重，并打破了前述的舷窗玻璃，最终造成这次 1380 航班飞行事故，此次事故造成 1 人死亡，包括机长在内共 7 人受伤。这是一次典型的由于发动机非包容故障对飞机造成二次损伤的事故。

美国西南航空公司在此事故的二年前，即 2016 年还发生过类似的重大故障。当年 8 月 27 日，该公司的 737 - 700 飞机执行由路易斯安那州的新奥尔良到佛罗里达州奥兰多的国内 WN3472 航班任务，机上 104 人（包括 99 名乘客，5 名机组），飞机在爬升穿越 9450m 高度过程中左侧发动机（CFM56 - 7B）发生非包容故障，甩出的风扇叶片打坏整流罩，碎片打伤飞机几处，特别是在左翼上方的机身上打出一个 12.7 cm×42.6 cm 的洞，但未击穿机身内壁，造成客舱失压。机组将失去一台发动机的飞机安全降落到佛罗里达州的彭萨克拉国际机场，无人员伤亡，飞机损坏，是一次严重影响飞行安全的事件。图 3.1.76 为飞行中的左侧发动机严重受损的情况。

事后，NTSB 事后对丢失的风扇叶片榫根在其金相实验室进行了探伤检查，发现风扇叶片的断口位于叶片叶身与榫根交接处，在断口截面上，发现了长约 30 mm 深约 5.5 mm 的疲劳裂纹，疲劳源区位于距叶片前缘 53.34 mm 处，说明该风扇叶片是疲劳断裂的。

CFM56 风扇叶片断裂故障早在 30 年前的 1989 年就出现过。当年由于 CFM56 - 3C 发动机（装在 737 - 400 客机）的风扇叶片断裂造成了死亡 47 人受伤 74 人的"凯格沃斯 Kegworth 空难"，随后又有两架飞机遭受了同样的风扇叶片断裂故障，但未造成人员伤亡。为此，停飞了 737 - 400 全部机群，在换装了改型的风扇叶片后，才恢复飞行。在此之后的近 30 年中，再未出现风扇叶片断裂故障，直至西南航空公司在两年内连续出现两次。

丢失的叶片

图 3.1.75　1380 航班受损的发动机

图 3.1.76　3472 航班受损的发动机

9　结束语

CFM56 系列发动机由于采用了一台先进的核心机（F101 的核心机）作基础，再根据 737、A320、A340 的要求，采用先进技术开发了风扇与低压涡轮，再不断根据使用中出现的问题进行改进，使它成为性能好、推力范围广（由 89 kN 到 151 kN）、可靠性高的一系列发动机，成为当前民航客机中使用得最多的一种发动机。它的发展演变道路与过程，设计与使用特点，改进、改型的经验均值得我们学习，用以发展我国的系列发动机，本文撰写的目的也在于此。

| CF6 – 80C2 发动机结构设计特点 |

前　言

　　CF6 – 80C2 双转子大涵道比涡扇发动机是美国 GE 公司在 CF6 – 50、– 80A 型的基础上发展起来的衍生型发动机,它既继承了 – 50 型、– 80A 型系列的设计特长,又采用了一些先进的技术和新的设计,成为一种性能较好的发动机。由于发展衍生型发动机所需的研制时间短,技术风险小,使用可靠性较高,因此该发动机投入使用后很受各航空公司欢迎。表 3.2.1 列出了各型 CF6 的主要性能参数。

表 3.2.1　CF6 系列发动机主要性能数据

发动机型号	CF6 – 6	CF6 – 50	CF6 – 80A	CF6 – 80C2
起飞推力/kN	228	234	223	263
起飞耗油率/(mg·(N·s)$^{-1}$)	9.86	10.65	9.74	9.12
总压比		30.4	28.0	34.0
涵道比	5.90	4.31	4.60	5.16
涡轮前燃气温度/℃		1 350	1 300	1 310
重量/kg	3 580	3 977	3 820	4 072

1　单元体结构

　　发动机由五个大单元体组成(见图 3.2.1),采用单元体结构设计便于维修。在外场能检查、修磨和单个地按重量矩更换风扇叶片和导流叶片,换装风扇叶片后,用本机平衡术即可对风扇转子进行平衡调整。高压压气机机匣沿水平对半分开,打开

后能更换转子、静子叶片。各级压气机及高压涡轮及第 2、4 级低压涡轮处都设有孔探仪孔座,燃烧室进口处有 5 个孔探仪孔座,可观察火焰筒与喷油嘴。另外,还可将同位素芯棒插入低压轴轴心,对发动机内部进行 X 光摄影。发动机的启动机、燃油泵、滑油泵和交流发电机等均采用快卸卡箍固定于各自的安装座上,附件传动装置中的齿轮轴、轴承等都用了插入式设计,便于在外场检查、更换轴承及封严件等(参见本书第 2 版《新型民用涡扇发动机附件传动机构的某些设计特点》一文)。整个发动机结构设计考虑了维修简便与更换零部件方便。

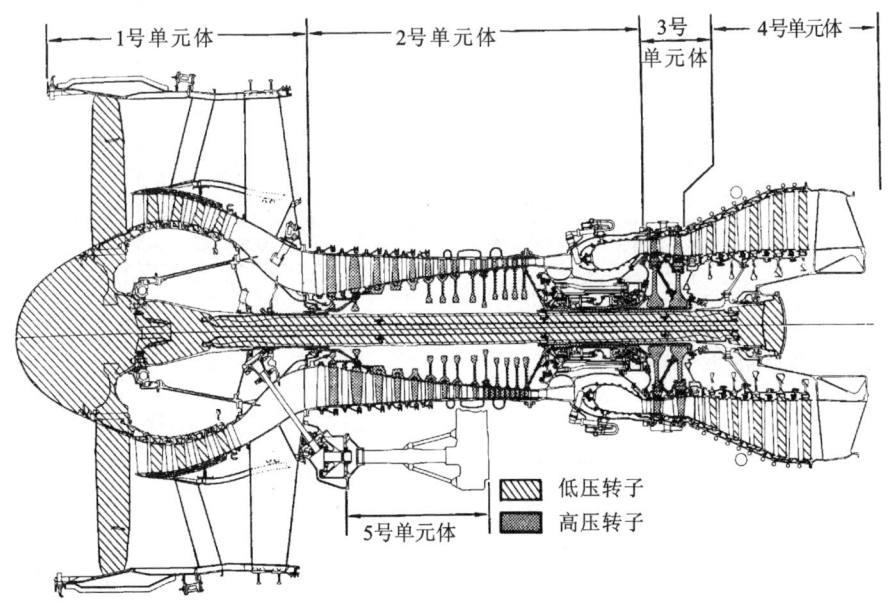

图 3.2.1　CF6‐80C2 发动机单元体结构设计图

2　转子支承

CF6‐80C2 的转子支承结构与 CF6‐80A 的相似,2 个转子共有 6 个支点(高、低压转子各 3 个),其中高压压气机后支点采用了滚珠轴承与滚棒轴承并用的方案,因此共有 7 个轴承,支承于 3 个承力框架上,共用 3 个滑油腔。各轴承位置及所在的承力框架见表 3.2.2。

2.1　低压转子支承方案

低压转子支承方案为 0‐2‐1,紧靠风扇轮盘后端的 1B 轴承为内环分成两半的滚珠轴承,除了能承受工作中很大的向前轴向力外,还能在低压轴折断时将风扇转子保持在发动机内,以防止风扇盘甩出事故,这是除罗·罗公司发动机外大多数发动机采取的一种安全设计(参见本书《RB211‐22B 风扇转子飞行中的严重故障》一文)。

风扇轴的后端支承于 2R 滚棒轴承上,低压涡轮后轴支承于 6R 滚棒轴承上,低压涡轮前长轴利用前端的花键插入风扇轴内的花键槽中,此花键联轴器成为低压涡轮转子的前支点。1B、1R 二轴承通过风扇承力机匣将负荷外传,而 6R 轴承则是通过涡轮后轴承机匣将负荷外传。

表 3.2.2　CF6 - 80C2 发动机转子支承位置及轴承型式

轴承	支点位置	承力框架
1B	风扇后	风扇承力机匣
2R	风扇后	
3R	高压压气机前	
4R	高压压气机后	燃烧室机匣
4B	高压压气机后	
5R	高压涡轮前	
6R	低压涡轮后	涡轮后轴承机匣

注:B 代表滚珠轴承,R 代表滚棒轴承。

2.2　高压转子支承方案

高压转子支承方案为 1 - 2 - 0,高压压气机前轴支承于 3R 滚棒轴承上,高压压气机后支点采用滚珠、滚棒轴承并列,是 CF6 系列发动机特有的设计,可提高轴承寿命。滚棒轴承 4R 承受转子的径向力,滚珠轴承 4B 仅承受转子的轴向力,与 - 80A 型不同的是,- 80C2 型上 4B、4R 轴承位置对换,采用先珠后棒的安排,以减小高压压气机两个径向支点间的距离,有利于保持均匀的叶尖间隙。这种滚珠、滚棒轴承并列的设计也用于其后的 CFM56 - 5、GE90 型的设计中,普惠公司、罗·罗公司的发动机中尚未采用这种设计。高压转子的后支点设置在高压涡轮盘前,采用了 5R 滚棒轴承。3R 轴承通过风扇承力机匣外传负荷,而 4R、4B、5R 三个轴承通过燃烧室机匣外传负荷,GE 公司的其他发动机如 F101、F110、F404、CFM56 和 GE90 等型均未采用这种设计。高压转子 4R、5R 轴承分别采用了双瓣式和三瓣式非圆外环设计,以防止轴承在高速低载时打滑产生滑蹭损伤,这两个轴承外环的周向位置靠定位销相对固定于轴承座中。3R 轴承外环有间隙为 0.254 mm 的挤压油膜,高压压气机后轴内装有内表面镀有铜-镍-铟的阻尼衬套,起到低压轴的限挠器作用。

3　风扇、低压和高压压气机

3.1　风　扇

风扇结构如图 3.2.2 所示。

流经风扇的空气流量为 765 kg/s,涵道比为 5.28,38 片带中间凸台的风扇叶片,

叶尖处局部铣薄以避免与机匣相碰时出现过大摩擦,叶片以燕尾形榫头装于轮盘榫槽中,榫槽做得较深,叶片插入较深的榫槽后,再在叶根下插入一垫块,将叶片上顶并使其两侧凸台紧贴于相邻叶片的凸台,这种结构便于单个地更换叶片。风扇转子用 Ti6 - 4 钛合金制造,风扇盘前的进气锥用 7075 铝合金制成。

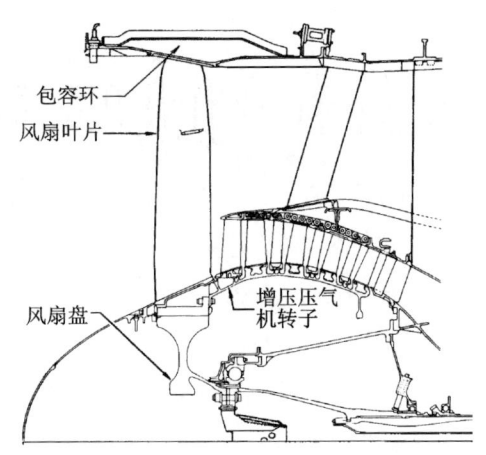

图 3.2.2　CF6 - 80C2 风扇部件

3.1.1　风扇包容环

风扇包容环采用了在铝合金基体上缠绕 67 层 Kevlar 带条的结构(参见本书第 2 版《CF6 - 80C2 风扇的包容试验》一文),出口导叶用高模量碳树脂附着于尼龙芯板上制成,其内端插入复合材料内环中。各级钛合金低压压气机静叶固定于铝合金机匣上。

3.1.2　风扇承力机匣

风扇承力机匣的中心轮毂部分(内涵气流通道)由钛合金铸造,焊接上 12 根外涵道径向支板,支板外端用螺钉固定到风扇外机匣上,形成发动机的主承力框架。

3.2　低压压气机

在风扇轮盘后装有 4 级低压压气机(也称增压压气机),为使气流平缓过渡流入高压压气机,低压压气机的气流通道设计成圆弧形,4 级与气流方向垂直的转子叶片装于鼓筒的环形燕尾槽中,鼓筒用螺钉固定于风扇盘后。低压压气机转子用 Ti6 - 4 钛合金制造。

3.3　高压压气机

3.3.1　性　能

发动机总增压比 30.4,流入高压压气机的空气流量为 121 kg/s,高压压气机有 14 级,是现代发动机中少有的设计。

3.3.2　转　子

高压压气机转子共三段五个组件如图 3.2.3 所示,包括带鼓的 1 级盘、带轴的 2 级盘、3～9 级盘鼓焊接段、10 级盘、11～14 级盘鼓及后轴焊接段,各段之间用螺栓连接。各级工作叶片的叶尖均局部铣薄,1～5 级为 Ti6 - 4,6～9 级为 A286 合金钢,10～14 级为 Inconel 718 制成。除 1、2 级叶片用轴向燕尾槽固定叶片外,其余各级均用环形燕尾槽固定,便于打开机匣更换叶片,这是 20 世纪 80 年代发展的新设计,已为众多的发动机采用。

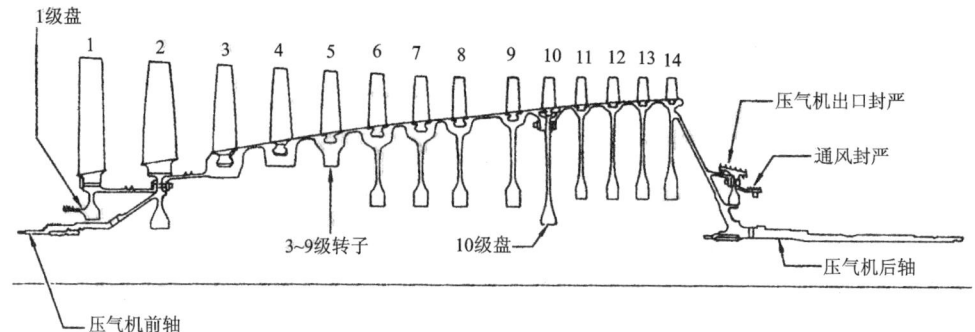

图 3.2.3　CF6 - 80C2 高压压气机转子

3.3.3　机　匣

　　水平对分的高压压气机机匣由 M - 152 合金钢离心浇铸而成,所有静子叶片均由 A286 合金钢制成。在对应于 3～14 级工作叶片叶尖处的机匣内壁上车出斜槽(见图 3.2.4),叶尖外径与未加工斜槽时的机匣内径基本一致,叶尖与主气流通道间无间隙,流动损失少,可提高效率,并能避免工作时叶尖与机匣相碰,据称这种设计的封严效果比在机匣内壁涂易磨层好。CFM56 - 5、普惠公司的 PW4000、罗·罗公司的 RB211 - 524G/H 上也采用了这种设计。

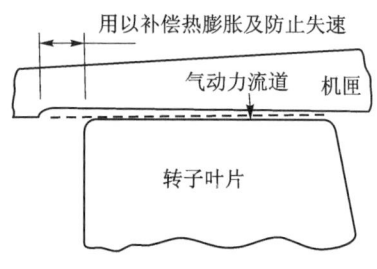

图 3.2.4　压气机机匣上开斜槽

4　燃烧室与高低压涡轮

4.1　燃烧室

4.1.1　整体铸造机匣

　　燃烧室内、外机匣及扩压器的 10 个支柱用 Inconel 718 合金铸成一体,其前端安装压气机出口导叶,后端与涡轮机匣相连,形成发动机第 2 个承力框架。这种整体铸造的燃烧室机匣,不仅刚性好,且零件数大大减少。PW4000、V2500 等发动机也采用了这种结构。

4.1.2　火焰筒

　　火焰筒为环形结构,头部带 30 个涡流器,分别用 HS188、HastX 高温合金型钢滚轧后焊接而成的外壳和内壳上均有 6 排气膜冷却孔,外壳靠后安装边夹持于燃烧室机匣与涡轮机匣间,内壳用螺钉固定于高压涡轮导向器内支承板上。涡流器有两级,第 1 级为切向孔式,第 2 级为径向叶栅式。

4.2 高压涡轮

4.2.1 静子叶片

两级涡轮的转、静子叶片均为气冷式。两级 X-40 精铸的空心导流叶片中,第 1 级叶腔内插有两个芯子,压气机出口空气分别由叶片内外端流入前后芯子中;第 2 级导叶是引压气机 11 级空气从外端通入叶腔进行冷却。

4.2.2 工作叶片

两级工作叶片用定向凝固的 Rene'80 H 铸成,冷却空气进入第 1 级叶片的方式与其他发动机不同(见图 3.2.5),压气机出口空气通过封严装置径向流入固定在轴上的导流器,加速进入轴腔和两级盘间,在离心力作用下由 1、2 级轮盘间的鼓环与盖板组成的通道中甩入 1 级转子叶根部。这种设计可除去空气中的尘埃,避免堵塞叶片冷却通道,而且冷却空气的压力、速度较高,冷却效果较好。转子叶片根部两侧装有减振块,可增加叶片固接刚性,并利用其间摩擦力来减振。

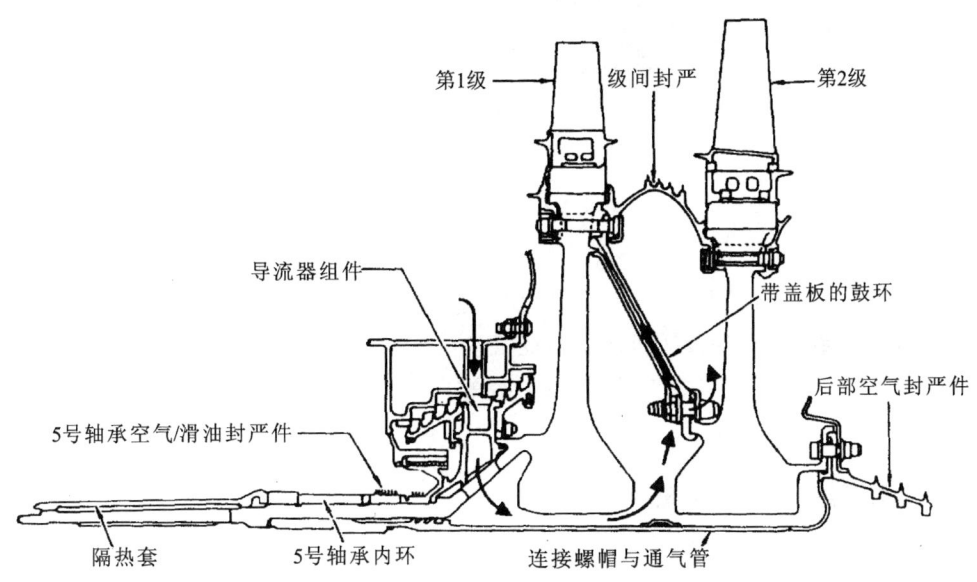

图 3.2.5 高压涡轮转子及冷却空气流路

4.3 低压涡轮

低压涡轮单元体结构如图 3.2.6 所示。

4.3.1 转 子

5 级带锯齿形叶冠的实心工作叶片和各级导流叶片均由 Rene'77 铸造,轮盘均为 Inconel 718 材料制成,盘间用短螺栓连接。高压第 2 级轮盘后端面及低压涡轮 1、2 级轮盘的冷却空气由第 7 级压气机引来。

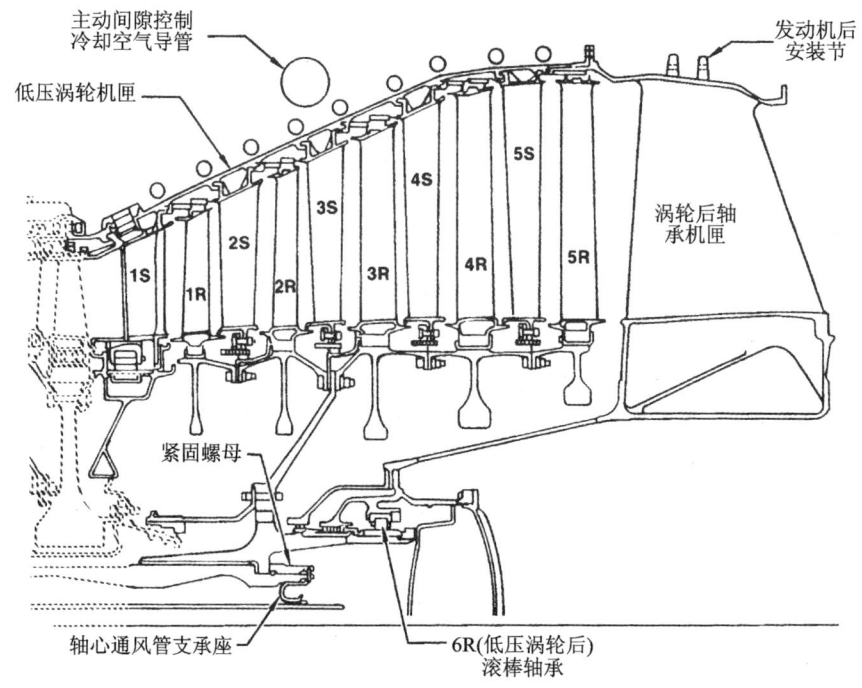

图 3.2.6　低压涡轮单元体

4.3.2　静　子

涡轮后轴承机匣用 Inconel 718 整体铸造,其 12 个空心翼型支板起到半级涡轮的作用。每个支板前缘靠近外环处有兜气口,将燃气引进支板内腔,再流入轮毂内以进行加温,可减少工作时因外环、轮毂间温度不均而引起的过大热应力。这种结构在其他发动机中比较少见。

5　控制系统与滑油系统

5.1　主动间隙控制

该系统主要控制对高、低压涡轮机匣与对核心机转子进行冷却的两部分冷却空气。用导管将风扇后空气引至涡轮处。低空工作时,转子需要较多的冷却空气,而涡轮机匣不需冷却,以保证叶尖处有较大间隙;高空巡航时则恰恰相反。主动间隙控制系统在发动机主调节器控制下,当飞行高度达到 6 000 m、N2 转速达到 $82\% \sim 98\%$ 时,开始通过围绕高压涡轮机匣的管子上的数百个小孔向涡轮机匣吹气,以冷却机匣使涡轮叶尖间隙减小,提高巡航时的效率。

5.2　推力控制与功率管理

　　燃油调节及功率管理系统由主发动机调节器(MEC)与功率管理控制器(PMC)两部分组成,前者具有液压机械式计算机及阀门系统,负责切断或调节燃油、控制压气机空气流量(放气门及可调叶片的调节)以及限制发动机超转、超温和超压;后者包括与飞机油门系统联系的电子计算机、推力计算机及 N1 转速指示器等。

　　发动机工作时,调节器的计算机可根据飞机起飞重量、机场场压与场温确定出各种工况下的风扇转子转速 N1,只要按下所需工况的按钮,N1 转速表上的目标指针即移至所算出的转速处,操纵油门杆,发动机转速上升至实际转速指针与目标指针重合时为止,便可保证所需工况下的工作状态。

　　20 世纪 80 年代后期,GE 公司已为 CF6 - 80C2 发展了全功能数字式电子调节器(FADEC),于 1989 年 2 月取得 FAA 的合格证,随即投入航线使用。

5.3　滑油系统

　　CF6 - 80C2 的滑油系统与常见形式不同,其主要特点有:1. 增压系统中不设调压活门,滑油压力随转速的不同而变化;2. 回油总管中装有过滤尺寸为 15～30 μm 的细滤,比进油系统的细滤(74 μm)还细,因而保证滑油洁净的是回油总管细滤,而一般发动机滑油系统的回油总管不设细滤(参见本书第 2 版《现代航空发动机的滑油系统设计特点》一文);3. 利用低压轴作润滑系统的通风管,各滑油腔的油气由低压轴腔内的输气管向后输送,油滴在离心力作用下甩出,气体则由涡轮轴后端排入燃气中。GE 公司发展的这种独特设计,可减少发动机外部管道,油气分离效果较好,并能省去油气分离器,在该公司的 J85、CF6 系列及 CFM56 等发动机上都采用了这种设计。

| PW4000 发动机设计特点 |

前　言

双转子、大涵道比涡扇发动机 PW4000，是美国普惠公司在 JT9D－7R4 和 PW2037 涡扇发动机的基础上发展的一种全新发动机。PW4000 发动机上采用了许多先进的技术。为了便于替换 JT9D－7R4 发动机，PW4000 的外廓尺寸与 JT9D－7R4 一样，发动机上两个安装平面间的距离也做成一样。

1　转子支承与支点结构

PW4000 发动机沿用了 JT9D－7R4 发动机上转子的支承方式，但在低压转子上 1 号轴承后增加了一个滚棒轴承，即 $1\frac{1}{2}$ 号轴承（见图 3.3.1），据称是为了在起飞大负荷状态下将风扇叶尖的弯曲度降到最小。JT9D 发动机的两个转子成功地采用了四支点支承方式，在大涵道比涡扇发动机中支点数是最少的，从而有利于简化结构，提高了工作可靠性；但低压转子两个支点（即 1 号、4 号）间的距离太长，约 3 m，长逾 3 m 的低压涡轮轴加工十分困难。增加 $1\frac{1}{2}$ 轴承不仅缩小低压转子支点间的距离，有利于防止长逾 3 m 的低压涡轮轴变形，而且也缩小了低压涡轮轴的长度。为了减小发动机外传振动，高压转子前支点（2 号支点）的滚珠轴承采用了弹性支座与挤压油膜。弹性支座做成折返杆式结构（见图 3.3.2）以缩短发动机长度；挤压油膜则采用了 JT9D 发动机中的形式，即油膜两端用涨圈封严（另一些发动机上的挤压油膜两端不封严），它除了减小外传振动外，还起到弹性支座限制挠度过大的作用。低压涡

轮后轴承外环处也采用了挤压油膜。PW4000 的转子支承方式与支点结构设计能改善发动机性能,特别是能减缓发动机性能衰减,延长寿命,因而在 V2500 发动机上全部采用了这种设计。

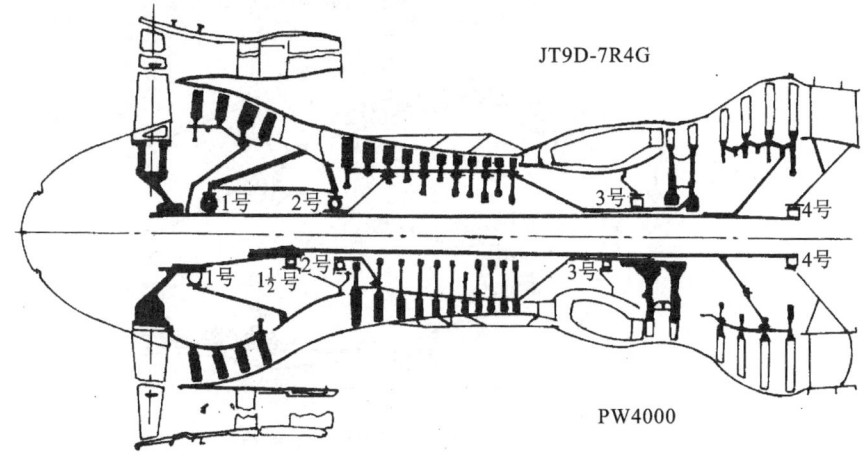

图 3.3.1　JT9D－7R4 和 PW4000 支承方案的比较

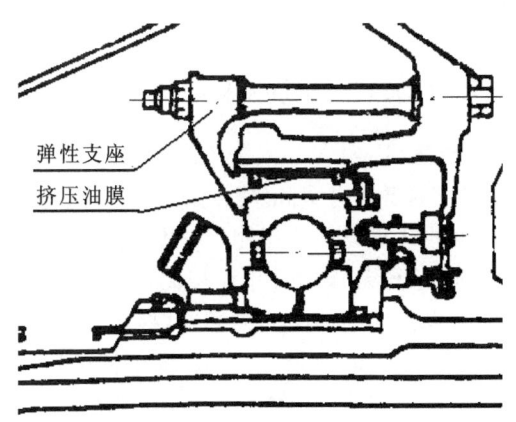

图 3.3.2　折返杆式弹性支座与挤压油膜

　　低压转子的滚珠轴承设在风扇盘之后成为 1 号轴承。风扇盘上的后轴(见图 3.3.3)未直接与低压涡轮轴相连,而是通过中介轴与低压涡轮轴相连的,中介轴与风扇后轴、低压涡轮轴均用套齿联轴器相连。1 号轴承内环未装在直径较小的中介轴上,而是套装在风扇后轴位于联轴器的后端,风扇轴在此处并不传递扭矩,也不传递轴向力。这种将轴承不装在传递大扭矩、大轴向负荷的轴上的做法,是一种提高低压涡轮轴安全性的设计。将滚珠轴承设在风扇盘之后是除 RB211 系列发动机外大涵道比涡扇发动机中普遍采用的方案,它能在低压轴一旦折断时将风扇保持在发动机内。

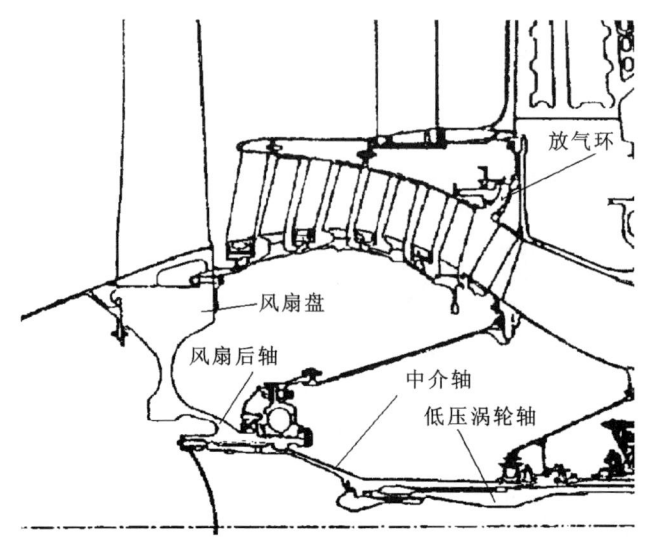

图 3.3.3　PW4000 风扇、增压压气机支承结构

2　部件结构设计特点

2.1　风扇与低压压气机、高压压气机和防喘系统

2.1.1　风扇与低压压气机

　　PW4000 发动机的单级风扇盘上固定着 4 级低压压气机(即增压压气机),这是目前大涵道比涡扇发动机的常规设计。风扇叶片仍然保留有一个减振凸台,虽然对凸台的设计做了许多改进,但与无凸台的叶片相比,在性能、强度和加工性等方面仍略为逊色。叶片前缘由原先常规的尖头改成椭圆,提高其抗外物撞击能力。

　　做成弧线形的低压压气机气流通道,在末级动叶后有放气环(见图 3.3.3)。随气流吸入的尘埃在离心力作用下从气流中分离出来并从放气环中甩出,使进入核心机的空气较为纯洁。这不仅可以减少对各级叶片前缘的磨蚀,也能防止尘埃堵塞涡轮叶片的冷却小孔。

　　风扇和高压压气机之间的中介机匣是主承力机匣,也是最复杂的构件。它的中心部分是由合金钢铸成的带 9 个承力支板的同心三层圆环。外涵道中的 9 个承力支板单独铸成后焊在中心部分外环上。这种用铸、焊结合制造复杂构件的办法,也是新一代发动机中为减少零件数常采用的措施。

　　由于增压压气机转速低、直径小,4 级工作叶片装在整体的鼓环中形成鼓式转子,在装第 4 级叶片的鼓环内有一个小轮盘,以增加鼓环开口处的刚性。由于气流在增压压气机中是呈弧线流动的,为提高部件效率,工作叶片不像在一般压气机中径向地装在鼓环上,而是与气流方向呈正交地安装在鼓环上,也即叶片斜着装在鼓环上

（见图 3.3.3）。这种"正交叶片"在大涵道比涡扇发动机的增压压气机中广泛被采用。增压压气机叶片采用了可控扩散叶型。

2.1.2　高压压气机

11 级高压压气机的增压比约为 11.0，平均级增压比为 1.234，比 V2500 发动机的 1.349 要小得多。叶片与低压压气机的一样，采用了可控扩散叶型。这不仅减少了损失，提高了效率，而且还可减少叶片数。此外，由于前缘厚度增加，抗尘沙磨蚀的能力也提高了。

高压转子为焊接结构。后 3 级镍基合金盘与后轴焊成一体，第 2～8 级钛合金盘焊成一体，第 1 级盘和前轴（均为钛合金）做成单件，然后在第 1～2 级和第 8～9 级盘间分别用短螺栓连接以组成整体转子（见图 3.3.4）。在 PW2037 发动机上，前轴与第 1 级盘是做成一体的。据介绍，第 1 级盘与前轴是做成一体还是做成单件，取决于转子直径大小、级数多少和重量因素。

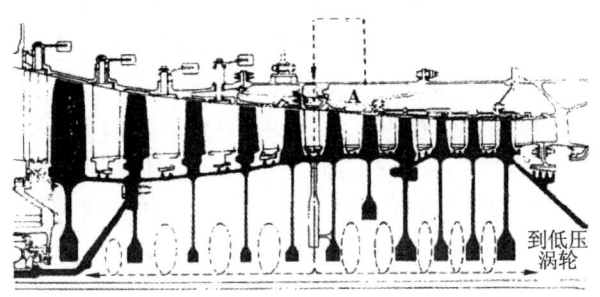

图 3.3.4　PW4000 高压压气机 THERMATIC 转子

第 5～11 级动叶采用环形燕尾槽固定方式（JT9D‑7R4 上仍采用轴向燕尾槽固定方式）。这种固定方式容易加工、便于外场维护和单独更换，因而在 V2500 等发动机上采用了。

前 8 级工作叶片用钛合金制成，后 3 级采用镍基合金，静叶则全部采用镍基合金。为了避免钛合金动叶与钛合金压气机机匣碰擦引起钛着火，在 JT9D‑7R4 上，与钛工作叶片的叶尖对应的机匣内壁上嵌有橡胶带，而在 PW4000 上则改为镶嵌钢衬套，而且衬套内表面上覆以易磨涂层。

PW4000 发动机上采用了叫做 THERMATIC 的高压转子系统（见图 3.3.4）。第 5 级后的空气先流入集气环 A 腔中，通过可控制的阀门流入几片空心的第 5 级静叶中，再由第 5 和 6 级轮盘间的导气环进入转子内腔进行加温，然后向后流入高、低压涡轮间，对第 2 级高压涡轮盘的后端面和第 1,2 级低压涡轮盘进行冷却。

在低空、大工况（即起飞、爬升）下工作时，第 5 级空气进入转子内腔对转子冷却以避免叶尖与机匣相碰，同时还对低压涡轮等处进行冷却；当高度超过 5 000 m，N2 达到 80%～90%（即进入巡航状态）时，阀门关闭，无冷却空气进入，转子受热膨胀，缩小了叶尖间隙和封严环间间隙，此时冷却涡轮的空气量减少，发动机的效率得到提

高。这种设计不仅能主动地控制叶尖间隙,而且还能控制涡轮的冷却空气量。其他发动机尚未采用过这种设计。

第4级以后的机匣做成双层。外层机匣与燃烧室机匣相连,是承受负荷的构件;内层机匣作为气流通道的包容环并固定静叶。这种布局在大涵道比涡扇发动机上也是常见的。前4级采用可调静叶,机匣外部要求装调节装置,加上本身直径相对较大,所以第4级以前的机匣按单层设计。

2.1.3 防喘系统

PW4000虽是双转子发动机,但由于总增压比高达29.7,在启动、过渡和小功率状态下易进入喘振。为此,在低压压气机出口和高压第5级处分别装有序号为2.5及2.9的放气活门。另外,高压压气机进口静叶及第1~4级静叶是可调的。2.5放气活门是由液压控制、前后移动的圆环操纵的。圆环向前移动时,放气环打开,低压压气机后的一部分空气排入外涵道。它是根据油门杆位置、N1、N2、进口温度、Ma和飞行高度等参数由电子式发动机调节器(EEC)控制:启动时,活门打开,当N2接近70%时开始关小,达到80%N2时关闭;加速、减速时,活门打开;反推装置工作时,活门部分开启;当喘振余度降低到一定值时,活门全部打开。

气压操纵的2.9放气活门有两个,一个用于启动(右),另一个用于启动及稳定,均系活塞式结构,由EEC按N2的折合转速控制。启动时,两个活门打开;当转速达到慢车N2值时,活门关闭;当高度超过5 000 m,发动机减速时,左侧活门打开180 s以防喘振;如在180 s内重新加速或未加速而达到180 s时,活门关闭;如喘振余度降低到一定值时,左侧活门打开。

可调静叶也是按感受的N1、N2及进口温度由EEC通过高压燃油作动筒进行操纵,以改善发动机启动性能并防止压气机进入喘振。启动时,叶片处于关闭的最小位置,转速达到42%N2时,叶片开始打开,其后叶片随N2及气流量的增加而逐渐增大开度。如EEC探测到喘振余度降低到一定值时,则叶片又转到关闭位置。

大涵道比涡扇发动机,虽然采用了许多防喘措施,但在工作中仍不时出现喘振。例如PW4000在国内航线上使用中,曾在一段时间内,频繁出现喘振现象,影响飞机的正常飞行。经过普惠公司与使用单位的艰苦排故工作,排除了喘振故障。

2.2 燃烧室、高压和低压涡轮

2.2.1 燃烧室

PW4000发动机的全环形燃烧室有24个单路式气动喷嘴(见图3.3.5)。以前常用的双路式离心喷嘴头部严重积炭是各型JT9D发动机经常出现的故障,为此,普惠公司发展了这种单路式气动喷嘴。据称,这种喷嘴已在757的PW2037涡扇发动机上累计使用了85万小时,单台发动机的最长使用时间已超过8 000 h,而且未发现积炭。

带24个叶片的叶栅式扩压器与燃烧室外机匣、内机匣前段系用镍基合金制作并铸成一体,从而大大减少了零件数。

　　火焰筒的气膜冷却空气进口做成折返式的(见图 3.3.6),使筒壁上开孔处与基体处的温差缩小,降低了开孔处的热应力。另外,火焰筒内壁面覆有镁铝耐高温涂层。

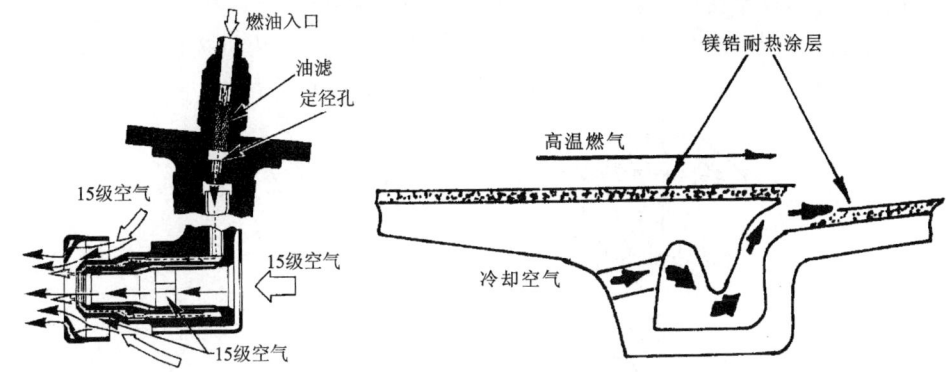

图 3.3.5　单路式气动喷嘴　　　　图 3.3.6　火焰筒折返式冷却空气进气口结构

2.2.2　高压涡轮

　　PW4000 发动机的涡轮进气温度高达 1 275～1 345 ℃,因此两级高压涡轮均设计成气冷式(见图 3.3.7)。第 1 级静、动叶的冷却空气引自高压压气机末级,采用头部喷淋式冷却;第 2 级的冷却空气引自第 8 级后,采用冲击式冷却,其中静叶的冷却空气量是可调节的,巡航时,冷却空气量只有大工况时的 50%,从而可提高巡航效率。两级静叶按三元流设计成沿径向呈弯曲状以减小端壁损失,叶片表面均有耐高温涂层。第 1 级动叶是用 PWA1480 单晶材料铸造的。

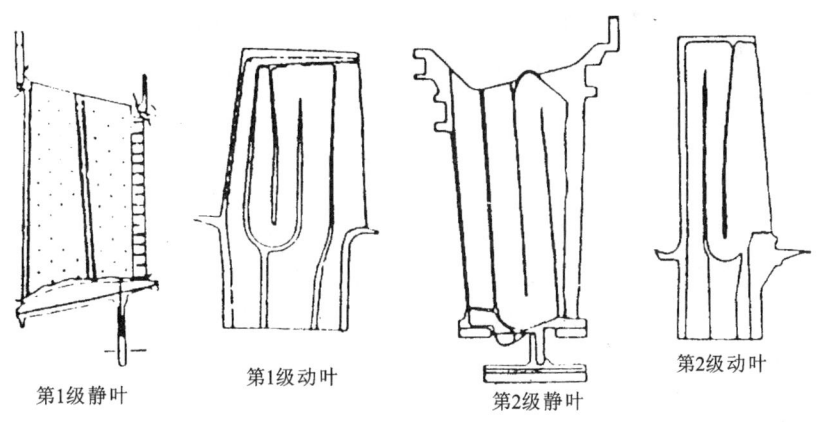

第1级静叶　　　第1级动叶　　　第2级静叶　　　第2级动叶

图 3.3.7　高压涡轮静、动叶片冷却结构

　　叶尖处经过耐磨处理,对应的外环上等离子喷覆一层可磨的分层陶瓷以减小叶尖间隙。第 2 级动叶是用 PWA1422 定向凝固材料铸造的。

2.2.3　低压涡轮

　　4 级低压涡轮均不冷却,但第 1、2 级静叶覆有耐高温涂层。所有静叶都设计成

沿径向呈弯曲状。图 3.3.8 示出了弯曲形叶片与直形叶片(JT9D－7R4 中采用)的比较。由图 3.3.8 可见,采用弯曲形的导向叶片,端壁损失较小,因而可提高效率。这也是 20 世纪 80 年代中研制的发动机常采用的一种结构。

各级轮盘间用短螺栓连接。涡轮后承力机匣的内、外环用可控扩散叶型的叶片连接,叶片数比常规的承力支板数多一倍,起到半级涡轮的作用。

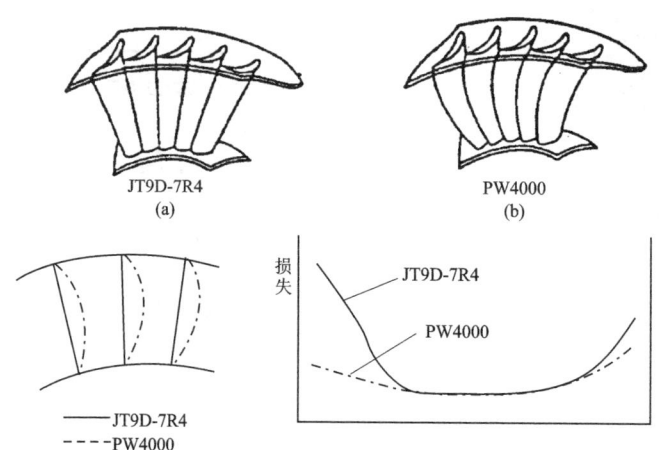

图 3.3.8 PW4000 低压涡轮弯曲形静叶与直静叶的比较

2.2.4 主动间隙控制

高、低压涡轮上都采用了主动间隙控制技术,即按不同的工况,改变吹向机匣外壁的冷却空气量。对于高压涡轮,当转速为 $80\% \sim 90\%N2$、高度超过 1 500 m 时,供气以减小叶尖间隙。对于低压涡轮,巡航时,供气阀全开以减小叶尖间隙;起飞时部分打开,停车及小工况时,仅供给少量冷却空气以冷却机匣。

2.3 燃、滑油系统

2.3.1 燃油调节器

PW4000 是民用发动机中继 PW2037 之后采用全功能数字式燃油调节器(FADEC)的第二种发动机。FADEC 可以比较精确地控制推力,扩大发动机稳定工作范围,并能限制超温、超速,还具有自诊断能力,可降低耗油率约 1.5% 和维修费用;但其研制费和成本较高。

2.3.2 滑油系统

PW4000 采用了传统的滑油系统设计,是新一代发动机中唯一在回油总管中不设细油滤的发动机。

3 发动机所用材料

PW4000 发动机用的材料如图 3.3.9 所示。

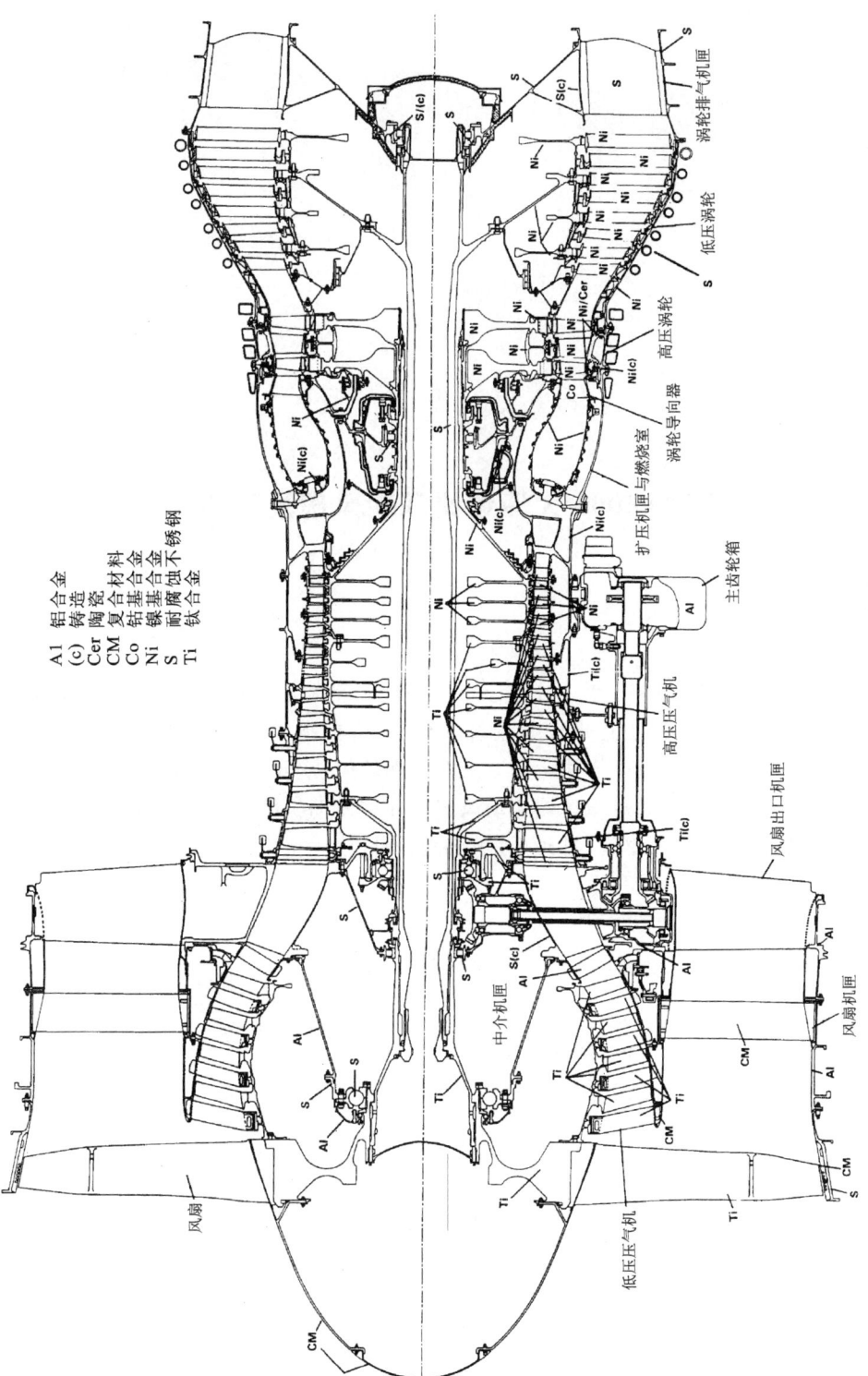

图3.3.9 PW4000发动机主要零件的材料

A1 铝合金
(c) 铸造
Cer 陶瓷材料
CM 复合材料
Co 钴基合金
Ni 镍基合金
S 耐腐蚀不锈钢
Ti 钛合金

风扇排气机匣

低压涡轮

高压涡轮

涡轮导向器

扩压机匣与燃烧室

主齿轮箱

高压气机

风扇出口机匣

中介机匣

风扇机匣

风扇

低压气机

| PW8000 大涵道比涡轮风扇发动机 |

1　发展背景

　　美国普惠公司于 1998 年 2 月中公布了一项新型发动机的发展计划——齿轮传动风扇的 PW8000 大涵道比涡轮风扇发动机,它由单级风扇、减速器 3 级增压压气机、5 级高压压气机、1 级高压涡轮和 3 级低压涡轮组成(见图 3.4.1),低压涡轮首先驱动增压压气机,然后通过减速器传动风扇。在该发动机中,将采用一些新发展的技术,使它具有级数少、效率高、排污低、噪声低、直接使用费用低和维修成本低等特点。

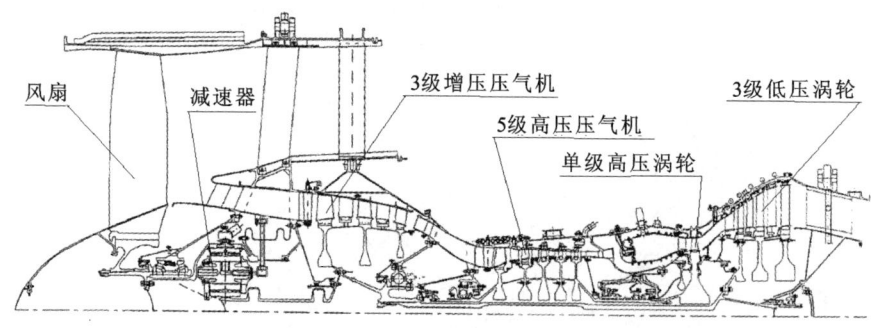

风扇　减速器　3级增压压气机　5级高压压气机　单级高压涡轮　3级低压涡轮

图 3.4.1　PW8000 发动机结构图

　　PW8000 发动机的主要参数为:

推　力	115.7~162.0 kN
涵道比	11.0

空气流量	621.5 kg/s
高压压气机级数	5
增压压气机级数	3
低压涡轮级数	3
减速器减速比	3∶1
减速器传动功率	23 862 kW(32 000 hp)
高压涡轮级数	1
风扇级数	1
发动机长度	3 150 mm
风扇直径	1 930～1 778 mm

PW8000 发动机是为了发展一种比 PW6000 推力更大的发动机,以便参与 737、A319、A320 和 A321 等系列客机市场的竞争。PW6000 是普惠公司为 120 座级客机提出的研制型号,其风扇直径为 1.422 4 m,涵道比为 5.4,推力为 68.00～100.00 kN 级,它是 A318 客机的候选发动机。

2　设计特点

2.1　齿轮传动的风扇

当前,在推力大(大于 70.00 kN)的大涵道比涡扇发动机中,风扇均由低压涡轮直接驱动,一般在风扇转子后还装有 3～5 级增压压气机,以增加发动机的总压比及内涵的空气流量。这种设计具有固有的缺点即增压压气机、低压涡轮均未在它们的最佳转速下工作,使得发动机级数加多。这是因为在大涵道比涡轮风扇发动机中,风扇直径很大,使风扇转子工作于较低的转速下,由于风扇(加上增压压气机)是由低压涡轮直接驱动的,因而使增压压气机、低压涡轮的转速大大低于它们的最佳工作转速,因此为达到发动机总体的设计要求,只得增加增压压气机及低压涡轮的级数。在三转子发动机中,风扇、中压压气机和高压压气机均在最佳转速下工作,因而使它的级数比双转子发动机的少。如果在双转子发动机中,在低压涡轮、增压压气机与风扇间装一个减速器,首先使前二者工作于它们的最佳转速,然后通过减速器,将转速降低到风扇的最佳转速来驱动风扇工作,这样这三个部件均工作于最佳转速下,自然使级数减少。

但是在大型涡扇发动机中,目前尚未有采用减速器来传动风扇的设计,这是因为这种减速器需在高的输入转速(10 000 r/min 左右)、高的传动功率(30 000～40 000 kW以上)下安全、可靠地工作,在现有的技术条件下,是非常难做到的。目前仅有 3～4 种小型涡扇发动机(见表 3.4.1)采用齿轮传动的风扇,且基本是在涡轴发动机的基础上改型而成的,也即在改型中出于无奈才不得不采用的。

表 3.4.1 齿轮传动风扇的涡扇发动机

发动机型号	推力级/daN	备 注
阿斯泰方(Astafan)	686~1 273	由阿斯泰阻 Astazou 涡轴发动机改型
ALF502	2 891~3 336	由 T55 涡轴发动机改型
LF500 系列	3 110~6 230	由 ALF502 衍生发展
TFE731	1 436~2 112	

在齿轮传动风扇的发动机中,减速器工作于高转速、高负荷下,不仅体积与重量大,结构复杂,而且齿轮、支承齿轮的轴承均在恶劣条件下工作,因此是一个故障多发、可靠性差的部件,它大大地限制了这种结构在大发动机中的应用。

普惠公司于 20 世纪 80 年代投资近 3.5 亿美元,开展了一项用于传动风扇的减速器的发展、研究工作,目前已取得突破性的进展,研制成了一台传动功率为 23 860 kW (32 000 hp)、减速比约为 3∶1(输入转速 9 160 r/min,输出转速 3 250 r/min)的减速器,据普惠称,该减速器具有体积小(外径仅为 0.457 m)、重量轻(约 640 kg,即每 100 hp 重 0.98 kg)、可靠性高和传动效率高达 99.5% 等特点。传动效率高,不仅功率损失小,而且用于冷却、润滑齿轮传动装置的滑油温升仅为 27 ℃,大大减小了用于冷却滑油的散热器的体积。这种减速器已被 PW8000 选用作为传动它的风扇的减速器,使 PW8000 成为大推力级发动机中第 1 种采用齿轮传动风扇的大涵道比发动机。

该减速器已通过了一千余小时的部件试验,并在发动机上进行了 1 000 h 全尺寸试车,另外还在发动机上,对传动功率比 PW8000 的大 25% 即 29 850 kW (40 000 hp) 的减速器进行了一百余小时的试车,为 PW8000 的研制、开发打下了好的基础。

PW8000 风扇直径为 1.930~2.006 m,有 20 片展弦比为 2.2、无中间突肩的实心宽弦叶片,由于风扇工作于较低的转速下,叶尖处的周向速度较低,为 324 m/s (PW4084 为 413.3 m/s、遗达 800 为 478.4 m/s、GE90 为 376.3 m/s),此速度较低,对减小噪声有利,但叶尖处对空气的做功不利。为此,普惠公司利用先进的计算机流体动力学 CFD 对叶尖进行了处理,使它具有较先进的性能。风扇的包容环采用了目前大型发动机中广泛采用的、在铝制带格栅的环形机匣上缠绕多层由 Kevlar 织成的条带的设计(在 PW6000 中未采用此种设计)。

2.2 高压比的高压压气机

PW8000 的高压压气机采用了高平均级压比的设计,5 级的增压比约为 12,平均级压比高达 1.643,远远超出了现有民用发动机的水平,参见表 3.4.2。高的平均级压比会使高压压气机级数少、叶片数少,显然对发动机带来结构简单、重量轻和长度短等优点,例如,PW4098 发动机 11 级高压压气机的增压比为 10,平均级压比为 1.232 8,其叶片数高达 1 100 片,而 PW8000 的增压比为前者的 1.2 倍,但叶片仅有 700 片,比前者少 36%。但是,采用高的平均级压比会使压气机效率与喘振裕度降低很多,

如不采用特殊措施,会大大影响发动机的正常工作,这也是为什么在现有发动机中不采用高的平均级压比的原因。在 PW8000 中,采用了军用的"先进涡轮发动机燃气发生器"(ATEGG)计划中的研究成果,也即将军用发动机中的先进技术转移到 PW8000 的设计中,来解决这一问题。但是这么高的平均级压比,在研制中,特别是在今后使用中,将会遇到难以想象的困难。普惠的 PW6000 高压压气机中均级比为 1.493,比 PW8000 低 10%,但是在研制中还是遇到易喘振的问题,不得不在研制过程中让德国的 MTU 公司接手解决高压压气机喘振问题,就是一例。

表 3.4.2　几型民用发动机高压压气机的平均级压比

发动机型号	级　数	增压比	平均级压比
CF6 - 80C2	14	13	1.20
CFM56 - 3	9	12	1.317 9
GE90	10	23	1.368
PW6000	6	11	1.491 3
PW4098	11	10	1.232 8
PW8000	5	12	1.643 7

2.3　采用浮壁式、"泰龙"火焰筒的燃烧室

PW8000 的燃烧室采用了普惠公司传统的浮壁式火焰筒,但是引入了该公司在推力为 423.00 kN 的 PW4098 中采用的进一步降低排气污染物的一项新技术,采用这种技术的火焰筒称为"泰龙"(Talon)火焰筒,如图 3.4.2 所示。有些新型发动机采

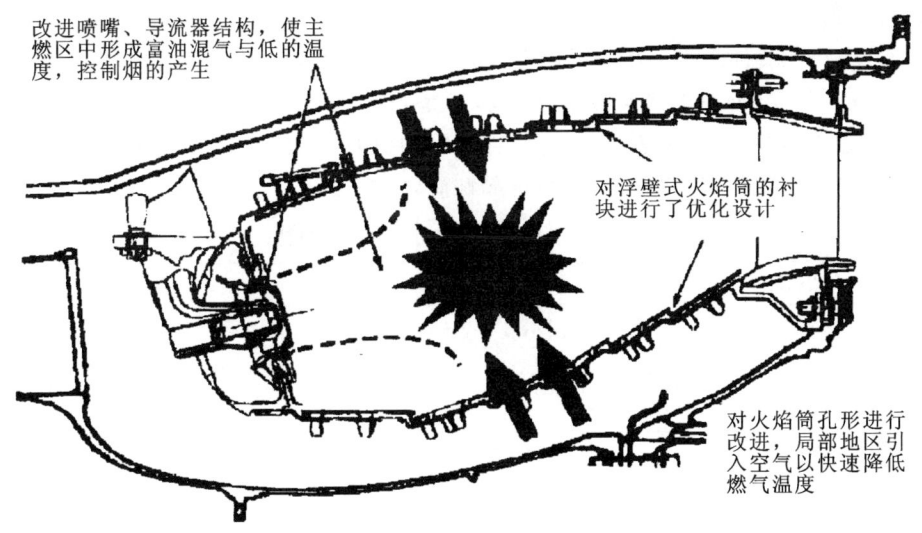

改进喷嘴、导流器结构,使主燃区中形成富油混气与低的温度,控制烟的产生

对浮壁式火焰筒的衬块进行了优化设计

对火焰筒孔形进行改进,局部地区引入空气以快速降低燃气温度

图 3.4.2　"泰龙"燃烧室结构图

用分级的火焰筒,根据工况在不同的区域内组织燃烧,从而降低燃烧室 NO_X 排污量;在泰龙火焰筒中,则是根据优化的结果,改变火焰筒筒壁上进气孔的布局,使空气在局部地区进入,以快速降低燃气温度,使其低于 NO_X 形成的温度;另外改变喷油嘴与导流器的结构,以便在主燃烧区中形成富油混气与较低的温度,同时改善此区中的燃油与空气的混合,以控制烟的产生。采用这种结构能使 PW8000 的污染物排放值,比未采用泰龙技术的燃烧室低 20%,比 1996 年 ICAO 新标准的规定值低 60%。

2.4 单级高压涡轮

普惠公司在以往的民用、军用发动机中,高压涡轮一般均采用二级,例如 JT9D、PW2000、PW4000 和 F100 等,有普惠参与研制的 V2500 高压涡轮也采用二级;但是它在近期发展的军民用发动机如 F119、PW6000 却采用了单级高压涡轮,PW8000 的高压涡轮沿用了 F119 的单级设计,并采用了它的一些技术,使结构简单、重量轻。通常,传动高增压比高压压气机的高压涡轮工作负荷大,如采用单级会使涡轮在超负荷下工作,使效率低。例如,F119 的高压涡轮采用单级时,与双级相比,效率约低 4%,显然这是不合适的。为此,普惠公司在气动设计中采取一些措施,使单级涡轮效率仅比双级的低 1%~2%。在 PW8000 的单级高压涡轮中,采用了 F119 的技术,使效率降低不多,却使结构简单得多。另外,高压涡轮工作叶片采用了已被 PW4098 发动机验证过的钇基单晶材料铸成,这种材料高温性能较好,不需在叶片表面喷涂陶瓷隔热材料。

3 综合特点

综上所述,PW8000 发动机具有下述特点:

(1)级数少、件数少。由于采用了齿轮传动的风扇、高平均级压比的高压压气机和单级高压涡轮,使总的级数仅有 13 级,这是当前大型民用发动机中,不仅总压比高,级数也是最少的,参见表 3.4.3。这样,发动机叶片数少,总的零件数少,不仅使发动机长度短、重量轻、成本低,而且可靠性高,维修性好。

表 3.4.3 几型发动机的总压比、级数

发动机型号	总 压 比	级 数	发动机型号	总 压 比	级 数
RB211－535E4	25.8	18	GE90	40.0	22
遄达 884	40.0	22	CFM56－3	31.0	18
PW4052	27.5	22	BR715	32.0	18
PW4084	34.2	27	V2500	30.4	22
PW6000	26.5	15	PW8000	40.0	13
CF6－80C2	30.4	26			

(2)耗油率低。由于涵道比高(11.0)、总压比(40.0)高,使推进效率与热效率均

较高,耗油率比用于同类飞机的其他发动机低 9% 左右。

(3) 噪声低。由于涵道比高,加上风扇叶尖的周向速度低(324 m/s),因此发动机的噪声可降低 30 dB,低于 FAR35 部第 3 阶段的限制值。

(4) 排污低。由于采用了较先进的燃烧室,排放污染物可降低 40%,低于 ICAO 最新的规定值。

(5) 使用成本低。发动机的直接使用成本 DOC 据普惠公司分析可低 8% ～ 10%,对于一架双发飞机每年可节约 6 万美元。

4　研制计划

普惠公司已组建了 PW8000 的研制小组,初步设计已经开始,详细设计始于 1998 年 6 月 1 日,原计划在 10 个月后,对这种第 1 代齿轮传动风扇的大涵道比涡轮风扇发动机进行首次试车,调整试车计划用 20 个月,然后定型取得适航证,最早将在 2002 年投入使用。但是由于没有得到航空公司的选用,因此,研制计划不得不终止。

进入 21 世纪后,为适应绿色航空的要求,普惠公司再次提出要发展齿轮传动风扇的大涵道比涡扇发动机,并命名为"齿轮传动风扇"GTF 发动机,后于 2008 年改称"洁净发动机"PW1000G。

| RB211 三转子涡轮风扇发动机 |

RB211 系英国罗耳斯·罗伊斯(简称罗·罗)公司生产的第 1 种大涵道比涡轮风扇发动机。为了满足 20 世纪 70 年代巨型运输机对发动机提出的:推力大、耗油率低、噪音和排气污染小以及维护方便等要求,RB211 如同 CF6 与 JT9D 等大型涡轮风扇发动机一样,采用了大涵道比、高增压比与高涡轮前燃气温度,成为具有所谓"三高"指标的第二代涡轮风扇发动机。所不同之处是,RB211 采用了独特的三转子结构。

1 发展简况

罗·罗公司于 1961 年开始研制先进的运输机发动机,并着手研究 3 轴方案。在 20 世纪 60 年代中期,该公司先后研制了双转子的 RB178 发动机,三转子的 RB203 "特伦特"与 RB207 涡扇发动机。这些发动机虽然由于各种原因最后停止发展,但却为以后的 RB211 的设计提供了经验。

RB211-22 型是在 RB211 的最初型号-06(实际为 RB207 的缩小型)基础上发展来的,它于 1968 年 3 月被选作 L-1011 旅客机的动力装置。1968 年 8 月,RB211 首次试车,1969 年 6 月在英国燃气涡轮研究院完成初步的高空试验计划,1970 年 3 月在改装的 VC-10 飞机上作首次飞行试验,1972 年 4 月正式投入航线使用。

最初投入航线使用的是 RB211-22C 型,在大气温度为 18.8 ℃时其额定起飞推力为 186.8 kN。-22C 型的加大推力型-22B(在大气温度为 28.9 ℃时,推力为 186.8 kN),于 1973 年 2 月开始交付,并于该年年底前替换掉全部-22C 型。

随后,罗·罗公司在 RB211-22B 型的基础上进行了以下三方面的发展工作:
(1) 增加推力与降低耗油率,发展成-524 型系列,-524 型于 1977 年投入使用;

（2）降低耗油率与提高热天起飞推力；（3）降低推力，但仍保持较低的耗油率，这就是推力较小的 -535 型系列。在随后的近 40 年时间中，发展了 10 余种型号（包括其后继机遄达系列），推力范围覆盖了 170~424 kN，发动机各型号系列的发展情况如图 3.5.1 所示，其主要数据见表 3.5.1（未包括 RB211 系列发动机的后继机遄达系列）。RB211 系列发动机在大型发动机市场中，1983 年拥有 10% 的份额，但是 10 年后的 1993 年已增至 26%，说明 RB211 三转子发动机的独特的优点以及罗·罗公司的先进技术已被航空公司所认可。

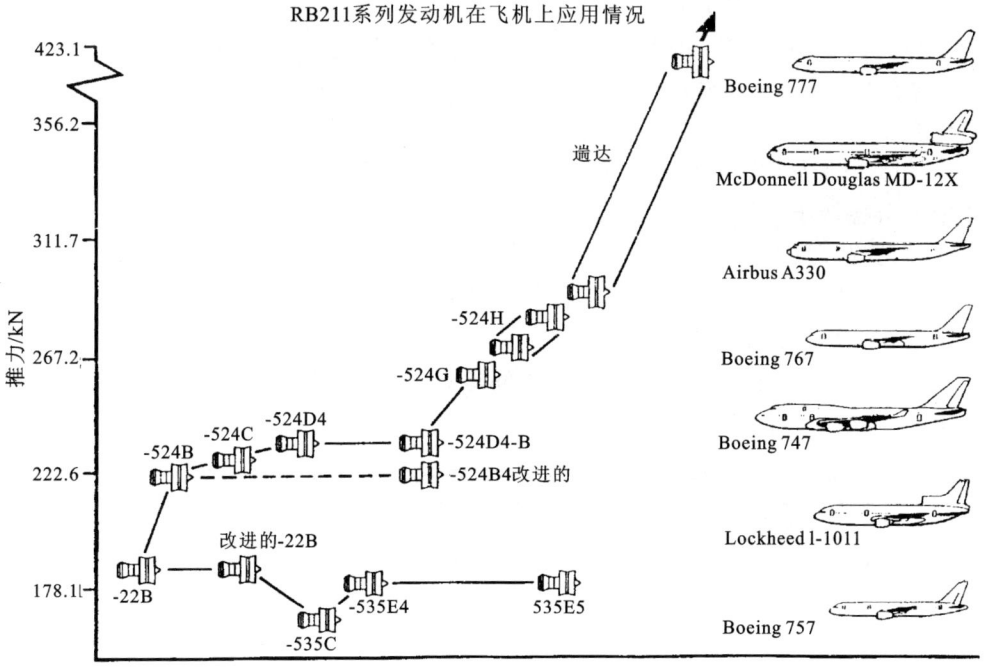

图 3.5.1　RB211 及遄达系列发动机发展简图

表 3.5.1　RB211 系列发动机主要参数

发动机型号	海平面起飞 (28.9 ℃及低于 28.9 ℃)			$H=10\,668$ m, $Ma\,0.85$ 巡航耗油率 /[kg·(daN·h)$^{-1}$]	尺　寸			取适航证时间
	推力/kN	总压比	涵道比		长度/m	进口直径/m	重量/kg	
RB211 - 22B	186.8	25.0	5.0	0.645	3.03	2.16	4 170	1973
RB211 - 524B2	222.4	28.0	4.5	0.655	3.03	2.10	4 451	1977
RB211 - 524D4	235.8	30.0	4.3	0.628	3.10	2.10	4 489	1980
RB211 - 524H	269.8 (34 ℃)	34.5	4.1	0.581	3.17	2.19	4 482	1990

2 三转子结构的设计特点

在 RB211 设计中,选择了三转子结构方案,如图 3.5.2 所示,其主要特点如下:

(1)级数和可调静子叶片少,转子刚性好。

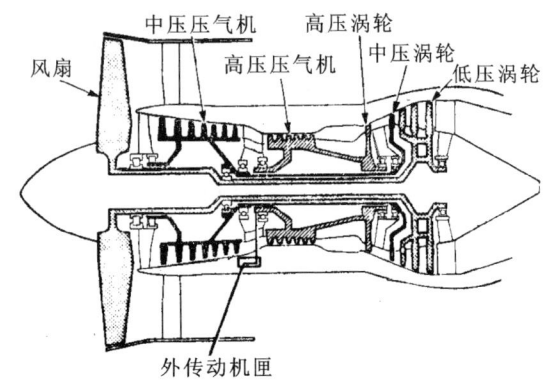

3 轴结构的突出优点是每个转子均在各自最佳叶尖速度下工作,中压与高压压气机的效率高,使各转子的级数减少。因此,转子长度得以缩短,刚性好;支点数目也增加不多。

采用 3 轴结构后,还可以在工作中调节各转子的转速以扩大工作范围,因此,只需 1 排中压进口可调静子叶片,此外,为了解决启动和在低速下的加减速问题,在中压压气机出口和高压第 3 级处分别设有两个放气活门。

图 3.5.2 三转子大涵道比 RB211 发动机简图

RB211 与另外两种同一推力级的大涵道比发动机 CF6 及 JT9D 在级数与可调静子叶片数等方面的比较见表 3.5.2。

表 3.5.2 三转子发动机 RB211 与双转子发动机 CF6 及 JT9D 的比较

发动机型别	RB211	JT9D	CF6 - 6	CF6 - 50
涵道比	5.10	4.96	6.20	4.40
总压比	25.0	21.8	20.6	30.1
结构特点	三转子	双转子	双转子	双转子
总级数	19	21	28	24
风扇级数	1	1	1	1
中压压气机级数	7	3	4	3
高压压气机级数	6	11	16	14
高压涡轮级数	1	2	2	2
中压涡轮级数	1			
低压涡轮级数	3	4	5	4
可调静子排数	中压 1 排	高压 5 排	高压 7 排	高压 7 排
风扇叶片数	33	46		46
压气机叶片数	826	1 486		1 023
涡轮叶片数	522	708		606
放气活门	中压 7 级处 高压 3 级处	低压与 高压中间	中压 出口处	中压 出口处
转子支承数	8	4	7	7
其中中介轴承数	1			(8 个轴承)

(2)启动性能与加速性能好。

3 轴结构中,由于高压转子级数少,启动时所需的启动功率可大大减小,或可缩

短启动时间。例如,三转子 RB207 发动机所需启动功率与罗·罗公司的"康维"涡轮风扇发动机的相同,但其推力却几乎为"康维"的两倍。RB211 启动后的加速性也较好,它由飞行慢车加速到 95% 最大功率只需 5 s。

(3)高压涡轮工作叶片的温度较低。

在总压比与涡轮前燃气温度一定的情况下,与 JT9D 和 CF6 发动机的双轴结构相比,RB211 的高压涡轮工作于较高的转速下,使进入叶片的相对温度要低。据计算与分析,此温度较双轴方案的低 27~55 ℃。因此,工作叶片可不采用特别好的耐高温材料。

(4)可降低着陆进场时的噪声。

3 轴结构发动机在着陆进场时,可以减小热燃气尾喷管的面积,使风扇转速降低,从而减小风扇噪声。在大涵道比发动机中,噪声主要来自风扇。因此,通过降低风扇转速办法所减小的噪声量,超过喷气速度提高而增加的喷气噪声量,噪声总量可降低约 3 dB;而推力的降低则可由提高了的热燃气排气速度给予补偿。

(5)结构复杂。

3 轴发动机结构复杂,给转子的支承、传力与润滑等带来一系列的问题。这是 3 轴结构方案突出的缺陷。

3　结构设计

3.1　转子支承

RB211 的 3 个转子同心套在一起,共有 8 个轴承(其中有 1 个中介轴承),分别由 4 个承力框架将轴承负荷外传。图 3.5.3 示出了发动机转子支承简图。

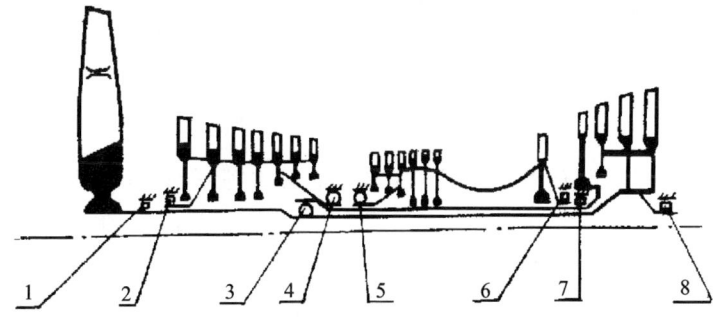

1~8—为支点序号

图 3.5.3　RB211 发动机转子支承简图

由图 3.5.3 可见:高压转子支承方案为 1-0-1 的 2 支点方案,即在高压压气机前有 1 滚珠轴承(5 号),在高压涡轮后有 1 滚棒轴承(6 号);中压转子支承方案为 1-1-1 的 3 支点方案,在中压压气机前后分别用一个滚棒(2 号)和滚珠(4 号)轴承

支承,在中压涡轮盘后的轴上有1个滚棒轴承(7号)作为支点;低压转子支承方案为0-2-1的3支点支承方案,即在风扇盘后有1个大型滚棒轴承(1号,位于风扇轮盘之后)和1个滚珠轴承(3号,位于中压压气机出口处)支承。此滚珠轴承的外环装在中压压气机后轴内,是一个中介轴承。低压涡轮后支承在1个滚棒轴承(8号)上。

图 3.5.4 为 RB211 发动机承力结构图。1号与2号支点支承于前轴承机匣上,轴承负荷通过中压压气机进口导流叶片前不动的叶片,再通过风扇出口导流叶片传至风扇机匣。3个转子的滚珠轴承即3号、4号与5号支点的负荷通过中压与高压压气机间的中介机匣外传。6号与7号支点的负荷通过高压与中压涡轮间的装在中压涡轮导向叶片中的承力辐条外传,这种通过涡轮间导向器传力的结构在其他发动机采用较少,但在三转子发动机中必定要采用。8号支点的负荷通过涡轮后轴承机匣外传,这是很多发动机采用的承力机匣。

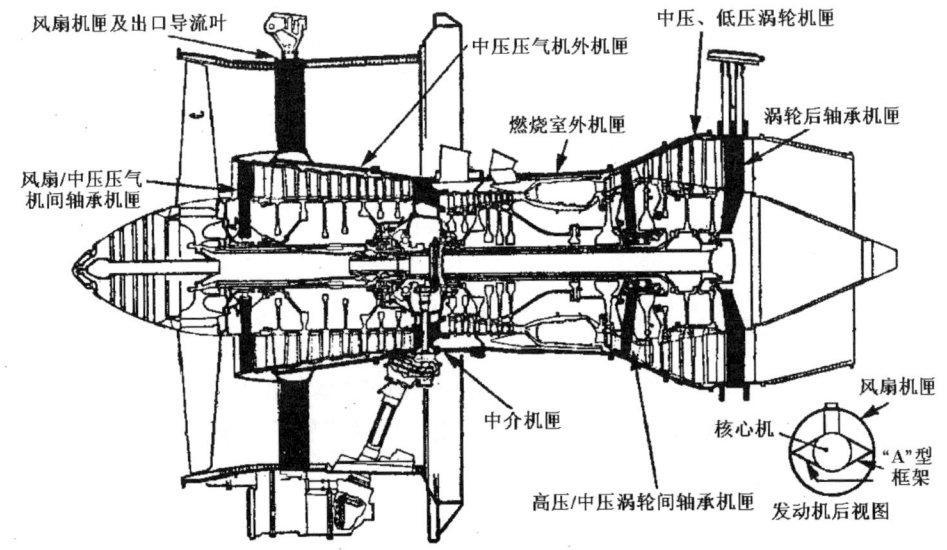

图 3.5.4　RB211 发动机承力结构图

由于高压转子尺寸短,以及采用了短环形燃烧室等原因,整台发动机只用了8个轴承,比较简单地实现了三转子的支承。此外,中、低压转子也安排得比较紧凑,刚性较好。因此,RB211 的所有转子的1阶临界转速均高于工作转速。

所有滚棒轴承均采用了挤压油膜减振器。据称,在核心机上测得的振幅值仅为0.025 mm。全部轴承均采取了环下供油的润滑方式。除中介轴承的油腔系用动压式封严外,其余则采用一般的空气篦齿式封严。

3.2　承力结构

整个核心机的机匣做成双层,这是 RB211 系列发动机比较突出的特点。双层机

匣中,外层作为承力结构,内层机匣作为气流通道的包容环,仅承受气动负荷。

　　由于内层机匣不参与承力系统,发动机工作中在受到各种负荷的作用后,外层机匣可能发生变形,但内层机匣不会受到影响,始终保持圆度,因而能保持核心机中高压压气机与高压涡轮的叶尖间隙不会变化,性能保持较好,如图 3.5.5 所示。

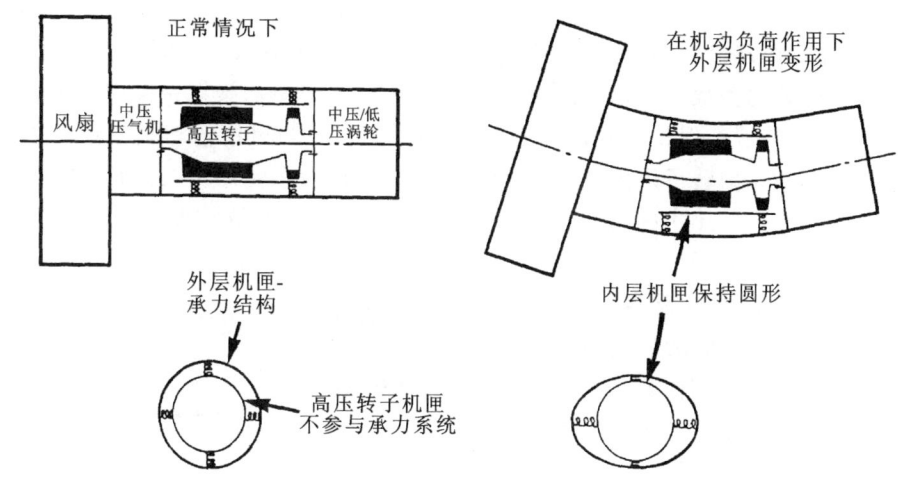

图 3.5.5　双层机匣工作特点

　　4 个轴承座分别通过中压压气机固定的进口导流叶片、铸造的中压/高压中介机匣、中压涡轮空心导流叶片内的承力辐条和后轴承机匣的承力辐板,将负荷传到核心发动机的外承力机匣上,然后通过风扇出口导流叶片及位于其后的“A”型承力框架与风扇机匣相连,如图 3.5.4 所示。

　　发动机共有两个安装节:前安装节位于风扇机匣上,它传递发动机的推力、垂直及侧向负荷;后安装节位于核心机的后轴承机匣上,它传递发动机的垂直、侧向及扭矩负荷。

3.3　风　扇

　　RB211 采用一级跨声速风扇,无进口导流叶片,增压比为 1.5。风扇转子由 33 片钛合金叶片、钛合金轮盘、传动轴与保持轴等组成,重约 380 kg,外径 2.16 m,叶片长 0.7 m,在叶高 2/3 处有减振凸台。风扇转子转速为 3 860 r/min,每个叶片产生的离心力约为 550 kN,用枞树形榫根与轮盘相连,这在大涵道比涡轮风扇发动机中是少有的,RB211 以后的系列发动机已将枞树形榫根改为燕尾形榫根。

　　由于发动机的涵道比大,风扇约产生全部推力的 3/4,即每个叶片上作用有 441 daN 的向前推力,因此在转子前端有一个推力环,以承受全部叶片的向前推力。

　　在研制 RB211 之初,风扇叶片采用复合材料来做。复合材料具有比重小、抗振动特性与抗颤振特性好等的突出优点,但是在进行鸟撞击试验中,复合材料做的风扇

叶片承受不了大鸟的撞击,满足不了适航条令 FAR33 部规定的要求,不得不重新设计制造钛合金的风扇叶片,延误了研制周期。因此,RB211 是同期研制的 3 种大涵道比涡扇发动机中最后投入航线使用的发动机(1972 年 2 月取得适航证,1972 年 4 月投入使用),另两型发动机中,JI9D 与 CF6 分别于 1970 年 1 月与 1970 年 9 月取得适航证。

由于紧靠风扇盘的轴承是不能承受轴向负荷的滚棒轴承(在其他大涵道比涡扇发动机中,此处均为滚珠轴承),因而在风扇转子的传动轴内,设有一套应急用的称为保持轴的防护装置。保持轴在正常工作时不传递负荷;当风扇传动轴一旦损坏折断后,它起到不让风扇转子甩出发动机的作用,但是,在后来使用中,1981 年曾出现过 4 次风扇传动轴在工作中折断而保持轴未能将风扇轮盘保持在发动机内的严重事件,事后,对保持轴做了较大的改进。

风扇部件设计中,除保持轴外,还采取了防止叶片折断后击穿机匣与损坏轴承的安全设计,即将包住风扇叶片的机匣做成具有包容折断叶片能力的包容环,如图 3.5.6 所示,它是在较厚的钢制机匣内嵌有较厚

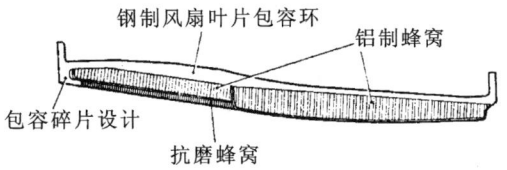

图 3.5.6　RB211 - 22B 的风扇包容环

的铝制蜂窝层,蜂窝内环上再嵌上抗磨蜂窝层。当风扇叶片折断后,其断片以很大的撞击力撞到包容环的铝制蜂窝层上,由于它厚度大,在叶片撞到它时使它受到压缩变形,在变形过程中,吸收了叶片大部分撞击能量,叶片已无力打穿钢制机匣,因而能将叶片断片包容住。为了不使断片由进口处飞出,钢制的包容机匣前端做成 1 环向后的环钩。在 RB211 - 22B 以后的改型遄达发动机中,已改用在铝制机匣上缠绕多层 Kevelar 复合材料的包容环,其重量比 - 22B 的轻很多,且包容能力也大。

另外,为了使风扇转子能承受因叶片折断或脱落所引起的不平衡离心力(约 550 kN),风扇转子采用了大型挤压油膜滚棒轴承,从而能在短时间内承受这种冲击而不致使发动机遭到严重损坏。

风扇转子无进口导流叶片,这可以大大减小风扇的噪声,据称可降低 10 dB。风扇后端有一排(68 片)做成承力结构的出口导流叶片,出口导向叶片与风扇叶片间的轴向距离做得很大,这也是为降低风扇噪声的一种措施,也为其他大涵道比涡扇发动机采用。

3.4　中压与高压压气机

7 级中压压气机的压比为 3.5,转速为 6 700 r/min,气流通道是等内径的。全部工作叶片和前 5 级盘都是用钛合金制作的,后两级盘是钢做的。前 5 级盘和后两级盘分别用电子束焊接成两个转子,然后用螺栓将两者连成一体。RB211 - 22B 以后的攻型 - 524 型中,除第 6,7 级盘焊成一体外,其余各盘均做成单个的,然后用螺栓连

接。进口处有两排进口导流叶片,前排钢叶片是不可调的,作为轴承座承力结构,后排钛合金叶片是可转动的,用于调节。可转进口导流叶片的调节范围为 $+37.5°\sim-7.5°$。当高压转子的转速低于 76% 时,叶片处于关闭状态($+37.5°$);当转速由 76% 增大到 95% 时,叶片逐渐打开并达到全开状态($-7.5°$)。

6 级高压压气机的压比为 5.0,转速为 10 152 r/min,气流通道是等外径的。工作叶片的材料:第 1~3 级为钛合金,第 4 级为钢,第 5~6 级为镍基合金。第 1、2 级钛合金盘用电子束焊接成一体,第 3 级钢盘是单个的,第 4~6 级镍基合金盘也焊接成一体,然后用螺栓将三者连接成一个转子,再用大鼓轴与涡轮盘相接。中压压气机与高压压气机的转子上的短轴都是固定于中间级的轮盘上,以缩短支点距离。

在中压压气机出口处和高压压气机第 3 级处各有两个放气活门。其中高压左侧的放气活门是在启动时放气,接近慢车转速时关闭。另外 3 个是在低转速时放气:发动机加速时,当高压转子的转速达到最大转速的 79% 时,放气活门关闭;减速时,当转速降到 78% 时,放气活门打开。

3.5　燃烧室

RB211 采用了带 18 个气动喷嘴的环形燃烧室,如图 3.5.7 所示,其特点为:

(1) 燃烧室外套做成双层并向前延伸到高压压气机第 3 级处,外层作为传力结构,内层不传力;

(2) 火焰筒上的冷却环系锻件经机械加工的整体件,它与火焰筒壳体靠对接焊连接,避免了搭接焊中应力集中过大的缺点;

(3) 采用了气动式喷嘴(18 个)。

在气动喷嘴中,如图 3.5.8 所示,燃油经切向孔注入导流锥的环形腔道,在与流入喷嘴的高压高温气流均匀雾化后沿环形腔道流入火焰筒头部,从而排除了一般离心喷嘴易在燃烧区形成过度富油区,这不仅能使燃油充分燃烧、出口温度分布均匀,而且可在宽广的范围内很好地工作。因此,这种喷嘴设计能够保证燃烧完全与降低发烟量,同时使燃烧室出口处温度场分布均匀。

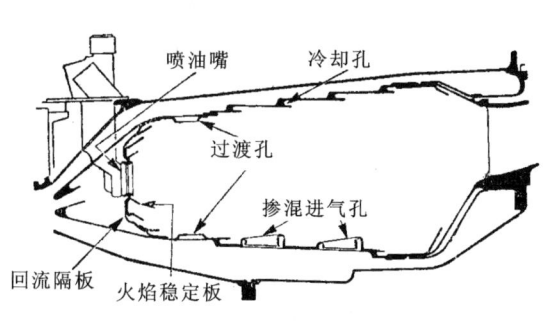

图 3.5.7　RB211 – 22B 燃烧室结构图

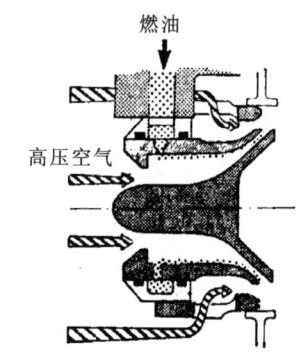

图 3.5.8　RB211 的气动喷嘴

　　每个喷嘴与燃油总管连接处均装有一个分配活门(与斯贝发动机用的一样),以保证在主油路开始供油的瞬间,各喷嘴的喷油量一致,避免出现喷油不均匀所造成的局部高温区。

　　RB211在使用过程中,曾发生火焰筒头部烧伤掉块而打坏涡轮叶片的事件。因此,对RB211－22B型火焰筒头部的设计曾作过修改。

3.6　涡　轮

　　高压涡轮为单级气冷的。钴基合金铸造的导向叶片的冷却空气由叶片的上下两端进入叶身空腔,然后经叶身上许多小孔射出形成冷却气膜。

　　镍基合金铸造的工作叶片有10条冷却孔道,冷却空气来自带预旋的冲击式冷却系统,如图3.5.9所示。在导向器内环下面沿圆周装有一圈小型预旋导向叶片,叶片通道呈收敛形。由燃烧室二股空气中来的冷却空气,进入预旋叶片膨胀降温,并以高速流出。由于出口方向与转子旋转方向一致,在转子作用下,冷却气流垂直地进入涡轮叶片根部的进气缺口中。此相对速度很小,因此,流入空心叶片的冷却空气的温度较不采用预旋措施的低 40~60 ℃,加之,进入涡轮叶片的燃气温度,在三转子结构中较双转子结构中的低 27~55 ℃,综合这两项,可使叶片材料所承受的温度低 60~85 ℃。这种冷却空气用的预旋导向叶片在很多发动机中采用。

　　在RB211系列发动机中,对高压涡轮工作叶片的冷却有一特殊设计,即冷却空气是分成高压与低压两股冷却空气流入工作叶片的,前者从叶片前缘及叶盆处的小孔喷出形成冷却气膜,后者则由叶尖处射出对叶片进行对流冷却,如图3.5.10所示。

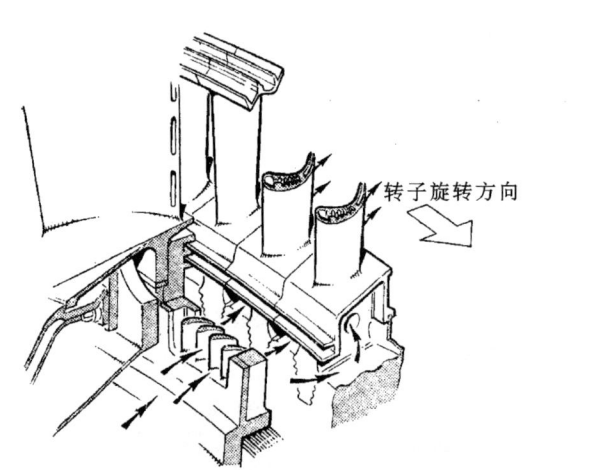
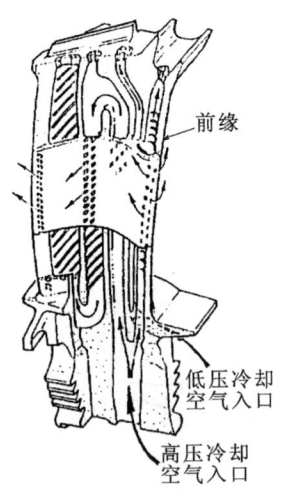

图 3.5.9　用于冷却空气的预旋导向叶片结构图　图 3.5.10　高压涡轮工作叶片冷却结构图

　　高压、中压与3级低压涡轮的工作叶片均有延长根和叶冠。叶冠上带有2~3道封严翅,以减小漏气提高涡轮效率。中压涡轮导向器也做成空心气冷的结构。

3.7　滑油系统

RB211-22B 用 1 个齿轮式增压泵向各润滑处供油。在 5 个回油泵的进油管路和回油总管上,分别装有磁性铁屑探测器(即磁堵),以便及时发现可能引起齿轮与轴承损坏的部位。

在回油管路上,装有燃油-滑油及空气-滑油两个散热器,分别利用来自低压燃油泵的燃油和来自风扇出口处的空气作为冷却剂。在两个散热器之间装有一套选择控制机构,它根据燃油温度与滑油回油温度自动地控制回油的流路,如图 3.5.11 所示。当燃油温度低于 25 ℃时,滑油回油首先流过燃油-滑油散热器,用滑油的回油对燃油加温,与此同时,回油的温度也得到降低。当燃油温度高于 25 ℃时:如滑油温度高(如图 3.5.11 所示的位置),滑油先流经空气-滑油散热器,然后流入燃油-滑油散热器;如滑油温度低,滑油只由空气-滑油散热器流过。这种设计,既可保证滑油散热,同时又使燃油温度高于 25 ℃,有利于燃油系统的工作。

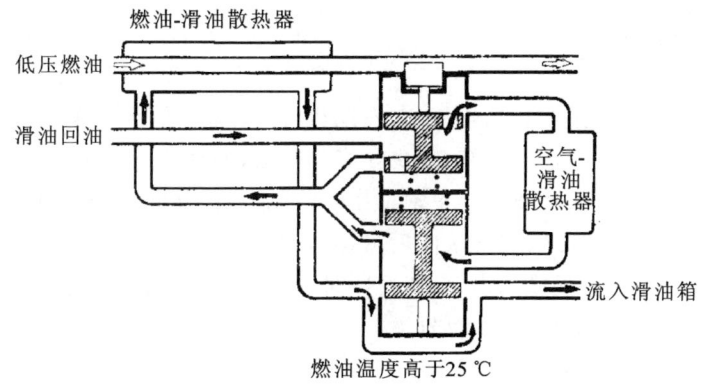

图 3.5.11　滑油散热器选择控制机构简图

4　单元体结构

RB211 采用了单元体结构设计,分风扇、中压压气机、风扇机匣、中压/高压压气机的中介机匣、高压系统(包括燃烧室)、中压与低压涡轮与外传动机匣等 7 个单元体。

为了做到在外场更换单元体,每个单元体的转动件均事先经过平衡,同时转子间连接均采用特殊的圆弧端齿联轴器连接。

在飞机上更换了单元体后,飞行前只需对发动机作一次全速运转,无需进行推力等性能的测定。为此,对每个单元体中的零件特别是叶型要求较高,单元体不仅在尺寸上应具有互换性,而且在性能上也应基本一致。例如,为了不致破坏风扇转子的平衡,对更换的风扇叶片不仅有重量规定,而且对沿叶高的重量分布也有一定的要求。

5 视情维护与发动机状态监测

RB211‑22B 投入航线使用半年后,美国联邦航空局(FAA)批准其转入"视情维护",即不规定发动机的翻修寿命,而是对每个单元体的状态进行经常性的监测。当单元体出现某些早期故障的征兆后,在外场使用条件下进行更换,发动机继续使用。换下的单元体经更换或修理零件后可作为备用单元体使用。因此,每个单元体均应有各自的履历本。

对 RB211 进行状态监测的手段有:

(1)目测、孔探仪检测和同位素 X 光检测;

(2)磁性铁屑探测器;

(3)发动机振动监测装置;

(4)机载积分数据记录系统,飞行中随时记录发动机的主要参数,以便及早发现问题,防止故障重现。

6 RB211 推进系统

RB211 推进系统主要包括进气道、发动机、冷气流反推器与热气流阻流器等。

反推器是在风扇通道上装有 20 块导流叶栅板,外部罩有一个可前后移动的整流罩,内有 14 套可折叠的堵塞片。正常工作时,整流罩挡住叶栅的出口,堵塞片盖住叶栅的内面,外涵通道的冷气流直接向后流出,产生正推力。打开反推器时,操纵丝杠将整流罩后移,打开了叶栅的出口;与此同时,堵塞片向后折叠将外涵通道堵住,气流则经叶栅折向斜前方流出,产生反推力。

阻流器装在内涵热气流尾喷管中,它由两块盾状活动挡板和操纵丝杠组成。正常工作时,丝杠将挡板拉向前方套在尾喷管外面;当风扇产生反推力时,丝杠将挡板推向后方并折转 90°,使热气流向两侧排出,不产生正推力与反推力。

由于发动机总推力的 75% 是由风扇气流产生的,飞机着陆滑跑时,由外涵的反推器产生的反推力足够将飞机在较短的距离中减速至所希望的速度,而装于内涵道的阻流器处于高温燃气的包围中,工作条件恶劣,寿命短,因而后来取消了阻流器。自此以后,所有的大涵道比涡扇发动机均不采用阻流器。

7 噪 声

装有 3 台 RB211‑22B 发动机的 L‑1011 旅客机的噪声低于当年 FAR36 部所要求的数量,如表 3.5.3 所列。

RB211‑22B 主要采取了以下措施以降低噪声:首先,尽量降低叶片特别是风扇叶片的噪声。因为在大涵道比涡扇发动机中,噪声主要来自风扇。例如采用了无进口导流叶片的单级风扇,使噪声降低约 10 dB;又如风扇叶片与出口导流叶片、中压

压气机进口导流叶片与转子叶片以及低压 3 级涡轮导向器叶片与工作叶片间的间距安排合适(间距大)而且相对叶片数也按声学原理选择恰当。

其次,在风扇进气口机匣、外涵通道以及热燃气尾喷管内与气流接触的表面上,装有夹心结构的吸声衬套,其面积达 21 m^2。吸声衬套由多孔蒙皮、蜂窝夹层和底层所组成。蒙皮上的小孔对噪声起黏性减弱作用,蜂窝的空穴对噪声的某些声调进行调谐衰减,使外传噪声减小。

表 3.5.3　装 3 台 RB211 - 22B 发动机的 L1011 的噪声值
dB

范　围	起　飞	着　陆	边　线
FAR36 部要求值(1972 年)	105.5	107.0	107.0
L1011 旅客机达到值	96.0	103.0	96.0

8　设计特点

RB211 - 22B 发动机的设计特点大致可概括为以下几点:

8.1　留有较大的裕度

为了提高发动机的使用寿命与可靠性,实际使用中的涡轮前燃气温度限制较低。例如在 - 22B 型发动机上,定型时的温度为 1 297 ℃,而最大使用温度限制为 1 227 ℃,正常工作温度为 1 177 ℃,留有 120 ℃的裕度。这种留有较大温度裕度的做法,也是现代航空发动机为提高可靠性普遍采用的措施。

8.2　耗油率低

这是大涵道比涡扇发动机共同的特点之一,是由于采用了高的涵道比与高的总压比以及采用高效率的风扇、压气机与涡轮所获得的。

8.3　性能衰减小

为了防止发动机性能随着使用时间的增长而衰减,罗·罗公司采取了下列主要措施。

8.3.1　全部机匣为双层结构

如前所述,内层机匣仅承受叶片的气动负荷,外层机匣则承受并传递结构负荷,因而能使内层机匣与转子保持同心,以保证均匀的叶尖间隙。另外,高压压气机内层机匣上还增加了几道环形加强肋以增大刚性。

8.3.2　采用被动间隙控制技术

叶尖间隙随工况的改变会变化,对发动机性能影响较大,为此,很多发动机采用主动间隙控制技术,即在发动机工况发生变化时,主动调节对机匣的冷却空气量,以维持叶尖间隙尽量少变。在 RB211 发动机中采用了被动间隙控制技术,其措施有:

（1）为了防止工况改变时涡轮转子与静子由于膨胀不一致造成叶尖间隙变化过大,在内层机匣的外壁面做有较厚的调整环,利用它储热量大的特点以控制叶尖间隙的变化。在高压压气机上也有这种调整环;

（2）涡轮外层机匣外壁上有通以空气进行冷却的环腔,尽量减小机匣工作中的变形,同时在机匣上还复有隔热涂层;

（3）各级涡轮盘与止推轴承的间距小,工作中涡轮叶片的轴向位移变化小,这有助于减少叶尖间隙的变化。这是因为在 RB211 发动机的涡轮工作叶片均带斜冠(前小后大),相应机匣内壁也做成斜的。在这种设计中,叶片有轴向移动就会影响叶尖间隙;

（4）所有涡轮工作叶片的叶冠上均作有封严翅;

（5）转子短,且只有风扇为悬臂结构,故工作中转子变形小。

由于采取了以上措施,罗·罗公司声称,它能够保证 RB211 - 22B 发动机使用五年后其耗油率的增加不超过 2%,否则将赔偿用户的损失。图 3.5.12 示出了与 RB211 - 22B 同时代的另两型发动机(JT9D 与 CF6)与 RB211 发动机性能衰减的情况,由图 3.5.12 可看出 RB211 性能衰退比其他两型发动机慢。

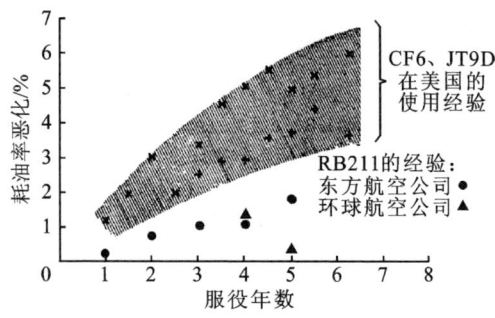

图 3.5.12　3 种发动机性能衰退的比较

8.4　结构完整性较好

在 RB211 发动机设计中主要采取了以下提高结构完整性的措施:

（1）在 3.3 节中曾提到风扇包容环前缘做有环形钩,它能使断裂的叶片碎片不致倒飞出去;

（2）压气机的工作叶片是用钛合金制造的,静止叶片与机匣是用钢制造的,这就避免了过去全部采用钛合金材料时由于相互摩擦而造成钛着火的问题;

（3）由于机匣为双层结构,一旦机匣内着火,可防止火焰外传;

（4）风扇转子轴做成双层的,其内轴为保持轴,当外轴、轴承等出现故障时,风扇也不致甩出;

（5）所有附件均装在温度较低的风扇机匣四周,使其处于较低的环境温度下。

据报道,RB211 - 22B 使用 1 年后的 1978 年 1—8 月间,RB211 发动机只出现过 1 次未能包容的机械事故,事故率为 0.003 次/1 000 EFH。

8.5　抗外物撞击能力强

这主要是采取了以下措施:

（1）风扇叶片强度高；例如，在一次以 300 km/h 起飞的过程中，发动机曾吸入一只重 2.0～2.5 kg 的大鸟，但风扇叶片无 1 片折断，只有 8 片被打歪。据称，在 250 万飞行小时中，共更换过风扇叶片 388 片，其中纯属外物打坏而更换的只有 88 片。

（2）核心发动机的叶片都是宽叶型的；

（3）双层机匣可减轻外物吸入造成的二次损伤；

（4）风扇与中压压气机的间距大，减少了外物吸入核心发动机的可能性；

（5）轴短，刚性好，可防止外物吸入后造成转子弯曲。

当然，为了满足上述设计要求，在结构复杂性和重量方面付出了相应的代价。例如，为改善性能和减缓性能的衰减，重量增加了约 100 kg；为提高结构完整性，重量增加了约 95 kg；为获得高的抗外物撞击能力，重量增加了 158 kg；为降低维护费用，重量增加了 68 kg。这样，重量总共增加 421 kg，约占推进系统总重 6.350 kg 的 6.6%。

9　故障与改进

RB211 - 22B 发动机投入使用后，7 年中出现的主要故障有：

（1）风扇盘损坏两起，主要是钛合金坯料材质不好造成的，已改用新的钛合金坯料。参见本书中《RB211 - 22B 风扇转子飞行中的严重故障》一文。

（2）高压涡轮盘损坏 1 次，经更改锻造工艺程序后，排除了此故障。

（3）高压压气机在起飞过程中曾发生一次喘振。产生喘振的原因是将压气机内层机匣固定到外层机匣上的一个锥形承力支板刚性不够，造成内层机匣倾斜，导致叶尖间隙不均匀，甚至使叶尖与机匣产生摩擦，而由此产生的摩擦热又使机匣变形，进一步加剧了叶尖间隙的变化。为此，修改了内层机匣的固定方式。图 3.5.13 所示为内层机匣固定方式的更改情况。自改用这种新的结构后，3 年来再未出现过这类喘振故障。

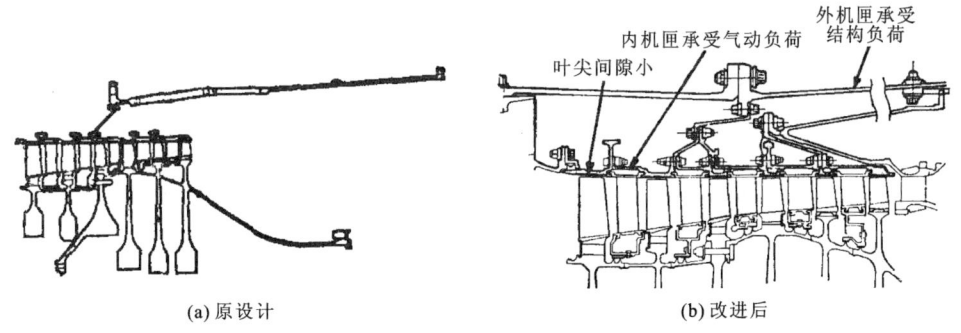

(a) 原设计　　　　　　　　　　　　　　(b) 改进后

图 3.5.13　高压压气机内层机匣固定到外层机匣的结构图

（4）铸铝中介机匣出现过裂纹，这是因为机匣内外两侧流过的冷热两股气流使机匣上热应力过大而造成的。解决办法是在机匣内壁覆以有机隔热涂层，据称效果

很好。在 RB211‑22B 后继机型‑524 型上,已将此机匣改为板料焊接结构。

(5) 高压涡轮工作叶片寿命不长。为此,该公司采取的措施之一是改用定向结晶的 M002 材料铸造叶片。M002 材料具有较好的抗疲劳与抗蠕变性能,它能使工作温度提高 20～30 ℃。采用定向结晶铸造技术可提高叶片的强度,能使工作温度再提高 20 ℃。另一项措施是改进冷却技术以降低叶片工作温度及温度梯度。具体做法是加大进气面积,从而增大冷却气量,同时在叶盆处增多出气孔,加强冷却气膜,使叶盆处工作温度降低 100 ℃。这种新叶片于 1979 年底投入使用,其寿命可提高 3～5 倍,而且发动机耗油率还可降低 1% 左右。

(6) 低压转子的滚珠轴承(中介轴承)出现过轻载打滑引起的滑蹭损伤故障。在将轴承的保持架由外环定位改为内环定位后,基本排除了这个故障(参见本书中《航空发动机轴承滑蹭损伤与防止措施》一文)。

RB211 – 535E4 发动机设计特点

1　概　况

1.1　发展历程

RB211 – 535E4 是英国罗·罗公司为 757 双发客机发展的三转子大涵道比涡扇发动机,它是在罗·罗公司的 RB211 系列发动机中 – 22B 型的基础上缩小风扇而成的。

RB211 系列发动机为西方国家中唯一的民用三转子大涵道比涡扇发动机,它的最初生产型号为 RB211 – 22B,其起飞推力为 183.2 kN,于 1972 年 4 月装于洛克希德的 L1011 三星式宽机身客机上投入使用,是世界上最早的三型大涵道比涡轮风扇发动机之一。随后,按两条平行的途径衍生发展了推力增大型 – 524 系列及推力缩小型 – 535 系列。在衍生发展过程中,由于不断采用一些新设计、新材料和新工艺等,不仅使发动机的推力不断加大,而且耗油率还大幅度下降,例如在 RB211 – 524 系列中,1989 年 6 月投入使用的 RB211 – 524G(装于 747 – 400)及 1990 年 2 月投入使用的 RB211 – 524H(装于 767 – 300)与 1979 年 2 月投入使用的 RB211 – 524B2 相比,推力分别提高了 16% 及 21%,耗油率降低了 13.6%。

RB211 – 535 系列虽为 RB211 – 22B 的推力缩小型,但它的后期发展型号的推力已大于 RB211 – 22B 的。

RB211 采用了三转子结构,如图 3.6.1 所示,使各转子的叶片均能处于最恰当叶尖切线速度下工作,因此,在达到相同的增压比下,压气机、涡轮的级数及叶片数会少许多。表 3.6.1 列出了用于 757 飞机的两种发动机即 RB211 – 535E4 与 PW2037

的级数与叶片数的比较,PW2037 为普惠公司为 757 研制的双转子大涵道比涡扇发动机。

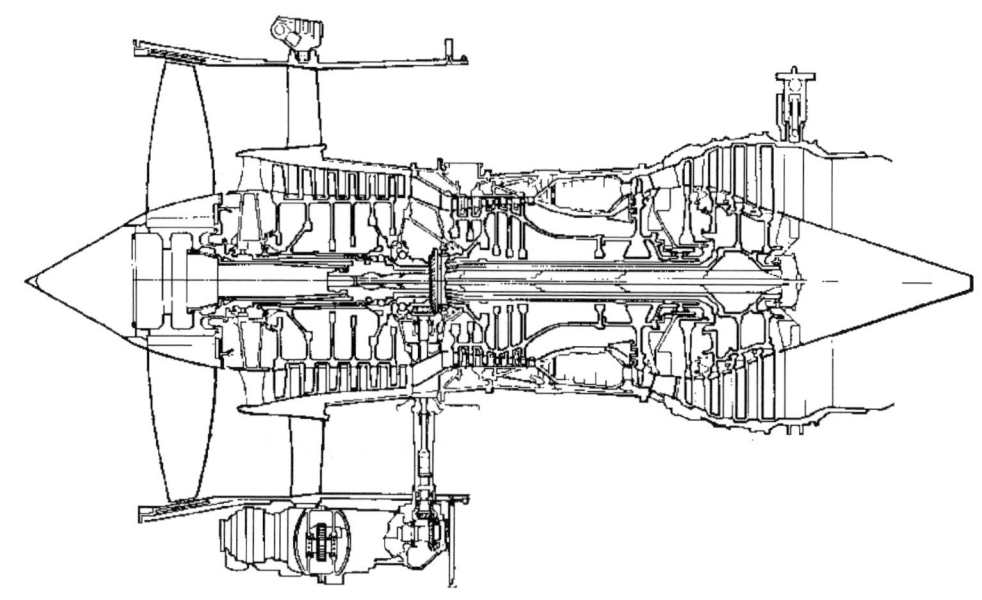

图 3.6.1　RB211-535E4 发动机结构图

表 3.6.1　RB211-535E4 与 PW2037 级数与叶片数的比较

发动机	压 气 机			涡 轮		总级数
型 别	级数	叶片	可调导向叶片	级数	叶片	
RB211-535E4	13	783	0	5	420	18
PW2037	17	907	252	7	735	24

在 RB211 发动机家族发展过程中,RB211-535E4 占有非常显著的地位,因为它采用了一些新型结构设计,例如宽弦无凸肩夹层风扇叶片,采用三元流设计的复合倾斜的高压涡轮导向叶片,内外涵共用喷管,压气机叶片端部弯曲等,这些设计不仅为罗·罗公司后来的某些发动机采用,而且也为其他公司的一些发动机采用。

RB211-535 系列中的第 1 个型号为-535C,它是为满足 757 的推力要求,将 RB211-22B 的风扇缩小(直径由 2.154 m 减为 1.859 m),涵道比由 4.8 减小为 4.4 改型而成的,推力为 166.57 kN(37 400 lbf),于 1979 年 4 月进行首次试车,1981 年 9 月取得适航证,1983 年 1 月装有 RB211-535C 的 757 投入航线使用,它是波音公司大型飞机中第一次采用罗·罗公司的发动机。用于 757 的另一种发动机是普惠公司的 PW2037(代号后二位数字表示以 $100 \times$ lbf 为单位的发动机推力值,37 即表示发动机推力为 37 000 lbf),装有 PW2037 的 757 于 1984 年 12 月投入航线使用。

RB211-535E4 是在 RB211-535C 的基础上,加大风扇直径(由 1.859 m 增大

为 1.882 m)与减小涵道比(由 4.4 减小为 4.3)并采用了一些新技术进行改进后发展的,1982 年 5 月进行首次试车,1983 年 11 月,取得适航证,1984 年 10 月装于 757 上投入航线使用。

1.2　主要性能

表 3.6.2 列出了 RB211 - 535E4 与 RB211 - 535C 的主要性能参数。

表 3.6.2　RB211 - 535E4、RB211 - 535C 主要技术数据

发动机型号		RB211 - 535E4	RB211 - 535C
起飞(海平面 静止状态,ISA)	推力/kN	178.60～191.95	166.57
	保持温度/℃	29	29
	总压比	25.8	21.1
	涵道比	4.3	4.4
	空气流量/(kg·s^{-1})	522.50	517.56
爬　升	最大推力/kN	40.57	40.17
巡　航	高度/m	10 668	10 668
	飞行/Ma	0.8	0.8
	推力/kN	37.8	37.6
	耗油率/(mg·(N·s)$^{-1}$)	17.18	18.30
外廓尺寸	长度/m	2.994	3.000
	风扇直径/m	1.882	1.869
	发动机基本重量/kg	3 297	3 311

2　设计特点

2.1　风　扇

RB211 - 535E4 风扇如图 3.6.2 所示,第 1 次采用了宽弦、无凸肩和蜂窝夹层结构的风扇叶片,这种由罗·罗公司发展的独特设计,不仅重量轻、效率高、耗油率比采用常规叶片的低 2.5%,喘振裕度大,流通能力大,抗外物打击的能力也较高,而且能起到减少外来物进入核心机的作用。由图 3.6.3 可以看出,由于风扇叶片较宽,与核心机进口间的缝隙较大,大部分外来物能在离心力的作用下甩到外涵道的气流通道中去。因为 RB211 - 535E4 在 757 使用的三种发动机中,由于外来物击伤发动机内部造成的换发率为最低(见表 3.6.3),因此,这种设计已在罗·罗公司参与研制的发动机(如 RB211 - 524G/H、遄达、V2500 等)上采用,而且还获得以英国女王名义颁发的技术进步奖。

传统的带凸肩叶片由于气流流过凸肩时的分离,不仅导致压力损失,使局部地区

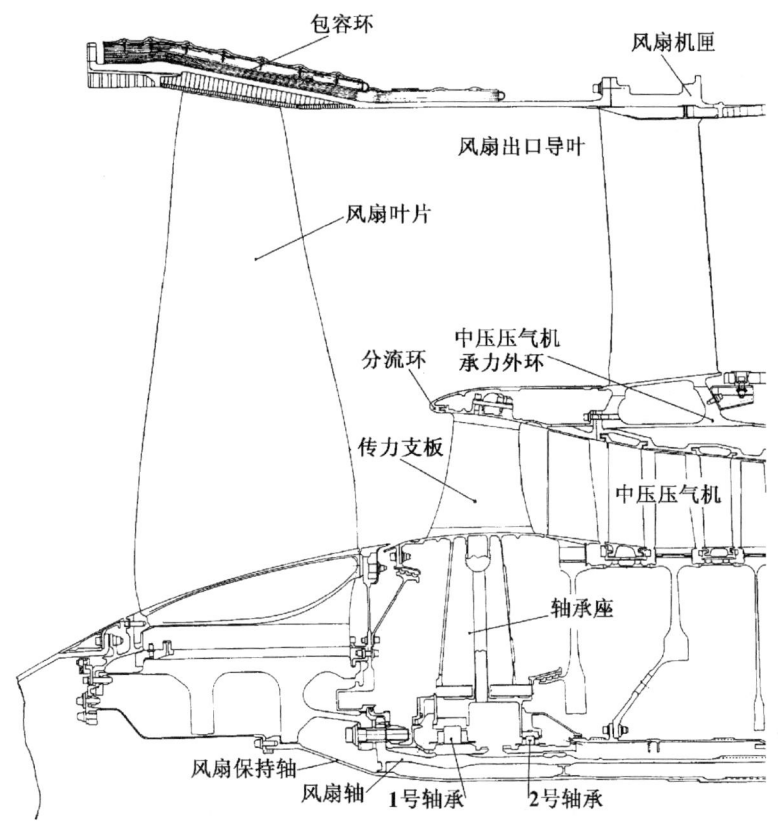

图 3.6.2　RB211 – 535E4 风扇结构图

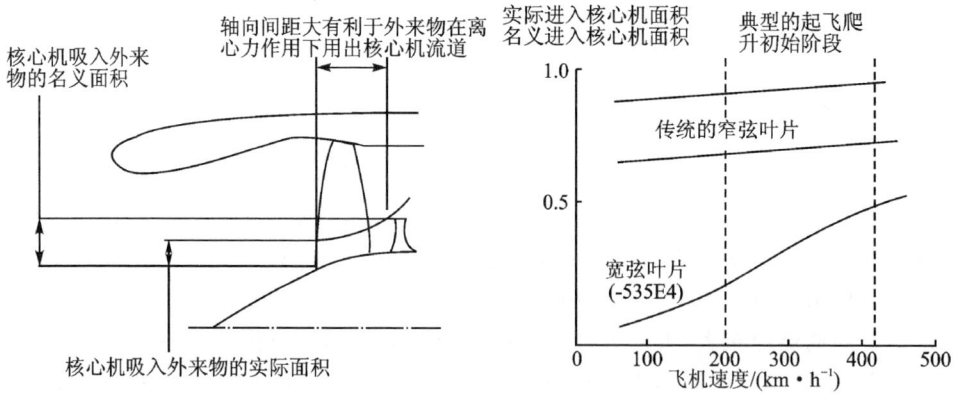

图 3.6.3　宽弦风扇叶片能将外来物甩到外涵通道

效率降低,而且也使气流流通面积减小,如图 3.6.4 所示。风扇叶片采用宽弦设计后,叶片的刚度、强度大增,抗外物打击能力与抗振动能力均提高很多,不需采用凸

肩，提高了风扇效率与流通面积，为发动机带来较好的效果。20 世纪 90 年代以后研制的军、民用涡轮风扇发动机均采用了无凸肩的宽弦风扇叶片。

表 3.6.3　由于外来物击伤发动机造成的换发率(次/1 000 EFH)的比较
(投入使用后五年的数据)

发动机型号	RB211 - 535E4	RB211 - 535C	PW2037
换发率(次/1 000 飞行小时)	0.001 8★	0.008 0	0.016 0

★ 在实际使用中，仅出现过一次。

常规带凸肩设计　　　　　　　　　　凸肩对效率的影响

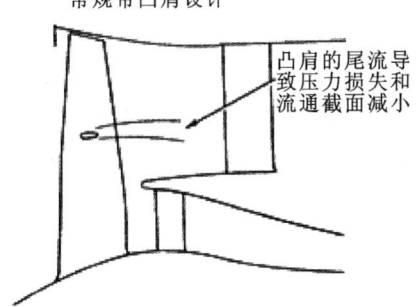
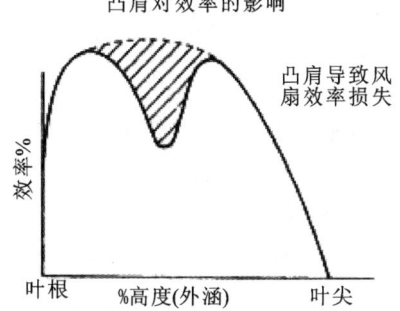

图 3.6.4　常规带凸肩风扇叶片使气动损失加大、效率降低

风扇叶片燕尾形榫根不像在其他发动机中那样做成直线形的，而是做成基本与叶身相符的圆弧形，相应风扇盘上固定叶片的燕尾形槽也做成圆弧形，这种设计能使在叶片数量一定时，盘直径可以小些，可减小发动机重量与风扇机匣外径，已成为罗·罗公司的一项独特设计，并推广到遄达系列发动机中。后来，在 CFM56 - 7B 发动机中也采用了这种设计。

风扇叶片的包容环是在铝制的、带有增加刚性的凸环与凸肋的圆环上，缠绕几十层由 Kevlar 织成的条带组成，这种结构包容能力强，重量轻，因而已在罗·罗公司后来发展的发动机如遄达等上采用。包容环内壁中嵌有蜂窝结构的易磨衬套(见图 3.6.2)。

风扇出口导向叶片距风扇叶片很远，用以降低两者干扰引起的噪声，这是新型大涵道比涡扇发动机中，常采用的降低风扇噪声的一种有效措施。风扇出口导向叶片还作为承力件将核心部分的负荷外传到风扇机匣上，叶片由钛合金做成空心的，空腔中填有轻质的减振材料。

2.2　中压、高压压气机及燃烧室

2.2.1　中压压气机

中压压气机叶片采用了性能较好、叶片数目较少、抗沙尘磨蚀能力较强的可控扩散叶形，这是 20 世纪 80 年代发展的一种新型叶片，已为多种发动机采用。中压压气

机六级轮盘通过鼓筒用电子束焊接成一整体转子。

2.2.2 高压压气机

高压压气机工作叶片与静子叶片均采用了端部弯曲设计(简称端弯叶片)以减小气流在端壁处的附面层影响,提高效率与喘振裕度,图3.6.5示出了端弯叶片的外形,RB211 -535E4是第1种采用端弯叶片的发动机。除第3级轮盘采用钢外,其他各级盘均采用钛合金,前两级盘通过鼓环焊接成一体,后三级与后轴焊为一体,在第3级处用短螺栓连接组成转子。由于压气机出口处气流温度较高,在其他发动机中,后几级的轮盘均采用镍

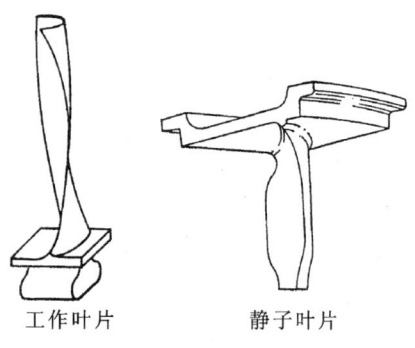

图3.6.5　采用端部弯曲的叶片

基高温合金,而在RB211 -535E4中,采用了能承受550 ℃的高温钛合金IMI829,因而使转子的重量降低了约30%。

2.2.3 燃烧室

RB211 -535E4采用了全环形、带18个气动式喷嘴的燃烧室,火焰筒与燃气接触的内壁上,喷涂了隔热涂层,以降低火焰筒壁的温度,延长其寿命,火焰筒还设计成具有高的可修复性,便于采用常规的方法进行修理。据称,这种火焰筒使用寿命可达15 000 h,经过修理寿命可达到30 000 h。

2.3 涡轮及喷口

2.3.1 涡 轮

高压涡轮有36片镍基高温合金铸造的导向叶片,如图3.6.6所示,每两片铸成一体,叶片是按三元流设计成复合倾斜式的,即沿轴向、径向均做成曲线状,而不像常

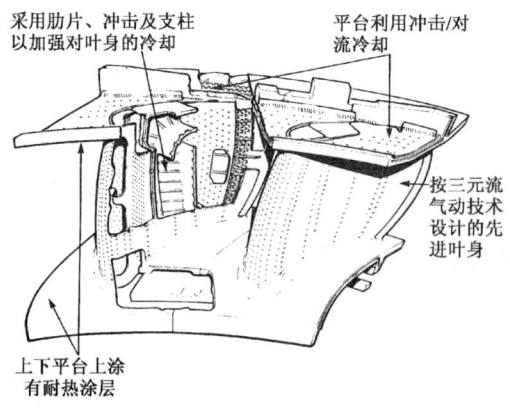

图3.6.6　-535E4 高压涡轮导向叶片

规叶片做成直线的,以减少端壁损失。叶身做成空心的,以通过冷却空气对叶片进行冷却。为提高冷却效果,内腔设计得很复杂。叶片上下平台与燃气接触的表面上喷涂有耐热涂层。导向叶片的使用寿命(不经修理)可达17 000 h。

　　高压涡轮工作叶片采用定向结晶的镍基合金精铸而成,内腔做得比较复杂以通过冷却空气对叶片进行冷却,如图 3.6.7 所示。叶片带冠,冠上除带有两道封严齿外,还沿轴向有一导流片,两片叶冠的导流片形成收敛通道,冷却叶片的空气部分由叶冠流出时,在收敛通道中膨胀,可回收一部分功,以提高效率,叶身内腔做成具有横肋条的多通道冷却设计,使冷却效果更好。工作叶片在使用中已达到了 15 000 h 的使用寿命。高压涡轮工作叶片带冠,能提高涡轮效率,但带来较大的强度问题,迄今仍只有罗·罗公司的发动机采用。

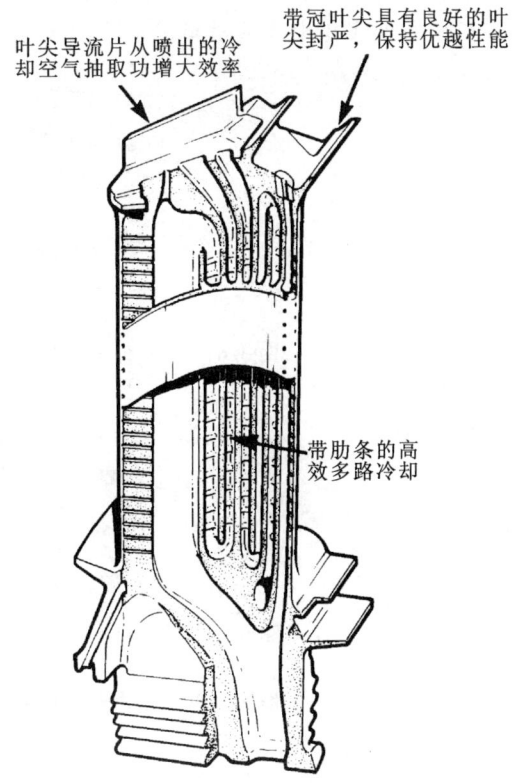

图 3.6.7　-535E4 高压涡轮工作叶片

　　单级中压涡轮导向叶片也采用了复合倾斜的三元流设计,其内腔有冷却空气流过,为提高冷却效果,内腔中有许多横向肋条及凸点群。带冠的中压涡轮工作叶片做成非冷却的,但仍然是空心的,以减轻重量,采用定向结晶的镍基合金精铸而成。

　　低压涡轮为 3 级,所有的导向叶片与工作叶片均做成实心的结构,工作叶片均有带封严齿的叶冠。涡轮外环与封严齿相对应的环形带上喷涂有易磨涂层,各级导向叶片与工作叶片的数目均按尽量减小由于相互干扰产生的噪声来选用的,这也是大涵道比涡扇发动机中常采用的降低发动机噪声的一种措施。

2.3.2　喷　口

　　在 RB211-535E4 以前的大涵道比涡扇发动机中,外涵冷气流与内涵热燃气均用各自的喷口喷出,即所谓的平行流喷口,如图 3.6.8 所示。在 RB211-535E4 上第一次采用了类似小涵道比涡扇发动机的共用式喷口(或整体式喷口),即外涵冷气流由四周先流向中心,与由内涵(即核心机)流出的燃气掺混后,由喷口流出,如图 3.6.9 所示。这种整体式喷口具有推进效率高、耗油率低(可低 2%)、噪声低以及开反推器时反推力大(可大 40%),并能提高风扇效率等显著特点,因而为以后的一些发动机

采用。采用共用式喷口后,虽可降低耗油率,但发动机重量也有增加,因此,共用式喷口在长航程的飞机上才显示出优越性,一般不宜用于短航程的客机上。

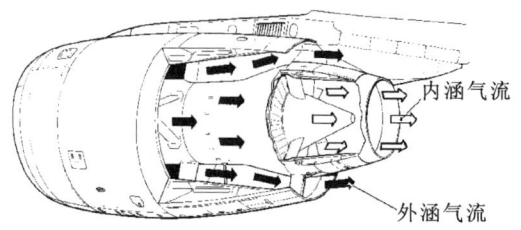

内涵气流

外涵气流

图 3.6.8　内、外涵气流平行流出的平行流喷口

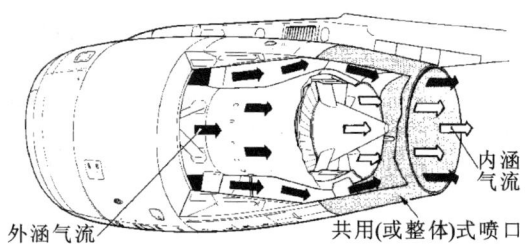

内涵气流

外涵气流　　　　　　　　共用(或整体)式喷口

图 3.6.9　内、外气流混合后流出的共用式喷口

2.4　转子支承及承力框架

2.4.1　转子支承方案

RB211-535E4 有低压、中压与高压三个转子,共用 8 个轴承支承于 4 个承力框架上,图 3.6.10 示出其支承简图。低压转子为 0-2-1 的 3 支点支承方案,中压转子为 1-1-1 的 3 支点支承方案,高压转子为 1-0-1 的 2 支点支承方案。低压转子的止推轴承(3 号)为中介轴承,其外环固定于中压轴内,内环固定于低压轴上。所有滚棒轴承均装有挤压油膜减振器,以降低发动机振动。

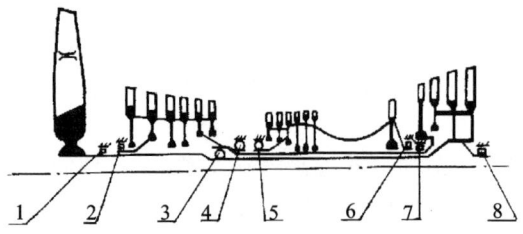

1　　2　　3　　4　　5　　6　　7　　8

图 3.6.10　RB211-535E4 发动机转子支承简图

罗·罗公司发展的 RB211 与遄达两个系列发动机中,低压转子的止推轴承不像其他大涵道比涡扇发动机置于风扇盘之后,而是安排在风扇轴的后端,紧靠风扇盘的

是滚棒轴承。其他发动机将滚珠轴承安排在风扇盘之后,是考虑万一风扇轴在工作中折断(概率很小,但有可能发生),风扇盘仍会被滚珠轴承保持在发动机中。由于罗·罗公司的发动机紧靠轮盘的是滚棒轴承,当风扇轴折断时,风扇盘在向前的气动力作用下会甩出发动机。为避免出现风扇盘甩出发动机,在风扇轴内专门设置一个保持轴(见图 3.6.2),保持轴前端扣在风扇盘的凸边上,后端固定于风扇轴后端的滚珠轴承处,当风扇轴折断后,风扇盘会被保持轴拉住而不会甩出发动机。但是,在RB211 实际使用中,曾多次出现过由于风扇轴折断风扇盘甩出发动机的严重故障(参见本书第 2 版《RB211 - 22B 再次出现风扇盘甩出的故障》一文),说明保持轴仍不能将风扇盘保持在发动机内。罗·罗公司采用的这种设计,主要考虑三转子发动机中,风扇与中压压气机间的传力结构比较单薄,承受不了风扇转子大的轴向力。另外,将三个转子的止推轴承(即 3、4、5 号滚珠轴承)集中设在刚性较好的中压与高压压气机间的中介机匣处,能方便地将三个转子的轴向负荷由中介机匣外传。

2.4.2　承力框架

RB211 - 535E4 的 8 个轴承通过 4 个承力框架将负荷外传。1 号与 2 号滚棒轴承通过风扇与中压压气机间的承力框架外传,此承力框架如图 3.6.2 所示由风扇出口导向叶片,中压压气机承力外环,轴承座与传力支板组成的轴承机匣等组成,轴承机匣外环与中压压气机承力外环相连,将轴承负荷传给后者,后者再通过风扇出口导叶将负荷外传到风扇机匣。

3 号、4 号与 5 号滚珠轴承通过由中压、高压压气机间的承力框架将轴向与径向负荷外传,是传力最大的框架,它是由铸造、锻造与板料焊接结合的中介机匣组成,附件传动杆由它的支板穿过,附件机匣固定于它的外环上。

6 号与 7 号滚棒轴承通过高中压涡轮间承力框如图 3.6.11 所示将负荷外传到涡轮机匣上,传力的承力支座是装在空心的中压涡轮导向叶片内腔中,并围绕冷空气对其冷却;与燃气接触的导向叶片设计成在工作中允许在轴向、径向与轴向三个方向自由膨胀。

8 号(即低压涡轮后)滚棒轴承通过涡轮后轴承承力框架即涡轮后轴承机匣将负荷传到涡轮机匣上,涡轮后机匣上还装有将发动机装在飞机

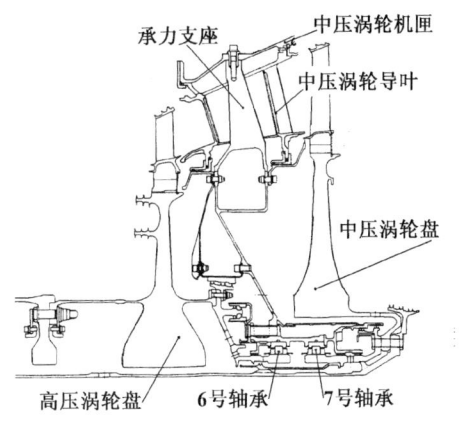

图 3.6.11　RB199 - 535E4 高中压涡轮间承力框架

上的辅助安装节。很多发动机均采用涡轮后轴承机匣作为低压转子后支承的承力框架。

3　其　他

3.1　噪　声

RB211‒535E4 发动机采用了许多降低噪声的措施,如图 3.6.12 所示,使装它的 757 飞机成为符合华盛顿国家机场(对飞机噪声要求最严格的机场之一)所施行的夜间起降宵禁噪声限制的飞机,在宵禁期间(22:00~7:00)仍能起降,而装 PW2037 的 757 则不能在宵禁期内起降。

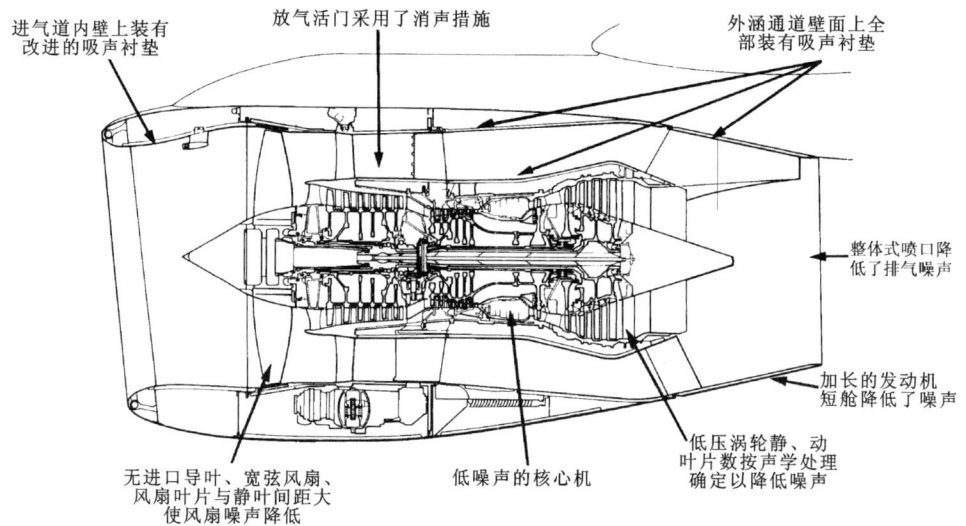

进气道内壁上装有改进的吸声衬垫

放气活门采用了消声措施

外涵通道壁面上全部装有吸声衬垫

整体式喷口降低了排气噪声

加长的发动机短舱降低了噪声

低压涡轮静、动叶片数按声学处理确定以降低噪声

低噪声的核心机

无进口导叶、宽弦风扇、风扇叶片与静叶间距大使风扇噪声降低

图 3.6.12　RB211‒535E4 降低噪声采用的措施

3.2　性能保持

RB211‒535E4 发动机的结构设计中,采用了能较好保持发动机性能(主要指耗油率)的一些措施,例如:三转子结构,使各转子支点间距离小,转子刚性好;整个发动机采用双层机匣,叶片叶尖间隙在工作中变化小;宽弦风扇叶片使进入核心机的外物减少到很少;中压压气机叶片采用抗磨蚀性好的可控扩散度叶片;所有的涡轮叶片均有带封严齿的叶冠;压气机与涡轮中的各种封严均具有较好的径向热补偿效应,使工作中封严间隙变化小等,因而在工作中,随使用时间的增长而性能衰退较少,即性能衰退率低。性能衰退率是航空公司很重视的一个参数。

3.3　可靠性

RB211‒535E4 投入航线使用初期,即显示出它具有较高的可靠性,因而在使用

2 年后，于 1986 年 11 月即获得美国联邦航空局 FAA 与英国民航局 CAA 对装有 RB211-535E4 的 757 客机 120 min"双发飞机延程飞行"（ETOPS）的批准；1989 年 9 月又获得 CAA 的 180 min 的 ETOPS 批准，而装 PW2037 的 757 则是在使用 5 年后的 1989 年 12 月 29 日才获得 FAA 的 120 min 的 ETOPS 批准。双发客机能获得 120 min、180 min 的 ETOPS 批准，表明它所使用的发动机具有较高的可靠性。参见本书第 2 版《双发客机的延程飞行（ETOPS）与航空发动机的可靠性》一文。

| 遄达 700 发动机设计特点 |

1　发展概况

遄达发动机是英国罗·罗公司继 RB211 系列发动机之后新的系列发动机,是为满足 20 世纪 90 年代初的大型客机而发展的。90 年代初发展的有两个系列,即用于 A330 的遄达 700 系列和用于 777 的遄达 800 系列,90 年代后期又先后发展了用于 A340 - 500/- 600 的遄达 500 与用于 A380 的遄达 900,21 世纪初发展了用于 787 的遄达 1000,装遄达 1000 的 787 客机已于 2008 年投入使用。

遄达发动机是在 RB211 系列中最后型号 RB211 - 524G/H(分别于 1989 年与 1990 年投入航线使用)的基础上改进衍生而成的。在遄达的设计中,除保留了 RB211 - 524G/H 的许多设计外,还利用其他发动机的一些经过考验的技术,并吸收了一些新发展的技术,使得遄达发动机的性能较 RB211 - 524G/H 有较大的提高,且可靠性与耐久性也有较高的水平。

按原计划,初期的遄达有三个系列,即遄达 600、700 与 800 系列,其推力范围分别为:285～302 kN、298～340 kN 与 334～454 kN,风扇直径则分别为 2.402 8 m、2.463 0 m 与 2.794 0 m。三个系列中,核心部分基本相同。原拟用于 MD11 的遄达 600 系列,由于用户破产取消了订货而终止发展。

遄达 700 系列中有 4 个型号,即遄达 768、遄达 770、遄达 772 与遄达 775,它们的结构完全一样,只是推力稍有不同,型号序号中的后二位数字表示推力值,即该二位数乘以 1 000 lbf 即为发动机的以 lbf 为单位的推力值。

表 3.7.1 列出了遄达 700 与 RB211 - 524G/H 循环参数的比较。由表 3.7.1 可见,巡航状态下,与 RB211 - 524G/H 相比,遄达 700 的涵道比由 4.78 增大到 5.24,

提高了推进效率,使耗油率可降低 1.3%;总压比由 27.8 提高到 32.9,提高了热效率,也可使耗油率降低 1.3%;加上部件效率的提高,最终,可使遄达 700 的耗油率比 RB211 - 524G/H 的低 4.8% 左右。

表 3.7.1　RB211 - 524G/H 与遄达 700 的循环参数比较

发动机型号		RB211 - 525G/H	遄达 772	遄达 775
典型巡航状态	涵道比	4.73	5.24	5.18
	总压比	27.3	32.0	32.9
最大爬升状态	总压比	34.9	41.0	42.3
	风扇增压比	1.87	1.86	1.89
	涡轮进口温度/℃	基数	基数+1	基数+31
最大起飞状态	总压比	33.7	37.6	39.8
	中压压气机增压比	4.5	5.41	5.49
	高压压气机增压比	4.82	4.40	4.46
	涡轮进口温度/℃	基数	基数-47	基数-3

遄达的研制计划始于 1988 年,其第一个型号最初命名为 RB211 - 524L,后改名为遄达 600。1988 年第三季度开始核心机部件试验台试验。1990 年上半年完成遄达 600 系列的设计,并于 1990 年 8 月进行第 1 次台架试车,推力达到 315 kN,1991 年 9 月试车中推力已超过 335 kN。遄达 700 发动机于 1992 年 7 月第 1 次台架试车,于 1993 年 12 月取得适航证,装它的 A330 飞机 1995 年初投入航线使用。据 1998 年 8 月统计,装用遄达 700 的 A330 飞机,占 A330 市场的 43%。

2　主要性能

表 3.7.2 列出两型遄达 700 的主要性能参数。

表 3.7.2　遄达 700 的主要性能参数

发动机型号		遄达 768	遄达 772
起飞性能 (国际标准大气, 海平面静止状态)	推力/kN	306.5	322.8
	保持温度/℃	30	30
	涵道比	4.9	4.8
	总压比	36.0	37.8
	空气流量/(kg·s^{-1})	914.3	934.7

续表 3.7.2

发动机型号		遄达 768	遄达 772
巡航性能 （$H=10\,668$ m， $Ma=0.82$）	推力/kN	49	49
	涵道比	4.4	5.4
	总压比	30.2	30.2
	空气流量/(kg·s^{-1})	341	341
	耗油率/(mg·(N·s)$^{-1}$)	16.11	16.11
尺寸与重量	长度/m	3.91	3.91
	风扇直径/m	2.474	2.474
	动力装置重量/kg	6 205.7	6 205.7

3 设计特点

遄达 700 发动机(如图 3.7.1 所示)的总体结构设计基本上与 RB211-524G/H 发动机相同,只是中压压气机与低压涡轮各增加了 1 级。它由直径为 2.494 m 的单级风扇、8 级中压压气机、6 级高压压气机、具有 24 个气动雾化喷嘴的环形燃烧室、单级高、中压涡轮、与 4 级低压涡轮组成。下画分别叙述各部件的某些设计特点。

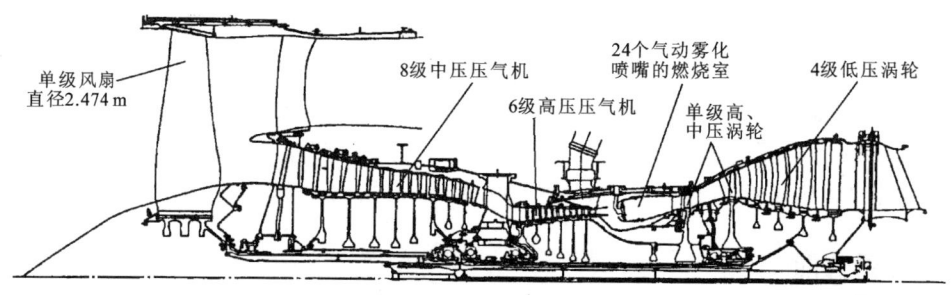

单级风扇直径2.474 m　　8级中压压气机　　6级高压压气机　　24个气动雾化喷嘴的燃烧室　　单级高、中压涡轮　　4级低压涡轮

图 3.7.1　遄达 700 发动机结构图

3.1　三转子结构

三转子结构是 RB211 系列发动机的传统设计,与双转子相比,采用三转子设计时,总的级数会减少许多,总的叶片数与可调静叶级数也少,因而发动机零件数目可少许多。另外,转子长度相对短,因而刚性好,有利于性能保持。涡轮的冷却空气量也可少 1/4 左右等。表 3.7.3 列出了遄达 700 与推力级相当的双转子发动机某些结构参数的比较。

表 3.7.3　三转子遄达 700 发动机与推力级相当的双转子发动机某些参数的比较

发动机转子	总级数	可调静叶排数	零件总数	冷却空气量与核心机空气量之比/%
三转子(遄达700)	21	3	19 000	17
双转子	26	6	33 000	22

3.2　风扇叶片

RB211－535E4 与 RB211－524G/H 发动机的风扇叶片采用了无凸肩、宽弦与带蜂窝芯部的夹层结构设计,具有气动损失小、效率高、流通能力大、重量轻、抗外物打击的能力强和外来物进入核心机少以及抗振和抗颤振性能高等特点。遄达 700 的风扇叶片继承了这种叶片的结构设计思想,并做了较大的改进:其芯部从叶尖到叶根采用了钛合金板料做的整体的三角形框架结构(如图 3.7.2 所示),取代了原来采用的钛合金蜂窝结构。框架用超塑性成形法使其紧贴于两面板上,然后用扩散连接法使它与面板形成一体。这种连接方法使连接的两零件间无连接缝,据称,用最先进的测试技术也探测不出其连接缝,因而芯部也能承受面板的离心载荷,使这种称为

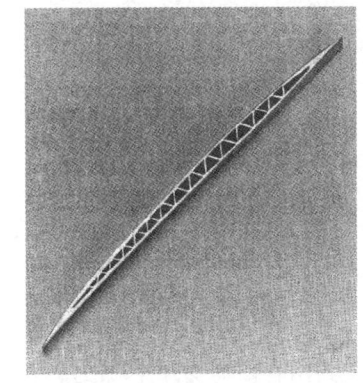

图 3.7.2　遄达发动机风扇叶片横截面图

"超塑性成形/扩散连接"(SPF/DB)的夹芯叶片比用蜂窝芯部的叶片轻 15% 左右。它已成为罗·罗公司的第三代宽弦无凸肩叶片。风扇叶片根部采用了 RB211 的传统设计,即燕尾形根部沿长度方向做成圆弧形。

这种新设计的风扇叶片顺利地通过了低循环疲劳的试验台试验,在应力因子为 120% 时,试验到 36 370 循环时,叶片上未出现任何问题;将应力因子加大到 140%,人为地使它易出现损坏,当试验进行到 36 875 循环后,在预估的薄弱环节处(叶高 45% 的叶背处)出现损伤。试验结果表明,此种叶片具有较长的低循环疲劳寿命。新的风扇叶片还成功地通过了用重量分别为 0.680、1.135、1.810 及 3.630 kg 的鸟作投鸟试验;最重要的是经过 10 年多航线使用的考验,证实了这一设计是成功的。

3.3　Kevlar 包容环

风扇的包容环采用了类似 RB211－535E4 的结构,但做了改进。它是在铝制的环形壳体上缠绕多层用 Kevlar 材料织成的条带,然后用环氧树脂予以包覆。为了减轻铝壳体的重量而又具有一定的刚性,壳体上纵横交叉地铣出多道凹槽形成具有格栅的薄机匣,称之为"等格栅铝环",如图 3.7.3 所示。这种新的包容环既有较好的刚性,又有足够的韧性,其重量要比 RB211－535E4 的轻 35%,比 RB211－22B 用钢做的包容环轻 55%。

当叶片从根部断裂甩出时,将铝壳体击穿,打在 Kevlar 的缠绕层内,使缠绕层拉伸变形,在拉伸变形过程中,吸收了断片甩出的能量,因而能将叶片断片包住而不会击穿 Kevlar 缠绕层,如图 3.7.4 所示。

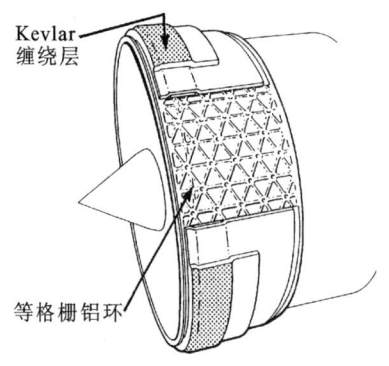
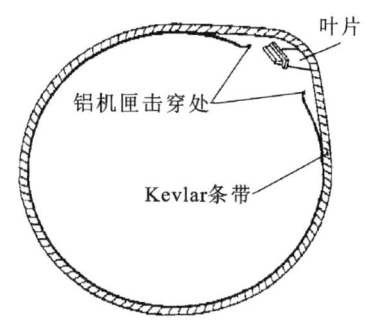

图 3.7.3　遄达 700 包容环结构图　　图 3.7.4　Kevlar 包容环包容断片的机理示意图

3.4　中、高压压气机

与 RB211 - 524G/H 相比,遄达 700 发动机中压压气机做了以下改动,即加大了气流量,增加了 1 级以减小级载荷提高效率,采用了三排可调静叶。

整个中压压气机转子用钛合金焊为一体;后 2 级工作叶片采用了正交设计,即叶片做成与气流流动方向垂直,但与轮盘间却有一夹角,以提高效率。所有工作叶片与前三排可调静叶用钛合金制造,3～7 级静叶用钢制造,第 8 级静叶用 Incol 718 镍基合金制造。

高压压气机转子用 IMI834 高温钛合金焊接成一整体,成为全钛转子,这是遄达 700 发动机中的很有特点的设计。总压比与遄达 700 相近或低些的发动机中,尚无采用全钛转子的。高压压气机中采用全钛转子会减小发动机重量。全钛转子是指盘与鼓环采用钛合金,但装在它上面的工作叶片并非全是钛合金的。例如,在遄达 700 高压压气机转子上,1～3 级工作叶片用钛合金,4～6 级工作叶片用 Incol 718。

高压压气机后 3 级的外环采用了低膨胀系数的 Incol 907 合金做成。在静子叶片与外环间嵌有热容量较大的隔热材料衬环,以控制机匣温度,提高被动间隙控制能力,使叶尖间隙在工况瞬变中变化不大。这种被动间隙控制技术在 RB211 系列中还未采用过,但用于遄达系列发动机中。

3.5　燃烧室

遄达燃烧室设计成低排污的,如图 3.7.5 所示。所采取的主要措施为减小火焰筒总的容积 30%,而加大头部主燃烧区容积 32%。前者可降低 NO_x 排污量,后者可提高在 10 000 m 高空中的重新点火性能。采用了 24 个简单的气动雾化喷嘴以改进油-气的混合效果并降低发烟量。这种燃烧室经试验,排污物均大大低于环境保护局及国际民航组织的限定值:CO、未燃烧的碳氢化合物、发烟量与 NO_x 的含量分别为限定值的 12%、7%、28% 和 58%(在 RB211 - 524G/H 的燃烧室中,相应的排污量分别为限定值的 13.8%、13%、81% 和 83%)。

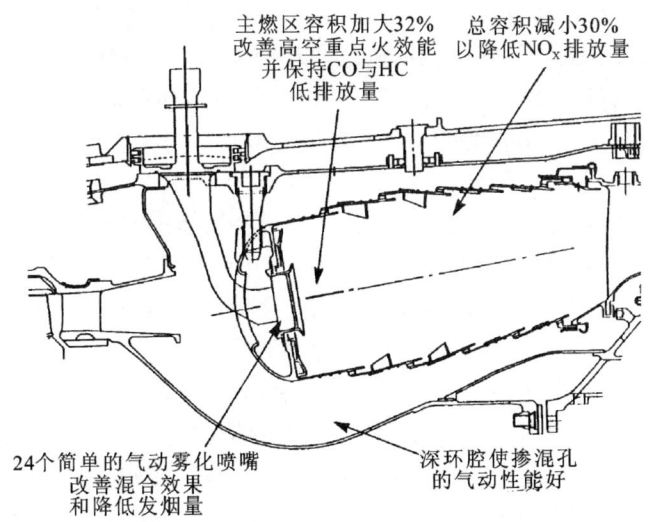

主燃区容积加大32%
改善高空重点火效能
并保持CO与HC
低排放量

总容积减小30%
以降低NO$_x$排放量

24个简单的气动雾化喷嘴
改善混合效果
和降低发烟量

深环腔使掺混孔
的气动性能好

图 3.7.5　遄达 700 发动机燃烧室结构图

3.6　涡　轮

遄达 700 高压涡轮结构如图 3.7.6 所示,其导向器叶片与工作叶片基本结构形式与 RB211 - 524G/H 的相同,但做了较大改进:工作叶片的材料由定向结晶的

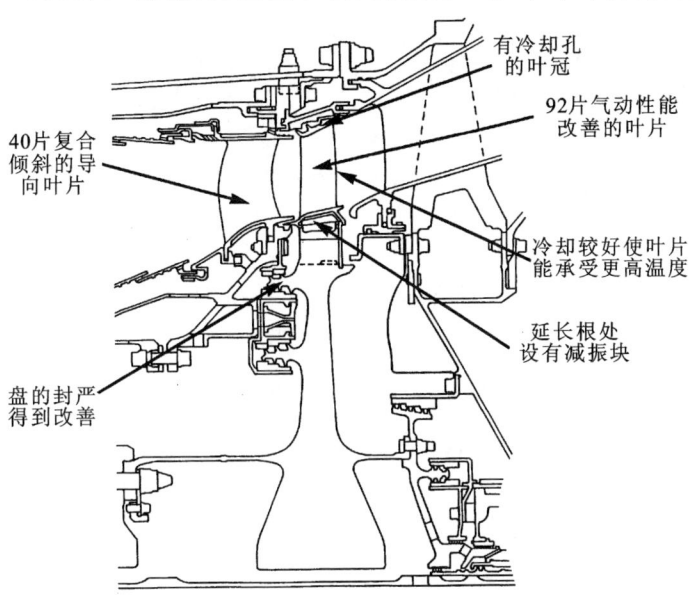

有冷却孔
的叶冠

92片气动性能
改善的叶片

40片复合
倾斜的导
向叶片

冷却较好使叶片
能承受更高温度

延长根处
设有减振块

盘的封严
得到改善

图 3.7.6　遄达 700 发动机高压涡轮结构图

MAR M002 改为单晶的 CMSX-4,提高了抗蠕变的性能,且抗腐蚀性与抗氧化的能力均有提高,材料承受高温的能力约提高 80 ℃;叶片冷却通道做了进一步改进,提高了冷却效果,如以 RB211-535E4 涡轮工作叶片的冷却效果为基数,RB211-524G/H的提高了 75 ℃,遄达 700 的则提高了 120 ℃。采取这两项措施后,可减小冷却空气量,耗油率可降低 0.3%,同时可以延长其使用寿命。另外,叶片的表面上还渗以铝铂涂层。

在涡轮前燃气温度的选择上,遄达继承了 RB211 系列的传统,即留有较大裕度,使涡轮工作于较低的温度下,据称要比 A330 使用的其他发动机低 60 ℃。RB211 在使用中,由于涡轮前燃气温度比其他发动机低,因而由于温度高引起的发动机拆换次数仅占全部拆换发动机的 20%,而其他发动机要占 40%。

遄达 700 发动机中压涡轮如图 3.7.7 所示,为单级,工作叶片是按可控涡变功量设计的,效率比较高;与 RB211-524G/H 不同的是,流道内径未变,但外径向外扩张得较大。工作叶片采用了 CMSX-4 单晶材料铸成,不冷却。导向器叶片是按三元流复合倾斜设计的,用 MAR M002 定向结晶材料铸成空心的,通以冷却空气进行冷却。

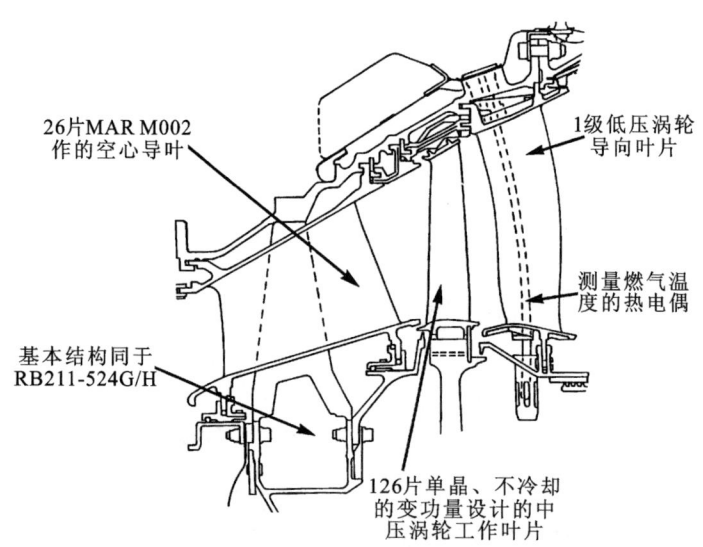

图 3.7.7　遄达 700 发动机中压涡轮结构图

遄达 700 发动机 4 级低压涡轮均按三元流设计以提高效率,叶片也采用了正交设计。由于气流通道是向内、外扩张的,因此叶片沿叶高度有明显的弯曲外形。这是其他发动机中尚未采用的设计。

3.7　整体式嘴管

与其他大涵道比大推力涡扇发动机不同,遄达发动机上采用了整体式喷管,即外

涵冷空气通过掺混器流入喷管中,与核心机的燃气混合后再喷出。采用这种喷管后,能降低发动机耗油率与噪声,并可增大开反推器时的反推力。罗·罗公司最早在 RB211 - 535E4 发动机上采用整体式喷管。这种喷管适于在远航程的客机上使用。

3.8　燃油调节器与噪声

遄达 700 的燃油调节器是在 RB211 - 524G/H 的基础上,吸收了军用发动机的经验以及 V2500 可调静叶作动筒及放气活门操纵等的使用经验而发展的,为罗·罗公司的第三代全功能数字式电子调节器(FADEC)。据称 RR211 - 524G/H 的 FADEC 可靠性较高,每套 FADEC 有两条通道,单通道的平均无故障间隔时间 (MTBF)为 40 000 h,整套为 20 000 h;而其他发动机的 FADEC 单通道的 MTBF 约为 22 400～25 000 h,整套的为 11 200～12 500 h。

遄达 700 在设计中采取了多种在其他发动机中应用有效的降噪措施,同时,采用了整体式喷管,在全长的外涵管道内装有吸声衬套等,使它的噪声值比 FAR36 部第三阶段要求的极限值低 10～12 dB,装遄达 700 的 A330 能满足伦敦机场夜间宵禁条款的要求。

4　发展试验

虽然遄达 700 发动机的许多试验内容与遄达 600 的相同,但罗·罗公司仍投入了 5 台发动机开展遄达 700 发动机发展性的试验工作,其中 4 台为地面台架试验。1991 年 9 月投入的最后 1 台用于高空台试车。地面试车台试车结果表明,发动机推力超过了 339 kN,启动成功率为 100%,振动低。

投入试验的 5 台发动机分工如下:

L0 用于判断新发展的部件是否可行。

L1 用子测振、核心机的 X 光测试、轴承负荷与空气系统的测试,其中风扇叶片及其出口静叶、中压压气机与低压涡轮的振动测试未发现任何问题,应力值均在设计范围内。还在发动机稳态与过渡态工作下对发动机内部关键部位的相对位置(例如径向间隙与轴向隙等)进行了检测。

L2 用于对部件的性能进行测试,为此在发动机内 12 个截面处安装了测压孔 900 个,测温孔 501 个,除测量地面状态下部件参数外,还测量改变整体式喷管出口面积模拟巡航状态的部件参数。

L3 用于耐久性试验。

L4 用于高空台试验。

5　重大故障

装遄达 700 的 A330 大型客机于 1995 年 1 月投入使用后,发动机工作情况良

好;但使用不到两年时间后,却于 1996 年年末起,连续发生多起由于传动附件机匣垂直传动轴的轴承滑油供油不够而损坏,造成多起空中停车事件,仅香港国泰航空公司就出现过 6 次空中停车事件。1997 年 5 月中旬,香港国泰航空公司与港龙航空公司于 5 月 24 日宣布他们分别所有的 11 架与 4 架装遄达 700 发动机的 A330 客机全部停飞。由于 A330 是一种大型双发客机,每架飞机可载客 330 余人,15 架飞机停飞,影响数万名旅客的旅行计划。仅国泰航空公司在停飞的头 6 天内就取消了 100 个航班。这一故障不仅造成了较大的经济损失,还造成很坏的社会影响。

附件机匣中支承与垂直传动轴啮合的锥齿的止推轴承润滑不足,工作中轴承温度过高,造成轴承与传动轴先期疲劳而失效,是引起空中停车的原因。在这几起停车事件中,在滑油回油管中的磁屑末检测器(MCD)中均发现了金属屑末。

遄达 700 的附件传动箱是由法国伊斯帕诺. 西扎 Hispano‐Suiza 公司生产的。该机匣的滑油系统设计不够完善,轴承的喷油嘴与轴承间有 20 mm 的缝隙,使轴承得不到充足的滑油,因而引起轴承温度变高。在国泰航空公司与港龙公司宣布停飞 A330 旅客机后,罗·罗公司用遄达 800 的设计对此做了修改,试验表明,改进后,轴承的工作温度由 170 ℃降到 120 ℃。附件机匣改装后,A330 于 1997 年 6 月中恢复航班飞行。

| 遄达 500 发动机设计特点 |

1　A340 - 500/ - 600 四发客机

空中客车公司于 1997 年初决定在四发客机 A340 - 300 的基础上,发展两型载客量加多、航程加大的 A340 - 500/ - 600 民用客机。由于载客量与航程均加大,所以机身、翼展及起飞总重均有较大的增加,参见表 3.8.1。据该公司对市场作的预测,到 2020 年,这种新型的四发客机约需 750 架,所需的发动机约 3 500 台。

表 3.8.1　A340 - 300、 - 500、 - 600 系列客机主要数据

飞机型号	载客量(三级布局)	飞机翼展/m	机身长/m	起飞总重/t	设计航程/km
A340 - 300	295	60.3	63.7	271	13 890
A340 - 500	313	63.6	67.8	365	15 742
A340 - 600	380	64.4	75.3	365	13 900

用于这两型飞机的发动机推力级要低于用于 777、A330 发动机的推力。一般四发客机中发动机总推力约为飞机起飞总重的 25% 左右,如按 28% 计,则单台发动机推力约需 250 kN;加上这种新型飞机对发动机在经济性与使用性上有些特殊的要求,目前无现成的发动机可供选用。为此,罗·罗公司决定在遄达系列发动机的基础上,为 A340 - 500/ - 600 客机衍生发展一种大涵道比(大于 8.0)、高总压比(约 46)、推力为 250 kN 级的发动机,即遄达 500 发动机。空中客车公司已选定遄达 500 为 A340 - 500/ - 600 客机的唯一发动机。

2   遄达 500 发动机的发展思路

罗·罗公司从 20 世纪 60 年代后期发展三转子大涵道比涡扇发动机起,一直沿着三转子发展的道路,采用衍生改进的办法,由其第 1 个型号 RB211 - 22B(1972 年 4 月装在 L1011 三发客机上投入运营)开始,分两支即推力缩小与推力增大方向发展,前者有 RB211 - 535、- 535C 和 - 535E4;后者则有:- 524、- 524B、- 524C、- 524D 和 - 524G/H。推力增大型中最后型号于 1989~1990 年投入运营的 RB211 - 524G/H,推力已是 - 22B 型的 1.44 倍,而耗油率却降低了 10%。

进入 20 世纪 90 年代,为满足大型双发客机 A330、777 的要求,罗·罗公司又在 RB211 - 524G/H 的基础上,加大风扇直径,发展了遄达 700、800 系列发动机,随后又衍生发展了用于 A380 的遄达 900 系列。在衍生发展遄达 500 时,为了达到降低耗油率的目标,选用了高的涵道比与总压比,为此,采用了遄达 700 的风扇,中、高压压气机、涡轮与燃烧室则由遄达 800 按比例缩小而成。表 3.8.2 示出了遄达发动机各系列的主要参数。

表 3.8.2   各系列遄达发动机的主要参数

发动机型号	起飞推力/kN	风扇直径/m	总压比	涵道比	适用机型	投入使用时间
遄达 772	320	2.476	38	5.5	A330	1995
遄达 800	410	2.794	42	6.5	777	1996
遄达 500	250	2.476	44	8.5	A340 - 500/- 600	2002
遄达 900	338	2.794	46	8.0	A380	2006

3   遄达 500 发动机总述

遄达 500 发动机由单级大直径风扇、8 级中压压气机、6 级高压压气机、具有瓦块式火焰筒的环形燃烧室、单级高压涡轮、单级中压涡轮和 5 级低压涡轮等组成,如图 3.8.1 所示。用于 A340 - 500 的推力为 236 kN(53 000 lbf),称为遄达 553;用于 A340 - 600 的推力为 250 kN(56 000 lbf),称为遄达 556,两者结构完全一样,零组件及附件具有 100% 的通用性。在不同的飞机上使用时(即采用不同推力时),仅需在燃油控制器上更换数据输入插头。

发动机设计成最大起飞推力可达到 276 kN,以满足飞机日后发展之需。另外,设计中还留有较大的温度裕度;对于遄达 553,热天起飞时,涡轮燃气温度有 90 ℃ 裕度;对于遄达 556,有 70 ℃ 的裕度,这对提高发动机可靠性、耐久性及降低维修费用都带来好处。

遄达 500 所用的附件绝大部分与装在遄达 700、800 的相同,例如,装在风扇机匣上的附件共有 23 件,其中仅有 5 件是新的,有 5 件是与遄达 700 通用,13 件与遄达

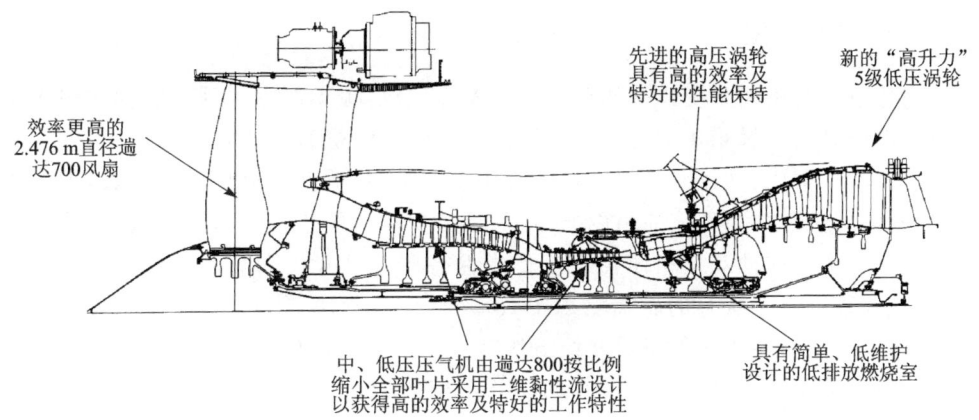

图 3.8.1　遄达 500 发动机结构图

700、800 通用。装在核心机上的 14 件附件中,5 件是新的,7 件与遄达 700 通用,2 件与遄达 700、800 通用。显然,这将减少发动机研制的经费、周期、风险并可提高发动机可靠性。

　　遄达 500 中,由于将涵道比由 747 用的发动机 RB211 - 524G/H 的 4.3 提高到 8.5 左右,总压比由 33 提高到 44,使耗油率可降低 6.5%,后面将论及的涡轮载荷减轻,所有叶片均采用三维气动设计,这两项又使耗油率各降低 1.5%、1.0%,所以它耗油率比 RB211 - 524G/H 的低 8%。

4　遄达 500 发动机部件特点

4.1　风扇系统

　　单级风扇由 5 级低压涡轮驱动,26 片钛合金宽弦风扇叶片采用了遄达 800 风扇叶片的结构,即带芯部肋条的空心叶片,每片叶片是通过超塑性成形、扩散连接而制成的。这种结构的叶片不仅重量轻,而且抗外物打伤能力较强、抗振动性能也好。

　　遄达 500 风扇直径同于遄达 700 的,即 2.476 m,但叶片的气动设计却是按遄达 800 的风扇叶片按比例缩小且根据遄达 500 的循环要求进行剪裁而成,因而提高了效率。

　　罗·罗公司以往的一些发动机如 RB211 - 535E4、遄达 700 和遄达 800 中,风扇的包容环做成在铝合金制、带槽道的薄环上,缠绕近百层 Kevlar 织成的条带。但是在遄达 800 系列中的推力最大型号遄达 8104 中,改用了用 Armeco 合金钢制的、带加强肋条的厚机匣;宝马-罗·罗公司研制的 BR715 中也采用了这种结构。遄达 500 的包容环采用了遄达 8104 的设计。

　　遄达 500 进气流量为 880 kg/s。

4.2　压缩系统

遄达 500 的压缩系统包括两个独立的短压气机：由单级中压涡轮驱动的中压压气机及由单级高压涡轮驱动的高压压气机。中压压气机有 8 级，前 3 排静子叶片做成可调节的。中压、高压压气机的机匣沿用了 RB211、遄达系列的传统设计，即做成双层的，内层机匣作为气流通道的壳体，不参与发动机的承力与传力系统；外层机匣作为承力构件。这种双层机匣可在工作中保持压气机叶尖间隙沿圆周始终是均匀的，使性能衰退慢。所有的轮盘均由 IMI834 钛合金制成，使中压、高压压气机转子均为"全钛转子"(高压压气机后几级工作叶片仍由耐高温的镍基合金做)，全钛转子可以降低发动机的重量。遄达 700 也采用了这种结构。

中压、高压压气机均是由遄达 800 系列中推力为 409 kN(89 000 lbf)的遄达 892 按 80% 的比例缩小而成，但在各级叶片中，均按三维黏性流进行叶型设计的，以提高两个压气机的效率。压气机采用遄达 800 系列的缩小结构，主要是为了减少核心机的流量，以适应减小推力满足遄达 500 所需而采取的措施。

4.3　燃烧室

遄达 500 的燃烧室为具有 20 个气动喷嘴、2 个点火电嘴的环形燃烧室，火焰筒采用了带"瓦片"的结构，即浮壁式火焰筒，这种结构的火焰筒在罗·罗公司以往的发动机中从未采用过，但早已用在 V2500、PW4084 等发动机中。它是在整环的火焰筒内壁(与燃气接触的壁面)上，铆接上一片一片像瓦片的衬块，衬块与火焰筒内壁之间留有一定的缝隙，燃烧室的二股空气从火焰筒上的小孔流入此缝隙中，对衬块与火焰筒进行冷却，冷却效率高，对组织燃烧有利，使 NO_x 排污量非常低，能满足目前及将来的环保要求。

在使用中，如有衬块被烧坏，还可在外场对单个的衬块进行更换。

4.4　高压、中压涡轮

遄达 500 的高压、中压涡轮均为单级，也是由遄达 892 按比例缩小而成的，但与压气机不同，它是维持叶尖直径不变，将叶片的环形通道按 90% 缩小而成，也即叶高缩小得较多，平均叶高处距轴心的距离较大；加上高压、中压转子转速均比遄达 700/800 的高，因此遄达 500 的高压、中压涡轮的气动负荷小，涡轮效率较高。

高压涡轮导向器叶片、工作叶片及中压涡轮导向器叶片均由第三代单晶材料 MSX-4 铸成。高压、中压涡轮叶片均带冠，这对维持发动机性能、减缓性能衰退有好处。由于高压涡轮工作叶片高度小，带冠会比在中压、低压涡轮中获得的效果好。但在当前的大型发动机中，由于带冠后对叶根强度带来问题，因而普惠及 GE 公司的发动机高压涡轮工作叶片均不带冠，而罗·罗的发动机均带冠。

高压涡轮轮盘前加装了一个"盖板盘"，以防止高温对轮盘前端面的加热，同时可

将冷却涡轮工作叶片的冷却空气较好地导入。这种盖板盘在各型 RB211、遄达发动机中,均未采用过,遄达 500 是罗·罗公司在大型发动机中第 1 种采用者;普惠公司的 PW4084,GE 公司的 CFM56、GE90 上采用了这一结构。

遄达 500 高压涡轮设有叶尖间隙控制系统。

4.5　低压涡轮

遄达 500 低压涡轮有 5 级,全部静子、转子叶片均按三元流设计的。也是由遄达 892 按环形面积缩小而成,采用了高压、中压涡轮的同样缩形方法,因而其效率也较高。

4.6　附件机匣

遄达 500 的附件机匣由铝合金铸成,装于风扇机匣上,设计成易于维护。附件通过带安装边的端盖装在附件机匣上,传动附件的齿轮及相应的轴承、封严环通过传动轴也装在端盖上,在外场可以比较容易地单个更换齿轮、轴承等。

5　研制计划

罗·罗公司于 1997 年 1 月提出遄达 500 的衍生发展计划,6 月空中客车公司选中遄达 500 作为 A340 - 500/-600 客机的唯一动力;1999 年 5 月第 1 台遄达 500 上台架试车,2000 年 12 月取得适航证,2001 年 1 月 A340 - 600 首飞,2001 年 7 月 A340 - 500 首飞;2002 年 8 月 A340 - 600 投入运营;2003 年 5 月 A340 - 500 投入运营。

用于 A380 的遄达 900 发动机

1 研制背景

1996 年,波音公司与空中客车工业公司先后提出研制下一代、将于 2000 年后投入运营的超大型、可乘坐 800～900 人左右(全经济舱布局)的大型四发客机即 747 - 500X/600X,A3XX -100/200 的发展计划。这些飞机所需的发动机,要求推力范围比用于 747 - 400 的高,比用于 777 的要低,且使用经济性要好许多,以便降低飞机的直接使用成本 10% 左右,当时,尚无能满足这些飞机所要求的发动机。为此,英国罗·罗公司推出了遄达 900 大涵道比涡轮风扇发动机来满足这些飞机的要求,它是在用于 777 飞机的遄达 800 基础上衍生发展的(与此同时,美国 GE 公司与 PW 公司按各 50% 投资比例组成的 GE/PW 发动机联合公司推出了 GP7200 发动机,这是一种全新设计的发动机)。

后来波音公司取消了 747 -500X/600X 的计划,空中客车公司则于 2000 年 12 月 19 日宣布将 A3XX 改称 A380。初期,A380 有两个型号即 A380 - 100、A380 - 200,它们的起飞总重分别为 560 t、583 t。根据统计,四发客机中,发动机推力与飞机起飞总重之比约为 0.25 左右,则用于这二型飞机的发动机推力范围将是 330～370 kN。为此,罗·罗公司定出遄达 900 基本型的推力为 324 kN(77 000 lbf),命名为遄达 977。另外还有推力稍大与推力稍小型,分别为遄达 980(推力为 80 000 lbf 即 356 kN)、遄达 969(推力为 69 000 lbf 即 307 kN)。为了降低发动机的耗油率与噪声值,遄达 900 采用了罗·罗公司从未用过的大于 8.0 的涵道比,这是因为采用了比遄达 800 风扇直径大的风扇(大 152.4 mm)与比遄达 800 小的核心机(按遄达 800 核心机 0.9 比例缩小)而达到的。表 3.9.1 列出三型遄达 900 的主要参数,表中还列出了遄达 800 系列的遄达 892 数据，以便比较。

表 3.9.1　三型遄达 900 的主要参数

发动机型号		遄达 892	遄达 969	遄达 977	遄达 980
起飞条件	推力/kN	400	318	342	356
	涡轮进口燃气温度差值/℃	基数	−85	−30	−5
	总压比	40	36	39	40
爬升时的推力/kN		78.0	77.2	77.2	77.2
巡航时的涵道比		6.4	8.0	8.0	8.0

由表 3.9.1 可见，遄达 900 的涡轮进口燃气温度比目前在 777 中使用的遄达 800 要低，这有利于热端部件的可靠性与使用寿命。

在由遄达 800 到遄达 900 的衍生发展中，在保留了遄达 800 的轴系与轴承外，还保留了空气系统、滑油系统、各种附件、外部管路及托架、卡箍等，中压、高压压气机在缩小过程中还注意提高了它们的效率。由于涵道比及部件效率的提高，使遄达 900 的巡航耗油率比遄达 800 的低 5.2%，比用于 747−400 的 RB211−524H 低 7.8%。表 3.9.2 列出了罗·罗公司几型发动机巡航耗油率的数据。

表 3.9.2　罗·罗公司几型发动机的巡航耗油率

发动机型号	RB211−524H	遄达 700	遄达 800	遄达 900
巡航耗油率/(mg·(N·s)⁻¹)	16.01	15.99	15.77	14.95
用途	747−400	A330	777	A380

图 3.9.1 为遄达 900 的纵剖面示意图，图 3.9.1 所示为其主要特点。

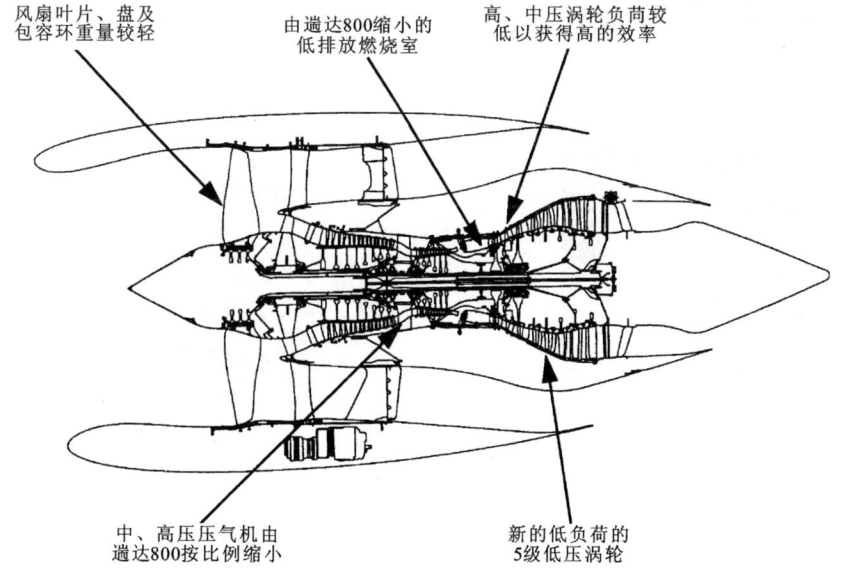

风扇叶片、盘及包容环重量较轻　由遄达800缩小的低排放燃烧室　高、中压涡轮负荷较低以获得高的效率　中、高压压气机由遄达800按比例缩小　新的低负荷的5级低压涡轮

图 3.9.1　遄达 900 纵剖面示意图

2 部件特点

2.1 总体布局

遄达900的总体设计继承了罗·罗公司大型发动机的传统作法,即采用了三转子的总体布局:单级大直径的风扇由5级低压涡轮驱动,8级中压压气机由单级中压涡轮驱动,6级高压压气机由单级高压涡轮驱动。三转子发动机结构较复杂,但是,罗·罗公司已有研制三转子发动机的丰富经验,1972年4月该公司的也是世界上的第一种三转子发动机RB211-22B就开始投入使用,在此之后的1/4世纪中,它已衍生发展了十余种型号的三转子发动机。因此,在发展遄达900时已是轻车熟路不成问题的了。采用三转子的总体布局,能使风扇、中压压气机和高压压气机的转子均在最佳的速度下,使发动机总的转子级数减少,相应地发动机的零件数也少、重量也轻,而且工作性能比较稳定。

2.2 风 扇

遄达900的风扇叶片叶尖直径为2.946 m,共24片叶片,叶片采用了与遄达800同样的扩散连接、超塑性成形的中空带加强桁条的钛合金宽弦风扇叶片,这种叶片不仅重量轻,而且抵抗外来物例如大鸟撞击的能力特高,它已在A330、777飞机上经受过严峻考验。

另外,风扇叶片做成像弯刀似的带前后掠,如图3.9.2所示。图3.9.3为发动机前视图,由图3.9.3可见到装在发动机中的带前后掠的风扇叶片外形。带掠形风扇叶片效率高、噪声低且抗外物击伤能力较强,已在20世纪90年代后期发展的发动机中采用。风扇转速为3 000 r/min,风扇叶片叶尖处的相对速度较高,是超声速的(Ma 约为1.5)。风扇包容环与其他发动机采用Kevlar不同,是用钛合金制的。

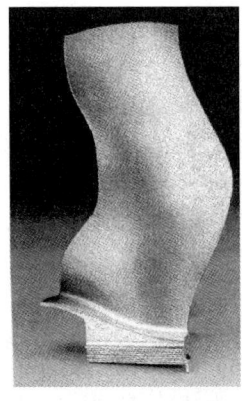

图3.9.2 前后掠的风扇叶片

图3.9.3 发动机前视图

2.3　压气机

中压、高压压气机直接由遄达 800 按 0.9 比的比例缩小而成,以减小核心机的空气流量,用它来提高涵道比,并减小推力以满足遄达 900 所需推力的要求。中压、高压压气机中,所有级均采用了整体叶盘的结构,这也是民用发动机中首先全部在压气机中采用整体叶盘的发动机。

中压压气机前三排静叶做成可调节的,高压压气机中无可调节的静叶,整个中压、高压压气机全部按三元流设计叶片的。三排可调静叶后的中压、高压压气机机匣全部做成双层,外层机匣作为承力构件传递负荷,内层机匣仅作为气流通道的外壁。因此可在工作中保持它不会在受过大外载作用下变形,维持它的圆度,保持叶尖间隙较为均匀,从而提高了效率并减小性能衰退率。全部轮盘均用 Ti 合金做成,这也将减轻发动机的重量。

2.4　燃烧室

煤油在燃烧室中与空气混合后燃烧,如果燃烧过程组织得不好,煤油不能充分、完全地烧完,就会产生 NO、HC 和 NO_x 等物质随排出尾喷管的燃气流排入大气中,这些物质会污染空气,对人类会带来不利影响。因此,环境保护组织、国际民航组织对发动机的排气污染物有严格的限制要求,超过标准的发动机,不能投入航线使用。遄达 900 的燃烧室是基于遄达 895 低污染燃烧室缩小而成,可以较好地满足当前及今后有关发动机排污规定的要求。

2.5　涡　轮

遄达 900 的高压、中压涡轮的几何尺寸基本同于遄达 800,但由于中压、高压压气机的直径减小了 10%,为维持相同的叶尖切线速度,中压、高压涡轮的转速比遄达 800 的要高(高压转子转速为 12 500 r/min),这样减小了它们的气动负荷,因而可提高涡轮的效率。高压涡轮导向叶片、工作叶片及中压涡轮导向叶片均由第三代单晶材料做成。高压、中压涡轮的工作叶片均带叶冠,这不仅可提高效率,而且也使性能恶化变慢。高压涡轮工作叶片有 70 片,据称每片叶片发出 596 560 W(800 hp)的功率。高压涡轮与中压涡轮转向相反,这是民用发动机中采用反转转子的首批发动机之一。

遄达 900 的低压涡轮仍然采用遄达 800 的 5 级,机匣内径也与遄达 800 一样,但由于流量减小了,叶片高度也随之降低,这样,减小了叶片的气动负荷,从而也使效率稍有提高。

3　综合性能与研制进展

遄达 900 的重量比 GP7200 要轻,为 6 442 kg,飞机制造厂家最新的评估认为每

架装遄达900的飞机要轻1 400 kg,即每台发动机要轻350 kg。发动机的循环参数为:总压比37~39,涵道比8.5~8.7,空气流量1 210~1 246 kg/s。整台发动机零组件约20 000件。

遄达900的发动机调节器具有在飞行中实时监测发动机工作状态的能力。

由于遄达900耗油率较低,按飞机制造厂家的评估,与竞争的发动机(即GP7200)相比,燃油耗量将低0.9%。

遄达900的可靠性指标是:空中停车率为每1 000飞行小时0.01次,返修率为每1 000飞行小时0.09次。它表明遄达900将是可靠性高的发动机。

由于遄达900是由成熟的遄达800衍生来的,有些零部件是缩型来的,有些是降低工作负荷而改型的,因此部件的试验工作量相对要小些,发展时间较短。2003年3月第一台发动机试车,2004年8月遄达900装在A340-300改装的飞行试车台上进行飞行试验,如图3.9.4所示(遄达900装在2号发动机位置下),飞行试验共进行了60 h,2004年10月发动机取得适航证。发动机是以356 kN推力取证的,但投入使用时的推力为311 kN。首架生产型A380飞机于2005年1月18日正式由生产厂房推出,首批试飞的四架A380采用遄达900作动力,飞机于2007年10月在新加坡航空公司投入航线使用,所使用的发动机也是遄达900。

图3.9.4　A340-300改装的飞行试车台

参与研制遄达900的合作伙伴有:美国、意大利、日本、韩国等国的汉弥尔顿标准、古德瑞奇航空结构、菲亚特、川崎重工业、石川岛播磨重工业和三星等公司。

4　使用中出现中压涡轮转子非包容破裂故障

2010年11月4日澳航的A380执行伦敦—新加坡—悉尼的QF32航班任务时,飞机由新加坡起飞爬升到2 134 m高度时,突然2号发动机中压涡轮转子发生非包容破裂故障,破裂的中压涡轮断块击穿发动机匣,打坏飞机多处结构与系统,在驾驶员的精心操作下将无法控制的飞机安全降落到新加坡机场,全机466人无一人伤亡,创造了航空史上的一个奇迹。

　　由于装在高中压涡轮间承力框架上的滑油短管,加工中出现严重超差,在发动机工作一段时间后,产生疲劳裂纹,滑油由裂纹中泄漏,泄漏的滑油在高温下自燃,燃烧的燃气将中压涡轮轴烧毁,中压的涡轮轮盘在失去负荷后飞转,在极大的离心力作用下,爆裂成几块是一起严重的中压涡轮非包容破裂故障。参见本书第 2 版《遄达 900 发动机滑油泄漏造成澳航 QF32 航班的 A380 严重受损事件》一文。

GE90 发动机发展与设计特点

前 言

美国 GE 公司于 20 世纪 90 年代初期为满足 777 需要及以后市场的发展，推出了一种新的、涵道比为 9 左右(当时的大发动机一般为 5 左右)、推力为 310～445 kN、耗油率比当时的大发动机低 8％～10％的发动机，即 GE90，如图 3.10.1 所示。由它的名字 GE90 可以看出，这是 GE 公司在 20 世纪 90 年代研制的一种全新发动机。

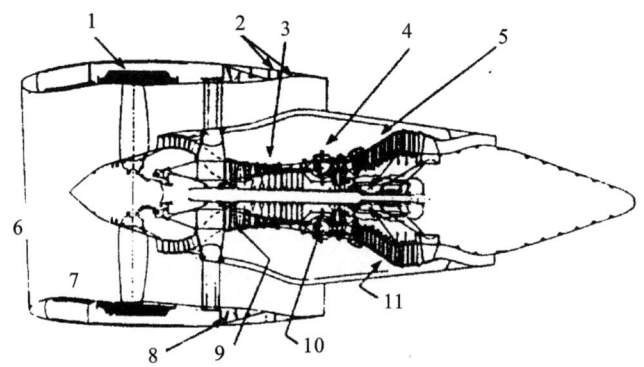

1 - QCSEE 复合材料短舱罩；2 - QCSEE 复合材料反推器移动外罩、内罩；3 - CT7/F110 R88DT 后几级轮盘与 R220 机匣；4 - CF6 - 80E N5 叶片与 R88DT 轮盘；5 - CF6/CFM56/F110 N5 及 R142 叶片；6 - CF6/CFM56 的 FADEC 经验；7 - GE36 复合材料的宽弦风扇叶片；8 - QCSEE 分载短舱；9 - E³ 按比例放大的压气机；10 - E³ 燃烧室，双环腔多孔冷却火焰筒；11 - CF6 - 80C2 的 34°斜度的涡轮。

图 3.10.1　GE90 发动机设计特点

GE 公司的调查表明,航空客运量大约以年均 5%～6% 的增长率增加,估计 1995～2010 年间,民用飞机市场大约需要 2 500 架新的双发宽机身客机,连同备用发动机在内,大约需要 6 000 台新型发动机。另外,它对 13 种喷气客机发展过程调查分析后归纳出飞机发展规律之一是飞机载重量(或起飞总重)在投入使用后会不断增加。这可能是为了加大有效载重,也可能是为了加大航程,或者两者兼而有之。飞机在投入使用 10 年后,起飞总重会加大 25%。在 10 年中,改型的飞机约占全部飞机的 75%;仅有 25% 为初始型号,初始型号的 90% 是在头三年中售出的。这一调查表明,为一种型号的飞机提供的发动机,一般需有 20%～30% 的推力增长潜力,才能满足飞机不断加大起飞总重的需要。

按照波音公司公布的 777 技术数据,初始时需要发动机推力 310 kN。当时使用中的有些发动机虽然能满足要求,但是,由于这些发动机的核心机受材料温度与零件强度的限制,再想进一步提高推力就比较难了。如果采用加大风扇直径来增大推力则需加粗低压轴。这将受核心机中心尺寸限制而不可行;如果不改变轴的直径而采用减速器带动风扇,这又会使结构复杂。因此,GE 公司在综合考虑了当时与未来的市场需要后,作出了发展全新 GE90 系列发动机的决定。

为了兼顾 777 的初始要求和 777 以及其他宽体客机发展的需要,GE 将 GE90 推力范围定得较广,从 334～423 kN。设计时,GE90 发动机按 389 kN 的推力取证;在 777 初始使用中,用降功率的办法为飞机提供 334 kN 的推力。

发展一种 GE90 这样的全新发动机,不仅投资大,而且技术风险也大。有鉴于此,GE 公司在考虑今后发展需要的同时,充分利用该公司以往的研究成果。GE90 动力装置设计继承性如图 3.10.1 所示。可见,GE90 是一种将过去(的经验与成果)与未来(的发展)结合起来的一种新型发动机。

1 总体性能

波音公司提出了 3 种型号的 777 以满足不同市场的要求。针对"A"市场需要的是于 1995 年首先投入使用的初始型号,其起飞总重为 227.3～233.8 t、350 座(3 个等级)、航程 7 700 km,要求单台发动机的推力约为 322 kN。在此之后,将推出加大型,用于"B"市场,起飞总重为 263 t,280～300 座(3 个等级),航程约 12 230 km,要求发动机推力为 376.8 kN。于 20 世纪末推出的是满足"C"市场需要的第 3 种型号,其起飞总重为 263 t 以上,载客量超过 285 人,航程特长,要求发动机的推力为 400 kN。

根据波音公司的计划,GE 公司提出了 1994 年取证的 4 种 GE90 型号,表 3.10.1 列出了它们在结构设计相同下的特点与推力。

图 3.10.2 示出了 GE 公司发展 GE 90 系列发动机设想与采取的措施。

用来取证的 GE90B4 留有较大的温度裕度,因此,只需多推油门推力就可提高到 400 kN,采用新材料可进一步达到 423 kN。核心机的转速与空气流量一开始就是按

423 kN 的推力设计的,核心机中心部分孔径尺寸也考虑到以后推力达到 445 kN 时对低压轴安装的要求。

表 3.10.1   GE90 发动机 4 种型号的数据

市　　场	发动机型号	定　　义	起飞推力 /kN	保持起飞推力的 大气温度/℃	取证日期
777"A"市场	GE90 - B3	标准的"A"型	342.5	30	
	GE90 - B2	改进了高空性能	342.5	30	
777"B"市场	GE90 - B1	标准的"B"型	386.6	30	
	GE90 - B4	起飞推力 (取适航证标准)	389.2	30	1994.11

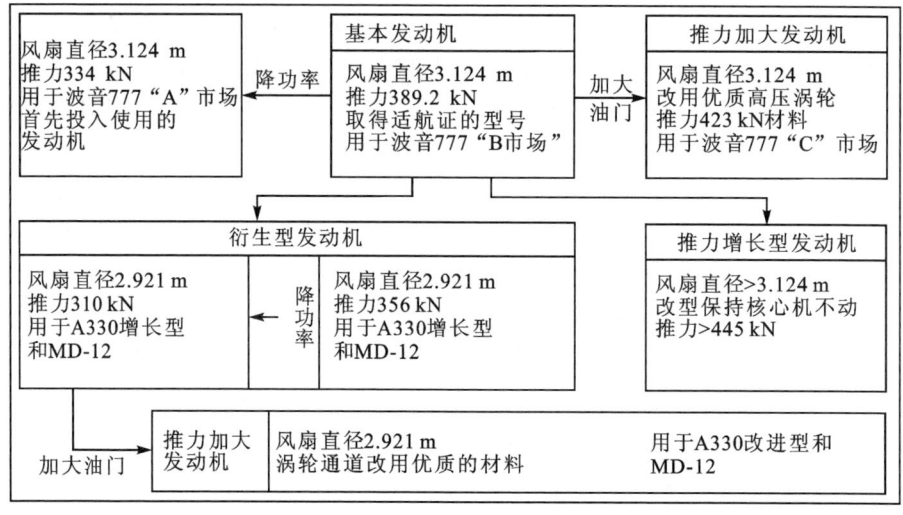

图 3.10.2   GE90 系列发动机发展设想与措施

GE90 发动机的循环参数为:涵道比 8.4,总压比 40,涡轮前燃气温度与 CF6 - 80C2 相当,约为 1 635 K,目的是减轻发展高温材料及先进冷却技术的压力,而且还有发展潜力。与当时的最先进发动机相比,涵道比由 5 提高到 9,发动机推进效率可提高 6%,总压比由 35 提高到 40,发动机热效率可提高 3%。因而,GE90 的耗油率比当时的其他发动机的低,例如比 CF6 - 80C2 低 9%。

2   发动机设计特点

2.1   转子支承方案

GE90 为双转子大涵道比涡扇发动机,由单级宽弦风扇、3 级增压压气机、10 级高压压气机、头部为双环腔的全环形燃烧室、2 级高压涡轮、6 级低压涡轮组成。两个

转子共用 5 个支点支承在 3 个承力框架上:低压转子有 3 个支点,即风扇转子用 2 个支点悬臂支承(支点在风扇盘后),2 个轴承装在中介机匣上;低压涡轮转子在位于第 4 级轮盘后的短轴上有 1 个支点,其轴承装在涡轮后轴承机匣中。低压涡轮轴插入风扇轴中,作为低压涡轮的前支点。高压转子用 2 个支点、3 个轴承支承:高压压气机前支点采用滚珠/滚棒双轴承并列结构,滚珠轴承装在弹性支座中,滚棒轴承装在刚性较强的弹性支座上如图 3.10.3 所示,这是采用了 CF6-80C2,CFM56-5 的设计(参见本书《CF6-80C2 发动机结构设计分析》一文),此 2 轴承均固定在中介机匣上;高压涡轮后支点采用滚棒轴承,支承在高、低压涡轮间的承力框架上,类似于 CF6-50 系列的结构。

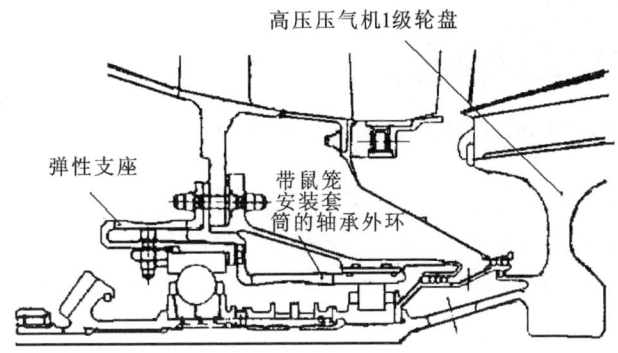

图 3.10.3　采用滚珠、滚棒轴承并列结构的 GE90 高压压气机前支点

2.2　风　扇

2.2.1　复合材料的风扇叶片

GE90 风扇的直径是当时最大者,为 3.124 2 m,共 22 片叶片,每片叶片高 1.219 2 m,采用了宽弦无凸肩的设计,叶尖弦长 0.533 4 m,榫头宽 0.304 m。风扇采用了小增压比(约 1.52)、低叶尖切线速度(371 m/s)的设计。采用低的叶尖切线速度有助于获得较好的抗鸟撞击能力与低的噪声值。最大爬升速度下的空气流量为 1 450 kg/s。

由于叶片很长,若采用金属材料,即使是空心的,叶片也会很重,叶片榫根处以及轮盘强度问题也难以解决。为此,GE 公司利用了它为 GE36"无涵道风扇"UDF(见图 3.10.4)发展的复合材料宽弦风扇叶片的经验,在 GE90 上采用了复合材料风扇叶片。GE90 风扇叶片的高度与弦长仅比 GE36 的稍大些。

风扇叶片的叶身与叶根用 IM7 中长碳纤维与增强的 8551-7 环氧树脂组成的称为"大力神"8551-7/IM7 复合材料制成一体。在叶身的压力面上,涂有聚氨酯防腐蚀涂层,叶背上涂有一般的聚氨酯涂层。为提高叶片抗大鸟撞击的能力,将钛合金薄片用 3M^R AF191 胶粘在叶片前缘上。为避免工作中复合材料脱层,在叶尖与后缘处用 Kevlar 细线进行了缝合,如图 3.10.5 所示。

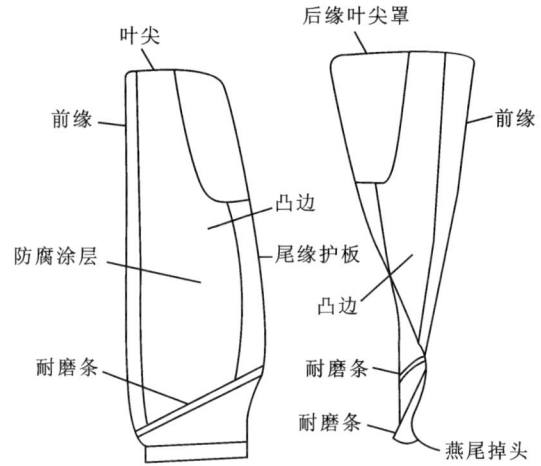

图 3.10.4　GE 公司的"无涵道风扇"发动机　　图 3.10.5　GE90 复合材料的风扇叶片

用复合材料做成的风扇叶片具有以下特点:重量轻、成本低、抗振性能特别是抗颤振性能特好,具有特别好的损伤容限能力。一般钛合金叶片如在根部出现裂纹,在工作中裂纹将很快地扩展,影响叶片的正常工作。但复合材料做的叶片,即使出现大的缺口,也不会扩展。

复合材料的风扇叶片抗大鸟撞击能力不如钛合金的好,为此风扇设计成小的叶尖切线速度(371 m/s),相应的压比也小。据分析,外物打在叶片上的撞击能量与叶尖切线速度的二次方成正比。另外,复合材料叶片受到外物撞击时在弹性变形下,能将撞击能量吸收并在叶身上重新分布,使它仍然具有能承受较大的外物击伤能力。

GE90 的风扇叶片根部为三角形的燕尾形榫头,榫头承受压力的表面上涂有低摩擦系数的耐磨材料。叶片允许在榫槽中偏摆一定的角度,当叶片受到外物打击时,能按作用力方向偏摆,减缓了对叶片的冲击。允许的偏摆角度设计成能承受相邻的从根部断裂的叶片断片对它的撞击。

由于具有了以上这些特点,使 GE90 的复合材料风扇叶片也具有能承受大的外来物(例如 3.63 kg 的大鸟)撞击的能力。

GE90 的复合材料风扇叶片还设计成当从叶根断裂被甩出撞到包容环上时,在径向冲击的压缩负荷作用下容易碎裂变成几块碎片。这种设计对包容环特别有利,另外也会减弱碎块对其他叶片造成的损伤程度。

英国罗·罗公司于 20 世纪 60 年代末研制 RB211 时,风扇叶片曾采用复合材料;但是这种叶片没有通过抗鸟打击的考核,最后不得不改用钛合金。为此,给人们留下了风扇叶片用复合材料做是不可靠的印象。GE 公司于 20 世纪 60 年代末期发展 TF39 发动机,也曾将碳素纤维与树脂合成的复合材料用于风扇叶片,也是由于未能通过吞入 0.68 kg 的鸟试验而失败。GE 公司在此之后一直未曾间断对复合材料

的应用研究工作,并先后在 F103(风扇叶片)、QCSEE(风扇叶片)等发动机上采用,特别是装有复合材料风扇叶片的 UDF 在地面台架和飞行试车台上进行了超过700 h 的试验.并通过了吞入 3.63 kg 大鸟的试验,所有这些为在 GE90 上采用复合材料的风扇叶片打下了坚实的基础。但是,GE 公司为了确保发动机研制计划的顺利进行,除了开展大量的吸鸟实验以发展一种真正能为适航当局批准投入航线使用的复合材料叶片外,其合作伙伴——法国 SNECMA 公司还同时在发展一种备用的钛合金风扇叶片。

复合材料另一被认为有碍它发展的问题是腐蚀问题;对此 GE 公司做了认真分析,并采取措施来提高复合材料叶片抗腐蚀的性能,取得了较好的结果。例如在叶片上涂聚氨酯防腐涂层,采用较小的叶尖切线速度。因为腐蚀率与叶尖切线速度的三次方成正比,与其他高切线速度的风扇叶片相比,腐蚀率约低 50%,因而不仅能防止多种物质(水、燃油、滑油、防冰剂、丁酮和液压油等)的腐蚀,且叶身被这些物质造成的磨损也较小。涂层工作寿命大于 10 000 h(不可再涂)。

涂聚氨酯的具体做法是:在叶片表面上先涂 0.10 mm 厚的 AF32 腈类酚醛底层,然后涂上 0.05 mm 厚的环氧树脂类的黏合剂,最后再涂上 0.457 2 mm 厚的聚氨酯。这种涂层的性能在缩型的复合材料风扇叶片装于 CFM56 - 3 上进行的吞水试验中得到验证。试验是在起飞状态下进行的,吞水量为空气流量的 4%,试验 70 min,试验后叶片无腐蚀迹象。

GE90 复合材料风扇叶片开始采用小鸟(重 113 g)作吸鸟实验,1991 年 4 月通过了吸入 1.81 kg 大鸟的试验,随后于 1991 年 5 月 20 日又通过了重 3.62 kg 的模拟大鸟的吞入试验。试验后,叶片稍有损伤,但证明这种复合材料风扇叶片能满足 FAR 33 部中关于在吸入 1.81 kg 大鸟后发动机仍能安全停车的要求。因此,1991 年 10 月,停止了 GE90 备用钛合金风扇叶片的发展工作。GE90 的复合材料风扇叶片通过多种试验,并按试验结果做了一些修改,于 1994 年 11 月 4 日通过了在发动机上吞入 3.632 kg 大鸟的考核试车。装复合材料风扇叶片的 GE90 发动机于 1995 年 2 月 2 日取得了 FAA 颁发的适航证。

投入使用 6 年后(230 万发动机飞行小时),风扇叶片经历了 30 多次吸鸟事件,其中包括一次重量达 1.362 kg 以上的鸟,而发动机仍可正常工作。至 2005 年,经过近 10 年的使用考验,证明 GE90 的复合材料风扇叶片的设计是成功的,因此 GE 公司为 787 研制的 GEnx 发动机上,也采用了复合材料的风扇叶片。

2.2.2 风扇盘

由于风扇叶片长而宽,采用常规的轮盘就会因轮缘很宽而很重。因此,GE90 风扇轮盘做成多盘的盘鼓混合式轮盘,即由 3 个带鼓的薄盘焊接而成,如图 3.10.6 所示。在 GE90 的衍生型 GE90 - 115B 中,由于风扇直径加大,弦长加大,且做成后掠形,叶片叶根处宽度加大,为此其盘鼓混合式轮盘的薄盘增加了 1 个,成为 4 个带鼓的薄盘焊接而成,如图 3.10.7 所示。风扇叶片仍采用燕尾形榫头连接到轮盘上(在

早期公布的设计中,风扇叶片是用销钉连到轮盘上的)。

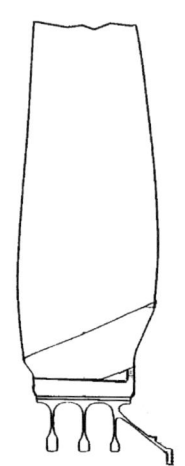

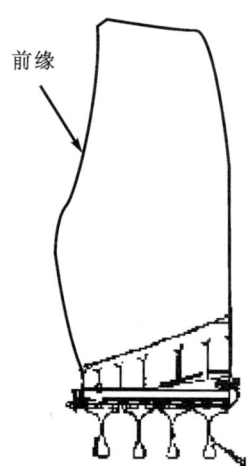

前缘

图 3.10.6　GE90 风扇的盘鼓混合式轮盘　　**图 3.10.7　GE90-115B 风扇的盘鼓混合式轮盘**

2.2.3　增压压气机

3 级增压压气机鼓式转子连接到轮盘后缘处,3 级工作叶片均装在鼓中的环形燕尾槽中。第 1 级处的进口导流叶片做得很高,可将吸入的外物甩出,避免进入核心机。

2.2.4　风扇出口导向叶片

风扇出口导向叶片距风扇叶片较远,以减小噪声,这是现代大涵道比涡扇发动机通常采用的减噪措施之一;另外它也作为中介机匣的承力支板,即在中介机匣中心轮毂处,通过导向叶片与外环相连并传递负荷。

2.2.5　包容环

包容环仍然采用了 CF6-80C2 的结构,即在铝制机匣上缠绕多层 Kevlar 编织条带。这种结构重量轻,而且包容能力强,已为许多发动机采用(参见本书第 2 版《CF6-80C2 风扇的包容试验》一文)。

2.3　高压压气机

2.3.1　气动设计

GE90 的高压压气机也是令人瞩目的部件之一,因为它的级数少(10 级)且具有高的压比(23),平均级压比达到 1.368,是当时民用发动机中最高者。1989 年投入使用的 V2500 发动机的高压压气机也是 10 级,压比为 20,平均级压比为 1.348,低于GE90 的。但 V2500 在发展过程中曾出现过高压压气机喘振问题,不得不修改设计,给人们带来了高压比的压气机工作不可靠的印象。GE 公司在发展 GE90 时,注意到这个问题,因而采用 E^3 发动机的研制成果,直接将 E^3 的设计按流量放大 1.73 倍而

成,其空气流量比 E^3 的增大 69％。GE90 高压压气机叶片采用了 E^3 的小展弦比叶片,比常规的要宽许多。图 3.10.8 示出了 GE 公司几型民用发动机中高压压气机第 1 级工作叶片的比较。表 3.10.2 列出了几种 GE 公司发动机高压压气机叶片参数的比较。

GE 公司于 20 世纪 80 年代开展的 E^3 研制工作,其高压压气机为 10 级,压比为 23,采用了小展弦比、高切线速度与较高的稠度等,使它的性能较稳定,效率高(约 86％)。经过 150 h 部件试验和 109 h 的整台发动机试验,证实了它的气动性好,过渡

GE90　CF6-80C2　CFM56

图 3.10.8　高压压气机第 1 级工作叶片的比较

状态下不会喘振,设计转速下的喘振裕度为 19％,工作叶片与静子叶片的振动应力也较低。GE90 压气机直接采用 E^3 的设计,使其压气机也具有类似 E^3 的性能。表 3.10.3 列出了 GE90 与 GE E^3 的压气机有关参数。

表 3.10.2　几种 GE 公司发动机高压压气机参数比较

发动机型号	平均级压比	叶尖切线速度/$(m \cdot s^{-1})$	平均展弦比
GE90	1.37	455.6	1.49
CF6-80C2	1.20	345.0	2.38
CFM56-5C	1.32	400.0	1.40

表 3.10.3　GE90 与 GE E^3 的压气机参数

发动机型号	增压比	级　数	叶尖切线速度/$(m \cdot s^{-1})$	空气流量/$(kg \cdot s^{-1})$	效　率
E^3	23	10			86％
GE90	23	10	487.68	97.61	86％

除此之外,GE90 压气机后几级还采用了主动间隙控制技术,在巡航状态下用热空气对后几级轮盘进行加温,以保持较小的叶尖间隙。同时,它还减小了级间静子叶片内环与转子鼓环间的空腔,以减少气流回流损失,使 GE90 压气机工作特性优于 E^3。

由于采用了高压比的高压压气机,还给 GE90 的设计带来两个好处:在保证发动机总压比为 40 时,增压压气机级数仅需 3 级;相比之下,PW4084 总压比为 34.2,由于高压压气机压比低,增压压气机须采用 6 级。另外,为驱动高压比的高压压气机,高压涡轮中的焓降大,使进入低压涡轮的燃气温度低。因此,低压涡轮中不须采用带冷却的工作静子叶片,即使今后加大推力时,也不须采用冷却措施,仅须改变叶片材料即可。

通过对 13 台发动机近 3 000 h、8 000 循环的各种地面以及空中试车,GE90 的高压压气机工作一直较好,证实了 GE90 的高压压气机设计是成功的,可以消除人们的疑虑。它的成功还在于压气机各级叶片均在 GE 公司气动研究试验中心的低速研究用压气机(LSRC)试验器中,用放大的叶片在低速下(切线速度为 96 m/s)进行过试验、分析和修正,从而取得较好的性能(参见本书第 2 版《GE 公司低转速研究用压气机、涡轮试验器》一文)。

2.3.2 压气机转子

整个压气机转子由 4 段组成,第 1、7 级盘为单独的,钛合金的 2～6 级盘鼓焊成一体,8～10 级 Rene'88DT 高温合金粉末冶金盘焊为一体,然后在两处用螺栓连成一件。1～6 级叶片装在轮盘的纵向燕尾槽中,7～10 级叶片装在轮盘的环向燕尾槽中。空气由 8～9 级盘间引入转子,在加速及稳态工况时对转子中心加热,使转子与机匣间易于热匹配,加大喘振裕度,提高燃油效率,且可减小在加速过程中瞬时涡轮进口温度的超温。7～10 级轮盘采用 Rene'88DT 高温合金是因为增压比高使出口处空气温度较高的原因。

2.4 燃烧室

GE90 的燃烧室,如图 3.10.9 所示,也是采用了 E^3 的设计,与其他发动机相比有两大特点,即双环腔头部与铸造的多孔火焰筒。

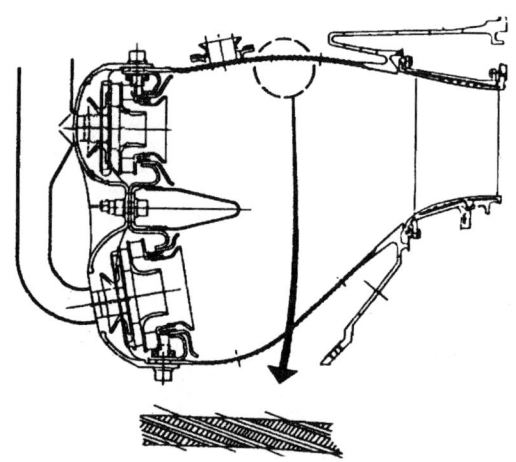

图 3.10.9　GE90 发动机的燃烧室

2.4.1 双环腔头部

火焰筒头部做成双环腔,主要是为了减少发动机的有害物质排放量。内、外环腔中各装有 30 个喷油嘴,发动机低工况下,即由启动到空中慢车时,仅由外环腔供油。这时由于油气比高,气流速度低,燃油在燃烧室中滞留时间长,燃烧完全,不仅可减少 CO、HC 的排放量,而且启动性能好,空中也有较好的再次点火能力,熄火边界大等。

发动机在大工况即高于空中慢车状态时,内、外环腔同时供油。由于内环腔设计成最适于在大工况、高环腔速度下工作,这时头部的油气比低,速度较高,滞留时间短,可降低 NO_x 与发烟量的排放量,并使出口处沿径向的温度分布较均匀。以 CF6 - 80C2 为动力载客 210 名的 767 - 300 双发客机,巡航时 NO_x 的排放量为 0.91 g 每英里·乘客;而以 GE90 为动力,载客 287 名的 777 仅为 0.6 g 每英里·乘客,即 GE90 的 NO_x 排放量减少了 34%,未燃烧的碳氢化合物与一氧化碳减少 70%。由于双环腔燃烧室 NO_x 排放量低,因此,CFM56 - 5B 上也改用了这种设计,与原型单环腔燃烧室相比,NO_x 排放量降低了 45%。改型已取得 FAA 与 DGAC 的适航证,并于 1995 年初装于瑞士航空公司的 A321 上投入使用。

2.4.2　铸造多孔火焰筒

GE90 的火焰筒是用 GTD222 铸造而成的。这是当代第 1 种采用铸造火焰筒的发动机。GTD222 是 GE 公司燃气轮分部为 MS7000 燃机第 1 级涡轮导向叶片发展的材料,具有较好的焊接性与成型性。火焰筒没有采用常用的气膜冷却环的结构;而是用激光钻出的不同角度多个斜孔,二股空气通过这些斜孔流入火焰筒内部时,对火焰筒起到非常有效的冷却(类似发散冷却),冷却效率高达 90%(一般气膜冷却的冷却效率约为 70%),使用于冷却火焰筒的空气量减少 40%,也能使燃烧室出口温度较均匀,减小燃烧室长度。GE90 在与其推力相当的发动机中,燃烧室是最短的。

GE90 的多孔火焰筒已在 GE 公司的先进军用发动机(F120)中采用。在对 2 台 GE90 发动机分别进行 1 100 和 2 328 循环耐久性试验后,火焰筒情况良好,在近 10 年的使用过程中,也未出现严重故障,表明了这种燃烧室设计的先进性。

2.5　高压涡轮

2.5.1　材　料

高压涡轮也采用了 GE 公司的 E^3 发动机的设计。涡轮叶片用 N5 单晶镍基合金铸成,轮盘采用具有损伤容限能力的粉末冶金 Rene′88DT 高温合金。高压涡轮设计留有较大的温度裕度,GE90 - B3 为 127 ℃,GE90 - B1I 为 89 ℃。

2.5.2　冷却系统

高压涡轮的冷却系统设计得较有特色。将温度、压力较高的空气由 8、9 级压气机间经转子中心通到高压涡轮的两级轮盘间,对两级轮盘加温,使轮盘与静子间有较好的热匹配性能。然后,这股空气再进入第 2 级工作叶片对叶片进行冷却。这套系统可以提高冷却空气的冷却效率。据称,GE90 高压涡轮工作叶片的金属温度比 CF6 - 80C2 的低。以往 GE 公司的发动机的高压涡轮盘常常采用多螺栓孔的结构;而 GE90 的轮盘不开孔,以提高强度,并减小螺栓头及螺帽引起的风阻损失。

2.6　低压涡轮

为了获得高效率,6 级低压涡轮设计采用了较高的切线速度;但由于风扇叶尖切

线速度较低,转速较低,因而低压涡轮直径较大。低压涡轮比高压涡轮大出许多,如图 3.10.10 所示,气流通道在高压涡轮出口有一较大的坡度,这在其他发动机上是很少见的。涡轮外径采用了 CF6 - 80C2 的 34°斜度设计。

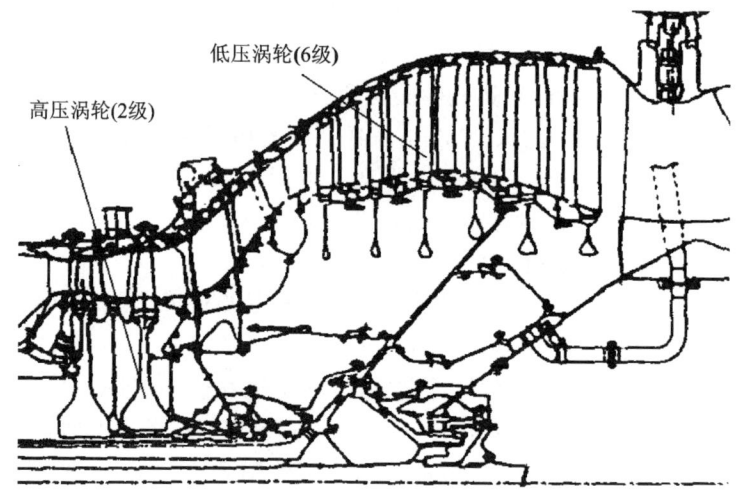

低压涡轮(6级)

高压涡轮(2级)

图 3.10.10　GE90 高、低压涡轮

2.7　噪　声

GE90 的噪声比较低,能满足 FAR36 部第三阶段噪声要求。GE90/777 能在夜间进入严格控制噪声的机场,例如英国伦敦的希思罗机场。表 3.10.4 列出 GE90 在噪声方面的某些特点。

表 3.10.4　GE90 与改型发动机在噪声设计方面的比较

与噪声有关的设计特征	GE90 与改型发动机的比较	噪声影响
涵道比	较　高	喷气噪声较低
核心机排气速度	较　低	
风扇叶尖速度	较　低	风扇噪声较低
风扇压力比	较　低	
风扇排气速度	较　低	

3　发动机研制概况

GE90 发动机的研制费约 12～30 亿美元。研制计划以 GE 公司为主,它承担 50%～60%的份额;法国 SNECMA 公司承担 25%;日本石川岛播磨重工业公司承担 10%;另外,意大利费亚特公司也承担一部分份额。SNECMA 公司负责高压压气机、增压压气机及备用的钛合金风扇叶片的设计和制造工作;另外还承担发动机装配与试车工作量的 40％。

费亚特公司负责齿轮传动箱与传动系统的发展工作,参与这些部件的设计、发展、试验和生产以及售后服务工作。它还将与石川岛播磨重工业公司合作进行低压涡轮的气动、强度、结构的设计与发展工作。石川岛播磨重工业公司负责发动机主要轴类零件的设计与发展,以及部件试验工作。

3.1　研制进度

3.1.1　核心机试验

GE90 发动机基本按原定的研制计划发展,其核心机于 1992 年 11 月 23 日进行了 257 min 的首次试车,随后共进行了 15 次启动、33 h 试验。试验结果表明:高压涡轮出口温度、耗油率低于预定值;核心机空气流量及功率超过取证要求,启动性能好,进行了超过红线转速 105％的试车。另外,转子振动值与主要零件的应力值均低于规定值。

3.1.2　发动机地面试车

随后,于 1993 年 3 月 29 日进行了第 1 次整台发动机的试车(FETT),在第 2 次即 1993 年 4 月 3 日的试车中,推力达到创世界纪录的 469.4 kN。在第 1 阶段试车中,共试验了 80 h,启动 100 次以上,结果表明,发动机启动性能好——启动平稳、排气温度不高、启动时间低于预计值;发动机排气温度与耗油率及零件应力值、发动机振动值均低于规定值。在此之后,又进行了一系列为取证所要求进行的各项试验,其中包括两项难度极大的风扇叶片甩出试验(1994 年 11 月 14 日完成)与吞入 3.632 kg 大鸟试验(1994 年 11 月 4 日)。

3.1.3　飞行试验

GE90 装在 747 改装的飞行试车台的飞行试验于 1993 年 12 月 6～16 日在位于加州的 Mojave GE 飞行试验中心进行。在第 1 阶段的试飞中共飞行 4 次,26 h 30 min;1994 年 4 月进行了第 2 阶段的试飞,两个阶段共飞行了 20 余次、117 h 10 min。

3.1.4　投入使用

GE90 发动机于 1995 年 2 月 2 日取得 FAA 颁发的适航证。装于波音公司的第 6 架 777 的 2 台 GE90 发动机于 1994 年 11 月 19 日、22 日装上飞机,并于 1994 年 12 月 10 日进行地面试车,1995 年 2 月开始试飞。装 GE90 的 777 于 1995 年 7 月中取得适航证,第 10 架 777 进行装 GE90 的 180 minETOPS 鉴定试飞,1995 年 2 月中开始首飞,1995 年 9 月通过合格鉴定的审定工作。装 GE90 的 777 于 1995 年 9 月交付美国航空公司投入航线运营,投入运营时即已获得 180 minETOPS 的批准。

3.2 试验设备

3.2.1 地面试车台

由于 GE90 的推力比现有任何发动机的推力大很多,原来的一些试验条件已不能满足试验要求,须新建或改建一些设备。为此,GE 公司新建 2 个、改建 2 个试车台。

为了考核侧风对发动机性能的影响,GE 公司新建了一座模拟侧风的大型风洞,风洞中安装了 20 余台大尺寸风扇,从风洞中吹出的气流(即侧风)风速最大可达129 km/h。整个风洞可在地面铺设的弧形轨道中移动,以模拟不同角度的侧风。试车台的发动机最大推力可达 556.7 kN;当测风风速为 46.3 km/h 时,发动机的推力约为 409.7 kN;侧风风速为 55.6 km/h 时,推力为 389.2 kN。

3.2.2 飞行试车台

为了对 GE90 进行飞行试验,GE 公司购置了一架 747 飞机,由卢卡斯公司负责改装成飞行试车台,将 747 的 2 发位置改成试验 GE90 的试车台。改装后的飞行试车台可测定发动机在 3 352~13 106 m 高度范围内的参数。

3.2.3 新建装配工厂

GE 公司还在北卡州首府 Raleigh 附近的 Durham 新建一所装配 GE90 发动机的装配工厂(工厂还装配 CF6-80C2 发动机)。该厂于 1993 年 10 月建成并开始总装 GE90,1994 年作者参观该厂时,全厂有 70 余人,年装配 GE90 70 余台,平均每人每年装配一台发动机。该厂设计能力是每年总装 GE90 200 台,员工 200 人。他们实行新的管理方法,全厂除厂长 1 人外不设中间的管理机构。厂长以下设 7 个工作小组(平均每组 10 人),每个小组仅有 1 名工程师,其余均为具有职业技校毕业执照的技术工人。每 1 小组负责由集件开始到总装完毕的全部工作,包括转子的平衡、叶轮的外圆磨削等。当该厂的室内试车台建好后,还将负责发动机的试车工作。这种工作方式能保证发动机具有良好的装配质量,但要求工人都具有多面手的能力。

3.2.4 合作伙伴的试验条件

为发展 GE90 发动机,GE 公司的两个合作伙伴也新建、改建了大型试车台。法国 SNECMA 公司新建了一座室内、试验能力达 601.2 kN 推力的大型试车台,试车间截面积为 12 m×12 m,空气流量可达 1 800 kg/s,能在瞬间记录 2 800 个参数(比现有试车台的记录能力提高了一倍)。该试车台还安装有欧洲功率最大的超级 X 光系统,用以在试车中摄录发动机内部影像以确定关键部位的间隙变化情况。它能在瞬间录取 3 000 个数据点,其影像精度为 0.1 mm。该试车台已于 1993 年 10 月 15 日进行了第 1 台 GE90 的试车工作。日本 IHI 公司将原有的一座试车台予以改装,用以试验 GE90。该试车台已改建好并于 1993 年底进行了 GE90 的试车。

4 GE90－115B 发动机

4.1 推力最大的发动机

GE90 的最新型号为 GE90－115B,发动机名称后的 115B,表示用于波音飞机、推力为 115 000 lbf 的发动机。这种将型号名称后的几位数表示发动机推力的做法应用较广。例如,普惠公司用于 777－300 的 PW4098,其后二位数字 98 表示发动机推力为 98 000 lbf;罗·罗公司用于 777－200ER 的遄达 895 的推力为 95 000 lbf。由 GE90－115B 名字来看,它的额定推力为 513 kN(115 300 lbf),是当时世界推力最大的发动机。原型 GE90 在 1994 年 11 月取得适航证时的推力为 389.3 kN,也即－115B 的额定推力为原型推力的 1.317 倍。在 2001 年底地面试车中,推力曾达到 569 kN(127 000 lbf),并以发动机在标准天气条件下的海平面稳态推力为 547.6 kN(122 965 lbf)收入吉尼斯世界纪录,且将 GE90－115B 冠名“世界上功率最大的喷气发动机”,此记录已被 GE 公司发展的 GE9X 所取代。

4.1.1 风 扇

GE90－115B(见图 3.10.11),是在推力为 417.3 kN 的 GE90－94B(2000 年 11 月投入使用)基础上衍生发展的。在衍生发展中,为了增大进入发动机的空气流量,将风扇直径由 3.124 m 加大为 3.251 2 m,增加了 127 mm;但包容环的外径只增加 38.1 mm,因此风扇机匣仍可用原来运输 GE90－94B 的货机运输。风扇叶片的厚度与弦长均有增加,叶片用三维气动计算方法设计成 S 形后掠叶型,如图 3.10.12 所示,以减少超声速气流流入叶片时的损失,提高效率。这是 20 世纪 90 年代后期新研制的大涵道比涡扇发动机采用的新技术之一。风扇叶片仍然采用 GE 公司在原型 GE90 中使用的复合材料。

图 3.10.11 装配好的 GE90－115B

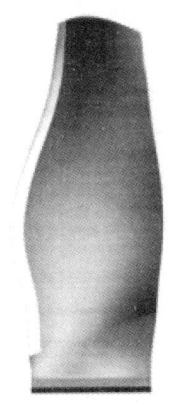

图 3.10.12 带后掠的风扇叶片

图 3.10.13 示出 GE90 – 115B 的风扇部件与 GE90 – 94B 的风扇部件的比较。由图 3.10.13 可见,GE90 – 115B 的风扇叶片较原型 GE90 有较大改变,加上增压压气机增加 1 级。这是 GE90 – 115B 提高推力、降低耗油率的主要措施。

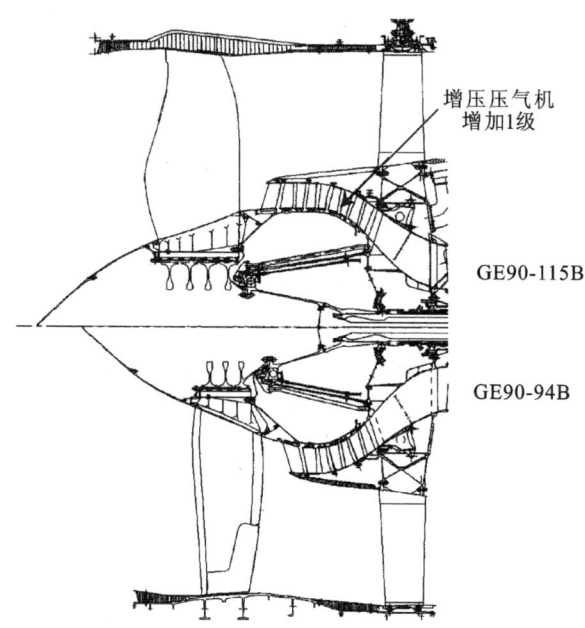

图 3.10.13　GE90 – 115B、GE90 – 94B 风扇部件的比较

风扇传动轴采用了新的高强度合金钢 GE1014,极大地提高了传动轴的扭矩承受能力,因此传动轴直径可保持不变,核心机的其他部件也无须改变。

GE90 风扇机匣直径为 3.43 m,比 737 的机身直径(3.40 m)还大,装发动机的短舱直径为 4.19 m。

4.1.2　增压压气机

风扇后的增压压气机由 3 级增为 4 级(见图 3.10.13),以提高发动机总压比及进入核心机的气流量。4 级增压压气机转子由于叶根处的切线速度较低均采用了整体叶环结构。

4.1.3　高压压气机

在 GE90 – 94B 中,高压压气机引用了三元流技术对原型做了改进,以提高效率。在 GE90 – 115B 的高压压气机中,仍然采用了三元流技术;但将 10 级改为 9 级且基本保持原来的增压比,即平均级压比较原型更高。9 级转子均采用整体叶盘结构,可调静子的调节规律进行了优化设计,提高了发动机的适应性。

4.1.4　主要参数

发动机起飞额定推力　　　　　513 kN

涵道比　　　　　　　　　　　9.0

总压比	42
推重比	6.13
风扇(带增压级)增压比	2.0
涡轮前燃气温度	1 775 k
低压转子转速	2 550 r/min
高压转子转速	10 850 r/min

4.2　研制概况

GE90 - 115B 被波音公司选为 777 - 300ER、777 - 200LR 的唯一动力。777 - 300ER 在载客 365 人(3 级布局)时航程达 13 427km,777 - 200LR 载客 301 人时航程为 10 417km。波音公司称,777 - 300ER 的人·英里费用比 A340 - 500/- 600 的低 15%~18%,每位旅客的燃油消耗量低 21%(航程相同时)。

GE90 - 115B 地面台架试车始于 2001 年秋,11 月创造了世界最大推力的纪录;2002 年 9 月 18 日装在 GE 公司专用的、由 747 改装的飞行试车台进行飞行试验,共飞行 48 次、217 h 时,历时 152 天。图 3.10.14 示出了 GE90 - 115B 挂在 747 飞行试车台上的情况。

图 3.10.14　GE90 - 115B 飞行试验用的 747 飞行试车台

2003 年初,GE90 - 115B 装在 777 - 300ER 飞机上进行总计 1 600 h 的飞行试验,2004 年初取得美国 FAA 及欧洲 JAA 的适航证。使用 GE90 - 115B 的 777 - 300ER 于 2004 年 5 月投入航线使用。中国国际航空公司引进的首架 777 - 300ER 于 2011 年 7 月 27 日投入航线运营。

2003 年年中,GE 公司拟定了一项为期四年的"GE90 - 115B 成熟化试车计划"。该计划使用 3 台发动机,领先于机群发动机模拟并评估发动机在航线使用 20 年的情况,便于及早发现可能在航线使用中出现的问题,并及时采取相应措施,提高发动机

的可靠性、维修性。该计划的内容有 3 项,每项用 1 台发动机。3 项内容为:

(1) 13 000 循环耐久性试验,模拟外场使用、维修情况,包括 5 次返厂进行维修工作;

(2) 3 000 循环 180 minETOPS 试验,2004 年再用此台发动机进行一次 3 000 循环试验;

(3) 考验热端部件的耐久性试验。该计划总的试验循环数为 30 000 次。

| GE90 - 115B 设计特点分析 |

1　概　述

GE90 - 115B(图 3.11.1)是在用于 777 - 200 的 GE90 - 85B 及用于 777 - 200ER 的 GE90 - 94B 的基础上衍生发展的推力加大的改型,用于 777 - 300ER 与 777 - 200LR,且是这两型飞机唯一的发动机。发动机型号后的数字表明推力值,85、94 与 115 分别表示发动机的推力为 85 000、94 000 与 11 500 lbf,数字后的符号 B 表明该 发动机是用于波音公司的飞机。因此 GE90 - 115B 发动机推力为 511 kN(11 500 lbf), 是当今世界上推力最大的发动机。

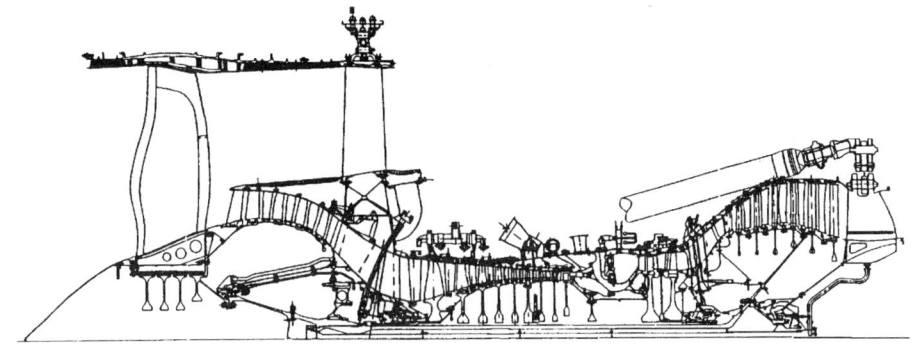

图 3.11.1　GE90 - 115B 纵剖面图

　　以往,在大涵道比涡扇发动机加大推力的改进衍生发展时,从结构设计考虑,通常是在核心机不变的情况下,采用加大风扇直径、增加增压压气机与低压涡轮级数、个别涡轮叶片改用更耐高温的材料等,在总体布局(转子支承方式等)方面则基本不变。例如 PW4000 系列发动机中,从风扇直径为 2.4m 的 PW4052 - PW4062,到风扇直径为 2.5m 的 PW4164 - PW4168,再到风扇直径为 2.8m 的 PW4074 - PW4098;相应地增压压气机则由 4 级增为 5 级再增至 6 级,而低压涡轮则由 4 级增为 5 级再增至 7 级。高压压气机与高压涡轮级数未变,结构也无大变化,只是叶片采用了更先进的设计方法,发动机推力由 52 000 lbf 提到 980 000 lbf,其衍生发展走的就是这一途径。但是在 GE90 系列发动机中,由 GE90 - 94B(下文称"基准发动机")发展成 GE90 - 115B 时,却未走上述途径,它不仅将高压压气机级数从基准发动机的 10 级减少 1 级成为 9 级,低压涡轮级数未变,而且风扇转子的支承方式打破了传统的设计,作了较大改动,形成了一种全新的支承方式;因此严格地讲,GE90 - 115B 不能算是从基准发动机衍生发展的。

2　GE90 - 115B 主要结构参数

　　风扇直径由基准发动机的 3.124 m 增大到 3.251 m,增加了 0.127 m,以增加进入发动机的空气流量,加大推力;高压压气机将基准发动机的末级去掉,级数变为 9 级,以加大高压压气机末级流通面积,增加流过核心机的空气流量;增压压气机增加 1 级,由 3 级改为 4 级,以加大增压比(约加大 20%),使发动机总压比基本不变,另外也使流入核心机的空气流量加大(约加大 20%),因此发动机涵道比有所降低。低压涡轮则仍维持基准发动机的 6 级。

3　风　扇

3.1　叶片与轮盘

　　风扇叶片用三维气动计算方法设计成 S 形后掠叶型,如图 3.11.2 所示,以减少超声速气流流入叶片时的损失,提高效率。这是 20 世纪 90 年代后期新研制的大涵道比涡扇发动机采用的新技术之一。风扇叶片的厚度与弦长均有增加,与基准发动机相比,其质量约加大 50%。风扇叶尖直径虽加大 127 mm,但包容环外径仅增加了 38.7 mm,因此风扇机匣体积变化不大仍可用原来运输基准发动机的货机运输。

　　风扇叶片仍然采用 GE 公司在基准发动机中使用的复合材料,在前缘包有钛合金的保护套。

　　由于风扇叶片弦长、直径、厚度与质量均加大,所以轮盘由原来的 3 个小盘的盘鼓混合式结构改成 4 个小盘的盘鼓混合式结构,如图 3.11.3 所示。

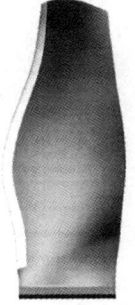 

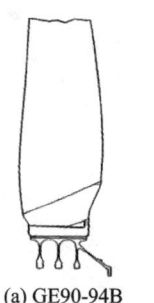 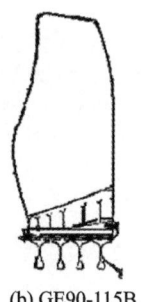

(a) GE90-94B　　(b) GE90-115B

图 3.11.2　GE90-115B 带后掠的风扇叶片　　图 3.11.3　两型发动机风扇轮盘结构比较

3.2　风扇转子支承方式

与基准发动机相比,这部分改动最多,两者之比较如图 3.11.4 所示。

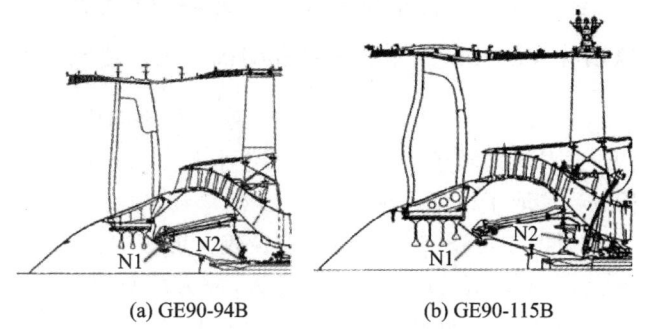

(a) GE90-94B　　　　　(b) GE90-115B

图 3.11.4　两型发动机风扇转子支承方式的比较

两者主要不同在于滚珠轴承置位不同。在以往发动机除罗·罗公司的 RB211、遄达外,包括 GE90-94B,大多数发动机紧靠风扇盘后的 1 号轴承均采用滚珠轴承。在 20 世纪 90 年代末,GE 公司来华介绍 GE90-115B 时,其所展示的结构图中,1 号轴承也是滚珠轴承,如图 3.11.5 所示。但是,后来却作了较大改动,如图 3.11.4(b)所示,1 号轴承改为滚棒轴承。除轴承位置不同外,滚棒轴承的尺寸改变也大,如表 3.11.1 所列。

表 3.11.1　两型发动机 1、2 号轴承的形式与主要尺寸

mm

发动机型号	1 号轴承			2 号轴承		
	形式	内径	外径	形式	内径	外径
GE90-94B	滚珠	471	602	滚棒	183	—
GE90-115B	滚棒	503	575	滚珠	432	602

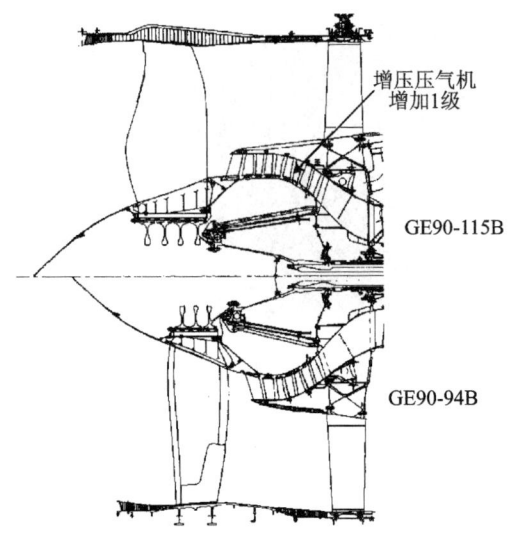

图 3.11.5 最初的 GE90 - 115B 风扇转子支承方式

3.3 减轻风扇叶片从叶根处断裂时对发动机与飞机造成的损伤

如前所述,GE90 - 115B 风扇叶片的质量较基准发动机的增加 50%,当一片叶片从叶根处断裂甩出时,对风扇转子会产生较大的不平衡力与力矩,为减轻对发动机与飞机产生的不利影响,采取了以下三项措施。

(1) 紧靠风扇盘后的 1 号支点处采用了直径较大的滚棒轴承,其内径由基准发动机的 183 mm 加大到 503 mm,增加幅度非常大,成为这两型发动机风扇转子中的 4 个轴承中内径最大的,以增加叶片断裂时对过大冲击载荷的承受能力。

(2) 在以往普惠公司与 GE 公司的大涵道比涡轮风扇发动机中,1 号支点采用滚珠轴承时,当一片叶片断裂甩出发动机后,风扇盘会绕滚珠轴承作回转运动,此时,与断片相对处的多个叶片会碰蹭机匣,可能会造成多片叶片断裂。改用大直径滚棒轴承后,能限制轮盘绕支点处的回转运动,使轮盘绕轴心线转动,其他叶片不会与机匣碰蹭。即转子由于有一片叶片甩离,产生了很大的不平衡力,有较大的振动,但转子仍然正常地绕中心线运转。

(3) 风扇转子的两个支点处均采用了减振措施,如图 3.11.6 所示,即 1 号支点处采用了带挤压油膜的折返式弹性支座,2 号支点处采用了弹性支座,以减少在叶片断裂时外传的振动载荷。这是在众多的大涵道比涡轮风扇发动机中少有的。

遄达 1000 发动机中,1 号支点处原来就是滚棒轴承,为了更好地限制当 1 片叶片断裂甩出后,轮盘不会绕轴承作回转运动,在原有滚棒轴承后增加了一个尺寸较小的滚棒轴承,如图 3.11.7 所示。

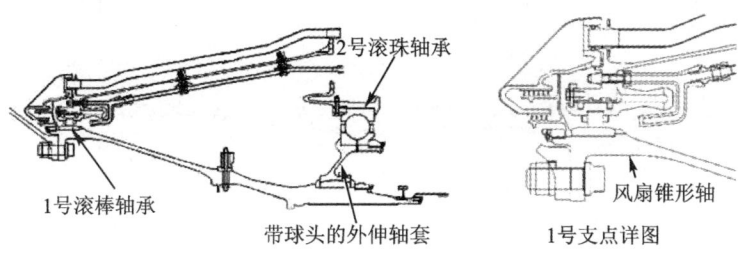

图 3.11.6　1、2 号支点结构

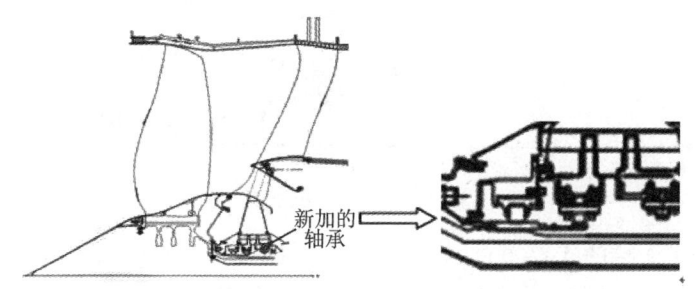

图 3.11.7　遄达 1000 在 1 号支点处增加 1 个滚棒轴承

3.4　滚珠轴承置于 2 号支点处

由于 1 号支点处采用了滚棒轴承,承受转子轴向力的滚珠轴承只能置于 2 号支点处。由图 3.11.8 可以看出,风扇轴是一根前粗后细的锥形轴,2 号支点处直径很小(约 180 mm),滚珠轴承如直接装在此处,轴承内径将会较小,承受轴向负荷的能力很小。为此,在此处安装了独特的带球头的外伸轴套,滚珠轴承装在此轴套外径处,再通过弹性支座装到风扇承力框架上,以承受低压转子的轴向负荷与径向负荷。此滚珠轴承的外径与基准发动机中 1 号轴承外径相同(602 mm),而内径则小 39 mm,即该轴承比基准发动机滚珠轴承在直径系列中更重。

外伸轴套内装有球头,可降低对低压转子三个支点同心度的要求。

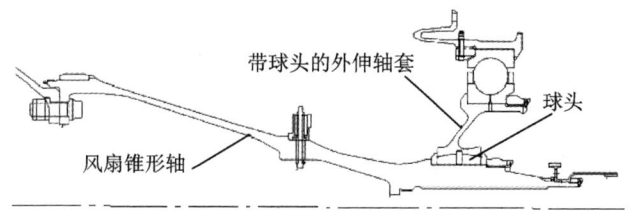

图 3.11.8　GE90 - 115B 风扇锥形轴

GE90 - 115B 风扇转子的支承方式,已用于 GE 公司的 GEnx 发动机中,如图 3.11.9 所示。

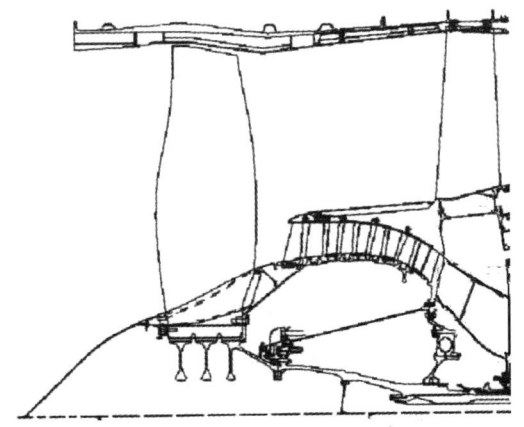

图 3.11.9　GEnx 风扇

普惠公司研制的 PW6000 中,也采用了 GE90 - 115B 风扇支承的方式,如图 3.11.10 所示。但它安装 2 号滚珠轴承的外伸轴套是与风扇锥形轴做成一体的,因而外伸轴套内没有球头;另外,两个支点均未采用弹性支座,仅 1 号支点处单独地采用了挤压油膜。

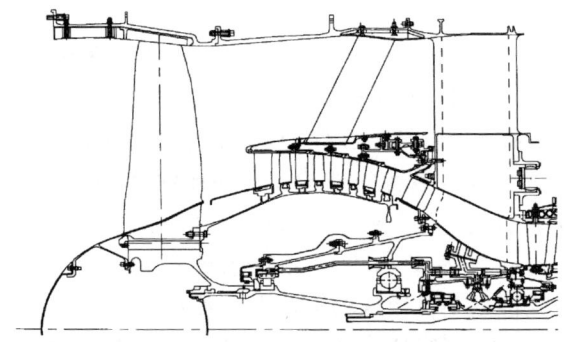

图 3.11.10　PW6000 风扇与增压压气机支承结构

我国 C919 干线客机选用的 LEAP 发动机,风扇转子也采用了类似 GE90 - 115B 的转子支承方式。

4　带弹性支座的整体式轴承

在基准发动机中,N3R(3 号支点是滚珠、滚棒轴承并列的结构,其滚棒轴承为 3R)、N4(高压转子后支点)及 N5(低压转子后支点)三个滚棒轴承均采用了弹性支座,其中 N3R 与 N5 还带挤压油膜。值得注意的是这三个轴承均与弹性支座做成一

体,称为带弹性支座的整体式轴承,如图 3.11.11 所示。这种将轴承的外环和与其相配的弹性支座做成一体的结构,是 20 世纪 90 年代起逐渐在航空发动机中推广应用的。它不仅可减少发动机零件数与质量,而且其可靠性也得到提高。在 GE90 - 115B 中,除仍然采用了基准发动机中的 N3R、N4 与 N5 支点结构外,N1 支点还采用了折返式弹性支座,且支座与轴承外环也做成一体。由图 3.11.11 可以看出,1 号支点的整体式轴承其结构比其他三个复杂得多,标志着这种整体式轴承已从简单的结构向复杂结构方向发展,相信今后还会出现更复杂的结构。这种带支座的整体轴承一般由轴承公司根据发动机研制方提出的要求,完成设计与研制。例如德国 FAG 轴承公司的产品介绍中,就有多种带支座的整体式轴承。

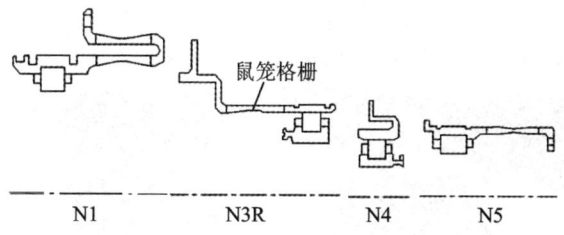

鼠笼格栅

N1　　　　N3R　　　　N4　　　N5

图 3.11.11　GE90 - 115B 带弹性支座的整体式轴承

5　其　他

5.1　高压压气机

第 1 级采用了整体叶盘,做成单件,不像后几级是焊接在一起的,这样便于在叶片受到损伤时分解下来进行修复。

5.2　低压涡轮

在 GE90 - 115B 中,虽然风扇直径增加了 0.127 m,增压压气机增加了 1 级,但低压涡轮仍保留基准发动机的 6 级。这在其他系列发动机在增大推力衍生发展中从未见过。在低压涡轮中,所有各级的动、静叶片叶形按三元流进行了改造,工作叶片采用了低稠度设计,以保持叶片气流通道形式与基准发动机相同,同时还使总共 6 级工作叶片由基准发动机的 952 片减少为 852 片,叶片数少了 10.5%。低压涡轮的转速较基准发动机提高了 5.5%(高压涡轮的转速提高了 4%),为此,第 1 级工作叶片采用了 GE 公司研制的单晶镍基合金 N5(高压涡轮工作叶也采用此材料)。

5.3　低压涡轮前轴与风扇锥形轴

低压涡轮前轴亦称风扇中间轴,其后端用几个螺栓与低压涡轮 1 级轮盘相连,前端插入锥形风扇轴内,通过花键传递扭矩与轴向力。为了能应用于核心机,其外径与基准发动机一致,但传递的扭矩却比基准发动机的大 1.3 倍,在风扇叶片断裂时的瞬

时扭矩则大 1.9 倍,显然采用基准发动机中制造此轴的材料已不适用。另外,它的花键长度达 203 mm,是航空发动机中最长的花键,如图 3.11.12 所示。为此,采用了 GE 公司参与研制的 GE1014 材料,其拉伸强度为 1.965 MPa,比基准发动机用的材料(1.84 MPa)约高 7%。GE1014 硬度较高(约为 HRC55),给加工带来麻烦,日本 IHI 公司负责低压涡轮部件的设计生产,经过多次调试后才最终完成了此轴的生产。

风扇锥形轴(参见图 3.11.8)除传递的扭矩与涡轮前轴一样外,由于 1 号支点改用了滚棒轴承,还要求它有更高的可靠性,以保证在工作中决不会出现断轴事件(否则风扇盘会甩出发动机);另外此轴后端的长内花键精度要求高,也是难于加工的。日本 IHI 公司也负责此轴的研发工作,最后完成的风扇锥形轴与低压涡轮轴连接成一整体,在扭转疲劳试验台上完成了 50 000 循环的疲劳扭转试验,如图 3.11.13 所示,验证了此两轴以及花键联轴器均满足了设计要求。

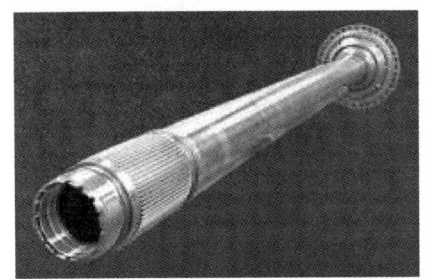

图 3.11.12 低压涡轮前轴
(注意花键长度)

图 3.11.13 锥形风扇轴与低压涡轮轴组合成
一体在扭转疲劳试验台上试验

6 研制概况

波音公司于 1998 年底决定将 1995 年投入运营的 777 起飞总重提高,以延长飞机的航程与载客量,为此 GE 公司推出了加大推力的也是世界上推力最大的发动机 GE90 - 115B。1999 年 7 月,GE 公司与波音公司签订了发展 GE90 - 115B 的协议,GE90 - 115B 被波音公司选为 777 - 300ER、777 - 200LR 的唯一动力,777 - 300ER 在载客 365 人(3 级布局)时航程达 13 427 km,777 - 200LR 载客 301 人时航程为 10 417 km。

GE 公司于 2000 年 2 月启动了 GE90 - 115B 的研制工作,2001 年秋首台发动机试车,11 月创造了世界最大推力的纪录;2002 年 9 月 18 日 GE90 - 115B 装在 GE 公司专用的、由 747 改装的飞行试车台进行飞行试验,共飞行 48 次、217 小时,历时 152 天。2003 年初,GE90 - 115B 装在 777 - 300ER 飞机上进行总计 1 600 h 的飞行试验,2004 年初取得美国 FAA 及欧洲 JAA 的适航证。使用 GE90 - 115B 的 777 - 300ER 与 777 - 200LR 分别于 2004 年 5 月与 2006 年初投入航线使用。中国国际航空公司引进的首架 777 - 300ER 于 2011 年 7 月 27 日投入航线运营。

| 用于 787 的 GEnx 发动机设计特点 |

前　言

GEnx 是 GE 公司为 787"梦幻"客机研制的大涵道比(10.0)与高总压比(45.0)、低油耗、低污染与低噪声的新一代发动机,也用于 747 - 8 客机与货机。为了满足 21 世纪"绿色航空"的要求,GEnx 不仅继承并发展了 GE 公司以往成熟发动机特别是 GE90 发动机的设计,采用了 GE90 研制与使用中经验与教训,而且还采用了最新发展的一些先进技术,使得 GEnx 不仅性能达到较高的水平,而且研制周期较短。

1. 787 客机

为了适应 21 世纪"绿色航空"的要求,波音公司于 2002 年 12 月宣布研制 7E7 超效、高速、中型市场的新一代双通道双发动机客机,以填补 737、757 单通道客机与 777 双通道客机间的空挡。"E"意味:经济(Economic)、环保(Environment)、上网(E - enable)与舒适(Exceptional Comfort for customer)。2005 年 1 月 28 日在中国购买 60 架 7E7 的签字仪式上,波音宣布将 E 改为中国认为吉利的 8,因此飞机改名 787。

787 是第 1 种液压系统的动力不由发动机提供、座舱空调系统不由发动机提供高压空气的飞机,而是由发动机驱动总功率高达 1 000 kW 的变频交流发电机向飞机供电,驱动液压泵与压缩机。787 采用了 GE 公司的 GEnx 与罗·罗公司的遄达 1 000 发动机,两型发动机均可以用于任一飞机上,且在使用中能互换,这是以往任何客机没有采用过的。

787 有三个型号,即 787 - 8,为基本型,787 - 3 为短航程型,787 - 9,为加重型。

在三个型号中,-8型将是最早投入使用的型号,原计划2008年投入使用,但是经过几次延期,直到2012年3月,才将装GEnx发动机的第一架787交付给日本全日空ANA航空公司,我国南方航空公司于2013年6月初接收了第一架787(装GEnx发动机),并于6月7日开始执行运营飞行。

2. 747-8

波音公司于2005年11月宣布启动747-8型飞机的研制工作,747-8有两个型号,即洲际客机型747-8I与货机型747-8F。747-8I采用了787飞机的许多先进技术,其座英里成本比747-400低9%,比A380低12%,2012年投入运营。747-8F货机型的航程可达8 275 km,货舱空间比747-400增加16%。747-8的起飞总重为442t,仅采用GE公司的推力较小的GEnx(即GEnx-2B67)。

1 GEnx发展特点

GEnx是在1995年11月投入使用的GE90(用于777)的基础上发展的,原来是专为787研制的,后来又被747-8选作其唯一的动力。GEnx的推力小于GE90的378kN~511 kN,大于CF6-80C2 (747-400)的258 kN,而耗油率约低于GE90的6.9%。GEnx采用了高的涵道比(~10),高的总压比(~45)(GE90分别为8、40)以及高的部件效率。GE90-76B于1995年底投入运营,到GEnx历经四次技术的提高,使GEnx耗油率低,排放低,噪声低,直接使用费用低,如图3.12.1所示。图3.12.2所示为GEnx、CF6-80E1与GE90三型发动机耗油率的比较,从图上可看出GEnx的巡航耗油率比用于A330的CF6-80E1A4低15.4%,比用于777的GE90-94B低6.9%。图3.12.3所示为降低耗油率所采用的措施,以及各项措施所获得的效益。

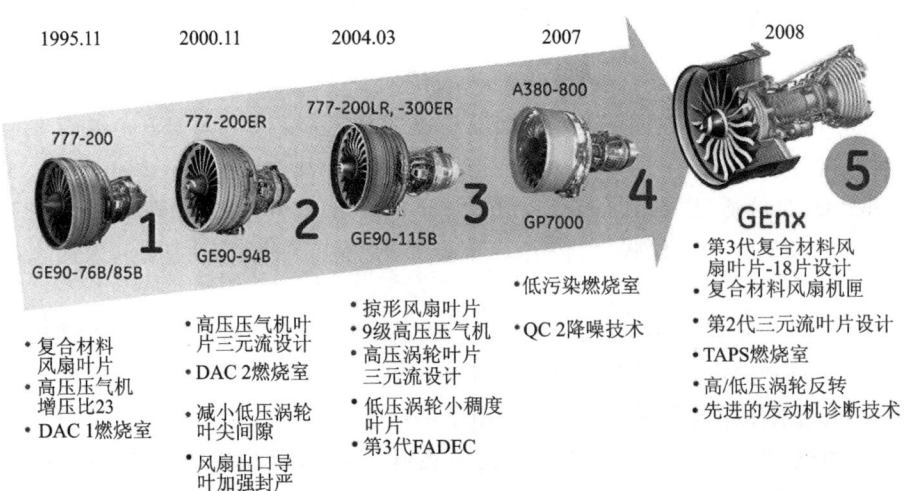

图3.12.1 由GE90-76B到GEnx经历四次技术提高

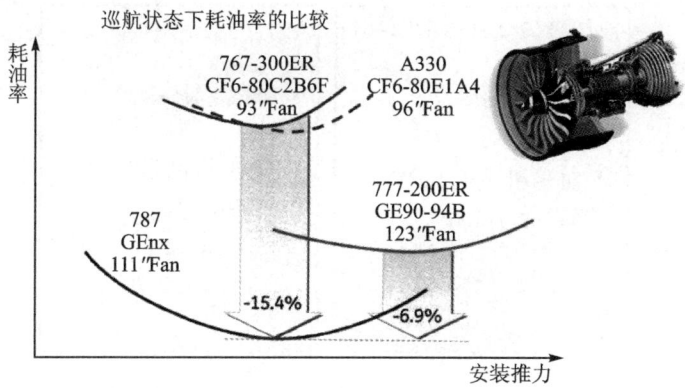

图 3.12.2　GEnx 与 CF6 – 80C2、GE90 – 76B 的耗油率比较

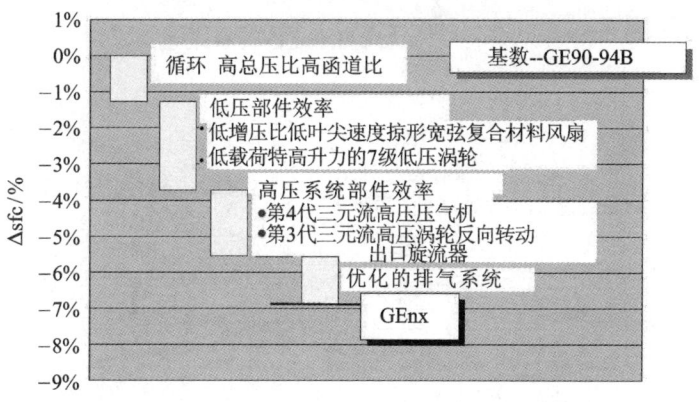

图 3.12.3　GEnx 耗油率低所采用的措施

由于 787 有三个起飞总重不同的型号,因此用于 787 的 GEnx 有三个推力不同的型号。GEnx 的设计推力为 333 kN,GEnx 在第 1 次试车中,推力达到 358 kN,比设计值大 7%。

用于 787 三型飞机的三型 GEnx 发动机为用于 787 – 3 的 GEnx – 1B54(236 kN)、用于 787 – 8 的 GEnx – 1B64(284 kN)以及用于 787 – 9 的 GEnx – 1B70(310 kN),三型发动机的风扇直径均为 2.819 m。

用于 747 – 8 的发动机为 GEnx – 2B67,其风扇直径小于 GEnx – 1BXX 的,为 2.641 m。图 3.12.4 所示为用于 787 及 747 – 8 两种飞机的发动机特征。

2　GEnx 总体结构设计

图 3.12.5 所示为用于 787 的 GEnx – 1B 与用于 747 – 8 的 GEnx – 2B 发动机的总图。表 3.12.1 所列为两型发动机主要部件的级数。

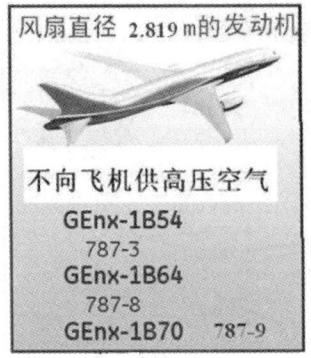

图 3.12.4 用于 787 与 747 - 8 两种飞机的发动机

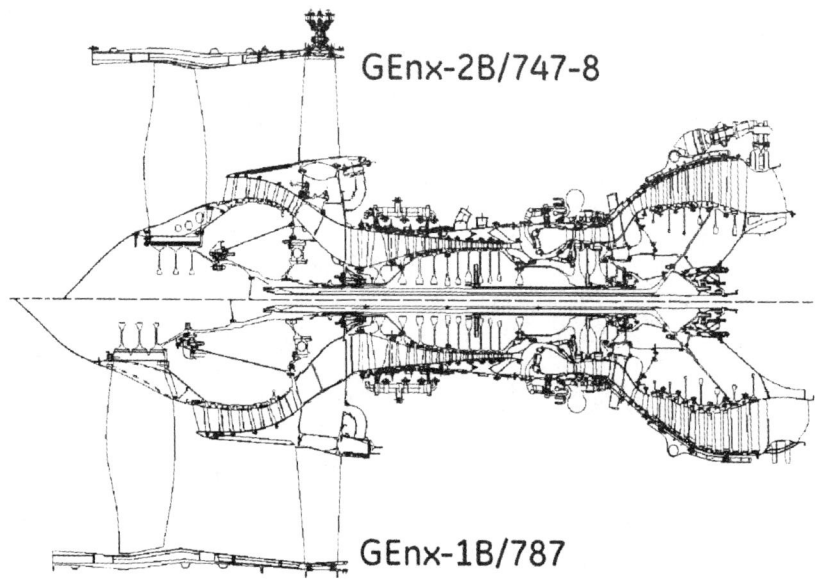

图 3.12.5 用于 787 的 GEnx - 1B 与用于 747 - 8 的 GEnx - 2B 总体结构图

表 3.12.1 两型发动机主要部件的级数

发动机型号	风扇级数	增压压气机级数	高压压气机级数	高压涡轮级数	低压涡轮级数	用于
GEnx - 1B70	1	4	10	2	7	787 - 9
GEnx - 2B67	1	3	10	2	6	747 - 8

由于 - 2B 型的风扇直径比 1B 型的小 0.178 m,且增压压气机级数少 1 级,因此 - 2B 型的低压涡轮少 1 级。

2.1　风扇转子支承方案

图 3.12.6 所示为 GEnx 与 GE90 转子支承方案的比较,两型发动机支承方案基本相似,即低压转子支承方案为 0 - 2 - 1 三支点方案,高压转子支承方案为 1 - 0 - 1 两支点方案,共五个支点,但高压压气机前支点(3 号支点)采用了 GE 公司独特的滚珠轴承与滚棒轴承并列的设计,即滚棒轴承 3R 承受径向力,滚珠轴承 3B 仅承受轴向力。

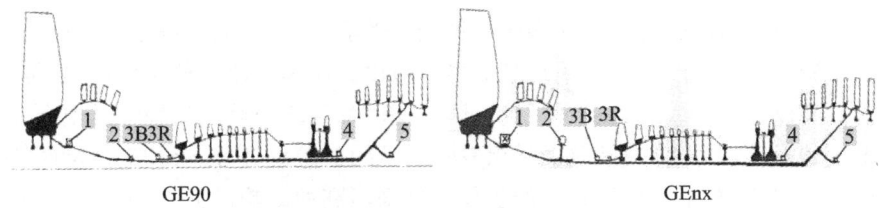

图 3.12.6　GEnx 与 GE90 转子支承方案比较

但是支承风扇转子的两个支点的轴承型式却作了较大改动。在大多数大涵道比涡扇发动机中,除罗·罗公司的 RB211 及遄达系列发动机外,紧靠风扇盘后的 1 号支点均采用滚珠轴承,GE90 也采用了这一设计,但是在 GEnx 中,1 号支点采用了大直径的滚棒轴承,承受轴向力的滚珠轴承只能置于 2 号支点处,如图 3.12.7 所示,支承 1 号、2 号轴承的风扇锥形轴是前大后小,在 2 号支点处,轴的直径较小,滚珠轴承直接装到轴上,轴承的内径很小,承受不了轴向负荷,为此,在此处安装了一个带球头的外伸轴套,如图 3.12.7 所示。将滚珠轴承的内环套装在此外伸轴套中,以加大轴承内径,这一设计沿用了 GE90 - 115B 的设计(参阅本书《GE90 - 115B 设计特点分析》一文)。

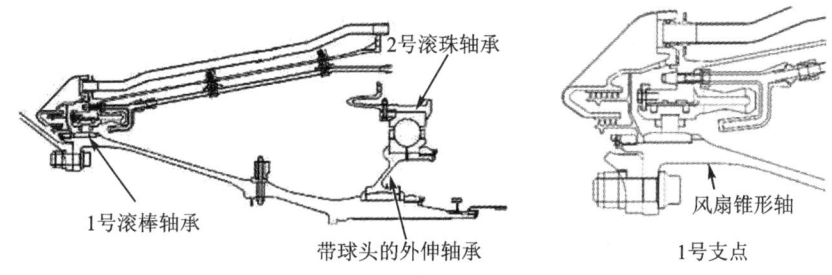

图 3.12.7　1、2 号支点结构

2.2　高压转子后端支点

高压转子后端通过中介轴承支承于低压转子的设计(如图 3.12.8 所示),是 GE 公司的传统设计,但是 GEnx(包括 GE90)中却没有采用这种支承方案,这是因为 GE90 及 GEnx 的涵道比大(分别为 8 及 10),在保持风扇叶尖切线速度一定的条件

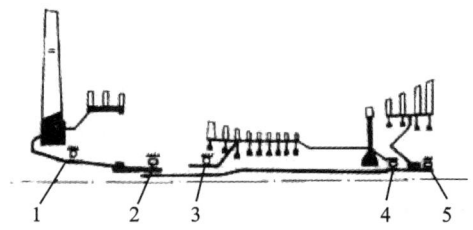

1   2   3   4 5

图 3.12.8   高压转子后端通过中介轴承 4 支承于低压转子的支承方案(CFM56)

下，低压转子转速较低，为使低压涡轮获得较高性能，只能将低压涡轮直径加大，于是
高、低压涡轮直径相差较大，为了使气流能平缓由高压涡轮流入低压涡轮，只得在高、
低压涡轮间设置一个较长的锥形过渡机匣。此时如将高压涡轮后轴通过中介轴承支
承于低压转子上，则中介轴承与低压涡轮后轴承间的距离较长，会带来严重的转子动
力学问题，对高压转子与低压转子的工作均带来不利的影响。另外，由于过渡机匣较
长，也有条件在此处设置高压涡轮后轴承的轴承座，以及与之有关的油槽及封严装置
等，如图 3.12.9 所示。因此，GEnx 转子支承方案(如图 3.12.6 所示)未采用中介轴
承支承方案。图 3.12.9 所示为 GE90 的高压涡轮后支承处结构图，GEnx 的结构基
本与其相同。

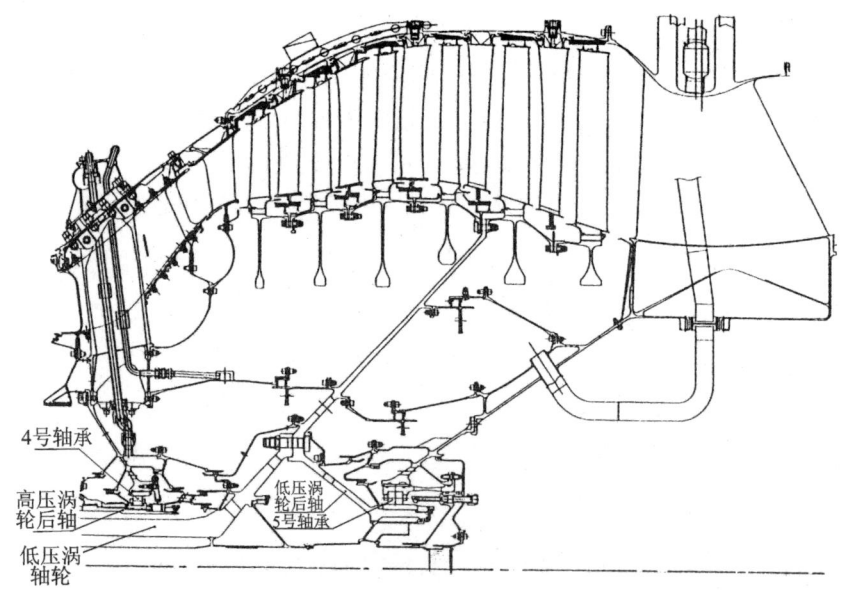

4号轴承

高压涡
轮后轴

低压涡
轮后轴
5号轴承

低压涡
轮轴

图 3.12.9   GE90 高压涡轮后支座与低压涡轮(GEnx 与之相同)

3 风 扇

风扇(见图 3.12.10)叶片采用了 GE 公司的第 3 代复合材料，其外形基本同与

GE90 - 115B 掠形的,采用新一代三元流技术设计,叶片数由 GE90 的 22 片减为 18 片,使重量减轻。

　　复合材料作的风扇叶片在 777 上经受过严格考验(10 年中仅更换过 3 次)。叶片的前缘与尖部,采用了钛合金的护套,如图 3.12.11 所示。叶片榫根处,采用了特氟隆耐磨衬垫,因而叶片装进燕尾槽中无须加润滑剂。风扇轮盘采用 GE90 的结构,即轮盘做成带 3 个盘的盘鼓混合式转子(见图 3.12.10)。

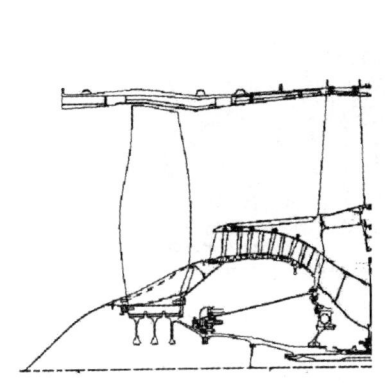

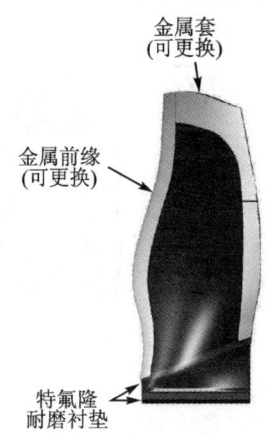

金属套
(可更换)

金属前缘
(可更换)

特氟隆
耐磨衬垫

图 3.12.10　GEnx 风扇及增压压气机　　　　图 3.12.11　复合材料的风扇叶片

　　GEnx 上采取了多种措施防止外物进入核心机(如图 3.12.12 所示),例如:风扇叶片后缘与分流环前缘间留有较大的间距;轮盘前的锥形帽罩做成能将杂物甩向外涵的形状;在增压压气机后弯形通道处设有放气门,以便将细小砂石排出到外涵中。

　　GEnx 风扇机匣采用复合材料作,这是第 1 次将复合材料用于大型发动机的机匣,它是用复合材料条带编织成类似草席的结构,如图 3.12.13 所示。

图 3.12.12　防止外物进入核心机的措施　　　　图 3.12.13　复合材料作的风扇机匣

　　复合材料作的机匣包容性能及强度均优于金属机匣,且重量轻,比金属机匣轻 154 kg,一架飞机可减重 363 kg。另外,它不会腐蚀,便于维护。

4 高压压气机

10级高压压气机(见图 3.12.14)的增压比为 23.0,平均级压比为 1.368,同于 GE 公司的 E^3 及 GE90 发动机的水平,但叶片采用了新一代的三元流技术设计,增加了喘振裕度。1、2、5 级采用整体叶盘(均为单个盘),这是当时民用发动机中采用整体叶盘级数较多的发动机。

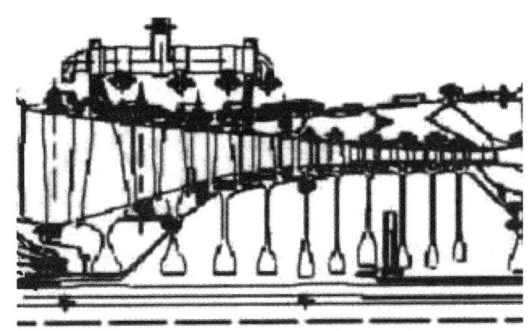

图 3.12.14 GEnx 高压压气机

与大多数大涵道比涡扇发动机一样,高压压气机从第 3 级起做成双层机匣,外层机匣作为承力机匣,内机匣作为气流通道的包容环。为保证沿圆周的叶尖间隙在工作中始终保持均匀,与工作叶片对应的机匣是做成整环的,为了能装配,内层机匣沿轴向是做成一段段的。

为了恢复发动机的性能,一般采用可移动的外置喷水装置,根据发动机性能衰退的情况,对发动机进行喷液(清洗液及清水)清洗。在 GEnx 中,采用了内置式喷水清洗装置,即在高压压气机前安装了圆周均布的四个喷水用的喷嘴(如图 3.12.15 所示),每个喷嘴喷射的散布角度较大,能遍布高压压气机进口环带,喷洗的效果较好。

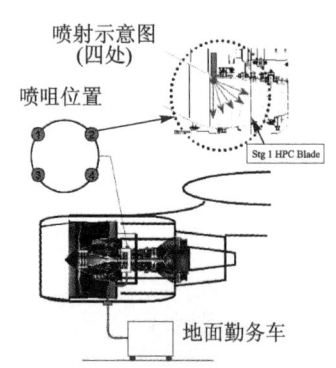

图 3.12.15 GEnx 高压压气机中的
内置式喷水装置

发动机每工作 200~500 循环后,视情决定是否需进行喷洗。在慢车下喷射清洗液,清洗后不再需用清水冲刷,清洗一次耗时约 30 分钟(采用可移动的外置喷水装置冲洗耗时一般为 4 小时)。

GEnx 是第 1 种安装内置式喷水装置的发动机。

5 燃烧室

GE 公司在 GE90 上采用的是双环腔燃烧室,如图 3.12.16(a)所示,在 GEnx 中

采用了常规的单环腔燃烧室如图 3.12.16(b)所示,但却采用了双环预混旋流器(Twin Annular Premixing Swirler,简称 TAPS),而且采用了贫油设计如图 3.12.16(c)所示。因此,GEnx 的燃烧室称为:具有双环预混旋流器 TAPS 的贫油单环腔燃烧室。

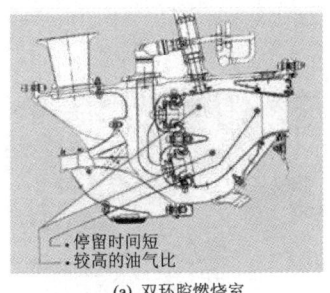
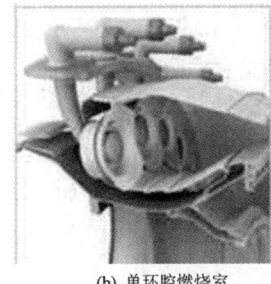

(a) 双环腔燃烧室 (b) 单环腔燃烧室 (c) 贫油单环腔燃烧室

图 3.12.16 GE 公司的两种特殊的现代燃烧室

图 3.12.17 所示为 TAPS 工作原理图,它是设在燃烧室头部同心的两个旋流方向相反的旋流器,燃油分别喷入到两个旋流器中的气流中与空气混合形成油-气混合气,然后由内、外旋流器中方向相反地、打旋地喷出,在燃烧室头部形成极易点燃的混气。在一般燃烧室中,混合气点燃前是富油掺混,点燃后转为贫油,由富油向贫油的转换中,燃烧温度高且产生 NO_x。在 TAPS 中,燃烧开始初期,强力的双环预旋器使油气掺混得很好,由富油向贫油转换过程短,不仅减少了 NO_x(50%),且燃烧室工作温度约降低 200 ℃。

在一般的燃烧室中,有高温热燃气紧贴火焰筒壁面,因而需在火焰筒上开冷却用的数目众多的槽或孔(例如 GE90 火焰筒上有数以千计的小孔)。在 TAPS 中,燃烧的最高温度区是在火焰筒的核心内,因此火焰筒壁温较低,不需开众多的冷却孔。

由于采用 TAPS 后,油-气混合气燃烧得完全,因此,GEnx 燃烧室的排污值低于限制值,如图 3.12.18 所示。

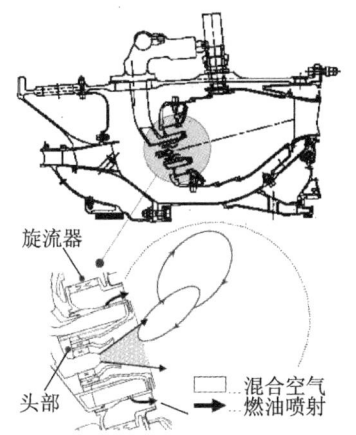

旋流器

头部

混合空气
燃油喷射

图 3.12.17 TAPS 工作示意图

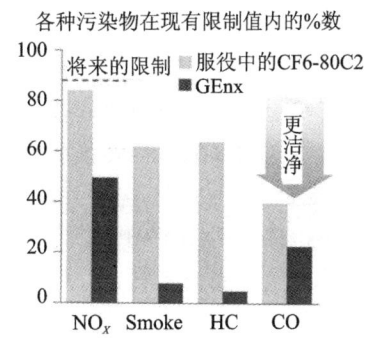

各种污染物在现有限制值内的%数

将来的限制　服役中的CF6-80C2

GEnx

更洁净

NO_x　Smoke　HC　CO

图 3.12.18 TAPS 燃烧室排污值低于规定值

6 涡 轮

GEnx 有 2 级高压涡轮与 7 级低压涡轮(GEnx – 2B 中为 6 级)。高压涡轮叶片用 GE 公司的第 2 代三元流技术设计,采用先进的冷却技术设计,并采用最新的耐高温的材料,使冷却用空气量少,寿命长。

低压涡轮叶片采用"特高升力"UHL(Ultra High Lift)的设计,且用三元流技术对端壁的形状进行设计,使叶片数少,效率提高约 0.34%。

GEnx 的高、低压涡轮的转向相反(如图 3.12.19 所示),这种设计已由军用发动机中转用于民用发动机中。在西方国家中,F119(F – 22 的动力)首先采用了反转设计,民用发动机中,用于 A380 的遄达 900 发动机首先采用了这种设计(遄达 900 中,高、中压涡轮反转),用

图 3.12.19 GEnx 反转的高、低压转子

于 787 的两型发动机均采用了这种反转设计,它可减少零件数,提高效率。

7 附件传动机匣

以往的大型旅客机上,座舱空调系统用的高压空气,是由发动机高压压气机后引气提供的,液压系统的高压液压泵是由发动机附件传动机匣上的传动轴驱动的。787 是第一种不采用上述方法的旅客机,它是用交流电的电动机驱动空气压缩机与液压泵的,为"准全电"飞机,为此,需由发动机驱动大功率的交流发电机。在以往许多较先进的发动机中,都由驱动直流发电机(歼 6、歼 7 等用的发动机)改为驱动交流发电机,由于发动机工作时,转速变化范围大,为了保持交流发电机输出的电流频率不变,均需在发动机附件传动输出轴与发电机间安装一套非常复杂的恒速传动装置(Constant Speed Driver,CSD)。CSD 一般由发电机生产厂生产,并将它与发电机组成成套的"带传动装置的交流发电机(Integrated Drive Generator,IDG)"提供飞机生产厂装机使用。

787 采用了四台(每台 250 kW 的)变频交流发电机(每台发动机驱动两台),是第一次在飞机上不采用恒速传动装置的交流发电机,通过机载(飞机)的恒频转换器,将需用恒频电源的部分电流转换成恒频电流。

在"准全电"飞机上,需将发动机的慢车转速定得较低,以便在低的发动机转速下也能向飞机供电。GEnx 慢车转速下的推力约为最大推力的 2.6%,即慢车转速较低。为达到较低的慢车转速,采取了以下几项措施:① 高压压气机出口处在低转速时瞬间放气,保证有足够的喘振裕度;② 修订可调静叶的调节规律,在慢车时关小;③ FADEC 调节逻辑进行调定,以保持低转速工作时的裕度等。

用于 747 - 8 的 GEnx - 2B 发动机,仍然采用由高压压气机后向机舱空调系统提供高压压气流,液压泵也由发动机附件传动系统驱动,因此它采用了 747 的发电机。

8　防止发动机性能衰退的措施

在现代旅客机用的发动机中,一定要采取措施,能在较长的时间或较多的循环数后保持出厂的性能,即要防止性能的衰退。GEnx 采取了下列防止性能衰退的措施(如图 3.12.20 所示):

图 3.12.20　GEnx 防止性能衰退的措施

(1) 发动机总体结构上:采用了短、刚性好的转子。

(2) 发动机总体结构上:转子支承简单,无中介轴承,无悬臂支承的涡轮。

(3) 采用了先进的叶尖间隙控制技术,包括高压压气机,高、低压涡轮的叶尖间隙。

(4) 好的材料、冷却与涂层,使耐久性高。

(5) 风扇叶片尾缘与分流环间距大,使外物不易进入核心部分。

(6) 增压压气机后设有放气活门,使外物不易进入核心部分。

(7) 性能可恢复:在高压压气机中设有内置式喷水清洗装置。

9　发动机的噪声

为满足 21 世"绿色航空"的要求,GEnx 除采用了大量常用的以及新发展的降噪措施外,还在外涵后端采用了如图 3.12.21 所示的锯齿形喷口,以加大喷气流与外界空气流的接触面积,降低排气噪声,遣达 1000 也采用了这种喷口。因此,GEnx 噪声值不仅低于 FAR36 部第 3 阶段的规定值,而且也比第 4 阶段(2006 年执行)的低很多,如图 3.12.22 所示。

10　结束语

2008 年 4 月初,GEnx 取得美国联邦航空局 FAA 的适航证,表明该发动机顺利完成了研制进程,可以用于 787 上投入运营。但由于 787 研制进度一拖再拖,原来计划拖到 2010 年夏交付给第 1 家用户,但在 2009 年 6 月波音公司再次宣布推迟交付日期,直到 2012 年 3 月 26 日用 GEnx 作动力的第一架 787 才交付给日航 JAL。

图 3.12.21　降低噪声的锯齿形外涵喷口

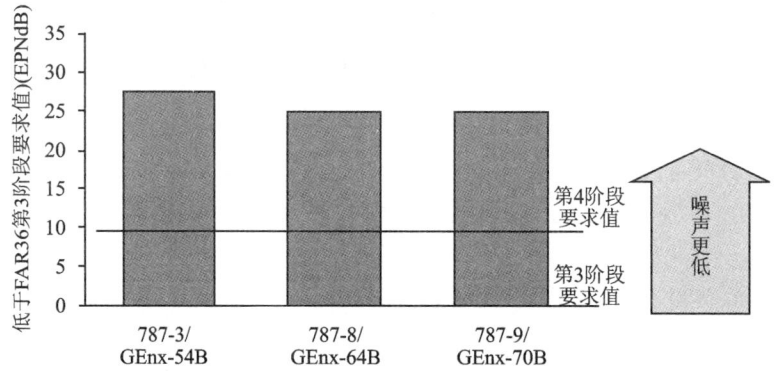

图 3.12.22　GEnx 发动机的噪声值

　　GEnx 在研制中,为满足取得适航证的需要,用了 8 台发动机进行了为期 2 年的试验工作,且于 2006 年在由 747 改装的飞行试台上完成了飞行试验。在整个研发/取证的测试过程中,GEnx 共完成 4 800 次任务循环,运转时间超过 3 600 小时。

　　与 GE90 发动机(用于 1995 年投入使用的 777 客机,在研发/取证的测试过程中,运转时间为 8100 小时,15 000 次循环)相比,GEnx 的试验时间与循环数是比较少的,但其性能却有较大幅度提高。这要归功于 GE 公司能吸取 GE90 研制与使用的经验及教训,以及不断开展新技术的发展研究工作,因而能在较短时间研制出能满足 21 世"绿色航空"要求的新型发动机,其经验与作法值得我们借鉴。

| 用于 787 的遄达 1000 发动机设计特点 |

前　言

遄达 1000 是罗·罗公司为 787"梦幻"客机研制的大涵道比与高总压比、低油耗、低污染及低噪声的新一代发动机。为了满足 21 世纪"绿色航空"的要求,遄达 1000 是罗·罗公司遄达系列发动机中最新型号之一,它不仅继承并发展了遄达系列发动机的设计,采用了其研制与使用中的经验与教训,而且还采用了最新发展的一些先进技术,使得遄达 1000 不仅性能达到较高的水平,而且研制周期短。

遄达 1000 与 GEnx 是 21 世发展的最新发动机,它们的设计概念与采用的技术,代表了大型民用大涵道比涡扇发动机的最高水平,值得我们学习与借鉴。

1　遄达 1000 发展特点

遄达 1000 是罗·罗公司为 787"梦幻"客机研制的大涵道比、低油耗、低污染及低噪声的三转子发动机,其涵道比为 $10.8 \sim 11$,总压比为 52.1,是当时涵道比与总压比最高的发动机。2004 年 4 月 6 日波音公司宣布,787 选用罗·罗公司的遄达 1000 与 GE 公司的 GEnx 为其动力,将普惠公司排除在外。

遄达 1000 是罗·罗公司遄达系列发动机中继遄达 600(由于 MD-11 飞机下马而取消)、遄达 700(A330)、遄达 800(777)、遄达 500(A340-500,-600)与遄达 900(A380)后的第六个型号,除沿用了前几型号的设计特点并采用了公司发展的最新技术外,其涵道比及总压比,不仅在各型遄达中是最大的,而且在当今所有在役发动机中也是名列前茅,使其耗油率比遄达 900 低 4%,比遄达前身 RB211-524G/H

低 12%。

全球有六个著名公司参与了遄达 1000 的风险与收益共享合作伙伴,其中有:卡尔顿锻造公司(风扇机匣)、古德里奇公司(发动机控制系统)、汉胜公司(附件传动系统)、ITP 公司(低压涡轮)、川崎重工业株式会社(中压压气机单元体)以及三菱重工业株式会社(燃烧室和低压涡轮叶片),六个合作伙伴投入的资金占研制经费的35%,因此可以说,遄达 1000 是一个国际合作研制的项目。

遄达 1000 如图 3.13.1 所示,由单级风扇、8 级中压压气机、6 级高压压气机、单级高压涡轮、单级中压涡轮及 6 级低压涡轮组成。为满足三型 787 的推力要求,并考虑飞机今后发展的需要,发动机设计推力范围为 236 kN(53 000 lbf)~370 kN(70 000 lbf),空气流量为 1 290 kg/s。共有 A、C、D、E、H、J 与 K 七个序列型号。

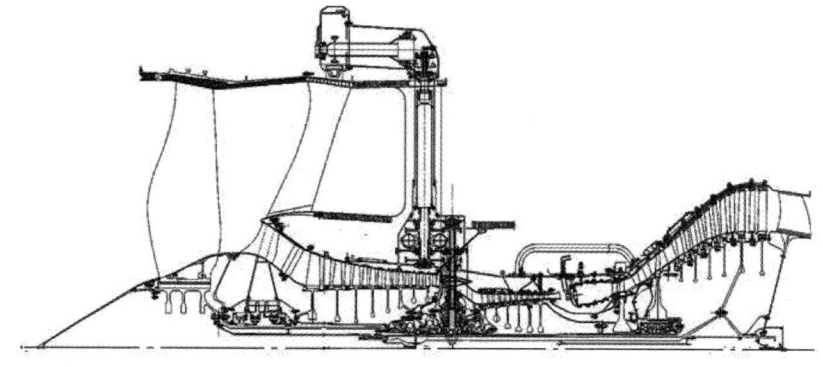

图 3.13.1　遄达 1000 发动机

2　总体设计

遄达 1000 发动机三个转子共有 8 个支点,其支承方案同于 RB211,图 3.13.2 所示为 RB211 支承方案图。从图可以看出:低压转子为 0 - 2 - 1 三支点支承方案,中压转子为 1 - 2 - 0 三支点支承方案,高压转子为 1 - 0 - 1 二支点支承方案。

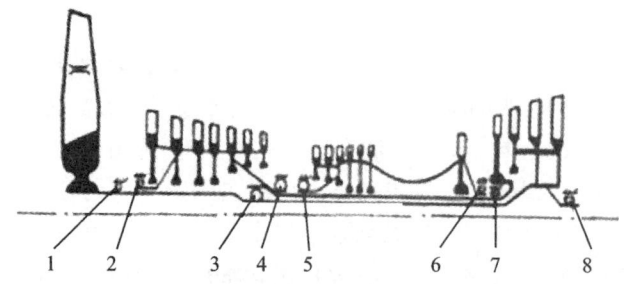

图 3.13.2　遄达 1000 发动机转子支承方案

三个转子的止推轴承集中置于中、高压压气机间的中介机匣处,分别为 3、4、5 号

轴承,以利于将各转子的轴向力集中外传,但这种安排使风扇轮盘后的轴承(1 号)只能用滚棒轴承,当风扇轴在特殊情况下折断后,风扇轮盘会被甩出发动机(RB211 曾发生过几次,大多数大涵道比大推力涡扇发动机中,1 号轴承采用滚珠轴承)。为此,在风扇轴中设置有一"保持轴",保持轴前端的凸边紧靠轮盘上的挡边,后端装在 3 号轴承即风扇滚珠轴承后端,其作用是一旦风扇轴折断,风扇轮盘被保持轴保持在发动机内而不被甩出。

在 8 个支点中,1 号支点采用了两个滚棒轴承,这是罗·罗公司 RB211 与遄达系列发动机中第 1 次采用的设计,它是保存原有型号中已有的 1 号滚棒轴承,在其后增加了 1 个外径较小的滚棒轴承,如图 3.13.3 所示。初步分析,增加 1 个滚棒轴承是为了承担在风扇叶片从根部断裂时产生的过大冲击载荷,如同在 GE90 - 115B 与 GEnx 中将风扇后的滚珠轴承(1 号)改用直径很大的滚棒轴承以承受叶片断裂时的过大冲击载荷

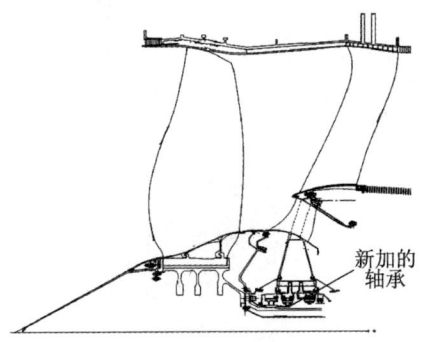

图 3.13.3　1 号轴承后增加了 1 个外径较小的滚棒轴承

一样,参见本书《GE90 - 115B 设计特点分析》一文。

3　风　扇

遄达 1000 的风扇(如图 3.13.4 所示)采用了小的轮毂比(约 0.25),在空气流量一定时,可降低风扇直径,加大涵道比,减轻重量,但轮盘直径较小,如图 3.13.5 所示。为了能安装 20 片叶片,叶片榫根采用了遄达系列发动机的独特设计,即榫根在长度方向不是平直的,而是作成圆弧形,如图 3.13.6 所示,这种设计使叶片的榫根与轮盘的榫槽加工均较复杂。

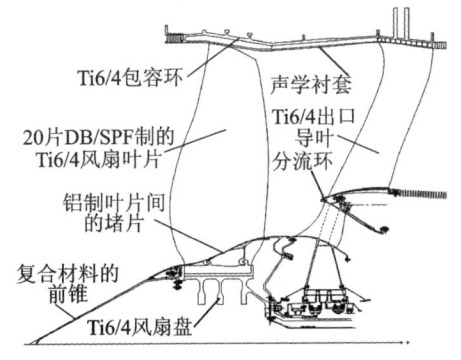

图 3.13.4　遄达 1000 风扇部件

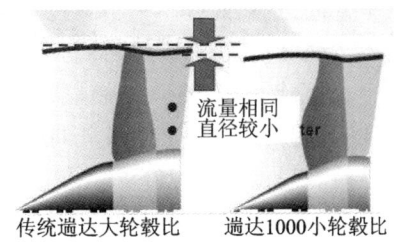

图 3.13.5　小轮毂比风扇的特点

风扇叶片的叶尖采用了小的切线速度,以降低噪声。叶片作成带后掠的掠形,称为弯刀形叶片,如图 3.13.7 所示,用最新发展的三维气动方法设计的,以提高效率。Ti6/4 合金风扇叶片结构采用了罗·罗公司的第 3 代设计,即 DB/SPF(扩散连接/超塑性成形)作成的带中间桁条的空心叶片。风扇叶片后缘与分流环前缘间留有较大的间距,以便将随气流流入发动机的细小砂石、雨水等甩向外涵道。斜置的出口导向叶片与风扇叶片间留有很大的间距,以降低噪声,这是先进发动机中经常采用的设计。叶片表面采用了激光冲击强化 LSP 处理,以提高叶片的抗疲劳性能。这种强化技术最初用于 GE 公司的军用发动机上,后用于普惠公司的 F119 发动机(F-22 用)中,遄达 1000 是大型民用发动机中首先应用 LSP 的机种。

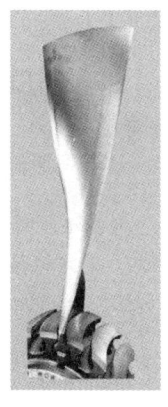

图 3.13.6　圆弧形榫根　　　图 3.13.7　装在风扇盘上的风扇叶片

两叶片间的通道是前大后小呈锥形,在以往苏制发动机中,常将轮盘也作成锥形,叶片的榫根作成斜的(即叶身与榫根间不呈直角),这样,在工作时,离心力沿榫槽槽向的分力很大,需用很大的销钉等防止叶片从榫槽中逸出。但是欧美发动机中,叶片的榫根均作成与叶身垂直,轮盘中的榫槽作成直的,气流通道则采用特殊的措施来达到,例如遄达系列发动机中,采用了在两叶片间于根部处安装倾斜的铝制堵片,如图 3.13.4 所示。

风扇部件中包容叶片的机匣一般称为包容环,它应在最大转速下工作出现叶片从根部断裂时,断片不能击穿机匣,而应包容在机匣内,以免穿出机匣的断片造成损害不可估量的二次损伤事件。早期的发动机中,采用较厚的合金钢作成带加强环的环形机匣成为包容环,显然,这种结构重量较大。20 世纪 80 年代中期,GE 公司在 CF6-80C2 中,第 1 次用 Kevlar 制的织带缠在合金钢制的环形机匣上七八十圈,形成重量轻厚度大的包容环;后来罗·罗公司在 20 世纪 90 年代初期,将 Kevlar 制的织带缠在铝合金制的薄形环形机匣上,为了增加铝机匣的刚性以保持足够的圆度,同时减轻重量,在机匣上铣出许多槽道,形成纵横交错的加强肋条。但是,在 21 世纪初,罗·罗公司在发展遄达 900 时,一改以往的设计,采用了由 Ti6/4 锻制的带加强

环的环形机匣,遄达 1000 也采用了这种结构,如图 3.13.4 所示。罗·罗公司称,这种设计不仅具有足够的包容能力,而且重量还轻。

　　风扇轮盘作成与 GEnx 的轮盘一样,即相当于带 3 个轮盘的混合式转子。图 3.13.8 所示为罗·罗公司风扇叶片为提高效率所作的改进以及达到的效果。

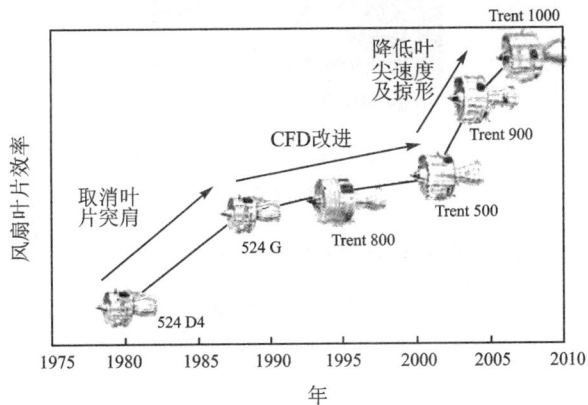

图 3.13.8　罗·罗公司风扇叶片设计改进途径

4　中压压气机

　　中压压气机(如图 3.13.9 所示)沿用了遄达系列发动机中均用的 8 级,其结构是遄达 900 的中压压气机按比例缩小的。工作叶片用三元流设计,前缘部分进行了优化,提高了效率与喘振裕度。风扇出口到中压压气机进口通道较陡,如何保证进入第 1 级工作计片时气流较均匀,是较难的。2~6 级工作叶片锁紧改成整圈的卡环(如图 3.13.10 所示),即苏式发动机中常用的方法,但在罗·罗公司却是第 1 次采用这种结构。

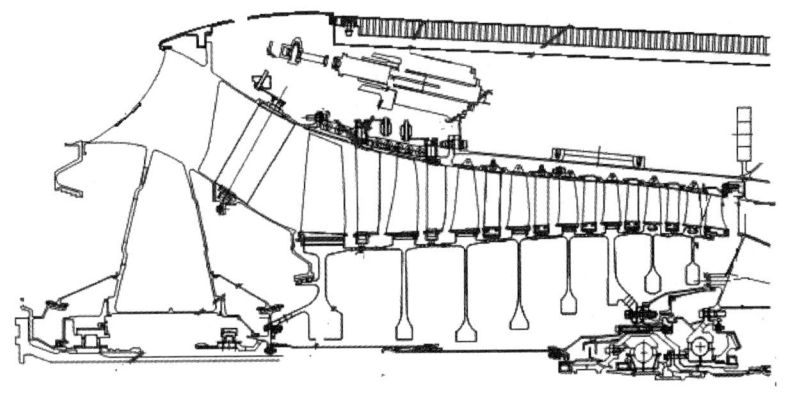

图 3.13.9　中压压气机

图 3.13.10　中压压气机 2~6 级用
卡环锁紧叶片

表 3.13.1 所列为中压压气机中主要零件的材料。

表 3.13.1　中压压气机主要零件材料

	1	2	3	4	5	6	7	8
机匣	Ti6/4	Ti6/4	Ti6/4	Ti6/4	Steel	Steel	Steel	Steel
轮盘	Ti6246	Ti6246	Ti6246	Ti6246	Ti6246	Ti6246	Ti6246	Ti6246
工作叶片	Ti6/4	Ti6/4	Ti6/4	Ti6/4	Ti6/4	Ti6/4	Ti6242	Ti6242
静子叶片	Ti6/4	Ti6/4	Steel	Steel	Steel	Steel	Steel	Steel
易磨衬套	Metco 601	Metco 601	Metco 601	Metco 601	Metco 601	Metco 601	Metco 601	Metco 601

5　高压压气机

6 级高压压气机(如图 3.13.11 所示)是由遄达 900 衍生的,所有叶片均用全三元流技术设计,轮盘与机匣热匹配较好以得到较小的叶尖间隙。罗·罗公司强调它与 GEnx 不同,未采用整体叶盘。2~6 级轮盘采用了环形燕尾形槽,叶片装在环形燕屋槽中。第 1 级轮盘上用轴向燕尾槽,叶片用环形卡环锁紧(与中压压气机类似)。由于遄达 1000 是三转子结构,因此在高压压气机中无可调静叶。与 GEnx 一样,压气机中采用了双层机匣的结构,且对应工作叶片叶尖的机匣作成整环,以保证工作中,各级叶片叶尖有较均匀的间隙。

后 3 级轮盘及后锥轴采用了用于高压涡轮轮盘的 RR1000 新型高温合金,这种材料是在遄达系列发动机中第 1 次应用。第 1 级工作叶片,在遄达系列其他型号中均用 Ti685,在遄达 1000 中换用了 Ti679,以提高抗外物打击能力。

图 3.13.12 所示为罗·罗公司从 RB211 系列发动机到遄达系列发动机中,高压压气机多变效率变化情况,图中可见,遄达 1000 高压压气机的多变效率与 RB211 – 22B 相比,提高了近 10%。与 787 所用的另一型发动机 GEnx 一样,高压压气机没有向飞机座舱提供高压空气。

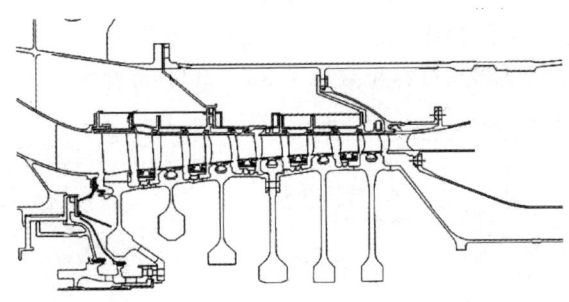

图 3.13.11 遄达 1000 高压压气机

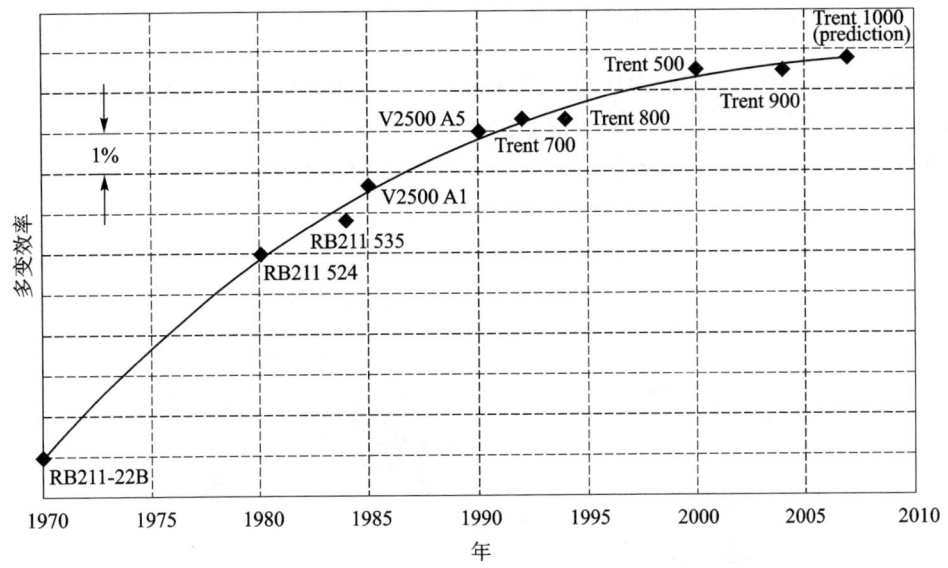

图 3.13.12 罗·罗公司三转子发动机中高压压气机多变效率变化情况

6 燃烧室

遄达 1000 采用了罗·罗公司的 5 阶段燃烧室(RB211 - 524/535 中为第 2 阶段燃烧室)(如图 3.13.13 所示)。火焰筒采用了可拆换瓦片(沿圆周 18 块)的浮壁式设计,整个火焰筒沿轴向分为 5 段,如图 3.13.14 所示。火焰筒采用的材料:基体 C263,瓦片 C1023,连接瓦片与基体的螺栓 Inco718。

遄达 1000 采用了先缓扩后突扩的双级扩压器,高压压气机出口导向叶片与缓扩扩压器铸成一体。燃烧室机匣采用 Waspaloy 锻制成一体,再经机械加工而成,一改传统设计中的由板料焊接而成的做法,这种设计已在一些最新发展的发动机中采用,遄达 900 是遄达系列发动机第一次采用锻件的。喷嘴采用了罗·罗公司惯用的气动

雾化喷嘴,共 18 个,喷嘴由 Parker Hannifin 公司提供,燃油导管用 Inco625 制成。与罗·罗公司以前火焰筒相比,第 5 阶段燃烧室(遄达 1000)中,主燃区容积增加了 24%,以改善重新点火能力,总容积减少了 30%,以控制排放。

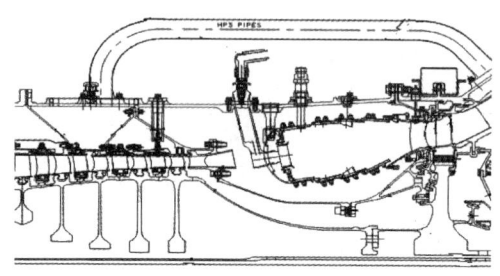

图 3.13.13　遄达 1000 燃烧室

图 3.13.14　遄达 1000 火焰筒

　　遄达 1000 能满足国际民航组织 ICAO 航空环境保护委员会 CAEP(Committee on Aviation Environmental Protection)颁布的最新标准 CAEP4(用于 2003 后的发动机),如图 3.13.15 所示为装有遄达 1000 发动机的三型 787 四种排放物低于 CA-EP4 的百分数。

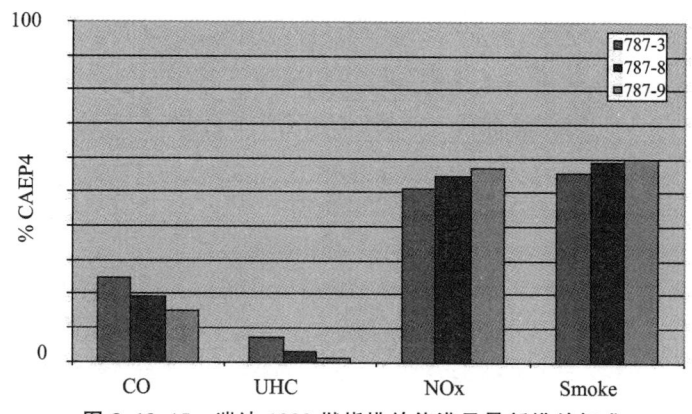

图 3.13.15　遄达 1000 燃烧排放值满足最新排放标准

7　高压涡轮

　　高压涡轮(见图 3.13.16)为单级,工作叶片采用了罗·罗公司惯用的带冠设计,叶冠上不仅作有封严用的篦齿,而且作有两个形成收敛形通道的凸带,以便将冷却叶片后的部分(低压)空气,从叶冠上流出后在此收敛形通道中膨胀,回收部分能量。采取这些措施能提高涡轮的效率,特别是高压涡轮叶片短,带冠的效果会更好些。但是,由于高压涡轮工作叶片不仅承受很大的离心力,而且温度高,采用带冠的设计,会带来许多问题,因此在其他公司生产的发动机,基本上不带叶冠。

　　工作叶片与导向叶片均采用了遄达系列发动机中通用的 CMSX4 单晶材料,都用全三元流技术设计而成,导向叶片采用复合倾斜的设计,这也是罗·罗公司的传统设计。工作叶片共 66 片比遄达 800 的(92 片)少 26 片。机匣外围有用于主动间隙控制的冷却空气异形导管。涡轮盘采用了罗·罗公司发展的新一代镍基高温超级合金 RR1000,此合金是专为轮盘用的粉末材料。轮盘与其后的后短轴是用惯性摩擦焊连接的。表 3.13.2 所列为遄达 1000 高压涡轮中采用的材料。

遄达 1000 的高压涡轮与中压涡轮的转向相反,反向转动中,中压涡轮导向叶片数少,可降低整台发动机零件数及重量,而且由于燃气在叶栅流动过程中,转弯较少,因而效率也高,这已在遄达 900 中得到验证。在遄达系列发动机中,遄达 900 是第一型采用反转的发动机,在它前的几型发动机中均采用同向转动的设计。

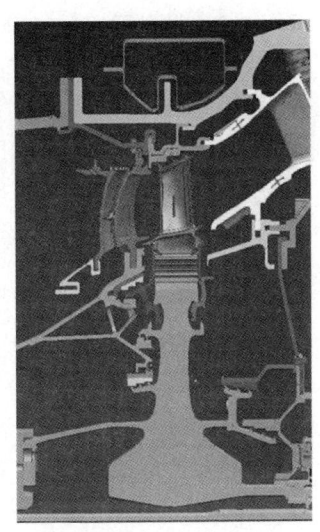

图 3.13.16　高压涡轮

表 3.13.2　遄达系列发动机中高压涡轮所用的材料与涂层

零组件		Trent700	Trent800	Trent500	Trent900	Trent1000
导向叶片	基体材料	MarM002	MarM002	CMSX4	CMSX4	CMSX4
	涂层材料	APS TBC	APS TBC	Std PVD TBC	Std PVD TBC	Coloured PVD TBC
工作叶片	基体材料	CMSX4	CMSX4	CMSX4	CMSX4	CMSX4
	涂层材料	Aluminised	Aluminised	Std PVD TBC	Std PVD TBC	Coloured PVD TBC
工作叶片 外罩环	基体材料	C1023		CMSX4	CMSX4	CMSX4
	衬套材料	N86/H214				
轮盘		Waspaloy	Waspaloy	Udimet720	Udimet720	RR1000
轮盘前盖板		—	—	Udimet720	Udimet720	RR1000
燃烧室后端内机匣		C263	C263	C263	C263	C263

8　中压涡轮

单级中压涡轮(如图 3.13.17 所示)的工作叶片为带冠与空心冷却的结构,CMSX4 单晶材料铸成,采用全三元流设计,叶片数(114 片)比遄达 800(126 片)的少 12 片。MarM002 精铸的导向叶片作成空心的,以便通过轴承座(高压涡轮后轴承与中压涡轮轴承)的承力构件。围绕机匣装有主动间隙控制的异形导管。

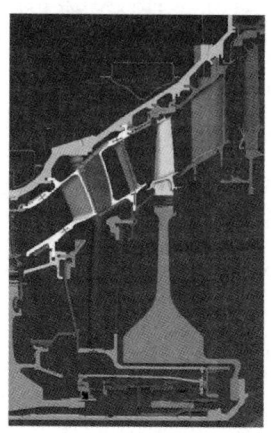

图 3.13.17　中压涡轮

表 3.13.3 所列为遄达系列发动机中压涡轮零、组件的材料与涂层材料。

表 3.13.3　遄达系列发动机中压涡轮零、组件所采用的材料与涂层

零组件		Trent700	Trent800	Trent500	Trent900	Trent1000
导向叶片	基体材料	MarM002	MarM002	CMSX4	MarM002	MarM002
	涂层材料	Aluminised	Aluminised	Aluminised	APS TBC	APS TBC
工作叶片		CMSX4	RR3000	RR3010	RR3010	CMSX4
工作叶片外罩环	基体材料	MarM002		CMSX4	CMSX4	CMSX4
	衬套材料	H214				
轮盘材料		Waspaloy	Waspaloy	Udimet	Udimet	Udimet
高/中压涡轮机匣		PE16	PE16	PE16	PE16	PE16
高/中压涡轮承力机匣		Jethete	Inco718	Inco718	Inco718	Inco718

9　低压涡轮

低压涡轮为 6 级,如图 3.13.18 所示。由于涵道比在遄达系列发动机中最高(11.0),因此低压涡轮级数是遄达系列发动机中最多的(700、800 与 900 分别为 4、5 与 5 级)。

工作叶片采用了大展弦比、高升力与实心的设计,并带冠,带冠的主要作用是解决叶片的振动问题。在气动设计中还采取了减少端壁损失的措施。

镍合金加工的整环机匣外围绕着冷却用的导管,用以主动间隙控制。涡轮后轴承机匣采用锻件机械加工而成。

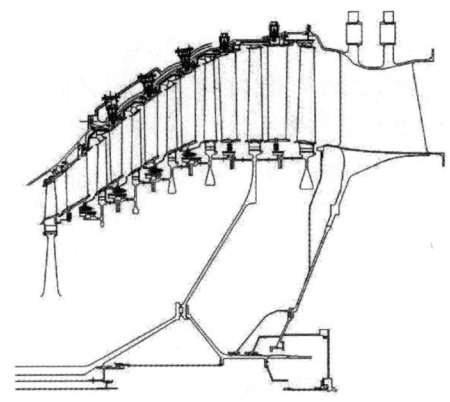

图 3.13.18　低压涡轮

为了保证工作中有较均匀的叶尖间隙,机匣作成整环的,为此,轮盘与轮盘间通过作在轮盘上的鼓环用短螺栓连接,形成沿轴向分成 6 段的可分解的转子。第 5 级轮盘带有向前的锥形辐板,在中心处向后形成低压涡轮后轴,辐板通过圆弧端齿联轴器与低压涡轮轴连接,这一结构是遄达系列发动机常用的设计。

10　中压转子驱动附件传动机匣

在双转子与三转子发动机中,附件传动机匣由高压转子驱动,已是不容置疑的准则,但是在遄达 1000 中,却违背了这一准则,附件传动机匣却由中压转子驱动。这是因为 787 是一种"准全电"飞机,飞机用电量大,要求每台发动机驱动 2 套台每套 250kW 变频交流发电机,在遄达 1000 中,如由高压转子驱动发电机,会使高压压气机负载加大,喘振裕度大减,在工作中极易出现喘振。附件传动机匣如由中压转子驱动,则将减轻高压压气机的负载,会增大高压压气机喘振裕度。图 3.13.19 所示为两种情况下的喘振裕度。由改善高压压气机的工作,遄达 1000 采用了由中压转子驱动附件传动机匣的设计。

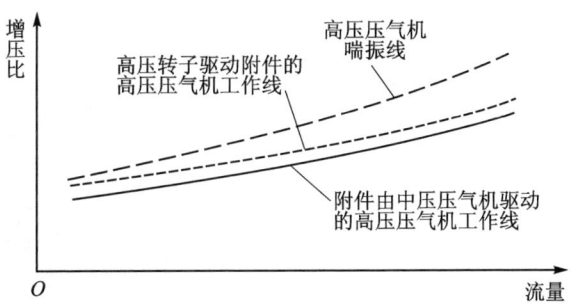

图 3.13.19　附件由中压或高压转子驱动对高压压气机喘振裕度的影响

787 采用的交流发电机,在发动机启动时是当作启动机来用的,即它是一种"启动-发电机",采用中压转子驱动附件传动机匣,发动机启动时,由启动机驱动中压转子,发动机很难启动甚至不能启动,为此,在遄达 1000 的附件传动装置中,启动-发电机通过一套带自动离合器(超越离合器)的双轴传动装置,与中压转子及高压转子连接(如图 3.13.20 所示)。从图可以看出,中压转子功率轴 1 与启动-发电机相连接,启动发动机时,通过离合器 3 使中压转子功率轴 1 与高压转子传动齿轮 5 合闸,两者形成一体,驱动从动齿轮 6,从动齿轮 6 是装在驱动高压转子的传动轴上的,从而使启动-发电机驱动高压转子。当发动机启动后,高压转子转速很快上升,当达到慢车转速,离合器自动脱闸,启动-发电机与高压转子分离,此时,中压转子驱动固定齿轮 6 下端的主动齿轮 3,由于齿轮 3 是与固定在中压传动轴 1 上的从动齿轮 2 啮合的,因而驱动启动-发电机,使其作为发电机发电。

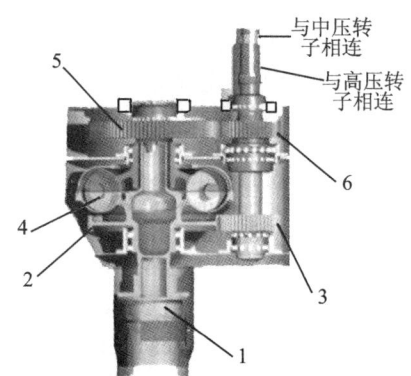

图 3.13.20　带超越离合器的启动-发电机与中、高压转子传动的传动装置

遄达 1000 采用中压转子驱动附件传动机匣的措施,不仅能提高高压压气机喘振裕度,中压压气机的喘振裕度也得到改善,另外,在航程大于 9 200 km 时可至少节省燃油 6%,发动机还易于启动。

11　噪　声

遄达 1000 采用了下述措施:高的涵道比,使排气速度降低;降低风扇叶尖切线的速度;风扇叶片与出口导向叶片间距很大,出口导向叶片倾斜安置,使风扇噪声降低;外涵道内壁面上装有吸声效果好的声学衬垫;内外涵道出口处均采用了加强热气流与大气掺混的锯齿形喷管(如图 3.13.21 所示)等,使发动机噪声低,满足最新规范

图 3.13.21　内外涵道出口处的锯齿形喷管

要求。

12　结束语

遄达 1000 于 2004 年 10 月完成初步设计,2005 年春完成详细设计,2005 年 11 月第一件组件交货,2006 年 2 月 14 日首台发动机进行台架试车,2007 年 6 月 18 日,发动机装到罗·罗公司的 747 飞行试验台开始了飞行试验,2007 年 8 月 7 日取得欧洲航空安全局 EASA 与美国联邦航空局 FAA 的适航证。原计划 2008 年投入使用,由于飞机研制计划延误,直到 2011 年 10 月 26 日,装有遄达 1000 的 787 才在日本全日空航空公司投入使用。

在遄达 1000 研制过程中,有 9 台发动机进行地面试验,10 台发动机进行空台试验与装在 787 飞机上试飞。

从 2004 年 10 月完成初步设计,到 2007 年 8 月取得适航证,耗时不足三年,其研制进度是较快的。遄达 1000 能在很短时间内研制成功,主要是由于它是在已投入使用的遄达系列发动机基础上衍生发展的。例如,它的中、高压压气机、燃烧室及涡轮均是从遄达 900 按比例缩小而成的;另外,采用该公司最新发展并经验证过的一些先进技术,以及多台发动机的广泛试验等。这种不断总结研制与使用经验,以及开展广泛的先进技术的预研工作,并将这些经过验证的技术用于新机的研制中的做法,很值得我们借鉴。

但是,遄达 1000 在投入使用后,出现多种故障,有的故障还造成飞机大量趴地不能执行航班任务,不仅造成罗·罗公司巨大的经济损失,还影响飞机的飞行安全,影响十分恶劣,参见本书《遄达 1000 发动机严重故障频发》一文。

| PW1000G 齿轮传动风扇发动机设计特点 |

1 齿轮传动风扇发动机的特点

大涵道比涡轮风扇发动机自 20 世纪 70 年代初投入使用以来,一直存在风扇转速较低造成低压压气机(亦称增压压气机)与低压涡轮处于不利的转速下工作的窘境,随着涵道比的加大,问题显得越来越严重。这是因为由风扇叶片榫根与风扇轮盘强度考虑,一般风扇叶尖切线速度不应超过 400~450 m/s,但是由于风扇直径大,风扇转速当然较低,可是低压压气机与低压涡轮转子均是与风扇转子连接在一起的,这样,低压压气机与低压涡轮只能在较低的转速下工作,为了满足驱动风扇的功率需要以及发动机总体性能要求的需要,它们的级数必定较多。在 20 世纪 80 年代研制的大涵道比涡扇发动机,涵道比一般在 5.0 左右;90 年代中后期研制的发动机涵道比大者达到 8.0 左右(GE90);21 世纪初研制的发动机,涵道比达到 10.0~11.0。涵道比越大,不仅低压压气机与低压涡轮级数要增多,而且效率低,表 3.14.1 列出普惠公司几型发动机的涵道比、低压压气机级数与低压涡轮级数。

涵道比为 6.4 的 PW4098(参见表 3.14.1),虽然风扇压比高达 1.7~1.8(普惠公司官方网站公布的数据),为了达到总压比为 42.5 的要求,低压压气机采用了多达 7 级的设计,为当代发动机中级数最多的低压压气机;其低压涡轮也多达 7 级,显然,发动机零件数(特别是叶片数)及重量均大大增加。

在风扇转子与由低压压气机及低压涡轮组成的低压转子间,安装一套减速比恰当的减速器(图 3.14.1),使风扇转子工作于较低的转速,而低压压气机与低压涡轮工作于高的转速下,即成为齿轮传动的涡轮风扇发动机 GTF,可以很好地解决上述困境。现以采用减速比为 3∶1 的减速器的 PW1000G 为例,阐述这种发动机的特点。

PW1000G 的主要参数列入表 3.14.1 中。

表 3.14.1　普惠公司几型发动机的参数

型　　号	推力/kN	涵道比	总压比	风扇级数	低压压气机级数	高压压气机级数	高压涡轮级数	低压涡轮级数
PW4000(2.39 m)	～250	4.8～5.0	26.3～32.3	1	4	11	2	4
PW4000(2.54 m)	～300	4.8～5.2	32～35.4	1	5	11	2	5
PW4000(2.84 m)	～400	5.8～6.4	34.2～42.8	1	6 7 (PW4098)	11	2	7
PW1000G		～12	～45	1	3	8	2	3

注:型号名称后的括号内容为风扇叶尖直径。

（1）风扇转速低,可使风扇叶片采用较低的叶尖切线速度及较低的压比（约为 1.4）,不仅可提高风扇效率,降低噪声值,而且大大提高了叶片的抗外物打击能力。

（2）PW1000G 的涵道比高达 12.0,这样高的涵道比在传统的发动机中,低压压气机叶尖直径比风扇直径小很多,增压比极小。但在 GTF 中,低压压气机在高转速下工作,级增压比大,2～3 级

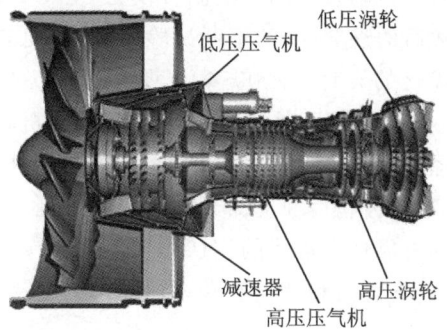

图 3.14.1　齿轮传动涡轮风扇发动机 GTF

的低压压气机比传统发动机的 5～7 级低压压气机的增压比还大。因此,在 PW1000G 中,虽然风扇的压比仅为 1.4,但仅用 3 级低压压气机就使发动机的总压比达到 45 左右,充分说明采用减速器带来的好处。

（3）在 PW1000G 中,低压涡轮转速高,并选用了它的最佳转速,使低压涡轮工作叶片处于最大允许的叶尖切线速度下,做功量大,大大减少了涡轮的级数。3 级低压涡轮即能驱动涵道比为 12 的风扇转子,在这传统发动机中是绝对达不到的,参见表 3.14.1。

综上所述,采用传动风扇的减速器后,可增加涵道比与总压比,提高低压压气机与低压涡轮的效率,从而能降低耗油率,也能降低噪声,是一种能满足"绿色航空"要求的较佳方案。

虽然在发动机中增加了一套减速装置,加大了发动机的重量,但是由于低压转子级数的减少较多,重量也减少较多,综合后,齿轮传动涡轮风扇发动机的重量将低于传统的发动机重量。

2 减速器的研制

普惠在发展用于驱动风扇的减速装置时,充分利用了普惠公司的兄弟公司西科斯基研制直升机主减速器以及加普惠发展多型涡轮螺旋桨发动机及涡轮轴发动机减速器的经验及技术,其中,加普惠已交付了多型涡轴及涡桨发动机 42 000 多台,累积运行 3 亿 4 千多万小时,而西科斯基公司生产的直升机主减速器的功率最大已达 10 000 轴马力,同时,普惠公司还于 20 世纪 80 年代投资近 3.5 亿美元,开展了一项用于传动风扇的减速器的发展、研究工作,取得突破性的进展,当时还研制成了一台传动功率为 23 860 kW (32 000 hp)、减速比为 3∶1 的减速器,据普惠称,该减速器具有体积小(外径仅为 0.457 m)、重量轻(约 150 kg,即每 100 hp 重 0.98 kg)、可靠性高、传动效率高达 99.5% 等特点。传动效率高,不仅功率损失小,而且用于冷却、润滑齿轮传动装置的滑油温升仅为 27 ℃,大大减小了用于冷却滑油的散热器的体积。在随后的近 20 年的不断试验研究中,使减速器的设计制造技术,更趋完善,完成了较为优化的设计。2009 年 8 月,在最新的减速器耐久性试验中,完成了相当于使用 40 000 多飞行小时的试验,包括模拟飞机起飞状态下的推力(30 000 lbf)试验 40 000 个起降循环,其中 15 000 个循环是在最大扭矩及严酷的滑油温度条件下进行的,试验完成后,齿轮齿面上加工印痕依然可见,说明齿面磨损极小,因此,此减速装置具有较高的可靠性是可信的,且齿轮的设计是没有寿命限制的。普惠公司称之为"隐形部件"——意为和其他部件一样的,无须特别关注的部件。

3 PW1000G 发展历程

在 20 世纪 90 年代后期,普惠公司推出了推力范围为 120～160 kN 的齿轮传动涡扇发动机 PW8000,后因某些原因终止了发展,但其在减速器的开发研制工作,为今日的 PW1000G 研制开发打下了一定的基础。

进入 21 世纪后,在"绿色航空"的要求下,各航空发动机公司均提出了用于旅客机的低耗油率、低噪声与低排放的新一代发动机的研制计划,普惠公司在这种形势下,提出"齿轮传动涡轮风扇发动机 GTF"的计划,他们认为在采用了最新的 TALON 燃烧室的 GTF,能完全满足最新的噪声与排放标准,且保有较大的裕度,能成为支线客机及干线客机的动力。GTF 提出后,受到航空界的广泛注意,2007 年 10 月,日本三菱公司选用了 GTF 为该公司下一代支线客机 MRJ 70/90 的动力,随后巴西庞巴迪公司选用了 GTF 为该公司下一代支线客机 C 系列(C‑110 及 C‑130)的动力。2008 年 7 月范堡罗航展期间,普惠公司宣布将 GTF 命名为"洁净动力"PW1000G,并将用于 MRJ 的发动机命名为 PW1214G(推力为 14 000 lbf 级),将用于 C 系列的发动机命名为 PW1524G(推力为 2 4000 lbf 级)。截至 2009 年 6 月,普惠公司已得到 250 台发动机的订货。2009 年 8 月 19 日普惠公司在莫斯科航展上宣布,

PW1000G 的验证机已完成了 406 小时的地面台架试车,120 小时的空中试车(在普惠的 747SP 飞行台上进行了 12 次 45 小时试车,在空客的 A340 - 600 飞行台上进行了 27 次 75 小时试车)。这些成功的验证飞行,无疑降低了这种发动机进入商业运营的风险。

　　图 3.14.2 所示为 PW1000G 在普惠公司的 747SP 飞行试车台安装情况。一般新发动机安装到飞行试车台时,是将原有的 1 台发动机卸下,换上需试车的新发动机。但是,为了进行 PW1000G 飞行试验,747SP 上仍保留原有的 4 台发动机,而在机身上部专门伸出了一个短翼,要试车的 PW1000G 吊装在此短翼下。

图 3.14.2　PW1000G 装在 747SP 飞行试车台的位置

表 3.14.2 列出了 PW1000G 两个系列发动机的主要参数。

表 3.14.2　PW1000G 两个系列发动机的主要参数

参　　数	型　号	
	PW1214G	PW1524G
推力(lbf)/kN	14 000～17 000 64.8～78.6	17 000～23 000 78.6～106.4
燃油消耗量(与现有发动机相比)	-12%	-12%
噪声值(与 4 阶段要求相比)/dB	-15	-20
每架飞机每年 CO_2 排放减少量/吨	-2 700	-3 000
NO_X 排放(与 CAEP 6 要求的裕度)	-50%	-55%
风扇直径/m	1.422	1.854
重量(与现有发动机相较)	低	低
级数	1 - G - 2 - 8 - 2 - 3	1 - G - 3 - 8 - 2 - 3
用途	MRJ	C 系列
投入使用时间	2014	2013

　　除 MRJ 及 C 系列外,最近,俄罗斯新研制的 MS - 2 客机及空客的 A320neo 客机也选用了 PW1000G,因此,PW1000G 已有 4 个系列,即 PW1200G 用于日本的 MRJ 客机,推力最小,为 67～76 kN;PW1500G 用于巴西的 C 系列客机,推力为 93～

104 kN；PW1100G - JM 用于空客的 A320neo，PW1400G 用于俄罗斯的 MS - 2，后两系列的推力相同，为 110～150 kN。

4　PW1000G 总体结构

PW1000G 由 1 级风扇、传动风扇的减速器、3 级低压压气机、8 级高压压气机、采用 Talon 技术的环形燃烧室、2 级高压涡轮及 3 级低压涡轮组成，如图 3.14.3 所示。与传统的大涵道比涡扇发动机不同的是，风扇与由低压压气机及低压涡轮组成的低压转子间装有一套减速器，因此，转子支承的方式有它独特之处，如图 3.14.4 所示。

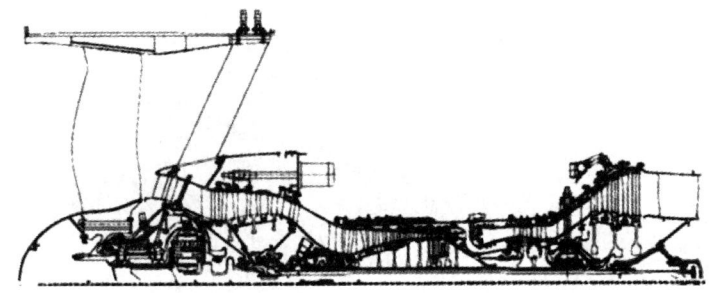

图 3.14.3　PW1000G

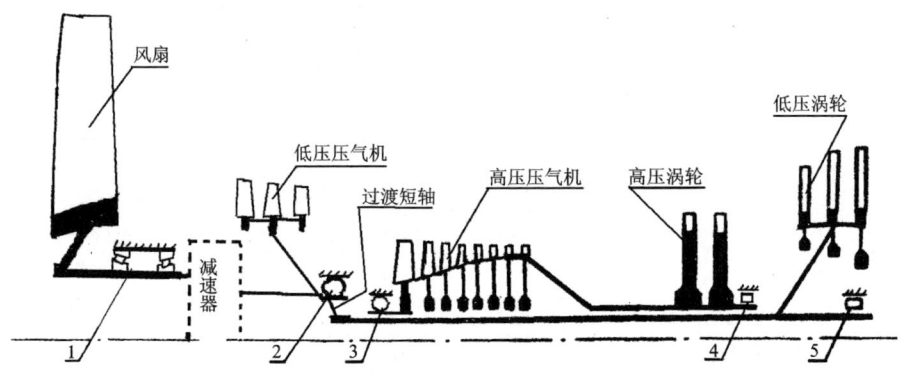

图 3.14.4　PW1000G 转子支承简图

风扇转子与低压转子没有直接相连，是悬臂地支承于并列的两个圆锥滚子轴承 1 上的，这种用圆锥滚子轴承支承的方式，实属少有。由于风扇转速较低，为采用圆锥滚子轴承提供了可能性，在常规的大涵道比涡扇发动机中，风扇转速较高，是无法采用这种轴承的。高压转子的支承方式与普惠常用（如 JT9D、PW4000）的不相同，为 1 - 0 - 1 的 2 支点支承方式，高压压气机前一个滚珠轴承 3，通过低、高压压气机间的中介机匣将转子的负荷传出；高压涡轮后装有滚棒轴承 4，通过高、低压涡轮间承力框架外传负荷。低压转子采用 0 - 1 - 1 的 2 支点支承方式，即低压涡轮后的滚棒轴承 5 支承于涡轮后轴承机匣上，低压压气机后轴支承于滚珠轴承 2 上，低压涡轮轴前

端通过套齿与低压压气机内伸的过渡短轴内套齿刚性地相连。由于高压压气机只有 8 级,穿过高压压气机中的低压涡轮轴相对较短,因此 2 支点的支承方式还是适宜的。

5　风　扇

一级风扇叶片采用最新 3D 气动技术设计成掠形宽弦无凸肩叶片,采用了低的叶尖切线速度,低的增压比(1.4),可提高效率,降低噪声,且能大大提高叶片的抗外物打击能力。叶片是用钛合金制成的。风扇轮盘通过中心的套齿与支承于一对圆锥滚子轴承的风扇轴相连,减速器的输出轴也连接到风扇轴上。风扇机匣用复合材料制成,这是继 GEnx 后采用复合材料制作风扇机匣的又一发动机,复合材料作风扇机匣不仅零件数少,重量轻,维修性好,而且有较强的包容能力。风扇叶片后缘与分流环间有较大的间距,便于将空气中的砂石雨水等甩到外涵。出口导向叶片不仅距风扇叶片后缘远,而且是斜置的,以降低风扇的噪声。

6　传动风扇的减速器

传动风扇的减速器为简单的星形传动系统,如图 3.14.5 所示。减速器输入轴以外套齿与位于减速器中心的太阳齿轮相连接,围绕太阳齿轮有 5 个沿圆周均匀分布的行星齿轮,行星齿轮下端与太阳齿轮相啮合,上端与环形齿轮相啮合。行星齿轮用中心轴通过平轴承(或称轴颈轴承)支承于行星齿轮支承架中,支承架由前后两块带五个连接柱的圆盘组成,连接柱插入两行星齿轮齿间的空档中,通过螺栓将前后圆盘牢固地连成一体。行星齿轮支承架再通过支承架弹性座连接到机匣上,采用弹性结构是为了将整套减速器与发动机机匣孤立起来,当飞机作机动动作时,飞机的过载不会影响齿轮系统的正常工作。为了提高齿轮的强度及抗冲击负荷的作用,齿轮的齿作成人字形,为了便于加工与装配,环形齿轮沿长度方向作成两段,通过短螺栓连接成一体。减速器的输入轴也作成具有一定弹性的结构,其作用是当低压转子与减速器不同心时,不会对齿轮系统的工作带来不利的影响。

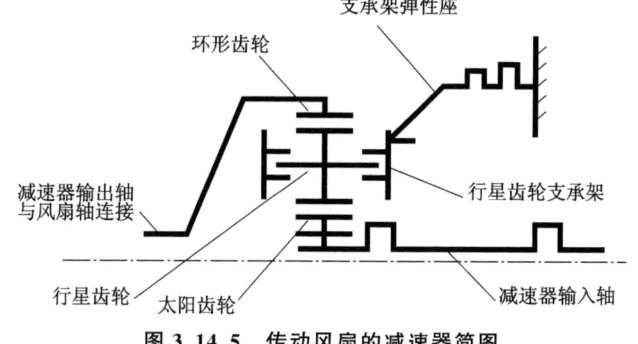

图 3.14.5　传动风扇的减速器简图

采用这种简单传动的星形减速器时，输出轴与输入轴的转向是相反的，即风扇转子与低压转子转向相反。

行星齿轮没有采用常用的滚动轴承，而采用了平轴承支承于支承架中，这样可减轻减速器的重量(普惠介绍称可减重180余千克)，为验证平轴承的工作可靠性，进行过2万多次启动-停车循环的磨损试验，试验后轴承的最大磨损处的磨损量小于涂层厚度的25%，证明平轴承有良好的抗磨性，能满足发动机的要求。

发动机的滑油系统设计中，将由散热器流出的温度较低的滑油首先供给减速器，从减速器流出的温度较高的滑油再输送到其他地方，这样，发动机只需用一种牌号的滑油。

7 低压压气机

3级低压压气机(在PW1214G中为2级)处于高转速下工作，不仅效率高，增压比也大(约为2.3)。第1级与第2级静子叶片作成可调的，三级均采用整体叶盘结构，通过短螺栓将第2级整体叶盘与第1级、第3级整体叶盘相连接，组成了可拆卸的转子，以适应整环设计的机匣。

8 高压压气机

8级高压压气机(如图3.14.6所示)的增压比为14，平均级压比为1.39，是较先进也能达到的设计(PW8000虽为1.643，但困难较多，GE90为1.368)。前4排静子叶片作成可调节的，第4～7级静子叶片是悬臂地固定于机匣上。整个高压压气机机匣作成双层，外机匣传递负荷，内机匣作为气流通道的包容机匣。

除第8级工作叶片是装在轮盘上的环形燕尾槽的结构外，其他7级均采用整体叶盘结构，加上低压压气机中三级整体叶盘，PW1000G上共采用了10级整体叶盘，是当今用整体叶盘最多的发动机，为此，需发展能在转子上修理叶片的技术。轮盘与另一级鼓环间的连接方式，未采用普惠的传统作法(JT3D与JT9D的螺栓连接，PW4000的焊接连接)，而采用了紧度连接，如图3.14.7所示，前级的鼓环用较大的紧

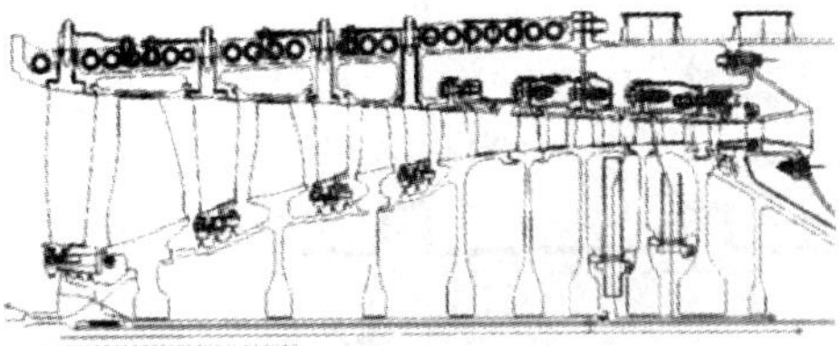

图3.14.6 高压压气机

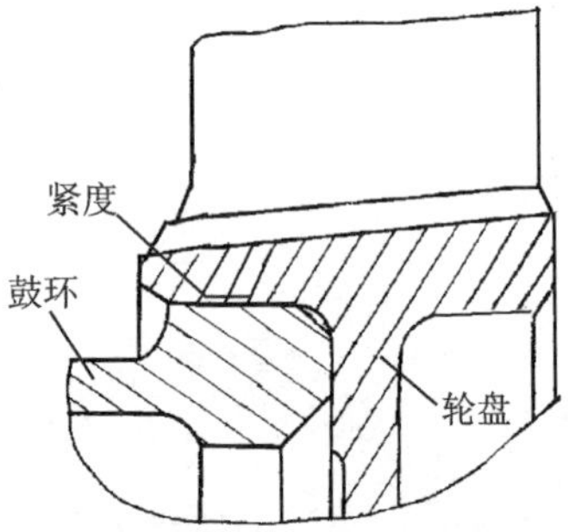

图3.14.7 转子采用紧度连接的结构

度装于后级盘的圆孔中,装配时将轮盘加温到一定的温度,鼓环用干冰将其降温,然后将鼓环压入,在两者间产生较大紧度,这种方法连接成的转子是不可拆卸的。实际上,这种连接方法在苏联的发动机中应用较多,只是苏方还在两者间装入多个径向销钉。

9 燃烧室

PW1000G 采用了普惠公司多年发展的低排放 TALON(Technology for Advanced Low NO$_X$)燃烧室,这种燃烧室已先后在 PW4098(TALON Ⅰ)、PW4156、PW4168 及 PW6000(TALON Ⅱ)上采用,只是在 PW1000G 中采用最新的发展型 TALON X,它的 NO$_X$ 排放值不仅能满足最新的 CAEP/6 的要求,而且还有较大裕度,如图 3.14.8 所示。

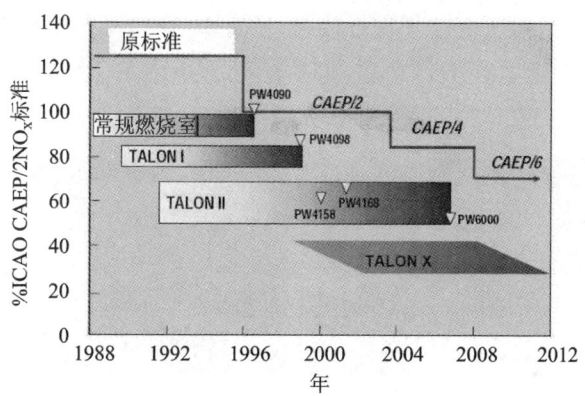

图 3.14.8 各型 TALON 燃烧室 NO$_X$ 排放与 CAEP 标准的关系

10 涡 轮

PW1000G 的 2 级高压涡轮与 3 级低压涡轮是反转的,如图 3.14.9 所示,这种反转设计近期已被多种发动机采用。从工作原理上讲,高、低压涡轮反转时低压涡轮可不用导向叶片,但在实际设计中,只有 YF120 军用发动机中没有采用低压涡轮导向叶片,其他军、民用发动机仍然采用。在 PW1000G 中,对高、

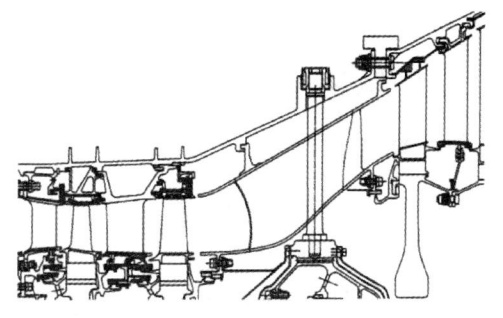

图 3.14.9 高、低压涡轮

低压涡轮间的承力框架中的支板叶型,作了较好的分析与优化设计,因而取消了低压涡轮导向叶片,已成为第一型不用低压涡轮导向叶片的民用发动机,这种设计,少了一排叶片,不仅使发动机的零件数减少,重量减轻,而且也缩短了发动机长度。

在 PW1000G 中,由于采用了传动风扇的减速器,使低压涡轮能在最优的高转速下工作,不仅使气动效率提高了约 1.5％,而且大大减少了级数(约减少 3 级),使发动机长度与重量均降低较多,普惠估算,重量比常规设计的发动机低约 270 千克。

高压涡轮叶片中,采用了高升力叶型设计,并采用叶尖吹气技术以减小叶尖间隙中的漏气量。

11　维修性

在 PW1000G 研制中,除保证发动机有好的性能、可靠性与耐久性外,也注重了发动机的维修性设计。例如,整台发动机分为 5 个大单元体;对有限寿命零件(LLP)的设计寿命为 200 000h;风扇叶片与传动风扇的减速器的零件均按无寿命限制设计;将风扇出口导向叶片及传动风扇的减速器设计为外场可拆换组件(LRU);设有 34 个孔探口可在外场对所有叶片进行检查,还有 10 余个可修磨叶片的孔座等,另外还在计算机上用三维图形软件排列外部管路,并利用人素工程验证操作工人的可操作性,如图 3.14.10 所示。

图 3.14.10　在计算机上布外部管路,验证工人的可操作性

12　使用情况

装 PW1100G 的 A320neo 于 2016 年 1 月 25 日投入航线使用。几型 PW1000G 在使用中,均出现一些重大故障,严重影响飞机飞行安全。

13　结　语

由于 PW1000G 采用了突破传统构型的独特的传动风扇的减速器以及先进的 TALON 燃烧室,使得发动机具有:油耗低(低 12％左右),噪声低(比第 4 阶段要求低 20 dB),排放低(CO_2 排放每架飞机每年可减少 3 000 t,NO_x 排放减少 50％),维修成本低(叶片数少 41％)等特点,能够适应新世纪航空业对新技术、低消耗、低排放的需求,对国内外航空业界无疑是一大喜讯。

| LEAP 发动机的研制与设计特点 |

1　发展综述

LEAP 发动机以前称 LEAP‐X 发动机,是 GE 公司与 SNECMA 公司(法国赛峰集团下属公司)合资组成的 CFM 国际公司(CFMI)作为 CFM56 系列发动机的后继发动机,为下一代先进的双发单通道旅客机研制的、能满足 21 世纪"绿色航空"要求的先进发动机。

早在 2004 年,CFMI 公司决定发展 CFM56 系列发动机的后继发动机。为此,在 2005 年,启动了一项先进研究与技术(Leading Edge Aviation Propulsion,LEAP)计划,要求新研制的发动机与 CFM56‐7B 相比,燃油效率提高 15%、噪声水平降低 75%、NO_x 排放值比 CAEP/6 标准低 50% 以及维修费用与 CFM56‐7B 相当。该项目开发和验证的技术包括:复合材料风扇机匣等轻质结构,先进的复合材料风扇叶片,高效率与高增压比的高压压气机,双环预混旋流器 TAPS 低排放燃烧室,三维气动设计的涡轮,革新的发电装置设计等发动机基本设计技术,低使用成本的外部硬件,先进轻质齿轮箱,新一代控制装置等发动机系统部件设计技术。

2008 年 7 月正式启动了 LEAP 发动机的研制工作。LEAP 发动机由 1 级风扇、3 级增压压气机、10 级高压压气机、第二代 TAPS 贫油燃烧室、2 级高压涡轮与 7 级低压涡轮组成,涵道比为 11,总压比为 40,这两个循环参数几乎是 CFM56 系列发动机的一倍多。发动机的推力为 89~146.3kN。

2　设计技术特点

LEAP 发动机中采用了大量创新的技术:

① 先进三维编织树脂模传递成型(3-D WRTM)的风扇叶片。这种风扇叶片是三维碳纤维编织物,碳纤维并不是简单层叠在一起,而是采用三维技术编织形成网状结构,使其更加坚固,随后注入树脂并在高压容器内固化。不仅重量轻,耐久性好,抗外物打伤能力强,抗振动性好,而且能够成型复杂型面的叶片。

② 风扇叶片采用了宽弦全三维气动设计,使效率高,叶片数目少,仅 18 片(CFM56-5 中为 36 片,CFM56-7B 中为 24 片)。LEAP-1A 的风扇叶片直径为 1.983 m,整个风扇重 76 kg,而直径为 1.5 m 的 CFM56-7B 24 片叶片总重高达 118 kg。

风扇叶片采用了当前普遍采用的宽弦弯掠式结构,这也是经过斯奈克玛公司采用最新的三维气动设计方法得出的优化结果。越靠近叶尖部分,叶片的弯掠程度越大,大大降低了风扇叶片的流动损失,同时叶片间距减少了 25%。从气动性能上看,宽弦叶片可以增大风扇稠度,降低叶片的负荷,从而使工作切线速度得以降低,也就降低了风扇进口相对马赫数;宽弦叶片的流通能力强,风扇流量也会增大,可提高发动机推力。从结构强度上看,宽弦叶片具有抗外物损伤能力,减少叶片数和减轻重量等优点。

LEAP 性能优良复合材料制作的风扇叶片技术进步来源于 SNECMA 公司 20 世纪 90 年代进行的高效、静音复合材料风扇叶片(MASCOT)研究项目提供的技术储备,当时研究了大直径复合材料风扇叶片的空气动力学、声学、力学原理,以提高发动机性能,降低燃油消耗,减少噪声和污染排放等。结果表明,应用该技术制作的叶片不仅重量轻,而且结构牢固,抗大体积鸟撞击能力强,制造成本却相对较低。

③ 风扇机匣采用了复合材料制造,这是继 GEnx 后第二种采用复合材料风扇机匣的 GE 发动机。由于在风扇部件中采用了复合材料的叶片与机匣创新技术,使装 LEAP 发动机的飞机每架约可减重约 450 kg。如图 3.15.1 所示,在航展上展出的 LEAP 发动机,很清晰地可以看到复合材料的风扇机匣外表面。

图 3.15.1　航展上展出的 LEAP 发动机可以看到复合材料的风扇机匣

④ 高性能的核心机。LEAP 的核心机是通过 CFMI 的 eCore(e 表示高效率低

污染)计划发展而来,eCore 是集 GE90、GP7200 与 GEnx 等发动机的使用经验再加上 CFMI 的 TECH56 计划的先进技术发展而来的,它设计成到目前为止是最先进的、效率最好与寿命最长的核心机。LEAP 的核心机的特点有:由 2 级高压涡轮驱动的 10 级特高增压比的高压压气机;第二代 TAPS、贫油燃烧与低污染的燃烧室;高压涡轮中,叶片采用第三代三维气动设计的叶型,具有先进的气体动力学特性,采用了高性能的材料与先进冷却技术。

⑤ 先进的第 2 代双环预混旋流器燃烧室(TAPS Ⅱ)。GE 公司发展的 TAPS 燃烧室首先用于 GEnx 发动机,使 GEnx 能满足严格的排污标准,现在又用于 LEAP,且作了进一步优化设计,成为第 2 代双环预混旋流器燃烧室(TAPS Ⅱ),将使 LEAP 氮氧化物(NO_x)排放量比 CAEP/6 的标准低 50%。在结构特点上,TAPS 燃烧室主燃级燃油喷嘴是气动雾化式,主混合器空气旋流器的高压空气气流与主燃级燃油的射流垂直相交,使主燃级燃油的雾化更充分,混合度更高,可在燃烧室内形成稳定的主燃级燃烧回流区,以便实现贫油燃烧,从而达到低污染排放的目的。预燃级燃烧回流区和主燃级燃烧回流区可形成一定的交叠,从而形成预燃/主燃旋流交叠区。这样 TAPS 燃烧室可以仅用一套喷嘴系统实现发动机不同工况燃烧的要求,可实现发动机全工况的贫油燃烧。因此,TAPS 燃烧室的燃油燃烧效率高,火焰温度低,燃烧室出口温度场也均匀,污染物排放低。

⑥ 7 级低压涡轮(LEAP-1B 为 5 级)采用了新一代三维气动设计,工作叶片采用了先进的耐高温、重量轻的钛铝金属间化合物材料。低压涡轮导向器叶片的材料为陶瓷基复合材料(CMC),这种 CMC 材料由碳化硅纤维和陶瓷基体组成,再溶入树脂并加以涂层强化,密度只有镍合金的三分之一。GE 公司在 F136 的第三级低压涡轮导向器上首次使用了 CMC,并于 2010 年 F136 发动机开始飞行试验后将其应用于 LEAP 发动机。由于这种材料在耐高温(试验显示这种材料能够承受 1 204℃ 的高温)的同时还能减轻重量(其重量仅为传统材料的 1/2 甚至更轻),且无需冷却,同时易于加工,因此,不仅可提高发动机效率,而且使发动机重量减轻较多(估计约 80 kg)。

⑦ 可变面积风扇外涵喷管(VAFN)。现有大涵道比涡轮风扇发动机的外涵排气喷管面积都是不可变的,这使发动机在起飞和进场时气流出口速度过大,导致发动机噪声较高;在巡航状态下气流出口速度较低,风扇载荷加大,推力下降且油耗上升。VAFN 是通过改变喷管的出口面积来控制出口气流的排气速度,使发动机在不同的工况与风速和大气环境下始终处于最优工作状态,同时有效降低噪声。2005 年,波音公司在 777-300ER 的锯齿形外涵喷管的每个锯齿处,安装了 3 个由形状记忆合金(SMA)材料制成的联锁片并通过一个控制器改变喷管的出口面积,在不同的出口流量下保持喷口面积的连续改变。结果证实,发动机在起飞和进场时的噪声大大降低。因此,CFMI 也将在 LEAP 发动机上采用这种可变面积风扇外涵喷管。

⑧ 发动机和短舱设计成一体化推进系统,将使飞机拥有先进的进气道、声学处理和电动反推力装置,可以充分发挥其气动性能、重量和声学优势。发动机短舱与反

推力装置由 GE 公司下属的中河飞机公司(MRAS)与法国赛峰集团的埃尔赛勒(Aircelle)两公司合资的奈赛公司(Nexcelle)提供,也即发动机的研制单位 CFMI 与短舱、反推力装置的研制单位 Nexcelle 是兄弟单位,因此,两公司合作开展的一体化推进系统应该具有较先进的水平。

3 特高增压比的高压压气机

将 LEAP 与 GEnx 作比较,由循环参数中的涵道比看,两者相同,均为 10,而总压比中,GEnx 为 45,LEAP 为 50;由级数看,GEnx 为 1 级风扇、4 级增压压气机、10 级高压压气机、2 级高压涡轮与 7 级低压涡轮,而 LEAP 基本与其相当,只是增压压气机少 1 级。也即 LEAP 的增压压气机少一级,而总压比比 GEnx 的还高,为了使总压比达到 50,LEAP 只能使高压压气机的增压比要比 GEnx 的大。

早在 1998—2003 年,CFMI 公司在开展 TECH56 计划时,设计了增压比为 15 的全新 6 级高载荷高压压气机(平均级压比高达 1.57),在 2000 年 3 月及 2001 年的两次试验中,整个推力范围内均未发生失速;2001 年 3 月改进的高压压气机实验结果良好,采用了前掠翼转子,其中 1 级和 2 级工作叶片为整体叶盘设计、弓形后掠翼叶片。工作叶片叶尖采用特殊的加强设计,机匣采用新的表面处理,3 排可调进口导向器叶片。

LEAP 的高压压气机充分借鉴了 CFMI 公司在 TECH56 计划中获得的研究成果。相比 CFM56 发动机(高压压气机增压比为 11),LEAP 发动机的高压压气机长度没有增加,但增压比却大大提高。LEAP 核心机将采用双级高压涡轮,10 级增压比特高的高压压气机。由于采用第三代三维气动设计技术,发动机的喘振裕度提高 15 %,压气机叶片数量减少 10 %。此外,高压压气机 1~4 级采用整体叶盘设计,还有可能采用 GE 公司研究近 20 年的轻型钛铝合金材料,核心机的重量将大大减轻。

由航展上展出的 LEAP 发动机看,高压压气机上采用了 5 排可调静叶,如图 3.15.2 所示,与 GEnx 的相同。

图 3.15.2 LEAP 高压压气机机匣 可见 5 排可调静叶

4　试　验

为了验证 LEAP 采用的创新技术的可行性,从 2009 年起开展了一系列试验。

风扇　2009 年,将全尺的风扇叶片装在由 CFM56 - 5C 改装的发动机上进行了风扇试验,LEAP 的风扇成功地通过了气动力学、性能、侧风与声学的全部试验。2010 年,按照研制计划,进行了风扇叶片的抗鸟击试验与叶片甩离试验,这些试验的结果表明,LEAP 的风扇叶片完全达到设计的要求。2011 年,一台全复合材料的风扇部件(机匣与叶片)完成了包容试验与耐久性试验,表明风扇叶片与机匣所采用的创新技术是可行的。

eCore1　LEAP 发动机研制计划中的第一个核心机 eCore1,由增压比为 16 的 8 级高压压气机,第二代双环腔预混旋流(TAPS)燃烧室和单级高效的高压涡轮组成,于 2009 年年中在位于美国俄亥俄州皮布尔斯的 GE 公司高空台中完成了第 1 阶段的试验,试验内容包括气体动力学特性、性能、颤振响应、适应性、TAPS II 燃烧室以及整机动力学特性等。2010 年完成了 eCore1 第 2 阶段试验,试验项目包括气体动力学特性、叶片的气弹偶合特性、总的适应性等,截至 2011 年 9 月,eCore1 已进行了 150 余小时试验。

eCore2　即生产型核心机,是根据 eCore1 试验结果进行修改后的、将用于生产型发动机的核心机,由增压比为 22 的 10 级高压压气机、第二代 TAPS 燃烧室和双级高效的高压涡轮组成,从 2011 年年中开始试车,已取得令人鼓舞的结果。

低压涡轮部件试验台试验　已于 2011 年完成。

双转子动力特性台架试验　已在 2013 年完成。

按 CFMI 的研制计划,将用 8 台发动机进行累计 18 000 循环试验,GE 公司的 GE90 发动机,取适航证前共用 13 台发动机进行了 15 000 循环,两相比较,LEAP 的试验发动机数少,说明由于 LEAP 吸收了 GE90、GP7200、GEnx 及 CFM56 系列发动机研制与使用的经验与教训,以及采用经过大量试验得到验证的创新技术,因而基础较好,可用少量发动机即可完成研制任务。

图 3.15.3 所示为 LEAP 发动机在露天试车台上准备试车的情况。

5　应用情况

LEAP 已被三种双发单通道旅客机选中。

2009 年 12 月,中国商用飞机公司选中 LEAP 为 C919 的动力,这是 LEAP 的第 1 个用户。CFMI 将用于 C919 的发动机命名为 LEAP - 1C,推力为 124.5～133.4 kN。

2010 年 12 月空中客车公司选中 LEAP 为其 A320neo 的一种候选发动机,另一候选发动机为 PW1000G。CFMI 将用于 A320neo 的发动机命名为 LEAP - 1B,推力

图 3.15.3 吊装在露天试车台的 LEAP 发动机

为 $109\sim156$ kN。

2011 年 8 月,波音公司选中 LEAP 作为其新一代客机 737MAX 的动力。CFMI 将用于 737MAX 的发动机命名为 LEAP - 1B,推力为 $100\sim120$ kN。

LEAP 名称中,1 表示是 LEAP 的第一个系列发动机,A、B、C 则分别表示发动机用于某家飞机,即 A 用于空客飞机,B 用于波音飞机,C 用于中国商飞的飞机。

与 CFM56 - 7B 相比,LEAP 的燃油效率提高 15%,NO_x 排放量低 60%,噪声水平低 $10\sim15$ dB,而可靠性维持 CFM56 的水平。

装 LEAP - 1A 的 A320neo 于 2016 年 8 月 2 日投入航线使用,装 LEAP - 1B 的 737MAX 于 2017 年 5 月 22 日投入航线使用。

表 3.15.1 中列出了三型 LEAP 发动机的主要参数。

表 3.15.1 三型 LEAP 发动机主要参数

	—1A	—1B	—1C
风扇直径/m	1.98	1.76	1.96
涵道比	11	9	11
总压比	40	40	40
起飞推力/kN	143.05	130.41	137.14

	-1A	-1B	-1C
耗油率/(kg·dN⁻¹·h⁻¹)	0.53~0.56	0.53~0.56	0.51
压气机级数	1 风扇,G3 低压压气机,10 级高压压气机		
涡轮级数	2 级高压 7 级低压	2 级高压 5 级低压	2 级高压 7 级低压
最大转速/rpm	低压 3894 高压 19391	低压 4586 高压 20171	低压 3894 高压 19391
服役时间	2016.8.2	2017.5.22	

6　LEAP - 1A 与 LEAP - 1B 总体结构设计特点

图 3.15.4 与图 3.15.5 所示分别为用于 A320neo 的 LEAP - 1A 与用于 737MAX 的 LEAP - 1B 的总图,各部件的特点前面已作了论述,本节中主要论述两型发动机总体结构设计的一些特点。

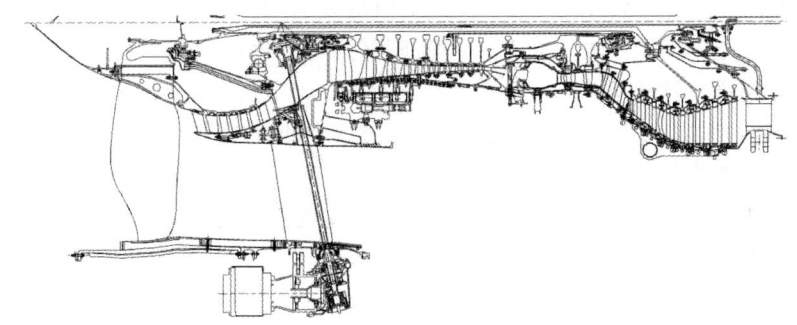

图 3.15.4　LEAP - 1A 发动机总图

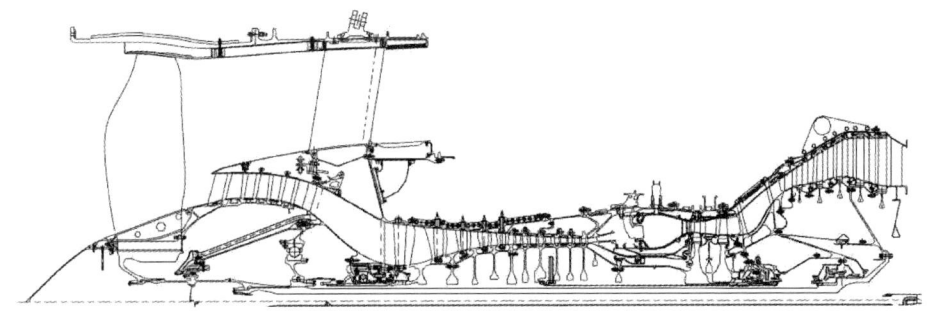

图 3.15.5　LEAP - 1B 发动机总图

LEAP - 1A 是三型 LEAP 中推力最大的,其风扇直径为 1.98 m,风扇与 3 级低

压压气机由 7 级低压涡轮驱动,LEAP - 1A 是继 PW4090 与 GEnx 后第 3 型采用 7 级低压涡轮的发动机。高压转子采用常用的 1 - 0 - 1 支承方式,高压压气机前的滚珠轴承支承于风扇承力框架上,风扇出口导向叶片作为承力框架中将中心的轴承机匣与外机匣连接起来的承力件;高压涡轮后的滚珠轴承支承于高、低压涡轮间承力框架的轴承座中。低压转子采用了 0 - 2 - 1 三支点支承方式,但紧靠风扇盘后的是大直径滚棒轴承(在以往的发动机中,大多数为滚珠轴承),滚珠轴承位于风扇轴后端,由于风扇轴为一前粗后细的锥形轴,轴后端处直径较小,如滚珠轴承直接装在此处,轴承内径较小,承受轴向负荷的能力很小,为此,在此处安装了独特的外伸轴套,滚珠轴承装在此轴套外径处。这种支承方式是世纪之交发展的,LEAP 是继 GE90 - 115B、PW6000 与 GEnx 发动机之后第 4 型采用这种支承方式的。

LEAP - 1B 是三型 LEAP 中推力最小的发动机,风扇直径为 1.76 m,比 LEAP - 1A 小 11%(0.22 m),因此低压涡轮少了 2 级成为 5 级,其高压转子支承方式同于 LEAP - 1A 的,而低压转子支承方式采用了罕见的 0 - 3 - 0 方式,其中,风扇转子支承方式同于 LEAP - 1A 的,而 5 级低压涡轮转子则是悬臂地支承于高、低压涡轮间的承力框架中。在众多的发动机中,多级低压涡轮转子悬臂支承的发动机还是较少的,例如 2 级低压涡轮转子悬臂支承的发动机仅有 EJ200、RB199 与 D - 27 三型,3 级低轮转子悬臂支承的发动机仅有苏联库兹列佐夫设计局的 NK - 62 与 NK - 93,至于 5 级低压涡轮转子悬臂支承的发动机仅有苏联库兹列佐夫设计局设计的 NK - 44,LEAP - 1B 是世界上第 2 种 5 级低压涡轮转子采用悬臂支承的发动机。5 级压涡轮转子悬臂支承,能使整台发动机仅有 2 个承力框架,当然会使润滑油腔减少 1 个,相应的管路及封严件都少许多,不仅使零件数少,且能降低发动机重量,但这种设计,会使低压转子的转子动力学带来较大问题。

| 遄达 XWB 发动机发展与设计特点 |

遄达 XWB 三转子大涵道比涡扇发动机是罗·罗公司继遄达 700（用于 A330）、遄达 800（用于 777）、遄达 500（用于 A340 - 500、- 600）、遄达 900（用于 A380）与遄达 1000（用于 787）后的第 6 型遄达系列发动机，是空客公司 A350 XWB 客机的唯一动力。

A350XWB 和遄达 XWB 发展概况

空中客车公司（简称空客）于 2005 年 10 月启动 A350 项目。当时计划的 A350 为衍生自 A330 设计的一款 250 - 300 座双发宽体客机，机身横截面与 A330 相同，以与波音公司的 787 - 9、777 - 200ER 及计划中的 787 - 10 相竞争。但是 A350 并未受到航空公司看好，订单很少，空客只得放弃拟议中的 A350。2006 年 7 月 17 日，空客宣布将 A350 的机身加宽，并命名为 A350 XWB（EXtra Wide Body 超宽机身）。A350 XWB 双耳垂形（椭圆形）的机身横截面最大直径为 5.97 m，比 A330/A340 的大 0.33 m，比空客之前的宽体客机大；但是不仅比 A380 的小，也比 747 与 777 的小。

A350 XWB 系列飞机包括 3 种不同机型，分别是 A350 - 800、A350 - 900 和 A350 - 1000（图 3.16.1），其航程都可覆盖全球各个角落。在典型三级客舱布局下，A350 - 800、A350 - 900 和 A350 - 1000 分别可搭载 270、314 和 350 名乘客。A350 XWB 系列所有型号的飞机在高密度客舱布局下的载客量都可以达到 440 人。

A350 XWB 于 2012 年 4 月开始第一架总装，2013 年 5 月 13 日完成整体喷漆，2013 年 6 月 5 日进行地面滑行测试，2013 年 6 月 14 日在法国城市图卢兹布拉尼亚克机场进行了首飞。计划 A350 XWB - 900、- 800 与 - 1000 分别于 2014 年四季度、2016 年与 2017 年投入航线运营。2014 年 12 月 22 日，空客向卡塔尔航空公司交付

了第 1 架 A350 XWB‐900,该客机于 2015 年 1 月 5 日投入了航线运营,基本达到了预定的首航计划。截至 2019 年 9 月 30 日,空客已生产了 312 架 A350 XWB。

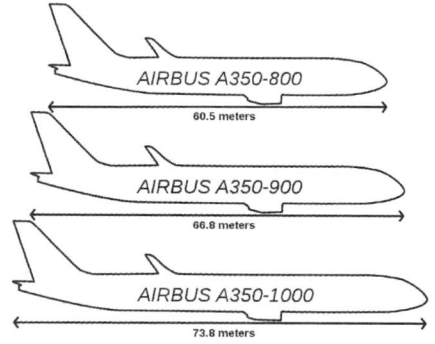

图 3.16.1　三型 A350 尺寸比较

遄达 XWB 发动机

空客 2005 年推出 A350 项目时,罗·罗公司为了争取向 A350 提供动力,提出了采用推油门的方法加大用于 787 的遄达 1000 的推力的措施,并采用常规的由高压压气机向飞机机舱供气(在 787 上,发动机驱动 2 台功率各为 250 kW 的交流发电机,发出的电流驱动向飞机机舱供气的空气压缩机的电动机)的方案,并将这种改型的发动机命名为遄达 1700。当空客决定发展 A350 XWB 后,为了获得更多的用户,要求 A350 XWB 具有更经济、更环保与更易维护等特点,显然,罗·罗公司拟议中的遄达 1700 满足不了空客的要求。在空客与罗·罗协商后,罗·罗提出了全面性能较遄达 1000 有显著提高的遄达 XWB,作为 A350 XWB 三种型号的唯一动力。遄达 XWB 有 3 个主要型号,即用于 A350 XWB‐800 的遄达 XWB‐75,用于 A350 XWB‐900 的遄达 XWB‐84 与用于 A350 XWB‐1000 的遄达 XWB‐97,型号名称中的数字表示发动机以 lbf/1000 为单位的起飞推力值,也即三型发动机的推力分别为 75 000 lbf(330 kN)、84 000 lbf(374 kN)与 97 000 lbf(430 kN)。

罗·罗公司于 2006 年在遄达 1000 的基础上,启动了遄达 XWB 的研制工作,研制工作进展还是比较顺利。

推力较小的型号-遄达 XWB‐84 于 2010 年 6 月 14 日进行了第 1 次台架试车,2012 年 2 月 18 日装在由空客公司的豪华巨型客机 A380 改装的飞行试车台上进行了第 1 次飞行试验,在取证前进行了 42 次 140 小时的飞行试验。在完成了全部取证试验后,遄达 XWB‐84 于 2013 年 2 月 7 日取得欧洲航空安全局(EASA)颁发的适航证。

2013 年 6 月 14 日首架装遄达 XWB‐84 的用于试飞的 A350 XWB(编号为 MSN1)开始飞行试验,随后又有 4 架试飞飞机(MSN2‐MSN5)参加取证前的飞行试验,这些试验中包括:在南美玻利维亚高海拔机场与阿拉伯联合酋长国的 Al Ain 炎热环境的发动机性能试验;在加拿大 Iqaluit 酷寒(气温为−30 ℃)条件下的发动机性能试验,此项试验共进行了一周时间,图 3.16.2 示出试验后的进气锥被冰层覆盖的照片。

2014 年 5 月 15 日罗·罗公司向空客公司交付了用于首架投入运营的 A350 XWB 的遄达 XWB‐84 发动机。

遄达 XWB 推力最大型号遄达 XWB-97 于 2014 年 7 月 15 日进行了首车地面台架试车,计划于 2016 年进行飞行试验,装该发动机的 A350 XWB-1000 客机计划 2017 年投入航线运营。

图 3.16.2　遄达 XWB 进气锥上覆盖着冰层

遄达 XWB 设计特点

遄达 XWB(图 3.16.3)由 1 级风扇、8 级中压压气机、6 级高压压气机、低污染环形燃烧室、1 级气冷高压涡轮、2 级气冷中压涡轮与 6 级低压涡轮组成。

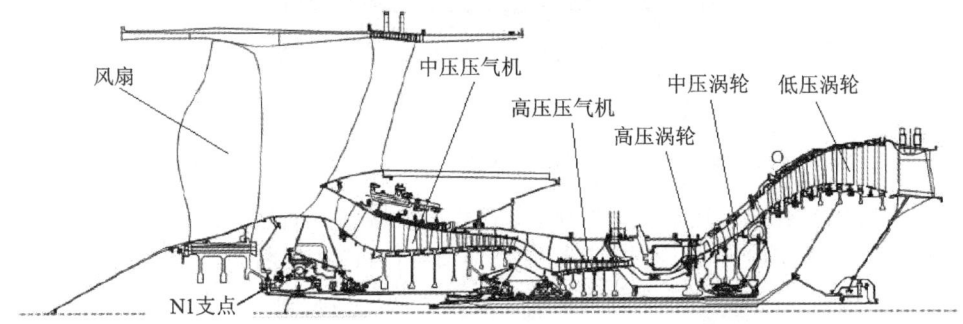

图 3.16.3　遄达 XWB 三转子大涵道比涡扇发动机

1　与传统的 RB211/遄达发动机主要不同处

RB211-22B 三转子大涵道比涡扇发动机于 1972 年装在三星 L1011 宽体客机投入使用。之后,罗·罗公司在此基础上,研制了 RB211-535C、RB211-535E4、RB211-524C/D、RB211-524G/H 与 RB211-524G/H-T 等 RB211 系列发动机,随后又在 RB211-524G/H 的基础上发展了遄达系列发动机。在所有这些发动机中,风扇后的支点(N1)处采用滚棒轴承、中压涡轮为单级与高压涡轮工作叶片带冠,

但是,遄达 XWB 在这三点上却打破了传统设计,除此之外,还第 1 次在中/高压压气机中采用整体叶盘,在风扇部件中第 1 次采用复合材料的风扇后机匣,低压涡轮工作叶片不仅首次采用了 TiAl 合金,且局部做成空心结构。

1.1 风扇后支点处采用大直径滚珠轴承

以往,出于安全考虑,普惠公司与 GE 公司的大涵道比涡扇发动机风扇后支点即1 号(N1)支点,均采用能承受轴向载荷的滚珠轴承。这样,一旦风扇轴折断,风扇盘能保持在发动机内而不会在风扇叶片气动轴向力作用下甩离发动机。但是,罗·罗公司从 RB211 - 22B 到遄达 1000,均在风扇后 1 号支点处采用滚棒轴承,将承受低压转子轴向力的滚珠轴承设在中压压气机后,且该滚珠轴承外环固定在中压压气机后轴内孔上,内环固定在风扇后轴上,成为中介轴承,如图 3.16.4 上部所示。

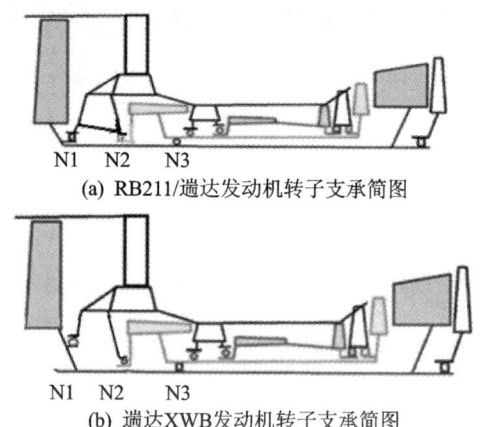

(a) RB211/遄达发动机转子支承简图

(b) 遄达XWB发动机转子支承简图

图 3.16.4 遄达 XWB 与传统的 RB211/遄达在风扇转子支承上的不同处

在传统的 RB211/遄达发动机中,为了解决风扇轴折断后风扇盘甩离发动机的问题,在风扇转子内,1、3 号支点间设有一特别的保持轴(见图 3.16.5),保持轴前端紧紧压在风扇盘端面上,后端向内伸的挡边扣在低压涡轮轴前端套齿联轴器压紧螺帽后端,两者间留有间隙 A,正常工作时,始终保持间隙 A,保持轴不起作用。一旦风

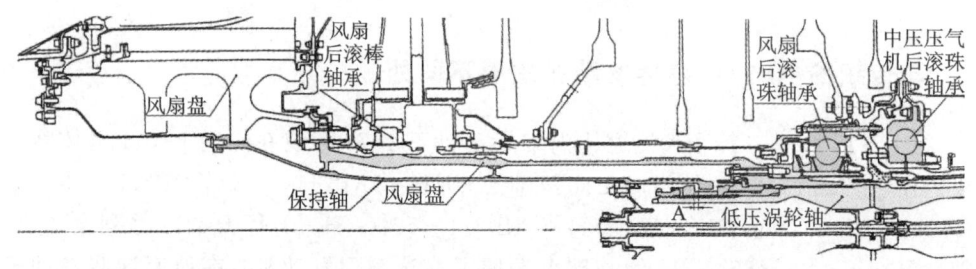

图 3.16.5 传统的 RB211/遄达发动机风扇转子中的保持轴

扇轴折断,风扇转子在风扇的气动轴向力作用下前移,此时,保持轴前移压到螺帽上,转子即被滚珠轴承所拉住而不会甩出。但是,在实际使用中,曾出现过几次(例如 1981.5、1981.8、1981.9 与 1982.12)风扇轴折断后,保持轴未将风扇盘保持在发动机内的事件。风扇盘多次甩离发动机,在航空发动机发展史上也属罕见,说明 RB211 系列发动机的风扇保持系统仍不够完善。

在遄达 XWB 中,将紧靠风扇盘后的轴承(N1)改为大直径的滚珠轴承(图 3.16.6),由图 3.16.3 能看出此轴承内径大于中压压气机后滚珠轴承的外径。另由图 3.16.5 可见传统的 RB211/遄达系列中,风扇转子滚珠轴承内径不仅比风扇盘后滚棒轴承内径小,而且比中压压气机后滚珠轴承内径小,由此可见,遄达 XWB 风扇转子的滚珠轴承尺寸比传统 RB211/遄达

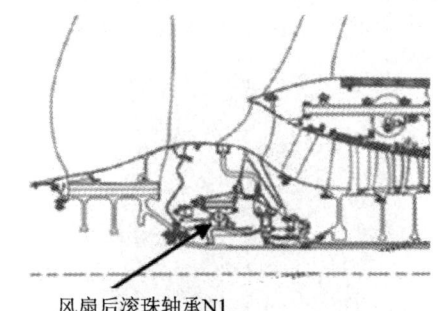

风扇后滚珠轴承N1

图 3.16.6　遄达 XWB 风扇盘后改用滚珠轴承

系列发动机的要大得多,不仅使承载轴向负荷的能力提高 4 倍,而且取消了保持轴,使结构变得简单,重量减轻。

1.2　中压涡轮改为双级

在传统的 RB211/遄达发动机中,中压涡轮一直采用单级设计,但在遄达 XWB 中,中压涡轮改成了双级,这是因为发动机的总压比高达 52.0,中压涡轮采用双级后,可降低涡轮级负荷,以提高效率。但在遄达 1000 中,总压比还稍高于遄达 XWB 的,为 52.1,其中压涡轮仍采用了单级。

1.3　高压涡轮工作叶片不带冠

在罗·罗公司研制的发动机中,包括斯贝、RB199 以及传统的 RB211/遄达等发动机,高压涡轮工作叶片无一例外带冠,而在普惠与 GE 公司的发动机中,高压涡轮工作叶片均不带冠。由提高涡轮效率看,由于高压涡轮工作叶片短,带冠后减少叶尖相对漏气损失的作用更为显著,从而可提高效率。但高压涡轮工作叶片处在高转速、高燃气温度的工作条件下,带冠后对叶片榫根的强度带来较大问题,罗·罗发动机的高压涡轮工作叶片做成带冠的,说明它的涡轮工作叶片的材料较好。但是,在遄达 XWB 推力最大的型号即遄达 XWB-97 中,高压涡轮工作叶片没有采用带冠结构,这是由于为了增大推力,提高了涡轮前燃气温度,此时如再带冠叶片榫根的强度承受不了。遄达 XWB 的另二型号即-75 与-84 中,高压涡轮工作叶片仍然带冠。

2 风 扇

风扇(图 3.16.7)直径在遄达系列发动机中最大,为 2.997 m,比 GEnx 还大 0.178 m,仅比 GE90 的小,空气流量约为 1 440 kg/s,22 片叶片(图 3.16.8)。风扇采用了小的轮毂比(约 0.25),在空气流量一定时,可降低风扇直径,加大涵道比,减轻重量。但轮盘直径较小,为了能安装所需的叶片数,叶片榫根采用了圆弧形。

图 3.16.7 直径约 3 m、22 片的风扇

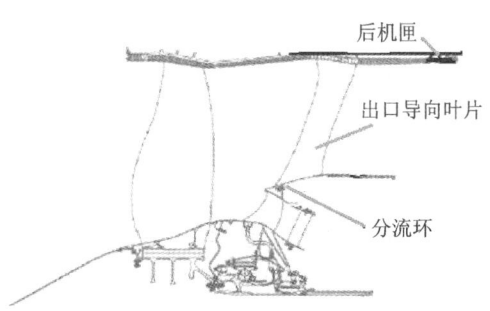

图 3.16.8 遄达 XWB 风扇

图 3.16.9 风扇叶片前视图

风扇叶片叶尖采用小的切线速度,以降低噪声。叶片后掠,称为弯刀形叶片(图 3.16.9),采用最新的三维气动方法设计,以提高效率。Ti6/4 合金风扇叶片结构采用了罗·罗公司的第 3 代设计,即 DB/SPF(扩散连接/超塑性成形)做成的带中间桁条的空心叶片。风扇叶片后缘与分流环前缘间留有较大的间距,以便将随流入发动机气流的细小砂石、雨水等甩向外涵道。斜置的出口导向叶片与风扇叶片间留有很大的间距,以降低噪声,这是先进发动机中经常采用的设计。斜置的出口导向叶片还起到风扇与中压压气机间中介机匣的传力构件。

风扇包容机匣采用了遄达 900 与遄达 1000 上的结构,即做成由 Ti6/4 锻制的带加强环的环形机匣。罗·罗公司称,这种设计不仅具有足够的包容能力,而且重量还轻。风扇后机匣由复合材料做成,这是遄达系列发动机第一次在风扇后机匣上采用复合材料。

风扇轮盘作成与遄达 1000 的轮盘一样,即相当为带 3 个轮盘的混合式转子

风扇后的分流环前缘通有热空气进行防冰,如图 3.16.10 所示,对分流环前缘加温后的热空气由前缘缝隙中流出,并随内涵气流流入中压压气机中。对分流环进行防冰的设计,在其他发动机包括遄达系列前几种型号中均未采用过,这可能是受到

GEnx 在高空吸入冰晶引发故障的事件启发而采取的措施,参见本书第 2 版《GEnx 发动机在高空飞行中冰晶在核心机中结冰》一文。

图 3.16.10 分流环用热空气防冰

3 中、高压压气机

与遄达 1000 一样,遄达 XWB 中压压气机为 8 级,高压压气机为 6 级,参见图 3.16.11。中压压气机中前 4 排静子叶片做成可调节的(遄达 1000 中为前 3 排)。

中压压气机和高压压气机的主要特征为采用新近发展的子午流道抬高(rising line)气动设计技术,以改善速度分布,并在设计中采用全三维分析手段。

在中、高压压气机转子中,第一次采用了整体叶盘结构。2005 年前后,罗·罗来华宣传用于 787 的遄达 1000 时,针对 GEnx(用于 787 的另一型发动机)高压压气机中采用了三级整体叶盘结构,特别强调在遄达 1000 中没有采用整体叶盘结构,似乎整体叶盘不适用于民用大涵道比涡扇发动机,但事隔几年后,在遄达 XWB 中、中、高压压气机中不仅采用了整体叶盘,而且还用较多篇幅宣传采用整体叶盘给发动机带来的众所周知的各种好处。显然,今后整体叶盘将在民用大涵道比涡扇发动机中广泛采用。

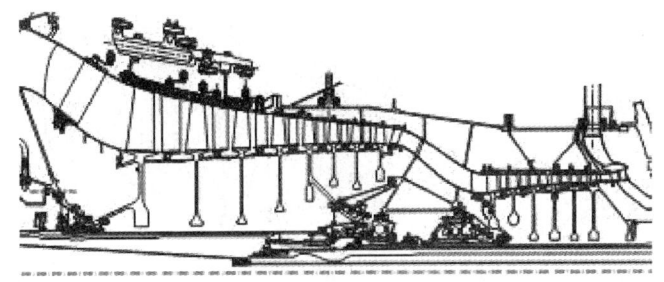

图 3.16.11 遄达 XWB 中、高压压气机

由于遄达 XWB 总压比高达 52,高压压气机(图 3.16.12)轮盘均由镍基合金做成,前三级为整体叶盘结构,且焊成一整件,后 2 级与后轴焊为一体,在单体的第 4 级

盘处用短螺栓将整个转子连接成一件。后三级的工作叶片用环形燕尾榫头与轮盘连接。与遄达 1000 一样,压气机中采用了双层机匣的结构,且对应工作叶片叶尖的机匣作成整环,以保证工作中,各级叶片叶尖有较均匀的间隙。

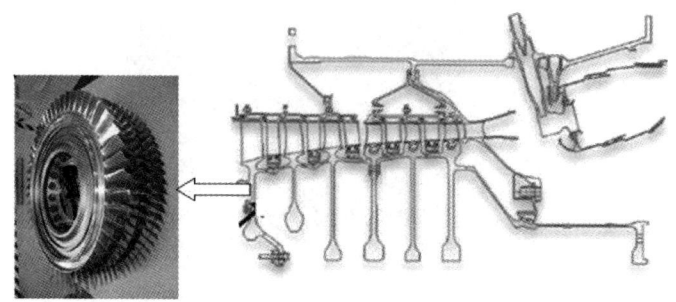

图 3.16.12　高压压气机前三级为镍基合金整体叶盘且焊成一体

遄达 XWB 沿用了遄达 900 与遄达 1000 的高、中压压气机转子反转设计。

4　燃烧室

遄达 XWB 燃烧室采用了遄达系列发动机所用的罗·罗第 5 阶段燃烧室设计,火焰筒采用了可拆换瓦片的浮壁式结构,如图 3.16.13 所示。瓦片采用了强制冷却的设计,可减少冷却空气量,有较合适的出口温度场,提高了效率并减少 NO_X 排放。虽然罗·罗公司在几个技术验证技术计划如 ANTLE,EFE,ALEXSYS 等中采用贫油燃烧室,这种贫油燃烧室虽然具有改善 NO_X 排放的特点,但结构较复杂,维护费用高,以及对耗油率与 CO_2 略有影响,因此,在遄达 XWB 中仍然采用了遄达系列发动机中采用的第 5 阶段燃烧室,即富油燃烧室设计。

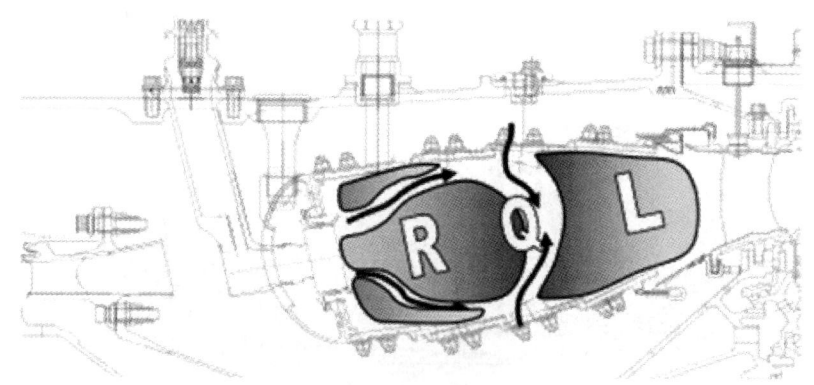

图 3.16.13　遄达 XWB 燃烧室

罗·罗的第 5 阶段燃烧室实际上是串联燃烧的分级燃烧室,图 3.16.13 中示出了燃烧室中的燃烧情况,即前面是富油燃烧级(R),中间为快速猝熄级(Q),后面为贫

油燃烧级（L）。燃油与空气没有预先混合,燃油由气动雾化喷嘴喷出后,全部燃油和部分空气进行富油燃烧,通过降低燃烧温度来减少富油燃烧区的 NO_x,然后富油燃气快速与二股气流混合形成快速猝熄,然后在燃烧室后段进行贫油燃烧。在这种燃烧室中,形成了两个明显的燃烧区:富油燃烧区以及混合和降温贫油燃烧区。

遄达 XWB 采用了先缓扩后突扩的双级扩压器,高压压气机出口导向叶片与缓扩扩压器铸成一体。燃烧室机匣采用 Waspaloy 锻制成一体,再经机械加工而成,一改传统设计中的由板料焊接而成的做法,这种设计已在一些最新发展的发动机中采用。

遄达 XWB 燃烧室能使燃油充分燃烧,排污低,发动机的耗油率低,据罗·罗的分析,遄达 XWB-84 的耗油率比 GE90-115B 低 10%。

遄达系列的燃烧室具有巡航效率高以及高空再点火好的能力,排污低且重量轻、成本低。

5　涡　轮

遄达 XWB 涡轮由 1 级高压涡轮、2 级中压涡轮及 6 级低压涡轮组成,如图 3.16.14 所示。由于涵道比大,低压涡轮转速低,为了达到较好的工作能力,只得加大低压涡轮叶尖直径,因此,整个涡轮机匣呈锥角特大的锥形。

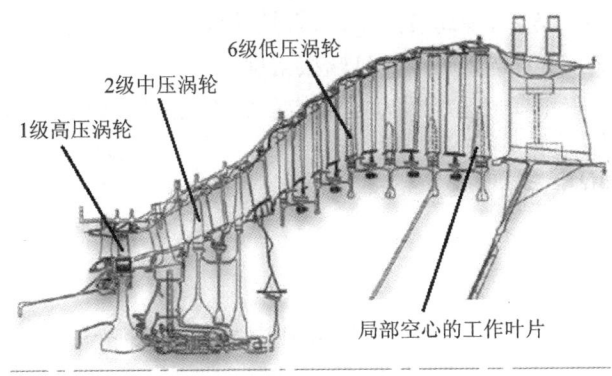

6级低压涡轮

2级中压涡轮

1级高压涡轮

局部空心的工作叶片

图 3.16.14　遄达 XWB 涡轮

在遄达 XWB 系列发动机中,推力最大的-97 型的推力比其推力较小的-75 型大 30%,推力的增加主要通过提高涡轮前燃温度达到的,此温度高达 1975K,与第 4 代战斗机用的推重比为 10 的 F119 发动机的温度相当。为此,在-97 型中,高压涡轮工作叶片不仅采用了新的耐高温性能好的材料与涂层材料,而且改变了罗·罗公司高压涡轮工作叶片带冠的传统设计,取消了叶冠。

在工作叶片不带冠的高压涡轮中,为了提高效率,在遄达 XWB 中,采用了较为先进的叶尖主动间隙控制系统,另外,在叶片叶尖处涂有耐高温与耐磨的 TBT 429 材料,而在叶尖对应的衬环上涂有抗氧化的涂层,以减小叶尖间隙,当叶尖与衬环碰

磨时,衬环不会氧化。

由于遄达 XWB 核心机增压比较高,核心机的涡轮如仍用 2 级,则涡轮的气动负荷较高,会影响效率,为此将核心机的涡轮改为 3 级。3 级涡轮有两种可选用的方案,即 2 级高压涡轮加 1 级中压涡轮与 1 级高压涡轮加 2 级中压涡轮,经过优化分析与计算,最终遄达 XWB 采用了 1 级高压涡轮加 2 级中压涡轮的方案,这也改变了 RB211 与遄达系列发动机采用单级中压涡轮的传统设计。

6 级低压涡轮采用了最新一代的气动与结构设计技术设计的,工作叶片不仅首次采用了 TiAl 金属间化合物的轻质合金,且 3 - 6 级局部做成空心的,以减轻重量,这种局部做成空心的工作叶片也是遄达 XWB 的首创。

6 其 他

(1) 遄达 XWB 发动机采用了常规的、由高压压气机引气供飞机增压座舱的方式,因此,不像遄达 1000 在附件传动装置中驱动 2 台每台 250 kW 的交流变频发电机,而是驱动 2 台、每台 100 kW 的交流变频发电机。

(2) 交流发电机等附件是由中压转子驱动的。交流发电机在发动机启动时是当作启动机来用的,为此,在附件传动装置中,发电机是通过一套带自动离合器(超越离合器)的双轴传动装置,与中压转子及高压转子连接的。发动机启动时,交流发电机作为启动机驱动高压转子,发动机启动后,自动转成中压转子驱动发电机等附件。由中压转子驱动附件,可提高高压压气机喘振裕度。

(3) 设有在飞行中实时监测发动机性能参数的先进发动机健康管理系统。

7 遄达 XWB 的综合性能

1. 性 能

遄达 XWB 是遄达系列发动机中风扇直径最大、推力最大的一款发动机。表 3.16.1 列出遄达 1000、遄达 XWB、以及 GE90、GE90 - 115B 与 GEnx 等发动机的主要参数。

由表 1 可见,遄达 XWB 与遄达 1000 相比,总压比一致,涵道比略小些,涡轮前燃气温度有所提高;与 GE 公司的 GEnx 相比,涵道比稍小,总压比大得较多。由于遄达 XWB(2013 年初)取证时间比 GEnx(2008 年 4 月)的晚 5 年,采用了在这 5 年中新近发展的叶型气动设计、金属和非金属材料、调节与诊断等许多技术,因此,其在性能、经济性、排放、噪声与维修成本等均处于当今领先的地位,是最好的发动机厂 GE9X 在某些方面可能优于遄达 XWB,但它计划于 2020 年才能投入航线使用),这也是 A350XWB 受到航空公司青睐的原因之一。

发动机转速:低压为 2 700 rpm,中压为 8 200 rpm,高压为 12 600 rpm。

表 3.16.1　几型发动机主要参数

发动机型号	风扇直径/m	涵道比	总压比	涡轮前燃气温度	起飞推力/kN
遄达 1000 用于 787	2.850	10.8～11	52.1		236～370
遄达 XWB 用于 A350XWB	2.997	9.3	52.0	1975K （遄达 XWB-97）	330～430
GE90 用于 777	3.124	8.5～8.8	39.3～45.5		330～419
GE90-115B 用于 777-300ER	3.256	8.4	39.3		512
GEnx 用于 787	2.819	10.0	45.0		236～310

2. 经济性

由于采用高的循环参数(涵道比 9.3、总压比 52)及 21 世纪初新发展的技术与材料,遄达 XWB 的经济性显著优于当前在役的发动机,如图 3.16.15 所示。其中,遄达 XWB 的耗油率比遄达 1000 的低 2.7％,比 GE90-115B 的低 10％。因而,采用遄达 XWB 作动力的 A350 XWB 宽体客机每座燃油效率比目前的飞机高 25％。按每个航班飞行 5 小时,一年飞行 5000 小时计,每架 A350 XWB 可为航空公司每年节省 250 万美元。

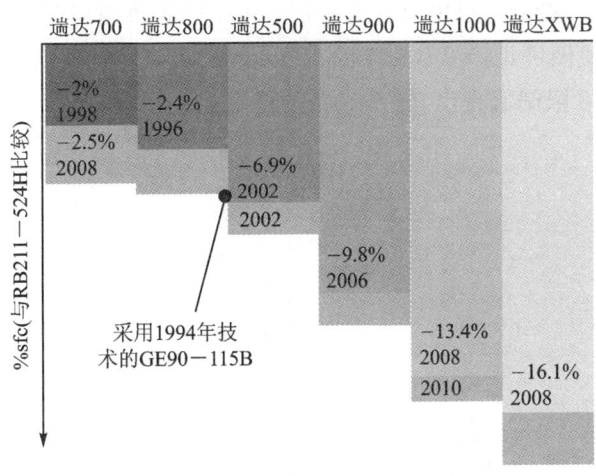

图 3.16.15　各型遄达发动机的耗油率与 RB211-524H 耗油率的比较

3．噪　声

由于采用先进的气动设计及多种降噪措施，遄达 XWB 的噪声水平相当 GE90 的 50％，使 A350 XWB 外部噪声与目前正在运营的同级别飞机相比低 16EPNdB(有效可察觉噪声分贝)，低于国际民航组织第四章的要求。

4．排　放

由于燃油能够充分燃烧，遄达 XWB 的排污值较低。图 3.16.16 示出各型遄达系列发动机 CO_2 与 NO_x 排放值的比较。由图可见，遄达 XWB 的 CO_2 与 NO_x 排放值，分别比遄达 895(2000 年投入使用)的低 15％与 40％。

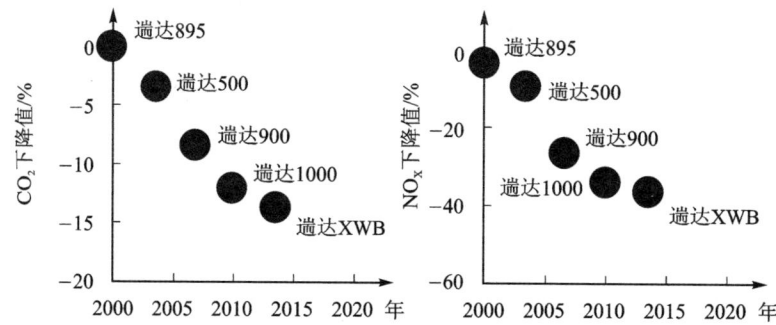

图 3.16.16　遄达 XWB 排放值与遄达其他型号的比较

图 3.16.17 示出遄达 XWB - 84 与遄达 XWB - 97 的一氧化碳(CO)、氮氧化物(NO_x)、未燃碳氢化合物(UHCs)与烟尘(smoke)排放值与 CAEP - 6 及 CAEP - 8 限制值的裕度。由图可见，XWB - 97 的 NO_x 值与 CAEP - 6 限制值相比，有 15％的裕度；与 CAEP - 8 限制值相比，仍有 10％的裕度。

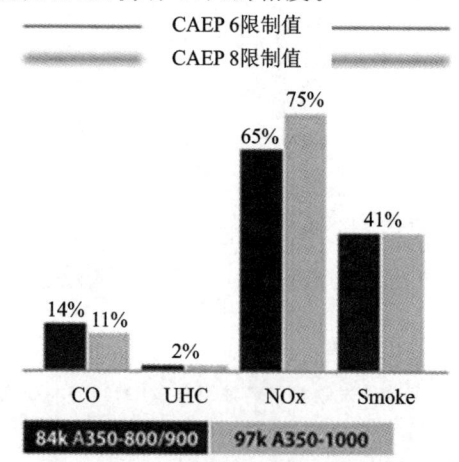

图 3.16.17　遄达 XWB 四项主要排放值均在 CAEP 8 限制值以内

CAEP-8 是国际民航航空环境保护委员会 CAEP（Committee for Aviation Environmental Protection）在 CAEP-6 的基础上，拟订的更为严格的标准，2013 年以后定型的发动机要遵守此标准。两个标准中，NO_x 限制值在低总压比时，CAEP-8 比 CAEP-6 的低 15%，在高总压比（例如遄达 XWB-97），CAEP-8 比 CAEP-6 的低 10%。

上述遄达 XWB 排放值是在燃烧室部件试验以及在美国空军 AEDC（Arnold Engineering Development Center）高空台中进行的高空工作性能及点火试验中获得的。因此，遄达 XWB 发动机以其最先进的气动性能及高效率的燃烧室有助于减少排放，使之不但符合目前的排放标准，同时也会在可预见的未来符合环保要求，使 A350 XWB 平均每名乘客的二氧化碳排放将比现有的大型客降低 25% 左右。

8 运行情况

遄达 XWB 自 2015 年 1 月 15 日投入使用后，发动机工作良好，到 2017 年 10 月积累了一百万飞行小时，正点率达到 99.4%。到 2018 年 2 月达到 130 万飞行小时，正点率为 99.9%。2018 年 7 月也即投入使用后的三年，达到了交付 500 台的里程碑。

遄达 XWB 发动机在近四年的运营过程中，仅出现两次空中停车事件，这在罗·罗公司的发动机中还是少有的。第一次是由于一个传感器失效引发的，第二次发生在 2018 年 9 月 11 日，当时利比亚航空公司的 A350 由马德里飞往纽约的航班中，飞机在 12 000 m 高度上，一台发动机出现异常现象，驾驶员关停了该发动机，随后降落到波士顿机场。事后检查发现是高压压气机可调叶片调节机构受到外力作用而失效引起的。

遄达 XWB 良好的运行情况，表明它不仅性能好，而且工作可靠，与罗·罗的遄达 1000（用于 787）相比，确实是一型好发动机。

| 罗·罗公司的最新两款大涵道比涡轮风扇发动机 |

世界上三大航空发动机公司之一的英国罗·罗公司,为满足 21 世纪"绿色航空"的要求,于最近的十年中,发展了两款新型的大涵道比涡轮风扇发动机遄达 1000TEN 与遄达 7000。

787 - 10X 用的遄达 1000 TEN 发动机

波音公司的 787"梦幻"客机有三个型号,即 787 - 8、787 - 9 与 787 - 10X,图 3.17.1 示出三型飞机的比较图。有两型发动机用于 787 客机,即美国 GE 公司的 GEnx 与英国罗·罗公司的遄达 1000,且两型发动机可以互换,这是在 787 客机之前,没有任何客机能做到的。

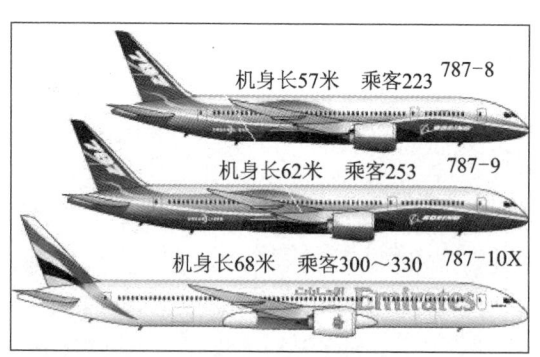

机身长57米 乘客223 787-8

机身长62米 乘客253 787-9

机身长68米 乘客300~330 787-10X

图 3.17.1 三型 787 尺寸对比图

波音公司于 2011 年 9 月 26 日向全日空航空公司交付了第一架 787 - 8,第一架

787 使用了罗·罗公司的遄达 1000 发动机。787-9 于 2014 年首架交付新西兰航空公司。

787-10X(图 3.17.2)是 787 家族中第三个也是机身最长的型,其机身比-9 型的长 6 m,航程 12 964 km,可载乘客 300～330 人。

罗·罗公司的遄达 1000(推力为 236～370 kN)是 787 的动力之一,787-8 与 787-9 型交付的首架飞机均采用了遄达 1000 发动机。根据设计,遄达 1000 能用于 787-10X,但是罗·罗公司考虑能争取更多用户,在波音公司提出正式启动 787-10X 的生产任务后,于 2012 年 7 月宣布启动遄达 1000 的后继机-遄达 1000 TEN(图 3.17.3)。TEN 是英文 Thrust、Efficiency and New technology 三个词的第 1 个字母组合,意味着遄达 1000 TEN 是采用了新技术使推力与效率提高的遄达 1000 发动机。根据罗·罗公司的文件显示,TEN 还有另一重意义,TEN 是英文 ten、eight 与 nine 三个词的第一字母组合,即虽然遄达 1000 TEN 是专为 787-10X 定身打造的,但它也能用于-8 与-9 型飞机上。

图 3.17.2　装遄达 1000TEN 的 787-10X

图 3.17.3　遄达 1000 TEN

遄达 1000 TEN 设计推力为 347 kN,是按用于 787-10X 而定的,取证推力为 338 kN,耗油率比遄达 1000 升级包 B 型发动机(用于 787-8)低 3%,比遄达 1000 升级包 C 型发动机(用于 787-9)低 2%。

遄达 1000 TEN 是在遄达 1000 的基础上,采用了遄达 XWB 发动机中的、罗·罗公司 Advance 3 验证机计划以及欧盟 NEWAC(全新航空发动机核心机)计划中的某些技术发展而成的。包括采用遄达 XWB 技术的有:中压压气机的子午流道抬高(rising line)气动设计技术以改善速度分布;高压涡轮轮盘前的隔热盖板,用以改善高压涡轮轮盘的工作条件,延长轮盘的使用寿命;高压压气机前三级采用整体叶盘结构;复合材料的风扇机匣等。由欧洲 NEWAC 计划发展的并得到遄达 XWB 验证的全新更高效的高压压气机。由 Advance 3 验证机计划发展的先进高压涡轮以及一套能够自动调节冷却气流与被冷却部件得到很好匹配的精制的空气冷却系统等。

遄达 1000 TEN 于 2016 年 7 月取得欧洲航空安全局的适航证,2017 年 11 月装遄达 1000 TEN 的 787-10X 交付给用户。

A330neo 用的遄达 7000 发动机

欧洲空中客车公司在 2014 年 6 月 14 日范堡罗航展开幕当天正式推出 A330 飞机换用新发动机的改进型——A330neo 系列飞机(图 3.17.4),有两个型号:A330 - 800neo 及 A330 - 900neo,将分别取代现有的 A330 - 200 及 A330 - 300。

图 3.17.4 A330neo

A330 是一款高载客量的中长程双发宽体客机,于 1994 年投入航线运营,所用的发动机为美国普惠公司的 PW4164、GE 公司的 CF6 - 80E1 与英国罗·罗公司的遄达 700。20 年过去了,已不能满足 21 世纪绿色航空的要求,为了能与波音公司的 787 竞争,空中客车公司提出了 A330 的换用新发动机的 A330neo,型号名称中的 neo 为 new engine option 三个英文词的缩写,意为"选用新发动机或换用新发动机"。罗·罗公司专为 A330neo 研制了遄达 7000 发动机。A330neo 与原有的 A330 主要区别在于换用了能满足 21 世纪绿色航空的高性能发动机,但飞机结构上也有多处改进,不仅机翼有明显的改进外,客舱也向舒适化做了较大改进,还可多载 6～10 名乘客,并且继承了 A330 系列飞机高经济性、多功能性以及高可靠性,使 A330neo 可以降低 14% 的单座燃油消耗,是目前市场上运营成本最低的中程宽体客机之一。除了燃油效率提升以外,A330neo 的航程也将增加 740 km。

A330neo 的机翼是按 A350XWB 机翼的技术设计的,其翼尖采用了后者的小鲨翼尖,翼展增加了 3.7 m,成为 64 m,如图 3.17.5 所示。由于发动机涵道比为原 A330 的一倍,风扇直径加大,为保持发动机进口与地面间的间距不变,以减少砂石进入发动机,将发动机的吊舱前移并向上抬高。

首先投入航线运营的是 A330neo - 900,其载客量为 310 人,航程为 11 570 km,于 2018 年 12 月投入航线运营;计划于 2020 年上半年投入航线运营的 A330neo - 800,其载客量为 252 人,航程为 13 800 km。

A330neo 唯一的动力遄达 7000 是罗·罗公司遄达系列发动机中的第 7 个也是最新的一个型号,它采用了遄达 XWB 及遄达 1000 TEN 发动机中的某些技术及遄

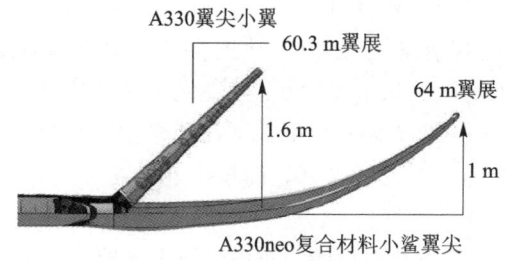

图 3.17.5　A330 与 A330neo 翼尖结构的比较

达 700 的一些经验,使其研制风险小、周期短。与遄达 700 相比,遄达 7000 只是推力未变,其他都有较大变化,是一型全新的发动机,图 3.17.6 为遄达 700 发动机中的一些特点。

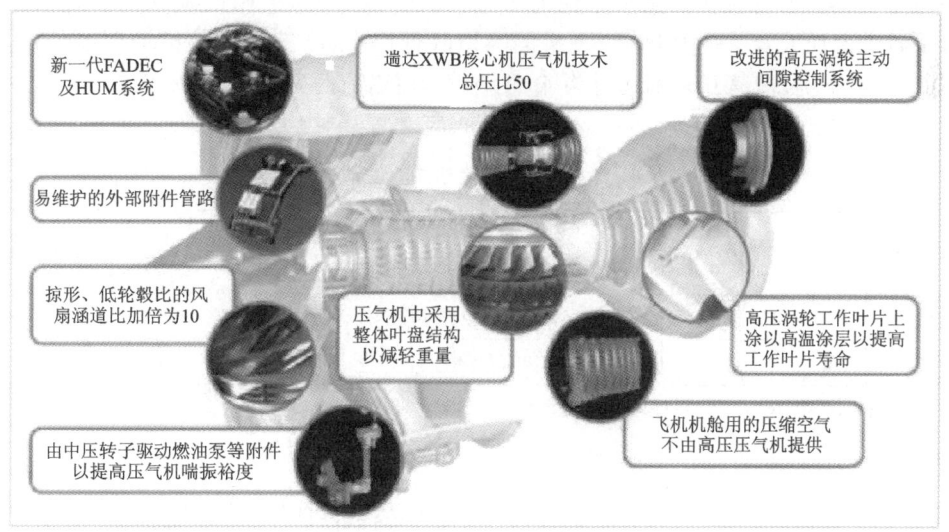

图 3.17.6　遄达 7000 发动机的一些特点

首先,风扇直径由 2.48 m 加大成 2.84 m,同时风扇叶片改成掠形且减小了轮毂比,使发动机的涵道比由 5 加倍成为 10,提高了发动机的推进效率,并降低了噪声。轮毂比减小会使风扇直径减小约 25.4 mm。由于风扇直径加大、涵道比成倍增加,因此低压涡轮增加了 2 级成为 6 级(遄达 700 为 4 级)。

由于涵道比加大较多,为了保持推力不变,因而核心机尺寸缩小,中、高压压气机中均采用了最新一代的气动设计,8 级中压压气机采用了遄达 1000 TEN 的技术,6 级高压压气机衍生于遄达 XWB 的设计,该技术是在欧盟开展的"NEWAC(全新航空发动机核心机)计划"中获得的。采用这些措施后,使发动机总压比由 36 提高到 50,相应地高了压压气机出口温度。压气机中如遄达 1000 TEN 一样,采用了整体叶盘结构,这是遄达系列发动机中第 3 型采用整体叶盘的发动机。

与遄达700不同的还有:高、中压转子反向转动;附件由中压转子传动;座舱增压空气不由高压压气机后端引来,而是由电动机驱动专用于座舱高压空气的增压泵来提供的,由高压压气机出口处只引出少量空气用于飞机防冰等。

在全功能电子发动机调节器FADEC及发动机健康监视系统EHM中,采用了最新的软件,使其性能得到大幅度提高。高压涡轮的主动间隙控制系统进行了优化设计,使用气量更少而效果更好。

发动机外部管路、电缆以及附件的安排做到便于维护;高压涡轮工作叶片采用了性能更好的耐高温涂层等。采取这些措施后,遄达7000的质量比遄达700大1 590 kg,另外由于风扇直径加大也增加了飞机的阻力,尽管如此,遄达7000优越的性能远远超出由于重量及阻力带来的损失。

遄达7000的耗油率比遄达700的低10%,当它装在A330neo上时,加上飞机采取的一些提高飞机气动性能及其他的措施,能使每座燃油消耗量减少14%。另外,由于涵道比加大及其他改进,使飞机的噪声降低一半,能满足伦敦机场严酷的定量(QC)噪声条例,即离开和到达时为QC1/0.25,而当前的飞机为QC2/0.5。

表3.17.1列出了遄达7000与遄达700的主要差别。

表3.17.1　遄达7000与遄达700发动机主要参数

发动机	所用飞机	推力/kN	风扇直径/m	部件级数★	涵道比	总压比	耗油率	噪声(离开/到达)	质量/kg
遄达7000	A330neo	30.8~32.6	2.84	1/8/6/1/6	10.0	50	−10%	QC1/0.25	+1590
遄达700	A330	30.8~32.6	2.48	1/8/6/1/4	5.0	36	基数	QC2/0.5	基数

★ 部件级数指:风扇/中压压气机/高压压气机/高压涡轮/低压涡轮的级数。

图3.17.7示出了遄达7000与遄达700的主要差别。

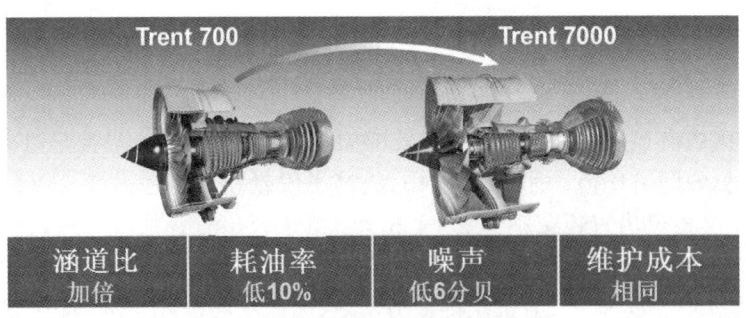

遄达7000能节约航空公司成本

图3.17.7　遄达7000与遄达700的主要差别

|世界最大发动机 GE9X 的发展与设计特点|

GE9X 是 GE 公司为波音公司的 777X 在 GE90 与 GEnx 的基础上发展的新型大涵道比涡轮风扇发动机，其风扇叶尖直径高达 3.4 m，是目前最大的风扇；在 2017 年 11 月试车中，GE9X 的推力达到破世界纪录的 597 kN（原世界纪录为 GE90 - 115B 创造的 569 kN），因此 GE9X 成为"世界最大发动机"。

777X

波音公司在 2013 年 11 月迪拜航空展览会上正式宣布启动 777 的后继机 777X 的研制工作。双发双通道的 777X 有 2 个型号即 777 - 8X 与 777 - 9X。777 - 8X 是 777 - 200/-200LR 的后继机，机身加长 5.85m，机长达到 69.5 m，载客量增加52 名，标准三级客舱布局为 352 座，航程 17 720 km 以上，将与 A350XWB - 1000 直接竞争。与 777 - 300ER 相比，777 - 9X 三级舱等配置将可搭载 407 名乘客，该机型将配置更长的水平尾翼，且机身将比 777 - 300ER 延长 2.13 m，总长度为 76.5 m，超过 747 - 8 的 76.3 m，将取代 747 - 8 成为世界上最长的客机，航程 15 200 km，将成为世界上最大的双发客机。

波音公司还宣称：777X 将是世界上最大、最先进和效率最高的双发客机，使乘客充分享受空中飞行的愉悦，同时燃油消耗和使用成本降低到一个新水平，与竞争机型相比，油耗低 12%，运营成本低 10% 等。

从外观上来看，777X 最大的变化体现在机翼上，为了提供更高的气动效率，波音为 777X 设计了全新的用复合材料的机翼，机翼翼展 71.8 m，比 777 - 300ER 的 64.8 m 多出 7 m。为了克服气动效率和机场适应性之间的矛盾，波音公司把 777X 的机翼设计成可以折叠。在空中飞行时为展开状态，降落后将机翼折起，即翼尖向上折起约

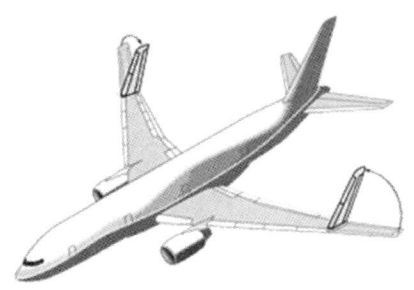

图 3.18.1 777X 可折叠机翼的示意图

3 m(图 3.18.1)。折起后的翼展为 64.8 m，这样就可让 777X 与 777 共用停机坪。这是旅客机中第 1 次采用可折叠的机翼，波音公司有设计可折叠机翼的经验，它为海军研制的 F/A-18 机翼就是可以折叠的。但大型旅客机重量比战斗机的要大得多，要求也高得多，因此这项设计也是考验波音公司能力的试金石。波音公司为制造这个机翼投资 20 亿美元，新建一所工厂，经过几年的拼搏，终于在 2018 年 5 月 18 日，777X 的折叠机翼，获得了 FAA 颁发的适航证，为 777X 投入运营创造了有利条件。

在波音公司启动 777X 项目后，三大航空发动机公司均提出了满足飞机要求的发动机方案，即 GE 公司的 GE9X，普惠公司提出推力为 440 kN 更大的齿轮传动风扇 PW1000G，罗·罗公司提出的方案是在遄达 1000 与遄达 XWB 基础上发展的 RB3025。波音公司在 2013 年 3 月宣布，决定 GE9X 为 777X 系列的唯一发动机选择，对于这项决定当时还遭到航空公司的质疑。

截至 2017 年 6 月，777X 已获得 326 架的订单，其中-8X 为 53 架，-9X 为 273 架。777X 计划于 2020 年投入运营。

GE9X 的发展历程

GE9X 发动机由 1 级大直径风扇、3 级增压压气机、11 级高压压气机、第 3 代双环预混涡流器(TAPS)燃烧室、2 级高压涡轮与 6 级低压涡轮组成，参见图 3.18.2，发动机的涵道比为 10.3，总压比为 61.0，推力为 10 万 lbf(454 kN)级，耗油率比 GE90-115B 低 10%。

早在波音公司开始酝酿要发展 777X 时，GE 公司就抓住时机启动了 GE9X 发动机的研制工作，因此，当波音公司在 2013 年 11 月宣布正式启动 777X 时，GE 公司已完成或正在进行 GE9X 某些零部件的试验工作。例如，在 2013 年初已进行了高压压气机的试验，年中进行了复合材料的性能与运转试验。在正式启动 GE9X 项目后，于 2014 年中进行了陶瓷基复合材料的验证试验，2015 年初完成第 1 台全核心机的试验等。

图 3.18.2 GE9X 发动机

　　GE9X 的设计于 2015 年中冻结,首台发动机的试车于 2016 年 4 月开始,共进行了 375 个循环与 335 小时。2017 年 5 月 16 日开始了第 2 台发动机的试验,这是生产型的发动机,将与其他发动机一起,进行取适航证的试验

　　获取适航证的程序始于 2017 年 5 月,有 8 台发动机参与取证工作,还有 1 台配上飞机的短舱,进行 ETOPS 的取证工作。2018 年初,另有 8 台发动机以及若干套备件,送往飞行试飞基地,用于 4 架 777 - 9X 的试飞工作,这是为 777X 取适航证的试飞。有 1 台发动机运往冬天极寒的加拿大温尼泊马尼托巴湖草原,GE 公司在该地为试验 GE9X 投资 2000 万美元扩建了原有的设备,用以对世界最大发动机进行结冰试验,以及发动机的吞冰雹、尘埃与鸟的试验。图 3.18.3、图 3.18.4 为结冰试验的全貌。GE9X 的结冰试验在 2017 冬天尚未全部完成,将在 2018 年冬天继续进行。

图 3.18.3　GE 位于加拿大的结冰试验基地　　　　图 3.18.4　GE9X 正进行结冰试验

　　2018 年 3 月 13 日,GE9X 装在 GE 公司的由 747 改装的飞行试车台进行首次飞行试验共飞行了 4 h。由试飞飞行试车台来看,驱动 747 的发动机为 GE 的 CF6 - 80C2,相比之下 GE9X 显得硕大无比(图 3.18.5)。

图 3.18.5　装在以 CF6 - 80C2 为动力的 747 飞行试车台上的 GE9X

　　GE9X 原计划于 2019 年取得适航证,用 GE9X 作为动力的 777 - 9X 将于 2020 年投入运营。

　　但是发动机在 2019 年 5 月的一次试车中,排气温度过高,经检查分析后,是高压压气机第二级可调静子叶片操纵机构出现问题。6 月 GE 公司宣布,要对该操纵机构进行

设计更改,为此,将已运到波音公司准备用于 777X 试飞的发动机,运回 GE 公司,以便更换修改后的构件。这当然会延误对发动机取证的时间,也影响飞机的试飞时间。

更为糟糕的是,在三个月后的 9 月 6 日对飞机机体进行加压试验(这是飞机静力测试的最后一个项目)时,突然增压状态的机体上,一扇货舱舱门在 FAA 监察员的监视下崩飞,其结果可能意味着还需要更多的时来完善飞机的结构设计,2020 年投入运营的目标肯定泡汤。

GE9X 设计特点

GE9X 是在 GE90 - 115B 与 GEnx 的基础上,加上近期发展的许多先进技术与材料等研制出的全新高性能发动机,其涵道比为 10.3,比 GE90 - 115B 提高了 14%(GE90 - 115B 为 9.0),总压比为 61.0,比 GE90 - 115B 提高了 30%(GE90 - 115B 为 42),仅此两项就使发动机的推进效率与热效率提高较大,加上引用了一些新技术,使发动机的耗油率比 GE90 - 115B 低 10%,比与其竞争的发动机例如遄达 XWB 低 5%。

GE9X 的风扇叶片是世界直径最大的,其叶尖直径为 3.4 m,采用 GE 公司的第 4 代碳纤维复合材料制成。第 1 代碳纤维复合材料用于 GE90,GE90 - 115B、GEnx 分别为第 2、3 代。在第 4 代碳纤维复合材料中采用了刚性更高的碳纤维与新的环氮树脂,为了增大叶片的强度,叶片前缘包覆的钛合金薄片改为合金钢的薄片,因此叶片可以做得比 GE90、GEnx 叶片更薄;由于采用了先进的三维(3D)掠形设计,使风扇叶片后掠更大,叶弦更宽(图 3.18.6),叶片数更少,为 16 片(GE90 为 22 片,GEnx 为 18 片),参见图 3.18.7,这也使 GE9X 成为所有大涵道比涡扇发动机中风扇叶片最少的发动机。由于风扇叶片数少,叶身较薄,加上采用了最新的气动设计,使空气在风扇中流通能力加大,在同样的风扇叶尖直径下,发动机推力可增大;气动性能好,提高了风扇效率;由于风扇叶片采用了第四代复合材料制作,提高了叶片强度,使风扇叶尖可采用比其前驱的切线速度高,从而提高了低压涡轮转速,使低压涡轮效率增大。较薄的复合材料风叶片质量较轻,可减轻支承风扇转子的结构质量,可减少发动机总质量等。因此有人用薄、尖、弯三个字形容 GE9X 风扇叶片的特点。

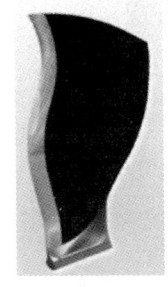

GE90: 22风扇叶片   GEnx: 18风扇叶片   GE9X: 16风扇叶片

图 3.18.6　GE9X 风扇叶片　　图 3.18.7　GE 公司三型发动机中风扇叶片数

　　GE9X 采用了与 GEnx 相似的耐久性高、重量轻的复合材料风扇机匣,它的包容环也是用复合材料做成。与金属材料风扇机匣相比,复合材料风扇机匣将使每台发动机的质量减轻 159kg 左右。

　　采用先进的 3D 气动方法设计的 11 级高压压气机的增压比为 27,是大涵道比涡扇发动机中增压比最高的高压压气机,这是由于要达到 60.1 的总压比而采用的,其平均级压比为 1.349,低于 GEnx 的 1.368(10 级增压比为 23),与 GE90 的 1.348(10 级增压比为 20)相当。由于 GE9X 总压比(60.1)大于 GEnx 的 45.0,高压压气机出口空气温度比后者高许多,因此高压压气机后几级轮盘采用了高压涡轮轮盘中采用的第 4 代粉末冶金材料。高压压气机中前 6 级采用了 整体叶盘结构并焊接成一件,如图 3.18.8 所示,在大涵道比风扇发动机中,是采用整体叶盘级数最多的高压压气机。

　　GE9X 燃烧室是基于 GEnx 发动机和 LEAP 发动机的燃烧室系统发展的,但是工作的压力和温度将更高,称为第三代 TAPS(双环预混涡流器)燃烧室(图 3.18.9),第一、二代 TAPS 燃烧室分别用于 GEnx 与 LEAP 中。TAPS 燃烧室的主燃级燃油喷嘴是气动雾化式,主混合器空气旋流器的高压空气气流与主燃级燃油的射流垂直相交,使主燃级燃油的雾化更充分,混合度更高,可在燃烧室内形成稳定的主燃级燃烧回流区,以便实现贫油燃烧,从而达到低污染排放的目的。预燃级燃烧回流区和主燃级燃烧回流区可形成一定的交叠,从而形成预燃/主燃旋流交叠区。这样 TAPS 燃烧室可以仅用一套喷嘴系统实现发动机不同工况燃烧的要求,可实现发动机全工况的贫油燃烧。因此,TAPS 燃烧室的燃油燃烧效率高,火焰温度低,燃烧室出口温度场也均匀,污染物排放低。

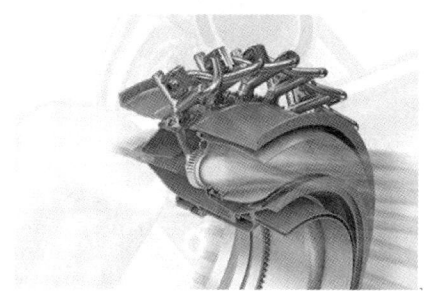

图 3.18.8　焊为一体的六级整体叶盘　　　　图 3.18.9　第 3 代 TAPS 燃烧室

　　GE9X 的第三代 TAPS 燃烧室中有 1 个显著特点,就是内、外火焰筒均由陶瓷基复合材料 CMC 制成,这是世界上第 1 次不用镍基合金而用非金属的 CMC 制作内、外火焰筒的发动机。

　　陶瓷基复合材料 CMC 是由碳化硅(俗称金刚砂)陶瓷纤维与陶瓷基体组成,再溶入树脂并加以涂层强化,它的密度仅为镍基合金的三分之一,能大幅度降低零件的质量,它的强度为金属材料的 2 倍,另外它这能耐更高的温度(1 204 ℃)。火焰筒采

用 CMC 后,不仅重量轻,而且可减少冷却火焰筒的空气量,使进入混合器的空气量加多,形成贫油燃烧,使燃烧室性能更好,因此排放的污染物大大低于 21 世纪新的排放标准 CAEP-8 的要求。

GE9X 燃油喷嘴(图 3.18.10)头部结构比较复杂,用常规的加工方法耗时较多,GE 公司采用了 3D 打印技术(增材加工)来制造喷嘴头部,采用钴-铬粉末加工的。用 3D 打印技术能大大降低了加工时间,特别是在调整试验燃烧室性能时,更易实现喷嘴设计的早期迭代,能够将设计更改和试验迅速合并,这将节省大量时间。GE 公司的 LEAP 发动机是第一次采用 3D 打印技术生产燃油喷嘴的。

CMC 在 GE9X 中不仅用于火焰筒中,而且还用于高压涡轮 1、2 级导流叶片与 1 级机匣内衬环上,如图 3.18.11 所示。毫无疑问,GE9X 是世界上采用 CMC 零组件最多的民用发动机。

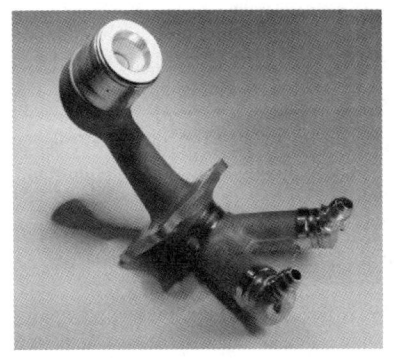

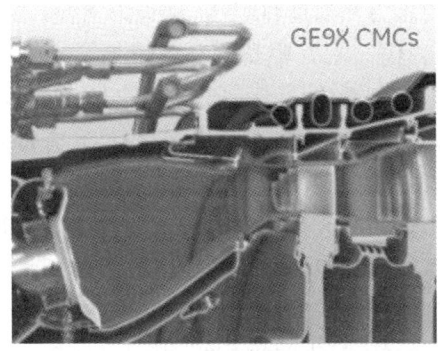

图 3.18.10　GE9X 的燃油喷嘴　　图 3.18.11　CMC 在 GE9X 中的应用(蓝色表示 CMC)

GE9X 的高压涡轮盘采用了先进的高温镍基粉末合金 R104(第 4 代粉末冶金材料),高压压气机后几级轮盘也采用了这种合金。

GE9X 的低压涡轮为 6 级,比 GEnx 的 7 级少 1 级,这是由于风扇叶片如前所述叶尖切线速度提高,使低压转子转速提高所获得的成果。第 5、6 级工作叶片采用了在 GEnx 6、7 级低压涡轮叶片中用的 4822 钛铝合金 TiAl,这种合金具有密度低、高的比强度和比弹性模量,高温时仍可保持足够高的强度和刚度,同时具有良好的抗蠕变及抗氧化能力等突出特点,能降低叶片的质量,据称在 GEnx 发动机最后两级低压涡轮工作叶片中采用 TiAl 合金后,使发动机质量降低了 90kg。在 GE9X 中,采用 TiAl 合金的这两级叶片也是用 3D 打印技术生产的。

GE9X 发动机 NO_x 的排放量比 GEnx 的低 30%,低于用于 2020 年后的 CEAP(航空环境保护委员会)/8 环保标准规定的要求。GE9X 发动机的噪声值比第 5 阶段规定的噪声极限低 8 db。

当 2020 年用 GE9X 作动力的 777X 投入运营时,将标志着大涵道比涡轮风扇发动机进入到一个崭新的发展阶段。

第 4 章
主要零部件设计

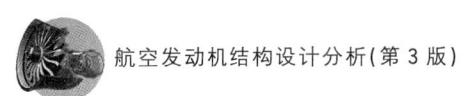

｜结构设计不合理引发的发动机重大故障｜

在航空发动机研制与使用过程中,由于结构设计不合理,引发一些重大故障,给发动机的研制工作或正常使用,带来麻烦。因此在设计时应该引起重视。

1 对温度变化考虑不周引发的故障

航空发动机在正常使用中,由于外部环境以及发动机的工况变化,都会对发动机各部件的温度值与温度场发生变化。例如发动机在慢车状态下,一推油门转速立即加速至最大转速,此时各部件的温度也随之上升,如果一些相配合的零组件的膨胀系数相差较大,原来配合较好的结构,会由于膨胀系数不同,造成配合松动而漏气漏油或配合变紧使零件受力过大而损坏等。"热胀冷缩"是人们熟知的物理概念,但在航空发动机的研制与使用中,由于认真对待不够,出现过众多的故障。

(1) JT9D - 7R4 高压涡轮级间封严环断裂故障

JT9D - 7R4 是美国普惠公司为波音公司的 747 四发大型客机研制的大涵道比涡扇发动机,中国民航在 20 世纪 80 年代初引进了 747 客机。JT9D - 7R4 高压涡轮为 2 级,在两级轮盘间装有一个带 4 齿的篦齿封严环(图 4.1.1),1985 年在中国民航使用的发动机中,此封严环最后一道篦齿由于疲劳掉块,造成 5 次空中停车事件,其中一次断块还打穿发动机机匣,成为断块非包容故障。在维修车间普查发动机时,发现有 20 余台在最后一道篦齿处存在疲劳裂纹。

对故障进行分析后,发现发动机在工作时,转子与机匣向后膨胀不一致,转子向后膨胀量大于机匣等静子件的膨胀量,使最后一道篦齿移出了静子封严环 1～2 mm,即在篦齿封严环与静子封严间在后端出现了 1～2 mm 的缺口。篦齿间不

稳定的气流从该缺口喷出时对最后一道篦齿产生激振引发该篦齿出现疲劳裂纹,在工作一段时间后,裂纹扩大到使最后一道篦齿断裂。

(2) JT9D-7R4 冬天清晨起飞过程中发动机喘振造成空中停车事件

中国民航的 747 客机所用的 JT9D-7R4 发动机,在 1985 年底—1986 年初寒冬中,发生了 15 起在当天第一次飞行爬升到 600～1 500 m 收油门时,因喘振而造成空中停车的事件。连续发生多起危及飞机飞行安全的重大故障,引起中国民航总局领导的重视,立即通知普惠公司要求尽快解决此多发故障。为此,普惠公司派出了十几位专家来到北京,开展了调查分析工作,最终得出引起发动机喘振的原因,竟然是热胀冷缩不一致造成的。

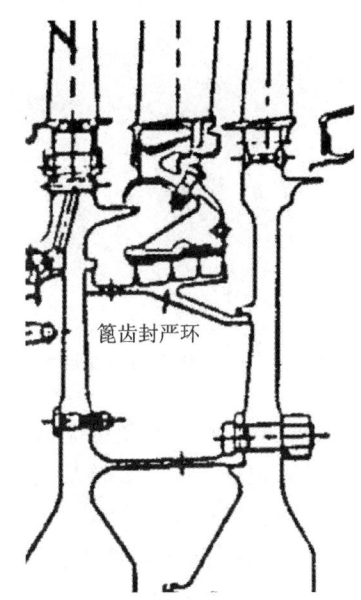

图 4.1.1　JT9D-7R4 两级高压涡轮盘间封严篦齿环

JT9D-7R4 的高压压气机有 11 级,其中前 4 排静子叶片是可调节的,即图 4.1.2 中的 E、F、G、H。每个静子叶片端头装有一摇臂,摇臂另一头插到同步环的环槽中并用销钉固定,液压作动筒(图中未示出)驱使同步环转动时,每个静子叶片就转一个角度(图 4.1.3),完成叶片安装角的调整。在同步环一周均布有若干个由复合材料制成的滑块(图 4.1.4),同步环通过滑块支承在机匣上。

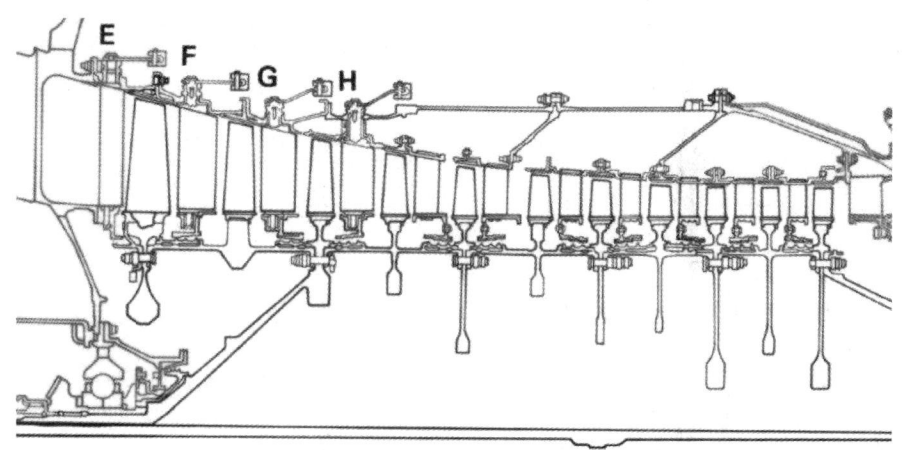

图 4.1.2　JT9D-7R4 高压压气机

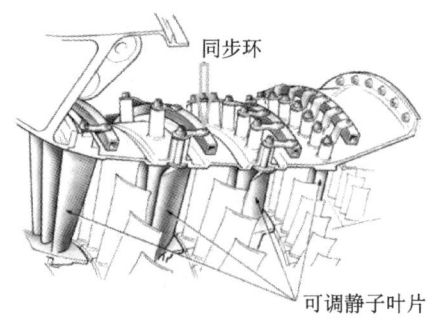

图 4.1.3　静叶端头摇臂连接到同步环中

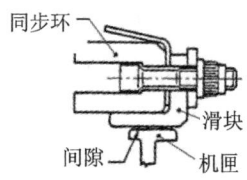

图 4.1.4　同步环通过滑块支撑在机匣上

当飞机起飞时,发动机处于最大推力状态,爬升到 600~1 500 m 高度时,开始收油门,此时可调静子叶片要调整其安装角,以使气流顺利流过高压压气机,否则高压压气机会喘振。

20 世纪 80 年代北京寒冬中夜间气温较低,一般低于−10 ℃,747 客机在机场承受一夜的冷冻,发动机的零件均受冷而收缩,次日清晨执行第 1 个航班任务时,发动机一开车,再推油门转速迅速上升,高压压气机机匣的温度随之上升,钛合金制的机匣向外膨胀较大,但处于发动机外部的铝制的同步环与塑料制的滑块,温度未随之上升,膨胀量较小,因此机匣将同步环卡死不能转动。当飞机爬升到一定高度发动机收油门降低转速时,可调静子叶片不能转动了,导致高压压气机喘振引引发动机停车。

故障原因找到后,普惠采取加大滑块与机匣的间隙以排除喘振故障。表 4.1.1 列出排故前后滑块与机匣间的间隙值。

表 4.1.1　高压压气机各级可调叶片滑块与机匣间隙值

mm

级	改装前	改装后
进口导流叶片	0.203~0.610	4.394~4.902
1 级	0.127~0.330	7.035~7.340
2 级	0.127~0.330	2.971~3.276
3 级	0.152~0.356	6.756~7.061

(3) 某型发动机调试中振动过大故障

某型涡轮喷气发动机在研制调试过程中,出现发动机振动过大故障,经过全国著名专家几次会诊,也未找到故障根源。在一次分解装配发动机过程中,有人发现涡轮导向器后端面有一环形蹭痕,这才找到振动的根源。原来是发动机工作时,涡轮转子与静子向后膨胀量不一致,造成两者相碰磨。

（4）涡喷 13 发动机长期试车中加力燃烧室筒体上管座破裂故障

涡喷 13 发动机在一次 150 h 长期试车中,加力燃烧室筒体上一个焊在筒体上的管座前端 A 处(图 4.1.5)焊缝破裂。此管座是连接将由高压压气机引气到加力燃烧室的长导管的,为了协调导管与发动机工作时向后膨胀量不一致的问题,在导管中部折转出一个较大的凸出部分,这是发动机导管设计中必须采取的措施。

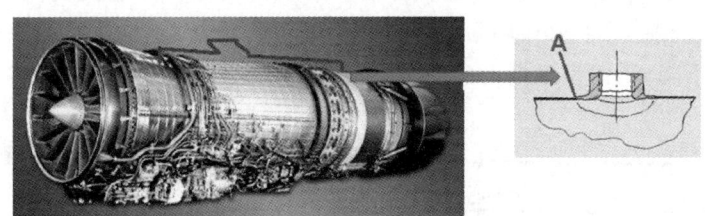

图 4.1.5　WP13 发动机中由高压压气机引气到加力燃烧室的导管

为了分析故障发生的原因,空一所与北京钢铁研究院分别对断口进行了分析,得出了一致的意见,即断口属高、低周疲劳断裂性质。低周疲劳是由于导管设计不合理,用于协调导管与发动机膨胀不一致的凸出部分还不够大,造成发动机工作时,发动机向后的膨胀量大于导管向后膨胀量,结果对管座产生一个向前拉的拉力,多次工作后在焊缝处产生低周疲劳断裂。高周疲劳是由于导管固定在发动机上时,将导管固定在发动机的卡箍数目与位置不合适,发动机工作时导管出现高频振动引起的。

（5）涡扇 8 发动机后轴承机匣换用材料不当使机匣变形

为运 10 大型客机研制的涡扇 8 发动机,实际上是仿制普惠的 JT3D 小涵道比涡扇发动机,在仿制中,对涡轮后轴承机匣(图 4.1.6)外机匣所用的材料认为高温性能较差,遂换用了性能较好的材料,但在发动机试车中,外机匣却出现了带几个凸起的非圆结构,成了如图 4.1.7 所示的形状。

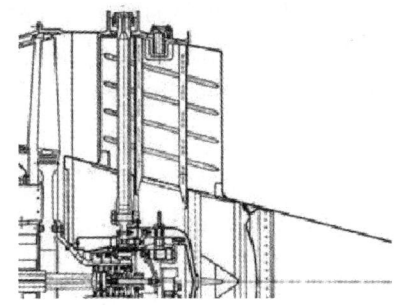

图 4.1.6　JT3D 涡轮后轴承机匣　　图 4.1.7　后涡轮后轴承机匣外机匣变形情况

原来,所换用的"好材料"的膨胀系数与支板的膨胀系数不协调,造成发动机工作

时,外机匣膨胀量大于支板的膨胀量,造成外机匣变成多边形。

2 对涡轮轴承在停车后温度不断上升的现象重视不够引起的故障

发动机停车后,在一段时间内(大约 1 h)紧靠高压涡轮(在单转子发动机中,紧靠涡轮)的轴承温度会逐渐上升。图 4.1.8 示出一早期单转子发动机(涡轮前燃气温低于 1 200 K)压气机前、后轴承与涡轮轴承在发动机停车后温度变化情况,由图可以看到,压气机前、后轴承外环温度在发动机停车后是逐渐降低的,而涡轮轴承外环温度不仅不下降,反而是逐渐上升的,到停车约 40 min 时,温度达到最高约 180 ℃。

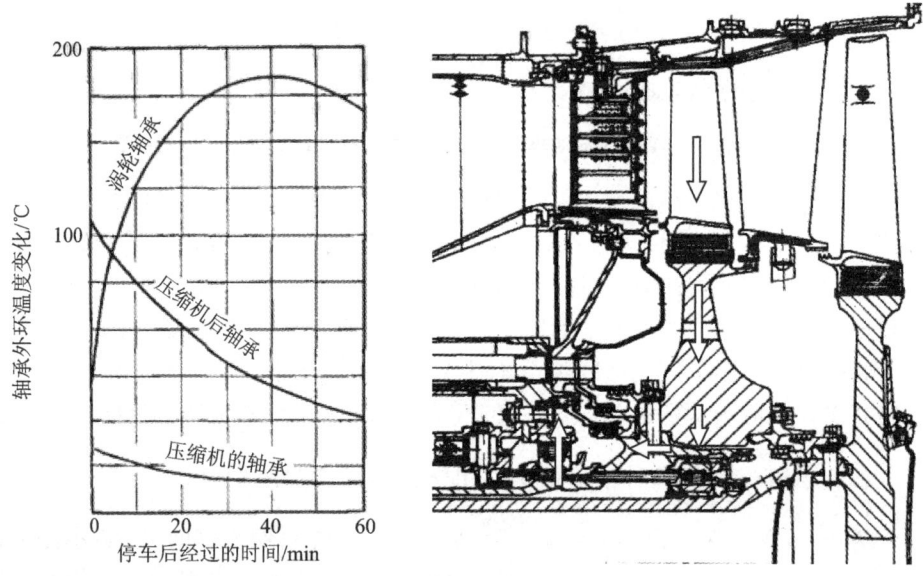

图 4.1.8 单转子发动机停车后轴承温度变化　　图 4.1.9 涡轮叶片热量在转子中传递路线

发动机工作时,涡轮叶片处于高温燃气包围中,其热量通过轮盘、轴传到轴承,如图 4.1.9 中箭头所示。高速工作的轴承也会发出热量,通过喷向轴承的大量滑油,不仅带走轴承的热量,也带走由涡轮叶片传来的热量。发动机一旦停车,终止了喷向轴承的滑油,此时涡轮叶片的热量除向其周围散发一些外,大量的热量仍按上述传播路线流向轴承内环,再流向轴承外环再流到涡轮机匣。由于众多的涡轮叶片包含的热量非常大,在发动机停车后逐渐通过轴承外传,因此轴承的温度在停车后一段时间内是逐渐上升的,而且轴承内环的温度高于外环的温度,直到涡轮工作叶片温度逐渐降到正常值为止,这段时间大致为 40~60 min。

在涡轮部件的结构设计中,如不考虑上述这一特点,会造成一些故障,特别是发动机在研制调试中,由于发生漏油漏气等小故障时,会停车下来进行排故,这种小故障很快就能排除,用时不到半小时,就再次启动发动机,这时最易出现重大故障。

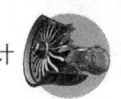

(1) 某型发动机涡轮轴承采用小游隙造成轴承内环将轴磨出深槽

某型涡轮喷气发动机在研制的调整试车过程中,作为排除发动机振动过大的措施之一,将高压涡轮前的滚棒轴承游隙减小到 0.03~0.05 mm,结果轴承内环将与之配合的高压涡轮轴轴颈处磨出深 2 mm 的环槽,这是一起罕见的故障。

如前所述,发动机停车后涡轮叶片的热量是通过轮盘传至轴,再由轴承内环向轴承外环传递,因此轴承内环的温度大于外环的温度,内环膨胀量大于外环膨胀量,如果轴承的游隙小,内环会通过滚棒紧紧压在外环中,将轴承卡死。这时如果启动发动机,轴承将不成为轴承而是一个刚性物体,相对摩擦运动发生在轴承内环与轴颈之间,轴的硬度比轴承的低很多,当然将轴颈处磨出深槽。

在现有发动机中,涡轮轴承均采用较大的游隙,见表 4.1.2。

表 4.1.2　几型发动机涡轮轴承游隙表

mm

发动机	WP7	WP8	JT9D 前	JT9D 后	PW4000 前	PW4000 后	某型发动机
轴承内径	130	160	235	165	182	165	130
轴承游隙	0.27—0.30	0.15—0.85	0.127—0.128	0.216—0.241	0.195—0.23	0.109—0.134	先 0.03—0.05 后 0.07—0.09

某型发动机在出现轴承内环将轴颈磨出 2 mm 深的环槽后,为了排除这一故障,将轴承游隙增大到 0.07~0.09,由表 2 可见其游隙仍小。因此在试车中又出现轴承内环将轴颈磨出深槽的故障。为了排除重复出现的这个故障,应该采取增加游隙的措施,但设计人员却采取了将轴承内环通过机械方式牢牢地与轴颈固定在一起的措施(现在还没有见到任何机械中将轴承内环通过机械方式牢固地与轴固定在一起的设计),这是极端错误的设计。因为当发动机停车四五十分钟后再次启动发动机时,这时轴承内、外环处于卡死状态,而内环与轴颈又是卡死的,势必在涡轮发出的强大扭短作用下,将涡轮轴拧断,其后果不堪设想。

(2) PW1500G 发动机停车前冷却时间不够造成 1 级低压涡轮轮盘非包容爆裂故障

PW1500G 是普惠公司于 21 世纪初研制的用于庞巴迪 C100 客机的齿轮传动风扇的大涵道比涡扇发动机,它由 1 级风扇、驱动风扇的减速器、3 级低压压气机、8 级高压压气机,2 级高压涡轮与 3 级低压涡轮组成,参见图 4.1.10。高压涡轮后轴承支承在高、低压涡轮间的承力框架中(图 4.1.11)。普惠在设计时考虑到发动机停车后,涡轮轴承温度会不断上升,会造成结构重大故障,但在结构设计中没有采取必要的措施,只是在发动机运行规范中对发动机的停车、再次启动程序作了严格的规定:停车时需在 $70\%N_2$ 下至少运转 10 min,以降低涡轮叶片的温度,使停车后传给轴

承、轴承座及承力框架的热量减少;再次启动发动机时,除采取特殊措施外,应在停车后 8 h 进行。

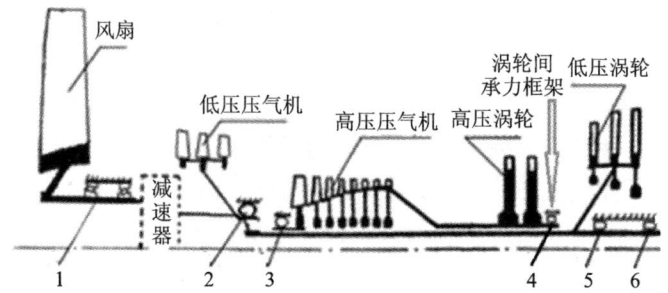

图 4.1.10　PW1500G 发动机简图

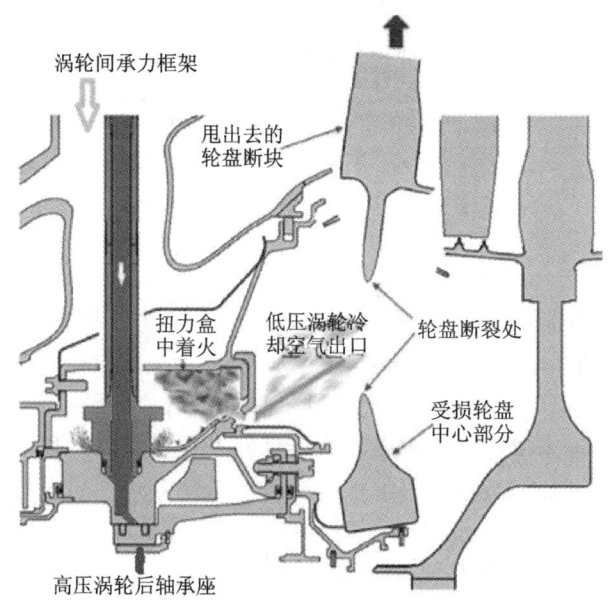

图 4.1.11　高、低压涡轮间承力框架结构

　　2014 年 5 月,庞巴迪飞机公司的工程师在对装在 CS100 左翼的 PW1500G 进行地面检验性试车中,违反了普惠公司的规定,多次停车过程中没有进行 10 min 低转速下的冷却程序,也未执行再次启动发动机需间隔 8 h 的规定。例如出故障的前三天的试车中,将停车时仅在 70%N_2 运转了 19 s,50 min 后发动机再次启动。由此造成停车后,涡轮叶片中的大量热量通过轮盘、轴、轴承与轴承座传到高、低压涡轮间承力框架中,使滑油导管与轴承座间的特氟龙封严圈的工作温度达到 190 ℃,超过了它的允许工作温度 180 ℃,胶圈失效(参见图 4.1.11),滑油外泄并自燃,连续不断的燃烧气体由冷却低压涡轮轮盘的冷却孔喷出,喷向 1 级低压涡轮轮盘的轮毂处,将轮毂烧熔出一环形缺槽,轮盘的轮缘部分包括叶片在离心力作用断成几块,击穿机匣甩出

发动机,造成轮盘非包容爆裂故障;轮盘盘心部分形成类似面包圈残留在发动机内。

普惠公司在这次事件后,规定将每次停车前需在慢车下运转 20 min 以冷却发动机;在滑油管封严处增加金属封严垫;在低压涡轮前腔装热电偶监测腔温;每天飞行后检查滑油消耗量;封严圈使用温度限制在 148 ℃;增加每天孔探检查等措施。

(3) 发动机停车后的高温使斯贝高压涡轮前油腔封严失效滑油消耗量大增

20 世纪 80 年代中国民航三叉戟客机所用的斯贝 MK512 发动机,由于发动机滑油消耗量超标提前换发率上升,1984 年为 37.5%,1985 年达到 40.7%。经过罗·罗公司的分析,发现高压涡轮前轴承处的浮动环式封严装置失效是其原因。

浮动环式封严装置(图 4.1.12)是介于接触式的涨圈封严装置与非接触式的篦齿封严装置间的封严装置。与涨圈封严不同的是浮动环为整圆的,它自由地套在轴上,与轴间有 0.03~0.10 mm 的半径间隙,浮动环的安装槽座是由两件组合起来的,环在其中有 0.06~0.15mm 的轴向间隙;在油腔外、内压差的作用下,浮动环紧贴在槽座的端面 A 上,形成了径向间隙式与端面接触式的混合封严装置。这种封严装置较篦齿封严的封严效果好,长度小,且无径向磨损问题。

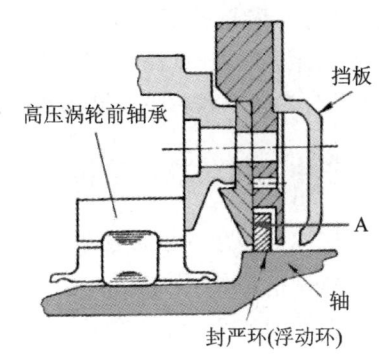

图 4.1.12　浮动环式封严装置

在斯贝发动机高压涡轮轴承处采用浮动环式封严装置则不合适,因为发动机停车后轴承温度不断上升,使残留在封圈处的滑油结焦,导致浮动环卡死而不能浮动,最终造成浮动环与轴相磨形成漏油的缝隙。在发现滑油消耗量超标后,罗·罗公司曾二次将该油腔处的泄油口孔径加大,希望在停车后能将油腔中滑油尽量排光,但终未解决问题,最后将浮动环封严装置改为篦齿封严装置后才最终解决问题。

斯贝发动机中共采用了 4 副浮动环封严装置,其他 3 处均未发生类似上述的故障。

(4) JT8D 高压涡轮轴承处端面石墨密封失效导致油腔中滑油自燃造成高压涡轮轴折断故障

JT8D 小涵道比涡扇发动机中,由于高压涡轮前轴承处的封严装置失效,高温气体流入高压压气机后轴承与高压涡轮前轴承间形成的滑油腔中,使油腔中的滑油自燃,燃烧形成的高温使高压涡轮轴失效断裂,1969—1990 年,共发生过这类故障 28 起,其中 5 起是非包容的断轴故障。

JT8D 高压涡轮前轴承(5 号轴承)处采用了端面石墨密封装置,如图 4.1.13 所示。端面石墨密封是一种封严效果极好的接触式封严装置,但它要求石墨的前端面

与装在轴上的封严环紧密接触。但在高压涡轮轴承用这种封严装置就不合适了。因为发动机停车后轴承温度逐渐上升,会使附着在封严装置接触面处的滑油结焦,破坏了两相对摩擦面间的接触,使封严装置失效,不仅高压涡轮前腔的高温空气流入滑油腔,引起滑油自燃;而且滑油腔中的滑油还向外泄漏到高压涡轮前腔,与高温空气混合也引起滑油自燃,燃烧的火焰将端面石墨封严件后的

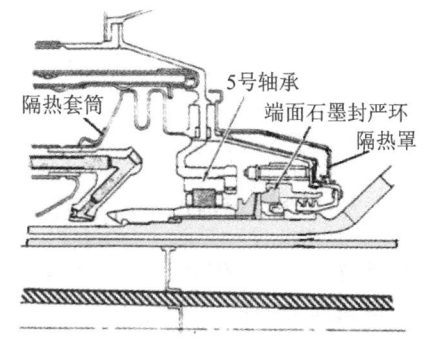

图 4.1.13　JT8D 高压涡轮前轴承封严装置

隔热罩烧穿形成缺口,高温空气又由此缺口处流入滑油腔,也引起滑油腔中滑油自燃,最终造成高压涡轮轴折断的重大故障。

3　转子中采用长螺钉连接造成转子无法分解

螺钉在一般装置中是常用的、最简单的连接件,但在发动机转子结构设计中,除非采取特别措施,不能采用长螺钉来连接。因为长螺钉很难做到螺钉的中心线与被连接件的端面成 90°相交,如图 4.1.14 所示,这就使得螺钉头与连接件间有一夹角,在大拧紧力的作用下,螺钉头的一面会嵌入到连接件中,两者的材料会熔融在一起而无法分解。

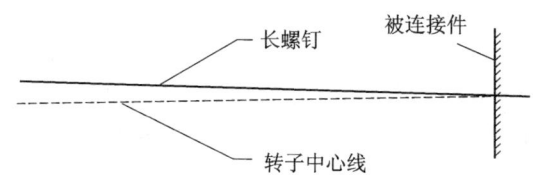

图 4.1.14　长螺钉与被连接件不成直角相交

(1) STALAVAL 压气机转子采用长螺钉连接造成转子无法分解

20 世纪 60 年代,我国急需地面燃气涡轮驱动的发电装置,但是当时英、美、法等国均执行对苏、中等国家严格的某些物资禁运规则,地面燃气轮机即是禁运的一项,最终不得不从毫无研制地面燃机经验的瑞典,买到一套由 STALAVAL 公司研制的1.5 万 kW 的机组,这是该公司研制的第 3 套产品,自引进后,在瑞典人调试过程中,出现了多项故障,其中包括压气机转子无法分解的问题。

STALAVAL 压气机转子由 12 级轮盘与相应的鼓环通过中心的长螺钉连接成一体(见图 4.1.15),为了保证工作中轮盘与鼓环间有牢固的连接,需对长螺钉施加极大的轴向力,为此,长螺钉做成直径较大的空心结构。装配转子时,先用长螺钉将各级轮盘与鼓环不太用力地连接成一体,然后将电加热棒插入螺钉中心孔中,通电后

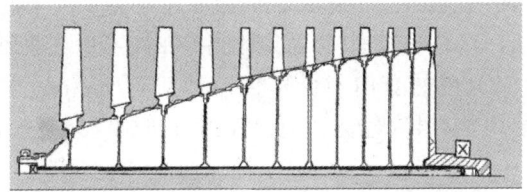

图 4.1.15　STALAVAL 压气机转子结构图

使加热棒加温,长螺钉受热后伸长,伸长到规定值后,将长螺钉拧到 12 级轮盘的短轴中,断电后长螺钉收缩,达到所需的拧紧力。

瑞典人在调试过程中曾两次分解压气机转子,但是无法将长螺钉拧出。这是因为长螺钉头部与转子前短轴接触处不是全面接触,施加的轴向力仅作用在较少的位置上,造成接触处两零件间的材料熔融在一起而无法拧动,最后只得采用机械加工的方法将螺钉头车削掉,才将压气机转子分解开。

(2) AL-31F 低压转子联轴器中长螺钉无法拧出

AL-31F 发动机中,风扇转子与低压涡轮转子的联轴器为一套复杂的结构,参见图 4.1.16。其中通过长螺钉 3 将两个转子轴向连接在一起。此长螺钉为一空心薄壁结构,如前所述,分解此螺钉也是较难的。

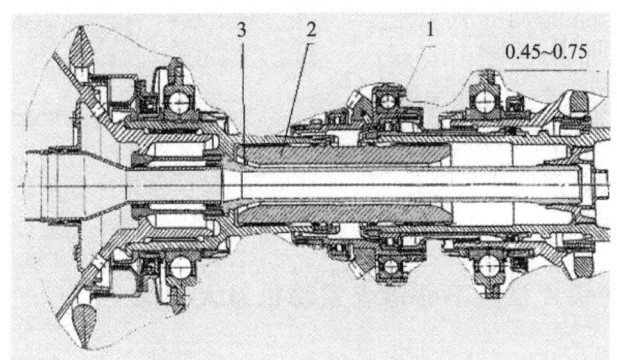

图 4.1.16　AL-31F 中压转子联轴器

4　发动机中采用死腔结构带来重大故障

发动机结构设计中,除特殊情况例如真空膜盒等外,一般不能做成死腔或密闭腔。发动机工作时,各部件温度都会升高,根据 $PV=Rt$(P 为压力,V 为容积,R 为常数,t 为温度)公式可以看出,死腔的容积不会变,当发动机温度升高后,死腔中的压力会升高。升高的压力对腔壁会施加一个力,发动机停车后此力也就消失了。发动机长期工作后,死腔的腔壁材料会发生低循环疲劳,材料强度大大降低,在其他因

素作用下,腔壁破裂,会引起重大故障。

图-154 客机用的 D30-KU-154 发动机中,在高压压气机轴内装有一钛合金制的隔热套筒(图 4.1.17),隔热套筒与低压传动轴间有 5 mm 径向间隙,间隙中为滑油腔。隔热套筒两端均装有封严胶圈,使高压压气机轴与隔热套筒间形成了一死腔。

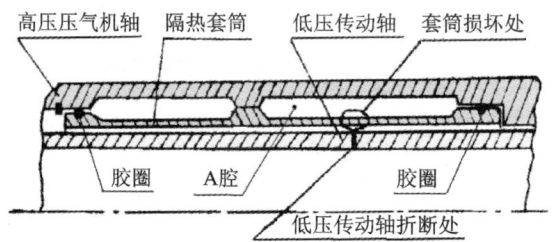

图 4.1.17　高压压气机轴内的隔热套筒

在发动机工作 4 582 h,2 437 循环后,隔热套筒在反复加压、卸压作用下低循环疲劳,材料强度大大降低。另外,由于封严封胶圈老化,滑油漏入高压压气机轴与隔热套筒形成的环腔中,滑油自燃使腔压突增,造成隔热套筒在外压作用下失稳向内变形形成一个凹陷处,凹陷处的最尖处与低压传动轴相接触,在相对转速 5 700 转/min 作用下,将低压传动轴磨出深槽后而折断(图 4.1.18)。低压传动轴折断后,4 级低压涡轮失去负荷转子飞转,在极大的离心力作

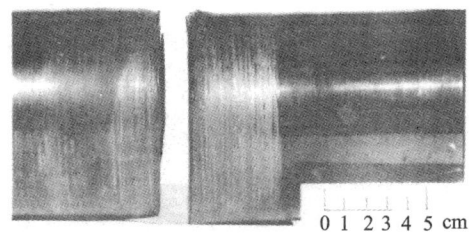

图 4.1.18　低压传动轴折断

用下转子爆裂,爆裂形成的断块击穿机匣甩出发动机,幸好出故障的发动机位于飞机机尾处,甩出的断块未对飞机机体结构造成损伤,否则其后果不堪设想。

5　锁紧叶片的锁片强度不够造成发动机重大故障

风扇、压气机与涡轮工作叶片装在轮盘上时,需用锁片将叶片槽向固定在装叶片的榫槽中,防止叶片沿槽向滑出榫槽。锁片虽小,但它承受的负荷多且变化,如果不认真设计,会在工作中断裂,造成叶片从轮盘中甩出,严重时甩出的叶片会击穿机匣,对发动机结构或飞机结构造成二次损伤。

(1) F101 风扇叶片锁紧卡环断裂使 B-1B 在海湾战争中全面停飞

F101 发动机为 B-1B 轰炸机所用的发动机,其第 1 级风扇叶片是用一个卡环将所有叶片锁紧在轮盘上的,如图 4.1.19 所示。发动机工作一段时间后,风扇叶片被吸入的细小沙石冲刷磨蚀,叶型略有变化因而改变了叶片的自然振动频率,在 97% 的风扇最大转速下叶片出现共振,振动应力很大。如果叶片存在一些缺陷,就会使叶

片折断,导致转子的平衡被破坏,风扇转子就会产生高频振动,造成卡环断裂,使叶片从轮盘上甩出,结果引起发动机着火。

1990 年 10 月初,一架 B-1B 轰炸机刚飞到 1 800 m 高度时,1 号发动机锁紧风扇叶片的卡环突然折断,使全部风扇叶片甩出,引起发动机着火,飞机紧急着陆。2 周后又一架飞机由于同样原因,8 片风扇叶片甩出发动机,并引起发动机着火,

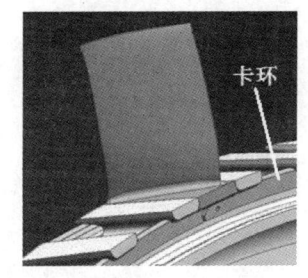

图 4.1.19　风扇叶片用卡环锁紧在轮盘上

为此美国空军下令全部 97 架 B-1B 停飞以排除故障。

1991 年 1 月 17 日海湾战争爆发,美国出动了所有在役的战机,唯独 B-1B 正处于停飞排故期而未能参战。自 1986 年 6 月 29 日第 1 架 B-1B 加入美国空军服役到 1990 年底,发动机累计工作时间超过 10 万小时,曾出现 6 次叶片甩离事件。

为排除故障,将原来由不锈钢材料制造的厚度为 1.6 mm 的卡环,改用镍基合金制造,厚度加大到 3.68 mm,以增加卡环的强度,另外,在风扇叶片根部加装减振块,以降低风扇叶片的振动应力(可降低 1/3)。20 世纪 90 年代后期,GE 公司还采用激光冲击强化(LSP)对风扇叶片进行强化处理,以提高叶片的疲劳强度。

(2) 涡扇 6 发动机锁紧叶片的锁片断裂引起试车间失火

涡扇 6 发动机是我国自行研制的军用小涵道比涡轮风扇发动机,在 20 世纪 60 年代后期一次调整试车过程中,由于压气机叶片锁片强度不够而断裂,造成一片叶片甩离轮盘并击穿机匣,断片打坏试车间的燃油导管,引发试车间失火。

6　零件保护层选用不当造成重大故障

发动机中的钢制零件,为了防止表面生锈,一般采取在表面镀上一薄层防锈的金属,如铜、锌、镉等;在涡轮叶片上为防止燃气中的硫等对叶片的腐蚀并减少传到叶片上的热量,一般均需在叶片上覆盖一层隔热涂层。但是如果这些保护层选用不当,会造成严重故障,甚至会造成机毁人亡的重大事故。

(1) 弹性锁片采用镀镉造成歼六机毁人亡重大事故

1974 年空军的歼六战斗机连续发生了三次机毁人亡的重大事故,经调查分析,原来是它所用的涡喷六发动机中的一个小小的弹性锁片改用了镀镉造成的。

涡喷六为单转子涡轮喷气式发动机,由 9 级压气机、环形燃烧室、2 级涡轮与加力燃烧室组成。它的涡轮轴通过半球式联轴器与压气机轴连接(图 4.1.20),连接后用一个薄薄的弹性锁片将其固定,弹性锁片用铆钉固定在压气机后锥轴的内表面上,其示意图见图 4.1.21。在正式的生产文件中要求弹性锁片镀锌,但在当年的生产

中,锌层表面起泡,遂改用镀镉。

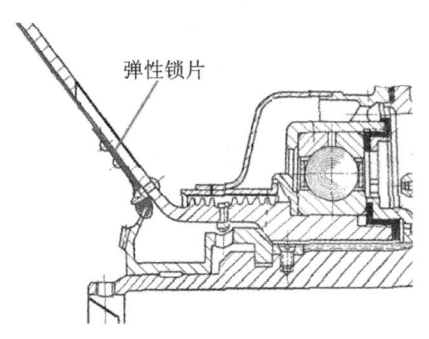

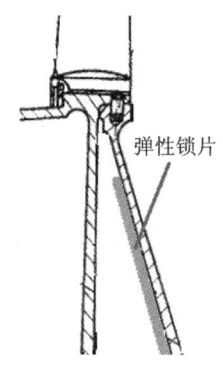

图 4.1.20　涡喷六发动机联轴器　　　　图 4.1.21　弹性锁片示意图

　　联轴器处的工作温度为 330～380 ℃,镉的熔点为 321 ℃,工作中,镉熔化,在离心力作用下液态镉顺着后锥轴外流(有流动痕迹),流到 9 级轮盘拐角处,此处镀铜层

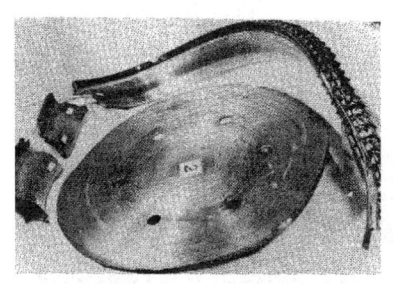

图 4.1.22　破裂的轮盘

已被车掉(轮盘是镀铜的),镉渗入到轮盘轮缘与辐板间的环形基体材料中,使材料变脆(镉脆)。在飞机起飞爬升过程中(三次事故均发生于这一状态下),发动机处于最大工作状态下,转速最大,在极大的离心力作用下,轮盘在盘缘与辐板转接处整周断裂,断裂后盘缘又断成几段甩离轮盘,并击穿机匣甩出发动机,造成严重的非包容故障,轮盘的辐板基本保持圆形,见图 4.1.22。

　　三次机毁人亡的事故原因找到后,制造厂核实,发现共有 761 台发动机弹簧片镀镉,遂将这些装有镀镉弹性锁片的发动机返厂,进行分解检查,结果发现其中 115 台约占 761 台的 15%,已有不同程度的裂纹,如果没有出现这三次事故,其后果不堪设想。

(2) 遄达 1000 中压涡轮工作叶片隔热涂层脱落造成波音的 787 客机大面积停飞

　　遄达 1000 是罗·罗公司为 787"梦幻"客机研制的三转子大涵道比涡扇发动机(图 4.1.23),2011 年 10 月 26 日日本全日空 ANA 的 787 客机(装遄达 1000 发动机)进行了首次商业飞行,但在 2016 年该公司的 787 就遭受了 3 次遄达 1000 中压涡轮工作叶片腐蚀断裂的重大故障,由于要更换叶片使飞机停飞,造成全日空取消了 300 多个航班;几周后,英国维珍大西洋航空公司的 787 客机出现了类似事件,使该公司取消了一百多个航班。2017 年下半年,像多米诺效应一样,多家航空公司(泰

航、英航与新西兰航空公司)先后出现了受遄达 1000 发动机的影响而停飞 787 的事件,数以万计的旅客在圣诞节与新年间的出行由于多家航空公司取消由 787 客机执行的航班而受到影响。

造成大量 787 客机停飞的原因是遄达 1000 中压涡轮工作叶片隔热涂层未到设计寿命而过早地脱落,使叶片表面与高温燃气接触,造成叶片硫腐蚀而断裂,断裂的断片流入到低压涡轮中,打伤 1~6 级静子叶片与工作叶片,图 4.1.24 示出第 6 级低压涡轮工作叶片受损情况。幸好这些断片质量小,没有打穿机匣甩出发动机,否则其后果不堪设想。

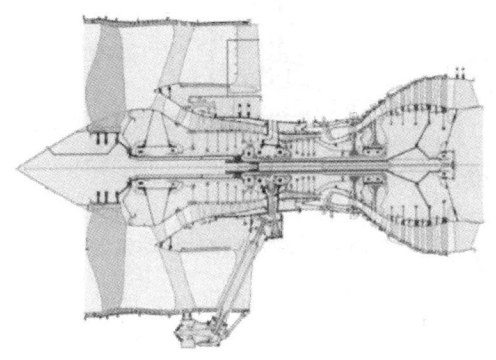

图 4.1.23　遄达 1000 发动机

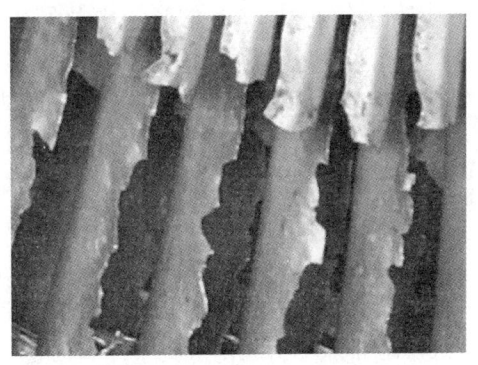

图 4.1.24　6 级低压涡轮工作叶片受损情况

由于即使是 1 片中压涡轮工作叶片断裂,在多米诺效应作用下,也会打坏多片低压涡轮叶片,罗·罗公司根本没有这么多的备用叶片来拆换受损的叶片,不仅造成多家航空公司的飞机大面积停飞,还在一段时间内无法向波音公司交付装机的发动机。这在航空发动机发展历史中也是罕见的。

7　滑油流量不足造成重大故障

在一般机器中,对轴承喷入的滑油是起润滑作用的,其系统称为润滑系统,但在航空燃气涡轮发动机中,喷到轴承的滑油不仅润滑轴承,还要带走轴承高速旋转产生的热量以及其他零组传到轴承的热量,同时滑油还在某些操纵机构中起到工质作用,因此现代许多发动机中已将润滑系统改称滑油系统。发动机的滑油系统如果出现某些设计缺陷,例如对轴承等的喷油量不够,会造成发动机重大故障。

(1) 对附件传动轴轴承喷油量不够造成发动机空中停车

A330 客机装有 2 台罗·罗公司的遄达 700 发动机,于 1995 年初投入使用。1997 年 7 月 1 日香港回归祖国之际,众多的海外游客要乘飞机到香港目睹回归盛典。但是恰在此时,香港两家航空公司的 15 架 A330 大型客机全部因发动机故障而在 5 月 24 日宣布停飞,造成了不良影响。

遄达 700 发动机附件传动系统见图 4.1.25，高压压气机转子前的中传动装置与置于高压压气机机匣外的附件机匣间通过垂直传动轴连接。由于在中传动装置中，滑油喷嘴距与垂直传动轴啮合的从动锥齿轴承间存在 20 mm 的间距，对轴承的润滑冷却不够，使轴承与垂直传动轴温度过高(大于 170 ℃)，垂直传动轴折断，造成发动机空中停车。从 1996 年 11 月到 1997 年 5 月 12 日的半年中共发生过空中停车 5 次，对飞机飞行安全起到极坏的作用，因此香港民航当局在 5 月 24 日宣布所有的 15 架 A330 全部停飞。

针对这一影响飞行安全故障，罗·罗公司立即在附件传动系统中改用了遄达 800(用于波音公司的 777 客机)的滑油系统，使该轴承

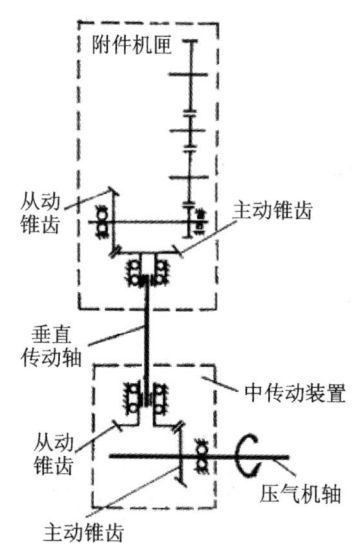

图 4.1.25　遄达 700 附件传动系统简图

的温度降至 130 ℃。因此 A330 于当年 6 月中恢复了飞行，即在不到一个月时间内，成功地排除了引起多次空中停车的重大故障，这在发动机排除故障的工作中还是较少的。

(2) RB211 供给风扇后轴承的滑油量不够造成风扇轴折断的重大故障

RB211 系列发动机中，风扇后轴承与中压压气机前轴承均支承在同一个承力框架中，如图 4.1.26 所示。一根滑油供油管既向风扇后轴承供油，又向中压压气机前轴承供油，在某些情况下，会使供给风扇后轴承的滑油油量不够，造成轴承损伤最终导致风扇轴断裂，风扇盘被甩离发动机的严重故障，由于低压涡轮转子设有防止风扇轴断裂后飞转的措施，此故障只导致发动机空中停车而未造成飞机机体严重损伤，飞机均安全着陆。

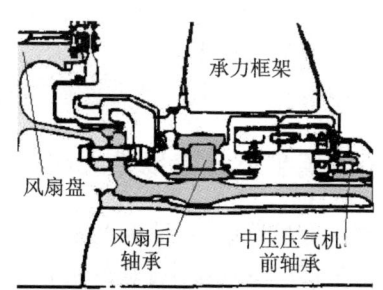

图 4.1.26　RB211 风扇后轴承与中压压气机前轴承支承图

装 RB211 - 22B 的三发 L1011 客机于 1981 年在飞行中先后出现了三次风扇部件甩出的严重事件(1981 年 5 月、1981 年 8 月与 1981 年 9 月)，其原因均是由于风扇后轴承滑油供油量不够造成的。由于同样的原因，1982 年 12 月在 747 四发客机上的 RB211 - 524C2 中，也出现了风扇盘甩出的故障。在不到两年的时间内，连续出现影响飞机飞行安全的四次风扇盘甩离发动机的严重故障，在航空发动机的研制与使

用历史中,实属罕见。

8　对外压会使壳体件失稳变形认识不够造成重大故障

薄壁壳体零件在外压大于壳体的允许值时,会失稳变形,造成壳体局部地区向内凹陷,其变形形貌呈菱形。在发动机设计时,对于薄壳零件,往往忽视在非正常情况下壳体会出现过大外压的现象,没有采取适当措施,结果会造成发动机重大故障。

(1) WP6 发动机燃烧室内机匣的隔热环外压失稳引发多起空中停车事件

WP6 发动机燃烧室内机匣内设有由隔热环组成的隔热腔,如图 4.1.27 所示。为避免燃烧室的高温对涡轮轴与滑油腔有影响,在燃烧室内机匣内焊有一由 0.8 mm 厚的 1Cr18Ni9Ti 板材制成的隔热环,组成了一隔热腔的环腔。为避免此环腔成为死腔,在环腔下部焊有一均压管,此管的另一端连于压

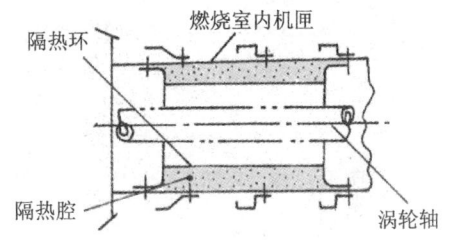

图 4.1.27　WP6 燃烧室内机匣的隔热腔

气机后轴承的后卸荷腔。后卸荷腔是轴承篦齿封严装置后的腔室,发动机工作一段时间后,封严效果会降低,此时少量泄漏出来的滑油会流到卸荷腔中,并通过均压管流到隔热腔中。隔热腔中的滑油在高温(此腔温度约为 300 ℃)下自燃,燃烧造成隔热腔内压力突增,使隔热环在外压作用下失稳向内凹陷,与高速旋转的涡轮轴相碰磨,最终造成空中停车。

在 20 世纪 60 年代,某厂返修的 2000 余台 WP6 发动机中,发现有隔热环向内下陷故障的发动机有 51 台,占全部返修发动机的 2.5%。又如在 1967 年 10 月到 1969 年初的不完全统计,410 厂处理这一故障的发动机有 129 台,其中苏制的原型机6台,410 厂生产的 55 台,420 生产的 68 台。

为排除这一影响飞行安全的故障,将隔热环的厚度由 0.8 mm 加大为 1.2 mm,并在腔环上压出两道加强筋,此后再未出现类似故障。

(2) D30-KV-154 高压压气机轴内隔热套筒外压失稳造成 4 级低压涡轮转子非包爆裂故障

苏制图-154 客机装有 3 台 D30-KV-154 小涵道比涡扇发动机。中国民航的一架图-154 在 1988 年 5 月 30 日起飞时,装在机尾中部的发动机,低压涡轮传动轴折断,造成 4 级低压涡轮转子爆裂甩出发动机重大故障,其原因就是装在高压压气机轴内的隔热套筒外压失稳造成的。

D30-KV-154 高压压气机轴与低压涡轮传动轴间的环形腔是滑油腔,为避免高压压气机的高温对滑油有不良影响,在轴内装有一隔热套筒(图 4.1.28),隔热套

筒由厚度为 1.2 mm 的钛合金板料焊接而成,其前、后端与高压压气机轴相配处均装有胶圈,使隔热套筒与高压压气机轴间形成的隔热腔 A 为死腔,多次开车后隔热套筒材料强度降低;当发动机工作近 4 500 h 后,胶圈老化失效,滑油流入隔热腔 A 中,由于 A 腔温度大于 300 ℃,滑油自燃,造成 A 腔中压力突增,隔热套筒在外压作用下失稳向内凹陷(图 4.1.29),下陷的尖部与低压传动轴相磨,将轴磨断,最终造成 4 级低压涡轮转子爆裂击穿机匣甩出发动机的重大故障。

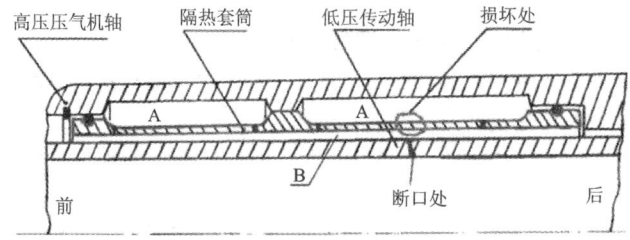
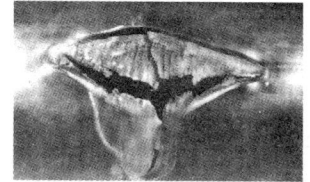

图 4.1.28　高压压气机轴内装有隔热套筒　　　图 4.1.29　隔热套筒向内凹陷

(3) 某型机高压转子内的空气导管外压失稳造成重大故障

某型带加力燃烧室的小涵道比涡扇发动机中,在由高压压气机与高压涡轮转子组成的高压转子内,装有一空气导管(图 4.1.30),空气导管外侧是由高压压气机前锥轴上的 A 孔流入的 3 级风扇后的空气,压力约为 3.5×10^5 Pa,而导管内的空腔是与轴承滑油腔相连通的,其压力约为 1.2×10^5 Pa。因此,工作中导管内外间有 2.3×10^5 Pa 的压差,这个压差不会引起导管失稳。但在某些异常情况下,导管外的压力会突升,这时,会产生使导管失稳变形的压差,设计人员在设计时只考虑正常工作情况,因此对导管未采取加强的措施。

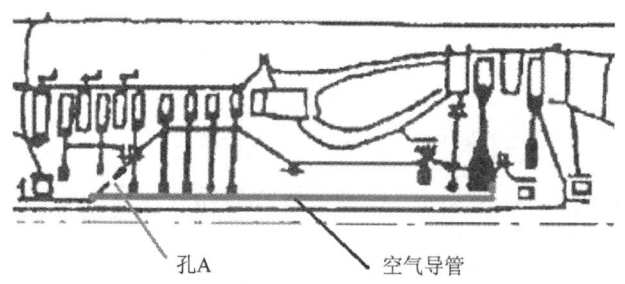

孔A　　　空气导管

图 4.1.30　某型发动机高压转子内的空气导管

1988 年冬一次地面试车中,在停车前,错误地先将尾喷口关小然后停止向加力燃烧室供油,使加力燃烧室的工作与尾喷管的调节不协调而将风扇"迫喘",风扇后的压力突然上升较大,造成空气导管外的压力比正常工作时的压力大很多,结果空气导管在外压作用下失稳凹陷,凹陷的尖部与低压涡轮轴相磨,将低压涡轮轴磨出一环形

深槽(低压涡轮轴未断)。在相互摩擦过程中,薄壁的空气导管破裂断成四片,其断片甩到高压转子某一区域,造成高压转子平衡被破坏。不平衡的高压转子在旋转中,局部地区的涡轮工作叶片叶尖,刮磨叶尖相对应的涡轮外环,其结果是那几片刮磨的叶片报废,涡轮外环严重损坏。

这次由于空气导管外压失稳的故障,造成的损失难以估量,如在设计时考虑到在非正常工作情况下,可能会出现外压失稳,将空气导管内沿长度上增设几个加强筋环,就能避免这一严重故障的发生。在出现此故障后,设计人员并未从中吸取教训而修改设计,导致后来又发生了一次相同的故障。此后,参考了与本发动机结构设计类似的国外著名发动机的设计,才在空气导管中增设了增强刚性的筋环,其后再未出现类似的故障。

9　不慎采用电化学腐蚀标印造成重大故障

电化学腐蚀标印 ECM 是一种在零件制造、发动机装配与修理过程中常用的一种方法,但在操作中稍有不慎,会在表面上形成电弧而损伤表面,对于承受变化载荷的重要零件,例如轮盘,叶片榫根等,就会萌发裂纹,最后可能导致轮盘破裂、叶片断裂等重大故障,因此,应慎用这种标印方法。

CF34 风扇盘不慎采用电化学腐蚀标印造成重大故障

2007 年 1 月 25 日美国美莎航空公司的一架装有两台 CF34 - 3B1 发动机的庞巴迪 CRJ200LR 支线客机,在丹佛机场起飞 20 min 后,飞机穿过 7 300 m 高度时,驾驶员听见"呼"的一声,飞机突然大振,飞机飞行速度降低,飞机的飞行高度随之下降,驾驶员发现"1 号发动机(左发)出现严重问题,立即将飞机安全地开回丹佛机场,机上 50 名乘客及机组 3 人无 1 人伤亡。

飞机着陆后,令人吃惊的是 1 号发动机风扇转子,进气锥罩、风扇包容机匣及反推器(如图 4.1.31 所示)已全部丢失,风扇出口导叶仍保留在发动机中,如图 4.1.32 所示。

CF34 为 GE 公司研制的用于通用航空的发动机,自 1992 年到 2007 年已有 2000 余台投入使用,是一型可靠性较高的发动机。出故障的发动机是 1999 年 9 月 22 日启用的,已经工作 11 000 次循环。

经检查分析,这次重大故障是由于在维修时,为使轮盘与轴保持正确位置,在轮盘孔缘处采用了 ECM 作标记。但是由于操作不当,在轮盘表面上产生电弧,造成小的疵点,引发了裂纹的萌生,发展成一扩展的裂纹,此裂纹最后导致轮盘破裂。

早年,GE 公司在 CF34 的装配中,采用过这种电化学腐蚀标印的方法,但后来发现如果操纵不当,容易在零件表面上产生电弧,造成小的疵点,能引发裂纹的萌生,因此,GE 公司在 2000 年起不再采用这种标记的方法。2000 年 10 月,GE 公司发布一份服务通报,要求采用了这种标记的发动机,在使用到 8000 循环时,应对风扇盘中心

孔缘表面处用目视及触摸来检查标记,是否已有由于电弧引起的疵点。出故障的发动机没有按 GE 的服务通在 8000 循环时对轮盘进行检测,否则不会出现这一重大故障。

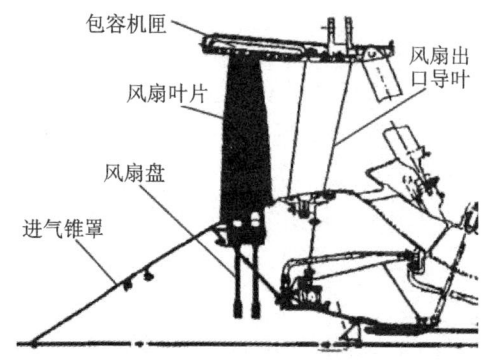

图 4.1.31　CF34 - 3B 发动机风扇部件图　　　图 4.1.32　风扇转子、包容机匣等均在飞行中丢失

10　风扇叶片尾缘与分流环间采用了过小的间隙造成在大雨中发动机空中停车

在大涵道比涡扇发动机中,风扇叶片尾缘与分流环(图 4.1.33)间的间距应保持较大,以利于飞机在大雨天降落时,将流入发动机的雨水大部分甩到外涵道,避免过多的雨水流经高压压气机而流到燃烧室,使燃烧室熄火,造成发动机空中停车的严重故障。

CFM56 - 3 风扇叶片后缘与分流环间采用了小间距造成飞机大雨中降落时双发熄火 CFM56 - 3 虽在研制中通过了 FAA 按 FAR33 部的吞水考核,但在实际使用中,737 客机在 1987 年 5 月—1988 年 9 月间的一年多的时间内,发生过 4 次在特大雨水/雹着陆时双发空中停车的严重危及飞行安全的故障,分析其原因竟是风扇部件中有 2 处结构设计不合理而造成的,参见图 4.1.34:其一是风扇叶片后缘与分流环间的间距太小,使雨水不易甩到外涵道,其二是进气锥做成长锥形,也是不易使雨水甩到外涵道。

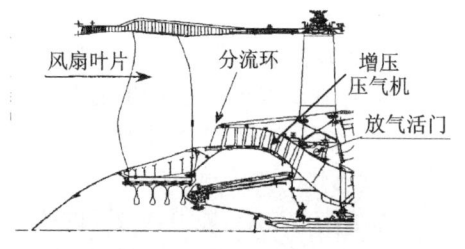

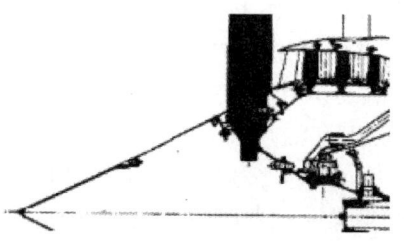

图 4.1.33　风扇叶片后缘与分流环间的间距要大　　图 4.1.34　CFM56 - 3 的风扇部件图

　　为此,GE 公司采取了三项结构改进措施:加大叶片后缘与分流环的间距,即在主要结构不变的情况下,采用了更换长度较短的分流环,但间距加大不多;将锥形进气锥改成先椭后锥的形式,如图 4.1.33 中的进气锥;在增压压叶气机后拐弯处设置一个放气活门,当雨水流经拐弯处时,在拐弯形成的离心力作用下将雨水甩出到外涵道。另外,还将发动机的空中慢车转速由 32% N1 提高到 45% N1,以提高将雨水甩出的离心力。

　　在起飞状态,发动机处于最大工况下,风扇转速处于最大,这时将雨水甩到外涵道的离心力大,进入发动机的大量雨水被甩到外涵道,留在内涵道的少量雨水不仅不会使燃烧室熄火,反而有喷水加力的作用,因此飞机在大雨中起飞时,发动机的推力还会加大。

　　在 CFM56 系列发动机中的最后机型 CFM56 - 7 中,吸取了 - 3 的经验教训,在风扇部件的结构设计中,做了较大改进,如图 4.1.35 所示,其结构代表了大多现代发动机采用的结构。

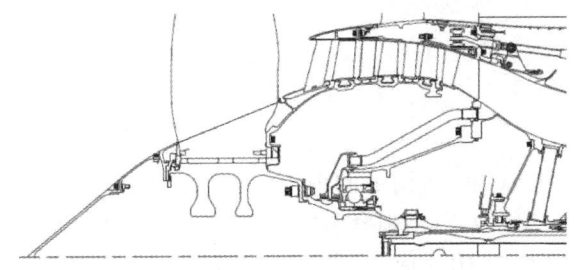

图 4.1.35　CFM56 - 7B 风扇部件图

　　从上述事例说明,在发动机结构设计中,绝对不能忽视所谓的"小事",对待任何细小问题均应考虑周到;另外,还需从一些已运行的发动机出现的大小故障中,吸取教训。

| 整体叶盘在国外发动机中的应用分析 |

1 概 述

通常,压气机及风扇的工作叶片(即转子叶片)均用其叶身下的榫头(多为燕尾形)装于轮盘轮缘的榫槽中,再用锁紧装置将叶片锁定于轮盘上。20 世纪 80 年代中期,在航空发动机结构设计方面,出现了一种称之为"整体叶盘"或简称"叶盘"(Blisk)的结构。它是将工作叶片和轮盘做成一体,省去了连接用的榫头、榫槽,使结构大为简化。整体叶盘的英文名词 Blisk 是由叶片 blade 的前两个字母与轮盘 disk 后三个字母组合在一起形成的一个新词,它较形象地表达了这种结构的特点,即它是一种合二(叶片、轮盘)为一(整体叶盘)的结构。

在压气机中,叶片与轮盘做成一体,并不是近期的设计,早在 20 世纪 60~70 年代研制的一些小型发动机的轴流-离心组合式压气机中,为了简化轴流压气机转子的结构,减轻重量,其叶片多做成小展弦比、片数少,这时常将叶片和轮盘做成一体。例如美国特里达因 CAE 分公司(当年为大陆公司航空工程分部)于 20 世纪 50 年代按法国透博梅卡公司专利仿制玛尔波 2 型涡轮喷气发动机,并命名为 J69 - T - 25,其推力为 450 daN;随后,在 60 年代初期发展了该发动机的推力增大型 J69 - T - 29,推力增加到 750 daN。为了提高推力所采用的主要措施是在离心式压气机前增加一级轴流式压气机以提高增压比与空气流量,如图 4.2.1 所示。这个新增加的轴流压气机转子直径约为 300 mm,共有 17 片叶片,它的叶片、轮盘与轴即做成一体,既可用 17 - 4PH 沉淀硬化不锈钢精铸后经抛光而成,也可用 403 合金钢锻制后经机械加工而成。又如,法国透博梅卡公司于 20 世纪 70 年代初期开始研制并于 1978 年投入使用的阿赫耶发动机,如图 4.2.2 所示。其压气机采用了 1 级轴流与 1 级离心式压气

机组合的混合式压气机,轴流式压气机转子的叶片与轮盘即做成一体,是用 TA6VPQ 钛合金锻制后在 5 坐标数控铣床上铣削加工而成。

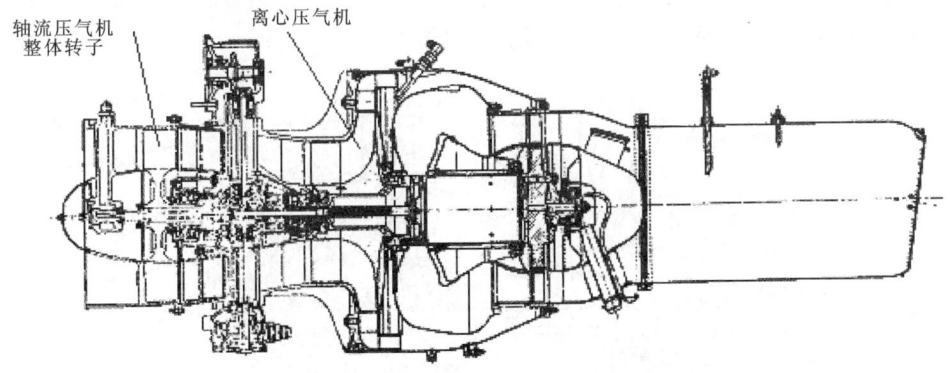

图 4.2.1　J69 - T - 29 发动机结构图

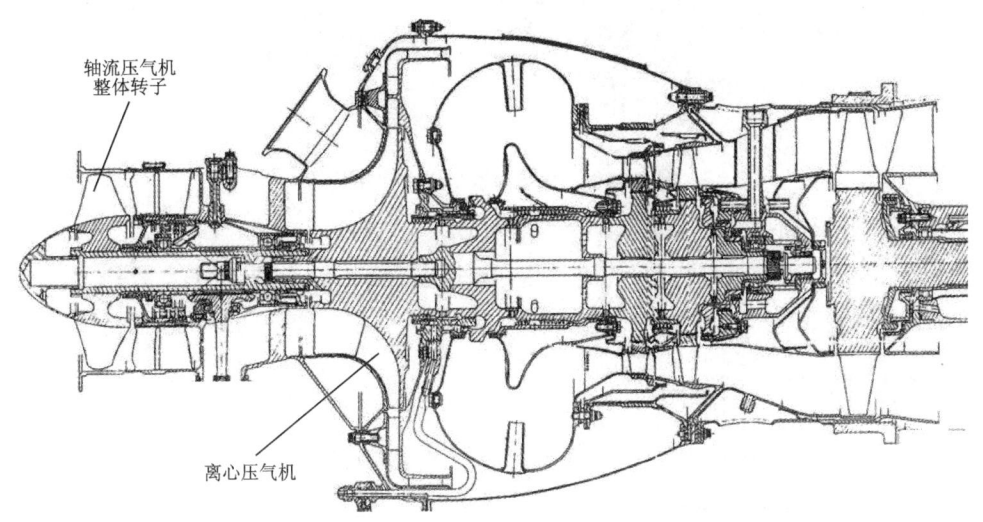

图 4.2.2　阿赫耶发动机结构图

对于这些小型发动机轴流压气机中采用的叶片与轮盘做成一体的结构,由于直径小、叶片数少,当时均称它们为"整体转子";后来,加拿大普惠公司则称它们为"带叶片的整体转子"(Integrally Bladed Rotor,IBR)。例如,该公司于 1992 年开始研制的、推力为 11.58～17.26 kN 的小型涡扇发动机 PW500 系列(如图 4.2.3 所示),其第 1 个型号 PW530(推力为 11.58 kN)已于 1995 年 12 月取得适航证,它的风扇转子及高压压气机中的 2 级轴流转子(高压压气机由 2 级轴流与 1 级离心压气机组成)均将叶片与轮盘做成一体;1996 年 12 月取得适航证的 PW500 系列第 2 个型号 PW545(推力为 17.26 kN)在风扇后增加了一级增压(低压)压气机,该型发动机除风扇转子

与 2 级高压压气机外,增加的 1 级增压压气机的转子也做成整体的,该公司均称这些转子为 IBR,而未称它们为 Blisk。由此可以看出整体叶盘是指那些直径较大、叶片数多的将叶片与轮盘做成一体的结构。但实际上对于一些小型发动机的转子,很难分出是属于带叶片的整体转子 IBR,还是属于整体叶盘 Blisk。

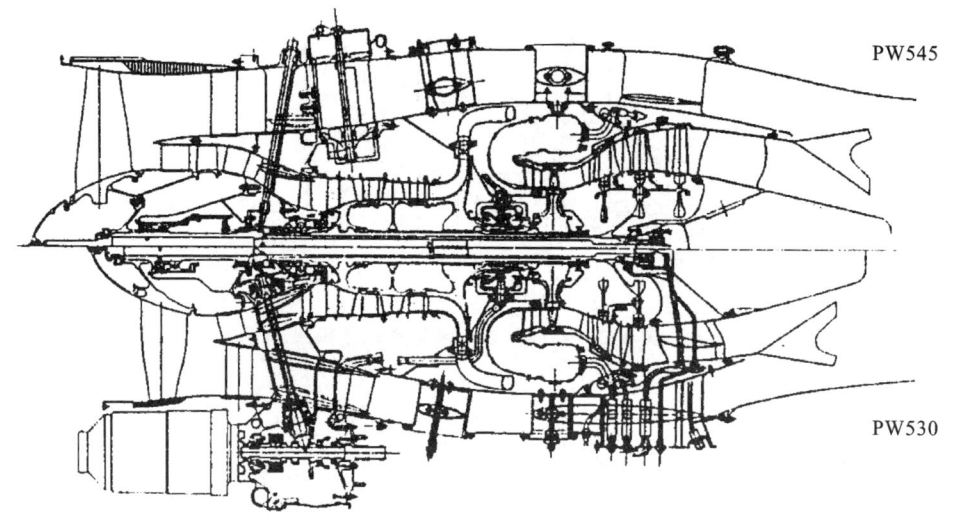

图 4.2.3 PW500 系列发动机结构图

但是,不论如何称呼这种将叶片与轮盘做成一体的结构,它们的特点是相同的,为了叙述方便,在以下分析中,均用整体叶盘 Blisk 的名称,且偏重于直径较大、叶片数多的结构。

2 整体叶盘结构设计特点

将叶片与轮盘做成一体后,首先轮盘的轮缘处不需加工出安装叶片的榫槽,因而轮缘的径向厚度可以大大减小,从而使转子重量减轻。例如,F414 发动机中的第 2、第 3 级风扇转子采用整体叶盘后,使转子重量减轻 20.43 kg,转子重量减轻后,将会对整台发动机减重起到较大作用(F414 发动机与其原型机 F404 相比,推重比由 7.5 提高到 9.0);罗·罗公司的研究指出,采用整体叶盘结构与传统的叶片轮盘结构相比,重量最多可减少 50%,若采用金属基复合材料(MMC)的整体叶环(Bling),则可减重 70%,如图 4.2.4 所示。其次,使发动机零件数目大大减小,这不仅是由于叶片与轮盘做成一体而得到的,而且也是由于减少了每片叶片的锁紧装置而获得的。前述的 F414 发动机,高压压气机前 3 级也采用了整体叶盘,即它共用了 5 级整体叶盘,使发动机零件数减少了 484 件,这的确是一个不小的数目,零件数减少,不仅使成本降低,而且也可以提高发动机的可靠性。另外,采用整体叶盘还可以消除在常规用榫头连接叶片与轮盘的结构中,气流在榫头与榫槽缝隙中逸流所造成的损失,还可以避

免由于装配不当或榫头的磨蚀,特别是微动磨蚀、裂纹及锁片损坏等带来的故障。由于整体叶盘有这些特点,因而自 EJ200 发动机采用后,已被一些现代的军民用发动机采用,特别是最近几年推广及使用更为迅速。为什么在小发动机中,早在 20 世纪60 年代就推广整体转子,而整体叶盘却迟迟不能出现,这主要有两个问题,其一是加工问题,对于小尺寸、叶片数目少的转子,既可以用精密铸造加工,也可以用锻件在5 坐标数控铣床上加工,但对于大尺寸、多叶片的整体转子却较难用上述方法来加工;其次是如何保证损坏 1 片或几片叶片后,不会带来过大损失的问题。工作叶片常常会在工作中被外来物打伤,造成卷边、开裂、掉块,或由于振动而造成的裂纹等。在用榫头连接的结构中,可以更换单个损坏的或有缺陷的叶片,而整体转子却不能更换叶片,因此,有可能因 1 片叶片损坏而使整个整体叶盘报废。综上所述,如果不解决这两个问题,整体叶盘这一具有特殊意义的结构,很难得到广泛应用的。

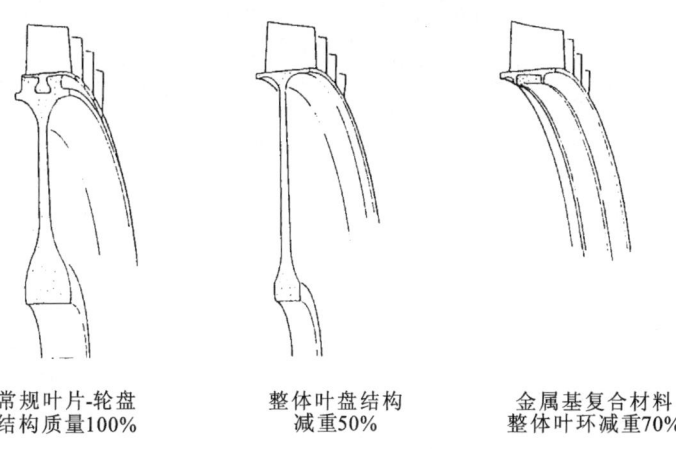

常规叶片-轮盘　　　　　整体叶盘结构　　　　　金属基复合材料
结构质量100%　　　　　减重50%　　　　　　　整体叶环减重70%

图 4.2.4　整体叶盘、叶环减重效果简图

3　早期发动机中应用整体叶盘结构的回顾

20 世纪 60—70 年代的一些小型、采用混合式压气机的发动机中,为了简化结构,减少零件数目,常将轴流转子做成整体转子,特别是在一些小型涡轴、涡桨发动机中用得较多。例如:阿赫耶(Arriel)、阿斯泰阻(Astazou)、巴斯特(Bastan)、工业用透默阿斯泰阻 4(Insdustrial Turmoastazou 4)、RTM322、TM333、马基拉(Makila)、PT6 与 T700(CT7)等涡轴、涡桨发动机中。但是在一些小型短寿命的涡扇与涡喷发动机中,为了降低成本,也有采用的。例如:J69 - T - 29、J402、TR160、F107 与FJ44 等发动机。在这些发动机中,除了 J69 - T - 29 的空气流量为 13 kg/s 外,其他发动机的空气流量都很小,一般均低于 6.0 kg/s,参见表 4.2.1。

在采用整体转子的涡轴、涡桨发动机中,除 T700(CT7)为由美国 GE 公司研制的外,其他都是由法国透默梅卡(Turbomeca)公司或有透默梅卡公司参与合作的合

资公司研制的。

表 4.2.1   早期(20 世纪 80 年代中期以前)采用整体叶盘结构的发动机

发动机型号	发动机型式	压气机结构形式	采用整体叶盘的级	空气流量/(kg·s^{-1})	年代
J69-T-29	涡喷	1 轴+1 离	1 轴	13.0	60
阿赫耶	涡轴	1 轴+1 离	1 轴	2.5	70
阿斯泰阻	涡轴、涡桨	2 轴+1 离	2 级轴流	3.4	60
巴斯特	涡桨	2 轴+1 离	第 2 级轴流	5.0	60
透默阿斯泰阻	涡动	2 轴+1 离	2 级轴流	3.3	60
TRI 60	涡喷	3 轴	1~3 级轴流	5.6~5.7	70
RTM322	涡轴	3 轴+1 离	1~3 级轴流	5.7	80 初
J402	涡喷	1 轴+1 离	轴流级	4.35	70
F107	涡扇	2 扇+2 轴	全部	6.2	70
T700(CT7)	涡轴	5 轴+1 离	5 级轴流	4.53	70
TM333	涡轴	2 轴+1 离	2 级轴流	3.1	80
马基拉	涡轴	3 轴+1 离	3 级轴流	5.5	70

    T700(CT7)发动机如图 4.2.5 所示,研制工作始于 1972 年,1978 年投产,它的压气机由 5 级轴流与 1 级离心组成,其 5 级轴流转子全做成整体叶盘结构,用圆弧端齿联轴器与长螺杆将它们与离心转子连接成整体。早期的整体叶盘是用锻件在 5 坐标数控铣床上加工制成的,1985 年后改用电化学加工(ECM)方法加工而成。

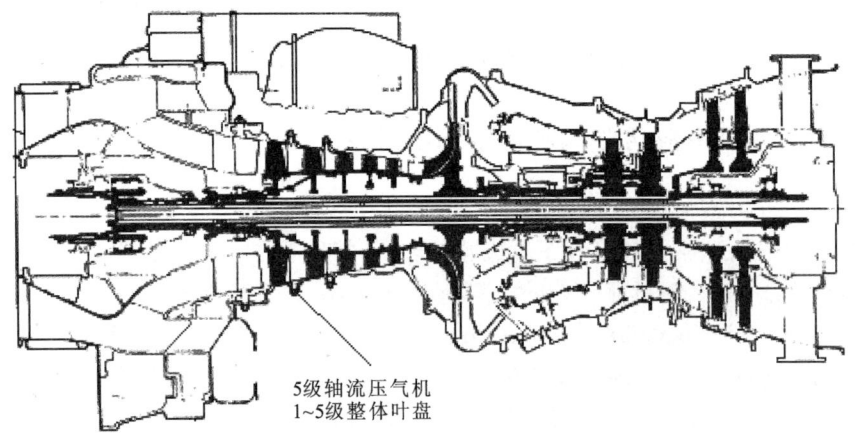

5 级轴流压气机
1~5 级整体叶盘

图 4.2.5   T700 发动机结构简图

    由透默梅卡公司研制的或由有该公司参与研制的涡轴、涡桨发动机马基拉(如图 4.2.6 所示)、RTM322(如图 4.2.7 所示)以及阿赫耶、TM333、阿斯泰阻、巴斯特与透默阿斯泰阻 4 等,所用的钛制或钢制的整体轴流转子均采用锻件经机械加工而成。

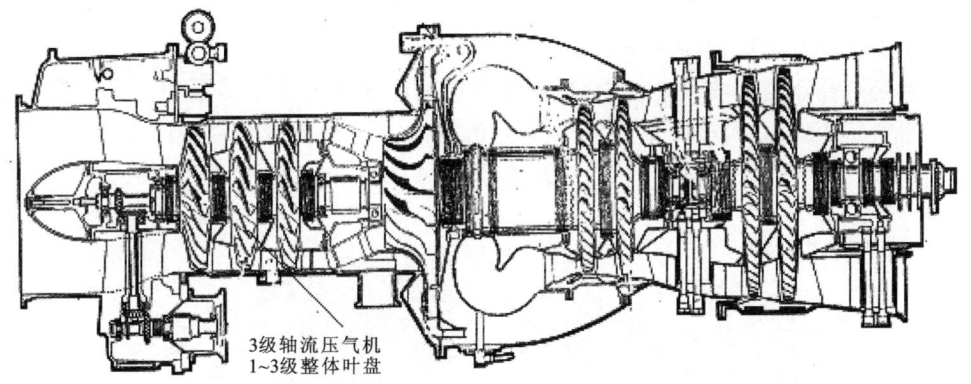

3级轴流压气机
1~3级整体叶盘

图 4.2.6　马基拉发动机结构图

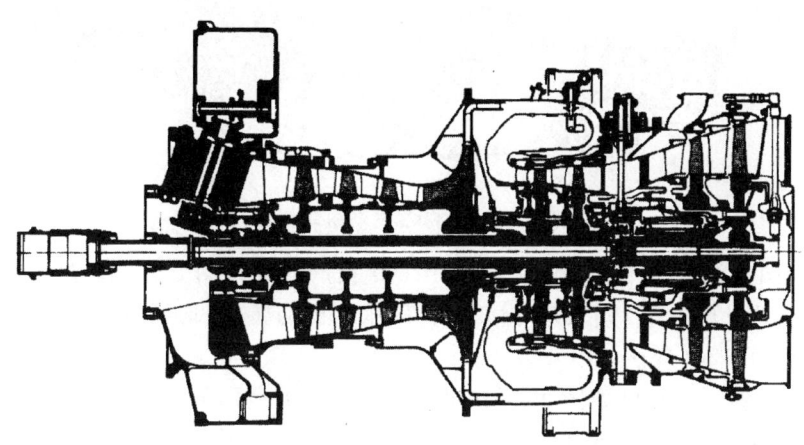

图 4.2.7　RTM322 发动机结构简图

由加拿大普惠公司于 20 世纪 50 年代后期研制的 PT6 涡轴、涡桨发动机,几十年来发展了 30 余种型号,是目前生产得最多的一种系列发动机(截至 1994 年已生产24 800 台),该系列发动机中,均采用了混合式压气机。除 PT6 - 65 型为 4 级轴流压气机外,其他型号的轴流压气机均为 3 级,如图 4.2.8 所示。在早期,PT6 所有型号

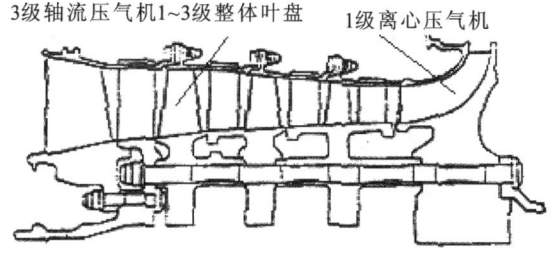

3级轴流压气机1~3级整体叶盘　　　　1级离心压气机

图 4.2.8　PT6 发动机压气机结构图

的轴流转子均做成常规的,即叶片用榫头固定于轮盘中,但是后来其 3 级轴流转子均采用了整体叶盘结构,且各个叶盘间均用电子束焊接在一起。

在短寿命小型涡喷发动机中,第一种采用整体式轴流转子的是 J69 - T - 29,它的后继机 J402 发动机如图 4.2.9 所示,是由 J69 - T - 29 按比例缩小而成的,在 J402 中,轴流转子采用了 J69 的同样加工方法,即用 17 - 4PH 不锈钢精铸而成。

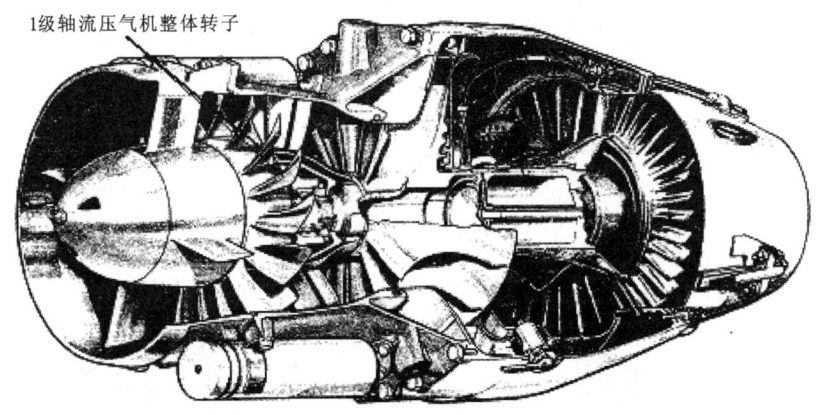

图 4.2.9　J402 发动机轴侧图

由美国威廉斯国际公司研制并于 1976 年投产的导弹用 F107 涡扇发动机,它的 2 级风扇(风扇直径约 300 mm)与 2 级低压压气机的转子,均用 17 - 4PH 不锈钢精铸成带叶片的整体转子。

TRI60 涡喷发动机如图 4.2.10 所示,是法国微型涡轮发动机公司于 20 世纪 70 年代中为无人靶机及导弹研制的小型短寿命发动机,其推力为 350～400 daN,空气流量为 5.60～8.14 kg/s,它的 3 级轴流式压气机全部用铝合金锻件经机械加工而成的整体叶盘,以减少成本。

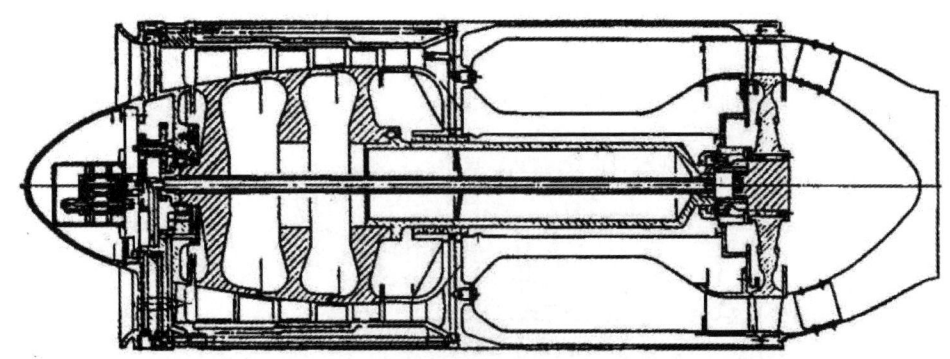

图 4.2.10　TRI60 发动机结构图

4　20 世纪 80 年代以来整体叶盘的应用情况

4.1　EJ200 发动机

据现有资料分析,EJ200 可能是在大型发动机中第 1 种采用整体叶盘的发动机,此发动机有 3 级风扇、5 级高压压气机,其中第 3 级风扇与第 1 级高压压气机采用了整体叶盘。其整体叶盘是采用焊接方法加工的,即每个单片叶片用电子束焊焊到已加工好的轮盘外缘圆周上,从而形成了整体叶盘。1997 年 8 月,作者在宝马-罗·罗公司了解到,EJ200 的整体叶盘已改用 5 坐标数控铣床加工。

在 EJ200 发动机(如图 4.2.11 所示)的结构设计中,为了尽可能地减少外来物打伤整体叶盘叶片造成的损伤,接近发动机进气口的 1、2 级风扇未采用整体叶盘;在高压压气中,第 2 级后的叶片叶高小且片数多,采用环形燕尾槽来安装叶片还是比较方便;加上短叶片采用整体叶盘后,在减轻重量上收益不像在长叶片中显著,这是因为短叶片必定很薄,离心力较小,因而轮缘的径向厚度较小,原始重量本身就小,在换用整体叶盘后,减重效果当然逊色。例如,在 F414 发动机中,高压压气机前三级采用整体叶盘后,重量只减少 3.632 kg,与该发动机后两级风扇采用整体叶盘后减重 20.43 kg 相比就不突出了;另外,多达数十片的叶片焊接也较困难,因此在高压压气机中只在第 1 级中采用整体叶盘。设计中考虑另一重要问题是叶片损坏的后果,在未发展出能在转子上对损坏部位进行修复工艺时,不能将某一级的整体叶盘与其他级的转子焊接在一起,形成多级整体转子,以避免当某一整体叶盘的几片叶片损坏后,造成整个转子报废的严重经济损失。为此,在 EJ200 中,第 3 级风扇的整体叶盘是用短螺栓连接至 1～2 级风扇焊接的整体转子上的;高压第 1 级压气机的整体叶盘也是用短螺栓连接到 2～5 级焊接的转子上的。因此,EJ200 采用整体叶盘的结构,应该属于整体叶盘在大型发动机中应用的初级阶段。

但是,EJ200 生产型发动机中,高压压气机前 3 级全部换用了整体叶盘(参见本书第 2 版《EJ200 高压压气机结构设计改进》一文)。

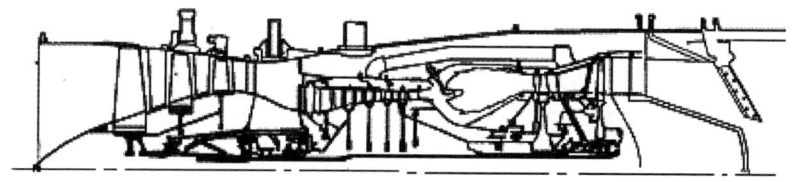

图 4.2.11　EJ200 发动机结构简图

4.2　F414 发动机

美国 GE 公司于 1991 年在用于 F/A - 18 战斗/攻击机的 F404 涡扇发动机的基础上发展了推力增加与推重比由 7.5 提高到 9.0 的 F414 涡扇发动机,如图 4.2.12

所示。在它的三级风扇中,2级与3级采用了整体叶盘的结构;在7级高压压气机中,前三级采用了整体叶盘。

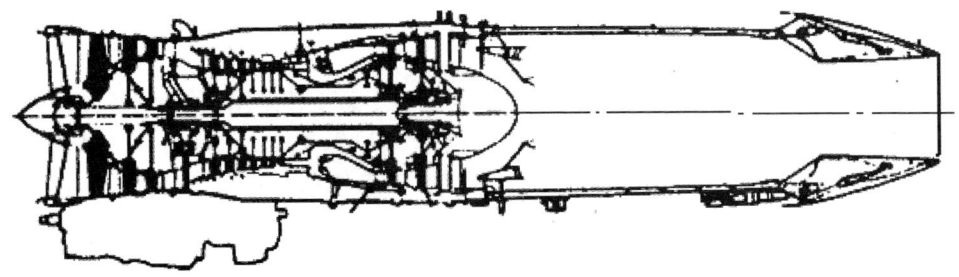

图 4.2.12 F414 发动机结构简图

GE 公司在整体叶盘的加工与应用上做了较大改进,将整体叶盘在发动机中的应用推向了一个新台阶,且为推动整体叶盘在发动机中的广泛应用提供了好的经验。首先它发展了一种加工整体叶盘的新工艺,即电化学加工(ECM)的加工方法。如前所述,GE 公司在 20 世纪 70 年代末研制的 T700(民用型为 CT7)涡轴发动机中,五级轴流压气机的转子全采用了整体叶盘,当时采用了 5 坐标数控铣床来加工叶片,加工既费时成本也昂贵。1985 年,该公司与 Lehr Precision Inc. 公司合作发展了 ECM 加工整体叶盘叶片的加工方法,用以加工 T700 的钢制整体叶盘,取得了较好的效益。随后,用这种新工艺在该公司为"先进战术战斗机"ATF(Advanced Tactical Fighter 即后来的 F-22 战斗机)发展的 YF120 发动机加工钛合金的整体叶盘,还为该公司研制的 GE23A 与 CFE738 等发动机加工整体叶盘。对 F414 的 5 个整体叶盘就采用了电化学加工方法加工的。采用电化学加工方法加工整体叶盘有如下的优点:首先,与用 5 坐标数控铣床加工相比,加工工时减少约 85%(对于长叶片省时更多);可以避免叶片中产生的残余加工应力;叶片的粗加工即在坯料上开出叶槽、半精加工和精加工均可用 ECM 加工,加工后不必再进行手工抛光,加工出来的叶型,厚度公差为 ± 0.01 mm,型面公差为 $+0.01$ mm。在粗加工时,是将 ECM 的专用工具置于 GE 公司专利的 5 坐标数控机床上,对坯料沿圆周进行开槽;在半精加工和精加工时,则采用具有叶型形面的电极对坯料进行加工。

GE 公司为了较好地解决整体叶盘被外来物打伤的问题,除了在结构设计中在叶片前缘采用具有较小振动应力及较高的抗外物能力的设计外,还发展了一套可行的修理叶片的方法。GE 公司根据 F404 外场使用中外物打伤叶片损伤的统计,有针对性地发展了一套修理方法。叶片的损坏不外卷边、裂纹、掉块等,如图 4.2.13 所示,图 4.2.14 示出了针对不同的损伤采用的修理方法。对于大的卷边,则将卷边处的材料去掉,然后用电子束焊补焊上一片补片,再按叶形量规进行修磨;对于叶片后缘尖部处的小卷边,则采用去掉卷边,然后进行打磨使之圆滑过渡;对于那些小的掉块,则直接用氩弧焊堆焊将缺口补上。所有这些补修过程均可在整体转子上进行。

由于有了这些修补方法,加上根据 F404 被外物打伤叶片的统计,GE 公司对 F414 采用整体叶盘后的全寿命期费用(LCC)进行了仔细分析计算,分析表明,采用整体叶盘后不会增加 F414 的 LCC,即采用整体叶盘后为 F414 带来的收益大大高于付出的代价。为此,在 F414 上采用了 5 个整体叶盘。

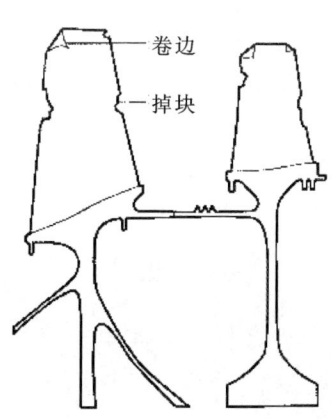

图 4.2.13　典型的叶片损坏情况

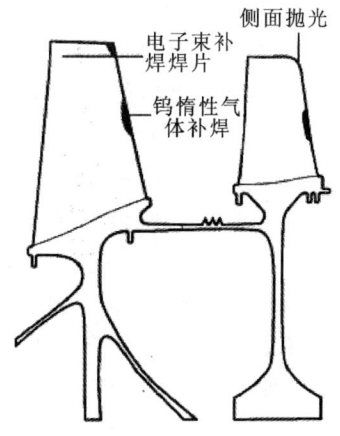

图 4.2.14　损坏叶片的修理方法

F414 风扇 2 级、3 级均采用了由 Ti17 合金制成的整体叶盘,且两个整体叶盘还焊接在一起形成整体转子;高压压气机前三级也采用了整体叶盘,1 级与 2 级由 Ti17 合金制成,且焊成一体,3 级则用 Inconel718 镍基合金制成。将几个整体叶盘前后串起焊成一体的设计,是 F414 比 EJ200 前进一大步的表现,它能进一步减轻转子的重量,且能提高发动机的耐久性。

F414 发动机采用整体叶盘后,如前所述,带来许多好处。例如:发动机的重量减小,这是由于风扇转子可减重 20.43 kg,高压压气机转子减轻 3.632 kg,支承转子的结构也将减重而获得的;发动机的性能有所提高,这是由于减小了气流在榫槽中的泄漏,以及级间叶根处的容腔减小使气流在容腔中的回流少而获得的;由于零件数减少了 484 件(与 F404 相比),不仅可降低生产成本,且发动机的可靠性还可提高;由于气流不会通过榫槽缝隙向前逸流,前级轮盘的温度还可稍低些,这对部件的寿命还有一定的好处等。

GE 公司在 F414 整体叶盘的研制中,应用了同期工程的系统工程管理程式,专门为它组织了几个综合生产与发展小组,全面考虑整体叶盘的设计、选材、生产、使用寿命、可靠性与修复工艺等,使得在设计完成时,就能全面达到所要求的寿命、质量、可靠性、维修性与成本等的目标。

F414 发动机在发展整体叶盘结构所做的工作以及获得的成果,代表了 20 世纪 90 年代的水平,但它仍未在风扇第 1 级处采用。但是,随后的发展中,在一些发动机中,风扇第 1 级也采用了整体叶盘结构。

4.3 F110 - GE - 129R 发动机

1995 年,GE 公司着手将用于 F - 16 与 F - 15 战斗机的 F110 - GE - 129 发动机进行改进,以延长发动机的寿命,提高热端部件的检查间隔时间等。改进的发动机命名为 F110 - GE - 129R。在 F110 - GE - 129R 中,主要的改进是采用了一套新的风扇,如图 4.2.15 所示。新风扇仍保持 3 级,且进口直径维持原来在一 129 型中的尺寸;以便改进型的发动机能换装在原飞机上,但 3 级风扇叶片均换用了宽弦叶片,弦长比原型机长 50%;另外,所有 3 级的转子均采用了整体叶盘。由于新的风扇采用了宽弦与整体叶盘设计,使风扇部件效率提高,在维持发动机推力不变的条件下,涡轮前燃气温度可降低,使热端部件的检查间隔时间由 4 000 TAC 循环(战术空军循

环 Tactical Air Combat Cycles 或总积累循环)提高到 6 000 TAC 循环,每飞行小时的使用成本可节约 \$250.0,发动机在寿命期内的计划返修可少 3 次;如保持涡轮前燃气温度,则推力可增加 5.8%。由于 3 级风扇采用了整体叶盘,使转子的零件数只是 F110 - GE - 129 型的 1/3;由于采用宽弦叶片,使叶片前缘得到加强,提高了叶片抗外来物击伤的能力;新的风扇叶片在设计中,采用了三维气体动力学计算技术,提高了风扇的喘振裕度。该项改进工作得到美国空军的支持,改进后的试验工作

图 4.2.15　F110 - GE - 129R 发动机的风扇转子

始于 1995 年 11 月,到 1996 年 3 月已试验了 120 h,美国空军和 GE 公司已为改进的研制工作投资二千万美元,改进的发动机于 1998 年投入批生产。

F110 - GE - 129R 的风扇实际上是在 GE 公司为 B - 2 轰炸机研制的 F118 - GE - 100 发动机风扇的基础上发展的,这主要指叶型设计方面是按 F118 的,至于 F118 的风扇转子是否采用整体叶盘,还没有查出。

4.4 F100 - PW - 229A 发动机

在 GE 公司对 F110 - GE - 129 的风扇进行改进的同时,普惠公司也对其用于 F - 15 与 F - 16 战斗机的 F100 - PW - 229 发动机的风扇做了类似的改进,即将 3 级风扇的叶片改为宽弦设计,转子采用整体叶盘,但不同的是仅后两级采用整体叶盘,第 1 级仍用常规的带榫根的设计。改进后的发动机命名为 F100 - PW - 229A。新的风扇部件效率增大,叶片的强度加大,除提高了叶片的抗外来物击伤能力外,在维持原 F100 - PW - 229 型推力不变的前提下,涡轮前燃气温度可降低 49 ℃,热端部件的

检查间隔周期也由 4 000 TAC 循环提高到 6 000 TAC 循环,如维持涡轮前燃气温度不变,则发动机推力可提高 10%。改进的风扇试验工作始于 1995 年夏,到 1996 年 3 月已试验了 280 h,换装新风扇的发动机已试车 110 h,改型的发动机于 1999 年定型并投产。

4.5　GE 公司的试验风扇

GE 公司在 1996 年中,又进行了一项新的风扇部件试验,该新风扇具有高速、小展弦比与前掠叶片的特点。由结构设计看,它采用了整体叶盘结构。试验的风扇由两级组成,第 1 级采用了前掠结构,第 2 级原采用了常规的设计,将要重新设计,以使带掠叶片的优点能充分发挥出来。高速、小展弦比与前掠叶片具有抗进气畸变能力大(约大 80%),喘振裕度大(约大几个百分点),进气流量大(约大 10%)因而推力也会大,效率高等特点。此新的试验风扇如图 4.2.16 所示,已于 1996 年 4—6 月在美国俄亥俄州怀特-巴特森美国空军基地压气机试验台上试验,该两级压气机试验台称为 GE 公司前掠气动研究试验台(GESFAR 试验台),此项试验工作

图 4.2.16　GESFAR 试验风扇的第 1 级风扇转子

得到美国空军及海军的资助,试验的整体叶盘由高强度钛合金制成,其叶尖直径为 508～635 mm,空气流量约为 100 kg/s。

4.6　Fl19 - PW - 100 发动机

美国普惠公司为 F - 22 战斗机研制的推重比为 10.0 的 Fl19 - PW - 100 发动机中,3 级风扇与 6 级高压压气机的转子,全部采用了整体叶盘,是目前唯一的一种在风扇与压气机中全部采用整体叶盘结构的发动机。它的第 1 级风扇叶片做成空心的,是用钛合金采用扩散连接方法做成的,用线性摩擦焊将空心叶片焊到轮盘上形成整体叶盘,使该级转子重量减少了 32 kg。

4.7　BR715 发动机

在民用大型发动机中,20 世纪 90 年代也开始采用整体叶盘结构。宝马-罗·罗公司于 1994 年启动的、为波音公司的 717 客机研制的 BR715 大涵道比涡扇发动机(如图 4.2.17 所示)中,在如图 4.2.18 所示的风扇后两级增压压气机,全部采用整体叶盘结构,且两级焊接在一起形成整体转子。它的整体叶盘是在 5 坐标数控铣床上加工的。由于 BR715 发动机是第一种采用整体叶盘的民用发动机,有的航空公司对它的可靠性与维修性尚有怀疑,因此它还有第二个备选方案,即增压压气机的转子采

用常规的带榫根的结构,到底采用整体叶盘与否,由用户即航空公司决定。

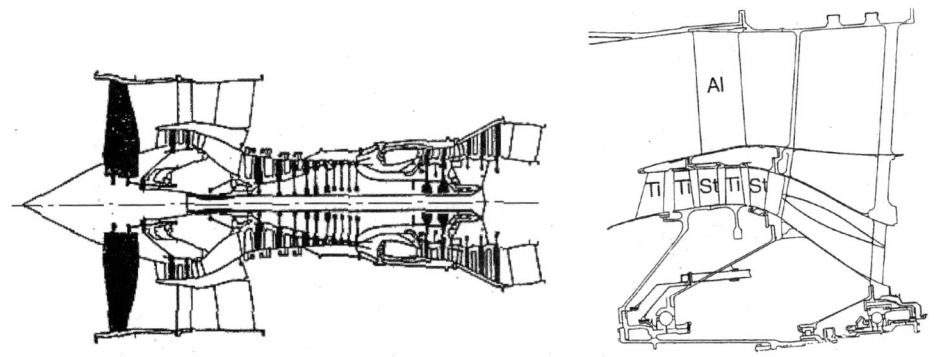

图 4.2.17　BR715 发动机结构简图　　图 4.2.18　BR715 发动机增压压气机结构图

4.8　SNECMA 的 P. A. T. 计划

法国国营航空发动机研究制造公司(SNECMA)于 1991 年开展了一项为发展新型民用发动机核心机的技术验证计划,即技术活动计划(Plan d'Action Technologique,P. A. T. 计划),为该计划设计的技术验证机中,其 11 级压气机中的第 8 级与第 9 级采用了整体叶盘结构,如图 4.2.19 所示,这实际上也是为整体叶盘结构在大型民用发动机中推广应用进行的技术探索。

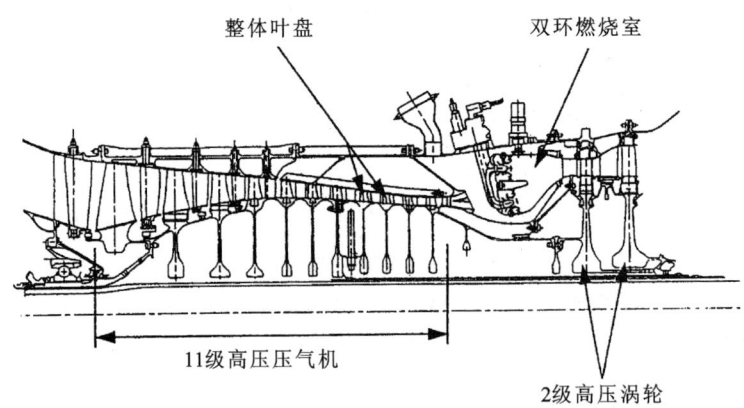

图 4.2.19　SNECMA 公司的 P. A. T. 计划的验证核心机结构图

从以上两例说明,整体叶盘结构在大型民用发动机中也将有广泛采用的前景。至于小型发动机,在 20 世纪 80 年代中期以来,新发展的一些小发动机中,整体叶盘结构在风扇、压气机中仍然是常采用的设计,例如 PW500 系列发动机就是一例。除 PW500 外,FJ44、CFE738 与 PW300 等 20 世纪 80 年代后期与 20 世纪 90 年代发展的小型发动机,也都采用了整体叶盘结构。

4.9　FJ44 发动机

图 4.2.20 所示的 FJ44 发动机是由美国威廉斯国际公司与英国罗·罗公司合作组成的威廉斯-罗耳斯公司,于 1990 年为小型公务飞机发展的一种推力为 845 daN 的小型涡扇发动机。该发动机是在威廉斯国际公司为巡航导弹研制的短寿命发动机 WR44 的基础上改进而成的,因此有些设计继承了 WR44 的特点。在 FJ44 中,风扇与低压压气机(仅 1 级)转子均采用了整体叶盘结构,风扇叶尖直径为 482 mm,有 22 片宽弦无突肩的叶片,叶片与轮盘做成一体,是用钛合金锻件经机械加工而成,低压压气机的转子也是用钛合金锻件经机械加工而成,该发动机已于 1992 年 3 月取得 FAA 的适航证。

图 4.2.20　FJ44 发动机轴侧图

4.10　CFE738 发动机

CFE738 发动机如图 4.2.21 所示是由美国 GE 公司与美国联信公司组成的 CFE 公司,于 1985 年开始为轻型商务喷气飞机研制的轻型涡扇发动机,发动机推力为 2 664 daN。它的核心机采用了 GE 公司的 GE27 核心技术。GE27 压气机的 5 级轴流转子采用了整体叶盘结构,其结构类似于 T700(CT7)的,因此 CFE738 的高压压气机中的 5 级轴流转子全采用了整体叶盘结构,估计也是采用加工 T700 整体叶盘的加工方法即 ECM 来加工的。该发动机已于 1994 年 1 月取得 FAA 的适航证。

4.11　PW300 发动机

PW300 发动机如图 4.2.22 所示,是由加拿大普惠公司(占 75%投资)与德国 MTU 公司(占 25%投资)合作为轻型商务喷气飞机于 1985 年开始合作研制的推力为 2 068~2 668 daN 的双转子涡扇发动机,其高压压气机由 4 级轴流与 1 级离心组成。4 级轴流压气机的转子均采用了整体叶盘结构,如图 4.2.23 所示,且 2~4 级还用电子束焊相互焊在一起,形成一整体转子。PW300 系列的第一个型号 PW305(推

力为 2 324 daN)已于 1991 年 2 月取得 FAA 的适航证。

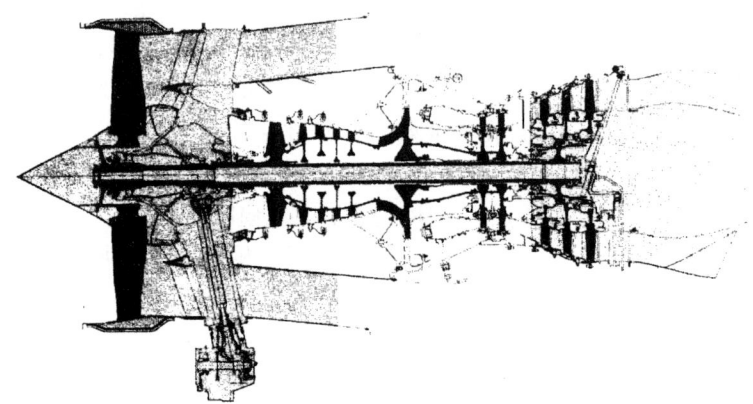

图 4.2.21   CFE738 发动机结构简图

图 4.2.22   PW300 系列发动机轴侧图

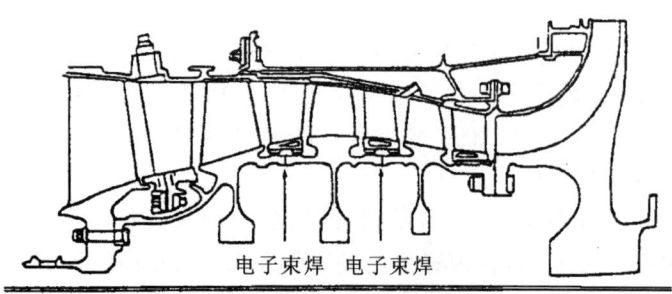

电子束焊   电子束焊

图 4.2.23   PW300 发动机高压压气机结构图

4.12 GE90-115B 风扇

被吉尼斯世界纪录列为"世界上功率最大的喷气发动机"、作为 777-300ER 的唯一动力的 GE90-115B(777-300ER 已于 2004 年 5 月 10 日投入航线使用),是第1 次将整体叶环应用到实际中的发动机,为广泛使用整体叶环开创了良好的开端。

在 GE90-115B 的风扇部件(如图 4.2.24 所示)中,4 级增压压气机转子(GE90-94B 为 3 级)为鼓式转子,固定于风扇轮盘后端,叶片直接与鼓环做成一体,形成了整体叶环。所以能做成整叶环是因为风扇叶尖直径大,为 3.251 m,而转速低,仅为 2 550 r/min,因此增压压气机的鼓环处切线速度低(低于 180 m/s)。

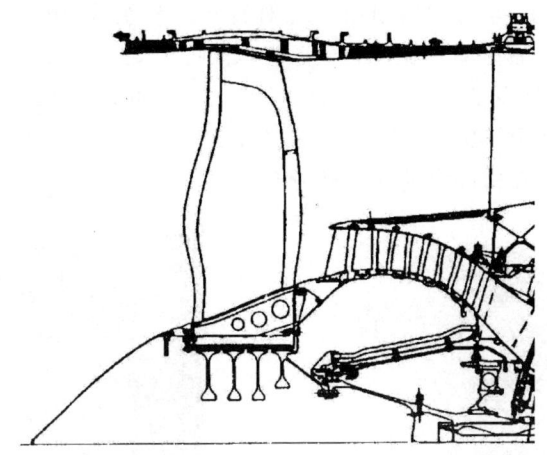

图 4.2.24 GE90-115B 风扇结构图

GE90-115B 高压压气机第 1 级采用了整体叶盘。

4.13 GEnx

用于 787 的 GEnx 发动机中,高压压气机 1、2 与 5 级采用了整体叶盘。

4.14 LEAP

用于 C919 的 LEAP 发动机,高压压气机 1~4 级均采用了整体叶盘。

4.15 PW1000G

PW1000G 发动机中,低压压气机全部 3 级以及高压压气机 8 级中 1~7 级共10 级采用了整体叶盘,是采用整体叶盘级数最多的民用发动机。

4.16　遄达 XWB

罗·罗公司在介绍 787 用的遄达 1000 时,特别强调在压气机中没有采用整体叶盘,但遄达系列发动机中最新型号即用于 A350XWB 的遄达 XWB 发动机(2013 年 2 月 7 日取得欧洲航空安全局(EASA)颁发的适航证),在中压与高压压气机中均采用了整体叶盘。

4.17　F136 升力风扇

20 世纪 90 年代为满足 F－35 联合攻击机(JSF)的短距起飞/垂直着陆(S/VTOL)型飞机的需要,英国罗·罗公司研制了 F－35 动力装置 F136 的升力风扇,如图 4.2.25 所示,该升力风扇由 2 级对转的风扇组成,由 F135 主发动机(F119 的衍生型)风扇前伸的传动轴驱动,产生 80 kN 的升力。两级风扇均为整体叶盘结构,最初,该整体叶盘由爱立生公司生产,叶片为实心的,见图 4.2.26,这是迄今最大的整体叶盘,其毛坯重 840 kg,加工后的成品重 97.6 kg。后来爱立生公司合并到罗·罗公司,并将该整体叶盘的叶片做成空心的。

图 4.2.25　F136 的升力风扇　　　图 4.2.26　F136 的升力风扇整体叶盘

4.18　Passport 发动机

GE 公司于 2009 年研制了用于支线客机的 Passport 发动机,它的风扇直径为 1.32 m,采用了整体叶盘,是当今最大的整体叶盘。

表 4.2.2 列出了 20 世纪 80 年代中期以来采用整体叶盘结构的一些发动机概况。

表 4.2.2　20 世纪 80 年代中期以后采用整体叶盘结构的发动机

发动机型号	军民用	采用整体叶盘的级	特　点
EJ200 验证机	军	第 3 级风扇,第 1 级 HPC	单独,与其他级用短螺栓连接
EJ200 生产型	军	1~3 级风扇,1~3 级 HPC	三级风扇焊成一体,1、2 级 HPC 焊成一体
F414－GE－400	军	2~3 级风扇,1~3 级 HPC	分别焊接成整体转子
F110－GE－1298	军	1~3 级风扇	焊接成整体转子,改进型

发动机型号	军民用	采用整体叶盘的级	特　　点
F100 - PW - 229A	军	2～3 级风扇	焊接成整体转子,改进型
F119 - PW - 100	军	所有风扇及 HPC 级	NI 风扇叶片为空心的
GESFAR 试验风扇	军	第 1 级风扇	
BR715	民	两级增压压气机	两级焊接成一整体转子
P. A. T. 验证核心机	民	8,9 级 HPC	法国 SNECMA 公司
FJ44	民、扇	风扇、LPC	
CFE738	民、扇	1～5 级 HPC	
PW300	民、扇	1～4 级 HPC	
PW530	民、扇	风扇、1～2 级 HPC	
PW545	民、扇	风扇、1 级 LPC、2 级 HPC	
GE90 - 115B	民	4 级增压压气机,HPC 1 级	增压压气机为整体叶环
GEnx	民	高压压气机 1,2 与 5 级	
LEAP	民	高压压气机 1～4 级	
PW1000G	民	低压压气机全部 3 级 高压压气机 1～7 级	高压压气机共 8 级
遄达 XWB	民	IPC 1 级、HPC 1～3 级	

注:LPC—增压压气机,HPC—高压压气机,IPC—中压压气机。

5　整体叶盘的加工方法

5.1　精铸后抛光

早期小型的带叶片的整体转子曾用过,例如 J69 - T - 29 的轴流压气机转子既可用 403 合金钢锻件经机械加工而成,也可用 17 - 4PH 沉淀变化不锈钢精铸后经抛光而成。但是在其他发动机中还很少见到采用此种方法的。

5.2　锻件机械加工

这是将转子的锻坯在 5 坐标数控铣床上铣削加工而成。早期叶片较少的小型整体叶盘采用较多,但是目前已在大直径、叶片数多的大型整体叶盘中得到采用,例如在宝马-罗·罗公司研制的 BR715 中,它的风扇后两级增压压气机采用了整体叶盘结构,它们就是在数控的 5 坐标铣床上铣削加工而成的。作者参观该厂时,厂方介绍时称,加工 1 件 BR715 整体叶盘增压压气机转子需时一天,且 EJ200 中的两个整体叶盘也改用了这种加工方法来加工。

5.3 电子束焊接

将叶片与轮盘分别加工好后,将一个个的叶片用电子束焊接法焊到轮盘的轮缘上。在早期的报道中,曾介绍过 EJ200 的整体叶盘采用了这一加工方法。

5.4 电化学加工(Electro - Chemical Machining, ECM)

电化学加工实质上是一种反电镀过程,浸在电解液槽中的工件与电流的正极连接,而做成叶型的工具成为阴极,接通电流后,工件表面的材料逐渐向阴极移动而形成所要求的型面(型面由处于阴极的工具型面来保证),从工件上被溶解掉的材料,被电解槽中高速流动的电解液带走。用电化学加工方法加工整体叶盘,从在锻坯上开出径向槽道即叶槽,到叶片的半精加工、精加工均可由它来完成,且不需用手工抛光。加工出的叶片叶型厚度公差为 ±0.01 mm,型面公差为 +0.01 mm。与用 5 坐标数控铣床加工相比,用电化学加工方法加工整体叶盘,会大大缩短加工时间,特别对于大的风扇整体叶盘,由于要从工件上铣削掉大量材料,效果更好。一般用电化学加工可缩减工时 85% 左右;另外,它还可避免叶片在加工中产生的残余应力。GE 公司自1985 年发展了这种加工方法后,已先后用于 T700、YF120、GE23A、CFE738、F414 与 F110 - GE - 129R 等发动机整体叶盘的加工中。

5.5 线性摩擦焊

5.5.1 线性摩擦焊技术

线性摩擦焊(Liner Friction Welding,LFW)是一种固态连接技术,类似于扩散连接。扩散连接是将两个需连接的零件的连接面紧紧靠住,在高温、高压下,两零件配合表面间形成了材料原子的相互转移,最终使两者紧密连接成一体。在这种连接中,由于相连接处的材料并未熔化,因而不会出现一般焊接中易发生的脱焊现象。从结构上讲,连接处看不出"焊缝",且其强度与弹性均优于本体材料。线性摩擦焊与扩散连接的不同之处在于:在扩散连接中,连接的工件是在炉中加温使其达到高温的;而在线性摩擦焊中,工件的高温是通过两配合面间的相互高速摩擦即高频振荡产生的,图 4.2.27 所示为其工作示意图。

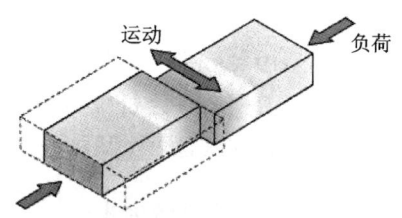

图 4.2.27 线性摩擦焊工作原理示意图

5.5.2 线性摩擦焊加工整体叶盘

图 4.2.28 示出了整体叶盘采用线性摩擦焊的加工过程。首先将单个叶片与轮盘分别做出。如图 4.2.28(a)所示,轮盘的轮缘处已做好连接叶片的凸座,而叶片根部处做有较厚的裙边,且由于轮缘上已有一段叶片的凸座,所以叶片比正常的叶片要短。第二步将叶片紧压在轮盘轮缘的凸座上。如图 4.2.28(b)所示,使其高频振荡,

造成叶片底部表面与凸座表面间高速摩擦,产生了足以使两者之间原子相互移动所需的高温。当达到所需的高温后,停止振荡并保持将叶片紧压在轮盘轮缘上,直到两者结合成一体为止。最后再在 5 坐标数控铣床上用棒铣刀将多余材料铣掉如图 4.2.28(c)所示。图 4.2.29 示出所有叶片片身均已焊到轮盘上但尚未将多余材料加工的整体叶盘,对比图 4.2.28(b),可以看出焊接处多出的材料。

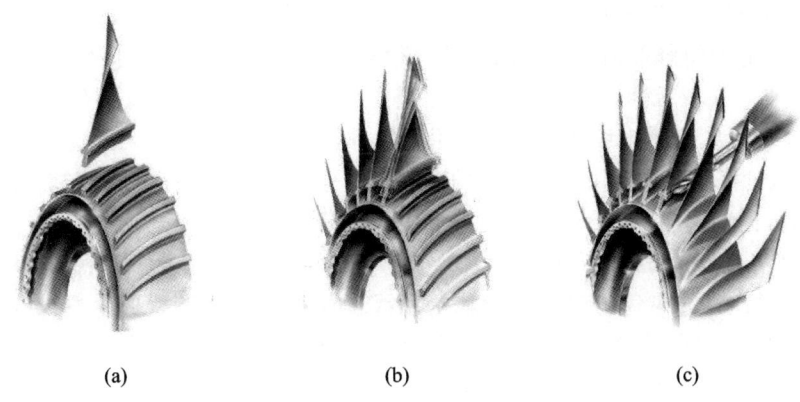

(a)　　　　　　　　　　(b)　　　　　　　　　　(c)

图 4.2.28　用线性摩擦焊焊接整体叶盘的加工过程

图 4.2.29　尚未铣去多余材料的用线性摩擦焊焊接的整体叶盘

5.5.3　优　点

采用线性摩擦焊加工整体叶盘有下列优点。

(1) 与用整体锻件在 5 坐标数控铣床上加工或电化学加工相比,线性摩擦焊可以节约大量贵重的钛合金。例如,罗·罗公司为联合攻击机(JSF)用的升力风扇发动机生产整体叶盘的风扇转子时(该转子是当时世界上最大的整体叶盘,其外径为 1.27 m,目前该记录已被 Passport 发动机风扇直径为 1.32 m 的所取代整体叶盘),采用了整体锻坯用 5 坐标数控铣床加工,坯料重 840 kg,加工后成品件重 97.6 kg,

即材料损耗高达88％。而采用线性摩擦焊时,由于在焊接前叶片已基本成形,所以焊接后铣去的材料不多。除此之外,采用线性摩擦焊还可减少加工时间。

(2)可以对损坏的单个叶片进行修理,在风扇各级特别是在风扇第1级叶盘制造中采用整体叶盘时,能否对整体叶盘进行修理是要考虑的一个重要问题。因为发动机在使用中,不可避免地会遇到外物特别是飞鸟打伤叶片的情况。采用常规的即具有榫根的设计,可以轻易地更换损伤的叶片,而整体叶盘就不能更换叶片,因此如没有方便而适用的修理损坏叶片的方法,整体叶盘的应用就会受到限制。有了线性摩擦焊的加工方法,就可以将损坏的叶片切去后再焊上新叶片。由于有这一优越性。F119等发动机风扇第1级转子也采用了整体叶盘。

(3)线性摩擦焊可以将两种不同材料焊在一起,这样可根据叶片与轮盘的工作条件选用不同的材料,使转子结构的重量进一步降低。

罗·罗公司与MTU公司于2000年为EF2000战斗机的生产型飞机提供的EJ200发动机,其3级风扇整体叶盘就是用线性摩擦焊加工的。罗·罗公司还为联合攻击机(JSF)飞机的备选F120发动机设计风扇单元体。在设计中,3级风扇均采用整体叶盘,且第1级将采用遄达800民用大涵道比涡轮风扇发动机(用于777)中采用的扩散连接-超塑性成形的夹层宽弦风扇叶片。这也是民用发动机中的先进技术移植到军用发动机中的事例。在洛克希德-马丁公司的F-35联合攻击机中,采用了高推重比的升力风扇,该升力风扇的转子也由罗·罗公司研制。作为升力风扇,它只在飞机起飞与着陆时使用,在飞机作水平飞行时不工作,因此要求它的重量非常轻,所以采用整体叶盘,而风扇叶片则采用了扩散连接-超塑性成形夹层宽弦风扇叶片。罗·罗公司已用锻件坯料经机械加工制成了这种世界上直径最大的整体叶盘,并承受了102％超转试验。

上述这两种风扇用的整体叶盘,罗·罗公司最终将采用线性摩擦焊将叶片焊到轮盘上。据罗·罗公司有关人士称,当前用于新研制战斗机的发动机,如果不采用整体叶盘将是不可想象的事。对于直径较小的整体叶盘,将仍然采用整体锻坯经机加或电化学加工;对于直径较大的整体叶盘,在发动机研制阶段,在近期还将采用上述的整体锻坯经机加或电化学加工加工方法,以便快捷地对叶片叶型进行优化处理,但当EJ200与F-35的发动机转入批生产时,罗·罗公司将在新建的厂房中用线性摩擦焊来加工整体叶盘。

普惠公司在为F-22研制的F119发动机中,全部风扇及高压压气机转子均采用了整体叶盘,第1级风扇工作叶片作成空心的,用线性摩擦焊将空心叶片连接到轮盘上。这是用线性摩擦焊来加工最先进的发动机中整体叶盘的实例,表明这一新的加工方法将有较大的发展前景。

6　结束语

整体叶盘结构由于结构简单、零件数少、效率高、结实与可靠性高等特点,早在

20 世纪 60 年代初期就被一些小型与短寿命发动机采用,随后在小型具有混合式压气机的涡轴、涡桨发动机中得到广泛应用,但是在大型的涡扇发动机中,却迟至 80 年代中期才得到应用(EJ200),且受到较多的限制。直到 90 年代初,对大型、多叶片的整体叶盘有了较好的加工方法。有了能在转子上对损坏叶片进行修复的工艺后,整体叶盘结构才在先进战斗机的发动机中得到较快的推广。不仅在新研制的发动机例如 F414、F119、F120 与 F135 等中,也在一些改进的发动机例如 F110 - GE - 129R 与 F100 - PW - 229A 等中得到应用,而且采用的级数也多,还能将多个整体叶盘前后焊接在一起形成整体转子。更为重要的是,易被外来物打伤的第一级风扇转子,也开始采用这一结构。

随着 BR715 与 SNECMA 的 P. A. T. 技术验证机中采用整体叶盘结构,这一结构也很快在大型民用涡扇发动机中得到推广。21 世纪初投入使用的 GE90 - 115B、GEnx、LEAP、PW1000G 与遄达 XWB 等发动机则将整体叶盘的应用推向了一个崭新的阶段。为此,我们应该将这一既有悠久历史又是一项新颖的技术尽快移植到我国新研制的发动机中,从结构设计这一立场上,为大幅度提高国产发动机的性能作出贡献。

| 高压压气机钛着火的危害与防止措施 |

1 钛着火

自 20 世纪 60 年代以来,钛合金在航空发动机中得到广泛应用。在工作温度允许的条件下,压气机盘、转子叶片、静子叶片、机匣与篦齿封严环等均采用钛合金。但在使用中,许多发动机的旋转钛制零件(转子叶片及封严篦齿等)与静子钛制零件(机匣、静子叶片及封严环等,)相互碰撞、摩擦引起钛合金自燃着火,使压气机的零件烧穿烧毁,严重时,火焰还会烧穿内外涵机匣,导致发动机短舱着火。由于高压压气机内的空气压力、温度较高,因此,钛着火均发生在高压压气机中。

2 钛合金在压气机中应用的回顾

2.1 CF6 发动机

CF6 发动机于 1971 年 8 月开始用于 DC - 10 宽体客机,到 1977 年底,累积使用达 800 万小时。自 1976 年起,钛着火事件不断发生,到 1979 年中达到高峰,一年内发生 14 起钛着火事件,后果严重,着火的主要原因是钛制转动叶片或其碎片与钛制机匣发生摩擦。

2.2 PW4000 发动机

PW4000 是 20 世纪 80 年代研制的用于 747 - 400、767、MD - 11 与 A300 等大型飞机的新一代发动机,1987 年 6 月投入使用。1986 年 5 月 6 日该发动机在适航取证

过程中,进行包容试验时,由于风扇叶片断裂引起高压压气机喘振,造成压气机第一级转子叶片的叶尖将直接装在钛制机匣上的封严带磨穿并与钛机匣摩擦发生钛着火,向后窜的火焰还将后几级转子叶片部分烧熔。

2.3　F404 发动机

F404 是用于美海军 F/A‑18 战斗/攻击机的军用涡扇发动机。F/A‑18 于 1978 年 11 月首飞,到 1986 年年初,F404 已累积飞行达 100 万小时。1987 年 11 月美国国防部宣布,在 1987 年一年内,美海军损失了 9 架 F/A‑18,其中 4 架是因 F404 发动机钛着火而烧毁的。钛着火的原因是:折断的高压压气机第 1 级与第 3 级转子叶片,卡在转子与机匣之间,并与机匣摩擦而着火。火焰穿出后烧穿外涵道机匣,最终导致飞机着火。

2.4　苏联发动机

苏联民用发动机的高压压气机由于采用钛合金,转子叶片和静子叶片也曾多次发生钛着火。例如,在 1977—1988 年间,НК‑8、НК‑86、Д‑30 与 АИ‑25 等发动机发生 30 余起钛着火。着火原因主要是:叶片断片卡在转子与静子之间、转子止推轴承损坏、转子与静子相碰以及轮盘破裂等因素导致钛零件相互摩擦。

3　钛着火原因

两个钛制零件(例如钛制转子叶片与钛制静子叶片或钛制机匣)相互高速摩擦时,会产生大量摩擦热,引起钛合金自燃着火。根据观测,在高压压气机中,钛合金着火后约 5～10 s 即能将钛机匣烧穿。钛合金是否易于着火,与流过它周围空气的参数(压力、温度与速度)有关,空气压力与温度较低时,不易发生着火;较高的压力与温度下则易着火。压力愈高,钛合金自燃的温度将会低些。一般在高压压气机 3～5 级处流过的空气压力与温度恰好落在易使钛着火的参数范围内,因此,钛着火一般均发生在高压压气机中。

造成钛零件相互摩擦的原因有:

(1)断片卡在转子与静子间。钛合金叶片由于振动、疲劳、外来物打伤以及压气机喘振造成断裂,断片卡在转子与静子间,形成钛制零件相互摩擦引起着火。

(2)转子的轴向止推轴承损坏。转子的轴向止推轴承(即滚珠轴承)损坏,使转子相对静子发生轴向与径向移动,形成钛件相互摩擦。

(3)轮盘破裂。轮盘破裂(指小的破裂)时的断块卡在机匣与转子间,形成钛制零件相互摩擦引起着火。

(4)装配不当。装配不当,长时间工作后机匣与转子变形/转子不平衡度增加,造成钛零件间的摩擦。

(5)结构设计不合理。结构设计不合理等原因使转子零件(例如转子叶片及封

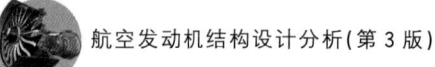

严篦齿等)与对应的钛零件摩擦。

对苏联的民用发动机钛着火事件的统计表明,引起钛零件相互摩擦与着火的原因中,钛叶片折断占 43%、轮盘破裂占 20%、轴承损坏占 17%、结构设计不当导致长时间工作后零件变形占 17%、装配不当使静子、转子间相互摩擦占 3%。

4 防止钛着火的措施

根据钛着火的原因,采取以下措施:

(1) 对转子叶片进行加强与调频。例如,F404 发生钛着火后,首先修改了第 1、3 级转子叶片设计,使其在长期工作后,也不会出现共振。

(2) 加强对发动机状态的监测。例如,在压气机机匣上开孔探仪孔,定期用孔探仪定期监视轮盘工作情况;用滑油屑末分析监测技术加强对轴承的监视等。

(3) 改进结构设计。例如,改进不合理的篦齿环结构,加强转子的薄弱部分等。

(4) 不成对地采用钛合金。彻底解决钛着火问题的办法是在有可能产生钛着火的区域,不要成对地(叶片与机匣、与静子叶片以及封严篦齿与封严环等)采用钛合金,或在成对采用时采取有效的隔离措施。

5 具体措施

根据对现役的英美军民用发动机用材的统计,在高压压气机中,转子叶片只要工作温度允许,都采用钛合金,但静子叶片全部采用合金钢(如 CF6 - 80C2、CFM56、F404、RB211 - 535E4/- 524D4 与遄达 700)或镍基合金(如 PW4000)。机匣大多数采用合金钢,在少数采用钛合金机匣的发动机上则增加了特殊的隔火层,或后来也改用合金钢机匣。

苏联根据多年使用钛合金的经验与对钛着火现象的研究,在苏联的统一民航适航性标准中明确规定,高压压气机零件使用钛合金的温度限制为:转子叶片 500 ℃,静子叶片 330 ℃,机匣及封严环 330 ℃,篦齿环 300 ℃。根据这一标准,几种民用发动机静子叶片材料均做了更换。

英国民航适航性要求规定,为防止发生钛着火,钛制静子零件的环境条件不应超过:空气压力 200 kPa,空气流速 50 m/s。

为了比较在一种发动机中采用钛合金"成对级"的平均级数(钛合金"成对级"是指钛转子叶片与钛静子叶片或钛机匣成对使用的级),对西方国家与苏联研制的一些民用发动机进行了统计,统计结果列于表 4.3.1。

由表 4.3.1 可见,西方国家的发动机静子叶片采用钛合金的级数大大低于苏联的发动机。不过,苏联在贯彻修订的适航标准后,采用钛合金的级数也在减少。

表 4.3.1　西方国家与苏联民用发动机平均钛合金"成对级"的级数

钛合金"成对级"	西方国家发动机	苏联发动机
转子叶片与机匣	2.8	4.5 (3.4)*
转子叶片与静子叶片	0.5	4.5 (3.4)*

* 贯彻统一的适航标准后的数据。

6　对几种发动机用材料的分析

6.1　F404 发动机

1987 年发生钛着火造成 F/A - 18 战斗/攻击机失事后,对 F404 的第 1、第 3 级转子叶片设计首先做了改进,并将高压压气机前机匣由钛合金改用 M152 合金钢,外涵机匣由钛合金改为 PMR15 复合材料,改用材料后,发动机重量增加了 0.45 kg。

6.2　JT9D 发动机

JT9D - 7R4 高压压气机机匣采用钛合金,但在与钛制转子叶片对应的外环处,单独做了一个钢制外环夹在钛机匣中,钢环内还套有一层橡胶。这样钛制机匣沿轴线做改多段式,在两级轮盘间装有钛制篦齿环,对应的静子封严环采用铝合金,而所有的静子叶片全用合金钢制成。

6.3　PW4000 发动机

高压压气机机匣由钛合金制成,但在与转子叶片对应处加装了钢制衬套,衬套内表面钎焊一层金属毛毡易磨条带,如图 4.3.1 所示,钢带厚约 1.30 mm,金属毛毡厚 2.67 mm,其上还有斜槽。原型机中,第 1 级处未采用钢衬套,金属毛毡易磨条带直

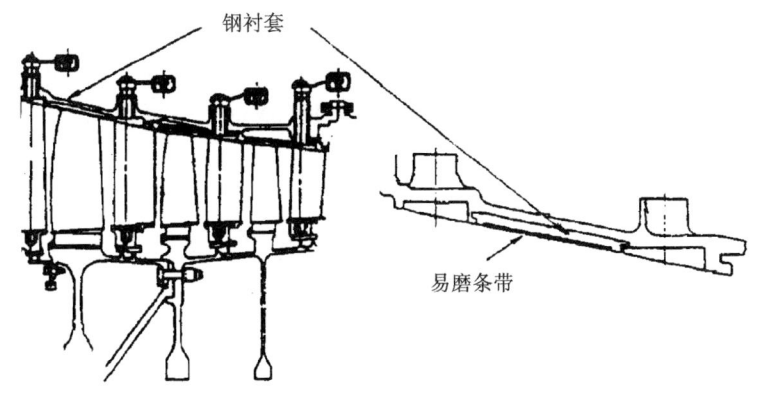

图 4.3.1　PW4000 钛机匣上的钢衬套

接嵌在钛机匣中,因而在进行包容试验时,发生了前述的钛着火事件,后来将此处也改成了如图 4.3.1 所示的结构。PW4000 所有高压压气机中的静子叶片均采用镍基合金。

6.4　CFM56 – 3 发动机

CFM56 – 3 高压压气机前机匣原采用了 Ti6 – 4 钛合金,但在与工作叶片对应的机匣内壁面上增加了防火隔套、钢制摩擦衬套与铝青铜易磨涂层,如图 4.3.2 所示。在 F404 出现钛着火事故改用材料后,CFM56 – 3 也随之于 1987 年 10 月改用了 M152 合金钢,改料后使发动机零件数减少 140 件,但重量加大 5.64 kg。后来发展的 CFM56 – 5 型也采用了钢机匣。CFM56 – 3 采用合金钢静子叶片。

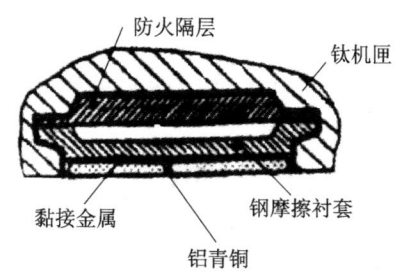

图 4.3.2　CFM56 – 3 高压压气机机匣结构

6.5　CF6 发动机

在初期的 CF6 即 CF6 – 6/- 50 型中,高压压气机前机匣采用钛合金,1979 年开始改用钢机匣,一直沿用下来(包括 CF6 – 80C2/-80E1 及 GE90 发动机)。在 CF6 – 6/- 50 型中,静子叶片前 3 排采用钛合金,但在 CF6 – 80C2 型上则全部改用 A286 合金钢。

6.6　苏联几种民用发动机

6.6.1　HK – 8 发动机

高压压气机 6 级转子叶片与静子叶片原来全部采用钛合金,但从 1987 年起 4～6 级静子叶片(工作温度超过 300 ℃)改用合金钢材料。

6.6.2　HK – 86 发动机

在原设计中,高压压气机 6 级转子叶片与静子叶片、篦齿环与静子封严环全用钛合金,但从 1981 年起,4～6 级静子叶片(工作温度＞300 ℃)、篦齿环与封严环全部改用合金钢。

6.6.3　AИ – 25 发动机

高压压气机 4～6 级静子叶片原采用钛合金,在 20 世纪 80 年代后,已由钛合金改为合金钢。

6.6.4　Д30 发动机

在高压压气机原设计中,除第 10 级静子叶片采用钢材料外,其余各级静子叶片均采用钛合金。在 20 世纪 80 年代,第 5～9 级静子叶片、第 4 级后的轮盘间鼓环已改用钢材料。

7　结　论

高压压气机中,只要材料的工作温度允许,工作叶片与轮盘应尽量采用钛合金。轮盘工作温度低于转子叶片的温度,因此,后几级中可能采用装镍基合金叶片的钛合金轮盘(例如遄达 700)的结构,为此应发展耐更高温度的钛合金。遄达 700 采用 IMI834 钛合金,制成了全钛转子即是一例。

高压压气机在工作环境温度超过 300 ℃时不应采用钛合金"成对级",温度低于 300 ℃时最好也不用。

应该尽快发展耐火或难燃的钛合金,以增加钛合金"成对级",使发动机的重量减轻。

工作叶片与机匣均采用钛合金时,应在机匣上加装防火的钢制衬套,并在衬套上涂易摩涂层,在机匣内表面简单地喷涂层是不能防止钛着火问题的,例如 PW4000 第 1 级着火就是易摩层条带太薄所致。

| IMI 834 高温钛合金在压气机中的应用 |

1　概　述

　　涡轮风扇发动机在地面起飞状态下总增压比为 25 时,压气机出口空气温度已超过 500 ℃,如图 4.4.1 所示;用于高速战斗机时,由于冲压加温的作用,其出口温度还将增高。新型大型民用涡扇发动机,总增压比已达到甚至超过 40,出口温度接近或超过 700 ℃,一般钛合金已不能在这种温度下工作。在目前的大部分发动机中,压气机均做成数段,前几段的轮盘与鼓筒由钛合金做成,后段的轮盘与鼓筒则由镍基高温合金制成,大多数发动机中采用的是高压涡轮盘的材料。表 4.4.1 列出了几种发动机压气机后段轮盘采用的材料。

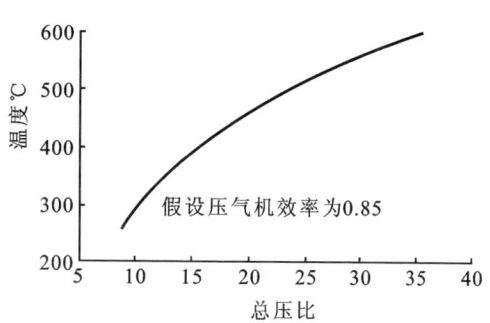

图 4.4.1　压气机总压比与压气机出口空气温度的关系(海平面试车状态)

　　由于采用高温镍基合金制作压气机后几级轮盘,压气机重量加大。为此,发展适用于压气机轮盘、鼓筒的高温钛合金是发动机结构设计中急需解决的难题之一。

表 4.4.1　几种发动机压气机后段轮盘所用材料

发动机型号	总压比	压气机后几级轮盘材料	备　注
CFM56 – 2	26.6	Incol 718	
F404	26	后 4 级为 Incol 718	

续表 4.4.1

发动机型号	总压比	压气机后几级轮盘材料	备　注
F100	25	1～3 级钛合金， 4、5、7、9 级为 Waspaloy， 6、8、10 级为 In100	与高压涡轮轮盘的材料相同
PW4000	30.2	后三级为 Incol 718	与高压涡轮轮盘的材料相同
CF6 - 80C2	31.5	10～14 级为 Incol 718	与高压涡轮轮盘的材料相同
M88	24	后三级为 Astroloy	与高压涡轮轮盘的材料相同

2　高温钛合金

英国 IMI 钛合金公司从 20 世纪 70 年代起开始发展高温钛合金，已成功地研制出工作温度超过 500 ℃的钛合金，它们是 IMI685，IMI829 与 IMI834，其成分及应用见表 4.4.2。

目前，这三种材料已获得实际应用。IMI685 用于"阿杜尔"、RB199、"拉扎克"与 M53 等发动机上的压气机。IMI829 用于 RB211 - 535E4 高压压气机，用它制作的后 3 级盘、鼓筒及后轴用电子束焊为一体，取代了 RB211 - 535 C 上的镍基合金材料，转子重量减轻 30％。这是第一种在压气机后段转子上采用钛合金的发动机（总增压比为 25.8），但由于结构的需要，它的第 3 级轮盘仍采用合金钢，还不是全钛转子。

表 4.4.2　几种高温钛合金

材料牌号	成分	使用温度/℃
IMI685	$Ti - 6Al - 5Zr - 0.5Mo - 0.255Si$	500～520
IMI829	$Ti - 5.5Al - 3.5Sn—3Zr - 1Nb - 0.25Mo - 0.3Si$	550
IMI834	$Ti - 5.8Al - 4Sn - 3.5Zr - 0.7Nb - 0.5Mo - 0.35Si - 0.06C$	600

IMI 834 是 1982 年开始研制，是已投入使用的耐温度最高的钛合金材料。在罗·罗公司研制的用于 A330 的遄达 700 发动机（1992 年 6 月取得适航证，1993 年 4 月投入使用）上，总增压比高达 33.00～39.15，压气机出口温度超过 600 ℃。该发动机高压压气机的所有轮盘、鼓筒及后轴均采用 IMI834 材料，然后用电子束焊焊成一整体，从而成为新型民用大发动机中第一种采用全钛高压压气机转子的发动机，发动机重量减轻。该转子被罗·罗公司称为"全钛转子"，是该公司引以为荣的一项新技术，因为美国的两家航空发动机公司（普惠及 GE）当时在他们的最新的民用大涵道比涡扇发动机中均无此项技术。所谓的"全钛转子"，是指轮盘、鼓筒与后轴均采用钛合金然后焊为一体，而装于后几级轮盘上的工作叶片则仍为高温合金。

在新一代战斗机发动机中，EJ200（总增压比为 25）也采用了用这种材料制作的高压压气机转子。这种高温钛合金或类似的材料，可望很快推广用于其他发动机。

大涵道比涡扇发动机风扇转子支承结构设计的重大变化

发动机的转子支承方案是指在多转子发动机中,各个转子的轴承如何安排,轴承负荷如何外传到机匣的,是发动机总体设计中要着重处理的重要问题。要从发动机性能、质量、装配、加工及结构复杂程度等全盘考虑,做出最佳方案。

从 1970 年初装 JT9D 大涵道比涡扇发动机的 747 投入运营到 2000 年底的 30 年时间内,大涵道比涡扇发动机在性能、结构等方面有翻天覆地的改进,但是风扇转子的支承结构只是在初期有较大变化但后来却基本没有变化,直到进入 21 世纪后,才发生了重大变化。

1 从 JT9D‑3A 到 PW4000

JT9D‑3A 是民用大涵道比涡扇发动机的第一型,它由单级大直径风扇、3 级增压压气机、11 级高压压气机、2 级高压涡轮与 4 级低压涡轮组成,长约 3.2 m。这么大的发动机,整个发动机转子仅支承在 4 个轴承上(图 4.5.1),是最简单的支承方式。它的高压压气机转子与高压涡轮转子组成的高压转子支承在高压压气机前的 2 号支点(滚珠轴承)与高压压气机后的 3 号支点(滚棒轴承)上;风扇转子与低压涡轮转子组成的低压转子仅支承在风扇后的 1 号支点(滚珠轴承)与低压涡轮后的 4 号支点(滚棒轴承上)上,低压涡轮的传动轴(简称涡轮轴)通过前端的外套齿与风扇后轴的内套齿相连接,形成刚性的套齿连接器,这种设计使结构简单、零件数目少,但低压涡轮轴长达 2.5 m 左右,技术要求特别高,加工难度特别大,世界上众多的大涵道比涡扇发动机中,仅 JT9D 采用这种结构设计。普惠公司在 15 年后投入使用的 PW4000 中,将风扇转子的支承方式作了重大改进,采用了其他大涵道比涡扇发动机的支承方式,即将风扇转子支承在两个支点上,也就是在风扇后轴的 1 号滚珠轴承后

增加 1 个滚棒轴承,如图 4.5.2 所示,为了不影响后面 3 个轴承在公司中的编号,将此新增的轴承编号为 1-1/2 或 1.5 号。其结构如图 4.5.3 所示,低压涡轮轴前端的外套齿插到风扇后过渡轴后端的内套齿中,用大的拧紧螺栓将二者连接成一体,1.5 号滚棒轴承装在过渡轴的后端。

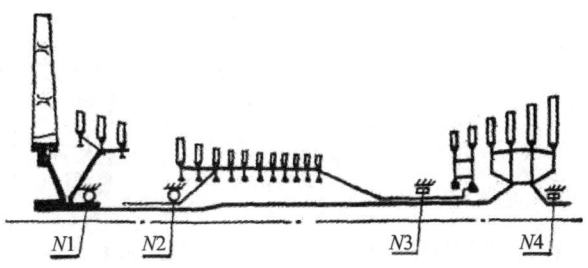

图 4.5.1　JT9D-3 发动机支承简图

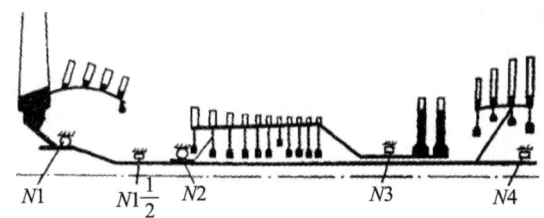

图 4.5.2　PW4000 发动机支承简图

2　风扇后的 1 号支点采用滚珠轴承

在所有双转子大涵道比涡扇发动机中,风扇盘后的 1 号支点,均采用能承受轴向力的滚珠轴承,这是风扇部件安全设计所要求的。风扇不仅是发动机中最大的部件,而且处于发动机最前端,易受外来物打伤,一旦出现损伤,会对飞机的安全飞行会造成极大的威胁,因此在设计时,风扇部件中,需采取 3 项安全设计,即:(1) 防止风扇叶片由叶根处断裂后甩出发动机的包容环设计;(2) 防止涡轮传动风扇的传动轴折断后涡轮飞转的限转速装置;(3) 防止风扇后的传动轴折断后带叶片的风扇轮盘不会甩出发动机的阻挡装置。

本文仅论述第 3 项安全设计,前两项在此不论述。

防止风扇轮盘在风扇后轴折断后不会向前甩离发动机的设计,普惠与 GE 公司采取了相同的措施,罗·罗公司的发动机是三转子的,它们根据三转子发动机结构设计特点,采用了较为复杂的设计。

图 4.5.3 示出典型的双转子发动机风扇转子支承结构图,紧靠风扇轮盘后端的 1 号支点处均采用滚珠轴承,当传动轴折断后风扇轮盘会被滚珠轴承留在原位而不

会甩出发动机,从 JT9D 到 GE90-84B 所有双转子大涵道比涡扇发动机均采用了这种设计,如图 4.5.4、图 4.5.5 的 CF6-80E1 与 CFM56 风扇转子支承图所示。

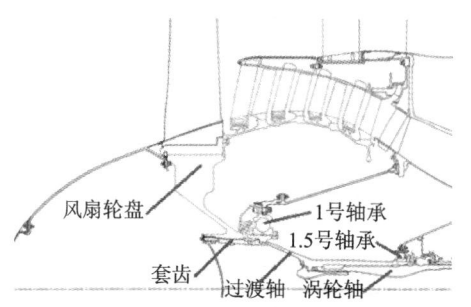

图 4.5.3　PW4000 风扇转子支承结构

图 4.5.4　CF6-80E1 风扇部件图

　　为避免轴承工作不正常时所产生的热量传给传动轴,会使传动轴失去足够的强度而折断,通常 1 号滚珠轴承不直接装在传扭的轴上,如图 4.5.3 所示,1 号滚珠轴承是装在风扇盘后轴的末端,传扭的套齿在它的前面,因此滚珠轴承没有套在传扭的过渡轴上。在有的发动机中,滚珠轴承虽然套在传扭轴上,但轴承内环内径与传

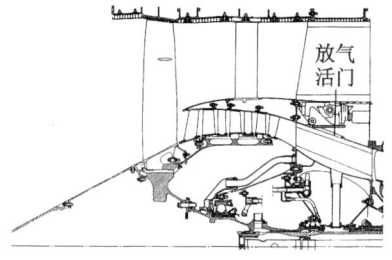

图 4.5.5　CFM56 风扇部件图

动轴外径间加装了一个供油衬套,如图 4.5.5 所示的 CFM56 发动机风扇支承图,滑油喷嘴对着供油衬套供油,滑油流入衬套内后经过多个径向小孔流入轴承内环,对轴承进行环下供油,显然这种设计是通过轴承内环与传动轴间的滑油,阻挡因轴承不正常工作时向传动轴传送过量热的措施,被许多发动机采用。

3　GE90-115B 将风扇盘后的 1 号支点改用了大直径的滚棒轴承

　　GE90-115B 曾是世界上推力最大的发动机,用它作为动力的 777-300ER 于 2004 年 5 月投入航线使用。它是由 GE90-94B 衍生发展而来的,在衍生发展中,将风扇转子的支承结构作了重大改变,即 1 号支点处改用了大直径的滚棒轴承,滚珠轴承改装到 2 号支点处,见图 4.5.6。由于风扇后锥轴的后端即安装 2 号支点处的直径小,如将滚珠轴承直接装在此处,滚珠轴承的尺寸太小,承受不了所受的负荷,为此在后锥轴的后端安装了一个带球头的外伸轴套(图 4.5.7),轴承内环装在外伸轴套中,外环装在折返式弹性支座中。

　　表 4.5.1 列出了 GE90 两型发动机支承风扇转子的轴承参数,从表中可见,滚棒轴承内径由-94B 的 183 mm 增加 320 mm 成为 503 mm,而滚珠轴承的内径变化较小,只减少了 39 mm。

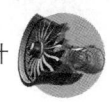

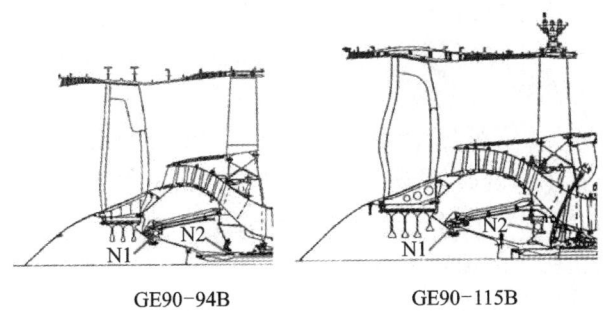

GE90-94B　　　　　　　　GE90-115B

图 4.5.6　GE90-94B 与-115B 风扇支承结构

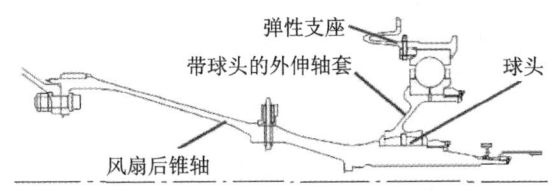

图 4.5.7　GE90-115B 风扇后锥轴

表 4.5.1　GE90 两型发动机 1、2 号轴承参数

发动机型号	1 号轴承			2 号轴承		
	型　式	内　径	外　径	型　式	内　径	外　径
GE90-94B	滚珠	471	602	滚棒	183	
GE90-115B	滚棒	503	575	滚珠	432	602

　　1 号支点不用以前惯用的滚珠轴承,会影响飞机飞行安全吗,这是人们担心的问题,从下述几次发动机的风扇传动轴折断后,轮盘甩出发动机而对飞机结构未造成损伤的故障来看,改用大直径的滚棒轴承并不会对飞机飞行安全带来负面影响,例如:作为 L1011"三星"客机动力的 RB211-22B 大涵道比涡扇发动机,曾在 1981 年 5 月、8 月与 9 月出现三次传动风扇的传动轴折断的重大故障,但其风扇后的轴承不是滚珠轴承,因而带叶片的风扇盘从发动机前端脱离发动机本体而坠落,对飞机结构基本未造成损伤,1982 年 12 月用于 747 的 RB211-524C2 也遭遇了类似的但对飞机结构未造成损伤的故障。

　　2017 年 9 月 30 日,法国航空公司的一架装有四台 GP7200 发动机的 A380 客机在飞行中,飞机右翼外侧发动机的风扇转子后锥轴处突然断裂,风扇转子连同飞机的进气短舱等脱离发动机而坠落,飞机随后平安降落。这是一次罕见的、极其严重的发动机故障(图 4.5.8),但对飞机结构却未造成任何损伤,这五起故障说明风扇后的1 号支点不采用滚珠轴承是可行的,在极端情况下,带叶片的风扇轮盘会脱离发动

机,但不会对飞机结构造成损伤。这是因为当风扇后轴折断后,风扇转子随即停转,带叶片的轮盘相当一个自由落体下坠,在下坠过程中拉断了短舱与进气道,这些被拉断的部分随轮盘一起下坠。

在以往的风扇后 1 号支点采用滚珠轴承时,当风扇叶片被外来物打伤后,转子的平衡被破坏,这时转子会偏摆,风扇多片叶片叶尖会括蹭机匣造成二次损伤,如果此处换用大直径滚棒轴承(GE90 – 115B 的滚棒轴承内径由 – 94B 的 183 mm 增加到 503 mm),就能制止转子的偏转。

由于以上两点原因,GE90 从 – 94B 发展为 – 115B 时,在风扇转子支承结构中作了将 1 号支点改用大直径滚棒轴承的设计。

另外,在 – 115B 中,为了减少当风扇叶片遭外物击伤后造成转子不平衡带来的振动外传,在风扇转子的两个支点中,均采用了弹性支座,图 4.5.7 中示出 2 号支点处采用的是折返式弹性支座,图 4.5.9 示出了 1 号支点处的结构,它是带挤压油膜的弹性支座。

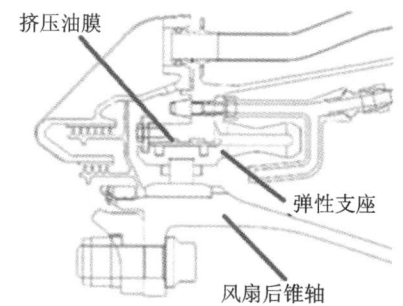

图 4.5.8　飞行中的 A380 发动机风扇部分坠落　　图 4.5.9　GE90 – 115B 1 号支点结构

在 GE90 – 115B 以后研制的双转子大涵道比涡扇发动机中,例如 LEAP、GEnx、GE9X 与 PW6000 等,在风扇转子支承结构均采用了 – 115B 的结构。

4　罗·罗公司的 RB211 与遄达系列发动机中风扇转子采用了特别的结构

罗·罗公司的 RB211 与遄达系列发动机均为三转子结构,从 1972 年投入使用的 RB211 – 22B(用于 L1011)到 2008 年投入使用的遄达 1000(用于 787)风扇转子支承结构均采用了相同的设计。

为了使三个转子承受轴向力的滚珠轴承的负荷由一个承力框架传出,将三个滚珠轴承均置于中压压气机之后,如图 4.5.10 所示。图 4.5.11 示出了 RB211 与遄达系列发动机转子支承方案简图,由图中可见风扇转子后支点(3 号)轴承内环装在风扇后轴上,外环装在中压压气机后轴上,是一中介轴承。另外,紧靠风扇转子后的 1 号支点处只能采用滚棒轴承,当风扇后轴折断后,风扇轮盘不能保持在发动机中,

为此,罗·罗公司在这些发动机中,设计了一套能将风扇轮盘保持在发动机内的保持轴装置,见图 4.5.12。保持轴前端的后端面紧紧靠在风扇轮盘盘心的前端面,保持轴的后端的前端面,与低压涡轮轴前端的拧紧螺帽间保持一定的轴向间隙 A,保持轴不起作用。一旦风扇轴折断时,风扇轮盘向前移,消除了间隙 A,使保持轴后端与低压涡轮前拧紧螺帽接触,保持轴当即起到将轮盘拉住不让它继续向前移动,起到将风扇轮盘在风扇轴折断后保持在发动机内的作用。

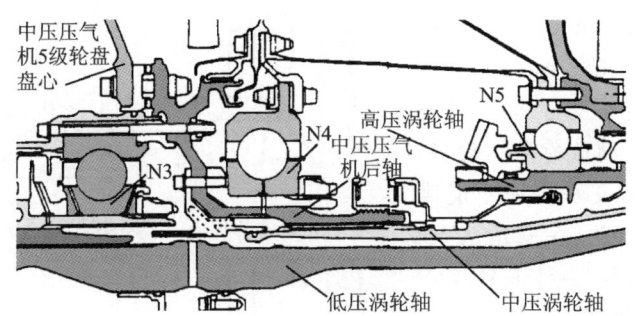

图 4.5.10　三个转子滚珠轴承集中于中压压气机之后

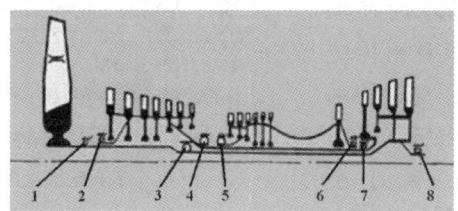

图 4.5.11　RB211 发动机转子支承简图

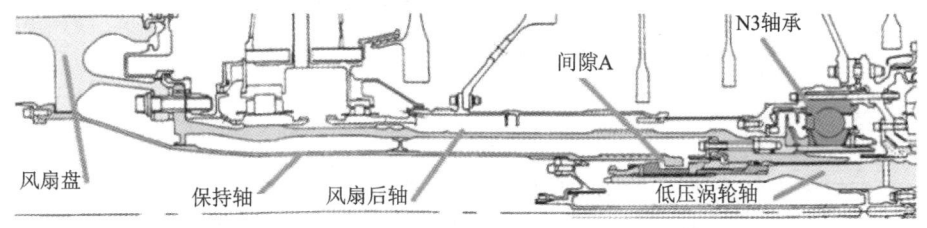

图 4.5.12　RB211、遄达系列发动机中风扇转子中的保持轴

但是,在实际运行中,还是先后出现了前述的 4 次风扇轴折断后未能将轮盘保持在发动机内的事件,后来罗·罗公司对 1 号支点处的润滑与封严装置作了相应的改进,再未出现类似的事件。

5　遄达 XWB 风扇支承系统做了大改动

2014 年 5 月采用遄达 XWB 发动机作为动力的 A350XWB 双发客机投入航线运

营。遄达 XWB 是遄达系列发动机中继用于 787 的遄达 1000 之后最新的、也是罗·罗公司推力最大的发动机,但它在风扇转子支承结构上,却一改罗·罗公司已采用 40 余年的传统设计。如前所述,从 RB211-22B 到遄达 1000 风扇的滚珠轴承均置于中压压气机之后,且是一中介轴承,而滚棒轴承紧靠风扇轮盘后。由图 4.5.10 可见,由于 N3(支承风扇转子的滚珠轴承)轴承是中介轴承,它的尺寸受到约束,不可能再加大尺寸。

但是遄达 XWB 的空气流量由遄达 1000 的 1 088 kg/s 增大到 1 436 kg/s,增加了三分之一,使滚珠轴承的轴向气动负荷增加较多,显然采用传统的支承方法不能满足设计要求。为此,在遄达 XWB 中,将滚珠轴承换装到 1 号支点(风扇盘后)处,见图 4.5.13。

为了增加滚珠轴承的承受轴向负荷的能力,还将轴承内径加大,由图 4.5.12 还可以看出传统的风扇支承系统中,1 号支点的轴承内径与 2 号支点(中压压气机前支点)轴承内径基本是一致的,可是在遄达 XWB 中,1 号支点的内

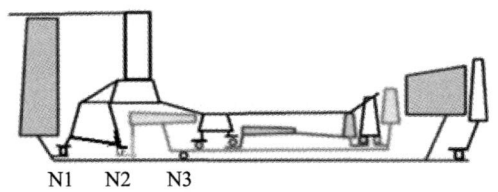
(a) RB211/遄达发动机转子支承简图

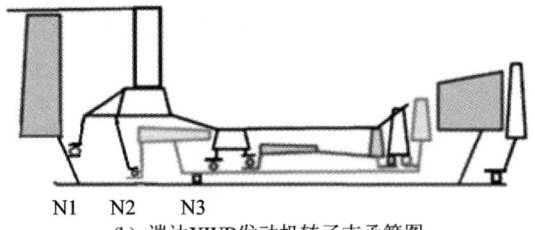
(b) 遄达XWB发动机转子支承简图

图 4.5.13 遄达 XWB 与 RB211 在风扇转子支承上的不同处

径比 2 号支点的内径大很多,这样,使滚珠轴承承受轴向载荷的能力提高了四倍。

由于 1 号支点处采用了大直径滚珠轴承,传统设计中的保持轴在遄达 XWB 中取消了,这也简化了风扇转子支承系统的结构。

5 结束语

在双转子大涵道比涡扇发动机中,滚珠轴承置于风扇盘后(1 号支点处),是作为安全设计的一项重大措施,但是经过三十多年的实践,证实了即使风扇传动轴折断,发动机少了一个大部件,但对飞机结构并不会造成损伤,不会影响飞机的安全飞行,因此,可以将滚珠轴承不置于 1 号支点处。但是从风扇叶片易受外来物打伤,造成风扇转子的平衡被破坏,风扇多片叶片叶尖会剐蹭机匣来看,1 号支点处采用大直径滚棒轴承能避免剐蹭的发生,所以在 GE90-115B 中,在风扇转子系统中作了重大改变。因此,在发动机研制中,一定要搜集并总结发动机使用中的经验与教训,从中提炼出能提高发动机安全可靠的措施。

| 近 50 年中大涵道比涡扇发动机风扇叶片的变迁 |

1970 年 JT9D(用于 747,1970 年 2 月投入使用)与 TF39(用于 C-5A,1970 年 6 月投入使用)先后投入使用,到将于 2020 投入使用的 GE9X(用于 777X),由发动机投入使用时间看,正好是 50 年。这 50 年中,大涵道比涡扇发动机的发展,令人眼花缭乱,其中风扇叶片的变化,属于变化最大的构件之一。

增压压气机装在风扇前的大涵道比涡扇发动机

TF39 是世界上第 1 型大涵道比涡轮风扇发动机,也是唯一的将增压压气机装在风扇前的发动机,于 1964 年进行了首次试车(用于 747 的 JT9D 于 1966 年 12 月首次试车)。TF39 是在 J79 的基础上衍生发展的,是将 J79 的压气机第 1 级去掉作为核心机,其前端装上 1 级风扇,风扇前再装 1 级增压压气机,称之为 1½ 级风扇(图 4.6.1),由 6 级低压涡轮驱动。将增压压气机置于风扇前,是 TF39 独特的设计,其他所有的大涵道比涡轮风扇发动机增压压气机均设在风扇之后。图 4.6.2 示出 TF39 前视图,清晰可见风扇前的增压压气机,围绕增压压气机叶片的叶片是风扇进口导叶。

由图 4.6.1 可见,将外涵气流与内涵气流分开的分流环尖部距风扇叶片叶根较近,说明由风扇叶片流出的空气大部分流入外涵道,仅少量的空气流入内涵道即进入核心机,其涵道比为 8,不仅是当时(20 世纪六七十年代)是最高的,而且在其后 20 多年中始终维持最高的纪录,直到 1995 年才被 GE90(涵道比为 9)超过。

除 TF39 外,其他的大涵道比涡轮风扇发动机中,增压压气机均装在风扇叶片后,将风扇后的空气进一步增压然后流入核心机的。在 TF39 中,经过前置增压压气机增压后的空气,仅一部分流入核心机,另一部分流入外涵。

其他大涵道比涡扇发动机中,风扇前均无进口导向叶片,在 TF39 中,由于风扇前有增压压气机及包容气流通道的环罩,其后有增压压气机出口导向叶片,带出口导向叶片的罩环通过 36 个叶片与风扇机匣相连,这 36 个叶片成为风扇外部的进口导向叶片。

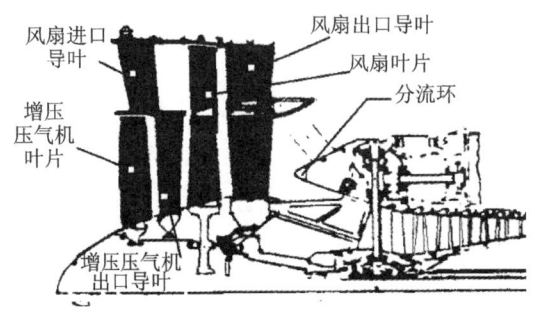

图 4.6.1　TF39 大涵道比涡轮风扇
发动机风扇部件

图 4.6.2　TF39 前视图 中心部分为增压压
气机,其外为风扇进口导叶

带凸肩的风扇叶片

风扇叶片薄而长,又处于发动机进口处,在设计中需解决 2 大问题,一是叶片振动问题,二是抗外物特别是飞鸟撞击的问题,在大涵道比涡扇发动机发展初期很长一段时间中,基本上是在叶身距叶尖三分之一附近处,增加一个凸肩(个别的有 2 个凸肩),如图 4.6.3、图 4.6.4 所示。个别发动机中将风扇叶片做成带冠的,如图 4.6.5 所示。

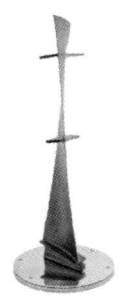

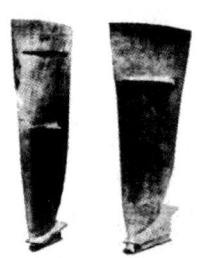

JT9D-7　　JT9D-7R4

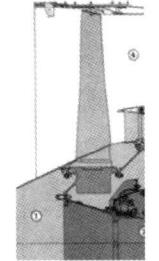

图 4.6.3　带双凸肩的
风扇叶片

图 4.6.4　带单、双凸肩的
风扇叶片

图 4.6.5　带冠的风扇叶片

世界上最初投入使用的 JT9D 风扇叶片采用了展弦比为 4.6 的窄弦设计,叶身上做有 2 个凸肩(图 4.6.3),到了 JT9D-7R4,将展弦比减小成 3.8 后,叶身上只做一个较大的凸肩(图 4.6.4),其他发动机均只带一个凸肩。

在带 1 个凸肩的风扇叶片中,两侧的凸肩端面分别与相邻叶片的凸肩端面相抵住形成一整环,如图 4.6.6 中左图所示。这样,叶片由无凸肩的一端夹紧变为两端夹

持,增加了刚性,提高了自振频率;另一方面,一旦叶片振动起来,相邻的凸肩端面间相互干摩擦,吸收振动能量,达到减震的目的。由于凸肩端面在工作中会与相邻叶片凸肩相互高速摩擦,为此,需在凸肩端面上喷涂耐磨涂层,一般是用等离子喷涂史太里特硬质合金。风扇叶片带凸肩形成整环后,增加了抗外物特别是鸟的撞击能力。

风扇叶片采用叶身凸肩后会带来一些问题。首先,带凸肩后,叶片加工变得困难得多;其次,凸肩不仅增加了叶片质量,使叶根处承受的应力增加很多,而且在凸肩与叶身转接处,凸肩对叶身还作用一个附加的弯矩,使该处应力状况变为复杂。更重要的是,凸肩对风扇的性能影响较大,因为气流流过凸肩时,在其后会产生紊流区,不仅缩小了有效的气流通道面积,而且使压力损失加大,图 4.6.7 示出了其示意图。这会使风扇效率降低,直接使发动机耗油率上升,还会使风扇的喘振裕度变小。因此,自从带凸肩的长风扇叶片出现后,就开始想采取措施来取消它,但困难很大,只是到了 20 世纪 80 年代初期,才取得初步成效。

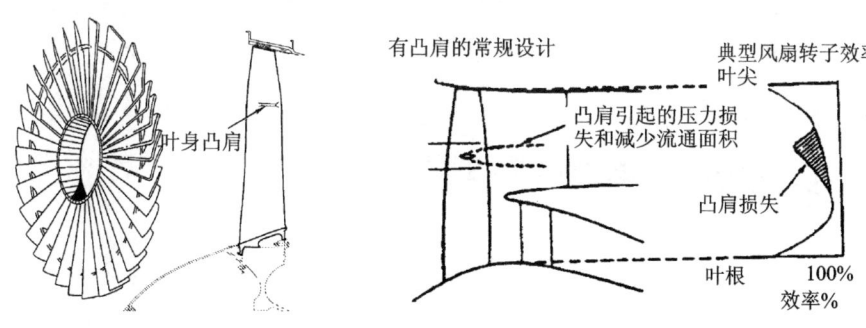

图 4.6.6　风扇叶片带中间凸肩的风扇部件　　图 4.6.7　风扇叶片带凸肩后使风扇效率下降

如果将风扇叶片由大展弦比改成小展弦比后,叶片变宽,当然厚度也会相应增加,这样就变成又宽又厚的叶片,振动与抗外物打击的问题当然就会迎刃而解。但是又宽又厚的叶片质量会大幅增加,叶片的榫根与轮盘的强度受不了,在大涵道比涡扇发动机发展的前 10～20 年过程中,罗·罗公司首先解决了降低宽弦风扇叶片质量的问题。

对于小尺寸的大涵道比涡扇发动机而言,风扇尺寸小,质量轻,可采用实心的宽弦叶片,例如 CFM56 - 7B、BR715 等。

带叶冠的风扇叶片

叶冠是涡轮工作叶片常用的设计,但在 F101 与 CFM56 - 2 发动机的风扇叶片上采用了,它们的叶冠上还做有 2 道封严齿。采用带冠的风扇叶片(参见图 4.6.5),不仅可以解决叶片的振动问题,而且可以减少叶尖间隙处的漏气损失,提高风扇效率。但是叶冠不仅增加榫根处的载荷,而且在叶冠与叶尖交界处还存在较大的弯曲应力。为此,采用带冠叶片时,需加大叶栅稠度,以增加叶片数,缩小叶冠周向尺寸,

降低叶冠质量,例如,CFM56 - 3(风扇叶片不带冠)风扇叶片数为 36 片,而 CFM56 - 2 的带冠风扇叶片却多达 46 片。带冠的风扇叶片不被采用的主要原因不仅在于前述的叶片强度问题,还在于抗外物打击的能力不如采用中间减振凸肩的好,因此风扇叶片带冠的设计没有得到推广。

带蜂窝的夹层结构宽弦风扇叶片

20 世纪 80 年代初期,罗·罗公司发展了一种带蜂窝的夹层结构宽弦风扇叶片,如图 4.6.8 所示。这种叶片由两片经过化学铣削成型的钛合金面板,夹上由钛合金蜂窝制成的芯板,在高温炉中经过扩散连接处理将三者连接成一体,然后在模中扭转成最终型面。这种风扇叶片既具有较好的抗振,抗外物打击的能力,质量又轻,首先用于 RB211 - 535E4 发动机,该发动机于 1984 年 10 月装在 757 飞机上投入使用。随后,V2500 等发动机的风扇叶片也采用了这种设计。

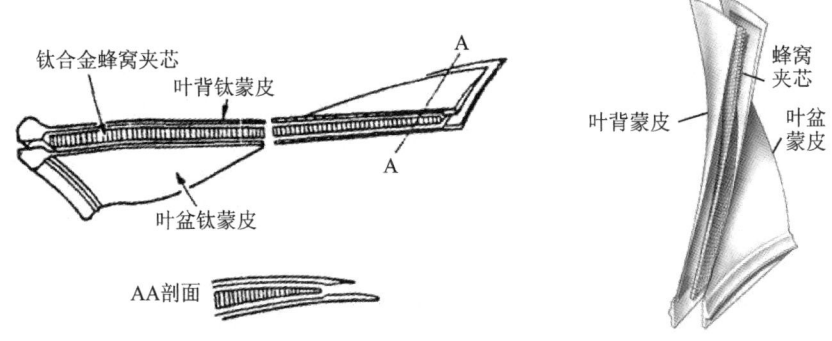

图 4.6.8　带蜂窝的夹层结构宽弦风扇叶片

RB211 - 535E4 采用的宽弦无凸肩风扇叶片,由于取消了凸肩,使风扇性能有明显的改善,在巡航条件下,风扇转子的绝热效率可提高 2%～4%,风扇轮毂处的效率也提高 2%～4%,喘振裕度也得到改善。由于风扇效率的提高,发动机耗油率可降低 4% 以上。

罗·罗公司是最初解决取消风扇凸肩的公司,但是也花费了 14 年时间,而普惠与 GE 公司,直至 1995 年才将没有风扇凸肩的发动机投入使用,花费了近 25 年时间,可见要取消风扇叶片上的凸肩,是多么难的工作。

用于 777 的三型发动机风扇叶片均无凸肩

1990 年年初,波音公司提出在 5 年中研制一款新型双发、双通道、能执行任何航线的大型客机 777,为满足 777 飞机的需要,要求研制出推力特大(370～450 kN,当时发动机最大推力为 275 kN)与可靠性极高的发动机。三大发动机公司均为 777 提供了发动机,即普惠公司的 PW4084、GE 公司的 GE90 与罗·罗公司的遄达 800,这

三型发动机最大特点之一就是采用了宽弦风扇叶片,但为了减轻风扇叶片质量,三公司采取了不同的措施。

罗·罗公司是在 RB211 - 535E4 风扇叶片的基础上,发展了它的第 2 代空心宽弦风扇叶片,它的叶型剖面示于图 4.6.9 中。这种称之为 DB/SPF(扩散连接/超塑性成型)的叶片的外形仍然由钛合金的两面板组成,但两面板间不是夹有蜂窝芯板,而是由薄片形成的桁架与面板连接组成了一种质量轻且承力特性好的结构。它的制造过程示于图 4.6.10 中,首先将 2 个面板与中间组成桁架的薄板,装在扩散连接的夹具中,将中间薄板分别在不同的位置与两表板连接起来,然后将它置于加热的阴模中,使 3 层板均处于超塑性状态,在面板间通以高压惰性气体,于是两面板在气体压力作用下压向阴模槽中,形成叶型,而中间薄板则被拉成桁架形式。这种叶片由于中间薄板参与受力,因此,面板可以做得薄些,其质量比带蜂窝芯的叶片轻 1/3。遄达 800 是第 2 型用此种叶片的发动机,这种叶片最初用于遄达 700(A330 飞机用),罗·罗公司的后续产品如遄达 900(用于 A380)、遄达 1000(用于 787)与遄达 XWB(用于 A350XWB)均采用这种叶片。

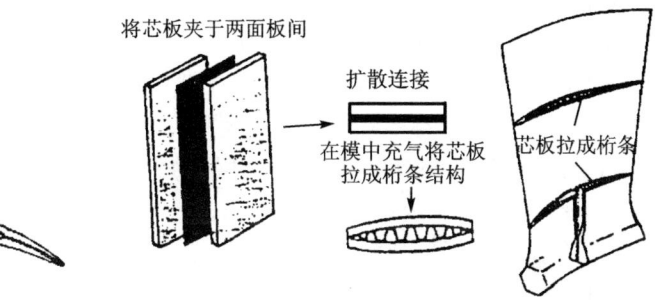

将芯板夹于两面板间

扩散连接

在模中充气将芯板拉成桁条结构

芯板拉成桁条

图 4.6.9　DB/SPF 风扇叶片剖面图　　　图 4.6.10　DB/SPF 风扇叶片制造过程示意图

普惠公司的风扇叶片是用钛合金做成空心的。它也是用两个面板用扩散连接法连接起来的,在两面板的内侧,先铣出一些纵向槽,形成空穴如图 4.6.11(C)所示。这种叶片与罗·罗公司的叶片相比,显然结构要简单得多,当然,其质量也最重,用于 F - 22 的 F119 发动机也采用了这种结构的风扇叶片。图 4.6.11 示出了三种钛合金空心风扇叶片的结构简图,(a)、(b)为罗·罗公司的产品,(c)为普惠公司的产品。

GE 公司的 GE90 发动机,其风扇

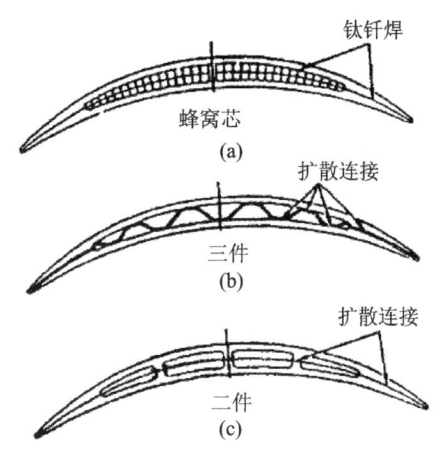

钛钎焊

蜂窝芯

(a)

扩散连接

三件

(b)

扩散连接

二件

(c)

图 4.6.11　三种钛合金空心风扇叶片剖面图

叶尖直径是当时最大的,达 3.142 m,叶片高达 1.22 m,叶尖处的弦长 0.53 m,榫头宽 0.305 m。这么大的叶片,如采用钛合金制,即使做成空心的,其质量也将很大,榫头处的强度也难解决,而且发动机的质量也将很大,于是 GE 公司决定用复合材料来做叶片。

用于 777 的三种发动机风扇叶片,采用了不同减轻叶片质量的措施,从表 4.6.1 可见,罗·罗公司的 DB/SPF 叶片最轻,复合材料的叶片次之,普惠公司的叶片最重。

表 4.6.1　三种型号发动机风扇叶片参数比较

发动机型号	GE90	PW4084	遄达 800
单位叶高的质量/(kg/m)	11.91	19.17	10.77

复合材料风扇叶片

早在 20 世纪 60 年代末,罗·罗公司在研制 RB211 - 22B 时,风扇叶片就采用了复合材料制作,它具有质量轻,抗振动性能好,但最终却没能通过抗鸟击的考验,不得不在后期改为采用钛合金来做风扇叶片,加上它是第 1 种采用三转子结构的发动机,研制中遇到多个技术难题,又遇到英镑贬值的打击等,不仅研制周期长,是三种第 1 代大涵道比涡扇发动机中最后投入使用的发动机,而且造成罗·罗公司宣布破产的境地,最后是英国政府接管(相当中国的公私合营)才使得世界上著名的这家公司继续从事航空发动机的研发工作。

因此,当 GE 公司宣布 GE90 的风扇叶片将采用复合材料制作时,很多人持怀疑态度,但 GE 公司坚持发展复合材料的风扇叶片,因为它们公司已对复合材料在风扇叶片上的应用,做了多年的研究,而且在 20 世纪 80 年代它们研制的无涵道风扇发动机(UDF)GE36 的风扇叶片已采用了复合材料。

GE 公司为 GE90 风扇叶片开发了该公司第 1 代复合材料,在随后的 20 多年时间里,发展了四代:第 2 代用于 GE90 - 115B,第 3 代用于 GEnx,第 4 代用于 GE9X。目前,罗·罗公司准备在遄达 XWB 以后的发动机中,不再采用该公司特有的 SPF/DB 空心钛合金叶片,而改用复合材料来做风扇叶片。这些事实,说明复合材料用于制作风扇叶片已是大势所趋。

用复合材料做成的风扇叶片具有以下特点:重量轻、成本低、抗振性能特别是抗颤振性能特好,具有特别好的损伤容限能力。一般钛合金叶片如在根部出现裂纹,在工作中裂纹将很快地扩展,影响叶片的正常工作。但复合材料做的叶片,即使出现大的缺口,也不会扩展。复合材料叶片受到外物撞击时在弹性变形下,能将撞击能量吸收并在叶身上重新分布,使它仍然具有能承受较大的外物击伤能力。

复合材料有一个被认为有碍它发展的问题是腐蚀问题,对此 GE 公司做了认真

分析,并采取措施来提高复合材料叶片抗腐蚀的性能,取得了较好的结果。例如在叶片上涂聚氨酯防腐涂层,采用较小的叶尖切线速度。因为腐蚀率与叶尖切线速度的三次方成正比,与其他高切线速度的风扇叶片相比,腐蚀率约低 50%,因而不仅能防止多种物质(水、燃油、滑油、防冰剂、丁酮和液压油等)的腐蚀,且叶身被这些物质造成的磨损也较小。涂层工作寿命大于 10 000 h(不可再涂)。

涂聚氨酯的具体做法是:在叶片表面上先涂 0.10 mm 厚的 AF32 腈类酚醛底层,然后涂上 0.05 mm 厚的环氧树脂类的黏合剂,最后再涂上 0.457 2 mm 厚的聚氨酯。这种涂层的性能在缩型的复合材料风扇叶片装于 CFM56 - 3 上进行的吞水试验中得到验证。试验是在起飞状态下进行的,吞水量为空气流量的 4%,试验 70 min,试验后叶片无腐蚀迹象。

GE90 风扇叶片的叶身与叶根用 IM7 中长碳纤维与增强的 8551-7 环氧树脂组成的称为"大力神"8551-7/IM7 复合材料制成一体。在叶身的压力面上,涂有聚氨酯防腐蚀涂层,叶背上涂有一般的聚氨酯涂层。为提高叶片抗大鸟撞击的能力,将钛合金薄片用 3M^R AF191 胶粘在叶片前缘上。为避免工作中复合材料脱层,在叶尖与后缘处用 Kevlar 细线进行了缝合(图 4.6.12)。

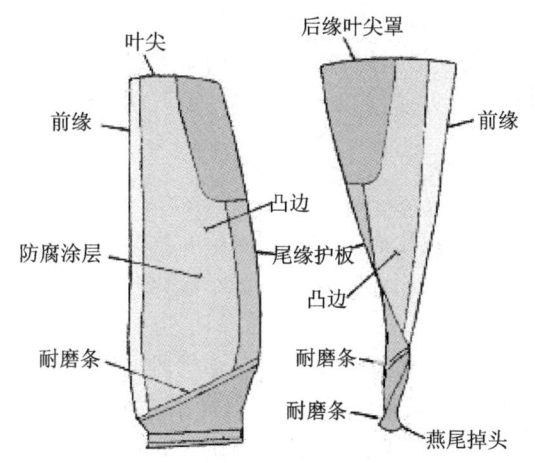

图 4.6.12　GE90 复合材料的风扇对叶片

在设计 GE90 时,对复合材料做成的风扇叶片虽然采用了防鸟撞的措施,但是为了确保在大鸟撞击下也能正常工作,风扇设计成小的叶尖切线速度(371 m/s),相应的压比也小。据分析,外物打在叶片上的撞击能量与叶尖切线速度的二次方成正比。在投鸟取证的试验中,风扇叶片承受了 3.6 kg 大鸟撞击的考验,在后来的长期服役中,也证实它的耐用为抗大鸟撞击的能力(在头 10 年运行中仅换过 3 次)。

GE9X 的风扇叶片采用了 GE 公司的第 4 代碳纤维复合材料,它采用了刚性更高的碳纤维与新的环氧树脂,为了增大叶片的强度,叶片前缘包覆的钛合金薄片改为合金钢的薄片,因此叶片可以做得比 GE90、GEnx 叶片更薄;由于采用了先进的三维掠形设计,使风扇叶片后掠更大、叶弦更宽(图 4.6.13),叶片数更少,为 16 片(GE90 为 22 片,GEnx 为 18 片),这也使 GE9X 成为所有大涵道比涡扇发动机中风扇叶片最少的发动机。由于风扇叶片数少,叶身较薄,加上采用了最新的气动设计,使空气在风扇中流通能力加大,在同样的风扇叶尖直径下,发动机推力可增大;气动性能好,提高了风扇效率;由于风扇叶片采用了第四代复合材料制作,提高了叶片强度,使风

扇叶尖可采用比 GE90 的切线速度高,不仅提高了风扇效率,而且提高了低压涡轮转速,使低压涡轮效率增大。较薄的复合材料风叶片质量较轻,可减轻支承风扇转子的结构质量,可减少发动机总质量等。因此有人用薄、尖、弯三个字形容 GE9X 风扇叶片的特点。

LEAP 的风扇叶片是用三维编织树脂膜传递成型(3−D WRTM)的

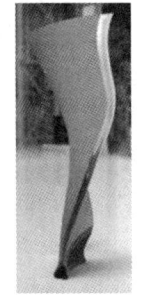

图 4.6.13　GE9X 的复合材料风扇叶片

方法制作的,它的碳纤维不是简单层叠在一起,而是采用三维技术编织形成网状结构,使其更加坚固,随后注入树脂并在高压容器内固化。不仅质量轻、耐久性好,抗外物打伤能力强,抗振动性能好,而且能成型复杂型面的叶片。

叶型设计

大涵道比涡扇发动机风扇叶片高度大,叶尖处半径比叶根处半径大很多,使两处的切线速度相差较大,叶尖处气流相对速度大于声速,而叶根处则远低于声速。即风扇叶片上,叶尖处按超声速设计,叶根处按亚声速设计,属于跨声速叶片。

早期的大涵道比涡扇发动机风扇叶片叶型均用二维流气动方法设计,叶片形状简单,如图 4.6.14 所示。到世纪之交时,已用 1 代、2 代与 3 代三维流气动方法设计,且叶片做成前、后掠形。例如,GE90 在改型为 GE90 - 115B 时,风扇叶片就用三维气动计算方法设计成 S 形后掠叶型,如图 4.6.15 所示,以减少超声速气流流入叶片时的损失,提高效率。

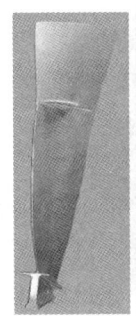

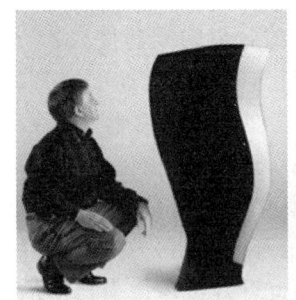

图 4.6.14　JT9D - 7R4 风扇叶片　　　　图 4.6.15　GE90 - 115B 风扇叶片

A380 用的遄达 900 发动机的风扇叶片,做成像弯刀似的带前后掠,如图 4.6.16 所示。这种带掠形的风扇叶片效率高、噪声低且抗外物击伤能力较强。罗·罗公司的最新发动机遄达 XWB 的风扇叶片基本与遄达 900 的相近,如图 4.6.17 所示。

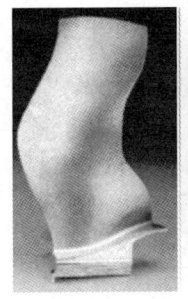

图 4.6.16 遄达 900 的风扇叶片

图 4.6.17 遄达 XWB 的风扇叶片

风扇叶片与盘的连接

大涵道比涡扇发动机风扇叶片与轮盘的连接,除早期个别发动机采用枞树形榫根(RB211 - 22B)与销钉榫根(CF34 - 3)外,均采用轴向燕尾型榫根。

在轴向燕尾型榫根中,榫根上端面必须将叶根型面包容住,由于叶根型面是呈弧形的,要能将叶根型面全部包住,榫根上端面的平行四边形就比较大,这样,在轮盘装的叶片数会受到限制。如果叶片数不能变,只能将轮缘外径加大。为了克服这个问题,罗·罗公司在 RB211 - 535E4 等发动机上,采用了圆弧形燕尾榫根,即榫根的上端面的外形基本做成与叶根型面的外形一致而呈圆弧形,相应地轮盘上的燕尾型榫槽也做成圆弧形,如图 4.6.18 所示。采用这种榫头后,轮盘轮缘直径可以小,风扇的轮毂比可取得较大,在相同的空气流量下,风扇直径可以稍小些。

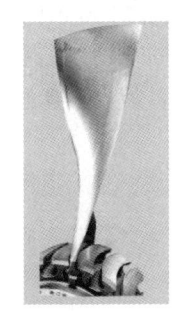

图 4.6.18 圆弧形榫根

但是,轮盘的榫槽不能用拉刀拉出来,只能用铣床将它铣出来,增加了加工的困难与工作量。CFMI 公司在 CFM56 系列发动机中的最后型号 CFM56 - 7 中,风扇叶片也采用了圆弧形燕尾榫根。

大涵道比涡扇发动机的风扇叶片一般级压比为 1.5~1.7,气流在工作叶片中压缩较大,因而在叶根处气流通道均作成大斜度的底座。早期在叶片的底部作一沿气流通道相符合的底座(或称平台),底座之下通过中间段(或称中间根或延长根)与榫根相连,如图 4.6.19 所示。叶片带底座后对叶片的加,工带来不便,特别对宽弦叶片更是如此。为此,有的发动机叶片先做成不带底座的叶片,然后,在两叶片间装上叶间垫块以形成气流通道(图 4.6.20),由此图可以看出,中间平台即叶片间垫块的两侧面需做成与叶片叶身型面相符合的型面。

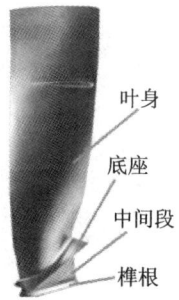

图 4.6.19　带底座的风扇叶片

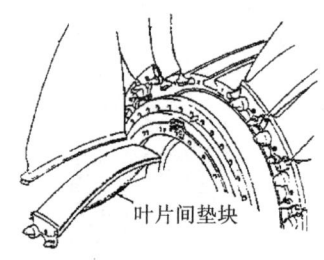

图 4.6.20　两叶片根部间夹的垫块

风扇盘

　　风扇盘均由钛合金锻造经机械加工而成,做成空心的,轮缘处由于要安装风扇叶片,宽度最大,中心处做得较薄,轮盘剖面形状因发动机而异,早期的轮盘较多的做成如图 4.6.21 所示的结构。随着发动机推力的增加,风扇直径加大,宽弦叶片的应用等,使风扇叶片长而宽,采用常规的轮盘就会因轮缘很宽而很重。因此,许多发动机的风扇盘做成多盘的盘鼓混合式轮盘,即由 2～4 个带鼓的薄盘焊接而成,如图 4.6.22 所示。

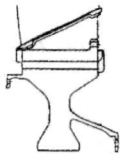 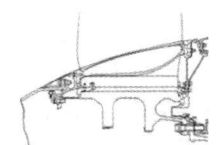 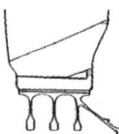 

图 4.6.21　早期的风扇盘　　　　　图 4.6.22　多盘的盘鼓混合式轮盘

第 5 章

传动、滑油及其他系统

| 航空发动机轴承滑蹭损伤与防止措施 |

1　航空燃气涡轮发动机轴承的滑蹭损伤

　　滚动轴承在工作时,滚子应在内、外环滚道上作纯滚动。要使滚子作纯滚动,必须在滚道与滚子间有足够的拖动力以克服阻碍滚子-保持架组合体作正常运动的阻力。否则轴承不能按游星齿轮系的关系运动(内环相当于主动齿轮,滚子相当于游星轮,保持架相当于游星架,外环相当于太阳齿轮),滚子就会在滚道上打滑形成滑动摩擦。由于滑动摩擦系数大于滚动摩擦系数,加上某些外来因素使得滚子与内、外环滚道上形成干摩擦,引起滑蹭,造成滚子与内、外环滚道上出现蹭痕和表面局部磨损等,即所谓的"滑蹭损伤"。轴承一旦出现滑蹭损伤,表面光洁度被破坏,摩擦系数加大,加速了磨损过程,使滚子直径变小,滚道上出现不均匀的槽痕,轴承损坏,对转子的工作带来危害,直接影响发动机的正常工作。

　　应当指出的是,滚动轴承打滑并不一定都会引起轴承滑蹭,只是在某些情况下由于外部条件的作用才会引起滑蹭,但是只要轴承出现滑蹭损伤,那么,该轴承一定打滑。即滚动轴承的打滑是引起轴承滑蹭的先决条件,为避免轴承出现滑蹭损伤,必须采取防止滚动轴承的打滑。

　　滚动轴承工作时,作用于保持架-滚子组合体的拖动力主要是轴承在外负荷作用下滚子在内、外环间的摩擦力;当保持架定位于内环上时,保持架与内环间的滑油油膜黏性力还能产生部分拖动力。而阻碍保持架-滚子组合体运动的阻力则有:保持架-滚子的质量惯性力、滑油在轴承内的扰动力、保持架与外环滚道间的油膜黏性阻力(如保持架定位于外环时)等。

　　一般机械中使用的滚动轴承由于转速低,且始终有负荷作用其上,很少出现打滑

现象。但是航空燃气涡轮发动机主轴承却很容易打滑,这是因为:

(1) 转速高。在高速作用下,滚子在大的离心力作用下有脱离内环滚道接触的趋势;

(2) 负荷小。航空发动机的转子均做得较轻,使作用轴承上的径向负荷小,加上飞机作机动飞行时会在某些情况下,使作用于轴承上的负荷更小,甚至出现零载,以及转子的不平衡力在某些情况下会抵消一些作用在轴承上的径向负荷,造成轴承的轻载或零载。

这两方面的因素会使得由摩擦产生的拖动力变得很小,甚至为零,这样,就必然会引起轴承打滑,出现滑蹭损伤。对于滚珠轴承,由于它还要承受轴向载荷,所以一般不易打滑。但是如果在飞行包线内,转子的轴向负荷变向(如图 5.1.1 所示)的话,在变方向的前后瞬间,轴承也会出现轻载与零载,引起打滑。例如:斯贝发动机的民用型 MK512 在工作中,作用于低压转子止推滚珠轴承(中介轴承)的轴向负荷的方向不发生变化,但在它军用改型 MK202 中,由于飞行包线大大扩大,即飞行高度由民用型的 10 km 变为 20 km,飞行 Ma 由民用型 0.8 左右变为 2.2,在工作中出现作用于该轴承的轴向负荷会变方向,因而出现了严重的打滑现象。综上所述,在现有航空燃气涡轮发动机中,如不采用防滑措施,绝大多数主轴承均会打滑,且会产生滑蹭损伤,对发动机的正常、可靠的工作构成威胁。

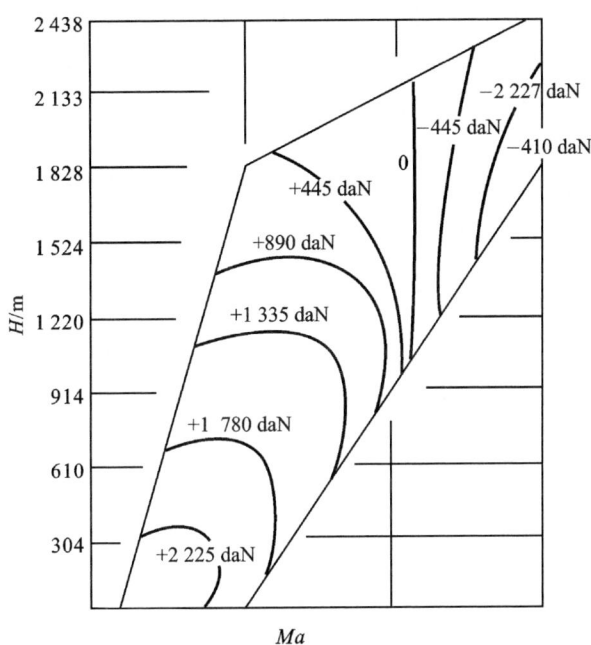

图 5.1.1　作用于某战斗机发动机转子滚珠轴承上
的轴向负荷随飞行高度(H)与 Ma 的变化情况

　　轴承出现滑蹭损伤与使用时间无直接关系,有时在发动机工作很短时间内出现,有时却在发动机工作很长时间后才出现。除了轴承的设计、安装与工作条件对轴承是否会出现滑蹭有影响外,发动机的装配工作有时也起到主要作用。例如将涡轮转子吊装到发动机时,为避免涡轮前滚棒轴承的滚棒妨碍吊装,常用凡士林涂在外环与滚棒间,以使滚棒紧贴于外环的滚道上。这样做方便了发动机的装配,但如在低温室外首次试车时,就可能由于凡士林的黏性阻碍了滚棒-保持架的正常运动而引发该轴承出现滑蹭损伤。

　　滚动轴承出现滑蹭后,最常见的结果是表面擦伤磨损,表面剥落等。严重时,由于滚子与内环间产生过大的摩擦热量会使内环膨胀,减小了轴承内部的游隙,将轴承卡死。因此,在航空燃气涡轮发动机主轴承上,应特别注意防止轴承滑蹭。目前,在大多数的设计中,为了减少轴承滑蹭,既可采用减小阻碍滚子-保持架运动的阻力的方法,也可采用增加拖动力的方法,或两者同时采用。

2　采用增加拖动力的措施防止轴承滑蹭

2.1　减小轴承的游隙

　　减小轴承游隙,使滚子在离心力作用下仍能保持与内环滚道的接触。例如CFM56 发动机支承高压涡轮的滚棒轴承(中介轴承)即用了小游隙甚至是负游隙来减少打滑;又如 WJ6 发动机的压气机前滚棒轴承在长期试车中出现严重的滑蹭损伤后,将该轴承的游隙由 0.070~0.095 mm 减小为 0.045~0.065 mm,消除了滑蹭现象。

　　但是,采用减小游隙的措施会带来其他严重问题,因此要慎重对待,特别对于处于发动机热端的轴承,更应慎用。

2.2　将保持架定位于内环

　　在早期的航空燃气涡轮发动机中,为了解决保持架的平衡问题,多将主轴承的保持架定位于外环,但这种设计易引发轴承出现滑蹭损伤。这是因为当保持架定位于外环时,存在于外环与保持架间的油膜在黏性的作用下妨碍滚棒-保持架作正常运动引发打滑而造成的。如将保持架定位于内环,存在于内环与保持架间的油膜在黏性的作用下将给滚子-保持架组合体一个拖动力使其作正常运动。这样,将原定位于外环的保持架改成定位于内环上,不仅减小了阻力,而且还增加了拖动力,显然会减少滑蹭损伤,当然这还须提高保持架的加工精度以提高其平衡度。例如,RB211-22B发动机于 1972 年 4 月投入航线使用,但到同年的 10 月,发现低压转子的止推滚珠轴承(为中介轴承)出现过 5 次滑蹭损伤,为消除滑蹭又不对支承结构作较大的改动,罗·罗公司将轴承内原定位于外环的保持架改为定位于内环,如图 5.1.2 所示,同时提高了保持架的平衡度。

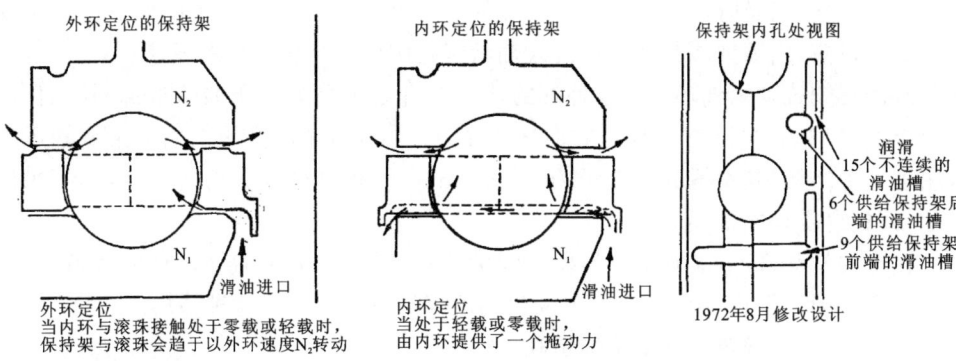

外环定位的保持架

内环定位的保持架

保持架内孔处视图

润滑
15个不连续的
滑油槽
6个供给保持架后
端的滑油槽
9个供给保持架
前端的滑油槽

1972年8月修改设计

外环定位
当内环与滚珠接触处于零载或轻载时，
保持架与滚珠会趋于以外环速度N_2转动

内环定位
当处于轻载或零载时，
由内环提供了一个拖动力

滑油进口

(a) 原始设计　　　　　　　　　(b)1972年8月的改进设计

图 5.1.2　RB211－22B 低压转子止推轴承(中介轴承)为排除滑蹭损伤采取的改进设计

2.3　对轴承施加"预载"

装配时，对轴承施加一附加的径向或轴向载荷，即对轴承施加"预载"，使轴承工作时，始终在内、外环滚道与滚子间有负荷作用，不出现轻载或零载，以增大拖动力。对轴承施加预载的办法有：采用非圆轴承、轴向弹簧对轴承旋加预载、采用空心滚棒和调整对轴承的喷油方向等。

2.3.1　采用非圆轴承

将轴承外环的外圆做成非圆形，而机匣安装轴承的座孔仍做成圆的。常用的非圆轴承有椭圆轴承外环与三瓣式的轴承外环。例如，将椭圆轴承压入轴承座孔中时，椭圆的长轴处(外环凸出部位)即向该处的滚子作用一预加的载荷，如长轴处于水平位置如图 5.1.3 所示，使在水平位置的几个滚子与内、外环间始终保持接触并作用有一定负荷，因此，除了最下部的几个滚子受

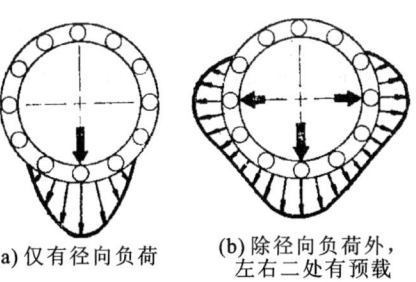

(a) 仅有径向负荷　　(b) 除径向负荷外，
左右二处有预载

图 5.1.3　滚棒轴承中负荷的分布

到重力负荷的作用外，在其左右 90°处的滚棒，也各受一定量的预加负荷，从而使承受负荷的滚子数目约增加到滚子总数的 60%，能产生一定的拖动力，克服轴承打滑。图 5.1.3 示出了滚棒轴承未加预载与在两处施加预载时轴承中负荷的分布情况。

非圆轴承中，椭圆轴承现在应用得较为广泛，例如 JT3D、JT9D、JT15D 与 CF6－80C2(4R)等发动机中均用了椭圆轴承，一般椭圆度为 0.20～0.25 mm。早期的发动机中，对轴承外环椭圆的长轴装于轴承座孔时的位置有一定要求，例如早期的 JT3D 发动机中，高压涡轮处的滚棒轴承采用椭圆轴承(轴承外径为 215 mm，椭圆度为

0.20 mm),规定长轴按 2 点钟或 10 点钟的方向装入,但到 70 年代中期后取消了这一要求。目前,椭圆轴承可任意地装入轴承座孔中而无特殊的位置要求。

所谓三瓣式轴承外环是轴承外环的外圆上有 3 个均匀分布的凸出带,其工作原理同于椭圆轴承,只是它预载的方向多 1 个,CF6 - 80C2 的高压涡轮前滚棒轴承即采用了这种结构,其每瓣的凸出量为 0.431 mm,由此也可以看出,该轴承如不采取措施,其打滑度是非常大的。

在有的发动机上,非圆部分不做在轴承外环外圆上,而是做在内环的滚道上,其工作原理仍同于上述,例如 T700 发动机的滚棒轴承即采用了这种结构。

2.3.2 轴向弹簧对轴承施加预载

图 5.1.4 所示为 J69 轴流压气机转子后支点采用轴向弹簧加载的滚珠轴承支座结构,是一种典型的用轴向弹簧施加预载的办法。J69 的轴流转子前支点为止推支点,因此,后支点处应该采用滚棒轴承。但是,该转子很轻,仅 11.5 kg。正常情况下,作用于后支点的径向负荷很小,而转子转

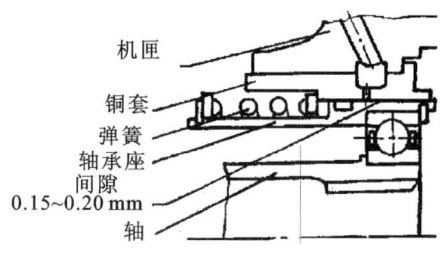

图 5.1.4 压气机转子后轴承支座结构图

速又高达 22 000 r/min,很容易使该支点处的轴承打滑。采用如图 5.1.4 所示的结构即用带轴向弹簧预载的滚珠轴承取代滚棒轴承既可防止打滑(这是因为在轴向弹簧的作用下,每个滚珠均始终与内、外环滚道接触并有负荷作用,因而不易打滑),又能使轴承外环能相对内环作轴向移动,起到滚棒轴承的作用,因此类似的用轴向弹簧对滚珠轴承施加预载的结构在一些小型涡轮机械中广泛采用。

如前节所述,斯贝发动机的军用型 MK202 中,低压转子的止推滚珠中介轴承,在工作中作用的轴向负荷会变向而引起打滑,为此,也采用了用轴向弹簧对该轴承施加一向后的力,使该轴承总是承受向后的轴向负荷,图 5.1.5 示出了军用斯贝低压转子止推轴承(中介轴承)防止打滑的结构。该结构设计非常独特,将中介轴承 4 的前内环向前延伸,成为加预载的小滚珠轴承的内环,但它不是完整的内环而是仅有

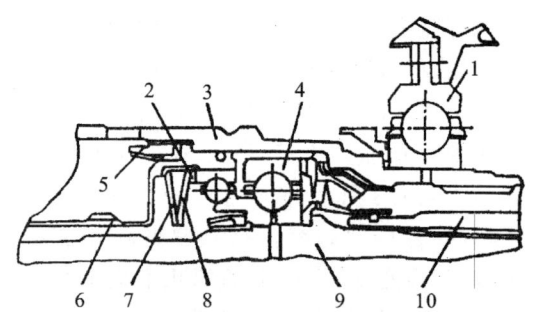

1—高压转子止推轴承;2—调整垫;3—高压压气机后轴;
4—中介轴承;5—螺帽;6—导气管;7—弹簧片;8—弹簧片;
9—低压压气机轴;10—低压涡轮轴。

图 5.1.5 止推轴承防止打滑的结构图

后半环,小滚珠轴承的外环与中介轴承 2 外环间有较大的轴向空隙。利用两个贝氏弹簧 7 与 8 通过小轴承对中介止推轴承 2 施加向后的预载,当中介止推轴承向后的轴向力变小甚至变为向前时,弹簧对它施加向后的轴向力。当中介止推轴承向后的

轴向力大到一定即轴承内环向后移动到一定位置时,弹簧脱离接触,不对止推轴承施加预载。通过试验、试飞,该弹簧施加的轴向力为 712 dN。

2.3.3　采用空心滚棒

在滚棒轴承中,等间隔的安装三个薄壁截面的空心滚棒,如图 5.1.6 所示。它们在负荷下能产生柔性变形,这种轴承称为柔性轴承。空心滚棒的直径稍大于实心滚棒的直径,其差值大于轴承内部的径向游隙。安装时,空心滚棒在内、外环的压缩下,受到一预加的径向载荷。在"零载"条件下也能保持内、外环与滚棒接触,因而能产生一定的拖动力。

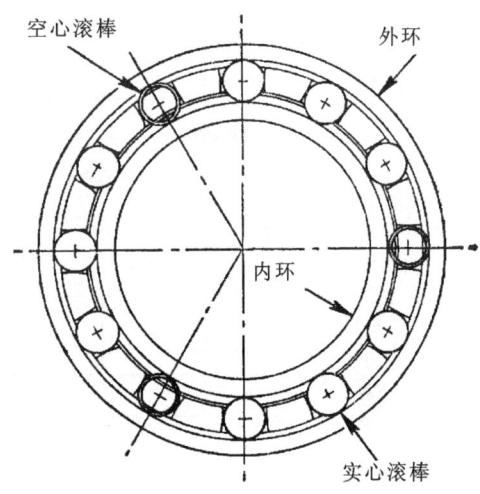

图 5.1.6　带有三个空心滚棒的柔性轴承

另外,也有将所有的滚棒均做成空心的,其直径选择成在安装时所有的滚棒均受到内、外环的压缩而承受一定的预加载荷。采用空心滚棒时,应仔细选择其尺寸(也即预加负荷的大小)。过大的预载即使在外加负荷很小时也能过早地使滚棒损坏,而预载过小时,则防止轴承滑蹭的作用不大。

在这两种轴承中,还能减少滚子的重量,因而也减少了滚子-保持架组合体的惯性力,有利于防止轴承打滑。但是这两种在 20 世纪 70 年代研制的轴承,目前尚未应用于现代发动机中。

2.3.4　调整对轴承的喷油方向

将滑油喷射方向做成与滚子-保持架组合体运动方向一致,也可增加对滚子-保持架组合体的拖动力。

3　采用减小阻力的措施防止轴承滑蹭

3.1　减小滑油的黏性阻力

轴承内外环的设计中,应当尽量使滑油在轴承中流动通畅。外环最好做成直线,以消除在离心力的作用下滑油堵塞于轴承中的现象。当保持架在外环定位时,定位间隙中滑油油膜形成的黏性摩擦力矩大。根据实验,内径为 190 mm 的轴承工作于 2×10^6 DN 值时,由于保持架与外环间油膜的黏性剪切作用,会使功率损失高达 14.9 kW,如图 5.1.7 所示,因此阻碍了保持架的运动,易造成轴承的滑蹭损伤。早期,在英国的"康维""苔茵"发动机上均因保持架定位于外环而出现此类事故。因此,在设计允许的条件下,应尽可能地使保持架定位于内环。同时,还应采取一些措施使保持架不致阻碍滑油的流通,造成过大的液体黏性阻力,图 5.1.2 所示的 RB211-22B 发动机低压转子的中介止推滚珠轴承的改进设计中,在保持架内径处(即与内环滚道相邻的环面上)开了许多槽道,以使滑油顺利地流过轴承内,避免产生滑油的扰动,即是一例。

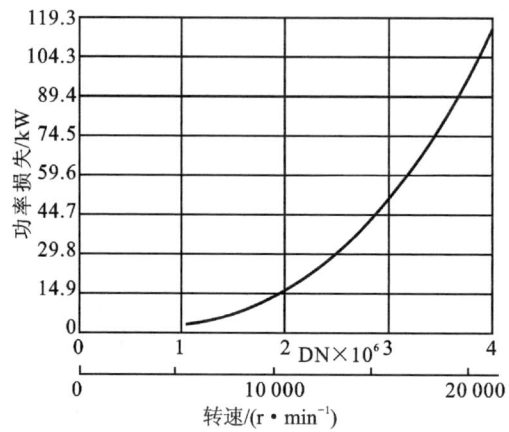

图 5.1.7　保持架与外环间液体动力
摩擦产生的功率损失(轴承内径 190 mm)

3.2　采用轻质材料作保持架

例如用重量轻的中硬度钢 AISI4340;采用空心滚子(这是一项在 20 世纪 70 年代初期研究的措施,尚未在发动机中得到应用)等以降低保持架-滚子组合体的惯性力。

3.3　用滑动轴承取代

除上述解决轴承打滑的措施外,对于附件传动的轴承,也可以改用滑动轴承来消除滚动轴承的打滑。从理论上讲,附件传动机构中的轴承不会出现打滑现象,因为齿轮在工作时,始终对轴承作用有一径向负荷。但是,如果齿轮链排列不适当时,也可能没有负荷作用于轴承上,例如 PW4000 发动机的附件传动机构中,传动离心通风器的中间惰轮(转速高达 21 000 r/min)是用一滚棒轴承支承于一根心棒上的,如图 5.1.8(a)所示。由于主动齿轮、惰轮与从动齿轮三者排列在一条直线上,使惰轮的滚棒轴承基本不承受径向负荷,因而在使用中出现了滑蹭损伤,为彻底解决这一问题,普惠公司将此滚棒轴承改用了石墨轴瓦(滑动轴承),如图 5.1.8(b)所示。

3.4　防止作用于滚珠轴承上的轴向负荷变向

如前所述,RB211 风扇转子的止推轴承为一中介轴承,由于风扇转子在工作中会出现轴向力方向改变,因而在投入使用(1972 年 4 月)后不到半年,就出现过该滚

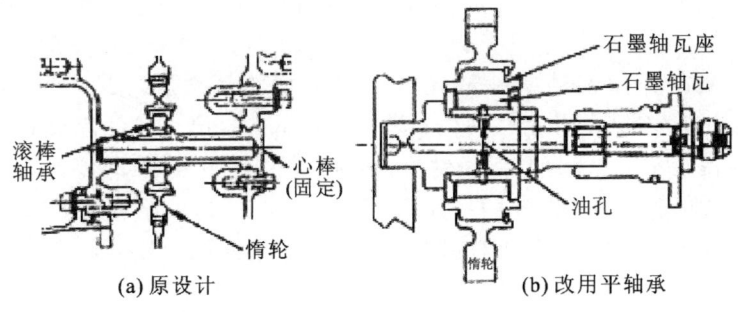

图 5.1.8 PW4000 传动离心通风器的中间惰轮

珠轴承滑蹭损伤。于是采取前述的将保持架外环定位改为内环定位的措施,在一定程度上解决了问题,但是由于轴向负荷换向问题没有解决,因此长期以来,在各种改型的 RB211 中(-524B、-524C、-524D4 和-524D4 Upgrade 等),还是偶尔出现该轴承的滑蹭损伤的事件。为此,在 RB211 的最后改型的 RB211-524G/H(1989 年投入使用)中,将卸荷腔封严环处的直径由 556.20 mm 增大为 731.52 mm,消除了工作中转子轴向负荷换向的问题。基本上解决了该轴承的打滑问题。由 RB211-524G/H 衍生发展的遄达发动机,除采用了大直径的平衡腔封严环外,还在低压涡轮轴后端加装了对转子施加预载的弹簧及小轴承,如图 5.1.9 所示,从根本上解决轴承打滑问题。

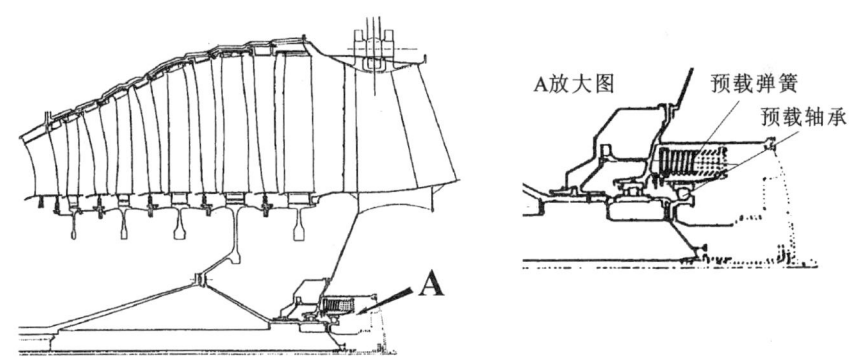

图 5.1.9 遄达 800 对低压转子施加预载的结构图

4 轴承打滑度与测定方法

采用“打滑度”来表明滚动轴承是否打滑以及打滑的严重程度。

$$打滑度 = \frac{保持架理论转速 - 保持架实际转速}{保持架理论转速} = 1 - \frac{保持架实际转速}{保持架理论转速}$$

当保持架实际转速等于保持架理论转速时,轴承不打滑,其打滑度为零;只要保

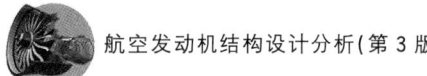

持架实际转速低于理论转速,轴承即打滑,当保持架实际转速为零时,打滑度为100%。

一般用测定保持架的实际转速来求得轴承的打滑度。罗·罗公司在发展RB211发动机时,使用了放射性同位素来探测轴承的打滑。在保持架上固定一个很小的用钴或铱(Co-60,Ir-192)丝做的放射源,利用反平方律(即传到某点的放射性强度反比于放射源至该点距离的平方)的原理,测出工作中保持架的速度,从而发现轴承是否出现打滑,并可计算出打滑度。也可利用切割磁力线的原理来测量保持架的转速。

｜发动机中滑油自燃引发重大故障｜

发动机滑油系统中的滑油,在超过 250 ℃(滑油名牌不同温度稍有不同)且条件适合(如油气比恰当等)时,不需点火就能自行燃烧,这种现象称为滑油自燃。滑油自燃后,重者会引发发动机着火,危及飞机飞行安全;一般情况下,温度会骤升,对相邻的零组件会造成损伤,例如零组件材料会在燃烧的高温下失去应有的强度而损坏,有的零组件在燃烧的火焰下烧熔等。

在发动机中,滑油自燃一般发生在两种情况下,其一是高温气体窜入滑油腔引发滑油自燃,本文中所述的 JT8D 发动机中,4、5 号轴承间的滑油腔滑油自燃造成高压涡轮轴折断故障即是一例。其二是滑油漏入高温气流中或流入空气腔中引发滑油自燃,本文所述的遣达 900 发动机中滑油连续不断地从损伤的管接头中流到高温的气流中,滑油自燃且造成连续不断的燃烧气体向后流,最终导致中压涡轮盘非包容破裂故障即是一例。本文中所述的 D－30KU－154 发动机低压涡轮非包容破裂故障,则是滑油流入燃烧室内机匣内的隔热环腔中造成滑油自燃而引发的。

JT8D 发动机 4、5 号轴承间滑油腔中滑油自燃引发的重大故障

JT8D 发动机是 20 世纪 60－80 年代西方国家生产最多的小涵道比涡扇发动机,截至 1991 年,共有 12 654 台用于军用或民用飞机上,共积累的使用时数为 23 700 000 h/14 800 000 起落。在多年的使用中,4、5 号轴承间滑油腔中滑油自燃,造成高压涡轮轴或联轴器损坏甚至断轴是一项重大故障,从 1969 年到 1990 年,共发生过这类故障 28 起,(仅 1984—1988 的 5 年间,就发生过 10 起),其中 5 起是非包容的断轴故障。由于使用的发动机数目多,每日积累的工作小时多,因而由它引起的故障率(每千小时故障次数)还是较低,但是它的后果却是非常危险。

JT8D 发动机由 1 级风扇、6 级低压压气机、7 级高压压气机、环管式燃烧室、1 级高压涡轮与 3 级低压涡轮组成。4 号轴承(并列 2 个滚珠轴承)在高压压气机后,5 号轴承在高压涡轮前,燃烧室内机匣内装有隔热套筒,隔热套筒与高压涡轮轴间形成滑油腔,参见图 5.2.1。5 号轴承后装有端面石墨密封组件(图 5.2.2)。

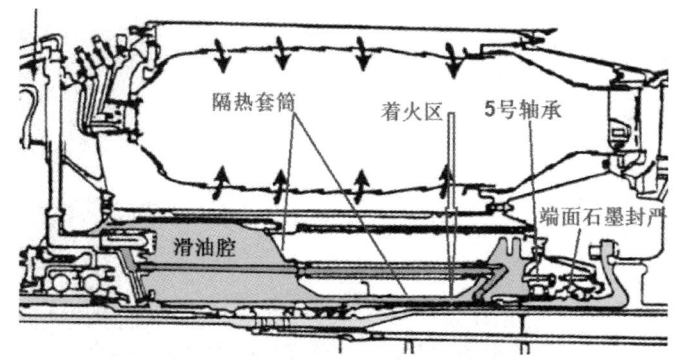

图 5.2.1　JT8D 4、5 号轴承间的滑油腔

根据分析,在 1984—1988 的四年间滑油腔中滑油自燃(共 10 起)的原因有三:(1)隔热套筒后端的波纹套管中,在拐弯处疲劳断裂,形成缺口,高温空气由此窜入(3 起);(2)端面石墨密封处滑油结焦,使石墨封严端面与封严环间不能密合,出现大的缝隙,高温空气由此窜入(1 起);(3)石墨封严端面与封严环间不能密合,出现大的缝隙后,滑油由此缝隙流到高压涡轮轮盘前端,

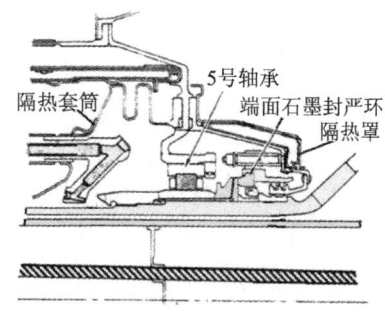

图 5.2.2　JT8D 5 号轴承与封严件

与高温空气混合引发滑油自燃,燃烧的火焰将端面石墨封严件后的隔热罩烧穿形成缺口,高温空气由此缺口处流入滑油腔(6 起)。

普惠公司针对这些问题,采取了相应的改进措施,取得了较好的效果。为了更好地发现滑油自燃的隐患,普惠公司还在 4、5 号轴承间滑油腔的回油导管上采用了示温漆显示温度的方法来监测回油的温度。即在回油管上涂有黄色与红色方块各一处,方块中心留有一涂淡灰色的小圆作为显示用。当滑油温度超过 190 ℃时,黄色方块中的圆变为黑色。正常情况下,每工作 65 h 或 65 个起落循环检查一次温度指示器,如黄方块中心已变色,还可继续工作,但不能超过 25 h 或 25 个起落,否则需采取排故措施;如红方块中心变黑,则需立即转场到维修基地进行排故。据称,安装这套温度指示系统后,曾发现过 5 台发动机指示器变黑,立即采取排故措施后,避免了五起大故障的发生。

D-30KU-154 发动机隔热套筒中滑油自燃引发低压涡轮转子非包容破裂故障

D-30KU-154 为小涵道比涡扇发动机,是苏式旅客机图-154 的动力(每架 3 台)。1988 年 5 月 30 日晚,中国民航的图-154M 客机在广州起飞后约 10 min,装于机尾的发动机发生了严重的断轴故障,4 级低压涡轮全部甩出机身,将飞机尾部蒙皮(除顶端外)在约 300°的环形区中打穿,蒙皮呈碎片状向四周伸出,打出的缺槽能容纳一个人那么大,如图 5.2.3 所示。

图 5.2.3　图-154M 中间发动机低压涡轮爆裂将飞机尾部击穿后的破口

出故障的发动机为 1985 年 9 月 28 日出厂,已使用 4 582 h,2 437 循环。

D-30KU-154 发动机由 3 级风扇、11 级高压压气机、2 级高压涡轮与 4 级低压涡轮组成,图 5.2.4 为其简图。由图可见,在高压压气机转子内装有一钛合金制的隔热套筒,隔热套筒与低压传动轴间为滑油腔。

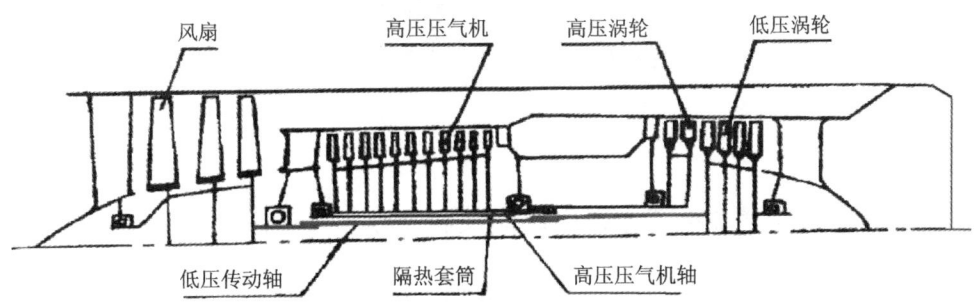

图 5.2.4　D-30KU-154 发动机简图

由图 5.2.5 可见,隔热套筒前、后均装有封严胶圈与高压压气机轴内孔相接触,使隔热套筒与高压压气机轴间形成环形的死腔 A(在发动机内不允许有死腔,这是设

计错误,后来苏方修改了设计)。发动机长期工作后,封严胶圈老化失效,滑油由失效的封严胶圈处漏入 A 腔,滑油在高温作用下自燃,燃烧时使 A 腔内压力增大,隔热套筒在外压作用下失稳向内变形形成一个凹陷处,凹陷处呈菱形,如图 5.2.6 所示。凹陷处的最尖处与低压传动轴相接触,在相对转速 5 700 转/min 作用下,将低压传动轴磨出深槽,低压传动轴折断(图 5.2.7),最终造成 4 级低压涡轮转子失去负荷而超转直至飞转,转子在极大的离心力作用下爆裂成多块甩出发动机,幸运的是受损的发动机处于飞机后机身上端(参见图 5.2.3),甩出发动机的断块未打到飞机机身,否则将是一起机毁人亡的严重事故。

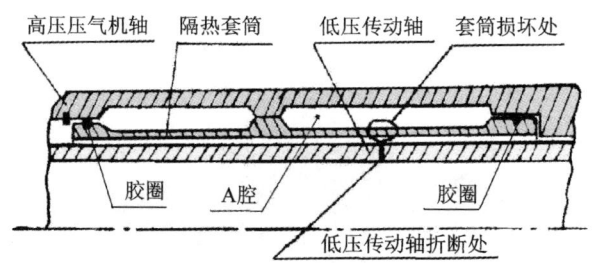

图 5.2.5　隔热套筒在高压压气机轴内的配置图

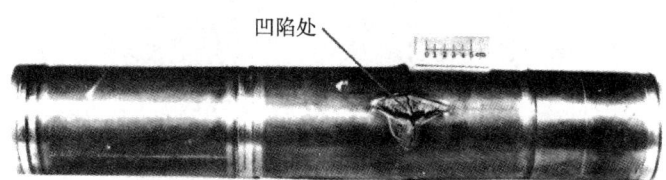

图 5.2.6　钛合金的隔热套筒破坏情况

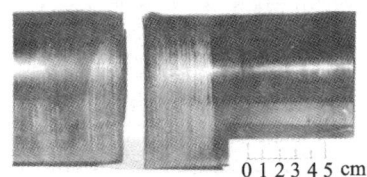

图 5.2.7　低压轴折断

遄达 900 发动机滑油自燃引发中压涡轮转子非包容故障

装有 4 台遄达 900 大涵道比涡扇发动机的 A380 于 2007 年 10 月投入航线运营,在 2010 年 11 月 4 日由新加坡起飞执行 QF32 航班任务时,起飞 15 min 后 2 号发动机(位于左机翼内侧)中压涡轮盘突然爆破,断块以很大的离心力打穿涡轮机匣与发动机短舱,打坏飞机多处结构、操纵与液压系统(图 5.2.8)。在驾驶员精心操作下,将损坏严重、难于控制的飞机终于在起飞后 109 min,在距机场跑道(跑道长 4 000 m)

尽头 150 m 处安全停住,机上包括机组人员共 466 人无 1 人伤亡,创造了航空史上的一个奇迹。

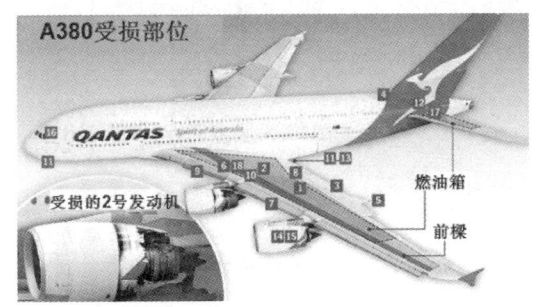

图 5.2.8 A380 飞机受损部位

遄达 900 发动机由 1 级风扇,8 级中压压气机、6 级高压压气机、高中压涡轮各 1 级与 5 级低压涡轮组成。图 5.2.9 示出高、中压涡轮间承力框架以及中压涡轮与中压传动轴连接结构。

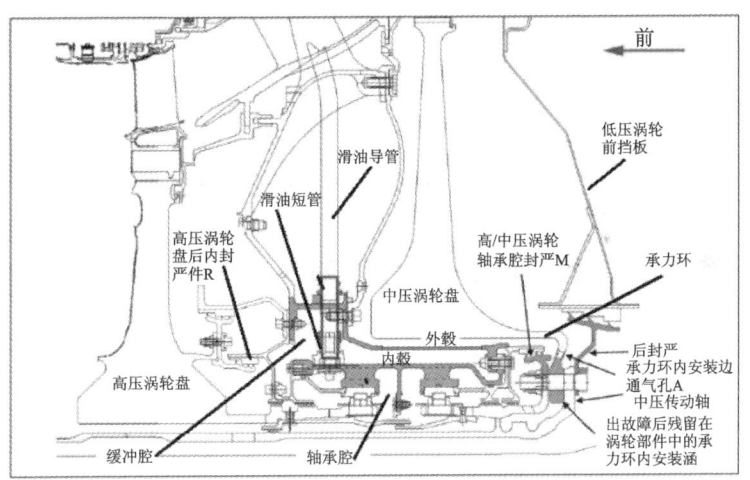

图 5.2.9 遄达 900 高、中压涡轮间承力框架

输送滑油到轴承腔的导管最下端的滑油短管由于粗制滥造,造成管壁沿圆周壁厚不一致,最厚处为 1.42 mm,最薄处仅为 0.35 mm,比设计值小 0.56 mm。发动机工作 677 次飞行循环后,在壁厚最薄处出现疲劳裂缝,滑油由此裂缝中呈喷雾状喷出(图 5.2.10),与高温空气混合,滑油自燃。由于滑油是连续不断地向外喷出,因此燃烧是不断地继续着,且不断地向前、向后延伸(图 5.2.11),最终造成中压涡轮轮盘后承力环在与中压传动轴连接处断开,中压涡轮盘失去负荷而飞转,在极大的离心作用爆裂成几块,甩出发动机,造成震惊世界的 QF32 客机严重受损的重大事件。

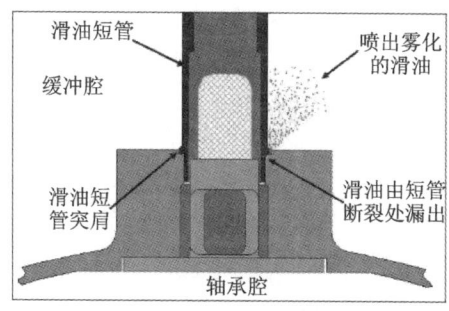

图 5.2.10　滑油油雾从断裂处外喷

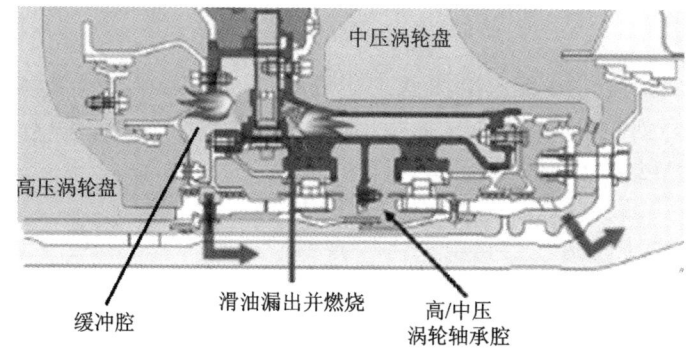

图 5.2.11　漏出的滑油自燃火焰向前、后蔓延

PW1000G 高、低压涡轮间承力框架中滑油自燃将 1 级低压涡轮盘烧熔

PW1000G 是普惠公司于 2007 年开始研发的齿轮传动风扇的大涵道比涡扇发动机 GTF,它由 1 级风扇、一套传动风扇的减速器、3 级低压压气机、8 级高压压气机、2 级高压涡轮与 3 级低压涡轮组成,参见图 5.2.12。

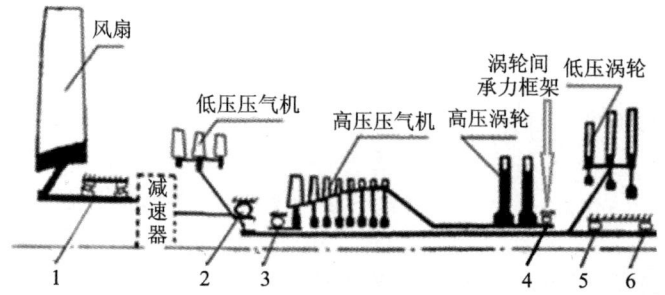

图 5.2.12　PW1000G 转子支承简图

PW1000G 已被 A320neo(空客)、MRJ(日本)、C 系列(巴西)与 MS - 2(俄罗斯)四型客机选用。

用于 C 系列 CS100 客机的 PW1500G 在 2013 年取得适航证后,装在庞巴迪飞机上进行飞机的取证试飞中,于 2014 年 5 月 29 日,在地面检验性试车中,左发 1 级低压涡轮轮盘爆裂甩出发动机,造成了一起严重的非包容故障。

在高、低压涡轮间承力框架中,流入轴承腔中的滑油是通过装在空心低压涡轮导向叶片中的滑油导管中输入的,滑油导管最下端穿过扭力盒插到轴承支座的油孔中,见图 5.2.13。在供油管与油孔接触处,在导管端头处装有特氟龙 Teflon C-seal 封严圈。

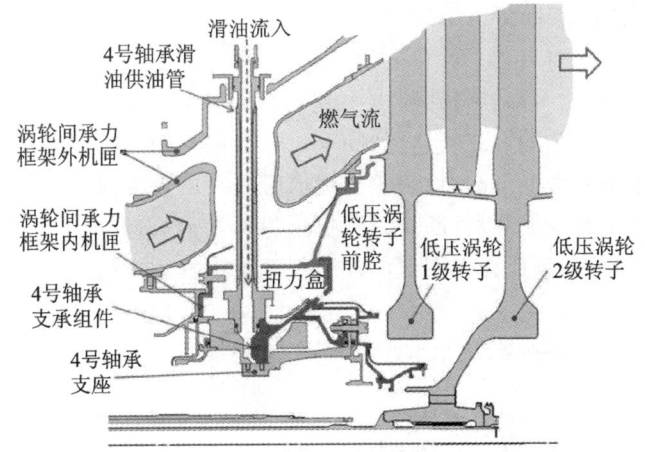

图 5.2.13 滑油导管插在力盒上的结构

冷却 1 级低压涡轮轮盘前端的空气,引自高压压气机 4 级出口处,是通过装在空心的 1 级低压涡轮导向叶片中的承力杆流入扭力盒中后,由扭力盒后端的冷却孔,喷向低压涡轮轮盘前端面,对低压涡轮轮盘进行冷却,见图 5.2.14。

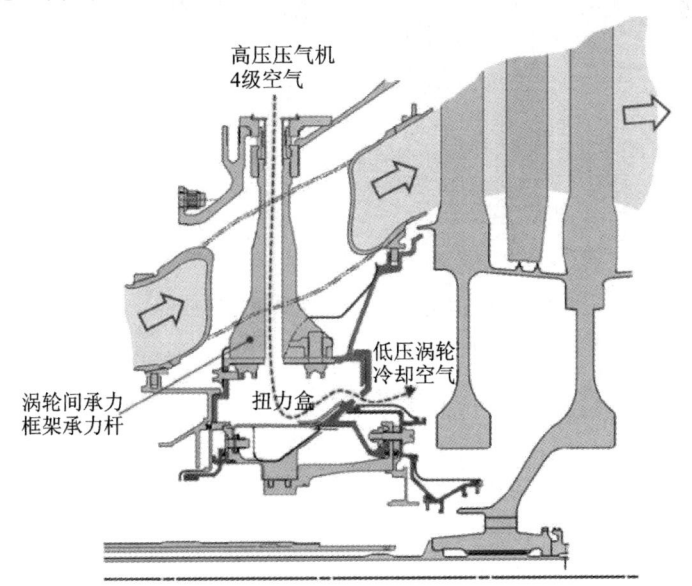

图 5.2.14 冷却轮盘的空气由承力杆中流入扭力盒

由于操纵试车的技术人员操作失误,使 Teflon C - seal 封严圈的温度达到 190 ℃,大大超过它的允许工作温度(大于 162 ℃时变形,大于 180 ℃时永久变形),封严圈失效,滑油向外泄漏(图 5.2.15)。不断外泄的滑油流到扭力盒中,与不断流入扭力盒中用于冷却低压涡轮轮盘的、来自高压压气机 4 级后的高温空气混合,滑油自燃,形成不断的燃

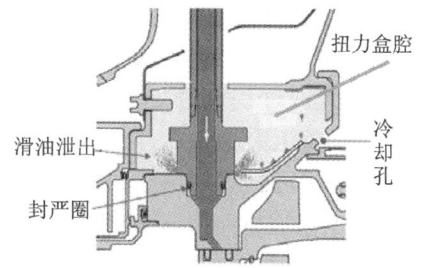

图 5.2.15 封严圈失效滑油外泄

烧,高温燃烧的气体由冷却空气孔喷向涡轮轮盘轮辐,如图 5.2.16 所示。连续不断地由冷却孔喷出的灼热的燃烧气体,像喷火枪一样喷出的火焰喷向高速旋转的轮盘,将轮盘幅板烧熔出一个环形缺口,轮盘被烧成带叶片的轮缘部分与中心部分,轮缘部分在离心力作用下破裂成几块,断块击穿机匣甩出发动机,形成了严重的非包容的轮盘破裂故障;中心部分形成面包圈似的环形件残留在发动机内。

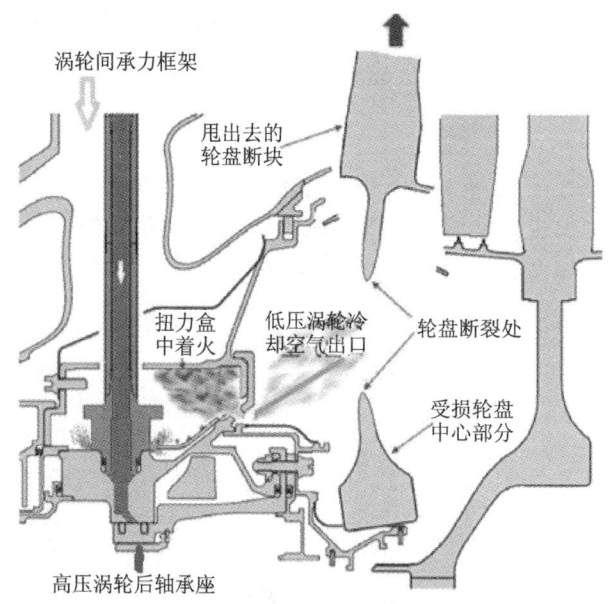

图 5.2.16 一股燃烧的气体喷向 1 级涡轮轮盘

将轮盘辐板烧出一环形缺口,使轮盘变成甩出发动机的外缘断块与残留在发动机内的中心部分,这种离奇的故障,在发动机发展历程中还从未发生过。

结 语

在发动机中,滑油腔均是围绕着传动轴的,一旦滑油自燃,必然伤及传动轴,如上述的几个事例,会造成严重后果。因此对滑油腔的封严装置、对与滑油腔连接的导管及封严件等在设计、制造与使用、维护中均应认真对待。

第 6 章

航空发动机的可靠性与维修性

| 提高航空发动机可靠性的措施 |

前　言

　　任何产品的可靠性是它本身所具有的属性,是由产品的设计与制造得到的,对于航空发动机也是同样的。由于发动机在飞机中的重要作用与突出地位,为保证飞机飞行安全,对发动机可靠性的要求越来越高,因此需要不断提高其可靠性。在美国军用标准 MIL‒E‒87231《航空涡喷涡扇发动机军用规范》第 3 节"要求"中,对发动机提出的主要 4 项要求是"性能、适用性、可靠性和维修性",用规范的条文将发动机可靠性的要求做了明确规定,从另一方面表明了发动机可靠性的重要意义。

　　为了提高发动机固有可靠性,需采用各种较好的先进的气动与结构设计,新的技术,先进的工艺方法,好的金属与非金属材料,特别是好的、能耐高温的耐热合金,完善的试验手段与试验技术等。本文汇总国外一些典型的与较先进的航空发动机在研制与发展过程中采取的一些提高可靠性的措施以及发动机主要零组件或部件采取的提高可靠性的具体措施,为今后发动机研制提供一些参考依据。

1　发动机结构设计对可靠性的影响

　　航空燃气涡轮发动机已有半个多世纪的发展历史,国内外已有丰富的设计、发展与使用经验,进入 20 世纪 90 年代后,更达到较高的水平。按理,在掌握丰富的经验基础上,发动机在研制与使用中不会出现严重的和/或影响较大的故障,应能很可靠地工作。但是,不论是成熟的发动机,还是新研制的发动机,仍然频繁地出现一些影响发动机可靠工作的故障,有的甚至造成了非常严重的后果,例如:

（1）F110 发动机高压涡轮篦齿封严环断裂。1994 年 7 月至 9 月,装 F110 发动机的 F-16 战斗机,由于发动机高压涡轮轴后端的封严篦齿环断裂,造成摔掉 4 架飞机的严重事故,从而引起 350 架 F-16 战斗机(美国 150 架、美国国外 200 架)停飞的大事件,以便更换改进的涡轮轴。

（2）F101 发动机风扇叶片甩出。由于 F101 发动机于 1990 年底连续发生两次风扇叶片锁紧用的卡环折断,造成风扇叶片甩脱引起发动机着火的事件,使得美国空军 97 架 B-1 轰炸机在 1991 年 1 月 17 日开始的海湾战争中为期 6 周的"沙漠风暴"空袭行动,未能参战。

（3）F404 发动机钛机匣失火。F404 发动机在使用 100 万小时后,于 1987 年连续发生几起钛合金叶片断片(由于叶片振动造成断裂)卡在机匣与转子叶尖间,引起钛着火使发动机失火,造成当年损失 4 架 F/A-18 战斗/攻击机(占当年损失飞机总数的 40%)的严重事故。

（4）F100 发动机低压涡轮叶片断裂。1993 年 4 月到 1994 年 6 月,有 4 架装 F100 发动机的 F-15E 战斗机,由于发生低压涡轮叶片断裂的严重故障,使飞机迫降。经研究,是叶片根部强度不够,当飞机在低空高速飞行时,叶片上的振动应力与过大的气动负荷促使叶片产生裂纹而引起的。为此,约有 75 架 F-15E 战斗机停飞,以便更换叶根加宽的叶片与轮缘加厚的轮盘。

（5）GE90 发动机焊接螺钉座断裂。1996 年底,用于 777 的 GE90 发动机,由于高压压气机出口飞机引气环安装边上的焊接螺钉孔座断裂,断块由 4 级引气环回流到压气机气流通道中,打坏第 4 级工作叶片,虽未造成空中停车事件,但已使 8 台发动机提前从飞机上卸下,送回工厂修理,其返修率达到 0.174 次/1000EFH[①]。

（6）遄达 700 发动机传动齿轮轴承缺油。1997 年 5 月中旬,正值香港回归祖国前夕,大批旅游人士前往香港参加世纪盛典之际,香港的国泰航空公司与港龙航空公司于 5 月 24 日宣布他们所有的 15 架 A330 客机全部停飞,影响数万名旅客的旅行计划。

装遄达 700 的 A330 于 1994 年底取得适航证,香港国泰航空公司于 1995 年 3 月开始使用,后来港龙也使用该机。由 1996 年 11 月以来,这两家公司的 A330 发生过 5 次空中停车,都是由于传动附件机匣的垂直传动轴失效造成的。经分析研究得出,附件机匣中支承与垂直传动轴啮合的锥齿的止推轴承润滑不足,工作中轴承温度过高,造成轴承与传动轴先期疲劳而失效,是引起空中停车的原因。在这几起停车事件中,在滑油回油管中的磁屑末检测器(MCD)中均发现了金属屑末。后用遄达 800 的设计对此做了修改,试验表明,改进后,轴承的工作温度由 170 ℃降到 120 ℃。附件机匣改装后,A330 于 1997 年 6 月中恢复航班飞行。

（7）飞机多余物造成 F-22 首飞延误。美国第四代战斗机 F-22"猛禽"01 架于

---

　①　EFH——发动机飞行小时(Engine Flight Hours)

1997年4月9日出厂,原计划在完成一系列地面试验后,于5月27～29日首飞。但在地面试验中,出现燃油箱漏油与APU(辅助动力装置)的滑油压力降低与温度上升的两个故障。经排除后,于6月中旬进行发动机装在飞机上开车试验,开车试验情况比较好,但在试车后进行例行的检查时,通过孔探仪发现右侧的发动机(F119－PW－100)中,3级风扇及第1级高压压气机的工作叶片有被外物撞击的轻微伤痕,在飞机上无法修复这些叶片,只得将该发动机从飞机上卸下,换上一台新发动机,因而进一步延误了首飞日期。经检查,飞机生产过程中残留于机体内的铆钉头与断片等飞机的"多余物",在发动机工作时,被发动机吸入,成为发动机的"外来物"而打伤叶片,是造成飞机首飞延误的原因。在对飞机内腔进行了细致与全面的再检查后,于6月18日恢复了地面试车。F－22最后于1997年9月7日进行了具有历史意义的首飞,比预计日期晚了100余天。

上述几个事例所列举的发动机,均是被公认为当今最好的发动机,除GE90与F119是20世纪90年代新研制的外,其他4型:F100、F101、F110和F404是已经很成熟的发动机,且均积累了大量使用时间,但仍然逃脱不了出现严重故障的困境。究其原因,主要在于航空发动机特别是高性能的发动机工作条件不仅十分恶劣而且多变,研制者不可能将在飞行中所遇到的各种问题都考虑到,这样就会在某些特殊条件下,诱发出某些在正常情况下不会出现的严重故障,从而大大影响发动机的可靠工作,对飞机的飞行安全带来危害。

当前,发动机结构与强度设计已达到较高的水平,发动机主要零组件从总体来看,一般不会出现什么大的问题,出问题的往往是一些比较细小与易被人们忽略的地方,或者是尚未被设计者们认识到的问题。在前者中,例如容腔中未设卸压孔造成死腔、主轴台阶转接处圆角不够大、轴承游隙选用不当、锁紧叶片用的卡环强度不够与热部件中零件间的热匹配考虑不周等;在后者中,例如锥形齿轮在某一工况下出现行波谐振造成齿圈断裂、篦齿封严环自激振动造成断裂与冷却气流在轮盘中流过所产生的声波振荡,引起轮盘激振使盘上小孔裂纹等。所有这些,只要当它们一出现,就可能造成大故障,引起发动机不能正常工作,对飞机的飞行带来极大的影响。

为提高发动机的可靠性,在发动机结构设计中,应全面考虑各方面的问题,精心设计,特别要重视以往发动机在研制与使用中的经验教训,举一反三采取相应措施,避免类似的故障在新的设计中或改型的设计中出现。同时,应在设计中广泛采用先进技术包括气动、结构、材料、工艺、涂层和调节等方面经过验证过的新技术与新成果,使设计的发动机性能优良,结构简单,零件数少,可靠性高。

下面,将详述现代发动机研制中为提高发动机可靠性所采取的一些措施。

2　研制方法的改进

传统的发动机研制方法是序列发展法,即从方案认证开始一步一步往下走,一项新技术往往需要经过长达17～20年的周期才能投入实际应用。此外,在材料与工艺

等方面有些问题有时在发动机投产后,甚至在交付使用后才暴露。一旦发生这些问题势必会造成大返工,大幅度增加额外费用的支出,更重要的是影响发动机的可靠性,影响飞机的正常出勤。

20 世纪 80 年代后期,根据一些发动机的研制经验特别是从 F100－PW－100 发展到 F100－PW－220 取得的教训,发展了新的研制方法,即 GE 公司的并行工程(CE,Concurrent Engineering)、罗·罗公司的同期工程(SE,Simultaneous Engineering)和普惠公司的一体化生产与发展计划(IPD,Integrated Product Development)。三家公司对新的研制方法名称取得不同,但性质却是一致的。参见本书第 2 版《提高 777 飞机发动机可靠性的主要措施》一文。

为了提高新研制发动机的可靠性,同时也为了缩短研制周期与降低研制费用与寿命期使用费用,20 世纪 90 年代新研制的发动机均采用了并行工程的研制方法。

3　精心设计,提高发动机固有可靠性

3.1　在发动机设计之初,定出可靠性指标

在发动机设计之初,就应像发动机性能与寿命等指标一样,定出可靠性指标。如果是军用发动机,要与使用方即军方进行协商,确定出既先进又可行,即既能满足军方要求,在发展中又能经过努力后达到的指标。定出的可靠性指标要写在发动机型号规范中,作为考核的指标之一。以下列出几种发动机定出的可靠性目标值。

20 世纪 70 年代初期投入使用的 RB211－22B 发动机在研制项目启动时,提出的可靠性指标中,空中停车率为低于 1.1 次/1 000EFH,CF6－50 研制时,定的可靠性指标中,返修率为 0.3 次/1 000EFH,空中停车率为 0.05 次/1 000EFH,正点率为99.8%;美国海军 F/A－18 战斗/攻击机用的 F404 发动机的指标是:模拟任务的耐久性试验,平均故障间隔时间(T_{BF})为 72 h,装在 F/A－18 战斗/攻击机上进行加速使用中,T_{BF} 为 100 h。777 要求发动机有极高的可靠性,以使该双发客机在投入使用的初期,即能获得 FAA 等适航部门的 180 minETOPS(双发客机延程飞行)的批准(参见本书第 2 版《777 及其所用发动机一些设计特点》一文)。为此,为它研制的三型发动机 GE90、遄达 800 和 PW4084,在设计之初就定出了空中停车率为 0 的可靠性设计目标。

定出的可靠性指标,需分配到各部件与分系统中。然后在研制的各阶段中充分考虑,进行必要的可靠性分析与测试工作,并定出能保证达到该指标的措施。

3.2　设计中采用 FMEA、FMECA

在设计中采用故障模式、影响分析(FMEA)和故障模式、影响与危害分析性(FMECA),是提高发动机可靠性的根本措施之一。国军标 GJB450－88《装备研制与生产的可靠性通用大纲》中第 5.2.4 节中明确指出:FMEA 是"系统地分析零件、元

器件、设备所有可能的故障模式、故障原因及后果,以便发现设计中潜在薄弱环节",用以提高系统可靠性的一种有效工程方法。对于生产批量小与试验费用高而又缺少使用数据的复杂系统,采用传统的与在电子行业广泛使用的可靠性设计、分配与统计试验方法来保证系统可靠性的方法是比较难的,这时,宜采用 FMEA 或 FMECA。美国与英国等国家均将 FMEA 与 FMECA 列为设备可靠性计划的一项重要内容,编入可靠性军用标准与国家标准中。

国军标 GJB 450—88 的 4.5 节"可靠性定性要求"中指出:"如果某些产品的可靠性要求难于规定定量指标、验证方法,就应该规定定性的可靠性要求和验收准则。例如,对于某些大型复杂系统,在这种情况下,应该使用故障模式、影响分析(FMEA)和故障树分析(FTA)等方法,发现薄弱环节并采用工程保证、生产质量保证等措施,降低致命故障发生的概率,保证产品的可靠性。"航空发动机就属于这种大型复杂系统,因此,在发动机研制中,采用 FMEA 与 FMECA 技术手段,对发动机中各个重要的零组件与部件,可能发生的故障进行模式、影响及危害性分析,并针对分析的结果,采用相应的措施,是提高发动机可靠性的很重要措施。如果说,在早期(20 世纪 80 年代中期以前)发动机研制中,多多少少地采用过 FMEA 及 FMECA(例如 F404 中就曾采用过);那么,在 20 世纪 90 年代发展的新型发动机,从开始就明确地指出要采用 FMEA 与 FMECA 来提高发动机的可靠性,例如 GE90、PW4084 和遄达 800 等发动机就是在发展之初,明确提出采用 FMEA 与 FMECA 的。

为美国海军舰载战斗/攻击机 F/A-18 研制的 F404 发动机,从研制初期起即将提高可靠性的工作贯彻于发展计划中。它的设计工作是由设计工程师与可靠性工程师共同来完成的,在设计过程中,发动机各部件及主要零组件必须经过详细、认真的 FMECA 工作,并根据分析结果,采用相应的纠正措施。

可靠性工程师搜集该公司以往研制的发动机如 J79 等在研制与使用中的各种故障,按部件、组件和零件进行分析与研究。对每一故障产生的原因、带来的影响及后果进行分析,并填写 FMECA 表。表中,除列出零组件名称与件号外,还注明它的作用,然后列出可能发生的故障及故障原因与影响的分析。在可靠性工程师填的 FMECA 中,除采用搜集到的本公司的经验外,对其他发动机公司公开发表的有关故障的素材也要收入。设计工程师对可靠性工程师发出的 FMECA 表,逐项进行研究,并在设计中采取必要的措施,保证在设计的硬件中,不会出现类似的故障。设计工程师也填写 FMECA 表,与前者不同的是要加上对各种故障采取了哪些措施以及这些措施是如何验证的,例如通过试验、计算分析、理论分析或已在其他发动机上验证过的等。

经过大量详细的 FMECA 分析工作,显然,能在新研制的发动机中,消除这些故障,大大提高发动机的可靠性。但还须指出的是,航空发动机工作条件恶劣,特别是性能还要不断提高,新技术、新材料和新工艺不断引进,在消除一些故障的同时,可能又会出现一些新的故障,这主要还是由于人们对某些现象理解不够,通过故障分析即

FMECA 分析后,能使发动机研制人员提高认识,对一些现象的本质有更深入的理解,这样,能从根本上更好地提高发动机可靠性。

3.3　吸收以往经验教训,采取相应措施

发动机在研制与使用中出现故障,会延误研制周期,影响飞机飞行安全,是一件坏事;但是,从另一方面看,如果对每一次故障都能认真细致地进行分析,找出原因,并总结出应取得的教训,就能将坏事变为好事,成为发动机设计及改型设计中的极为有用的教材。发动机出现的故障,其原因不外是粗心大意,不够认真,或是对某些问题的本质认识不清所致。通过故障分析及验证,找出故障原因,这样,就对某些事物的本质有了深入的了解;通过举一反三的归纳总结,将这些由付出过极大代价的甚至是付出过飞行员或众多乘客的生命所取得的经验教训,变为研制时或改型时或作为排故的依据,并采取相应措施,使新研制的发动机或改型的发动机不会出现类似的故障,这将大大提高发动机的可靠性。国外发动机研制单位均重视以往研制、使用中的经验教训,特别是在 20 世纪 90 年代新研制发动机时,更特别强调重视以往的经验。例如,美国普惠公司在研制为 777 用的 PW4084 发动机时,就专门建立了"经验教训库",库中收集了该公司以往研制的各种发动机所发生过的故障,故障分析意见,排故措施等。部件设计室的主管,要在该部件的设计中,对库中所列的该部件的各种故障做过分析,并采取过相应措施,保证类似的故障不会在 PW4084 中出现,从而大大提高了发动机的可靠性。

为了更好地吸收以往发动机研制、使用中的经验教训(包括国内外),我国航空发动机研制单位也应该建立"故障数据库",认真总结国内研制、使用中出现过的各种故障,并收集国外发动机在研制与使用中出现的一些典型故障,进行分析归类,输入到数据库中,作为今后我国航空发动机设计、改型和排故的依据。

3.4　采用先进技术

提高发动机固有可靠性,只能在设计、选材和制造上着手。因此,广泛采用先进技术,包括先进的气动设计与结构设计,先进的制造技术,性能提高的新型金属与非金属材料,先进的冷却技术与调节技术等,已是提高发动机可靠性的必然措施。正因为在设计制造中,广泛采用了各种先进技术,使得当前研制的发动机可靠性大大超出了 20 世纪 70 年代初期发展的发动机。以 RB211 系列发动机为例,如图 6.1.1 所示,它的第一个型别 RB211 - 22B,空中停车率在服役初期约为 0.7 次/1 000EFH,经过13～15 年的使用后,虽然做过大量改进,但基础终究较差,其空中停车率虽有大幅度下降,但仍为 0.1 次/1 000EFH;可它的最后型别 RB211 - 524G/H,在服役初期就为 0.04 次/1 000EFH,2 年后即达到成熟期,为 0.02 次/1 000EFH。这个例子充分说明采用先进技术以及吸取前人经验做了改进的发动机,其固有可靠性能得到大幅度提高。

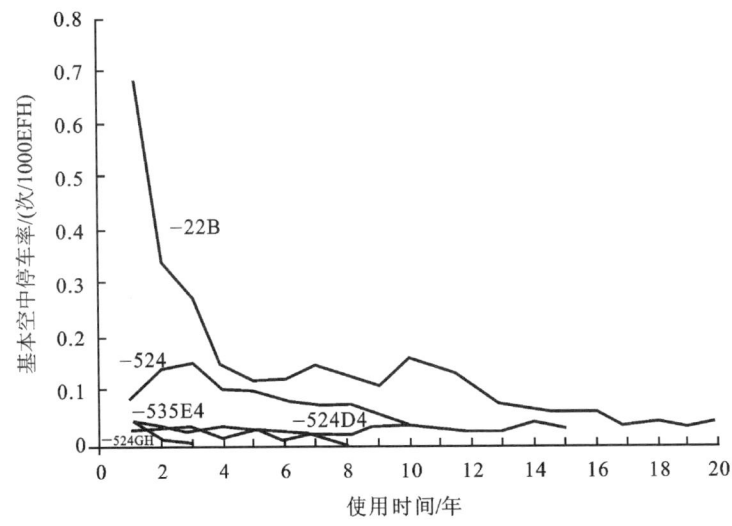

图 6.1.1　RB211 系列发动机空中停车率变化图

3.5　信息反馈,及时采取措施

国外发动机研制厂商,十分重视发动机在发展试验中,外场使用中出现的各种问题的信息反馈,反馈回来的信息及时进行分析与处理,如确系设计、制造和选材中的问题,立即进行修正,并采取避免再次出现类似问题的措施,对正在生产的发动机有关零件予以改型,对外场使用的发动机进行用新零件更换那些有问题的零件。这样不断将外场与试车台上发现的问题,反馈到有关部门予以改正,必然会大大提高发动机的可靠性。

3.5.1　PW4000 发动机研制试车中性能衰退快

PW4000 在研制发展过程的地面台架试车中,发现性能衰退快,即经过 750 个循环后,发动机的耗油率增值 Δsfc 在冬天达到 2.4%,非冬天增大值为 1.0%。经过分析,发现冬天试车时,Δsfc 增值的百分数在各部件中的分布为:风扇 0.15%,高压压气机 0.35%,高压涡轮 1.6%,低压涡轮 0.3%,(总计 2.4%),也即高压涡轮性能变坏是冬天使发动机性能衰退快的主要部件。经过检查与分析,发现高压涡轮性能变坏的原因是涡轮工作叶片外环内径处的易磨陶瓷涂层(厚 1.01 mm)。在冬天时被吸入的砂石完全磨掉,造成叶尖间隙变大。所以提高易磨陶瓷涂层的抗砂石磨蚀性能是降低发动机性能衰退率的重要措施。经过反复试验研究,得出在陶瓷原材料中,加入局部稳定的氧化锆(Partially Stabilized Zirconia,PSZ)后可提高它的抗磨蚀性能。目前,PW4000、PW2037、V2500 等发动机中,均采用了这一改进措施。

3.5.2　F101 发动机风扇叶片断裂

1991 年初的海湾战争中,美国投入了除 B－1 轰炸机外的所有在役作战飞机,其

中既有最新式的飞机,也有稍老一些的飞机。B-1 轰炸机是美国投入大量资金,经过历届总统反复数次的上下过程,最终装备美国空军约 100 架。B-1 轰炸机群未参加海湾战争主要是由于在开战前约一个多月前,它的发动机 F101 在 1990 年 12 月突然出现两起风扇叶片折断故障(当时 F101 已积累使用时数达十万小时,风扇叶片曾折断过 5 次),发动机可靠性得不到保证,因此,不能让飞机出勤,只得趴地待修。信息返回通用电气公司后,立即开展研究,发现叶片折断的原因有两点,即锁住叶片的保持环(卡环)疲劳断裂与由气动引起的叶片疲劳被外来物打伤叶片。为此,相应采取了两项改进措施:即加强保持环,用 Inconel718 取代原采用的不锈钢,环厚由 0.16 cm 增大为 0.208 cm;叶片前缘处加防锈涂层,在叶片后部的机匣上加空气罩起减振器作用。这两项改进分别于 1991 年 1 月~3 月执行,因而影响了参加海湾战争。

3.5.3　F404 发动机钛机匣着火

F404 发动机是美国 GE 公司为美国海军的 F/A-18 舰载战斗/攻击机研制的小涵道比军用涡扇发动机,F/A-18 于 1978 年 11 月首飞,到 1986 年初,F404 已累积工作时数达 100 万小时。1987 年 11 月美国海军宣布 1987 年一年内海军损失 F/A-18 战斗/攻击机 9 架,其中 4 架是由于 F404 高压压气机钛机匣着火,火焰烧穿机匣将钛制的外涵机匣烧着并引起飞机着火造成的。着火的原因是高压压气机第 1 级工作叶片疲劳断裂,断片卡在转子与机匣间,工作叶片与机匣均用钛合金制成,形成钛-钛相互摩擦,引起钛机匣着火。经过分析,查出其原因是长期工作后,第 1 级与第 2 级工作叶片疲劳断裂是触发着火的起因,但高压压气机机匣采用钛合金则是事故的根本原因。因为高压压气机内空气压力与温度是易引起钛合金着火的条件(低压压气机或风扇中,不易着火)。事故的信息返回 GE 公司后,很快采取了相应的措施:修改第 1 级与第 3 级工作叶片叶型,使其在长期工作后,也不易出现共振;根本的措施是不用钛合金做机匣,将高压压气机匣改用 M152 合金钢,外涵机匣改用 PMR15 复合材料。高压压气机匣由钛改钢后重量加大,但外涵机匣由钛改用 PMR15 后重量减轻。两者综合后,发动机的重量增加 0.454 kg。

由于民用涡扇发动机 CFM56-3 采用了与 F404 相同的核心机(均由 F101 核心机发展而成),它的高压压气机机匣也是采用钛合金做的,但在设计中考虑了防止钛着火的问题,在与工作叶片相对应的机匣处,加装了较为复杂的防火隔层等。当 F404 发生钛着火并将机匣改为合金钢后,CFM56-3 也将钛机匣改为 M152 合金钢,同时取消了防火隔层,这一改动,使发动机重量增加 5.64 kg,但零件数目却减少 140 余件。

3.5.4　CFM56-3 发动机在大雨中飞行时熄火

装 CFM56 发动机的 737-300 双发客机于 1989 年发生了两起由于飞机降落穿过大雨区时,雨水吸入发动机核心部分将燃烧室火焰扑灭,造成发动机空中停车,幸好未造成事故,但这却是影响飞机安全的事件。信息反馈到 GE 公司后,立即开展了

分析研究工作。按 FAA 的 FAR33 部规定,发动机定型前需通过吞水(吞水量为空气流量的 4%)试验,CFM56-3 已通过该项试验。这两次熄火说明遇到的雨太大,超过了规定值,按道理讲,它已通过 FAA 的审定,设计符合 FAR33 部的要求,可以不管这两起偶发事件。但是,为了确保飞机飞行安全,公司还是认真对待。经过分析,得出风扇后分流环处将流入发动机的水向外涵排出得不够充分,因而雨水向内涵流入较多。为此做了下述一些改进。

(1) 将风扇后的分流环(用以将风扇后的气流分向内、外涵)尽可能地在现有结构下向后移,使风扇叶片后缘与分流环间间距拉大,便于水向外流。

(2) 改进低压压气机后气流拐弯处的 12 个放气活门,使它便于将水或其他外来物在气流拐弯时的离心力作用下甩到外涵中去。

(3) 将风扇旋转的进气整流罩(为了防止进气整流罩在工作中结冰,CFM56-3 研制时,通过结冰试验,将进气整流罩做成锥形)从纯锥形改为前段做成锥形,后段做成椭圆形,利于雨水向外甩。

(4) 当飞机穿过雨区飞行时,如需使用空中慢车状态(例如下降着陆时),将空中慢车转速由原规定的 32%N$_1$,提高到 45%N$_1$。

为了验证所作改进的有效性,GE 公司进行了一项独特的试验,如图 6.1.2 所示。将一台 CFM56-3 发动机装在由 707 改装的飞行试车台的 2 号发动机位置上,以空中慢车状态工作,一架装水的 KC-135 加油机飞在 707 的前方,其加油管对着 CFM56-3 发动机的进口向发动机喷水,以考核发动机是否会熄火。试验结果表明所作的改进可防止在大雨中降落时不会引起发动机熄火。为什么试验发动机要以空中慢车状态工作,这是因为当飞机起飞时,发动机处于大工作状态,转速高,进入发动机的雨水在大的离心力作用下,大部分被甩到外涵气流中而不会进入燃烧室;而飞机降落时,发动机处于空中慢车状态下工作,低压转子转速低,进入发动机的雨水甩到外涵气流中的少,大部分雨水会随气流流入燃烧室;如降落时遇到特大暴雨,进入燃烧室的雨水就会浇灭火焰,造成发动机空中停车。

图 6.1.2　CFM56-3 进行空中吞水试验

3.6　简化结构,减少零件数目

发动机设计得越复杂,零件数目越多,就越易出问题。为了提高发动机的可靠

性,同时也为了简化维修工作,应在发动机设计中,尽量简化结构,减少零件数目。当然,这必然是采用先进技术后才能达到的。例如,当有了大型的电子束焊或摩擦焊设备后,压气机转子做成焊接的一体结构才有可能;采用粉末冶金的涡轮盘后,不仅可使盘的耐温能力提高,而且强度也可提高,使发动机转速提高,为达到同样总压力比的发动机其级数可以减少;压气机中采用先进的可控扩散叶型后,叶片数目约可减少1/4 等。

以 GE 公司为例,它发展的两代战斗机用的发动机 J79(用于 F - 4 鬼怪式)与 F404(用于 F/A - 18),推力级基本相同,但 F404 的压气机级数与涡轮级数分别比 J79 的少 7 级与 1 级,即发动机总级数少 8 级,整台发动机的零件数少 2/3,加上采用了许多其他措施后,F404 的可靠性比 J79 提高了 4 倍。

又以普惠公司为例,1986 年中投入运营的 PW4000 发动机,与 1982 年中投入运营的 JT9D - 7R4 发动机相比,它们的外廓尺寸与推力级基本相同,但零件数目却由 5 万件降为 2.5 万件,即减少了 50%。总的零件数目的减少是由于:风扇叶片数少 11%,增压压气机叶片数少 32%,高压压气机叶片数少 27%,高压涡轮叶片数少 43%,低压涡轮叶片少 9%,即叶片总数少了 24%;各种安装边少了 20 个,其中外部机匣安装边少 4 个,内部转子安装边少 8 个,静子安装边少 9 个;各种紧固件少 2 600 个,各种管子及相应的托架、卡箍等少 30% 等。

与 PW4000 发动机推力级基本相同的同代发动机 CF6 - 80C2 与 RB211 - 524G/H,零件的总数也比 JT9D - 7R4 的少,分别为 31 000 与 19 000 件。

欧洲战斗机"台风"EF2000(属于三代半战斗机)用的 EJ200 发动机,与用于欧洲"狂风"战斗机(属于第三代战斗机)的 RB199 发动机相比,推重比提高了 1.34 倍,总级数却由 16 级减为 10 级。

3.7　留有较大的温度裕度

航空发动机涡轮前燃气温度对发动机性能、可靠性和耐久性有很大关系,温度高,性能要好,但可靠性与寿命却大大受影响。在以往的发动机研制中,往往是尽可能地充分发挥涡轮叶片的耐高温能力,使发动机设计性能较高,但却使发动机的适应性不佳,工作可靠性差,寿命短。现在发展的一些发动机,在设计中,对涡轮前燃气温度的选用上,留有较大的裕度,使发动机长期处于温度稍低的条件下工作。这样,不仅可以提高保持起飞推力的大气温度(早期的发动机,保持起飞推力的大气温度为 15 ℃,目前的发动机,多在 33~40 ℃),发动机热端部件的寿命可以长,具有应急时提高发动机推力的能力,而且可以提高发动机的可靠性。

以下列出几种发动机留有的温度裕度情况。

(1) RB211 - 524 :正常使用时的燃气温度低于定型的温度 130~150 ℃,而定型时的温度与材料允许的(即红线)温度尚有一定裕度。

(2) RB211 - 535E4:实际使用时的燃气温度比定型时低 250 ℃。

（3）V2500：温度裕度有 100～145 ℃，随起飞时大气温度而变。

（4）CFM56：正常使用时的燃气温度低于定型的 110 ℃。

（5）F110-GE-100：生产型发动机平均低于红线温度值 110 ℃。

（6）РД-33：涡轮前燃气温度设计值为 1 540 K，允许超温 150 ℃，实际可达 1 690 K。

3.8　安全设计

发动机设计时，应考虑到有些零组件或子系统一般不易出问题，但是一旦出问题后，会引起发动机出现较大的或灾难性的故障，就应采取一些防止出现这些灾难性故障的措施。在设计中采取的这些措施称为安全设计。

防止低压涡轮轴在工作中折断后，低压涡轮转子进入飞转状态的措施，就是涡扇发动机设计时，必须采用的安全设计之一。

众所周知，低压涡轮轴由于套装在高压涡轮轴内，其直径比高压轴小，但它的转速却低于高压转子的转速，随着发动机涵道比的增加，其转速差也越大，但它传递的功率却比高压涡轮轴大，特别在大涵道比涡扇发动机中。由此可见，低压涡轮轴由于传递功率大，转速低，它承受的扭矩比高压轴大很多；加上直径小于高压轴，因此低压涡轮轴上承受的剪切应力远大于高压涡轮轴，如果两轴采用同样材料制作，低压轴的安全系数显然小于高压轴的。当然，设计时一定要保证低压轴有一定安全系数，确保能正常工作。但是，发动机在工作中，会由于某些偶然因素，使低压轴断裂。例如，在其他零件损坏后，使低压轴与高压转子相磨碰，低压轴受损而断裂等。1988 年 5 月 30 日，中国民航的一架图-154 三发客机在广州起飞时，装在机尾中部的发动机，由于装在高压压气机转子内的钛合金空气导管突然失稳向内变形，将低压涡轮轴磨出了一道较深的磨痕，使低压轴折断，即是一例。又如，发动机工作中将大鸟或跑道上的大块轮胎碎片（其他飞机在起飞或着陆时磨坏而遗留在跑道上的轮胎碎块）吸入，风扇叶片又未能将它们切碎，碎片卡在风扇叶片与静子之间，对低压涡轮轴形成了一个很大的刹车力，造成低压轴上的反扭矩突增，会将低压轴拧断等。当然，这种低压涡轮轴突然折断的概率是极小的，几年甚至十几年不一定遇到，但是一旦不幸遇到就会带来灾难性事故。因为一旦低压涡轮轴折断，低压涡轮转子与风扇转子之间，就失去机械联系，低压涡轮失去负荷。此时，高温燃气仍继续流入低压涡轮中膨胀做功，失去负荷的低压涡轮就会急剧增速以至飞转，此时，工作叶片与轮盘所受的离心力急剧增（因为离心力是与转速的 2 次方成正比），大大超出其允许值，叶片会由根部处折断高速甩出，轮盘也会四分五裂甩出。甩出去的碎片能量很大，击穿涡轮机匣后如打到飞机要害构件或系统，就会给飞机带来灾难性事故。前述的图-154 低压涡轮轴断裂故障中，幸好是中间的发动机发生的，发动机外围没有飞机关键构件与系统，因而只是机尾严重损坏而没有造成飞行事故。但 1987 年 5 月 3 日，在波兰却发生了一件类似的故障，其后果却不同。当时，一架装有与图-154 所用发动机基本相同发动机

的伊尔-62客机在华沙起飞时,突然发生了低压涡轮轴折断故障使低压涡轮转子进入飞转状态,低压涡轮转子四分五裂,其飞出的碎片打坏飞机结构,结果造成了波兰航空史上最大的空难——机上183人员全部死亡的灾难性事故。

另外,普惠公司的JT8D小涵道比涡扇发动机,由于4号与5号轴承滑油腔着火造成低压涡轮轴或联轴器折断的重大故障,在1969年~1990年间共出现过28起(参见本书第2版《JT8D发动机4、5号轴承滑油腔着火造成涡轮轴或联轴器折断故障》一文)。

对于这种一般不易出现,但可能偶然会出现,而出现后又会带来严重后果的故障,除了要采取一些必要措施防止它出现外,还应采取必要的安全设计,避免出现这类故障后造成灾难性的事故。在上面所举的例子中,就应在设计中采取防止低压涡轮转子在断轴后进入飞转的措施,这就是安全设计。

我国曾在20世纪70年代将涡桨6发动机改型成火车的动力涡动6发动机,在一次牵引多节货车的试验运行中,由于供给减速箱的滑油供油中断,造成齿轮咬死,将动力涡轮轴扭断。由于在动力涡轮中未采用防飞转的安全设计,燃油继续供向燃烧室,使动力涡轮飞转,导致涡轮盘破裂,叶片及轮盘碎片打穿机匣及机罩,并击穿置于机罩上方的滑油箱,滑油下流,引发机组起火燃烧,整个燃机毁于一旦,此惨痛教训说明采用安全设计的必要性。

现在绝大多数涡扇发动机中,均采用了防止低压涡轮转子在断轴后进入飞转的安全设计。常用的有两种方法。其一是断轴后,立即将进入发动机燃烧室的燃油全部放掉,形成不了高温燃气,因此低压涡轮转子不会飞转,这是从根本上来解决的措施。其二是机械刹车防止转子飞转,它是将转子工作叶片与静子叶片的相对位置设计成:当断轴后转子在燃气轴向力作用下向后轴向移动,两种叶片相互卡咬,起到刹车作用,例如PW2037发动机即采用这种措施,如图6.1.3所示。

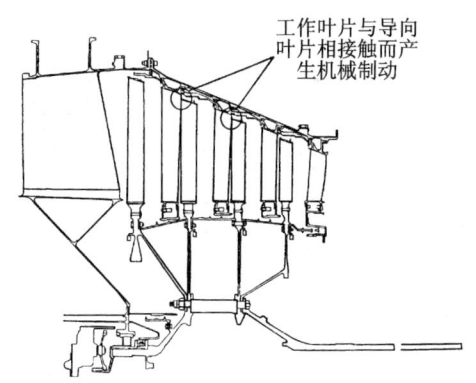

图 6.1.3　PW2037 低压涡轮结构图

对于紧急放油措施,在现有发动机中有两种方法:在JT15D发动机中如图6.1.4所示,是在低压涡轮后轴的后端设有一顶块,在后轴承机匣内相应位置处设有一摇臂,摇臂一端用钢索与设在燃油总管的紧急放油活门相连,另一端与转子上的顶块保持一定间隙。正常情况下,顶块与摇臂绝对不会相碰,但一旦低压涡轮轴突然折断时,转子在燃气作用下快速向后移动,顶块顶到摇臂上,钢索将放油活门急速拉下,高压燃油被快速放掉。在斯贝与RB211等发动机上,同样采用了类似于JT15D的顶块与摇臂结构,但是顶块的移动是利用了一般车床上刀架行车结构。具体结构

如图 6.1.5 所示,在低压涡轮轴内装有滑油管,滑油管前端与风扇轴的前端固紧。后端装有一多头外螺纹的衬套,涡轮后轴内活动地装有带顶块的衬套。衬套外径上开有一条纵向槽,轴上装有 1 个插到衬套纵向槽中的止动销,也即衬套可在涡轮后轴内轴向移动而不能转动。带顶块的衬套内径上作有多头内螺纹,与装在滑油管上的衬套外螺纹相啮合。当低压涡轮轴折断时,断口前方的转子转速会下降以至最终停转,与此同时,和风扇轴固紧的中心滑油管转速会逐渐下降。而断口后方的转子转速会上升,也即顶块的转速会上升。这时,顶块与中心滑油管间的螺纹连接处,内外螺纹件间有相对转动,但内螺纹所在的顶块衬套被止动销卡在低压涡轮后轴上,因此顶块快速向后移动,顶到摇臂上,将钢索下拉,放油活门被打开,使高压燃油快速放掉。

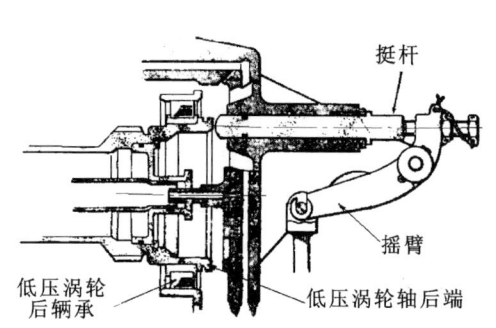

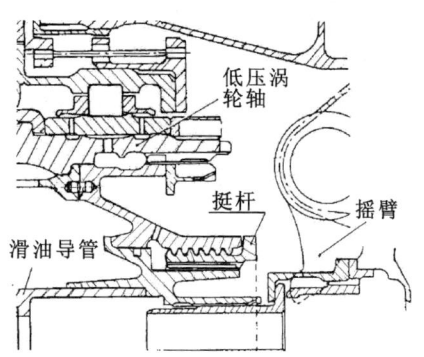

图 6.1.4　JT15D 防低压转子飞转装置　　　图 6.1.5　斯贝防低压转子飞转装置

在采用全功能数字式电调(FADEC)装置的发动机上,通过电调装置来限定低压转子转速,当发生断轴、低压转子转速要超转时,调节装置将自动切断供入燃烧室的燃油,使转子滞止下来。

罗·罗公司的遄达 900(用于 A380)与遄达 1000(用于 787)两型发动机中,在中压涡轮中未设防止飞转的安全设计,结果在 2010 年 11 月与 8 月先后发生了由于中央涡轮轴折断造成中压涡轮飞转后破裂,断块击穿机匣甩离发动机造成重大损失的事件。

另一个安全设计的例子是 RB211 系列发动机风扇轴内的保持轴。在现有大涵道比、大推力涡扇发动机中,除 RB211 系列(包括它的衍生发展型——遄达发动机在内)发动机外,大多数发动机中,悬臂支承的风扇转子,紧靠风扇盘后均采用一个大的滚珠轴承支承转子,这种设计能够使得当低压涡轮轴或风扇轴突然折断时(发生的概率极小),带风扇叶片的风扇轮盘会被滚珠轴承保持在发动机中而不会甩出发动机。但是,在 RB211 系列发动机中,紧靠风扇轮盘后面采用了一个大的滚棒轴承,而滚珠轴承则装在风扇轴的后端,在这种布局的设计中,当风扇轴折断时,带风扇叶片的风扇轮盘,会在流过风扇叶片的气流作用下产生向前的轴向力,拉离发动机而甩出。为此,罗·罗公司采用了一种安全设计,在风扇轴内装了一根保持轴,当风扇轴折断时,

通过保持轴将风扇转子向前的轴向力由后面的滚珠轴承承受,使风扇轮盘不致甩出发动机。RB211 发动机在使用中,于 1987 年曾接连发生过三次由于支承风扇转子的轴承的润滑不良等原因引起风扇轴折断的事件。在这三次事件中,保持轴均未能将风扇轮盘保持在发动机中,因此,后来又将保持轴进行了改进(参见本书第 2 版《RB211 - 22B 再次出现风扇盘甩出的故障》一文)。

滑油系统中设置的最低滑油压力警告灯也是安全设计之一。

国内外在研制与使用发动机中,由于没有采用必要的安全设计措施而带来重大的或灾难性事故的事实说明,在发动机研制中,采取必要的安全设计是提高发动机可靠性的措施之一。

3.9　防错设计

防错设计也是提高发动机可靠性的措施之一。对于一些在使用中经常需拆装的零组件及附件(例如喷油嘴等),以及对于一些外形极近相似,在装配中容易出现错装的零组件(例如,在总压比很高的发动机中,高压压气机后几级工作叶片的形状与尺寸非常相近),应当采用防错设计,使得这些零组件在装配过程中,绝对不会装错,哪怕是技术等级非常低,或从未装过该部件的人员,也不会出现错装现象。

在稍老一些的苏式飞机与发动机中,不太注意防错设计,因而在使用中,由于错装而造成飞机出现大的事故,在国内外的军民用飞机中,均时有发生。因此,在发动机研制中,一定要将防错设计提到重要的地位,只要在设计思想上有了明确认识后,实施起来是非常容易的。

例如,以往在发动机的各种安装边处与附件安装座上,连接用或固定用的螺栓与螺桩的分布,都做成在圆周上均匀分布,这样,就可能在装配时将位置装错。如果将其中任一个螺栓或螺桩的位置做成不均匀的,就可避免出错。又如燃烧室上安装喷油嘴的安装座,一般是用两个螺钉将喷油嘴固定。在以往的发动机中,有时将两个螺钉孔对称地安排。这样就有可能将喷油嘴的方向装错,本来应向后喷油的,而错装成向前喷油。如果在设计中,将对称安排的螺钉孔位置,改成不对称的,即可避免装错。又如在高总压比发动机中,高压压气机后几级的工作叶片,不仅各级间叶型、尺寸相近,而且对于每一种叶片来讲,由于叶身很薄,前后缘也很相似,这样,如果不采取防错设计,就可能错装。为此,可在叶片榫头、轮盘榫槽的设计中,略加注意,采取必要的防错措施,这样,不论如何装配,均不会出现错装现象。

4　重视发动机零、部件可靠性细节设计

作为发动机基本组成单位——主要零组件与部件有高的可靠性,无疑会对整台发动机的可靠性有较大影响。从原则上讲,每个零件如能在它特定工作条件(转速、温度和环境等)下,有足够的强度,好的振动特性,较长的寿命而且重量尽可能轻时,应该说它的可靠性是有保证的。但是,发动机的工作条件不仅多变而且复杂与苛刻,

往往作为一个零件看,是绝对没问题的,但当它装入发动机中,可能由于与其他零组件在某些条件下不能相容而出现问题,或短期甚至长期工作中不会出现问题,但当工作时间更长后,就可能会暴露出一些问题,有时甚至是灾难性的问题,这在国内外发动机研制与使用中,已是屡见不鲜的事了。为此,总结出这些问题,在设计中,引起重视,并采取措施,予以消除,已是提高发动机可靠性的重要措施。以下将列举发动机零部件在设计、选材与加工中,提高可靠性的一些措施或为保证高的可靠性应有的某些限制。显然,所列举的内容还远远不够,有待今后不断补充与充实。

4.1 防钛火的一些限制条件

钛合金由于具有比较高的比强度,因而自它开始在航空工业上应用后,即广泛应用于航空发动机中。在工作温度允许的条件下,压气机轮盘、转子叶片、静子叶片、机匣、篦齿封严环等压气机零件很快都采用钛合金。但是,在使用中,发生过发动机的旋转钛制零件(转子叶片、封严篦齿)或直接或其断片与钛制静子零件(机匣、静子叶片、封严环等)相互碰撞、摩擦引起钛合金自燃着火,使压气机的零件烧毁,机匣烧穿。严重时,烧穿机匣的火焰外延,能烧穿外涵机匣甚至引起发动机短舱着火,严重影响飞机飞行安全。由于高压压气机内的空气压力、温度较高,是钛着火的较好条件,因此钛着火均发生在高压压气机中。

早期,压气机机匣、静子叶片均采用钛合金(在工作温度允许的条件下),但在使用中不断暴露出钛着火的问题。例如,CF6 发动机是 1971 年装在 DC - 10 宽体客机上投入使用的,使用初期没有发生问题,但是,当它累积使用时间达到 800 多万飞行小时后,于 1976 年起出现钛着火问题。1979 年年中达到高峰,1 年内发生十几起钛着火问题,后果严重,于是从 1979 年起,将生产中及航线使用中的发动机,高压压气机机匣全部换成钢制机匣。这种钢制机匣在其后的衍生型发动机如 CF6 - 80A、CF6 - 80C2 与 CF6 - 80E1 中一直沿用。

1987 年装在 747 - 400、767 - 300 与 MD - 11 等新型飞机上投入使用的 PW4000 发动机,于 1986 年通过适航审定的包容试验时,由于风扇叶片断裂,引起高压压气机喘振,高压压气机第 1 级工作叶片的叶尖将装在钛机匣上的封严带磨穿并与钛机匣摩擦,引起钛机匣着火,向后窜的火焰还将后几级工作叶片部分烧熔。后来,在机匣与封严带间,加装了一较厚的钢衬套。

前面曾谈到 1987 年美国海军损失了 9 架 F/A - 18 战斗/攻击机,其中 4 架是因它所用的 F404 发动机钛着火而引起的。

用于伊尔- 62 飞机的 HK - 8 发动机于 1970 年投入使用,在 1977~1987 年 10 年间,发生过 7 次高压压气机钛着火事件,其原因是钛制工作叶片折断后的断片卡在静转子间,与钛制机匣或钛制静子叶片相磨而引起的。由 1987 年起,已将 4~6 级静子叶片由钛合金改为合金钢。

用于伊尔- 86 客机的 HK - 86 发动机于 1980 年投入使用。1980 年在进行国家

定型试车时发生过 4 次钛着火事件,1985 年在使用中发生过 1 次,其原因基本同于
HK‑8。

用于图‑154 与伊尔‑62 的 Д‑30 系列发动机,在 1982～1988 年间,曾发生过
10 次钛着火事件。用于雅克‑40 支线客机的阿伊‑25 发动机于 1968 年 9 月投入使
用,1972～1982 年间曾出现过 4 次钛着火事件,1982～1991 年间出现过 5 次钛着火
事件。前 4 次的原因主要是止推轴承损坏,转子前窜,与静子相磨引起的,后 5 次主
要是钛制箆齿环与钛制外环相磨引起的。

从上述事例可以看出,高压压气机中钛着火事件是严重影响飞机安全的隐患。
应针对其发生的原因,采取相应措施,以提高发动机的可靠性。

经研究,钛着火的机理是:两钛制零件相互高速摩擦时,产生的大量摩擦热,引起钛
合金自燃而着火,钛合金着火后,温度急剧上升,燃烧区的温度高达 2 700～3 000 ℃。
当火焰传到其他钛合金零件上时,会很快使零件温度上升,超过它的熔化温度,零件
很快被熔化烧穿。根据观测,在高压压气机中,钛合金着火后,约经 5～10 s 即能将
钛机匣烧穿,火焰外窜。钛合金是否易于着火,与流过它周围的空气的参数(压力、温
度和速度)有关。空气压力与温度较低时,不易产生;较高的压力与温度下则易产生。
压力越高,促使钛合金自燃的空气温度将会低些。在高压压气机中,特别是 3～5 级
处流过的空气压力与温度恰好落在易促使钛合金着火的参数范围内,因此,钛着火均
发生在高压压气机中,低压压气机中尚无着火的记录。如果发现钛开始着火,立即将
发动机停车,钛火会熄灭而不致产生严重后果。

根据上述机理,为提高发动机可靠性,在高压压气机中使用钛合金有下述一些
限制:

对于转子,在工作温度允许的条件下,尽量采用钛合金,这样,不仅使转子重量减
轻,而且也使支承转子的结构件重量降低,使发动机重量可以降低。在转子中,轮盘
的温度低于工作叶片的温度,因此,在高压压气机后几级中,工作叶片需采用镍基合
金做,而轮盘可用钛合金。在遄达 700 发动机中,由于采用了工作温度可达 600 ℃左
右的高温钛合金 IMI834,高压压气机各级轮盘均用钛合金制成并焊接成一整体,但
其后几级的工作叶片却是用镍基合金做的。

对于静子件(机匣、静子叶片与封严环等),在高压压气机中,最好不采用钛合金。
西方国家的新型军民用发动机中,静子叶片基本已不用钛合金了,全部采用钢制。例
如 CF6‑6 与 CF6‑50 型发动机(是 CF6 系列发动机中较早的型号,都在 20 世纪
70 年代投入使用的)中,高压压气机前 3 排静子叶片采用钛合金做,但在其后的衍生
型发动机 CF6‑80C2 中,已改用 A286 合金钢。CFM56‑3 型发动机高压压气机中,
前 4 排静子叶片用 A286 合金钢做,后 4 级静子叶片用 Incol 718 合金做。PW4000
发动机高压压气机中,全部静叶均用镍基合金。F404 发动机高压压气机中,1～2 级
静叶用 A286 合金钢,3～6 级用 Incol 718。

对于高压压气机机匣,最好不用钛合金,如需采用,则应采取防止钛着火的措施。

西方国家新型发动机中,除 PW4000 尚采用钛合金做机匣(高压压气机前段)外,均采用了合金钢的前段,后段机匣均用高温合金。例如前机匣中:F404 发动机为 M152 合金钢;CF6 各型为 M152 合金钢;CFM56 - 3 为 M152 合金钢(1987 年 10 月以前为钛合金)。

英国民航适航性要求规定,为防止钛着火,钛制静子零件的环境条件不应超过:空气压力 200 kPa,空气流速 50 m/s。实际上,在 RB211 - 535E4 中,高压压气机前段机匣采用铬钢,后段机匣采用铁、镍、钴、铌合金制成,静子叶片全部采用合金钢。RB211 - 524D4 高压压气机前段机匣为合金钢,静子叶片中,1~4 级为合金钢,5 级为 Incol 718。遗达 700 发动机中,1~3 级机匣为合金钢,静子叶片 1~4 级为合金钢,5~8 级为 Incol 718。

苏联民用发动机中,在高压压气机中曾广泛采用钛制机匣、静子叶片与封严环。由于出现多次钛着火事件,后在统一的适航性标准中对钛合金在高压压气机中的使用做了明确规定,高压压气机零件使用钛合金的温度限制为:工作叶片 500 ℃,静子叶片 330 ℃,机匣及封严环 330 ℃,篦齿封严环 300 ℃。根据这一规定,一些发动机的材料做了改动,例如:HK - 8 发动机高压压气机 4~8 级静子叶片从 1987 年由钛合金改为钢材;HK - 86 发动机高压压气机中,从 1981 年起,4~5 级静子叶片、篦齿封严环与封严外环全部由钛合金改为合金钢;阿伊- 25 发动机高压压气机 4~6 级静叶从 1980 年起由钛合金改为合金钢;Д - 30 发动机高压压气机于 20 世纪 80 年代后期将第 5~9 级静子叶片,第 4 级后的轮盘间鼓环全部由钛合金改为钢。

4.2 防止压气机及涡轮轮盘破裂

风扇、压气机与涡轮轮盘如果在工作中破裂,破裂的断块甩出发动机时的能量非常大,机匣是不可能包容住的,因此其危害非常大,极大地危及飞机的安全,所以必须提高轮盘的可靠性。

4.2.1 提高计算精度

提高静强度(确定破裂转速)与低循环疲劳寿命的计算精度,要采用最完善的计算模型与计算方法,要将计算的结果与实验所得的数据进行比较与修正。目前,按破裂转速计算的安全系数比试验得到的破裂安全系数高 10%,因此对计算得到的数据要用修正系数修正。

用计算方法确定轮盘低循环疲劳寿命时,要求考虑在复杂应力状态下的应力集中。为了得到真实的轮盘寿命,要求采用由试验测得的载荷与温度状况的周期变化情况。

4.2.2 严格控制榫槽槽底裂纹

榫槽槽底允许有裂纹存在,但要监视裂纹的发展,严格控制裂纹允许的长度。允许的裂纹长度应经过详细计算,并通过试验验证,然后留有裕度规定出允许的长度。一般按计算与试验得出的危险长度的 50% 值作为允许裂纹扩展的长度。检查裂纹

发展的间隔时间应低于从发现裂纹起到扩展到临界长度所经历时间的一半(F100 - PW - 220 中,从裂纹发现开始到扩展至临界长度的时间大于检验周期的二倍以上)。

4.2.3　严格控制粉末盘粉末粒度

采用粉末冶金做轮盘时,粉末的粒度要严格控制。F404 投入使用后由于涡轮轮盘粉末的粒度不够细,发生过高压涡轮轮盘工作中破裂造成飞机失事的严重事故,不得不换用锻造轮盘。后来进一步细化粉末粒度后,才又在 F404 中使用粉末冶金的涡轮盘。

4.2.4　严格控制轮盘的冷、热加工

轮盘中的冶金缺陷与冷热加工的缺陷是严重影响发动机可靠性的重要因素,因此,对加工过程要严格控制,并要加强检验。RB211 - 22B 在 1972 年底到 1973 年初的两周时间内,出现过两次风扇轮盘破裂甩出发动机的严重事件,经调查分析,其原因是原材料冶炼中杂质未除净,冷热加工中,残余加工应力未能消除等。为此,除针对原因采取了一些措施外,还特别采取了增加一次旋转的程序,即在轮盘完成最后加工与检验工序后,将它装在旋转试验台上,在工作转速下旋转一定时间,以便将那些潜伏的疵点显示出来(参见本书《RB211 - 22B 风扇转子飞行中的严重故障》一文)。

4.2.5　轮盘轮毂上不开斜孔

在轮盘轮毂处最好不开导引冷却空气用的斜孔,因为开斜孔后会产生高的应力集中(应力集中系数高达 5～6)。

4.3　防止涡轮轴损坏

涡轮轴的损坏将造成极为严重的事件。国内外发动机使用中,已出现过多次。因此,在设计、生产中应给予特别注意。

4.3.1　应力集中不能过大

设计中,不应出现应力集中过大的结构,例如台阶处,应采取圆弧过渡,圆角半径不能小;轴上开孔时,孔在外缘与内径处均应倒圆;非配合表面也要有很高的加工光洁度,低压轴与高压轴间应留有足够的空隙,以保证即使工作中出现过大振动时也不会相碰。

4.3.2　主轴采用模锻毛坯

主轴的毛坯应采用模锻,不允许毛坯中有锻造缺陷,应严格检验。

4.3.3　严格控制冷加工质量

制造中,要保证加工精度与表面光洁度,特别是要保证圆角与倒角的尺寸,要确保内表面的加工质量,苏制发动机 HK - 8 - 4 曾由于涡轮轴内壁加工质量不好而断裂,引起过严重的飞行事故。

4.4　防止风扇叶片颤振和外物进入高压压气机

对于第 1 级与 2 级风扇叶片,在设计时应考虑在工作包线内不应出现颤振,除在

强度、振动计算中予以避免外,还应在高空台中进行高温与大 Ma 下以及低温条件的试验,后者是在进气温度为 $-30\ ℃$ 下进行试车予以考核,或者在飞行试验中予以考验。风扇叶片还应有足够的疲劳强度储备,仅用静强度的应力来设计是不够的,因为在工作中振动应力比正常工作的应力大很多,欧美发动机中,其比值约为 8,苏制Д-36 发动机(用于雅克 42-客机)风扇叶片的振动应力比正常时应力大 3~5 倍。

在发动机结构设计时要采取措施防止由进口吸入的外物(砂石、冰块与水等)进入高压压气机,以及其后部的燃烧室与涡轮。这可以用改进风扇前的帽罩形式,增大风扇出口与分流环间的间距,在风扇部件后端安装放气门等来达到。

4.5　提高工作叶片锁片的可靠性

在国内、外发动机研制、使用中均出现过由于锁紧工作叶片的锁片强度不够而造成严重后果的事例。例如 B-1 轰炸机未能在 1991 年初海湾战争中参战,主要是由于它的动力 F101 发动机第 1 级风扇叶片锁紧用的卡环折断使风扇叶片甩离轮盘而造成的。

国内发动机研制中,也出现过由于叶片锁片强度不够在试车中折断使叶片甩离轮盘而造成不该发生的重大事故。

因此,在设计、制造、装配与重新装配锁片或锁紧卡环时,一定要精心对待。设计时,除考虑它正常工作时承受的气动载荷外,还要考虑飞机作机动飞行时的惯性载荷,不正常工作(例如喘振)时的过大载荷,叶片振动时的附加载荷,低循环疲劳等。加工时,避免出现会造成应力集中过大的加工缺陷,装配时要避免反复弯边等。

4.6　在低压涡轮轴上要有防飞转的措施

在低压涡轮轴上,一定要设防止涡轮轴突断后转子进入飞转的措施,国内、外曾出现过由于没有采取该措施而造成影响极大的灾难性事故,这个耗费了极大代价的教训,在今后发动机的设计中,一定要吸取。

4.7　薄壁套筒防止外压失稳

在现有发动机中,薄壁套筒在发动机上用得较多,例如 Д-30KY(苏制发动机,用于图-154 与伊尔-62 等客机上)、F404、F110 和 CFM56 等发动机上均采用了长而薄的钛合金做的套筒。薄壁套筒最易在外压作用下失稳。在设计中,套筒除要求有足够的失稳储备外,还应考虑其他可能导致提前失稳的因素,例如材料质量、加工质量与不慎造成的划伤损伤等。另外,还要考虑在某些意外情况下外压突增的可能性,而相应地采用一些必要的措施。例如,沿长度上隔一定距离做一加强肋环,或用锻件机械加工成厚度稍大的套管等。另外,还应在发动机总体设计中,采取措施防止可能出现的外压突升。

由于上述发动机中的薄壁套筒均装在高压转子内,套在低压轴外,在工作中如出

现外压失稳,会与低压轴相磨,能造成不可估量的严重故障,这已被国内的使用情况所证实。

4.8　注意高温部件中的热匹配

在发动机内的高温部件中,设计时,不仅要考虑零件材料的高温机械性能,使零件在高温条件下具有足够的强度与耐久性,而且要考虑该零件与其相邻零组件间的热匹配问题。所谓热匹配问题,系指两相配的零件,在工作温度发生变化时,两者应做到基本变形一致,即当温度上升或降低时,在配合处两零件的膨胀量或收缩量基本一致,否则,在配合处或出现过大过盈量或过大的间隙,使发动机正常工作被损坏。在航空发动机的高温部件中,不仅停车与工作时温度差别很大,发动机工况变化特别是急剧变化时,温度变化也很大。当温度发生变化时,相互配合的零组件(转子内的零件,静子内的零件,或转子与静子间的零组件),或由于材料不同,线膨胀系数不同,或由于温度分布不均各零件的温度不同,或由于这两种原因同时存在,使各零件膨胀或收缩不同,出现不匹配现象。例如,配合处的配合性质变化,使过盈量大增,零件内产生过大的热应力;或过盈量减少,甚至出现大的间隙,零件间的定心破坏。又如,两环形零件沿圆周处在几处配合,如果当温度变化时两零件的膨胀、收缩不一致,不仅会使配合性质变化,而且还可能使零件变形。又如,涡轮导向器与工作叶片表面上喷涂隔热涂层,这已是现代发动机常用的一种防护措施,但是,如果涂层材料与基体材料热匹配不好,工作时,在两个材料上均作用一热应力。这种由于热不匹配在零件上产生的热应力,是发动机每工作一次,或油门突变一次就产生一次的,因此这种热应力会引起零件低循环疲劳,造成一些故障。例如,叶片上的涂层如果两者间热不匹配,发动机短期工作可能不会出现问题,但当发动机工作时间长了以后,就会出现涂层脱落问题。例如,PW2037 发动机中就曾出现过长期工作后隔热涂层脱落而不得改用涂层的事。

4.9　结构设计中避免出现死腔

除非有特别需要外(这是很罕见的),在发动机结构设计中不允许有死腔。所谓死腔系指密闭的、与外界无气路相通的腔室。发动机工作时,内部各处的温度比停车时高,特别是从压气机后几级起,越后越高。另外,即使在某一位置处,随着工况的改变,温度也会变化,如果在发动机内部有一死腔,发动机每经过一次启动—停车循环,该死腔内的气体压力就有一次增加—降低的过程,也即反反复复作用于该腔腔壁一定的负荷,易出现低循环疲劳。另外,如果温升过大,腔内压力突增,也易引导起腔壁变形、鼓包与破裂。例如,装销钉的孔做成盲孔,销钉装入后,工作时随着温度升高内腔压力也增加,严重时会将销钉顶出。

国内外发动机由于死腔结构在使用中出现问题,引起发动机发生严重故障,甚至引起空中停车的事件,提醒设计者在发动机结构设计时注意不要出现死腔。

4.10 涡轮盘上不开螺栓孔

在一些发动机的涡轮中,常在涡轮盘上开多个螺栓孔,用以与涡轮轴连接(如 РД-33 与 АЛ-31Ф),或用以将 2 级轮盘连接起来(如 JT9D-7R4 与 PW2037),或用以固定将工作叶片限制在轮盘内的前、后挡板(如 CFM56-2、-3,CF6-80C2 与 CF6-80E1)。涡轮盘上开螺栓孔,特别是外缘处开孔不仅对轮盘削弱,而且在工作中会成为一个易引发故障的根源;另外螺栓的两端头,随轮盘一起旋转时,会搅动周围的气体,不仅增加了阻力,还使轮盘处的工作温度上升。因此,在结构设计中,最好不在涡轮盘上开螺栓孔,改用其他结构。例如,CFM56-5 型发动机的高压涡轮转子中,将固定前、后挡板的方式做了改动,没有采用在 CFM56-2 与-3 型中所用的螺栓连接方式,改用了类似高压锅锅盖的连接方式。在 GE 公司最新发展的 GE90 发动机中,也采用了这一结构。PW4000 与 V2500 等发动机的高压涡轮盘也采用了类似的结构。

4.11 工作叶片采用减振块防止叶片损坏

压气机与涡轮工作叶片在工作中,因为振动问题而出现裂纹与掉块的事件,在国内外发动机中是屡见不鲜的。有的发动机原来没有问题,但在投入使用较长时间后也出现振动问题。例如 F404 发动机,在投入使用后累积工作时数达到 100 万小时时,高压压气机第 1 与第 3 级工作叶片出现共振而断裂的故障,引起钛机匣着火并造成飞机失事。为此,在发动机研制中,应很好地解决叶片振动问题。在叶根处采用减振块是一些新型发动机中采用的一种办法。例如,CFM56-3 型发动机中,风扇叶片采用了叶身凸肩以防止叶片振动与提高抗外物打击的能力,但在其衍生发展型 CFM56-5 中,除保留风扇叶片的叶身凸肩外,还在叶根与叶身底座间安装了减振块如图 6.1.6 所示。

RB211 系列发动机中,高压涡轮工作叶片采用了叶冠结构,这在大型发动机中是独特的,因为其他发动机的高压涡轮工作叶片均未采用带叶冠的结构,按理,叶片带冠是解决叶片振动问题的一种办法。但是,在该系列发动机中,均在高压涡轮工作叶片的延长根处安装了减振块,如图 6.1.7 所示。

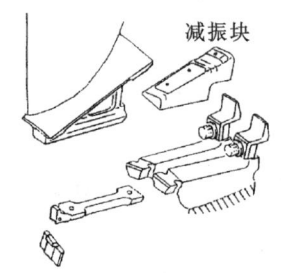

图 6.1.6　CFM56 风扇叶片减振块

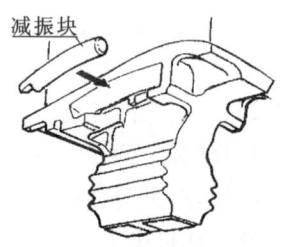

图 6.1.7　RB211 高压涡轮工作叶片的减振块

俄罗斯的计算分析表明,在叶根处采用带干摩擦的减振块后,可使振动应力减小 50%～70%。

普惠公司在解决 PW4084 发动机高压压气机工作叶片振动应力过大的问题,将前 4 排静子叶片在上下两半机匣中的叶片数目做成不一致,且相邻级中,前排做成上半叶片多,后排做成下半叶片多,如表 6.1.1 所示。采用这样的配置后,使 1、3 与 4 级工作叶片的振动应力降低了 30%。

表 6.1.1　PW4084 高压压气机前 4 排静叶不对称配置

机匣	进口导叶数	1 级静叶数	2 级静叶数	3 级静叶数
上部机匣	38	24	23	30
下部机匣	36	25	22	31

4.12　改进燃烧室机匣

燃烧室机匣是发动机主要承力结构件,它上面要安装喷油嘴、点火器和引气管等。传统的设计中,燃烧室机匣由板料做成,它的前后端焊上机械加工的安装边,喷油嘴等安装座或用精密铸造方法加工出来,或用锻件机械加工出来,然后用氢弧焊焊到机匣上。这种结构在使用中极易在安装座周围焊缝处出现裂纹、变形与撕裂等故障。为此,在有条件的情况下,尽可能不采用这种结构,改用整体锻件,用铣削方法或用电化学加工(ECM)方法将各个安装座加工出来。国外一些新型发动机中,已较广泛地采用整体机匣。

4.13　对主轴轴承予以特别重视

发动机特别是高性能发动机主轴轴承的 DN(D:轴承内径,mm;N:转速,r/min)值高,如不仔细设计,很容易出现故障。一旦主轴轴承出现故障,会导致发动机空中停车,例如 CFM56-3 在 1989 年出现的空中停车事件中,由于 3 号轴承损坏引起的占 1/3,这一事例说明轴承的工作好坏大大影响发动机的可靠性。

俄罗斯有关人员研究了西方国家发动机主轴轴承后,发现西方国家轴承具有较高的可靠性(比俄制轴承),其主要原因是:保持架采用了钢制,而俄制轴承中大多采用青铜,前者可靠性高;西方国家轴承外形尺寸要求高,且须严格检查,例如磨削的滚棒端面要检查端面跳动量;滚棒轴承中不动的外环滚道或外直径表面做成椭圆形,用以防止轴承打滑;冷却与润滑轴承的滑油过滤度高,细滤的过滤尺寸约为 5～15 μm,而俄产发动机中约为 48～80 μm 等。

为提高发动机可靠性,在主轴轴承方面应采取下列措施:

(1)提高加工精度。提高轴承各元件的加工精度,不应低于 4 级精度,正确选用合理的游隙与装配时的配合值。装配时要按特殊的技术条件所规定的内容检查轴承,例如外观检查,检查是否有超出规定的表面缺陷与锈蚀,复查配合处的尺寸与原

始游隙等。

(2) 轴承环与轴线偏斜量不能大。对于长寿命的轴承要有高的可靠性时,在工作条件下轴承环与轴线偏斜量不能超出允许的标准(寿命大于 1 000 h 的轴承,偏斜量不得超过 0.5′)。

(3) 用 3 点接触的滚珠轴承。用 3 点接触的径向止推滚珠轴承取代 4 点接触的滚珠轴承可提高轴承的可靠性。

(4) 钢制保持架。用钢制保持架取代青铜制保持架(俄制发动机中多采用),保持架表面最好镀银。

(5) 内外环间温差小于 5 ℃。如能有效地将轴承的热量带走并保持在轴承宽度上以及外环间有较均匀的温度场,内外环间的温差不大于 5 ℃,可以提高轴承的可靠性。

(6) 合理选用滚棒端面与挡边间间隙。滚棒轴承中,滚棒端面与挡边的轴向间隙应在 0.04～0.06 mm 间。该间隙大于或小于此值均会使滚棒轴承的可靠性降低。

(7) 采用细油滤。采用过滤度较高的滑油油滤(过滤度最好为 5～15 μm)过滤滑油。

4.14　滚珠与滚棒轴承并列使用

在发动机主轴轴承中,滚棒轴承仅承受转子的径向负荷,而滚珠轴承除承受径向负荷外,还承受轴向负荷,工作条件比滚棒轴承恶劣得多。因此,在现有发动机中,同一个转子上的滚珠轴承的直径系列均比滚棒轴承的重一级,以提高其承载能力。但是,即便如此,滚珠轴承仍然比滚棒轴承容易损坏,成为影响发动机可靠性的一个难点。例如 CFM56 - 3 型发动机在 1989 年中发生过 32 起空中停车事件,其中由于高压压气机前滚珠轴承(3 号轴承)损坏引起的空中停车事件有 11 起,占总停车事件中的 34%。为了减轻滚珠轴承的负荷,提高发动机的可靠性,可以在滚珠轴承一侧并列一滚棒轴承。用滚棒轴承承担径向负荷,滚珠轴承仅承受轴向载荷,这样,大大地降低了滚珠轴承的负荷,改善了它的工作条件。例如,CFM56 - 5 在 3 号轴承处就做了这种改动。

在采用滚珠与滚棒轴承并列使用时,一定要确保滚珠轴承在工作中绝不会承受径向载荷而仅承受轴向载荷,这可以采用两种方法来达到:一种方法是将滚珠轴承外环与轴承座座孔间采用大间隙配合,使转子支点处的径向负荷不能通过它传递,而滚棒轴承的外环与轴承座座孔间用过盈配合;另一种方法是滚棒轴承用刚性支座支承,滚珠轴承用弹性支座支承,例如在 CFM5 - 5 型中高压压气机前支点即采用了这种结构。或者两个轴承均用弹性支座支承,但滚珠轴承的弹性支座刚性弱于滚棒轴承的,GE90 发动机高压压气机前支点处采用了这种结构。

4.15　慎重选用轴承游隙

滚动轴承游隙小,内外环间的相对活动量小,对转子的工作有利,这对于长期稳定工作的机器是十分有益的。但是对于工作变化多,停车以后经过几十分钟又要开车的航空发动机而言,却不能选用小游隙轴承。

航空发动机主轴轴承 DN 值高,工作时摩擦产生的摩擦热很大,加上由环境(发动机内腔处于高温)及相邻零件(例如涡轮轮盘等)传给的热量也较大,需用滑油不断地将热量带走,当由滑油带走的热量与轴承发出的热量加上外界传入的热量平衡时,轴承即稳定于某一温度下。航空发动机的滑油泵由发动机的附件传动装置驱动,当发动机停车后,滑油泵也随即停止工作,无滑油喷向轴承,轴承的热量无法由滑油带走。可是,从另一方面来看,当发动机停车后,轴承相邻的零件、组件的热量有很大一部分通过轴传到轴承,再由支承轴承的机匣外传,因此,停车后,轴承的温度不仅不会降低,反而会增加,增加到一定时间后,随着整个转子温度降低才开始降低,这一特性对装于涡轮附近的轴承尤为突出。因为发动机工作时,高温燃气流过涡轮工作叶片,使叶片与轮盘温度均较高,停车后,由于叶片与轮盘较厚较大,含蓄的热量特别多,因而传给轴承的热量多,而且持续时间长,一般需经过 $30 \sim 40$ min 后,轴承温度才开始降低。图 6.1.8 所示的曲线,表示了涡轮轴轴承温度在发动机停车后,随停车后时间增长而上升的趋势。这一趋势,

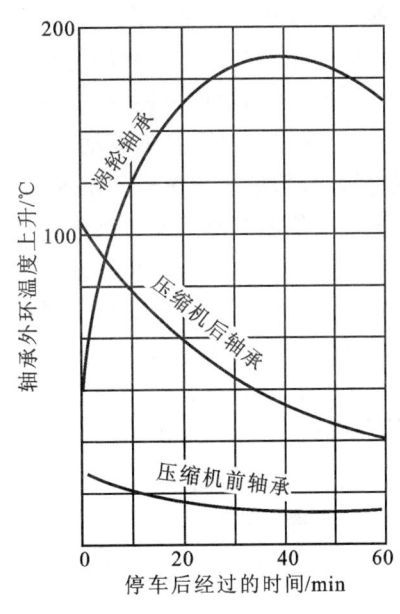

图 6.1.8　发动机停车后轴承温度的变化图

对于其他机械设备影响不大,例如,驱动用于峰值发电机的燃气轮机,每天在晚 6 点至 10 点用电高峰期间才工作,停车后要到第二天再工作,这时轴承已完全凉下来了。但是,对于航空发动机而言,这一变化趋势对轴承的工作有较大的影响。例如,对于民航用发动机,当客机降落后,很快经过下上乘客,补充燃料与给养,可能在 40 min 后,要重新启动,重上蓝天。又如,对于战斗机而言,平时训练中,经常会进行着陆后,停留一段时间再上蓝天。作战时,更会遇到降落后,立即加油与补充弹药,然后再次起飞重新投入战斗。对于在研的发动机,发动机在调试中,经常会由于某些原因需停车,进行调整与排故然后再次启动。对于这些情况,如果停车与再次启动的间隔时间在半个小时左右,正好落在轴承处于最高温度的时间内。由于停车时轴承热流方向是由轴传至内环,然后由外环传至机匣,内环温度要高于外环,这时,如果选用的轴承

游隙过小,再次启动时,轴承内环将滚子紧紧地卡在外环内而不能或很少地使它自由转动,这时就容易出现轴承内环在轴上或外环在轴承座内相对转动,使轴或轴承座以及内环或外环出现过渡磨损故障。

由于以上原因,航空燃气涡轮发动机主轴用滚动轴承的游隙要比轴承规范中规定值大很多,特别是涡轮附近的轴承大得更多,因此,在发动机设计时,一定要慎重选用轴承的游隙。

4.16 防止轴承打滑

航空发动机主轴轴承由于转速高与负荷小,当飞机作机动飞行时,轴承上还可能出现轻载甚至零载。当飞机的飞行包线较大时,有时转子轴向负荷会变方向,在变向的前后区间,作用在止推轴承(滚珠轴承)上的轴向负荷变得很小甚至为零。所有这些,均使轴承出现打滑。滚动轴承中,滚子与内外环滚道间应该是滚动摩擦,当轴承出现打滑时,即滚子与滚道间出现滑动摩擦,摩擦系数剧增;当滚子与滚道间的油膜由于振动与高温等原因而遭到破坏时,就出现金属表面间的摩擦,使金属表面出现局部擦痕,擦痕发展很快,破坏了滚子与滚道的原有形状与光洁度,使轴承报废。这种由于轴承打滑引起的故障,称为"滑蹭损伤"。

在现有发动机中,主轴上的滚棒轴承最容易出现由于打滑而引起的滑蹭损伤,滚珠轴承由于转子始终有由气动力产生的轴向负荷作用,因而不易出现打滑。但是当转子的轴向负荷在飞行中出现换向(即轴向负荷由向前变为向后,或反之)时,该滚珠轴承必定会出现打滑,并引起滑蹭损伤。例如斯贝发动机,在其民用型 MK512 中,低压转子的止推轴承(为一中介轴承,其外环固定于高压轴内)在飞行中轴向负荷始终向后,因而从未出现打滑现象。但当它改进发展成为用于高速战斗机的 MK202 时,在飞行包线内,作用于低压转子止推轴承的轴向负荷出现了换向,因而该轴承出现严重的打滑并引起滑蹭损伤现象。又如 RB211 系列发动机(-22B、-524、-524D4D、-535E4 等型)中,低压转子的止推轴承也是一中介轴承,在飞行中,该轴承出现换向现象,因而,引起滑蹭损伤,虽采取了防止打滑的措施,但从 1972 年到 1988 年的十几年时间内,仍不断出现滑蹭损伤。直到 1988 年在 RB211-524G 以后的各型号上,才基本上解决了防止打滑的问题,其方法是将低压转子的卸荷腔封严环的直径加大,使在飞行包线内,作用于低压转子的轴向负荷始终向前,不出现换向现象。在 RB211 的后继机型遗达 800 上,还在低压涡轮轴后端增加了对滚珠轴承施加预载的轴向弹簧及小轴承。

滚动轴承由于打滑引起滑蹭损伤出现的时间很分散,短的可能仅工作几小时甚至几十分钟,长的则可能几百小时甚至更长。

在发动机设计时应该对每个主轴承的工作条件进行分析,必要时在发动机发展试车时,对滚棒轴承是否打滑进行监测,根据监测到的打滑度,考虑飞行条件的影响,采取防滑措施。另外,应采取设计措施,确保作用于滚珠轴承的轴向负荷在飞行包线

内不会变向。

防止主轴承打滑的措施主要有:保持架在轴承内环上定心(例如 R211 低压转子滚珠轴承);椭圆轴承(例如 JT3D、JT8D、JT15D、CF6 - 80C2 和 T700 等发动机的滚棒轴承);三瓣外环轴承(如 CF6 - 80C2 的滚棒轴承);喷油改为斜喷,使喷油方向对着保持架旋转方向;将滚棒轴承改为轴向弹簧加载的滚珠轴承(例如 J69 发动机);用轴向弹簧对滚珠轴承施加轴向预载(例如斯贝 MK202 低压转子止推轴承处与遄达 800 低压涡轮后轴处);减小游隙(例如阿伊 20 压气机前滚棒轴承)等。应当注意,用减小游隙来防止轴承打滑是能起到作用的,但会带来一些不利因素,因此不建议采用。苏制阿伊 20 发动机压气机前滚棒轴承出现滑蹭故障后,将游隙改小,但几年后,又恢复到原设计的游隙。

附件传动机构中的轴承,由于转速稍低,而且始终有齿轮啮合时的径向负荷作用,因而不会出现打滑。但是,如果在高速传动链中(例如传动油气分离器、离心通风器),如中间惰轮、主动齿轮、从动齿轮的中心处于一条直线上时,作用于中间惰轮支承轴承上将无负荷,该轴承必然会打滑,因此,建议将该轴承改用滑动轴承,或将三齿轮轮心不处于一直线上。

参见本书《航空发动机轴承滑蹭损伤与防止措施》一文。

4.17　对轴承的喷油方向要正确

用喷油嘴将滑油喷向轴承时,喷油的位置与方向要正确,否则对轴承的冷却不利。应保证滑油喷向保持架与轴承内环滚道间,另外喷油嘴出口最好处在保持架与内环滚道间的缝隙同一高度上,不要从上向下斜向喷到内环上,更不能从下向上对着外环喷。

4.18　应防止紧固件中的微动损伤

两个紧密相连的零件,例如,螺母与螺栓间,叶片榫头与榫槽间,放气钢带与机匣间,由于连接紧度不够,在发动机工作中会引起微动损伤—微动磨损、微动疲劳与微动腐蚀。在国内发动机使用中,已出现过多次由于发动机中的微动损伤造成飞机的一、二等事故。因此,在设计与装配发动机时,应采取措施杜绝出现微动损伤。例如,对于主要受力较大的螺纹连接件,应给出严格的拧紧力矩,在装配中要予以确保。对于叶片榫头装于轮盘榫槽时应涂以耐磨的固体润滑剂等。

4.19　尽量避免采用长螺钉

几个零件连接成一体时,应采用螺栓或螺柱来连接,尽量避免采用长螺钉。因为采用长螺钉时,很难做到螺钉头部与连接件间全面接触。在非得采用长螺钉时,必须在螺钉头部与连接件间安装球形垫片。

4.20　高温或/和大拧紧力下螺母需镀银或镀铜

在高温环境下,或/和在大的拧紧力条件下,螺母需镀银或镀铜,在装配时,还需在螺纹表面上抹上二硫化钼等抗磨剂,以避免螺母与螺栓胶着咬合,无法分解。

4.21　认真对待外部导管的设计与安装

美国 GE 公司总结各型 CF6 与 CFM56 等的使用经验后得出,造成民用发动机空中停车事件的原因中,约一半是由于外部管路与附件出问题造成的。国内外军、民用发动机中,均有类似的教训。因此,在发动机研制中,一定要重视外部管路的设计、制造、铺设与夹持安装等。

在管子的设计中,一定要考虑工作中热膨胀的可能性,对卡箍与托架等夹持件的安排,必须进行振动、强度的分析与计算,保证在发动机工作范围内不会出现共振现象。管子的外形需在加工中予以保证,不允许在装配中进行敲打硬扳。管子与管子间,管子与机匣及附件间应留有足够的间隙(一般应留有 3 mm 的间隙),在装配中予以保证,在工作中,还应进行复查。如条件允许,应采用柔性软管。对导管还应进行振动台试验,最好能装在发动机上进行测振试验。在发动机整机试验中,应增加上下台阶的高循环疲劳试车(参见本书《F100－PW－220 发动机》一文),以确保在飞机飞行包线内,管子不会出现共振问题。

4.22　由滑油箱通至增压油泵的导管中不允许存在气穴

在试车或外场使用中,当重装滑油箱通至增压油泵的导管时,一定要将导管中的空气排净并充满滑油,避免在导管中出现气穴,使滑油系统不能正常工作而导致发动机出现重大故障。

4.23　不宜在滑油系统高压油滤处设置安全旁路活门

在所有的发动机滑油系统中,供油管路的增压泵(即供油泵)后均设置细滤(也称高压油滤)。在以往发动机的滑油系统中,高压油滤旁均设置安全旁路活门,当油滤被污物堵塞到一定程度后,安全活门在滤前、滤后油压压差的作用下打开,滑油不经油滤而由旁路活门流过,然后流入发动机中应该润滑、冷却的地方。这种设计,是一种安全设计,即始终有滑油向各处供应,不会出现断油现象。发动机在大工况下工作时,如果供给主轴轴承的滑油一旦中断,轴承在高速下摩擦产生的热量无法散掉,轴承的温度很快升高,使轴承退火而变形,摩擦生热量更大,温度再升高这种恶性循环使轴承很快损坏,导致发动机出现严重故障,甚至出现灾难性故障。因此,在以往的发动机中,为保证滑油供油不会中断,均在高压油滤处设置旁路安全活门。但是,这种措施虽可保证当油滤堵塞时不会出现轴承严重故障,但滑油中的污物却未经过油滤而流入该润滑与冷却的主轴轴承及传动装置中的齿轮与轴承等处,会对这些零件

带来损伤,当然,这些损伤不会像断油那样立即造成发动机出现重大故障,但对轴承与齿轮的耐久性及可靠性都有较大的影响。因此,这种传统的设计,对寿命较短的发动机还是可用的。目前,发动机的寿命要求越来越长,可靠性要求越来越高,这种设计显然不能适应了(参见本书第 2 版《现代航空发动机的滑油系统设计特点》一文)。

在高压油滤处不设置旁路安全活门,可保证任何时候,进入发动机的滑油都是经过过滤洁化的,能保证轴承与齿轮不受污物损坏。这时要采取措施保证滑油不会因高压油滤堵塞过多而使滑油中断,这些措施有:

(1) 加大过滤面积。将高压油滤过滤面积加大,例如加长滤芯或加粗滤芯,或对滤芯采用既加长又加粗,使油滤不易被污物全部堵死,同时在油滤处设置堵塞指示器。目前有两种形式的指示器,即目视的与座舱仪表指示,前者装于油滤旁,用装于球形玻璃罩内的红色指示棒来显示油滤是否堵塞。在地勤人员做飞行后的巡检时,观察此指示器中的红色小棒是否伸出,如伸出,表明油滤已堵塞到一定程度,伸出越多,堵塞越厉害,地勤人员可按维修手册中的规定,决定是否卸下清洗或更换(目前最新型发动机中,滑油滤不清洗而是堵塞到一定程度后报废,更换新油滤)。对于座舱指示,既可用仪表或指示灯显示,也可在 EICAS(发动机指示与机组报警系统)的彩色显示屏幕上用文字显示。同样,地勤人员也将按显示的内容进行维修工作。

(2) 回油总管中设置细滤。在回油总管中安置过滤能力特别强(即过滤网孔直径小)的细油滤,在供油总管增压泵后设置过滤能力低于回油管的油滤,回油管油滤设旁路安全活门,高压油滤处不设旁路安全活门,使流入发动机的滑油始终要经过高压油滤,以保轴承与齿轮正常工作。当然,在两个油滤处均应设置堵塞指示。

4.24　发动机调整试车时,两次开车间隔应大

发动机试车特别在发动机研制过程中的调整试车时,停车间隔时间不能太短,一般在再次启动发动机时,应与上次停车时保持至少 40～50 min 的间隔时间,以使发动机内部温度达到较均匀的状态,避免由于匆匆再次开车零件间温差大引起的热不匹配问题。

5　大量试验,以确保发动机可靠工作

5.1　试验概况

为确保研制的发动机能可靠工作,需对发动机主要零部件进行大量部件及整机试验,以考核设计、制造和选材等方面是否能满足要求。同时,通过试验,还能暴露出原设计中的不足之处并予以改进,以不断提高发动机的性能与可靠性。试验工作越多、越深入,发动机的可靠性就越有保证。为此,在发展一种发动机时,需进行大量部件与整机试验,一般需用 10～20 台发动机进行大约一万余小时试验,十万余小时的部件与附件试验。因此,发展一种新发动机,耗费极大,一般需耗资 10 亿美元以上。

例如,F101 发动机的核心部分的发展历时 12 年,耗资 10 亿美元。V2500 发展费用约 10~12 亿美元。20 世纪 80 年代后期发展但未投入使用的 UDF(无涵道风扇发动机)估计约为 20 亿美元。斯贝 RB163-1 型发动机在定型前完成了 6 594 h 的台架试验。

普惠公司的 PW4000 系列发动机(1986 年 6 月定型)在定型前为取得适航证共进行过 75 项试验,其中包括:24 项发动机整机试验,19 项试验器上的主要零件试验,32 项部件试验,另外还有 2 个飞机飞行试验计划。地面试车中用了 6 台发动机,飞行试验用 5 台发动机,即为定型用的发动机共 11 台,另外还有 3 台发动机在定型后继续进行"定型后加速循环试验"(PACER)。以下列出了 PW4000 发动机整机试验 24 项的内容:150 h 耐久试验,最大排气温度(525 ℃),最大低压转子转速(4 012 r/min),最大高压转子转速(10 300 r/min),循环耐久性,海平面工作,高空工作,风扇/低压压气机(增压压气机)应力(103%N1),低压涡轮应力(103%N1),超温 42 ℃,风扇叶片脱落(即包容性试验),吸水与吸入冰块(12.7 mm×304.8 mm×304.8 mm),吸入 0.681 kg 的中等鸟与吸入 1.861 kg 的大鸟,结冰,放气,海平面冷却,高空冷却,假启动,排气的排放物测定,高压压气机应力(103%N2),高压涡轮应力(103%N2)等试车。

发动机的转子特别是高温涡轮盘的可靠性对发动机的工作可靠性有很大的影响,所以在发动机研制中,一定要对它进行长期的试验,特别是低循环疲劳试验。普惠公司专门有一个"转子设计系统"来改进转子的设计,并通过试验来确定转子的低循环寿命。到 20 世纪 90 年代初,该"转子设计系统"已进行过 14 000 个试件的试验,1 380 个全尺寸轮盘的试验,300 000 试验发动机的循环考验以及 3 500 台使用发动机的运行检验,因而得到了较长寿命(低循环疲劳寿命)的高压涡轮轮盘。

发动机在工作中吸入外来物(鸟、冰雹和轮胎碎块等)以及长的风扇叶片被外物打断的碎片,是危及发动机安全工作的一个重要因素。为此,在设计中要提高风扇转子抗外来物打伤(FOD)的能力以及风扇机匣具有能将从叶根处断裂的风扇叶片碎片包容在发动机内部的包容能力(为此,风扇部件中,包在风扇叶片一周的机匣专门称之为"包容环")。在发动机研制后期,需对发动机进行外物吸入(或称吞咽)试验以及包容试验(又称风扇叶片脱离试验)。这些试验既危险又费钱,试验时还需适航管理部门专门派人监督进行。例如 CFM56 研制中,为了通过适航管理部门的吞鸟试验,在正式鉴定试验前,共用了 3 台发动机进行了长达 4 年的吞咽外物试验,在试验中共损坏风扇叶片 350 片,一套低压压气机。通过多次试验,不断改进,最终才达到要求。

为保证发动机安全与可靠工作,发动机应具有较好的包容能力,即转子上的叶片由根部折断后,其断片应被包容在发动机内部而不能击穿机匣外逸,因为外逸的断片会对发动机外部管路、附件和飞机结构造成后果严重的二次损伤。在发动机中,风扇叶片不仅最长,工作时产生的离心力也最大,而且处于发动机进口处,极易受到外物打击而折断,如果它从根部折断,断片撞击机匣的撞击能量非常大,因此需采用能将

碎片包容在发动机内部的包容环。包容环是否能起到作用,需在发动机试车中予以考核。试验时,发动机以最大转速工作,将埋在叶根处的雷管引爆炸断叶片,断片应被包容在发动机内部,在 15 min 内发动机未着火,可人为地将发动机停车,安装节没有脱落等,这样,该发动机即通过包容试验。由上述的试验内容可以看出,包容试验是既费钱又危险的试验,即使试验成功,一台发动机也完全报废。因为,风扇叶片的碎片会打坏其后部的零件,后面零件的碎片往后流动的过程中,又会打坏更后面的零件,最后,发动机内部被打得面目全非成为废物一堆。如果试验不成功,风扇叶片碎片击穿机匣外逸,会打坏试车台台架设备,如将台架中的燃油与滑油管路打断,引起台架失火等,其损失就更大了。一般包容试验均在其他所有试验均已通过后,最后进行。

应注意的是,发动机应具有包容能力是指能包容住叶片断片的能力,如果在工作中,轮盘破裂,其破裂的断块重量很大,发动机是不可能将它们包容住的,对于这种可能出现的灾难性故障,只能由设计及轮盘零件的超转试验予以保证。同时要在低压转子中设置防止转子飞转的措施。

目前用于大型客机的几种大涵道比涡扇发动机,虽然对抗外来物击伤的能力及包容能力从设计到试验方面均做了大量工作,但由 FOD 引起的和由叶片断裂转子破裂后碎片未包容住的事仍有发生。根据 1980 年末期统计,由 FOD 引起的拆换发动机概率在三种发动机中是:JT9D-7 为 0.027 次/1 000EFH,CF6-50 为 0.0285 次/1 000EFH,RB211-524 为 0.019 次/1 000EFH,即平均 35 000～53 000 飞行小时会有一次。非包容事件发生的概率是每一百万飞行小时中,JT9D-7 有 5.2 次,CF6-50 有 4.3 次,RB211-524 有 1.0 次。随着技术的发展,发动机的不断改进,到 20 世纪 90 年代后期,新研制出的发动机,非包容事件发生概率已很低了。例如遣达 892-17 发动机在 2001 年 1 月 31 日飞机起飞过程中,1 片风扇叶片从叶根处断裂,打坏发动机,但叶片碎片被包容在发动机内部,未对飞机造成严重的二次损伤即是一例(参见本书第 2 版《用于 777 的三型发动机出现的一些故障》一文)。

5.2　F100-PW-220 试验情况

美国普惠公司研制的 F100 军用涡扇发动机是世界上投入使用最早的推重比为 8 这一级的发动机。它的第一个生产型号 F100-PW-100 用于 F-15 战斗机(装 2 台),于 1974 年 11 月开始装备美国空军。与 F100-PW-100 型(简称-100 型)推力相等的另一型号 F100-PW-200(简称-200 型)用于 F-16(装 1 台),F-16 于 1987 年底开始装备美国空军,估计到 2020 年,F-15 与 F-16 仍将在美国空军中应用。

F100-PW-100 发动机在发展中,始终追求高的性能——高的推重比,相对地忽视了发动机的可靠性与维修性。因而在使用中带来比较大的问题,即发动机工作可靠性差,大大影响了飞机的正常使用。到 1979 年 4 月约五年时间内,外场使用的发动机已有 1 100 余台,累计工作时间约为 25 万飞行小时,却出现了大量故障,其中:风扇失速/悬挂失速 47 次,故障率为 2.18 次/1 000EFH,涡轮工作叶片、静子叶

片损坏 47 次,故障率为 0.188 次/1 000EFH,主煤油泵故障 60 次,故障率为 0.20 次/1 000EFH,加力燃油泵轴承故障 10 次,4 号主轴承故障 8 次,以上各种故障综合后的故障率为 2.688 次/1 000EFH;另外,它的电调装置可靠性也不高,平均故障间隔时间仅为 150 EFH。由于出现的故障太多,造成当年美国空军缺少 90~100 台 F100 发动机,补充备件需耗费约 1.5 亿美元,使 F-15 战斗机大量"趴地",成为当时困扰美国空军的最棘手问题之一。美国空军不得不让 GE 公司利用用于 B-1 轰炸机的 F101 发动机的核心机,发展一种用于 F-15、F-16 与 F100 相竞争的发动机,即 F110-GE-100 发动机,形成了由两家发动机公司同时为 F-15 与 F-16 提供推力相当,但型号不同的发动机的局面,一直沿用至今。

当出现两种型号发动机为 F-15 与 F-16 采用的竞争局面后,普惠公司深感 F100-PW-100 可靠性不高带来的后患,于是,下决心进行改进。改进的途径是牺牲性能即降低推重比来提高可靠性。也即在保持原来发动机推力不变的前提下,将易出故障的零组件进行加强,使发动机重量略有增加来达到可靠性提高的目的,于是发展了推重比为 7.4、可靠性较高的 F100-PW-220 发动机,该发动机于 1986 年投入使用。

为考核 F100-PW-220 的可靠性与耐久性,在原来试验的基础上,补充进行了三种试验,即:4 000 TAC 循环的加速任务试验(AMT),高 Ma 下的耐久性试验与高周疲劳试验。参见本书《F100-PW-220 发动机:F100-PW-100 发动机提高可靠性的改型》一文。

F100-PW-220 在通过这三种考核试验后,表明它在可靠性与耐久性方面均较 -100 型有大幅度的提高,而且在外场不需对发动机的调节系统进行调节(因为它的 FADEC 具有自调特性),还取消了对移动油门杆的一些限制。

5.3　F110-GE-100 发动机试验情况

F110-GE-100 是 GE 公司在它为 B-1 轰炸机研制的 F101 的基础上衍生发展的,用于美国空军 F-16C/D 与 F-15E 等战斗机。在衍生改进中,先研制出一种称为 F101 用于战斗机的衍生型发动机,即 F101DFE,然后再发展成 F110 的。在发展中,采用了类似于 F100-PW-220 的试验,即采用加速任务试验。表 6.1.2 中列出 F110 与 F101DFE 试车时数与循环数。

表 6.1.2　F101DFE 与 F110 发动机试验情况统计

试验项目	总时数/h	最大功率下的时间/h	加力燃烧室点火次数	总积累循环数/TAC
军用规范要求	865	342	8 225	4 000/8 000
F101DFE	1 119	413	4 816	5 004
F110	2 767	1 030	21 352	11 285

表中:军用规范要求的总积累循环 4 000/8 000 TAC,是分别指冷热端部件的

由表 2 可见,F110 加速任务循环积累的时数多于 F100 - PW - 220 的,它的 11 285 TAC 循环,按每年工作 250 h 与每小时相当 2 TAC 循环计,相当外场工作 22 年。

根据投入使用后 2.5 年的时间看,F110 的可靠性远比 F100 - PW - 100 的好,例如,非计划返修率,F - 16 上用的 F110 发动机为 2.8 次/1 000EFH,而 F100 发动机为 16.9 次/1 000EFH;用于 F - 15C/D 的 F100 发动机为 6.0 次/1 000EFH。

5.4　F414 发动机试验情况

F414 发动机是美国 GE 公司为满足美国海军对 F/A - 18 战斗/攻击机进行性能改进,发展最新型号 F/A - 18E/F 的要求,在 F404 与 F412 的基础上发展的一种新型号发动机。与 F404 发动机相比,F414 的推力增加了 35%,推重比由 F404 的 7.5 加大到 9.0。

F/A - 18E/F 战斗/攻击机于 2001 年进入服役,它是美国在 20 世纪末投产的唯一新型战斗机。为了尽量减少 F414 投产后的更改设计,提高可靠性,也为了减少费用和风险,GE 公司与美国海军为 F414 安排了一个广泛的试验计划。这个计划与 F100 - PW - 220 的试验项目,又有较大的改进与发展,代表了 20 世纪 90 年代军用发动机的试验计划。该试验计划中,包括全尺寸的部件试验与整台发动机试验。具体内容有:全尺寸部件试验,首台发动机试车(First Engine to Test,FETT),首飞前定型试车(Preliminary Flight Qualification,PFQ),首飞及飞行试验,小批量投产定型试车(Limited Production Qualification,LPQ)及大批量投产定型试车(Full Production Qualification,FPQ)。

FETT 前的全尺寸部件试验是减少风险的关键措施。由于高压涡轮是在 F412 相应部件基础上发展起来的,其性能已在 F412 试车中得到验证。因而在 F414 部件试验中未试验。除高压涡轮部件外,F414 的全尺寸部件试验包括了风扇、高压压气机、燃烧室、低压涡轮、加力燃烧室和可调喷口。

在 F414 的整机试验计划中,地面试车用 14 台发动机(另有 10 台备份发动机),飞行试验用 21 台发动机(7 架飞机)。首飞前试车累积时间 6 523 h,总的地面试车时间达到 10 164 h。虽然这个计划与 1977 年开始的 F404 - GE - 400 的试车计划有些相似(F404 地面试车用 14 台发动机,10 台备用发动机,总试车时数为 9 532 h),但在实质上却有较大差别。首先,F404 试车计划是按 MIL - E - 5007D 的规定安排的,即只有飞行前评定试验(Preliminary Flight Rating Test,PFRT)与合格鉴定试验(Qualification Test,QT)两项,而 F414 有前述的 PFQ、LPQ、FPQ 三项。F404 从 FETT 到 QT 完成花了约 2.5 年时间,而 F414 到完成 PFQ 将用 5 年时间(即由 1993 年起到 1997 年底)。其次,F404 的持久试车进行了 PFRT 中的 60 h 与 QT 中的 2 台每台两个 150 h,共 660 h。而 F414 持久性鉴定试车的苛刻度则大大提高,即在有进气畸变条件下进行 300 h 加速模拟任务持久试车(Accelerated Simulated Mission

Endurance Test, ASMET)，试车前后还要进行 45 h 的高周疲劳上下"台阶"试车。需要指出的是，ASMET 与 MIL－E－5007D 中 PFRT 的 60 h 持久试车与 QT 的两个 150 h 持久试车的试车程序完全不同，前者比后者要复杂与苛刻得多。最后，官方进行的 LPQ 试车已从 300 h(即 QT 的两个 150 h)增加到 1 000 h，而且在它的前后还要进行上下台阶试车。官方的 FPQ 试车也是 1 000 h，且试车的发动机热端部件需用经过 LPQ 试车后的零件。1 000 h 的 ASMET 试验，相当 4 000 TAC 循环的 ASMET。

F414 试验计划中的分阶段与试验内容基本是按 MIL－E－005007F(AS)规范的规定进行的，但比它的要求还要严格些。MIL－E－005007F(AS)是美国海军在 MIL－E－5007D 的基础上修订的《航空涡轮喷气发动机和涡轮风扇发动机通用规范》，于 1988 年 1 月 1 日颁布实施的。

在 MIL－E－005007F(AS)中，PFQ 中的持久试车是 60 h 的加速模拟任务持久试车 ASMET，在其前后还要进行上下台阶高周疲劳/推力瞬变试车各 5 h 时；LPQ 阶段中进行两种持久性试车，一种是 300 h 的 ASMET 持久性验证试验 DPT，其前后各进行上下台阶高周疲劳/推力瞬变试车各 25 h；另一种是 1 000 h 的 ASMET 试车。在 FPQ 阶段进行 1 000 h 的 ASMET。显然，与前述的 MIL－E－5007D 中规定的 PFRT、QT 两个阶段及其试验内容来比较，新的规范要严格得多，反映在试验内容与条件上也大为不同，试验时间也长得多。但是，由前述的 F414 试车计划看，F414 的考核内容与时间，比新规范的规定还要多，其目的就是要在发动机发展试验中，严格考验发动机，尽早暴露一些可能存在的缺陷，达到提高可靠性的目的。

6 定型后加速循环耐久试验

发动机在定型或取得适航管理当局例如美国 FAA 颁发的适航证后，试验工作特别是加速循环的试验仍不停止，以进一步暴露发动机中隐藏的问题，进行改进，提高发动机的可靠性。例如，普惠公司推行的"定型后加速循环耐久试验"(PACER，Post－Certification Accelerated Cyclic Endurance Running)，国际航空公司(IAE)的"领先于机群"(Lead the Fleet)计划均属于此类试验。这种试验虽然称为定型后的试验，实际上为了更快更早地发现问题，有些发动机在研制中，在定型前就采用专门的发动机进行此项试验。例如 CF6 发动机在投入航线运营前的 1.5 年已开始执行此项试验计划，到该发动机正式投入航线运营时，已积累了 3 600 多个循环，相当一台发动机正常航班运行 2 年的服役期，该计划要完成 20 000 个循环。JT9D－7R4 的 PACER 要进行 19 000 个循环，每个循环相当 1～5 个航班循环。IAE 的 V2500 发动机于 1989 年 5 月投入运营，在它的发展计划中，安排了"领先机群"的试验计划，该计划于 1990 年中开始执行，用 1 台发动机在德国的 MTU 公司试车台上，完成了 9 200 次模拟飞行试车，也即在地面上模拟飞行条件进行试车，超前于使用发动机的服役期，9 200 个模拟飞行任务相当于提前于机群使用的三年。试验后分解检查，在

30 000 件零件中,只有 15 件零件需更换。根据试验结果,对这些需要更换的零件进行分析,修改了设计。换上修改的零件重新装配后再继续进行"领先机群"的试验,预计要累积 14 000 次飞行,以提前于使用使发动机暴露问题,并予以解决,避免在航线使用中出现问题,以提高发动机可靠性。

PW4000 发动机在研制中,提出的 PACER 计划,规定了它的任务或目的是:

(1) 在使用发动机前积累循环数;

(2) 先予使用,发现并解决出现的问题;

(3) 在涡轮上限温度下试验,加大试验的苛刻度;

(4) 在含盐大气中试验,考验发动机零件的耐盐腐蚀性能。

PW4000 于 1987 年 6 月 20 日投入航线运营,同月开始了 PACER 试验,到 1989 年 5 月,有 8 台发动机参与 PACER 的试验,通过 PACER 试验,暴露了一些问题,经过分析后相应地采取了一些改进措施。

GE 公司在发展 GE90 的衍生型 GE90 - 115B 时,也采用类似的定型后加速循环耐久试验,他们称之为"GE90 - 115B 成熟化试车计划",该计划始于 2003 年年中,为期四年,将使用 3 台发动机,领先于机群发动机模拟并评估发动机在航线使用 20 年的情况,便于及早发现可能在航线使用中出现的问题,并及时采取相应措施,提高发动机的可靠性与维修性(参见本书《GE90 发动机发展与设计特点》一文)。

军用发动机中,同样也采用了类似的试验,例如 F100 - PW - 220 发动机于 1986 年 7 月装备部队投入使用,但它的 PACER 试验于 1985 年已开始进行,到 1987 年 8 月完成了 8 000 个循环。

F110 - GE - 100 安排了 10 项 PACER 计划,以便先于外场使用暴露问题。

|从几起罕见的重大故障谈航空发动机的安全设计|

在民用双转子大涵道比涡轮风扇发动机中,低压涡轮通过低压传动轴驱动风扇,高压涡轮通过套在低压传动轴外的高压轴驱动高压压气机,见图6.2.1。在使用中,传动风扇或高压压气机的传动轴,很少发生断轴的故障。但是,如果不采取特别措施,一旦出现断轴故障,会造成极为严重的后果。

根据报道,在我国民航飞机中,几十年来仅在1988年5月30日发生过一次发动机断轴的故障。当天一架苏制图-154客机在广州起飞后的爬升过程中,装在飞机尾部上方的D-30发动机(另两台发动机分别装在机尾机身两侧)传动风扇的传动轴突然折断,传动轴折断后,四级低压涡轮转子飞转,在极大的离心力作用了,四级低压涡轮转子爆裂,断块在极大的离心力作用下击穿机匣甩离发动机(图6.2.2),是一起严重的发动机非包容故障(发动机受损的零件或断块,击穿机匣甩出发动机的故障称非包容故障,受损零件或断片未击穿机匣而随气流由尾喷管排出发动机的故障称包容故障),幸好发生故障的发动机位于机尾上端,甩出的断块未对飞机机身与操纵等系统造成损伤,因而保全了飞机,未酿成灾难,实属万幸,否则后果不堪设想。因为装有同型(D-30)发动机的波兰航空公司的一架伊尔-62飞机,在事发前一年的1987年的5月7日,在华沙机场起飞时,遭遇了类似的低压涡轮断轴故障。伊尔-62客机的4台发动机均装于机身尾部,每侧两台,如

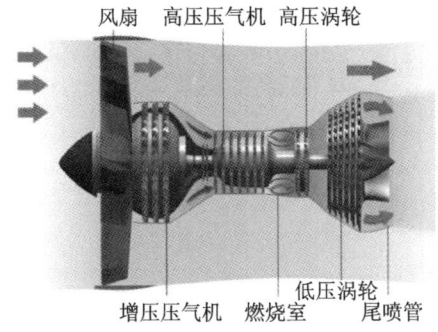

风扇　高压压气机　高压涡轮

增压压气机　燃烧室

低压涡轮　尾喷管

图6.2.1　大涵道比涡轮风扇发动机简图

图 6.2.3 所示。由于出故障的发动机是紧贴机身的,甩出的碎片击穿飞机机身,打坏了机身内部系统,造成了飞机坠毁的严重事故,机上乘客与机组人员共 183 人无一幸免均遭到灭顶之灾,是当时波兰航空史上最为惨重的飞行事故。

图 6.2.2　四级低压涡轮转子碎块
击穿发动机的图-154

图 6.2.3　装有四台发动机的伊尔-62 客机

　　进入 21 世纪后,出现了两款非常有名的旅客机,其一是欧卅空中客车公司发展的号称世界上最大、航程最远、最豪华舒适的 A380 巨型客机,该客机于 2007 年10 月 25 日投入商业运营;另一款是美国波音公司发展的 787“梦幻”客机,该客机于 2010 年 10 月 26 日投入商业运营。这两型客机均采用了当前性能最好的大涵道比涡轮风扇发动机:A380 采用了英国罗·罗公司的遄达 900 发动机与美国普惠公司与通用电气公司合资的‘发动机联盟公司’的 GP7200 发动机;787 采用了罗·罗公司的遄达 1000 发动机与美国通用电气公司的 GEnx 发动机。

　　说来也巧,这四型新发动机在投入运营前、后不到十年的时间内,均发生了罕见的涡轮驱动风扇或中压压气机的传动轴折断故障。据美国通用电气公司最近统计,在过去的 10 年中,该公司以及与他们合资的公司约有 25 000 台发动机在使用、工作总时数约 6 亿飞行小时中,只出现过 6 次断轴事件。而这两款最新型的客机所用的四型发动机,在不到十年的时间中,竟然出现了五次断轴故障(GEnx 二次,其他三型发动机各一次),这么密集地出现断轴事件,在航空史上也实在是罕见的。

　　在这四型发动机中,两型是由英国罗·罗公司研发的遄达 900 与遄达 1000 发动机,这两型发动机均是三转子发动机,这种三转子结构是罗·罗公司的传统设计,参见图 6.2.4。以遄达 1000 为例,由 6 级低压涡轮通过低压传动轴驱动大直径的风扇转子,转速较低,为每分钟 2 600 转;由 1 级中压涡轮通过套在低压传动轴外的中压传动轴驱动 6 级中压压气机,转速较高,为每分钟 8 900 转;由 1 级高压涡轮通过套在中压传动轴外的高压传动轴驱动 8 级高压压气机,转速最高,为每分钟 13 400 转。

　　在 A380 投入航线运营后的第三年即 2010 年,当年 11 月 4 日,澳洲航空公司的一架 A380 客机执行伦敦-新加坡-悉尼的 QF32 航班任务时,机上载有 440 名乘客及 26 名机组成员。飞机由新加坡起飞后,爬升几分钟飞到 2 134 m 高度时,突然出现

了爆炸声,一分钟后,飞机的中央电子监控系统发出了 43 条表明飞机多个系统出现问题的信息,飞机随即处于难以控制的状态。

原来是 2 号发动机(位于左机翼内侧)中压涡轮驱动中压压气机的传动轴突然折断,造成中压涡轮飞转,涡轮轮盘爆破,轮盘破裂成几块,断块以很大的离心力打穿涡轮机匣与发动机短舱(参见图 6.2.5),一块断块穿透左翼前缘,对机翼的前缘结构、前翼梁和上表面造成了损伤。一小块涡轮盘还穿透了左翼与机身之间的整流罩,打到机身结构以及飞机的电缆,电线等,受损的电缆进而影响到了液压系统、起落架系统和飞行控制系统。残块还击中了左翼下表面,使得 2 号发动机油箱和左翼内部油箱的燃油发生泄漏。2 号发动机的吊架、1 号发动机、机身左侧龙骨梁的连接部件和左翼纵墙也受到了损伤,由此造成多处飞机结构以及多个系统受损(参见图 6.2.6)。图 6.2.7、图 6.2.8 分别示出电缆束打断与发动机附件传动装置打烂的情况。

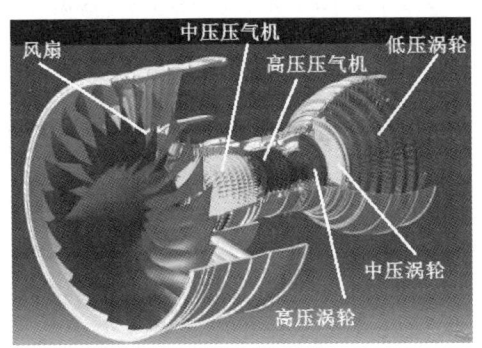

图 6.2.4　三转子发动机示意图

图 6.2.5　2 号发动机受损情况

图 6.2.6　A380 飞机受损部位图

在机组人员精心操作下,将损坏严重、难于控制的飞机终于在起飞后 109 min,在距机场跑道(跑道长 4 000 m)尽头 150 m 处安全停住。创造了航空史上的一个奇

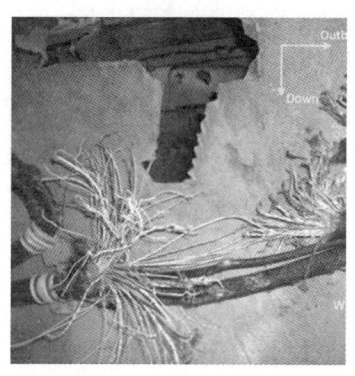

图 6.2.7　被打断的导线束

图 6.2.8　受损的发动机附件传动机构

迹。当飞机上所有乘客下飞机后,1 号发动机继续运转着,机组人员采用各种能想到的方法,但由于大量导线被打断,各种操纵信号无法执行,因此无法将该发动机停车,后来由消防人员向发动机进口喷洒泡沫灭火剂才将发动机停车,此时已是飞机着陆后的 2 小时,这种不能将发动机停车的现象,也属罕见。

受损的 A380 在新加坡进行了大修,经过 18 个月耗资 1.39 亿美元,于 2012 年 4 月修好。由修理时间之长与耗资之大,可以看出该飞机承受了难以置信的严重损坏,也是民航史上少有的飞机严重受损但无人员伤亡的事件。

说来也巧,在 A380 出现遄达 900 中压涡轮盘非包容爆破故障(2010 年 11 月 4 日)前三个月的 8 月 2 日,用于 787 的遄达 1000 发动机在罗·罗公司位于英国达比的地面试车台试车时,也出现了中压涡轮盘非包容爆破故障,这是 787 还未投入商业运营前的地面试车,发动机尚未装上飞机,因此适航部门未介入此次故障的调查。据罗·罗公司的报道称,在此次中压涡轮非包容故障中,涡轮盘的断块打穿涡轮机匣,打坏了试车台的一些设备。

2012 年 7 月 28 日,即将交付给印度航空公司的一架 787 飞机在作地面滑行试验时,其所装的 GEnx 发动机发生了一起严重的包容故障,即低压涡轮驱动风扇的传动轴折断,但它不像上述的两件故障中传动轴折断后涡轮转子飞转,使涡轮盘爆裂造成严重的非包容故障。在这次涡轮传动轴折断后,涡轮转子没有超转,因而轮盘并未爆裂,只是涡轮转子在涡轮轴向气动力作用下向后窜移,使工作叶片与导向叶片相碰撞,造成一些叶片破裂,其断片随喷气流由尾喷口轴向甩出发动机,对飞机的机翼与机身下部造成了一些微小的碰伤与灼伤,灼热的碎片还掉到跑道侧边的草坪中,引起草坪失火,后经机场救火队扑灭。因此这次断轴故障没有造成过大的损失。

这次事件中的发动机工作仅 18 小时 16 分钟,其中台架试车 9 小时 21 分钟,装在飞机上后在地面工作 8 小时 55 分钟,在这么短时间内,竟然出现断轴事件,实属罕见。在此事件发生 6 周后,即 2012 年 9 月 17 日,一架俄罗斯空桥货运公司的 747 - 8 货运机在上海起飞后,其中一台 GEnx 出现了低压涡轮轴断裂的包容故障,与上述故

障一致,造成发动机空中停车。飞机在其他 3 台发动机工作下安全返回机场。

通用电气公司随后发展了一种检测传动轴在断轴处的检测方法,检查该处是否存在开裂(断裂初期)的现象,对所有在使用中的以及在库存中的全部 GEnx 的低压涡轮轴进行了检测,检测中还真的发现了一台发动机的低压涡轮传动轴有类似的裂缝,这台发动机虽然已装到一架 787‐8 飞机上,但还没有进行飞行,避免了一次可能的重大故障。

2017 年 9 月 30 日,法国航空公司的一架装有四台 GP7200 发动机的 A380 客机,执行由法国巴黎到美国洛杉矶的航班任务,机上载有乘客 496 人,机组人员 24 人。当飞机快接近加拿大时,飞机右翼外侧的发动机突然风扇转子连同飞机的进气短舱等脱离发动机而坠落,图 6.2.9 示出了正常情况下的发动机与受损后发动机的对比照片。飞机随后平安降落在加拿大拉布拉多的鹅湾空军基地,事件中无人员伤亡。

图 6.2.9　A380 右翼外侧发动机受损前后对比

在对飞机与受损发动机进行检查后发现,在发动机中,由于涡轮驱动风扇的传动轴前端的风扇后锥轴(图 6.2.10 中的 A 处)突然断裂,断裂情况见图 6.2.11。断裂的风扇转子(风扇叶片与轮盘)在风扇叶片轴向气动力的作用下前移,由于风扇转子已与低压涡轮断开,风扇转子的转速立即降低至不转,在重力的作用下下坠,下坠过程中将飞机的进气短舱扯坏,与风扇转子一起下坠脱离机翼,因此对飞机结构没有造成损伤,受损的发动机已工作 3 257 个循环,属于使用时间较长的发动机。发动机中

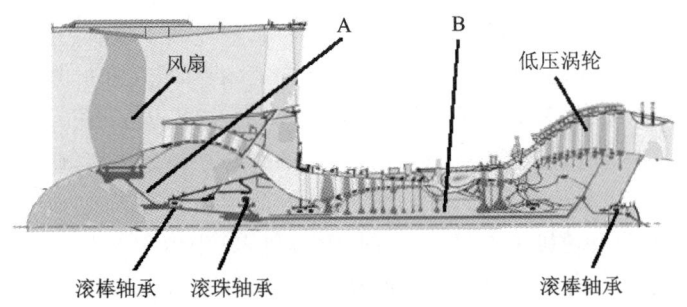

图 6.2.10　GP7200 大涵道比涡轮风扇发动机

这么一个大的风扇部件在飞行中丢失了,不但引起了乘坐该飞机的乘客们心惊胆战,就连我们当天看到新闻报道时,也感到毛骨悚然。但是,这么大的发动机在飞行中丢掉了一个硕大无比的风扇部件,为什么对飞机基本没有造成丝毫损伤,很多人都感到纳闷,这是什么原因?

图 6.2.11　发动机受损情况

在发生上五起发动机传动轴折断的严重故障中,其造成的后果却截然不同,有的将飞机打坏得一塌糊涂,险遭机毁人亡的重大事故,但有的却对飞机没有造成损伤或轻微损伤,这就是发动机是否采用了防止传动轴折断后涡轮不会飞转的安全设计带来的后果。

发动机中的一些重要零组件,一般在工作中不易出现问题,但是一旦因某些因素引发故障,会造成严重或灾难性后果,因此在发动机设计中,应采取一些防止出现灾难性事故的措施,这就是发动机的安全设计。在发动机设计中,防止涡轮驱动风扇或压气机的传动轴折断后,不会造成涡轮飞转的措施就是一项极其重要的安全设计。

在涡轮风扇发动机中,一旦涡轮驱动风扇转子的传动轴折断,低压涡轮失去负荷,在高温燃气的驱动下,低压涡轮转子转速会急速上升,达到超转至飞转,涡轮叶片在极大的离心力作用下,会甩离轮盘,而轮盘则会爆裂成几个断块,叶片与轮盘的断块在极大的离心力作用下,击穿发动机机匣,甩离发动机,造成发动机非包容故障,其甩出的碎片会打坏飞机机体、液压系统等,造成飞机重大损伤,严重时会造成机毁人亡的事故。因此必须采取防止传动轴折断后,涡轮转子不会超转的安全措施,现有的涡轮风扇发动机除个别(图-154 的 D-30 发动机)外,均在低压涡轮中设有这种安全设计。一旦低压涡轮因传动轴折断等原因造成风扇与低压涡轮联接断开时,立即断开向燃烧室的供油,这时就没有燃烧后的高温燃气流入低压涡轮,低压涡轮就转不起来了,更不会超转了。早期的发动机采用机械式的断油装置,在采用发动机全功能电子调节装置 FADEC 后,在电路系统中设置限转即可。前述的 GEnx 与 GP7200 发动机断轴事件中,就是由于在低压涡轮中设置了防止断轴后涡轮飞转的安全设计而没有对飞机造成损伤的原因,而图-154 所用的 D-30 发动机中,没有采取这项安全设计,因而对飞机造成了危害极大的损伤。

罗·罗公司的遄达 900 与遄达 1000 发动机中,也是涡轮的传动轴折断,但却造成了几乎机毁人亡的重大事故,这又是为什么呢?

在现在所有的涡轮风扇发动机中,均在低压涡轮中装有防止传动轴折断后低压涡轮不会飞转的安全设计,但在高压涡轮与中压涡轮中均没有采用这种安全设计,其原因是低压传动轴在工作中承受的会使轴折断的剪切应力特别大,相对于中压与高压传动轴容易折断。这是因为低压传动轴是套装在高、中压传动轴内的(参见

图 6.2.4),轴的直径最小,另外,低压涡轮要驱动直径特别大的风扇,因此它的转速最低(遄达 1000 中为每分钟 2 600 转),而高压传动轴的直径最大,且转速高达每分钟 13 400 转。在传递相同功率情况下,转速高,作用在传动轴上的扭矩小;在传递相同扭矩作用下,传动轴的直径越小,传动轴上作用的剪切应力则越大。

这就是罗·罗公司研制的三转子大涵道比涡轮风扇发动机中,没有在中压涡轮中设置防止轴断后涡轮飞转的设计,而上述的遄达 900 与遄达 1000 引发的事件,恰巧是由于某些原因造成了中压涡轮的传动轴折断而引发的,罗·罗公司在此二次事件后,在发动机的中压转子上设置了这种安全设计,相信今后不会再次发生类似的事件,这正是吃一堑长一智的结果。

细心的读者会问,GEnx 与 GP7200 发生的故障中,虽然低压涡轮都没有飞转,但其后果为什么有不同之处,即 GEnx 在尾喷口喷出一些叶片碎片,对飞机机翼下表面造成微小的碰伤与灼烧,而 GP7200 故障中,除风扇部件甩出发动机外,其他部分基本完好。

为了回答这个问题,须了解低压涡轮-风扇整个转子即低压转子是如何支承在发动机中的,由图 6.2.11 可以看出低压转子支承在三个轴承上,即风扇后一个滚棒轴承,风扇与低压涡轮间一个滚珠轴承,低压涡轮后一个滚棒轴承。在滚动轴承中,滚棒轴承仅承受径向力,滚珠轴承既承受径向力,还承受轴向力。发动机工作时,作用在低压转子上的轴向力就是通过滚珠轴承传到发动机机匣上的。

在涡轮风扇发动机中,一旦低压转子的传动轴折断,低压涡轮转子会在流过涡轮叶片气流的气动力作用下作用一个向后的力,在 GEnx 事件中,断口位置处于滚珠轴承之后(图 6.2.11),这个会使涡轮转子向后窜移的轴向力没有被滚珠轴承承受,因此涡轮转子向后窜移,使工作叶片撞击到静子叶片上,造成叶片断裂等损伤。而在 GP7200 事件中,传动轴折断处位于滚珠轴承之前(图 6.2.11),因此当传动轴折断后,会使涡轮转子向后窜移的轴向力被滚珠轴承承受了,涡轮转子当然就不会向后窜移了,也就不会发生转子叶片撞击到静子叶片的事情了。

从上述事例中可以看出,在发动机设计中,一定要重视发动机的安全设计。

第 7 章
航空发动机故障与故障分析

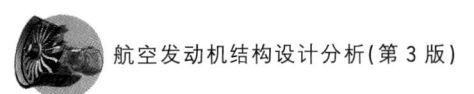

航空发动机故障分析

引 言

一部航空发动机发展史是伴随着故障的频繁发生、排除、再发生与再排除的过程。一型设计非常成功与使用情况非常良好的航空发动机,在使用了相当长时间,经历过千锤百炼后到快要退出历史舞台时,可能还会出现致命故障。例如:世界上第1种由美国普惠公司研制的推重比为 8.0 一级的加力式涡扇发动机 F100,自 1974 年装在 F-15 战斗机并随后于 1978 年装于 F-16 战斗机上投入服役以来,以及后来GE 公司为 F-16 与 F-15 研制的 F110 加力式涡扇发动机(1984 年装于 F-16),已在美国空军及其他多个国家的空军中服役了近三十年,是当今世界上生产与使用中最多的先进军用发动机,就是这两型誉满全球的发动机,在使用二十几年后却连续出现重大故障造成 F-16 摔机不断。据报道,仅在 1998 年 11 月至 1999 年 7 月的九个月中,美国空军中由该两型发动机故障引起的 F-16 摔机事故就有 8 次之多,平均34 天出现一次。

回顾历史,由航空发动机的故障而造成摔飞机与机群停飞的事件确实是屡见不鲜,故障不仅出现于小航空发动机公司或第 3 世界研制航空发动机的公司的产品中,而且也出自世界最著名的与实力最强的公司,例如上述的 F100 与 F110 发动机就是世界著名的三大航空发动机公司中的普惠公司与 GE 公司研制的。这些公司在推进技术方面的发展已经成熟,并在世界上处于领先地位。他们研制航空发动机时,不仅设计精益求精,而且还进行了广泛与严酷的试验,包括大量地面与高空试验。而且也充分考虑外场使用情况,进行许多模拟外场使用条件下的性能、强度、振动、耐久性和可靠性试验,其中包括零部件及整机试验。为此,用于航空发动机研制与发展的费用

一般需要 10 亿美元以上。为什么基础这么好的航空发动机还会冒出令人吃惊与影响非常大的故障呢？这是因为发动机工作条件恶劣多变，使用条件复杂。虽然扩展了试验内容，增大了试验苛刻度，加长了试验时间，但是，模拟终究不等于千变万化的实际条件，所以仍会出现一些影响极大的故障。从这里还可以说明，是人们对航空发动机的本质问题还有些没有认识到，或认识还有一定片面性，因而在设计与发展过程中，忽略了或未重视某些问题，因而还不断出现故障，特别是严重的故障。

　　航空发动机出现故障特别是严重的故障时，会造成巨大的经济损失与恶劣的社会影响，是一件坏事；但是如果能认真对待，进行细致分析，找出故障原因，坏事就能变成好事。这是因为找出故障的根源，是对航空发动机中的某些本质问题有了进一步的了解，是一种知识财宝，不仅能举一反三地将它用于在役航空发动机的改进中，会大大提高航空发动机的可靠性与性能，而且也将丰富人们对航空发动机的认识，充实研制航空发动机的能力，从而能设计与制造出更合用与更好的航空发动机。20 世纪 50 年代，世界上第一种增压座舱旅客机"彗星号"连续两次在大西洋上空爆炸，造成了震惊世界与损失惨重的空难。经过认真分析，找出了事故的原因，那就是具有增压座舱的飞机机体结构在反复加压与卸压的作用下疲劳，它的矩形舱窗的直角处有较大的应力集中，形成初始裂纹，裂纹扩展最终导致机体爆炸。自此以后，用血的代价取得的"疲劳"与"应力集中"等概念，已深入航空工程人员头脑中，且已贯彻到工程设计中，即是很好的例子。

　　综上所述，即使是比较成熟的航空发动机，在使用很长时间与积累了丰富经验后，也还会出现故障甚至是严重的故障。至于正在研制的航空发动机或刚投入服役的新型航空发动机，更会故障不断，这是符合客观规律的事实。关键在于当出现故障后，要进行认真的分析，找出故障原因，对症下药地采取排故的措施，这才是工程技术人员与技术领导人士应做的事。

　　随着航空发动机的发展，国内外航空发动机工程技术人员对发动机的大量故障（特别是结构强度故障投入了很多精力）进行分析，不仅排除了影响航空发动机正常工作的故障，而且获得了故障分析工作的许多宝贵经验。本文在前人的基础上，力求较全面地总结过去航空发动机故障分析的经验，规范化地给出今后在故障分析工作中的指导性程序，以指导航空发动机故障分析工作。

1　故障分析原则

1.1　实事求是的精神

　　在故障分析过程中，一定要实事求是地开展工作，不论是研制单位还是使用单位；在研制单位中，不论是设计部门还是制造部门（热加工与冷加工）都应针对故障发生的过程、故障现象与故障件的设计和制造资料（由毛坯、热加工、冷加工、热处理和检验等）如实地反映出来，不应隐瞒某些实情。

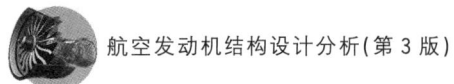

1.2 用事实来说明问题

在故障分析中,特别是作结论时,一定要有根据。所谓有根据,就是要用事实来证实所提出的观点与结论等,不能用推测与想当然地作出分析意见。"事实"包括故障件残骸的某些特殊迹象,断口分析照片,材料成分与金相分析结果,强度分析计算结果,振动分析结果,结构设计分析意见,试验特别是故障再现的结果等等。

1.3 用对比的方法进行分析

"对比"或"比较"是在故障分析中常用的方法,也是必须采用的方法。例如,对某一故障的发生,认为是恶劣环境造成的,如果在同一环境下,其他发动机同样的零件却不出现这种故障,经过这种对比比较后,就可推翻原来的结论,至少不能说明该恶劣环境是该故障产生的主要原因。

在故障分析中,采用对比的方法找出"差异"是很关键的。同样的发动机,有的出现某故障,而另一些却不出现,那么分析一下它们之间有什么差异,是工作环境不同?材料不同?原材料炉批不同?热处理不同?机械加工不同?表面加工质量不同?工作条件不同?等等,找出差异后就好分析了。1972 年罗·罗公司的第 1 种大涵道比大推力的 RB211-22B 发动机在投入航线使用 8 个月后,出现两次引起世人关注的罕见大故障——风扇轮盘在飞机飞行中甩离发动机。在故障分析中,普查了外场使用中及公司内试验的发动机,发现有若干台发动机的风扇轮盘已有裂纹,对有与无裂纹的轮盘进行统计、分析与对比后,发现有裂纹的轮盘均出自钛合金坯锭的上半部。据此,再对坯锭上半部进行分析,发现浇铸坯锭时悬浮于锭上端的微量杂质是这一重大故障的主要原因。这就是应用对比找出差异的方法进行故障分析的典型例子(参见本书《RB211-22B 风扇转子飞行中的严重故障》一文)。

1.4 分清内因与外因,内因为主,外因仅起促进作用

在故障分析中,要注意本质的即内在的因素。例如叶片折断,发现断口处有明显的加工缺陷,是否可以认为这就是故障的原因呢?仅凭这点还不能说明,还要看断口的分析结果,如果断口属高周疲劳性质,则叶片振动是内因,加工缺陷仅是外因,促进了叶片的断裂,这时只能采用修改叶片设计以改变其自振频率,或改变其前的静叶数目或排列方式等从根本上排除故障。但在今后的加工与装配中一定要注意不应有加工缺陷、碰伤与刮伤等。

2 故障分析工作内容与程序

2.1 残骸的收集与分析

故障残骸和现场的各种痕迹,一般均记录了故障的特征。由机械故障而引起的

事故,其导致事故的故障件都在残骸中。残骸分析就是从客观存在的事实出发,通过周密的调查研究及分析工作,去掉各种假象,认识故障的本来面目。可以说故障残骸是故障分析的直接根据,是整个故障分析工作的基础,也是在故障分析过程中逻辑推理的必要前提。只有认真做好残骸分析工作,才能查清造成故障的直接原因。因此,为了顺利地进行残骸分析,必须尽可能将残骸收集齐全。

2.2　孤立故障源,分清"肇事者"和"受害者"

发动机出现机械故障时,会有许多零件损坏,往往在事故现场出现大量断片碎块;至于坠机现场,发动机更是面目全非,大量残骸分散。因此,分析故障时,首先要在众多的残骸中,找出首先损坏的零件,也即俗称的"肇事者",其他损伤的零件均是由于肇事者的断片造成的,因而是"受害者"。为此,必须逐步孤立故障源,排除无关因素,深入故障本质,分清故障的"肇事者"和"被害者",查出真正的肇事者,这是做好故障分析的基础。

2.3　对残骸断口进行分析,判断损伤机理

据统计,航空发动机大量的故障都是由于机械零部件断裂造成的,而断裂处的断口十分真实地记载了断裂的过程,观察和分析断口可以给材料的性能及行为等许多方面提供重要的信息,因此很久以来就把断口学应用于故障分析。通过对残骸断口的目测,低倍与高倍电子显微镜的分析,可以观察与判断出断口裂纹的形貌,从而可以判断零件损伤的机理即失效原因。例如断口呈现出具有高周低应力特征的疲劳弧线,这是高周振动引起的断裂;如果断口呈现出低周疲劳弧线,这是零件反复承受从零到最大(相当发动机从停车到最大工作状况)交变应力作用而造成的断裂;如果断口无疲劳弧线仅有瞬断特征,这可能是零件受到较大的拉伸力拉断的,或是受突发的外加载荷作用(例如遭受外物打击等)而折断的等。如断口呈现疲劳弧线,一般由疲劳源区、裂纹扩展区及瞬断区组成,疲劳源区还可观测到该区内的某些特征,例如有腐蚀物、材料的夹渣物、加工缺陷、外物冲击坑和粗晶粒等。由于存在着这些异常现象,在交变载荷作用下,在该处首先起裂,然后扩展。由此可以看出通过对断口的分析,可以明确故障"肇事者"的失效机理,从而为故障分析指出方向。因此,断口分析是故障分析中不可缺少的环节,但应指出的是它只是分析过程中的一个重要环节而不是唯一的环节。

2.4　材质、工艺和结构分析

对故障件材质(材料的成分,材质中有无杂质、疵点与损伤,材料的机械性能等)的分析是在故障分析中的一项很重要的工作。

有许多故障是属于工艺问题引起的,因此,必须检查故障件是否存在工艺缺陷。一般需要从制造毛坯质量、热处理、机械加工及检验等几个方面加以分析与检查。一

些故障件毛坯在其锻造与铸造成形过程中,因为环境及操作方法等原因会出现裂纹、浮渣和气泡等缺陷,造成毛坯质量达不到规定的要求,在工作时暴露造成故障。

从热处理方面分析,应检查故障件的表面硬度和中心硬度是否满足技术要求,查阅热处理温度与时间是否合适,镀层是否合适等。

从机械加工方面考虑,应检查加工是否符合图纸技术要求,有否超差;修磨方式和方法是否规范;表面是否有划伤等。对故障件的圆角与倒角等应力集中较大的部位应重点检查。

对故障零件还需从检验的角度加以考核,复查是否存在被遗漏的工艺检查项目等等。

在材质分析与工艺分析中,应查对生产档案。

2.5　强度核算

发动机在设计过程中都进行过强度计算及必要的强度试验,然而在发生故障后还应该进行强度核算。这是因为:第一,对故障件,特别是肇事故障件进行强度核算,可以判别发生的故障是否由于强度不够造成的,以进一步缩小故障的分析范围。第二,过去在发动机设计过程中使用的强度计算方法,可能已经过时或不完善,需要用新的方法进一步进行核算。例如,使用有限元方法代替过去进行设计时所采用的传统强度计算方法以进一步进行验证,而且随着计算机技术的提高,可以通过细分有限元网格进行更精确的计算,特别是对于构件上易于出现应力集中的敏感区(如台阶、沟槽与孔等)以进行强度核算。

有时在进行强度核算后,还要辅以必要的试验(在实际条件下,例如空中飞行时用贴应变片的方法测量),以验证强度核算的准确度及故障件的实际工作情况。

2.6　使用情况调研

对发生故障的航空发动机进行使用情况(包括工况、工作环境与气候等)的调研是非常必要的。因为许多航空发动机的故障是由于使用情况引起的。航空发动机,尤其是军用航空发动机恶劣而多变的使用情况,常常是造成故障发生的直接原因。

2.7　结构分析

结构分析在故障分析中起着独特而重要的作用。对故障系统地进行结构分析,可以总体判断故障件结构及相关件结构的合理性。例如,图-154低压涡轮轴断裂故障分析中,中苏双方对故障的分析中,大部分分析工作都很相近,只是我方对其结构设计做了深入分析,发现该发动机在结构设计中存在严重缺陷,是导致涡轮轴断裂与低压涡轮甩出发动机严重事件的导火线。为此,苏方不仅承认我方的分析意见,并按我方建议修改了原设计(参见本书第2版《Д-30КУ-154发动机低压涡轮转子非包容破裂故障》一文)。

2.8　普查内场试验及使用中的发动机

发生故障(特别是重大故障)后,普查内场试验与使用中的发动机,是一项很重要的工作。因为通过普查,一是可以找到是否还有发动机也有该故障的迹象。例如已有初始裂纹等,对普查的发动机中有故障迹象的与无故障迹象的进行对比,找出两者间的差异,以确定是否因为这些差异而造成故障的发生,用此来孤立出故障源;二是可以防患于未然,避免同一故障再次发生,确保使用中的发动机安全。

2.9　进行故障再现试验

故障再现是故障分析中经常采用的一种分析和验证故障的方法。根据分析,对故障发生的原因与故障发展过程有了初步结论后,通过故障再现来验证所作的结论是否正确。故障再现试验是根据所得的初步结论,确定试验条件,进行试验直至出现故障,对零件破损情况(外观与断口等)进行检查,判断它是否与故障件破损情况一致,如破损情况基本一致,表明对故障分析所得的结论是正确的。有时故障分析中有几种观点,这时可通过故障再现试验来判断哪种观点比较正确。

故障再现试验还可以在残骸不全,证据不充分的情况下、提供故障的可能原因,为故障分析找到客观的依据;还可以解决残骸中的某些疑点,排除某些假象;还可以显示故障的发展过程与残骸的破坏顺序等。因此,为了查清故障的直接原因,在一次故障的分析中,往往需要进行多次故障再现的试验工作。故障再现在整个故障检查过程中都可以进行。

在条件允许的情况下,故障分析及排故人员应尽可能进行故障再现试验。

2.10　总结并提出改进措施

通过以上几方面的工作,获得了大量故障信息,明确了肇事故障件,肯定了故障模式,也找到了有关故障的机理。在此基础上进行综合性的分析、总结,或者说是系统性的分析、总结。通过总结,对整个故障分析过程进行回顾和展望,从总体审视故障分析的全过程,明确故障发生的原因,在此基础上提出改进措施,达到最终排除故障的目的。更深一层次上讲,可以通过对故障的全面总结,得到故障本身对我们的启示,获得宝贵的工程财富,用以指导航空发动机的设计、研制、加工、维修和使用工作,达到举一反三的效果。

频发的发动机钛着火故障

1 频发的发动机钛着火

随着钛合金在 20 世纪 60 年代在航空发动机中得到应用后,钛着火(或钛燃烧)故障就不断出现,因此有的文章中谈到"人们大有谈钛色变之势"。1962 年鹞式飞机的第 2 架原型机 P.1127(XP972)在试飞中,所装的飞马发动机压气机工作叶片与机匣相磨蹭,引起钛着火,飞机坠毁,驾驶员幸免于难。20 世纪 60 年代后期,美国普惠公司为第 3 代战斗机 F-15 与 F-16 研制的第 1 型推重比为 8.0 一级的发动机 F100,研制过程中在台架试车时,高压压气机部件中发生钛着火故障,钛合金零件着火后,火焰扩大,使发动机严重受损,如图 7.2.1 所示。这两起事件可能是最初的较为严重的钛着火故障。为此,罗·罗公司于 1968 年年中,前后发表了两篇有关发动机中钛着火的研究文章。

进入 20 世纪 70 年代后,发生了一些影响较大的发动机钛着火故障。例如用于 F/A-18 的 F404 发动机,由于钛合金的高压压气机工作叶片,与钛合金机匣相磨蹭,引起钛着火,火焰不仅烧穿高压压气机机匣,而且还烧穿了外涵机匣,从而引起发动机着火,烧坏飞机,使美国海军在 1987 年一年中损失了 4 架 F/A-18 飞机。又如,CF-6 发动机自 1976 年起,钛着火事件不断发生,到 1979 年年中达到高峰,一年内发生 14 起钛着火事件,后果严重,其原因也是由于钛合金的高压压气机工作叶片,与钛合金机匣相磨蹭而造成的。普惠公司研制的民用大涵道比涡扇发动机 PW4000,在研制过程中也没有躲过钛着火的故障,1986 年 5 月 6 日该发动机在适航取证过程中,进行取证的最后一项严酷试验即包容试验时,由于断裂的风扇叶片引起高压压气机喘振,造成压气机第一级钛合金转子叶片的叶尖,将直接装在钛制机匣上

图 7.2.1　F100 发动机在台架试车中高压压气机部件钛着火将发动机烧毁的残骸

的封严带磨穿,并与钛机匣摩擦发生钛着火,向后窜的火焰还将后几级钛合金转子叶片部分烧熔。苏联研制的发动机也曾多次出现过钛着火故障,例如仅在 1977—1988 年间,HK - 8、HK - 86、Д - 30 与 AИ - 25 等发动机就曾发生过 30 余起钛着火事件。着火原因主要是:叶片断片卡在钛合金转子与钛合金静子之间、转子止推轴承损坏、钛合金转子与钛合金静子相碰以及轮盘破裂等因素导致钛零件相互摩擦而造成的。

　　上述钛着火故障,都发生在高压压气机中,钛合金的工作叶片与钛合金的机匣相磨,或封严结构中钛合金的旋转件与钛合金的静子相磨而产生的,即由于两个钛制零件相互磨蹭时发生的。因为两个钛合金零件相互高速磨蹭时,会产生大量摩擦热,磨蹭产生的火花,如条件适合会引起钛合金燃烧。钛合金着火后,在氧的作用下迅速燃烧。根据观测,在高压压气机中,钛合金着火后约 5～10 s 即能将钛机匣烧穿。

2　钛着火的条件与防止措施

　　钛合金是否易于着火,与流过它周围空气的参数(压力、温度与速度)有关,空气压力与温度较低时,不易发生着火;较高的压力与温度下则易着火。压力愈高,钛合金能点燃的温度将会低些。一般在高压压气机前几级处流过的空气压力与温度恰好落在易使钛着火的参数范围内,因此,钛着火均发生在高压压气机中。风扇中一般可不考虑钛着火问题。

　　为此,在高压压气机设计中,应不成对地(工作叶片与机匣、工作叶片与静子叶片以及封严篦齿与封严环等)采用钛合金,或采取有效的隔离措施。在现有发动机中,

从减轻发动机重量考虑,转子叶片只要工作温度允许,都采用钛合金,但静子叶片则采用合金钢或镍基合金,机匣则大多数采用合金钢,在少数采用钛合金机匣的发动机上则增加了特殊的隔火层,或后来也改用合金钢机匣。原来采用钛合金机匣的发动机中,例如F404、CF6、CFM56等,后来也都改用了合金钢。

3 钛叶片与钢机匣严重磨蹭也能引发钛着火

前述的钛着火事例,均是钛合金转子与钛合金静子相磨蹭引发的,所归纳的防止钛着火的措施也是针对钛—钛相碰磨而拟定的。但是,2002—2003年间,装于747的RB211-524G2-T发动机,先后发生两次钛合金着火事件,却是高压压气机第1级钛合金的工作叶片与钢制机匣严重磨蹭而引发的,引起广泛的关注。

2002年12月15日,一架装有四台RB211-524G2-T-19/15的747-438客机在执行洛杉矶至纽约的航班任务中,飞机起飞爬升到约2 000 m高度时,飞机发生摇晃,有乘客看到右外侧发动机尾喷管排出火焰,且排气温度急剧上升,超过900 ℃,表明发动机已出现重大故障,驾驶员当即关掉此发动机,用三台发动机将飞机安全降落在洛杉矶机场。

发动机型号RB211-524G2-T-19/15中的"T"表示该发动机为采用了遄达发动机核心机的改进型,其目的是降低发动机耗油率与排气温度。发动机设计寿命为30 000 hrs与4 000循环,故障发动机未经过翻修,使用了13 922 hrs与1 395循环。

对发动机分解检查,发现高压压气机前端严重损伤,其第1级工作叶片除丢失1片外,其余57片均严重烧熔变形,如图7.2.2所示,在机匣内找到了脱落的叶片根部的残骸,如图7.2.3所示。合金钢制高压压气机机匣对应第1级工作叶片处被烧穿形成了1个弧形槽道如图7.2.4所示,中介机匣(中压压气机与高压压气机间机匣)的腹板上对应弧形槽道处,有明显超温与金属粉末黏结的痕迹(如图7.2.5所示)。另外,在中介机匣上中压压气机出口导流叶片流路中,有明显的燃气回流的迹象,表明发动机承受过严重的喘振。甩出轮盘的叶片仅剩叶根与叶片底部,有明显的撞击及磨蹭痕迹,如图7.2.6所示。

图7.2.2 高压压气机第1级除1片脱落外
其余57片均严重烧熔

图7.2.3 在机匣内找到的脱落的叶片残骸

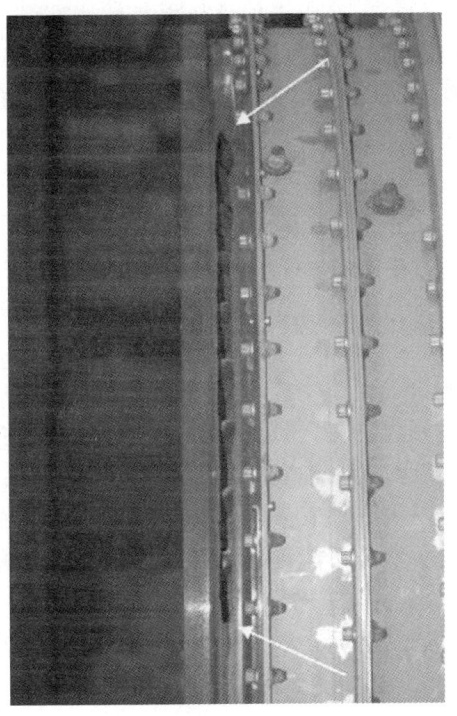

图 7.2.4　高压压气机位于第 1 级工作叶片处的机匣烧穿了一弧形槽道

图 7.2.5　中介机匣腹板上与弧形槽对应处有明显的燃烧过痕迹

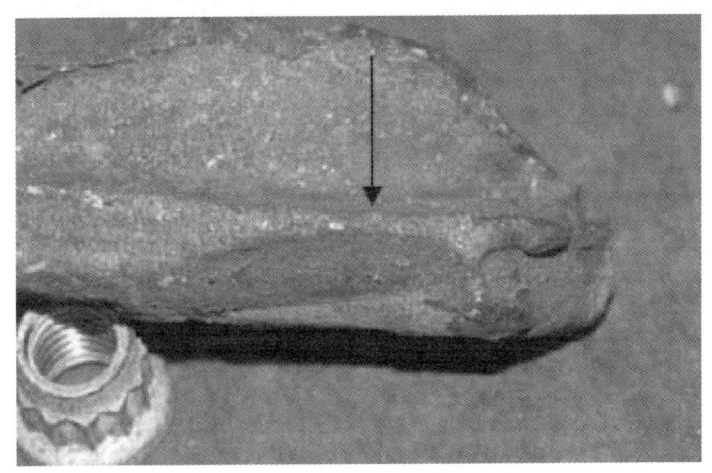

图 7.2.6　脱落叶片榫根残骸处的断裂部位

　　经分析,由轮盘甩出的叶片是这次严重故障的肇事者。在对残存的叶根部分残骸进行分析后,发现叶片前端燕尾榫根的承压处,脱落了一小块(如图 7.2.6 所示),其断口处具有典型的疲劳性质。经 ATSB(澳大利亚运输安全局)专家分析,认为这

是由于榫根与榫槽间的干膜润滑剂(DFL)部分脱落,造成榫根承压面与榫槽间摩擦不均匀,使应力增加,加上榫根承压表面上有某些缺陷产生局部应力集中,形成裂纹源,长期工作后,出现高周疲劳裂纹,裂纹不断扩大,直至榫根处产生纵向断裂,形成图 7.2.6 的形状。随后,叶片在离心力的作用下,除向外伸外,还在榫槽中向周向方向弯曲(如图 7.2.8 所示),叶尖碰到机匣上,在转子高速旋转时,与机匣间产生了严重的磨蹭,引发了钛火,钛火不仅将其他 57 片叶片上部烧熔,且将合金钢机匣烧穿形成了一个弧形槽道。最后,在离心力作用下将叶片甩出。除甩离的叶片外,其余叶片榫根中均未发现裂纹。事件发生后,罗·罗公司表示在此之前,类似的故障曾发生过6 次,但未造成钛着火事件。

针对这次严重的钛火故障,罗·罗公司于 2003 年 3 月 7 日与 8 月 6 日前后发布了 SB72 - E106 与 SB72 - E181 两个服务通报,通报提出要更换新的干膜润滑剂,以解决叶片榫头承压面在榫槽间的摩擦不均匀问题,同时,修改了轮盘榫槽的设计,以避免叶片榫根发生部分掉块的问题,还将叶片榫根的加工方法由拉削改为磨削。作为新改的设计未投入使用之前的过渡措施,罗·罗公司修订了对叶片榫根裂纹长度的限制值,并要求在发动机进行单元体维修时,更换改进的干膜润滑剂。同时还发展一种能在发动机装在飞机上时,对叶片榫根进行超声波无损探伤探明有无裂纹的方法。

4 再次出现钛叶片与钢机匣磨蹭引发钛着火

就在罗·罗公司发布上述服务通报 3 个月后,即 2003 年 11 月 17 日又发生了一起类似的钛着火故障,当日,装四台 RB211 - 524G2 - T - 17 的 747 - 438 客机由新加坡起飞时,驾驶员听到一声巨响,发现 2 号发动机工作不正常,立即关机,用另外三台发动机将飞机安全降回到新加坡机场。

经检查,除 1 片甩脱外,所有第 1 级高压压气机工作叶片,叶尖部分烧熔,叶片形成金字塔形状,如图 7.2.7 所示,这是典型的工作叶片钛着火后的形貌。与上述事件不同的是机匣没有烧出穿槽。

此发动机已积累工作 50 847 hrs 及 6 659 循环,曾在 2000 年 5 月 18 日送厂返修过,当时更换了 41 号单元体(高压单元体),更换后的单元体已积累 14 166 hrs 及1 456 循环。

经分析,此次钛着火的原因与前述事件的原因一样,但在这次事件中,被甩出的叶片残骸中,还保留了叶身部分(如图 7.2.8 所示),其叶身呈弯曲形,正说明是叶片在榫根承力处掉了一块材料后,叶片在离心力作用下既向外伸又向旋转方向倾斜,叶尖与机匣相磨蹭而引发了钛着火的。

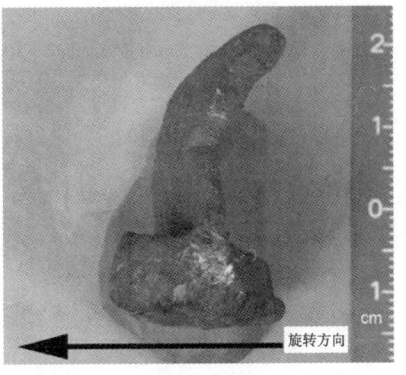

图 7.2.7　钛火烧过的 57 片叶片　　　　图 7.2.8　甩离轮盘的叶片残骸

5　结束语

上述 RB211-524G-T 发动机两次严重的钛着火事件,说明钛着火不仅发生在钛-钛相对应的部件中,也能发生在钛合金工作叶片与钢制机匣间。为此,在发动机研制中,要采取防止钛叶片与钢机匣严重磨蹭的措施,例如:确保转子在工作中的刚性不变,不会变形;装在转子上的各种零件确保不会脱落变形,影响转子的平衡性;确保机匣在工作中不变形等。

RB211-524G 是 1989 年 6 月投入航线的,是一型性能好且可靠性高的发动机,但截至 2003 年底,曾发生过 8 次高压压气机第 1 级工作叶片榫根处断裂;而类似的故障在遄达 700 中也出现过,其中两次引发钛着火的严重故障;而其原因却是叶片榫根与轮盘榫槽承压面处的干膜润滑剂出的问题。可见,在航空发动机研制中,对任何细小的设计、选材、制造与装配问题,均应认真对待,切不可大意。

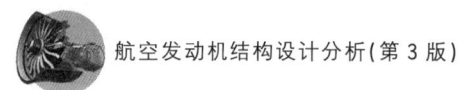

|图-154 发动机低压涡轮甩离发动机故障分析工作|

1   接受任务

1988年5月30日晚,中国民航的 B-2604 苏制图-M 客机在广州起飞后约 10 min,机尾的发动机发生了严重的断轴故障,4级低压涡轮全部甩出机身,将飞机尾部蒙皮(除顶端外)在约 300° 的环形区中打穿,蒙皮呈碎片状向四周伸出,其缺口大得能容纳一个人,如图 7.3.1 所示。这是一起严重的低压涡轮非包容破裂事件。图-M 为三发客机,发动机安装于机身后部,两侧外各一台,尾部上方安装一台,如图 7.3.2 所示。在这次事件中,是尾部上方 2 号发动机出现断轴(参见图 7.3.2),因此甩出的碎片未对机身与操纵等系统造成破坏,从而保全了飞机,未酿成大难,实属万幸。

图 7.3.1   图-M 中间发动机低压涡轮爆裂将飞机尾部击穿后的破口

出故障的发动机

图 7.3.2　装有三台发动机的图-旅客机

　　1987 年的 5 月 7 日(即事发的一年前),一架波兰航空公司的伊尔-62 客机,在华沙机场起飞时,曾遭遇类似的低压涡轮断轴故障。四发的伊尔-62 客机,采用了与图-M 同型的发动机,而发动机的安装则采用了独特的设计,即 4 台发动机均装于机身尾部,每侧两台,如图 7.3.3 所示。由于出故障的发动机是紧贴机身的一台,甩出的碎片击穿飞机机身,打坏了机身内部系统,造成了飞机坠毁的严重事故,机上乘客与机组人员共 183 人无一幸免,是波兰航空史上最为惨重的飞行事故。

图 7.3.3　装有四台发动机的伊尔-62 旅客机

　　图-M 飞机上装有 3 台 Д-30KУ-154 涡轮风扇发动机(图 7.3.4),图 7.3.5 所示是 Д-30KУ-154 的结构示意简图。Д-30KУ-154 发动机为小涵道比涡轮风扇发动机,其主要参数为:涵道比 2.42,总压比 18.0,低压转子转速 5 380 rad/min,高压转子转速 11 080 rad/min,推力 107.9 kN。故障发动机为 1985 年 9 月 28 日出厂,已使用 4 582 h,2 437 飞行循环。

图 7.3.4　Д-30KУ-154 发动机

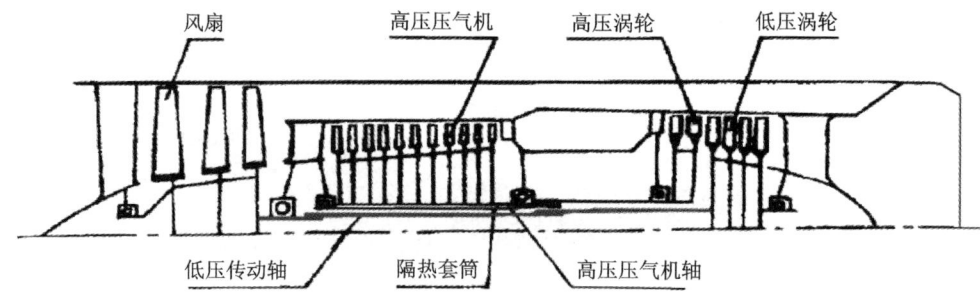

图 7.3.5　Д30KУ-154 发动机示意简图

　　根据国际民航组织的规定,民航客机出现严重故障时,故障分析工作由飞机出故障时所在国的民航管理当局抓总负责,研制厂商及航空公司派人参加。因此,在事件发生后,当时的中国民用航空总局负责故障调查与分析工作,组成了故障分析专家组,同时苏方派来发动机生产厂总工程师以及中央航空发动机研究院(ЦИАМ,英文简称 CIAM)有关人士来华,配合中国民航的专家进行发动机故障分析工作。在对故障发动机进行分解检查后,发现低压涡轮轴折断处(图 7.3.6)呈瞬断状,中苏双方专家一致认为它不是事故发生的原因而是受害者。几经周折中苏双方专家一致认为事件原因是装在高压压气机轴内的钛合金隔热套筒,

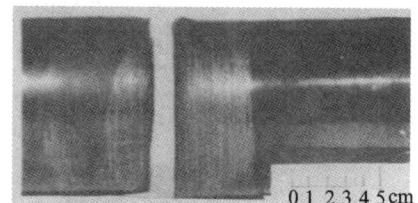

图 7.3.6　低压涡轮折断处

在工作中突然向内凹陷,碰到了高速旋转的低压转子传动轴(如图 7.3.7 所示),因相对转速高将低压传动轴磨出深槽,导致轴断裂,始图 7.3.6 所示。断轴后的涡轮失去负荷,转速迅猛上升达到飞转,4 级低压涡轮转子在高的离心力作用下,爆裂甩出机外,造成了严重的低压涡轮转子非包容爆裂事件。

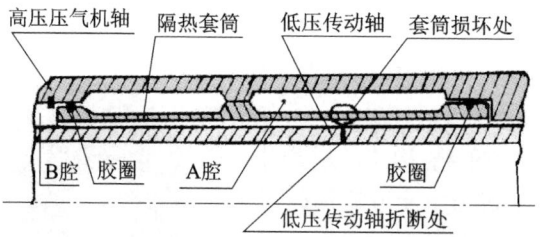

图 7.3.7　隔热套筒在高压压气机轴内的配置图

　　对残骸进行分解检查,发现低压涡轮轴在接近第 1 级轮盘位于 6 个冷却通气孔断面处折断,4 级低压涡轮盘连同叶片和 2～4 级导向器全部甩出,低压涡轮机匣被击穿了一个大缺口,仅上端残留有不到 60°范围的机匣。低压轴的断口呈瞬时扭断而无疲劳痕印。涡轮后轴承机匣,以及装于机匣内的滚棒轴承外环、滚棒未被甩出。

　　在连接低压涡轮轴与风扇转子的低压传动轴(如图 7.3.7 所示)上有一断口,相对应的隔热套筒(图 7.3.8)处有一向内的凹陷处,凹陷处呈菱形,如图 7.3.9 所示。凹陷处内侧有明显的摩擦痕迹。低压传动轴断口附近金属颜色发蓝,金相分析,该处硬度明显降低。

凹陷处

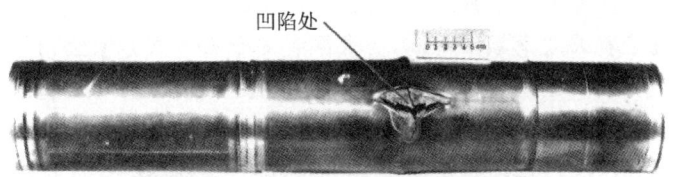

图 7.3.8　钛合金的隔热套筒破坏情况

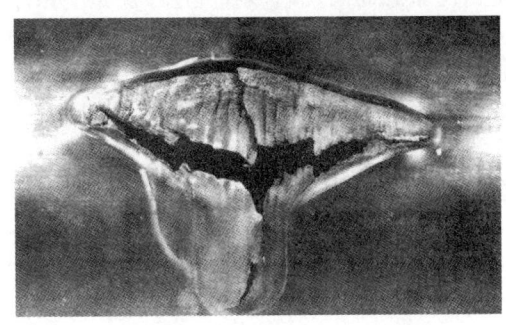

图 7.3.9　隔热套筒上的凹陷处

　　根据断口分析,很容易归纳出:低压传动轴由于隔热套筒突然下陷,向内凸起,凸起碰到低压传动轴上,在相对转速下相互摩擦,摩擦产生的热量使轴升温退火,失去硬度,即强度下降;另一方面,凸起相当一把车刀在轴上车削,刮出一道深痕,在大扭矩作用下突然折断。折断的瞬间,断口的后端向上翘起,在隔热套筒内壁局部地带上刮出一条带痕。因而低压传动轴上的断口是主断口。它折断后,低压涡轮失去负荷,在燃气的继续作用下,低压涡轮超速并转入飞转,在大离心力的作用下,涡轮叶片甩出,轮盘爆裂,碎片甩出。此时,由低压涡轮轴上最薄弱的环节即开有六个直径约为 12 mm 的通气孔处折断,所以低压涡轮轴的断口处是受害者。

　　因此,此次事件是由于隔热套筒突然下陷变形所致,也即隔热套筒在工作中的失效是此次严重事件的肇事者。这是中苏双方一致的意见,但是对于隔热套筒突然下陷变形的原因,中苏双方意见存在着严重分歧。

　　苏方认为套筒失效(即局部下凹变形)的主要原因是中方使用不当,即驾驶员在停车中,在慢车状态停留时间较短,造成发动机停车时内部温度极大的不均匀(内热外冷),隔热套筒的温度高于压气机轴的温度,因而在温差的作用下产生很大的轴向压缩力,使隔热套筒失稳变形向内凹陷(简称轴向力失稳)。中方专家无法认可苏方的这种说法,因为在发动机内部相邻的零件间是会存在一点温差的,但绝不可能有会

使隔热套筒压变形所需的温差,显然,苏方的论点不仅推卸了应承担的责任,且掩盖了影响飞机飞行安全的重大隐患。当时中方专家组认为苏方的论点不是真正造成这次严重故障的原因,而是将责任推向中方的手法,但是却苦于找不到推翻他们所作结论的有说服力的论据,也拿不出故障真正原因的分析意见。

为此,在故障发生近4个月后,当时的中国民航总局感到应该扩大故障分析专家组,便向北京航空航天大学领导咨询,要求派有关专家进入专家组参与分析工作。国庆前夕,时任民航总局适航司副司长的吴湘如同志给我校沈士团校长打来电话,希望我校能推荐发动机结构、发动机强度与发动机传热等研究领域的专家,参与故障分析工作。接到电话后,沈校长即与发动机系研究,确定派陈光、熊昌炳与朱谷君三位教授代表北航参加民航总局的专家组,与民航专家共同分析该故障。

国庆后,我们三人到民航总局与民航专家汇合,首先听取了专家组组长、民航总局总工程师刘仁同志的全面介绍,了解了专家组已有的工作,并查看了故障件。当时,621所已对故障件的材料成分与性能以及断口完成了分析工作。我们三人的任务就是找出故障的真正原因,并拿出能使苏方承认的分析论证报告。

2 模拟试验找出套筒损坏原因

这次故障的肇事者是隔热套筒(图7.3.8),因此我们将隔热套筒带回学校,对它进行了认真观察。是什么原因使隔热套筒变形下陷?这是首先应该弄清楚的问题。但要找到造成隔热套筒损坏的真正原因,谈何容易,几天中,真是吃不下饭,睡不好觉。

正当我不知从何下手去解开这个谜团时,忽然想到是否能用我们在进行发动机故障分析工作时常用的"故障再现"试验方法来寻求答案呢?所谓的"故障再现"试验方法是在初步得出故障分析的结论后,按照所作结论的思路,通过对模拟件的试验,验核是否能出现与故障相同的结果。例如:对某一传动小轴折断故障进行分析时,发现断口处存在明显的疲劳痕迹,初步认定此故障是由于发动机工作中,此传动小轴承受了过大的反复扭矩而疲劳断裂的;为验核这个结论是否正确,在试验器上对模拟轴(与故障轴相似的试验件)施加反复的扭矩,直至该轴折断为止;如果模拟轴折断处损坏的外形与故障件断口形貌基本一致,说明我们分析的结论是正确的,否则说明分析结论不对。如上所述,"故障再现"试验方法是在对故障进行了分析且得出初步分析意见后的校验试验,可是当时我们对隔热套筒故障还未得出任何结论性意见,我想是否能利用"故障再现"试验方法的思路,首先找到是什么原因使隔热套筒受损,也即找出是在什么性质的载荷作用下,隔热套筒会出现(如图7.3.9所示)的损坏形式,在找到使隔热套筒受损之后,再来分析有哪些因素会在发动机工作中出现,就比较容易分析出此次故障的原因了。我的这一想法得到许多同志的赞许,于是立即着手进行了对模拟件系统的加载破坏试验。

我们面临的问题首先是确定对模拟件施加何种载荷,其次是要找到适合的模拟件,最后是要设计出试验方案来。

在仔细观察隔热套筒变形处形状后,发现局部下陷的凹坑,外形基本呈菱形,如图 7.3.9 所示。这个菱形形状有没有特殊性?如果有,那会是什么原因造成的?沿着这个思路,分析了会使隔热套筒造成损坏的力学因素不外有内压力(作用于套筒内壁上的气体压力),外压力(作用于套筒内壁上的气体压力),作用于套筒上的轴向力,作用于套筒上的扭矩或冲击力等。因此,按照先易后难的方法,确定首先对模拟件进行施加外压,然后依次施加轴向载荷、扭矩等。根据分析,薄型套筒在内压作用下,只要不超过允许压力,压力越大,套筒刚性越好,如果压力超过允许压力,套筒会爆破,出现的缺口的破裂边是向外翻出的,与故障件的破裂形态完全不同,因此试验中不做内压加载试验。在后来进行的试验中,只进行了加外压与轴向力的试验,就得出了结论,因此,其他加载试验并未进行。

模拟试验的思路有了后,就是要找模拟件了,最常用的方法是设计一个金属制的薄壁套筒,送到工厂加工若干个,但这需要有一段时间,且试验时要施加较大的载荷,才能使它变形破坏,这是费时费钱的方法,不宜采用。当时我热衷于打网球,有许多网球筒,因此想到利用网球筒来作模拟件,只要将网球筒的筒底去掉,就成了一个类似隔热套筒的模拟件,而且它是用洋铁皮作的,厚度很薄,容易在较小的载荷下使其变形破坏,于是决定采用拆去筒底的网球筒做试验用的模拟件。事后,发现采用网球筒作模拟件的确是一种多、快、好、省的方法。

下面就是要搞试验器了,我们采用了尽量简化的方法,对于施加外压的试验器,首先找到一段直径比网球筒稍大的钢管,截取长度比网球筒稍长的一段作为试验器的主体,将自行车轮胎用的气门芯座焊在其上,再找了两块钢板作为堵盖,中间通过一根螺栓将三者连成一体形成了"试验器"。

试验时,将模拟件(去筒底的网球筒)两端各垫一个厚度较大的橡胶垫装到"试验器"中,拧紧螺栓上的螺帽,如图 7.3.10 所示。将打气筒的气管连接到"试验器"的气门芯座上,并将"试验器"浸泡于水盆中,利用打气筒向模拟试件与钢管间打气,以对模拟试件施加外压,当进行到"试验器"在水中冒泡时,说明模拟件变形了,可中止试验。因为当模拟试件变形时,其端部局部地方会脱离橡胶垫,气体即进入模拟试件内腔,然后由螺栓孔隙漏出,使水冒泡。

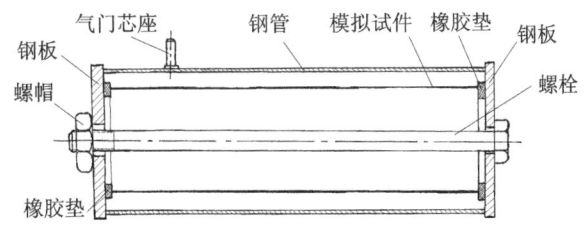

图 7.3.10　在自制的"试验器"中对模拟试件进行施加外压的试验

对模拟试件施加轴向载荷的"试验器"更简单了,即去掉图 7.3.10 所示的"试验器"中的钢管与橡胶垫,如图 7.3.11 所示,将螺栓头紧夹于虎钳中,用大扳手拧螺帽,即形成对模拟试件加轴向载荷。

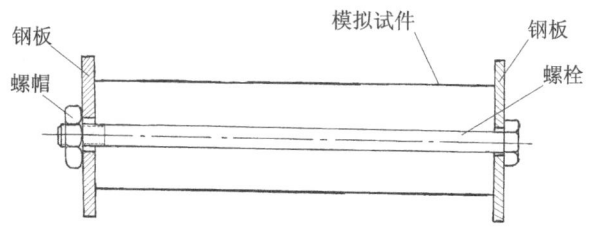

图 7.3.11　对模拟试件施加轴向载荷的自制"试验器"

在自制的"试验器"中对模拟试件施加外压的试验中,打气筒没打多少次,水盆中的水即冒气泡,表明模拟试件已变形。从"试验器"中取出模拟试件,观察到模拟试件变形处的外形呈菱形,如图 7.3.12 所示,与故障件损坏处的外形(图 7.3.9)基本吻合。另外,又找来铁木森科的《板与壳》专著,该书中也提到薄壳圆筒在外压作用下失稳变形处呈菱形,如图 7.3.13 所示。

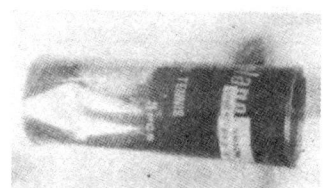 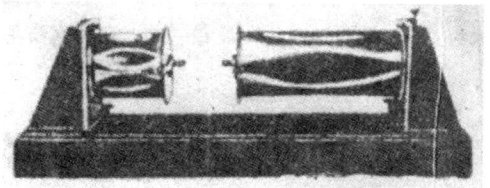

图 7.3.12　模拟加载试验中,薄壳圆筒在　　**图 7.3.13　铁木森科著中所刊登的薄壳圆筒在**
**　　　外压作用下失稳变形的外形**　　　　　　**　　　外压作用下失稳变形的外形**

在自制的对模拟试件加轴向载荷的试验中,用了很大的劲才将模拟试件压得变形,变形情况呈手风琴似的皱褶,与故障件损坏处的外形(图 7.3.9)完全不同。

因此根据所作的模拟加载试验的结果,可以得出隔热套筒是在外压作用下失稳变形的结论。至于苏方坚持的隔热套筒是在温差下产生的轴向载荷使其失稳变形的结论,自然被我们试验的结果推翻了。

但是,根据熊昌炳同志利用有限元素法对隔热套筒的强度计算,得出如要使隔热套筒在外压作用下失稳变形,需要有 1.8～2.0 MPa 的外压的结论。发动机在工作中,套筒与高压压气机轴间的环形腔(如图 7.3.7 中 A 所示)中绝对不会有如此大的压力。既然如此,套筒又如何是在外压作用下使其失稳的呢? 这是我们面临的更大难点。

3　利用专业知识认真分析找出故障原因

根据我们所作的模拟件试验中,已找到隔热套筒是在外压作用下失稳变形的。外压是怎么来的,有多大,小小一点外压又如何使隔热套筒失稳变形的呢?苏方专家经过强度计算,得出要使隔热套筒在外压作用下失稳变形,所需的压力也近似为1.8～2.0 MPa,与我方计算基本吻合,他们认为在发动机工作中,此腔根本不会有这么大的压力,因此否定了隔热套筒是在外压作用下损坏的结论,也不在这方面做进一步分析工作,而是另外找一些歪理与我方纠缠。

但是我没有被苏方的结论所阻挡,而是充分利用我的专长——发动机结构设计分析,进行深入分析与研究。铁木森科的《板与壳》书中提到,有许多因素会使壳体在低于使之失稳变形的压力下失稳,即"提前失稳",那么隔热套筒是否存在一些使它提前失稳的因素呢?

经过分析,我发现隔热套筒原结构设计不合理、材料使用不当与工艺粗糙三个因素可能使套筒的强度与刚性大为降低提前失稳,即在大大地低于理论失稳外压的压力作用下,隔热套筒也会失稳变形,这三个因素是内因。另外,隔热套筒两端的封严胶圈(参见图 7.3.7)老化,滑油漏入隔热套筒外的环形腔中,在高温作用下自燃,形成一定的作用于隔热套筒的外压,这是外因。在这些因素的综合作用下,会导致隔热套筒失稳变形。这样,既找到外压的来源,又找到了使隔热套筒提前失稳的因素,得出了比较恰当合理的结论,即结构设计不合理、材料使用不当与工艺粗糙以及封严胶圈老化,滑油进入环形腔,在高温下自燃,是这次严重故障的原因,责任完全在苏方,与中方使用状态无关。下面将分别论述之。

3.1　结构设计不合理

由结构设计上看,A 腔(如图 7.3.7 所示)做成完全封闭式的死腔(当两端封严胶圈未失效时),这是十分不合理的。因为在发动机不工作时,腔内温度与压力等于大气温度与压力;当发动机工作时,高压轴与隔热套筒的温度均上升(按苏方提供的数据,两者将分别达到 350 ℃及 250 ℃以上),腔内空气的温度将上升到 200～300 ℃,因而腔内压力上升,达到 $(1.65 \sim 1.99) \times 10^5 \, \text{Pa}$。这样发动机每工作一次,套筒就受一次外压的作用,在长期工作后(此发动机已工作 4 582 h,2 437 个飞行循环),套筒会出现低循环疲劳。低循环疲劳会使隔热套筒提前失稳。在通常设计中,对于类似的环形腔,要设置卸压小孔,不做成死腔,不让腔室产生高压,也即在发动机中一般不能存在死腔(除专门要求用死腔外),这是航空发动机结构设计时必须遵守的原则。作为航空大国的苏联,竟然在此型用途广泛、产量较大的发动机中出现这种低级错误,实属不该。在与苏方谈判后,苏方已根据我的意见,在以后生产的发动机中,套筒上开了一个 3 mm 的卸压小孔,这是后话。

3.2　采用的材料有缺陷

隔热套筒(参见图 7.3.7,图 7.3.8)是由两段厚 1.5 mm 钛合金板料焊接的圆筒(图 7.3.14 中之 A、B)与 3 小段机械加工的圆环(图 7.3.14 中之 1、2、3)焊接而成的。经 621 所化验分析,两段板料作的圆筒(A、B)未采用同一炉批的材料,反映在两段材料中,含铝成分与机械性能不一致。这在航空发动机设计与制造中是不允许的,苏方在这里又犯了一个大错。两段材料的差别见表 7.3.1。

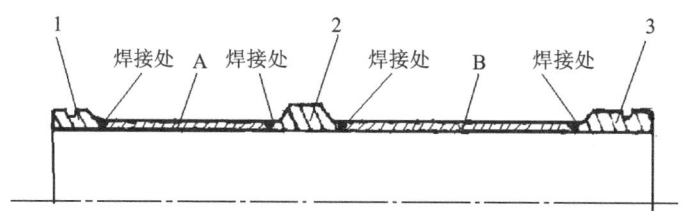

图 7.3.14　五段零件焊接成的隔热套筒

由表 7.3.1 可见,损坏处所在的后段 B 圆筒的机械强度比前段 A 低 21％～22％,这又使套筒 B 段要提前失稳,是隔热套筒损坏的另一个内因。

表 7.3.1　隔热套筒两段板料材料的比较

	含铝成分	屈服强度/MPa			
		室温下	差值 △	高温下	差值 △
后段	4.0％	56.0	21％	33.6	22％
前段	3.5％	70.5		43.0	

3.3　隔热套筒加工上有缺陷

隔热套筒上两段板料焊接的圆筒,是由钛合金 OT4 板料卷成圆筒后再焊接的,由于当时苏联对钛合金板料加工成圆筒的技术不过关(在我们进行故障再现试验时,民航 101 厂加工隔热套筒模拟件中也发现这一工艺过程很难做),加工质量不好,圆筒卷得不圆,出现有若干条平直段,使圆筒变成带多边的筒体。由板壳理论知,平直段较圆形段的刚性差,易于变形。因此,加工质量差是使隔热套筒提前失稳的又一因素。实际损坏处也正处于平直段中,这也是造成套筒损坏的另一内因。

由于套筒卷出时不圆,为保证装配间隙,在装配前曾用砂轮打磨过局部地区,打磨掉约 0.02 mm 材料,打磨痕迹明显可见。钛合金表面切忌用砂轮打磨,因为打磨后,应力集中系数大为增加,材料疲劳强度大为降低。故障零件上,损坏处恰有打磨痕迹,这也是使隔热套筒提前失稳的因素,是隔热套筒损坏的另一内因。

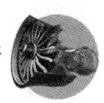

3.4　封严胶圈失效

发动机发生故障前,套筒两端的封严胶圈(参见图 7.3.7)已明显失效,表现为套在胶圈槽中的胶圈外径已与套筒外径一致(为保证封严,胶圈外径应大于套筒外径),毫无弹性,且已呈类似粉笔状,苏方也承认故障发动机中此二胶圈已老化失效。胶圈失效,两轴间的空腔(B 腔)滑油可以渗漏到 A 腔(参见图 7.3.7)。渗漏到 A 腔的滑油,与腔中空气混合,当混气比达到恰当值且混气温度达到 200 ℃以上时,在特定条件下,滑油混气可自燃(在与苏方谈判时,苏方专家也承认滑油会自燃),残骸中,在 A 腔残存有滑油结焦的痕迹即是证明。自燃时,温度可上升到 2 000 ℃左右,腔内压力即可上升到 $(5\sim6)\times10^5$ Pa 的压力,此压力即为造成套筒失稳的外因。

综上所述,隔热套筒的损坏是由于:结构设计不合理,产生了低循环疲劳;局部表面用砂轮打磨过,使疲劳强度降低;圆筒不圆,局部地区刚性不够,易于变形;材质不好,机械性能降低较多等出现了局部地区的强度刚性大为降低,造成隔热套筒在外压作用下提前失稳;然后,在漏入 A 腔的滑油自燃时产生的外压作用下失稳而向内凹陷所致。一般文献中,在外压作用下失稳时都是出现几个均布的凹陷区,如图 7.3.13所示,这是因为材质与刚性沿筒体基本上是一致造成的。但在故障隔热套筒中只有一个凹陷区,这正说明套筒存在着刚性与强度大为降低的局部地区,在一定的外压作用下,首先在这些地区变形。从这点出发,也可证明该隔热套筒在设计、材料与工艺等方面均存在着严重缺陷。

4　故障再现试验验证了分析结论

我们的任务不仅是分析出这次重大故障的真正原因,同时还需说服苏方,使他们口服心服,接受我们的意见。为此我们进行了故障再现试验。试验是于当年 12 月初,在首都机场民航 101 厂(现在的 AMECO)附件试验室中进行的,利用该试验室的航空电机试验台,加工了两个试验件,即一个低压轴模拟件与一个隔热套筒模拟件,其所用的材料与尺寸基本同于发动机的。低压轴模拟件连接到电机轴上,隔热套筒模拟件则套装入固定在电机上的机匣中,隔热套筒模拟件与低压轴模拟件间留有与发动机中相同的间隙,电机的转速定为发动机高、低压转子转速之差,即 11 080 r/min-5 380 r/min=5 700 r/min。为了模拟发动机的工作条件,在机匣与隔热套筒模拟件间的空腔中故意充有少量滑油。试验时,用高压氮气瓶向机匣与隔热套筒模拟件间的空腔中通氮气,并逐渐加大压力,形成作用于隔热套筒模拟件的外压。为避免钛合金隔热套筒模拟件在外压作用下,失稳后与高速旋转的低压轴模拟件相蹭磨可能引发的火灾,除在试验台附近安放了多个灭火瓶外,还调来一辆救火车在室外待命。试验前,熊昌炳同志根据隔热套筒模拟件的尺寸与材料,计算出套筒理论失稳压力;试验中,当氮气压力加大到接近理论失稳压力时,试验器上突然冒出一股白烟,说明隔热套筒模拟件已失稳变形,变形处已与低压轴模拟件相蹭磨,蹭磨产生的热量使滑油

气化形成滑油蒸汽冒出,因此,立即停车,安全地完成了试验。

经分解检查,发现隔热套筒模拟件局部向内下陷的外形如图 7.3.15 所示,其形状呈菱形,与故障件的损坏情况完全相同,低压轴模拟件上的磨痕与颜色(发蓝)也与故障件一致,只是程度上稍差些,充分说明这次试验重现了故障,证实了我们所作的故障分析意见是正确的。这次故障再现的试验,完成得这么好,是我没有想到的,也是在我进行过多次故障分析工作中,做得最好的一次。

当看到试验结果后,在场的专家组全体成员鼓掌欢呼,刘仁总工程师当场表示晚上要痛饮几杯,以庆祝棘手的故障分析工作终于圆满完成。此时距故障发生时约半年。

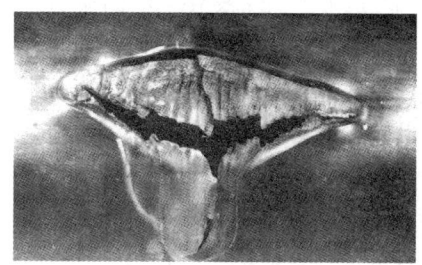

模拟件 故障件

图 7.3.15 故障再现试验中,隔热套筒模拟件变形处的外形与故障件变形处的外形比较图

当我们将故障原因找到后,我又想到一个问题,那就是隔热套筒变形后将低压轴磨断,低压涡轮不应当飞转而甩出发动机,因为在现代发动机中均装有防止涡轮飞转的措施,但是这次重大故障中,四级低压涡轮全部被甩出发动机,经过分析,发现此型发动机上没有防止低压转子飞转的安全设计,这也是造成此次非包容破裂事件的主要原因。

在现代的涡轮风扇发动机中,为满足适航条令的要求,低压涡轮转子设计中,一般均需采取必要的措施,以防止在低压轴折断时,涡轮转子进入飞转,造成非包容的转子破裂事件.例如在 JT15D、斯贝等发动机中,采用机械式的断油装置,只要低压轴折断,该装置立即将燃油系统的燃油卸掉;又如普惠公司的 PW2037 发动机,采用气动-机械式的刹车装置,当低压轴折断后,涡轮转子在气动力的作用下迅速向后移,转动的工作叶片叶尖后缘碰到后级的导向叶片上,产生相对的碰撞,吸收驱使转子高速转动的能量,形成机械式的刹车装置,避免转子飞转。在这两种措施中,前者由于根本上消除了驱使转子高速飞转的能量,是主动的措施、后者在刹车的同时,未能断绝高温燃气能量的来源,因而是被动的措施。在现代大涵道比涡轮风扇发动机中,均采用全权数字发动机燃油调节器 FADEC,此时,只需在调节器中设置低压转子最高转速限制值,即可避免低压转子飞转。采用这些安全设计的措施后,即使低压轴在飞行中折断,也不会造成危害性甚大的转子非包容破裂事件。

在 Д－30KY－154 发动机上,未采取任何防止低压转子飞转的措施,因而在低压轴折断后,低压涡轮在燃气的作用下进入飞转,造成了非包容的转子破裂事件(估计前述的 1987 年 5 月 7 日波兰航空公司的伊尔－2 飞机发生的惨重事故,也是由于没有防止低压转子飞转措施造成的)。由适航性考虑,可以认为该发动机在低压涡轮转子的防止非包容破裂措施上,未能满足美国联邦航空适航条令 FAR33 部,及中国民航的民用航空规章 CCAR33 部有关条文的要求,因此,该发动机是不能适航的。

5　紧急应召 赴苏谈判

民航总局领导很重视我们对故障作的分析与结论,很快将我们的结论通报给了苏方,但苏方坚持"要使隔热套筒在外压下失稳变形需要 1.8～2.0 MPa 的压力,而在发动机内出故障的相关零件间,根本不可能存这么大的压力,因此中方的结论是不可能"的观点,仍然坚持此严重故障是由于中方驾驶员操作不当所造成的,事故的责任在中方。实际上,他们从根本上就不相信中国人有能力完成此故障的分析工作,因为他们认为中国的航空工业是在苏联的帮助下发展的,他们是老师,中国人是他们的学生,学生怎么能超越老师呢?为此苏联航空工业部一位副部长专程来到北京,向民航总局领导讲(大意):苏联的中央航空发动机研究院 CIAM 是世界闻名的航空发动机研究机构,在苏联以及在世界上都具有极高的权威性,该院的有关专家对此故障已作了深入分析研究工作,他们已作出了正确结论,仅完成的文字资料堆起来近一米多高。言下之意,你们有什么资格指责苏方的结论?

民航总局领导不信苏方,认为我们专家组所作的结论,既有模拟试验,细致的强度计算,又有严密的结构设计、材料与制造的分析,特别是还通过了故障再现试验,因此是可信的,是找到了该发动机严重危及飞行安全的固有缺陷,如不排除,将会影响中国民航机队的飞行安全(当时图－154 客机是我国民航的较大机群),是一个绝不能轻易放过的问题。

当时,中国民航正有三个机组人员在苏联办理三架新的图－154 飞机的接收工作,为此,中国民航通知我国驻苏联大使馆,要求召回接机的机组人员,中止飞机的接收工作。但是,我驻苏使馆认为当时正是中苏恢复正常关系的关键时刻,如果中止三架飞机的接收工作,可能会对中苏关系正常化进程带来负面影响,希望中国民航收回成命,但是民航总局领导认为,图－154 客机已证实存在着严重影响飞行安全的重大隐患,如果继续接收,将会影响中国民航的飞行安全,驻苏使馆经过慎重考虑,同意了中国民航的意见,于 12 月中旬将接机的机组人员召回大使馆,中止了接机工作。

苏联航空工业部正要为完成 1988 年全年生产销售任务而兴高采烈之时,突然因为中方中止了接机工作而感到沮丧。航空工业部如果计划向中国出口三架图－154 客机被中方拒收,意味着他们未完成年度的外贸任务,该部的全年生产销售任务也就没有完成,这在计划经济条件下的苏联可是一件大事。为此,苏联航空工业部立即邀请中方专家组尽快赴莫斯科与苏方专家会谈,尽快取得"共识",恢复图－154 客机的

交接工作,以解他们的燃眉之急。实际上,此时他们对中方的分析结果仍不屑一顾,只是迫于形势,不得已作出请中方专家来"讨论"的姿态。他们是想以会谈的形式,将中方的意见统一到他们已拟定的"共识"中,后面的会谈完全暴露了他们的真实面孔。

12月17日晚上,我的学生、在民航总局适航司工作的也是故障分析组成员的张红鹰(后来成为民航总局的总工程师)打来电话说:民航总局应苏方的邀请,已组织一个赴苏谈判的小组,立即赴苏与苏方会,小组由六人组成,成员除翻译与领队外都是专家组成员,民航方面二人,北航则由我与熊昌炳同志参加,组长由民航总局适航司沈元康司长担任。并通知我与熊昌炳同志次日上午到民航总局接受任务并办理护照。第二天上午我与熊昌炳到了民航总局会见了沈元康司长,他简单地交代任务:实事求是地与苏方专家讨论,我方的原则是以确保飞机飞行安全为前提。会见时间不足一刻钟,至于何时走,苏方是哪个单位接待,我们还要作什么准备等都没有谈及。随后我们到民航总局附近的一家能照快照的照相馆(当时北京能照快照的照相馆很少)照了护照用的标准像,将取照片的单据交给了张红鹰。两天后,张红鹰通知我,他与沈司长及翻译因已有护照,将于次日先行去莫斯科,余下的我们三人在第三天即12月22日取到护照后乘飞机去莫斯科,届时他会到机场来接我们。这次赴苏,从接受任务起到上飞机离京只花了五天时间,真是少有的快速,说明中苏双方都是按急件办的。

22日上午,我们三人乘中国民航的767客机飞往莫斯科,下午三点左右到达莫斯科国际机场。该航班是北京到柏林的,在莫斯科下机的乘客约十余人,就是这十余人的托运行李,却在40分钟后才缓缓由传送带"吐"出来,使我们首次感受到社会主义苏联的办事"效率"。

在等候取行李的漫长时间内,我环视栅栏外的接乘飞机的亲友人群,找不到小组先行到苏的成员,除了纳闷他们为何不来外,更为揪心的是我们拿到行李后,往那里去?当时想,最坏的情况下就是去找中国民航驻莫斯科机场的办公处了,因为我们终归是民航总局派出的谈判小组。

在经过一段时间的等待后,发现有一位年轻苏联男士一直举着一个接人的牌子,十多位到莫斯科的乘客中没有人与他交谈,这时我忽然想到是不是来接我们的,于是走近他身前,看到牌子上用俄文写的《航空工业部》几个字,这时回忆记张红鹰曾提到过苏联航空工业部,虽然当时他并未说过到莫斯科是与苏联航空工业部谈判之事,但我想可能有门了,于是利用我三十多年前学习的俄语,上前问他能说英文吗?他用英语回答说能说一点,正好我也是能说一点英文,于是我们两人用英语进行了交谈,才知道他正是苏联航空工业部外事局来接我们三人的,于是解脱了压在我心头的困惑。最后,在这位年轻的苏联同志陪同下,我们住进了位于莫斯科列宁山旁的苏联国防部迎宾馆。

晚饭前,提前到苏的沈司长等三人由航空工业部回到宾馆与我们后来的三人会合了。饭后,冒着莫斯科零下20余度的酷寒在宾馆外的广场上,沈司长召开了一个

小会(国防部迎宾馆虽然很高级,但是在室内讨论一些重要问题,却显得不那么安全),他说,今天下午部长再一次给他们讲了,CIAM 对这次故障分析作了大量理论分析,计算验证与试验工作,完成的多份有价值的报告,得到了比较合理可信的结论,言下之意苏方对我方结论仍是不以为然。针对此情况,沈司长提出明天的会谈中,我们主要听取俄方的论点(沈司长估计他们会从各方面讲一天),晚上回来后再根据会议进行的情况,准备我方的发言内容。

由于沈司长安排在第二天晚上才议论我们的对策,准备我们的报告,因此,到莫斯科后的第一个夜晚就在苏制的 16 寸黑白电视机中传出的久违的俄罗斯风格音乐声中愉快地度过了。

6　突然袭击 沉着迎战 舌战苏联老专家

次日(12 月 23 日)上午九点钟,我们来到了 CIAM 奥院长的豪华办公室,室内已坐了十几位白发苍苍的老者与几位三四十岁的年轻人(共 17 人),原来老者均是 CIAM 航空各领域的著名专家,年轻的则是生产发动机的工厂总工程师与专家,其中一些老专家是我们早已闻名但不得一见的老"熟人"。

在进行一番礼仪性地寒暄后,奥院长宣布开会,在讲完开幕词后,他拿出一份打印的正式文件递交沈司长,说道,沈同志,这是我们拟好的会谈纪要,我们今天的会议,就按此纪要来谈。这真是一次突然袭击,双方还未讨论,何来会谈纪要,他们根本就没有把中方专家放在眼中。一看那咄咄逼人的气势,真是气人。好在沈司长胸有成竹,因为有专家组为他撑腰,有专家组在国内做过的经得起考验的分析研究工作,于是他将奥院长递来的纪要推了回去,平静地说道,还是先认真地讨论后再看纪要吧!这才使会谈转为针锋相对的论战中。

首先,由年近六旬的强度专家贝尔格尔教授(我们在苏期间,出席了由苏联航空工业部举办的庆祝他六十大寿的盛大活动)代表 CIAM 报告苏方的故障分析论点。贝尔格尔教授不仅在苏联是航空发动机强度的权威、大专家,在世界上也是公认的发动机强度专家,对于我和熊昌炳同志而言,他的大名早已如雷贯耳,今日得见真感到机会难得,要好好向他学习,因此我们专心致志地听了他的报告。

贝尔格尔教授的报告中,谈到了两个论点,首先推翻了中方的分析结论,他说,我们对隔热套筒进行的强度计算(当时他列出了计算公式)结果表明(注:他们的计算结果与熊昌炳同志计算的结果基本一致),中方认为隔热套筒失效受损是由于外压作用下失稳的结论是不可能的,因为在发动机中,隔热套筒外的气体根本不会有这么大的压力。话题一转,他讲了他的第二个论点,即隔热套筒既不是在外压作用下失稳变形,那么只能是由于中方驾驶员使用不当造成的,即苏方始终坚持的老观点:发动机每次停车前,驾驶员没有贯彻发动机在慢车状态下需停留五分钟的要求,造成隔热套筒与相邻的高压轴间产生过大的温度差,从而在隔热套筒上产生了轴向的热应力,造成隔热套筒在轴向力作用下失稳变形。但是贝尔格尔教授在讲第二个论点时,并未

列出强度计算的公式与计算结果,我估计他们根本没有对它进行过强度计算,因为他们认为已经抓到了"隔热套筒外不存在那么大压力"的稻草,就能轻易地推翻中方的结论,不必再作其他分析计算工作了。

贝尔格尔教授的报告连同翻译加起来用时不到 40 分钟,使我们大失所望,原来我们以为他会带来更详尽的有新观点的报告,谁知就是苏方曾向中方谈过的意见,只是多了一点强度计算内容而已。

在贝尔格尔教授报告完后,奥院长说苏方已将故障分析结论报告了,下面请中方专家报告中方的分析结论,连休息都没有安排。这完全打破了沈司长原来的布局,在这又一次突然袭击的情况下,沈司长只好让我首先报告,虽然在会前我并未作好报告的准备,连提纲都没有拟出,但是好在这次故障分析的主要工作我都参加了,分析结论是我写的,各种素材、数据都历历在目,因此我沉着地走上讲台,将我方的分析结论比较详尽地讲了出来。

我在报告中,首先说我方的强度计算的结果与贝尔格尔教授的计算结果基本一致,即要使隔热套筒在外压下失稳的外压需 1.8～2.0 MPa,在发动机工作时,此处绝对不会有这么大的压力,对于这个结论,我们双方不存在分歧。但是,我们没有停留在这个结论上,而是作了更多较深入的工作。我们通过细致分析,对故障件的严格检查与化验,得出了与苏方不同的最终的结论,那就是苏方在结构设计、材料选用与制造等方面均存在严重缺陷,致使隔热套筒在远低于计算的失稳外压下会失稳变形,即提前失稳的结论。

随后,我拿出我们进行模拟试验的试验件——无底的网球筒(参见图 7.3.12),示出在外压作用下试件失稳变形的形貌(菱形),再拿出故障件显示故障件损坏处的形貌(参见图 7.3.8),让苏方人士自己得出结论——两者变形处的形貌完全一致。我是用模拟试验的结果,说明从失效处的形貌看,隔热套筒的故障是在外压作用下失稳的结论。当我谈到这个结论时,贝尔格尔教授坐不住了,立刻举起了一本书,说道,这是我刚出版的发动机零件强度的专著,书中论及了薄壁圆筒在外压作用下失稳的外形呈菱形的论点,你们的结论与我书中所说是一致的(会后他将该书签名后送给了熊昌炳同志)。他的发言表明他的立场实际上已转向我方了,因此更增加了我的信心。

接下来我就逐条讲述隔热套筒提前失稳的各种因素(见第 2 节的论述,此处不再复述了),得出了故障的原因不在中方而在苏方的结论,同时展示了我们在"故障再现试验"的试验件,让他们看看其变形处的外貌(参见图 7.3.15),使他们更充分地认识了我们结论的正确性。

最后,我又据理批驳了苏方的结论,我说,根据我们的计算,要使隔热套筒在轴向力作用下失稳,约需 10 000 kgf,这需要在隔热套筒与高压轴间有 500 ℃以上的温差。我说在座的专家都知道,在发动机中,两相邻零件间是绝对不可能存在 500 ℃温差的;另外,隔热套筒装在高压轴中时,一端顶在高压轴中的台阶上,另一端是靠金属

卡圈挡住的(参见图 7.3.7),如果隔热套筒上要产生 10 000 kgf,卡圈早就受不了而会损坏。因此,将此次故障的原因归结为中方使用不当,是站不住脚的。另外,我还显示了我们模拟试验中对无底网球筒施加轴向力后变形的形貌,让人一眼就看出了与故障件损坏形貌是完全不同的。

在我报告之后,熊昌炳同志上台报告了我们所进行的强度计算以及温度场的计算分析,我们采用了当时比较先进的有限元素法来计算的,当他将计算时隔热套筒的有限元网络图挂到墙上时,有几位专家上台仔细地瞧了又瞧,似乎当时他们在强度计算、温度场计算中尚未采用有限元素法。熊昌炳同志的报告,不仅说明了隔热套筒在外压作用下失稳所需的压力,其结果与苏方基本一致,还报告了将隔热套筒在轴向力作用下失稳所需的轴向力的大小(约 98 kN 即 10 tf),而这一点苏方并未进行。

熊昌炳同志的报告中得出的数据,更加证实我方分析结论的正确性,同时也批驳了苏方的结论。

在我们两人代表中方讲述了我们分析结论后,会场一片沉静,还是贝尔格尔教授打破对峙的僵局,首先表态,支持我们的结论,并收回他的意见。随后,其他几位专家也纷纷倒戈支持我们的结论,并高度赞扬我们所进行的分析工作,认为中方所做的工作不仅认真细致,而且有试验结果的验证,是可信的,找到了故障的真正原因。当时的苏联,非常尊重专家特别是像贝尔格尔教授等老专家的意见,他们一表态,其他年轻人也都纷纷表示赞同,本来认为要耗时甚久的持久战,一下子变为很快取胜的遭遇战。下午的全体会议上,奥院长宣布,这次严重故障的原因,就是中方报告中的结论,是该发动机在设计、取材与制造中存在严重的缺陷造成的,与使用条件无关。

这样,我们就在这次国际技术辩论中取得了全胜!

7　苏方按我的意见对发动机有关部分作了修改

会谈的第二天(12 月 24 日)上午的会议转为按我方的分析结论逐条修改(相当批改)苏方原拟的会谈纪要。下午,奥院长要我提出改进措施的建议。我根据我们所进行的分析工作,提出了排除故障及防止发生类似事件的建议:

(1)隔热套筒与高压压气机轴间的环形空腔 A 中,应设卸压孔,使其不成为"死腔"。

(2)考虑到当时苏联对钛合金板料卷成圆筒的工艺不过关,因此建议将隔热套筒由板料焊接改为锻件机械加工,材质需符合规范要求,壁厚适当加大,建议由1.5 mm 改为 2.5 mm,以增大抗外压的能力。

(3)改进胶圈材料与结构,要能在 5 000 小时的使用寿命内不老化失效。

(4)采取防止低压转子飞转的措施。

对我提的四条意见,奥院长十分重视,当即要求生产该发动机的工厂总工程师记下,并要求一定贯彻。总工程师对在隔热套筒上钻卸压小孔不甚理解,他说,陈教授提的其他意见都能接受,但在隔热套筒上钻孔不好加工,是否可不执行。我说,既可

在高压轴上也可在隔热套筒上钻一个直径为 3 mm 的小孔,即使有难度也得钻个孔,这是一个原则问题,不能马虎。奥院长当即训斥总工程师,一定要按陈教授意见钻孔,总工程师才诺诺连声说一定钻孔。

经过两天多的会谈,双方统一了故障分析结论(统一到我方的结论),签署了会谈纪要,不仅提高了我方的声望,更重要的是找出了影响飞机飞行安全的潜在问题,并提出了可行的改进意见,大大提高了图-154 飞机的飞行安全性。

2004 年前后,在民航安全技术中心出版的《民航适航与维修》期刊中,看到新疆航空公司机务部门,写的一篇有关图-154 所用发动机 Д-30КУ-154 使用问题的文章中,该文特别指出了该公司所用的 Д-30КУ-154 发动机均是贯彻了生产厂改进通报的发动机,其改进之处为:隔热套筒改为壁厚为 2.5 mm 的锻件,其上加了一个直径为 3 mm 的孔,封严胶圈改用耐高温长寿命的硅橡胶等,这些改进都是我在上述会谈中提出的。看到我提的改进意见得到认真贯彻,一方面感到非常高兴,因为该发动机的安全工作有了一定保证。另方面也感到苏联(后来是俄罗斯)航空工业部门还是十分尊重专家提的意见,真正做到了全面落实专家的意见,令人羡慕,因为在国内,即使是经过讨论并统一成文的意见,也很难做到真正的贯彻。

自此以后,我特别关注图-154 客机在世界各地的摔机事故(近十几年发生过多起灾难性事故),经过调查,还未发现是由于类似于上述的发动机故障引起的,说明所作的改进经受了长期使用的考验。

在中苏双方专家会谈并取得一致意见后,中国民航的有关部门马上与苏联航空工业部就此次故障对中国民航造成的直接与间接损失进行了赔偿的谈判,据称,苏方的赔偿额还是较大的。与此同时,中方恢复了接收新飞机的工作,苏联航空工业部也完成了该部 1988 年度外销计划。

8 胜利归来 部长接见

在莫斯科完成了谈判任务后,我们应 CIAM 奥院长的邀请,驱车几十 km 到 CIAM 的试验基地深入参观(回国后,我写了一篇参观 CIAM 试验基地的文章,刊登于《国际航空》杂志上)。苏联航空工业部邀请我们到莫斯科国立大剧院观看芭蕾舞,陪我们观剧的工厂总工程师讲,他们很少有机会能到大剧院观剧,这次沾我们的光第一次来到大剧院,感到特别高兴。我们还参观了红场,排队瞻仰了列宁墓,参观了克里姆林宫及苏联社会主义成就展览馆等地。

我们还到位于莫斯科市内的新圣女公墓,参观了埋葬有苏联各方面杰出人士的墓地,看到了赫鲁晓夫、安东诺夫、卓娅、舒拉及普希金等等人的纪念碑,以及王明的墓与碑。当我们看到著名飞机设计家图波列夫的墓地(图 7.3.16)时,我心中暗暗说道,"就是在您老人家领导下设计的图-154 客机,才使我们有机会瞻仰了您的墓地与纪念碑,但是,我要自豪地告诉您,我们已经为您排除了一个严重影响图-154 客机飞行安全的隐患,安息吧!图波列夫老前辈!"

图 7.3.16　在著名飞机设计家图波列夫的墓地与纪念碑前留影

　　在完成会谈与参观游览的七天后,我们一行六人于新年前夕离苏返回北京,由宾馆到机场的路上,到处布置着庆祝圣诞节与新年的带彩色灯泡的圣诞树与五彩缤纷飘带,一派节日气氛,好像是欢送我们凯旋归国的情景。

　　1989 年新年过后,我与熊昌炳同志向系、院领导汇报了赴苏谈判前前后后的过程,院系领导对我们全面完成故障分析任务并在与苏方会谈中取得的胜利表示祝贺。随后,校宣传部组织了一场汇报报告会,让我们两人报告故障分析工作以及赴苏谈判的经过。报告的当晚,在主楼的一个大阶梯教室坐满了听众,连过道上也挤了人群,听众主要是同学,但也有一些老师。在报告会上,我主要报告了我们是如何进行故障分析工作的,以及如何在谈判中,据理力争取得了这场国际"官司"的胜利,并博得苏方老科学家们的赞扬的。熊昌炳同志主要报告了在苏联谈判及参观考察中的一些体会,由于中苏亲密关系在 20 世纪 60 年代初中断后,对苏联的各方面情况了解较少,这次我们赴苏谈判正值中苏关系解冻之际,我们耳闻目睹亲身体会了苏联当时社会情况以及民众中的亲华情节,熊昌炳同志讲起来当然生动活泼,使听众了解了一些苏联近况。我们两人的报告受到听众们的热烈欢迎,报告结束时,掌声长达数分钟。我想,这次活动也是对同学的一次生动爱国主义教育活动。

　　沈校长在听取我们的汇报后,即时向航空工业部何文治副部长作了汇报,何副部长当即召开了一次听取我们汇报的会,由何副部长主持,参加会议的有各相关司局的领导。当时尚无笔记本电脑与投影仪等设备,会前,我在一张大纸上将本文中图 7.3.4 即发动机简图画在了一张大纸上。我与熊昌炳同志随沈校长到了航空工业部何副部

长办公室,在沈校长对我们赴苏谈判的工作做了简短但全面的介绍后,何副部长让我们汇报。我对着简图全面报告了故障情况,我们在故障分析中所进行的工作包括模拟试验,强度计算,对结构设计、材料与工艺的分析等,我们作的结论以及在故障再现试验中,完全验证了我们结论的正确等。另外,也报告了苏方的"结论"及赴苏谈判的经过,谈了苏方在开始的趾高气扬,咄咄逼人地让中方在未会谈前就要根据他们的"结论"所拟的"会谈纪要"上签字;到后来在听完我们的报告后,所有专家均倒戈支持我们的结论,并高度赞扬了我们的分析工作,认为中方的分析工作做得全面细致,符合科学规律,令人信服等等。

在汇报会上我也谈了为什么苏方专家开始不信任我方研究结果,而想当然地作出推卸责任的"结论"的看法,那就是苏方专家只是简单地相信强度计算结果中,外压失稳需 $1.8 \sim 2.0\,MPa$ 的压力,在发动机相关零件间根本不存在的结论后,没有结合故障件的实际,进行深入的分析所造成的。我们却没有停顿在计算结果中,而是先通过模拟件试验,找出故障件失效的性质,然后从结构设计等方面的深入分析,找到了使故障件提前失稳的因素,从而得出令人信服的结论。

何副部长听完汇报,高度评价了我们所做的工作,特别是我们不惧权威,敢于挑战权威,做了件长我国威的大事。另外,何副部长也赞扬了在故障分析工作中,我们能踏踏实实,理论结合试验,试验验证理论的研究方法。认为应该向部内单位通报表彰,同时号召我部科技生产员工向课题组学习。为此,要求部科技委副主任、发动机专家张池同志代部科技委拟一表彰信,尽快发往部属单位。

｜RB211 - 22B 风扇转子飞行中的严重故障｜

1　风扇盘在飞行中甩出的严重故障

1.1　故障情况

　　装有 3 台 RB2ll - 22B 三转子涡轮风扇发动机的 L - 1011"三星"大型宽体客机于 1972 年 4 月正式投入航线使用,L1011 是世界上首批 3 种宽体客机(其他两型为 747 与 DC - 10)中最晚投入使用的。罗·罗公司于 1972 年 11 月底公布了 RB211 - 22B 飞行半年后的使用性能;在使用中的 12 架 L - 1011 客机上,发动机工作总时数为 27 000 h,完成了 8 500 次飞行循环,飞行中停车率为 0.56 次/1 000EFH,提前更换率为 0.67 次/1 000EFH。由于发动机提前换发率大大低于罗·罗公司原来保证使用一年后的 1.1 次/1 000EFH,该公司对 RB211 - 22B 的工作可靠性极为乐观。美国联邦民用航空局(FAA)基于上述事实,同意对 RB211 - 22B 改为"视情"维护。

　　但是,到 1972 年年底和 1973 年年初,在相隔不到两周的时间内,在美国两条航线上先后发生了两起发动机风扇盘甩离机体的严重故障。这两起故障是:

　　1972 年 12 月 28 日,一架东方航空公司的 L - 1011 从纽约起飞后,第 3 号发动机(已工作 250 循环)的风扇盘损坏并甩离机体,坠入大西洋中;紧接着,1973 年 1 月 10 日,一架环球航空公司的 L - 1011 又发生了类似的事故,即第 1 号发动机(已工作 200 循环)的风扇盘损坏并打坏了机体的某些构件,坠入荒野。在两起故障中,飞机均安全迫降着陆,未造成人身伤亡事故。

　　对第 1 起事件,罗·罗公司曾抱有侥幸心理,认为可能是某 1 批(共 6 件)风扇盘的问题;但第 2 起属于另 1 批的风扇盘紧接着发生事件,使幻想破灭,成了对该公司

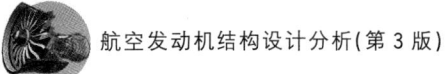

的一次重大冲击。

1.2　应急措施

在 L-1011 停飞数日后,美 FAA 根据英国民航局和罗·罗公司的建议,决定更换所有 L-1011 上已超过 150 次飞行循环的风扇盘。在第 2 起事故发生后 5 天,更换了新的风扇轮盘的 L-1011 陆续重返航线。

以 150 次飞行循环为风扇轮盘使用的限制时间,是根据航空公司积累的使用经验决定的。此限制大约相当于 L-1011 在正常航线上飞行 5 周。

为了获得原始故障零件作为事故分析的根据,罗·罗公司租用了带有金属探测仪的直升机在第 2 起出事的航线上进行了细致的搜索,但由于气候不佳,没有找到残骸。此外,检查了发生事故的发动机残余部分,并未发现风扇叶片折断或因吸入飞鸟导致零件损坏的痕迹。因此,有关方面认为,事故的原因是风扇轮盘的问题。

1.3　故障分析

RB211-22B 风扇盘的钛合金材料系由英国帝国金属工业公司提供,其毛坯由卡米诺钢铁公司锻制;风扇叶片锻造毛坯则由联邦德国优质钢公司供应的。

在风扇盘故障分析与处理应急计划中,包括更换已积累 150 次飞行循环的全部轮盘,并送往美国太平洋航空发动机研究所以及英国德比工厂进行逐个检验;在德比工厂的旋转试验器上,对换下的轮盘进行试验以重现故障;全面检查轮盘由原材料到成品整个加工过程中各道工序的质量;在一架 L-1011 上,对风扇盘进行飞行中的应力测量等。

风扇盘原设计指标是 2 500 次飞行循环。在试制中,轮盘皆在全负荷下作过 120% 的超转试验,由于离心负荷为转速的二次方,因此相当于转子在 144% 最大负荷下运转。在 RB 211-22B 取得适航证以前,曾对 8 个轮盘进行了平均 8 500 循环的试验,个别轮盘达到 15 000 次循环。为了测定飞行条件下的真实应力,这次又在一架改装的 L-1011 上对贴有应变片的风扇盘进行飞行实测。实测结果表明,飞行条件下的应力稍高于设想值,但仍在设计值范围之内(在取得适航证以前,RB211-22B 曾在改装的 VC10 上进行过飞行试验,但这只是试验发动机的操纵性能,并未测定零件的应力)。根据在试验器上进行的试验和飞行试验,得出的结论是 RB211-22B 轮盘强度是够的。然而,在对更换下来的超过 150 飞行循环的轮盘全面检查后,发现其中 10% 的轮盘有裂纹。

根据对更换下来的轮盘进行旋转试验的结果以及对有裂纹的轮盘的分析研究,认为轮盘损坏是由于下列两个原因造成的:其一是原材料的质量问题。根据统计,每根可制作两个轮盘的钛合金坯料,上半部与下半部的质量不一样;用上半部坯料(称为 A 组)制作的轮盘质量较差,而下半部(称为 B 组)的质量较好;其二是加工中的残余应力在热处理后未能全部消除,从而降低了轮盘使用中的强度。

1.4　排故措施

针对上述原因,罗·罗公司采取了以下措施。

(1) 对轮盘分别对待。根据该公司的申请,英国民航局和美国 FAA 同意将当时供应的轮盘分别对待:属 A 组的,使用寿命限制为 100 次飞行循环;属 B 组的,使用寿命延长到 450 次飞行循环(在达到 300 次飞行循环时,进行一次检查)。

(2) 修订热处理规范。修订生产中的热处理规范,以降低轮盘加工后的残余应力值。

(3) 修订验收规范。增加一个质量验收规范,即轮盘在进行最后检验之前,以全负荷与全速运转一定时间,以发现是否会在工作状态下出现裂纹。

(4) 加大轮毂厚度。作为一个过渡措施,仍采用英国供应的毛坯,但加大轮毂厚度以减小其应力值。这种修改了设计的轮盘在故障发生后的 2~3 个月后交付使用。

(5) 改用美国材料。作为根本的措施,是改用美国制作 JT9D 与 CF6 发动机风扇盘的钛合金材料,即由美国魏迈·柯尔登公司供应轮盘锻坯。这种新的轮盘锻坯在当年 7~8 月定型,在年底装上发动机。

罗·罗公司在第 2 起事故发生后不到 1.5 个月的时间内基本查明了事故的原因,并相应采取了若干措施,在后来的使用中,再未发生由于材质及加工问题造成的类似事件,说明故障分析工作是得到了考验。但这两起轮盘事件也说明了 RB211 - 22B 涡轮风扇发动机还是存在某些严重问题的。

2　再次出现风扇甩出的严重事件

2.1　风扇盘再度三次甩离发动机

1981 年,美国东方航空公司装有三台 RB211 - 22B 大涵道比涡扇发动机的 L1011"三星"式宽体客机,又在飞行中出现了三次风扇部件甩出的严重事故(1981 年 5 月、1981 年 8 月与 1981 年 9 月)。第 1 次,出事的是一台装在机翼下的发动机,其风扇由发动机短舱前甩出,未直接造成机身的损坏,但低压涡轮却因失去负荷而超转,使涡轮叶片飞出,有几片打穿了机翼的一些部位。在其后的两次事故中,涡轮并未损坏。但第 3 次,1 台装在机身尾部中央的发动机的风扇掉入发动机的"S"型进气道,并与管壁撞击而碎裂。一些碎片打断了 4 根飞机液压管路中的 3 根,同时在一处戳穿了飞机增压座舱的舱壁,造成机体较大的损伤。

装有 RB211 - 22B 的 L1011 是 1972 年 4 月投入航线使用的。但是,在投入使用 8 个月后,即 1972 年底到 1973 年初的两周时间内,出现了前述的由于钛合金的风扇轮盘毛坯的质量有问题,连续造成两台发动机的风扇在飞行中甩出的严重事件。在相隔 8 年之后,又再次出现 3 次风扇甩出的事件,对目前正在使用的几种大型发动机来说,这种情况还是罕见的,这在近代航空史上可算是少有的重大质量事故。

2.2　故障原因

经过调查后发现,低压转子前轴承(即位于风扇盘后的滚棒轴承)处滑油供油量不足是造成风扇甩出的主要原因。由于润滑不良,开始在轴承上造成轻微损伤,使转子稍有偏转,从而引起滑油封严装置的静止件与转动件相互摩擦,封严间隙加大,导致滑油向外泄漏。泄漏的滑油流入高温腔室,引起燃烧。风扇轴在滑油燃烧的高温下变软,强度降低,在风扇向前的轴向力与扭矩的作用下折断,风扇由前方甩出。

在 JT9D、CF6 与 CFM56 等大涵道比涡扇发动机中,风扇转子的止推轴承是紧靠在风扇轮盘的后面。因此,一旦发生断轴事故时(发生的概率极低),风扇轮盘会被止推轴承保持在发动机内,而不会发生甩盘事故。在 RB211 中,风扇轮盘后是一大直径的滚棒轴承,止推轴承装在风扇轴的尾端,因此,在断轴时风扇盘就会甩出。为避免出现甩盘事故,RB211 在结构设计中采取了相应的"安全设计"措施,即在风扇轴内增加了一个保持轴,将风扇轮盘与尾端的止推轴承拉在一起,以便在断轴时,将风扇盘保持在发动机中。图 7.4.1 示出 RB211 风扇及中压压气机图,由图 7.4.1 可看出保持轴与风扇轴的关系。图 7.4.2 示出 RB211 风扇转子支承图,从图 7.4.2 中可见保持轴前端紧紧压在风扇盘端面上,后端扣在低压涡轮轴前端套齿联轴器压紧螺帽后端,两者间留有间隙 A。正常工作时,始终保持间隙 A,一旦风扇轴折断,风扇转子在风扇的轴向力作用下前移,此时,保持轴前移压到螺帽上,转子即被滚珠轴承所拉住而不会甩出。但是,1981 年出现的这 3 次甩盘事故说明,原有的风扇保持系统仍不够完善。

2.3　改进措施

针对调查与分析的结果,罗·罗公司决定采用下述三种改进措施:

(1)增加一套风扇保持装置。它的工作原理类似车轮的盘式刹车装置。当风扇轴损坏时,风扇前移,装在转子上的盘顶住固定在机匣上的盘,这两个盘的端面相互摩擦,使以 6 300~6 500 r/min 转动的风扇转子在三转之内刹住,从而将风扇保持在发动机内。刹车盘的材料是由罗·罗公司研制的,其面上复有硬涂层。

(2)加大低压转子前轴承的滑油喷油量。在 RB211 - 22B 设计中,低压转子前轴承与中压转子前轴承采用了共用的滑油供油管路。改进后,低压前轴承的供油量将增大一倍,而对中压前轴承仍保持原有的供油量。

(3)采用新的低压转子前轴承处封严装置。采用新的低压转子前轴承处封严装置,并将封严装置与轴承座的连接螺钉的直径由 6.35 mm(1/4 in)增加到 7.93 mm(5/16 in),使其固紧力增大三倍。

这三项改进措施经过试验,1982 年起先后在 RB211 - 22B 与 RB211 - 524 上改装。

此外,还改进 L - 1011 飞机上的发动机振动监控系统,首先改变发动机测振感头

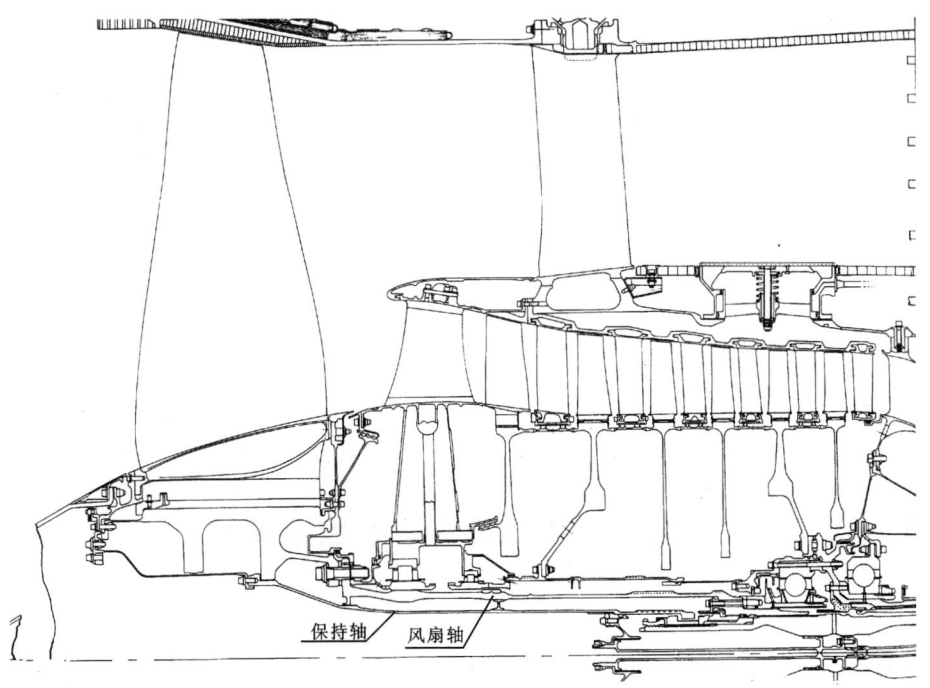

图 7.4.1　RB211 风扇与中压压气机结构图

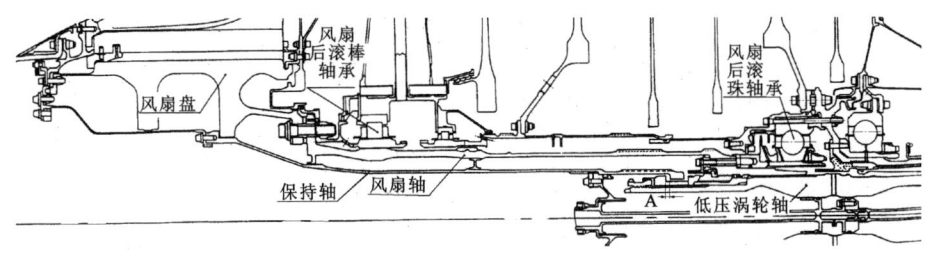

图 7.4.2　RB211 风扇转子上的保持轴

在飞机上的安装部位,使其与 747 飞机上的类似。其次,在驾驶员和随机工程师的仪表板上加装指示振动过大的红色警告灯。只要振动过大的警告灯亮或滑油压差警告灯亮,就应立即将该发动机停车。所有的 L-1011 飞机上都必须改装这种警告系统。

罗·罗公司除了对投入航线使用的全部 RB211-22B 与 RB211-524(超过 1 000 台)进行改装外,还对新的 RB211-535C 型进行改装。

附:1982 年 12 月在 747 上的 RB211-524C2 中,也出现过这一严重的故障。

│一起奇特的高压涡轮非包容故障│

1　事发经过

2006 年 6 月 2 日,一架美洲航空公司的 767-223(ER)型客机在洛杉矶机场进行地面调整试车时,发生了一起严重损坏飞机的事件。事件发生前,飞行员报告称,在飞行中,当飞机由 11 000 m 爬升到 11 600 m 的过程中,感觉左发推力小于右发(约 2%)。为此,航空公司安排地勤工程师将飞机从登机口转移到维修点对发动机进行试车调整。此飞机装有两台 GE 公司的 CF6-80C2 发动机。事件发生后的各种官方报告中均称该飞机安装的是 CF6-80A 发动机,但在 2008 年 1 月公布的国家运输安全委员会(NTSB)报告中称用的是 CF6-80C2 发动机,这种将发动机型号弄错的事在故障分析报告中还是很少遇到的。

三名地勤工程师进入驾驶舱进行发动机的开车调整,另有两名地勤人员在飞机外观察情况。首先,将两台发动机启动后,在“ECC”处于接通状态下,同时将两台发动机加速到最大工况,虽然两发动机均推到了最大工况,但左发的油门杆位置比右发稍大一些,为此,工程师单独对左发进行试车,在左发的“ECC”处于关闭状态下,将左发进行慢车—最大工况—慢车的试车,连续进行了两次。当第二次由最大工况拉回到慢车的过程中,发动机减速到 95%N1 转速时,听到“呼”的一声,伴随着左发着火,座舱仪表板上标示左发着火的红灯亮了,随后,左机翼及左机翼后的机身相继着火,如图 7.5.1 所示,工程师立即打开了左发的灭火装置,并紧急关掉两台发动机,随后三名工程师从机舱撤出。洛杉矶机场消防车很快赶到现场,在到达后的 20 s 内将飞机的大火扑灭。虽然发动机与飞机受到较大的损伤,但包括在地面观察的两名工作人员在内无人员伤害,因此美国国家运输安全委员会将此次重大故障定为“事件”而

不是"事故"。

图 7.5.1　飞机左侧机翼及机身着火后的痕迹

2　事故调查

经检查,左发在高压涡轮单元体处断成前后两截,分别由前、后安装节吊住,高压涡轮 1、2 级盘已甩离发动机,如图 7.5.2 所示。2 级盘在距飞机不远处被发现,还是较完整的;1 级盘则破裂成四块,其中三块较大,均约成三分之一圆弧段(参见图 7.5.3),另一段较小,呈三角形,此外还有一些小碎片。其中一块大断片摔到地面后反弹上来,打穿了飞机下机身,将机身的左下梁打坏并使右下梁也受到伤害,随后断块穿出飞机

图 7.5.2　左发的高压涡轮转子甩出将发动机截成前、后两段

机身,飞行一段距离后,击中距左发约 14 米处的右发尾喷管并嵌入到尾喷管中,如图 7.5.3 所示。涡轮盘第 2 个大断片飞越一条跑道和一条滑行道后,落到距飞机约 760 米处接近机场防护栅栏处。这两块大断片在甩离发动机后的经历,说明甩出发动机的这些断片的能量非常大。

图 7.5.3 左发 1 级高压涡轮盘断块嵌进右发尾喷管上

轮盘的第 3 个大断片嵌入到飞机的进气道上,第 4 个断片即小的三角形断片嵌入到发动机短舱上。还有一些小的断片打坏了左翼与右翼中的油箱,漏出的燃油造成左翼与左翼后的机身燃起大火(右翼油箱漏出的燃油并未燃烧)。

破裂的高压涡轮 1 级盘的零件号为 9362 M 58 G 07,生产序列号为 MPOT 8 749,由 Inconel 718 镍合金制成,零件表面用等离子喷涂了一层 T400(钴基合金)涂层,用于防锈与抗磨。NTSB 材料试验室对残骸进行分析后得出,该轮盘的材料成分,晶粒大小,微结构以及硬度均符合 Inconel 718 材料的要求。另外,经核查,榫槽底部后端圆角半径符合高压涡轮盘设计图纸的要求。

对断裂处的检查发现,轮盘是由轮缘到中心孔径向断裂的,裂纹起始点位于装叶片的一个榫槽底部后缘圆角处的微小点坑。对断裂表面用双目显微镜观察,并通过电子显微镜在放大的尺寸下扫描后,得出断口的金相形态为晶间疲劳,裂纹已向前轴向扩展了约 17.8 mm,在轮盘破裂前,裂纹径向地向内扩展了约 17.8 mm。同时还发现另外两个叶片榫槽在槽底后圆角处也各有 1 个裂纹,其起始点也为微坑。轮盘上有 80 个装叶片的榫槽,断裂处的榫槽为 31 号,另两个有裂纹的榫槽分别为 30 号及 72 号。虽然在局部地区找到了一些小的传统裂纹条痕,但在晶间疲劳断口处却未见疲劳条痕,因此不能确定在轮盘断裂前,疲劳裂纹发展多快。轮盘后端面及榫槽底部的表面,有喷丸处理过的痕迹。据 NTSB 称,晶间疲劳裂纹是典型的应力过高超出材料所允许应力值的反应。至于疲劳裂纹起始于榫槽底部后缘圆角处的微小点坑

是如何形成的,在对涡轮盘的加工过程与装配过程进行了分析后,仍未找到其原因。

引起 NTSB 特别关注的是,美洲航空公司这起高压涡轮轮盘破裂事件,如果是在飞机飞行中发生的,其后果则不堪设想,可能会造成机毁人亡的大事故。另外,在此之前 CF6－80 系列发动机还出现过 2 次高压涡轮 1 级盘破裂及 5 起出榫槽底部出现裂纹的事件。

3　相关事件

2000 年 9 月 22 日,一架美国航空公司的编号为 N 654 US 的 767－2B7(ER)客机所用的 CF6－80C2B2 发动机在费城国际机场进行地面维修性试车时,在大工况下 1 号发动机出现了 1 级高压涡轮轮盘非包容的故障,甩出发动机的断片造成飞机左翼下部着火,使飞机及 1 号发动机受到损坏,但无人员伤亡。故障发动机的轮盘已累积工作 7 547 循环。

2002 年 12 月 28 日,一架新西兰航空公司的编号为 ZK－NBC 的 767－219(ER)客机,从澳大利亚不列斯班飞往新西兰奥克兰,当飞机爬升到 3 400 m 时,其所用的 CF6－80A 发动机,高压涡轮轮盘有一块从轮缘到轮毂的断片甩出,打穿发动机及短舱,打坏飞机左翼前缘。飞机成功在不列斯班迫降,机上 190 名乘客及 10 名机组人员无人伤亡。此次事件中,该损坏的涡轮盘已累积工作 12 485 循环。

NTSB 还注意到另 5 起在 CF6－80 系列发动机高压涡轮 1 级轮盘榫槽底部后圆角处发现裂纹的报告,其中 2 起分别是装在泰国国际航空公司与海湾航空公司的客机上的,其他 3 起是未注明航空公司的三个轮盘,他们累积的工作循环数分别为 5 144、9 532、9 359、9 058 及 9 459。

CF6－80A 及 CF6－80C2 的高压涡轮轮盘的设计寿命为 15 000 循环,美洲航空公司的高压涡轮 1 级轮盘非包容故障事件(2006 年 6 月)中,破裂的轮盘从投入使用起,已工作 48 249 小时、9 186 循环,还应有 5 814 循环的使用寿命。2001 年,该轮盘曾进行过维修,维修前轮盘已工作 43 354 小时及 8 057 循环,维修后出到故障时,该发动机又工作了 4 895 小时及 1 129 循环。2001 年维修时曾对该轮盘进行过萤光渗透检验,但对榫槽底部未作检验。根据美洲航空公司维修记录,该轮盘曾在 1991 年进行过维修,当时该盘已工作 14 696 小时及 3 296 循环。

4　应对处理

在美国航空公司的 CF6－80C2B2 发动机出现非包容高压涡轮 1 级轮盘破裂事件(2000 年 9 月)后,2000 年 10 月,GE 公司发布了紧急服务通报,要求对 CF6－80 系列高压涡轮 1 级盘进行加强的检查,采用加强的荧光渗透检查方法对整个轮盘包括榫槽底部后圆角进行检测,以确定是否有裂纹。2001 年 1 月,GE 又对 CF6－80 系列发布紧急服务通报,对高压涡轮 1 级轮盘增加涡流检查。另外,在对美国航空公司

事件的轮盘残骸进行核查后,发现该轮盘榫槽底部后圆角处加工尺寸不符合设计图要求,为此,GE 公司分别于 2002 年底及 2003 年 5 月发布服务通告,对 CF6 - 80 系列发动机的高压涡轮 1 级轮盘设计作了小修改,要求对榫槽底部后圆角处进行倒圆修理。

但是,在 2006 年 6 月 29 日,即美洲航空公司出现非包容高压涡轮 1 级轮盘破裂事件的三周后,由 NTSB 召开的事件调查会中,GE 公司称,大部分正在航线使用的 CF6 - 80 系列发动机的 1 级高压涡轮轮盘,已根据公司发布的紧急服务通报进行了加强的检查,并进行了修理,但仍有 200 多个轮盘包括美洲航空公司的轮盘还未检查及修理。

由于有的轮盘在 5 144 循环时出了裂纹,考虑到一定的安全裕度,NTSB 以 3 000 循环作为门槛值,并建议:凡未按 GE 公司紧急服务通报进行检查、修理的轮盘,工作时间超过 3 000 循环的轮盘立即从飞机上卸下返厂修理,未达到 3 000 循环的可继续工作,直到 3 000 循环;对于已检查过但未修理的轮盘,超过 3 000 循环(从检查后算起),应立即拆下返厂进行检查与修理,还未达到 3 000 循环(从检查后算起)的轮盘可以继续使用,但到 3 000 循环时,仍须拆下返厂检查与修理。

在事件发生后两年多的 2008 年 1 月 31 日,NTSB 公布的文件中,对造成上述严重故障的可能原因归纳为:高压涡轮 1 级轮盘是由于一条晶间裂纹造成破裂的,其原因是 GE 公司的 CF6 - 80 系列(主要包括 - 80A 与 - 80C2)高压涡轮轮盘设计不完善。设计不完善的轮盘造成在榫槽底部后圆角处有一个高应力区,使此处的应力接近或等于材料的许用应力,因此缺少损伤容限,只要有一点小点坑就可能造成起裂,裂纹发展后造成轮盘破裂。

为此,NTSB 要求 GE 公司对高压涡轮 1 级轮盘的设计进行重新评审,并要求用有限元的分析方法,对榫槽底部后端圆角处进行应力计算,并根据计算结果修改该处设计。

5 总 结

从 CF6 - 80 系列发动机连续出现三次高压涡轮 1 级轮盘非包容故障,特别是 2006 年 6 月美洲航空公司的事件中,可以看出:当高压涡轮盘在高速下破裂时,大断块甩出发动机时的能量是巨大的,可对飞机造成极大危害;另外,CF6 - 80A 与 CF6 - 80C2 发动机分别于 1982 年与 1985 年投入使用,到 2006 年出现美洲航空公司事件时,已工作 20 多年,据 2003 年 6 月的统计,当时共有 3 756 台在使用中,累积工作时间超过 1 亿 1 千万小时,说明 CF6 - 80 系列发动机已是很成熟的发动机。但是,由于某些环节上的疏忽或设计上存在一些不足,仍会造成危害程度极大的故障。因此,从事航空发动机设计生产的工程技术人员一定要谨慎认真地对待设计、制造与装配工作。

|一起因电蚀标记不当引起的风扇转子非包容故障|

1 事发经过

2007 年 1 月 25 日,美国美莎航空公司的一架装有两台 GE 公司 CF34 - 3B1 发动机的庞巴迪 CRJ 200 LR(N 17 337)支线客机,执行从丹佛飞往凤凰城的 2 985 航班任务,当飞机飞行约 20 分钟(离丹佛 100 km 左右,在丹佛的西南方向),飞机穿过 7 300 m 高度时,驾驶员听见"呼"的一声,飞机突然大振,飞机飞行速度降低,飞机的飞行高度随之下降,驾驶员发现"1 号发动机(左发)滑油压力过低"的信号,但 N1 转速仍很高,遂将 1 号发动机拉回到慢车状态,并立即将飞机安全地开回丹佛机场,机上 50 名乘客及机组 3 人无 1 人伤亡。

飞机着陆后,令人吃惊的是 1 号发动机风扇转子、进气锥罩、风扇包容机匣(如图 7.6.1 所示)及反推器已全部丢失,风扇出口导叶仍保留在发动机中,如图 7.6.2 所示。沿发动机轴线的飞机机身部分与垂直尾翼及水平尾翼也遭到一定的损伤。万幸的是,风扇转子甩出发动机时,估计是向偏离机身方向飞出,因而未击穿飞机机身,否则后果不堪设想。更令人吃惊的是,即使发

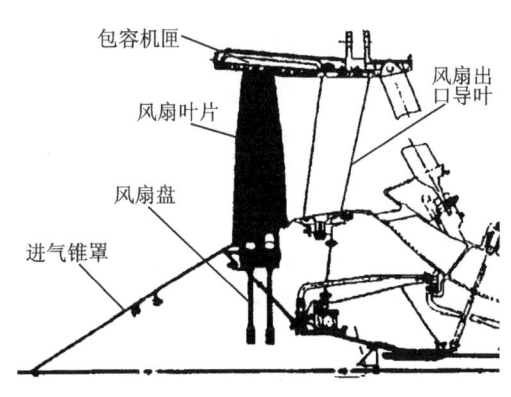

图 7.6.1　CF34 - 3B 发动机风扇部件结构图

（包容机匣、风扇叶片、风扇盘、进气锥罩、风扇出口导叶）

动机损坏如此严重,在前半部丢失的情况下,发动机仍能继续以慢车转速工作直至飞机着陆。

图 7.6.2　1号发动机风扇转子、包容机匣及反推器均在飞行中丢失

2　故障分析及处理

发动机制造商 GE 公司当即派了三位代表赴事件现场,协助美国国家运输安全委员 NTSB 对事件的调查工作。GE 公司代表表示,1992 年以来,已有 2 000 多台 CF34 – 3B 发动机投入使用,是一型可靠性极高的发动机。另外,根据"航空市场讯息系统 ACAS"的机队数据库的资料显示,出事的 N17 337 飞机自 1999 年 9 月 22 日全新交付美莎航空公司后,从未出现过损伤事件。

事发 6 天后,即 1 月 31 日,在丹佛西南部的农田中,找到了部分丢失的部件,包括半个风扇盘,一些风扇叶片,发动机短舱的部分残骸及反推器,但进气锥罩及包容机匣等未曾找到。

收集到的残骸送到 NTSB 的材料实验室进行深入检查后,发现风扇盘破裂是这次事件的肇事者。在风扇盘断裂处的轮盘孔缘处,发现一扩展的裂纹,此裂纹最后导致轮盘破裂。裂纹的起始点为电弧引起的小疵点,它是在发动机维修时,在轮盘孔缘的表面上,使用了不完善的电化学腐蚀标印(ECM)作记号时产生的。早年,GE 公司在 CF34 的装配中,采用了这种电化学腐蚀标印的方法,用于标记轮盘与轴对准的位置,但后来发现如果操纵不当,特别是在维修时,容易在零件表面上产生电弧,造成小的疵点,能引发裂纹的萌生,因此,GE 公司在 2000 年起不再采用这种标记的方法。2000 年 10 月,GE 公司发布一份服务通报,要求采用了这种标记的发动机,在使用到 8 000 循环时,应对风扇盘中心孔缘表面处用目视及触摸来检查标记,是否已有由于电弧引起的疵点。

在美莎航空公司风扇盘破裂事件后,经核查,该发动机已工作 11 000 循环,而未

按通报要求在 8 000 循环时检查。如果严格按通报要求,在 8 000 循环时进行检查,估计此次事件能避免发生。另外,在复查维修资料后,发现还有 31 台发动机虽未到 8 000 循环,但存在着极大的潜在危险。

因此,在美莎航空公司风扇部件甩出发动机的事件后,FAA 于 2007 年 2 月 16 日与 28 日连续发布了两个适航指令(AD),要求按 GE 公司紧急服务通报提出的三项检查方法,即萤光渗透检查(FPI)、触摸与加强的目测检查(TEV)及涡流检查(ECI)加速对风扇盘的检查,以发现轮盘中心是否有由于电弧引起的微坑。对于已发现的 31 台有潜在危险的发动机,要求在 20 飞行小时内完成检验工作。

对轮盘的触摸与目视检验可在飞机上,卸下发动机的进气锥罩后进行,而萤光渗透与涡流检查则需将风扇盘从发动机上卸下,送检验车间进行。

3　总　结

电化学腐蚀标印(ECM)是一种传统的在零件表面上标印的方法,但是如果操作不当,会在表面上形成电弧而损伤表面,对于不重要且不承受反复载荷的零件,危害性不大;但对于承受变化载荷的重要零件,例如轮盘,叶片榫根等,就会萌发裂纹,最后可能导致轮盘破裂、叶片断裂等重大故障,美莎航空公司这起风扇轮盘破裂的严重事件就是一个明证。因此,我们应吸取他人的教训,在发动机生产中慎用电化学腐蚀标印方法。

| JT9D－7R4 发动机典型故障分析 |

引　言

　　美国普惠公司(PWA)生产的 JT9D－7R4 系列发动机(以下简称 7R4)是 JT9D 发动机家族中的最后一个系列,自 1982 年投入使用以来共生产了 740 多台(中国民航有 40 台),累计使用了一亿多飞行小时、三百多万次循环。与早期各型 JT9D 相比,7R4 的推力由 220kN 增大到 247kN,巡航耗油率降低约 10%。其主要结构改进包括:采用了多圆弧、低展弦比风扇叶片(阻尼凸台由 2 个减为 1 个),空心风扇盘,增加一级低压压气机,使用了单晶高压涡轮叶片,全新设计了燃烧室、高压涡轮和低压涡轮并在 3 号轴承腔采用了端面碳封严等。

　　7R4 在投入使用以来出现过不少结构故障,有些重大故障已彻底排除,有些则得到改善。本文将分析 7R4 的几个典型故障。

1　风扇叶片断裂

　　自 1984 年起,7R4 已发生多起风扇叶片断裂事故,其中 5 起是非包容事故。断裂部位集中在阻尼凸台附近和叶根平台上部。图 7.7.1 所示为 7 次风扇叶片断裂故障的部位、日期和发动机具体型号,裂纹均起源于前缘并向后发展。

　　为了判断造成叶片裂纹、断裂的原因,将安装了测试设备的发动机,装在 747 上进行飞行试验,试飞结果表明,在起飞功率附近叶片上有颤振响应,但是颤振应力不足以产生疲劳裂纹,只有在外来物击伤前缘和/或前缘打磨过量时才导致材料疲劳而产生裂纹。

改进措施是将阻尼凸台的角度由 62°
改为 52°以提高叶片固有频率,即在阻力
凸台局部区域进行填焊(图 7.7.2)。据称
角度改为 52°后可消除所有工作条件下的
颤振响应,从而避免了在工作中出现风扇
叶片断裂故障。无独有偶,CFM56 推力
增大型发动机也曾出现过风扇叶片根部
裂纹造成叶片断裂故障,CFM 公司也采
取了类似措施将阻尼凸台角度由 65°改
为 53°。

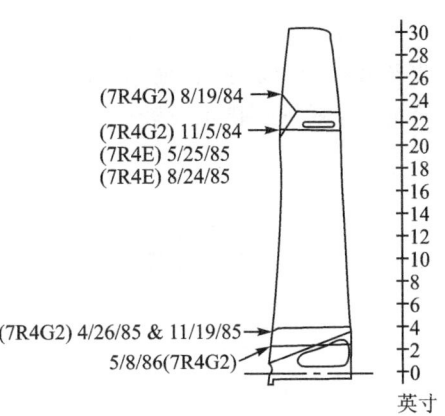

图 7.7.1　JT9D‐7R4 风扇叶片断裂
部位与断裂日期

　　另外为防止在改装之前继续发生风
扇叶片断裂并打伤飞机机体,普惠建议每
200 次循环对风扇叶片前缘进行涡流探伤检查,而 FAA 则于 1987 年发布适航指令
要求在风扇机匣上加装两圈厚度分别为 1.60 mm 和 1.32 mm 的 Greek Ascoloy 钢
制包容环。

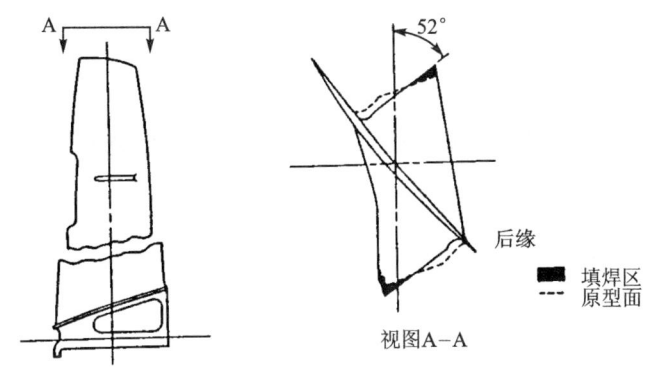

图 7.7.2　风扇叶片阻力凸台角度改变情况

2　高压压气机可调静子叶片同步环卡阻

　　1985—1986 两年中,7R4 连续发生了 15 起在当天第一次飞行爬升到 600～
1 500 m 高度收油门时,因喘振而造成空中停车的事件。试飞发现,其原因是可调静
子叶片同步环上的滑块与高压压气机机匣之间的间隙不足(图 7.7.3)。每天在发动
机工作初期,钛合金机匣温度很快升高,而用聚醚酰亚胺塑料制造的滑块因导热性
差,而且与机匣间有间隙,加温较慢,所以铝合金的同步环和滑块温度均比机匣低。
在起飞功率下工作 1～3 min 时,由于机匣迅速加热膨胀(据估算各机匣安装边径向
膨胀达 1 mm 以上),而使同步环滑块卡滞(图 7.7.4)。当收油门时发动机转速降
低,可调静子叶片应协调减小角度,但由于同步环滑块卡死,使可调静子叶片仍卡阻

在打开位置,造成发动机喘振。在当天以后的飞行中发动机处于热态,因而不会发生同步环滑块卡滞现象,也就不会出现喘振。改进措施是增大机匣与滑块之间的间隙,改装前后的冷态间隙值见表7.7.1。

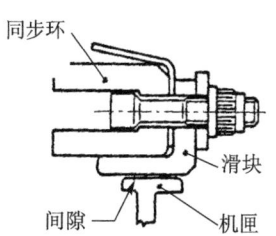

图 7.7.3 高压压气机机匣、同步环与滑块关系图

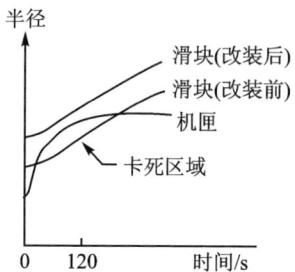

图 7.7.4 工作中滑块与机匣径向膨胀情况

表 7.7.1 高压压气机各级可调叶片滑块与机匣间隙值
mm

位置(级)	改装前	改装后
进口可调导向叶片	0.203～0.610	4.394～4.902
第一级可调静子叶片	0.127～0.330	7.035～7.340
第二级可调静子叶片	0.127～0.330	2.971～3.276
第三级可调静子叶片	0.152～0.356	6.756～7.061

3　高压压气机第一级转子叶片断裂和第一级盘燕尾榫槽裂纹

在20世纪80年代7R4共发生高压压气机第一级转子叶片断裂66起,轮盘裂纹/破裂13起,其中在中国国际航空公司的7R4G2上分别发生了2起和1起。

应变片试验表明,这种故障是由于叶片颤振所产生的振动应力,使叶片产生疲劳,并导致断裂;同时叶片颤振使轮盘榫槽上与叶根相接触的表面承受较大的反复作用挤压应力,导致在榫槽上出现高周疲劳裂纹(图7.7.5),严重时使榫槽破裂。

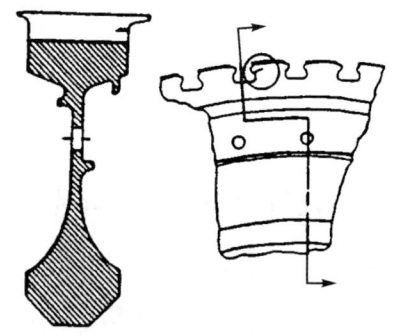

图 7.7.5 高压压气机第1级轮盘榫槽裂纹

经过试验,归纳出产生颤振的主要原因有以下几个。① 在低于慢车转速下有一个颤振区,最大振动应力为 $8.4~\text{kg/mm}^2$,比正常工作时的振动应力高2倍。普惠规定:如发动机因供气负荷过大等原因在该区累计稳定工作时间超过2 h,必须立即报废所有第一级转子叶片。解决措施是上调慢车转速5%N2转速。② 由于不正确地组装、校准可调静子叶片系统,使可调静子偏离了预定程序而产生颤振。试验发现在进口可调导向叶片偏大2°和第一级可调静子叶片偏小2°时,在巡航推力附近有 $14~\text{kg/mm}^2$ 的

振动应力峰值。③ 可调静子叶片控制系统失效造成发动机在慢车以上工作时,可调静子叶片仍停留在关闭位置,这是十分危险的。因为在这种情况下发动机只能被加速到 87%N2 转速,而振动应力会急剧增大到使转子叶片立即断裂。PWA 规定:如发动机在可调静子叶片停留在关闭位置时,在 76.9%N2 转速以上工作时间大于 10 s,必须立即报废所有第一级转子叶片。针对后两种原因,PWA 已采取了一系列改进措施提高可调静子叶片系统的可靠性以防止颤振的发生。

4　高压压气机第 10 级盘后鼓环裂纹

1980 年一台 JT9D - 7A 发动机在起飞时,因第 10 级盘后鼓环分离造成高压压气机与高压涡轮脱开的重大事故,幸好由于高压涡轮静子部件卡住了转子部件而未造成非包容事故。检查发现在该盘后安装边前方 15.2 mm 处内表面圆角上有一条 360 度周向裂纹。随后又在另一个仅使用了 1219 循环的盘上正对着拉杆孔的同一轴向位置上发现了周向裂纹。为此,普惠在 7R4 上采用了加大该部位壁厚且喷丸强化的第 10 级盘。

但是 1987 年又在 7 个加厚轮盘的后鼓环圆角处发现了周向裂纹,这些轮盘已使用了 3 824 至 7 252 次循环,裂纹最深达 0.528 mm(图 7.7.6)。结构分析和模拟试验表明后鼓环后安装边内转接处的圆角太小,使得拉杆螺栓头部不能紧贴于端面。工作时,涡轮转子的轴向力对后鼓环产生了一个附加弯矩,加之后鼓环较薄致使后鼓环内表面圆角处存在着过大的拉伸应力。该应力首先导致在正对着拉杆孔的内表面圆角上产生低周疲劳裂纹然后沿周向扩展。

随后,普惠采取下列措施重新设计了第 10 级盘:取消后鼓环上原有的防止封严环转动的凸台;后鼓环 1 最大厚度由 4.115 mm 加大到 5.969 mm;后安装边内转接处 5 圆角半径由 1.575 mm 加大到 2.413 mm;将拉杆螺栓头部 6 的一角斜切掉,使拉杆头部能与后安装边紧密贴合;后安装边厚度由 5.461 mm 加大到 6.350 mm;改用更耐疲劳的 PWAI105(Inconel 718 改进型)材料等(参见图 7.7.7)。

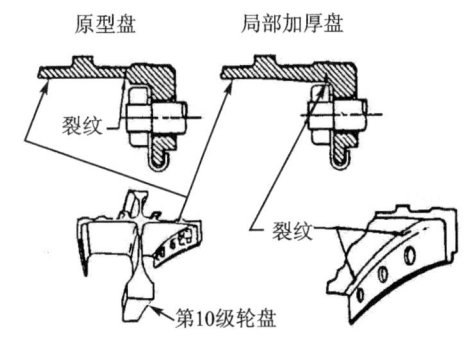

图 7.7.6　高压压气机第 10 级轮盘裂纹

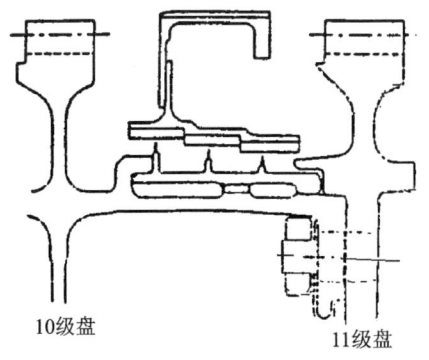

图 7.7.7　高压压气机第 10 级轮盘改进措施

5 高压压气机后轴螺纹根部裂纹

7R4 高压压气机后轴设计向后延伸,插入高压涡轮第二级盘的前伸轴内,用套齿与盘连接传扭,并用大螺母1(图7.7.8)拧紧。最初是用两个铆钉将大螺母固定在后轴螺纹段上,并在后轴上沿用了与早期JT9D发动机同样规则的螺纹。

1987 年两台 7R4 因高压转子振动大被拆下,在分解时目视发现在后轴的第一道螺纹处有穿透性周向裂纹,其中一台 7R4 的大螺母的两个固定铆钉已被剪断,大螺母朝拧紧方向转动了 50.8 mm,轴上裂纹长达 292.1 mm(约 190 度)。FAA 为此发布 AD 指令要求以 2 500 次循环为间隔对后轴螺纹进行涡流探伤检查。后发现 40 多根轴的第一道螺纹根部有裂纹,裂纹最长达720.5 mm(370 度),发现裂纹时后轴的使用循环数在 3 000 至 8 000 之间,其中中国国际航空公司的一台 7R4G2 的后轴在使用到 3 046 次循环检修时,在第一道螺纹根部发现三条裂纹,长度分别为 29.21 mm、20.32 mm 和 12.7 mm。裂纹起因是 7R4 后轴上的螺

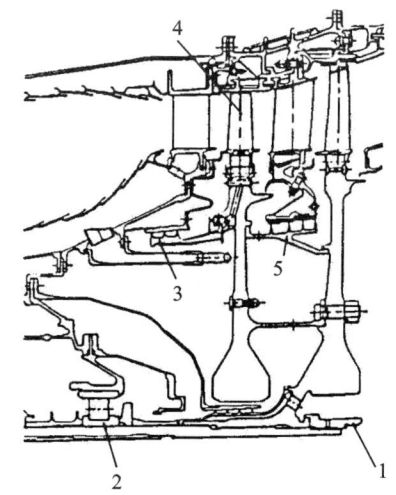

1—大螺母;2—滚棒轴承;3—前封严篦齿;
4—高压涡轮 1 级工作叶片;5—一级间封严篦齿。

图 7.7.8　高压压气机后轴与高压涡轮连接图

纹承受的负荷过大以及螺纹局部尺寸不合理,造成在第一道螺纹根部应力集中而产生低周疲劳裂纹,并顺螺纹周向发展(图7.7.9)。

普惠为挽救这种后轴曾采用带内齿的锁环代替铆钉固定大螺母,以防止大螺母转动给螺纹造成更大应力,并根据 PWA1003(Incoloy 901)材料疲劳性能预测可使后轴低周疲劳寿命达到 8 700 次循环,但试验仅进行到 3 200 次循环就又有裂纹产生。

为使后轴的低周疲劳寿命恢复到 30 000 次循环,普惠重新设计了后轴,措施如下:

(1) 增加两道螺纹。

(2) 使用锁环固定大螺母,取消铆钉孔。

(3) 在第一道螺纹前采用更深、更平滑的退刀槽(图 7.7.10)。

(4) 将锯齿螺纹间隙侧的牙侧角由标准的 45°改为 40°,以加大螺纹根部圆角(图 7.7.10)。

(5) 改用更耐疲劳的 PWA1022(Incoloy 901 改进型)材料。

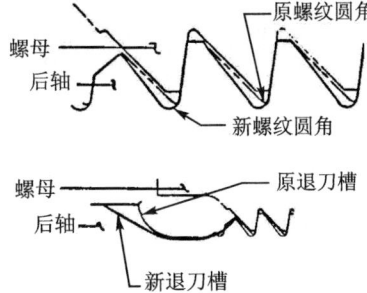

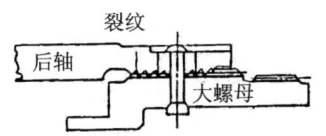

图 7.7.9　大螺母锁紧方式与裂纹位置　　　　图 7.7.10　锯齿螺纹的改进

6　3 号轴承故障

7R4 的 3 号轴承是高压转子的后支点,位于高压压气机与高压涡轮之间,紧贴轴承内环后端的是端面石墨密封件的封严环,两者通过高压涡轮盘后的大螺母 2 轴向压紧(参见图 7.7.8)。

7R4 在使用中已发生十多次 3 号轴承故障,其中一次发生在 1989 年 3 月 2 日,造成中国国际航空公司的一架 767 左侧发动机振动大和滑油滤堵塞,人工停车后飞机迫降在前苏联新西伯利亚机场。这些轴承故障发生时轴承的使用时间都不满 5 000 飞行小时,其中大部分是在检查磁性堵塞时发现的。

这种故障表现为椭圆形外环在 6 点钟位置(最大负荷处)与滚棒后端相对应的部位出现严重磨损。故障产生的原因是:

(1) 由于轴承支座是"7"字形,如图 7.7.11(a),转子径向力作用下轴承外环向前倾斜,而悬臂支承在轴承上的高压涡轮盘使内环向后倾斜。工作时轴承内、外环会紧压滚棒后端并限制滚棒随高压转子后移,造成内环的导向槽侧壁与滚棒端面相摩擦。根据这种经验,普惠将 PW4000 发动机的 3 号轴承支座方向设计成倒 7 字即"┏"形。

(2) 轴承内环受的轴向负荷过大。由图 7.7.8 可见,涡轮盘后面的大螺母是将高压涡轮盘通过封严环、轴承内环等紧压在高压压气机后轴上的。由于 7R4 高压涡轮的轴向力比早期 JT9D 大,为保证工作可靠,对大螺母施加了更大的装配扭矩。这一措施加大了内环承受的轴向载荷,造成内环导向槽向内弯曲,加剧了导向槽侧壁与滚棒端面的相互摩擦,使滚棒端面严重磨损。同时,这种摩擦增加了滚棒的运动阻力,造成滚棒打滑。

(3) 内环退刀槽设计不当。为便于磨削加工,某些 3 号轴承内环采用了过大的退刀槽,但由此削弱了内环导向槽的刚性,使导向槽更向内弯曲如图 7.7.11(b)。

(4) 某些轴承因端面加工误差过大造成滚棒动不平衡。在轴承工作时,这种滚棒会在力偶作用下沿滚动方向左右摇摆并沿径向上下跳动,这种运动一方面造成内环导向槽侧壁与滚棒端面的圆角相摩擦,而圆角的摩擦又加大了滚棒的动不平衡量,

造成更严重的端面磨损;另一方面造成轴承保持架逐渐磨损,直至损坏如图 7.7.11 (c)。

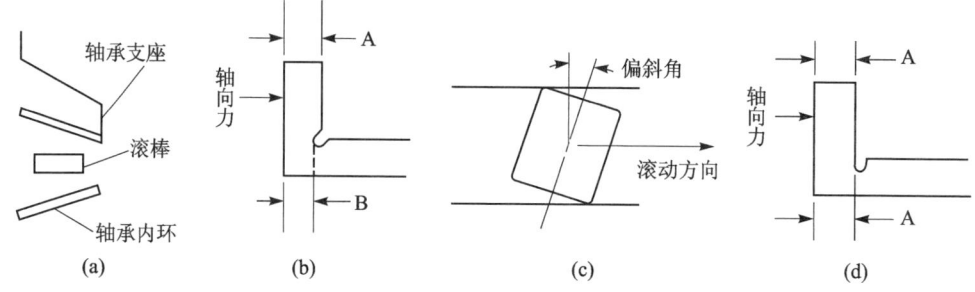

图 7.7.11　3 号轴承不正常工作与改进情况

为解决 3 号轴承故障,普惠重新设计了 3 号轴承,其改进措施如下:

(1)将轴承内环的滚道做成有锥度的,即滚道外径由前向后逐渐缩小,以避免在工作时由外环压紧滚棒后端。

(2)将内环导向槽拐角处退刀槽改为图 7.7.11(d)所示的形式。

(3)限制滚棒端面和其圆角处的跳动量,减小滚棒的动不平衡量。

7　高压涡轮前封严环断裂

1988 年 9 月 18 日一台 7R4 在起飞时用 Inconel 718 材料制造的高压涡轮前封严环 3(参见图 7.7.8)断裂(已使用了 3 387 次循环)、碎片穿过火焰筒和扩散机匣造成严重的非包容事故。残骸断口分析表明损坏的起因是中间篦齿上出现低周疲劳裂纹。由于中间篦齿部分在事故中被磨掉,所以裂纹起因不详。

但是普惠通过模拟试验发现,用 Inconel 718 制造的封严环具有较高的裂纹扩展速度,在各种推力级的 JT9D 发动机起飞工作条件下裂纹从深 0.508 mm 发展到损坏(深度约 9.5 mm)仅需要 400～4 400 次循环。据此 FAA 发布 AD 指令要求在 60 天内用 Waspaloy 制造的封严环更换高推力级 7R4 上的 Inconel 718 封严环,在 2 500 次循环内更换中等推力 7R4 上的封严环,对低推力 7R4 上的封严环按 2 900 次循环间隔重复检查。

其实用 Waspaloy 制造的封严环已在早期的 7R4 发动机上使用了 6 000 万飞行小时,使用情况良好,但由于 20 世纪 80 年代初美国钴金属短缺才被迫在 7R4 上改用 Inconel 718。

据分析该封严环在 7R4 上的最高工作温度超过 650 ℃,普惠为提高 Inconel 718 的高温疲劳性能以使封严环的低周疲劳寿命达到 15 000 次循环,采用了细化晶粒工艺。然而,细晶组织虽提高了 Inconcl 718 的抗疲劳性能,同时也降低了材料蠕变强度,并增大了裂纹扩展速度。由于封严环在工作时不可避免地会与静止封严面相摩擦而产生细小裂纹,所以,对这类零件的选材不仅要考虑其萌生裂纹的低周疲劳寿

命,而且也要考虑其裂纹扩展期的寿命。

8　高压涡轮第一级转子叶片涂层裂纹

　　7R4 是普惠第一种使用单晶涡轮叶片的民用发动机,其高压涡轮第一级转子叶片是用 PWA1480 单晶合金制成,在该叶片上采用了双涂层结构,内层是 Al‑Si 涂层,厚度为 0.075 mm,外层是 NiCoCrAlY 涂层,厚度为 0.10 mm。用双涂层是为了具有足够的抗氧化腐蚀能力并降低基体金属的温度,但它却限制了抗热疲劳能力。此外,由于 PWA1480 单晶合金是完全各向异性材料,所以涂层与基体材料的热膨胀特性不一致,更加剧了热疲劳裂纹的产生(图 7.7.12)。

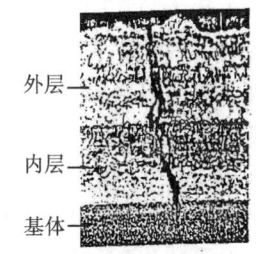

外层
内层
基体

图 7.7.12　高压涡轮叶片涂层裂纹向基体扩展情况

　　这种热疲劳裂纹曾造成 6 起涡轮叶片断裂事故,并使涡轮叶片的报废率在 10 000 飞行小时时达到 50% 左右,这是由于裂纹扩展到单晶叶片的基体后即不能修复。普惠已用 PW4000 发动机使用的 NiCoCrAlYHlSi 单涂层取代双涂层。

9　高压涡轮级间封严环断裂

　　从 1985 年 7 月起高压涡轮级间封严环 5(参见图 7.7.8)在起飞、爬升阶段断裂共造成 5 次空中停车事件,其中一次为非包容。这 5 个封严环的使用循环数在 1 706～3 382 次之间。此外,在车间检查中又发现 20 多个封严环有裂纹,所有裂纹均因高周疲劳起源于第四道篦齿并沿轴向向前扩展,在其中一个封严环(使用了 2 084 次循环)的第四道篦齿上发现了 12 条裂纹。

　　普惠对封严环进行的振动特性测试和对高压涡轮进行的气流试验、模拟试验及结构柔度分析都未能找出篦齿产生高周疲劳裂纹的原因,最后通过整机试验发现在工作时高压转子轴向膨胀移动过大,使得第四道篦齿离开了静止封严面,据估算在标准起飞条件下可出现 1～2 mm 的轴向间隙,这时篦齿间不稳定的气流从该间隙喷出时对第四道篦齿产生的激振是其出现高周疲劳裂纹的主要原因。但当飞机飞到高空后,由于高空外界气温较低,转子前移消除了轴向间隙,激振作用也随之消失,所以裂纹的发展速度与循环次数有关。因此 FAA 于 1986 年年底发布适航指令限期切掉封严环的第四道篦齿,但这个措施使封严效果变差,增大了气体泄漏量,因而必须同时对高压涡轮冷却系统进行调整。

　　值得注意的是尽管在某些工作条件下存在气动激振力,但断裂和早期发现的裂纹都发生在由 3 个炉批材料制造的封严环上(共有 14 个炉批),可见裂纹的产生和发展速度与冶金加工质量有关。

10　结束语

　　从上述 9 个故障的分析可以看出,7R4 产生这些典型故障的主要原因是在衍生设计时对新技术、新材料验证得不够充分,材料代用不当以及某些尺寸链和零件负荷的变化考虑不周。在这些故障中气动弹性故障较为突出,例如风扇叶片断裂、高压压气机第一级转子叶片断裂和高压涡轮级间封严环断裂等。这类故障发展速度快,经常造成转动部件的迅速损坏,对发动机的使用危害很大,所以对衍生型发动机在使用中暴露出的故障也必须高度重视。

　　普惠在技术支援方面有丰富的经验,他们十分重视在使用中发生的和车间检查发现的故障,总是立即搜索故障零件及有关信息,安排模拟试验、试车甚至试飞来排除故障。这样做不仅及时地消除了产品缺陷,改进了产品质量,而且也了解了故障的产生和发展机理,完善了设计手段,为后续机型的设计及其衍生发展积累了宝贵的经验。

| 遄达 900 发动机滑油泄漏造成澳航 QF32 航班的 A380 严重受损事件 |

1　事发经过

2010 年 11 月 4 日澳航的 A380 客机执行伦敦—新加坡—悉尼的 QF32 航班任务。飞机由新加坡起飞时,机上载有 440 名乘客及 26 名机组成员,当飞机以 463 km/h 的速度爬升达到 2 134 m 高度,飞越印度尼西亚的巴淡岛时,突然出现了爆炸声,1 min 后。中央电子监控系统(ECAM)发出了 43 条表明飞机多个系统出现问题的信息,随后又出现 10 条信息,机组人员随即启动了 ECAM 系统处理程序。在这个处理过程中,大部分问题无法恢复原功能,飞机处于难以控制的状态。

原来是 2 号发动机(位于左机翼内侧)中压涡轮盘突然爆破,断块以很大的离心力打穿涡轮机匣与发动机短舱(如图 7.8.1 所示),一块断块穿透左翼前缘,对机翼的前缘结构、前翼梁和上表面造成了损伤。一小块涡轮盘还穿透了左翼与机身之间的整流罩,打到机身结构以及飞机的电缆,电线受损进而影响到了液压系统、起落架系统和飞行控制系统。残块还击中了左翼下表面,使得 2 号发动机油箱和左翼内部油箱的燃油发生泄漏。2 号发动机的吊架、1 号发动机、机身左侧龙骨梁的连接部件和左翼纵墙也受到了损伤,另外飞机机身左侧也发现了残余碎片。由此造成多处飞机结构以及多个系统受损(如图 7.8.2 所示):绿色液压系统处于压力低和流速慢,黄色液压系统的 4 号发动机油泵发生故障,飞控系统出现故障,飞机缝翼不起作用,副翼只能部分控制,扰流板控制效果减弱,起落架控制和指示系统出现问题,刹车系统出现问题,发动机防冰系统和空气数据传感器出现问题,燃油系统的空中应急放油系统出现故障,飞机重心不合理,自动推力控制和自动着陆系统不起作用,1 号发动机与

发电机断开连接,左翼引气系统漏气,1号和2号交流电总线系统相关部件失效等。如图7.8.3~图7.8.6所示为某些部位受损情况。

图7.8.1　遄达900发动机(2号)受损情况

图7.8.2　A380飞机受损部位图

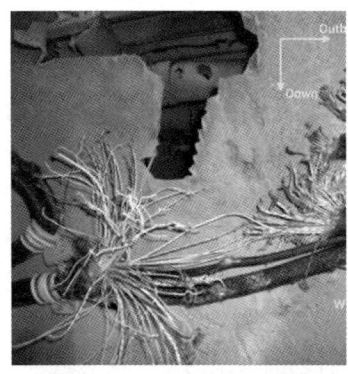

图7.8.3　被打断的导线束

图7.8.4　左翼上蒙皮被打穿,2号发动机后部烧毁

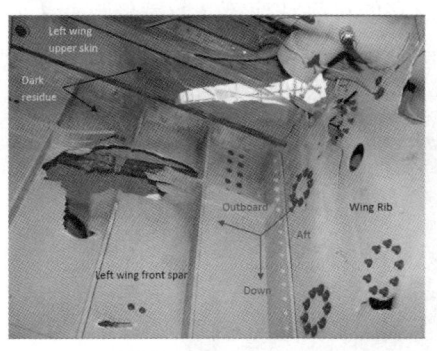

图 7.8.5　左翼内部损坏情况

图 7.8.6　受损的发动机传动附件

随后,飞机折返回新加坡樟宜机场,在回程准备降落过程中,机组人员注意到以下问题:只有 3 号发动机的反推力装置可以使用,1 号 4 号发动机只能工作于低工况下,所有前缘缝翼均失去控制,副翼和扰流板的使用也受到了限制,只有主起落架的防滑刹车系统可以控制,机头前机轮转向受到限制。ECAM 系统还提示,在前机轮着陆之前,飞机无法实现最大程度的刹车制动,这有可能导致着陆过程中飞机冲出跑道。由于飞机空中应急放油系统失效,飞机油箱中的油量较多,飞机着陆的总重比规定值高出 50 t 等。机组人员用 1、4 号发动机维持飞机的左右推力对称,着陆后只能用 3 号发动机的反推力装置来减小飞机速度。在机组人员精心操作下,将损坏严重、难于控制的飞机终于在起飞后 109 min,在距机场跑道(跑道长 4 000 m)尽头 150 m 处安全停住。创造了航空史上的一个奇迹。

此时,左翼油箱仍然向下漏油,而主起落架的温度已升至 900 ℃以上,为避免下漏的燃油碰到灼热的起落架引发火灾,地面救火队员应机组人员要求立即向漏油处喷洒了泡沫灭火剂。当飞机上所有乘客下飞机后,1 号发动机继续运转着,机组人员采用各种能想到的方法,仍无法将该发动机停车。后来由消防人员向发动机内喷洒泡沫灭火剂才将发动机停车,此时已是飞机着陆后的 2 h。这种不能将发动机停车的现象,实属罕见。

受损的 A380 在新加坡进行了大修,经过 18 个月耗资 1.39 亿美元,于 2012 年 4 月修好。由修理时间之长与耗资之大,可以看出该飞机承受了难以置信的严重损坏,也是民航史上少有的飞机严重受损但无人员伤亡的事件。

2　故障原因分析

出事的 A380 装有 4 台罗·罗公司的遄达 900 发动机,该发动机是专为 A380 研制的,其涵道比为 8.7~8.5,总压比为 37~39,推力为 310~360 kN,是一型能满足 21 世纪"绿色航空"低油耗、低污染与低噪声要求的高性能发动机。

遄达 900 是在 RB211-524G/H 的基础上,经过遄达 600、700(用于 A330)与

航空发动机结构设计分析(第3版)

800(用于777)衍生发展而来的三转子发动机,它的可靠性应该是较高的。

在 QF32 的 A380 出事后,在印度尼西亚的巴淡岛上找到了破裂的发动机中压涡轮盘的残骸,如图 7.8.7 所示。

图 7.8.7　发动机中压涡轮盘断块

该涡轮盘的轮缘和轮心发生了周向形变,说明曾经受到了极大的离心力,断裂面显示了轮心位置的载荷超过了设计极限,并且断裂是从轮心向轮缘的方向发展的,其形貌与进行轮盘超转破坏试验中轮盘破裂后的断口相像,说明该中压涡轮盘是在大于设计转速较多的转速下运转时爆破的。

对残骸发动机进行分解检查,发现装在高压/中压涡轮间承力框架内的高压涡轮后滚棒轴承与中压涡轮前滚棒轴承支座(如图 7.8.8 所示)上的一个滑油短管(图 7.8.8 中未画出)有疲劳断口,如图 7.8.9 所示。该短管是安装滑油喷油嘴前的粗油滤用的,这是罗·罗公司研制的发动机中常用的设计。

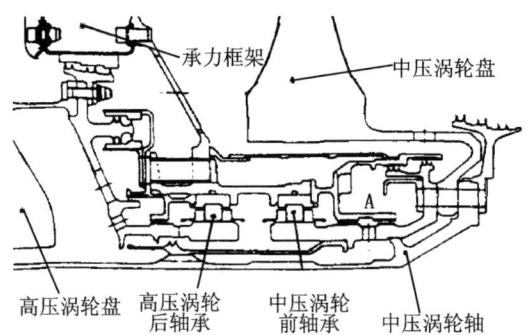

图 7.8.8　高/中压涡轮间承力框架内的轴承座

对断裂的滑油短管断口处进行分析,发现断裂处有明显的疲劳条带,其断口属于典型的疲劳断裂。另外,对短管的尺寸进行测量,发现此短管加工时,未能保证管子外壁与内孔同心,造成管壁沿圆周壁厚不一致,其最薄处比设计值小 0.5 mm,形成

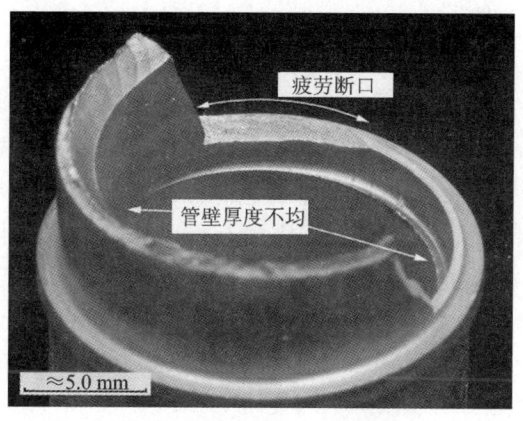

图 7.8.9　滑油短管断裂处

强度较低的局部薄弱区。在发动机不断开车、停车中,由于在薄弱区存在的某些因素,例如有划痕或毛刺等,出现了初始裂纹,在继续工作中,裂纹逐渐发展最后导致断裂,滑油由此断裂处流入如图 7.8.8 所示的被称为"缓冲腔"的 A 腔。当泄漏至 A 腔的滑油达到一定量时,滑油在高温作用下自燃,滑油燃烧时的温度很高,对中压涡轮轴加温,使中压涡轮轴的强度大大降低,最终将轴扭断。

　　中压涡轮轴扭断后,中压压气机与中压涡轮断开,中压涡轮转子失去负荷,但燃烧室仍然在工作,高温高能的燃气继续流向中压涡轮工作叶片,使中压涡轮转子加速直至飞转,中压涡轮盘在极大的离心力作用下爆破,断块在极大的离心力作用下击穿机匣与短舱,形成了危害极大的非包容的中压涡轮盘爆破故障。如果在遄达 900 发动机中,设置防止中压涡轮转子飞转的措施,则不会发生此次对 A380 造成极大危害的故障。

　　在现有的涡扇发动机中,绝大多数发动机均设有防止低压涡轮转子飞转的措施,它是当低压轴一旦折断时,立即将输入到燃烧室的燃油总管的燃油泄出,使燃油不能进入燃烧室的喷嘴,燃烧不能继续进行,当然就不会有高温高能量的燃气喷向低压涡轮工作叶片,低压涡轮转子当然不会继续转动,更不会飞转。但是,在高压转子与中压转子段均不装这种设备,因为很少有发动机出现高/中压转子折断事件。而低压转子,转速低,在传递同样功率下,低压轴承受的扭矩大;再加上轴较细,轴上承受的剪切应力大。另外,风扇处于发动机最前方,有时会吸入大鸟或轮胎残片等,卡在风扇叶片与出口导叶间,形成阻力,易造成低压转子的轴断裂,因此需安装防止低压转子飞转的措施。

　　在出现此次故障后,据称,罗·罗公司将在遄达 900 与遄达 1000 上安装防止中压涡轮转子飞转的措施。

3 后续事件

2011 年 2 月 15 日,即 QF32 A380 严重受损事件后的三个多月时间,仍然是澳航,它的另一架 A380 在执行新加坡—伦敦航线的任务时,飞机飞行了近 3 h 接近印度新德里机场时,发现 4 号发动机的滑油储量降低(4 升),滑油压力下降(由 0.69 MPa 降为 0.517 MPa),引起机组高度重视,害怕又出现 QF32 的事件。在地面人员建议下,机组将 4 号发动机调至慢车工况下,继续飞行,经过 7.5 h 到达伦敦,在此期间,油压基本稳定于 0.31 MPa,但滑油箱中储油量仅剩 0.8 升。

经过检查,是通向高/中压涡轮轴承座(如图 7.8.8 所示)的外部滑油导管在连接到机匣上时,固定螺母拧紧力矩不够,规定为 240 磅吋(10.14 Nm),实际上只有 80 磅吋(3.368 Nm),造成滑油在此处泄漏。经普查,发现另有 7 台发动机也出现类似问题。为什么有这么多发动机出现类似问题?这是因为在发生 QF32 A380 遄达 900 发动机非包容中压涡轮盘爆破故障后,为了普查现有机队中是否还存在有滑油导管断裂或裂纹造成滑油泄漏的现象,要求航空公司维修人员将机匣上的滑油导管拆下,以利于孔探仪的探头杆插入进行检查。当检查完后,重新安装导管时,安装人员未能严格按规定拧紧螺母,从而造成使人紧张的滑油泄漏故障。

4 遄达 1000 地面试车发生中压涡轮盘非包容爆破故障

在 A380 出现遄达 900 中压涡轮盘非包容爆破故障(2010 年 11 月 4 日)前三个月的 8 月 2 日,用于 787 的遄达 1000 发动机在罗·罗公司位于达比的地面试车台试车时,也出现了中压涡轮盘非包容爆破故障,涡轮盘的断块打穿涡轮机匣,打坏了试车台的一些设备。在 11 月 4 日出现 A380 的遄达 900 中压涡轮盘非包容爆破故障后,罗·罗公司称,此两故障表现的形式均是中压涡轮盘非包容爆破,但它们是无关联的两起故障。作者认为,此两故障均是由于滑油漏入如图 7.8.8 所示的 A 腔,在高温下引起滑油自燃,滑油燃烧产生的高温使中压涡轮轴变软,强度大减造成中压涡轮轴折断,涡轮盘飞转导致轮盘爆破。因此,此两故障的机理是相同的,只是滑油漏入 A 区的起因不同。在遄达 900 中,是固定于轴承座上的滑油短管加工质量不好,出现局部薄弱区,导管出现疲劳断裂引起漏油的。在遄达 1000 中,是中压涡轮轴与中压压气机短轴间的套齿联接器加工有些缺陷,致使工作中,低压涡轮转子向后串移,使高/中压涡轮轴承腔后封严失效,滑油漏入 A 腔的。因此,要采取多项措施,严防滑油漏入 A 腔,才能彻底杜绝类似的故障再次发生。

5 罗·罗发动机还因滑油泄漏引起滑油燃烧使风扇轴折断的故障

1981 年,美国东方航空公司装有三台 RB211-22B 大涵道比涡扇发动机的 L1011"三星"式宽体客机,在飞行中先后出现了三次风扇部件甩出的严重事件(5 月、

8 月及 9 月)。第 1 次,出事的是一台装在机翼下的发动机,其风扇由发动机短舱前甩出,未直接造成机身的损坏,但低压涡轮却因失去负荷而超转,使涡轮叶片飞出,有几片打穿了机翼的一些部位。在其后的两次事故中,涡轮并未损坏。但第 3 次,1 台装在机身尾部中央的发动机的风扇掉入发动机的 S 型进气道,并与管壁撞击而碎裂。一些碎片打断了 4 根飞机液压管路中的 3 根,同时在一处戳穿了飞机增压座舱的舱壁,造成机体较大的损伤。另外,1982 年 12 月在 747 上的 RB211-524C2 中,也出现过这一严重的故障。

在短短 18 个多月时间内连续出现 4 次风扇甩出的事件,这种情况还是罕见的,这在近代航空史上也可算得是少有的重大质量事件。

经过调查后发现,低压转子前轴承处滑油供油量不足是造成风扇甩出的主要原因。在 RB211-22B 设计中,风扇后轴承与中压压气机前轴承装在风扇/中压压气机间的承力框架中的共用轴承座中,如图 7.8.10 所示,采用了共用的滑油供油管对此二轴承供油,造成对风扇后轴承供油不足。由于风扇后轴承润滑不良,开始在轴承上造成轻微损伤,使转子稍有偏转,从而引起滑油封严装置的静止件与转动件相互摩擦,封严间隙加大,导致滑油向外泄漏。泄漏的滑油流入高温腔室,引起燃烧。风扇轴在滑油燃烧的高温下变软,强度降低,在扭矩与风扇向前的轴向力作用下折断,风扇由前方甩出。因此,这四起风扇部件甩出发动机的故障机理同于前述的遄达 900 与遄达 1000 中压涡轮盘非包容爆破故障,均是由于滑油由轴承腔外泄后燃烧使轴变软折断的。由于低压转子上采用了防止飞转的措施,故在这 4 起故障中,低压涡轮盘并未爆破,仅在 1981 年 5 月的事件中,低压涡轮叶片甩出。

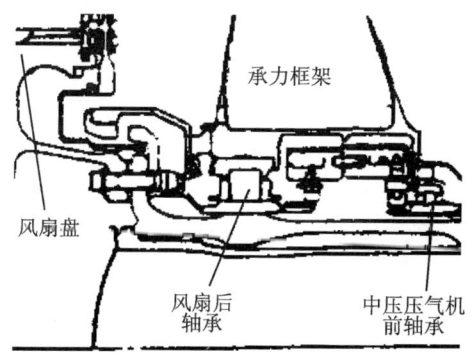

图 7.8.10　RB211-22B 风扇后轴承与中压压气机前轴承共用一轴承座

针对这四起严重故障,罗·罗采取了一系列改进措施,在其后的各型 RB211 及遄达发动机中,再未发生类似的风扇部件甩离发动机的故障(参见本书第 2 版《RB211-22B 再次出现风扇甩出的故障》一文)。

6　严防滑油腔漏油漏气

滑油由轴承腔外泄造成发动机内部着火,引起风扇轴与涡轮轴断裂的故障,在普惠与 GE 公司的发动机中尚未见到有关报道,而罗·罗公司的发动机,在风扇轴断裂(1981 年)后的 20 年又发生中压涡轮轴断裂(2010 年),实属罕见。

普惠公司的发动机却有高温燃气漏入轴承腔造成断轴的事件。它的 JT8D 发动机曾发生过高温燃气由高压涡轮前漏入到 4 号与 5 号轴承腔,造成轴承腔中的滑油着火,引起高压涡轮轴折断的故障。从 1969 年到 1990 年,共发生过这类故障 28 起,其中 5 起是非包容的断轴事故,这也是罕见的故障(参见本书第 2 版《JT8D 发动机油腔着火造成涡轮轴折断故障》一文)。

由这些事例说明,应对轴承腔封严以及相关零组件的设计予以重视,提高加工精度,严格按施工程序的要求进行维修等,以杜绝类似的故障发生。

｜GEnx 发动机的几个重大故障原因分析｜

GEnx 是 GE 公司为 787"梦幻"客机与 747 - 8 客、货机,在 GE90 的基础上研制的新一代大涵道比涡扇发动机。由于采用了高的涵道比(10.0)与高的总压比(45.0),加上采用了最新发展的一些先进技术,使它具有低油耗、低污染与低噪声的特点。其巡航耗油率比用于 A330 的 CF6 - 80E1A4(1990 年投入使用)低 15.4%,比用于 777 的 GE90 - 94B(1995 年投入使用)低 6.9%。但它却在使用中出现了一些重大故障。

锥齿轮共振造成空中停车事件

2016 年 8 月 6 日,捷星航空公司(Jetstar Airways)的一架 787 执行从日本东京飞往澳大利亚黄金海湾的 JQ12 航班,机上载有乘客 309 人、机组 9 人。飞机飞行 2 h 后,机组看到 EICAS(发动机指示与机组报警系统)显示右发 2 号发电机(每台发动机装有 2 台交流发电机)出故障的信息,机组立即断开此发电机与附件传动机匣 AGB 的连接,同时立即起动辅助动力装置 APU,用 APU 的发电机向飞机供电系统供电。约 30 min 后,机组看到了右发滑油油量低与滑油油压低的指示,于是机组将右发关停,然后将飞机用左发飞到 370 km 处的关岛机场,飞机安全着陆,无人员伤亡,是一次空中停车事件。

当打开发动机短舱后,发现发动机下部聚集有大量滑油,在滑油管路中发现大量金属屑末。将发动机拆下后送回 GE 公司检查。在检查中,发现滑油屑末检测器记录中,飞行 1 h 后,屑末探测开始记录屑末数,当飞行员断开 2 号发电机时有 7 个屑末,过了 42 min 后,有 8 个屑末,并发出右发屑末过多警示,再过 4 min 达到 11,且滑油大量泄漏,EICAS 发出滑油压力低与滑油量过低的警示,飞行员关掉发动机,将飞

机用单发飞到关岛降落。

在大涵道比涡扇发动机的附件传动系统中,中央传动部分 IGB 通过传动杆将扭矩传到换向齿轮箱 TGB 中的主动锥齿,通过从动锥齿换向后由水平传动杆将扭矩传到附件传动机匣 AGB 中(图 7.9.1)。这次故障就是换向齿轮箱中的主动锥齿(或称伞齿轮)发生共振而引起的。在检测中,发现换向齿轮箱破裂,其中的锥形齿轮损坏(图 7.9.2),滑油滤被金属屑末堵满,滑油屑末探测器(也称磁堵)上吸满金属屑末(图 7.9.3)。

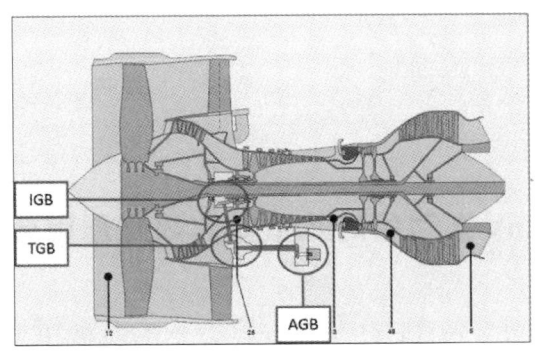

图 7.9.1　GEnx 发动机附件传动系统

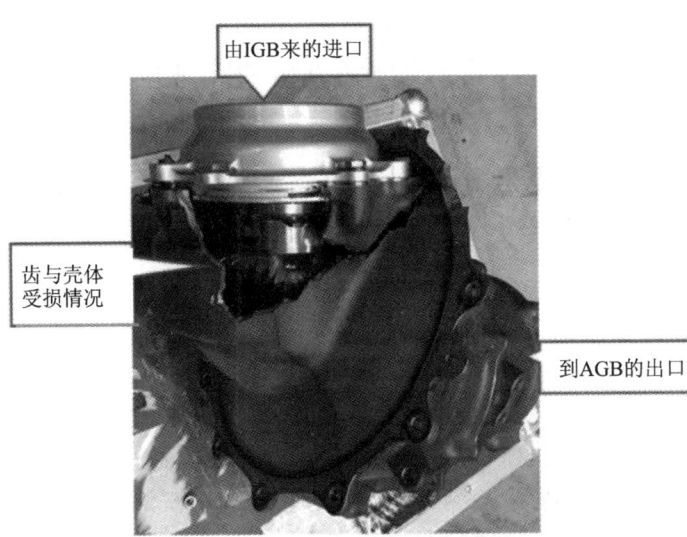

图 7.9.2　换向齿轮箱与锥齿受损情况

通常认为,与一般正齿轮相比,锥齿做得较厚实,不容易出现共振引发的故障,实际上绝大多数发动机中,锥齿也是很少出现共振的,但是这并不能排除在某些特定情况下,出现共振造成严重后果的事件,只要锥齿断裂就会引起发动机空中停车。WP13 发动机就发生过锥齿共振断裂造成空中停车的严重事件。

磁堵上的金属屑末   被金属屑末堵住的滤网

图 7.9.3 吸满屑末的磁堵与被屑末堵住的油滤

捷星航空这次锥齿共振造成空中停车事件并不是 GEnx 的第 1 次,在此之前已出现过 7 次,加上这次共 8 次,确实是令人吃惊;相比之下,GE90 在运行 20 年中由于不同故障造成的空中停车事件仅 4 次,更显出锥齿共振的严重性。早在捷星事件前 5 个月,即 2016 年 3 月 31 日,GE 发布了 SB72 - 0298 服务通报,通报中指出换向齿轮箱中的主动锥齿会出现共振,共振会引起锥齿断裂,能引发滑油泄漏并造成空中停车。为此,对锥齿进行了改型,即在锥齿上加装一个减振环,以减轻共振时的破坏力。在此通报中列出了换用新改型锥齿的时间表(以 2016.03.31 为起点),表中规定换向齿轮箱的 CSN(从开始使用起累计的循环数)为 300 时,在一年内更换;CSN 为 300 到 1 000 时,10 个月更换;大于 1000 时 8 个月内更换。出事的 TGB 只运行了 181 个 CSN,远远低于在 1 年后更换的要求,说明 GE 的处置方案不恰当。捷星公司并未按 GE 的时间表,于 2016 年 11 月将全机队的 TGB 作了更换。

GE 公司的这种拖拉做法实际上是非常不可取的,应该在出现第 1 次事件后,就对外场的发动机更换改进的锥齿,而不是几个月到一年逐步更换。发生故障的锥齿是装在发动机外的换向齿轮箱中,更换锥齿时不需分解发动机,在翼下就可更换,这么容易的处置方法为什么要拖那么长时间,最终造成 8 次同样事件,实在令人不解。

排出锥齿出现共振故障的常用措施是在锥齿上开一环形槽,槽中安放一个减振环,以减小共振时的振幅,例如,GE90 发动机就采用了这一结构(图 7.9.4),GEnx 也采用了这种结构。图 7.9.5 中为锥齿加与不加减振环对共振振幅大小的影响,由图看出加了减振环后,锥齿共振振幅会大大降低。

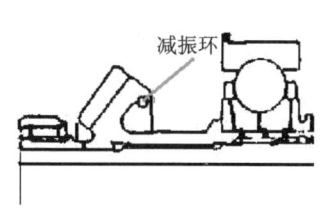

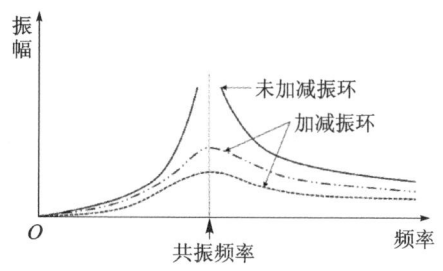

图 7.9.4 GE90 加减振环的锥齿   **图 7.9.5 减振环对锥齿振幅的影响**

低压涡轮轴断裂造成发动机包容故障

2012 年 7 月 28 日,即将交付给印度航空公司的一架 787 飞机在作地面滑行试验时,其所装的 GEnx 发动机发生了一起严重的包容故障,发动机中损坏的碎片未击穿机匣径向甩出发动机,而是由尾喷口轴向喷出,对机翼与机身下部造成了小的碰伤与灼伤,灼热的碎片掉到跑道侧边的草坪中,引起草坪失火,经机场救火队扑灭。

经检查,这是一起断轴故障,即低压涡轮轴(GE 公司称它为风扇中间轴 FMS)从前端紧固螺纹的最后螺纹根部处断裂(图 7.9.6),由于 GEnx 装有防止低压涡轮轴断裂后不会引起涡轮盘超转的措施,所以涡轮盘未破裂,而是在涡轮轴向气动力作用下,涡轮转子向后窜移,工作叶片与导向叶片相碰撞,造成一些叶片破裂,其断片随喷气流轴向甩出发动机。

紧固低压涡轮轴与风扇轴的紧固大螺帽与垫圈仍残留在低压涡轮轴前端。图 7.9.7 示出了低压涡轮轴的断口形貌,可以明显看出无疲劳条带。断口显示出有 2 种故障模式,其一是逐渐开裂,其二是瞬断。表面上 85% 处颜色有异样,表明曾较长时间暴露在外部环境下,是逐渐开裂的,其余是在大应力下突然断裂,这说明轴是先开裂,最后在大应力作用下瞬断的。

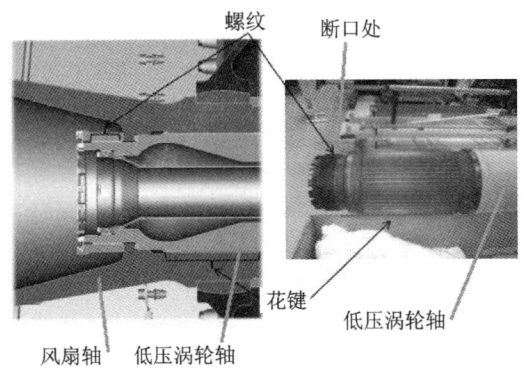

螺纹　断口处　花键　低压涡轮轴　风扇轴　低压涡轮轴

图 7.9.6 低压涡轮轴与风扇轴连接处结构　　图 7.9.7 低压涡轮轴断裂处的断口形貌

低压涡轮轴长 2.4 m,由 GE1014 超强度合金钢制成,此钢的拉伸强度为 1.965 MPa,比 GE90 发动机用的材料(1.84 MPa)约高 7%,其硬度也较高(约为 HRC55),给加工带来麻烦。通过电子显微镜的观测,发现它具有"环境助长开裂 EAC"的特点,说明这种材料对使用环境的影响比较敏感。

这次事件中的发动机工作仅 18 h 16 min,其中台架试车 9 h 21 min,装在飞机上后在地面工作 8h55 min,在这么短时间内,竟然出现断轴事件,实属罕见。据 GE 公司统计,在过去的 10 年中,GE 与 CFMI 约有 25 000 台发动机在使用,工作总时数约 6 亿飞行小时,只出现过 6 次断轴事件。

在此事件发生 6 周后,即 2012 年 9 月 17 日,一架俄罗斯空桥货运公司 ABC 的 747-8 货运机在上海起飞后,其中一台 GEnx 出现了低压涡轮轴断裂的包容故障,与上述故障一致,造成发动机空中停车。飞机在其他 3 台发动机工作下安全返回机场。

经过分析研究,发现断轴是螺纹件的涂料不合适造成的。在以往 GE 公司在受力较大的螺纹上,涂有一薄层铅基的干膜润滑剂 MolyDag 254,装配时,为易于装配,在螺纹上涂有发动机用的合成滑油与油脂。但在 GEnx 中,换用了一种不含铅的新干膜润滑剂 Everlube 9002,装配时用了石墨脂。对两种不同的干膜润滑剂进行了多种试验,在吸收水分的试验中,Everlube 9002 的吸水率比 MolyDag 254 高出 3.5 倍。另外,在塑料罩罩住的潮湿试验台中,对低压涡轮轴的材料进行了 168 次二点弯曲试验,用不同的干膜润滑剂、油脂与合成滑油的组合进行试验。试验中,在高、低不同的应力下,改变试验的湿度,最后有两组试件断裂:采用 Everlube 9002 与石墨脂的试件在 43 天后断裂,而采用 MolyDag 254 与合成滑油的试件在 149 天断裂,两个试件均在较低的静态应力与较高的湿度下失效。对低压涡轮轴的锈蚀试验中,得出:未用干膜润滑剂的 GE1014 其锈蚀率比采用 Everlube 9002 的 GE1014 的低。这些试验说明采用 Everlube 9002 干膜润滑剂是发生这次事件的原因。随后,GE 公司发展了一种超声扫描检测低压涡轮轴螺纹处是否有开裂发生的方法,对所有在使用中的以及在库存中的全部 GEnx 的低压涡轮轴进行了检测,检测中还真的发现了一台发动机的低压涡轮轴在螺纹后端处有类似的裂缝,这台发动机虽然已装到一架 787-8 飞机上,但还没有进行飞行,避免了一次可能的重大故障。

此后,国家运输安全局 NTSB 向 FAA 发布了 2 项紧急建议:① 发布一项适航指令,要求对于那些所有尚未用超声检查过低压涡轮轴的 GEnx-1B 及 GEnx-2B 发动机在进一步飞行前,对低压涡轮轴进行超声扫描检查。② 要求用户经常对该轴进行检查,以查明是否存在快达到临界裂纹长度的裂纹。为此,FAA 发布了 AD-2012-19-08 适航指令,指令中要求对低压涡轮轴进行初始的与以后重复的超声波检查,以确定轴上是否有裂纹存在。

GE 公司已经取消了使用 Everlube 9002 及石墨脂,改回到以前用的 MolyDag 254 与合成滑油,并且根据 FAA 适航指令的要求,规定每工作 100 小时对该轴进行超声波检查。

高空飞行中冰晶在发动机内结冰

GE 公司于 2013 年底宣布,GEnx 当年发生过 9 次在高空中吸入冰晶(ice crystal)引起推力损失事件,所有这 9 次事件均发生在热带及亚热带的高度为 12 000 m 左右的高空中,空气洁净且无云,也不在雷暴区内,不仅飞行员看不出大气中有冰晶存在,气象雷达也不能测出。

高空中的冰晶大小与面粉相当,其直径约为 40 μm,通常在强烈的对流雷暴区附

近形成,强烈的对流雷暴区面积相当大,直径约为 645 km。邻近雷暴区的上空,有时大气温度会突然上升,这会使空气变潮,潮湿空气中的水在被零下 30～40 ℃的空气作用下,形成微小的冰粒,这种小的冰粒即是冰晶。NASA 称,冰晶会从主风暴区飘移到 56 km 以外。

通常,飞机穿过雷雨区时,雨水撞击到温度较低的飞机表面上,立即在飞机表面上结冰,可是冰晶在发动机内部结冰的过程,与其不同。当冰晶吸入发动机核心机后,撞击到温度较高的高压压气机后几级静子叶片时,冰晶被融化,被融化后的水分被随后流入的冷空气作用下,在静子叶片周边结成冰层,如图 7.9.8 所示。静子叶片结冰后,一者堵塞了气流通道,影响压气机及发动机的正常工作,推力会短时下降,约 20 sec 后推力恢复到原值,有时还会引起发动机喘振;另外,冰块从叶片上脱落后,会对其后的工作叶片、燃烧室甚至涡轮叶片造成二次损伤。

2013 年 7 月 31 日,俄罗斯空桥货运公司(Air Bridge Cargo)的一架 747 - 8HVF(装 4 台 GEnx - 2B67)货机执行莫斯科-中国香港-芝加哥任务途经成都附近上空约 12 000 m 高度飞行时,在黑夜中为避开雷暴区而绕行,却误入看不出的且气象雷达也未发现的含有冰晶的空域,空气温度在 86 sec 内上升 20 ℃成为- 34 ℃,飞机在这一"高温区"穿越约 20 min 后,由于发动机吸入冰晶,冰晶在发动机核心机中结冰,引起 2 号发动机喘振停车,但随后自动重新起动,推力恢复到原值;1 号发动机转速下降 70%且未恢复到原值。飞机到中国香港降落后,对 4 台发动机进行分解检查,发现 1、2 与 4 号发动机高压压气机 8、9 级中均有多片叶片被冰块打坏,见图 7.9.9。这是一次比较典型的高空吸入冰晶造成发动机出现损伤的事件。

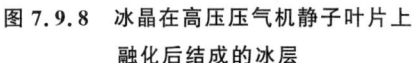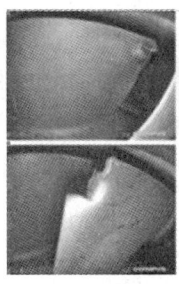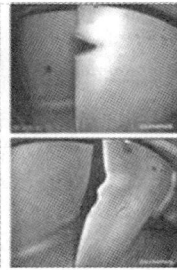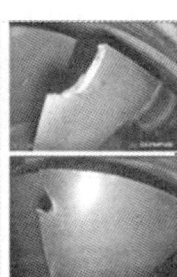

图 7.9.8　冰晶在高压压气机静子叶片上　　　图 7.9.9　高压压气机后几级叶片
　　　　　融化后结成的冰层　　　　　　　　　　　被冰块打伤的情况

2013 年 11 月 22 日,波音公司发布安全警告,称由于 GEnx 发动机存在冰晶结冰风险,建议 747 - 8 和 787 型两款飞机在飞行时避免靠近雷暴区。声明称,为了减少结冰的可能,建议飞行员驾驶航班时应与雷暴最少保持 50 海里的距离。随后,美国 FAA 正式警告运营配装 GEnx 发动机的 747 - 8 和 787 飞机的运营商避免进入冰晶结冰区域,FAA 还命令 GEnx 发动机运营商检查在飞行员无意进入结冰区情况下的所有发动机。

　　GE 公司提出了一项对发动机全权数字控制系统（FADEC）进行软件更改的措施。新的软件能够探测出移向发动机核心机的冰晶。一旦有冰晶进入发动机，FADEC 将命令位于增压压气机后的可调节放气阀门（图 7.9.10）打开，以便将冰晶排到外涵道，不会对发动机核心机有影响。此项改进在 2014 年 3 月完成。大涵道比涡扇发动机在增压压气机后转弯处，大都装有可调节的放气阀门，起飞时打开，将可能进入发动机核心的砂石冰块等甩到外涵，起飞后此阀门关闭，GE 公司利用此阀门来放出冰晶。罗·罗公司最新的发动机遄达 XWB 中，在分流环内通可控的热空气，当察觉到可能有冰晶时，通热空气来以将进入核心的冰晶融化，见图 7.9.11。

图 7.9.10　GEnx 设在增压压气机后的可调放气阀门　　图 7.9.11　遄达 XWB 分流环引入热空气

风扇叶片结冰 冰块脱落造成空中停车

　　2016 年 1 月 29 日，日本航空公司 JAL 的一架 787 在执行由温哥华开往日本东京的 JL17 航班任务，当飞机距成田机场约 160 km 时，飞机已降低高度到有结冰条件的 6 080 m 时，突然 2 号发动机停车，且无法再次起动，驾驶员用单发将客机在 1.5 h 后安全降落在成田机场，无人员在此事件中受伤或死亡。

　　经检查分析，飞机穿过 6 080 m 时，风扇叶片结冰，当积累在叶片上的冰块较厚而脱落时，造成风扇转子不平衡，叶尖与机匣内的耐磨层相碰蹭，引起极大的振动，使发动机多处受损，导致发动机停车，且无法再次起动。

　　装在 JAL 这架飞机上的 2 台发动机中，2 号发动机是 GEnx-1B PIP2，而 1 号发动机是 GEnx-1B PIP1，PIP2 是在 PIP1 的基础上减小风扇叶尖间隙等降低油耗的性能提高型。由于风扇叶尖间隙小了，引起在结冰条件下，风扇叶尖与机匣相磨蹭，最终造成空中停车，在相同飞行结冰条件下，1 号发动机中，风扇叶片也有结冰，冰块脱落后未造成叶尖与机匣相碰蹭，发动机中只有微小的损伤而没有空中停车，说明这次 JAL 空中停车事件是由于风扇叶尖过小造成的，而且也说明 PIP2 的提高性能的改型是不成功的。

　　FAA 考虑到如果 JAL 这次事件的飞机上装有 2 台 PIP2，可能会造成双发停车，那就非常严重，因此在 3 月份颁发了紧急适航指令，要求 GE 尽快对 PIP2 采取措施，消除隐患，并对装有 2 台 PIP2 的 787，须在 9 月底前完成发动机的修复。受此指令

的影响,涉及美国43架787,全球则有29家航空公司的176架787。

　　3月11日,GE公司发布了1份服务通报,宣称将采取用专用磨具,磨削风扇机匣内与风扇叶尖对应的耐磨层金属,磨掉2.54 mm的方法来增加叶尖间隙,每修复1个风扇机匣用时16 h,修理时发动机不需从飞机上拆下,相当于飞机的A检,这样不会对航空公司的飞行计划造成大的麻烦。截至4月中旬,已经完成30架飞机的发动机修复。

　　GE公司宣称,已向787用户交付了460台GE nx - 1B PIP2发动机,将按FAA的指令在10月1日前,完成所有装2台PIP2发动机的787中的1台发动机修复工作,即从10月1日那天起,787飞机中没有装2台PIP2的飞机了。

　　4月22日FAA又颁布了一项将于5月9日生效的适航指令,要求波音公司修改787飞机飞行手册,加入新的如何处理风扇结冰的程序,以减少风扇冰块脱落带来损坏发动机的可能性。即在3 800 m以上飞行时,当驾驶员怀疑风扇结冰或指示灯指示结冰时,要求驾驶员每5 min一次,短暂地增加发动机转速,即将油门推到最大时的85%,以避免冰在风扇叶片上积累过多。

结束语

　　用于787"梦幻客机"的GEnx发动机于2011年底投入使用,至今不到8年时间,却出现了如本文所述的几个影响较大的故障。这一方面再次说明航空发动机工作条件十分恶劣,发动机在工作中会遇到各种挑战,稍有不慎,就会出问题。另方面,再次证明在研制发动机时,要处理好性能与可靠性间的矛盾,不能仅仅从提高性能方面考虑,GEnx从PIP1升级到PIP2遇到风扇叶片冰块脱落造成空中停车的事件,就说明了这一点。

| GP7200 飞行中风扇部件甩离发动机重大故障 |

　　2017 年 9 月 30 日,一架拥有 4 台 GP7200 发动机的 A380 大型客机(属于法国航空公司)执行巴黎至洛杉矶的 AF66 航班,机上载有乘客 497 人,乘务人员 24 人。

当飞机飞越格林达岛上空时,在帕缪特东南方 150 km 处,飞机上的 4 号(右外侧)发动机的风扇大部部件包括发动机进气道甩离发动机(图 7.10.1),风扇等部件甩离发动机时,未对飞机结构造成损伤,飞机在其余 3 台发动机推动下,平安降落在加拿大的鹅湾空军基地的机场,机上 521 人无一人受伤。由于鹅湾机场是军用小机场,机场容纳不了这么多天上来客,乘客只能待

图 7.10.1　A380 右外侧发动机损坏情况

在 A380 飞机中,直到次日清晨法航派来迎接他们的客机,将他们送往洛杉矶。这次故障被称为 AF66 事件。

　　GP7200(图 7.10.2)是由普惠公司与 GE 公司按 50%:50% 比例合资组成的发动机联盟,在采用了 777 的 PW4084 与 GE90 发动机的部件基础上发展而成的,其额定推力 320 kN(为 72 000 lbf),两家公司的分工是:普惠负责风扇、5 级增压压气机、附件传动装置及 6 级低压涡轮,GE 公司负责 9 级高压压气机、2 级高压涡轮、低污染单环腔燃烧室与 FADEC。有 60% 的 A380 采用 GP7200,其余 40% 采用罗·罗公司的遄达 900 发动机。

　　GP7200 于 2006 年初取得 FAA 的适航证,2008 年用它作动力的 A380 投入航线使用。出故障的发动机已工作 3 527 循环。图 7.10.3 示出了故障发动机残留的

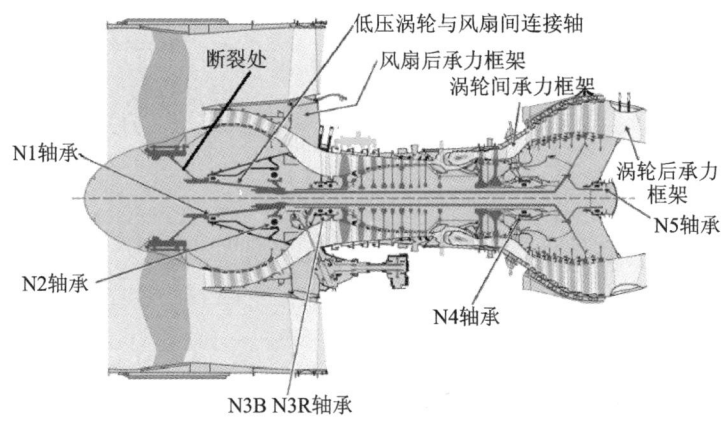

图 7.10.2　GP7200 发动机

部分,由图 7.10.3 看出飞机的进气道、发动机的进气机匣、包容环、带叶片的风扇轮盘全部丢失,风扇出口导叶、分流环、增压压气机等仍保留在发动机中。由于风扇后锥轴出现环形裂纹而导致后锥轴断裂(图 7.10.2 中示出了断裂部位),造成带风扇叶片的风扇转子前移坠离发动机,在风扇转子前移与坠落过程中,将包容环、进气道等从发动机上撕扯出去并坠离飞机。整个风扇部件甩出发动机后,由于低压涡轮设有防止当传动风扇的传动轴断裂时,低压涡轮转子不会超转的安全设计,因此没有造成低压涡轮转子破裂的故障,对飞机结构未造成二次损伤。

图 7.10.3　风扇及进气道甩离后的发动机外

在一般故障分析工作中,找到关键的残骸是首当其冲的,AF66 事件发生后急需找到风扇转子残骸就成为一项至关重要的工作。按照国际惯例,飞机出现重大故障后,故障的调查分析工作由事件发生地所在国家、航空公司所在国家、飞机及发动机生产国家的适航部门以及飞机与发动机生产厂家等共同参与调查分析工作。参与寻找 AF66 残骸工作的部门有:丹麦与格林达地质斟探局 GEUS(格林达岛是丹麦王国的属地)、丹麦事故调查局(AIB DK)、法国航空事故调查局(BEA)、荷兰奥尔胡斯大学与冰岛搜寻与营救团队等,由法国 BEA 统筹领导搜寻残骸与分析工作。

BEA 根据飞机黑匣子的数据,确定了飞机飞越格林达岛上空的飞行轨迹,并划定了残骸可能坠落的地区,其面积约为 120 km^2,这个地区是荒无人烟、被冰雪覆盖且气温特低的地带,坠落的残骸很快就被冰雪覆盖,难以用目视探测到。

随后,GEUS 利用先进的设备,在一年多的时间内,历经艰辛,克服多种困难寻找风扇转子残骸。

首先,由一架私人公司的达索猎鹰 20 小飞机,在 2018 年 4 月间装上由法国宇航实验室发展的一套合成孔径雷达系统 SAR,飞行搜索 3 次后,确定了残骸可能隐藏的区域,约 3 km×5 km 即 15 km² 的范围。

GEUS 于 2019 年 3 月下旬开始在冰面上进行探测与寻找工作,他们采用了两种在冰面上探测深埋在冰层下面残骸的设备。其一是由荷兰奥尔胡斯大学水文地球物理研究所,根据通常用于测定地下水流流动情况的瞬态电磁仪 TEM,装在由机动雪橇拖动的雪橇上(图 7.10.4),在冰面上移动,探测冰面下的情况,称之为 SnowTEM。

图 7.10.4　SnowTEM

其二是由极地设备研究所发展的一种装有探地雷达的机器人平台,称为 Frosty-Boy 的设备(图 7.10.5),这套设备虽重 200 kg,但它在行走中给冰面的压力却很小。

利用这两套冰面上能移动的探测设备,在已被划定的 15 km² 范围内来回探测,历时 13 周,其中 7 周工作组居住在 −35 ℃、风速达到 25 m/s 的大风下甚至在 32 m/s 狂风下、在北极熊出没的冰盖上的露营帐篷中(参见图 7.10.5),而且冰盖上处处有大小不同的裂隙,探测工作条件十分恶劣。最终于 6 月 29 日探测到残骸的位置,用了两天时间将深埋在冰盖下 4 m 深处的风扇转子残骸挖掘出来(图 7.10.6)。

图 7.10.5　FrostyBoy

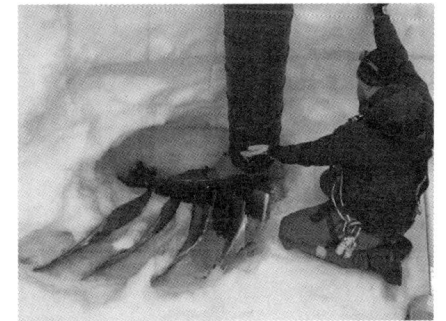

图 7.10.6　在冰盖下 4 m 处发现风扇转子残

2019 年 7 月 1 日法国航空事故调查局 BEA 宣布,在 AF66 事件发生近 20 个月后,在格陵兰冰盖之下 4 m 深处,终于挖出了这个重约 150 kg、体积为 1 m³ 大小的风扇转子残骸。

随后这件残骸立即送往发动机生产单位-发动机联盟。在 BEA 的监督下,发动机联盟对钛合金的风扇轮盘进行了全面检查。2019 年 8 月初,BEA 声称,检查发现,在轮盘装叶片的榫槽中间位置的底面有一表面下的疲劳裂纹起始点,轮盘在此处出现开裂,且断裂仍在继续发展。与此同时,发动机联盟宣布所有 A380 采用 GP7200 发动机的用户,要立即开展对发动机风扇部件的检查工作。

紧接着在 8 月 17 日美国 FAA 发布了适航指令,要求对用于 A380 的 GP7200 风扇轮盘榫槽槽底及榫槽前缘采用涡流检查仪检查是否有裂纹,同时目测整个风扇转子是否有损伤。这个适航指令从 2019 年 8 月 30 日生效,要求到 2020 年 9 月 1 日全部完成。随后,8 月 23 日欧洲航空安全局 EASA 也发出了类似的适航指令。

目前,发动机联盟尚未公布详尽的故障分析报告,有关故障的根源等尚不清楚,一般完整的故障分析报告有时需一两年才能发布,但是按发动机联盟对用户的要求,以及 FAA 适航指令的要求来看,GP7200 的风扇轮盘的确存在严重影响飞机飞行安全的重大故障隐患。

FAA 在发布适航指令的同时,还讲道为了对风扇转子进行检查,需将整个风扇部件从发机上拆下,甚至需更换风扇转子部件,其费用每台发动机约为 79 万美元,一架 A380 有 4 台发动机,为完成适航指令的要求,每架飞机将耗资三百多万美元。为找到 GP7200 故障残骸件,经过近两年的时间,历经艰辛,采用多种搜寻装置,终于找到了将避免重犯重大故障原因的残骸,这在众多的航空发动机故障分析工作中实属罕见,其做法与精神值得我们借鉴。

| 遄达 1000 发动机严重故障频发 |

遄达 1000 发动机

遄达 1000 是罗·罗公司为 787 "梦幻" 客机研制的高涵道比(11)与高总压比(51)、低油耗与低污染及低噪声的新一代发动机。为了满足 21 世纪"绿色航空"的要求,遄达 1000 是罗·罗公司遄达系列发动机中较新型号,它不仅继承并发展了遄达系列发动机的设计,采用了其研制与使用中的经验与教训,而且还采用了最新发展的一些先进技术,使得遄达 1000 不仅性能达到较高的水平,而且研制周期短。2004 年 4 月 6 日,波音公司宣布 787 选用了 GE 公司的 GEnx 与罗·罗公司的遄达 1000 作为其动力后,遄达 1000 开始了研制工作,首台遄达 1000 于 2006 年 2 月 14 日进行了地面台架试车,2007 年 6 月 18 日完成了飞行台(747 - 200 改装)的飞行试验,2007 年 8 月 7 日取得美国 FAA 与欧洲航空安全局 EASA 的联合适航证。2011 年 10 月 26 日日本全日空 ANA 的 787(装遄达 1000 发动机)进行了首次商业飞行,到 2017 年 7 月共有 550 架 787 在航线上运营,其中 213 架使用遄达 1000 发动机。

遄达 1000 如图 7.11.1 所示,由单级风扇、8 级中压压气机、6 级高压压气机、单级高压涡轮、单级中压涡轮与 6 级低压涡轮组成。为满足三型 787 的推力要求,并考虑飞机今后发展的需要,发动机设计推力范围为 236 kN(53 000 lbf) ～370 kN(70 000 lbf)。

遄达 1000 虽如上所述发展基础好,是沿用了遄达系列型号衍生发展而来的,而且又采用了许多 21 世纪发展的新技术,但是在取得适航证之前及使用中,却发生了多起严重故障,令人难以置信。

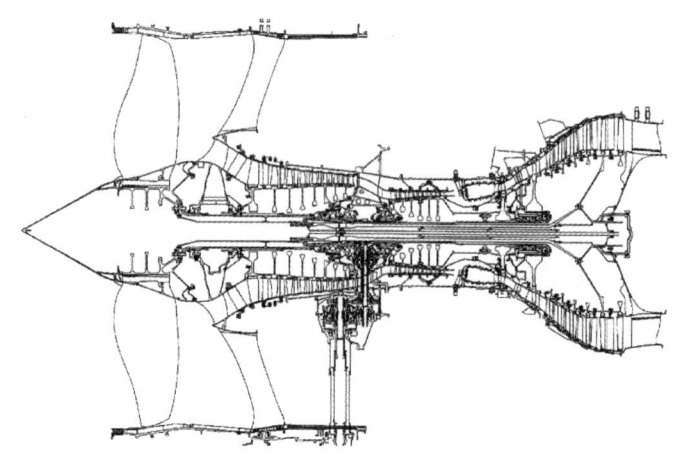

图 7.11.1　遄达 1000 发动机

中压转子联轴器失效造成中压涡轮盘非包容故障

在遄达 1000 还未交付使用前的 2010 年 8 月 2 日,遄达 1000 在罗·罗公司的室内 58 号试车台试车时,由于发动机内部滑油燃烧,造成中压涡轮轮盘非包容的严重故障,轮盘断块击穿机匣,打坏了台架的一些设备。由于出了这次重大故障,使 787 的交付时间已一再延误后的情况下,再一次延后。3 个多月后,同样由于发动机内部滑油燃烧造成中压涡轮轮盘非包容故障,在 A380 的遄达 900 上发生了,当时飞机共载有 466 人由新加坡飞往悉尼,破裂的多个轮盘断块击穿机匣,打坏了飞机许多构件、管道与导线,在驾驶员的精心操作下,才使得这架损坏得惨不忍睹的飞机安全着陆,谱写了一曲英雄赞歌,这就是航空史上有名的 QF32 航班事件。

遄达 1000 是在遄达 900 的基础上衍生发展的,同一公司研制的兄弟两型发动机,基本上在同一时间内,发生了同样的严重故障,这在航空史上也属罕见。事后罗·罗公司发表声明宣称,两起故障后果虽然相同,但起因不同:遄达 900 是由于一个滑油短管制造不佳造成管壁厚度不均,最薄处仅 0.35 mm(设计值为 0.91 mm),工作一段时间后疲劳断裂,滑油由裂缝处喷出,在高温气体的影响下自燃,燃烧的高温火焰使中压涡轮盘后的承力环与中压涡轮轴连接处失去强度而断开(参见图 7.11.2),中压涡轮与中压压气机断开,中压涡轮在高温燃气的作用下,转速迅速上升达到飞转,轮盘在极大的转速下破裂,断块则在极大的离心力作用下击穿机匣甩离发动机。对于遄达 1000 的事件,罗·罗公司开始并未作更多的说明,由于它还未投入航线使用,因而适航部门并未介入对此事件的调查。

可是,恰巧在此时,美国 FAA 正准备批准 EASA 的一个有关用于 A380 的遄达 900 中压转子刚性联轴器的适航指令,该指令中指出,在分解遄达 900 时,发现多台发动机中压转子刚性联轴器(中压涡轮轴与中压压气机后轴连接处)的套齿端面,磨

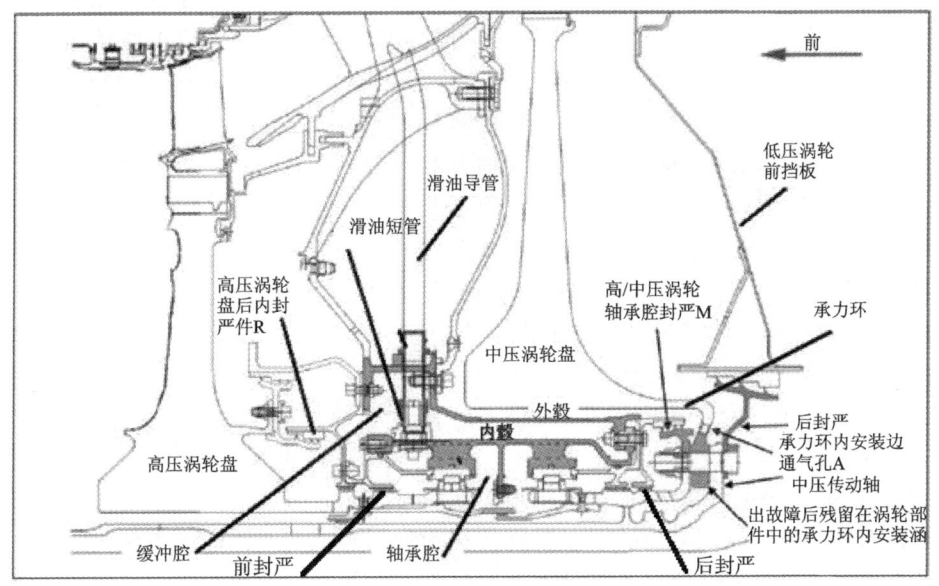

图 7.11.2　遄达 900、遄达 1000 高、中压涡轮间承力框架结构

损量超出规定值。罗·罗公司才承认遄达 1000 的事件,也是由于刚性联轴器套齿端面磨损量过大,引发滑油自燃造成的。

刚性联轴器套齿端面在工作中磨损量过大后,会使中压涡轮转子后移,由图 7.11.2 可见,移动量大时,会使轴承腔两端封严篦齿的转子、静子间错开,使两端篦齿封严均失效,造成高温气体由前篦齿处窜入轴承腔,使腔中滑油在高温下自燃,燃烧后的高温燃气由后封严处逸出,使中压轮盘后的承力环与中压涡轮轴连接处失去强度而断开,其后就与遄达 900 中一样,中压涡轮飞转,轮盘破裂,断块在极大的离心力作用下击穿机匣,打坏试车间的设备。与遄达 900 一样,遄达 1000 在中压转子上也没有安装防止轴断后使中压涡轮不会超转的安全设计。

一般套齿式的刚性联轴器中,均要用大螺母将两个轴牢牢连接在一起,遄达 1000 中,估计拧紧力不够,在涡轮向后作用力作用下涡轮轴向后移,造成螺母端面与套齿端面间出现缝隙,两端面相对摩擦,随着工作时间的增长,磨损越来越大,造成涡轮轴向后窜移量过大,最终导致涡轮盘破裂甩出发动机。

刚性联轴器套齿端面磨损不仅在遄达 1000 中出现,而且在遄达 900 中多次出现,说明是设计中对它的受力状态分析不足,因此设计的螺母拧紧力矩不够所造成的。

换向齿轮箱故障使 ANA 停飞五架 787

2012 年 7 月 21 日,日本全日空航空公司 ANA 接到波音公司通知,由于 787 飞

机的遄达 1000 发动机换向齿轮箱存在腐蚀隐患,而该隐患可能导致发动机停止运转。该公司的 11 架 787 中,有 5 架受到影响,因此停飞了该公司正在运营的 5 架 787,等待罗·罗公司来更换该部件。

遄达 1000 的附件传动系统由中心传动部件、径向传动轴、换向齿轮箱、横向传动轴与附件传动机匣组成(图 7.11.3)。径向传动轴不直接与附件传动机匣相连(很多发动机采用),而是通过装在发动机机匣外的换向齿轮箱(TGB)再通过横向传动轴驱动附件传动机匣的,这是大涵道比涡扇发动机中普遍采用的设计。因此,当换向齿轮箱出问题后,很容易在外场更换。

在罗·罗公司对遄达 1000 进行地面试车中,换向齿轮箱中的锥形齿轮由于腐蚀造成损坏,造成发动机停车。此齿轮箱是由美国汉胜公司生产的,欧洲航空安全局 EASA 当即发

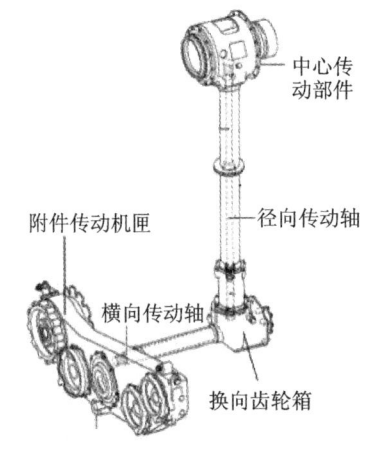

图 7.11.3 遄达 1000 附件传动系统

表了 AD No. 2012 - 0137 - E 紧急适航指令,指令中指出,在经过调查分析后得出由于锥形齿轮在加工过程中,有一批产品在某些工艺上进行了改动造成了零件的腐蚀,因此要求将装有该生产批齿轮的换向齿轮箱由发动机换下,共有 17 台发动机受到影响,包括 ANA 的 5 架 787(在更换了齿轮箱后,已于当年 7 月 30 日恢复飞行)。

汉胜公司发言人称,这批齿轮在加工中改变了化学腐蚀工艺(chemical etching process),原来希望能改进产品质量,但在试车中却出现了腐蚀问题,只得恢复原来的制造过程。

中压压气机工作叶片断裂

2016 年 11 月 26 日,一架载有 357 人的斯库特(Scoot)航空公司的 787 - 9 执行由悉尼开往新加坡的航班任务,在悉尼起飞爬升过程中,驾驶员根据座舱指示仪表发现右发即 2 号发动机低压转子振动值过大,但仍在规定范围内,当飞机转入水平飞行时,振动值变小,但驾驶员仍然关注振动值的变化,当时预感到右发可能有问题。当飞机飞到新加坡机场降落时,机组成员听到很大的一个"嘭"声,同时发现右发已自动停车,在 EICAS(发动机指示及告警系统)屏幕上出现"ENG TURB DAMAGE R",表明右发涡轮已经损坏。有乘客反映发现发动机尾喷管喷出火焰,但副驾驶员到客观察发动机时未发现火焰。随后飞机单发工作下安全降落,无人员伤亡,因此将此次故障定为是"事件(incident)"。右发已工作 7,196 小时/1797 循环,经返修后工作 378 小时/79 循环。事件发生后,新加坡运输安全调查局(TSIB)负责了这次故障的调查工作。

经地面维护人员检查发现:中压压气机第 1 级工作叶片及可变进口导流叶片中各有 1 片丢失,在发动机气流流道中有许多碎片,多个风扇叶片前缘有轻微的撞击痕迹,5 片风扇叶片尾缘有明显的撞击损伤。左发及飞机未查出受损现象

在维修车间分解发动机后,发现在中压压气机第 1 级除丢失一片叶片外,还有 7 片叶片在叶片根部榫头侧面处有裂纹,见图 7.11.4。裂纹是由后向前发展的,长度为 30.5 mm,见图 7.11.5。

图 7.11.4　中压压气机第 1 级

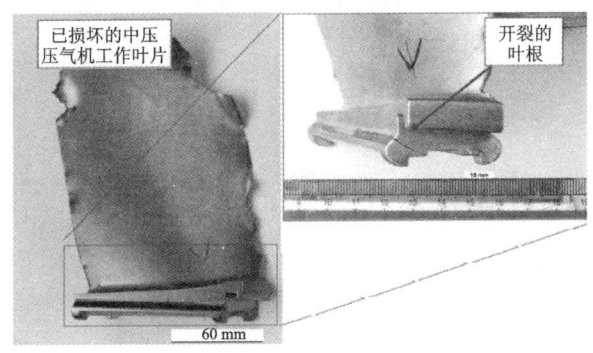

图 7.11.5　工作叶片叶根处产生的裂纹

在 7 片有裂纹的叶片任意挑出 3 片,将裂纹打开进行显微镜的检测,发现这 3 片叶片中,疲劳源在距叶根后端面 1.5~2.0 mm 处。

中压压气机中,2~6 级叶片均被掉下的叶片断片打伤(机械损伤),6~8 级叶片还被钛火烧伤(着火损伤),见图 7.11.6。在高压压气机中,所有叶片的叶身均被打掉,仅在转子上留有叶根的残骸,见图 7.11.7。对这些损伤进行分析后,认为这些损伤不是由进入发动机的外物打伤的。

所有中压压气机第 1 级工作叶片榫根与榫槽接触的表面上均有明显的磨蹭痕迹,如图 7.11.8 所示,且中间磨蹭痕迹较深(图 7.11.8 中黄线圈中)。磨蹭痕迹的深度及严重程度在叶根出现裂纹或没有出现裂纹的叶片中没有明显的差异。磨蹭痕迹是在发动机发生振动时,叶片榫根与轮盘榫槽间相互摩擦产生的,估计是装配间隙不

1级
叶片卸掉
露出叶片榫槽

2~5级
机械损伤

6级
机械与着火损伤

7~8级
着火损伤

图 7.11.6　中压压气机转子受损情况

高压压气机工作
叶片残留物

图 7.11.7　高压压气机转子中仅剩有残留的叶根

合适造成的。

对中压压气机第 1 级工作叶片榫根应力值进行核算,发现应力最大处接近裂纹起始点。

在发生这次事件时,已有多台同型号的发动机在罗·罗公司的维修车间

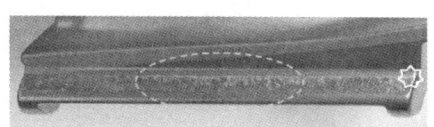

图 7.11.8　叶片榫根接触面上的磨蹭痕迹

进行过大修,为此,罗·罗对 9 台已修过的发动机进行检查,结果发现有一台发动机的中压压气机第 1 级工作叶片中有 2 片有裂纹,另外两台发动机中各有 1 片有裂纹,这说明中压压气机第 1 级工作叶片榫根在设计与制造中肯定存在问题。

在这次事件(2016 年 11 月 26 日)后,又发生了两起类似的故障,即:2017 年 6 月 10 日同一航空公司的一架 787 的发动机,发现一片中压第 1 级工作叶片丢失;2017 年 7 月 27 日还是这家航空公司的 787 在爬升过程中,中压压气机 1 级工作叶片出现故障,发动机停车后飞机安全降落。

显然,中压压气机第 1 级工作叶片榫根处产生裂纹是一起多发的故障,有些现象尚需罗·罗公司做深入的研究分析工作,例如裂纹的产生是设计有缺陷还是生产过程中有某些不当之处。另外,飞机在爬升及巡航时低压转子振动不正常的原因以及

裂纹产生和低压转子振动有什么内在联系等,都需作进一步分析研究工作。

罗·罗公司在与新加坡 TSIB 共同进行初步研究分析后,采取了以下的临时措施:由于发动机装在机翼下时,用孔探仪无法查到中压压气机第 1 级工作叶片榫根处是否有裂纹,罗·罗公司发展了一套超声探测设备来检查裂纹,并于 2017 年 8 月发布了(NMSB)72 - AJ814 通告,要求用户在检查未发现裂纹时,再使用 200 飞行循环后再作一次检查,但适航当局为安全起见,要求用户将 200 飞行循环缩减至 130 飞行循环。

最后,新加坡 TSIB 建议,罗·罗公司对遄达 1000 的中压压气机 1 级工作叶片防止裂纹的发展在设计上开展工作(RA - 2017 - 034 建议),欧洲航空安全局 EASA 也有相同的要求。2018 年初,罗·罗公司已按 TSIB 的建议,重新设计了中压压气机第 1 级工作叶片。

中压压气机封严环损坏

2016 年底,一架用遄达 1000 作动力的 787 在起滑跑中,当速度达 110～120 m/h 时,驾驶员察觉到一台发动机出现异常现象,于是拉停了该发动机,将飞机返回到登机口。经地面人员对发动机进行检查,发现是中压压气机封严环前端损坏。事后罗·罗公司称,在其他发动机中也发现了多起这一故障,因此发布了服务通报,要求用户用孔探仪对此处进行检查。EASA 认为此部件的损坏,会造成发动机空中停车,影响飞机飞行安全,除要求罗·罗公司修改设计,还发布了 AD No. 2017 - 0017R2 适航指令,要求航空公司在装机状态下,用孔探仪检查此处。随后美国联邦航空局 FAA 也发布了类似的适航指令。由于发现此故障即时,并迅速采取了预防措施,幸未造成飞机停飞事件。

中压涡轮工作叶片腐蚀断裂故障在多家航空公司出现

2016 年日本全日空(ANA)航空公司的 787 遭受了 3 次遄达 1000 中压涡轮工作叶片腐蚀断裂的重大故障,分别是二月一架由东京飞往吉隆坡、三月一架由河内飞往东京的国际航班及八月一架由东京飞往福冈的国内航班,三次事件中飞机均安全着陆无人员伤亡。全日空是 787 的首家用户,共拥有 50 架 787,所用发动机均为罗·罗公司的遄达 1000 发动机。

在三次事件后,罗·罗公司称由于中压涡轮工作叶片的涂层早于预定的寿命而脱落掉块,使工作叶片直接与高温燃气接触,遭受到硫的腐蚀而断裂。为此,罗·罗公司更改了设计,计划用三年时间对 ANA 的 50 架 787 的 100 台发动机的中压涡轮工作叶片更换新设计的叶片,新设计的叶片已于 2016 年底完成。

在这三次事件后,由于要更换叶片使飞机停飞,造成全日空取消了 300 多个航班,为此罗·罗公司仅为前面 9 个取消的航班就向 ANA 支付了 53 万美元补偿金。

当时英国证券公司 Liberum 分析师就表示罗·罗公司不太可能在遄达 1000 发动机上挣到钱,特别是 ANA 的 787 遄达 1000 的故障事件,更是使得这一"钱景"越发渺茫。

罗·罗公司在全日空事件后,并未发觉事态的严重性,曾有人提出全日空出现的问题会不会在其他公司的飞机中出现,罗·罗公司发言人称,"出现的问题只限于全日空机群中的一小部分,我们正紧密地与全日空合作解决这些问题不会对航班造成更大冲击"。但事与愿违,随后,多家航空公司用遄达 1000 为动力的 787 接连不断地出现中压涡轮工作叶片腐蚀断裂的事件。更为严重的是,由于罗·罗公司缺少中、低压涡轮工作叶片备件,不能及时为故障发动机提供更换叶片,也没有足够数量的备用发动机为受影响的飞机拆换发动机。航空公司的 787 遄达 1000 发动机只要出现类似故障,飞机只能趴地停飞,有的公司只能抽调其他型飞机来完成 787 原定的航班任务。

就在 ANA 出事的几周后,英国维珍大西洋航空公司的 787 出现了类似事件,使该公司取消了一百多个航班。

ANA 事件后的一年即 2017 年下半年,像多米诺效应一样,多家航空公司先后出现了受遄达 1000 发动机的影响而停飞 787 的事件。当时全球有 213 架装遄达 1000 发动机的 787,其中 101 架为亚太地区用户所拥有。

先是 7 月泰航停飞了 6 架机群中的 4 架 787。泰航的 6 架 787 平均使用寿命仅 2.6 年。泰航停飞 787 后,星空联盟与罗·罗公司就停飞造成损失的赔偿开展了会谈。

到了年底,数以万计的旅客在圣诞节与新年间的出行由于多家航空公司取消由 787 执行的航班而受到影响。

英航取消了在圣诞节与新年中由伦敦飞往卡塔尔的多哈、美国的圣荷西与阿联酋的迪拜的多个航班。

12 月 6、7 日两天内,新西兰航空公司的两架 787 由于遄达 1000 发动机出现严重故障均返回奥克兰机场,并造成大量航班取消。

6 日一架由奥克兰飞往布宜诺斯艾利斯的 787 起飞后驾驶员感到一台发动机工作不正常,在发动机未停车下返回奥克兰,无人员伤亡。随后,该飞机还继续执行航班任务。

7 日晨,另一架 787 执行由奥克兰飞往日本的 NZ99 航班,机上载有 268 名乘客与 14 名机组人员,起飞不久后,乘客突然感到飞机大振,并伴有大的碰撞声,瞬间电力中断,一台发动机停车,飞机用一台发动机返回奥克兰机场,无人员伤亡。但对故障发动机检查后,发现低压涡轮末级工作叶片全部被打坏,情景令人见而生畏,见图 7.11.9 与图 7.11.10。由于罗·罗公司提供不了备用发动机来更换受损严重的发动机,此飞机只能趴地取消它的所有航班,这是新西兰航空公司 787 机队首次由于发动机问题而取消航班的。

分析图 7.11.9 和图 7.11.10 的照片,末级低压涡轮叶片是由于前方甩出的碎片打伤的,否则不会是全部叶片的损伤基本一致即既有打伤也有烧蚀。显然这是由于

中压涡轮中某一两片叶片腐蚀断裂,断片在往后流出的过程中,流过 1～5 级叶片时,不断打坏这 5 级的叶片,而这些被打坏的断片,又打伤后面的叶片,使得随级增加损伤越来越大,最后流进末级时,打坏更严重。好在叶片断片质量轻,承受的离心力小,所以没有造成非包容的严重故障。

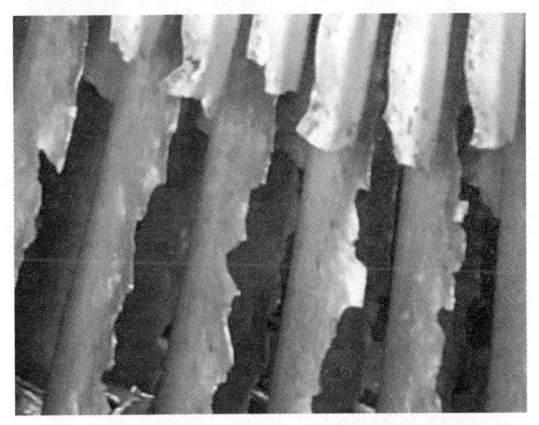

图 7.11.9　低压涡轮工作叶片受损情况　　图 7.11.10 低压涡轮工作叶片受损情况

　　从 ANA 的损伤起的各航空公司遄达 1000 遭受的中压涡轮工作叶片腐蚀断裂的故障,其涡轮内部的损伤情况应基本与此相同,这也说明罗·罗公司没有这么多(包括中压、低压 1 至 6 级共 7 级)备用叶片供各航空公司更换叶片,只得将飞机停飞。

　　遄达 1000 中压涡轮工作叶片腐蚀断裂的故障,造成多家航空公司的 787 飞机大面积停飞的严重事件,在世界民用航空史上也属罕见的。

结束语

　　罗·罗公司的三转子大涵道比涡扇发动机的第一个型号 RB211－22B 于 1972 年 4 月装在 L1011 三发客机投入使用后,在－22B 的基础上发展了多个衍生改进型,在 1998 年投入使用 RB211－524G/H－T 推力比－22B 的高 40%,耗油率则降低了 15%,随后发展了遄达系列发动机,有遄达 700、800、900、500 到 1000。从 RB211－22B 到遄达 1000,发动机基本结构形式基本未变,只是风扇直径、中压压气机级数(RB211 系列中为 7 级,遄达系列中为 8 级)与低压涡轮级数不同,但是不断引进先进技术包括气动、结构、材料、涂层、控制与制造等,使得发动机循环参数(涵道比、总压比)与性能(推力、耗油率、排放与可靠性)大大提高。只是到了遄达系列的最后型号遄达 XWB 才脱颖而出,其基本结构才有大的改动。

　　遄达 1000 是遄达系列较新的衍生改进型,不仅继承了其前各型号的优点,而且加入了 21 世纪新发展的许多新技术,按道理讲,它应该是一型性能先进、工作可靠与寿命长的发动机,但是事与愿违,在投入使用前、后发生了那么多的严重故障,不仅使

罗·罗公司的信誉受到打击,而且经济损失巨大,还对787安全飞行带来极大的隐患。从事航空发动机工作的我们,应从中吸取其经验教训。

归纳起来,遄达1000发生的这些故障中,有的是设计不够严谨,例如低压转子刚性转子联轴器大螺母拧紧力设计值不恰当,造成发动机内滑油失火、中压涡轮轮盘破裂击穿机匣窜出发动机;中压压气机1级叶片榫根前端应力设计值过大等。有的是采用的新工艺新涂层没有经过严酷的试验考核而带来的,例如中压涡轮工作叶片涂层过早脱落,造成叶片叶身与高温燃气接触而腐断裂的重大故障;中传动机匣中的锥形齿轮采用了原想改善工作条件的化学腐蚀工艺造成齿轮失效的故障等。

新工艺、新材料与新涂层的采用应特别注意,因为航空发动机工作条件太恶劣而多变,在一般设备上能用,并不表明在航空发动机上能安全长期使用。例如,GE公司关于3D打印技术加工零件的研究工作已进行多年,而且还投资建厂生产,最近宣传广泛的是它的ATP(先进涡轮螺旋桨发动机)中,三分之一的零组件是用3D打印技术生产的。但是在大涵道比涡轮风扇发动机中,却非常严谨,只是在LEAP发动机上,燃油喷嘴采用了3D打印技术生产(据说还是经过FAA审定同意);目前正在试飞并将于2020年投入使用的GE9X中,也只是燃油喷嘴与低压涡轮工作叶片是采用3D打印技术生产的。

至于用于涡轮叶片上的隔热涂层,更要认真对待。早在20世纪80年代,普惠公司的PW2037(用于757)发动机高压涡轮叶片采用了性能比较好的涂层,但在使用一段时间后,发现涂层过早脱落,于是普惠不得改用原来的涂层,为用户免费更换叶片。遄达1000中压涡轮叶片断裂引起多架787大面积停飞就是涂层脱落引起的。

隔热涂层一方面要能耐高温,与基体材料(叶片)有牢靠的黏合性,另方面膨胀系数还要与基体材料的膨胀系数基本一致,如果膨胀系数相差较大,每一次工作就会在涂层与基体材料间产生剪切力,多次工作后会使涂层疲劳断裂、掉块。往往设计人员对膨胀系数的影响不太注意,造成涂层过早损坏。

| 多灾多难的普惠齿轮传动涡扇发动机 |

1　普惠的齿轮传动涡扇发动机 PW1000G

大涵道比涡轮风扇发动机自 20 世纪 70 年代初投入使用以来,一直存在风扇转速较低造成低压压气机(亦称增压压气机)与低压涡轮处于不利的转速下工作的窘境,随着涵道比的加大,问题显得越来越严重。这是因为由风扇叶片榫根与风扇轮盘强度考虑,一般叶尖切线速度不应超过 400~450 m/s,但是由于风扇直径大,风扇转速当然较低,可是低压压气机与低压涡轮转子均是与风扇转子连接在一起的,这样,低压压气机与低压涡轮只能在较低的转速下工作,为了满足驱动风扇的功率需要以及发动机总体性能要求的需要,它们的级数必定较多。在 20 世纪 80 年代研制的大涵道比涡扇发动机,涵道比一般在 5.0 左右;90 年代中后期研制的发动机涵道比大者达到 8.0 左右(GE90);21 世纪初研制的发动机,涵道比达到 10.0~11.0。涵道比越大,不仅低压压气机与低压涡轮级数要增多,而且效率低。

如果在风扇转子与由低压压气机及低压涡轮组成的低压转子间,安装一套减速比恰当的减速器(图 7.12.1),使风扇转子工作于较低的转速,而低压压气机与低压涡轮工作于高的转速下,即成为齿轮传动的涡轮风扇发动机 GTF(Geared Turbofan),可以很好地解决上述困境。

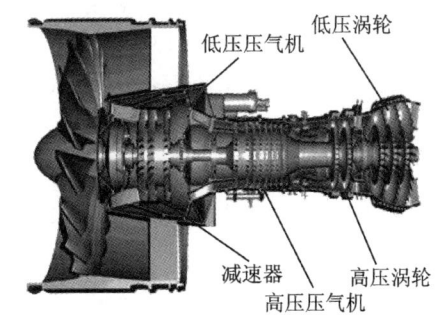

图 7.12.1　齿轮传动涡轮风扇发动机

　　普惠公司是最早研制齿轮传动涡轮风扇发动机的公司,早在 20 世纪 90 年代后期就推出过齿轮传动的涡轮风扇发动机 PW8000,PW8000 发动机的推力为 115～162 kN,当时,此发动机用的减速器除在部件试验器上进行了一千多小时试验外,还装在发动机上进行了一千余小时的试车。但是,估计是无飞机选用,因此从提出的三四年后就销声匿迹了。直到 2007 年,普惠公司再次提出齿轮传动的涡轮风扇发动机,但不以 PW8000 出现,而以齿轮传动风扇(GTF)之名出现。

　　2007 年 7 月,日本三菱重工宣布启动 70 座～90 座级的三菱支线飞机 MRJ,并宣布选择普惠 GTF 发动机作为唯一动力装置,发动机的推力为 66.5～75.7 kN,计划 2014 年投入使用。由于有了用户,普惠公司加紧了 GTF 的研制工作,并宣称GTF 是"改变游戏规则"的发动机。

　　2008 年 7 月普惠公司在英国范堡罗航展上宣布,GTF 发动机被正式命名为"Pure Power PW1000G"即"静洁动力 PW1000G 型发动机"。同时,庞巴迪公司也正式宣布启动了 100～149 座级的 C 系列 C110 和 C130 型飞机研发和生产计划,该飞机也采用 PW1000G 作动力,发动机推力为 93.5～102.4 kN。此型发动机为 C 系列飞机带来的好处是:二氧化碳排放减少 20%,飞行时的噪声水平只有当今同类飞机的 20%,为航空公司运营现金成本带来 15% 的优势。

　　2009 年,俄罗斯伊尔库特(Irkut)飞机制造公司宣布选用 PW1000G 系列发动机作为其新型的伊尔 MC-21 飞机的动力装置。

　　2011 年,空客公司宣布 PW1000G 系列发动机将作为其新型飞机 A320neo 系列飞机的备选发动机。

　　至此,PW1000G 已有 4 个系列,即 PW1200G 用于日本的 MRJ 客机,推力最小,为 67～76 kN;PW1500G 用于巴西的 C 系列客机,推力为 93～104 kN;PW1100G JM 用于空客的 A320neo;PW1400G 用于俄罗斯的 MS-2,后两系列的推力相同,为110～150 kN。

　　PW1000G 的涵道比为 10～12,采用了普惠公司特有的"泰龙"(TALON)燃烧室技术,并在高、低压压气机,高、低压涡轮,材料工艺,发动机监测和控制上进行重大的技术改进,采用了先进技术,制造出了环保好、低油耗、高效、低维修成本的新一代发动机。与当今常用的发动机相比,油耗降低 12% 以上,使造成雾霾气候的氮氧化合物(NO_X)的排放减少 50%。噪声比世界民航组织规定的第四阶段的要求低 20 分贝等。据普惠公司计算,装两台 PW1000G 发动机的飞机,每年每架飞机可以减少1 000 吨的二氧化碳排放。

　　采用 PW1100G 的 A320neo 于 2016 年 1 月 20 日投入运营,PW1500G 已于2013 年 2 月 20 日取得加拿大运输局的适航证,采用 PW1500G 的庞巴迪 C 系列的CS100 于 2016 年 7 月 15 日投入运营。

　　PW1000G 在投入运营前及运营中却出现了影响较大的故障。

2　PW1500G 地面试车中出现低压涡轮 1 级轮盘爆裂非包容故障

PW1500G 在 2013 年取得适航证后,装在庞巴迪 C 系列的 CS100 飞机上进行飞机的取证试飞。2014 年 5 月 29 日,装在 CS100 左翼的 PW1500G 在地面检验性试车中,1 级低压涡轮轮盘爆裂甩出发动机,是一起严重的非包容故障。

对故障发动机分解并进行分析后,发现涡轮间承力框架后的、向低压涡轮 1 级轮盘吹冷却空气的引气口(参见图 7.12.2)喷出了高温的燃烧气体,像喷灯一样对着 1 级低压涡轮轮盘的轮毂处喷火,其结果当然是轮盘在轮毂处形成一周的烧熔断口,轮盘外缘部分在离心力作用下破裂,其断块击穿机匣甩离发动机,而轮盘的中心部像一个面包圈似的残留在低压涡轮轴上,这种故障模式实属罕见。

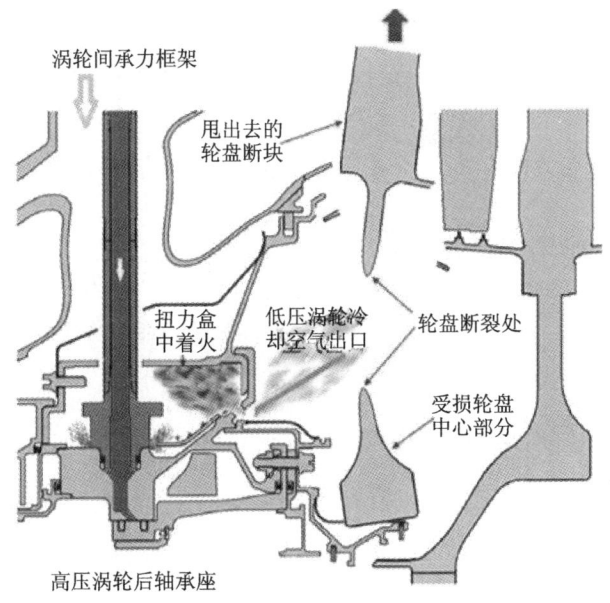

图 7.12.2　一股燃烧的气体喷向 1 级涡轮轮盘

为了说明火焰从何而来,先对此处结构作进一步分析。图 7.12.3 为 PW1000G 转子支承简图,由图可见高压转子后支点(4 号)是支承于涡轮间承力框架中的,图 7.12.4 为涡轮间承力框架简图。涡轮间承力框框是位于高低压涡轮间的将高压转子后轴承(4 号)负荷传至外机匣的结构,它是由外机匣、内机匣、连接内、外机匣的承力杆以及套在承力杆外面的空心导向叶片组成,4 号轴承座固定在内机匣内。

PW1000G 的涡轮间承力框架(图 7.12.5)中,内机匣做成环形的盒形结构,普惠称此机匣为扭力盒;在外、内机匣间,装有 14 片空心导流叶片,其中有 7 片中间通过传力的承力杆;滑油供油管、回油管与通风管以及对低压涡轮进行冷却的冷却空气导管等则由另外几片空心导流叶片中间通过。

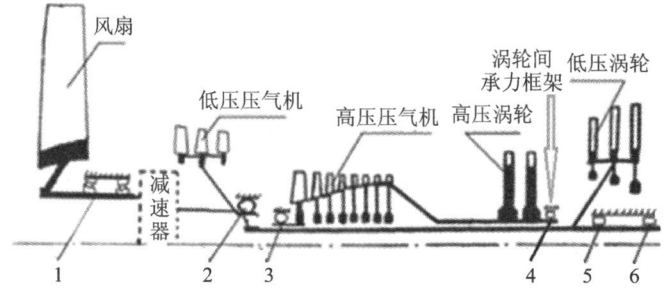

图 7.12.3　PW1000G 转子支承简图

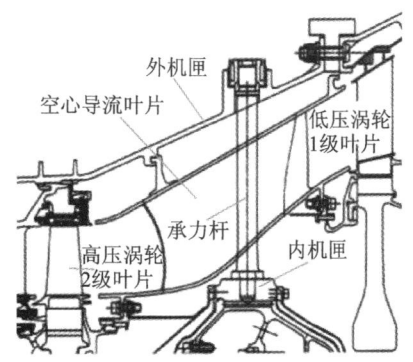

图 7.12.4　涡轮间承力框架示意图

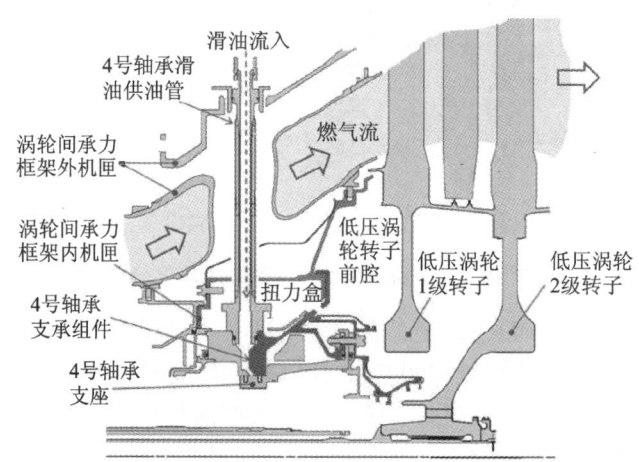

图 7.12.5　PW1000G 涡轮间承力框架(A)

　　图 7.12.5 中示出了对 4 号轴承供滑油的供油管,供油管插入到扭力盒上的油孔中,在供油管与油孔接触处,在油管端头处装有特氟龙 Teflon C-seal 封严圈。图 7.12.6 示出了对低压涡轮冷却的流路,由来自高压压气机 4 级处的空气通过某一承力杆中心导管引到扭力盒中,冷却空气由扭力盒后端的出气口对着 1 级低压涡轮

轮盘吹出。

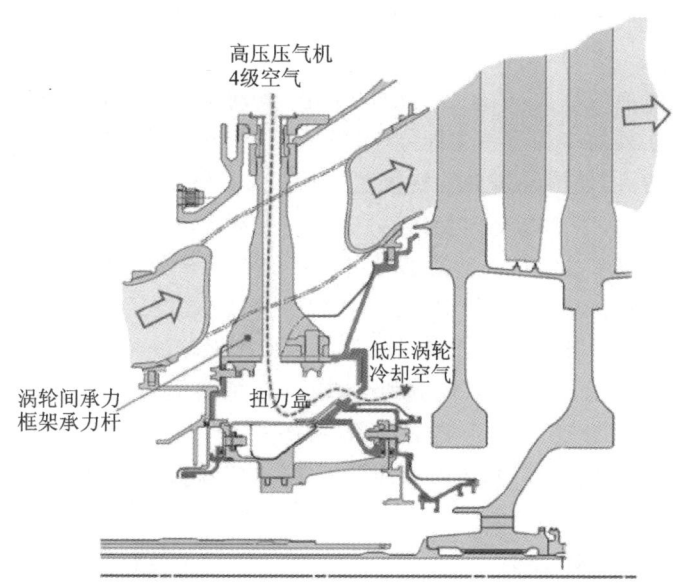

图 7.12.6   PW1000G 涡轮间承力框架(B)

　　普惠公司对 PW1500G 的试车指南中规定,停车前必须在低于 70％ N2 下至少运转 10 min,以冷却发动机,使主轴承腔中的滑油不结焦,并减轻起动时转子弯曲的影响。再次起动发动机不采取特别措施时,需停车 8 h 且发动机排气温度低于 90 ℃。如果需在停车后,再次起动发动机则需在 20 min 内冷转发动机多次,每次 90 s,直到排气温度稳定于低于 90 ℃;或者冷转发动机 5 次,在 N2＝0 后至少 5 min 后测量排气温度,如低于 90 ℃,可以再次起动发机。

　　发动机工作时,4 号轴承既承受高速旋转产生的摩擦热量,还要承受通过轮盘、轴等传来的涡轮叶片热量,这些热量由供入的滑油带走,保持轴承在能正常工作温度下工作。但是,如果发动机停车前不经过一段时间的冷却(低转速下运转),直接从大工况下停车,这时涡轮叶片的极高温度的热量,大部分会经轮盘、轴传至轴承,并通过轴承座传至扭力盒,使扭力盒温度升高。其结果不仅会使轴承腔中滑油会结焦,轴承游隙减少甚至成负游隙,而且还会使高压转子出现热弯曲等不利影响。

　　庞巴迪公司的试车人员在出故障的当天以及其前的几次试车中,均未遵守指南中关于停车的规定,例如,在出故障前三天的试车中,即 2014 年 5 月 26 日发动机在 78％ N2 工作 118 s 后,进行约 19 s 的冷却后停车,在 50 分钟后发动机再次起动,此次试车后滑油消耗量增大,表明已出现问题。

　　由于飞机座舱内闻到滑油的气味,2014 年 5 月 29 日飞机在地面对两台发动机开车,检查发动机是否有滑油泄漏现象,先对右发进行检查,检查结果表明该发动机没有滑油泄漏。然后对左发开车检查,第 1 次开车过程为:1 min 38 s 冷运转后起动

发动机,在慢车运行 7 分 53 秒后停车,地面维修人员对发动机进行检查,未发现滑油泄漏迹象;44 分钟后重起发动机,在慢车下运行 6 分 1 秒,随后推到 60% N1 维持 15 分 8 秒,再推到 74%N1,运行 5 分 45 秒时发生爆炸。

在发生故障前的那次(5 月 26 日)试车中,发动机在大车状态(78%N2)下运转后,只进行了 19 秒的冷却过程立即停车,随后在 50 分钟后再次起动发动机,造成扭力盒温度升高较大,使滑油进油管特氟龙封严圈的工作温度达到 190 ℃,大大超过它的允许工作温度(大于 162 ℃时变形,大于 180 ℃时永久变形),封严圈失效,滑油向外泄漏(图 7.12.7)。另外,由于滑油导管在穿过扭力盒外壳时,外壳与导管间有一定的缝隙,因此扭力盒腔内是与空心的导向叶片内腔是连通的(参见图 7.12.5),导向叶片内腔的热空气流入扭力盒腔,同时,冷却低压涡轮的气流是由高压压气机 4 级处引来的温度较高的气流,也是流到扭力盒腔(参见图 7.12.6),在这两股热气流的作用下,使漏出的滑油自燃形成连续不断的火焰,吹向 1 级低压涡轮轮盘,见图 7.12.8。由于此次试车中,工作时间不长,所以轮盘虽已受损但未破裂,只是滑油消耗量增大。

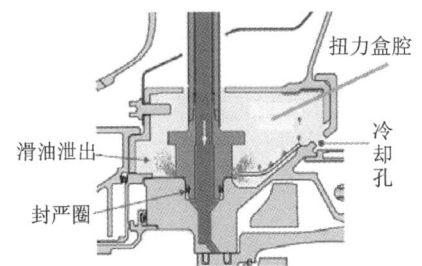

图 7.12.7　封严圈失效滑油外泄

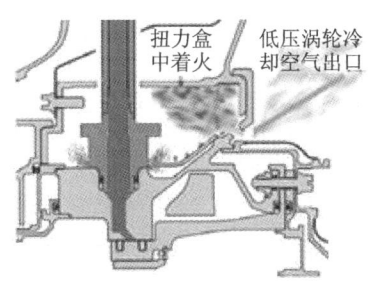

图 7.12.8　泄漏的滑油自燃形成连续的火焰

在 5 月 29 日试车中,当发动机转速保持在 74%N1 近六分钟时,1 级低压涡轮轮盘轮毂在不断的火焰喷射作用下,失去强度在离心力作用下,向外甩出,参见图 7.12.2,其断片打坏飞机多处结构,幸无人员伤亡。

图 7.12.9 为残存的低压涡轮部件,由图可见:1 级轮盘仅剩类似面包圈的中心部分,2 级低压涡轮导向叶片仅剩极少的残件,2 级低压涡

图 7.12.9　残留的低压涡轮部件

轮工作叶片与轮盘基本完整。由发动机外形照片(图 7.12.10)可见,在 1 级低压涡轮处,机匣被甩出的断片撕裂出一条近 340°的环形裂缝。图 7.12.11 为甩离发动机的 1 级低压涡轮轮盘断块。

后停飞该飞机;② 如果一架飞机上装有 1 台受影响的发动机,此指令生效后,除 1 次起降外,不能再飞延程飞行(ETOPS)。

普惠公司已交付了装有这个改型的篦齿封严的发动机 98 台,其中 55 台交付空客公司,有 43 台已装在航空公司运营的飞机上,也即全球有 32 架其中印度有 12 架 A320neo 装有有影响的发动机。普惠公司为了解决这一问题,临时将原来的结构又换回到这些发动机上,这一变动耗费约 5000 万美元。

在 EASA 发布上述指令后,印度民用航空管理局 DGCA 考虑到前述的三次空中停车事件,于 3 月 13 日决定将装有受影响发动机的 11 架 A320neo 全部停飞,约占 A320neo 全部服役飞机 113 架中的 10%。其中 8 架为靛蓝公司的,3 架为 GoAir 公司的。在民用航空史中,一次停飞全机群中十分之一的飞机,实属少见。

中国民航 CAAC 于 2 月 11 日发布了 CAD2008 - A320 - 05 号适航指令,指令中转发了 EASA 紧急适航指令的内容。

空客公司在 EASA 发布上述指令后,决定停止接受 PW1100G 发动机。

印度靛蓝航空公司是印度最大的一家廉价航空公司,成立于 2006 年,它是 A320neo 最大的用户,订购了 410 架,现在已有 32 架服役,但从服役开始,发动机故障不断发生,造成较大的经济损失,在 3 月 13 日停飞 8 架后,将会带来更多的经济损失,印度媒体发文称:估计这个印度最大的廉价航空公司将倒在美国普惠 PW1100G 发动机的拖累之下了。

装 PW1100G 的 A320neo 于 2016 年 1 月投入运营以来,截至 2018 年初,已有 18 家航空公司 113 架在运营,积累飞行小时达 50 万,发动机性能还是比较好,其每座燃油消耗量比 A320 原型所用发动机约降低 15%,氮氧化物排放比排放标准减少 50%,噪声降低了 75%

6　结束语

普惠公司"改变游戏规则"的新款齿轮传动涡轮风扇发动机 GTF,其性能的确比其上一代发动机要好很多,这也是多款新型客机采用它的原因。但是,其可靠性却不尽如人意,从开始服役起,就故障不断发生,仅印度靛蓝航空公司一家,在一年半时间内就换发 67 次,平均每周一次,创造了航空史上的奇迹。因此,在研制新型发动机时,不能单纯追求性能,而要性能、可靠性与可维修性三性并重,这是 20 世纪美国普惠公司在研制第三代战斗机用 F100 发动机过程中取得的重大成果,也为以后军、民用发动机研制时必须遵循的规则,这也是我们国家在研制新发动机时应遵循的。

综观 GTF 发动机出现的故障,都是由一些所谓的小问题引起的,普惠公司是世界 3 大航空发动机公司之一,从军用发动机到民用发动机研制过多型,设计经验、使用经验与排故经验都比较丰富,按道理不会在 GTF 研制中出现这些小问题。由此可以得出航空发动机中,没有大问题与小问题之分,任何会引起发动机性能或可靠性的问题,都得认真对待,从严处理,这也是我们从 GTF 发生的故障中得到的经验。

涡轮盘中隐藏多年的瑕疵烧毁一架 767 客机

2016 年 10 月 28 日,一架美国航空公司装有 2 台 CF6 - 80C2B6 的波音公司 767 - 300ER 客机,执行由芝加哥飞往迈阿密的 AA383 航班任务,机上载有旅客 161 名, 机组人员 9 人。当客机由芝加哥奥赫尔国际机场起飞时,飞机在跑道上加速滑行(发动机处于最大起飞推力状态)到 2 000 m 时,飞机的滑行速度已达到起飞速度,此时驾驶员听见嘭的一声巨响,右侧发动机推力急剧下降,驾驶员感到大事不好,立即终止了起飞,飞机在滑行了 820 m 后,停在了跑道上。由于通向发动机的燃油总管以及机翼内的燃油箱被甩出发动机的高压涡轮第 2 级轮盘的断块打断与打穿,大量燃油下泄引发大火(图 7.13.1),将飞机右侧机翼及机身烧毁,见图 7.13.2。此时乘务员立即打开飞机上的应急滑梯(机身左侧 2 个,右侧机身前部 1 个),组织乘客逃离飞机,由于左侧发动机并未停车,因此发动机排气尾流对从滑梯逃离的 1 名旅客造成重伤,机上 170 人均安全逃离飞机,其中有 21 人轻伤。

图 7.13.1 由飞机流出的燃油引发飞机发生大火

图 7.13.2 飞机右侧机翼与机身烧毁情况

　　打断燃油总管的涡轮轮盘断块是右侧发动机在飞机即将离地时,高压涡轮 2 级轮盘发生了非包容破裂故障所造成的。当飞机在跑道上加速到 140 km/h 速度即将离地时,发动机处于起飞推力状态下,第 2 级高压涡轮轮盘突然爆裂成两大块(图 7.13.3),其中质量为 25.7 kg 的 A 块甩出发动机后,先打断向燃烧室供燃油的总管,继而将飞机右机翼油箱底打穿,又在右翼打出两个洞后,随后飞越 895 m 后打穿 UPS 仓库屋顶,最后坠落在仓库内的地板上。

　　轮盘的另一大半块甩出发动机后,砸向跑道后摔成三块(B、C、D)飞越近 420 m分别坠落到另一跑道边的不同草地上,其中 B、C、D 块的质量分别为 37.8 kg、3 kg与 0.9 kg。

　　出事的 CF6 - 80C2B6 的发动机由 1 级风扇、4 级增压压气机、14 级高压压气机、2 级高压涡轮与 5 级低压涡轮组成,图 7.13.4 示出了它的高压涡轮转子,发动机已工作68 785 h 与 10 984 循环。

图 7.13.3　高压涡轮 2 级轮盘破裂成四块

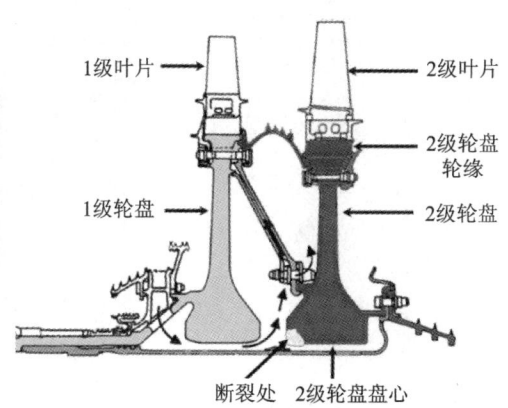

图 7.13.4　CF6 - 80C2 高压涡轮转子组件

　　对轮盘残骸的断面进行观察,发现在轮盘前缘的盘心处有明显的黑灰色区,如图 7.13.5 所示,轮盘是由此处开始断裂的。对断裂区进行电子显微镜观察,发现在轮盘表面下细晶包围出一 3.81 mm×2.54 mm 白色区域,见图 7.13.6,此区域中有多根条纹与裂纹,被称为“不连续的白斑点区”。进一步观察与分析,不连续的白斑点区是由于材料中存在微米级的氧化物造成的。由于轮盘表面下即轮盘内部存在着由杂质产生的微裂纹与条纹,在长期处于低循环条件下工作,裂纹逐渐增长直至轮盘爆裂。出故障的轮盘是在工作 10 984 循环后爆裂的,其设计寿命为 15 000 循环。

　　经过 NTSB 与 GE 公司的分析与研究,确认轮盘材料中存在微米级氧化物是在轮盘材料熔炼过程中未能清除而残留在材料中的,且在生产当年以及投入使用后,也无法探测出。

　　CF6 - 80C2 高压涡轮 2 级轮盘所用材料为 In718 镍基合金,出故障的轮盘是1997 的年生产的。首先是由美国的 ATI 特殊材料公司(ATI SM)根据 GE 公司技

术文件的要求,采用三重熔炼法(真空感应熔炼、电渣重熔与真空电弧重熔)熔炼出In718 的铸锭。采用三重熔炼是为了消除材料中的杂质,保证材料的各项指标符合要求。浇铸的铸锭直径为 254 mm,交给 Wyman Gordon 公司进行进一步的热加工,首先将铸锭的顶端与底部切割掉,然后再切成 9 个坯料,每个坯料经过三个方向的多次锤锻以及相应的热处理后,形成可供机械加工的锻坯,1997 年 8 月 8 日 Wyman Gordon 将符合规范要求的锻坯交给德国的 MTU 公司。MTU 公司对此锻坯加工出最终的轮盘。在各制造工序中,均按 GE 公司的要求,采用超声波探测仪对原材料与加工好的轮盘进行过多次探伤,但均未发现引起这次故障的微隙。当年 ATI SM公司用于探伤的超声波探测技术与 2017 年底该公司用的技术是一样的,所用的探伤设备也是按同一设计制成的。

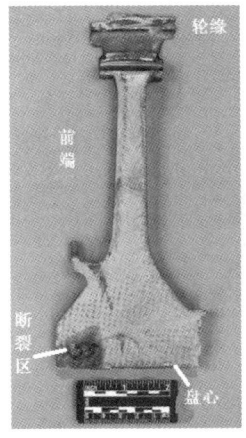

图 7.13.5　轮盘断面

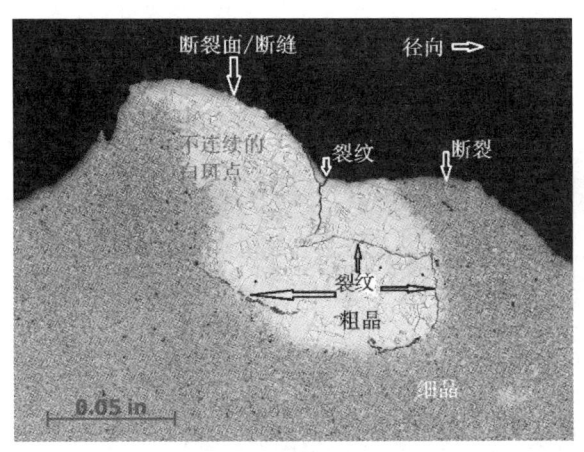

图 7.13.6　电子显微镜下的断裂区

　　1998 年 2 月 MTU 对发生故障的轮盘完成了最终检查后,签发了符合要求的合格证,发送到 GE 公司,同年 3 月此轮盘装到发生故障的 CF6 - 80C2B 发动机上,发动机序号为 ESN 690 - 373。1998 年 4 月 30 日,波音公司向美国航空公司(AA)交付了装有此次发生故障发动机的 767 客机。

　　ESN 690 - 373 发动机在服役 18 年期中,曾对高压涡轮 2 级轮盘按 FAA 适航指令进行过 2 次强制性的检测,即 2011 年 1 月 15 日与 2017 年 3 月 25 日,检测的手段均符合 FAA 的有关指令,结果表明轮盘质量无问题,也即未发现隐藏在轮盘内的微隙。

　　由于镍基合金在熔炼过程中,微米级的氧化物未被清除干净,所形成的瑕疵又无法探测出来,隐藏在轮盘内部,经过一万多次低循环加载与卸载,裂隙逐步扩大发展,最终导致高压涡轮 2 级轮盘爆裂。

　　经 GE 公司核实,与故障件同期(1997 年)生产的高压涡轮 2 级轮盘共有 36 件,其中有 8 件仍在使用,GE 公司对此 8 件进行了高分辨率的超声探测仪检查,未发现

存在问题。

CF6 - 80C2 发动机中，高压涡轮 1 级轮盘曾出现过数次非包容爆裂故障。例如：2000 年 9 月 22 日美国航空公司的 767 - 2B7(ER)进行地面维修性试车时，1 号发动机 1 级高压涡轮轮盘爆裂，甩出的断片造成飞机左翼下部着火，使飞机及 1 号发动机受到损坏；2002 年 12 月 28 日新西兰航空公司的 767 - 219(ER)，爬升到 3 400 m 时高压涡轮 1 级轮盘爆裂，断块打穿发动机及短舱，打坏飞机左翼前缘；2006 年 6 月 2 日美洲航空公司的 767 - 223(ER)进行地面调整试车时，高压涡轮 1 级盘爆裂，断块打坏飞机多处并引发着火；另外还有 5 起类似故障。但是，第 2 级轮盘出现破裂故障这还是第一次。

2008 年 1 月 31 日，NTSB 对于 CF6 - 80C2 高压涡轮 1 级轮盘出现多次非包容爆裂的可能原因归纳为：高压涡轮 1 级轮盘为疲劳断裂，是由于一条晶间裂纹造成破裂的，原因是高压涡轮轮盘设计不完善，造成在榫槽底部后圆角处有一个高应力区，此处的应力接近或等于材料的许用应力，因此只要有一点小疵点就可能造成起裂，裂纹发展后造成轮盘破裂。为此，GE 公司对轮盘榫槽底部后圆角处进行了设计修改，并在加工、装配与使用中，避免在该圆角处出现人为的伤痕，此后再未出现类似的故障。

从高压涡轮轮盘中隐藏多年的瑕疵引发价值 2 亿美元的 767 客机烧毁，以及设计缺陷造成多起高压涡轮 1 级轮盘非包容爆裂等严酷事例说明，在发动机研制中，对高速旋转的零件特别是处于高温下的涡轮盘，要特别认真对待，要从材料的源头抓起，不仅要精心设计，严格试验，还要在冷热加工过程中，一丝不苟，使生产的产品能承受长时间运行的考验。

|737 客机高空爆炸惊心动魄的 10 分钟|

2018 年 4 月 17 日上午,美国西南航空公司的一架 737 - 700 型客机执行由纽约飞往达拉斯的 WN1380 航班任务,机上载有 144 名乘客和 5 名机组人员。10:43 由 Tammie Jo Shults 机长驾驶飞离纽约。飞行约 20 min 后即 11:03,飞机已飞到 9 900 m 上空,突然大幅度摇摆颠簸,并伴随着巨大的爆炸声,靠近第 14 排座椅处的左侧舷窗玻璃被外物击穿,整个窗子的玻璃全部砸掉,在气流外泄过程中,将坐在此座位上的一位女性乘客拽出窗外。眼看着这位女乘客即将被气流拽离飞机时,紧靠她旁的一位乘客赶快抱住她的双腿,在另一位乘客的帮助下,将她拖回了座舱,随后对她进行了简单心脏复苏的急救治疗(帮忙拉她的那位乘客,恰好是一名内科大夫,与机上另一位退休护士共同参与了救治工作),但是由于伤情过重,最后还是没能挽回她的生命,成为美国 10 年来第一位在空难中死亡的乘客,也是西南航空公司成立 47 年以来,在乘坐该公司客机遭遇空难而死亡的第一位乘客。

由于一扇舷窗破裂,机舱内气压突然下降,舱顶的氧气面罩立即自动打开并落到乘客前面,乘客戴上吸氧以摆脱缺氧的危险。所有乘客被突如其来的变故感到惊恐万分,往窗外一看,更是吓破了胆——左侧发动机(CFM56 - 7B)前端已经脱离飞机而停转了。有的乘客尖叫着,绝望地哭嚎着,更多的在祷告,求上帝保佑,妈妈亲吻着小孩,男人紧抱着女人,老夫妻平静地紧握双手表达最后的深爱与不舍,有位快当父亲的旅客,伤心地给家人发送着临终遗言:"亲爱的孩子,爸爸看不到你呱呱落地的那一瞬间了,希望你平安地长大。"

在这生死攸关之际,曾经是美国海军飞行员的女机长 Tammie,在自己受伤的情况下临危不惧,沉着掌握着驾驶杆,因为她知道,这架飞机上别人可以慌张,但她必须保持镇定! 144 名乘客的安危只能靠她了。当年开战斗机的心理素质,和从业前

接受的专业技能,现在全派上用场了! 首先,她有条不紊地和空中交通指挥员联系,报告飞机损毁情况,并请求准备医务人员。布置好一切之后,她准备最后一搏——立即迫降!

　　距飞机最近的机场是费城国际机场,飞机向费城国际机场方向急速下降。那些忙着做最后诀别的乘客们,完全没有意识到,飞机已经不似刚才那么颠簸,就在所有人的心都揪到嗓子眼之时,飞机竟然平稳地降落到费城国际机场跑道上了,此时的时间是 11:13,距飞机在空中爆炸时刻(11:03)仅仅过了 10 分钟,但是这10分钟对于机上乘客而言,是生死攸关、终生难忘的一段痛楚经历。受损的飞机经过 10 分钟在跑道上滑跑一段距离最终停到检修点。

　　待飞机停稳后,那些早就魂飞魄散的乘客,感到大难不死,劫后余生,大多人都不可控制地放声哭泣起来,英雄机长 Tammie 也终于舒了一口气! 她走出驾驶舱,拥抱每一位准备离开飞机的乘客,并安慰地说“没事了,没事了”!

　　待乘客全部走出飞机后,已经等候在现场的美国国家运输安全委员会(NTSB)的检验员立即检查飞机受损情况,发现飞机三处受损,见图 7.14.1。

　　首先检查发动机(图 7.14.2),只见发动机整流罩前部已经没有了,发动机前端暴露在外,一片风扇叶片已由根部处断开而甩离了发动机,其榫根仍残留在风扇盘的

图 7.14.1　飞机受损部位图

图 7.14.2　整流罩丢失露出的发动机前端

榫槽中。通过肉眼观察,发现榫根断口处有金属疲劳痕迹,说明该叶片是在工作中疲劳断裂而甩出发动机,打坏了整流罩,使整流罩脱离了飞机,飞出的碎片(包括风扇叶片断块,整流罩断片等)使机翼受到创伤但不太严重,并打破了位于左侧14排座椅处的舷窗玻璃,最终造成这次1380航班飞行事故,此次事故造成1人死亡,包括机长在内共7人受伤。这是一次典型的由于发动机非包容故障对飞机造成二次损伤的事故。

在检查了受损的发动机后,发现此次事故与一年多前也是西南航空公司的737-700在执行WN3472航班经历的事件如出一辙。

2016年8月27日,西南航空737-700飞机执行由路易斯安那州的新奥尔良到佛罗里达州奥兰多的国内WN3472航班任务,机上104人(包括99名乘客,5名机组),飞机在爬升穿越9 450 m高度过程中左侧发动机(CFM56-7B)发生非包容故障,甩出的风扇叶片打坏整流罩,碎片打伤飞机几处,特别是在左翼上方的机身上打出一个12.7 cm×42.6 cm的洞,但未击穿机身内壁,造成客舱失压。机组将失去一台发动机的飞机安全降落到佛罗里达州的彭萨克拉国际机场,无人员伤亡,飞机损坏,是一次严重影响飞行安全的事件。图7.14.3为飞行中的左侧发动机严重受损的飞机。

图7.14.3　3472航班飞行中的左侧
发动机严重受损的飞机

NTSB事后对丢失的风扇叶片榫根在其金相实验室进行了探伤检查,发现风扇叶片的断口位于叶片叶身与榫根交接处,在断口截面上,发现了长约30 mm深约5.5 mm的疲劳裂纹,疲劳源区位于距叶片前缘53.34 mm处,说明该风扇叶片是疲劳断裂的,至于什么因素造成叶片疲劳,NTSB未作说明。

广泛用于现代旅客机的大涵道比涡轮风扇发动机(图7.14.4)中,处于进口处的风扇叶片既宽又长,是发动机中最长的叶片,在发动机工作中,如从叶根处断裂,断裂的叶片会在极大的离心力作用下甩出发动机,会对飞机结构、各种管道与导线等造成损伤,危害极大。为此,在发动机设计中,将包围在风扇叶片的机匣做成能承受风扇叶片断片的冲击,而不会使断片甩出发动机,避免造成对飞机的二次损伤,因此这个机匣称为"包容环"(图7.14.5)。

为了考核所设计的包容环是否能将在发动机最大转速下从根部断裂的风扇叶片断片真正能包容住,所有新研制的发动机,在取得适航证的考核试验中,均有一项称为"叶片甩出"或"包容性"试验,试验时有适航审定官员参与监督。试验前,先在叶片叶根处钻有小孔,孔中埋入能爆炸的雷管,试验时,当发动机达到最大转速时,接通雷管的电源,使雷管爆炸,将风扇叶片由叶根处炸断。这时检验叶片断片是否被包容环

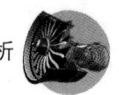

包容环

风扇叶片

CFM56-7

图 7.14.4　CFM56–7 大涵道比涡轮风扇发动机

包容住,如果断片未打穿包容环,而且没有引起发动机失火,说明包容试验成功,设计的包容环是成功的。

　　但是由于高速旋转的风扇转子丢失了一片叶片后,不仅其断片撞击外环时会造

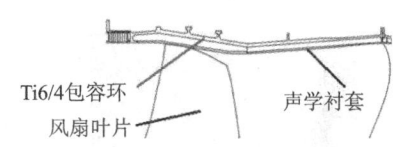

Ti6/4包容环

风扇叶片

声学衬套

图 7.14.5　发动机的包容环

成断裂,其断片随气流向后流动时,会打坏后面的结构。更为严重的是发动机振动激剧增加,使压气机与涡轮中,转子叶片与机匣及静子叶片相碰撞而折断,断片随气流向后流动中,又打坏后面的零件,像多米诺效应一样,大量损坏的零件碎片又打坏后续的零部件,使整台发动机打得乱七八糟,碎片大量随气流由尾喷管喷出。也就是说,在做包容试验时,如果将折断的风扇叶片包容在发动机内了,说明包容环设计是成功的,但却要损坏一台发动机,付出的代价是巨大的。

　　话又说来,如果风扇叶片断片未能被包容环包容住,断片击穿包容环,断片会对试车间的设备造成损伤,如果断片打坏燃油系统的导管或油箱,还会引起试车间失火。即使断片对试车间的设备没有造成严重损伤,但由于丢了一片风扇叶片,发动机振动剧烈振动,也会如前所述,会造成发动机严重损坏。

　　因此,包容试验是一项既费钱又具有极大危害的试验,一般发动机在研制中,为取得适航当局颁发适航证的多项试验中,包容试验均放在最后进行。

　　本文前面所讲的美国西南航空公司的 737–700 客机,在两年内遭遇了两次发动机风扇叶片非包容故障,使客机遭受到一次有旅客死亡的事故,一次飞机严重受损但无人员伤亡的事件,其飞机所使用的发动机是世界著名、可靠性极高、产量最多的用于 737 飞机的 CFM56–7 发动机。

　　CFM56 发动机是由美国 GE(通用电气)公司与法国 SNECMA(国营航空发动机研究制)公司按 50%:50% 投资组建的 CFMI(CFM 国际公司)在 20 世纪 70 年代

后期研制的 100 kN 级的大涵道比风扇发动机,从它的第 1 个型号 CFM56 - 2 于 1979 年 11 月取得适航证后,到 2005 年已发展了 CFM56 - 2、CFM56 - 3、CFM56 - 5A、CFM56 - 5B、CFM56 - 5C 与 CFM56 - 7 共 6 个系列。

CFM 国际公司于 20 世纪 80 年代中期,为满足波音公司提出的新一代 737 客机即 737 - 600、- 700 与 - 800 的需要,发展了 CFM56 系列发动机中的最后一个型号即 CFM56 - 7B,它 1995 年 4 月 21 日第一次进行地面试车以来,目前已有 14 000 台 CFM56 - 7 在航线使用,它在取得适航证时,是通了包容试验的,按说这两次发动机故障中,从根部断裂的风扇叶片应该包容在发动机中,怎么会打坏整流罩甩出发动机呢?

仔细对这两次事故(事件)残留在飞机机翼下的发动机残存部分(图 7.14.6)来看,可以明显地看出发动机的包容环是基本完好无损的保留在发动机中。这说明这两次在风扇叶片从根部断裂时,叶片断片并不像原先认为的那样即径向地撞到包容环内壁,而是向前斜向甩出,打坏了发动机短舱前部,所以风扇的包容环未受到打击。

图 7.14.6　两次发动机故障中包容均保留在发动机上

为什么风扇叶片断片是向前斜甩出的呢?如果只有一次,那可能是偶然发生的,但是连续两次出现同一现象,那就肯定是有问题了,而且在以后还会发生类似的故障,其后果不堪设想。所以这个问题将是发动机研制公司需要解答的。笔者经初步分析觉得,一方面可能是发动机工作时,风扇叶片上承受了一个很大的向前气动力,在这个向前的气动力作用下,叶片斜向甩出;另方面,叶片从根部断裂时,可能断裂过程的方向起到让叶片斜向甩出的作用,是否是这个结论,还得等上半年甚至一年,听 CFM 国际公司的答案。

不论如何,叶片开裂是这两次故障的起因,为避免继续发生类似故障,第二次事发后的第三天,即北京时间 2018 年 4 月 21 日美国联邦航空局 FAA 发布了关于 CFM56 - 7B 发动机的紧急适航指令 EAD2018 - 09 - 51,紧急适航指令要求在 20 天以内对所有飞行循环为 30 000 或以上的 CFM56 - 7B 发动机的全部 24 个风扇叶片燕尾榫根的两侧面进行超声波检测,检测是否存在裂纹。如果发现已有裂纹的风扇叶片,则应在下次飞行前被更换。据估计,在美国约有 352 台发动机,全球有 681 台

发动机会要求立即进行检查。欧洲航空安全局 EASA 同日也发布了类似的紧急适航指令。

如果 CFM56 发动机研制公司经过认真分析、详细计算以及模拟试验等得出,在发动机工作中,叶片从榫根处断裂后,断片不像以前公认的是径向甩出,面是斜向甩出的结论,那么所有包容环的设计就不合适了。因为现有发动机的包容环基本上是包在风扇叶片叶尖处的,它只在叶片断裂径向甩出起作用,像这两次故障中,断片由包容环前端斜向甩出,所以没有将断片包容在发动机内。为此,首先需将包容环的长度向前延伸一段,包括其他发动机。

在 4 月 17 日 WN1380 航班飞行事故中,14 排座位处的舷窗玻璃被打碎(图 7.14.7)后,为什么座位上的女性乘客会被吸出窗外,如果不是被其他乘客将她拽回,她就会拽出飞机而坠亡。

要回答这个问题,还得先说说大气压力和高度的关系,简单地说:高度每增加 5 km 大气压力降低一半。例如,地面为 1 个大气压力时,高度到 5 km 时,气压为 0.5 个大气压力;当高度再升 5 km 即到 10 km 时,又降一半成为 0.25 个大气压力,如此类推,到 15 km 高度时气压为 0.125 个大气压力,到 20 km 高度时气压为 0.062 5 个大气压力。

图 7.14.7　玻璃被击穿的舷窗

为了节省燃油,现代旅客机大多在 11 km 或 12 km 高空飞行,这时大气压力比较小(不到 0.5 个大气压),空气变得稀薄,飞机飞行时受到的阻力小,所需的推进飞机前进的推力当然就小了,消耗的油量也就少了,但是乘坐飞机的乘客可受不了这么低的气压。所以现代旅客机座舱都做成增压的,即飞机在设计高度以下飞行时,始终用高压空气(一般由发动机高压压气机提供)对座舱增压,以维持座舱有一个适合乘客正常活动的气压。

飞机在高空飞行时,舱内由于增压了压力较高,而舱外压力较低,这时座舱就像一个高压锅一样,只要出现一个破口,舱内气体就会由破口冲出,这个冲出的气流能量很大,会将靠破口处的物品包括乘客冲出去,或称为被吸出去。WN1380 航班出事时,飞机正在 9 900 m 上空飞行,此时舱外气压仅为 0.5 个大气压力,而舱内气压接近 1 个大气压力,当舷窗玻璃被击碎时,在内外压差作用下,未系好安全带的女性乘客被吸出窗外,如果她当时是系好安全带的,就不会发生身亡的事故,这次事故也告诉我们,乘坐飞机时,最好全程系好安全带。

说来也巧,就在美国西南航空公司的 WN1380 航班出现空中爆炸的事故第二天即 4 月 18 日(美国时间),该公司的另一客机在执行由田纳西州的纳什维尔国际机场飞往凤凰城的编号为 577 的航班时,在早上 5 时 13 分起飞后的 24 分钟就遭到鸟的撞击,驾驶员只好将受损的客机折返回到起飞机场,客机最终于 5 时 37 分降落纳什维尔国际机场,无人员伤亡。航空公司表示,该客机将会停止飞行以便进行维修。西南航空公司的遭遇正像《醒世恒言》中讲的:屋漏偏逢连夜雨,船迟又遇打头风,令人同情。

在 1380 航班事故发生后两周的 2018 年 5 月 2 日上午,美国总统特朗普在白宫会见了 1380 航班的机长、机组成员以及部分乘客。在会见中(图 7.14.8)川曾总统表彰了英雄机长 Tammie Jo Shults 的英雄事迹,认为由于她的沉着冷静,精心操作使失去控制的飞机得以平安降落,使机上一百多位乘客幸免于难;另外他还对在飞机出事后,机组成员及个别乘客不顾个人安危,在危难中做出的英雄事迹进行了表扬,并一一与他们握手。

就在 5 月 2 日,上午特朗普总统接见了 1380 航班的机长及部分乘客后,下午还是这家西南航空公司的一架 737 - 700 型客机,在执行由芝加哥飞往新泽西的 WN957 航班时,飞机上载有乘客 76 名,当飞机飞行了近 2 个小时,突然乘客听见很大的嘭嘭声,随着嘭嘭之声,乘客发现紧急出口处的窗子玻璃,出现外层玻璃撕裂(图 7.14.9)。飞机舷窗玻璃是由三层有机玻璃黏合一起的,这次事件只是外层有机玻璃撕裂,因此没有造成座舱失压,氧气面罩也没有放下。坐在被打伤的舷窗旁的旅客吸取两周前 1380 航班的教训,都跑离了该窗口。驾驶员并未向乘客宣布飞机出了故障,而是沉着冷静地将飞机转向就近的克利夫兰机场,飞机平安着陆,无人员伤亡。

图 7.14.8　美国总统特朗普在白宫会见
1380 航班机长、乘务员及部分旅客

图 7.14.9　紧急出口处的
舷窗玻璃外层撕裂

西南航空有关人士称,在 1380 航班事故后,公司的信誉受到打击,仅仅两用时间,公司的售票收益减少了 5000 万～1 亿美元,再次出现玻璃窗破坏事件后,估计亏损还将加大。

至于是什么原因引起该窗的玻璃外层撕裂,西南航空公司以及一 NTSB 均未做任何解释,只能等后续的分析报告中查到。

| 从飞机的多余物成了发动机的外来物打伤发动机 使 F - 22 首飞延误谈起 |

美国第五代战斗机 F - 22 在研制中,曾发生过飞机的多余物,在发动机工作时,被发动机吸入,成为发动机的外来物,打伤了发动机的风扇叶片,不得不更换发动机,使 F - 22 的首飞时间拖后。

所谓飞机的多余物是指飞机在生产过程中,不应该残留在飞机中的那些由于生产过程中产生的金属碎片,钻头、铆钉或铆钉头、螺钉与螺帽等,也称飞机的外来物。最近波音公司为美军研制的 KC - 46 加油机成为困扰波音公司的丑闻之一,就是由于交付给空军的加油机中一些密封腔出现了大量的外来物,美国空军不得不拒绝接收应交付的飞机。

2019 年 1 月 25 日,经过两年多的延误,首批 18 架的头两架 KC - 46 加油机飞离位于西雅图埃弗雷特的波音公司潘恩机场,向美国空军交付。图 7.15.1 是波音公司在厂房内布置的交机仪式的场地。第一架 KC - 46 飞抵位于堪萨斯州威奇托的麦康奈尔空军基地时,现场竟是一片欢呼声。图 7.15.2 为第一架 KC - 46 受到美国空军的欢迎仪式。美国空军第 22 空中加油联队指挥官乔希·奥尔森上校说:"对于美国空军和麦康康奈尔基地来说,这一刻足够载入史册,我们进入了一个新的时代。有了KC - 46,麦康奈尔基地可以接触到整个地球。"

但是,好景不长,当空军要将 KC - 46 投入使用时,却发现在飞机的一些封闭舱室中发现了大量外来物碎片,包括金属碎片,螺钉螺帽,甚至还有扳手工具等(图 7.15.3)。有这么多外来物的飞机怎么能上天,于是空军在 2 月 20 日拒绝接受后续该交付的飞机,4 月 2 日空军再次声明拒绝接受波音的 KC - 46 加油机,当天波音发表声明称:"解决这一问题是波音公司的首要任务,波音致力于向美国空军提供

图 7.15.1　波音公司在厂房内布置的为首架 KC - 46 交付空军举行仪式的场地

图 7.15.2　美国麦康奈尔空军基地举行传统的喷水门的欢迎 KC - 46 的入役

没有任何异物碎片的飞机"。波音公司对所有将要交付的KC - 46都将进行严格的检查，寻找飞机上所有密封舱的外来物碎片，还将油箱排空,以便检查人员进入油箱寻找碎片。已经交付给美国空军的 KC - 46 加油机,还得飞往波音公司的工厂接收检查。在波音采取了这些措施后,2019 年 4 月 8 日,美国空军负责采购、技术和后勤的助理部长威尔·罗珀表示,在受到外来物碎片问题影响,停止交付的波音 KC - 46 加油机将重新开始交付。

　　波音公司交付给空军、含有大量外来物的 KC - 46,由于及时被空军发现,并未造成

**图 7.15.3　在 KC - 46 密闭腔中
发现的外来物**

重大损失,但是,二十多年前的 F-22 却没有这么幸运。

1996 年 12 月,美国普惠公司将两台专为 F-22 研制的 F119-PW-100 带加力燃烧室的小涵道比涡轮风扇发动机(图 7.15.4)发送到 F-22 的生产厂,掀开了 F-22 研制工作新的篇章,因为有了发动机,F-22 才能够上天进行漫长的试验飞行工作。发动机装上飞机后于次年即 1997 年 4 月 9 日出厂,准备进行开车运行,以检查发动机在飞机上是否能正常工作,性能是否符合要求,以及检验发动机与有关系统是否能正常协调工作等,这在飞机研制中是一个重要节点,受到各方面的关注。

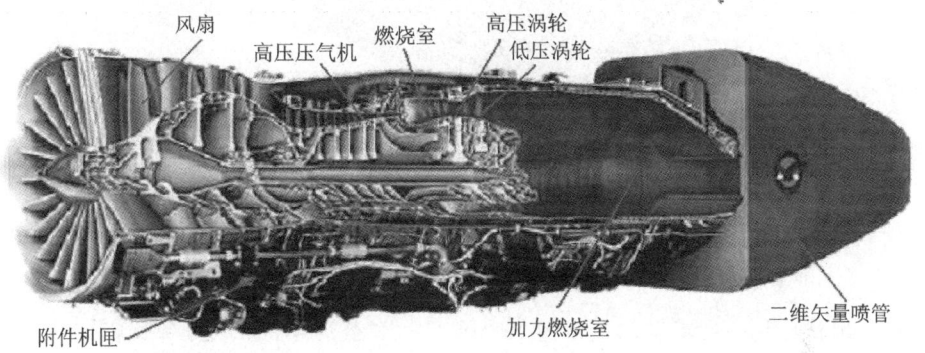

风扇　高压压气机　燃烧室　高压涡轮　低压涡轮

附件机匣　加力燃烧室　二维矢量喷管

图 7.15.4　F119-PW-100 加力式小涵道比涡轮风扇发动机

当装在 F-22 的 F119 发动机第一次开车时,发动机工作正常,性能指标满足要求,与各系统匹配也很好,但是停车后对发动机进行检测时,却发现多个风扇叶片上有被外物打伤的痕迹。发动机开车前,已经对飞机停放处的四周特别是前方,进行了比较彻底的清扫,因此打伤风扇叶片的外物不会是机场的砂石。经过仔细检查与分析后,发现是飞机生产过程中,遗留在机身内的一些多余物,当发动机工作时,成为发动机的外来物,被发动机吸入,撞向风扇叶片,击伤叶片。为此,只得换下被打伤的发动机,同时彻底清除机身内的多余物,这样就延误了原计划的飞机首飞日程。最后,首架 F-22 才在 1997 年 9 月 7 日进行了历史性的首飞,随后进行了长达八年的飞机的试验飞行,共有 8 架 F-22 参加试验飞行,图 7.15.5 示出了两架 F-22 进行飞行试验的情况,上面的那架为首飞的 F-22。

在完成全部试验飞行后,2005 年 12 月 15 日交付美国空军,F-22 达到初步作战能力。2012 年 5 月 2 日在美国空军接收了最后一架 F-22 后,生产厂终止了 F-22 的生产,并撤销了全部生产设施。在长达十几年的生产过程中,共生产了 195 架 F-22,其中 8 架为进行试验飞行的,交付美国空军 187 架。

1997 年,美国 F-22 首飞前的发动机在飞机上的第一次开车时,遭到飞机的多余物成为发动机的外来物打伤发动机,迫使 F-22 的首飞延期的事件,不幸在我国也同时遭遇了。同样在 1997 年,我国研制的歼 10 战斗机,在 7 月前后,发动机装上飞机后的第一次开车时,也遭到飞机的多余物成为发动机的外来物打伤发动机,只得从

图 7.15.5　试验飞行中的 F - 22 上面的是第一架进行试验飞行的 F - 22

飞机上拆下换上一台新发动机。但与美国 F - 22 遭遇不同的是,新换装上的发动机在两周后的开车中,又遭到外物打伤的事件。

　　歼 10 战斗机(图 7.15.6)是我国自行研制的首型第三代战斗机(现在称为第四代战机),由成都 611 所设计、成都 112 厂生产。飞机上装有一台用于苏 - 27 战斗机(双发)的 AL - 31F 加力式小涵道比涡轮风扇发动机(图 7.15.7)。

图 7.15.6　歼 10 首飞后降落时在跑道上放出阻力伞的瞬间

　　1997 年 6 月 20 日在 112 厂举行了具有历史意义的歼 10 交付试飞站的剪彩仪式(图 7.15.8),中央军委副主席等中央领导出席了仪式,宋文聪总设计师汇报了新歼研制情况,刘华清高兴地为飞机总装交付试飞站剪彩。至此,歼 10 飞机经过多年的设计研制,原型机已经横空出世,等待它的将是更严峻的挑战和考验——首飞与飞

行试验。

图 7.15.7　用于歼 10 的 AL - 31F 发动机

图 7.15.8　歼 10 由生产厂交付试飞站的剪彩仪式(1997 年 6 月)

　　歼 10 进到试飞站后,首先开展准备发动机在飞机上的第一次开车运转的一些工作。由于歼 10 当时所用的发动机是用于俄罗斯苏 - 27 的发动机(AL - 31F),该发动机的风扇叶片采用了大展弦比的设计,即叶片做得很窄,抗击外来物打击能力特差,随流入发动机空气流一道进入发动机的外物例如砂石碎片、鸟、冰雹等,很容易将叶片打坏,轻者使发动机结构受损、性能降低,重者造成发动机空中停车,影响飞机飞行

安全。为此,为确保歼 10 第一次开车运转时,不会有场地的砂石与其他碎片进入发动机,地勤人员对飞机停放处的附近,特别是发动机前方,进行了彻底的清扫,还在发动机前方的跑道上,盖上了多块整张的铁板。

早在 20 世纪 50—60 年代,西方国家的航空发动机均采用大展弦比即窄弦的风扇、压气机工作叶片,而苏联的发动机都采用小展弦比即宽弦的工作叶片;但是到了 70 年代,西方国家研制的新的高性能涡轮风扇发动机中,均采用了能经受外物打击的宽弦风扇叶片,而苏联在苏-27 与米格-29 所用的 AL-31F 与 RD-33 发动机却用了窄弦风扇工作叶片。为什么会有这个转变呢? 据说是苏联的克格勃起了很大作用。

由于 AL-31F 与 RD-33 发动机采用了窄弦的风扇工作叶片,使这两型发动机的风扇叶片承受外物打击的能力特差,满足不了有关规范的要求,因此,只能在飞机设计上采取防外物进入发动机的措施。为此苏-27 与米格-29 战斗机中采用了世界上罕见的可操纵的阻挡装置,两型飞机采用了不同的设计。

苏-27 在发动机进气口处,安装了随起落架收、放同步的可展开与收回的防尘网,即飞机起飞、着陆过程中,起落架放出时,防尘网伸出挡住进气口(图 7.15.9),当飞机起飞后起落架收起时,防尘网收回(图 7.15.10)。这种可收、放的防尘网装置在现代飞机特别在高速战斗机中实属罕见,它不仅增加飞机重量与操纵性,影响发动机的正常工作,而且在防尘网已收回飞机爬升中,发动机仍能吸入飞鸟,造成风扇叶片被打坏的事件。

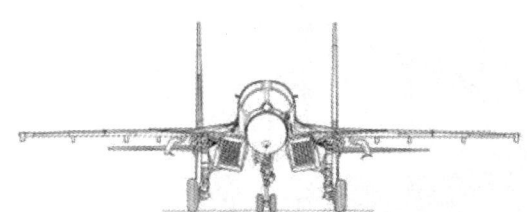

图 7.15.9 苏-27 起落架放下时进气口被防尘网挡住

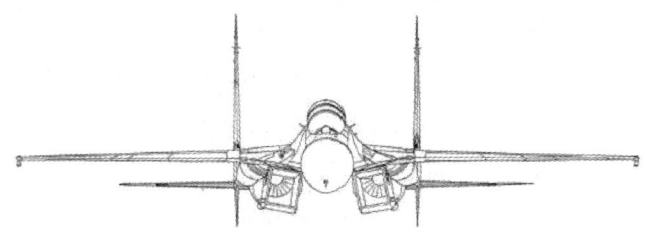

图 7.15.10 飞行中苏-27 进气口防尘网收回

　　为防止外物进入发动机,米格-29飞机的每个进气口处,带有与起落架收放同步的一个气流铰接的挡板和三个在机身上部开的辅助进气口。起飞着陆起落架放下时,挡板放下,挡住主进气口,与此同时,辅助进气口向下打开,空气从辅助进气口的百叶窗形缝隙和887个小孔中进入进气道,在气流拐弯向下流时,借离心力将沙尘等外物甩出,同时缝隙与众多小孔也能阻挡稍大的外物进入发动机。起落架收回时主进气口打开,气流正常地由主进气口进入发动机。与苏-27一样,当起落架收回飞机爬升中,发动机仍能吸进飞鸟打坏发动机,1989年巴黎航展时,第1次参展的米格-29在爬升至2 000 m高度时,左侧发动机吸进飞鸟引起停车,飞机失控坠毁,曾是当年在航空界引起轰动的事件。

　　我们的歼10会遇到这种外物打伤发动机的险情吗?上面讲到为准备装在歼10上的AL-31F发动机第一次开车运转,地勤人员做了大量工作,确保不会有任何外物吸入发动机。1997年7月装在歼10上的发动机进行了第一次开车运转,发动机正常启动且运行平稳,各种参数也较正常,与其他系统的配合也没有出现异常现象,正当参试人员兴高采烈准备为第一次开车取得圆满成功而欢呼时,却传来风扇叶片被外物击伤的噩耗。

　　原来发动机停车后,沈阳发动机研究所的一位发动机结构设计方面的研究员,他是专门应歼10研制方邀请来协助发动机首次开车工作的,感觉应该检查风扇叶片是否正常,于是拿着手电由飞机的进气口,艰难地爬到发动机进口处,一看多片风扇叶片上有被外物打伤的点点坑坑伤痕,说明发动机在运行中,遭到外物的打击。这时,发动机只得从飞机上拆下,进行检查分析,找出外物的根源,再采取相应措施防止类似的事件再次发生。当然发动机在歼10上的第一次开车运转以失败告终。

　　经过航空材料研究所有关专家对叶片伤痕进行检测后,发现伤痕中有金属铝的痕迹,说明叶片不是被场地的砂石打伤的,而是被含有铝成分的碎片击伤的。这些含铝的金属碎片是从哪里来的呢?经过分析,认为是飞机在生产过程特别是在铆接机体蒙皮时,掉进机体内腔中而未被清理出来的铆钉断头、金属屑末等飞机多余物,在发动机开车运转时,成为发动机外来物吸进发动机而打伤的风扇叶片的。为此,对飞机机身内部结构中进行了清理,还真的清扫出一些铆钉、铆钉断头、螺钉、螺帽与钻头等小工具,在确定飞机机体内已经干净没有多余物后,换了一台新发动机装到歼10上,在两周后进行第二次开车运转。谁知这台新发动机的风扇叶片仍然遭受到第一台的厄运——被外来物打伤。在两周时间内连续打伤两台新发动机,这可是一件特大的事件,为此航空工业部在现场召开了专家分析会议。会议认为两次打伤叶片都是飞机多余物造成的,问题在于我们从修理到自制战斗机已有几十年,却从未发生过飞机的多余物打伤发动机的事件,为什么到了歼10出现了打伤事件?

　　原来在以前的战斗机飞机进气道的面积是不变的,因此安装发动机的舱室与飞机机体的内腔完全是隔开的,机体上不存在任何缝隙,机体内的多余物不会被发动机吸入。歼10是我国第一型进气道面积可变的战斗机,在安装发动机的舱室内有几处

缝隙与飞机机体内腔连通,因此发动机工作时,在发动机特大的吸力作用下,将飞机内腔积存的多余物随进入发动机的空气流吸进发动机,并以较大的速度撞向高速旋转的风扇叶片上,打伤叶片。

专家会议建议采用多种可用手段,对飞机机体内腔进行全面检查与清理,确保机身内无多余物存在。另外建议根据歼10的特点制定相应的生产规章制度,确保在生产的任一环节中,不允许有多余物进入机体内腔。

经过几个月的奋战,歼10飞机上又装上了一台新发动机,航空工业部召开了新发动机开车运转前的评定会。会上研制方汇报了对飞机机体进行排查与清理的过程,并展示清扫出来的外来物,那真是琳琅满目,除了大量的铝制铆钉、铆钉断头、螺栓螺帽、金属屑末外,还有钻头等工具,想想也非常可怕,如果这些外来物没有清除出来,那将会打伤多少台发动机。研制方还介绍了对飞机机体内与装发动机的舱室相连通的缝隙进行了封堵,还根据歼10的特点重新制订一些有关生产的规章制度,并在全体研制人员中开展宣传教育工作等。与会的专家经过认真讨论,认为研制方克服多方困难,基本清除了机体内的多余物(燃油箱中仍残留有一小片外来物,用了多种方法仍无法取出,经分析该外来物不会对燃油系统的正常工作带来影响),且采取了严格的管理措施,能杜绝以后再现类似的事件,所以同意装在歼10上的AL - 31F发动机开车运转。

会后,AL - 31F发动机顺利地完成了在歼10上的开车运转,为歼10首飞奠定了良好基础。

1998年3月23日,由首席试飞员雷强驾驶的首架歼10腾空而起,完成了具有历史意义的歼10首飞,当雷强走下飞机后,受到歼10总设计师宋文骢院士的热烈拥抱,这一令人难忘的瞬间让人热泪盈眶(图7.15.11)。

图7.15.11　试飞员雷强受到歼10总设计师宋文骢的热烈拥抱

摄影:陈光　　拍摄时间:2019.12.31

歼 10 首飞后经过五年的飞行试验，于 2003 年 3 月投入空军使用，2004 年 4 月 13 日通过国家航定委设计定型。歼 10 从 1986 年立项历经 18 年的磨炼终于在 2004 年设计定型，这是我国航空工业取得的又一伟大成果，在研制中，虽然遭受到首飞前损坏两台发动机的惨痛事件，但是它的经验教训，却使得在其后研制的歼 20、歼 15 等新型战斗机，未受到类似 F - 22 飞机的多余物成为发动机的外来物打坏发动机的事件！

｜CFM56 - 7B 风扇叶片从根部断裂打坏两架 737 - 700 客机｜

2016 年 8 月 27 日,美国西南航空公司的一架 737 - 7H4 在执行由路易斯安那州新奥尔良飞往佛罗里达州奥兰多的 WN3472 航班时,机上载有 99 名乘客与 5 名机组人员,当飞机离地 12 分钟爬升到 9 450 m 时,左发(CFM56 - 7B)突发非包容故障,碎片击穿飞机机身左侧,造成机舱失压,并打伤机翼与尾翼,舱内氧气面罩自动放出,飞机利用单发在 20 分钟后安全降落到彭萨科拉机场,无人员伤亡。此事件称 WN3472 事件。

经过美国联邦航空局 FAA 与美国国家运输安全局 NTSB 对 WN3472 事件受损的飞机与发动机进行检查分析后,NTSB 于当年 9 月 12 日发布了初步检查报告,报告中指出:发动机中有一片风扇叶片从叶身与叶根交接处折断,叶片的榫根部分仍残留在轮盘的榫槽中,但叶身部分已丢失;在榫根断口上呈现出明显的疲劳条带,其长度为 28.9 mm,深约为 5.5 mm,疲劳区的中心部分距叶根前端面 53.3 mm。另外,左发进气道已脱离发动机(图 7.16.1),其碎片打坏机身、机翼与尾翼,机身左侧紧靠机翼上方发现一个 129 mm×408 mm 的大洞,但未击穿机身内壁,洞内未发现风扇叶片及进气道的残件。

WN3472 事件后的 8 个月,即 2017 年 4 月 17 日,美国西南航空公司又一架 737 - 7H4 在执行由约拉瓜迪亚飞往达拉斯拉夫菲尔德的 WN1380 航班时,机上载有 144 名乘客与 5 名机组人员,当飞机爬升到 9 800 m 时,左发(CFM56 - 7B)突发非包容故障,造成进气道破碎与风扇整流罩严重受损(图 7.16.2)。其碎片不仅打伤机身、机翼与尾翼,且打坏了靠近 14 排座椅处的舷窗玻璃,使座舱失压,氧气面罩自动放出,并将一名坐在 14 排椅子上的女性乘客吸出窗外,虽经乘客与空姐将其拉回并进行抢救,但由于伤势过重而死亡,另有 8 人受伤。飞机利用单发在 20 分钟后安全降落到彭萨

科拉机场。这是美国民航从 2009 年来第一次有乘客死亡的飞行事故,也是西南航空公司成立以来第一次出现有乘客死亡的事故,此次事故称为 WN1380 事故。

丢失的叶片

图 7.16.1　WN3472 发动机进气口已甩离　　图 7.16.2　WN1380 发动机进气部分受损严重

飞机着陆后,NTSB 的检验人员立即对受损的飞机与发动机进行了初步检查,发现发动机受损情况基本与 WH3472 一致(图 7.16.2),即 1 片风扇叶片在榫根处疲劳断裂,打坏了风扇整流罩与进气道,其断片打伤机身与机翼各一处,并打破了位于左侧 14 排座椅处的舷窗玻璃。

在第二起事故发生后,发现这两起故障中,虽有 1 片风扇叶片从榫根处断裂后甩出发动机,但风扇外的包容环却基本完好无损(图 7.16.3),使专业人士感到疑惑,是不是叶片断裂后的断块,在工作中不是径向甩离发动机而是向前斜向甩出的。如果是这样,现有的有关叶片甩出的包容性适航条令就显得不合适了,因为按现有适航条令叶片是径向甩离发动机的。

包容环

2016.08.27

20180417

包容环

图 7.16.3　两次发动机故障中包容均完好无损

两次故障中,发动机均为 CFM56-7B,这是一型可靠性高、性能优越的发动机。

在 WN1380 事故发生两年半后,美国国家安全局 NTSB 于 2019 年 11 月 19 日批发了于 2018 年 4 月 17 日编写的有关 WN1380 的《飞机事故报告》,在报告中详细分析了发动机风扇叶片断裂的机理与叶片断裂后造成的损伤过程,否定了前述的疑惑。

发动机的 13 号风扇叶片在飞行中,突然从榫根与片身交接处断裂,是 WN1380

航空发动机结构设计分析(第3版)

事故的肇事者。叶片的燕尾形榫根保留在轮盘的弧形榫槽中,榫根断口处有一明显的疲劳区,如图 7.16.4 所示,疲劳区距叶片前缘 15.4 mm,其中有明显的 6 根疲劳条带,属于典型的低循环疲劳性质,叶片断裂时已工作 55 471 hr、32 636 循环(从新叶片开始)。另外,在 WN3472 事件中,该发动机的 23 号风扇叶片也是从叶身与榫根接交处折断的,其断口的形貌与疲劳区的位置与大小,基本与 13 号风扇叶片相近,此叶片已工作 38 182 循环。

对风扇叶片的材质与制造等进行了全面的检查,没有发现问题。最终得出发生裂纹的区域处于特别大的应力值下,在工作一段时间后引发初始裂隙,裂隙逐步扩大成为裂纹直至叶片断裂,是引起叶根低循环疲劳的原因结论。

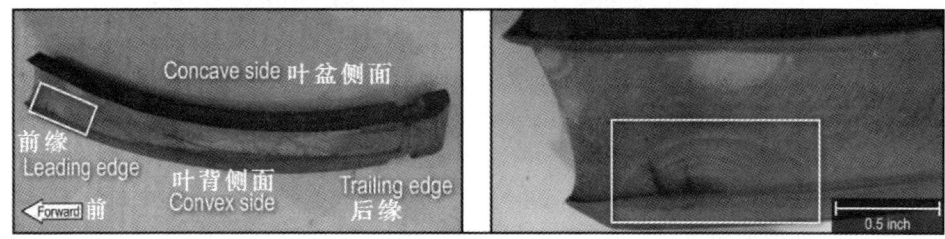

图 7.16.4　燕尾形榫根与叶片片身交接处的形貌

在分解发动机后,在风扇叶片与出口导向叶片间的包容环底部,发现了 2 块风扇叶片断片,其中一块长约 50.8 mm,另一块长约 304.8 mm,是榫根以上的部分,加上残留在轮盘榫槽中的榫根,残存的叶片断片重 8.26 lb,占叶片总重(10.83 lb)的86%,也即有 14%(2.57 lb)的叶尖部分,轴向流出了包容环。对包容环的检查,发现在底部有明显的撞击痕迹(3 处),还有 1 个小的撕裂槽,但无碎片穿出的痕迹。由此可见,叶片断片是在 6 点钟位置处径向砸向包容环的,撞击后叶片断成几块,因此在这次事故中,包容环起到了应有的作用,也证实了 CFM56-7B 的铝制包容环经受了实际工作中的考验。

图 7.16.5 示出了 CFM56-7B 整个动力装置的图,进气道与风扇整流罩由飞机研制单位生产。进气道固定在发动机包容环的前安边上;风扇整流罩用铰链连接到机翼下吊装发动机的吊架中,整流罩由内、外两块组成,在做地面维修时它们可以向飞机内侧方向或外侧方向打开,当它们合拢时,在底部用轴向销将其锁住。由于整流罩是一件体积较大的薄壁件,为了维持它的固有形状,在邻近底部结合面处设有 1 个径向锁紧固件,使整流罩下方与包容环固定。

CFM56-7B 是 CFM56 系列发动机中最后一型,在风扇部件中与之前型号不同处有 2,即叶片采用了宽弦设计,使单片叶片重量加大;包容环的材料由 17-4PH 合金钢改用了铝合金,相应的结构设计也做了改进,图 7.16.6 示出了 CFM56-3 与-7B 的包容环设计。用铝合金做风扇的包容环还是第一次,所以在发动机研制中,对包容环的包容能力,进行了 8 种部件试验台的调试,最后调整完善的包容环在发动

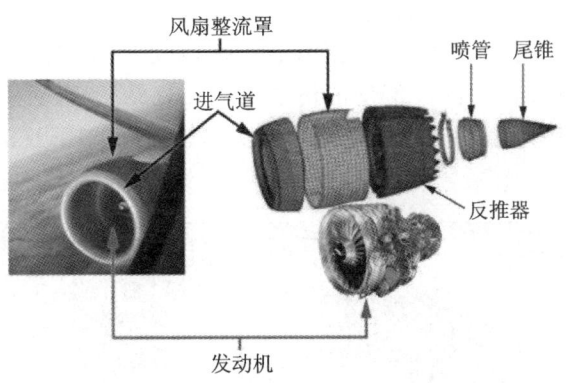

图 7.16.5 CFM56 - 7B 动力装置图

机取证的叶片甩出试验中,进行了两次(这在发动机取证试验中是少有的)。第一次试验中,叶片断片被包容环包容住了,但叶片在轮盘中的轴向锁紧装置断裂,造成几片叶片甩离轮盘,试验失败,经过近一年的改进与调试后,第二次叶片甩出试验取得成功,才使得 CFM56 - 7B 于 1996 年 12 月取得适航证。在进行叶片甩出试验时,进气道是装在发动机上的,而整流罩没有装在发动机外部。

图 7.16.6 CFM56 两型发动机的包容环设计不同

在叶片甩出的取证试验时,叶片从根部断裂时叶片所处的位置规定在上方即 12 点钟的位置。但在 WN1380 事故中,如前所述,叶片断裂是在 6 点钟位置即发动机下方发生的,这就造成了严重的二次损伤事故。

在 WN1380 事故中,当 13 号风扇叶片断裂后,断片撞到包容环的下部,叶片断裂成几块,其中 2 块残留在包容环内,叶尖部分断成的几块(数目不知,也可能就是 1 块)断片,向前流出(叶片折断后发动机立即进入喘振,气流在发动机中轴向前、后流动),打坏了进气道与包容环的连接部位,使进气道甩离飞机坠地,图 7.16.7 示出坠落在地上的进气道与部分整流残骸。

图 7.16.7 坠落到地面的进气道与整流罩残骸

当叶片砸向包容环底部时,对整流罩的径向锁紧固定件作用了一个能量非常大的冲击载荷,在这个强劲的冲击载荷作用下,不仅使锁紧固定件破坏,而且将部分整流罩撕裂,其断块甩离飞机时,不仅击伤了飞机几处结构,而且有一块打碎了靠近 14 排座舱窗子的玻璃(图 7.16.8),造成机舱失压、氧气面罩下放,还使一位女性乘客丧生。

图 7.16.8 砸破座舱窗子玻璃的整流罩断块

两次 CFM56 - 7B 严重故障均由于风扇叶片在叶根截面处,局部地区应力过大而造成低循环疲劳导致的,为了不使类似故障再出现,FAA、EASA 等适航部门先后发出若干适航指令,要求使用单位加强对风扇叶片榫根处采用超声探伤仪、涡流探伤仪与荧光检验仪检查,看是否有微小裂纹存在。现在的规定大致是,从新件开始到 20000 循环时进行第 1 次检查,随后每 1600 循环检查一次。另外,虽然风扇叶片规定为无寿命限制的零件,但是 2019 年 8 月 6 日 CFMI 公司发出的服务通报称,当风扇叶片工作时间达到 55 000 循环时,应该报废而不再使用,即风扇叶片从无寿命限制件变成有寿命要求的零件。

NTSB 在这份有关 WN1380 的《飞机事故报告》中,最后对 FAA 提出了几条建议,其中首要的是要 FAA 对波音公司确定 CFM56 - 7B 断裂的风扇叶片撞击到包容环的关键部位及其影响,从而重新设计用于 737 - 700、- 800 与 - 900 飞机所用的风扇整流罩,以保证整流罩在遭受风扇叶片断裂后的结构完整性。当完成这项改进设计后,除要求波音在新生产这些飞机中使用新设计的整流罩外,还要求使用这几型飞机的航空公司立即更换新设计的整流罩。另外,还要求飞机与发动机研制厂商共同开展研究工作,以确定在各种工作条件下,叶片断片砸向什么位置会对整流罩结构完整性造成大的影响,从而开发一个适用整流罩结构设计的分析工具。

┃PW4077 风扇叶片断裂引发 777 客机出现三次重大故障┃

2021 年 2 月 20 日一架美国联合航空公司的、装有两台 PW4077 发动机的 777 – 222 客机执行由丹佛飞往夏威夷的 UA328 航班时，机上载有 241 人(乘客 231 人)。当飞机由丹佛机场起飞约 4 min 后，飞机爬升到 3 800 m 时，机上人员听到"嘭"的一声巨响，随后飞机出现极大的振动。乘客从舷窗向外看时，看到右侧发动进气道与风扇整流罩全部不见了，只见暴露在外的发动机后部燃起大火(图 7.17.1)，引起乘客们的慌乱，有如面临机毁人亡的境地，幸好驾驶员打开了灭火系统将火捕灭，随后用一台发动机平安地将客机降落在起飞机场，无人员伤亡，从起飞到着陆历时 24 min。此次事件称为 UA328 事件。

图 7.17.1　燃烧着的发动机

PW4077 发动机是美国普惠公司研制的 PW4000 系列发动机中的第三个系列，其风扇叶尖直径为 112 英寸(2.84 m)，装有 22 片由钛合金做的空心宽弦风扇叶片，是普惠公司第一次采用空心风扇叶片的发动机。风扇叶片长 103 cm，叶尖处的宽度为 56.5 cm，叶根处的宽度为 31.75 cm，每片叶片重 15.81 kg。发动机装到飞机上时，由进气道、风扇整流罩、发动机与反推力装置组成飞机的动力装置(图 7.17.2)。

对着陆后的飞机进行检查，发现发动机的进气道、风扇整流罩全部丢失，风扇叶片中，一片近叶根处断裂，紧邻的一片在叶片中部断裂(图 7.17.3)，所有叶片叶尖及前缘均有伤痕，一片风扇叶片断片卡在包容环中，包容环已是伤痕累累，但仍保持着

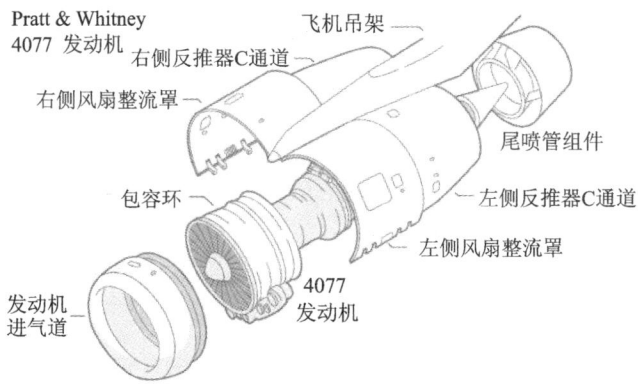

图 7.17.2　PW4077 动力装置

圆形,发动机侧面显示有燃烧过的痕迹(图 7.17.4);飞机机身也有多处外物打伤的痕迹。

图 7.17.3　风扇叶片丢失情况

图 7.17.4　发动机后部被火烧过

丢落的部件基本在地面都被发现,外径近 3.5 m 庞然大物的进气道坠落于一居民小院中,除一个断口外,基本上完整(图 7.17.5);整流罩的十几个的断片在多处被发现(图 7.17.6)。

图 7.17.5　硕大无比的进气道坠落
　　　　　 到居家小院中

图 7.17.6　散落在各处的整流罩断片

对邻近风扇叶根处折断的断口做的金相分析发现断口处存在低周疲劳条带(图 7.17.7),而对叶身中部断裂的断口未发现疲劳条带,属于大负荷作用下的断裂,因此这次重大故障的根源在于风扇叶片邻近叶根处低循环疲劳造成的。

由此可以分析出故障发展过程。在飞机爬升过程中,发动机处

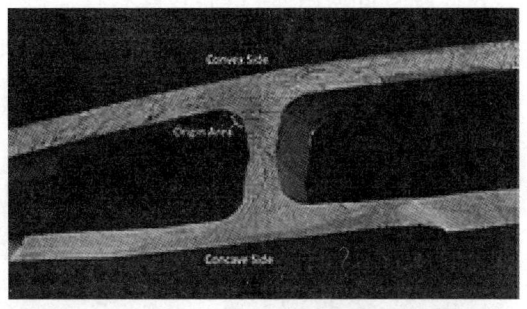

图 7.17.7 邻近叶根处折断面处的低循环疲劳条带

于最大转速下,突然一片叶片在邻近叶根处断裂,断片在极大的离心力作用下甩向包容环,被包容环包容住,并断成几块,其中一块卡在包容环中。发动机紧跟着喘振,喘振引起的气流回流将另一块断片冲出发动机,对飞机的某些地方造成损伤,同时对进气道与发动机包容环的连接处产生了极大的冲击载荷。当叶片甩离轮盘时,风扇转子的平衡遭到破坏,引起发动机极大的振动,除对所有风扇叶片与包容环接触产生剐蹭外,还对进气道与风扇整流罩作用了过大的载荷,最终造成进气道脱离发动机而坠落,风扇整流罩破成多块流出发动机,其中有些断块还对飞机造成一定的损伤;同时,过大的振动还造成发动机外部一些导管破裂,使部分燃油与液压油外泄,引发着火燃烧。

在此事件发生前,还发生过两次类似的重大故障:2020 年 12 月 4 日,载有 189 人(乘客 178 人)的日航 777 - 222 客机执行由冲绳飞往东京的 JL - 904 航班时,当飞机由冲绳起飞后爬升到 5000m 高度时,发生了风扇叶片断裂引发了重大故障(一侧的风扇整流罩丢失)的事件(图 7.17.8),称 JL - 904 事件。2018 年 2 月 13 日,载有 373 人(乘客 363 人)的美国联合航空公司的 777 - 222 客机,执行由旧金山飞往夏威夷的 UA1175 航班任务时,当飞机还在太平洋上空距夏威夷还有 223 km 时,发生了风扇叶片断裂引发的重大故障,飞机进气道大部分脱落,风扇整流罩全部脱落(图 7.17.9),称为 UA1175 事件。幸运的是两次事件中均无人员伤亡。

图 7.17.8 JL - 904 外侧风扇整流器丢失

图 7.17.9 UA1175 进气道与整流器丢失

在这两起事件中,风扇叶片断裂情况(图 7.17.10)与断口疲劳裂纹所处位置(图 7.17.11)基本一致,说明三次事件均由于风扇叶片疲劳断裂引起的。

UA328　　　　　　　JL-904　　　　　　UA1175

图 7.17.10　三次事件中风扇叶片受损情况基本一致

UA328　　　　　　　JL-904　　　　　　UA1175

图 7.17.11　三次事件中风扇叶片疲劳裂纹基本处于相同位置

图 7.17.12 示出在 JL‐904 中风扇叶片断裂尺寸,其中包括未断叶片的尺寸。其他两次断裂情况基本与其相同。

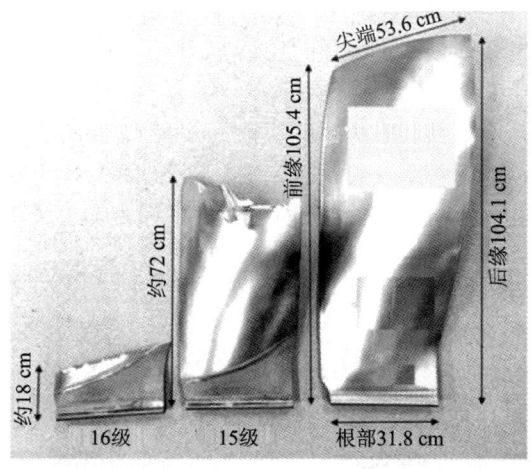

图 7.17.12　JL‐904 风扇叶片断裂情况

发生故障的飞机与发动机,累积的工作时均很长,以 UA1175 为例,其飞机生产于 1995 年,已工作 89 723 hrs 及 16 339 循环,发动机从新机开始,已工作 77 593 hrs 及

13 921 次循环,从最后一次翻修到现在已工作 8 579 hrs 及 1 464 循环。

由于风扇叶片属无寿命限制的零件,为了对寿命较长的叶片,探测空心叶片芯部结构中是否出现初始裂纹,普惠公司于 2005 年发展了一套热声成像检测(TAI)技术,以检测叶片内部结构是否出现裂纹,据称检查效果还算可以。但普惠并没有对此制定一套规范的培训流程和技术验证规范,导致一些机务不懂得正确判断风扇叶片裂纹的情况,这是最终导致这三次风扇叶片在空中断裂造成事故的主要原因。

按理讲,发动机取证时通过了严酷的风扇叶片甩离的包容试验,在使用中即使出现风扇叶片断裂故障,也不会出现像这三次发生的重大事故,究其原因,发现取证试验中有两点与实际情况严重不符。

首先,取证时所用的进气道(图 7.17.13)后加强筋环采用了铝合金,可是实际上在飞机上用的却是复合材料,两种材料的机械性能相差较大。复合材料做的后加强筋条在极大的振动条件下,加上风扇叶片断片在向前冲击过程中对加强筋条作用的冲击载荷下破裂损坏,导致进气道整体或局部脱离发动机。

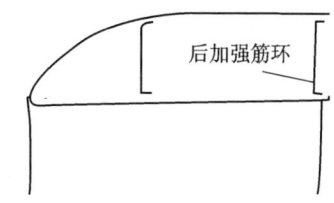

图 7.17.13　进气道

其次,取证试验时,由波音公司设计制造的风扇整流罩没有装到发动机上,因此整流罩没有经过严酷考验。再加上,据波音公司称,由复合材料蜂窝结构制的整流罩在长期使用中,吸收了空气中的水分,使材质变差,在发动机过大振动作用下,易于受损。

在出现这三次故障后,FAA 要求波音公司对发动机的进气道与风扇整流罩重新进行设计评估并采取相应措施。对于普惠公司,要求缩短 TAI 的检查周期,并加强对维修人员有关操作 TAI 的培训。